*Von fern, aus Nacht und Morgen*
*kam der Stoff, aus dem ich bin,*
*Zwölffacher Wind des Himmels*
*an diesen Ort blies er mich hin.*

*A. E. Housman,* Die Shropshire Lad



Rev

*7 Generationen*
*anglikanischer Pastoren*

Arthur Smythies

Evelyn Smythies ⚭ Olive Cripps

Bernard ›Bunny‹ Smythies

Bertram ›Billy‹ Smythies

John Smythies

Yorick Smythies

Clinton George Evelyn Dawkins ⚭ Enid Smythies

Diana Ladner ⚭ (1) Bob Keddie

⚭ (2) Arthur Francis ›Bill‹ Dawkins

(Henry) Colyear Dawkins

Sarah Dawkins ⚭ Michael Kettlewell

Penny Keddie

Thomas Dawkins

Richard Dawkins

# DIE POESIE DER NATURWISSENSCHAFTEN

Autobiographie

Aus dem Englischen von Sebastian Vogel

Ullstein

Die Originalausgaben erschienen 2013 und 2016
unter dem Titel *An Appetite for Wonder* bzw. *Brief Candle in the Dark*
bei Transworld Publishers, London.

MIX
Papier aus verantwortungsvollen Quellen
FSC® C014496

ISBN: 978-3-550-08067-8


Lektorat: Palma Müller-Scherf
Gesetzt aus Minion Pro
Satz: L42 Media Solutions, Berlin
Druck und Bindearbeiten: GGP Media GmbH, Pößneck
Printed in Germany

# INHALT

## Editorische Notiz

Die Autobiographie von Richard Dawkins besteht aus zwei Teilen, *Staunende Neugier* (*An Appetite for Wonder*) und *Eine Kerze im Dunkeln* (*Brief Candle in the Dark*). Beide Bände sind im englischen Original separat erschienen. Der Ullstein Verlag hat sich entschieden, beide Bücher ungekürzt in einem Band unter dem Titel *Poesie der Naturwissenschaften* zu veröffentlichen, um ein umfassendes Bild vom Wissenschaftler und Menschen Richard Dawkins zu vermitteln.

DIE POESIE DER NATURWISSENSCHAFTEN

# BAND I

## Staunende Neugier

# 1
# Gene und Tropenhelme

»Schön, Sie kennenzulernen, Clint.« Der freundliche Beamte an der Passkontrolle war offenbar nicht darüber im Bilde, dass manche Menschen in Großbritannien einen Familiennamen erhalten, und erst dann folgt der Name, den sie nach dem Willen der Eltern benutzen sollen. Ich hieß immer Richard, wie mein Vater immer John war. Unseren ersten Namen Clinton hatten wir so gut wie vergessen, und das war auch die Absicht unserer Eltern gewesen. Für mich war er nie mehr gewesen als eine lästige Belanglosigkeit, auf die ich mit Vergnügen verzichtet hätte (und das trotz der Zufallserkenntnis, dass ich damit die gleichen Initialen hatte wie Charles Robert Darwin). Aber leider hatte niemand mit dem Heimatschutzministerium der Vereinigten Staaten gerechnet. Dort hatte man sich nicht damit zufriedengegeben, unsere Schuhe zu durchleuchten und unsere Zahnpasta zu rationieren, sondern auch die Vorschrift erlassen, dass jeder unter seinem ersten Namen in das Land einreisen musste, und zwar genau so, wie er im Pass steht. Also musste ich meine lebenslange Identität als Richard aufgeben und mich in Clinton R. Dawkins umbenennen, wenn ich in die Vereinigten Staaten reisen wollte – und natürlich auch, wenn ich jene wichtigen Formulare ausfüllte, in denen man ausdrücklich erklärt, man habe nicht die Absicht, nach der Einreise in die USA die Verfassung mit Waffengewalt zu stürzen (»einziger Zweck des Besuchs«, schrieb der britische Radiomoderator Gilbert Harding auf diese Frage; heute würde ihn solcher Leichtsinn teuer zu stehen kommen).

Clinton Richard Dawkins – so lautet also der Name in meiner Geburtsurkunde und meinem Reisepass, und mein Vater hieß Clinton John. Wie es der Zufall will, war er nicht der einzige C. Dawkins, dessen Name in der *Times* als Vater eines Jungen genannt wurde, der im März 1941 im Eskotene Nursing Home in Nairobi zur Welt gekommen war. Der andere war Reverend Cuthbert Dawkins, ein anglikanischer Missionar und nicht mit uns verwandt. Meine verblüffte Mutter wurde mit Glückwünschen von Bischöfen und Geistlichen aus England überhäuft, die ihr völlig unbekannt waren, aber ihrem gerade geborenen Sohn freundlichst Gottes Segen wünschten. Ob die fehlgeleiteten Segnungen, die eigentlich für Cuthberts Sohn bestimmt waren, auf mich einen positiven Effekt hatten, wissen wir nicht, er wurde jedoch Missionar wie sein Vater und ich wurde Biologe wie meiner. Bis heute sagt meine Mutter im Scherz, ich sei vielleicht der Falsche. Ich selbst dagegen kann voller Freude erklären: Nicht nur die äußerliche Ähnlichkeit mit meinem Vater (siehe die erste Seite des Bildteils) gibt mir die Gewissheit, dass ich kein Wechselbalg bin und nie für die Kirche bestimmt war.

Clinton wurde erstmals zu einem Namen der Familie Dawkins, als mein Ururgroßvater Henry Dawkins (1765–1852) Augusta heiratete, die Tochter des Generals Sir Henry Clinton (1738–1795), der von 1778 bis 1782 Oberbefehlshaber der britischen Streitkräfte war und demnach eine Mitverantwortung dafür trug, dass der amerikanische Unabhängigkeitskrieg verlorenging. Die Umstände der Eheschließung lassen die Tatsache, dass die Familie Dawkins sich diesen Namen zulegte, ein wenig dreist erscheinen. Das folgende Zitat stammt aus einer historischen Darstellung der Great Portland Street, in der General Clinton wohnte.

> *Im Jahre 1788 brannte seine Tochter in dieser Straße in einer Mietdroschke zusammen mit Mr Dawkins durch, welcher sich der Verfolgung entzog, indem er ein halbes Dutzend andere Mietdroschken an den Ecken der Straße postierte, die zum Portland Place führt. Die Droschken hatten Anweisung, so schnell wie möglich davonzufahren, und zwar jede in eine andere Richtung …*[1]

Am liebsten würde ich behaupten, dieser Schnörkel der Familiengeschichte sei die Anregung für Stephen Leacocks Lord Ronald gewesen, der »sich auf sein Pferd schwang und in alle Richtungen davongaloppierte«. Außerdem stelle ich mir gern vor, ich hätte etwas von Henry Dawkins' Erfindungsreichtum geerbt, von seinem Feuereifer ganz zu schweigen. Das ist allerdings unwahrscheinlich, stammt doch nur der 32. Teil meines Genoms von ihm. Ein Vierundsechzigstel kommt von

---

[1] Wheatley, H.B. und Cunningham, P.: *London Past and Present*, Band 1, London 1891, S. 109.

General Clinton selbst, und doch ließ ich nie militärische Neigungen erkennen. *Tess von den d'Urbervilles* und *Der Hund von Baskerville* sind nicht die einzigen literarischen Werke, in denen erbliche »Rückgriffe« auf entfernte Vorfahren vorkommen, wobei man vergisst, dass sich der Anteil gemeinsamer Gene in jeder Generation halbiert und deshalb exponentiell dahinschwindet – oder dahinschwinden würde, gäbe es nicht die Verwandtenehe, die immer häufiger wird, je weitläufiger das Verwandtschaftsverhältnis ist; letztlich sind wir alle mehr oder weniger weit entfernte Vettern und Basen.

Eine bemerkenswerte Tatsache kann man sich klarmachen, ohne dass man aus dem Sessel aufstehen müsste: Würden wir mit einer Zeitmaschine nur weit genug in die Vergangenheit reisen, so muss jeder, von dem heute überhaupt noch Nachkommen leben, ein Vorfahre aller sein, die heute noch leben. Hat uns die Zeitmaschine weit genug gebracht, so ist jeder, der uns begegnet, entweder ein Vorfahre aller 2015 lebenden Menschen oder niemandes Vorfahre. Mit der bei Mathematikern so beliebten Reductio ad absurdum erkennt man, dass dies für unsere fischförmigen Vorfahren im Devonzeitalter ebenso gelten muss (mein Fisch muss auch dein Fisch sein, denn sonst gelangt man zu der absurden Alternative, dass die Nachkommen deines und meines Fisches über mehr als 300 Millionen Jahre keusch getrennt geblieben sind und sich trotzdem heute noch kreuzen können). Die Frage ist nur, wie weit man sich in die Vergangenheit begeben muss, damit die Argumentation zutrifft. Bis zu unseren Fischvorfahren sicher nicht, aber wie weit? Gehen wir über die genaue Berechnung einmal großzügig hinweg, dann kann ich sagen: Wenn die Queen von William dem Eroberer abstammt, dann gilt das wahrscheinlich auch für jeden anderen (und dass es auf mich – von der einen oder anderen illegitimen Abstammung einmal abgesehen – genauso zutrifft wie für fast jeden mit aufgezeichnetem Stammbaum, weiß ich).

Clinton George Augustus Dawkins (1808–1871), der Sohn von Henry und Augusta, war in der Familie Dawkins einer der wenigen, die tatsächlich den Namen Clinton trugen. Wenn er etwas von der Leidenschaft seines Vaters geerbt hatte, dann hätte er es 1849 fast verloren: Damals wurde Venedig, wo er britischer Konsul war, von den Österreichern beschossen. In meinem Besitz befindet sich eine Kanonenkugel – sie liegt auf einem Sockel, an dem eine Messingplatte mit einer Inschrift befestigt ist. Ich weiß weder, von wem sie stammt, noch, wie wahrheitsgetreu sie ist, aber wozu es auch gut sein mag, hier meine Übersetzung (aus dem Französischen, damals die Sprache der Diplomatie):

> *Eines Nachts, als er im Bett lag, drang eine Kanonenkugel durch die Bettdecken und ging zwischen seinen Beinen hindurch, fügte ihm aber glücklicherweise nur oberflächliche Verletzungen zu. Zuerst hielt ich dies für eine Lügengeschichte, aber dann erfuhr ich mit Sicherheit, dass sie auf der reinen Wahrheit beruht. Sein Schweizer Kollege begegnete ihm später im Leichenzug für den amerikanischen Konsul, und als er ihn danach fragte, bestätigte er lachend die Tatsachen und erklärte, genau aus diesem Grunde würde er hinken.*

Die lebenswichtigen Körperteile meines Vorfahren kamen also mit knapper Not davon, bevor er sie nutzbringend verwenden konnte, und ich bin versucht, meine eigene Existenz auf einen ballistischen Glücksfall zurückzuführen. Ein paar Zentimeter näher an der Gabelung von Shakespeares Rettich, und … Aber in Wirklichkeit hängt meine Existenz und deine und die des Briefträgers an einem noch viel dünneren seidenen Faden. Wir verdanken sie der Tatsache, dass seit Anbeginn des Universums alles zur richtigen Zeit am richtigen Ort geschehen ist. Der Zwischenfall mit der Kanonenkugel ist nur ein besonders dramatisches Beispiel für ein viel allgemeineres Phänomen. Oder, wie ich es früher einmal formuliert habe: Hätte der zweite Dinosaurier links von dem großen Cycadeenbaum nicht zufällig geniest und wäre ihm deshalb nicht der winzige, spitzmausähnliche Vorfahre aller Säugetiere entwischt, keiner vor uns wäre heute hier. Wir können uns selbst als etwas höchst Unwahrscheinliches betrachten. Und doch sind wir – Triumph des Rückblicks – da.

Clinton (später Sir Clinton) Edward Dawkins (1859–1905), der Sohn von C. G. A. (»Kanonenkugel«) Clinton, war eines der vielen Mitglieder der Familie Dawkins, die das Balliol College in Oxford besuchten. Er war dort gerade zur richtigen Zeit, um in den Balliol Rhymes unsterblich gemacht zu werden, die erstmals 1881 als Bänkellieder unter dem Titel *The Masque of Balliol* veröffentlicht wurden. Am berühmtesten ist die Strophe, die den Collegevorsteher Benjamin

Jowett verherrlicht; gedichtet wurde sie von H. C. Beeching, dem späteren Superintendenten der Kathedrale von Norwich:

First com I, my name is Jowett.
There's no knowledge but I know it.
I am Master of this College,
What I don't know isn't knowledge.* |1|

Weniger witzig ist die Strophe über Clinton Edward Dawkins:

Positivists ever talk in s-
Uch an epic style as Dawkins;
God is naught and Man is all,
Spell him with a capital. |2|

Freidenker waren in viktorianischer Zeit eine Seltenheit, meinen Urgroßonkel Clinton hätte ich gern kennengelernt. (Als Kind traf ich tatsächlich noch zwei seiner jüngeren Schwestern; sie waren hochbetagt, und eine von ihnen hatte zwei Dienstmädchen namens Johnson und Harris – eine Konvention der Vornamengebung, die ich seltsam fand.) Aber was sollen wir von dem »epischen Stil« halten?

Nach meiner Überzeugung zahlte Sir Clinton später dafür, dass mein Großvater, sein Neffe Clinton George Evelyn Dawkins, auf das Balliol gehen konnte, wo er aber kaum etwas anderes tat als zu rudern. Ein (im Bildteil wiedergegebenes) Foto, auf dem mein Großvater auf dem Fluss zur Tat schreitet, lässt auf großartige Weise den Hochsommer im Oxford der edwardianischen Zeit lebendig werden. Es könnte eine Szene aus *Zuleika Dobson* von Max Beerbohm sein. Die Gäste mit ihren großen Hüten stehen auf dem schwimmenden Bootshaus des Colleges, das bis in die jüngere Vergangenheit von allen Rudermannschaften der Hochschule genutzt wurde. Heute sind leider zweckmäßigere Backsteinbootshäuser am Ufer an seine Stelle getreten. (Ein oder zwei alte Bootshäuser schwimmen heute noch – oder liegen zumindest auf Grund. Als Hausboote wurden sie inmitten von Lappentauchern und Teichhühnern auf den Altwasserarmen und Flüssen rund um Oxford an wässerigen Ruhestätten vertäut.) Die Ähnlichkeit zwischen Großva-

* Die Übersetzungen der Gedichte befinden sich im Anhang ab S. 697.

ter und zwei seiner Söhne, meinem Vater und meinem Onkel Colyear, ist nicht zu übersehen. Familienähnlichkeiten faszinieren mich, auch wenn sie sich im Laufe der Generationen schnell verlieren.

Großvater war ein hingebungsvoller Balliol-Anhänger und schaffte es, dort weit über die Zeitspanne hinaus, die einem Studienanfänger normalerweise zugestanden wurde, zu bleiben – nach meiner Vermutung ausschließlich zu dem Zweck, weiterhin rudern zu können. Noch auf seine alten Tage war das College sein Hauptgesprächsthema. Wenn ich ihn besuchte, wollte er immer wieder wissen, ob wir noch den alten edwardianischen Slang benutzten (und immer wieder musste ich ihm erklären, dass das nicht der Fall war: »Mugger« statt »Master« für den Collegevorsteher, »wagger pagger« statt »wastepaper basket« für einen Papierkorb, »Maggers Memogger« für das Martyr's Memorial – das große, kreuzförmige Denkmal in der Nähe von Balliol erinnert an drei anglikanische Bischöfe, die 1555 in Oxford bei lebendigem Leib verbrannt wurden, weil sie sich zur falschen Spielart des Christentums bekannt hatten).

Eine meiner letzten Erinnerungen an Großvater Dawkins ist, wie ich ihn zu seinem letzten Balliol Gaudy brachte, einem Treffen ehemaliger Collegemitglieder, zu dem jedes Jahr eine andere Altersgruppe eingeladen wird. Er war von alten Kameraden umgeben, die Rollatoren schoben und mit Hörgeräten oder Nasenkneifern ausgerüstet waren; einer von ihnen erkannte ihn und fragte mit genüsslichem Sarkasmus: »Na, Dawkins, ruderst du immer noch für Leander?« Als ich ihn verließ, wirkte er ein wenig verloren unter den Jungs von der alten Truppe. Manche von ihnen hatten wohl schon im Burenkrieg gekämpft und waren deshalb würdige Widmungsempfänger von Hilaire Bellocs berühmtem Gedicht »To the Balliol Men still in Africa«:

Years ago, when I was at Balliol,
Balliol men – and I was one –
Swam together in winter rivers,
Wrestled together under the sun.
And still in the heart of us, Balliol, Balliol,
Loved already, but hardly known,
Welded us each of us into the others:
Called a levy and chose her own.
Here is a House that armours a man

With the eyes of a boy and the heart of a ranger
And a laughing way in the teeth of the world
And a holy hunger and thirst for danger:

Balliol made me, Balliol fed me,
Whatever I had she gave me again:
And the best of Balliol loved and led me.
God be with you, Balliol men. |3|

Mit großer Anstrengung trug ich diese Zeilen 2011 bei der Trauerfeier für meinen Vater vor, und dann noch einmal 2012, als ich auf der Global Atheist Convention in Melbourne einen Nachruf auf Christopher Hitchens hielt. Anstrengend war es, weil mir selbst bei fröhlicheren Gelegenheiten peinlich schnell die Tränen in die Augen steigen, wenn ich Gedichte vorlese, die ich liebe, und gerade diese Zeilen von Belloc gehören dabei zu den schlimmsten Übeltätern.

Nachdem mein Großvater das Balliol College verlassen hatte, machte er wie so viele Angehörige meiner Familie Karriere in der Kolonialverwaltung. In seinem Distrikt in Burma wurde er Waldschützer, er verbrachte viel Zeit in den abgelegensten Winkeln der Tropenholzwälder, wo er die Arbeit der hervorragend ausgebildeten Elefanten-Holzfäller beaufsichtigte. So war er auch 1921 zwischen den Teakholzbäumen unterwegs, als ihn – ich stelle mir gern einen laufenden Boten mit einem gespaltenen Stock vor – die Nachricht von der Geburt seines jüngsten Sohnes Colyear erreichte (der Name erinnert an Lady Juliana Colyear, die Mutter des unternehmungslustigen Henry, der mit Augusta Clinton durchgebrannt war). Großvater war darüber so begeistert, dass er nicht auf irgendein Transportmittel wartete, sondern mit dem Fahrrad die 80 Kilometer zum Krankenbett seiner Ehefrau Enid fuhr. Dort verkündete er voller Stolz, der kleine Junge habe die »Dawkins-Nase«. Den Evolutionspsychologen ist aufgefallen, dass bei Neugeborenen mit besonderem Eifer nach Ähnlichkeiten zu Verwandten väterlicherseits – nicht aber mütterlicherseits – gesucht wird; der Grund ist einfach: Der Vaterschaft kann man sich nicht so sicher sein wie der Mutterschaft.

Colyear war der jüngste und John, mein Vater, der älteste von drei Brüdern. Alle kamen in Burma zur Welt und wurden von vertrauenswürdigen Trägern in Moses-Körbchen, die an Stangen hingen, durch den Dschungel getragen. Und alle folgten später dem Beispiel ihres Vaters und traten in die Kolonialverwaltung ein, allerdings in drei verschiedenen Teilen Afrikas: John in Nyassaland (dem heutigen Malawi), der mittlere Bruder Bill in Sierra Leone und Colyear in Uganda. Bill war nach seinen beiden Großvätern auf den Namen Arthur Francis getauft, wurde aber immer nur Bill gerufen, weil er als Kind an die Eidechse Bill von Lewis Carroll erinnerte. John und Colyear sahen sich in ihren jungen Jahren so ähnlich, dass John einmal auf der Straße aufgehalten und gefragt wurde: »Sind Sie es oder sind Sie der Bruder?« (Diese Geschichte ist wahr, möglicherweise im Gegensatz zu der Legende über W. A. Spooner, der als einziger Leiter meines heutigen Colleges in Oxford einen »Ismus« für sich in Anspruch nehmen kann. Spooner begrüßte einmal einen jungen Mann auf dem Collegehof mit der Frage: »Warten Sie mal, ich kann es mir nie merken – waren Sie das, der im Krieg umgekommen ist, oder Ihr Bruder?«) In ihren späteren Jahren wurden Bill und Colyear sich (und ihrem Vater) immer ähnlicher, John meinem Eindruck nach hingegen weniger. Dass Familienähnlichkeiten in verschiedenen Lebensstadien auftauchen und wieder verschwinden, kommt häufig vor; das ist einer der Gründe, warum ich sie so faszinierend finde. Man vergisst nur allzu leicht, dass Gene ihren Einfluss nicht nur während der Embryonalentwicklung ausüben, sondern auch während des ganzen späteren Lebens.

Eine Schwester gab es nicht, was meine Großeltern sehr bedauerten. Sie hatten vorgehabt, ihre Jüngste Juliana zu nennen, mussten aber nun stattdessen auf ihren adligen Familiennamen zurückgreifen. Alle drei Brüder waren begabt. Colyear erbrachte die besten akademischen Leistungen, Bill war der Sportlichste. Als ich später auf die Schule kam, war ich stolz, dort seinen Namen auf der Ehrentafel zu sehen: Er hielt den Schulrekord im 100-Yards-Lauf – eine Fähigkeit, die ihm zweifellos auch beim Rugby gute Dienste leistete, wo er in der Frühzeit des Zweiten Weltkriegs einen krachenden Touchdown für die Army gegen Großbritannien erzielte. Von Bills athletischer Begabung habe ich nichts, aber ich stelle mir gern vor, dass ich von meinem Vater gelernt habe, wie man über Wissenschaft denkt, und von Onkel Colyear, wie man sie erklärt. Nachdem Colyear aus Uganda zurückgekehrt war, wurde er Dozent in Oxford; dort verehrte man ihn als hervorragenden Dozenten für Statistik, ein Fach, dessen Vermittlung an Biologen als besonders schwierig gilt. Er starb allzu früh; eines meiner

Bücher, nämlich *Und es entsprang ein Fluss in Eden*, habe ich ihm mit folgenden Worten gewidmet:

> *In Erinnerung an Henry Colyear Dawkins (1921–1992), der am St. John College in Oxford gelehrt hat und ein Meister in der Kunst war, Dinge zu erklären.*

Die Brüder starben in umgekehrter Altersreihenfolge. Ich vermisse sie alle schmerzlich. Als Bill, mein Pate und Onkel, 2009 im Alter von 93 Jahren verstarb, hielt ich die Trauerrede.[2] Darin versuchte ich einen einfachen Gedanken zu vermitteln: In der britischen Kolonialverwaltung war zwar vieles schlecht, aber die Besten waren sehr gut. Und wie seine beiden Brüder und Dick Kettlewell, von dem noch die Rede sein wird,[3] so war auch Bill einer der Besten.

Wenn man sagen kann, dass die Brüder ihrem Vater in die Kolonialverwaltung nachfolgten, dann blieben sie auch von der mütterlichen Seite ihrem Erbe treu. Arthur Smythies, ihr Großvater mütterlicherseits, war in seinem Distrikt in Indien der Leiter der Forstverwaltung; sein Sohn Evelyn leitete später die Forstverwaltung in Nepal. Mein Großvater Dawkins freundete sich mit Evelyn an, als beide in Oxford Forstwissenschaft lehrten, und das führte dazu, dass er Evelyns Schwester Enid, meine Großmutter, kennenlernte und heiratete. Evelyn war der Autor eines vielbeachteten, 1925 erschienenen Buches mit dem Titel *India's Forest Wealth* und mehrerer Standardwerke über Philatelie. Seine Frau Olive machte, wie ich zu meinem Bedauern berichten muss, gern Jagd auf Tiger und brachte ein Buch mit dem Titel *Tiger Lady* heraus. Es gibt ein Bild von ihr, auf dem sie mit Tropenhelm auf einem Tiger steht, während ihr Ehemann ihr stolz auf die Schulter klopft. Die Beschriftung lautet: »Gut gemacht, kleine Frau.« Ich glaube, sie wäre nicht mein Typ gewesen.

Der älteste Sohn von Olive und Evelyn, der schweigsame Cousin ersten Grades meines Vaters, hieß Bertram (»Billy«) Smythies und war ebenfalls in der Forstverwaltung tätig – zuerst in Burma, später in Sarawak. Er schrieb die Standardwerke *Birds of Burma* und *Birds of Borneo*. Das zwei-

---

2 Siehe https://richarddawkins.net/bcd/.

3 Und für den ich den Nachruf schrieb; siehe auch hier: https://richarddawkins.net/bcd/.

te wurde zu einer Art Bibel für den (ganz und gar nicht schweigsamen) Reiseschriftsteller Redmond O'Hanlon, der zusammen mit dem Dichter James Fenton eine vergnügte Reise *Ins Innere von Borneo* unternahm.

Bertrams jüngerer Bruder John Smythies wich von der Familientradition ab: Er wurde ein angesehener Neurowissenschaftler und zu einer Autorität für Schizophrenie und bewusstseinserweiternde Drogen, lebte in Kalifornien und soll dort Aldous Huxley dazu angeregt haben, Meskalin zu nehmen und seine »Pforten der Wahrnehmung« zu läutern. Ihn fragte ich um Rat, ob ich das freundliche Angebot eines Bekannten annehmen solle, der mich während eines LSD-Trips betreuen wollte. Er riet mir ab. Yorick Smythies, ein weiterer Cousin meines Vaters, war ein eifriger Sekretär des Philosophen Wittgenstein.[4] Peter Conradi bezeichnet ihn in seiner Biographie der Romanschriftstellerin Iris Murdoch als »heiligen Narren«, der ihr als Anregung für die Gestalt des Hugo Belfounder in ihrem Roman *Unter dem Netz* diente. Ehrlich gesagt fällt es mir schwer, eine Ähnlichkeit zu erkennen.

> *Yorick war bestrebt, Busschaffner zu werden, aber, so hielt Iris fest, er war der einzige Bewerber in der Geschichte des Busunternehmens, der bei der theoretischen Prüfung durchfiel … Während seiner einzigen Fahrstunde verließ der Fahrlehrer das Auto, da Yorick immer wieder auf den Gehweg fuhr.*[5]

Nachdem er in der Busfahrerprüfung durchgefallen war und Wittgenstein (wie auch die meisten seiner Schüler) ihm eine Berufslaufbahn in der Philosophie ausgeredet hatte, arbeitete Yorick als Bibliothekar bei der Forstverwaltung in Oxford, was vielleicht seine einzige Verbindung zur Familientradition war. Er hatte exzentrische Gewohnheiten, fand Gefallen an Schnupftabak und dem römischen Katholizismus und endete tragisch.

Als Erster meiner Familie trat offenbar Arthur Smythies, der Großvater der Dawkins- und Smythies-Cousins, in die Dienste des Empire. Seine Vorfahren väterlicherseits waren seit dem Ururururgroßvater (dem Reverend William Smythies, geboren in den 1590er Jahren) über sechs

---

4 http://wab.uib.no/ojs/agora-alws/article/view/1263/977.

5 Conradi, Peter: *Iris Murdoch: Ein Leben*, übersetzt von Juliane Gräbener-Müller u. Marion Balkenhol, Frankfurt a. M. 2004, S. 479.

Generationen ohne Unterbrechung und ohne Ausnahme anglikanische Geistliche gewesen. Hätte ich in einem ihrer Jahrhunderte gelebt, es wäre nicht unwahrscheinlich, dass ich ebenfalls Kleriker geworden wäre. Ich habe mich immer für die tiefgreifenden Fragen des Daseins interessiert, jene Fragen, nach deren Beantwortung die Religion (vergeblich) strebt, aber zum Glück lebe ich in einer Zeit, in der man auf solche Fragen nicht mit Übernatürlichem, sondern mit Wissenschaft antwortet. Hinter meinem Interesse für die Biologie standen vorwiegend Fragen nach den Ursprüngen und dem Wesen des Lebendigen, nicht aber die Liebe zur Naturgeschichte wie bei den meisten jungen Biologen, die ich unterrichtet habe. Man kann sogar sagen: Ich haben die Familientradition der eifrigen Beschäftigung im Freien und der Freiland-Naturforschung aufgegeben. In kurzen Erinnerungen, die in einer Anthologie mit autobiographischen Texten von Verhaltensforschern erschienen sind, schrieb ich:

> *Eigentlich hätte ich ein kindlicher Naturforscher sein müssen. Ich hatte alle Vorteile auf meiner Seite: nicht nur das ideale frühkindliche Umfeld im tropischen Afrika, sondern auch die idealen Gene, die eigentlich dorthin passten. Über Generationen schritten gebräunte Dawkins-Beine in Khakishorts durch die Dschungel des Empire. Wie mein Vater und seine beiden jüngeren Brüder, so kam auch ich gewissermaßen mit dem Tropenhelm auf die Welt.*[6]

Als mein Onkel Colyear mich später zum ersten Mal in Shorts sah (die er selbst, gehalten von zwei Gürteln, regelmäßig zu tragen pflegte), sagte er: »Du liebe Güte, du hast ja richtige Dawkins-Knie.« Weiter schrieb ich über meinen Onkel Colyear, das Schlimmste, was er über einen jungen Mann sagen konnte, sei:

> *»Der ist nie in seinem Leben in einer Jugendherberge gewesen«*

– eine Kritik, die, wie ich leider sagen muss, bis heute auf mich zutrifft. Mein junges Ich ließ anscheinend die Familientraditionen außer Acht.

Von meinen Eltern erfuhr ich viel Ermunterung. Beide kannten alle Wildblumen, die einem auf einer Klippe in Cornwall oder auf einer Al-

---

6 »Growing up in ethology«, Kapitel 8 in: Drickamer, L. and Dewsbury, D., Hg: *Leaders in Animal Behavior*, Cambridge 2010.

penwiese begegnen, und mein Vater unterhielt meine Schwester und mich damit, als Zugabe die lateinischen Namen ins Gespräch zu werfen (Kindern gefällt der Klang von Worten, auch wenn sie deren Bedeutung nicht kennen). Kurz nach unserem Umzug nach England beschämte mich mein imposanter Großvater, der mittlerweile aus den Wäldern Burmas in den Ruhestand gewechselt war: Er zeigte auf eine Blaumeise vor dem Fenster und fragte mich, was das für ein Vogel sei. Ich wusste es nicht und stammelte kläglich: »Ist das ein Buchfink?« Großvater war entsetzt. In der Familie Dawkins war solche Unkenntnis das Gleiche, als hätte man noch nie etwas von Shakespeare gehört: »Du liebe Güte, John« – ich habe seine Worte und die treusorgende Entschuldigung meines Vaters noch im Ohr –, »wie ist denn so etwas *möglich*?«

Aber ich muss meinem jungen Ich Gerechtigkeit widerfahren lassen: Ich hatte erst kurz zuvor meinen Fuß auf englischen Boden gesetzt, und in Ostafrika gibt es weder Blaumeisen noch Buchfinken. Jedenfalls entdeckte ich erst spät das Vergnügen, wilde Tiere zu beobachten, doch ein Freiluftliebhaber wie mein Vater oder mein Großvater wurde ich nie. Stattdessen war ich ein heimlicher Leser. Während der Internatsferien schlich ich mich mit einem Buch nach oben in mein Zimmer, ein schuldbewusster Abtrünniger von frischer Luft und tugendsamer Freiluftaktivität. Auch als ich in der Schule Biologie lernte, fesselten mich Bücher mehr. Die Fragestellungen, zu denen ich mich hingezogen fühlte, hätten Erwachsene als philosophisch bezeichnet. Was ist der Sinn des Lebens? Warum gibt es uns? Wie hat alles angefangen?

Die Familie meiner Mutter stammt aus Cornwall. Ihre Mutter Connie Wearne, die Tochter und Enkeltochter von Ärzten aus Helston (die ich mir als Kind immer wie Dr. Livesey aus *Die Schatzinsel* vorstellte), war begeisterte Cornish und bezeichnete Engländer als »Ausländer«. Sie bedauerte es, dass sie so spät geboren war und nicht mehr das ausgestorbene Kornische sprechen konnte, aber wie sie mir erzählte, verstanden die alten Fischer in dem Dorf Mullion noch die bretonischen Fischer, die »gekommen sind und sich unsere Krebse unter den Nagel gerissen haben«. Unter den britannischen Sprachen Walisisch (lebend), Bretonisch (sterbend) und Kornisch (ausgestorben) sind das Bretonische und das Kornische Schwestersprachen im Sprachstammbaum. Eine Reihe kornischer Wörter hat im kornischen Dialekt des Englischen überlebt, so zum Beispiel *quilkin* für den Frosch; meine

Großmutter beherrschte den Dialekt. Wir Enkel überredeten sie gern, ein liebenswürdiges Gedicht zu rezitieren, in dem ein Junge »clunked a bully« (einen Zwetschgenkern verschluckte). Einmal nahm ich einen solchen Vortrag sogar auf Band auf, aber zu meinem Bedauern ging die Aufnahme verloren. Erst viel später konnte ich die Worte mit Hilfe von Google wieder ausfindig machen,[7] und in meiner Erinnerung höre ich noch heute, wie ihre quiekende Stimme sie aufsagt.

> There was an awful pop and towse[8] just now down by the hully,[9]
> For that there boy of Ben Trembaa's, aw went and clunked[10] a bully,[11]
> Aw ded'n clunk en fitty,[12] for aw sticked right in his uzzle,[13]
> And how to get en out again, I tell ee 'twas a puzzle,
> For aw got chucked,[14] and gasped, and urged,[15] and rolled his eyes, and glazed;
> Aw guggled, and aw stank'd[16] about as ef aw had gone mazed.[17]
>
> Ould Mally Gendall was the fust that came to his relief,–
> Like Jimmy Eellis 'mong the cats,[18] she's always head and chief;
> She scruffed 'n by the cob,[19] and then, before aw could say »No,«
> She fooched her finger down his throat as fur as it would go,
> But aw soon catched en 'tween his teeth, and chawed en all the while,
> Till she screeched like a whitneck[20] – you could hear her 'most a mile;

---

[7] In: *Randigal Rhymes*, hrsg. von Joseph Thomas, Penzance 1895.
[8] Durcheinander.
[9] Lager für Lebendköder.
[10] Schluckte.
[11] Kiesel; meine Großmutter übersetzte es allerdings mit »Zwetschgenkern«, was plausibler ist.
[12] Ordnungsgemäß.
[13] Kehle.
[14] Verschluckt.
[15] Kotzte.
[16] Stampfte.
[17] Verrückt.
[18] Lokales Sprichwort.
[19] Stirnlocke.
[20] Hermelin, Wiesel.

And nobody could help the boy, all were in such a fright,
And one said: »Turn a crickmole,[21] son; ’tes sure to put ee right;«
And some ran for stillwaters,[22] and uncle Tommy Wilkin
Began a randigal[23] about a boy that clunked a quilkin;[24]
Some shaked their heads, and gravely said: »’Twas always clear to them
That boy’d end badly, for aw was a most anointed lem,[25]
For aw would minchey,[26] play at feaps,[27] or prall[28] a dog or cat,
Or strub[29] a nest, unhang a gate, or anything like that.«
Just then Great Jem stroathed[30] down the lane, and shouted out so bold:
»You’re like the Ruan Vean men, soase, don’t knaw and waant be told;«
Aw staved right in amongst them, and aw fetched that boy a clout,
Just down below the nuddick,[31] and aw scat the bully out;
That there’s the boy that’s standing where the keggas are in blowth:[32]
»Blest! If aw haven’t got another bully in his mouth!«

Die Evolution der Sprache fasziniert mich: Wie entwickeln sich lokale Varianten wie kornisches Englisch und Geordie zu Dialekten weiter, und wie wird der Abstand unmerklich immer größer, bis daraus gegenseitig unverständliche, aber offensichtlich verwandte Sprachen wie Deutsch und Niederländisch werden? Zur genetischen Evolution besteht eine enge Analogie, die aufschlussreich und irreführend zugleich ist. Entwickeln sich Populationen auseinander und werden zu biologischen Arten, ist die Trennung durch den Zeitpunkt definiert,

21 Purzelbaum.
22 Aus Pfefferminze destillierte Arznei.
23 Unsinnige Geschichte.
24 Verschluckte einen Frosch.
25 Boshafter Kobold.
26 Pflichtvergessen.
27 Kopf oder Zahl.
28 Einem Tier eine Blechdose o. ä. an den Schwanz binden.
29 Plündern.
30 Forsch ausschreiten.
31 Hinterkopf.
32 Kerbel in Blüte.

wenn sie sich untereinander nicht mehr kreuzen können. Ich schlage vor, zwei Dialekten den Status verschiedener Sprachen zuzugestehen, wenn sie sich bis zu einem ebenso entscheidenden Punkt entwickelt haben: Dann gilt es nicht mehr als Beleidigung, sondern als Kompliment, wenn ein Muttersprachler der einen Variante sich bemüht, die andere zu sprechen. Würde ich in Penzance in ein Pub gehen und mich bemühen, den kornischen Dialekt des Englischen zu sprechen, könnte ich mir Probleme einhandeln, denn man würde hören, dass ich mich mit meiner Nachahmung darüber lustig mache. Wenn ich aber nach Deutschland fahre und mich bemühe, Deutsch zu sprechen, sind die Menschen entzückt. Das Deutsche und das Englische hatten genügend Zeit, um sich auseinanderzuentwickeln. Wenn ich recht habe, müsste es – vielleicht in Skandinavien? – Fälle geben, in denen Dialekte gerade im Begriff stehen, zu getrennten Sprachen zu werden. Kürzlich war ich auf einer Vortragsreise in Stockholm zu Gast in einer Fernsehtalkshow, die sowohl in Schweden als auch in Norwegen ausgestrahlt wurde. Der Moderator und auch einige Gäste waren Norweger, und man sagte mir, es spiele keine Rolle, welche der beiden Sprachen gesprochen würde: die Zuschauer diesseits und jenseits der Grenze verstehen einander mühelos. Das Dänische dagegen ist für die meisten Schweden nur schwer verständlich. Nach meiner Theorie würde man einem Schweden vermutlich den Rat erteilen, bei einem Besuch in Norwegen nicht Norwegisch zu sprechen, weil dies als Beleidigung aufgefasst werden könnte. In Dänemark würde ein Schwede sich dagegen vermutlich beliebt machen, wenn er sich bemüht, Dänisch zu sprechen.[33]

Als mein Urgroßvater Dr. Walter Wearne verstarb, zog seine Witwe aus Helson weg und baute ein Haus, von dem man einen Blick auf die Mullion Cove auf der Westseite der Lizard-Halbinsel hat. Dieses Haus war seither immer im Besitz der Familie. Mit einem angenehmen Klippenspaziergang gelangt man von der Mullion Cove an Strandgrasnelken vorbei nach Poldhu, dem Standort der Funkstation, von der Guglielmo Marconi 1901 die erste transatlantische Funkübertra-

---

33 Ich habe mich bei Professor Björn Melander erkundigt, einem Experten für skandinavische Sprachen. Er stimmt meiner Theorie über »Beleidigung oder Schmeichelei« zu, fügt aber hinzu, dass das jeweilige Umfeld zwangsläufig zusätzliche Komplikationen schafft.

gung sendete. Sie bestand aus dem Buchstaben s des Morsealphabets, der ständig wiederholt wurde. Wie konnte man so stumpfsinnig sein und bei einer derart folgenschweren Gelegenheit nichts Phantasievolleres übertragen als »sssssss«?

Alan Wilfred »Bill« Ladner, mein Großvater mütterlicherseits, stammte ebenfalls aus Cornwall und arbeitete als Funkingenieur bei der Marconi-Gesellschaft. Er kam erst später zu der Firma und erlebte 1901 die Übertragung nicht mit, aber um 1913, kurz vor dem Ersten Weltkrieg, wurde er derselben Funkstation in Poldhu zugeteilt. Als die Poldhu Wireless Station 1933 schließlich abgerissen wurde, konnte Ethel, die ältere Schwester meiner Großmutter (die für meine Mutter nur »Tante« hieß, obwohl sie nicht ihre einzige Tante war), sich einige große Schieferplatten sichern, die als Instrumententafeln gedient hatten; sie hatten Bohrlöcher, deren Muster ihre frühere Verwendung verrieten – Fossilien einer verflossenen Technik. Die Platten dienen heute als Pflaster im Garten des Familienanwesens in Mullion (siehe Bildteil), als ich ein Junge war, weckten sie in mir häufig die Bewunderung für den ehrbaren Ingenieurberuf meines Großvaters; er war allerdings in Großbritannien weniger angesehen als in anderen Ländern, und damit ist vielleicht ein wenig erklärt, warum mein Land einen so traurigen Abstieg von einer großen Industrienation zu einem würdelosen Lieferanten von (wie wir heute leider wissen, recht zwielichtigen) »Finanzdienstleistungen« erlebt hat.

Bis zu Marconis historischer Funkübertragung hatte man geglaubt, die Entfernung für den Empfang von Funksignalen werde durch die Krümmung der Erde begrenzt. Wie konnte man Wellen, die in gerader Linie wandern, hinter dem Horizont auffangen? Wie sich herausstellte, lautet die Antwort: Die Wellen werden von der Kennelly-Heaviside-Schicht in der oberen Atmosphäre zurückgeworfen (und heute werden Funksignale natürlich von künstlichen Satelliten reflektiert). Ich bin stolz darauf, dass das von meinem Großvater verfasste Buch *Short Wave Wireless Communication* von den 1930er bis zu den frühen 1950er Jahren mehrere Auflagen erlebte und als Standardwerk zu dem Thema galt; veraltet war es erst ungefähr zu der Zeit, als Transistoren an die Stelle der Vakuumröhren traten.

In der Familie war das Buch wegen seiner Unverständlichkeit berüchtigt; ich habe nur die beiden ersten Seiten gelesen, bin aber entzückt von seiner Klarheit.

*Der ideale Sender erzeugt ein elektrisches Signal, welches eine originalgetreue Kopie des vorgegebenen Signals ist, und überträgt dieses an das Verbindungsglied, und zwar in völliger Gleichmäßigkeit sowie auf eine Art und Weise, damit es in anderen Kanälen keine Störungen verursacht. Das ideale Verbindungsglied überträgt die elektrischen Impulse, ohne sie zu verzerren und ohne sie abzuschwächen; das heißt, die Impulse nehmen unterwegs kein »Rauschen« durch äußere elektrische Störungen jedweder Art auf. Der ideale Empfänger nimmt die vom Verbindungsglied weitergeleiteten elektrischen Impulse auf und formt sie originalgetreu in die erforderliche Form für die visuelle oder akustische Beobachtung um … Da es sehr unwahrscheinlich ist, dass man jemals den idealen Kanal entwickeln wird, müssen wir überlegen, in welcher Beziehung wir Kompromisse eingehen wollen.*

Es tut mir leid, Großvater, dass ich mich davon abhalten ließ, dein Buch zu lesen, als du noch da warst und darüber sprechen konntest – ich war alt genug, um es zu verstehen, und unternahm dennoch nicht einen Versuch. Und du wurdest durch den Druck der Familie abgehalten – abgehalten, den reichen Wissensschatz preiszugeben, der in deinem klugen Gehirn noch vorhanden gewesen sein muss. »Nein, ich weiß nichts über Funk«, murmeltest du bei jeder Anspielung, und dann fingst du an, nahezu unaufhörlich leichte Opernmelodien vor dich hinzupfeifen. Heute würde ich mich gern mit dir über George Shannon und Informationstheorie unterhalten. Ich würde dir gern zeigen, wie die gleichen Gesetzmäßigkeiten auch die Kommunikation zwischen Bienen, zwischen Vögeln und sogar zwischen den Neuronen im Gehirn bestimmen. Ich wäre begeistert, wenn du mir die Fourier-Transformation beibringen würdest und an Professor Silvanus Thompson zurückdenken könntest, den Autor von *Analysis leicht gemacht* (»Was ein Dummkopf kann, das kann auch ein anderer«). So viele verpasste Gelegenheiten. Wie konnte ich so kurzsichtig sein? Es tut mir leid, Schatten von Alan Wilfred Ladner, Marconi-Mann und geliebter Großvater.

Dass ich als Teenager Radios baute, lag nicht an meinem Großvater Ladner, sondern an Onkel Colyear. Er schenkte mir ein Buch von F. J. Cramm, und daraus bezog ich den Bauplan für meinen ersten Detektorempfänger (der gerade eben so funktionierte). Es folgte ein Röhrenempfänger mit einer einzigen, leuchtend roten Röhre – er funktionierte etwas besser, ich brauchte aber immer noch einen Kopfhörer anstelle des Lautsprechers. Er war unglaublich schlecht aufgebaut. Ich ordnete die Drähte keineswegs fein säuberlich an, sondern freute mich darüber, dass es ganz gleich war, welchen Weg sie nahmen und wie ich sie an dem hölzernen Chassis befestigte, solange nur jeder Draht an der richtigen Stelle endete. Ich kann nicht sagen, dass ich die einzelnen Drähte extra unordentlich verlegte, aber mit Sicherheit faszinierte mich das Missverhältnis zwischen der Topologie der Drähte, die wichtig war, und ihrer physischen Anordnung, die keine Rolle spielte. Der Unterschied zu einem modernen integrierten Schaltkreis ist verblüffend. Viele Jahre später hielt ich bei der Royal Institution die Weihnachtsvorträge für Kinder, die ungefähr in dem Alter waren, als ich meinen ersten Röhrenempfänger baute. Dazu hatte ich mir von einer Computerfirma das riesig vergrößerte Diagramm eines integrierten Schaltkreises geliehen. Ich hoffte, es erregte bei meinen jungen Zuhörern eine gewisse Ehrfurcht und auch Verwirrung. Wie man in der experimentellen Embryologie nachweisen konnte, folgen wachsende Nervenzellen keinem geordneten Plan, der an einen integrierten Schaltkreis erinnert, sondern sie suchen sich ihre richtigen Zielorgane oft so, wie ich meinen Röhrenempfänger konstruierte.

Aber zurück nach Cornwall und in die Zeit vor dem Ersten Weltkrieg. Meine Urgroßmutter pflegte die einsamen jungen Ingenieure aus der Funkstation auf der Klippe zum Tee ins Mullion House einzuladen, und dabei lernten sich meine Großeltern kennen. Sie verlobten sich, aber dann brach der Krieg aus. Bill Ladners Qualifikation als Funkingenieur war gefragt, und die Royal Navy schickte ihn als klugen jungen Offizier an die Südspitze des damaligen Ceylon. Er sollte dort eine Funkstation als strategisch wichtigen Stützpunkt im Schiffsroutennetz des Empire aufbauen.

Connie reiste ihm 1915 nach und wohnte in einem örtlichen Pfarrhaus; dort wurden die beiden auch getraut. Meine Mutter Jean Mary Vyvyan Ladner kam 1916 in Colombo zur Welt.

Im Jahr 1919 – der Krieg war vorüber – brachte Bill Ladner seine Familie zurück nach England, allerdings nicht nach Cornwall im äußersten Westen, sondern nach Essex ganz im Osten, wo die Marconi Company in Chelmsford ihren Hauptsitz hatte. Großvater erhielt eine Stelle als Ausbilder für junge Ingenieure am Marconi College, einer

Institution, deren Leiter er später wurde. Er galt dort als sehr guter Lehrer. Anfangs wohnte die Familie unmittelbar in Chelmsford, aber später zog sie in der Nähe aufs Land, genauer gesagt in das hübsche Essex-Landhaus Water Hall, ein Anwesen aus dem 16. Jahrhundert in der Nähe des weitläufigen Dorfes Little Baddow.

Little Baddow ist der Schauplatz einer Anekdote über meinen Großvater, die uns meines Erachtens interessante Aufschlüsse über das Wesen des Menschen liefert. Sie spielt viel später, nämlich während des Zweiten Weltkriegs. Großvater war mit dem Fahrrad unterwegs. Ein deutscher Bomber flog über ihn hinweg und warf eine Bombe ab. (Das taten die Bomberbesatzungen beider Seiten manchmal über ländlichen Gebieten, wenn sie ihr Ziel in der Stadt aus irgendeinem Grund nicht gefunden hatten und sich davor fürchteten, mit einer Bombe an Bord zurückzukehren.) Großvater schätzte den Einschlagort der Bombe falsch ein und kam auf den verzweifelten Gedanken, sie könne Water Hall getroffen und sowohl seine Frau als auch seine Tochter getötet haben. Die Panik löste offenbar eine atavistische Rückkehr zu urtümlichen Verhaltensweisen aus: Er sprang vom Rad, warf es in den Straßengraben und lief *zu Fuß* den ganzen Weg nach Hause. Ich kann mir vorstellen, dass auch ich in einer Extremsituation so reagieren würde.

In Little Baddow, in einem großen Haus namens The Hoppet, setzten sich auch meine Großeltern Dawkins 1934 nach ihrer Rückkehr aus Burma zur Ruhe. Von den Dawkins-Jungen hörten meine Mutter und ihre jüngere Schwester Diana zum ersten Mal durch eine Freundin: Sie tratschte im Stil von Jane Austen atemlos über Neuankömmlinge, die noch zu haben seien. »Im The Hoppet wohnen jetzt drei Brüder! Der dritte ist noch zu jung, der mittlere sieht ganz gut aus, aber der älteste ist völlig verrückt. Der wirft die ganze Zeit Fassreifen in den Sumpf, legt sich dann auf den Bauch und sieht sie sich an.«

Dieses scheinbar exzentrische Verhalten meines Vaters hatte in Wirklichkeit einen ganz und gar rationalen Grund – aber die Motive des Wissenschaftlers wurden hier weder zum ersten noch zum letzten Mal aus Verständnislosigkeit in Frage gestellt. Er erforschte für das Botanische Institut in Oxford die statistische Verteilung der Horste von Tussockgras in Sümpfen. Im Rahmen dieser Tätigkeit musste er die Pflanzen in definierten Quadraten der Sumpflandschaft zählen und bestimmen, und die Standardmethode zur Gewinnung von Stichproben war das Auswerfen von (quadratischen) »Fassreifen«. Sein Interesse für Botanik erwies sich als eine der Eigenschaften, derentwegen meine Mutter sich zu ihm hingezogen fühlte, nachdem die beiden sich kennengelernt hatten.

Johns Liebe zur Botanik war schon früh erwacht, nämlich während der Internatsferien, die er und Bill häufig bei ihren Großeltern Smythies verbrachten. Zu jener Zeit war es durchaus üblich, dass Eltern, die in den Kolonien lebten, ihre Kinder und insbesondere Söhne nach Großbritannien aufs Internat schickten. Auch John und Bill kamen mit sechs beziehungsweise sieben Jahren auf das Internat Chafyn Grove in Salisbury, das auch ich später besuchte. Ihre Eltern blieben noch ein Jahrzehnt oder länger in Burma, und da es Flugreisen noch nicht gab, sahen sie ihre Söhne auch in den Schulferien meist nicht. Die Jungen wurden zwischen den Schuljahren anderswo untergebracht, manchmal in kommerziellen Wohnheimen für Kinder von Kolonialbeamten, manchmal aber auch bei den Großeltern Smythies in Dolton (Devon), wo ihnen häufig auch die Cousins aus der Familie Smythies Gesellschaft leisteten.

Heutzutage wäre man über eine solche langfristige Trennung der Kinder von ihren Eltern geradezu entsetzt, aber damals war sie allgemein üblich; in einer Zeit, in der Fernreisen langwierig, mühsam und teuer waren, nahm man sie als unausweichliche Begleiterscheinung des Empire und des diplomatischen Dienstes hin. Kinderpsychologen könnten den Verdacht haben, dass dies bleibende Schäden anrichtete. Dennoch waren John und Bill am Ende ausgeglichene, umgängliche Menschen, aber andere waren vielleicht nicht so robust und überstanden den frühkindlichen Liebesentzug weniger gut. Ihr Cousin Yorick war, wie ich bereits erwähnt habe, exzentrisch und möglicherweise unglücklich; aber dann ging er nach Harrow, was vermutlich alles erklärt – von dem Druck während seiner Verbindung zu Wittgenstein gar nicht zu reden.

Während der Schulferien bei den Großeltern setzte der alte Arthur Smythies einmal einen Preis für dasjenige seiner Enkelkinder aus, das die beste Sammlung von Wildblumen zusammentrug. John gewann, und die Sammlung aus seiner Kindheit wurde zum Grundstock für ein Herbarium, das ihn auf den Weg zu einer Ausbildung als Botaniker brachte. Wie bereits erwähnt, war die Liebe zu den Wildblumen eine Gemeinsamkeit, die er später mit meiner Mutter Jean teilte. Beide bevorzugten auch abgelegene Orte in der Wildnis und hatten eine Abneigung gegen lautstarke Gesellschaft: Sie mochten keine Partys, ganz im Gegensatz zu Johns Bruder Bill und Jeans Schwester Diana (die später ebenfalls heirateten).

Mit 13 Jahren verließen erst John und dann Bill das Internat Chafyn Grove, und man schickte sie auf das Marlborough College in Wiltshire, eine der bekannteren englischen Public Schools (Privatschulen), die ursprünglich für die Söhne von Geistlichen gegründet worden waren. Der Tagesablauf dort war spartanisch und, wie John Betjeman in seiner Versautobiographie berichtet, grausam. John und Bill litten anscheinend nicht so wie der Dichter – sie hatten sogar ihren Spaß. Was aber aufschlussreich ist: Sechs Jahre später, als Colyear an der Reihe war, schickten seine Eltern ihn an eine freundlichere Schule, nämlich Gresham's in Norfolk. Soweit ich weiß, wäre Gresham's auch für John besser gewesen; allerdings gab es im Marlborough den legendären Biologielehrer A. G. (»Tubby«) Lowndes, der ihm vermutlich viele Anregungen gab. Lowndes hatte eine ganze Reihe berühmter Schüler vorzuweisen, darunter die großen Zoologen J. Z. Young und P. B. Medawar sowie mindestens sieben Fellows der Royal Society. Medawar war genauso alt wie mein Vater, und beide gingen später nach Oxford; dort unterrichtete Medawar Zoologie am Magdalen und mein Vater Botanik am Balliol College. Auf meiner Webseite (https://richarddawkins.net/bcd/) habe ich eine historische Episode wiedergegeben, die Niederschrift eines Monologs von Lowndes, der von meinem Vater wörtlich aufgezeichnet wurde und den wahrscheinlich auch Medawar in demselben Klassenzimmer am Marlborough hörte. Für mich ist sie interessant, weil sie gewissermaßen den Kerngedanken über das »egoistische Gen« vorwegnimmt, aber sie beeinflusste mich nicht: Ich entdeckte sie im Notizbuch meines Vaters erst lange nach dem Erscheinen von *Das egoistische Gen*.

Nachdem mein Vater in Oxford sein Examen gemacht hatte, blieb er dort und strebte einen Postgraduiertenabschluss an. Es war das bereits erwähnte Projekt mit den Grashorsten. Anschließend entschied er sich für eine Laufbahn in der landwirtschaftlichen Abteilung der Kolonialverwaltung. Sie erforderte eine weitere Ausbildung in tropischer Landwirtschaft in Cambridge (wo seine Vermieterin den denkwürdigen Namen Mrs Sparrowhawk trug) und dann – nachdem er sich mit Jean verlobt hatte – am Imperial College of Tropical Agriculture (ICTA) in Trinidad. Im Jahr 1939 erhielt er in Nyassaland (dem heutigen Malawi) eine Stelle als Nachwuchs-Agrarbeamter.

# 2
# Marketenderinnen in Kenia

Johns Versetzung nach Afrika setzte meine Eltern unter Zeitdruck. Am 27. September 1939 wurden sie in der Kirche von Little Baddow getraut. Anschließend reiste John mit dem Schiff nach Kapstadt, und von dort fuhr er mit dem Zug nach Nyassaland. Jean folgte ihm im Mai 1940 mit dem Flugboot Cassiopeia. Ihre dramatische Reise dauerte eine Woche und beinhaltete zahlreiche Landungen zum Nachtanken. Eine solche Zwischenstation war Rom, was bei ihr gewisse Ängste weckte, denn Mussolini stand kurz davor, auf deutscher Seite in den Krieg einzutreten. Hätte er das bereits getan, wären alle Passagiere der Cassiopeia bis zum Kriegsende interniert worden.

Als Jean in Afrika angekommen war, musste John ihr schonend beibringen, dass man ihn zu den King's African Rifles (KAR) in Kenia einberufen hatte. Das junge Paar konnte in Nyassaland nur einen Monat lang sein Eheleben führen (und wenn ich zurückrechne, muss ich in dieser Zeit gezeugt worden sein), dann mussten sie abreisen. Das Bataillon aus Nyassaland schickte einen Fahrzeugkonvoi nach Kenia, wo die Soldaten ausgebildet werden sollten. John verschaffte sich irgendwie die Genehmigung, dem Konvoi fernzubleiben und selbst zu fahren. Für etwas anderes hatte er aber keine Erlaubnis: seine junge Ehefrau mitzunehmen. Die Frauen der Kolonialbeamten in Nyassaland hatten strikte Anweisung, im Land zu bleiben oder sich nach England oder Südafrika zu begeben, während ihre Männer nach Norden in den Krieg zogen. Soweit meine Mutter weiß, war sie als Einzige ungehorsam. Sie reiste illegal nach Kenia ein – was später zu Problemen führen sollte, über die ich noch berichten werde.

Am 6. Juli 1940 fuhren John, Jean und ihr Diener Ali, der sie treu begleitete und in meinem jungen Leben noch eine große Rolle spielen sollte, mit »Lucy Lockett« los, ihrem alten, klapprigen Ford-Kombi. Sie führten ein gemeinsames Reisetagebuch, aus dem ich im Folgenden zitieren werde. Absichtlich machten sie sich früher auf den Weg als der Konvoi für den Fall, dass sie unterwegs liegen blieben und gerettet werden mussten. Es war eine kluge Entscheidung: Schon auf der ersten Seite des Tagebuchs berichten sie, eine Gruppe von Jungen habe den Wagen anschieben müssen, damit er überhaupt ansprang. Am vierten Tag berichten sie, nachdem sie erfolgreich um ein paar Flaschenkürbisse gefeilscht hatten:

*Nach dieser Episode fühlten wir uns sehr fröhlich, insbesondere weil wir den Kampf gewonnen und uns die Kürbisse gesichert hatten. John war so munter, dass er anfuhr, bevor Ali im Wagen war, und die Tür an einem Baum abriss. Das war sehr traurig.*

Aber auch das Missgeschick mit der Autotür konnte die jungen Gemüter nicht erschüttern. Vergnügt fuhr das Trio weiter nach Norden, vorüber an Straußenvögeln und Giraffen, den Kilimandscharo am Horizont. Nachts schliefen sie im Laderaum des Wagens, an jedem Lagerplatz entzündeten sie ein Feuer, um die Löwen abzuschrecken, und dann kochten sie köstliche Eintöpfe und Pasteten auf einem behelfsmäßigen Herd, einer jener phantasievollen Erfindungen, an denen mein Vater sein Leben lang Freude hatte. Hin und wieder trafen sie mit dem Konvoi zusammen. Bei einer solchen Gelegenheit …

*… verschwand ein großer militärischer Gentleman … mit rotem Hut und goldenen Litzen und Lakaien in einem indischen Laden, nachdem er uns befohlen hatte zu warten, und kam mit einer großen Schokoladentafel wieder heraus. Er gab sie mir und sagte: ›Ein Geschenk für ein kleines Mädchen auf einer großen Reise!‹ Die Schokolade aß John.*

Ich frage mich, ob die Schokolade für den genialen Befehlshaber das Mittel war, um diskret darauf hinzuweisen, dass Jean illegal anwesend war?

Als sie sich der kenianischen Grenze näherten,

*… waren wir darauf eingestellt, mich unter den Rollen mit dem Bettzeug zu verstecken, und Ali sollte sich oben draufsetzen, wenn die kenianische Grenze auftauchte. Aber die Grenze nahm nie konkrete Form an, und nach einer höchst faszinierenden, großartigen Reise fuhren wir in Nairobi ein, aber wir waren nicht klüger. John brachte mich im Norfolk Hotel unter und fuhr davon, um seinen*

*Dienst anzutreten – zusammen mit Ali, der sich eine Askari-Uniform unter den Nagel gerissen und sich selbst zum Soldaten ernannt hatte.*[34] *Später schnitt er in einer Askari-Fahrschule als Bester ab, womit er die Aufmerksamkeit auf sich zog und John viele Peinlichkeiten bescherte.*

Trotz dieses blamablen Triumphes war Ali nie offiziell Soldat, sondern er reiste als inoffizieller Offiziersbursche meines Vaters mit und begleitete ihn überallhin, von einem Ausbildungslager zum nächsten. In einem davon namens Nyeri wurde zufällig gerade Lord Baden-Powell, der Gründer der Pfadfinder, mit militärischen Ehren bestattet. John, der früher selbst Pfadfinder gewesen war, wurde als Sargträger herangezogen und musste neben der Lafette marschieren. Von dieser Begebenheit besitze ich ein Foto (das im Bildteil wiedergegeben ist), und ich muss sagen, er sieht sehr schneidig aus mit seiner KAR-Uniform, den Khakishorts, den langen Strümpfen und dem Hut, dessen zunehmend mitgenommene Überreste er während seines ganzen späteren Lebens trug. Nebenbei bemerkt: Der große Offizier, der (im falschen Schritt) neben ihm marschiert, ist Lord Errol vom »Happy Valley«, der wenig später durch den berüchtigten, bis heute offiziell nicht aufgeklärten Mordfall »White Mischief« ums Leben kam.

Für Jean waren die nächsten drei Jahre eine Zeit der ständigen Wanderschaft: Sie folgte John zu seinen verschiedenen Arbeitsstellen in Uganda und Kenia. In ihren privaten Erinnerungen, die sie viel später für die Familie festhielt, merkte sie an:

*John war sehr schlau und fand für mich immer vorübergehende Unterkünfte in der Nähe seiner verschiedenen Arbeitsstellen, während er bei den KAR ausgebildet wurde. Ich erledigte kleine Arbeiten, passte auf die Kinder anderer Leute auf und arbeitete in einigen Vorschulen, manchmal war ich aber auch nur zahlender Gast. Als sie einmal den Befehl bekamen, sich auf den Weg zu machen und Addis Abeba einzunehmen, sagte Johns Vorgesetzter, sie sollten sich besser beeilen, sonst sei Jean Dawkins vor ihnen da!*

---

34 »Askari« war die Bezeichnung für die einfachen Soldaten in der KAR.

Zu Jeans vielen freundlichen Gastgebern während dieser Zeit gehörten auch Dr. und Mrs McClean in Uganda, die sie als Kindermädchen für ihre kleine Tochter »Snippet« einstellten.

*Die McCleans in Jinja waren freundlich zu mir, und ich blieb Snippet auf den Fersen, wenn sie dieses oder jenes tat. Die Häuser in Jinja lagen alle rund um einen Golfplatz am Seeufer. Nachts spielten Flusspferde auf den Greens, rülpsten, grunzten und verwüsteten auch die Gärten. Es gab Rudel von Krokodilen, die im Wasser faulenzten und sich an den seichten Rändern des Sees unmittelbar unter den Wasserfällen sonnten, wo ich dummerweise zu paddeln pflegte. Die Krokodile waren lustig: Sie sperrten das Maul weit auf, damit ihre kleinen Freunde, die Vögel, ihnen ohne Gefahr die Zähne reinigen konnten!*

Das symbiotische Putzverhalten ist heute bei den Fischen in Korallenriffen gut beschrieben. Das Phänomen und die interessanten evolutionstheoretischen Überlegungen dazu habe ich in *Das egoistische Gen* beschrieben, aber erst als ich sehr viel später die Erinnerungen meiner Mutter las, wurde mir klar, dass eine ähnliche Beziehung auch zwischen Krokodilen und Vögeln besteht. Ich nehme an, dass sie den gleichen Evolutionsvorgängen folgt, die sich am besten in der mathematischen Sprache der Spieltheorie ausdrücken lassen.

Während des Aufenthalts bei den McCleans erlebte meine Mutter die erste ihrer zahlreichen Malariaepisoden. Sie sollten während ihrer neun Jahre in Afrika immer wieder auftreten und waren einer der Gründe, warum meine Eltern sich schließlich entschlossen, nach England zurückzukehren. Sie erinnert sich noch lebhaft daran, wie sie bei einer späteren Gelegenheit – meine Eltern lebten nach dem Krieg in Nyassaland – während ihres Fieberdeliriums die aufgeregte Stimme von Dr. Glynn hörte, der damals leitender Arzt des Krankenhauses von Lilongwe war. Er sagte: »Wenn Sie nicht schnell John Dawkins rufen, ist es vielleicht zu spät.« Ihre spätere Genesung führte sie – wahrscheinlich zu Unrecht – darauf zurück, dass sie die Befürchtungen des Arztes, sie könne sterben, mitgehört hatte und trotzig entschlossen war, ihm das Gegenteil zu beweisen.

Bei einer ihrer ersten angeblichen Erkrankungen im Haus der

McCleans, bei denen der Verdacht auf Malaria bestand, erwies sich jedoch eine andere Diagnose als richtig:

*Der Arzt war ein lebhafter, fröhlicher Bursche, und eines Tages sagte er: »Sie wissen doch, was Ihr Problem ist, oder?« Darauf erwiderte ich: »Malaria?«, und er sagte: »Sie sind schwanger, meine Liebe!« Das war ein Schock, aber wir waren begeistert. Rückblickend betrachtet, war es in einer solchen unberechenbaren, heimatlosen Situation natürlich falsch von uns. Aber wenn wir klug und vernünftig und auf Sicherheit bedacht gewesen wären, hätten wir unseren Richard nicht! Nun denn! Wir kamen gut damit klar. Ich fing an, Babykleider zu nähen, und natürlich waren wir glücklich. Das Glück verließ uns die ganze Zeit nicht. Heute ist mir klar, dass es für Richard später schwierig gewesen sein muss, auf der ganzen Welt herumgezerrt zu werden, und vielleicht war es auch beunruhigend. In einer Liste hielten wir fest, wie viele Male sein kleiner Koffer in den ersten Jahren gepackt wurde. Viele Nächte verbrachten wir in kenianischen und ugandischen Eisenbahnzügen. Überall waren neue Gesichter, und seine ersten Jahre müssen von mitleiderregender Unsicherheit geprägt gewesen sein.*

Die Liste, die sie damals aufstellte, habe ich gefunden: Sie verzeichnet meine Ortswechsel in den Jahren 1941 und 1942. Jean schrieb sie in ein Notizbuch, das »Blaue Buch«, das heute sehr mitgenommen ist; darin hielt sie auch einige meiner kindlichen Aussprüche und später die meiner Schwester Sarah fest. Der einzige Ort in der Liste, an den ich mich erinnern kann – vermutlich weil wir dort zweimal waren –, ist das Grazebrook's Cottage in Mbagathi nicht weit von Nairobi. Wir waren dort bei Mrs Walter, ihrer im Krieg verwitweten Schwiegertochter Ruby und ihren kleinen Enkeln zu Gast.

In den Erinnerungen meiner Mutter heißt es weiter:

*Kenia, Uganda und Tanganjika waren voller Erinnerungen, viele davon sehr glücklich und wunderschön. Aber auch voller Sorgen und Befürchtungen und Ängste und Einsamkeit, wenn John längere Zeit weg war und es keine Nachrichten von ihm gab. Briefe kamen nur in großen Abständen und dann häufig in Schüben und mit sehr alten Daten. Ich war oft furchtsam und einsam und stets ängstlich, aber wir hatten viele gute Freunde, und darüber war ich glücklich. Am wichtigsten waren die Walters in Mbagathi, die Richard und mich vollständig adoptierten.*

*Ich war auch dort, als das Telegramm kam und uns mitteilte, dass [Mrs Walters Sohn] John, der gerade erst auf Urlaub zu Hause gewesen war, nicht mehr lebte. Mrs Walter hatte das alles zuvor im Ersten Weltkrieg schon mit ihrem Mann durchgemacht, als John noch ein Baby war. Es war sehr, sehr schlimm.*

*Also konzentrierten wir uns auf den jungen William Walter und später, posthum, auf Johnny. Für Richard waren sie eine Zeitlang wie Brüder, und Mrs Walter war die Oma. Sie war eine bemerkenswerte, großartige Frau, und sie blieb immer geschäftig und positiv. Sie konzentrierte sich darauf, den Soldaten, die Urlaub hatten, schöne Ferien zu bereiten, und ich wurde öfter nach Nairobi geschickt, um Gruppen von Soldaten, Seeleuten und Luftwaffenangehörigen mit Juliana hin und her zu transportieren. Juliana war kein sehr zuverlässiges Transportmittel. Sie hatte zwei Kraftstofftanks, sie startete mit Benzin, und wenn man Glück hatte, wechselte sie anschließend zu Paraffinöl. Einmal überlebte ich die rund 20 Meilen nach Hause nur mit Glück. Ein ungeheuer dicker Marinekoch – wie ich schnell erkannte, war er sturzbetrunken –, den ich vom New Stanley Hotel abgeholt hatte, schlief quer über dem Sitz ein und lehnte sich so heftig gegen mich, dass ich das Auto kaum noch lenken konnte. Bewegen konnte ich ihn auch nicht. Es war sehr schwierig.*

*Ich glaube, diesen Männern hat es im Walter-Haushalt wirklich gefallen. Sie spielten mit den Kindern und erledigten viele kleine Hausmeistertätigkeiten für Mrs Walter. Die behandelte sie wie Söhne und setzte ihnen tolle Mahlzeiten vor. Es war für uns alle ein richtiges Zuhause.*

*Richard und ich bauten in Mbagathi eine neue Lehmhütte, einen großartigen Nachbau eines der beiden Rondavels[35] mit einem geraden Stück dazwischen. Sie war sehr hübsch.*

Die beiden Hütten mit dem gemeinsamen Dach aufzubauen dauerte nur ungefähr eine Woche. Sie bilden wohl meine früheste Erinnerung.

---

35 Die traditionelle Rundform.

*Mrs Walter hatte damals ein Stück Land gekauft. Eines Tages – sie rodete gerade zusammen mit einem Afrikaner das Gebüsch – gab es eine riesige Explosion; eine Mine aus dem Ersten Weltkrieg (so nahmen wir an) hatte dem armen Mann die Rückseite eines Unterschenkels sauber abgetrennt. Mrs Walter war eine sehr große, kräftige Person; sie hob ihn in ihren uralten Lieferwagen und brachte ihn nach Hause. Wir stützten ihn und deckten ihn zu, dann fuhr sie ihn nach Nairobi. Er war nach wie vor guter Dinge und plapperte die ganze Zeit. Wir mochten gar nicht glauben, wie ungeheuer tapfer er war!*

Man vergisst nur allzu leicht, dass der Erste Weltkrieg bis weit ins mittlere und südliche Afrika hineingereicht hatte. Tanganjika war damals (zusammen mit Ruanda und Burundi) Deutsch-Ostafrika, und in der Region wurde gekämpft; auf dem Tanganjikasee fanden sogar Seeschlachten zwischen deutschen Schiffen auf der einen Seite und denen Großbritanniens und Belgiens auf der anderen statt (die Westküste des Sees gehörte zu Belgisch-Kongo). In ihrem wahrhaft großartigen Roman *Red Strangers*, einer epischen Saga über das Leben der Kikuyu, beschreibt Elspeth Huxley den Krieg aus Sicht eines Einheimischen: Für ihn ist er eine rätselhafte, nicht fassbare Verirrung der Weißen, in die Afrikaner auf entsetzliche Weise hineingezogen wurden. Der Krieg war aber nicht nur entsetzlich, sondern auch völlig sinnlos, weil die Sieger am Ende keine Rinder oder Ziegen der Verlierer nach Hause treiben konnten.

Aber nicht alle Schrecken jener Zeit hatten mit aktuellen oder vergangenen Kriegen zu tun.

*Manchmal wurde ich auf Rubys Pferd – es hieß Bonnie – mit einer Nachricht zur Nachbarfarm des Ehepaars Lennox Browns geschickt. Als ich zum ersten Mal dorthin kam, führte mich der Page in den großen Salon, dann rief er den Memsahib. Der Raum war dunkel – die Vorhänge waren zum Schutz vor der sengenden Sonne zugezogen, und als ich wartete, wurde mir plötzlich klar, dass ich nicht allein war. Eine riesige Löwin lag in ganzer Länge ausgestreckt auf einem Sofa und riss das Maul auf! Ich war wie gelähmt. Als Mrs Lennox Browns hereinkam, gab sie dem Tier einen Klaps und schob es vom Sofa. Ich gab meine Nachricht ab und ging.*

Das Bild, das meine Mutter aus dem Gedächtnis von dem Vorfall gezeichnet hat, ist im Bildteil wiedergegeben.

> *Später pflegten Richard und William Walter auf einer anderen Farm mit zwei Löwenjungen zu spielen, die dort die Haustiere waren. Sie hatten ungefähr die Größe und das Gewicht ausgewachsener Labradors (mit kurzen Beinen) und waren sehr grob und stark. Aber er und William hatten offenbar Spaß daran. Oft waren wir zum Picknick in den Ngong-Bergen, wo wir über das kurze Gebirgsgras fuhren – Straßen gab es nicht. Kühl und hoch und großartig. Aber wir waren dumm, denn in den Bergen gab es Büffelherden.*

Meine beiden nächsten Erinnerungen handeln von Injektionen: Die erste gab mir Dr. Trim in Kenia, die zweite, schmerzhaftere erhielt ich später in Nyassaland von einem Skorpion. Dr. Trim trug zufällig einen passenden Namen, denn er war vermutlich dafür verantwortlich, dass ich beschnitten wurde. Natürlich bat man mich nicht um meine Zustimmung, aber offensichtlich wurden auch meine Eltern nicht gefragt! Mein Vater war im Krieg und wusste nichts davon. Meine Mutter wurde beiläufig und routinemäßig von einer Krankenschwester darüber in Kenntnis gesetzt, dass es an der Zeit sei, bei mir die Beschneidung vorzunehmen – das war alles. Anscheinend war es in Dr. Trims Gesundheitsstation gängige Praxis – und das Gleiche galt wohl zu jener Zeit auch für viele britische Krankenhäuser: In den verschiedenen Internaten, die ich besucht habe, war die Zahl derer, die beschnitten, und jener, die nicht beschnitten waren, ungefähr gleich; dabei gab es keinen erkennbaren Zusammenhang mit Religion, der gesellschaftlichen Stellung oder irgendeiner anderen Eigenschaft, die ich aufspüren konnte. Heute ist die Situation in Großbritannien anders, und soweit ich weiß, geht die Entwicklung auch in den Vereinigten Staaten mittlerweile in die gleiche Richtung. Ein deutsches Gericht entschied sogar in einem Musterprozess, dass die religiös motivierte Beschneidung von Säuglingen eine Verletzung der Rechte derer ist, die zu jung sind und ihr Einverständnis nicht geben können. Dieses Urteil wird wahrscheinlich wegen des Protestgeheuls derer aufgehoben werden, nach deren Ansicht das Recht der Eltern zur Religionsausübung verletzt wird, wenn man ihnen verbietet, ihre Kinder zu beschneiden.

Interessanterweise werden die Rechte des Kindes nicht erwähnt. Die Religion erfreut sich in unserer Gesellschaft erstaunlicher Privilegien, die nahezu allen anderen Interessengruppen – und mit Sicherheit dem Einzelnen – verweigert werden.

Was den Skorpion angeht, so erteilte er mir eine schmerzhafte Rüge für meine Unzulänglichkeit als werdender Naturforscher. Ich sah, wie er über den Fußboden krabbelte, hielt ihn aber für eine Eidechse. Wie konnte ich nur? Eidechsen und Skorpione ähneln sich, soweit ich heute erkennen kann, in nichts. Ich glaubte, es müsse ein lustiges Gefühl sein, die »Eidechse« über meinen nackten Fuß kriechen zu spüren, also stellte ich ihn dem Tier in den Weg. Das Nächste, woran ich mich erinnern kann, war ein brennender Schmerz. Ich schrie das ganze Haus zusammen, dann muss ich ohnmächtig geworden sein. Meine Mutter erzählte mir, drei Afrikaner hätten meine Schreie gehört und seien ins Zimmer geeilt. Als sie sahen, was geschehen war, bemühten sie sich abwechselnd, mir das Gift aus dem Fuß zu saugen. Dies ist bei Schlangenbissen eine allgemein anerkannte Notfallmaßnahme. Ich habe keine Ahnung, ob sie auch bei Skorpionstichen wirkt, aber ich war gerührt, dass sie es probierten. Heute habe ich so große Angst vor Skorpionen, dass ich nicht einmal dann einen in die Hand nehmen würde, wenn man ihm den Stachel entfernt hätte. Und wenn ich an die Eurypteriden denke, die riesigen Meeresskorpione des Paläozoikums, von denen manche eine Länge von zwei Metern erreichten …

Ich werde oft gefragt, ob meine Kindheit in Afrika mich darauf vorbereitet hat, Biologe zu werden, aber die Episode mit dem Skorpion ist nicht das einzige Indiz dafür, dass die Antwort nein lautet. Die gleiche Vermutung legt auch eine andere Geschichte nahe, die ich nur mit Erröten erzählen kann. Während wir im Haus von Mrs Walter wohnten, hatte ein Löwenrudel ganz in der Nähe ein Tier erlegt, und einige Nachbarn boten uns an, alle aus dem Haus mitzunehmen, damit wir die Raubkatzen beobachten konnten. Mit einem Safariwagen fuhren wir bis auf zehn Meter an den Kadaver heran, an dem die Löwen sich gütlich taten; manche von ihnen lagen auch herum, als hätten sie bereits zu viel gefressen. Die Erwachsenen, die in dem Wagen saßen, waren starr vor Aufregung und Staunen. Aber wie meine Mutter mir später berichtete, blieben William Walter und ich auf dem Wagenboden sitzen: Wir waren völlig mit unseren Spielzeugautos beschäftigt, die wir herumschoben und dabei »wrummm wrummm« schrien. Die Löwen waren uns gänzlich gleichgültig, obwohl die Erwachsenen mehrfach versuchten, unser Interesse an ihnen zu wecken.

Den Mangel an zoologischer Neugier machte ich offensichtlich durch Geselligkeit wett. Meine Mutter sagt, ich sei außerordentlich freundlich gewesen und hätte keine Angst vor Fremden gehabt – ein kleiner Redner mit einer Liebe zu Worten. Und trotz meiner Defizite als Naturforscher war ich anscheinend auch schon frühzeitig ein Skeptiker. Zu Weihnachten 1942 trat ein Mann namens Sam, der sich als Weihnachtsmann verkleidet hatte, in Mrs Walters Haus beim Kinderfest auf. Er täuschte offenbar alle Kinder und verabschiedete sich schließlich mit einem jovialen Winken und viel Ha-ha-ha. Sobald er gegangen war, blickte ich auf und verkündete fröhlich und zur allgemeinen Verblüffung: »Sam ist weg!«

Mein Vater überstand den Krieg unbeschadet. Vermutlich war er froh, dass er nicht gegen Deutsche oder Japaner kämpfen musste, sondern gegen Italiener, die mittlerweile ihren lächerlich aufgeblasenen *Duce* durchschaut hatten und so vernünftig waren, nicht mehr auf einen Sieg hinzuarbeiten. John spielte seine Rolle als untergeordneter Offizier in den Panzern des Abessinien- und Somaliland-Feldzugs, und nachdem die Italiener besiegt waren, schickte man ihn zur Ausbildung mit dem East African Armoured Car Regiment nach Madagaskar mit der Aussicht, nach Burma verlegt zu werden. Dort hätte er seinen jüngeren Bruder Bill wiedersehen können, der damals als Major beim Sierra Leone Regiment gegen die viel schlimmeren Japaner kämpfte und später in den Kriegsberichten erwähnt wurde. Im Jahr 1943 räumte die Regierung aber Johns landwirtschaftlichen Arbeiten eine höhere Priorität ein als seinem Militärdienst, und er wurde zusammen mit anderen Angehörigen der Landwirtschaftsverwaltung von Nyassaland ins zivile Leben zurückberufen.

Als Jean die erfreuliche Nachricht von seiner Demobilisierung las, war sie so aufgeregt, dass sie mit mir auf dem Arm beinahe überfahren worden wäre. Wie gewöhnlich holte sie ihre Post aus dem Postlagerkasten in Nairobi ab. Johns Briefe schienen vordergründig die Beschreibung einer Cricketpartie zu enthalten. Aber wie John sehr genau wusste, interessierte sie sich nicht für Cricket, und er hätte sie nie damit gelangweilt. Das Schreiben musste also eine geheime Bedeutung haben. Die beiden hatten schon früh einen privaten Code entwickelt und auch mehrere Male benutzt, denn die Post aller Angehörigen der

Streitkräfte wurde in Kriegszeiten regelmäßig von Zensoren geöffnet und gelesen. Ihr Code war einfach: Lies in jeder Zeile nur das erste Wort und lasse alles andere außer Acht. Und die ersten Worte der nächsten drei Zeilen über das Cricketmatch lauteten »bowler ... hat ... soon«. Leider ist der Brief nicht erhalten geblieben, aber man kann sich leicht vorstellen, was darin stand. Mit »Bowler« war angeblich der Cricket-Bowler gemeint, und irgendwie muss John auch den »hat« untergebracht haben (vielleicht war es der Panamahut des Schiedsrichters – meine Mutter erinnert sich nicht); das »soon« gehörte dann zu irgendeiner plausiblen Bemerkung über das Spiel. Was bedeutete es wirklich? Nun, ein Bowler war der Inbegriff der Zivilkleidung – Demobilisierung, ziviles Leben. »Bowler Hat Soon« konnte also nur eines bedeuten, und um es zu erkennen, brauchte Jean keine Kreuzworträtselmeisterin zu sein. John würde bald aus den Streitkräften entlassen werden, und als Jean sich diese Tatsache klarmachte, wäre sie aus lauter Aufregung beinahe vor ein Auto gelaufen.

In Wirklichkeit war es nicht so einfach, nach Nyassaland zurückzukehren. Jeans ursprünglich illegale Einreise nach Kenia holte sie jetzt ein. Die Dundridges[36] in der Kolonialverwaltung konnten ihr kein Visum für die Ausreise ausstellen, weil sie den Unterlagen zufolge niemals eingereist war. Jean und John konnten aber auch nicht gemeinsam auf dem gleichen Weg zurückreisen, auf dem sie gekommen waren, denn John hatte dieses Mal den strengen Befehl, sich der Armee anzuschließen: Offiziell würde man ihn erst entlassen, wenn er das Hauptquartier des Nyassaland Bataillon in dessen Heimatland erreicht hatte. Die beiden mussten Kenia also getrennt verlassen, und Jean konnte nicht ausreisen, weil sie gar nicht dort war. Mrs Walter wurde gedrängt, sich für ihre Existenz zu verbürgen, und Dr. Trim bestätigte, dass es mich gab – da er mich auf die Welt geholt hatte, war

---

36 Der private Begriff, mit dem meine Frau und ich sture Bürokraten bezeichnen. Ich bemühe mich darum, das Wort in die englische Sprache einzuführen. Es stammt aus einem komischen Roman von Tom Sharpe, in dem J. Dundridge den Typus verkörpert. Es klingt so passend. Damit ein neues Wort Eingang in das *Oxford English Dictionary* findet, muss es häufig genug ohne Definition oder Zuordnung in der Schriftsprache vorkommen. Ich spreche aus Erfahrung und kann zu meinem Vergnügen sagen, dass der früher von mir geprägte Begriff »Mem« das Kriterium erfüllt und unter M einen sicheren Platz gefunden hat. Bitte nutzen und verbreiten Sie auch Dundridge.

er dazu berechtigt. Mit meiner amtlichen Geburtsurkunde klappte es schließlich, und die Dundridges stempelten mürrisch Jeans Ausreisepapiere. Zusammen mit mir, dem Zweijährigen, bestieg sie ein kleines Flugzeug eines Typs, den man heute als Teichhüpfer bezeichnen würde – es waren zweifellos ziemlich aufregende Teiche voller Krokodile und Flusspferde, Flamingos und badender Elefanten. Als wir in Nordrhodesien (dem heutigen Sambia) umsteigen mussten, ging unser gesamtes Gepäck verloren, aber das spielte schon bald keine Rolle mehr. Zu ihrer Begeisterung stellten meine Eltern fest, dass ihre Überseekoffer, die sie bei Kriegsbeginn in England aufgegeben hatten, endlich in Nyassaland eingetroffen waren, nachdem sie vermutlich in einem von der Marine eskortierten Schiffskonvoi gereist waren. Sie enthielten, wie meine Mutter in ihren Erinnerungen freudig berichtet:

> *Alle unsere Hochzeitsgeschenke, an die ich mich nur noch halb erinnerte, und meine neue Kleidung. Es war eine phantastische Heimkehr, und Richard war da und konnte helfen, die Kisten zu untersuchen.*

# 3
# Seeland

Wir führten weiterhin ein so rastloses Leben wie in Kenia. John und die anderen Armeeheimkehrer wurden als Stellvertreter eingesetzt, so dass die ortsansässigen Agrarbeamten, die seit Kriegsbeginn keinen Urlaub von ihrer Tätigkeit in den Tropen mehr gehabt hatten, sich in der angenehm warmen Zufluchtsstätte Südafrika eine Auszeit nehmen konnten. Deshalb wurde John alle paar Monate auf eine neue Stelle in einem anderen Teil von Nyassaland versetzt. Aber wie meine Mutter anmerkte, »hat es Spaß gemacht, für John war es zweifellos eine gute Erfahrung, wir haben viel von Nyassaland gesehen und in zahlreichen interessanten Häusern gewohnt.«

Das Haus, an das ich mich aus dieser Zeit am besten erinnere, stand in Makwapala am Fuße des Berges Mpupu nicht weit vom Chilwa-See. Mein Vater war dort für eine landwirtschaftliche Hochschule und eine Gefängnisfarm zuständig. Die Häftlinge, die auf der Farm die Arbeitskräfte stellten, hatten offensichtlich ein beträchtliches Maß an Freiheiten – ich weiß noch, wie ich ihnen zusah, wenn sie mit ihren abgehärteten nackten Füßen Fußball spielten. Während dieser Phase wurde meine Schwester Sarah im Krankenhaus von Zomba geboren, und meine Mutter erinnert sich noch daran, wie die Häftlinge von Makwapala, manche von ihnen verurteilte Mörder, »bei uns Schlange standen, um sie nach dem Tee in ihrem Kinderwagen herumzuschieben«.

Als wir nach Makwapala kamen, mussten wir das Diensthaus des örtlichen Landwirtschaftsbeamten zunächst mit der abreisenden Familie teilen, deren Schiffspassage nach England sich um einige Wochen verzögert hatte. Sie hatten zwei Söhne; David, der ältere, hatte die unangenehme Angewohnheit, andere Kinder zu beißen. Schon bald waren meine Arme voller Bissspuren. Einmal, beim Nachmittagstee auf dem Rasen, erwischte mein Vater ihn dabei und schob sanft seinen Schuh dazwischen, um ihn aufzuhalten. Davids Mutter war empört. Sie drückte das Kind an ihre Brust und beschimpfte meinen armen Vater mit deutlichen Worten. »Haben Sie *keine Ahnung* von

Kinderpsychologie? Das weiß doch jeder, dass es das *Schlimmste* ist, was man einem Beißer antun kann, wenn man ihn mitten im Biss aufhält.«

Makwapala war ein heißer, feuchter, von Moskitos und Schlangen verseuchter Ort. Es war so abgelegen, dass es keinen regelmäßigen Postdienst gab; die Siedlung hatte vielmehr ihren eigenen »Boten«; er hieß Saidi und hatte die Aufgabe, mit dem Fahrrad täglich rund 24 Kilometer nach Zomba zur Post zu fahren. Eines Tages kam Saidi nicht zurück; wie wir erfuhren,

> *war der beispiellose Regen im Gebirge von Zomba durch die steilen Schluchten heruntergestürzt und hatte große Brocken des Berges und riesige Felsen vor sich hergetrieben. In der Ortschaft Zomba waren Straßen, Brücken und Menschen in ihren Autos verschwunden, Häuser waren verlassen, und natürlich war die Straße nach Makwapala weggespült.*

Saidi war wohlauf, aber man sagte, Mr Ingram, ein netter Mann, der mich auf seinem Schoß sitzen und sein Auto lenken ließ, sei getötet worden, als eine Brücke weggespült wurde, über die er gerade fuhr. »Später«, berichtete meine Mutter, »erfuhren wir von den Einheimischen, dass so etwas schon früher geschehen sei, allerdings nicht zu Lebzeiten der heutigen Bewohner. Die Ursache seien die Nyapolos, riesige, schlangenähnliche Tiere, die in die Täler krochen und alles zerstörten.«

Ich liebte den Regen. Vielleicht spürte ich das Gefühl der Erleichterung, das die Menschen in einem jahreszeitlich trockenen Land »an dem Tag, an dem der Regen kommt«, empfinden. Während des großen Nyapolos-Regens war ich, der ich »den Regen meist verpasst hatte«, offensichtlich »bezaubert – er zog sich aus, rannte in dem Wolkenbruch herum, schrie vor Freude und wurde richtig verrückt«. Noch heute vermittelt mir starker Regen ein warmes Gefühl der Zufriedenheit, aber ich bin dann nicht mehr gern draußen – vielleicht weil der englische Regen kälter ist.

Makwapala ist der Schauplatz meiner frühesten zusammenhängenden Erinnerungen und auch vieler Aufzeichnungen meiner Eltern über das, was ich sagte und tat. Hier nur zwei Beispiele:

*Komm, sieh mal, Mama. Ich habe die Stelle gefunden, wo die Nacht schlafen geht, wenn die Sonne scheint [Dunkelheit unter dem Sofa].*

*Ich habe Sallys Badewasser mit meinem Lineal gemessen, es ist sieben und Ninepence, sie ist also sehr spät dran mit ihrem Bad.*

Wie alle kleinen Kinder war ich versessen auf Rollenspiele.

*Nein, ich glaube, ich bin ein Gaspedal.*
*Jetzt bist du aber nicht mehr das Meer, Mama.*

*Ich bin ein Engel, und du bist Mr Nye, Mama. Du sagst Guten Morgen, Engel. Aber Engel sprechen nicht, die grunzen nur. Jetzt geht dieser Engel schlafen. Sie schlafen immer mit dem Kopf unter den Zehen.*

Auch an Meta-Rollenspielen zweiter Ordnung hatte ich Spaß:

*Mama, ich will jetzt ein kleiner Junge sein, der so tut, als wäre er Richard.*

*Mama, ich bin eine Eule, die ein Wasserrad ist.*

In der Nähe unserer Wohnung gab es tatsächlich ein Wasserrad, von dem ich fasziniert war. Mein dreijähriges Ich bemühte sich, ein paar Anweisungen zum Bau eines Wasserrades zusammenzustellen:

*Man bindet eine Schnur ganz um die Stöcke herum und in der Nähe hat man einen Graben mit schnellem Wasser darin. Jetzt nimmt man ein Stück Holz und macht ein Stück Blech daran als Griff und benutzt ihn, wenn das Wasser kommt. Dann nimmt man ein paar Ziegelsteine, damit das Wasser schnell runterkommt, und dann ein Stück Holz und macht es rund und macht viele Dinge, die vorstehen, dann steckt man es auf einen langen Stock und das ist das Wasserrad und es dreht sich im Wasser und macht bäng bäng bäng.*

Das Nächste ist vermutlich ein Rollenspiel nullter Ordnung, denn meine Mutter und ich mussten so tun, als wären wir wir selbst:

*Du bist jetzt Mama und ich bin Richard und wir fahren mit diesem Garrimotor nach London. [Die anglo-indische Wortschöpfung »Garrimotor« gelangte wahrscheinlich durch meine Großeltern und Urgroßeltern aus der Kolonialverwaltung in meine Familie, sie könnte sich aber auch von Indien aus über das Empire verbreitet haben.]*

Im Februar 1945 – ich war knapp vier Jahre alt – hielten meine Eltern fest, dass ich »nach unserem Wissen nie etwas Erkennbares gezeichnet« hätte. Das mag für meine künstlerisch begabte Mutter eine Enttäuschung gewesen sein: Man hatte ihr als Sechzehnjährige den Auftrag gegeben, ein Buch zu illustrieren, und später hatte sie eine Kunstschule besucht. Was bildende Kunst angeht, bin ich bis heute außerordentlich unbegabt, und ich habe sogar einen blinden Fleck, wenn es darum geht, sie zu beurteilen. Musik ist ein ganz anderes Kapitel, ebenso die Dichtung. Gedichte und (etwas weniger leicht) auch Musik können mich zu Tränen rühren, beispielsweise der langsame Satz des Streichquintetts von Schubert, aber auch manche Lieder von Judy Collins oder Joan Baez. Die Aufzeichnungen meiner Eltern lassen auch ein frühzeitiges Interesse an den Rhythmen der Sprache erkennen. Sie hörten zu, wenn ich in Makwapala meinen Mittagsschlaf machte:

The wind blows in
The wind blows in
The rain comes in
The cold comes in
The rain comes
Every day the rain comes
Because of the trees
The rain of the trees

Offensichtlich redete oder sang ich ständig vor mich hin, und das häufig in sinnlosen, aber rhythmischen Absätzen.

The little black ship was blowing in the sea
A little black ship was blowing in the wind
Down down down to the sea
Down in the meadows, a little black ship
The little black ship was down in the meadows
The meadows were down to the sea
Down to the meadows, and down to the sea
The little black ship down in the meadows
Down in the meadows, down to the sea |4|

Ich nehme an, solche Selbstgespräche, in denen mit Rhythmen experimentiert wird und vielleicht nur halb verstandene Wörter ausgetauscht werden, kommen bei kleinen Kindern häufig vor. Ein ähnliches Beispiel findet sich in der Autobiographie von Bertrand Russell; dort berichtet er, wie er seine zweijährige Tochter Kate bei ihren Selbstgesprächen belauschte; er hörte, wie sie sagte:

The North wind blows over the North Pole.
The daisies hit the grass.
The wind blows the bluebells down.
The North wind blows to the wind in the South. |5|

Die folgende durcheinandergewürfelte Anspielung auf Ezra Pound muss nach meiner Vermutung darauf zurückzuführen sein, dass meine Eltern laut vorlasen:

The Askari fell off the ostrich
In the rain
Huge sing Goddamn
And what became of the ostrich?
Huge sing Goddamn |6|

Ebenso haben meine Eltern festgehalten, dass ich über ein großes Repertoire an Liedern verfügte, die ich, immer mit der richtigen Melodie, zum Besten gab; dabei tat ich so, als wäre ich ein Grammophon, und manchmal machte ich »Witze«, beispielsweise als wäre ich in einer Rille hängen geblieben – dann sang ich immer wieder das gleiche Wort, bis die »Nadel« (mein Finger) ein Stück weiter geschoben wurde. Wir hatten ein tragbares Grammophon mit einem Uhrwerk zum Aufziehen, genau wie es von Flanders und Swann im »Song of Reproduction« unsterblich gemacht wurde:

I had a little gramophone
I'd wind it round and round.
And with a sharpish needle,
It made a cheerful sound.
And then they amplified it
It was much louder then.
And used sharpened fibre needles,
To make it soft again. |7|

Mein Vater kaufte keine »Fibre needles«. Vielmehr benutzte er meist behelfsweise die Dornen von den Enden der Sisalblätter.

Einige meiner Lieder hatte ich wahrscheinlich von Schallplatten, manche waren wie die zuvor zitierten aus dem Augenblick geborenes Gebrabbel, und wieder andere stammten von meinen Eltern. Insbesondere mein Vater hatte Spaß daran, mir Nonsens-Lieder beizubringen, die er vielfach wiederum von seinem Vater hatte. An so manchem Abend erklangen unsere Bemühungen mit Juwelen wie »Mary had a William goat«, »Hi ho Cathusalem, the harlot of Jerusalem« oder »Hoky Poky Winky Fum«, das mein Urgroßvater Smythies, wie ich erfuhr, jeden Tag beim Zuschnüren seiner Stiefel gesungen haben soll, sonst aber nie. Einmal verlief ich mich am Strand des Nyassasees; als man mich schließlich fand, saß ich zwischen zwei älteren Damen in Liegestühlen und ergötzte sie mit dem Gordouli-Lied, das Studienanfänger des Balliol College seit 1896 als Spottserenade über die Mauer zum benachbarten Trinity College gegrölt hatten und das auch ein Lieblingslied meines Vaters und Großvaters gewesen war.

Gordoooooooli.
He's got face like a ham.
Bobby Johnson says so.
And he ought to know.
Bloody Trinity. Bloody Trinity.
If I were a bloody Trinity man
I would. I would.

I'd go into the public rear,
I would. I would.
I'd pull the plug and disappear.
I would. I would.
Bloody Trinity. Bloody Trinity. |8|

Große Dichtung ist das wohl kaum, und in nüchternem Zustand singt man es normalerweise nie, interessant wäre vielleicht gewesen, was die alten Damen davon hielten. Als ich 1959 auf das Balliol kam, stellte ich übrigens fest, dass die Melodie sich irgendwann während der 22 Jahre, seit mein Vater vom College abgegangen war, verändert hatte: Sie hatte eine destruktive memetische Mutation durchgemacht, durch die ein subtiler Aspekt verlorengegangen war.

Meine Grammophon-Metapher diente regelmäßig dem Versuch, das Zubettgehen hinauszuzögern: Das Grammophon lief ab, das Lied wurde langsamer, die Tonhöhe sank ab, und es musste »aufgezogen« werden. Das Ganze war sogar Teil unseres Alltagslebens: Wir hatten keinen elektrischen Strom, und das Uhrwerkgrammophon musste stets aufgezogen werden, damit es die Sammlung der 78-UpM-Schallplatten meines Vaters abspielen konnte. Vor allem waren es Aufnahmen von Paul Robeson, den ich bis heute verehre, aber auch Fjodor Schaljapin, der *Tom der Reimer* auf Deutsch sang (die Aufnahme würde ich gern ausfindig machen, aber iTunes hat mich bisher im Stich gelassen), und verschiedene Orchesterwerke, darunter die *Symphonischen Variationen* von César Franck, die ich – vermutlich wegen des Klavierparts – als »tropfendes Wasser« bezeichnete.

Da wir keinen Strom hatten, wurden unsere Häuser mit Petroleum-Starklichtlampen beleuchtet. Ihr Glühstrumpf musste mit Brennspiritus vorgeheizt werden, und wenn man dann den Petroleumdampf nach oben pumpte, zischten die Lampe gemütlich den ganzen Abend. In Nyassaland hatten wir die längste Zeit auch keine Toilette mit Wasserspülung, sondern wir mussten eine Trockentoilette benutzen, die sich manchmal in einem Klohäuschen befand. In anderer Hinsicht lebten wir aber in großem Luxus. Wir hatten immer einen Gärtner, einen Koch sowie weitere Bedienstete (die, wie ich zu meinem Bedauern sagen muss, als »Boys« bezeichnet wurden). An ihrer Spitze stand Ali, der zu meinem ständigen Begleiter und Freund wurde. Der Tee wurde auf dem Rasen serviert; die hübsche silberne Teekanne, der Krug mit dem heißen Wasser und das Milchkännchen standen unter einer zierlichen Musselinabdeckung, die von eingenähten Schneckenhäusern am Saum beschwert wurde. Dazu gab es *Drop Scones* (schottische Pfannkuchen), die für mich bis heute die Entsprechung zu Prousts *Madeleines* sind.

Die Ferien verbrachten wir mit Förmchen und Schaufel an den Sandstränden des Nyassasees, der so groß ist, dass man ihn für ein Meer halten könnte: Am Horizont ist kein Land zu sehen. Wir wohnten in einem hübschen Hotel, dessen Zimmer strohgedeckte Strandhütten waren. Einmal machten wir auch Ferien in einer geliehenen Hütte hoch oben im Zomba-Gebirge. Eine Anekdote von dieser Reise macht meinen Mangel an Kritikfähigkeit deutlich (und straft vielleicht die Geschichte Lügen, wonach ich mit einem Jahr den Weihnachtsmann durchschaut hatte). Ich spielte Verstecken mit einem freundlichen Afrikaner und suchte ihn in einer Hütte, in der er eindeutig nicht war. Später ging ich noch einmal zu derselben Hütte, und nun war er dort – an einer Stelle, an der ich ganz bestimmt nachgesehen hatte. Er schwor, er sei die ganze Zeit dort gewesen, habe sich aber unsichtbar gemacht. Ich nahm seine Erklärung hin, erschien sie mir doch plausibler als die aus heutiger Sicht naheliegende Alternative, dass er log. Ich frage mich, ob Elfengeschichten voller Zaubersprüche und Wunder, zu denen auch unsichtbare Menschen gehören, in der Erziehung schädlich sind. Aber immer wenn ich heute diese Zweifel äußere, bekomme ich von allen Seiten Prügel, weil ich angeblich den Zauber der Kindheit zerstören will. Ich glaube, ich erzählte meinen Eltern damals nichts von dem Versteckspiel im Zomba-Gebirge, aber ich kann mich des Gedankens nicht erwehren, dass ich froh gewesen wäre, wenn sie mir Humes Überlegungen über Wunder in geeigneter Form nahegebracht hätten. Was meinst du wohl, welches das größere Wunder ist? Das Wunder, dass ein Mann lügt, um einem leichtgläubigen Kind einen Gefallen zu tun? Oder das Wunder, dass er sich tatsächlich unsichtbar gemacht hat? So, kleiner Richard, was glaubst du nun, was in der Hütte tatsächlich passiert ist, auf dem Zomba-Berg hoch über der Ebene?

Ein anderes Beispiel für kindliche Leichtgläubigkeit: Jemand, der meinen Kummer über verstorbene Haustiere lindern wollte, erzählte mir, Tiere würden nach ihrem Tod in einen eigenen Himmel eingehen, die Glücklichen Jagdgründe. Ich glaubte das aufs Wort und fragte nicht einmal nach, ob es auch einen »Himmel« für die Beutetiere gibt, die dort gejagt werden. In der Mullion Cove begegnete mir einmal ein Hund, und ich fragte, wem er gehörte. Die Antwort verstand ich falsch als »Mrs Ladners Hund zurückgekommen«. Ich wusste, dass meine Großmutter vor meiner Geburt einen Hund namens Saffron besessen hatte, der aber schon lange tot war. Mit einer gutgläubigen Neugier, die aber so schwach war, dass ich ihr nicht weiter nachging, nahm ich sofort an, es handele sich bei dem Hund tatsächlich um Saffron und er sei aus den Glücklichen Jagdgründen zurückgekehrt.

Warum fördern Erwachsene die Leichtgläubigkeit von Kindern? Ist es wirklich so falsch, ein Kind, das an den Weihnachtsmann glaubt, in ein kleines Frage-und-Antwort-Spiel zu verwickeln? Wie viele Schornsteine müsste er erreichen, um bei allen Kindern der Welt seine Geschenke abzuliefern? Wie schnell müsste sein Rentier fliegen, damit es bis zum Weihnachtsmorgen überall war? Sag dem Kind nicht rundheraus, dass es keinen Weihnachtsmann gibt. Ermutige es aber zu der unbestechlichen Gewohnheit, skeptische Fragen zu stellen.

In Kriegszeiten, Tausende Kilometer von Verwandten und Einkaufsstraßen entfernt, waren Weihnachts- und Geburtstagsgeschenke zwangsläufig begrenzt, aber das machten meine Eltern durch Erfindungsreichtum wett. Meine Mutter nähte für mich einen wunderbaren Teddybären, der so groß war wie ich. Und mein Vater konstruierte verschiedene phantasievolle Maschinen, unter anderem einen Lastwagen, unter dessen Motorhaube sich eine einzige echte (völlig unpassende, aber herrlich maßstabslose) Zündkerze befand. Der Lastwagen war mein Stolz und meine Freude, als ich ungefähr vier war. Den Aufzeichnungen meiner Eltern ist zu entnehmen, dass ich so tat, als habe er eine Panne, woraufhin ich

*Das Loch im Reifen flickte*
*Das Wasser vom Terveiler (Verteiler) wischte*
*Die Batterie reparierte*
*Wasser in den Kühler schüttete*
*Am Vergaser fummelte*
*An der Starterklappe zog*
*Den Schalter andersherum ausprobierte*
*Die Zündkerze reparierte*
*Die Ersatzbatterien richtig einsetzte*

*Öl in den Motor füllte*
*Nachsah, ob mit der Lenkung alles in Ordnung war*
*Benzin nachfüllte*
*Den Motor abkühlen ließ*
*Ihn umdrehte und die Unterseite betrachtete*
*Die Knalle durch Verkürzung der Enden überprüfte [was das bedeutet, weiß ich nicht]*
*Eine Feder auswechselte*
*Die Bremsen reparierte*
*Und so weiter*

Jede Tätigkeit wurde mit den entsprechenden Bewegungen und Geräuschen begleitet, und dann kam das »Ger er er er er Ger er er er er« des Starters, woraufhin der Motor ansprang oder auch nicht.

1946, ein Jahr nach Kriegsende, konnten wir im Urlaub »nach Hause« nach England fahren (England war immer unser »Zuhause«, obwohl ich noch nie dort gewesen war; ich habe Neuseeländer der zweiten Generation kennengelernt, die der gleichen nostalgischen Konvention folgen.) Mit dem Zug fuhren wir nach Kapstadt, und dort gingen wir an Bord der *Empress* (ich glaubte, es heiße »Emprist«) *of Scotland* mit Kurs auf Liverpool. Die südafrikanischen Eisenbahnzüge hatten zwischen den Wagen offene Plattformen mit einer Reling wie auf einem Schiff. Man konnte sich hinauslehnen, die Welt vorüberziehen sehen und die Asche von der entsetzlich umweltverschmutzenden Dampflokomotive auffangen. Anders als auf einem Schiff hatten diese Geländer eine Teleskopfunktion und wurden so länger oder kürzer, wenn der Zug durch eine Kurve fuhr. Da war ein Unfall vorprogrammiert, und der ereignete sich auch. Ich hatte meinen linken Arm an dem Geländer eingehakt und merkte nicht, dass der Zug gleich in eine Kurve fahren würde. Als die Geländer sich zusammenschoben, wurde mein Arm eingeklemmt, und meine erschrockenen Eltern konnten mich erst befreien, als die Kurve zu Ende war und das Geländer sich wieder streckte. In Mafeking, der nächsten Station, wurde der Zug angehalten, und man brachte mich ins Krankenhaus, um den Arm nähen zu lassen. Ich hoffe, den anderen Fahrgästen war die Verspätung nicht allzu unangenehm. Die Narbe habe ich heute noch.

Als wir nach Kapstadt kamen, stellte sich heraus, dass die *Empress of Scotland* ein erbärmliches Schiff war. In Kriegszeiten war sie zum Truppentransporter umgebaut worden: Statt der Kabinen hatte sie verliesartige Schlafsäle mit dreistöckigen Betten. Es gab Schlafsäle für Männer und welche für Frauen und Kinder. Dort war es so eng, dass man sich bei Tätigkeiten wie dem Ankleiden abwechseln musste. Im Frauenschlafsaal, so das Tagebuch meiner Mutter,

> *ging es mit so vielen Kindern zu wie in einem Tollhaus. Wir zogen sie an, brachten sie zur Tür und übergaben sie den Vätern, die dort in einer langen Schlange warteten, um ihre Sprösslinge abzuholen. Die nahmen sie mit und stellten sich für das Frühstück an. Richard musste regelmäßig zum Schiffsarzt und sich den Arm verbinden lassen. In der Mitte der dreiwöchigen Reise bekam ich natürlich einen Malariaanfall; Sarah und ich wurden ins Schiffslazarett gebracht, und der arme Richard blieb allein in dem schrecklichen Schlafsaal. Man erlaubte ihm nicht, zu John oder zu mir zu kommen. Es war grausam.*
> *Ich glaube, wir konnten nicht richtig einschätzen, was für eine schreckliche Zeit die ganze Reise für Richard gewesen sein muss und welche langfristigen Auswirkungen sie hatte. Er muss das Gefühl gehabt haben, dass alle Geborgenheit der Welt plötzlich weg war. Und als wir nach England kamen, war er ein trauriger kleiner Junge, der seinen ganzen Schwung verloren hatte. Als wir am Kai in Liverpool in den dunklen Regen hinausblickten und darauf warteten, an Land gehen zu können, fragte er erstaunt: »Ist das England?« Und dann wollte er sofort wissen: »Wann fahren wir wieder zurück?«*

Wir fuhren zu meinen Großeltern väterlicherseits zum Anwesen The Hoppet in Essex, wo es …

> *im Februar bitter kalt und spartanisch war. Richards Zuversicht schwand, und er fing an zu stottern. Mit seiner Kleidung kam er nicht zurecht. Nachdem er bisher in seinem Leben meist sehr wenig angehabt hatte, gab er sich jetzt den Knöpfen und Schnürsenkeln geschlagen; die Großeltern hielten ihn für zurückgeblieben: »Kann er sich noch nicht selbst anziehen?« Weder sie noch wir hatten Bücher über Kinderpsychologie, also machten sie sich daran, ihm*

*Disziplin beizubringen. Er wurde zu einem verschlossenen und ein wenig gelähmten Menschen. In The Hoppet gab es ein Ritual: Er musste lernen, »Guten Morgen« zu sagen, wenn er zum Frühstück kam, und wurde aus dem Zimmer geschickt, bis er es tat – sein Stottern verschlimmerte sich, und keiner von uns war glücklich. Heute schäme ich mich, dass wir den Großeltern erlaubt haben, sich so zu benehmen.*

In Cornwall, bei meinen Großeltern mütterlicherseits, standen die Dinge nicht viel besser. Vom Essen mochte ich fast nichts, und wenn die Großeltern dennoch darauf bestanden, dass ich es aß, stellte ich mich innerlich darauf ein, zu erbrechen. Am schlimmsten war das wässerige Kürbisgemüse, das ich sogar auf den Teller kotzte. Wahrscheinlich waren alle erleichtert, als es für uns an der Zeit war, in Southampton an Bord der *Carnarvon Castle* zu gehen, die nach Kapstadt fuhr, um von dort nach Nyassaland zurückzukehren – und zwar nicht nach Makwapala im Süden, sondern in den zentralen Distrikt rund um Lilongwe. Mein Vater wurde zuerst in die landwirtschaftliche Forschungsstation in Likuni nicht weit von Lilongwe und dann nach Lilongwe selbst versetzt, das heute die Hauptstadt Malawis ist, damals aber noch ein kleiner Provinzflecken war.

Likuni und Lilongwe sind für mich die Schauplätze angenehmer Erinnerungen. Offenbar interessierte ich mich schon mit sechs Jahren für Wissenschaft, denn ich weiß noch, wie ich meine kleine Schwester, die lange krank war, in unserem gemeinsamen Zimmer in Likuni mit Geschichten über Mars, Venus und die anderen Planeten unterhielt, über ihre Entfernung zur Erde und die Wahrscheinlichkeit, dass es auf ihnen Leben gibt. Mir gefielen die Sterne an diesem Ort, der kaum von irdischem Licht verunreinigt war. Der Abend war eine magische Zeit der Geborgenheit, und ich assoziierte sie mit dem Choral von Baring-Gould:

Now the day is over,
Night is drawing nigh,
Shadows of the evening
Steal across the sky.

Now the darkness gathers,
Stars begin to peep;

Birds, and beasts, and flowers
Soon will be asleep. |9|

Wieso ich überhaupt Choräle kannte, weiß ich nicht, denn in Afrika gingen wir nie in die Kirche (wohl aber wenn wir in England bei den Großeltern waren). Das Kirchenlied müssen mir meine Eltern beigebracht haben, ebenso wie »There's a friend for littul children, above the bright blue sky«.

In Likuni fielen mir auch zum ersten Mal die langen Schatten des Abends auf, und sie faszinierten mich. Das Ganze hatte damals noch nichts mit den Vorahnungen zu tun, die durch T. S. Eliots »Schatten, der dich abends einholt« geweckt werden. Wenn ich die Nocturnes von Chopin höre, fühle ich mich noch heute zurückversetzt nach Likuni, und ich habe das angenehme Gefühl der abendlichen Geborgenheit, wenn die »Sterne munter blinzeln«.

Mein Vater dachte sich für Sarah und mich wunderbare Gutenachtgeschichten aus. Oft kam darin ein »Bronkosaurus« vor, der mit hoher Falsettstimme »Tiddly-widdly-widdly« sagte und gaaanz weit weg in Gonwnkyland wohnte. (Die Anspielung verstand ich erst während meines Studiums, als ich etwas von Gondwanaland hörte, dem großen Südkontinent, der später zerbrach und zu Afrika, Südamerika, Australien, Neuseeland, der Antarktis, Indien und Madagaskar wurde.) Wir betrachteten gerne in der Dunkelheit das Leuchtzifferblatt seiner Armbanduhr, und er malte uns mit seinem Füllfederhalter eine Uhr auf das Handgelenk, damit wir während der milden Nächte unter dem Moskitonetz die Zeit ablesen konnten.

Auch Lilongwe war der Schauplatz einer kostbaren Kindheitserinnerung. Der Amtssitz des Distrikts-Agrarbeamten war über und über mit Bougainvilleen bewachsen. Der Garten war voller Kapuzinerkresse, deren Blätter ich gern aß. Mit ihrem einzigartigen, pfeffrigen Geschmack, der einem noch heute manchmal in Salaten begegnet, sind sie der zweite Kandidat für meine Proust'schen *Madeleines*.

In dem gleich aussehenden Haus nebenan wohnte der Arzt. Dr. und Mrs Glynns Sohn David war genauso alt wie ich, und wir spielten jeden Tag gemeinsam in ihrem Haus, unserem Haus oder der Umgebung. Der Sand enthielt dunkelblau-schwarze Körner – es muss sich um Eisen gehandelt haben, denn wir konnten sie mit einem Magneten, der an einer Schnur hing, herausziehen. Auf der Veranda bauten wir »Häuser« mit kleinen Zimmern und Korridoren aus Stoffstücken, Matten und Teppichen, die wir über Stühle und Tische legten. Wir statteten die »Häuser« auf der Veranda sogar mit fließendem Wasser aus; als Rohrleitungen steckten wir die hohlen Stängel von einem Baum im Garten zusammen. Er gehörte vielleicht zur Gattung *Cecropia*, aber wir nannten ihn »Rhabarberbaum« – den Namen hatten wir vermutlich aus einem Lied, das wir (zur Melodie von »Little Brown Jug«) gern sangen:

> Ha ha ha. Hee hee hee.
> Elephant's nest in a rhubarb tree. |10|

Wir sammelten Schmetterlinge, meist gelbe und schwarze Schwalbenschwänze; heute vermute ich, dass es sich um verschiedene Arten der Gattung *Papilio* handelte. Damals machten David und ich aber keine Unterschiede: Wir nannten sie alle »Daddy Christmas«; das, so sagte er, sei ihr richtiger Name, der allerdings angesichts des gelb-schwarzen Musters nicht plausibel erschien.

Mein Vater unterstützte die Schmetterlingssammelei. Er baute mir eine Schachtel, in der ich meine Fundstücke aufspießen konnte; er legte den Kasten aber mit Sisal aus und nicht mit Kork, wie es die Profis gern tun und wie es auch mein Großvater Dawkins – der selbst Sammler war – tat, als er mit meiner Großmutter zu Besuch kam. Sie planten eine Rundreise durch Ostafrika und wollten ihre Söhne nacheinander besuchen. Zuerst fuhren sie nach Uganda zu Colyear, dann führte ihr Weg sie über Tanganyika nach Nyassaland. Und zwar, wie meine Mutter berichtete …

> *in einer Reihe kurzer Etappen mit den Bussen der Einheimischen, unglaublich unbequem und vollgepackt mit Horden von Afrikanern und armen Hühnern mit zusammengebundenen Beinen und ungeheuren Ballen verschiedener Waren. Kein Transportmittel fuhr weiter als bis nach Mbeya [im Süden von Tanganyika]. Aber ein junger Mann hatte ein kleines, leichtes Flugzeug und erbot sich, sie weiter zu bringen. Also machten sie sich auf, aber sie gerieten in schlechtes Wetter und mussten umkehren. Als das Wetter sich besserte, versuchten sie es noch einmal; dabei flogen sie so niedrig, dass Tony [mein Großvater, Kurzbezeichnung für Clinton] sich*

*hinauslehnen konnte. Unterwegs erkannte er anhand einer alten Landkarte die Flüsse und Straßen und dirigierte den Piloten.*

Mein abenteuerlustiger Großvater war in seinem Element. Er liebte Landkarten und auch Eisenbahnfahrpläne – die kannte er auswendig, und im sehr hohen Alter bildeten sie seinen einzigen Lesestoff.

*In Lilongwe wusste jeder ungefähr zehn Minuten im Voraus Bescheid, wenn ein Flugzeug eintraf. Das lag daran, dass eine einheimische Familie in ihrem Garten Kronenkraniche als Haustiere hielt. Die Vögel hörten ein anfliegendes Flugzeug viel früher als die Menschen und fingen dann an zu schreien. Ob aus Angst oder aus Freude, wusste man nicht. Eines Tages, als das regelmäßige wöchentliche Flugzeug noch nicht fällig war und die Kraniche zu schreien begannen, fragten wir uns, ob es die Großeltern sein könnten. Also gingen wir zur Landepiste, Richard und David mit ihren Dreirädern. Wir kamen gerade noch rechtzeitig und konnten zusehen, wie das winzige Flugzeug zweimal über dem Ort kreiste und mit einem gewaltigen Bumms landete; dann stiegen Oma und Opa aus.*

So etwas Naheliegendes wie eine Flugaufsicht gab es also nicht. Nur Kronenkraniche.

*In Lilongwe wurden wir vom Blitz getroffen. Eines Abends zog ein heftiges Gewitter heran. Es war sehr dunkel, und die Kinder hatten ihr Abendessen in den (hölzernen) Betten unter dem Moskitonetz eingenommen. Ich saß auf dem Fußboden und las; dabei lehnte ich mich an unser sogenanntes Sofa (das aus einem alten Bettgestell aus Eisen gebaut war). Plötzlich hatte ich ein Gefühl, als hätte ich einen Vorschlaghammer auf den Kopf bekommen, und ich lag völlig flach. Es war ein gewaltiger, genau gezielter Schlag. Wir sahen, dass die Radioantenne und eine Gardine in Flammen standen, und liefen schnell in das Kinderzimmer, um nachzusehen, ob dort alles in Ordnung war. Die Kinder hatten überhaupt nichts mitbekommen und kauten ziemlich gelangweilt an ihren Maiskolben!*

Ob meine Eltern den Vorhang löschten, bevor sie nach uns Kindern sahen, ist nicht überliefert. In ihrem Bericht fährt meine Mutter fort:

*Ich hatte eine lange rote Verbrennung an der Körperseite, mit der ich mich an das Eisenbett gelehnt hatte, und später entdeckten wir noch alle möglichen anderen seltsamen Dinge. Zum Beispiel einen Brocken vom Betonfußboden, der herausgerissen und auf das Garagendach geschleudert worden war! Dem Koch wurde ein Messer aus der Hand geschlagen, und er wurde umgeworfen, eine Wäscheleine aus Draht war geschmolzen, und die Fensterscheiben im Wohnzimmer waren mit geschmolzenem Metall von der Radioantenne bespritzt, die völlig verschwunden war, usw. usw. Wir können uns nicht mehr an alles erinnern, aber es war dramatisch.*

Ich selbst habe an den Blitzschlag nur verschwommene Erinnerungen, aber ich frage mich, ob das Messer dem Koch tatsächlich aus der Hand geschlagen wurde oder ob er es vor Angst fallen ließ – was ich sicher getan hätte. Ich erinnere mich noch an die bunten Muster, die irgendwelche Substanzen auf den Fenstern hinterlassen hatten, und auch an den Augenblick des Einschlags selbst, denn dabei bestand das Geräusch nicht aus dem üblichen bumm bumm bumm de bumm bumm bumm (das größtenteils ein Echo ist), sondern aus einem einzigen, auffallend langen Knall. Gleichzeitig muss ein heller Blitz aufgeflammt sein, aber daran habe ich keine Erinnerung.

*Glücklicherweise hatten wir danach keine Unwetterangst, denn in Afrika gab es häufig prächtige Gewitter. Sie waren ungeheuer schön, die Bergketten hoben sich als Silhouetten vor dem hellerleuchteten Himmel ab, und alles war begleitet von der großen Oper des manchmal fast ununterbrochenen Donners.*

In Lilongwe kauften wir auch unseren ersten Neuwagen, einen Willys Jeep Station Wagon, der auf den Namen Creeping Jenny getauft wurde. Er trat an die Stelle des alten Standard Twelve »Betty Turner«. Heute erinnere ich mich mit nostalgischer Begeisterung an den aufregenden Neuwagengeruch von Creeping Jenny. Unser Vater erklärte Sarah und mir, welche Vorteile sie im Vergleich zu allen anderen Autos hatte; denkwürdig waren vor allem die flachen Kotflügel über den Vorderrädern. Er erzählte uns, sie seien extra so konstruiert, damit sie uns als Tische für unser Picknick dienen konnten.

Mit fünf Jahren wurde ich in die Schule von Mrs Milne geschickt, eine kleine, einklassige Vorschule, die von einer Nachbarin geleitet wurde. Eigentlich konnte ich bei Mrs Milne überhaupt nichts lernen, denn die anderen Kinder lernten lesen, und das hatte meine Mutter mir schon beigebracht; deshalb setzte Mrs Milne mich mit einem »Erwachsenenbuch« an die Seite, wo ich allein lesen sollte. Das Buch war zu »erwachsen« für mich, aber pflichtschuldigst zwang ich mich, meinen Blick über jedes Wort gleiten zu lassen, auch wenn ich das meiste nicht verstand. Ich weiß noch, wie ich Mrs Milne fragte, was »wissbegierig« bedeutet, aber ich brachte nicht den Mut auf, mich bei ihr nach der Bedeutung weiterer Wörter zu erkundigen, während sie damit beschäftigt war, die anderen Kinder zu unterrichten. Also bekam ich …

*gemeinsamen Unterricht mit dem Arztsohn Davis Glynn, der von der Frau des Arztes unterrichtet wurde. Beide waren aufgeweckte kleine Jungen, und wir nehmen an, dass sie eine Menge lernten. Dann gingen er und David zusammen auf die Eagle School.*

# 4
# Ein Adler in den Bergen

Die Eagle School war ein nagelneues Internat. Es lag hoch oben im Nadelwald des Vumba-Gebirges in Südrhodesien (dem heutigen Zimbabwe), nicht weit von der Grenze zu Mosambik. Ich bediene mich der Vergangenheitsform, weil die Schule während der Konflikte, die später über das unglückselige Land hereinbrachen, ein für alle Mal geschlossen wurde. Ihr Gründer war Frank (»Tank«) Cary, ein früherer Hausvorsteher der Dragon School in Oxford, die meines Wissens die größte und wohl auch beste Vorschule Englands ist und sich sowohl eines großartigen Abenteuergeistes als auch einer bemerkenswerten Liste angesehener Absolventen rühmen kann. Tank wollte sein Glück in Afrika versuchen, und seine Schule war ein originalgetreues Abbild von Dragon. Wir hatten den gleichen Schul-Wahlspruch (*Arduus ad solem*, ein Vergil-Zitat) und die gleiche Schulhymne, die nach der Melodie zu »Onward, Christian Soldiers« von Sulivan gesungen wurde: »*Arduus ad solem*/ By strife up to the sun«. Tank hatte unsere Familie in Lilongwe besucht, als er auf einer Rundreise war und bei den Eltern in Nyassaland die Werbetrommel rührte: Meine Eltern mochten ihn und gelangten zu dem Schluss, dass Eagle für mich die richtige Schule war. Dr. und Mrs Glynn trafen für David die gleiche Entscheidung, und wir kamen zusammen auf das Internat.

An die Eagle School habe ich nur verschwommene Erinnerungen. Vermutlich war ich nur zwei Schuljahre dort, und eines davon war das zweite Jahr, in dem die Schule überhaupt existierte. Ich weiß noch, dass ich bei der offiziellen Einweihung dabei war; von dem »Opening Day«, dem Eröffnungstag, war im Vorfeld viel geredet worden. Für mich war das ein Rätsel, denn ich hielt es für eine Anspielung auf das Kirchenlied »O God our help in ages past«:

Time like an ever-rolling stream,
Bears all its sons away;
They fly forgotten, as a dream
Dies at the opening day.

Überhaupt machten Kirchenlieder an der Eagle School großen Eindruck auf mich, sogar »Fight the good fight with all they might«, dessen erstaunlich langweilige Melodie eher zum Einschlafen als zum Kämpfen einlud. Alle Eltern sollten ihre Söhne mit einer Bibel ausstatten. Meine Eltern gaben mir aus irgendeinem Grund *The Children's Bible*, eine Kinderbibel, die durchaus nicht das Gleiche war, und so fühlte ich mich ziemlich ausgegrenzt und »anders«. Vor allem war diese Version nicht in Kapitel und Verse eingeteilt, was ich als entsetzlichen Mangel empfand. Ich war so fasziniert von der biblischen Methode, Prosa zum leichteren Nachschlagen in Abschnitte zu unterteilen, dass ich in einige meiner ganz normalen Bücher beim Durchlesen ebenfalls Zahlen für die »Verse« hineinschrieb. Kürzlich hatte ich die Gelegenheit, mir das *Buch Mormon* anzusehen, das im 19. Jahrhundert entstandene Machwerk eines Scharlatans namens Smith, und dabei kam es mir so vor, als müsse die King-James-Bibel auf ihn die gleiche Faszination ausgeübt haben: Er fasste sein Buch ebenfalls in Versen ab und ahmte sogar mit seinem Englisch den Stil des 16. Jahrhunderts nach. Nebenbei bemerkt, ist es mir unverständlich, dass nicht allein diese Tatsache ihn sofort als Fälscher überführte. Glaubten seine Zeitgenossen, die Bibel sei ursprünglich in der Sprache von Tyndale und Cranmer geschrieben worden? Oder, wie Mark Twain bissig bemerkte: Wenn man die Formulierung »And it came to pass« (»Es begab sich aber …«) überall da, wo sie im Buch Mormon vorkommt, streichen würde, bliebe nur noch eine Broschüre übrig.

Mein Lieblingsbuch an der Eagle School war *Doktor Dolittle und seine Tiere*, das ich in der Schulbibliothek entdeckte. Es ist heute wegen seines Rassismus weitgehend aus den Bibliotheken verbannt, und man kann auch erkennen, warum. Der sagenumwobene Prinz Bumpo vom Stamm der Jolliginki will unbedingt zu dem Prinzen werden, in den Frösche sich auf magische Weise verwandeln und der sich in alle Aschenputtels verliebt. Weil er Sorge hat, sein schwarzes Gesicht könne einem Dornröschen Angst einjagen, falls er die Schönheit zufällig mit seinem Prinzenkuss aufweckt, bittet er Doktor Dolittle, sein Gesicht weiß zu machen. Natürlich erkennt man deutlich, warum dieses Buch, das bei seinem Erscheinen 1920 unauffällig und unumstritten war, gegen Ende des 20. Jahrhunderts dem gewandelten Zeitgeist zum Opfer fiel. Aber wenn wir schon über moralische Lehren sprechen, werden die großartigen, phantasievollen Doktor-Dolittle-Bücher – für das beste halte ich *Doktor Dolittles Postamt* – vom Hauch des Rassismus durch ihren viel auffälligeren Anti-Speziesismus reingewaschen.

Neben Wahlspruch und Schulhymne von Dragon übernahm man an der Eagle School auch die Tradition, Lehrer mit Spitznamen oder Vornamen anzusprechen. Den Schulleiter nannten wir Tank, und das auch dann noch, wenn er uns bestrafte. Damals glaubte ich, mit dem Namen sei der Tank gemeint, mit dem man Wasser vom Dach auffängt, aber heute ist mir klar, dass er sich mit ziemlicher Sicherheit auf das erbarmungslose, unaufhaltsame Militärfahrzeug bezog. Vermutlich hatte sich Mr Cary in seinen Jahren an der Dragon School den Ruf einer verbissenen Beharrlichkeit erworben, mit der er sich ungeachtet aller Hindernisse vorwärtsbewegte. Weitere Schulleiter waren Claude (auch er ein Auswanderer von der Dragon School), Dick (der die beliebte Aufgabe hatte, jeden Mittwoch nach dem Mittagsschlaf eine segensreiche Schokoladenration zu verteilen) und Paul, ein geheimnisvoll-jovialer Ungar, der Französisch unterrichtete. Mrs Watson, die Lehrerin der Jüngsten, war »Wattie«, und die Hausdame Miss Copplestone hieß »Coppers«.

Ich kann nicht behaupten, dass ich an der Eagle School glücklich war, aber vermutlich fühlte ich mich so wohl, wie man es von einem Siebenjährigen, der drei Monate von zu Hause weg ist, überhaupt erwarten kann. Am schmerzlichsten war eine Phantasie, in der ich meiner Erinnerung nach fast täglich schwelgte, wenn Coppers leise ihre morgendliche Runde durch die Schlafsäle machte, während wir noch im Halbschlaf lagen: Ich malte mir aus, sie würde sich auf magische Weise in meine Mutter verwandeln. Darum betete ich inständig – Coppers hatte wie meine Mutter dunkle Locken, deshalb glaubte ich in meiner kindlichen Naivität, es könne für die Verwandlung keines allzu großen Wunders bedürfen. Und ich war überzeugt, die anderen Jungen würden meine Mutter genauso gern mögen, wie wir Coppers mochten.

Coppers war mütterlich und freundlich. Ich stelle mir gern vor, dass ihr Bericht über mich am Ende des ersten Schuljahrs nicht ganz der Zuneigung entbehrte: Sie schrieb, es gebe bei mir »nur drei Geschwindigkeiten: langsam, sehr langsam und Halt«. Einmal machte sie mir Angst, ohne dass es auch nur im Geringsten ihre Absicht gewesen wäre. Nachdem ich einmal einen Afrikaner gesehen hatte, dessen Augen ins Leere starrten wie die Spitzen hartgekochter Eier, fürchtete ich mich entsetzlich davor, blind zu werden. Mich beunruhigte der Gedanke, ich würde eines Tages völlig taub oder völlig blind sein; nach langem, schmerzlichem Nachdenken gelangte ich zu dem Schluss, dass beides nahezu gleich schlecht sei, aber zu erblinden müsse doch das Schlimmste sein, was mir widerfahren könnte. Die Eagle School war modern und hatte elektrischen Strom, der von einem eigenen Generator erzeugt wurde. Eines Abends, als Coppers gerade im Schlafsaal mit uns sprach, ging offenbar der Motor des Generators aus. Als das Licht erlosch und völliger Dunkelheit Platz machte, fragte ich mit ängstlich zitternder Stimme: »Ist das Licht ausgegangen?«

»Oh nein«, erwiderte Coppers mit fröhlichem Sarkasmus, »du bist sicher blind geworden.«

Arme Coppers – sie wusste nicht, was sie da gesagt hatte.

Große Angst hatte ich auch vor Gespenstern. Ich stellte sie mir als klappernde Skelette mit riesigen Augenhöhlen vor, die durch lange Korridore mit enormer Geschwindigkeit auf mich zugestürmt kamen. Sie waren mit Spitzhacken ausgerüstet und würden ihre Schläge mit teuflischer Präzision auf meinen großen Zeh richten. Außerdem hatte ich eigenartige Phantasien, in denen ich gekocht und gegessen wurde. Ich habe keine Ahnung, woher diese schreckliche Bilderwelt kam. Sie stammte nicht aus irgendwelchen Büchern, die ich gelesen hatte, und mit Sicherheit auch nicht aus irgendwelchen Geschichten, die ich von meinen Eltern kannte. Vielleicht hatten sie ihren Ursprung in Lügenmärchen, die andere Jungen im Schlafsaal erzählt hatten – Märchen, wie sie mir an meiner nächsten Schule noch häufiger begegnen sollten.

Auf der Eagle School lernte ich aber auch zum ersten Mal die grenzenlose Grausamkeit von Kindern kennen. Ich selbst wurde glücklicherweise nicht schikaniert, aber ein Junge namens Aunty Peggy wurde pausenlos gehänselt, und dafür gab es offensichtlich keinen anderen Grund als seinen Spitznamen. Es war wie in einer Szene aus *Herr der Fliegen*: Ein Dutzend Jungen umringte ihn, tanzte um ihn herum und sang in eintöniger Spielplatzmelodie »Aunty Peggy, Aunty Peggy, Aunty Peggy«. Der arme Junge wurde dadurch in den Wahnsinn getrieben und stürzte sich blindlings auf seine Peiniger in dem Kreis, so dass schnell die Fäuste flogen. Einmal standen wir alle herum und sahen ihm bei einem ernsten, langwierigen Kampf zu, bei dem er sich mit einem Jungen namens Roger über den Boden rollte. Diesen bewunderten wir, weil er schon zwölf war. Die Sympathie der

Zuschauer lag nicht beim Opfer, sondern auf Seiten des Peinigers, der gut aussah und gut in Sport war. Eine beschämende Szene, wie sie bei Schulkindern nur allzu häufig vorkommt. Am Ende und gerade noch rechtzeitig machte Tank der Massenschikane ein Ende und hielt den Versammelten einen ernsten Vortrag.

Abends im Schlafsaal mussten wir auf unseren Betten niederknien und die Stirnwand ansehen; jeden Abend war einer von uns mit dem Nachtgebet an der Reihe:

*Erleuchte unsere Dunkelheit, so flehen wir dich an, o Herr; und beschütze uns mit deiner großen Gnade vor allen Gefahren dieser Nacht. Amen.*

Keiner von uns hatte das Gebet jemals in schriftlicher Form gesehen, und wir wussten auch nicht, was es bedeutete. Wie Papageien plapperten wir es jeden Abend nach, und die Worte entwickelten sich zu entstellter Sinnlosigkeit. Dies ist ein interessanter Präzedenzfall, wenn man sich für die Memtheorie interessiert – wer nicht weiß, was das ist und wovon ich rede, sollte zum nächsten Abschnitt weiterblättern.

Wäre uns der Sinn des Gebets klar gewesen, wir hätten die Worte nicht verstümmelt, denn dann hätte ihre Bedeutung einen »Normalisierungseffekt« gehabt, ganz ähnlich wie das »Korrekturlesen« der DNA. Wegen solcher Normalisierungsvorgänge können Meme über so viele »Generationen« überleben, dass die Analogie zu Genen zutrifft. Aber da uns viele Wörter in dem Gebet nicht vertraut waren, konnten wir sie nur phonetisch nachahmen; die Folge war eine hohe »Mutationsrate« im Laufe der »Generationen«, in denen sie von einem Jungen nach dem anderen imitiert wurden. Es wäre interessant, diesen Effekt einmal experimentell zu untersuchen, aber dazu bin ich bisher noch nicht gekommen.

Einer der Schulleiter, vermutlich Tank oder Dick, leitete uns auch zum gemeinschaftlichen Singen an; unter anderem sangen wir »The Campdown Races« und

I have sixpence, jolly jolly sixpence,
Sixpence to last me all my life
I've tuppence to lend and tuppence to spend
And tuppence to take home to my wife. |12|

Mit dem nächsten Lied brachte man uns bei, das »r« in »birds« stimmhaft zu singen. Die Gründe verstand ich damals nicht – vielleicht sollte es ein amerikanisches Lied sein:

> Here we sits like brrrds in the wilderness
> Brrrds in the wilderness
> Brrrds in the wilderness
> Here we sits like brrrds in the wilderness
> Down in Demerara. |13|

Ein wenig von dem berühmten Abenteurergeist der Dragon School war auch an die Eagle exportiert worden. Ich erinnere mich noch an einen aufregenden Tag, an dem die Schulleiter für die ganze Schule ein großes Spiel mit Matabeles und Mashonas organisierten, eine lokale Version von »Cowboys und Indianer« mit den Namen zweier mächtiger rhodesischer Stämme. Dabei mussten wir durch die Wälder und über die Wiesen der Vumba streifen (die »Nebelberge« in der Sprache der Shona). Ich habe keine Ahnung, wie wir es schafften, uns nicht ein für alle Mal zu verlaufen. Und auch wenn die Schule kein Schwimmbad hatte (das wurde erst später gebaut, als ich nicht mehr dort war), brachte man uns zum (nackten) Schwimmen zu einem hübschen Wasserbecken am Fuß eines Wasserfalls, was natürlich viel aufregender war. Welcher Junge braucht schon ein Schwimmbad, wenn es einen Wasserfall gibt?

Ich reiste mit dem Flugzeug zur Eagle School, ein großes Abenteuer für einen Siebenjährigen, der allein unterwegs war. Mit einem Doppeldecker des Typs Dragon Rapid flog ich von Lilongwe nach Salisbury (dem heutigen Harare), und von dort ging es weiter nach Umtali (heute Mutari). Die Eltern eines anderen Eagle-Schülers, die in Salisbury wohnten, sollten mich abholen und auf den weiteren Weg bringen, aber sie kamen nicht. Ich wanderte, wie es mir schien, einen ganzen Tag lang allein durch den Flughafen von Salisbury (im Rückblick betrachtet, kann die Zeit nicht so lang gewesen sein). Die Leute waren nett zu mir, irgendjemand lud mich zum Mittagessen ein, und man ließ mich in die Hangars, wo ich mir die Flugzeuge ansah. Seltsamerweise war es in meiner Erinnerung ein schöner Tag, und ich fürchtete mich weder, weil ich allein war, noch, weil ich nicht wusste, wie es weitergehen sollte. Die Leute, die mich abholen sollten, tauchten am Ende doch noch auf, und ich gelangte nach Umtali. Dort nahm mich Tank mit seinem Willis-Jeep-Kombi in Empfang, was mir gefiel, weil das Auto mich an die Creeping Jenny und mein Zuhause erinnerte. Ich habe die Geschichte so wiedergegeben, wie sie mir im Gedächtnis geblieben ist. David Glynn hat andere Erinnerungen; nach meiner Vermutung machte ich die Reise in Wirklichkeit zweimal, einmal mit ihm und einmal allein.

# 5
# Abschied von Afrika

Im Jahr 1949, drei Jahre nach ihrem letzten Urlaub, hatten meine Eltern wiederum eine Zeitlang frei. Wieder reisten wir über Kapstadt nach England, dieses Mal mit einem hübschen kleinen Schiff namens Umtali, an das ich kaum Erinnerungen habe; ich weiß nur noch, dass es polierte Holzplanken und glänzende Beschläge hatte, die, wie ich heute glaube, im Art-déco-Stil gestaltet waren. Die Mannschaft war so klein, dass es keinen eigenen Unterhaltungsoffizier gab; deshalb wurde einer der Passagiere für diese Funktion auserkoren. Mr Kimber war der Typ des Party-Alleinunterhalters; als wir den Äquator überquerten, organisierte er unter anderem eine »Äquatortaufe«, bei der Neptun in vollständigem Kostüm mit Seetangbart und Dreizack auftrat. Außerdem veranstaltete er ein Kostümfest, bei dem ich ein Pirat war. Ich war neidisch auf einen anderen Jungen, der als Cowboy kam, aber meine Eltern erklärten, sein zugegebenermaßen schickeres Kostüm sei einfach von der Stange gekauft worden, während meines improvisiert und deshalb in Wirklichkeit besser sei. Heute weiß ich, was sie damit meinten, aber damals verstand ich es nicht. Ein anderer kleiner Junge trat als Cupido auf – er war vollständig nackt und schoss mit Pfeil und Bogen auf die Leute. Meine Mutter hatte sich wie einer der indischen Kellner verkleidet und ihrer Haut mit Kaliumpermanganat eine dunkle Färbung verliehen, deren Entfernung anschließend Tage gedauert haben muss; außerdem hatte sie sich eine Kellneruniform mit der charakteristischen Schärpe und einen Turban geliehen. Die anderen Kellner machten bei dem Spaß mit, und keiner der Gäste durchschaute sie: weder ich noch der Kapitän, dem sie absichtlich Eis anstelle der Suppe brachte.

An meinem achten Geburtstag lernte ich schwimmen. Der Schauplatz war der winzige Swimmingpool der Umtali; er bestand aus Planen, die man an Deck zwischen Pfosten befestigt hatte. Ich war von meiner neuen Fähigkeit so begeistert, dass ich sie im Meer ausprobieren wollte. Als das Schiff in Las Palmas auf den Kanarischen Inseln festmachte, um eine große Ladung Tomaten an Bord zu nehmen, wurden die Passagiere für den Tag an Land gebracht, und wir gingen an einen Strand, wo ich stolz im Meer schwamm, während meine Mutter am Ufer aufpasste. Plötzlich sah sie eine ungewöhnlich große Welle, die sich nach ihrer Einschätzung genau über ihrem kleinen, wie ein Hund paddelnden Sohn brechen würde. Elegant eilte sie vollständig bekleidet ins Wasser, um mich zu retten. In diesem Augenblick hob die Welle mich gefahrlos hoch und brach sich mit voller Kraft über meiner Mutter, so dass sie von Kopf bis Fuß durchnässt war. Da die Passagiere erst am Abend auf die Umtali zurückkehren durften, verbrachte sie den Rest des Tages in salzwasserdurchweichter Kleidung. Undankbarerweise habe ich an diesen Akt mütterlichen Heldentums keine Erinnerung; der Bericht, den ich hier wiedergebe, stammt von ihr.

Die Tomatenladung war offenbar schlecht verstaut: Sie verschob sich auf See beunruhigend stark, und das Schiff krängte so weit nach Steuerbord, dass das Bullauge unserer Kamine ständig unter Wasser lag; deshalb glaubte meine kleine Schwester Sarah, wir seien »wirklich gesunken, Mama«. Noch schlimmer wurde es im berüchtigten Golf von Biskaya, wo die Umtali in einen gewaltigen Sturm geriet; er war so stark, dass man kaum noch stehen konnte. Aufgeregt lief ich in unsere Kabine hinunter, zog ein Laken aus meiner Koje und benutzte es als »Segel«, denn ich wollte mich vom Wind wie eine Yacht über das Deck blasen lassen. Meine Mutter war erbost und sagte mir – vielleicht zu Recht –, ich hätte über Bord geweht werden können. Sarahs kostbare Schmusedecke, »the Bott« genannt, ging tatsächlich über Bord; dies hätte zu einer ernsthaften Tragödie werden können, hätte meine Mutter sie nicht in weiser Voraussicht in zwei Hälften geschnitten, so dass sie noch über einen Ersatz mit dem richtigen Geruch verfügte. Das Phänomen der Schmusedecken interessiert mich sehr, obwohl ich selbst nie eine hatte. Offensichtlich werden sie beim Daumen- oder Fingerlutschen in der richtigen Stellung gehalten, so dass man daran riechen kann. Nach meiner Vermutung besteht ein Zusammenhang mit den Forschungsergebnissen von Harry Harlow an Rhesusaffen und Ersatzmüttern aus Stoff.

Schließlich kamen wir im Londoner Hafen an; im weiteren Verlauf wohnten wir in einem hübschen alten Tudor-Farmhaus namens Cuckoos, das gegenüber von The Hoppet lag; meine Großeltern väterlicherseits hatten es gekauft, um das Land vor Bauprojekten zu schützen. Bei uns wohnte Diana, die Schwester meiner Mutter, zusammen mit ihrer Tochter Penny und ihrem zweiten Ehemann Bill, dem Bruder meines Vaters, der gerade aus Sierra Leone auf Urlaub war. Penny wurde geboren, nachdem ihr Vater Bob Keddie wie auch seine beiden furchtlosen Brüder im Krieg ums Leben gekommen waren – eine schreckliche Tragödie für das alte Ehepaar Keddie; verständlicherweise hatten die beiden ihre Aufmerksamkeit dann auf die kleine Penny gerichtet, den einzigen verbliebenen Nachkommen. Auch zu Sarah und mir, Pennys Cousin und Cousine, waren sie sehr großzügig; sie behandelten uns als Enkelkinder ehrenhalber, machten uns regelmäßig teure Weihnachtsgeschenke und nahmen uns jedes Jahr mit nach London zu Theater- oder Pantomimenaufführungen. Sie waren reich – der Familie gehörte Keddie's Warenhaus im Southend – und bewohnten ein großes Haus mit Außen-Swimmingpool und Tennisplatz; drinnen standen ein Broadwood-Stutzflügel und eines der ersten Fernsehgeräte. Einen Fernseher hatten wir Kinder noch nie gesehen, und nun waren wir begeistert von den unscharfen Schwarzweißbildern mit Muffin the Mule auf dem winzigen Bildschirm in dem großen Gehäuse aus poliertem Holz.

In den wenigen Monaten, in denen wir mit zwei Familien im Cuckoos lebten, entstanden jene zauberhaften Erinnerungen, die es nur in der Kindheit gibt. Unser geliebter Onkel Bill brachte uns zum Kichern, nannte uns »Treacle Trousers« (was, wie ich heute von Google erfahre, im australischen Slang der Ausdruck für »Hosen auf Halbmast« ist) und sang seine zwei Lieder, die wir häufig von ihm hören wollten.

Why has the cow got four legs? I must find out somehow.
I don't know and you don't know and neither does the cow. |14|

Und dieses zu einer Seemanns-Hornpipemelodie:

Tiddlywinks old man, get a kettle if you can,
If you can't get a kettle get a dirty old pan. |15|

Pennys Halbbruder Thomas wurde während unseres Aufenthalts im Cuckoos geboren. Thomas Dawkins und ich sind doppelte Cousins, eine ungewöhnliche Verwandtschaftsbeziehung. Wir haben alle vier

Großeltern und damit auch sämtliche Vorfahren mit Ausnahme unserer eigenen Eltern gemeinsam. Damit haben wir den gleichen Anteil gemeinsamer Gene wie Halbbrüder, aber wie es der Zufall will, sehen wir uns dennoch nicht ähnlich. Als Thomas geboren war, stellte die Familie eine Kinderschwester ein, aber die blieb nur so lange, bis sie gesehen hatte, wie der liebe Onkel Bill für beide Familien das Frühstück machte. Er saß, umgeben von Tellern, auf dem Steinfußboden der Küche und warf abwechselnd Eier und Schinken darauf, als würde er Spielkarten verteilen. Es war noch nicht das Zeitalter von »Gesundheit und Sicherheit«, und doch war es mehr, als die pingelige Kinderschwester ertragen konnte; sie ging hinaus und kam nie mehr wieder.

Sarah, Penny und ich gingen auf die St. Anne's School in Chelmsford; diese Schule hatten im gleichen Alter auch Jean und Diana besucht, und sie hatten dieselbe Oberlehrerin gehabt, Miss Martin. Zu den wenigen Dingen, an die ich mich erinnern kann, gehören der Hackfleischgeruch des Schulessens, ein Junge namens Giles, der behauptete, sein Vater habe sich zwischen Eisenbahnschienen gelegt und den Zug über sich hinwegfahren lassen, und der Musiklehrer Mr Harp. Mr Harp ließ uns »Sweet Lass of Richmond Hill« singen: »I'd crowns resign to call her mine«, aber das interpretierte ich nicht als »ich würde auf Kronen verzichten, um sie die Meine zu nennen«, sondern ich hörte »crownsresign« als zusammenhängendes Verb, und aufgrund des Zusammenhangs nahm ich an, das müsse »so ähnlich wie« heißen. Ein vergleichbares Missverständnis war mir auch bei dem Kirchenlied »New every morning is the love/Our wakening and uprising prove« unterlaufen: Ich wusste nicht, was »our prisingprove« sein sollte, aber offenbar handelte es sich bei einem Prisingprove um einen Gegenstand, bei dem man dankbar sein musste, wenn man ihn besaß. Die St. Anne's School hatte auch ein ziemlich bewundernswürdiges Motto: »I can, I ought, I must, I will« [»Ich kann, ich sollte, ich muss, ich werde«] (nicht unbedingt in dieser Reihenfolge, aber es hört sich so richtig an). Die Erwachsenen im Cuckoos fühlten sich an Kiplings »Song of the Commissariat Camels« (Gesang der Kamele der Verpflegungseinheit) erinnert und rezitierten es so schwungvoll, dass ich es nie vergessen konnte:

Can't! Don't! Shan't! Won't!
Pass it along the line! |16|

Ich wurde an der St. Anne's School von ein paar älteren Mädchen gehänselt. Es waren eigentlich keine schlimmen Schikanen, dennoch malte ich mir in meiner Phantasie aus, ich müsse nur inbrünstig genug beten, damit mir übernatürliche Kräfte zu Hilfe eilten und die Tyranninnen ihr Fett wegbekamen. Ich stellte mir eine violett-schwarze Wolke mit einem zornigen menschlichen Gesicht im Profil vor, die über dem Spielplatz quer über den Himmel huschte und mir zu Hilfe kam. Ich musste nur daran *glauben*; wenn es nicht klappte, dann wohl deshalb, weil ich nicht eindringlich genug betete – genau wie an der Eagle School, wo ich um die Verwandlung von Miss Copplestone gebetet hatte. So naiv sind die kindlichen Vorstellungen von Gebeten. Natürlich wachsen manche Menschen auch später nie darüber hinaus und beten, damit Gott ihnen einen Parkplatz freihält oder sie in einer Tennispartie gewinnen lässt.

Ich rechnete damit, dass ich nach einem Semester an der St. Anne's School nach Eagle zurückkehren würde, aber die Pläne meiner Familie änderten sich völlig, und ich sollte weder Eagle noch Tank oder Coppers jemals wiedersehen. Drei Jahre zuvor hatte mein Vater in einem Telegramm aus England die Mitteilung erhalten, dass er von einem entfernten Vetter den Familienbesitz der Dawkins in Oxfordshire geerbt hatte, dazu gehörten das Over Norton House, der Over Norton Park und eine Reihe kleinerer Häuser in dem Dorf Over Norton. Als die Familie ursprünglich in den Besitz des Anwesens gelangte – gekauft wurde es 1726 von dem Parlamentsabgeordneten James Dawkins (1696–1766) –, war es noch viel größer gewesen. James hinterließ es seinem Neffen, meinem Urururgroßvater Henry Dawkins (1728–1814), dessen Sohn Henry mit Hilfe der vier Mietdroschken, die in unterschiedlichen Richtungen davonfuhren, durchbrannte. Danach ging es durch die Hände mehrerer Dawkins-Generationen; unter anderem gehörte es dem unseligen Colonel William Gregory Dawkins (1825–1914), einem cholerischen Krimkriegsveteranen, der angeblich seinen Pächtern die Vertreibung androhte, wenn sie nicht so wählten wie er, nämlich – eigenartigerweise – liberal. Colonel William war jähzornig und streitsüchtig; sein Vermögen vergeudete er zum größten Teil für einen Beleidigungsprozess gegen leitende Armeeoffiziere. Das Verfahren zog sich lange hin und nützte niemandem mit Ausnahme – wie üblich – den Anwälten. Offensichtlich litt er unter krassem Verfolgungswahn: Er beleidigte öffentlich die Königin, griff seinen Vorgesetzten Lord Rokeby in London auf offener Straße an und verklagte den Oberkommandierenden, den Herzog von Cambridge. Und was noch folgenschwerer war: Da er glaubte, es würde in dem wunderschönen georgianischen Over Norton House spuken, ließ er es abreißen und errichtete stattdessen 1874 ein viktorianisches Bauwerk. Seine Gerichtsprozesse zogen ihn immer tiefer in den Schuldensumpf und zwangen ihn, das Anwesen Over Norton bis zum Stehkragen mit Hypotheken zu belasten. Er starb verarmt in einer Pension in Brighton; dort hatte er von zwei Pfund pro Woche gelebt, die seine Gläubiger ihm bewilligt hatten. Die Hypothekendarlehen wurden Anfang des 20. Jahrhunderts schließlich von seinen unglückseligen Erben zurückgezahlt, aber das war nur möglich, weil sie einen großen Teil der Ländereien verkauften und bloß das kleine Kernstück behielten, das schließlich in den Besitz meines Vaters gelangte.

Bis 1945 gehörte das, was von dem Anwesen noch übrig war, Major Hereward Dawkins, einem Großneffen des Colonel William. Hereward wohnte in London und kam selten auch nur in die Nähe des Anwesens. Wie William, so war auch er nicht verheiratet und hatte keine nahen Angehörigen mit dem Namen Dawkins. Als er sein Testament verfasste, sah er offensichtlich im Familienstammbaum nach, und dabei stieß er auf meinen Großvater als ältesten noch lebenden Träger des Namens. Sein Anwalt gab ihm vermutlich den Rat, eine Generation zu überspringen, und so benannte er letztlich meinen Vater, seinen viel jüngeren Cousin dritten Grades, als Erben. Wie sich herausstellte, war es eine hervorragende Wahl: Auch wenn er es zu jener Zeit noch nicht wissen konnte, eignete mein Vater sich ausgezeichnet dafür, die Ländereien zu erhalten und etwas daraus zu machen. Die beiden hatten sich nie kennengelernt, und ich glaube, mein Vater wusste noch nicht einmal von Herewards Existenz, als das Telegramm aus heiterem Himmel in Afrika eintraf.

Im Jahr 1899 war das Over Norton House als Hochzeitsgeschenk an eine Mrs Daly langfristig verpachtet worden. Der Erlös verschwand sicher in dem bodenlosen Fass von Colonel Williams Schuldentilgung. Mrs Daly führte dort mit ihrer Familie ein prunkvolles Leben. Sie war eine Säule der örtlichen Gesellschaft und standhafte Anhängerin der Fuchsjagd; deshalb rechneten meine Eltern nicht damit, dass die Erbschaft von Hereward für ihr Leben eine tiefgreifende Veränderung bedeuten würde. Mein Vater hatte die Absicht, in der Landwirtschaftsverwaltung von Nyassaland weiter aufzusteigen, bis er in den Ruhestand ging (oder, wie sich herausstellen sollte, bis das Land unter dem Namen Malawi unabhängig wurde).

Als aber die Umtali 1949 in England festmachte, erreichte meine Eltern eine unerwartete Nachricht: Die alte Mrs Daly war verstorben. Zunächst kamen sie auf den Gedanken, sich um einen neuen Pächter zu bemühen. Aber dann fiel ihnen ein, dass sie ja auch Afrika verlassen und in England Landwirtschaft betreiben könnten, und allmählich wurde ihnen die Idee immer sympathischer. Ein Grund war Jeans Anfälligkeit für eine gefährliche Form der Malaria, und nach meinem Eindruck reizte sie auch die Idee, Sarah und mich auf eine englische Schule zu schicken. Ihre Eltern und auch der Anwalt der Familie rieten ihnen davon ab, Afrika den Rücken zu kehren. Nach Ansicht der Dawkins-Eltern hatte John die Pflicht, in Fortsetzung der Familientradition weiterhin in Nyassaland dem Empire zu dienen, und Jeans Mutter war voller düsterer Vorahnungen, sie würden wie die meisten Menschen »mit der Landwirtschaft scheitern«. Am Ende jedoch schlugen Jean und John alle Ratschläge in den Wind: Sie sagten Afrika Lebewohl, um in Over Norton zu wohnen und aus dem Anwesen einen funktionierenden Bauernhof zu machen, nachdem es zweihundert Jahre vornehmen Müßiggängern als Park gedient hatte. John nahm bei der Kolonialverwaltung seinen Abschied, verzichtete auf seine Pension und ging bei mehreren englischen Kleinbauern in die Lehre, um sich die notwendigen Fähigkeiten anzueignen. Meine Eltern entschlossen sich, nicht im Over Norton House zu wohnen, sondern das Haus in Wohnungen aufzuteilen in der Hoffnung, dass es sich finanziell selbst trug (der Anwalt hatte ihnen geraten, es abzureißen und so ihre Verluste zu begrenzen). Wir wohnten in dem Cottage am Anfang der Auffahrt, aber auch dieses musste umfassend renoviert werden, und während das geschah, lebten – oder besser gesagt, hausten – wir in einer Ecke des Over Norton House.

Ich war immer noch begeistert von Doktor Dolittle, und während des kurzen Zwischenspiels im Over Norton House war ich von der Phantasie beherrscht, wie er mit Tieren sprechen zu lernen. Allerdings wollte ich es noch besser machen als Doktor Dolittle und mich der Telepathie bedienen. Ich wünschte und betete und wollte, dass alle Tiere aus mehreren Kilometern Umkreis sich bei mir im Over Norton Park versammelten, damit ich gute Werke an ihnen tun konnte. Solche

Bittgebete sprach ich sehr oft; offenbar war ich zutiefst beeinflusst von Predigern, die mir sagten, man müsse etwas nur stark genug wollen, dann werde es auch geschehen – man brauche dazu nur Willenskraft oder die Kraft des Gebets. Ich glaubte sogar, man könne Berge versetzen, wenn der Glaube nur stark genug sei. Irgendein Prediger hatte das wohl in meiner Hörweite gesagt und dabei – wie es bei Predigern nur allzu häufig vorkommt – vergessen, einem leichtgläubigen Kind den Unterschied zwischen Metapher und Realität zu erklären. Manchmal frage ich mich, ob solchen Leuten überhaupt klar ist, dass es den Unterschied gibt. Viele von ihnen scheinen zu glauben, dass er keine große Rolle spielt.

Meine Kinderspiele waren zu jener Zeit phantasievoll im Sinne von Sciencefiction. Meine Freundin Jill Jackson und ich spielten im Over Norton House »Raumschiff«. Unsere Betten waren Raumschiffe, und wir alberten darauf eine glückliche Stunde nach der anderen herum. Es ist interessant, wie zwei Kinder das Drehbuch einer gemeinsamen Phantasie zusammenzimmern können, ohne dass sie sich hinsetzen und die Handlung ausarbeiten. Ein Kind sagt plötzlich: »Käptn, sehen Sie, Troon-Raketen greifen uns auf der rechten Flanke an!« Daraufhin ergreift der andere sofort die Flucht und steuert erst dann seinen Teil zu der Phantasie bei.

Mittlerweile hatten meine Eltern mich bei der Eagle School offiziell abgemeldet und machten sich daran, in England eine Schule für mich zu finden. Vermutlich hätten sie mich am liebsten auf die Dragon School geschickt, die sich in der Nähe von Oxford befand, damit ich gewissermaßen die »abenteuerlichen« Erfahrungen von der Eagle School fortsetzen konnte. Aber an der Dragon School herrschte eine so große Nachfrage, dass man sein Kind schon bei der Geburt anmelden musste, um einen Platz zu bekommen. Also schickten sie mich stattdessen auf die Chafyn Grove in Salisbury (das englische Salisbury, nach dem die Stadt in Rhodesien benannt wurde); dort waren mein Vater und seine beiden Brüder gewesen, und es war alles andere als eine schlechte Schule.

Chafyn Grove und Eagle waren – das sollte ich für alle, die mit den Feinheiten des britischen Bildungswesens nicht vertraut sind, erklären – *Preparatory Schools* oder kurz *Prep Schools* (»Vorbereitungsschulen«). Worauf bereiteten sie uns vor? Die Antwort: auf die noch verwirrender benannten »Public Schools«, die so heißen, weil sie in

Wirklichkeit nicht öffentlich, sondern privat sind – sie stehen nur denen offen, deren Eltern das Schulgeld bezahlen können. Nicht weit von meinem Wohnort Oxford gibt es eine Schule namens Wychwood, und dort hing jahrelang ein köstliches Schild am Tor:

*Wychwood School for Girls (preparatory for boys)*

Jedenfalls ging ich von meinem achten bis zum dreizehnten Lebensjahr auf die Prep School Chafyn Grove, um mich auf die Public School – 13 bis 18 Jahre – vorzubereiten. Übrigens glaube ich, dass meine Eltern nie auf den Gedanken kamen, mich auf eine andere Schule als eines der Internate zu schicken, die man in der Familie Dawkins normalerweise besuchte. Sie waren teuer, aber es lohnte sich, dafür Opfer zu bringen – das jedenfalls war ihre Einstellung.

# 6
# Unter der Kirchturmspitze von Salisbury

Auf eine neue Schule zu kommen ist immer ein verwirrendes Erlebnis. Schon am allerersten Tag wurde mir bewusst, dass ich neue Wörter lernen musste. »Puce« war mir ein Rätsel. Es stand an einer Wand, und ich glaubte fälschlich, man müsse es »pucky« aussprechen. Schließlich fand ich heraus, dass es abschätzig gemeint war und das Gleiche bedeutete wie »wet«, ein weiteres Lieblingswort; beide meinten so viel wie »schwächlich«. Das Gegenteil war »muscle«: »Ich bin in *muscle* Indien geboren, Afrika ist *puce*« (zu jener Zeit waren viele Kinder, die auf solche Schulen gingen, in einem jener Gebiete zur Welt gekommen, die auf der Weltkarte im Rosa des Empire eingefärbt waren). »Wig« bezeichnete im gleichen Schuldialekt den Penis. »Bist du ein Rundkopf oder ein Spitzkopf? Du weißt schon, dein *Wig*, ist das ein Pilz oder ein Schnürsenkel?« Solche anatomischen Details waren ohnehin kein Geheimnis, denn wir mussten uns jeden Morgen nackt in einer Reihe aufstellen und dann kalt baden. Sobald uns die Klingel weckte, mussten wir aus den Bett springen, den Pyjama ausziehen, unsere Handtücher nehmen und ins Badezimmer stolpern, wo eine der drei Badewannen mit kaltem Wasser gefüllt war. Unter Aufsicht des Heimleiters Mr Galloway tauchten wir möglichst schnell unter und stiegen wieder heraus. Hin und wieder weckte uns dieselbe Glocke auch mitten in der Nacht wegen einer Brandschutzübung. Bei einer solchen Gelegenheit war ich noch so schläfrig und benommen, dass ich mechanisch mit dem Aufstehprogramm begann: Ich zog den Schlafanzug aus und stand schon völlig nackt mit dem Handtuch in der Hand unten an der Feuertreppe, bevor mir der Irrtum bewusst wurde – alle anderen trugen Schlafanzug, Bademantel und Hausschuhe. Glücklicherweise war Sommer. Das kalte Bad war natürlich nicht unser einziges. Abends mussten wir richtig heiß baden (wie viele Male in der Woche, weiß ich nicht mehr); dabei wurden wir im Stehen von einer Hausdame gewaschen, was uns ziemlich gut gefiel – insbesondere wenn es die hübsche zweite Hausdame war.

Es war eine karge Zeit: Das Kriegsende lag noch nicht weit zurück, und viele Dinge waren rationiert. Das Essen war, rückblickend betrachtet, entsetzlich. Süßigkeiten gehörten zu den staatlich rationierten Waren; das hatte paradoxerweise – und wahrscheinlich zum Nachteil unserer Zähne – zur Folge, dass uns mehr Süßigkeiten zur Verfügung standen, als es sonst der Fall gewesen wäre, denn unsere Ration wurde uns mit peinlicher Genauigkeit nach dem Tee ausgehändigt. Ich gab meine meistens anderen. Wenn ich heute darüber nachdenke, stellt sich die Frage: Warum war die Süßigkeitenration im Krieg eigentlich nicht gleich null? Hätte man den wenigen Zucker, der den U-Booten entkommen war, nicht besser verwenden können?

Ich hatte häufig kalte Füße und litt schrecklich unter Frostbeulen. Gerüche sind berüchtigte Auslöser für Erinnerungen, und der Eukalyptusgeruch des Frostbeulen-Einreibemittels, mit dem meine Mutter mich versorgte, ist für mich untrennbar mit Chafyn Grove und qualvoll juckenden Zehen verbunden. Nachts im Bett froren wir häufig, und um die Kälte fernzuhalten, legten wir die Bademäntel über die Bettdecke. Unter jedem Bett stand ein Nachttopf, damit wir nachts nicht über den Korridor laufen mussten. Leider wusste ich damals noch nicht, wie man diesen Gegenstand im Norden Englands nennt: *gazunder* (weil er drunter steht – *goes under*).

In Chafyn Grove gab es nur noch einen Heimleiter aus der Zeit meines Vaters: H. M. Letchworth, eine freundliche alte Gestalt, die an Mr Chips erinnerte. Er hatte im Ersten Weltkrieg gekämpft und war früher Oberschulleiter gewesen. Wir nannten ihn Slush, aber nicht in seiner Gegenwart, denn die Spitznamentradition von Dragon/Eagle gab es hier nicht. Eine Ausnahme bildete nur das alljährliche Pfadfinderlager. Dort wollte er gern mit seinem Spitznamen Chippi angeredet werden, der vermutlich auf alte Zeiten zurückging, in denen er Baden-Powell gekannt hatte. Den Namen Slush mochte er nicht. Im Lateinunterricht tauchte unter den Vokabeln, die wir lernen mussten, einmal das Wort *tabes* auf. Mr Letchworth fragte uns ab, und als ein Junge das Wort *tabes* übersetzen sollte (was im Zusammenhang des Textes, den wir vor uns hatten, so viel wie »Matsch« – englisch *slush* – bedeutete), fingen wir an zu kichern. Traurig erzählte uns Mr Letchworth, der Name stamme genau aus dieser Stelle bei Livius (»vor so vielen Jahren… genau dieser Satz… vor so vielen Jahren…«), aber er erklärte uns nie, warum er an ihm hängen geblieben war.

Der Schulleiter Malcolm Galloway war eine Ehrfurcht gebietende Gestalt (vielleicht werden Schulleiter ja schon kraft Amtes zu Ehrfurcht gebietenden Gestalten); wir nannten ihn Gallows (Galgen). Wie es seinem Spitznamen entsprach, scheute er sich nicht, die Höchststrafe anzuwenden, und das war in Chafyn Grove der Rohrstock. Anders als die »Schinkenscheibenschläge« mit dem Lineal an der Eagle School konnte Gallows einem mit dem Rohrstock richtig weh tun. Er stand in dem Ruf, zwei Rohrstöcke namens Slim Jim und Big Ben zu besitzen, und die Bestrafung schwankte je nach der Schwere der Missetat zwischen drei und sechs Schlägen. Ich machte glücklicherweise nie mit Big Ben Bekanntschaft, aber drei Schläge mit Slim Jim waren schmerzhaft genug und hinterließen Blutergüsse, die wir anschließend im Schlafsaal voller Stolz vorzeigten wie Kriegsnarben. Bis sie verblassten, vergingen mehrere Wochen, in denen sie sich von violett über blau nach gelb verfärbten. Die Jungen machten Witze über ein Schulheft, das man sich in die Hose stecken konnte, um die Schläge abzumindern, aber das hätte Gallows natürlich sofort bemerkt; ich bin sicher, dass niemand es tatsächlich ausprobierte.

Heute ist körperliche Züchtigung in England verboten, und im Rückblick werden Lehrer, die sie praktizierten, häufig der Grausamkeit oder des Sadismus verdächtigt. Ich bin überzeugt, dass Gallows sich keines von beiden zuschulden kommen ließ. Wir haben es vielmehr mit einem Beispiel dafür zu tun, wie schnell sich Sitten und Werte wandeln können – mit einem Aspekt des »sich wandelnden ethischen Zeitgeistes«, wie ich ihn in *Der Gotteswahn* genannt habe. Nicht unter diesem Namen, aber über einen sehr langen Zeitraum hinweg wird der sich wandelnde ethische Zeitgeist von Steven Pinker in seinem Buch *Gewalt: Eine neue Geschichte der Menschheit* ausführlich dokumentiert.[37]

Gallows konnte auch sehr freundlich sein. Bevor abends das Licht ausgeschaltet wurde, ging er durch die Schlafsäle wie ein liebenswürdiger Onkel, munterte uns auf und sprach uns mit Vornamen an (was er nur dort tat, aber niemals während des Schultages). Eines Abends bemerkte Gallows in einem Regal in unserem Schlafsaal das Buch *Jeeves Omnibus* und fragte, wer von uns P. G. Wodehouse kannte. Da

---

37 Pinker, Steven: *Gewalt: Eine neue Geschichte der Menschheit*. Übersetzt von Sebastian Vogel, Frankfurt am Main 2011.

sich niemand meldete, setzte er sich auf eines der Betten und las uns eine Geschichte vor. Sie hieß *Das große Wettpredigen*, und ich nehme an, sie muss sich über mehrere Abende hingezogen haben. Sie gefiel uns sehr und ist bis heute eine meiner liebsten Jeeves-Geschichten; ebenso ist P. G. Wodehouse einer meiner Lieblingsautoren: Ich habe ihn immer wieder gelesen und sogar für eigene Zwecke parodiert.

Jeden Sonntagabend las uns Mrs Galloway im privaten Wohnzimmer der Familie etwas vor. Wir mussten unsere Schuhe draußen ausziehen und saßen im Schneidersitz umgeben vom schwachen Geruch nach feuchten Socken auf dem Fußboden. Jede Woche las sie ein oder zwei Kapitel, und nach einem Semester war sie mit dem Buch durch. Meist waren es spannende Abenteuergeschichten wie *Moonfleet*, *Das Schiff im Felsen* oder *The Cruel Sea* (die »Kadettenausgabe« ohne die Sexszenen). Eines Sonntags war Mrs Galloway nicht da, und stattdessen las Gallows vor. Wir waren in *König Salomos Schatzkammer* gerade an der Stelle angelangt, an der die kühnen Helden mit ihren Tropenhelmen vor einem Zwillingsberg namens Sheba's Breasts stehen. (Interessanterweise wurde dieser Name in der Verfilmung mit Stewart Granger zensiert, einer bizarren Version, in der eine Frau an der Expedition teilnimmt.) Gallows hielt inne und erklärte uns, dass diese Berge im Ngong-Gebirge liegen. (*Ich sage euch, Jungs, das ist völliger Quatsch. Gallows will nur damit angeben, dass er schon in Kenia war. Die Schatzkammer von König Salomo spielt überhaupt nicht in Kenia. Schnell rauf mit euch in den Schlafsaal.*)

Als einmal nachts ein heftiges Gewitter tobte, ging Gallows nach oben in den Schlafsaal der Jüngsten, schaltete das Licht ein und tröstete die Kleinen (die so winzig waren, dass sie noch Teddybären haben durften), wenn sie sich fürchteten. In der Mitte des Semesters, wenn die Eltern am »Sonntag der offenen Tür« kamen und ihre Söhne für den Tag abholten, gab es immer einen oder zwei Jungen, die keinen Besuch bekamen, weil die Eltern vielleicht im Ausland oder krank waren. Einmal passierte das auch mir. Mr und Mrs Galloway nahmen uns zusammen mit ihren eigenen Kindern in ihrem alten Dreißigerjahre-Reisewagen namens Grey Goose und ihrem kleinen Morris 8 mit Namen James mit. Wir veranstalteten ein nettes Picknick an einem Stauwehr; mir kommen fast die Tränen, wenn ich daran denke, wie freundlich sie zu uns waren, insbesondere da sie ja wahrscheinlich den Tag lieber nur mit den eigenen Kindern verbracht hätten.

Als Lehrer jedoch machte Gallows uns Angst. Er brüllte, was seine kräftige Stimme hergab, so dass sein lautstarker Zorn in sämtlichen Klassenräumen zu hören war. Bei uns Jungen und den anderen Lehrern provozierte er damit ein verschwörerisches Lächeln. »Was tut ihr, wenn euch *ut* mit dem Konjunktiv begegnet? ... STILLHALTEN UND NACHDENKEN!« (Wenn man allerdings darüber nachdenkt, funktioniert Sprache in Wirklichkeit nicht nach solchen Regeln.) Noch beängstigender war Mr Mills, einer der Lehrer, die Latein unterrichteten. Wir fürchteten ihn so sehr, dass wir ihm nicht einmal einen Spitznamen gaben. Er hatte eine bedrohliche Ausstrahlung und bestand auf absoluter Genauigkeit und makelloser Handschrift – ein Fehler, und wir mussten den ganzen Absatz noch einmal schreiben. Miss Mills – nicht mit ihm verwandt – war pummelig, warmherzig und mütterlich; sie hatte ihre Zöpfe wie eine Art Heiligenschein um den Hinterkopf hochgebunden, unterrichtete die Kleinen und nannte uns alle »Liebes«. Mr Dowson, der joviale, bebrillte Mathematiklehrer, trug den Spitznamen Ernie Dow. Woher das »Ernie« kam, wusste keiner von uns, bis er uns eines Tages ein Gedicht vorlas und am Ende den Autor verriet: Es war natürlich von Ernest Dowson. Welches Gedicht es war, weiß ich nicht mehr – vielleicht »They are not long, the weeping and the laughter«, aber es war bei uns ohnehin vergebliche Liebesmüh. Ernie Dow war ein guter Lehrer: Mit seinem nordenglischen Akzent brachte er mir den größten Teil dessen bei, was ich in meinem Leben an Infinitesimalrechnung gelernt habe. Mr Shaw hatte keinen Spitznamen, aber seine halbwüchsige Tochter hieß »Pretty Shaw«, und das nur aus einem einzigen Grund: Es rechtfertigte den pubertären Witz, der zwangsläufig folgte, wenn jemand »I'm pretty shure...« sagte. Eine hohe Fluktuation herrschte bei den jüngeren Lehrkräften. Sie waren vermutlich Studenten, die auf die Zulassung zur Universität warteten oder gerade von dort kamen; meist mochten wir sie, und das wahrscheinlich schon deshalb, weil sie jung waren. Einer von ihnen, Mr Howard – Anthony Howard –, wurde später zu einem angesehenen Journalisten und Chefredakteur des *New Statesman*.

In meinem ersten Semester in Klasse II hatte ich Unterricht bei Miss Long, einer dünnen, knochigen Dame mittleren Alters mit glatten Haaren und randloser Brille. Wie die meisten Lehrer war sie sehr freundlich. Neben der Klasse II unterrichtete sie vor allem Klavier. Bei ihr hatte ich meine ersten Musikstunden, und vor meinen

Eltern prahlte ich mit schnelleren Fortschritten, als es der Wahrheit entsprach. Aber die Wahrheit würde ohnehin irgendwann ans Licht kommen, welchen Sinn hatte also die Angeberei? Ich werde es nie erfahren.

Wenn meine Eltern pessimistisch gewesen waren, was das Niveau der Eagle School in Südrhodesien anging, so stellte sich nun heraus, dass sie unrecht gehabt hatten. Unter den Gleichaltrigen in Eagle war ich nur ein durchschnittlicher Schüler gewesen, aber als ich nach Chafyn Grove kam, war ich den anderen voraus. Der Vorsprung war geradezu peinlich, und da schulische Leistungen nicht bewundert wurden, tat ich so, als wisse ich weniger, als ich wusste. Wenn ich beispielsweise nach der Bedeutung eines lateinischen oder französischen Wortes gefragt wurde, druckste ich mit vorgetäuschter Unsicherheit herum, statt sofort mit der Antwort zu brillieren und damit möglicherweise unter den Kameraden das Gesicht zu verlieren. Eindeutig unlogisch wurde diese Neigung im folgenden Jahr in Klasse III, als ich einen törichten Entschluss fasste: Da die Muskelprotze, die gut in Sport waren, meist in anderen Fächern keine guten Leistungen erbrachten, schien es mir nur einen Weg zu guten sportlichen Leistungen zu geben: Ich musste im Unterricht schlecht sein. Wenn ich heute darüber nachdenke, war das eine so dumme Haltung, dass ich es selbstverständlich nicht verdiente, im Unterricht gut abzuschneiden.

In der Frage, was es bedeutete, gut in Sport zu sein, herrschte bei mir offenbar große Verwirrung. Es gab die drei Brüder Sampson *ma*, Sampson *mi* und Sampson *min* (*major, minor* und *minimus*), die alle drei gute Sportler waren. Vor allem Sampson *min* war in allen Sportarten hervorragend: Einmal »trug er den Cricketschläger« vom Beginn des Spiels bis zu dem Zeitpunkt, als ihm die Partner ausgingen, und dann gelang ihm auf der Silly-mid-on-Position auf wundersame Weise ein Fang. Mir kam der lächerliche Gedanke, die Ähnlichkeit des Namens Sampson mit dem des berühmten Muskelmannes aus der Bibel könne kein Zufall sein. Mit meinem naiven Verstand nahm ich an, die Sampsons müssten ihr sportliches Talent geerbt haben, und wenn schon nicht von dem biblischen Helden, dann doch von einem starken mittelalterlichen Vorfahren, der seinen Namen auf die gleiche Weise erhalten hatte wie »Smith« oder »Miller« – oder auch »Armstrong«, was sich tatsächlich von dem Spitznamen für einen Mann mit kräftigen Armen ableitet. Unter meinen vielen falschen Annahmen war auch die, bemerkenswerte erbliche Merkmale müssten mehr als nur ein paar Generationen weit zurückreichen – der gleiche Irrtum à la *Tess von den d'Urbervilles*, den ich schon im ersten Kapitel erwähnt habe.

Der Vater der Sampson-Brüder hatte nur ein Auge. Das andere war von einem Reiher herausgepickt worden – so jedenfalls die unplausible Erklärung, die man uns gab. Er besaß in Hampshire einen Bauernhof, auf dem die Pfadfindergruppe von Chafyn Grove ihr alljährliches Sommerlager veranstaltete. Die Aufsicht hatte Slush, seine Assistenten waren Gallows und ein korpulenter Gentleman namens Dumbo, der bei dieser Gelegenheit hinzugezogen wurde. Das Pfadfinderlager war für mich jedes Jahr ein Höhepunkt. Wir bauten unsere Zelte auf, gruben Latrinen und richteten eine Feuerstelle ein, auf der wir dann köstliche Buschbrote und Spiralen (Teigklumpen, die im Feuer verkohlten) zubereiteten. Wir lernten, wie man Stöcke mit elegant gedrehten Sisalseilen zusammenbindet, und bauten alle möglichen nützlichen Campingutensilien, von Becherbäumen bis zu Wäscheständern. Am Lagerfeuer sangen wir spezielle Pfadfinderlieder wie »Dai's got a head like a ping pong ball«, die Slush/Chippi uns beibrachte. Sie waren nicht schwer zu erlernen und in der Regel sehr kurz:

Gaily sings the donkey, as he goes to grass.
Who knows why he does so, because he is an ass.
Ea aw. Ea aw. Ea aw. Ea aw. |17|

Manche hatten überhaupt keine Melodie und waren eigentlich keine Lieder, sondern Schreie der Solidarität:

There ain't no flies on us.
There ain't no flies on us.
There may be flies
On some of you guys
But there ain't no flies on us! |18|

Die Glanznummer war eine epische Saga über ein faules Ei, gesungen von Chippi. Diese Erzählung befindet sich auf meiner Webseite (https://richarddawkins.net/bcd/), hege ich doch die sentimentale Hoffnung, dass der eine oder andere Leser sie am Lagerfeuer singen wird und dabei metaphorisch in der Asche von Henry Murray Letchworth MA (Oxon) von den Royal Dublin Fusiliers wühlt, alias Slush, alias Chippi, des gutmütigen, schwermütig-traurigen Goodbye-Mr-Chips-Patriarchen von Chafyn Grove. Im Jahr 2005, zur Feier des 90. Geburtstages meines Vaters in den Master's Lodgings des Balliol College, schrieb ich das Eierlied originalgetreu nieder, so dass die liebenswürdige Sopranistin Ann Mackay und ihr Klavierbegleiter es glanzvoll vortragen konnten, wobei schließlich auch mein Vater zwar weniger melodiös, aber herzlich einstimmte.

Im Pfadfinderlager bekamen wir Abzeichen für Leistungen wie Holzfällen, Knotenbinden oder die Beherrschung des Wink- und Morsealphabets. Im Morsen war ich besonders gut; ich bediente mich dazu einer Technik, die mein Vater während des Krieges in Somaliland perfektioniert hatte, als er Signale aus seinem Panzerwagen absetzen musste. Für jeden Buchstaben merkt man sich einen Satz, der mit diesem Buchstaben beginnt. Wörter mit einer Silbe stellen Punkte dar, längere Wörter entsprechen Strichen. Das G beispielsweise hieß »Gordon Highlanders, go« – Strich, Strich, Punkt. Für das Winkalphabet konnte ich mir keine solche Eselsbrücke bauen, und das war vielleicht der Grund, warum ich es nicht gut beherrschte. Vielleicht lag es auch daran, dass ich ein schlechtes räumliches Vorstellungsvermögen habe; in Intelligenztests schneide ich gut ab, bis am Ende die Aufgaben mit der räumlichen Drehung von Gegenständen gestellt werden; dort geht es dann mit dem Gesamtwert bergab.

Der zweite Höhepunkt des Jahres war die alljährliche Schultheateraufführung. Gespielt wurden Operetten, und stets führte Slush die Regie – eine Tradition, die mindestens bis in die Zeit meines Vaters zurückreichte. Mein Onkel Bill erzählte mir später, er habe für die Rolle einer Glühbirne vorgesprochen, sei aber für mangelhaft befunden worden. Die Hauptrollen gingen an Jungen, die singen konnten, und zu denen gehörte auch ich. Ein typisches Beispiel war *The Willow Pattern Plate*; darin spielte ich in meinem letzten Schuljahr die weibliche Hauptrolle. Das Bühnenbild bestand aus einem großen Bild des berühmten blauen Keramikdekors. Die Pagode war der Wohnort der königlichen Prinzessin; sie war gestorben, und um die Bedrohung einer Republik abzuwenden, hatten die drei Männer auf der Brücke sich geschworen, ihren Tod geheim zu halten. Aber die Verschwörung geriet in Gefahr, als ein hübscher Tatarenprinz mitteilen ließ, er sei im Galopp unterwegs und wolle um die Prinzessin werben. An dieser Stelle trat ich als Mägdelein aus dem Dorf auf und sang meine große Nummer; darin beschrieb ich mit übertriebenen, theatralischen Bewegungen in Richtung Kulisse die Welt der Blauen Keramik, in der wir alle lebten:

Blue is the sky above my aching head.
The grass is blue beneath my weary feet.
Blue are the trees that o'er the blue path shed
A deeper shade of everlasting blue.
And all the world is clothed in robes of blue.
The restless sea is of the self-same hue. |19|

Die letzte Zeile ist recht geistreich (was uns Schuljungen natürlich entging), und ich möchte gern glauben, dass sie einen Lacher bei dem erwachsenen Publikum erntete. Dieses bestand fast ausschließlich aus engagierten, toleranten Eltern und dem Reporter des *Salisbury Chronicle* (der mir übrigens eine sehr nette, aber unverdiente Notiz widmete).

The royal pagoda glistens in the sun.
The footballs grow on yon preposterous tree.
*(The song has several verses more to run*
*But that's the lot in my poor memory.)* |*20*|

Die drei kleinen Männer auf der Brücke ergriffen die Gelegenheit beim Schopfe und schickten mich in die Pagode, wo ich die tote Prinzessin vertreten sollte. Ich kam gerade noch rechtzeitig, bevor der Tatarenprinz mit schwarzem, angemaltem Schnauzbart und einem Schwert, das er aus der Scheide zog, auf die Bühne stürmte. Wie es schließlich zum Happyend kam, weiß ich nicht mehr, aber der Prinz warf mich schließlich über seine Schulter und nahm mich mit in die Tatarei.

Augenblicke akuter Peinlichkeit sind mir im Gedächtnis geblieben und entlocken mir ein hörbares Stöhnen, wenn ich an sie denke. In Chafyn Grove gab es jeden Tag eine Teepause, in der wir Butterbrote aßen. Während wir uns in einer Reihe aufstellten und im Gänsemarsch in den Speisesaal marschierten, las der diensthabende Lehrer manchmal laut eine Liste mit Namen vor; diese bekam er von einem Jungen, der an dem Tag Geburtstag hatte. Die Eingeladenen traten aus der Reihe heraus und setzten sich an einen besonderen Tisch am Ende des Saales, der für Geburtstagsfeiern vorgesehen war. Dort standen der Geburtstagskuchen, Marmelade und andere leckere Dinge, die die liebende Mutter geschickt hatte. Ich verstand das Prinzip, und ich begriff, dass man dem diensthabenden Lehrer eine Liste mit den Namen der Freunde gab. Nur eine Kleinigkeit war meiner Aufmerksamkeit entgangen: Man musste im Voraus dafür sorgen, dass die Mutter Kuchen und Marmelade schickte. An meinem Geburtstag – es könnte der neunte gewesen sein – schrieb ich die Liste meiner Freunde und gab sie dem Lehrer, der sie laut vorlas. Die Auserwählten gingen voller Vorfreude in den Speisesaal, sahen den leeren Tisch, und … selbst nach so vielen Jahren ist mir die Szene noch so peinlich, dass ich sie nicht weiter beschreiben kann. Bis heute staune ich darüber, dass ich mir nie die Frage stellte, woher der Kuchen kommen sollte. Vielleicht hatte ich den unbestimmten Gedanken, die Schulköchin werde ihn backen. Aber hätte ich mich nicht selbst dann fragen müssen, woher die Köchin wusste, wann ich Geburtstag hatte? Vielleicht glaubte ich auch, er werde sich durch einen übernatürlichen Zauber materialisieren wie Sixpencestücke, wenn man einen Zahn unter das Kopfkissen legte. Wie meine Geschichte über das Versteckspiel in den Zomba-Bergen, so offenbart auch dieser Vorfall während meiner Kindheit einen bedauernswerten Mangel an allem, was auch nur entfernt nach kritischem oder skeptischem Denken aussieht. Heute sind mir die genannten Beispiele zwar peinlich, aber die mangelnde Fähigkeit, über die *Plausibilität* von Dingen nachzudenken, ist eine so verbreitete Eigenschaft, dass sie interessant wird. Ich werde später auf das Thema zurückkommen.

Während der ersten Jahre in Chafyn Grove war ich ein ungewöhnlich unordentlicher, schlecht organisierter Junge. Meine ersten Beurteilungen drehen sich immer wieder um die Tinte.

*Bericht des Schulleiters: Er hat einige gute Arbeiten abgeliefert und verdient durchaus seinen Preis. Derzeit ein sehr tintenverliebter kleiner Junge, der seine Arbeit gern verschmutzt.*

*Mathematik: Er arbeitet gut mit, aber ich kann seine Arbeiten nicht immer lesen. Er muss lernen, dass Tinte zum Schreiben da ist und nicht zum Waschen.*

*Latein: Er hat stetige Fortschritte gemacht, aber wenn er Tinte benutzt, werden seine schriftlichen Arbeiten leider sehr unsauber.*

Meiner ältlichen Französischlehrerin Miss Benson gelang es irgendwie, das Tinten-Leitmotiv zu vermeiden, aber selbst ihr Bericht kommt nicht ohne eine spitze Bemerkung aus.

*Französisch: eine Menge Begabung – gute Aussprache und eine großartige Fähigkeit, der Arbeit aus dem Weg zu gehen.*

Tinte? Nun ja, was erwartet man, wenn jede Schulbank mit einem offenen Tintenfass ausgestattet ist und die Kinder Federn zum Eintauchen bekommen, die nur dazu da sind, die Tinte durch das ganze Zimmer zu spritzen oder zumindest große, glänzende Tintentropfen auf einem Blatt Papier zu verteilen? Die Tropfen zog ich dann zu spinnenförmigen Gebilden auseinander oder verwandelte sie durch Falten des Papiers in Rorschach-Flecken. Kein Wunder, dass die Reihe der Waschbecken von Bimssteinen gesäumt war, mit denen wir die Finger von Tintenflecken reinigten. Ich fürchte, es muss der Tinte irgendwie gelungen sein, sich nicht nur über meine Schulhefte zu verbreiten. Ich entweihte auch Schulbücher. Damit meine ich nicht, dass ich Kennedys *Shorter Latin Primer* zu *Shortbread Eating Primer* machte – das tat natürlich jeder ganz automatisch. Meine Gewohnheiten mit der Tinte gingen noch weiter. Ich bekritzelte die Schulbücher, füllte Buchstaben mit Tinte aus oder zeichnete kleine Comicfiguren in die rechte obere Ecke der Seiten, so dass sie sich nach Art eines Daumenkinos bewegten. Die Bücher gehörten uns nicht: Wir mussten sie jeweils am Ende des Semesters zurückgeben, damit die nächste Altersstufe sie übernehmen konnte. Und ich wusste, dass ich Schwierigkeiten bekommen würde, wenn ich meine tintenverschmierten Bücher abgeben musste. Die Sorge ließ mich nachts nicht schlafen, machte mich ernsthaft unglücklich und hielt mich sogar von dem (zugegebenermaßen scheußlichen) Essen ab, und doch machte ich weiter. Mir ist klar, dass das Bücher verhunzende Kind und mein heutiges bibliophiles Ich irgendwie dieselbe Person sind, aber dieses anormale Verhalten in meiner Kindheit entzieht sich bis heute meinem Verständnis. Das Gleiche gilt für meine damalige Reaktion – und vermutlich auch die aller Gleichaltrigen heute – auf Schikanen.

Zum größten Teil waren die scheinbaren Hänseleien nichts als *bragadaccio*, leere Drohungen, deren Gehaltlosigkeit schon dadurch belegt wurde, dass sie sich auf eine nicht näher bestimmte Zukunft beriefen. »Na gut. Das reicht. Ich setze dich auf meine Verprügelliste« war eine ebenso nebulöse Drohung wie »Wenn du stirbst, kommst du in die Hölle« (wobei Letztere allerdings leider nicht von allen für nebulös gehalten wird). Es gab aber auch echtes Mobbing, jene besonders unschöne Form der Schikane, bei der Banden unterwürfiger Anhänger einem mobbenden Anführer nachlaufen und um seine Zustimmung buhlen.

Der »Aunty Peggy« von Chafyn Grove wurde noch schlimmer gemobbt als der auf der Eagle School. Er war ein frühreifer, ausgezeichneter Schüler, groß, schwerfällig und unbeholfen mit misstönender, zu früh brechender Stimme und wenigen Freunden. Ich erwähne seinen Namen hier nicht, denn es könnte sein, dass er diese Zeilen liest und immer noch schmerzliche Erinnerungen hat. Er war ein unglückseliger Außenseiter, ein hässliches Entlein, das zweifellos dafür bestimmt war, zum Schwan zu werden; eigentlich hätte er Mitgefühl wecken müssen, und er wäre in jeder anständigen Umgebung zurechtgekommen, nur nicht im Golding'schen Dschungel der Spielplätze. Es gab sogar eine Clique, die seinen Namen trug: Die »Anti-...-Clique« hatte kein anderes Ziel, als ihm das Leben zur Hölle zu machen. Dabei bestand sein einziges Vergehen darin, plump und ungeschickt zu sein, zu unkoordiniert, um einen Ball zu fangen, unfähig, anders zu rennen als mit einem uneleganten, schwankenden Gang – und sehr, sehr klug.

Er war ein Externer, das heißt, er konnte jeden Abend nach Hause entfliehen – anders als heutige Mobbingopfer, die auch jenseits der Schultore via Facebook und Twitter verfolgt werden. Dann aber kam ein Semester, in dem er aus irgendeinem Grund – vielleicht gingen seine Eltern ins Ausland – zum Internatsschüler wurde, und nun ging der Spaß erst richtig los. Seine Qualen wurden noch dadurch verstärkt, dass er kalte Bäder nicht vertrug. Ob es am kalten Wasser oder an der Nacktheit lag, weiß ich nicht, aber was wir anderen gut durchstanden, versetzte ihn in einen Zustand jämmerlichen, wimmernden Entsetzens. Er presste das Handtuch an sich, zitterte unkontrolliert und weigerte sich, es loszulassen. Es war sein Zimmer 101. Gallows hatte irgendwann Mitleid mit ihm und befreite ihn von den kalten Bädern. Was natürlich seine Beliebtheit bei den Kameraden, die ohnehin bereits auf dem Tiefpunkt war, ins Bodenlose fallen ließ.

Heute kann ich mir nicht einmal ansatzweise vorstellen, wie Menschen so grausam sein können, und doch waren wir es mehr oder weniger alle, und sei es auch nur, weil wir es nicht verhinderten. Wie konnte es uns so an Mitgefühl mangeln? In einer Szene des Romans *Geblendet in Gaza* von Aldous Huxley erinnern sich Männer voller Scham und Bestürzung daran, wie sie ein ähnliches hässliches Entlein im Schlafsaal ihrer früheren Schule schikaniert haben. Das Schuldgefühl, das ich wie wahrscheinlich alle meine Freunde aus Chafyn Grove bei der Erinnerung an die Episode empfinde, lässt uns vielleicht ein klein wenig besser verstehen, wie die Wärter in den Konzentrationslagern ihre Taten begehen konnten. Repräsentiert die Gestapo vielleicht eine bis ins Erwachsenenalter hinüberreichende psychologische Eigenschaft, die bei Kindern normal ist, bei Erwachsenen aber krankhaft wird? Vermutlich ist die Sache nicht so einfach, aber mein erwachsenes Ich ist immer noch verblüfft. Nicht dass ich kein Mitgefühl empfunden hätte. Doktor Dolittle hatte mich gelehrt, mit Tieren ein Mitleid zu empfinden, das den meisten Menschen übertrieben vorkommen würde. Mit ungefähr neun Jahren war ich einmal mit meiner Großmutter im Boot vom Hafen in Mullion zum Fischen gefahren, und dann hatte ich das Pech, eine Makrele zu fangen. Ich war sofort voll von tränenreicher Reue und wollte den Fisch wieder ins Wasser werfen. Als ich das nicht durfte, weinte ich. Meine Großmutter war nett zu mir und tröstete mich, aber die Freundlichkeit reichte nicht so weit, dass sie mir gestattet hätte, das arme Geschöpf zurückzuwerfen.

Mitgefühl hatte ich – und man kann mit Fug und Recht sagen: im Übermaß – mit Mitschülern, die Schwierigkeiten mit den Autoritäten hatten. Ich gab mir lächerlich viel Mühe – eigentlich töricht mutige Mühe –, um sie zu rechtfertigen, und das muss ich als Beleg für Mitgefühl betrachten. Aber andererseits rührte ich keinen Finger, um die gerade beschriebenen, grotesken Schikanen zu verhindern. Ich glaube, das lag teilweise daran, dass ich es mir mit den beherrschenden, beliebten Personen nicht verscherzen wollte. Es ist das Kennzeichen des erfolgreichen Mobbers, dass er ein Gefolge aus loyalen Anhängern hat; auf brutale Weise äußert sich das Prinzip in der verbalen Grausamkeit und den Schikanen, die heute in Internetforen, wo die Übeltäter den zusätzlichen Schutz der Anonymität genießen, epidemische

Ausmaße angenommen haben. Aber ich kann mich nicht erinnern, dass ich für das Mobbingopfer von Chafyn Grove auch nur insgeheim Mitleid empfunden hätte. Wie ist das möglich? Diese Widersprüche beunruhigen mich bis heute ebenso wie ein starkes nachträgliches Schuldgefühl.

Wie in der Sache mit der Tinte, so habe ich auch hier Mühe, das Kind mit dem daraus entstandenen Erwachsenen in Einklang zu bringen; den gleichen inneren Kampf fechten nach meiner Vermutung die meisten Menschen aus. Der scheinbare Widerspruch ergibt sich, weil wir an dem Gedanken festhalten, das Kind sei die gleiche »Person« wie der Erwachsene: »Das Kind ist der Vater des Mannes.« Das ist ganz natürlich, denn die Erinnerungen erstrecken sich ununterbrochen von Tag zu Tag und von Jahrzehnt zu Jahrzehnt, obwohl man uns sagt, dass kein physisches Molekül aus dem Körper des Kindes die Jahrzehnte übersteht. Da ich keine Tagebücher führe, ermöglicht es mir genau diese Kontinuität, das vorliegende Buch überhaupt zu schreiben. Aber einige unserer tiefsinnigsten Philosophen, beispielsweise Derek Parfit und andere, die er in seinem Werk *Reasons and Persons*[38] zitiert, haben mit Hilfe faszinierender Gedankenexperimente gezeigt, dass keineswegs klar ist, was wir mit der Behauptung, wir seien immer derselbe Mensch, eigentlich meinen. Psychologen wie Bruce Hood haben sich der gleichen Fragestellung aus anderen Richtungen genähert. Aber hier ist nicht der Ort für philosophische Abhandlungen; ich werde mich deshalb mit der Beobachtung zufriedengeben, dass die Kontinuität meiner Erinnerungen mir das *Gefühl* verschafft, meine Identität habe sich während meines ganzen Lebens nicht verändert, während ich gleichzeitig nicht glauben kann, dass ich der gleiche Mensch bin wie der jugendliche Buchschmierfink und der jugendliche Mitgefühlsversager.

Ich war auch im Sport ein Versager, aber die Schule hatte einen Squash-Court, und ich war versessen auf diese Sportart. Eigentlich machte es mir keinen Spaß, gegen einen Gegner gewinnen zu wollen. Am liebsten schlug ich den Ball allein gegen die Wand und bemühte mich, möglichst lange durchzuhalten. In den Schulferien hatte ich Squash-Entzugserscheinungen – mit fehlte der Widerhall, wenn der Ball gegen die Wand schlug, und der Geruch nach schwarzem Gum-

---

[38] Parfit, Derek: *Reasons and Persons*, Oxford 1984.

mi –, und ich träumte davon, irgendwo auf der Farm, vielleicht in einem aufgegebenen Schweinestall, eine provisorische Squashkabine einzurichten.

In Chafyn Grove sah ich mir Squashpartien von der Tribüne aus an und wartete, bis sie zu Ende waren; dann konnte ich hineinschlüpfen und allein üben. Eines Tages – ich muss ungefähr elf gewesen sein – war ein Lehrer bei mir auf der Tribüne. Er zog mich auf seine Knie und steckte mir eine Hand in die Shorts. Zwar beschränkte er sich darauf, ein wenig zu tatschen, aber es war dennoch äußerst unangenehm (der Kremasterreflex tut nicht weh, aber er kriecht auf unheimliche Weise unter die Haut und ist damit fast noch schlimmer als Schmerzen). Sobald ich mich aus seinem Schoß befreit hatte, lief ich zu meinen Freunden und erzählte es ihnen – und viele hatten mit ihm offenbar die gleiche Erfahrung gemacht. Ich nehme an, dass er bei keinem von uns bleibenden Schaden anrichtete, aber einige Jahre später nahm er sich das Leben. Wir merkten schon an der Atmosphäre beim Morgengebet, dass etwas nicht stimmte, und als Gallows dann die grausige Mitteilung machte, fing eine der Lehrerinnen an zu weinen. Viele Jahre später, am New College in Oxford, saß einmal ein ranghoher Bischof neben mir am Ehrentisch. Ich erinnerte mich an seinen Namen. Er war der (damals viel weniger ranghohe) Hilfspfarrer an der St.-Mark's-Kirche gewesen, in die wir von Chafyn Grove jeden Sonntag in Zweierreihen zur Frühmesse marschiert waren, und offensichtlich hatte er den Tratsch gekannt. Er erzählte mir, jene Lehrerin sei in den pädophilen Lehrer, der Selbstmord begangen hatte, unsterblich verliebt gewesen. Das hatte keiner von uns geahnt.

Der Sonntagmorgengottesdienst fand also in der St.-Mark's-Kirche statt, an den Wochentagen gab es morgens und abends Gebete in der Schulkapelle. Gallows war sehr religiös – und zwar wirklich, nicht nur als Alibi. Er glaubte das ganze Zeug, im Gegensatz zu vielen Pädagogen (und auch manchen Klerikern), die nur aus Pflichtgefühl so tun, und auch im Gegensatz zu Politikern, die den (nach meiner Vermutung übertriebenen) Eindruck haben, es bringe ihnen mehr Wählerstimmen. Gallows bezeichnete Gott in der Regel als »König«, aber er sagte nicht »King«, sondern »Kieng«, was eigentlich erstaunlich war, da er ansonsten ganz normales Standard-Englisch sprach. Als ich sehr jung war, führte dies wohl bei mir zu einer gewissen Verwirrung. Ich muss gewusst haben, dass König George VI. in Wirklichkeit nicht Gott war, aber in meinem Kopf herrschte ein nahezu untrennbares Durcheinander von Königtum und Gottheit. Es setzte sich auch nach dem Tod von George VI. und bis zur Krönung seiner Tochter fort, bei der Gallows uns eine tiefe Verehrung für unsinnige Zeremonien wie die Salbung mit heiligem Öl anerzog. Einen Widerhall dieser Verehrung kann ich in mir noch heute heraufbeschwören, wenn ich einen Krönungsbecher von 1953 sehe oder wenn ich Händels großartigen Lobgesang »Zadok the Priest«, den »Orb and Spectre«-Marsch von Walton oder »Pomp and Circumstance« von Elgar höre.

Jeden Sonntagabend hörten wir eine Predigt. Sie wurde abwechselnd von Gallows und Slush gehalten. Gallows trug dabei seinen Cambridge-MA-Talar mit weißer Kapuze auf dem Rücken, Slush seinen Oxford-MA-Talar mit roter Kapuze. Eine außergewöhnliche Predigt ist mir in Erinnerung geblieben. Wer sie hielt, weiß ich nicht mehr. Sie handelte von einem Trupp Soldaten, die neben einer Bahnlinie exerzierten. Der Feldwebel war irgendwann abgelenkt und versäumte es, »Kehrt marsch!« zu rufen. Die Soldaten marschierten also weiter und geradewegs vor den nahenden Zug. Es kann keine wahre Geschichte gewesen sein, und ich glaube, es kann auch nicht wahr gewesen sein, was mir aus der Predigt in Erinnerung geblieben ist: dass wir die Soldaten wegen ihres unbedingten Gehorsams gegenüber der militärischen Autorität bewundern sollten. Vielleicht täuscht mich mein Gedächtnis in diesem Punkt. Jedenfalls hoffe ich das. Wie Elizabeth Loftus und andere Psychologen nachgewiesen haben, sind falsche Erinnerungen oftmals selbst dann nicht von echten zu unterscheiden, die von einem skrupellosen Therapeuten eingeimpft wurden, der beispielsweise verzweifelte Menschen davon überzeugen will, dass sie als Kinder missbraucht worden sein *müssen*.

An einem Sonntag wurde ein Junglehrer, ein netter junger Mann namens Tom Stedman, gegen seinen starken Widerwillen dazu gedrängt, die Predigt zu halten. Er tat es ganz offensichtlich nicht gern. Ich weiß noch, wie er häufig die Frage »Wozu ist der Himmel da?« wiederholte. Sie wäre mir sinnvoller erschienen, wenn ich schon damals gewusst hätte, was ich erst Jahre später erfuhr: Es handelte sich um ein Zitat von Browning. Ein anderer beliebter Junglehrer, Mr Jackson, hatte eine gute Tenorstimme. Eines Tages überredete man ihn, »The Trumpet Shall Sound« von Händel zu singen, was er ebenfalls äußerst widerwillig tat. Anscheinend war er zu der – richtigen

– Erkenntnis gelangt, dass er mit seiner Kunst bei uns Perlen vor die Säue warf.

Perlen vor die Säue warfen bei uns auch die Dozenten und Künstler, die gelegentlich zu Besuch kamen. Allerdings kann ich mich an sie erinnern, und ich glaube, das hat etwas zu bedeuten. Im Gedächtnis geblieben sind mir R. Keith Jopp mit »Es ist noch da« (Archäologie) und Lady Hull, die auf dem Klavier im Speisesaal spielte (Schumanns *Faschingsschwank*); irgendjemand hielt einen Vortrag über Shackletons Antarktisexpeditionen, ein anderer zeigte flimmernde Schwarzweißfilme von Sportlern der zwanziger und dreißiger Jahre wie Sydney Wooderson, und ein Trio irischer Troubadoure baute eine kleine Bühne auf und sang dann »I bought my fiddle for ninepence, and that is Irish too«. Ein Dozent hielt einen Vortrag über Sprengstoff. Er zog einen Gegenstand aus der Tasche und behauptete, das sei eine Stange Dynamit. Beiläufig erwähnte er, er müsse sie nur fallenlassen, dann werde die ganze Schule in die Luft fliegen. Dann warf er sie in die Höhe und fing sie wieder auf. Leichtgläubige Naivlinge, die wir waren, glaubten wir ihm natürlich. Wie hätten wir an ihm zweifeln sollen? Er war ein Erwachsener, und man hatte uns beigebracht, das zu glauben, was man uns sagte.

Und wir glaubten nicht nur den Erwachsenen. Leichtgläubig waren wir auch im Schlafsaal, wo uns der Oberlügenbold Nacht für Nacht an der Nase herumführte. Er erzählte uns, König George VI. sei sein Onkel. Der unglückselige König werde im Buckingham Palace gefangen gehalten und müsse mit einem Scheinwerfer verzweifelt verschlüsselte Nachrichten an seinen Neffen übermitteln, unseren Geschichtenerzähler. Der phantasiebegabte Junge erschreckte uns mit Geschichten über ein entsetzliches Insekt, das uns seitlich von der Wand auf den Kopf springen, ein sauberes rundes Loch von der Größe einer Murmel in die Schläfe bohren und darin einen Beutel mit Gift ablegen würde, damit man starb. Während eines heftigen Gewitters erklärte er, wenn man vom Blitz getroffen würde, sei man sich dessen eine Viertelstunde lang überhaupt nicht bewusst. Man werde es erst dann merken, wenn Blut aus den Ohren tropft, und wenig später sei man dann schon tot. Wir glaubten ihm und saßen nach jedem Blitz wie auf heißen Kohlen. Warum? Aus welchem Grund nahmen wir an, dass er mehr wusste als wir? War es auch nur entfernt plausibel, dass man fünfzehn Minuten lang nichts merkt, wenn man vom Blitz getroffen wird? Wieder einmal zeigt sich der bedauernswerte Mangel an kritischem Denken. Sollte man Kindern nicht schon von klein auf beibringen, sich kritische, skeptische Gedanken zu machen? Sollten wir nicht alle lernen, zu zweifeln, Plausibilitäten abzuwägen, Belege zu fordern?

Nun, vielleicht sollte man es, aber es geschah nicht. Im Gegenteil: Wenn überhaupt, wurde unsere Leichtgläubigkeit gefördert. Gallows war sehr darauf erpicht, dass wir alle in der anglikanischen Kirche konfirmiert wurden, bevor wir die Schule verließen, und bei fast allen geschah es auch. Ich kann mich nur an zwei Ausnahmen erinnern: Ein Junge kam aus einer römisch-katholischen Familie (und ging jeden Sonntag mit der hübschen katholischen Aushilfs-Hausdame in eine andere Kirche, worum wir ihn beneideten), und ein frühreifer Junge versetzte uns alle mit der Behauptung in Staunen, er sei Atheist – die Bibel bezeichnete er als »heiliges Gesülze«, und wir rechneten täglich damit, dass er vom Blitz erschlagen wurde (seine Bilderstürmerei, allerdings nicht sein logisches Denken, schwappte auch auf seine Beweisführung in der Geometrie über: »Das Dreieck ABC *wirkt* gleichschenkelig, also…«).

Ich meldete mich mit den anderen aus meinem Jahrgang zur Konfirmation an. Mr Higham, der Pfarrer der St.-Mark's-Kirche, kam einmal in der Woche zu uns und erteilte in der Schulkapelle den Konfirmandenunterricht. Er war ein gut aussehender, silberhaariger, onkelhafter Mann, und wir waren mit allem einverstanden, was er sagte. Zwar verstanden wir es nicht, und es erschien uns nicht plausibel, aber wir glaubten, das liege nur daran, dass wir noch zu jung waren. Erst im Rückblick ist mir klar, dass es uns nicht sinnvoll erschien, weil es tatsächlich keinen Sinn gab. Es war alles ausgedachter Unsinn. Ich besitze noch heute die Bibel, die ich zu meiner Konfirmation geschenkt bekam, und habe häufig Gelegenheit, darin nachzuschlagen. Dieses Mal war es die Richtige, die King-James-Übersetzung, und einige der besten Abschnitte habe ich nach wie vor im Kopf, insbesondere den Prediger und das Hohelied Salomos (die, wie ich wohl nicht zu betonen brauche, natürlich nicht von Salomo stammen).

Vor kurzem erzählte mir meine Mutter, Mr Galloway habe damals die Eltern einzeln angerufen und ihnen gesagt, wie sehr ihm daran gelegen sei, uns konfirmieren zu lassen. Er habe erklärt, mit 13 sei man leicht zu beeindrucken und es sei gut, wenn Kinder möglichst frühzeitig konfirmiert würden, damit sie ein stabiles religiöses Fundament hätten, bevor sie sich an ihren Schulen mit gegensätzlichen Einflüssen auseinandersetzen müssten. Nun, dass er nicht ehrlich gewesen wäre, was seinen Willen zur Gestaltung junger Köpfe anging, kann man nicht behaupten.

Ungefähr zur Zeit meiner Konfirmation wurde ich sehr religiös. Hochnäsig tadelte ich meine Mutter, weil sie nicht in die Kirche ging. Sie nahm es gelassen und sagte mir nicht, was sie mir hätte sagen sollen: dass ich den Mund halten soll. Ich betete jeden Abend, kniete dabei aber nicht vor dem Bett, sondern rollte mich darin wie ein Fötus zusammen und zog mich, wie ich es mir selbst anvertraute, »in meinen eigenen kleinen Winkel mit Gott« zurück. Eigentlich wollte ich mich mitten in der Nacht in die Kapelle schleichen und am Altar niederknien (was ich aber nie wagte), denn dort, so glaubte ich, würde mir in einer Vision ein Engel erscheinen. Natürlich nur, wenn ich inbrünstig genug betete.

In meinem letzten Semester, mit 13 Jahren, machte Gallows mich zum Aufsichtsschüler. Warum ich mich darüber so freute, weiß ich nicht, aber ich ging während des ganzen Halbjahres wie auf Wolken. In meinem späteren Leben, als der Leiter meines Instituts in Oxford von der Queen zum Ritter geschlagen wurde, nahm ich an der Ernennungsfeier teil. Ich fragte einen Kollegen, ob unser Professor sich über die Ehre freute, und erhielt eine denkwürdige Antwort: »Wie ein Hund mit drei Schwänzen, alter Junge.« Ganz ähnlich fühlte ich mich, als ich zum Aufsichtsschüler ernannt wurde. Und auch als ich in den Eisenbahnklub aufgenommen wurde.

Der Eisenbahnklub war der Hauptgrund, warum ich mich über die Entscheidung meiner Eltern, mich nach Chafyn Grove zu schicken, gefreut hatte. Geleitet wurde er von Mr K. O. Aiken, der eigentlich kein Lehrer war, außer in den seltenen Fällen, in denen ein Junge sich entschloss, Deutsch zu lernen. Er war ein melancholischer Mann mit länglichem, traurigem Gesicht; seine wahre Liebe und offenbar sein einziger Zeitvertreib war das Eisenbahnzimmer (als ich ihn kürzlich googelte, erfuhr ich allerdings, dass er auch ein bekannter Künstler aus Cornwall war). In der Schule war ein Zimmer für ihn reserviert, und dort baute er ein magisches Abbild der Great Western Railway, elektrisch, Spur 0, mit zwei Endstationen namens Paddington und Penzance sowie auf halber Strecke dem Bahnhof Exeter. Jede Lokomotive hatte einen Namen, beispielsweise Susan oder George, und die beiden niedlichen kleinen Rangierloks hießen beide Boanerges (Bo eins und Bo zwei). An jedem Bahnhof gab es eine Reihe von Knöpfen, mit denen jeweils ein Gleisabschnitt aktiviert wurde: rote für die Linie nach oben, blaue für die nach unten. Wenn ein Zug in Paddington ankam, musste man ihn von der großen Lokomotive, die ihn gezogen hatte, abkuppeln, eine der kleinen Rangierloks von einem Nebengleis heranfahren lassen und dann den Zug von der Linie nach oben auf die nach unten verschieben; anschließend kam die Lokomotive auf die Drehscheibe, wo sie umgedreht wurde, und dann kuppelte man sie an das neue Vorderende des Zuges, damit sie zurück nach Penzance fahren konnte. Dort wiederholte sich der Vorgang. Ich mochte den Ozongeruch, der durch die elektrischen Funken entstand, und hatte großen Spaß daran, die Schalter in den richtigen Kombinationen zu betätigen und so die einzelnen Manöver möglich zu machen. Ich glaube, meine Freude ähnelte der, die ich später beim Programmieren von Computern empfand, oder auch beim Verlöten der Verbindungen in meinem Radioempfänger mit seiner einen Röhre. In den Eisenbahnklub wollte jeder aufgenommen werden, und alle, denen es gelang, vergötterten Mr Chetwood Aiken trotz seiner schwermütigen Miene. Aus heutiger Sicht denke ich, dass er damals wahrscheinlich schon sehr krank war, denn kurz nach meinem Abschluss starb er an Krebs. Ob das Eisenbahnzimmer auch nach seinem Tod bestehen blieb, weiß ich nicht, aber nach meiner Überzeugung wäre die Schule verrückt gewesen, es aufzugeben.

Sosehr es mir auch gefiel, beim Eisenbahnklub mitzumachen und ohne Einladung durch die Tür des Arbeitszimmers für Aufsichtsschüler zu stolzieren, irgendwann war es so weit, dass ich an eine andere Schule wechseln und wieder ganz unten anfangen musste. Schon als ich drei Monate alt war, hatte mein Vater mich bei der Marlborough School angemeldet, seiner alten Schule, aber man hatte ihm gesagt, es sei zu spät: Man hätte mich bei meiner Geburt vormerken müssen. Der hochnäsige Brief der Schule war für ihn als Ehemaligen sehr verletzend, aber er setzte meinen Namen dennoch auf die Warteliste, und als es so weit war, hätte ich nach Marlborough gehen können. In der Zwischenzeit hatten die Gedanken meines Vaters aber eine andere Richtung eingeschlagen. Er war beeindruckt von den technischen Fähigkeiten unseres Nachbarn, eines Farmers und Gentlemans namens Major Campbell, der über eine gut ausgestattete Werkstatt verfügte und hervorragend schweißen konnte. Mein Vater war natürlich überzeugt, ich würde Bauer werden, und in diesem Beruf sind handwerkliche Fähigkeiten ein großer Vorteil (das erfuhr ich erst kürzlich wieder von einem der erfolgreichsten und unkonventionell-unternehmungslustigsten Bauern, dem ich je begegnet bin: dem gefürchteten, heldenhaften George Scales).[39]

Major Campbell hatte seine Fachkenntnisse an seiner ehemaligen Schule Oundle in Northamptonshire erworben. Oundle hatte die besten Werkstätten aller Schulen im Land, und F. W. Sanderson, der Schulleiter von 1901 bis 1922, hatte ein System eingerichtet, bei dem jeder Junge in jedem Semester eine ganze Woche in den Werkstätten arbeitete, während alle anderen schulischen Tätigkeiten ausgesetzt wurden. So etwas konnte weder Marlborough noch irgendeine andere Lehranstalt vorweisen. Deshalb schrieben meine Eltern mich in Oundle ein, und in meinem letzten Semester in Chafyn Grove machte ich die Stipendiatenprüfung. Ein Stipendium bekam ich nicht, aber ich schnitt immerhin so gut ab, dass ich aufgenommen wurde. Also ging ich 1954, mit 13 Jahren, nach Oundle.

Übrigens weiß ich nicht, wie viel Major Campbell aus seiner Zeit in Oundle mitgenommen hatte. Ich vermute, er hatte sich den robusten Umgang mit störrischen Untergebenen eher beim Militär angewöhnt. Einmal erwischte er einen seiner Arbeiter bei einem Bagatelldiebstahl – ich glaube, es ging um ein Werkzeug. Er feuerte ihn mit drastischen Worten: »Ich gebe dir fünfzig Yards Vorsprung, dann bekommst du beide Läufe.« Natürlich machte er die Drohung nicht wahr, aber es ist eine gute Geschichte und wieder einmal ein schönes Beispiel für den sich wandelnden ethischen Zeitgeist.

---

[39] http://old.richarddawkins.net/articles/2127-george-scales-war-hero-and-generous-friend-of-rdfrs.

# 7

# »Und dein englischer Sommer ist vorbei«

Natürlich gab es auch ein Leben außerhalb der Schule. In Chafyn Grove sehnten wir jedes Mal das Ende des Semesters herbei, und am letzten Tag sangen wir unser Lieblingskirchenlied: »God will be with you till we meet again«. Das hatte für uns sogar einen noch höheren Stellenwert als das beunruhigend kriegerische Missionslied, das wir ebenfalls mochten:

> Ho, my comrades! See the signal waving in the sky
> Reinforcements now appearing, victory is nigh.
> »Hold the fort, for I am coming,« Jesus signals still.
> Wave the answer back to Heaven, »By thy grace we will.« |21|

Alle fuhren wir fröhlich nach Hause in die Ferien. Manche nahmen den Schülerzug nach London, andere wurden von den Eltern mit dem Auto abgeholt; in meinem Fall war es ein alter Land Rover, aber bei mir stellte sich nie das peinliche Gefühl ein, das versnobte Internatsschüler angeblich empfinden, wenn ihre Eltern mit etwas Billigerem als einem Jaguar vorfahren. Ich war stolz auf das mitgenommene alte Schlachtross mit seinem undichten Dach, mit dem mein Vater uns schon nach Kompass in gerader Linie durch krachendes Unterholz chauffiert hatte, weil er eine Theorie vertrat, für die Kinder sich begeistern konnten: Danach waren die beiden schnurgeraden Landstraßen, die auf dem zerlesenen Messtischblatt in einer Linie lagen, früher durch eine Römerstraße verbunden gewesen. Typisch für meinen Vater, so etwas. Wie sein Vater liebte er Landkarten; und beide führten gern Aufzeichnungen, unter anderem über das Wetter. Jahr für Jahr füllte mein Vater seine Notizbücher mit peinlich genau datierten Messwerten für die täglichen Höchst- und Tiefsttemperaturen sowie den Niederschlag – und seine Begeisterung wurde nur geringfügig gedämpft, als wir einmal den Hund erwischten, der gerade in den

Regenmesser pinkelte. Wir hatten keine Ahnung, wie oft Bunch das Gleiche früher schon getan hatte und wie viele Niederschlagswerte er demnach auf ähnliche Weise aufgebessert hatte.

Mein Vater betrieb immer wie besessen ein Hobby. Gewöhnlich handelte es sich dabei um Tätigkeiten, mit denen er seinen beträchtlichen praktischen Erfindungsreichtum üben konnte, er gehörte aber eher zur Schrottmetall-Bindegarn-Denkschule als zu der eines Major Campbell mit Drehbank und Schweißgerät. Die Royal Photographic Society ernannte ihn wegen seiner wunderschön »überblendeten« Kreationen zum Fellow. Gemeint waren damit sorgfältig gestaltete Farbdiaserien, die von zwei nebeneinanderstehenden, abwechselnd arbeitenden Projektoren an die Wand geworfen wurden; dabei wurde jedes Bild zu musikalischer Begleitung und gesprochenem Kommentar künstlerisch in das nächste überblendet. Heute würde man das alles mit dem Computer machen, aber zu jener Zeit erfolgte das Auf- und Abblenden mit Hilfe von Irisblenden, die gegenläufig gekoppelt waren, so dass sich jeweils die eine schloss, wenn die andere sich öffnete. Für die beiden Projektoren konstruierte mein Vater Irisblenden aus Pappe, die durch ein raffiniert ausgeklügeltes System aus Gummibändern und rotem Bindegarn verbunden waren und durch einen hölzernen Hebel in Betrieb gesetzt wurden.

In der Familienüberlieferung wurde das Überblenden (engl. *dissolving*) zum Gefasel (*drivelling*), weil jemand einmal in einer hastig hingekritzelten Notiz fälschlich dieses Wort gelesen hatte. Wir alle gewöhnten uns so daran, die Kunstform als »Gefasel« zu bezeichnen, dass niemand mehr auf die Idee kam, sie anders zu nennen, und das Wort seine ursprüngliche Bedeutung verlor. Einmal gab mein Vater (wie so oft zu jener Zeit) eine öffentliche Vorführung bei einem Fotoclub. Zufällig bestand seine Präsentation dieses Mal vorwiegend aus älteren Fotos, die er aufgenommen hatte, lange bevor er sich mit dem »Überblendhobby« beschäftigte, und das erklärte er nun dem Publikum. Er hatte eine liebenswürdig stockende, weitschweifige Redeweise, und das Publikum reagierte erfreut, aber auch ein wenig verwirrt auf seinen ersten Satz: »Hm, eigentlich habe ich, eigentlich habe ich, hm, die meisten dieser Fotos habe ich, hm, gemacht, bevor ich mit dem *Gefasel* angefangen habe …«

Seine nicht ganz flüssige Sprechweise hatte sich schon früher gezeigt, als er meiner Mutter den Hof machte. Damals blickte er ihr liebevoll tief in die Augen und murmelte: »Deine Augen sind wie… Waschbeutel!« Das mag bizarr klingen, aber ich glaube, es kann in einem gewissen Sinn plausibel sein, und es hat ebenfalls mit Irisblenden zu tun. Von vorn sehen die Schnüre, mit denen man einen Waschbeutel zuzieht, ein wenig wie die sternförmigen Linien aus, die ein attraktives Merkmal der Augeniris sind.

In einem anderen Jahr betrieb er das Hobby, für die weiblichen Familienmitglieder Kettenanhänger zu basteln, die jeweils aus einem vom Meer rund geschliffenen Kiesel aus Cornwall an einem Lederband bestanden. Und wieder ein anderes Mal war er darauf versessen, für seine Milchproduktion einen eigenen Pasteurisierungsautomaten zu bauen, mit blinkenden bunten Signallampen und einem unter der Decke laufenden Transportband für die Milchkannen. Dies wurde für Richard Adams, einen seiner Angestellten, der die Schweine versorgte (nicht der berühmte Autor mit den Kaninchen), zum Anlass für ein liebenswürdiges Gedicht:

> With clouds of steam and lights that flash, the scheme is most giganto,
> While churns take wings on nylon slings like fairies at the panto. | 22 |

Mein Vater hatte einen unermüdlichen kreativen Geist. Wenn er mit seinem alten KAR-Hut auf dem kleinen grauen Ferguson-Traktor saß, ein Feld bestellte und dabei aus voller Kehle Psalmen sang (»Moab ist mein Waschbecken« – die Tatsache, dass er Psalmen sang, bedeutet übrigens keineswegs, dass er religiös gewesen wäre), hatte er viel Zeit zum Nachdenken. Nach seinen Berechnungen war die Zeit, die er jeweils am Ende der Reihen zum Umdrehen brauchte, vergeudet. Also entwickelte er ein phantasievolles System, um im Zickzack diagonal und quer über das Feld zu fahren, wobei er jeweils nur Kurven in einem flachen Winkel beschreiben musste und so das Feld in wenig mehr als der Zeit, die er sonst für eine einmalige Bearbeitung brauchte, zweimal abfahren konnte.

Auf dem Traktor mag er erfindungsreich gewesen sein, aber nicht immer war sinnvoll, was er tat. Einmal klemmte das Kupplungspedal des Traktors. Da er keinen Gang mehr einlegen konnte, legte er sich auf den Boden unter das Pedal und sah nach, wo es festhing; schließlich gelang es ihm, die Kupplung zu lösen. Aber wenn man unter der

Kupplung eines Traktors liegt, liegt man auch unmittelbar vor dem großen Hinterrad. Der Traktor setzte sich fröhlich in Bewegung und überfuhr ihn. Nur gut, dass es sich um einen Ferguson handelte und nicht um einen der heutigen Riesentraktoren. Der kleine Fergie rumpelte triumphierend über das Feld, und Norman, ein Angestellter meines Vaters, der danebenstand, war vor Schreck gelähmt und unfähig, etwas zu unternehmen. Mein Vater musste sich aufsetzen und ihm sagen, er solle hinter dem Traktor herlaufen und ihn anhalten. Der arme Norman war auch so erschüttert, dass er nicht einmal zum Krankenhaus fahren konnte – das musste mein Vater selbst tun. Einige Zeit lag er, das Bein im Streckverband, in der Klinik, bleibende Schäden hatte er aber offenbar nicht erlitten. Der Krankenhausaufenthalt hatte eine nützliche Nebenwirkung: Er war für ihn der Anlass, das Pfeiferauchen aufzugeben. Er fing nie wieder damit an; die einzige Hinterlassenschaft waren Hunderte von leeren Dosen mit der Aufschrift »And assuredly this is a grand old rich tobacco«, die er noch Jahrzehnte später zur Aufbewahrung der verschiedensten Schrauben, Muttern und Unterlegscheiben sowie für die vielen alten Metallstücke verwendete, an denen er so große Freude hatte.

Unter dem Einfluss eines evangelikalen landwirtschaftlichen Autors namens F. Newman Turner und vielleicht auch durch Hugh Corley, seinen exzentrischen alten Freund aus Marlborough- und Oxford-Zeiten, ließ mein Vater sich als einer der Ersten zur biologischen Landwirtschaft bekehren. Das war lange bevor »Bio« modern wurde und unter die Schirmherrschaft von Prinzen kam. Anorganische Dünge- oder Unkrautvernichtungsmittel verwendete er nie. Die Mentoren, von denen er die Bio-Landwirtschaft lernte, lehnten auch den Einsatz von Mähdreschern ab, unser Hof war ohnehin zu klein für eine solche Maschine; also ernteten wir in der Anfangszeit mit einem alten Mähbinder. Er ratterte lautstark hinter dem kleinen alten Traktor über das Feld, schnitt vorn den Weizen oder die Gerste ab und spuckte hinten säuberlich gebundene Garben aus (ich staunte vor allem über den raffinierten Mechanismus, der die Knoten band). Danach begann die eigentliche Arbeit. Die Garben mussten zu Puppen aufgestellt werden. Mit einem ganzen Trupp gingen wir hinter dem Mähbinder her, hoben jeweils zwei Garben auf und stellten sie so gegeneinander, dass jeweils sechs von ihnen ein kleines Zelt (die Puppe) bildeten. Es war harte Arbeit: Wir zerkratzten uns die Unterarme, so dass sie manchmal sogar bluteten, aber es war auch befriedigend, und in der darauffolgenden Nacht schliefen wir gut. Meine Mutter brachte Krüge mit frisch gezapftem, starkem Cider für die Erntehelfer auf das Feld; die ganze Szene erinnerte an Hardy und war von einem warmen Gefühl der guten Kameradschaft durchdrungen.

Das Getreide wurde zu Puppen aufgestellt, damit es trocknen konnte; danach wurden die Garben abtransportiert und auf den Getreideschober gebracht. Als Junge war ich nicht kräftig genug, um eine Garbe mit der Heugabel bis nach oben auf einen hohen Schober zu werfen, aber ich gab mir große Mühe und beneidete meinen Vater um seine kräftigen Arme und die schwieligen Hände, die denen seiner Angestellten um nichts nachstanden. Wochen später wurde eine Dreschmaschine gemietet und in der Nähe des Getreideschobers abgestellt. Die Garben wurden von Hand zugeführt; die Körner wurden ausgedroschen und das Stroh zu Ballen gebunden. Sämtliche Farmarbeiter machten gutwillig mit, ganz gleich, welche Aufgaben sie sonst hatten – Kuhhirte, Schweinehirte, allgemeiner Knecht oder was sonst. Später gingen wir mit der Zeit und mieteten den Mähdrescher eines Nachbarn.

In einem früheren Kapitel habe ich bereits berichtet, dass ich heimlich las. Oft zog ich mich mit einem Buch in mein Zimmer zurück, statt nach alter Dawkins-Tradition bei jedem Wetter im Freien herumzulaufen. Ich mag ein heimlicher Leser gewesen sein, aber ehrlicherweise kann ich nicht behaupten, dass meine Lektüre in den Schulferien viel mit Philosophie, dem Sinn des Lebens oder anderen tiefschürfenden Fragen zu tun gehabt hätte. Vielmehr handelte es sich um ganz normale Jugendromane: *Billy Bunter*, *Just William*, *Biggels*, *Bulldog Drummond*, Percy F. Westerman, *Das scharlachrote Siegel*, *Die Schatzinsel*. Aus irgendeinem Grund hatte meine Familie etwas gegen Enid Blyton und hielt mich davon ab, sie zu lesen. Mein Onkel Colyear gab mir nacheinander mehrere Bücher von Arthur Ransome, aber mit ihnen kam ich nie richtig klar. Ich glaube, ich fand sie zu mädchenhaft, was wirklich töricht von mir war. *William* von Richmal Crompton hat nach meiner Einschätzung echten literarischen Wert und eine Ironie, die nicht nur Kinder, sondern auch Erwachsene anspricht. Und selbst die *Billy Bunter*-Bücher, die so schematisch aufgebaut sind, dass sie fast von einem Computer geschrieben sein könnten, enthalten gelegentlich literarische Anspielungen wie diese: »Wie der

Moses in alter Zeit, so blickte auch er hierhin und dorthin und sah keinen Menschen« oder »wie eine dickliche Peri an den Pforten zum Paradies«. *Bulldog Drummond* lotet Tiefen der chauvinistischen und rassistischen Bigotterie aus, wie sie für die Zeit charakteristisch sind, aber das ging über meinen naiven jungen Kopf hinweg. Meine Großeltern mütterlicherseits besaßen ein Exemplar von *Vom Winde verweht*, das ich in mehreren Sommerferien eifrig las; der darin enthaltene herablassende Rassismus fiel mir erst viel später auf.

Das Familienleben war in Over Norton ungefähr so glücklich, wie ein Familienleben überhaupt sein kann. Meine Eltern hielten als Paar zusammen und feierten gemeinsam die Gnadenhochzeit (den 70. Hochzeitstag), kurz bevor mein Vater im Dezember 2010 mit 95 Jahren starb. Wir waren keine sonderlich reiche Familie, aber arm waren wir auch nicht. Es gab bei uns weder Zentralheizung noch Fernsehen, Letzteres allerdings nicht aus Armut, sondern aufgrund einer bewussten Entscheidung. Bei dem Familienauto handelte es sich um den bereits erwähnten alten Land Rover oder einen beigefarbenen Lieferwagen; beide waren nicht luxuriös, aber sie erfüllten ihre Aufgabe. Die Schulen für Sarah und mich waren teuer, und meine Eltern mussten sicher in anderen Lebensbereichen Abstriche machen, um uns dorthin schicken zu können. Den Urlaub verbrachten wir als Kinder nicht in schicken Hotels an der Côte d'Azur, sondern in ausgemusterten Armeezelten in Wales, wo es in Strömen regnete. Bei einem solchen Campingausflug wuschen wir uns in einem Badezuber aus Planen, der ehemals der Forstverwaltung von Burma gehört hatte und von dem Lagerfeuer erwärmt wurde, über dem wir auch unsere Mahlzeiten zubereiteten. Sarah und ich waren im Zelt und hörten draußen unseren Vater: Er saß im Bad, die Füße hingen heraus, und er murmelte meditativ vor sich hin: »Na ja, ich hab' noch nie mit Stiefeln gebadet.«

Während drei besonders prägender Jahre im frühen Teenageralter hatte ich eine Art älteren Bruder. Dick und Margaret Kettlewell, enge Freunde aus Afrika, waren in Nyassaland geblieben. Dick war schon in ungewöhnlich jungen Jahren Direktor der Landwirtschaftsverwaltung geworden und hatte sich in dieser Stellung einen so guten Namen gemacht, dass er später, auf dem Weg zur Unabhängigkeit, in der Übergangsregierung zum Minister für Land- und Bergbau wurde. Ihr Sohn Michael war in unserer Frühzeit mein Spielkamerad gewesen, und als er dreizehn wurde, kam er als Internatsschüler auf die Sherborne

School in England. Wie eine Generation zuvor bei meinem Vater, so erhob sich jetzt auch bei ihm die Frage, wohin er in den Schulferien gehen sollte. Als er zu uns kam, war ich begeistert. Der Altersunterschied betrug nur ein knappes Jahr, und wir unternahmen alles gemeinsam: Schwimmen im eiskalten Bach im Tal, häusliche Beschäftigungen wie das Spiel mit Chemie- und Metallbaukästen, Tischtennis, Canasta, Federball, Minibillard und die Zubereitung verschiedener kindlicher Gebräue wie Rote-Bete-Wein, Waschmittel oder Vitaminpillen. Zusammen mit Sarah betrieben wir eine Kinderlandwirtschaft namens The Gaffers. Mein Vater gab uns einen Wurf Jungschweine, die wir The Barrels nannten. Wir fütterten sie jeden Tag und waren ganz allein für sie verantwortlich. Mike und ich wurden zu lebenslangen Freunden. Heute ist er mein Schwager und der Großvater meiner meisten jüngeren Verwandten.

In den prägenden Jahren einen älteren Bruder zu haben, ist aber auch mit Nachteilen verbunden. Ganz gleich, was man tut, es kann bedeuten, dass er die eigentliche Tätigkeit übernimmt und man ihm nur die Werkzeuge anreicht (da Mike später ein angesehener Chirurg wurde, ist das keine ungeeignete Metapher). Mein Onkel Bill stand während seines ganzen Lebens in dem Ruf, »zwei linke Hände zu haben«, und über meinen Vater sagte man – wahrscheinlich genau aus diesem Grund – das Gegenteil. Der jüngere Bruder bleibt häufig der Lehrling und wird nie zum Handwerksmeister. Meist trifft der ältere Bruder die Entscheidungen, der jüngere befolgt sie, und frühe Gewohnheiten bleiben hängen. Im Gegensatz zu meinem Onkel Bill pflegte ich nicht meinen Ruf der manuellen Ungeschicklichkeit. Dennoch hatte auch ich zwei linke Hände – und das ist bis heute so geblieben. Mike machte alles, ich war der überflüssige Assistent, und mein Vater freute sich wahrscheinlich darauf, dass ich demnächst in die berühmten Werkstätten von Oundle kommen würde und dort verspätet in die Fußstapfen von Major Campbell treten konnte. Aber diese Werkstätten erwiesen sich, wie wir noch erfahren werden, als Enttäuschung.

Eine Enttäuschung war ich vermutlich auch als Naturforscher, obwohl ich das seltene Privileg genoss, einen Tag mit dem jungen David Attenborough zu verbringen, als wir beide bei meinem Onkel Bill und Tante Diana zu Gast waren. Er war bereits berühmt, aber sein Name war noch nicht in aller Munde. Die beiden waren schon seine Gastgeber gewesen, als er zu Filmaufnahmen im ländlichen Sierra Leone unterwegs war, und sie waren Freunde geblieben. Nachdem Bill und Diana nach England gezogen waren, war ich zufällig gerade bei ihnen zu Besuch, als David mit seinem Sohn Robert vorbeischaute. Er ließ uns Kinder den ganzen Tag mit Fischernetzen und Marmeladengläsern an Schnüren durch Wassergräben und Teiche waten. Was wir suchten, weiß ich nicht mehr – ich nehme an, es waren Molche, Kaulquappen oder Libellenlarven –, aber den Tag als solchen werde ich niemals vergessen. Doch selbst das Erlebnis mit dem charismatischsten Zoologen der Welt reichte nicht aus, um mich zu einem kindlichen Naturforscher zu machen, wie meine Eltern es beide gewesen waren. Oundle winkte schon.

# 8
# Die Turmspitze am Nene

*By* the boys, *for* the boys. The boys know best.
Leave it to them to pick the rotters out
With that rough justice decent schoolboys know. |23|

Meine Erfahrungen mit den englischen Internaten machte ich – glücklicherweise – so spät, dass ich die Grausamkeiten der Betjeman-Ära nicht mehr erlebte. Aber die Verhältnisse waren noch schlimm genug. Es gab lächerliche Regularien, erfunden »von den Jungen für die Jungen«. Wie viele Knöpfe man an der Jacke offen lassen durfte, richtete sich streng nach dem Jahrgang, und die Regel wurde strikt durchgesetzt. Unterhalb einer gewissen Klassenstufe musste man die Bücher mit gestrecktem Arm tragen. Warum? Die Lehrer müssen gewusst haben, was los war, aber sie unternahmen nichts dagegen.

Das *Fagging*-System stand noch in voller Blüte, heute ist das glücklicherweise nicht mehr der Fall. (Im britischen Englisch ist ein »faggot« kein Homosexueller, sondern ein Bündel Stöcke oder ein ziemlich ekliger Fleischkloß. Und »fag« ist eine Zigarette oder eine langweilige Tätigkeit oder – und das gilt in diesem Fall – ein Schuljunge, der den Sklaven spielen muss.) In Oundle wählte sich jeder Haus-Aufsichtsschüler einen der Neuen als seinen persönlichen Sklaven oder *Fag*. Ich wurde vom stellvertretenden Hausvorsteher gewählt; er hatte einen Tremor und war deshalb unter dem Namen Jitters bekannt. Er war freundlich zu mir, aber ich musste dennoch jeden seiner Befehle ausführen. Ich putzte seine Schuhe, polierte die Tressen seiner Kadettenkorps-Uniform und bereitete ihm jeden Tag zur Teestunde auf einem Petroleum-Druckkocher in seinem Zimmer den Toast zu. Und ich musste jederzeit bereitstehen, um im Laufschritt Besorgungen für ihn zu erledigen.

*Fags* waren auch nicht völlig gefeit gegen sexuelle Zudringlichkeiten. Viermal musste ich ältere Jungen abwehren, die viel größer und stärker waren als ich und mir nachts im Bett einen Besuch abstatten wollten. Ihr Motiv war nach meiner Vermutung weder Homosexualität noch Pädophilie, sondern allein die Tatsache, dass keine Mädchen da waren. Manche pubertierenden Jungen wirken ganz schön mädchenhaft, und das galt auch für mich. Ebenso erzählte man sich in der Schule, gewisse Jungen mit mädchenhafter Ausstrahlung seien der »Schwarm« anderer Jungen. Auch ich wurde zum Opfer vieler solcher Gerüchte, aber der einzige echte Schaden, den sie anrichteten, war die Zeitvergeudung durch unnötigen Tratsch.

Für mich, der ich von Chafyn Grove kam, war in Oundle vieles beängstigend. Als ich am ersten Tag zum Morgengebet in die Haupthalle kam, hatte man den Neuen noch keine Plätze zugewiesen, so dass wir uns irgendwo einen freien Platz suchen mussten. Ich fand einen und erkundigte mich furchtsam bei dem großen Jungen neben mir, ob er besetzt sei. »Soweit ich sehen kann, nicht«, kam die eisig-höfliche Antwort, und ich fühlte mich sehr klein. Nach dem Diskantchor und dem Fußpumpenharmonium von Chafyn Grove waren das von tiefen Stimmen gesungene »New morning ist the love« und die Begleitung durch die große, donnernde Orgel höchst beunruhigend. Gus Stainforth, der gebeugt gehende Schulleiter mit seinem schwarzen MA-Talar, war auf ganz andere Weise ehrfurchtgebietend als Gallows. In nasalem Ton ermahnte er uns in der dritten Woche, »der Arbeit des Semesters den Rücken zu brechen«. Ich wusste überhaupt nicht, wie man irgendjemandem den Rücken bricht, von der Arbeit eines Semesters ganz zu schweigen.

Snappy Priestman, mein Klassenlehrer in der 4B1, war ein sanfter Mann: kultiviert, freundlich und zivilisiert, außer wenn er (was sehr selten vorkam) die Beherrschung verlor. Aber selbst das geschah auf seltsam gentlemanartige Weise. Einmal erwischte er einen Jungen im Unterricht bei einem Fehlverhalten. Nach einer Flaute, in der nichts geschah, ließ er uns eine verbale Warnung vor seinem wachsenden Zorn zukommen. Er sprach ganz ruhig und wie ein objektiver Beobachter von seiner inneren Befindlichkeit:

> *Du liebe Güte. Ich kann es nicht mehr aufhalten. Gleich verliere ich die Beherrschung. Verkriecht euch unter euren Bänken. Ich warne euch. Es kommt. Verkriecht euch unter euren Bänken.*

Dabei erhob er die Stimme in einem stetigen Crescendo, und sein Gesicht wurde immer röter; schließlich griff er nach allen Gegenständen, die in seiner Reichweite waren – Kreide, Tintenfässer, Bücher, Tafelschwämme mit Holzgriff –, und warf damit in höchster Wut nach dem Missetäter. Am nächsten Tag war er wieder die Liebenswürdigkeit in Person und entschuldigte sich kurz, aber elegant bei ebendiesem Jungen. Er war ein freundlicher Mann, den man über das erträgliche Maß hinaus provoziert hatte – wem würde das in seinem Beruf nicht passieren? Und übrigens auch nicht in meinem?

Snappy ließ uns Shakespeare lesen und trug dazu bei, dass ich dieses erhabene Genie zum ersten Mal schätzen lernte. Wir lasen *Heinrich IV.* (beide Teile) und *Heinrich V.*, er selbst spielte den sterbenden Heinrich IV., der Hal tadelt, weil er vorzeitig nach der Krone gegriffen hat: »O mein Sohn! Der Himmel gab dir ein, sie wegzunehmen, dass du des Vaters Liebe mehr gewönnest, dass du so weise deine Sache führst.«[40]

Er fragte nach Freiwilligen, die Walisisch (Williams) und Irisch (»Rumary, du bist ein Schatz«) sprechen konnten. Snappy las Kipling mit uns, wobei er die Hymne des Chefingenieurs M'Andrew (so Kiplings ursprüngliche Schreibweise) mit glaubhaftem schottischem Akzent vortrug. Die schaurig-rhythmische Anfangszeile von »The Long Trail« weckte bei mir traurige Gedanken an die Heuschober von Over Norton und die Befriedigung des »alles ist eingebracht« im Frühherbst (um Kiplings Rhythmus zu genießen, muss man es laut vorlesen):

There's a whisper down the field where the year has shot her yield,
And the ricks stand grey to the sun,
Singing: »Over then, come over, for the bee has quit the clover,
And your English summer's done.« |24|

Und als ob die aufkeimende Fruchtbarkeit das Stichwort gegeben hätte, ließ Mr Priestman uns Keats lesen.

Frout, unser Mathematiklehrer in diesem Jahr, neigte zu Schwindelanfällen. Ich erinnere mich dunkel daran, wie wir einmal alle Lampen an der Decke in Schwingung versetzten, kurz bevor er die Klasse betrat. Als er dann kam, wiegten wir uns im Einklang mit den Lampen hin und her. Was als Nächstes geschah, weiß ich nicht mehr. Vielleicht hat die Reue bei mir das Erinnerungsvermögen blockiert. Oder viel-

---

[40] Heinrich IV., 2. Teil IV, 4; Übersetzung von August Wilhelm Schlegel.

leicht sind es auch falsche Erinnerungen auf der Grundlage von Schülerlegenden darüber, was andere ihm angetan hatten. So oder so halte ich es heute für ein weiteres Beispiel für die beklagenswerte Grausamkeit von Kindern – ein immer wiederkehrendes Thema in meinen Erinnerungen an die Schulzeit.

Nicht immer bekamen wir, was wir wollten. Einmal war Bufty, der Physiklehrer der 4B1, krank und wurde von Bunjy, dem Fachleiter für Naturwissenschaften, vertreten. Nachdem er sich vergewissert hatte, dass wir mit dem Stoff schon bis zum Boyle-Gesetz gekommen waren, fuhr er mit dem Unterricht fort und nannte uns dabei mit Nummern – er hatte keine Zeit gehabt, unsere Namen zu lernen. Klein, gebeugt, alt und kurzsichtiger als jeder andere, der mir davor oder danach jemals begegnet ist, schien er für Streiche eine leichte Beute zu sein. Es sah so aus, als würde er unsere Unverschämtheiten kaum bemerken. Aber da täuschten wir uns. Er mag sehr kurzsichtig gewesen sein, aber er bekam alles mit. Am Ende der Stunde verkündete Bunjy leise, er werde uns alle am Nachmittag nachsitzen lassen. Kleinlaut kehrten wir nachmittags zurück und erhielten die Anweisung, auf eine frische Seite in unseren Heften Folgendes zu schreiben: »Zusatzstunde für Klasse 4B1. Unterrichtsziel: Die Klasse 4B1 soll gutes Benehmen und das Boyle-Gesetz erlernen.« Ich bin sicher, dass mich mein Gedächtnis in diesem Fall nicht täuscht, und außerdem habe ich das Boyle-Gesetz nie mehr vergessen.

Einer unserer Lehrer – er war der Einzige, den wir mit seinem Spitznamen ansprechen durften – neigte dazu, sich in die hübscheren Jungen zu verlieben. Soweit wir wissen, ging er aber nie weiter, als ihnen im Unterricht einen Arm um die Schulter zu legen oder anzügliche Bemerkungen zu machen, aber heute würde das wahrscheinlich schon ausreichen, um ihm schrecklichen Ärger mit der Polizei einzubringen – und mit Bürgern, die von der Sensationspresse aufgestachelt werden.

Wie die meisten Schulen dieser Art, so gliederte sich auch Oundle in verschiedene Häuser. Die Jungen wohnten und aßen in insgesamt elf Häusern, und das Haus forderte jeweils volle Loyalität in allen Lebensbereichen. Meines hieß Laundimer. Wie die anderen von innen aussahen, weiß ich nicht – dass wir andere Häuser besuchten, war nicht erwünscht, aber ich nehme an, sie waren alle mehr oder weniger gleich. Interessanterweise neigten wir aber dazu, jedem Haus einen eigenen »Charakter« zuzusprechen, und unbewusst übertrugen wir diesen Charakter auch auf die einzelnen Jungen, die dort wohnten. Die »Hauscharaktere« waren so verschwommen, dass ich mich nicht zu dem Versuch aufraffen kann, einen davon genauer zu beschreiben. Es war einfach ein subjektives »Gefühl«. Nach meiner Vermutung spiegelt sich in dieser Beobachtung eine im Vergleich zu anderen Erscheinungsformen harmlose Variante jenes »Stammesgefühls« wider, das auch hinter viel bösartigeren Phänomenen wie Rassenvorurteilen und Sektenheuchelei steht. Ich meine damit die Neigung der Menschen, andere mit der Gruppe gleichzusetzen, zu der sie gehören, statt jeden als eigenständiges Individuum zu betrachten. Wie man mit psychologischen Experimenten nachweisen konnte, geschieht das sogar dann, wenn man die Einzelnen zu Beginn nach dem Zufallsprinzip verschiedenen Gruppen zuteilt und sie mit völlig willkürlichen Signalen kennzeichnet, beispielsweise mit verschiedenfarbigen T-Shirts.

Sehr deutlich wurde der Effekt – in diesem Fall auf recht angenehme Weise – bei dem einzigen Jungen afrikanischer Abstammung, der zu meiner Zeit in Oundle war. Nach meinem Eindruck hatte er damals unter keinerlei Rassenvorurteilen zu leiden, vielleicht weil er als einziger dunkelhäutiger Junge innerhalb der Schule nicht mit einer Rassengruppe gleichgesetzt wurde. Aber man identifizierte ihn mit dem Haus, in dem er wohnte. Für uns war er nicht in erster Linie ein Schwarzer, sondern wie seine Mitbewohner im Laxton House sahen wir ihn als Mitglied der »Laxton-Horde« mit ähnlichem Charakter wie die anderen Hausbewohner. Im Rückblick bezweifle ich, dass es irgendein erkennbares Charaktermerkmal gab, das man mit Laxton oder einem anderen Haus in Verbindung bringen konnte. Meine Beobachtung bezieht sich also keineswegs auf die Lebenswirklichkeit in Oundle, sondern auf ein allgemeines psychologisches Merkmal der Menschen: die Neigung, Individuen den Stempel einer Gruppenzugehörigkeit aufzudrücken.

Dass ich mich für das Laundimer House entschied, lag an einem Gerücht, das sich aber als schlecht begründet erweisen sollte: Danach war es eines der wenigen Häuser, in denen es keine Aufnahmezeremonie gab (amerikanische Collegestudenten sprechen vom *hazing*). Wie sich aber herausstellte, mussten wir auf einem Tisch stehen und ein Lied vorsingen. Mit meiner piepsigen Diskantstimme trug ich ein Lied von meinem Vater vor:

Oh the sun was shining, shining brightly
Shining as it never shone before – shone before.
Oh the sun was shining so brightly,
When we left the baby on the shore.

Yes we left the baby on the shore.
It's a thing that we've never done before – done before.
When you see the mother, tell her gently
That we left the baby on the shore. |25|

Das Singen war eine Qual, aber am Ende doch nicht so schlimm, wie ich befürchtet hatte.

Dass Einzelne in Oundle gemobbt wurden, konnte ich kaum beobachten, aber es gab eine Art formelle Schikane, die zumindest im Laundimer House jeden neuen Schüler während der ersten ein oder zwei Semester eine Woche lang traf. Das Gleiche spielte sich vermutlich auch in den anderen Häusern ab. Es war die gefürchtete Woche als *Bell Boy*. In dieser Woche war man für alles zuständig und immer verantwortlich, wenn etwas schiefging – was meist geschah. Man musste den Kamin anzünden und aufpassen, dass er nicht erlosch. Am Samstag der »Sklaven«-Woche musste man durch alle Zimmer gehen, die Bestellungen für die Sonntagszeitungen entgegennehmen und das Geld einsammeln. Am Sonntagmorgen musste man sehr früh aufstehen, zum anderen Ende des Ortes gehen und die Zeitungen kaufen, zurücktragen und in den Zimmern verteilen. Die öffentlich auffälligste Aufgabe bestand darin, im Laufe des Tages genau zur richtigen Zeit durch Läuten der Glocke die vielen Termine zu verkünden: Aufstehen, Essen, Schlafengehzeit und so weiter. Man musste also eine sehr genaue Armbanduhr haben. Am Ende meiner Woche als *Bell Boy* hatte ich den Bogen raus, aber der erste Tag war eine Katastrophe. Aus irgendeinem Grund hatte ich nicht begriffen, dass die Glocke zur Vorwarnung *genau* fünf Minuten vor dem Frühstücksgong läuten musste. Viele ältere Jungen hatte die Gewohnheit, exakt fünf Minuten vor dem Gong aufzustehen, und fünf Minuten sind nicht viel Zeit für Waschen und Anziehen; der genaue Zeitpunkt war also von entscheidender Bedeutung. An meinem ersten Tag als *Bell Boy* betätigte ich die Fünf-Minuten-Klingel, dann schlenderte ich zum Gong und schlug eine halbe Minute später darauf ein. Die Bestürzung war groß, und der wütende Spott ließ nicht lange auf sich warten.

Der *Bell Boy* und die *Fags* hatten so viele Aufgaben, dass ich mich frage, wie wir überhaupt zu unseren schulischen Arbeiten kamen, ganz zu schweigen davon, »der Arbeit des Semesters den Rücken zu brechen«. Das *Fagging* wurde meines Wissens mittlerweile in allen englischen Schulen abgeschafft. Mir ist aber bis heute nicht klar, warum man es überhaupt zuließ und warum es sich so lange halten konnte. Im 19. Jahrhundert herrschte die abwegige Vorstellung, es habe irgendeinen pädagogischen Wert. Dass es so lange erhalten blieb, lag vielleicht an der Einstellung »Ich habe das zu meiner Zeit durchgemacht, warum sollst du es also besser haben?« – eine Mentalität, die übrigens noch heute in Großbritannien der Fluch so manchen jungen Wissenschaftlers ist.

Nicht ganz überraschend trat bei mir während der ersten Semester in Oundle auch das Stottern wieder auf. Schwierigkeiten hatte ich mit harten Konsonanten wie D und T; besonders misslich war, dass mein Nachname mit D beginnt, denn ihn musste ich häufig aussprechen. Bei Wissenstests im Unterricht mussten wir unsere richtigen Antworten ankreuzen, die Kreuze zählen und dann die Gesamtzahl – soundso viele von zehn – laut nennen, damit der Lehrer sie in seinem Notizbuch festhalten konnte. Wenn ich alle zehn Punkte hatte, sagte ich meistens »nine«, weil das so viel einfacher war, als »t-t-ten« zu rufen. Im Kadettenkorps der Armee kam einmal ein General auf Truppenbesuch. Wir einfachen Soldaten mussten einer nach dem anderen an ihm vorbeimarschieren, in Habachtstellung vor ihm aufstampfen, unseren Namen rufen, salutieren, kehrtmachen und zurückmarschieren. »Kadett Dawkins, Sir!« Ich hatte Angst davor. Es bereitete mir schlaflose Nächte. Wenn ich allein übte, klappte es, aber wenn ich es vor der ganzen Parade rufen musste? »Kadett D-d-d-d…« Als es so weit war, ging alles gut, nur vor dem D legte ich eine lange Pause ein.

Das Kadettenkorps war nicht ganz obligatorisch. Man konnte ihm entgehen, wenn man bei den Pfadfindern eintrat. Oder aber man brachte seine Zeit damit zu, zusammen mit Boggy Cartwright das Land zu beackern. In einem früheren Buch habe ich Mr Cartwright als »bemerkenswerten Mann mit buschigen Brauen« bezeichnet, der »einen Spaten einen Spaten nannte und selten ohne einen zu sehen war«. Er wurde zwar dafür bezahlt, dass er Deutsch unterrichtete, in Wirklichkeit brachte er uns aber mit einem langsamen, ländlichen Akzent eine Art erdverbundene, landwirtschaftliche Öko-Klugheit bei. An der Tafel stand bei ihm immer das Wort »Ecology«, und wenn jemand es wegwischte, während er abwesend war, schrieb er es sofort wieder hin, ohne ein Wort zu sagen. Wenn er deutsche Sätze an die Tafel schrieb und diese über das Wort »Ecology« hinwegzulaufen drohten, sorgte er dafür, dass das Deutsche drum herumfloss. Einmal erwischte er einen Jungen dabei, wie er P. G. Wodehouse las, und riss das Buch sauber in zwei Stücke. Offensichtlich war er auf eine Verleumdung hereingefallen, die Cassandra (William Connor) vom *Daily Mirror* verbreitet hatte: Danach war Wodehouse im Krieg ein Kollaborateur der Deutschen gewesen, der auf einer Stufe mit Lord Haw-Haw oder seinem amerikanischen Gegenstück Tokyo Rose stand. Aber Mr Cartwright hatte die Geschichte noch mehr durcheinandergebracht als Cassandra mit seinen Beschimpfungen. »Einmal hätte Wodehouse die Gelegenheit gehabt, einen deutschen Oberst die Treppe hinunterzustoßen, und er hat es nicht getan.« Das hört sich an, als wäre er jähzornig gewesen. In Wirklichkeit war er es nur bei extremen Provokationen, und bizarrerweise zählte P. G. Wodehouse (er sagte »Woadhouse« statt »Woodhouse«, wie es richtig gewesen wäre) für ihn offenbar dazu. Ansonsten war er eine herrlich originelle Persönlichkeit; er war seiner Zeit mit seiner ökologischen Exzentrizität voraus.

Ich war nicht so unternehmungslustig, dass ich mich auf einem der beiden Fluchtwege dem Kadettenkorps entzogen hätte. Vermutlich stand ich zu stark unter dem Einfluss meiner Klassenkameraden, der in Oundle eigentlich mein ganzes Leben prägte. Am Ende entkam ich den schlimmsten Teilen der militärischen Ausbildung, indem ich in die Kapelle eintrat, wo ich zuerst Klarinette und später Saxophon spielte. Geleitet wurde sie von einem Musikoffizier: »So, wir spielen den Marsch jetzt *ganz von Anfang an.*« Die Mitgliedschaft in der Militärkapelle enthob uns natürlich nicht unserer allwöchentlichen Pflicht, die Armeestiefel zu wienern, die Gürtel zu polieren und die Instrumente mit Duraglit oder Brasso auf Hochglanz zu bringen. Außerdem mussten wir einmal im Jahr ins Militärlager. Dann wohnten wir in der Kaserne dieses oder jenes Regiments, unternahmen lange Märsche und kämpften übungshalber mit Platzpatronen in unseren uralten Lee-Enfield-Gewehren. Wir schossen auch mit scharfer Munition auf Zielscheiben, und ein Junge aus meinem Zug schoss dem

Adjutanten versehentlich in den Beinmuskel. Er fiel zu Boden und zündete sich sofort eine Zigarette an, während wir, die wir Zeugen geworden waren, immer noch mit unseren Bren-Gewehren auf der Erde lagen und uns sehr unwohl fühlten.

Bei einem Ausflug in die Kaserne von Leicester machten wir die Bekanntschaft eines leibhaftigen Stabsfeldwebels, so eines richtig echten mit riesigem, pomadigem, rotbraunem Schnauzbart. Er schrie »Seeerloooooope ARMS!« (»Schultert das Gewehr«) oder »Ordeeeeer ARMS« (»Gewehr ab!«), wobei das erste Wort jeweils ein tiefes, langes Brüllen war, während das zweite in kurzem Stakkato und in einer absurd hohen Sopranlage erklang. Wir unterdrückten unser Lachen, so dass es zu einem entsetzten Röcheln wurde wie bei den Soldaten von Pontius Pilatus in der Schwanzus-Longus-Szene von Monty Python.

Wir mussten eine Prüfung ablegen, die als Certificate A bezeichnet wurde und auswendig gelerntes Militärwissen umfasste. Die Übung war eindeutig darauf angelegt, alles zu unterdrücken, was auch nur entfernt mit Intelligenz oder Eigeninitiative zu tun hatte – Eigenschaften, die bei einfachen Infanteriesoldaten nicht geschätzt wurden. »Wie viele Baumarten haben wir in der Armee?« Die richtige Antwort lautete drei: Tanne, Pappel und buschige Krone. (Der Dichter Henry Reed griff diesen Punkt auf, aber unser Feldwebel hätte seine Satire nicht zu schätzen gewusst.)

Unter Schulkindern herrscht ein berüchtigt starker Gruppendruck. Ihm fiel ich, wie auch viele meiner Kameraden, auf erbärmliche Weise zum Opfer. Er war die beherrschende Motivation, etwas zu tun oder zu lassen. Wir wollten von unseren Mitschülern akzeptiert werden, insbesondere von den einflussreichen Führungsgestalten unter uns; und mein Umfeld hatte – bis zu meinem letzten Jahr in Oundle – eine intellektfeindliche Moral. Man musste vorgeben, weniger zu arbeiten, als man wirklich arbeitete. Angeborene Fähigkeiten wurden respektiert, harte Arbeit aber nicht. Auf dem Sportplatz war es genauso. Sportliche Schüler wurden ohnehin stärker bewundert als solche, die viel wussten. Und wenn man sportliche Höchstleistungen ohne Training vollbringen konnte, umso besser. Warum werden angeborene Begabungen mehr bewundert als Schufterei? Sollte es nicht genau andersherum sein? Evolutionspsychologen hätten zu der Frage wahrscheinlich Interessantes zu sagen.

Aber was für verpasste Gelegenheiten! Es gab alle möglichen interessanten Clubs und Arbeitsgemeinschaften; jeder von ihnen hätte ich beitreten und davon profitieren können. Es gab eine Sternwarte mit einem Teleskop – vielleicht das Geschenk eines Ehemaligen –, aber ich kam nicht einmal in seine Nähe. Warum nicht? Heute würde ich es mit Begeisterung benutzen und Unterricht bei einem qualifizierten Astronomen mit einem richtigen Teleskop nehmen, das ich nicht selbst aufbauen muss. Manchmal denke ich: Die Schulzeit ist zu gut, als dass man sie an Teenager vergeuden sollte. Engagierte Lehrer sollten vielleicht ihre Perlen nicht vor die Säue werfen, sondern Schüler unterrichten, die alt genug sind und die Schönheit der Perlen würdigen können.

In Oundle lag die größte verpasste Gelegenheit für mich in den Werkstätten, die für meinen Vater der Hauptgrund gewesen waren, mich überhaupt auf diese Schule zu schicken. Es war nicht ausschließlich meine Schuld. Sandersons einzigartige Neuerung, die obligatorische Arbeit in der Werkstatt, bestand nach wie vor, und die Werkstätten waren hervorragend ausgerüstet. Wir lernten, wie man Drehbänke, Fräsen und andere hochentwickelte Maschinen bedient, die uns wahrscheinlich draußen in der großen Welt nie mehr begegnen würden. Aber genau das, was mein Vater so gut konnte, lernten wir nicht: improvisieren, gestalten, zurechtkommen, Dinge aus dem zusammenbauen, was gerade da war – in seinem Fall vor allem rotes Bindegarn und schmutzige, alte Eisenstücke.

In den Werkstätten von Oundle bauten wir als Erstes eine »Anreißlehre«. Man erklärte uns nicht einmal, was eine Anreißlehre eigentlich ist, sondern wir machten genau das nach, was die Ausbilder uns sagten. Wir bauten aus Holz eine Schablone für den Metallgegenstand, den wir herstellen sollten. Wir brachten sie in die Gießerei, klopften rund um die Schablone klebrigen Sand fest und stellten so eine Gießform her. Dann setzten wir Schutzbrillen auf und halfen mit, geschmolzenes Aluminium aus einem glühenden Tiegel in die Form zu gießen. Wir befreiten das abgekühlte Metall aus dem Sand und brachten es wieder in die Metallwerkstatt, wo wir es feilten, bohrten und polierten. Und als wir schließlich unsere fertige Anreißlehre mit nach Hause nahmen, hatten wir immer noch keine Ahnung, was eine Anreißlehre eigentlich ist, und wir hatten weder selbst Initiative ergriffen noch Kreativität aufgebracht. Ebenso gut hätten wir Fabrikarbeiter in der Massenproduktion sein können.

Teilweise dürfte das Problem tatsächlich darin gelegen haben, dass die Ausbilder keine Lehrer waren. Vielmehr hatte man sie – das vermute ich jedenfalls – unter Fabrikvorarbeitern angeworben. Sie brachten uns nicht bei, allgemeine Fähigkeiten zu entwickeln, sondern ganz bestimmte Dinge zu tun. Das gleiche Problem begegnete mir, als ich in der Kleinstadt Banbury Fahrunterricht nahm. Man brachte mir bei, wie man in Banbury um eine ganz bestimmte Ecke biegt, und das war zufällig die Lieblingsecke, zu der mich der Prüfer dirigierte, als er meine Fähigkeiten testen wollte: »Warten Sie, bis dieser Lampenmast auf gleicher Höhe mit dem Rückfenster ist, und schlagen Sie dann die Räder stark ein.«

In den Werkstätten von Oundle gab es nur eine einzige Ausnahme, einen Einzigen, der nach meiner Einschätzung Sandersons Tradition aufrechterhielt: einen alten, pensionierten Schmied, der in einer Ecke der Metallwerkstatt eine kleine Schmiedeesse betrieb. Ich löste mich von der »Fabrikarbeit« und diente mich diesem freundlichen, bebrillten, kleinen Mann als Lehrling an. Er brachte mir die traditionelle Schmiedekunst und das Acetylenschweißen bei; der Schürhaken, den ich herstellte, liegt noch heute bei meiner Mutter in seinem verschnörkelten Ständer. Aber auch bei dem alten Schmied tat ich im Wesentlichen genau das, was man mir sagte, statt kreativen Einfallsreichtum walten zu lassen.

Ein schlechter Handwerker schiebt die Schuld auf seine Werkzeuge – und seine Ausbilder. Eines war eindeutig meine eigene Schuld: Außer in der einen vorgeschriebenen Woche kam ich nie auch nur in die Nähe der Werkstätten. Genau wie ich nicht ins Observatorium ging, um die Sterne zu beobachten, so ergriff ich auch nicht die Gelegenheit, abends in die Werkstatt zu gehen und von mir selbst gestaltete Dinge herzustellen. Meine Freizeit vergeudete ich stattdessen im Wesentlichen auf die gleiche Weise wie meine Kameraden: Ich faulenzte, machte Toast auf dem Primus-Kocher und hörte Elvis Presley. Zusätzlich tutete ich auf Musikinstrumenten herum, statt wirklich Musik zu machen. Eine solche Missachtung erstklassiger, teuer erkaufter Gelegenheiten hat fast etwas Tragisches. Wieder einmal stellt sich die Frage: Ist die Schule zu gut für Teenager?

Immerhin trat ich dem Imkerclub bei, der von Ioan Thomas, dem anregenden jungen Zoologielehrer in Oundle, geleitet wurde. Der Geruch von Bienenwachs und Rauch weckt bei mir noch heute viele angenehme Erinnerungen. Sie sind angenehm, obwohl ich häufig gestochen wurde. Bei einer solchen Gelegenheit (und das berichte ich nicht ganz ohne Stolz) wischte ich die Biene nicht von meiner Hand, sondern ich sah genau zu, wie sie darauf einen Kreis nach dem anderen beschrieb, um ihren Stachel aus meiner Haut »herauszuschrauben«. Der Bienenstachel ist anders als der von Wespen mit Widerhaken besetzt. Sticht eine Biene ein Säugetier, bleibt er in der Haut stecken. Wenn man das Insekt abwischt, bleibt der Stachel zurück und reißt der Biene lebenswichtige Organe heraus. Aus Sicht der Evolution verhält sich die einzelne Bienenarbeiterin altruistisch: Sie opfert ihr Leben als Kamikazefliegerin für ihr Volk (oder streng genommen für das Wohl der Gene, die ihr dieses Verhalten in Form ihrer Kopien in Königin und Drohnen einprogrammiert haben). Während sie sich entfernt und stirbt, bleibt der Stachel im Opfer; die Giftdrüse pumpt ihren Inhalt weiterhin in die Haut und dient so für den mutmaßlichen Bienenstock-Angreifer als wirksamere Abschreckung. Unter Evolutionsgesichtspunkten ist das alles völlig plausibel; ich werde in dem Kapitel über *Das egoistische Gen* auf das Thema zurückkommen. Die Bienenarbeiterin ist unfruchtbar und hat keine Chance, Kopien ihrer Gene an Nachkommen weiterzureichen; stattdessen arbeitet sie dafür, dass die Gene auf dem Weg über die Königin und die anderen fruchtbaren Mitglieder ihres Volkes in die nächste Generation gelangen. Als ich zuließ, dass die Arbeiterin sich aus meiner Hand herausschraubte, verhielt ich mich ihr gegenüber altruistisch – aber mein Motiv war vor allem Neugier: Ich wollte buchstäblich aus erster Hand das Geschehen verfolgen, von dem Mr Thomas uns erzählt hatte.

Ich habe Ioan Thomas bereits in früheren Veröffentlichungen erwähnt. Meine allererste Unterrichtsstunde bei ihm, die ich mit vierzehn Jahren erlebte, war sehr inspirierend. An die Einzelheiten erinnere ich mich nicht mehr, aber er vermittelte eine Atmosphäre, wie ich sie später in meinem Buch *Der entzauberte Regenbogen* anstrebte: »Wissenschaft als Poesie der Wirklichkeit«, wie ich es heute nennen würde. Er war aus Bewunderung für Sanderson als sehr junger Lehrer nach Oundle gekommen, konnte aber aufgrund seines Alters den früheren Schulleiter nicht mehr kennengelernt haben. Allerdings traf er mit Sandersons Nachfolger Kenneth Fisher zusammen und erzählte uns eine Geschichte, die zeigte, dass Sandersons Geist bis zu einem gewissen Grad weiterlebte. Ich berichtete darüber 2002 in meiner Antrittsvorlesung in Oundle:

> *Kenneth Fisher leitete gerade eine Lehrerkonferenz, als es schüchtern an der Tür klopfte und ein kleiner Junge hereinkam: »Bitte, Sir, unten am Fluss sind Trauerseeschwalben.« »Das hier kann warten«, sagte Fisher entschlossen zu den Versammelten. Er erhob sich vom Platz des Vorsitzenden, griff an der Tür nach seinem Fernglas und fuhr in Begleitung des kleinen Ornithologen auf seinem Fahrrad davon. Und man kann sich der Vorstellung nicht erwehren, dass Sandersons gutmütiger, rotgesichtiger Geist ihnen strahlend hinterhersah. Das ist echte Pädagogik – zum Teufel mit euren Lernstandsstatistiken, euren mit Fakten vollgestopften Curricula und endlosen Prüfungsplänen …*
>
> *Ich kann mich noch an eine Unterrichtsstunde erinnern, die ungefähr 35 Jahre nach Sandersons Tod stattfand. Es ging um* ***Hydra****, einen kleinen Bewohner stehender Süßwassergewässer. Mr Thomas fragte einen von uns: »Welches Tier frisst* ***Hydra****?«, der Junge musste raten. Ohne Kommentar wandte Mr Thomas sich dem nächsten Jungen zu und stellte die gleiche Frage. Er ging durch die ganze Klasse, nannte jeden von uns mit Namen und fragte zunehmend aufgeregter: »Welches Tier frisst* ***Hydra****? Welches Tier frisst* ***Hydra****?«, und einer nach dem anderen äußerte eine Vermutung. Als er beim letzten Jungen ankam, waren wir alle gespannt auf die richtige Antwort. »Sir, Sir, welches Tier frisst denn nun* ***Hydra****?« Mr Thomas wartete, bis es so still war, dass man eine Stecknadel hätte fallen hören können. Dann sprach er langsam, nachdrücklich und mit einer Pause nach jedem Wort.*
>
> *»Ich weiß es nicht…« (****Crescendo****) »Ich weiß es nicht…« (****Molto Crescendo****) »Und ich glaube, Mr Coulson weiß es auch nicht.« (****Fortissimo****) »Mr Coulson! Mr Coulson!«*
>
> *Er riss die Tür zum nächsten Klassenzimmer auf, unterbrach mit dramatischer Geste den Unterricht des älteren Kollegen und holte ihn in unser Zimmer. »Mr Coulson, wissen Sie, welches Tier* ***Hydra*** *frisst?« Ob zwischen den beiden ein geheimes Einverständnis bestand, weiß ich nicht, aber Mr Coulson spielte seine Rolle gut: Er sagte, er wisse es nicht. Wieder kicherte in der Ecke Sanderson väterlicher Geist, und die Unterrichtsstunde hat sicher keiner von uns*

*vergessen. Entscheidend sind nicht die Fakten, sondern die Art, wie man sie entdeckt und darüber nachdenkt: Pädagogik im wahren Sinn des Wortes ist ganz etwas anderes als die heutige beurteilungsfixierte Prüfungskultur.*

Diese beiden Erlebnisse, bei denen ich phantasievoll den Geist eines längst verstorbenen Schulleiters heraufbeschwor, wurden als Beweis dafür genannt, dass ich in irgendeiner Form an Übernatürliches glauben müsse. Natürlich beweisen sie nichts Derartiges. Vielleicht sollte man eine solche Bilderwelt als poetisch bezeichnen. Sie ist legitim, solange klar ist, dass man sie nicht wörtlich nimmt. Ich hoffe, der Zusammenhang ist in meinen beiden Berichten eindeutig und beugt Missverständnissen vor. Probleme ergeben sich, wenn (vor allem) Theologen sich einer solchen metaphorischen Sprache bedienen, ohne sich klarzumachen, was sie da eigentlich tun, und ohne sich überhaupt vor Augen zu führen, dass zwischen Metapher und Realität ein Unterschied besteht. Dann sagen sie zum Beispiel: »Es spielt keine Rolle, ob Jesus wirklich fünftausend Menschen gespeist hat. Entscheidend ist, was der *Gedanke* in der Geschichte für uns *bedeutet.*« In Wirklichkeit spielt es durchaus eine Rolle, denn Millionen fromme Menschen glauben tatsächlich, die Bibel sei buchstäblich wahr. Ich hoffe und vertraue darauf, dass kein Leser denkt, ich würde tatsächlich davon ausgehen, dass Sanderson während Mr Thomas' Unterrichtsstunde strahlend in der Ecke stand.

Die Stunde über *Hydra* war auch der Schauplatz einer etwas peinlichen Szene, die aber aufschlussreich sein könnte; deshalb sollte ich darüber berichten. Mr Thomas fragte uns, ob wir schon einmal eine *Hydra* gesehen hätten. Ich glaube, ich war der Einzige, der die Hand hob. Mein Vater hatte ein altes Messingmikroskop, und ein paar Jahre zuvor hatten wir einen angenehmen Tag damit zugebracht, bei starker Vergrößerung das Leben in einem Teich zu betrachten: Vorwiegend waren es Krebstiere wie *Cyclops, Daphnia* und *Cypris*, aber *Hydra* war auch dabei. Mir war die langsam schwankende, fast pflanzenähnliche *Hydra* im Vergleich zu den langbeinigen, heftig strampelnden Krebsen ziemlich langweilig vorgekommen. *Hydra* war die am wenigsten spannende Erinnerung an diesen denkwürdigen Tag, und ich glaube, ich blickte ein wenig überheblich auf Mr Thomas herab, der ihr in dieser Unterrichtsstunde so viel Aufmerksamkeit schenkte. Als er mich nach

Einzelheiten meiner früheren Begegnung mit *Hydra* fragte, sagte ich: »Ich habe schon alle Tiere dieses Typs gesehen.« Für Mr Thomas waren *Cyclops, Daphnia* und *Cypris* natürlich nicht Tiere des gleichen Typs wie *Hydra*, für mich dagegen sehr wohl: Ich hatte sie alle an demselben Tag mit meinem Vater gesehen, und deshalb warf ich sie in einen Topf. Mr Thomas nahm wahrscheinlich an, dass ich überhaupt keine *Hydra* gesehen hatte, und führte mit mir ein ausführliches Kreuzverhör. Zu meinem Bedauern muss ich sagen, dass dies auf mich genau die falsche Wirkung hatte. Vielleicht hielt ich seine bohrenden Fragen für eine Verunglimpfung meines Vaters, der mich mit »allen Tieren dieses Typs« bekannt gemacht und mir ihre lateinischen Namen genannt hatte. Jedenfalls setzte ich mich halsstarrig auf die Hinterbeine: Statt klar und eindeutig (und wahrheitsgemäß) zu sagen, dass ich *Hydra* tatsächlich gesehen hatte, weigerte ich mich weiterhin, sie von »allen Tieren dieses Typs« zu trennen. Eine peinliche Erinnerung. Aufschlussreich? Vielleicht, aber ich weiß nicht, welche Aufschlüsse die Geschichte liefern könnte. Vielleicht hatte es damit zu tun, dass ich in allen Dingen, die mit meinen Eltern zusammenhingen, eine glühende Loyalität empfand, ganz gleich, ob es um Ferguson-Traktoren (»Dreckiger, alter Fordson!«) ging oder um Jersey-Kühe (»Friesische Kühe geben keine Milch, die geben Wasser!«).

Nachdem Mr Thomas mich mit der Imkerei bekannt gemacht hatte, konnte ich diesem Hobby auch in den Schulferien nachgehen: Hugh Corley, der exzentrische alte Schulfreund meines Vaters, schenkte mir ein Bienenvolk. Es war eine wunderbar gefügige Rasse: Die Bienen stachen nie, und ich arbeitete mit ihnen ohne Gesichtsschleier und Handschuhe. Leider wurden sie später von einem Insektizid vergiftet, das vom Feld eines Nachbarn herüberwehte. Mr Corley, ein passionierter Biobauer und früher Öko-Krieger, war empört und schenkte mir noch einmal ein Volk. Aber diese Bienen schlugen leider ins andere Extrem – zweifellos ein genetisch bedingter Unterschied – und stachen alles, was sich bewegte. Bei mir lösten die Stiche damals keine starken Reaktionen aus, aber ich frage mich, ob die vielen Bienenstiche in meiner Jugend zu der besonders hohen Empfindlichkeit im späteren Leben geführt haben. Als Erwachsener wurde ich nur zweimal gestochen – einmal mit über 40 und einmal mit über 50 –, aber beide Male reagierte ich ungewöhnlich und auf eine Art, die ich als aktiver Imker nie erlebt hatte. Der Bereich um ein Auge schwoll so stark an, dass ich kaum noch sehen konnte. Warum das Auge? Der Stich befand sich das eine Mal an der Hand und das andere Mal am Fuß. Und vor allem: warum nur ein Auge?

Neben der Imkerei mit Mr Thomas war das Musizieren in Oundle wahrscheinlich mein einziger einigermaßen konstruktiver Zeitvertreib. Ich verwendete viele Stunden auf den Musikunterricht, aber ich muss zugeben, dass ich auch dort ungeheure Gelegenheiten verpasste. Musikinstrumente zogen mich seit frühester Kindheit an wie ein Magnet, und von Geschäften, in deren Schaufenstern Violinen, Trompeten oder Oboen lagen, musste man mich wegzerren. Wenn bei einer Gartenparty oder einer Hochzeit ein Streichquartett oder eine Jazzband engagiert ist, missachte ich noch heute meine gesellschaftlichen Verpflichtungen und treibe mich im Umfeld der Musiker herum. Ich beobachte ihre Finger, und in den Pausen unterhalte ich mich mit ihnen über ihre Instrumente. Im Gegensatz zu meiner ersten Frau Marian habe ich kein gutes musikalisches Gehör, und anders als meine jetzige Frau Lalla, die mühelos zu jeder Melodie eine harmonische Oberstimme improvisieren kann, verfüge ich auch nicht über ein gutes Harmoniegefühl. Ich habe aber ein gutes Gespür für Melodien, das heißt, ich kann eine Melodie ebenso leicht spielen, wie ich sie singe oder pfeife. Zu meinem Bedauern muss ich gestehen, dass es im Musikzimmer mein Lieblingszeitvertreib war, mir Instrumente zu nehmen, die mir nicht gehörten, und mir selbst beizubringen, darauf Melodien zu spielen. Einmal erwischte man mich dabei, wie ich »When the Saints go marching in« auf einer ziemlich teuren Posaune spielte, die einem älteren Schüler gehörte, und als sich später herausstellte, dass das Instrument beschädigt war, bekam ich Schwierigkeiten. Ich glaube ehrlich, dass ich an dem Schaden nicht schuld war, aber ich war beschämt (was nicht an dem Eigentümer lag, der ziemlich freundlich war).

Meine vordergründige melodische Begabung erwies sich für das faule Kind, das ich war, eher als Fluch denn als Segen. Nach dem Gehör zu spielen fiel mir so leicht, dass ich andere wichtige Fähigkeiten wie Notenlesen oder kreative Improvisation vernachlässigte. Es war nicht nur Faulheit, sondern noch schlimmer: Ich blickte hochnäsig auf Musiker herab, die »es nötig hatten«, Noten zu lesen. Das Improvisieren war für mich die überlegene Fähigkeit. Aber wie sich herausstellte, konnte ich auch nicht gut improvisieren. Als man mich einlud, in der

Jazzband der Schule mitzuspielen, stellte ich schon bald fest, dass ich zwar mühelos jede Melodie spielen konnte, aber ich war völlig unfähig, darüber zu improvisieren. Schlampig war ich auch, wenn es darum ging, Tonleitern zu üben. Dafür habe ich eine dürftige, partielle Entschuldigung: Niemand erklärte mir, wozu Tonleitern gut sind. Im Rückblick, als erwachsener Wissenschaftler, kann ich mir die Gründe zusammenreimen: Man spielt Tonleitern, damit man in allen Tonarten zu Hause ist, und wenn man dann die Vorzeichen am Anfang der Notenlinie sieht, finden die Finger sich sofort mühelos in diese Tonart hinein.

Meine Tätigkeit im Musikzimmer bezeichnet man besser nicht als Musizieren, sondern als Herumtuten. Ich lernte, auf der Klarinette und dem Saxophon einigermaßen nach Noten zu spielen. Aber auf dem Klavier, wo man mehrere Töne gleichzeitig spielen muss, war ich unerträglich langsam wie ein Kind, das Lesen lernt und sich mühsam Buchstabe für Buchstabe durch die Wörter quält, statt ganze Sätze flüssig auf einmal zu lesen. Mr Davison, mein freundlicher Klavierlehrer, erkannte meine melodische Begabung und brachte mir ansatzweise ein paar Regeln bei, nach denen ich mich selbst mit Akkorden der linken Hand begleiten konnte. Diese Regeln lernte ich zwar schnell, aber anwenden konnte ich sie nur in den Tonarten C-Dur und a-Moll (in denen möglichst wenig schwarze Tasten vorkommen), außerdem war mein Stil, Akkorde mit der linken Hand zu hämmern, ziemlich eintönig; dennoch waren unkundige Zuhörer beeindruckt, wenn ich auf Zuruf sofort etwas spielen konnte.

Ich hatte eine gute, reine, allerdings nicht sehr laute Sopran-Singstimme und wurde in den ziemlich kleinen, exklusiven Kirchenchor der Schulkapelle von Oundle aufgenommen. Dort zu singen machte mir großen Spaß; die regelmäßigen Proben unter Leitung des Musikdirektors Mr Miller waren für mich der Höhepunkt der Schulwoche. Ich glaube, es war ein ziemlich guter Chor auf dem Niveau eines typisch englischen Kathedralenchors. Und auch eine weitere Anmerkung kann ich mir nicht verkneifen: Wir sangen ohne das affektierte, halb gerollte »r«, das mehr wie ein »d« klingt und zumindest für meine vorurteilsbelasteten Ohren häufig den Chorgesang verhunzt: »Maady was that mother mild/Jesus Cdist, her little child« »The dising of the sun/ and the dunning of the deer/The playing of the meddy organ …« Übrigens, wo ich schon gerade bei meiner miesepetrigen Nörgelei bin: Das pseudoitalienische »r« altertümlicher Tenöre à la John McCormack ist noch schlimmer: »Seated one day at the Oregon …« (Anspielung auf das Lied »the lost Chord« von Arthur Sullivan; erste Zeile: »Seating one day at the organ …«)

Jeden Sonntag führten wir einen Choral auf: Stanford, Brahms, Mozart, Parry oder John Ireland, aber auch ältere Komponisten wie Tallis, Byrd oder Boyce. Einen Dirigenten hatten wir nicht; seine Funktion übernahmen zwei Bässe, die sich in der hintersten Reihe beiderseits der Kanzel gegenüberstanden und uns mit Kopfbewegungen koordinierten. Einer der beiden, C. E. S. Patrick, besaß eine faszinierend schöne Stimme – die vermutlich umso besser war, weil er keine Ausbildung hatte. Ich sprach nie mit ihm (den älteren Jungen aus anderen Häusern begegnete man nicht), aber ich verehrte ihn als Star des Männerchores, der bei Schulkonzerten unter Leitung eines anderen begabten Musiklehrers namens Donald Payne auftrat. Leider wurde ich nie aufgefordert, in den Männerchor einzutreten; als ich in den Stimmbruch kam, sank nicht nur die Tonlage, sondern auch die Qualität meiner Stimme.

Nach einer alten, ebenfalls von Sanderson begründeten Tradition wirkte die ganze Oundle School einmal im Jahr in einem Oratorium mit. Die Auswahl der Musikstücke wurde so gestaffelt, dass jeder Junge während seiner fünf Schuljahre einmal Händels *Messias* und die *h-Moll-Messe* von Bach miterlebte. In den Jahren dazwischen wurden vielfältige andere Werke geboten. In meinem ersten Schuljahr studierten wir die Bach-Kantate *Wachet auf, ruft uns die Stimme* und die Nelson-Messe von Joseph Haydn ein; ich *verliebte* mich in die Stücke, insbesondere in die Bach-Kantate mit dem langsamen Choral in den Singstimmen, dem eine lebhafte Kontrapunktmelodie des Orchesters auf geniale Weise gegenübergestellt ist. Es war eine zauberhafte Erfahrung, wie ich sie bis dahin noch nicht gekannt hatte. Jeden Morgen nach dem Gebet trat der große, schlanke Mr Miller forschen Schrittes nach vorn und probte für fünf Minuten mit der ganzen Schule – jeden Tag nur ein paar Partiturseiten. Irgendwann war dann der große Tag der Aufführung gekommen. Aus London trafen professionelle Solisten ein – die glamouröse Sopranistin und Altistin in langen Kleidern, Tenor und Bass im makellosen Frack. Mr Miller behandelte sie mit großer Ehrerbietung. Wer weiß, was sie über das kehlige Brüllen des »Nicht-Chores« dachten. Aber nach meiner jugendlich-laienhaften

Meinung konnte keiner der Solisten C. E. S. Patrick vom Männerchor das Wasser reichen.

Zu vermitteln, welche Atmosphäre zu meiner Zeit in einem englischen Internat herrschte, ist schwierig. Recht gut fing Lindsay Anderson sie in seinem Film *If* ein. Natürlich meine ich damit nicht das Blutbad am Ende des Films, und auch was das Prügeln anging, übertrieb er. Vielleicht machten in einer früheren, grausameren Zeit tatsächlich Präfekten mit Offiziersstöckchen und tressenbesetzter Weste die Runde, aber zu meiner Zeit war das sicher nicht mehr der Fall. Ich kann mich nicht einmal erinnern, dass irgendjemand in der Zeit, in der ich in Oundle war, Stockhiebe erhalten hätte; erst kürzlich hörte ich (von einem Opfer), dass es vorkam.

Sehr schön fängt *If* auch die aufblühende Sexualität ein, die in einer Schule, in der es keine Mädchen gibt, von den hübscheren Jungen ausgeht. Die Filmszene, in der die Hausdame eine riesige gestärkte Haube trägt und mit einer Taschenlampe den Unterbauch der Schüler inspiziert, ist nur geringfügig übertrieben. Bei uns wurde die Untersuchung vom Schularzt vorgenommen, und der glotzte nicht so lüstern wie die Matrone in *If*. Unser sanftmütiger Arzt lief auch nicht wie sie an der Seitenlinie des Rugbyfeldes hin und her und rief: »Kämpfen, kämpfen, kämpfen!« Aber Lindsay Anderson fing hervorragend die verkommene Geselligkeit in den Zimmern ein, in denen wir wohnten, arbeiteten, Toast verbrennen ließen, Jazz und Elvis hörten und herumtobten. Er fing das hysterische Lachen ein, das Teenagerfreunde aneinanderband wie balgende junge Hunde – nur war es keine körperliche, sondern eine verbale Balgerei mit einer seltsamen Privatsprache und eigenartigen Spitznamen, die von Schuljahr zu Schuljahr wuchsen und sich weiterentwickelten.

Wie seltsam die Evolution von Spitznamen (und vielleicht die memetische Evolution ganz allgemein) verläuft, kann ich an einem meiner Freunde deutlich machen. Er wurde »Colonel« genannt, obwohl sein Charakter nichts auch nur entfernt Militärisches hatte. »Irgendwo den Colonel gesehen?« Die Evolution verlief folgendermaßen: Jahre zuvor war mein Freund angeblich der Schwarm eines älteren Schülers gewesen, der mittlerweile nicht mehr an der Schule war. Dieser ältere Junge trug den Spitznamen Shkin (eine Verballhornung von *Skin*, und wer weiß, woher sie kam – vielleicht hatte sie mit der Vorhaut zu tun, aber die Evolution dieses Namens fand statt, bevor ich an die Schule kam). Also erbte mein Freund den Spitznamen Shkin von seinem früheren Verehrer. Shkin reimt sich auf Thynne, und an dieser Stelle kam so etwas wie der Cockney-Reimslang ins Spiel. In der BBC-Radiosendung *Goon Show* gab es eine Figur namens Colonel Grytte Pyppe Thynne. Entsprechend wurde mein Freund zu Colonel Grytte Pyppe Shkin, was später zu »Colonel« schrumpfte. Die *Goon Show* hörten wir gern, und wir wetteiferten (wie Prinz Charles, der ungefähr zur gleichen Zeit eine ähnliche Schule besuchte) darum, die Stimmen der Darsteller nachzuahmen: Bluebottle, Eccles, Major Denis Bloodnok, Henry Crun, Count Jim Moriarty. Und wir gaben einander Spitznamen aus der Serie wie »Colonel« oder »Count«.

Manche erbärmlichen Zustände an der Schule würde heute keine Gesundheitsbehörde mehr durchgehen lassen. Wenn wir Rugby gespielt hatten, gingen wir anschließend in die »Dusche«. Nach meiner Hypothese war es irgendwann einmal tatsächlich eine Dusche gewesen, und andere Häuser der Schule verfügten wahrscheinlich immer noch über anständige Duschen. Im Laundimer House jedoch war von der Dusche nur noch ein rechteckiges Porzellanbecken übrig, das wir mit heißem Wasser füllten. Es war so groß, dass zwei Jungen sich darin gegenübersitzen konnten, wenn sie die Knie bis unter das Kinn zogen. Wir standen Schlange, um in die »Dusche« zu steigen, und wenn alle 15 Rugbyspieler in dem »Wasser« gesessen hatten, war es eigentlich kein Wasser mehr, sondern verdünnter Schlamm. Das Seltsame dabei: Soweit ich mich erinnere, machte es uns nichts aus, die beiden Letzten zu sein. Es hatte den Vorteil, dass man sich länger in der Wärme aalen konnte und sich nicht beeilen musste, damit alle in der Schlange drankamen. Ebenso kann ich mich nicht erinnern, dass ich etwas dabei gefunden hätte, mich in das schmutzige Badewasser von vierzehn anderen zu setzen oder dass es mir etwas ausgemacht hätte, die kleine Wanne mit einem anderen nackten jungen Mann zu teilen. Auch das ist nach meiner Vermutung ein Indiz, dass wir heute nicht die gleichen Menschen sind wie früher.

Eigentlich erfüllte Oundle die Erwartungen meiner Eltern nicht. Die hochgelobten Werkstätten waren, zumindest was mich anging, ein Missgriff. Es gab zu viel Lobhudelei für die Rugbymannschaft und zu geringe Wertschätzung für Intelligenz oder Wissen, ja überhaupt für alle Eigenschaften, die Sanderson am Herzen gelegen hatten. Aber zumindest in meinem letzten Jahr schätzten meine Klassenkameraden den Geist erstmals höher. Ein kluger junger Geschichtslehrer rief einen Club ins Leben, den er »Kolloqium für intellektuelle Diskussionen von Sechstklässlern« nannte. Was sich bei den Sitzungen abspielte, weiß ich nicht mehr; vielleicht »lasen wir einen Artikel« wie ernste Studienanfänger. Mit ebenso großem Ernst begutachteten wir gegenseitig unsere Intelligenz; dabei herrschte eine Atmosphäre mürrischer Blasiertheit, wie sie auch John Betjeman in ganz ähnlicher Form heraufbeschwört:

> Objectively our common room is like a small Athenian state …
> Except for Lewis: he's all right, but do you think he's quite first rate?
> |26|

In unserem letzten Jahr, als wir siebzehn waren, entwickelten sich zwei Freunde aus meinem Haus und ich zu militanten Religionsfeinden. Wir weigerten uns, in der Kapelle niederzuknien, stattdessen saßen wir mit verschränkten Armen und zusammengepressten Lippen trotzig aufrecht wie stolze Vulkaninseln in einem Meer aus gebeugten, murmelnden Köpfen. Wie man es bei Anglikanern nicht anders erwartet, waren die Schuloberen sehr anständig und beklagten sich selbst dann nicht, als ich die Besuche in der Kapelle völlig einstellte. Hier muss ich aber die Zeit noch einmal zurückdrehen und den Verlust meines religiösen Glaubens nachzeichnen.

Ich war als konfirmierter Anglikaner nach Oundle gekommen und in meinem ersten Jahr sogar einige Male zur heiligen Kommunion gegangen. Ich hatte Freude daran, früh aufzustehen, über den sonnenbeschienenen Kirchhof zu gehen und den Amseln und Drosseln zuzuhören, außerdem genoss ich den rechtschaffenen Hunger auf das Frühstück danach. Der Dichter Alfred Noyes (1880–1958) schrieb einmal: »Wenn mir jemals Zweifel an der grundlegenden Wirklichkeit der Religion kamen, konnte ich sie stets mit einer Erinnerung zerstreuen: der Erinnerung an das Gesicht meines Vaters, wenn er frühmorgens von der Kommunion kam.« Für einen Erwachsenen ist das ein Gedanke von beeindruckender Schlichtheit, aber er fasst gut zusammen, was ich mit vierzehn Jahren empfand.

Glücklicherweise kann ich berichten, dass mir schon wenig später wieder die alten Zweifel kamen: Erwacht waren sie bei mir mit neun Jahren, als ich von meiner Mutter erfuhr, dass das Christentum nur eine von vielen Religionen ist, die einander widersprechen. Alle konnten nicht recht haben, warum sollte ich also gerade an diejenige glauben, mit der ich durch den Zufall meiner Geburt aufgewachsen war? In Oundle gab ich nach der kurzen Phase, in der ich zur Kommunion ging, den Glauben an die Besonderheiten des Christentums auf und empfand sogar Verachtung gegenüber allen Einzelreligionen. Besonders erboste mich die Heuchelei der »Generalbeichte«, bei der wir im Chor murmelten, wir seien alle »elende Sünder«. Schon die Tatsache, dass die Worte exakt niedergeschrieben waren und in der folgenden Woche, der Woche danach und während unseres ganzen restlichen Lebens (und das seit 1662) wiederholt werden sollten, war ein klares Signal, dass wir auch in Zukunft nichts anderes beabsichtigten, als elende Sünder zu sein. Die Versessenheit auf »Sünden« und die paulinische Überzeugung, dass wir alle in der von Adam (dessen peinliche Nichtexistenz dem heiligen Paulus noch nicht bekannt war) ererbten Sünde geboren werden, ist sogar einer der scheußlichsten Aspekte des Christentums.

Dennoch behielt ich den festen Glauben an eine Art nicht genau benannten Schöpfer. Das lag fast ausschließlich daran, dass ich von der Schönheit und scheinbaren Gestaltung der Welt des Lebendigen beeindruckt war, und wie so viele andere beschwindelte ich mich selbst mit der Annahme, Gestaltung erfordere auch einen Gestalter. Mit Erröten räume ich ein, dass ich den fundamentalen Trugschluss in dieser Argumentation damals noch nicht durchschaute: Jeder Gott, der das Universum gestalten kann, müsste auch selbst in erheblichem Umfang gestaltet worden sein. Wenn man so weit geht und sich erlaubt, einen Gestalter aus dem Nichts heraufzubeschwören, warum übt man dann nicht die gleiche Nachsicht auch gegenüber den Dingen, die er angeblich gestaltet hat, und lässt sozusagen den Mittelsmann weg? Aber ohnehin lieferte Darwin natürlich die großartige, ungeheuer überzeugende Alternative zur biologischen Gestaltung, eine Alternative, von der wir heute wissen, dass sie wahr ist. Darwins Erklärung hat den großen Vorteil, dass sie von einer ursprünglichen Einfachheit ausgeht und sich dann langsam und in kleinen Schritten zu der atemberaubenden Komplexität vorarbeitet, die jeden lebenden Organismus charakterisiert.

Damals jedoch stand ich unter dem Einfluss der Argumentation: »Das ist alles so schön, da muss es jemanden geben, der es gestaltet hat.« Bestärkt wurde mein Glaube ausgerechnet von Elvis Presley, dessen glühend begeisterter Fan ich wie die meisten meiner Freunde war. Ich kaufte seine Schallplatten, sobald sie erschienen: »Heartbreak Hotel«, »Hound Dog«, »Blue Moon«, »All Shook Up«, »Don't be Cruel«, »Baby I Don't Care« und viele andere. Ihr Klang ist – was heute völlig angemessen erscheint – in meinem Kopf untrennbar mit dem leicht schwefligen Geruch der Salbe verknüpft, mit der viele von uns ihre Pubertätspickel bekämpften. Einmal sang ich peinlicherweise zu Hause laut »Blue Suede Shoes« – ich glaubte, ich sei allein im Haus, in Wirklichkeit war mein Vater aber in Hörweite. »You can knock me down / Step on my face / Slander my name / All over the place.« Um Elvis in diesem Song richtig zu imitieren, muss man die Worte mit einer Art Gift einreiben wie ein moderner Rapper. Ich war verärgert und brauchte eine Weile, um meinen Vater davon zu überzeugen, dass ich weder irgendeinen Anfall hatte noch am Tourette-Syndrom litt.

Ich verehrte also Elvis und glaubte fest an einen nicht konfessionsgebundenen Schöpfergott. Das alles stürzte auf mich ein, als ich in meinem Wohnort Chipping Norton an einem Schaufenster vorüberkam und dort ein Album namens »Peace in the Valley« entdeckte, das einen Song mit dem Titel »I Believe« enthielt. Ich war fasziniert. Elvis war religiös! In hektischer Begeisterung stürzte ich in den Laden und kaufte es. Ich eilte nach Hause, zog die Platte aus der Hülle und legte sie auf den Plattenteller. Begeistert hörte ich zu. Mein Idol sang, er müsse nur die Wunder der Natur um sich herum sehen, dann werde jedes Mal sein religiöser Glaube gestärkt. Genau meine Empfindungen! Das musste ein Zeichen des Himmels sein. Warum es mich wunderte, dass Elvis religiös war, ist mir heute schleierhaft. Er stammte aus einer ungebildeten Arbeiterfamilie im Süden der Vereinigten Staaten. Wie hätte er denn *nicht* religiös sein sollen? Dennoch war ich damals überrascht, und irgendwie glaubte ich so halb, Elvis würde mit dieser unerwarteten Platte zu mir persönlich sprechen und mich aufrufen, mein Leben lang den Menschen vom Schöpfergott zu erzählen – wozu ich besonders qualifiziert sein würde, wenn ich Biologe wurde wie mein Vater. Das, so schien mir, war meine Berufung, und die Aufforderung kam von keinem Geringeren als dem halbgöttlichen Elvis.

Ich bin auf diese Phase des religiösen Rausches alles andere als stolz, und glücklicherweise kann ich berichten, dass sie nicht lange dauerte. Mir wurde zunehmend bewusst, dass mit der darwinistischen Evolution als Erklärung für die Schönheit und scheinbare Gestaltung

Die Familie Dawkins gehörte seit dem 18. Jahrhundert zum Kreis von Chipping Norton. Damals errichtete mein Urururgroßvater Henry Dawkins MP in der Kirche St. Mary's ein Mausoleum für »sich selbst und seine Erben«, so die Inschrift. Das Bild von Brompton aus dem Jahr 1174 zeigt Henrys Familie und diente als Hintergrund für ein Familienfoto, das ungefähr 1958 im Over Norton House entstand. Mein Großvater Dawkins (mit rosa Krawatte) sitzt zwischen seiner Ehefrau Enid und seiner Schwiegertochter Diana. Vor ihm sitzt meine Schwester Sarah; Onkel Bill steht hinter ihm zwischen Onkel Colyear und mir. Mein Vater steht ganz links. Meine Mutter sitzt zwischen Enid und Colyears Frau Barbara.

Ist Zuleika Dobson unter den Zuschauern am Bootshaus des Colleges, als mein Großvater (nach vorn gebeugt) sich fertig macht, um für das Balliol zu rudern?

Die Ausbildung meines Vaters (links als Studienanfänger) wurde von seinem Onkel (später Sir) Clinton Edward Dawkins (oben) unterstützt; seine freidenkerischen Ansichten wurden in den *Balliol Rhymes* gefeiert.

Mein Vater (oben) und sein Rugby spielender Bruder Bill (rechts) folgten ihrem Vater und mehreren anderen Angehörigen der Familie Dawkins nach einer idyllischen Kindheit in den Wäldern Burmas auf das Balliol.

Die Familie Smythies in Dolton (Devon). Obere Reihe: Enid, meine Großmutter väterlicherseits (mit Buch und Hund), sitzt bei ihrer Mutter (mit verziertem Hut), Bruder Evalyn (mit Tennisschläger) und Vater (mit Panamahut) und zwei nicht identifizierten Gästen. Unten: Die Cousins und Cousinen Smythies um 1923. Auf dem Boden sitzend von rechts nach links: Bill, Yorick, John und Yoricks Schwester Belinda. Colyear sitzt bei seiner Mutter auf dem Arm.

Seite gegenüber: Olive, die Frau von Evelyn Smythies, war wegen ihres unsympathischen Hobbys, Tiger zu schießen, als »Tiger Lady« bekannt. Ihr Sohn Bertram Smythies, Cousin ersten Grades meines Vaters, hatte an der Natur ein weniger zerstörerisches, eher literarisches Interesse.

THE AUTHOR ON AN ELEPHANT

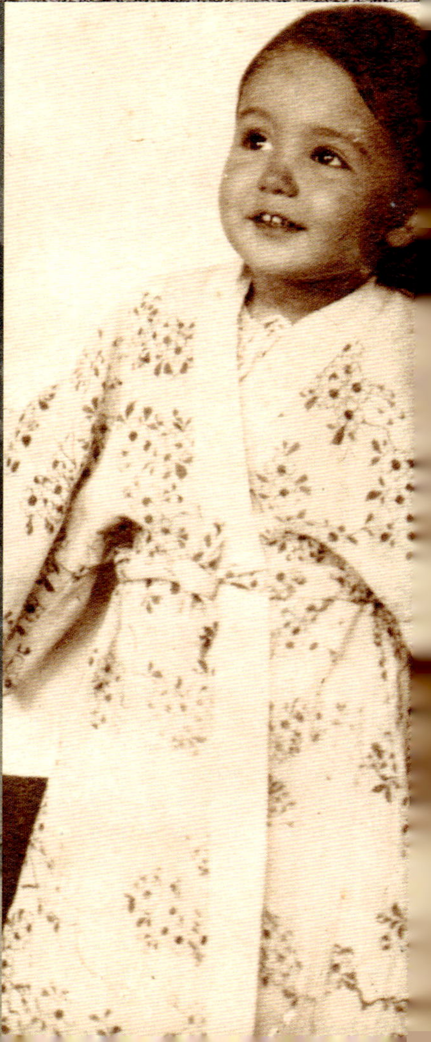

Bill Ladner (Bild gegenüber, sitzend Dritter von links) gehörte zu einer Gruppe von Marineoffizieren, die während des Ersten Weltkrieges nach Ceylon geschickt wurden und dort am Aufbau einer Funkstation mitarbeiten sollten. War der Hund das Maskottchen der Station? Es scheint derselbe zu sein, den meine Großmutter Connie streichelt. Als meine Mutter Jean (links) drei Jahre alt war, kehrte die Familie nach England zurück. Sie wohnten in Essex (oben rechts: meine Mutter umarmt ihre kleine Freundin) und machten Urlaub in Mullion in Cornwall: Hier am Strand hält meine Tante Diana ihre Mutter und ihre Schwester an der Hand.

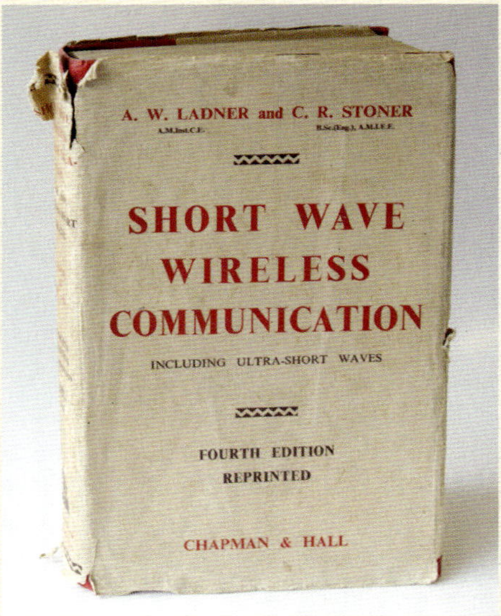


Oben: Mein Großvater Ladner, Funkingenieur, Mitarbeiter bei Marconi und Autor eines Standardwerks über drahtlose Nachrichtenübermittlung, führt Angehörigen des arabischen Königshauses einige Geräte vor. Meine Großmutter lernte er kennen, als er in Cornwall an der Funkstation Poldhu arbeitete. Einige dicke Schieferplatten, die in der Station als isolierte Platinen dienten, wurden später im Haus unserer Familie im benachbarten Mullion Cove als Pflastersteine verwendet.

Meine Großmutter Enid mit ihrem Hund Susan im Garten von The Hoppet, wo meine Eltern sich kennenlernten. Sie heirateten am Vorabend des Krieges (oben) in Water Hall (unten mit Diana, der jüngeren Schwester meiner Mutter, im Garten).

Für meine Mutter hielt das häusliche Leben in Kenia während des Krieges einige Überraschungen bereit. Hier das Bild des Zwischenfalls mit der Löwin.
Als sie bei ihrer Ankunft erfuhr, dass mein Vater gerade eingezogen worden war, begleitete sie ihn (illegal) nach Kenia. Sie fuhren mit dem Kombi Lucy Lockett, der hier (ganz rechts) über eine Behelfsbrücke fährt, während meine Mutter sich das Gesicht wäscht. Gefrühstückt wurde an den Lagerstellen (unten).

n einer Ausbildungsstätte meines Vaters wurde zufällig gerade Baden-Powell bestattet, nd als ehemaliger Pfadfinder wurde er eingeladen, als Sargträger zu fungieren. Ich finde, r sieht in seiner KAR-Uniform sehr schneidig aus. Hier geht er neben Lord Erroll (außer ritt), der wenig später ermordet wurde.

Zu Meilensteinen des Familienlebens malte meine Mutter große Bilder, auf denen sie Szenen und Ereignisse festhielt. Hier ein kleiner Ausschnitt des Bildes »Die Wege, die wir gegangen sind«, das sie 1989 zu ihrer goldenen Hochzeit anfertigte. Neben typisch afrikanischen Szenen erkennt man den Panzer meines Vater in Somaliland, meine Mutter und mich, wie wir gemeinsam ins Leben schreiten, einen Sandstrand am Nyassasee, mein Hauschamäleon Hookariah, unser Buschbaby Percy und unser Haus in Makwapala, wo ich Sarah im Spielauto zu unserem Dackel Tui schiebe.

NCHEMA
CHENA
LILONGWE
CHITALA
TIWI
NCHISI
NCHEU

Ich blickte offenbar schon in jungen Jahren zu meinem Vater auf und begleitete ihn bei Wanderungen an den unteren Abhängen des Kilimandscharo. Baraza akzeptierte freundlich meine angestrengte Hilfe beim Schieben meines Kinderwagens. Später zogen wir nach Makwapala in Nyassaland (rechts unten), wo ich mich offenbar langweilte, während meine Mutter im Garten Nähunterricht erteilte. Im Jahr 1946 verbrachten wir einen kurzen Urlaub bei meinen Großeltern in England. In dieser Zeit heirateten mein Onkel Bill und meine Tante Diana (mittlere Reihe links, neben meinen Eltern) in Mullion, und die ganze Familie machte Picknick in der Kynance Cove.

Als wir nach Nyassaland zurückgekehrt waren, wohnten wir in Lilongwe. Dort kauften meine Elter unseren ersten Neuwagen, die Creeping Jenny. Mich schickte man in das Internat Eagle School in Südrhodesien. Auf dem Bild sitzt der Schulleiter Ta zwischen der Hausdame Coppers und Dick (einer anderen Lehrerin) zu seiner Rechten. Ich bin der se kleine Junge (Dritter von links) in derselben Reihe, und David Glynn, ebenfalls sehr klein, sitzt in der spiegelbildlichen Position rechts neben Wattier, der seinerseits neben Paul sitzt. David und ich sammelt die hübschen Schwalbenschwanz-Schmetterlinge, d er rätselhafterweise »Daddy Xmas« nannte.

des Lebendigen eine leistungsfähige Alternative zur Verfügung steht. Mein Vater erklärte sie mir als Erster; anfangs verstand ich zwar das Prinzip, aber mir war nicht klar, dass die Theorie groß genug war und diese Aufgabe erfüllen konnte. Meine Abneigung wuchs, nachdem ich in der Schulbibliothek das Vorwort von Bernard Shaw zu *Zurück zu Methusalem* gelesen hatte. Shaw bevorzugte auf seine beredt-konfuse Weise die lamarckistische (stärker zweckbestimmte) Evolution und verabscheute die darwinistische (stärker mechanistische) Vorstellung, und wegen seiner Wortgewalt neigte auch ich zur Konfusion. Eine Zeitlang bezweifelte ich, dass die natürliche Selektion leistungsfähig genug ist und die Funktion erfüllen kann, die von ihr verlangt wird. Aber schließlich überzeugte mich ein Freund – einer der beiden (beide keine Biologen), mit denen ich mich weigerte, in der Kapelle niederzuknien –, dass Darwins brillante Idee große Kraft hat, und ich verlor, vermutlich mit sechzehn Jahren, meine restliche theistische Leichtgläubigkeit. Danach dauerte es nicht mehr lange, bis ich zu einem überzeugten, militanten Atheisten wurde.

Wie ich bereits erwähnt habe, verhielten sich die Schuloberen angesichts meiner Weigerung, in der Kapelle niederzuknien, wie anständige Anglikaner und drückten beide Augen zu. Möglicherweise stimmt das aber nicht ganz, jedenfalls nicht für zwei von ihnen. Der eine war mein damaliger Englischlehrer Flossie Payne, den man vor allem als aufrecht sitzende Gestalt mit Regenschirm auf einem Hollandrad kannte. Flossie forderte mich im Unterricht offiziell auf, zu begründen, warum ich den Aufstand gegen das Knien in der Kapelle anführte. Ich fürchte, ich konnte mich nicht gut erklären. Statt die Gelegenheit zu ergreifen und meine Klassenkameraden in meinem Sinn zu beeinflussen, stotterte ich etwas davon, der Englischunterricht sei nicht der richtige Ort für eine solche Diskussion; anschließend zog ich mich in mein Schneckenhaus zurück.

Von dem zweiten Fall erfuhr ich erst kürzlich: Peter Ling, mein Hausvorsteher (eigentlich ein netter Mann, wenn auch zu konformistisch und konventionell), rief bei meinem Zoologielehrer Ioan Thomas an und sagte ihm, er mache sich Sorgen um mich. Wie Mr Thomas mir in jüngster Zeit in einem Brief mitteilte, warnte er daraufhin Mr Ling: »Wer von jemandem wie Ihnen verlangte, sonntags zweimal am Tag die Kapelle aufzusuchen, konnte echten Schaden anrichten. Daraufhin wurde der Hörer kommentarlos aufgelegt.«

Mr Ling bestellte auch meine Eltern ein, um beim Tee mit ihnen über mein aufmüpfiges Verhalten in der Kapelle Tacheles zu reden. Ich wusste damals nichts davon – meine Mutter hat mir erst jetzt von dem Vorfall erzählt. Mr Ling bat meine Eltern, mich zu überreden, damit ich mein Verhalten änderte. Darauf sagte mein Vater (sinngemäß nach der Erinnerung meiner Mutter): »Es ist nicht unsere Aufgabe, ihn auf diese Weise zu kontrollieren; das ist Ihr Problem, und ich fürchte, ich muss Ihre Bitte ablehnen.« Offensichtlich hielten meine Eltern die ganze Angelegenheit nicht für besonders wichtig.

Wie bereits erwähnt, war Mr Ling auf seine Art ein anständiger Mann. Kürzlich erzählte mir ein Mitschüler und Freund aus demselben Haus folgende nette Geschichte: Er war tagsüber verbotenerweise oben in einem Schlafsaal und küsste eines der Hausmädchen. Als die beiden schwere Schritte auf der Treppe hörten, bekamen sie panische Angst; mein Freund drückte die junge Frau schnell auf eine Fensterbank und zog den Vorhang zu, um sie zu verbergen. Mr Ling kam ins Zimmer, und mit Sicherheit fiel ihm auf, dass nur an einem der drei Fenster die Vorhänge zugezogen waren. Und was noch schlimmer war: Mein Freund stellte entsetzt fest, dass die Füße des Mädchens unter dem Vorhang hervorlugten und nicht zu übersehen waren. Nach seiner Überzeugung wusste Mr Ling ganz genau, was los war, aber er tat so, als würde er nichts merken – vielleicht dachte er: So sind Jungen nun mal. »Was machen Sie um diese Zeit im Schlafsaal?«, fragte er. »Ich wollte nur die Socken wechseln, Sir.« »Na gut, jetzt aber schnell wieder nach unten.« Ein guter Einfall von Mr Ling! Der Junge wurde später zum vielleicht erfolgreichsten Oundle-Absolventen seiner Generation: zum geadelten Vorstandsvorsitzenden eines der größten multinationalen Konzerne der Welt und zu einem großzügigen Wohltäter der Schule, der unter anderem das Peter-Ling-Stipendium stiftete.

Der Leiter einer großen Schule ist eine entrückte, respekteinflößende Gestalt. Bei dem gebeugten Gus Stainforth hatte ich nur ein Semester lang Unterricht – Religionsunterricht –, und wir hatten große Angst vor ihm. Wir lasen *The Pilgrim's Progress* und mussten dann unseren eigenen künstlerischen Eindruck von diesem ziemlich unangenehmen Buch zu Papier bringen. Ungefähr nach der Hälfte der vorgesehenen Zeit verließ uns Gus und leitete dann seine eigene ehemalige Schule in Wellington. Sein Nachfolger in Oundle war Dick Knight, ein großer, sportlicher Mann, der unseren Respekt gewann, weil er einen

Ball vom Boden wegschlagen konnte (er hatte früher für Wiltshire Cricket gespielt). Übrigens sang er auch beim alljährlichen Oratorium im »Nicht-Chor« mit. Er fuhr einen großen Rolls-Royce, vermutlich einen Oldtimer aus den zwanziger Jahren; das vermutete ich aufgrund seiner hohen, aufrechten Form – er war ganz anders als die schnittigen Säusler späterer Jahrzehnte. Zufällig hatte er gerade beruflich in Oxford zu tun, als ein Mitschüler und ich dort unsere Aufnahmeprüfung machten und in unseren jeweils gewählten Colleges befragt wurden. Als Mr und Mrs Knight davon erfuhren, boten sie uns freundlicherweise an, uns in dem alten Rolls nach Oundle mitzunehmen, und unterwegs kam er vorsichtig auf meine Auflehnung gegen das Christentum zu sprechen. Mit einem so anständigen, menschlichen, intelligenten Christen zu sprechen, der den anglikanischen Glauben in seiner toleranten Bestform verkörperte, war eine Wohltat. Er schien sich ernsthaft für meine Motive zu interessieren und zeigte keine Neigung, mich zu verurteilen. Deshalb überraschte mich auch nicht, was ich Jahre später aus einem Nachruf erfuhr: Er war in seiner Jugend ein herausragender Altphilologe und guter Sportler gewesen, und nach seiner Pensionierung hatte er an der Open University noch ein Examen in Mathematik gemacht. Sanderson hätte ihn sehr geschätzt.

Für meine Zeit nach Oundle hatten mein Vater und Großvater für mich nie eine andere Ausbildungsstätte in Erwägung gezogen als das Balliol College in Oxford. Das Balliol stand zu jener Zeit noch in dem Ruf, das beste College der Stadt zu sein: Es stand an der Tabellenspitze der Examensleistungen und war die *Alma mater* einer glanzvollen Liste angesehener ehemaliger Studenten: Unter ihnen waren Schriftsteller, Wissenschaftler, Staatsmänner, Premierminister und Präsidenten aus der ganzen Welt. Meine Eltern suchten Ioan Thomas auf und erkundigten sich, welche Aussichten ich hätte. Mr Thomas war von realistischer Ehrlichkeit: »Nun, nach Oxford könnte er es mit Hängen und Würgen schaffen, aber Balliol ist vermutlich zu hoch gegriffen.«

Mr Thomas mochte bezweifeln, dass ich gut genug für das Balliol war, aber als großartiger Lehrer setzte er alles daran, dass ich mir die größtmögliche Mühe gab. Er empfing mich abends regelmäßig in seiner Wohnung zum Nachhilfeunterricht (natürlich ohne Bezahlung – so ein Lehrer war er), und dann brachte er mich auf wundersame Weise doch ins Balliol. Was noch wichtiger war: Es bedeutete, dass ich nach Oxford ging. Und wenn etwas für mich ein großes Glück war, dann Oxford.

# 9

# Träumende Kirchtürme

»Mr Dawkins? Unterschreiben Sie bitte hier, Sir. Ich kann mich noch an Ihre drei Brüder erinnern, einer von ihnen war ein guter Flügelstürmer. Ich nehme an, Sie spielen nicht Rugby, Sir?«

»Nein, ich fürchte nicht, und ehrlich gesagt, habe ich auch keine Brüder. Sie denken wahrscheinlich an meinen Vater und meine beiden Onkel.«

»Ja, Sir, sehr nette junge Herren, bitte unterschreiben Sie hier. Sie wohnen im Treppenhaus 11, Zimmer 3. Zusammen mit Mr Jones. Der Nächste bitte.«

Nun, so ungefähr lief das Gespräch ab. Ich habe es mir damals nicht aufgeschrieben. Der Pförtner des Balliol College hatte die charakteristische zeitlose Perspektive seines Melone tragenden Berufsstandes. Die jungen Herren kommen und gehen, aber das College besteht in Ewigkeit. Als ich dort war, bereitete man sich gerade auf die Feier seines 700. Geburtstages vor. Und wo wir schon bei diesem loyalen, uralten Berufsstand mit seinen Melonenhüten sind, kann ich mich der Versuchung nicht erwehren, eine Anekdote aus jüngerer Zeit zu erzählen. Ich hörte sie vom Chefportier meiner heutigen akademischen Institution, des New College (nun ja, neu war es 1379). Ein unerfahrener neuer Portier hatte den Umgang mit dem Wachbuch noch nicht ganz im Griff und wusste nicht, wofür es gut war. Seine stündlichen Einträge im Protokoll seiner ersten Nachtschicht lauteten (ungefähr – die Einzelheiten stimmen möglicherweise nicht ganz) wie folgt:

*20 Uhr: Regen.*
*21 Uhr: Immer noch Regen.*
*22 Uhr: Stärkerer Regen.*
*23 Uhr: Noch stärkerer Regen. Ich konnte ihn auf meinen Hut prasseln hören, als ich meine Runde machte.*

Oxford, das sollte ich erklären, ist eine föderative Universität, ein Zusammenschluss von ungefähr 30 Colleges. Darunter ist Balliol eines von dreien, die für sich in Anspruch nehmen, die ältesten zu sein. Abgesehen von den neueren Colleges ist jede dieser Einrichtungen um eine Reihe von Rechtecken herum erbaut. Die wunderschönen alten Gebäude haben in der Regel, anders als Hotels oder Wohnanlagen, keine Korridore, an denen die Zimmer liegen, sondern es gibt zahlreiche Treppenhäuser, deren Türen von dem Rechteck ausgehen. Jedes Treppenhaus ist der Zugang zu einer Reihe von Zimmern auf drei oder vier Stockwerken. Entsprechend wird jedes Zimmer mit der Nummer eines Treppenhauses und der Zimmernummer innerhalb dieses Treppenhauses gekennzeichnet. Um einen Nachbarn zu besuchen, muss man meist hinaus in das Rechteck gehen und dann ein anderes Treppenhaus betreten. Zu meiner Zeit gab es in jedem Treppenhaus ein Badezimmer, so dass wir nicht mehr im Schlafanzug in die Kälte hinausgehen mussten. Heute hat in der Regel jedes Zimmer ein eigenes Bad, was mein Vater »schrecklich verweichlicht« gefunden hätte. Nach meiner Vermutung wurden sie vor allem deshalb eingebaut, weil man in dem lukrativen Tagungsgeschäft mitmischen wollte, dem alle Colleges von Oxford und Cambridge in den vorlesungsfreien Zeiten als Veranstaltungsorte dienen.

Die Colleges in Oxford und Cambridge sind finanziell unabhängige, selbstverwaltete Institutionen, und manche von ihnen, beispielsweise das St. John's College in Oxford und das Trinity College in Cambridge, sind sehr wohlhabend. Das Trinity hat übrigens nicht nur viel Geld, sondern auch gewaltige Leistungen vorzuweisen. Dieses eine College in Cambridge kann sich rühmen, mehr Nobelpreise eingestrichen zu haben als irgendein einzelner *Staat* in der Welt mit Ausnahme der Vereinigten Staaten, Großbritanniens (was auf der Hand liegt), Deutschlands und Frankreichs. Den gleichen stolzen Anspruch kann auch die Universität Oxford erheben, aber kein einzelnes College von Oxford reicht auch nur annähernd an das Trinity in Cambridge heran; das gilt selbst für das Balliol College, das unter den Einrichtungen in Oxford die Rangliste der Nobelpreise anführt. Und wie mir erst vor kurzem klarwurde, gehörte mein Vater zu den wenigen Menschen, die sowohl am Balliol in Oxford als auch am Trinity in Cambridge studiert haben.

Sowohl in Oxford als auch in Cambridge besteht zwischen den Colleges und der Universität ein ähnlich heikles Spannungsverhältnis wie zwischen den Regierungen des Bundes und der Bundesstaaten in den Vereinigten Staaten. Mit dem Aufstieg der Wissenschaft wuchsen Macht und Bedeutung der »Bundesregierung« (Universität), denn Wissenschaft ist ein so umfangreiches Unternehmen, dass sie nicht von jedem College separat betrieben werden kann (im 19. Jahrhundert versuchte es allerdings das eine oder andere von ihnen auch allein). Die wissenschaftlichen Institute gehören zur Universität, und mein Leben in Oxford sollte nicht vom College beherrscht werden, sondern vom Institut für Zoologie.

Jener Portier war sicher einer der Ersten, die mich jemals mit »Mr Dawkins« anredeten, von »Sir« ganz zu schweigen. Derart als Erwachsener behandelt zu werden, war ich nicht gewohnt. Ich glaube, es war für meine Studienanfängergeneration charakteristisch, dass wir uns recht verlegen darum bemühten, erwachsener zu wirken, als wir waren. Spätere Studentengenerationen neigten eher in die andere Richtung: Sie kleideten sich schlampig mit Kapuzen oder Baseballkappen, trugen locker herunterhängende Rucksäcke und manchmal sogar noch lockerer herunterhängende Hosen. In meiner Generation dagegen bevorzugten wir Tweedjacken mit Lederflecken auf den Ellenbogen, gepflegte Westen, Cordhosen, Filzhüte, Schnauzbart, Krawatte und sogar Fliege. Manche (allerdings nicht ich, obwohl ich meinen Vater zum Vorbild hatte) gaben ihrem Image den letzten Schliff, indem sie Pfeife rauchten. Die Ursache für die Affektiertheit könnte darin gelegen haben, dass viele meiner Studienanfängerkollegen zwei Jahre älter waren; meine Altersgruppe war fast die erste in der Nachkriegsgeneration, die nicht zum Militärdienst einberufen wurde. Diejenigen von uns, die 1959 unmittelbar von der Schule kamen, waren die Jungen, aber wir teilten die Hörsäle, Collegehöfe und den Speisesaal mit militärisch ausgebildeten *Männern*; dies steigerte möglicherweise unseren Ehrgeiz, heranzuwachsen und als Erwachsene ernst genommen zu werden. Wir ließen Elvis hinter uns und hörten nun Bach oder das Modern Jazz Quartet. Feierlich trugen wir uns gegenseitig Keats, Auden und Marvell vor. Chiang Yee fing diese Bestimmung in seinem liebenswürdigen Buch *The Silent Traveller in Oxford*[41] ein, das in einer etwas früheren Zeit spielt. Darin zeichnet er in seinem eleganten chinesischen Stil zwei Studienanfänger, die in ihrem College die Treppe hinaufhüpfen und dabei immer zwei Stufen auf einmal nehmen.

41 Yee, Chiang: *The Silent Traveller in Oxford*, London 1944.

Die köstlich scharfsichtige Bildunterschrift lautet: »Ich wusste, dass sie Studienanfänger waren, weil ich hörte, wie einer zum anderen sagte: ›Liest du viel Shelley?‹«

Die Behauptung, der Militärdienst mache Jungen zu Männern, bildet die Grundlage für eine hübsche Geschichte über Maurice Bowra, den legendären Vorsteher des Wadham College. (Über Bowra gibt es so viele Anekdoten, dass man sie am besten vermeidet, aber diese ist besonders liebenswürdig.) Unmittelbar nach dem Krieg führte er mit einem jungen Mann am College ein Aufnahmegespräch.

»Sir, ich war im Krieg, und ich muss zugeben, dass ich mein ganzes Latein vergessen habe. Die Latein-Aufnahmeprüfung kann ich nicht bestehen.«

»Ach, machen Sie sich darum keine Sorgen, lieber Junge, der Krieg wird als Latein angerechnet, der Krieg wird als Latein angerechnet.«

Meine älteren Kollegen, die 1959 vom Wehrdienst kamen, waren nicht »kampferprobt« wie Bowras Aufnahmekandidat, aber sie strahlten eine unverkennbare Aura von Weltläufigkeit und Erwachsensein aus, die ich nicht besaß. Wie bereits erwähnt, wollten diejenigen aus meiner Generation, die sich mit Pfeife, Fliege und sauber gestutztem Schnauzbart herausputzten, vermutlich im Vergleich zu den Militärveteranen aufholen. Gehe ich recht in meiner Annahme, dass heutige Studienanfänger in die umgekehrte Richtung streben, in die Richtung der Jugendlichkeit? Am Schwarzen Brett eines Colleges hängen heute am ersten Tag des neuen Studienjahres in der Regel Notizen wie diese: »Studienanfänger! Fühlst du dich einsam? Verloren? Vermisst du Mama? Komm auf einen Kaffee vorbei und schwatze mit uns. Wir mögen dich.« Solche fürsorglichen Einladungen wären an den Schwarzen Brettern in meinem ersten Semester unvorstellbar gewesen; damals hingen dort eher Ankündigungen, die mir das Gefühl geben sollten, dass ich in der Welt der Erwachsenen angekommen war: »Würde der ›Gentleman‹, der sich meinen Regenschirm ›geliehen‹ hat …«

Ich hatte mich für einen Studiengang in Biochemie beworben. Der Tutor, der mich befragte, war der freundliche Sandy Ogston, der später das Trinity College leitete. Er verweigerte mir – glücklicherweise – die Zulassung als Biochemiker (vielleicht weil er selbst einer war und mich hätte unterrichten müssen), bot mir aber stattdessen einen Platz im Studiengang für Zoologie an. Ich nahm dankbar an, und wie sich herausstellte, war es für mich die ideale Laufbahn. Biochemie hätte mein begeistertes Interesse nicht so fesseln können wie die Zoologie: Dr. Ogston war so klug gewesen, wie es sein ehrwürdiger grauer Bart vermuten ließ.

Am Balliol gab es keinen Tutor für Zoologie; deshalb schickte man mich vom College an das Zoologische Institut zu dem großartig geselligen Peter Brunet. Er war dafür verantwortlich, mich entweder selbst zu unterrichten oder Kurse bei anderen für mich zu organisieren. Ein Vorfall in einer der ersten Lehrveranstaltungen mit Dr. Brunet dürfte der Beginn einer Entwicklung gewesen sein, in deren Verlauf ich mich von einer schulischen Einstellung zum Lernen entfernte und mir das zu eigen machte, was an der Universität üblich war. Ich stellte Dr. Brunet eine Frage über Embryologie. »Ich weiß es nicht«, grübelte er und zog dabei an seiner Pfeife. »Interessante Frage. Ich werde Fischberg fragen und Ihnen dann darüber berichten.« Dr. Fischberg war der leitende Embryologe an dem Institut, deshalb war dies eine vollkommen plausible Antwort. Damals war ich aber von Dr. Brunets Einstellung so beeindruckt, dass ich meinen Eltern in einem Brief davon berichtete. Mein Tutor wusste die Antwort auf eine Frage nicht und wollte einen fachkundigen Kollegen fragen, um mich dann informieren zu können! Ich hatte das Gefühl, bei den Großen der Zunft angekommen zu sein.

Michael Fischberg stammte aus der Schweiz und sprach Englisch mit starkem schweizerdeutschem Akzent. In seinen Vorlesungen erwähnte er häufig sogenannte »tonk bars«, und ich glaube, die meisten von uns schrieben die Worte in unseren Vorlesungsnotizen genau so mit, bis wir den Ausdruck zum ersten Mal in geschriebener Form sahen: »tongue bars« (»Zungenbalken«) sind ein Merkmal, das bei Embryonen in einem bestimmten Entwicklungsstadium auftritt. Liebenswürdig war, dass Dr. Fischberg während seiner Zeit in Oxford große Begeisterung für den englischen Nationalsport Cricket entwickelte – er gründete die Institutsmannschaft und war ihr Kapitän. Beim Bowlen ging er höchst unorthodox vor. Ein Cricket-Bowler muss, anders als ein Baseball-Pitcher, den Arm gestreckt halten. Werfen ist streng verboten: Man darf den Arm nicht beugen. Angesichts dieser Beschränkung gibt es nur eine Möglichkeit, dem Ball eine gewisse Geschwindigkeit mitzugeben: Man muss laufen und dann im Lauf den Ball loslassen. Die schnellsten Bowler der Welt, darunter der gefürchtete Jeff Thomson (»Tommo«) aus Australien, erreichten Ballgeschwindigkeiten von bis zu 160 Stundenkilometern (was mit einem

Baseball-Pitcher mit gebeugtem Arm vergleichbar ist); um das zu bewerkstelligen, laufen sie sehr schnell und lassen den Ball dann im eleganten Rhythmus der Laufbewegung mit gestrecktem Arm frei. Nicht so Dr. Fischberg. Er stand in starrer Habachtstellung dem Schlagmann gegenüber, hob den gestreckten Wurfarm waagerecht in die Höhe, zielte sorgfältig auf das Törchen, schwang ihn dann in einem einzigen Bogen über den Kopf und ließ den Ball an der höchsten Stelle los.

Ich war im Cricket hoffnungslos schlecht, aber manchmal, wenn kein Besserer zu finden war und verzweifelt jemand gesucht wurde, überredete man mich, für das Zoologische Institut zu spielen. Allerdings habe ich durchaus Spaß daran, mir Cricket anzusehen; mich fasziniert die Strategie eines Kapitäns, der seine Feldspieler rund um den Schlagmann platziert wie ein Schachmeister, der mit seinen Figuren den König einkreist. Der beste Cricketspieler, den ich auf den Spielfeldern in Oxford jemals zu sehen bekam, war der Nawab von Pataudi (»Tiger«); er war Kapitän der Universitätsmannschaft und gehörte am Balliol zum gleichen Jahrgang wie ich. Als Schlagmann lenkte er den Ball mit grandioser Mühelosigkeit so, dass die Feldspieler ausgetrickst wurden. Aber auch als Feldspieler beeindruckte er mich sehr. Einmal schlug ein Schlagmann den Ball und forderte damit einen Run, der einfach zu sein schien. Dann bemerkte er, dass es sich bei dem Feldspieler, der nach dem Ball stürmte, um Tiger Pataudi handelte, und nun schrie er hektisch seinem Partner zu, er solle auf seine Linie zurückkehren. Leider verlor Tiger später bei einem Autounfall ein Auge und musste dann seine Standposition verändern, um einäugig zu schlagen; er war aber immer noch so gut, dass er Kapitän der indischen Mannschaft wurde.

Ich habe gesagt, Oxford habe mich geprägt, in Wirklichkeit prägte mich aber das Tutorensystem, das sowohl für Oxford als auch für Cambridge charakteristisch ist. Zum Zoologie-Studiengang in Oxford gehörten natürlich auch Vorlesungen und Laborpraktika, aber die waren nicht bemerkenswerter als an jeder anderen Universität. Manche Vorlesungen waren gut, manche waren schlecht, aber für mich spielte das kaum eine Rolle, denn ich hatte noch nicht bemerkt, worum es eigentlich geht, wenn man eine Vorlesung besucht. Sie ist nicht dazu da, Information aufzunehmen, und deshalb war das, was ich tat (und was auch praktisch alle anderen Studienanfänger tun), sinnlos: Wir schrieben so sklavisch mit, dass wir keine Aufmerksamkeit mehr auf das Denken verwenden konnten. Von dieser Gewohnheit wich ich nur ein einziges Mal ab, als ich vergessen hatte, einen Stift mitzubringen. Mir einen Stift von dem Mädchen zu leihen, das neben mir saß, war ich zu schüchtern (ich war an einer reinen Jungenschule gewesen, obendrein noch schüchtern und damals voller jungenhafter Ehrfurcht vor allen Mädchen; wenn ich zu furchtsam war, um mir einen Stift zu leihen, kann man sich vorstellen, wie oft ich es wagte, mich dem anderen Geschlecht wegen interessanterer Dinge zu nähern). In dieser einen Vorlesung machte ich mir also keine Notizen, sondern ich hörte zu – und dachte nach. Es war keine ungewöhnlich gute Lehrveranstaltung, aber ich hatte mehr davon als von anderen – manchmal viel besseren –, weil das Fehlen eines Stiftes mir die Freiheit verschaffte, zuzuhören und nachzudenken. Dennoch hatte ich nicht genug Verstand, um daraus eine Lehre zu ziehen und in späteren Vorlesungen auf das Mitschreiben zu verzichten.

Theoretisch stand hinter dem Mitschreiben der Gedanke, die Notizen später zum Nacharbeiten zu verwenden, aber ich sah sie mir später nie wieder an, und ich vermute, den meisten meiner Kommilitonen ging es ähnlich. Eine Vorlesung sollte nicht den Zweck haben, Informationen zu vermitteln. Dazu gibt es Bücher, Bibliotheken und heute das Internet. Eine Vorlesung sollte vielmehr anregen und Gedanken provozieren. Man sieht zu, wie ein guter Dozent vorn am Pult laut denkt, nach einem Gedanken sucht, ihn manchmal aus der Luft greift wie der berühmte Historiker A. J. P. Taylor. Ein guter Dozent denkt laut, reflektiert, grübelt, schafft durch neue Formulierungen mehr Klarheit, zögert und begreift dann, variiert das Tempo, macht Denkpausen und kann so demonstrieren, wie man über ein Thema nachdenkt und die Leidenschaft dafür vermittelt. Wenn ein Dozent die Informationen herunterleiert, als würde man sie lesen, könnte das Publikum auch genau das tun – und zwar möglicherweise in einem Buch, das der Dozent verfasst hat.

Wenn ich den Rat erteile, in Vorlesungen niemals mitzuschreiben, schieße ich ein wenig über das Ziel hinaus. Äußert ein Dozent einen originellen Gedanken, der die Zuhörer zum Nachdenken anregt, sollte man sich auf jeden Fall eine Notiz machen, um sich das Thema später noch einmal durch den Kopf gehen zu lassen oder um etwas nachzuschlagen. Aber der Versuch, von jedem Satz, den der Dozent äußert, etwas festzuhalten – und darum bemühte ich mich –, ist für die Studierenden sinnlos und für den Dozenten entmutigend. Wenn ich heute vor einem studentischen Publikum einen Vortrag halte, sehe ich nur gebeugte Köpfe über Notebooks. Lieber sind mir Vorträge vor Laien, bei Literaturfesten oder Gedenkveranstaltungen oder aber Gastvorträge an Universitäten, zu denen die Studierenden freiwillig kommen und nicht weil sie in ihrem Lehrplan stehen. Bei solchen öffentlichen Veranstaltungen sieht der Vortragende keine gebeugten Köpfe und schreibenden Hände, sondern aufmerksame Gesichter, die lächeln und Verständnis – oder das Gegenteil – signalisieren. Wenn ich Vorträge in den Vereinigten Staaten halte, bin ich ziemlich verärgert, wenn ich höre, dass ein Professor von seinen Studierenden *verlangt* hat, sie sollten wegen der »Anerkennung« meine Vorlesung hören. Mir ist die Vorstellung von »Anerkennung« auch im besten Fall nicht geheuer, und ausdrücklich bin ich dagegen, dass Studierende besondere Anerkennung erfahren, wenn sie mir zuhören.

Niko Tinbergen, mein späterer Mentor, trat erstmals als Dozent in einer Lehrveranstaltung über Weichtiere in mein Leben. Er verkündete, er habe – abgesehen von einer Vorliebe für Austern – keine besondere Affinität zu dieser Tiergruppe, spielte aber bei einer alten Tradition des Instituts mit, jedem Dozenten mehr oder weniger nach dem Zufallsprinzip einen Tierstamm zuzuteilen. An Nikos Vorlesungen erinnere ich mich besonders wegen seiner schnellen Zeichnungen an der Tafel, seiner tiefen Stimme (die für einen kleinen Mann überraschend klang) mit ihrem Akzent, der aber nicht eindeutig niederländisch war, und wegen seines freundlichen Lächelns (das mir damals altväterlich vorkam, obwohl er sicher viel jünger war, als ich es heute bin). Im folgenden Jahr hielt er wieder eine Vorlesung bei uns; dieses Mal handelte sie vom Verhalten der Tiere, und das altväterliche Lächeln wurde vor Begeisterung über sein eigenes Forschungsgebiet breiter. In jener Blütezeit war seine Arbeitsgruppe in einer Möwenkolonie in Ravenglass in Cumberland tätig, und ich war bezaubert von seinem Film, in dem Lachmöwen sich aus den Eiern befreiten. Insbesondere gefiel mir seine Methode, Diagramme zu zeichnen: Als Koordinatenachsen legte er Zeltstangen in den Sand, und strategisch angeordnete Eierschalen dienten als Messpunkte. Das war Niko, wie er leibte und lebte; und weit weg von PowerPoint.

Auf jede Vorlesung folgte eine Praktikumsveranstaltung im Labor. Ich hatte keine Begabung für praktische Arbeit, außerdem war ich so jung und unreif, dass das andere Geschlecht für mich im Labor eine noch größere Ablenkung darstellte als im Hörsaal. Ausgebildet wurde ich ausschließlich durch das Tutorensystem, und für dieses einzigartige Geschenk werde ich Oxford immer dankbar sein – einzigartig ist es, weil selbst Cambridge, zumindest was wissenschaftliche Themen angeht, in dieser Hinsicht nicht an Oxford heranreicht. Das naturwissenschaftliche Tripos Teil I in Cambridge, das die ersten beiden Studienjahre umfasst, ist vorbildlich breit angelegt, kann aber den Studierenden anders als in Oxford nicht die beglückende Erfahrung vermitteln, in einigen (zugegebenermaßen sehr eng gefassten) Themenbereichen zu einer weltweiten Autorität zu werden – und das meine ich nahezu wörtlich. Diesen Gedanken erläuterte ich in einem Essay, der an verschiedenen Stellen erschien und letztlich in ein Buch mit dem Titel *The Oxford Tutorial: ›Thanks, you taught me how to think‹*[42] aufgenommen wurde. Die folgenden Absätze stammen zum Teil aus diesem Artikel.

Wie ich darin dargelegt habe, war unser Studiengang in Oxford nicht in der Weise »vorlesungsbasiert«, wie viele Studierende es gern hätten – sie wollen über Themen und nur über Themen – geprüft werden, die in den Vorlesungen ausdrücklich behandelt werden. Im Gegensatz dazu war das ganze Gebiet der Zoologie während meiner ersten Studienjahre für die Prüfer geradezu Freiwild. Die einzige Einschränkung war eine ungeschriebene Regel, wonach die Prüfung eines Jahres sich nicht unangemessen stark von dem allgemeinen Vorbild der Vorjahre unterscheiden sollte. Und die Tutorenkurse waren ebenfalls nicht »vorlesungsbasiert« (was sie nach meiner Befürchtung heute wahrscheinlich sind); sie waren vielmehr Zoologie-basiert.

In meinem vorletzten Semester gelang es Peter Brunet, mir ein seltenes Privileg zu sichern: Niko Tinbergen selbst wurde mein Tutor. Da er allein für alle Vorlesungen über das Verhalten von Tieren verantwortlich war, wäre Dr. Tinbergen durchaus der Richtige für »vorlesungsbasierte« Tutorenkurse gewesen. Ich brauche nicht zu betonen,

---

[42] »Evolution in biology tutoring?«, in: Palfreyman, David, Hrsg.: *The Oxford Tutorial: ›Thanks, you taught me how to think‹* (Oxford Centre for Higher Education Policy Studies, 2001; zweite Ausgabe 2008). Als der Artikel zum ersten Mal erschien (in: *The Oxford Magazine*, No. 112, Eighth Week, Michaelmas Term 1994), trug er die »absichtlich reizlose« Überschrift »Tutorial-Driven«, in der sich der Gegensatz zu dem von mir kritisierten vorlesungsbasierten(»lecture-driven«) Unterricht widerspiegeln sollte.

dass er es anders machte. In meinem Tutorium bestand die Aufgabe darin, jede Woche eine DPhil Thesis (in Oxford der Ausdruck für eine Doktorarbeit) zu lesen. In einem Aufsatz musste ich dann den Bericht des Prüfers aus der Doktorprüfung, einen Überblick über die Geschichte des Fachgebiets, in das die Arbeit gehörte, Vorschläge für weiterführende Forschungsarbeiten sowie theoretische und philosophische Betrachtungen über die in der Arbeit aufgeworfenen Themen kombinieren. Keinen Augenblick stellten sich dabei Tutor oder Schüler die Frage, ob eine solche Aufgabenstellung von unmittelbarem Nutzen für die Beantwortung einer Prüfungsfrage sein konnte.

Peter Brunet hatte erkannt, dass meine Vorlieben in der Biologie stärker philosophischer Natur waren als seine eigenen, und so sorgte er in einem anderen Semester dafür, dass ich einen Tutorenkurs bei Arthur Cain bekam, dem quirligen, hochintelligenten Senkrechtstarter des Instituts, der im weiteren Verlauf Professor für Zoologie in Manchester und später in Liverpool wurde. Auch bei Dr. Cain verlief der Unterricht fernab von Vorlesungen über unseren Prüfungsstoff; stattdessen ließ er mich nur Bücher über Geschichte und Philosophie lesen. Zwischen der Zoologie und meiner Lektüre die richtigen Verbindungen herzustellen blieb mir selbst überlassen. Ich tat es, und es gefiel mir. Damit will ich nicht sagen, dass meine jugendlichen Aufsätze über die Philosophie der Biologie gut gewesen wären – im Rückblick weiß ich, dass das nicht der Fall war –, aber eines kann ich mit Sicherheit sagen: Ich habe nie das beglückende Gefühl vergessen, sie zu schreiben oder wie ein richtiger Gelehrter in der Bibliothek zu arbeiten.

Das Gleiche gilt für meine eher themenbezogenen Aufsätze über Standardfragen der Zoologie. Ich kann mich nicht mehr erinnern, ob wir in einer Vorlesung etwas über das Wassergefäßsystem der Seesterne hörten. Vermutlich war es so, aber diese Tatsache war ohne Bedeutung dafür, dass mein Tutor mich einen Aufsatz über das Thema schreiben ließ. Das Wassergefäßsystem der Seesterne ist eines jener Spezialthemen aus der Zoologie, an die ich mich heute aus dem gleichen Grund erinnere: Ich habe einmal einen Aufsatz darüber geschrieben. Seesterne haben kein rotes Blut, sondern Röhren mit Meerwasser; dieses kreist ständig durch ein raffiniertes Netz von Gefäßen, die einen Ring um den Mittelpunkt des Sterns bilden, während Abzweigungen in die fünf Arme führen. Die Röhren mit dem Meerwasser bilden ein einzigartiges hydraulisches Drucksystem, und dieses bewegt die vielen Hundert winzigen Röhrenfüße, die entlang der fünf Arme angeordnet sind. Jeder Röhrenfuß endet in einem winzigen Saugnapf, und wenn alle Füße sich koordiniert hin und her bewegen, ziehen sie den Seestern in eine bestimmte Richtung. Die Röhrenfüße bewegen sich aber nicht im Einklang, sondern sie sind halbautonom; sollte der Nervenring, der um den Mund verläuft und ihnen ihre Befehle erteilt, zufällig beschädigt werden, können die Röhrenfüße an den einzelnen Armen auch in unterschiedliche Richtungen ziehen und den Seestern zerreißen.

An die nackten Fakten der Gefäßsysteme von Seesternen kann ich mich erinnern, aber die Fakten sind nicht das Wesentliche. Wesentlich ist vielmehr, wie wir dazu ermutigt wurden, sie zu entdecken. Wir paukten nicht einfach nur nach einem Lehrbuch, sondern gingen in die Bibliothek und stöberten in alten und neuen Büchern; wir verfolgten den Weg von Forschungs-Originalarbeiten, bis wir selbst so weit zu Kapazitäten über das Thema geworden waren, wie es in einer Woche überhaupt nur möglich ist (heute würde man solche Recherchen zum größten Teil im Internet vornehmen). Die Ermutigung durch die wöchentliche Tutorensitzung führte dazu, dass man nicht nur über die Hydraulik der Seesterne oder irgendein anderes Thema etwas las: Ich weiß noch, wie ich während dieser einen Woche mit der Hydraulik der Seesterne schlief, aß und träumte. Hinter meinen Augenlidern marschierten Röhrenfüße, hydraulische *Pedicellariae* waren unterwegs, und durch mein dösendes Gehirn pulsierte das Meerwasser. Den Aufsatz zu schreiben war die Läuterung, und das Tutorium war die Rechtfertigung für die Tätigkeit einer ganzen Woche. In der nächsten Woche gab es dann ein neues Thema und eine neue Fülle von Bildern, die man in der Bibliothek heraufbeschwören konnte. Wir wurden im wahrsten Sinne des Wortes gebildet … und nach meiner Überzeugung verdanke ich es im Wesentlichen dieser Woche für Woche fortgesetzten Ausbildung, dass ich heute über die Fähigkeit zu schreiben verfüge, die ich manchen Urteilen zufolge besitze.

Der Tutor, für den ich den Aufsatz über die Seesterne schrieb, war David Nichols, der später Professor für Zoologie in Exeter wurde. Ein anderer bemerkenswerter Tutor, der mich als jungen Zoologen prägte, war John Currey, der spätere Zoologieprofessor an der Universität York. Er machte mich neben vielen anderen Dingen mit seinem – und heute meinem – Lieblingsbeispiel für das aufschlussreiche, schlechte »Design« bei Tieren bekannt: dem rückläufigen Kehlkopfnerv. Wie ich in meinem Buch *Die Schöpfungslüge* ausführlich erläutert habe, verläuft dieser Nerv nicht unmittelbar vom Gehirn zu seinem Zielorgan, dem Kehlkopf, sondern er macht einen Umweg (der im Fall der Giraffe von spektakulärer Länge ist) bis in den Brustkorb, beschreibt dort einen Bogen um eine große Arterie und läuft dann wieder im Hals aufwärts zum Kehlkopf. Das ist ganz offensichtlich eine entsetzlich schlechte Gestaltung, die sich aber sofort vollständig erklären lässt, wenn man die Vorstellung von Gestaltung vergisst und stattdessen unter dem Gesichtspunkt der Evolutionsvergangenheit darüber nachdenkt. Bei unseren Fischvorfahren verlief der kürzeste Weg für den Nerv hinter der damaligen Entsprechung der fraglichen Arterie, die in jener Frühzeit einen der Kiemen versorgte. Fische haben keinen Hals. Als der Hals später an Land länger wurde, wanderte die Arterie im Verhältnis zum Kopf allmählich immer weiter nach hinten und entfernte sich in den gewaltigen Zeiträumen der Evolution Schritt für winzigen Schritt von Gehirn und Kehlkopf. Der Nerv hielt Schritt und machte zunächst nur einen kleinen Umweg, aber dieser Umweg wurde mit dem weiteren Verlauf der Evolution immer länger, bis er bei der heutigen Giraffe eine Distanz von mehreren Metern überbrückte. Vor einigen Jahren hatte ich im Rahmen einer Fernsehdokumentation das Glück, dass ich bei einer Giraffe, die unglücklicherweise einige Tage zuvor gestorben war, an der Sektion dieses bemerkenswerten Nerven mitwirken durfte.

Mein Tutor in Genetik war Robert Creed, ein Schüler des exzentrischen, frauenfeindlichen Ästheten E. B. Ford. Dieser war seinerseits stark von dem großen R. A. Fisher beeinflusst, und Ford brachte uns allen bei, Fisher zu verehren. In den Tutorenkursen und Dr. Fords Vorlesungen lernte ich, dass Gene nicht wie Atome voneinander getrennt sind, wenn es um ihre Wirkung auf den Organismus geht. Der Effekt eines Gens wird vielmehr durch den »Hintergrund« der anderen Gene im Genom beeinflusst. Gene wandeln ihre Wirkungen gegenseitig ab. Später, als ich selbst Tutor war, entwickelte ich eine Analogie, um meinen Schülern dieses Prinzip zu erklären. Darin hat der Organismus die Form eines Bettlakens, das über Tausende von Fäden mit einer Anordnung von Haken an der Decke verbunden ist und ungefähr waagerecht hängt. Jeder Faden entspricht einem Gen. Eine Mutation in dem Gen wird durch eine Veränderung der Spannung repräsentiert, die in dem zur Decke reichenden Faden herrscht. Aber – und das ist der wichtige Teil der Analogie – kein Faden bildet eine isolierte Befestigung des Lakens, das unter ihm hängt. Er ist vielmehr wie in einem komplizierten Fadenspiel mit zahlreichen anderen Fäden verwoben. Wenn sich also in einem »Gen« eine Mutation abspielt – wenn sich also die Spannung in der Befestigung an dem Haken in der Decke verändert –, haben auch alle anderen Fäden, mit denen es verwoben ist, plötzlich eine andere Spannung; der Effekt pflanzt sich durch das gesamte Fadengeflecht fort. Entsprechend wird auch die Form des Bettlakens (des Organismus) durch die Wechselbeziehungen zwischen allen Genen beeinflusst und nicht dadurch, dass jedes Gen einzeln auf »seinen« Teil des Lakens einwirkt. Der Organismus ähnelt nicht dem Diagramm beim Metzger, in dem die einzelnen »Fleischstücke« des Körpers ganz bestimmten Genen entsprechen. Ein Gen kann vielmehr in seinen Wechselbeziehungen mit anderen Genen den gesamten Organismus beeinflussen. In einer Weiterentwicklung der Parabel ziehen auch nichtgenetische Einflüsse aus der Umwelt von der Seite an dem Fadengeflecht.

Von dem bereits erwähnten Arthur Cain lernte ich, entgegen der damals noch herrschenden Mode nicht auf die Zahlensysteme einzudreschen, mit denen Tiere durch mathematische Berechnung ihrer Ähnlichkeiten und Unterschiede klassifiziert wurden. Und ganz unabhängig davon lernte ich von Dr. Cain auch, mit welch beeindruckender Kraft die natürliche Selektion Anpassungen von höchster Vollkommenheit hervorbringen kann – und das trotz wichtiger, interessanter Ausnahmen wie dem erwähnten rückläufigen Kehlkopfnerv. Mit beiden Erkenntnissen geriet ich in einen gewissen Widerspruch zu den Lehrmeinungen, die bis heute die Welt der Zoologie beherrschen. Arthur brachte mir auch bei, sparsam mit dem Wort »bloß« umzugehen – eine Übung in Bewusstseinsstärkung, die mir immer im Gedächtnis geblieben ist. »Ein Mensch ist nicht eine bloße Ansammlung von Chemikalien …« Nun ja, natürlich nicht, aber damit hast du nichts Interessantes gesagt, und das Wort »bloß« ist überflüssig. »Menschen sind nicht bloß Tiere …« Was hast du damit anderes von dir gegeben als einen Gemeinplatz? Was soll das Wort »bloß« in diesem Satz aussagen? Was ist »bloß« an einem Tier? Du hast überhaupt nichts Sinnvolles gesagt. Wenn du etwas mitteilen willst, sag es.

Arthur erzählte mir auch eine unvergessliche Geschichte über Galilei, die alles zusammenfasst, was in der Wissenschaft der Renaissance neu war. Galilei zeigte einem Gelehrten mit seinem Teleskop ein astronomisches Phänomen. Darauf sagte der gelehrte Mann sinngemäß: »Mein Herr, Ihr Beweis mit dem Teleskop ist so überzeugend, dass ich Ihnen glauben würde, wenn Aristoteles nicht eindeutig das Gegenteil gesagt hätte.« Heute sind wir verblüfft – oder sollten jedenfalls verblüfft sein –, wenn jemand reale Beobachtungen oder experimentelle Belege zurückweist und die Behauptung einer angeblichen Autorität vorzieht. Aber genau darum geht es. Genau das hat sich geändert.

Anders als Studienanfänger in Geschichte, Englisch oder Jura absolvierten wir als Zoologen unsere Tutorenkurse fast nie in unserem eigenen College oder überhaupt in einem College. Sie fanden vielmehr nahezu ausnahmslos im Zoologischen Institut statt, in einem weitläufigen Treppauf-treppab-Anhängsel des Universitätsmuseums. Sein Gewirr aus Räumen und Korridoren war, wie ich bereits erwähnt habe, der Mittelpunkt meines Daseins. Damit machte ich ganz andere Erfahrungen als der typische Studienanfänger, der in Oxford kein naturwissenschaftliches Fach studiert und für den das College den Lebensmittelpunkt darstellt. College-Tutoren des alten Schlages halten Tutorenkurse, die außerhalb der Collegemauern stattfinden, gewissermaßen nur für die zweitbeste Lösung. Meine Erfahrung besagt genau das Gegenteil. Es war erfrischend, jedes Semester einen anderen Tutor zu haben; die Gründe scheinen mir so auf der Hand zu liegen, dass ich sie nicht eigens benennen muss.

Im Balliol College hatte ich Freunde; die meisten studierten keine Naturwissenschaften. Nicholas Tyacke (mit dem ich später die Wohnung teilte und der Professor für Geschichte am Londoner University College wurde) und Alan Ryan (der sich zu einem angesehenen politischen Philosophen entwickelte und Vorsteher des New College wurde) wohnten auf demselben Treppenhausabsatz wie ich. Wie es der Zufall wollte, gehörten einige meiner Freunde der Schauspielgruppe des Colleges an, und das führte dazu, dass ich mir einige Amateurtheater-Aufführungen ansah. Einer der bewegendsten Abende, die ich erlebte, war eine Inszenierung von *Shadow of Heroes* von Robert Ardrey durch die Dramatical Society des Balliol College. In dem Stück ging es um die ungarische Revolution von 1956. Beschwingter waren die Balliol Players, eine Reisetruppe, die jedes Jahr eine Persiflage auf ein Stück von Aristophanes auf die Bühne brachte. Als die Players in den zwanziger Jahren ihre Tätigkeit aufnahmen, spielten sie Aristophanes meines Wissens unverändert und sogar auf Griechisch. Aber die Tradition wandelte sich, und zu meiner Zeit schrieben sie die griechischen Komödien zu Revuen um, in denen die moderne Politik auf die Schippe genommen wurde. Die herausragenden Gestalten bei den Players waren damals Peter Snow, der später im Fernsehen zu einem bekannten Gesicht wurde, und John Albery, ein scharfsinniges, begabtes Mitglied der berühmten Theaterdynastie, der später als Lehrer am University College in Oxford Karriere machte. John Albery spielte einen großartigen General Montgomery (»Und Gott sprach… und ich stimme ihm zu«), und Peter Snow verkörperte einen ebenso denkwürdigen General de Gaulle »*La gloire … la victoire … l'histoire … et … la plume … de ma tante*«. Jeremy Gould brauchte kaum zu schauspielern, als er in der Rolle von Harold Macmillan sang: »My birthday honours list is certain to contain … And plenty of OBEs …« Es war die Endphase des Empire, und die Schauspieler sangen ein hübsches Abschiedslied, das vermutlich von John Albery stammte. Ich kann mich nur noch an fünf Zeilen erinnern:

> Sunset and the evening star
> From Aden to Zanzibar.
> The bonds of the Empire sundering
> And final salutes are thundering
> And man will not cease his wondering … |27|

Das gleiche Theaterumfeld machte mich auch mit der Victorian Society bekannt, in deren Gesellschaft ich am Balliol College einige meiner glücklichsten Augenblicke erlebte. Wir trafen uns in jedem Semester ein- oder zweimal, sangen Music-Hall-Lieder und schlürften Portwein. Ein Zeremonienmeister rief nacheinander die Solisten auf, die jeweils ihre besonderen Lieder sangen, und wir alle stimmten im Chor mit ein. Meist handelte es sich um fröhliche, freche Lieder (»Where did you get that hat?«, »Don't have any more, Mrs Moore«, »You can't do that there 'ere«; »I'm 'Enery the Eighth I am«; »My old man said follow the van«), manchmal waren aber auch sentimentale Schnulzen darunter, und dann wurden Papiertaschentücher verteilt (»She's only a bird in a gilded cage«, »Silver threads among the gold«), und der Abend endete dann mit Hurrapatriotismus (»Soldiers of the Queen«, »We don't want to fight, but by jingo if we do … The Russkies shall not have Constantinople«). Wenn ich eine Erinnerung an meine Zeit im Balliol gern wieder aufleben lassen würde, dann die an einen Abend mit der Victorian Society.

Am nächsten kam ich einer solchen Wiederbelebung viel später in meinem Leben, als wir uns regelmäßig am Freitagabend im Killingworth Castle Pub in Wooton, einem Dorf in der Nähe von Oxford, zum Singen trafen. Eingeführt hatte mich dort meine zweite Frau Eve, die Mutter meiner geliebten Tochter Juliet. Es waren keine Music-Hall-Songs, sondern britische »Volkslieder«, und getrunken wurde nicht Portwein, sondern Bier; dennoch erlebte ich dort noch einmal etwas Ähnliches wie die Atmosphäre der Victorian Society: warmherzige Geselligkeit, die ihre Triebkraft weniger aus dem Trinken als vielmehr aus Musik und Gemeinschaftsgefühl bezog. Als Solisten und Instrumentalisten (Gitarre, Akkordeon, Blechpfeife) wechselten sich an diesen Abenden vier oder fünf Musiker oder Gruppen regelmäßig ab; alle waren auf ihre unterschiedliche Art gut und jeder hatte sein eigenes Repertoire an Liedern, die der Chor der Stammgäste, zu dem auch Eve und ich gehörten, kannte. Zu manchen Liedern wurden recht flotte Kanon- und Oberstimmen gesungen, und wie in der Victorian Society war der Chor – ganz anders als bei dem typischen betrunkenen Trauergesang nach dem Motto »noch ein Lied als Absacker« – stets diszipliniert und auf ein forsches Tempo eingestellt. Die auffälligeren Mitglieder bezeichneten wir mit Spitznamen, die Eve ihnen gegeben hatte: »Two Pints« war ein großer, bärtiger junger Mann mit gewaltiger Bassstimme – sie war ebenso stark wie die muskulösen Arme, mit denen er seine Pints hob und die Spenden für die Musiker einsammelte; »Big Daddy« war eine Großvatergestalt mit angenehmer Tenorstimme, der manchmal freiwillig »Cock Robin« als Solo sang, nachdem die Solisten geendet hatten; »Maynard Smith« war fröhlich, trug eine Brille und wurde so genannt, weil sein Gesicht dem des großen Wissenschaftlers ähnelte; »the Incredible Hulk« war einer der wenigen, die falsch sangen; und viele andere.

Damals in meinen ersten Semestern gingen meine Freunde vom Balliol und ich oft ins Kino, meist in das Scala an der Walton Street. Dort sahen wir intellektuelle Filme von Ingmar Bergman, Jean Cocteau, Andrzey Wajda und anderen europäischen Regisseuren. Besonders beeindruckten mich Ingmar Bergmans düstere Schwarzweißbilder in *Wilde Erdbeeren* und *Das siebente Siegel* sowie die lyrischen

Liebesszenen in *Einen Sommer lang*, bevor die tragische Wendung eintritt. Solche Filme, aber auch Dichtung, mit der mein Vater mich bekannt machte – Robert Brooke, A. E. Housman und vor allem der frühe W. B. Yeats –, führten meinen jungen Geist auf unrealistische, ja sogar wahnhafte Wege der romantischen Phantasien. Wie so mancher naive Neunzehnjährige verliebte ich mich – aber nicht in ein bestimmtes Mädchen, sondern in die Idee des Verliebtseins. Nun ja, ein Mädchen gab es auch; zufällig war sie Schwedin, was meine an Bergman orientierten Phantasien ansprach, aber vor allem liebte ich die Vorstellung von der Liebe an sich, bei der ich die Rolle des tragischen Romeo spielte. Ich trauerte ihr lächerlich lange hinterher, nachdem sie bereits wieder in Schweden wohnte und – zweifellos – längst vergessen hatte, was einen Sommer lang zwischen uns gewesen war.

Meine Jungfräulichkeit verlor ich erst viel später im recht fortgeschrittenen Alter von 22 Jahren an eine hübsche Cellistin aus London. Sie entledigte sich in ihrer Einzimmerwohnung ihres Rocks, um für mich zu spielen (in einem engen Rock Cello zu spielen ist nicht möglich), und anschließend entledigte sie sich auch aller anderen Kleidungsstücke. Es ist modern, ein solches »erstes Mal« schlechtzureden, aber das werde ich nicht tun. Es war wunderbar; vor allem erinnere ich mich an das Gefühl der atavistischen Erfüllung: »Ja, natürlich, *so* hat es sich immer angefühlt. So war es seit Anbeginn der Zeiten!« Einem Biologen fällt es nicht schwer zu erklären, warum sich Nervensysteme in der Evolution so entwickelt haben, dass die sexuelle Vereinigung regelmäßig eines der großartigsten Erlebnisse ist, die das Leben zu bieten hat. Aber durch das Erklären wird es nicht weniger großartig – genau wie Newtons Spektralzerlegung niemals die Pracht eines Regenbogens vermindert. Und ebenso spielt es keine Rolle, wie viele Regenbögen man in seinem Leben schon gesehen hat. Die Pracht wird immer neu erfunden, und das Herz fängt jedes Mal wieder an zu klopfen. Mehr möchte ich über das Thema nicht sagen, und ich werde keine Intimitäten verraten. So eine Autobiographie ist das hier nicht.

Wordsworth war übrigens nie einer meiner Lieblingsautoren, aber ich möchte hier gern ein paar Bruchstücke aus Gedichten zitieren, die mich als jungen Mann bewegten. Diese Zeilen haben einen wichtigen Teil dazu beigetragen, dass ich heute so und nicht anders bin, und sie alle waren (und sind zum Teil noch heute) mir wörtlich im Gedächtnis geblieben.

Breathless, we flung us on the windy hill,
Laughed in the sun, and kissed the lovely grass.
You said, »Through glory and ecstasy we pass;
Wind, sun, and earth remain, the birds sing still,
When we are old, are old …« »And when we die
All's over that is ours; and life burns on
Through other lovers, other lips,« said I,
»Heart of my heart, our heaven is now, is won!«
»We are Earth's best, that learnt her lesson here.
Life is our cry. We have kept the faith!« we said;
»We shall go down with unreluctant tread
Rose-crowned into the darkness!« … Proud we were,
And laughed, that had such brave true things to say.
–And then you suddenly cried, and turned away.
*Rupert Brooke* |28|

Tell me not here, it needs not saying,
What tune the enchantress plays
In aftermaths of soft September
Or under blanching mays,
For she and I were long acquainted
And I knew all her ways.
*A. E. Housman* |29|

I dreamed that I stood in a valley, and amid sighs,
For happy lovers passed two by two where I stood;
And I dreamed my lost love came stealthily out of the wood
With her cloud-pale eyelids falling on dream-dimmed eyes:
I cried in my dream, O women, bid the young men lay
Their heads on your knees, and drown their eyes with your hair,
Or remembering hers they will find no other face fair
Till all the valleys of the world have been withered away.
*W. B. Yeats* |30|

Heart handfast in heart as they stood, »Look thither,«
Did he whisper? »look forth from the flowers to the sea;
For the foam-flowers endure when the rose-blossoms wither,
And men that love lightly may die – but we?«

And the same wind sang and the same waves whitened,
And or ever the garden's last petals were shed,
In the lips that had whispered, the eyes that had lightened,
Love was dead.
*A. C. Swinburne* |31|

Mein Vater führte einen Loseblattordner, in dem er eine große Zahl seiner Lieblingsgedichte sammelte. Alle hatte er eigenhändig abgeschrieben. Diese private Anthologie, die noch heute im Besitz meiner Mutter ist, hatte starken Einfluss auf meinen Geschmack in Sachen Dichtung. Gerührt war ich, als ich erfuhr, dass die Sammlung auf Briefe zurückging, die er ihr mit Anfang zwanzig geschrieben hatte, als er in Cambridge sein Aufbaustudium absolvierte. Jedes Gedicht lag in einem Brief, und sie hatte alle aufbewahrt.

Aber zurück zu meinen eigenen ersten Studienjahren und meinen Gedanken darüber, wie es weitergehen sollte. Ich glaube, ich habe nie ernsthaft mit dem Gedanken gespielt, Landwirtschaft zu betreiben wie mein Vater. Stattdessen wuchs mein Wunsch, in Oxford zu bleiben und einen wissenschaftlichen Abschluss zu machen. Ich hatte aber noch keine klare Vorstellung davon, was danach kommen würde oder mit welchen Forschungsthemen ich mich beschäftigen sollte. Peter Brunet bot mir ein biochemisches Projekt an; dankbar schrieb ich mich dafür ein und studierte die einschlägige wissenschaftliche Literatur, allerdings ohne große Begeisterung. Aber dann machte ich bei Niko Tinbergen Tutorenkurse über Verhaltensforschung – und von da an änderte sich mein Leben. Endlich hatte ich ein Thema, über das ich wirklich nachdenken konnte – ein Thema mit philosophischen Folgerungen. Auf Niko machte ich offenbar Eindruck: In seinem Semesterabschlussbericht für mein College hieß es, ich sei der beste Student im Grundstudium gewesen, den er jemals als Tutor betreut hatte – dieses Urteil wird allerdings durch die Tatsache relativiert, dass nur wenige Studienanfänger bei ihm Tutorenkurse belegt hatten. Dennoch ließ es meinen Mut so weit wachsen, dass ich ihn fragte, ob er mich als Forschungsstudenten einstellen würde, und zu meiner bis heute andauernden Begeisterung sagte er ja. Damit war meine Zukunft zumindest für die nächsten drei Jahre gesichert. Und, wenn ich es rückblickend bedenke, auch für mein gesamtes weiteres Leben.

# 10
# Das Handwerk lernen

Vielleicht hat jeder Wissenschaftler seine Doktorandenzeit als Idyll in Erinnerung. Aber manche wissenschaftlichen Umfelder sind sicher idyllischer als andere, und ich bin überzeugt, dass Tinbergens Arbeitsgruppe in Oxford Anfang der sechziger Jahre etwas ganz Besonderes war. Die Atmosphäre hat Hans Kruuk in seiner warmherzigen, aber nicht lobhudelnden Biographie *Niko's Nature* eingefangen.[43] Er kam wie ich zu spät für die heldenhafte »Hardcore«-Phase, die Desmond Morris, Aubrey Manning und andere geschildert hatten, aber ich glaube, unsere Zeit war ähnlich – obwohl wir von Niko selbst weniger zu sehen bekamen, weil sein Arbeitszimmer sich im Haupthaus des Zoologischen Instituts befand, während wir anderen alle in der Außenstelle 13 Bevington Road untergebracht waren, einem hohen, schmalen Haus im Norden von Oxford. Es war einen knappen Kilometer vom Zoologischen Institut entfernt, das an das Universitätsmuseum in der Parks Road angebaut war.

Der leitende Mitarbeiter in 13 Bevington Road war Mike Cullen, der vielleicht wichtigste Mentor, den ich in meinem Leben hatte – und ich glaube, den meisten meiner Zeitgenossen in der Forschungsgruppe für Tierverhalten (Animal Behaviour Research Group oder kurz ABRG) ging es genauso. Wenn ich erklären will, was wir alle diesem bemerkenswerten Mann verdankten, kann ich nichts Besseres tun, als die abschließenden Worte der Trauerrede zu zitieren, die ich 2001 am Wadham College in Oxford bei der Gedenkfeier für ihn hielt.

> *Er veröffentlichte selbst nicht viele Artikel, aber er arbeitete sowohl in der Lehre als auch in der Forschung außerordentlich hart. Vermutlich war er der begehrteste Tutor im ganzen Zoologischen Institut. Seine übrige Zeit – er hatte es immer eilig und arbeitete jeden Tag sehr lange – war der Forschung gewidmet. Jeder, der*

---

[43] Kruuk, Hans: *Niko's Nature: The Life of Niko Tinbergen and his Science of Animal Behaviour*, Oxford 2003.

*ihn kannte, erzählt die gleiche Geschichte. Alle Nachrufe haben sie erzählt, und das in auffällig ähnlichen Worten.*
*Man hatte ein Problem mit der eigenen Forschungsarbeit. Man wusste genau, wen man um Hilfe bitten konnte, und er war immer für einen da. Ich sehe die Szene vor mir, als wäre es gestern gewesen. Die Mittagspausenunterhaltung in der überfüllten kleinen Teeküche in der Bevington Road, die drahtige, jungenhafte Gestalt im roten Pullover, leicht vornübergebeugt wie eine Sprungfeder, die mit ungeheurer geistiger Energie aufgeladen ist und manchmal voller Konzentration vor und zurück wippt. Der hochintelligente Blick, der verstand, was man sagte, noch bevor die Worte heraus waren. Die Rückseite eines Briefumschlags zur Verdeutlichung einer Erklärung, das gelegentlich skeptische, fragende Heben der Augenbrauen unter den unordentlichen Haaren. Plötzlich musste er schnell irgendwohin – er musste immer schnell irgendwohin –, vielleicht zu einem Tutorengespräch. Dann griff er mit drahtigen Händen nach seiner Keksdose und verschwand. Aber am nächsten Morgen hatte man die Antwort auf das Problem, in Mikes kleiner, charakteristischer Handschrift, zwei Seiten, manchmal mit ein bisschen Algebra, Diagrammen, einem entscheidenden Literaturhinweis, manchmal einem geeigneten, von ihm selbst gedichteten Vers oder einem Bruchstück auf Lateinisch oder Altgriechisch. Immer ermutigend.*
*Wir waren dankbar, aber nicht dankbar genug. Bei genauerem Nachdenken hätte uns klar sein müssen, dass er den ganzen Abend an dem mathematischen Modell zu meinem Forschungsprojekt gearbeitet hatte. Und so etwas tat er nicht nur für mich. In der Bevington Road wurden alle gleich behandelt. Und nicht nur seine eigenen Studenten. Offiziell war ich nicht Mikes, sondern Nikos Student. Aber Mike übernahm mich ohne Bezahlung und ohne offizielle Anerkennung, als meine Forschung so mathematisch wurde, dass Niko damit nicht mehr zurechtkam. Als ich so weit war, dass ich meine Dissertation schreiben musste, war Mike derjenige, der sie las, kritisierte und mir half, an jeder Zeile zu feilen. Und währenddessen tat er das alles auch für seine offiziellen Studenten. Eigentlich hätten wir uns fragen müssen: Woher nahm er die Zeit für ein ganz normales Familienleben? Woher nahm er die Zeit für seine eigene Forschung? Kein Wunder, dass er so selten etwas publizierte. Kein Wunder, dass er nie sein lange erwartetes Buch über*

*die Kommunikation der Tiere schrieb. Eigentlich hätte er als Koautor über jedem der vielen Hundert Fachartikel stehen können, die in jener goldenen Epoche aus 13 Bevington Road kamen. Aber in Wirklichkeit erscheint sein Name auf praktisch keinem davon – außer in dem Abschnitt mit den Danksagungen.*

*Der berufliche Erfolg von Wissenschaftlern – bei Beförderungen oder Ehrungen – wird nach der Anzahl ihrer Veröffentlichungen beurteilt. Auf diesem Index nahm Mike keine hohe Stellung ein. Moderne Vorgesetzte setzen ihren Namen auch dann über Artikel, wenn sie viel weniger dazu beigetragen haben; hätte auch Mike sich bereit erklärt, seinen Namen über alle Artikel seiner Studierenden zu setzen, er wäre ebenso leicht ein ganz normaler erfolgreicher Wissenschaftler geworden und hätte die ganz normalen Ehrungen erhalten. So aber war er in einem viel tieferen, wahreren Sinn ein ungeheuer erfolgreicher Wissenschaftler. Und ich glaube, wir wissen, welche Wissenschaftler wir in Wirklichkeit bewundern.*

*Leider verlor ihn Oxford an Australien. Jahre später, als in Melbourne eine Party für mich als Gastredner gegeben wurde, stand ich – vermutlich ziemlich unbeholfen – mit meinem Glas in der Hand herum. Plötzlich schoss, hastig wie immer, eine bekannte Gestalt in den Saal. Wir anderen trugen Anzüge, diese altvertraute Gestalt aber nicht. Die Jahre verblassten. Alles war wie damals – obwohl er inzwischen über sechzig gewesen sein musste, schien er in den Dreißigern zu sein: sein glühender, jungenhafter Enthusiasmus, sogar der rote Pullover. Am nächsten Tag fuhr er mit mir im Auto an die Küste, damit ich seine geliebten Pinguine besichtigen konnte, und unterwegs hielten wir an, um uns riesige, meterlange australische Regenwürmer anzusehen. Wir redeten und redeten – und zwar, soweit ich mich erinnere, nicht über alte Zeiten und alte Freunde, und ganz sicher nicht über Ehrgeiz, die Beschaffung von Forschungsmitteln oder Artikel in Nature, sondern über neue Wissenschaft und neue Ideen. Es war ein wunderschöner Tag und das letzte Mal, dass ich ihn sah.*

*Wir kennen vielleicht andere Wissenschaftler, die ebenso intelligent sind wie Mike Cullen – viele sind es allerdings nicht. Wir kennen vielleicht andere Wissenschaftler, die einem ebenso großzügig ihre Hilfe gewähren – ihre Zahl ist allerdings verschwindend gering. Aber ich behaupte: Wir kennen niemanden, der so viel zu geben hatte und mit so viel Großzügigkeit gegeben hat.*

Als ich in der Kapelle des Wadham College diese Trauerrede hielt, musste ich fast weinen, und auch wenn ich sie heute, zwölf Jahre später, wieder lese, kommen mir fast die Tränen.

Ob die kameradschaftliche Atmosphäre in 13 Bevington Road etwas Außergewöhnliches war oder ob alle Doktorandengruppen einen ähnlichen Korpsgeist pflegen, weiß ich nicht. Nach meiner Vermutung verbessert sich die Gruppendynamik, wenn man nicht in einem großen Universitätsgebäude, sondern in einer abgetrennten Außenstelle arbeitet. Als die ABRG (und andere ausgelagerte Gruppen wie das Edward Grey Institute of Field Ornithology von David Lack oder Charles Eltons Bureau of Animal Populations) später in den heutigen riesigen Betonklotz an der Southpark Road zog, ging nach meinem Eindruck etwas verloren. Vielleicht lag es aber auch nur daran, dass ich älter war und schwerer an der Verantwortung zu tragen hatte. Was der Grund auch gewesen sein mag, ich empfinde bis heute eine loyale Zuneigung zu 13 Bevington Road und meinen Kollegen aus jener Zeit, die sich freitagabends zum Seminar oder mittags im Pausenraum oder abends am Billardtisch im Rose and Crown versammelten: Robert Mash, an dessen ansteckenden Sinn für Humor ich später im Vorwort zu seinem Buch *Dinosaurier (nicht nur) für Haus, Hof und Garten*[44] erinnerte; Dick Brown, kettenrauchend, viel trinkend und einem unplausiblen Gerücht zufolge religiös; Juan Delius, dessen wahnhaft-exzentrische Intelligenz uns immer wieder belustigte; Juans ungeheuer reizvolle Frau Uta, die mir Deutschunterricht gab; der große, blonde Niederländer Hans Kruuk, der später Nikos Biographie schrieb; der Schotte Ian Patterson; der Vielfraß Bryan Nelson, den ich im ersten halben Jahr nur von einer rätselhaften Notiz an seiner Tür kannte: »Nelson ist auf dem Bassfelsen«; der bärtige Cliff Henty; Nikos späterer Nachfolger David McFarland, der zwar zum Psychologischen Institut gehörte, in unserer Gruppe aber eine Art Ehrenmitglied war, weil seine temperamentvolle Frau Jill als Juans Forschungsassistentin arbeitete und weil das Ehepaar jeden Tag in der Bevington Road Mittagspause machte; Vivienne Benzie, die Lyn McKechie und Ann Jamieson, zwei Neuseeländerinnen mit sonnigem Gemüt, als weite-

---

44 Mash, Robert: *Dinosaurier (nicht nur) für Haus und Garten: Ein praktischer Ratgeber für den modernen Tierfreund.* Übersetzt von Dietmar Zimmer, Heidelberg 2004.

re Ehrenmitglieder der Mittagspausengruppe mitbrachte; Lou Gurr, auch er ein lächelnder Neuseeländer; Robin Liley; der joviale Naturforscher Michael Robinson; Michael Hansell, der sich später mit mir eine Wohnung teilte; Monica Impekoven, mit der ich später einen Artikel schrieb; Marian Stamp, die ich später heiratete; Heather McLannahan, Robert Martin, Ken Wilz; Michael Norton-Griffiths und Harvey Croze, die später in Kenia eine Beratungsfirma gründeten; John Krebs, der später als Autor von drei Artikeln mit mir zusammenarbeitete; der tollkühne Iain Douglas-Hamilton, der unfreiwillig aus Afrika ins Exil gegangen war, um hier seine Doktorarbeit über Elefanten zu schreiben; Jamie Smith, mit der ich einen Artikel über optimale Nahrungsbeschaffung bei Meisen verfasste; der Molchexperte Tim Halliday; Sean Neill mit seinem liebevoll restaurierten Lagonda und einer Begabung fürs Karikaturenzeichnen; der Meisterfotograf Lary Shaffer und andere Freunde, die ich um Verzeihung bitte, weil ich sie hier nicht genannt habe.

Den Höhepunkt der Woche bildeten in Tinbergens Arbeitsgruppe die Freitagabendseminare. Sie dauerten jeweils zwei Stunden und gingen häufig am nachfolgenden Freitag weiter, aber die Zeit verstrich jedes Mal wie im Fluge: Statt der ermüdenden Konvention zu folgen und eine Stunde lang einem Vortrag zu lauschen, um dann am Ende Fragen zu stellen, wurden zwei volle Stunden durch Diskussionen belebt. Den Ton gab Niko vor, indem er den Vortragenden unterbrach, kaum dass dieser seinen ersten Satz beendet hatte: »*Ja, ja*, aber was meinen Sie mit…?« Das war nicht so verwirrend, wie es sich anhört, denn Nikos Einwürfe zielten auf Klärung und waren in der Regel notwendig. Mike Cullens Fragen waren eindringlicher, fachkundiger und gefürchteter. Weitere bemerkenswerte Beiträge kamen – jeweils auf ihre ganz eigene intelligente Weise – von Juan Delius und David McFarland, aber auch wir anderen redeten fast von unserem ersten Arbeitstag an ohne Hemmungen dazwischen. Niko ermutigte uns dazu. Er bestand, was die Fragestellungen in unserer Forschung anging, auf absoluter Klarheit. Ich weiß noch, wie schockiert ich war, als ich einmal unsere Konkurrenzarbeitsgruppe in Madingley bei Cambridge besuchte; dort begann ein Doktorand den Bericht über seine Forschungsarbeiten mit den Worten: »Ich mache Folgendes …« Ich musste mich zurückhalten, um nicht Nikos Stimme zu imitieren und zu fragen: »*Ja, ja*, aber wie lautet Ihre Fragestellung?« Diese Geschichte erzählte ich Jahre später, als ich in Madingley einen Gastvortrag hielt. Ich weigerte mich, den Namen des Schuldigen dem scherzhaft entrüsteten Robert Hinde zu nennen, dem beeindruckend intelligenten, charismatischen Leiter der dortigen Arbeitsgruppe, der später Master des St. John's College in Cambridge wurde. Meine Lippen bleiben bis heute versiegelt.

Die Aufgabe, die Niko mir stellte, war eine Form der Frage, die häufig mit der Wendung *nature or nurture* (»Gene oder Umwelt«) aus *Der Sturm* bezeichnet wird:

> A devil, a born devil, on whose nature
> Nurture can never stick … |32|

Über dieser Frage grübeln die Philosophen schon seit Jahrhunderten. Wie viel von dem, was wir wissen, ist uns von Geburt an eingebaut, und inwieweit ist der junge Geist ein unbeschriebenes Blatt, das nur darauf wartet, beschrieben zu werden, wie John Locke glaubte?

Niko selbst wurde wie Konrad Lorenz (mit dem ihm die gemeinsame Gründung des Fachgebiets der Verhaltensforschung zugeschrieben wird) anfangs mit der »Gene«-Denkschule in Verbindung gebracht. In seinem berühmten Buch *Instinktlehre,*[45] das er später mehr oder weniger verleugnete, benutzte er »Instinkt« als Synonym für »angeborenes Verhalten«, und dieses definierte er als »Verhalten, das sich nicht durch Lernprozesse verändert hat«. Verhaltensforschung oder Ethologie ist die biologische Untersuchung des Verhaltens von Tieren. Manche Schulen der Psychologie beschäftigen sich ebenfalls mit dem Tierverhalten, setzen aber andere Schwerpunkte. Psychologen waren früher meist geneigt, Tiere – Ratten, Tauben oder Affen – als Ersatz für Menschen zu betrachten. Ethologen interessierten sich für die Tiere als solche und nicht als Stellvertreter für irgendetwas. Deshalb erforschten sie stets ein viel breiteres Spektrum verschiedener Arten, und das Hauptaugenmerk lag auf der Frage, welche Bedeutung das Verhalten in der natürlichen Umwelt einer Spezies hat. Wie ich bereits erwähnt habe, konzentrierten Ethologen sich traditionell auf »angeborene« Verhaltensweisen, während es den Psychologen mehr um das Lernen ging.

---

[45] Tinbergen, Niko: *Instinktlehre: Vergleichende Erforschung angeborenen Verhaltens.* Übersetzt von Otto Koehler, Berlin 1952.

In den fünfziger Jahren interessierte sich eine Gruppe amerikanischer Psychologen erstmals für die Arbeiten der Ethologen. Der bekannteste von ihnen war Daniel S. Lehrman, ein großgewachsener Mann, der nicht nur in der Psychologie, sondern auch in der Naturgeschichte über fundierte Kenntnisse verfügte. Außerdem sprach er ausreichend gut Deutsch, so dass er zu einem idealen Brückenbauer zwischen den beiden wissenschaftlichen Herangehensweisen werden konnte.

Im Jahr 1953 verfasste Lehrman eine sehr einflussreiche Kritik an den traditionellen Methoden der biologischen Verhaltensforschung. Darin stellte er die Vorstellung von angeborenem Verhalten in Frage, allerdings nicht weil er geglaubt hätte, alles sei erlernt (was einige der von ihm zitierten Psychologen tatsächlich annahmen), sondern weil er es für prinzipiell unmöglich hielt, angeborenes Verhalten zu definieren: Man könne, so Lehrman, kein Experiment entwerfen, mit dem sich nachweisen lässt, dass eine bestimmte Verhaltensweise tatsächlich angeboren ist. Theoretisch war der »Entzugsversuch« die naheliegende Methode. Stellen wir uns vor, Menschen würden keine verbalen Anweisungen erhalten, wie man den Geschlechtsverkehr vollzieht, und hätten auch keine Gelegenheit, andere Tierarten zu beobachten – sie hätten also nicht den geringsten Anhaltspunkt. Würden sie wissen, wie man es macht, wenn sich schließlich die Gelegenheit bietet? Eine faszinierende Frage, und es mag auch aufschlussreiche Anekdoten geben, die vielleicht von übermäßig behüteten, naiven viktorianischen Paaren handeln. Aber an nichtmenschlichen Tieren kann man Experimente anstellen. Entzugsexperimente.

Wenn man ein Jungtier unter Bedingungen aufzieht, unter denen es keine Möglichkeit hat, Erfahrungen zu machen, und wenn es dann immer noch weiß, welches Verhalten richtig ist, muss es sich doch um angeborenes, instinktives Verhalten handeln. Oder nicht? Lehrmans Einwand: Man kann einem Jungtier nicht alles – Licht, Nahrung, Luft – entziehen, und deshalb ist niemals klar, wie viel Entzug notwendig ist, damit das Kriterium für angeborenes Verhalten erfüllt wird.

Der Streit zwischen Lehrman und Lorenz verlagerte sich auf die persönliche Ebene. Lehrman, der aus einer jüdischen Familie stammte, ertappte Lorenz mit einigen verdächtig nationalsozialistisch gefärbten Schriften aus den Kriegsjahren und scheute sich nicht, diese in seiner berühmten Kritik zu erwähnen. Als Lorenz nach Erscheinen der Kritik zum ersten Mal mit Lehrman zusammentraf, sagte er sinngemäß: »Nach Ihren Schriften hatte ich gedacht, Sie müssten ein kleiner, hinterhältiger, hutzeliger Mann sein. Aber jetzt, wo ich sehe, dass Sie ein großer Mann sind [Lehrman war tatsächlich sehr hoch gewachsen], können wir doch Freunde werden.« Diese Freundschaftsbekundung hielt Lorenz aber nicht von dem Versuch ab, Lehrman mit einem riesigen amerikanischen Wagen, den er in Paris fuhr, fast niederzumähen – Desmond Morris erzählt die Geschichte als Augenzeuge, der mit im Auto saß.

Aber zurück zu der Kontroverse um Gene und Umwelt. Um nur ein Beispiel zu nennen: Männliche Schilfrohrsänger können ihren komplizierten, hochentwickelten Gesang auch dann hervorbringen, wenn sie isoliert aufgewachsen sind und nie einen anderen Schilfrohrsänger gehört haben. Die Vertreter der Lorenz-Tinbergen-Schule würden deshalb von »angeborenem« Verhalten sprechen. Lehrman dagegen wies auf die komplexen Entwicklungsprozesse hin und stellte immer wieder die Frage, ob Lernen auf eine weniger offensichtliche Weise nicht doch eine Rolle spielte. In seinen Augen reichte es nicht, wenn man erklärte, das Jungtier sei unter Bedingungen des Entzugs aufgewachsen. Für ihn lautete die Frage: Was wurde ihm entzogen?

In der Zeit, seit Lehrmans Kritik erschien, haben Ethologen tatsächlich herausgefunden, dass viele junge Singvögel, darunter auch die Schilfrohrsänger, selbst bei isolierter Aufzucht *lernen,* ihren speziestypischen Gesang hervorzubringen; dazu hören sie sich selbst bei ihren tastenden Gesangsversuchen zu, wiederholen gute Sequenzen und lassen schlechte weg. Das sieht tatsächlich nach Umwelt aus. Aber darauf würden Lorenz und Tinbergen erwidern: Wenn das so ist, woher wissen dann die jungen Vögel, welche ihrer Versuche gut sind und welche nicht? Dieses »Wissen« – die Vorlage dafür, wie der Gesang ihrer Spezies klingen soll – muss doch sicher angeboren sein? Durch das Lernen wird dann das Gesangsmuster nur vom sensorischen Teil des Gehirns (der eingebauten Vorlage) auf die motorische Seite (die Fähigkeit, den Gesang tatsächlich hervorzubringen) übertragen.

Nebenbei bemerkt: Andere Vogelarten, beispielsweise die amerikanische Dachsammer, bringen sich ebenfalls durch »Herumprobieren« das Singen bei, sie müssen aber den charakteristischen Gesang ihrer Spezies zuvor bereits gehört haben. Es ist, als würde der Jungvogel eine »Bandaufnahme« anfertigen, bevor er selbst singen kann, und mit ihr als Vorlage bringt er sich dann das Singen bei. Darüber hinaus gibt es, was die Vorlage für das spätere Lernen angeht, auch Zwischenformen zwischen der »erlernten Bandaufnahme« und der »angeborenen Bandaufnahme«.

In dieses philosophische Minenfeld wurde ich 1962 von Niko Tinbergen entlassen. Nach meinem Eindruck wollte er sich aus der vermeintlichen Verbindung zu Lorenz zurückziehen, und in mir sah er eine Brücke zum Lehrman-Lager. Der Gegenstand meiner experimentellen Arbeit waren keine Singvögel, sondern pickende Hühnerküken. Ich stellte eine ganze Reihe von Experimenten an, von denen ich hier nur eines erwähnen möchte.

Hühnerküken picken schon sofort nach dem Schlüpfen an kleinen Gegenständen herum, wahrscheinlich weil sie nach Futter suchen. Aber woher wissen sie, woran sie picken müssen? Woher wissen sie, was gut für sie ist? Im Extremfall könnte die Natur ihr Gehirn mit einer Bildschablone eines Weizenkorns ausstatten, bevor sie überhaupt irgendwelche Erfahrungen gemacht haben. Das ist aber insbesondere bei einem Allesfresser unrealistisch. Haben Weizenkörner, Mehlwürmer, Gerstenkörner, Hirsesamen und Käferlarven irgendetwas gemeinsam, was sie von langweiligen, nicht essbaren Markierungen und Flecken unterscheidet? Ja. Zunächst einmal sind sie nämlich feste Körper.

Woran erkennt man, dass etwas ein fester Körper ist? Unter anderem an den Schatten auf der Oberfläche. Man braucht sich nur die folgenden Bilder der Mondkrater anzusehen. Es handelt sich in beiden Fällen um das gleiche Foto, nur ist das eine um 180 Grad gedreht. Und doch sieht vermutlich fast jeder links vertiefte Krater und rechts flache Hügel – und wenn man das Buch auf den Kopf stellt, ist es genau umgekehrt. Die Illusion kennt man schon seit langem. Ihre Ursache liegt in einer vorgefassten Vorstellung von der Richtung, aus der das Licht kommt, das heißt letztlich in einer vorgefassten Vorstellung vom Sonnenstand. Feste Gegenstände sind in der Regel auf der Seite, die der Sonne zugewandt ist, heller, und Sonnenlicht kommt in der Regel ungefähr von oben. Deshalb sieht ein fester Gegenstand auf einem Foto hohl aus, wenn man das Bild auf den Kopf stellt, und umgekehrt.

Zwar steht die Sonne nur selten genau über unseren Köpfen, aber Licht kommt in der Regel eher von oben als von unten. Deshalb kann jedes Raubtier, das nach festen Objekten als möglicher Beute sucht, sich aufgrund dieser Annahme an der Schattierung von Oberflächen

orientieren. Und auf der anderen Seite des Rüstungswettlaufs zwischen Räuber und Beute kann die natürliche Selektion durchaus Beutetiere begünstigen, denen es gelingt, ihren Körper durch »Gegenschattierung« zu tarnen. Viele Fischarten sind auf der Oberseite dunkler und am Bauch heller, was die natürliche Wirkung des von oben kommenden Sonnenlichts neutralisiert und den Fisch flacher aussehen lässt. Die »Ausnahme, die die Regel bestätigt«, ist der »Upside-Down-Wels«. Er schwimmt in der Regel auf dem Rücken und ist natürlich *umgekehrt gegenschattiert*: Sein Bauch ist dunkler als der Rücken.

Leen De Ruiter, ein niederländischer Student von Tinbergen, stellte einige hübsche Experimente mit umgekehrt gegenschattierten Raupen an, die sich normalerweise kopfüber ausruhen. Das obere der beiden folgenden Bilder zeigt *Cerura vinula* in ihrer normalen Haltung. Hier wirkt sie flach und unauffällig. Im unteren Bild hatte Ruiter den Zweig umgedreht: Für mich wirkt die Raupe jetzt viel auffälliger, und – was viel wichtiger ist – auch den Hähern, die De Ruiter im Experiment als Räuber einsetzte, fiel sie stärker auf.

Das alles sagt aber nichts darüber aus, ob das Wissen, dass die Sonne normalerweise oben steht, bei Hähern oder Menschen angeboren oder erlernt ist. Die Illusion der Schattierung fester Körper schien mir eine gute Gelegenheit zu sein, um diese Frage zu klären; dazu machte ich Entzugsexperimente mit Hühnerküken.

Als Erstes stellte ich die Frage: Sehen Küken die Illusion? Offensichtlich ist das der Fall. Ich fotografierte einen halben, asymmetrisch beleuchteten Tischtennisball und verkleinerte das Bild so, dass es

ungefähr die Größe eines verlockenden Getreidekorns oder Samens hatte. Wenn ich das Foto mit der beleuchteten Seite nach oben hielt, sah die Halbkugel erhaben aus. Drehte ich es um, hatte es nicht diese Wirkung. Ließ ich den Küken die Wahl zwischen den beiden Orientierungen, entschieden sie sich eindeutig dafür, an dem scheinbar erhabenen, von oben beleuchteten Bild zu picken. Daraus konnte man schließen, dass Hühner wohl die gleiche »vorgefasste Meinung« haben wie wir: Die Sonne steht normalerweise über uns.

So weit, so gut; allerdings waren die Küken zwar jung, aber keine völlig unbeschriebenen Blätter. Sie waren drei Tage alt und hatten während dieser Zeit unter normalem, von oben kommendem Licht gefressen. Vielleicht hatten sie schon genügend Zeit gehabt und gelernt, wie feste, von oben beleuchtete Gegenstände aussehen.

Um das zu überprüfen, stellte ich ein entscheidendes Experiment an. Ich zog Küken in von *unten* kommendem Licht auf und testete sie unter den gleichen Bedingungen. Zum Zeitpunkt des Versuches hatten sie also nie Erfahrungen mit von oben kommendem Licht gemacht. Für sie war die Welt, in der sie aus dem Ei geschlüpft waren, eine Welt mit der Sonne unter ihren Füßen. Jeder feste Gegenstand, den sie gesehen hatten, ob Futter oder die Körperteile anderer Küken, war auf der Unterseite heller als oben. Ich testete sie mit meinen beiden Fotos von dem Tischtennisball und rechnete damit, dass sie bevorzugt an dem picken würden, das von unten beleuchtet war.

Zu meiner Begeisterung erwies sich meine Erwartung als falsch. Die Küken pickten in überwältigender Mehrzahl an dem Foto mit der von oben beleuchteten Halbkugel. Wenn man sich meiner Interpretation anschließt, heißt das, dass die Küken durch uralte natürliche Selektion genetisch mit so etwas wie »Vorkenntnissen« ausgestattet sind: In der Welt, in der sie leben werden, scheint die Sonne normalerweise von oben. Mit meinem Experiment hatte ich einen echten Fall von angeborener Information aufgespürt, die auch durch den gezielten Versuch, den Tieren das Gegenteil beizubringen, nicht ausgeschaltet wird.

Ich kenne keine Menschengruppe, die gewohnheitsmäßig in von unten kommendem Licht lebt. Wenn es sie gibt, wäre es interessant, sie auf die gleiche Weise zu testen wie meine Küken. Ich habe mit dem Gedanken gespielt, eine intuitive Vermutung über das Ergebnis zu äußern, aber ehrlich gesagt möchte ich lieber keine Wette abschließen. Wäre es nicht faszinierend, wenn auch wir die Illusion von Geburt an sehen? Nachdem die Küken mich überrascht haben, wäre meine Überraschung nur geringfügig größer, wenn es bei uns Menschen genauso wäre. Vielleicht werden wir es nie erfahren, aber es könnte Möglichkeiten geben, das Experiment mit sehr jungen Babys zu machen. Sie picken nicht, aber sie fixieren Gegenstände, die sie interessieren, mit Blicken, und die kann man messen. Könnte ein Entwicklungspsychologe mit Babys mein Tischtennisball-Experiment in abgewandelter Form anstellen und messen, wie lange sie die beiden Fotos anstarren? Wäre es unethisch, das Zimmer eines Babys während der ersten Lebenstage vom Fußboden her zu beleuchten? Ich kann keinen Grund dafür erkennen, aber wer weiß, wie das Urteil einer modernen »Ethikkommission« ausfallen würde?

Letztlich machten meine Untersuchungen zum Thema »Gene oder Umwelt« nur einen kleinen Teil meiner Doktorandentätigkeit aus,[46] und in meiner Dissertation wurden sie in den Anhang verbannt. Der Haupt-

---

[46] Dawkins, Richard: »The ontogeny of a pecking preference in domestic chicks«, in: *Zeitschrift für Tierpsychologie*, 25 (1968), S. 170–186.

teil der Arbeit hatte damit kaum etwas zu tun, außer dass es ebenfalls um pickende Hühner ging. Und es war auch der Versuch, eine Frage von philosophischem Interesse zu beleuchten – allerdings stammte sie aus einem ganz anderen Teilgebiet der Philosophie. Möglich wurde sie durch ein verbessertes Verfahren zur Aufzeichnung des Pickverhaltens.

Bevington Road und insbesondere die dem Institut angeschlossenen Forschungsstationen in den großen Möwenkolonien im Norden beschäftigten »Sklaven«, junge, unbezahlte Freiwillige, die einmal in das Tinbergen-Erlebnis hineinschnuppern wollten, bevor sie auf die Universität gingen. Einer von ihnen war Fritz Vollrath (der später als Leiter einer aufstrebenden Arbeitsgruppe nach Oxford zurückkehrte und bis heute mein enger Freund ist), ein anderer (ebenfalls aus Deutschland) Jan Adam. Jan und ich fühlten uns sofort verbunden und arbeiteten von nun an zusammen. Er verfügte über bemerkenswerte handwerkliche Fähigkeiten – womit er die unterschiedlichen Vorzüge meines Vaters und die von Major Campbell in sich vereinigte –, und glücklicherweise war es noch die Zeit, bevor störende Gesundheits- und Sicherheitsvorschriften uns vor uns selbst schützen sollten und unsere Initiative untergruben. Jan und ich hatten in den Werkstätten des Instituts alle Freiheiten: mit Drehbänken, Fräsen, Bandsägen und was es sonst noch gab. Wir (das heißt Jan und ich als sein gelehriger Gehilfe – vermutlich wieder einmal das Kleiner-Bruder-Syndrom) bauten einen Apparat, mit dem wir die Pickbewegungen automatisch zählen konnten. Dazu dienten raffiniert aufgehängte kleine Picktasten, die Jan neu und elegant hergestellt hatte, und empfindliche Mikroschalter. Zuvor, während meiner Arbeit mit der Illusion der Oberflächenschattierung, hatte ich die Pickbewegungen von Hand gezählt. Jetzt konnte ich eine Riesenmenge von Daten automatisch sammeln. Damit eröffnete sich die Aussicht auf ganz neue Forschungsarbeiten, und das Motiv war auch eine andere Philosophie: die Wissenschaftsphilosophie von Karl Popper, die ich von Peter Medawar lernte.

Wie bereits erwähnt, hatte ich Medawar ursprünglich durch meinen Vater kennengelernt, dessen Schulfreund er war. Am Anfang meines Studiums kam er als intellektueller Star der britischen Biologie zu einem Gastvortrag an sein altes Institut nach Oxford. Ich kann mich noch gut erinnern, wie es im Hörsaal, in dem es nur Stehplätze gab, aufgeregt summte, während alle auf die Ankunft des großen, gutaussehenden, eleganten Mannes warteten. (»Diesen Dozenten hielt während seines ganzen Lebens nie jemand für unelegant«, sagte ein Kritiker später über ihn.) Der Vortrag wurde für mich zum Anlass, Medawars Aufsätze zu lesen, die später in den Sammlungen *Die Kunst des Lösbaren* und *Pluto's Republic*[47] erschienen. Aus ihnen erfuhr ich etwas über Karl Popper.

Mich faszinierte Poppers Vorstellung von Wissenschaft als zweistufigem Prozess: Zuerst denkt man sich kreativ und beinahe künstlerisch eine Hypothese oder ein »Modell« aus, und dann folgen Versuche, die daraus abgeleiteten Voraussagen zu *widerlegen*. Ich wollte eine lehrbuchmäßige Popper'sche Untersuchung anstellen und mir eine Hypothese ausdenken, die wahr sein könnte oder auch nicht, daraus präzise mathematische Voraussagen ableiten und mich dann bemühen, diese Voraussagen im Labor zu widerlegen. Mir war wichtig, dass die Voraussagen mathematisch präzise sein sollten. Vorauszusagen, dass ein Messwert X größer sein wird als ein Messwert Y, reicht nicht. Ich strebte ein Modell an, das den genauen Wert von X voraussagen konnte. Und für solche exakten Voraussagen bedarf es großer Datenmengen. Die Gelegenheit dazu verschaffte mir Jans Apparat zum Zählen der Pickbewegungen. Meine Vögel pickten jetzt nicht mehr an Fotos von Tischtennisbällen, sondern an kleinen, farbigen Halbkugeln, die an Jans beweglich aufgehängten Fenstern befestigt waren und Mikroschalter betätigten. Sie mochten blau lieber als rot und rot lieber als grün, aber das interessierte mich nicht. Ich wollte wissen, was über jede einzelne Pickbewegung entschied, ganz gleich, auf welche Farbe sie sich richtete. Und natürlich war das nur ein Aspekt einer umfassenderen Frage: Wie trifft ein Tier überhaupt seine Entscheidungen?

Medawar hatte bei einer anderen Gelegenheit darauf hingewiesen, dass wissenschaftliche Forschung sich nicht in der geordneten Reihenfolge abspielt, in der sie sich am Ende in der veröffentlichten »Story« wiederfindet. Das wahre Leben ist unordentlicher. In meinem Fall war es so unordentlich, dass ich nicht einmal mehr weiß, woher ich die Idee für meine »Popper'schen« Experimente hatte. Ich kann mich nur an die fertige Story erinnern, und die vermittelt, wie Medawar es nicht anders erwartet hätte, einen unplausibel ordentlichen Eindruck.

---

[47] Medawar, Peter: *Die Kunst des Lösbaren: Reflexionen eines Biologen.* Übersetzt von Eberhard Bubser, Göttingen 1972; *Pluto's Republic: Incorporating The Art of the Soluble and Induction and Intuition in Scientific Thought*, Oxford 1982.

Letztlich dachte ich mir ein »Modell« der Vorgänge aus, die sich im Kopf eines Huhns abspielen könnten, wenn es seine Wahl zwischen verschiedenen Objekten trifft; mit ein paar Berechnungen leitete ich aus dem Modell präzise Voraussagen ab, die ich dann im Labor überprüfte. Das Modell selbst gehörte zum Typ »Trieb und Schwelle«. Ich postulierte, es müsse im Kopf des Vogels eine Variable (einen »Picktrieb«) geben, die sich als auf und ab schwankende Kurve darstellen ließ, weil der Trieb (vielleicht nach dem Zufallsprinzip – das spielte keine Rolle) ständig stärker oder schwächer wurde. Jedes Mal, wenn er zufällig über den Schwellenwert für eine Farbe stieg, konnte der Vogel an dieser Farbe picken. (Über den *Zeitpunkt* bestimmte demnach ein anderer Mechanismus; für ihn entwickelte ich ebenfalls ein Modell – darüber später mehr.) Blau war eine bevorzugte Farbe und hatte demnach einen niedrigen Schwellenwert. Aber wenn der Trieb über die Schwelle für Grün anstieg, musste er automatisch auch über der Schwelle für Blau liegen. Was würde der Vogel dann tun? Ich postulierte, er würde den beiden Farben gegenüber gleichgültig sein, weil beide Schwellenwerte überschritten waren, und dann »eine Münze werfen«, um sich zwischen ihnen zu entscheiden. Nach der Voraussage meines Modells würden die Entscheidungen des Vogels über einen längeren Zeitraum so aussehen, dass er in manchen Phasen an der bevorzugten Farbe pickt und in dazwischenliegenden Zeiträumen zu-

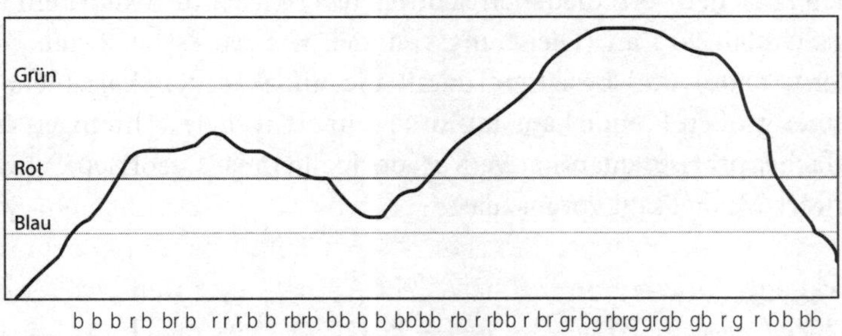


Die geschlängelte Linie stellt den Trieb dar. Steigt sie nur über den Schwellenwert für Blau, zielen alle Pickbewegungen auf Blau. Übersteigt sie die Schwelle für Rot, liegt sie automatisch auch über der Schwelle für Blau, und die beiden Farben werden zufällig ausgewählt. Liegt sie über der Schwelle für Grün, erfolgt die Auswahl aller drei Farben nach dem Zufallsprinzip, weil die Schwelle für alle drei überschritten wurde.

fällig eine der beiden wählt. Perioden, in denen er sich immer wieder für die weniger beliebte Farbe entscheidet, sollte es nicht geben.

Anfangs sah ich mir nicht unmittelbar die Reihenfolge der Pickbewegungen an; das tat ich erst später, nachdem ich nach Kalifornien gezogen war. Ich glaube, dass ich zu Beginn die Reihenfolge nicht festhielt, hatte einen ganz banalen Grund: Jans Apparat konnte Pickbewegungen zählen, aber nicht ihre genaue Reihenfolge aufzeichnen; Jan selbst war mittlerweile zurück nach Deutschland gegangen und konnte seine Apparatur nicht mehr umbauen. Außerdem war ich wohl einfach zu berauscht von der Popper'schen Eleganz, mit der ich eine mathematische Formel ableitete, um damit eine von mehreren messbaren Größen vorherzusagen.

Die Hühner mochten nun einmal Blau lieber als Rot und Rot lieber als Grün. Ich malte mir ein Experiment aus, in dem ich ihnen Blau und Grün, Blau und Rot sowie Rot und Grün anbot und jeweils den Anteil P der Pickbewegungen an der bevorzugten Farbe ermittelte. Auf diese Weise würde ich drei Zahlen erhalten: ($P_{besteschlechteste}$ $P_{bestemittlere}$ und $P_{mittlereschlechteste}$). In jedem Fall war zu erwarten, dass $P_{besteschlechteste}$ größer sein würde als jede der beiden anderen. Aber konnte das Modell genau voraussagen, um wie viel größer? Konnte ich aus dem Modell eine Formel ableiten und damit $P_{besteschlechteste}$ berechnen, indem ich $P_{bestemittlere}$ und $P_{mittlereschlechteste}$ eingab? Ja, genau das gelang mir. Ich definierte algebraische Symbole für den Zeitraum, in dem der Trieb zwischen verschiedenen Schwellenwerten stand, wandte ein wenig Schulalgebra an (Gleichungssysteme, wie ich es bei Ernie Dow gelernt hatte) und beseitigte damit die unbekannten Variablen; zu meiner großen Freude kam am Ende seitenlanger Berechnungen eine einfache, präzise, quantitative Voraussage heraus. Das Trieb-Schwellenwert-Modell sagt voraus, dass

$$P_{besteschlechteste} =$$
$$2(P_{bestemittlere} + P_{mittlereschlechteste} - P_{bestemittlere} \times P_{mittlereschlechteste}) - 1$$

Dies bezeichnete ich als Voraussage 1. An ihr interessierte mich vor allem, dass sie quantitativ präzise war.

Jetzt musste ich sie überprüfen. Würden die Hühner sich an die Voraussage halten? Ja: Zu meiner Verblüffung und Begeisterung hielten sie sich in sieben von acht Versuchswiederholungen sehr eng daran. Im

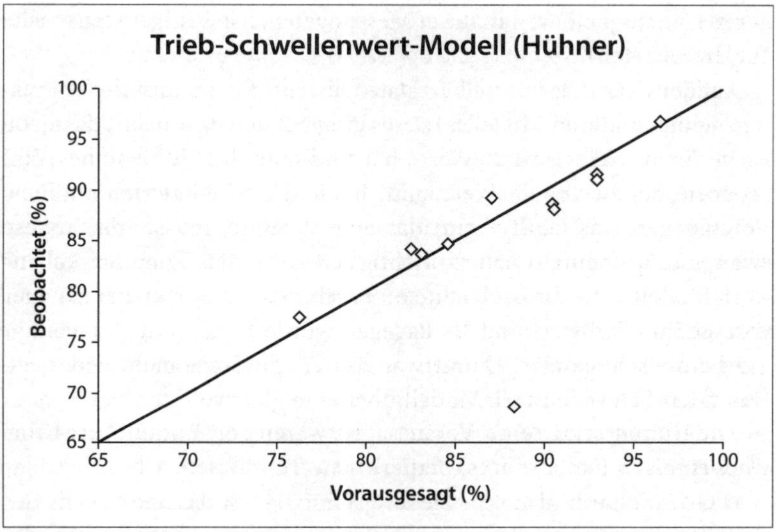


achten Experiment lagen die Ergebnisse allerdings weit daneben – so weit, dass der Drucker mich in Verlegenheit brachte, als einer meiner Artikel in der Fachzeitschrift *Animal Behaviour* veröffentlicht werden sollte:[48] Er ließ den Messpunkt in dem Diagramm weg, weil er glaubte, es müsse sich um einen Defekt auf der Druckplatte handeln! Glücklicherweise war der inkriminierte Messwert in der beigefügten Tabelle aufgeführt, sonst hätte man mir Unehrlichkeit vorwerfen können. In einer weiteren Versuchsreihe mussten die Hühner nicht picken, sondern sich in Kammern begeben, die mit Licht in verschiedenen Farben ausgeleuchtet waren. In der hier gezeigten Grafik sind die Ergebnisse der beiden Experimente zusammengefasst; sie gibt die beobachteten und erwarteten Prozentsätze für alle elf Experimente mit den Hühnern wieder.

Wenn das Modell die richtige Voraussage lieferte, sollten alle Messpunkte auf der diagonalen Linie liegen. Mit einer Ausnahme, dem erwähnten Experiment Nummer 8, erfüllt das Trieb-Schwellenwert-Modell seine Aufgabe viel besser, als man es in Verhaltensexperimenten mit Tieren jemals zu hoffen wagt (Physiker rechnen mit einer grö-

---

[48] Dawkins, Richard: »A threshold model of choice behaviour«, in: *Animal Behaviour*, 17 (1969), S. 120–133.

ßeren Genauigkeit, weil in ihren Messungen meist weniger statistische Fehler auftreten).

Auf der Grundlage derselben Daten überprüfte ich auch die Voraussagen eines anderen Modells: Dieses ging einfach davon aus, dass jede Farbe für das Tier einen »Wert« hat und dass das Huhn seine Wahl proportional zu diesem Wert trifft. Beide Modelle lieferten ähnliche Voraussagen, das heißt, wenn das eine stimmte, musste das andere zwangsläufig ebenfalls nahezu richtig sein. Aber das Trieb-Schwellenwert-Modell sagte die beobachteten Ergebnisse immer wieder genauer voraus. Im »Farbwertmodell« dagegen wurde $P_{besteschlechteste}$ regelmäßig zu hoch angesetzt. Damit war das »Farbwertmodell« widerlegt. Das Trieb-Schwellenwert-Modell überlebte glanzvoll den Versuch, es zu widerlegen, und seine Voraussagen waren sogar (mit Ausnahme eines einzigen Experiments) bemerkenswert präzise.

Das Modell war also sehr leistungsfähig. Heißt das, dass es im Gehirn der Hühner tatsächlich eine Entsprechung zu einem schwankenden »Trieb« gibt, der »Schwellenwerte« überschreitet, und dass sich so etwas wie ein Münzwurf abspielt, wenn der Trieb über mehrere Schwellenwerte hinaus ansteigt? Nun, Popper würde sagen: Das Modell hat einen energischen Versuch, es zu widerlegen, überstanden; das sagt aber nichts darüber aus, was in der Sprache der Nerven und Synapsen die tatsächlichen Entsprechungen zu »Trieb« und »Schwellenwert« sind. Zumindest ist es aber ein interessanter Gedanke, dass man Schlüsse über die Vorgänge im Kopf ziehen kann, ohne ihn aufzuschneiden.

Die gleiche Methode – man denkt sich ein Modell aus und überprüft seine Voraussagen – hat sich in vielen Bereichen der Wissenschaft als ungeheuer produktiv erwiesen. In der Genetik kann man beispielsweise den Schluss ziehen, dass ein Chromosom eine lineare Abfolge genetischer Informationen ist, ohne dass man jemals durch ein Mikroskop blicken muss; man braucht dazu nur die Ergebnisse von Kreuzungsexperimenten. Man kann sogar herausfinden, in welcher Reihenfolge die Gene auf den Chromosomen liegen und wie weit sie voneinander entfernt sind, indem man sich einfach ausmalt, was man beobachten müsste, und diese Voraussagen dann in Kreuzungsexperimenten überprüft. Wie meine Experimente mit erhabenen Objekten und Schattierung, so halte ich auch mein Trieb-Schwellenwert-Modell für ein lehrreiches Beispiel dafür, was man mit einem

Modell anfangen kann, aber es repräsentiert nicht unbedingt eine schlüssige Entdeckung der Vorgänge, die sich im Kopf eines Huhns tatsächlich abspielen.

Ich entwickelte das Trieb-Schwellenwert-Modell in verschiedene Richtungen weiter (auch das sollte nach der Popper'schen Philosophie geschehen) und überprüfte insgesamt neun Voraussagen mit gutem Erfolg. Eine dieser Verfeinerungen habe ich bereits erwähnt: Ich bemühte mich, den genauen zeitlichen Ablauf der Pickvorgänge (»Einzelpunkte« im Verlauf des »Triebes« im Verhältnis zu den »Schwellenwerten«) zu erklären. Die Voraussagen dieses Modells stimmten gut mit Beobachtungen überein, die meine Kollegin und enge Freundin Dr. Monica Impekoven, die aus der Schweiz in der Bevington Road zu Besuch war, an Lachmöwen anstellte. Gemeinsam veröffentlichten wir einen Artikel über unsere Arbeiten.[49]

Eine andere Verfeinerung des Modells veröffentlichte ich unter der Überschrift »Aufmerksamkeitsschwellenmodell«.[50] Damit bemühte ich mich, den »Münzwurf« des ursprünglichen Trieb-Schwellenwert-Modells genauer zu untersuchen, das heißt die unterschiedslose Entscheidung für ein Ziel, wenn mehrere Schwellenwerte überschritten werden. Kurz gesagt, äußerte ich die Vermutung, dass Hühner ihre Aufmerksamkeit in einer festen Reihenfolge jeweils auf eine Dimension richten – auf Farbe, Form, Größe, Oberflächenbeschaffenheit und so weiter. Für jedes dieser Aufmerksamkeitssysteme gibt es ein eigenes Trieb-Schwellenwert-Modell. Das Huhn konzentriert sich auf die erste Dimension, beispielsweise auf die Farbe. Liefern Trieb und Schwellenwert des Farbsystems eine eindeutige Entscheidung, wählt das Huhn die bevorzugte Farbe, beispielsweise Blau. Erfolgt das Urteil des Farbsystems aber nach dem Prinzip des Münzwurfs, richtet das Huhn seine Aufmerksamkeit auf etwas anderes, zum Beispiel auf die Form, während es die Farbe ignoriert. Aus Sicht des Farbsystems ist die Auswahl anhand der Form gleichbedeutend mit einer Zufallsentscheidung. Aus der Sicht des Formsystems ist das aber natürlich nicht

---

49 Dawkins, Richard und Impekoven, Monica: »The peck/no-peck decision-maker in the black-headed gull chick«, in: *Animal Behaviour*, 17 (1969), S. 243–251.

50 Dawkins, Richard: »The attention threshold model«, in: *Animal Behaviour*, 17 (1969), S. 134–141.

der Fall. Der gleiche Prozess tröpfelt durch alle Aufmerksamkeitssysteme. Wenn alles andere fehlschlägt, ist die Entsprechung zum Münzwurf so etwas wie »nimm den ersten besten«. Das Aufmerksamkeitsschwellenmodell lieferte eine Reihe weiterer Voraussagen (insgesamt neun), die ich mit Erfolg überprüfte.

Wieder stellt sich die gleiche Frage wie bei den Experimenten mit erhabenen Objekten und Schattierung: Ist es denkbar, dass eine Version des Trieb-Schwellenwert-Modells auch für Menschen gilt? Durch Recherchen in der wissenschaftlichen Literatur erfuhr ich, dass mehrere Psychologen die Vorlieben von Menschen an Objektpaaren untersucht hatten. Sie hatten dabei andere Motive gehabt als ich, aber ich konnte auf ihre veröffentlichten Befunde zurückgreifen. Wenn ein Psychologe ein Spektrum verschiedener Wahlmöglichkeiten in Zweierkombinationen präsentiert, kann er verschiedene Gründe haben: Vielleicht will er beispielsweise in der Wahlforschung eine Theorie testen. Statt drei Wahlmöglichkeiten – konservativ, liberal oder sozialistisch – entweder mit Mehrheits- oder mit Verhältniswahlrecht anzubieten, untersucht ein Meinungsforscher vielleicht die Vorteile von nur zwei Alternativen: »Wie würden Sie sich zwischen konservativ und liberal, liberal und sozialistisch oder konservativ und sozialistisch entscheiden (wenn Sie jeweils keine andere Wahl hätten)?« Jedenfalls haben Psychologen – aus welchen Gründen auch immer – Menschen sehr häufig vor die Wahl zwischen allen möglichen Zweierkombinationen gestellt. Deshalb konnte ich ihre Messung von Beste gegen Schlechteste und Mittlere gegen Schlechteste in meine Formel übernehmen und die Voraussagen meines Modells über Beste gegen Schlechteste testen. Die Daten stammten aus ganz unterschiedlichen Studien: Amerikanische Studenten mussten sich zwischen Handschriftenproben entscheiden, amerikanische Studenten mussten sich zwischen Gemüsesorten entscheiden, amerikanische Studenten mussten sich zwischen bitterem und süßem Geschmack entscheiden, chinesische Studenten mussten sich zwischen Farben entscheiden. Besonders begeistert war ich über eine große Studie, in der Mitglieder des Boston Symphony Orchestra, des Philadelphia Orchestra, des Minneapolis Symphony Orchestra und der New Yorker Philharmoniker nach ihrer Vorliebe für Komponisten befragt wurden. Die hier gezeigte Grafik fasst alle Ergebnisse der Untersuchungen an Menschen zusammen. Wieder stimmten die Voraussagen des Trieb-Schwellenwert-Modells genau: Die Messpunk-

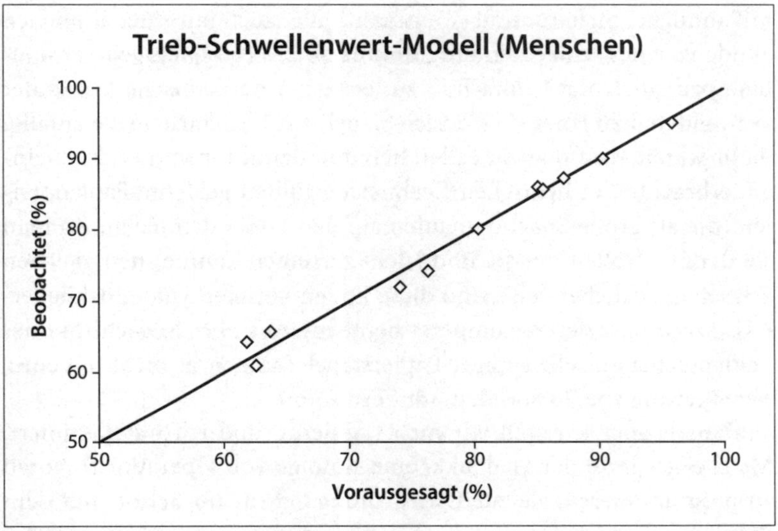


te liegen an der diagonalen Linie. Ehrlich gesagt war ich ziemlich aufgeregt, als ich sah, wie exakt die Voraussage sich erfüllte. In der Regel treffen Voraussagen in der Verhaltensbiologie nicht derart präzise ein!

Die Studie an den Orchestermusikern war umfangreich, und die Daten auszuwerten erforderte viel Arbeit. Ich besprach das Problem mit meinem Onkel Colyear; er hielt damals bei der Forstverwaltung von Oxford Vorträge über statistische Methoden und war als Berater tätig. Colyear schlug vor, ich solle lernen, den Computer der Universität zu programmieren. Zusammen mit seiner Frau Barbara leistete er Starthilfe und half mir, ein Programm für die Auswertung der bevorzugten Komponisten zu schreiben. Damit begann meine vierzigjährige, zeitaufwendige und seelenfressende Liebe zur Computerprogrammierung, eine Affäre, die mittlerweile glücklicherweise zu Ende ist: Ich nutze immer noch intensiv Computer, aber die Programmierung überlasse ich heute den Profis.

Damals, Mitte der sechziger Jahre, gab es an der Universität Oxford nur einen einzigen Computer: einen nagelneuen KDF9 von English Electric. Er hatte eine geringere Leistung als ein heutiges iPad, war aber zu seiner Zeit auf dem neuesten Stand der Technik und füllte einen großen Raum. Mein Onkel und meine Tante bevorzugten die Programmiersprache K-Autocode, eine britische Alternative zu Fortran mit ähnlicher Struktur und Grammatik, aber auch mit einer ähnlichen Tendenz, einer schlechten Programmierpraxis (beispielsweise absoluten Sprungbefehlen) Vorschub zu leisten. Amerikanische Computer verwendeten zu jener Zeit riesige Stapel von Lochkarten (die anfällig dafür waren, dass man sie fallen ließ und damit für immer durcheinanderbrachte), in britischen Rechnern erfüllten gelochte Papierstreifen (die als große Spaghettihaufen auf den Fußboden fielen, wo man sie dann aufrollen musste und leicht zerreißen konnte) den gleichen Zweck. Glücklicherweise sind diese Zeiten vorüber. Und glücklicherweise kommunizieren Computer heute mit uns über Bildschirm oder Lautsprecher anstelle riesiger Papierstapel – und zwar nicht mit einer Verzögerung von 24 Stunden, sondern sofort.

Damals aber kannten wir nichts anderes, und ich war fasziniert. Mich begeisterte der Gedanke, eine Abfolge von Operationen vorab zu programmieren, sie zur Überprüfung Schritt für Schritt mit dem Bleistift durchzugehen und dann den Computer damit zu füttern, der sie mit sehr hohem Tempo Tausende von Malen ablaufen ließ. Einmal verbrachte ich eine entsetzliche Nacht, weil ich träumte, ich sei ein Computer, der mein Programm abarbeitet, und mir war, als würde ich die ganze Nacht in meinem fiebrigen Gehirn eine Wiederholungsschleife nach der anderen abspulen. Fairerweise muss man sagen, dass in dieser Nacht ohnehin keine idealen Bedingungen zum Schlafen herrschten. Mein Freund Robert Mash hatte nämlich mich und einige andere aus der Bevington-Road-Mannschaft überredet, am Wochenende Jagd auf den Puma von Surrey zu machen.

Seit 1959 war aus den Wäldern der südenglischen Grafschaft Surrey immer wieder über rätselhafte Sichtungen eines großen Raubtiers berichtet worden. Man hatte es auf den Namen »Puma von Surrey« getauft, und es hatte die Stellung eines kleinen Mythos ähnlich dem des Yeti erlangt. Im Mai 1966 taten wir uns zu mehreren zusammen, um den Puma zu finden. Die Zeitungen hatten von unserem Plan erfahren, und nachdem die Nachrichtenlage mit dem herannahenden Sommerloch immer dünner wurde, druckte der *Observer* ein Foto von mir mit britischem Kolonialtropenhelm, wie ich ihn als Kind getragen hatte. Wo meine Begleiter ihre Zelte aufgestellt hatten, habe ich vergessen, aber mir war die Rolle zugedacht, die Nacht im Freien unter den Sternen, umgeben von großen Stücken rohen Fleisches, in einem Schlafsack zuzubringen. Man hatte mir eine Kamera mit Blitzlicht gegeben, und meine Anweisung lautete, den Puma zu fotografieren, wenn er kommen und sich das Fleisch holen sollte – oder mich, so nehme ich an. Ich schlief, gelinde gesagt, nicht besonders friedlich; deshalb war es vielleicht nicht verwunderlich, dass mich gerade in dieser Nacht der Computer-Alptraum heimsuchte. Als der Morgen graute, waren meine Begleiter und ich zutiefst erleichtert, und wie man an dem Foto im Bildteil erkennt, war es wahrhaftig ein träumerisch-nebliger Morgen. Den Puma von Surrey fanden wir nie. Interessanterweise setzten sich die Sichtungen bis 2005 fort, was bedeuten würde, dass das Raubtier die höchste Lebensdauer, die für seine Spezies auch in Gefangenschaft belegt ist, um das Doppelte überschritten hätte.

Meine Computergewohnheiten verlagerten sich vom KDF9 auf einen kleineren, aber leichter zugänglichen Rechner. Am Zoologischen Institut in Oxford gab es einen dynamischen neuen Professor (in der Oxford-Sprache jener Zeit »Head of Department« genannt), den Nachfolger des genialen, ein wenig verschroben wirkenden Sir Alister Hardy. Der neue Besen aus Cambridge war »Laughing John« Pringle (einer jener ironischen Spitznamen wie »der Lange« für einen kleingewachsenen Menschen), und er fegte wie ein Wirbelwind mit Modernisierungsmaßnahmen durch das Institut. Das alte Institut des guten alten Alister Hardy wurde an einer Stelle nach der anderen »aufgepringelt«, was ihm zweifellos guttat. Zu den spannenden Fällen von Aufgepringeltheit gehörte eine ebenso dynamische Gruppe von Röntgenstrukturanalytikern aus London (man denke nur an Watson und Crick, nur ging es hier nicht um DNA, sondern um Proteine). Und was für mich am spannendsten war: Sie brachten ihren eigenen Computer mit, und sein freundlicher Betreuer Dr. Tony North gestattete mir, ihn nachts zu benutzen, wenn er für die Auswertung der Röntgenbeugungsmuster von Kristallen nicht gebraucht wurde. Das Modell Elliott 803 war nach heutigen Maßstäben noch primitiver als der KDF9, aber es hatte den ungeheuren Vorteil, dass es mir gestattet war, Hand daran zu legen.

Zur gleichen Zeit wurde mir gänzlich bewusst, welche süchtig machende Verlockung von Computern ausgeht. Häufig verbrachte ich die ganze Nacht in dem warmen Computerraum mit seinen glühenden Lampen und verhedderte mich in den Spaghetti der Lochstreifen, die meinen schlaflos-zerzausten Haaren geähnelt haben müssen. Der Elliott hatte die liebenswerte Gewohnheit, die Vorgänge in seinem Inneren durch ein Piepen kundzutun. Man konnte den Fortschritt der Berechnungen an einem kleinen Lautsprecher verfolgen, der eine rhythmische Serenade aus Summen und Tuten von sich gab. Für die fachkundigen Ohren von Dr. North hatte das zweifellos eine Bedeutung, für mich war es aber nur die Begleitmusik meiner nächtlichen Einsamkeit. Nächtliche Tändeleien mit Computern in der Jugend sind ein charakteristisches Kennzeichen derer – heute nennt man sie Geeks –, deren Liebesaffäre mit Computern länger anhält und mehr Gewinn bringt als meine: Bill Gates zum Beispiel, um nur einen zu nennen. Im Rückblick kann ich nicht behaupten, meine Affäre mit Elliott sei sonderlich produktiv gewesen. Zweifellos erwarb ich mir wertvolle praktische Kenntnisse in der Kunst des Programmierens. Aber Elliott Autocode war keine Programmiersprache, die man auf anderen Rechnern hätte verwenden können, und meine nächtliche Computerbesessenheit ging zwar mit Sorgfalt und harter Arbeit einher, stand aber zum ernsthaften Programmieren in dem gleichen Verhältnis wie mein Herumgetröte im Musikunterricht der Oundle School zu richtiger Musik.

Im Jahr 1965 hielt ich bei der Internationalen Tagung für Verhaltensforschung in Zürich einen Vortrag über das Trieb-Schwellenwert-Modell. Zur Vorbereitung baute ich ein handfestes Modell für meine Theorie: Ein Gummischlauch war mit Quecksilber gefüllt, das ich auf und ab schwenkte, um den schwankenden »Trieb« zu verdeutlichen. Der Gummischlauch war am Boden einer senkrecht stehenden Glasröhre befestigt, und darin waren in verschiedenen Höhen drei elektrische Kontakte angebracht, die »Schwellen«. Quecksilber ist elektrisch leitend; wenn also die schwankende Quecksilbersäule mit einem der Kontakte in Berührung kam (wenn der »Trieb« die »Schwelle« überschritt), wurde der Stromkreis geschlossen. Wenn das Quecksilber mit einem Kontakt in Berührung kam, berührte es natürlich automatisch auch alle tiefer angebrachten Kontakte, womit ich die wichtigste Annahme meines Modells nachgebildet hatte. Zur Umsetzung der Regeln meines Modells diente mir ein System aus lautstark ratternden Relais, die farbige Lichter aufleuchten ließen und damit das Picken an verschiedenen Farben repräsentierten. Die komplizierte Konstruktion war darauf berechnet, beim Publikum stürmischen Beifall zu ernten, wie es Desmond Morris, Aubrey Manning und ihren Freunden angeblich bei einer früheren Tagung für Verhaltensforschung mit einer verballhornten hydraulischen Simulation gelungen war. Wie ich das Ganze von Oxford nach Zürich transportierte, entzieht sich meinem Erinnerungsvermögen und auch meiner Vorstellungskraft. Heute hätte ich nicht die geringste Chance, etwas auch nur entfernt Ähnliches mit amateurhaft verlöteten Drähten, Relais, Batterien und Quecksilber durch die Sicherheitskontrollen am Flughafen zu schleusen.

Aber ich hatte Pech: Kurz bevor ich zu meinem allerersten Tagungsvortrag auf das große Podium treten sollte, ging etwas kaputt und meine Konstruktion funktionierte nicht. Den Angstschweiß auf der Stirn und unfähig, klar zu denken, kniete ich auf dem Fußboden vor dem Hörsaal und hantierte hektisch herum, da hörte ich plötzlich, wie jemand mit amüsiertem österreichischem Tonfall hinter mir in hohem Tempo energische Anweisungen rief. Wie ein Maschinengewehr sagte die Stimme mir genau, was ich zu tun hatte. Wie im Traum gehorchte ich – und es klappte. Ich drehte mich zu meinem Retter um und erblickte Wolfgang Schleidt – ich war ihm noch nie persönlich begegnet, wusste aber, wer er war. Ohne auch nur die geringste Ahnung zu haben, was meine Höllenmaschine leisten sollte, hatte dieser aufsteigende Star der europäischen Verhaltensforschung meine Panik gesehen, sofort das Problem erkannt und mir die Lösung diktiert. Seitdem war ich Dr. Schleidt immer dankbar, und ich wunderte mich auch nicht, als ich später erfuhr, dass er für seinen technischen Erfindungsreichtum bekannt war. Ich trug meinen seltsamen Apparat in den Hörsaal, und am Ende meines Vortrags ernteten seine farbigen Lichter und die Ausstrahlung einer amateurhaften Kompliziertheit einen Beifall, der nicht weit von einer Ovation entfernt war. Vielen Dank, Wolfgang Schleidt – und das nicht nur, weil Sie mir eine Blamage erspart haben. Im Publikum erkannte ich nämlich an jenem Tag die attraktive Gestalt John Barlows, des aufsteigenden Stars der amerikanischen Verhaltensforschung, und er war von meinem Vortrag so beeindruckt, dass er mich ohne Vorstellungsgespräch und ohne eingereichten Lebenslauf einlud, als Assistenzprofessor an die University of California in Berkeley zu kommen. Es war meine erste richtige Stelle.

Aber das kam erst später. Zu Hause in Oxford hatte Niko Tinbergen 1966 ein Sabbatjahr eingelegt und mich gebeten, in dieser Zeit die Anfängervorlesungen über Tierverhalten zu übernehmen. Er bot mir seine Manuskripte an, aber ich entschloss mich sofort, meine eigenen Vorlesungen von Grund auf neu zu entwickeln. Es war die erste

Vorlesungsreihe, die ich in meinem Leben hielt, und deshalb schrieb ich sie mehr oder weniger vollständig nieder. Ich dachte, ich hätte die Aufzeichnungen schon vor langer Zeit entsorgt, aber während ich diese Memoiren schrieb, tauchten sie zu meiner Überraschung in einer Pappschachtel im Keller meines Hauses wieder auf. Für mich war es sehr interessant, sie nach 46 Jahren noch einmal zu lesen; das galt insbesondere für die Vorlesung über Sozialverhalten, denn sie lässt deutlich die zentrale Aussage und den Stil von *Das egoistische Gen* erkennen, obwohl ich sie zehn Jahre vor dem Buch verfasst hatte.

Im *Journal of Theoretical Biology* waren 1964 zwei lange, recht schwer verständliche mathematische Artikel erschienen. Der Autor war W. D. Hamilton, ein junger Doktorand an der University of London, den damals keiner von uns kannte; später sollte er zu unserem engen Kollegen werden. Wie es für Mike Cullen charakteristisch war, erkannte er die Bedeutung von Hamiltons Aufsätzen früher als nahezu alle anderen auf der Welt mit Ausnahme von John Maynard Smith, und eines Abends erklärte er sie der Arbeitsgruppe in der Bevington Road. Mikes Begeisterung wirkte ansteckend, und ich war sofort derart Feuer und Flamme, dass ich Hamiltons Gedanken auch den Studienanfängern in meinen Stellvertreter-Vorlesungen über das Verhalten von Tieren erklären wollte.

Hamiltons Theorie wird heute häufig mit dem Begriff »Verwandtenselektion« bezeichnet (der Name *kin selection* stammt nicht von Hamilton selbst, sondern von Maynard Smith). Sie ergibt sich unmittelbar aus der neodarwinistischen »Modernen Synthese« – unmittelbar bedeutet dabei, dass die Verwandtenselektion keine Ergänzung ist, die der neodarwinistischen Synthese aufgepfropft wurde; sie ist vielmehr ihr unentbehrlicher Bestandteil. Man kann die Verwandtenselektion vom Neodarwinismus ebenso wenig trennen wie den Satz des Pythagoras von der euklidischen Geometrie. Wenn ein Freilandbiologe die Verwandtenselektion »überprüfen« wollte, befände er sich in der gleichen Lage wie Pythagoras, der sich mit einem Lineal daranmachte, Dreiecke zu vermessen.

Die neodarwinistische Synthese dreht sich im Gegensatz zu Darwins ursprünglicher Version der Theorie um das Gen als Einheit der natürlichen Selektion. Gene sind abgegrenzte Einheiten, die man in einer Population *zählen* kann, wobei man die Tatsache, dass sie sich in Wirklichkeit in den Zellen der Lebewesen befinden, mehr oder weniger außer Acht lässt. Jedes Gen kommt im »Genpool« mit einer bestimmten *Häufigkeit* vor, und die entspricht ungefähr der Zahl der fortpflanzungsfähigen Individuen, die es besitzen. Erfolgreich sind Gene, wenn ihre Häufigkeit auf Kosten der erfolglosen Alternativen, die seltener werden, zunimmt. Gene, die dafür sorgen, dass ein Tier seine Nachkommen gut versorgt, werden in der Regel häufiger, weil sie sich auch im Körper der Nachkommen befinden, die versorgt werden. Hamilton erkannte (wie in gewisser Weise auch Fisher und Haldane, die aber nicht viel damit anzufangen wussten), dass Nachkommen nicht die einzige Kategorie von Verwandten sind, die Gene gemeinsam haben und deshalb zu Nutznießern der in der Evolution entstandenen Versorgung werden können.

Hamilton leitete eine einfache Gesetzmäßigkeit ab, die heute als Hamilton-Regel bezeichnet wird: Jedes Gen »für« Altruismus gegenüber Verwandten breitet sich in der Population aus, wenn die Kosten für den Altruisten *C* geringer sind als der Nutzen *B* für den Empfänger, vermindert um den Grad der Verwandtschaft *r* zwischen beiden. Der Verwandtschaftsgrad *r* ist ein Verhältnis (das heißt eine Zahl zwischen 0 und 1), und Hamilton zeigte, wie man ihn berechnet (die genaue Bedeutung leicht verständlich zu erklären ist schwierig, aber nicht unmöglich).[51] Zwischen direkten Geschwistern ist $r = 0{,}5$, zwischen Onkel und Neffe 0,25 und zwischen Cousins und Cousinen ersten Grades 0,125. Hamilton interessierte sich besonders für soziale Insekten; seine Theorie nutzte er auf brillante Weise, um zu erklären, wie sich in der Evolution der Ameisen, Bienen, Wespen und (auf ganz andere Weise) Termiten die bemerkenswerten Gewohnheiten eines sozialen Altruismus entwickelt haben.

Ein typisches unterirdisches Ameisennest ist eine Fabrik, in der Gene vermehrt und übers Land verbreitet werden. Wenn die Fabrik ihre Gene ausspuckt, sind sie in den geflügelten Körpern der jungen Königinnen und Männchen verpackt. Diese fliegenden Ameisen (in denen man möglicherweise wegen der Flügel gar keine Ameisen erkennt) kriechen aus Löchern im Boden und steigen in die Luft, um

---

51 Die einleuchtendste Erklärung lieferte mein Oxforder Kollege und früherer Doktorand Professor Alan Grafen: »A geometric view of relatedness«, in: Dawkins, Richard und Ridley, Matt, Hrsg.: *Oxford Surveys in Evolutionary Biology*, Band 2, Oxford 1985, S. 28–89.

sich im Flug zu paaren. Während des Hochzeitsfluges sammelt jedes Weibchen (die junge Königin) ihren gesamten Vorrat an Samenzellen; sie speichert ihn in ihrem Körper und verbraucht ihn im Laufe ihres langen Lebens. So mit Samen beladen, fliegt das Weibchen nach der Paarung davon, lässt sich nieder, gräbt ein Loch und gründet ein neues Nest. Die Weibchen mancher Arten beißen oder brechen sich anschließend die Flügel ab, die sie in ihrer neuen Rolle als unterirdische Königin nicht mehr brauchen.

Die Nachkommen sind in ihrer Mehrzahl unfruchtbare Arbeiterinnen, die aus Sicht der Genfortpflanzung wichtigen Kinder sind aber die jungen (geflügelten) Königinnen und Männchen. Die Arbeiterinnen (bei Ameisen, Bienen und Wespen ausschließlich Weibchen, bei Termiten Männchen und Weibchen) haben normalerweise keine Aussicht, ihre Gene an Nachkommen weiterzugeben, sondern sie widmen ihre Bemühungen ausschließlich der Fütterung und Betreuung ihrer fruchtbaren Verwandten, der jungen Königinnen und Männchen, die beispielsweise ihre Geschwister oder Nichten sind. Wenn ein Gen dafür sorgt, dass eine unfruchtbare Arbeiterin eine Schwester versorgt, die später zur Königin wird, kann es in einen Genpool der Zukunft gelangen, weil es im Körper der jungen Königin dorthin getragen wird. Die junge Königin selbst zeigt vielleicht nie das Fürsorgeverhalten, aber das Gen für dieses Verhalten wird an ihre Töchter, die Arbeiterinnen, weitergegeben, so dass diese später wiederum für junge Königinnen und Männchen sorgen, die es weitertragen können.

Die sozialen Insekten sind dabei nur ein besonders auffälliges Beispiel. Die Hamilton-Regel gilt für alle Tiere und Pflanzen, ganz gleich, ob sie die Versorgung von Verwandten praktizieren oder nicht. Betreiben sie keine Fürsorge, liegt es daran, dass die Kosten-Nutzen-Rechnung in der Hamilton-Regel (das $B$ und $C$) nicht so aufgeht, dass das Fürsorgeverhalten begünstigt würde; das kann auch dann der Fall sein, wenn der Verwandtschaftskoeffizient r hoch ist. Außerdem – und dieser Punkt wird sogar von professionellen Biologen häufig missverstanden – kümmern Individuen sich um ihre Nachkommen aus dem gleichen Grund, aus dem auch ältere Geschwister die jüngeren versorgen (wenn sie es tun): In beiden Fällen haben sie die Gene für die Fürsorge gemeinsam.

Wie bereits erwähnt, packte mich die Begeisterung, als Mike Cullen uns mit Hamiltons brillanten Ideen bekannt machte, und ich wollte unbedingt ausprobieren, ob ich sie in den Vorlesungen, die ich als Niko Tinbergens Stellvertreter hielt, mit meinen eigenen Worten erklären konnte. Ich war unsicher, ob ich so weit von Nikos Inhalten abweichen und meine eigenen Überlegungen an ihre Stelle setzen sollte – Gedanken über »egoistische Gene« als Bewohner einer Abfolge sterblicher Körper, die im Zuge des erbarmungslosen Marsches der Gene in die Zukunft immer wieder weggeworfen wurden. Um mich rückzuversichern, zeigte ich Mike Cullen den maschinengeschriebenen Entwurf meiner Vorlesung; wenn ich heute seine handschriftlichen Randbemerkungen betrachte, fällt mir wieder ein, dass er mich damals ungeheuer ermutigte (siehe die nachfolgende Faksimile-Wiedergabe). Mikes »lovely stuff« gab mir die Kühnheit, bei meinem Plan zu bleiben und meine Vorlesung in meinem Stil über dieses Thema zu halten. Wahrscheinlich kann man sagen, dass ich in diesem Augenblick das Buch *Das egoistische Gen* konzipierte, das zehn Jahre später zu Papier gebracht wurde. Meine Vorlesungsmanuskripte enthielten sogar die Formulierung »Gene sind egoistisch«. Ich werde später im Zusammenhang mit dem Buch auf das Thema zurückkommen.

Im Sommer 1967 heiratete ich Marian Stamp in der winzigen protestantischen Kirche von Annestown an der Südküste Irlands, wo ihre Eltern ein Ferienhaus besaßen; sie gehörte zu der Doktorandengruppe von Niko Tinbergen und wurde später in Oxford seine Nach-Nachfolgerin als Professorin für Tierverhaltensforschung sowie als weltweit führende Autorität für experimentellen Tierschutz. Ich hatte mich mittlerweile entschlossen, das Angebot einer Assistenzprofessur an der University of California in Berkeley anzunehmen. Niko war zuversichtlich, dass Marian auch dort die Forschung für ihre Doktorarbeit fortsetzen konnte und aus der Ferne nur einer geringen Betreuung durch ihn bedurfte; tatsächlich war sein Vertrauen voll und ganz gerechtfertigt. Während unserer kurzen Flitterwochen fuhren wir mit einem Mietwagen durch Irland. Marian musste fahren, weil ich meinen Führerschein vergessen hatte, und wir erlebten einen seltsamen Augenblick, als der Vertreter der Autovermietung bemerkte, dass sie »Doktorandin« war (offensichtlich standen Doktoranden in einem schlechten Ruf). Fast unmittelbar nach der Hochzeitsreise machten wir uns auf den Weg nach San Francisco, wo wir am Flughafen von dem stets freundlichen George Barlow abgeholt wurden. Damit begann in der Neuen Welt ein neuer Lebensabschnitt.

Natural selection acts directly on phenotypes, but it will affect evolution only insofar as phenotypic xkxxxxtxxxxxxx differences are correlated with genetic differences. The important effect of natural selection is therefore on genes.

Genes are in a sense immortal. They pass through the generations, xsxxxting reshuffling themselves each time they pass from parent to offspring. The body of an animal is but a temporary resting place for the genes; the further survival of the genes depends on the survival of that body at least until it reproduces, and the genes pass into another body. The structure and behaviour of the body are to a large extent determined by the genes - the genes build themselves a temporary house, mortal, but efficient for as long as it needs to be. Natural selection will favour those genes which build themselves a body which is most likely to succeed in ~~passing~~

lovely stuff!

handing thexxdown safely to the next generation, xxx a large number or replicas of those genes.

To use the terms "selfish" and "altruistic" then, our basic expectation on the basis of the orthodox neo-Darwinian theory of evolution, is that Genes will be "sefish".

~~Must this mean that individuals will be selfish? Not necessarily, though it does mean that we must be very suspicious of expressions like "the good of the species." There are two main ways in which individual altruism~~

(This gives us the most important difference between indiduals and social groups. If an individual body is a colony of cells, it is a very special kind of colony, because all those cells are genetically identical. Every zxiixixxixxxbody somatic cell, muscle, bone, skin, brain etc., contains the same complement of genes. Furthermore the reproduction of all the genes in these somatic cells is limited to the life-span of the body. Only the genes in the germ cells ~~will~~ may survive. The other cells are built by the genes simply to ensure the survival of the xxxxxxixxx identical genes in the germ cells. In say a fixxk colony of gulls, the individual birds all contain different gxxxx sets of genes (except identical twins), and because of the arguments given above, we shall have to think very carefully about whether we should expect altruism between individuals. Only in the social insects where the workers are sterile and very closely related, do we have a social group that is really comparable with the many-celled body. We will return to this later.)

If genes are selfish then, how can individuals evolve altruism?

# 11
# Traumzeit an der Westküste

Berkeley war Ende der sechziger Jahre ein politischer Hexenkessel. Die zwei Jahre, die wir dort verbrachten, waren beherrscht von der Politik der Telegraph Avenue und von Haight Ashbury in San Francisco auf der anderen Seite der Bucht. Lyndon Johnson, den man sonst vielleicht als großen Präsidenten und Reformer in Erinnerung behalten hätte, steckte in der Katastrophe des Vietnamkriegs – den er von Kennedy geerbt hatte. In Berkeley waren praktisch alle gegen den Krieg, und wir schlossen uns ihnen an – bei Aufmärschen in San Francisco, bei tränengasdurchtränkten Protesten in Berkeley, bei Demonstrationen, Vorlesungsstörungen und Sit-ins.

Ich bin stolz darauf, dass ich mich an den Protesten gegen das amerikanische Engagement in Vietnam beteiligt habe, stolz darauf, dass ich viel Mühe in die Antikriegskampagne von Senator Eugene McCarthy steckte, und weniger stolz auf einige andere politische Bewegungen, in die ich verwickelt war. Am denkwürdigsten war eine surreale Episode rund um den »People's-Park« (der von David Lodge in seinem Akademikerroman *Ortswechsel* als »People's Garden« literarisch verarbeitet wurde). Die People's Park-Kampagne war der Versuch (letztlich erfolgreich, wie ich kürzlich feststellte, als ich zu Filmaufnahmen in Berkeley war), ein Stück Brachland, das der Universität gehörte und bebaut werden sollte, für die Freizeitgestaltung der Öffentlichkeit zu vereinnahmen. Im Rückblick war es eine Ausrede für radikalen politischen Aktivismus um seiner selbst willen, vorgeschoben von anarchistischen Studentenführern, die zynisch die sanften Flower-Power-»Straßenkinder« manipulierten. Die radikalen Studentenführer und der berüchtigte Gouverneur Ronald Reagan (»Ronald Duck« in dem Roman von David Lodge) spielten einander fröhlich in die Hände und verschärften die Lage, um die Gefolgschaft ihrer jeweiligen Parteigänger zu verstärken; dabei wussten beide Seiten vermutlich ganz genau, was sie taten. Und ich tanzte wie die meisten anderen jüngeren Universitätsangehörigen nach ihrer Pfeife. Wir demonstrierten, veranstalteten Sit-ins, liefen vor dem Tränengas davon, schrieben empörte Leserbriefe an die Zeitungen (mein erster Brief an die *Times* handelte von dem Thema) und jubelten, wenn die Straßenkinder den verwirrten, ziemlich verängstigten jungen Nationalgardisten Blumen in die Gewehrläufe steckten. Die Ehrlichkeit gebietet es, mich zu einem Schauer des Entzückens zu bekennen – für den ich mich heute in aller Stille schäme –, nachdem ich ins Tränengas und damit in eine (sehr geringe) Gefahr geraten war.

Ich gebe mir Mühe, meinen eigenen Geisteszustand im Alter zwischen 20 und 30 in Berkeley so ehrlich wie möglich zu betrachten. Dann erkenne ich eine gewisse jugendliche Erregung angesichts der schieren Idee der Rebellion: ein Wordsworth'sches »Ein Segen war's, in jener Morgendämmerung zu leben/Doch jung zu sein, das war der Himmel«. Ein Student namens James Rector wurde in Oakland von einem Polizisten erschossen. Dagegen zu demonstrieren war richtig, und im Rückblick rechtfertigte es in unseren Köpfen wohl auch die Entscheidung, überhaupt für den People's Park auf die Straße zu gehen. Aber natürlich war das allein überhaupt keine Rechtfertigung. Die Entscheidung, für den People's Park zu demonstrieren, erforderte eine völlig eigene Begründung.

Wir, die jüngeren Fakultätsangehörigen, beriefen Versammlungen ein und versuchten unsere Kollegen so lange zu mobben, bis sie ihre Vorlesungen aus Solidarität mit den Aktivisten absagten – das Wort »mobben« verwende ich absichtlich, denn das Gleiche habe ich in jüngerer Zeit im Internet beobachtet: Das »Cybermobbing« durch radikale Aktivisten kann so stark werden, dass es eine Art Gedankenpolizei darstellt, genau wie ich es in der Schule erlebte, als willfährige Komplizen einen Spielkameraden piesackten. Mit besonderem Bedauern erinnere ich mich an eine Fakultätssitzung in Berkeley, bei der ein anständiger älterer Professor sich weigerte, seine Vorlesung abzusagen, während wir versuchten, ihn mit einer Abstimmung dazu zu zwingen. Voller Reue bewundere ich heute seinen Mut und den eines noch älteren Professors, der als Einziger die Hand zur Unterstützung seines Kollegen hob, als dieser das erfüllen wollte, was er für seine Pflicht hielt: die Vorlesung zu veranstalten. Wie bei Aunty Peggy und seiner Entsprechung in Chafyn Grove hätte ich mich gegen die Rabauken stellen sollen, aber ich tat es nicht. Ich war noch jung, aber so jung nun auch wieder nicht. Ich hätte es besser wissen müssen.

Im Zusammenhang mit radikaler Politik und Straßenkindern fällt mir eine Geschichte ein, die sehr deutlich zeigt, wie grundlegend sich die gesellschaftlichen Sitten gewandelt haben. Ich ging die Telegraph Avenue entlang, die Hauptachse der Perlen-Räucherstäbchen-Marihuana-Kultur von Berkeley. Vor mir ging ein junger Mann, der die Tracht der Flower-Power-Generation trug. Jedes Mal, wenn eine junge Frau ihm entgegenkam und an ihm vorüberging, streckte er die Hand aus und zwickte sie in die Brust. Statt ihm aber eine Ohrfeige zu geben oder »sexuelle Belästigung!« zu rufen, gingen die Frauen einfach weiter, als wäre nichts geschehen. Bei der nächsten wiederholte sich das gleiche Spiel. Heute mag ich so etwas fast gar nicht glauben, aber in meiner Erinnerung bin ich mir sehr sicher. Sein Benehmen wirkte nicht besonders lüstern, und die jungen Frauen sahen darin offenbar auch nicht die Geste eines Chauvinistenschweins. Alles stand offenbar im Einklang mit dem Hippietum, mit »If you go to San Francisco/Be shure to wear some flowers in your hair«. Ich bin froh darüber, dass die Verhältnisse sich geändert haben. Diejenigen, die heute zur Alters- und Gesellschaftsgruppe dieses Mannes gehören, und die jungen Frauen, die von ihm (wie wir heute sagen würden) belästigt werden, würden sich vor allem über ein Verhalten empören, das damals für dieses Alter, diese soziale Gruppe und diese politische Überzeugung der Normalfall war.

Trotz aller politischen Tätigkeit erfüllte ich auch meine Aufgabe als junger (sogar außerordentlich junger) Assistenzprofessor. George Barlow und ich teilten uns die Vorlesungen über Tierverhaltensforschung, und in diesem Rahmen hielt ich auch die Vorlesung über das »egoistische Gen«, die ich schon in Oxford konzipiert hatte. Heute male ich mir gern aus, dass die Studierenden in Oxford und Berkeley Ende der sechziger Jahre die allerersten Studienanfänger der Welt waren, die von neuen Gedanken erfuhren, die später, in den siebziger Jahren und danach, unter den Stichworten »Soziobiologie« und »egoistische Gene« in Mode kamen.

Marian und ich wurden in Berkeley sehr freundlich aufgenommen und fanden gute Freunde. Zu ihnen gehörten neben George Barlow auch der Neurophysiologe David Bentley, weiterhin Michael Land, heute weltweit die Koryphäe für Augen im Tierreich, Michaela und Barbara MacRoberts, die später in Oxford zu einer Bereicherung für den Kreis in der Bevington Road wurden, und der freundlich-sarkastische David Noakes, der während meiner Jahre in Berkeley George

Barlows bester Doktorand war. George hielt in seinem Haus in den Berkeley Hills jede Woche für interessierte Doktoranden ein Seminar über Verhaltensforschung ab; diese abendlichen Zusammenkünfte waren für Marian und mich eine Art Widerhall der großartigen Atmosphäre bei Nikos Freitagabend-Seminaren in Oxford.

Ich war nie zuvor in Amerika gewesen und fand dort manche Dinge verblüffend. Bei meiner ersten Sitzung der Fakultät für Zoologie sprachen fast alle ausschließlich in Zahlen. Wer macht 314? Nein, ich mache 246. Heute weiß man in der englischsprachigen Welt, dass X-ologie 101 die (manchmal herablassende oder sogar spöttische) Bezeichnung für die Anfängervorlesung in X-ologie ist. Damals aber, als ich gerade angekommen war, verwirrte mich das Nummernspiel. Und wer versteht heute nicht das Verb »to major«? [Etwa: »im Hauptfach studieren«] Ich kann mich aber noch gut erinnern, wie ich einen amerikanischen Studentenroman las und des ganzen Geplappers von *Sophomores* und *Juniors* und *Seniors* ein wenig überdrüssig war, als wie ein frischer Luftzug der Satz »Ein englischer *Major* kam ins Zimmer« folgte. Aha, dachte ich, und vor meinem geistigen Auge standen sofort Reithosen und ein Schnauzbart – also ein echter Charakter.

Marian und ich gaben uns viel Mühe mit unserer Forschungsarbeit. Wir redeten und redeten über unsere gemeinsamen wissenschaftlichen Interessen, während wir im Tilden Park in den Berkeley Hills spazieren gingen oder mit dem Auto durch die wunderschöne kalifornische Landschaft fuhren; wir redeten beim Essen, bei Einkaufsausflügen über die Bay Bridge ins Zentrum von San Francisco. Unsere Diskussionen fanden in einer Atmosphäre des gegenseitigen Unterrichtens statt: Jeder lernte vom anderen, Argumente wurden Schritt für Schritt durchgesprochen, es ging einen Schritt zurück und zwei Schritte vorwärts. Den gegenseitigen Unterricht strebe ich heute auch in öffentlichen Diskussionen mit Kollegen an, die in vielen Fällen für meine Website gefilmt oder auf DVDs gepresst werden. Die Diskussionen mit Marian bildeten die Grundlage für die gemeinsamen Experimente, die wir später anstellten, als wir nach Oxford zurückgekehrt waren.

Im Rahmen meiner Forschungsarbeiten in Berkeley setzte ich meine Untersuchungen zum Pickverhalten von Hühnern fort. Meine Doktorarbeit war sehr »popperianisch« gewesen. Ich hatte präzise Voraussagen über die Gesamtzahl der Entscheidungen in einem festgelegten Zeitraum gemacht. Das Modell hatte aber immer nach einer Überprüfung durch genauere Beobachtungen geschrien, bei denen nicht nur die Gesamtzahl der Pickbewegungen pro Minute erfasst wurde, sondern auch ihre genaue Abfolge. Dieser Frage wandte ich mich in Berkeley zu: Ich baute eine neue Apparatur, die anders als die in Oxford genau aufzeichnen konnte, wann jedes einzelne Picken stattfand, statt nur die Bewegungen in einer Minute zu zählen. Außerdem steigerte ich die Pickgeschwindigkeit, indem ich jedes einzelne Picken mit einem Schub Infrarotstrahlung belohnte, die den Hühnern gefiel. Sie wurden unabhängig davon, welche Taste sie wählten, immer auf die gleiche Weise belohnt, zeigten aber dennoch Vorlieben für bestimmte Farben und entschieden sich nach wie vor entsprechend dem Trieb-Schwellenwert-Modell. Zur Aufzeichnung der Pickbewegungen auf Band diente eine raffinierte, teure Apparatur namens Data Acquision System, die für George Barlow gebaut worden war – der Name kam zustande, weil das Wort »Acquisition« auf dem Etikett einen Tippfehler enthielt.

Aufgrund des Trieb-Schwellenwert-Modells ergibt sich eine einfache Erwartung: Bei der bevorzugten Farbe sollte man lange Serien von Pickbewegungen beobachten (weil der Trieb nur für diese Farbe oberhalb des Schwellenwertes liegt), die von Serien der Unentschlossenheit unterbrochen sind (wenn der Trieb größer als zwei Schwellenwerte ist). Bei der weniger bevorzugten Farbe sollte es nie nennenswert lange Serien von Pickbewegungen geben. Nach dem Aufmerksamkeit-Schwellenwert-Modell rechnete ich damit, dass die Unentschlossenheit im Hinblick auf die *Farbe* in Wirklichkeit gleichbedeutend mit der Vorliebe für eine *Seite* war. Da die Apparatur so programmiert war, dass sie jede Farbe nach jeder Pickbewegung abwechselnd auf verschiedenen Seiten anbot (wobei gelegentlich Zufallsabweichungen eingebaut waren), sagte ich Serien voraus, wie man sie in der folgenden Abbildung erkennt; sie gibt echte Daten aus einem einzelnen Experiment wieder und scheint die Voraussage sehr hübsch zu bestätigen.

Natürlich ist dieses Bild nicht mehr als eine Anekdote, eines von vielen Experimenten. Ich untermauerte meine Voraussage und mehrere andere mit statistischen Analysen; dazu bediente ich mich der Daten aus einer großen Zahl von Experimenten. Die Voraussagen des Trieb-Schwellenwert-Modells in Gestalt der Aufmerksamkeit-Schwellenwert-Version bestätigten sich.

Aufeinanderfolgende Spalten repräsentieren Serien von Pickbewegungen. Weiße Kreise entsprechen der bevorzugten Farbe. Es fällt auf, wie Serien von Pickbewegungen an der bevorzugten Farbe (weiße Kreise) mit Serien auf der einen oder anderen – vielleicht der nächstgelegenen – Seite abwechseln; so ergeben sich Serien mit einem Wechsel zwischen den Farben.

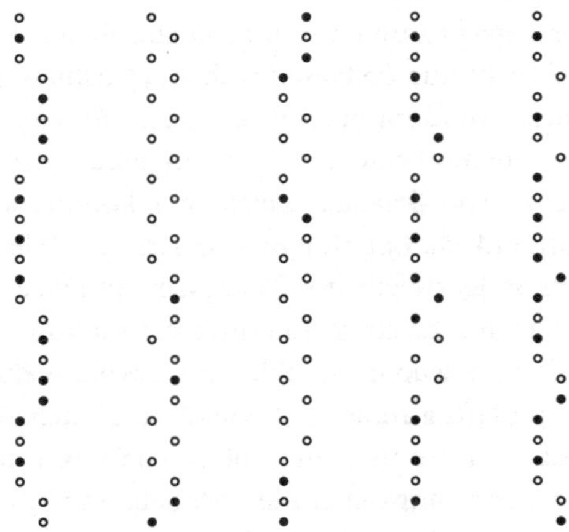

Aus: Dawkins, Marian und Richard: »Some descriptive and explanatory stochastic models of decision-making«, in: McFarland, D.J., Hrsg.: *Motivational Control Systems Analysis*, London 1974, S. 119-168.

Irgendwann während unseres zweiten Jahres in Berkeley bekamen Marian und ich Besuch von Niko und Lies Tinbergen. Niko wollte uns überreden, nach Oxford zurückzukehren; er hatte dort einen sehr attraktiven Forschungsetat beschafft, den er mir anbieten konnte, und Marian konnte ihre Doktorarbeit schreiben – mit den Forschungsarbeiten kam sie, wie Niko sehen konnte, in Berkeley gut voran. Die Tinbergens kehrten nach Oxford zurück und ließen uns über das Angebot nachdenken. Wir entschlossen uns, es anzunehmen, aber in der Zwischenzeit hatte Niko mir bereits von einer weiteren Option geschrieben. In Oxford war die Entscheidung gefallen, eine neue Dozentenstelle für Tierverhaltensforschung auszuschreiben, die an eine Mitgliedschaft im New College gebunden war, und Niko wollte, dass ich mich bewarb. Die Lehrtätigkeit würde dem Forschungsetat, den er mir zuvor versprochen hatte, nicht im Wege stehen. Ich erklärte mich bereit, mich auf die Dozentenstelle zu bewerben, und Oxford zahlte mir das Flugticket für das Bewerbungsgespräch.

Es war eine zauberhafte Reise – mir schien die ganze Welt offenzu stehen. Meine Erinnerungen daran sind von Musik geprägt: das Violinkonzert von Mendelssohn, das ich während des Fluges hörte, während ich fasziniert auf die Rocky Mountains hinabblickte und mich auf spannende Aussichten freute. Oxford zeigte sich von seiner besten

Seite: Es war Mai, und an der Banbury Road und Woodstock Road blühten die Kirschbäume. Auch das New College zeigte sich in seiner Rolle aus dem goldenen 14. Jahrhundert, und ich war glücklich; mein Überschwang wurde auch nicht gedämpft, als mich bei meiner Ankunft die Nachricht empfing, dass Colin Beer, ein früheres Mitglied der Arbeitsgruppe für Verhaltensforschung in Oxford und jetzt Professor an der Rutgers University in New Jersey, in letzter Minute eine unerwartete Bewerbung für die Dozentenstelle eingereicht hatte. Selbst die Tatsache, dass Niko in seiner Aufregung mit seiner Loyalität von mir zu Colin gewechselt war, konnte meiner optimistischen Stimmung nichts anhaben. Wenn Niko zu dem Schluss gelangt war, dass er besser auf Colin setzen sollte, reichte mir das. Mir würde immer noch die Forschungsstelle bleiben, und wie ich der Findungskommission sagte, war es umso besser, wenn Colin ebenfalls in Oxford arbeitete. Tatsächlich bekam er die Stelle, und ich übernahm den Forschungsetat.

# 12
# Computerfex

Marian und ich verließen Berkeley 1969 mit gemischten Gefühlen. Die Stadt ist für mich ein Ort des Zaubers und ein Pilgerziel geblieben: Sie verkörpert eine Traumzeit der verflossenen Jugend mit klugen, freundlichen Kollegen, mit klarem Sonnenschein, der sich mit kühlem Nebel über der Golden Gate Bridge abwechselt, mit dem taufrischen Duft von Kiefern und Eukalyptus, mit Blumenkindern und ihren anständigen, aufrichtigen, aber auch naiven liberalen Werten.

Wir packten unsere wenigen Habseligkeiten aus unserer Wohnung in Berkeley in Kisten, brachten sie auf den Weg und fuhren dann mit unserem alten, cremefarbenen Ford-Falcon-Kombi, der dicht mit Antikriegsparolen und Aufklebern für die Wahl von Eugene McCarthy beklebt war, quer durch den Kontinent nach New York. Entsprechend einer vorher getroffenen Abmachung verkauften wir den Ford am Kai (erstaunlicherweise erschien der Käufer, mit dem wir uns zuvor geeinigt hatten und der ebenfalls auf seine eigene, lässige Weise à la Berkeley nach New York gelangt war, tatsächlich pünktlich), gingen an Bord des Linienschiffs France in Richtung Southampton und bereiteten uns darauf vor, unser Leben in Oxford mit vielen alten Freunden und dem neu hinzugekommenen Colin Beer wieder aufzunehmen. In Wirklichkeit zog Colin es aber vor, den größten Teil seiner Zeit am New College zu verbringen; im Institut sah man ihn zur Enttäuschung aller nur selten. Er blieb bloß ein Jahr. Danny Lehrman – derselbe Daniel S. Lehrman, dessen theoretische Kritik meine Doktorarbeit so stark beeinflusst hatte – war so schlau gewesen, Colins Sessel an der Rutgers University für ihn warmzuhalten, und als sich herausstellte, dass es in Oxford keine Dozentenstelle für mittelalterliches Französisch gab, die es mit der Professur seiner Frau in Amerika aufnehmen konnte, entschloss sich Colin zurückzukehren. Wieder einmal wurde die Dozentenstelle für Verhaltensforschung ausgeschrieben, wieder einmal erklärte sich das leiderprobte New College bereit, sie mit einer Fellowship zu verbinden, und wieder einmal drängte mich Niko, mich zu bewerben. Parallel zu wenigen anderen wurde ich wiederum von zwei Kommissionen befragt: einem Universitätsgremium unter Vorsitz von Laughing John Pringle und einer Findungskommission des Colleges unter Leitung des tatsächlich lachenden, fast übernatürlich genialen Vorsitzenden Sir William Hayter, der früher britischer Botschafter in Moskau gewesen war.

Dieses Mal wollte ich die Stelle wirklich haben, und ich bekam sie auch. Die Nachricht erreichte uns, als Marian und ich mit Freunden in einem indischen Restaurant in Oxford angespannt darauf warteten. Plötzlich hörten wir das Geräusch von Mike Cullens Motorroller, der draußen hielt. Mike platzte in das Restaurant, deutete wortlos mit beiden Zeigefingern auf mich und verschwand so schnell, wie er gekommen war. Ich hatte die Stelle. Im Rückblick glaube ich, dass ich sie zu jener Zeit nicht hätte erhalten sollen, denn mein wichtigster Konkurrent war der ungeheuer scharfsinnige Juan Delius. Allerdings glaube ich auch gern, dass ich in die Aufgabe hineinwuchs und ihr am Ende gewachsen war. Juan war ein lieber Freund und Mentor, ein ungeheuer kluger, kenntnisreicher, fröhlicher Deutsch-Argentinier. Den argentinischen Humor definierte er mir gegenüber einmal so: »Sie haben Spaß an Slapstick, aber wenn jemand auf einer Bananenschale ausrutscht, ist es nur dann wirklich lustig, wenn er sich dabei das Bein bricht.« Das Schwarze Brett in der Bevington Road Nummer 13 war häufig mit großartigen Notizen in Juans charakteristischem Englisch verziert: »Welcher Idiot hat meine Löcher weggenommen?« (»Wer hat die Schablone genommen, mit der man unterschiedlich große Kreise zeichnen kann?«)

Als *Tutorial Fellow* führt man an einem College in Oxford in vielerlei Hinsicht ein angenehmes Leben. Ich bekam ein Dienstzimmer in einem prächtigen mittelalterlichen Gebäude aus Oolithen-Kalkstein, das inmitten eines Gartens von berühmter Schönheit stand; außerdem Büchergeld, Wohngeld, Forschungsmittel und kostenlose Mahlzeiten (allerdings entgegen neidischen Gerüchten keinen kostenlosen Wein) in der anregenden, unterhaltsamen Gesellschaft führender Vertreter aller Fachrichtungen. Die anregenden Experten aus meiner Disziplin waren jedoch im Zoologischen Institut zu finden – und dort verbrachte auch ich den größten Teil meiner Zeit.

Ich lernte die seltsame Welt der Gespräche am High Table kennen. Nach dem Essen bot sich manchmal die Gelegenheit, das Wettbuch des Senior Common Room aufzuschlagen – entweder um eine neue Wette einzutragen oder um alte Wetten durchzusehen; sie alle waren in dem gleichen affektierten Stil verfasst, in dem auch das Gespräch am High Table ablief. Das nachfolgende kurze Beispiel stammt aus den zwanziger Jahren, als der exzentrisch-intelligente G. H. Hardy eifrig Wetten abschloss. Mit seinem Mathematiker-Sinn für Humor nach Art eines Lewis Carroll steckte er offenbar auch seine Kollegen an:

*(7. Februar 1923) Der Subwarden wettet mit Professor Hardy um sein Vermögen bis zum Tod mit Ausnahme eines halben Penny, dass morgen die Sonne aufgehen wird.*

*(6. August 1927) Prof. Hardy wettet mit Mr Woodward 10 000 zu 1 in Halfpennys, dass er (Prof. Hardy) nicht der nächste Präsident des Magdalen College sein wird, und Mr Woodward wettet mit Prof. Hardy 1 zu 5000, dass er (Mr Woodward) nicht der nächste Präsident des Magdalen College sein wird.*

*(Februar 1927) Professor Hardy wettet mit Mr Creed 2/6 gegen 1/6, dass das New Prayer Book den Bach hinuntergehen wird. Mr Smith, Mr Casson und Mr Woodward sollen erforderlichenfalls darüber urteilen.*

Ich finde es amüsant, dass ein so offensichtliches Werturteil zum Gegenstand einer Wette werden kann. Kein Wunder, dass eine ungerade Zahl von Schiedsrichtern erforderlich war.

Eine andere Wette überlässt sogar die Höhe des Einsatzes einer späteren Beurteilung:

*(2. Dezember 1923) Professor Turner wettet mit dem Leiter des SCR um eine große Summe, dass es gut wäre, ein Exemplar des ABC (London) Railway Guide im SCR zu haben (gewonnen von Professor Turner, A. H. S.).*

*(15. Februar 1927) Mr Cox wettet mit Professor Hardy 10/- gegen 1/-, dass Rev. Canon Fox (»Fred«) nicht der nächste Bischof von Nyassaland sein wird.*

Mir gefällt das in Klammern eingeschobene »Fred«. Wie die Wette ausging, ist leider nicht verzeichnet. Ich hätte gern gewusst, ob »Bischof Fred« tatsächlich den Bischofsstuhl im Heimatland meiner Kindheit erhielt. Allein konnte ich die Frage nicht beantworten, aber Google lieferte mir die Auskunft, dass der Bischof von Nyassaland im 19. Jahrhundert Charles Alan Smythies hieß – höchstwahrscheinlich war er ein Verwandter der sechs Generationen meiner Vorfahren namens Smythies, die Geistliche waren.

*(11. März 1927) Mr Yorke wettet mit Mr Cox 2/6d, dass im Evangelium nach Matthäus kein Vers vorkommt, dessen wörtliche Interpretation die Selbstkastration rechtfertigt oder befürwortet. Gewonnen von Mr Cox.*

*(26. Oktober 1970) Professor Sir A. Ayer wettet mit Mr Christiansen, dass der Kaplan, wenn man ihn ohne Vorwarnung herausfordert, nicht in der Lage sein wird, zwölf der 39 Artikel zu wiederholen, die sich im Book of Common Prayer finden. Der Einsatz besteht aus einer Flasche Claret.*

*(24. November 1985) Der Kaplan wettet mit Dr. Ridley um eine Flasche Claret, dass Dr. Bennett anlässlich des Besuchs des Bischofs von London zum Abendessen den Kragen eines Geistlichen tragen wird. (Gewonnen vom Kaplan.)*

*(4. August 1993) Mr Dawkins wettet mit Mr Raine um £1, dass Bertrand Russell Lady Ottoline Morrell geheiratet hat. Schiedsrichterin Mlle. Bruneau. (Dawkins verlor und zahlte mit 20 Jahren Verspätung.)*

Wetten wie die zuletzt genannte kann es heute nicht mehr geben: Es ist für jedermann trivial einfach, solche Tatsachen mit Hilfe des Smartphones zu klären, ohne dass man sich auch nur aus dem Armsessel im Senior Common Room erheben muss. Aber auch damals wäre es kaum notwendig gewesen, wegen einer solchen reinen Tatsachenbehauptung einen Schiedsrichter zu ernennen.

Im Jahr 1970 war ich 29 und gerade erst nach Oxford zurückgekehrt. Der singende Elliott war den Weg allen Siliziums gegangen, aber das Moore-Gesetz und die Forschungsmittel, die mich ein Jahr zuvor zurück nach Oxford gelockt hatten, ermöglichten es mir jetzt, einen

»eigenen« Computer zu besitzen. Es war ein PDP-8, der den Elliott in jeder Hinsicht mit Ausnahme der physischen Größe und des Preises übertraf. Und in Übereinstimmung mit dem Moore-Gesetz (das schon in jenen Tagen höchst wirksam war) war er, was die Funktion anging, viel kleiner, physisch aber größer als ein moderner Laptop, und lächerlicherweise gehörte dazu ein Logbuch, in dem man jeweils eintragen sollte, wenn man ihn einschaltete (was ich natürlich nicht tat). Er war mein Stolz, meine Freude und – zusammen mit mir als einzigem Programmierer für alle in der Bevington Road – ein wertvolles Hilfsmittel (was von meiner Zeit erheblichen Tribut forderte). Jetzt konnte meine Computersucht sich voll entfalten, und ich musste ihr nicht mehr nachts nachgehen wie während meiner schändlichen Affäre mit dem Elliott 803.

Zuvor hatte ich nur Compilersprachen höherer Ordnung genutzt, menschenfreundliche Programmiersprachen, die der Computer in seine eigene binäre Maschinensprache übersetzt. Um aber den PDP-8 als Hilfsmittel für die Forschung einsetzen zu können, musste ich jetzt auch seine 12-Bit-Maschinensprache beherrschen, eine Aufgabe, der ich mich mit Hingabe widmete. Mein erstes Projekt im Maschinencode war die »Dawkins-Orgel«, ein System, mit dem man das Verhalten von Tieren aufzeichnen konnte. Es ähnelte George Barlows »Data Acquision«-Apparatur, war aber viel billiger. Dahinter stand der Gedanke, eine Tastatur zu entwickeln, die ein Beobachter im Freiland benutzen konnte, um durch das Betätigen von Tasten die Verhaltensweisen eines Tieres festzuhalten. Jeder Tastendruck sollte von einem Tonbandgerät aufgezeichnet werden, das dem Computer später automatisch mitteilte, wann das Tier seine einzelnen Verhaltensweisen gezeigt hatte.

Meine Tastatur war buchstäblich eine selbstgebaute elektronische Orgel: Jede Taste ließ einen anderen Ton erklingen (der aber nur für das Tonbandgerät hörbar war). Dieser Teil war in der Herstellung einfach. Der Kasten enthielt einen einfachen Oszillator aus zwei Transistoren, und die Höhe der einzelnen Töne wurde durch einen Widerstand erzeugt. Jede Taste der Orgel war mit einem anderen elektrischen Widerstand verbunden und spielte deshalb einen anderen Ton. Der Beobachter konnte die Orgel ins Freiland mitnehmen und wie bei einer Bewegung-Zeit-Studie bei jeder Verhaltensweise eine bestimmte Taste drücken. Die Aufnahme der Tonfolge würde dann den zeitlichen Ablauf des Tierverhaltens wiedergeben. Theoretisch konnte ein Mensch mit gutem Gehör sich das Band anhören und feststellen, welche Taste jeweils betätigt worden war, aber das würde nicht weiterhelfen. An die Stelle des Menschen mit dem guten Gehör musste der Computer treten. Dies hätte man elektronisch mit einer Reihe abgestimmter Frequenzdetektoren regeln können, aber das wäre ein teurer Aufwand gewesen. Konnte man die gleiche Leistung – die genaue Wahrnehmung der Tonhöhe durch den Computer – auch ausschließlich mit Software vollbringen?

Ich erörterte die Frage mit meinem damaligen Computerguru Roger Abbott, einem klugen Ingenieur, der zufällig auch Orgel spielte und aus dem großen Forschungsetat von Professor Pringle bezahlt wurde. Roger machte einen geistreichen Vorschlag. In der Musik hat jeder Ton eine bestimmte Wellenlänge, die über die Tonhöhe bestimmt. Computer sind – und waren schon damals – so schnell, dass man die Abstände zwischen den Wellenbergen eines Tons in Hunderten von Programmzyklen messen kann. Roger schlug vor, ich solle im Maschinencode ein Programm schreiben, mit dem sich die zeitlichen Abstände zwischen den Wellenbergen feststellen ließen. Mit anderen Worten: Ich sollte eine kleine Routine schreiben, die als Hochgeschwindigkeitsuhr diente und zählte, wie viele Male das Programm eine Schleife durchlaufen konnte, bevor es vom nächsten Wellenberg unterbrochen wurde (und wenn man dann den Durchschnittswert für viele Wellenberge ermittelt, kennt man die Tonhöhe). Wenn ein Ton zu Ende war (das heißt, wenn seit dem letzten Wellenberg mehr als ein festgelegter Zeitraum vergangen war), konnte der Computer die Zeit aufzeichnen und dann auf den nächsten Ton der Orgel warten. Die Zeitmessschleife des Computers diente also nicht nur dazu, die Höhe der einzelnen Töne zu erkennen, sondern in einem wesentlich längeren Zeitmaßstab konnte sie auch die Zeiträume zwischen den einzelnen Tönen ermitteln.

Nachdem ich diese zentrale Routine zum Laufen gebracht hatte, war der Rest nur noch Knochenarbeit: Ich musste ein benutzerfreundliches Programm schreiben und von Fehlern befreien. Das dauerte recht lange, aber am Ende hatte ich Erfolg. Die Dawkins-Orgel war ein funktionsfähiges Produkt. Der Orgelspieler musste zu Beginn jeder Sitzung eine Tonleiter auf Band aufnehmen – alle Töne der Orgel in aufsteigender Tonhöhe. Die aufgenommene Tonleiter diente dann dazu, die Software zu »kalibrieren« – der Computer »lernte«, welches Tonrepertoire er erkennen sollte. Nachdem die Kalibrierungstonleiter zu Ende war (weil der erste Ton zum zweiten Mal angeschlagen wurde), bezeichneten alle weiteren Töne auf dem Band bestimmte Verhaltensweisen. Dieses Kalibrierungssystem hatte den Vorteil, dass die Orgel nicht sorgfältig gestimmt werden musste. Den Zweck erfüllte jede Folge von Tönen, die sich ausreichend stark voneinander unterschieden, denn der Computer lernte sehr schnell, auf welche Töne er achten musste.

Wurde das Band dann nach Hause gebracht und dem Computer vorgespielt, wusste dieser genau, was das Tier wann getan hatte. Das Kernstück des Programms war die Zeitnehmerschleife, aber sie war in eine beträchtliche Menge anderer Programmteile eingebettet, so dass auf einem Papierband die Namen aller Verhaltensweisen und die genauen Zeitpunkte ihres Auftretens ausgedruckt wurden.

Ich veröffentlichte einen Fachartikel über die Dawkins-Orgel[52] und stellte das Programm kostenlos zur Verfügung. Während der nächsten Jahre benutzten mehrere Mitglieder der Oxforder ABRG die Dawkins-Orgel, und das Gleiche taten einige Verhaltensforscher an anderen Hochschulen, beispielsweise an der University of British Columbia.

Meine Sucht, in Maschinensprache zu programmieren, führte mich auf eine schiefe Ebene. Ich entwickelte sogar meine eigene Programmiersprache namens BEPVAL samt Programmierhandbuch – eine mehr oder weniger überflüssige Übung, da die Sprache von niemandem außer mir und kurzfristig auch von Mike Cullen benutzt wurde. Douglas Adams schrieb eine amüsante Satire über die Form der Computersucht, die mich befallen hatte. Im Mittelpunkt stand darin der Programmierer, der ein bestimmtes Problem *X* lösen soll. Er hätte in fünf Minuten ein Programm zur Lösung von *X* schreiben können, um dann seine Lösung zu nutzen und weiter voranzukommen. Aber statt es sich so einfach zu machen, verbringt er Tage und Wochen damit, ein allgemeineres Programm zu schreiben, das jeder jederzeit nutzen kann, um alle ähnlichen Probleme aus der allgemeinen *Klasse* von *X* zu lösen. Die Faszination liegt nicht darin, eine Antwort auf eine bestimmte Fragestellung *X* zu finden, sondern in der Verallgemeinerung und der Herstellung eines

---

52 Dawkins, Richard: »A cheap method of recording behavioural events for direct computer access«, in: *Behaviour* 40 (1971), S. 162–173.

ästhetisch ansprechenden, nutzerfreundlichen Produkts zum Vorteil einer Population hypothetischer, höchstwahrscheinlich nicht existierender Nutzer. Ein weiteres Symptom dieser verschrobenen Sucht besteht darin, dass man jedes Mal, wenn man ein kleines Problem gelöst hat und der Computer wieder einmal durch einen Reifen gesprungen ist, auf die Straße laufen und irgendjemanden ins Haus zerren möchte, nur um ihm zu zeigen, wie elegant die Lösung ist.

Ungefähr zu jener Zeit ging die produktive Kameradschaft, die durch ein kleines Gebäude wie die 13 Bevington Road begünstigt wurde, zu Ende: Die Arbeitsgruppe für Tierverhaltensforschung zog in das neue Gebäude für Zoologie und Psychologie, eine riesige, schlachtschiffähnliche Entsetzlichkeit an der South Parks Road, die damals inoffiziell als HMS Pringle bezeichnet wurde – nach dem ehrgeizigen Linacre-Professor, der die Hochschulbehörden überredet hatte, es zu bauen; zuvor hatte er sie nicht dazu verleiten können, einen bleistiftdünnen Wolkenkratzer zu errichten, der auf katastrophale Weise Matthew Arnolds *Dreaming Spires* überragt hätte. Dass ich daran mitwirkte, der HMS Pringle später den offiziellen Namen Tinbergen Building zu geben, sehe ich heute mit gemischten Gefühlen, denn sie wird mittlerweile allgemein als hässlichstes Gebäude von Oxford verurteilt. Das Bauwerk erhielt einen Architekturpreis der Concrete Society – das sagt wohl alles.

Ungefähr zur gleichen Zeit veröffentlichte ich in *Nature* einen kurzen Artikel.[53] In unserem Gehirn sterben jeden Tag Hunderttausende von Zellen ab, und das beunruhigte mich schon im Alter von 29 Jahren. Mein auf Darwin versessenes Gehirn suchte Trost in dem Gedanken, die Zellen würden vielleicht nicht nach dem Zufallsprinzip absterben, und dann könnte ein solches umfassendes Gemetzel nicht nur Zerstörung anrichten, sondern auch konstruktiv sein:

> *Ein Bildhauer verwandelt einen homogenen Steinbrocken nicht durch Hinzufügen, sondern durch Wegnehmen von Material in eine komplizierte Statue. Eine Maschine zur elektronischen Datenverarbeitung entsteht höchstwahrscheinlich dadurch, dass man Bauteile auf komplexe Weise verknüpft und dann die Verbindun-*

[53] Dawkins, Richard: »Selective neurone death as a possible memory mechanism«, in: *Nature* 229 (1971), S. 118–119.

*gen anreichert, um sie noch komplexer zu machen. Andererseits könnte man sie aber auch dadurch konstruieren, dass man von äußerst reichhaltigen und sogar zufälligen Verknüpfungen ausgeht und dann durch selektives Durchschneiden von Drähten für eine sinnvollere Organisation sorgt …*
*Die hier vorgeschlagene Theorie mag zunächst phantasievoll erscheinen. Bei weiterem Nachdenken zeigt sich jedoch, dass ihr Mangel an Plausibilität vor allem eine Folge des höchst unwahrscheinlichen Postulats ist, von dem sie ausgeht; nämlich dass die Zahl der Gehirnzellen jeden Tag mit erheblicher Geschwindigkeit zurückgeht. Da dieses Postulat, so weit hergeholt es auch erscheinen mag, eine nachgewiesene Tatsache ist, schlägt die hier formulierte Theorie nichts vor, was zusätzlich besonders unplausibel wäre; ganz im Gegenteil lässt sie den Prozess weniger verschwenderisch erscheinen. Es geht nur um die Frage, ob die Neuronen nach dem Zufallsprinzip absterben oder aber selektiv, so dass Information gespeichert wird.*

Dieser Artikel, eine seltsame, einmalige Angelegenheit, ist vielleicht von mäßigem Interesse als frühes Beispiel für eine Theorie, die später unter dem Namen »Apoptose« in Mode kam – auch wenn ich diesen Namen natürlich nicht verwendete, weil er erst ein Jahr später geprägt wurde.

Wenig später hatte Marian ihren Doktortitel, und nun arbeiteten wir gemeinsam an Forschungsprojekten, die sich während unserer Zeit in Berkeley aus den vielen Diskussionen – dem gegenseitigen Unterricht – herauskristallisiert hatten. Wir planten eine Studie, mit der wir ein grundlegendes Konzept der ethologischen Schule der Tierverhaltensforschung beispielhaft nachweisen und klären wollten: das Instinktverhalten.

Lorenz, Tinbergen und ihre Anhänger waren überzeugt, dass das Verhalten von Tieren zum größten Teil aus einer Abfolge kleiner, uhrwerkartiger Routinen besteht – dem Instinktverhalten, auch *Fixed Action Patterns* oder FAP genannt. Man hielt jedes FAP für etwas Ähnliches wie einen Teil der Anatomie, das ebenso zur körperlichen Ausstattung eines Tieres gehört wie beispielsweise das Schlüsselbein oder die linke Niere. Der Unterschied besteht nur darin, dass Schlüsselbeine und Nieren aus handfestem Material bestehen, während das FAP eine zeitliche Dimension hat: Man kann es nicht nehmen und in eine Schublade stecken, sondern man muss zusehen, wie es sich im Laufe der Zeit entfaltet. Ein bekanntes Beispiel für ein FAP ist die Schiebebewegung, die ein Hund mit der Schnauze ausführt, wenn er einen Knochen vergräbt. Diese Bewegungen spielen sich auch dann auf genau die gleiche Weise ab, wenn der Knochen auf einem Teppich liegt und es keinen Boden gibt, in dem man ihn vergraben könnte. Der Hund sieht dabei eigentlich wie ein (liebenswürdiges) Aufziehspielzeug aus, die Richtung der Bewegung wird allerdings durch die Lage des Knochens beeinflusst.

Jedes Tier hat ein Repertoire von FAPs wie eine jener Puppen, die man mit einer Schnur aufzieht und die dann etwas sagt, was zufällig aus einem begrenzten Repertoire ausgewählt wurde. Wenn ein solcher Ausspruch einmal angefangen hat, läuft er stets bis zum Ende durch. Die Puppe wechselt nicht auf halbem Weg. Die Entscheidung, welchen von einem Dutzend Aussprüche sie hervorbringt, lässt sich nicht vorhersagen, aber wenn die Entscheidung einmal gefallen ist, läuft alles Weitere so berechenbar ab wie ein Uhrwerk. Das war die Doktrin des Instinktverhaltens, mit der Marian und ich als Verhaltensforscher der Tinbergen-Schule groß geworden waren; aber spiegelte sie wirklich die Realität wider? Das war die Frage, die wir beantworten wollten – oder genauer gesagt, die Frage, die wir so in Begriffe fassen wollten, dass man sie beantworten konnte.

Theoretisch könnte man den kontinuierlichen Ablauf des Tierverhaltens als Abfolge von Muskelkontraktionen festhalten. Aber wenn die FAP-Theorie stimmt, wäre es wegen der Vorhersagbarkeit der Verhaltensweisen selbst dann mühsam und unnötig, jede Muskelbewegung aufzuzeichnen, wenn es möglich wäre. Stattdessen müsste man nur die FAPs festhalten, und mit der Reihenfolge der FAPs wäre dann – einer extremen Interpretation zufolge – das Verhalten dieses Tiers vollständig beschrieben.

Das Ganze funktioniert aber nur, wenn die FAPs tatsächlich eine Entsprechung zu Organen oder Knochen sind – oder mit anderen Worten: wenn jedes Verhaltensmuster tatsächlich als Ganzes auftritt und nicht in der Mitte abbricht oder sich mit anderen Mustern vermischt. Marian und ich wollten einen Weg finden, um einzuschätzen, inwieweit diese Voraussetzung stimmt. Wir hatten uns beide in unseren Doktorarbeiten auf unterschiedliche Weise mit Entscheidungsprozessen auseinandergesetzt, und so war es für uns nur natürlich, die FAP-Frage in die Sprache von Entscheidungen zu übersetzen. Nach dieser Sprachregelung fällt ein Tier die *Entscheidung*, ein FAP in Gang zu setzen; ist diese einmal gefallen, läuft das FAP bis zum Ende ab, und bis dahin finden keine weiteren Entscheidungen statt. Wenn es so weit ist, tritt der Strom der Verhaltensweisen in eine Phase der Unsicherheit ein, bis die nächste Entscheidung, ein FAP zu beginnen (und abzuschließen), gefällt wird.

Wir entschlossen uns, als Beispiel das Trinkverhalten von Hühnern zu untersuchen, und hofften, dass es repräsentativ sein würde.[54] Wenn Vögel (mit Ausnahme von Tauben, die Flüssigkeit einsaugen) trinken, spielt sich eine elegante Bewegungsfolge ab, die sicher subjektiv den Eindruck vermittelt, sie werde von einer ganz bestimmten Entscheidung in Gang gesetzt und laufe dann stets ab, bis sie abgeschlossen ist. Aber konnten wir unseren subjektiven Eindruck auch mit handfesten Daten untermauern?

Wir filmten unsere Hühner von der Seite, während sie tranken, und analysierten dann an einem Einzelbild nach dem anderen ihr Verhalten; auf diese Weise wollten wir herausfinden, ob wir ihre »Entscheidungsstruktur« messen konnten. Wir vermaßen die Position des Hühnerkopfes in aufeinanderfolgenden Einzelbildern und gaben die Koordinaten in den Computer ein. Dahinter stand der Gedanke, quantitativ zu erfassen, inwieweit sich das nächste Einzelbild aufgrund der Position des Kopfes in den vorhergegangenen Bildern voraussagen lässt.

Das erste der folgenden Diagramme zeigt für ein einziges Huhn, das dreimal trank, die Höhe des Auges zu verschiedenen Zeitpunkten, ausgerichtet an dem Moment (null auf der Zeitachse), in dem der Schnabel auf das Wasser traf. Man bekommt ein Gespür dafür, dass das Verhalten von diesem Augenblick an oder sogar von einem Zeitpunkt kurz davor stereotyp und vorhersagbar abläuft; der erste Teil der Abwärtsbewegung dagegen ist variabler und abhängig von Entscheidungen: der Entscheidung, innezuhalten oder sogar (wie wir in einem Experiment zeigen konnten) die Trinkbewegung abzubrechen.

Aber wie sollten wir die Vorhersagbarkeit messen? Eine Möglichkeit zeigt das zweite Diagramm. Es gibt genau wie das vorherige Schema eine einzige Trinkbewegung wieder. Dieses Mal sind aber an der

[54] Dawkins, Richard und Marian: »Decisions and the uncertainty of behaviour«, in: *Behaviour* 45 (1973), S. 83–103.

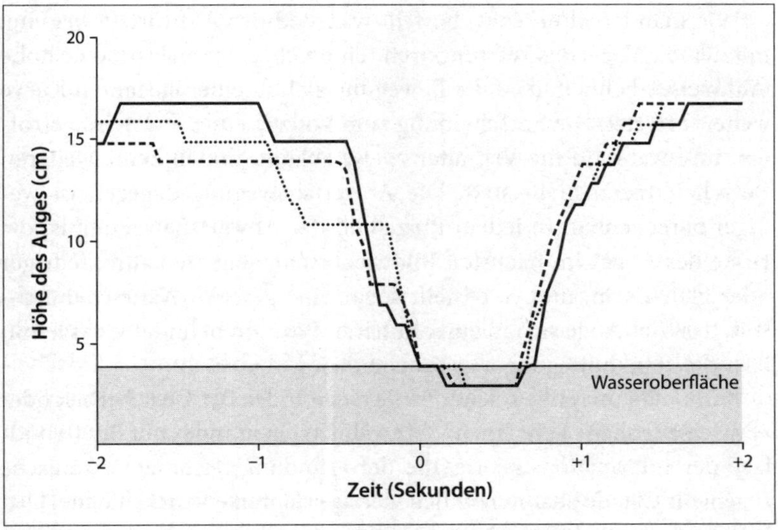


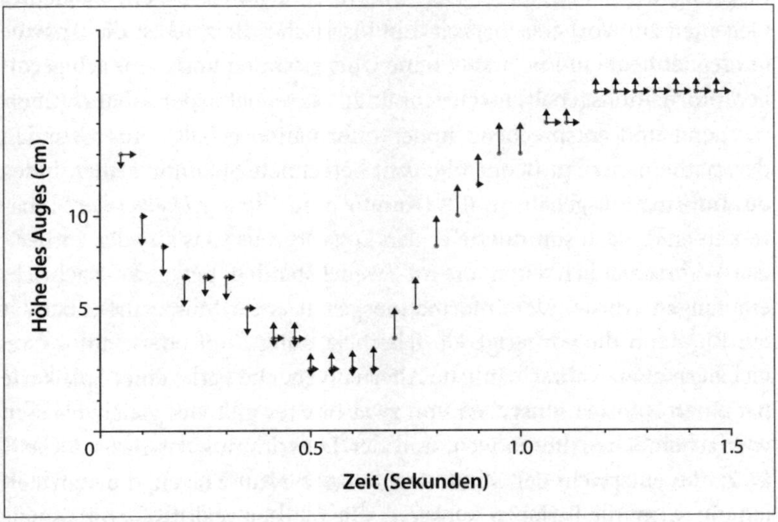


Darstellung der Augenpositionen jeweils Pfeile angebracht. Die Länge des Pfeils kennzeichnet für jedes einzelne Bild des Films die Wahrscheinlichkeit (berechnet aus allen Trinkbewegungen aller Hühner), dass das Auge sich im nächsten Einzelbild höher, tiefer oder auf gleicher Höhe befinden wird.

Wie man leicht erkennt, besteht während der Aufwärtsbewegung, mit der der Vogel das Wasser durch seine Kehle rinnen lässt, eine hohe Wahrscheinlichkeit, dass die Bewegung sich in einer eleganten Kurve weiter fortsetzt. Die Entscheidung zum Vollzug eines FAP wird getroffen, und während die Verhaltensweise abläuft, finden keine weiteren Entscheidungen mehr statt. Die Abwärtsbewegung dagegen ist weniger berechenbar. In jedem Einzelbild der Abwärtsbewegung ist die Höhe des Auges im nächsten Bild unentschieden: Sie kann niedriger oder gleich sein, und es besteht sogar eine gewisse Wahrscheinlichkeit, dass das Auge sich in einer höheren Position befindet – das heißt, dass die Trinkbewegung abgebrochen wird.

Kann man mit Hilfe solcher Pfeile einen Index der Unsicherheit oder »Entschiedenheit« berechnen? Wir wählten einen Index auf der Grundlage der Informationstheorie, die der erfindungsreiche amerikanische Ingenieur Claude Shannon in den vierziger Jahren entwickelt hatte. Den Informationsgehalt einer Nachricht kann man formlos als ihren »Überraschungswert« definieren. Der Überraschungswert ist ein bequemes Gegenteil zur Vorhersagbarkeit. Ein klassisches Beispiel ist die Aussage »es regnet heute in England« (keine Überraschung und demnach geringer Informationsgehalt) im Gegensatz zu »es regnet in der Sahara« (überraschend und entsprechend hoher Informationsgehalt). Aus Gründen der mathematischen Bequemlichkeit berechnete Shannon seinen Index des Informationsgehalts in *Bits* (Kurzform für *Binary Digits* oder »binäre Zahlen«); dazu summierte er den Logarithmus (Basis 2) der vorherigen Wahrscheinlichkeiten, die im Zweifel standen, bevor die Nachricht empfangen wurde. Der Informationsgehalt eines Münzwurfes beträgt ein Bit, denn die vorherige Unsicherheit lautet Kopf oder Zahl – zwei gleichermaßen wahrscheinliche Alternativen. Die Farbe einer Spielkarte hat einen Informationsgehalt von zwei Bits (es gibt vier gleichermaßen wahrscheinliche Alternativen, und der Logarithmus zur Basis 2 von 4 ist 2; dies entspricht der Mindestzahl von Ja-Nein-Fragen, die man stellen muss, um die Farbe zu erfahren). Die meisten realistischen Beispiele sind nicht so einfach, und die möglichen Ergebnisse sind in der Regel nicht gleichermaßen wahrscheinlich, aber das Prinzip bleibt das gleiche, und das Kunststück lässt sich mit einer Version der gleichen mathematischen Formel auf bequeme Weise vollbringen. Diese mathematische Bequemlichkeit war für uns der Anlass, den Shannon-Informationsindex als Maß für Vorhersagbarkeit oder Unsicherheit zu wählen.

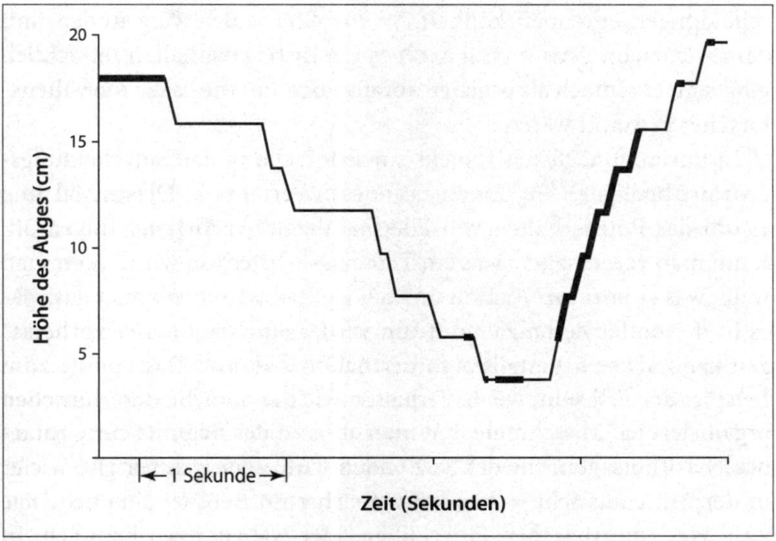


Wieder trugen wir die Höhe des Auges während der Trinkbewegung in einem Diagramm gegen die Zeit ein (siehe oben). Die dünnen Linien stellen Zeiten mit geringer Vorhersagbarkeit dar – hier besteht eine hohe Wahrscheinlichkeit, dass eine Entscheidung dazwischenkommt und Einfluss auf die Zukunft nimmt.

Die dicken schwarzen Linien entsprechen Zeiten mit hoher Vorhersagbarkeit (das heißt mit einem Informationsgehalt unterhalb eines willkürlich festgelegten Schwellenwertes von 0,4 Bits); in diesen Phasen wird eine Entscheidung umgesetzt, und man rechnet nicht mit neuen Entscheidungen. Wenn die Aufwärtsbewegung begonnen hat, ist sie vorhersagbar, für die Abwärtsbewegung gilt das aber nicht. Die Pause zwischen den Trinkbewegungen lässt sich aus einem recht langweiligen Grund vorhersagen: Sie setzt sich wahrscheinlich bis in das nächste Einzelbild hinein fort – wann die nächste Trinkbewegung beginnen wird, lässt sich kaum vorhersagen.

Wie immer muss man daran denken, dass die einzelne Verhaltensweise als solche – hier das Trinken – nicht interessant ist. Das Trinkverhalten von Hühnern stand genau wie die Pickbewegungen in meiner Doktorarbeit stellvertretend für das Verhalten im Allgemeinen. Wir interessierten uns für die Frage, ob Entscheidungen getroffen werden und – im Falle des Trinkens – ob wir die Zeitpunkte der Entscheidungen erkennen können. Wir wollten einen Weg finden, mit dem wir nachweisen konnten, ob es ein Instinktverhalten tatsächlich gibt, statt es einfach als gegeben vorauszusetzen, wie es die Verhaltensforscher gewohnt waren.

In unserem nächsten Projekt zur Erforschung der Entscheidungsprozesse bedienten wir uns eines anderen Verfahrens. Dieses Mal ging es um das Putzverhalten von Fliegen. Verhaltensforscher fragen oft: Kann man voraussagen, was ein Tier als Nächstes tun wird, wenn man weiß, was es jetzt tut? Marian und ich wollten wissen, ob man das, was es in der entfernteren Zukunft tun wird, manchmal *besser* vorhersagen kann als sein Verhalten in der nahen Zukunft. Das könnte zum Beispiel der Fall sein, wenn Verhalten wie die Sprache der Menschen organisiert ist. Manchmal kann man anhand des Beginns eines Satzes besser vorhersagen, wie der Satz enden wird, aber weniger gut, wie er in der Mitte aussieht – dort könnte sich zum Beispiel eine beliebige Zahl von adjektivischen Einschüben oder Nebensätzen befinden. In dem Satz »Das Mädchen hat den Ball geworfen« verlangt der Anfang nach etwas Ähnlichem wie dieser Endung, ganz gleich, ob in der Mitte noch Adjektive, Adverbien oder Nebensätze eingebettet sind: »**Das Mädchen** mit den roten Haaren, das nebenan wohnt, **hat den Ball** kräftig **geworfen.**«

Im Putzverhalten von Fliegen fanden wir keine Anhaltspunkte für eine sprachähnliche grammatikalische Struktur (allerdings wird von Genauerem noch die Rede sein). Im zeitlichen Zerfall der Vorhersagbarkeit entdeckten wir aber ein interessantes Zickzackmuster: Die unmittelbare Zukunft ist unter Umständen weniger gut vorhersagbar als die (geringfügig) weiter entfernte Zukunft. Unsere Forschungsarbeiten waren ein wenig kompliziert; deshalb möchte ich sie hier nur kurz und nicht im Detail skizzieren.

Fliegen gelten normalerweise nicht gerade als hübsch, aber wie sie sich das Gesicht und die Füße waschen, ist recht liebenswürdig. Jeder, auf dem einmal eine Fliege landet, kann das Verhalten beobachten. Sie reibt die Vorderbeine aneinander oder wischt damit über ihre großen Augen. Oder sie reibt auf einer Seite das mittlere am hinteren Bein oder reinigt mit den Hinterfüßen den Bauch oder die Flügel. Irgendwo in diesem winzigen Kopf werden spontane Entscheidungen erzeugt, und ein beträchtlicher Teil dieser Entscheidungen betrifft die Frage, welcher Körperteil als Nächster gereinigt werden soll. Das

Putzverhalten war für uns so reizvoll, weil die Verhaltensentscheidungen der Fliege wahrscheinlich nicht von außen stimuliert werden. Wir gingen davon aus, dass die äußere Anregung sich zu einem ständig vorhandenen Bedürfnis summiert, sich sauber zu halten – wobei ständig vorhanden bedeutet, dass es zwar wichtig ist, wahrscheinlich aber nicht genau vorgegeben wird, wann die Fliege sich für eine bestimmte Putztätigkeit entscheidet. Schmutzige Flügel sind vielleicht beim Fliegen hinderlich. Schmutz beeinträchtigt auch die äußerst empfindlichen Geschmacksorgane in den Füßen, mit deren Hilfe die Fliegen entscheiden, ob sie die Zunge herausstrecken und etwas fressen. Reinigung ist also wichtig. Aber die Entscheidung, welcher Körperteil gereinigt wird, hängt wahrscheinlich nicht davon ab, dass plötzlich ein neues Stück Schmutz hinzukommt. Wir vermuteten vielmehr, dass diese schnellen, von Augenblick zu Augenblick getroffenen Entscheidungen von innen heraus kommen und durch unsichtbare Schwankungen im Nervensystem verursacht werden.

Wir konnten acht verschiedene Putztätigkeiten unterscheiden und gingen davon aus, dass sie sich als FAPs darstellen würden, wenn wir genügend Zeit hatten und eine Einzelbildanalyse vornahmen wie bei den trinkenden Hühnern: FR (Aneinanderreiben der Vorderbeine), TG (Reiben der Zunge zwischen den Vorderbeinen), HD (Abwischen des Kopfes mit den Vorderbeinen), FM (Reiben eines mittleren Fußes zwischen den Vorderfüßen), BM (Reiben des linken oder rechten mittleren Fußes zwischen den Hinterbeinen), BF (Aneinanderreiben der Hinterbeine), AB (Abwischen des Bauches mit den Hinterbeinen), WG (Abwischen der Flügel mit den Hinterbeinen). Mit einer Dawkins-Orgel zeichneten wir die Abfolge dieser acht Putztätigkeiten auf, außerdem noch MV (Wegbewegen) und NO (Stillstehen, Nichtstun).

Das folgende Diagramm zeigt, mit welcher Wahrscheinlichkeit eine Fliege, die jetzt gerade HD vollzieht, als Nächstes FR machen wird (»Verzögerung« = 1 bedeutet sehr hohe Wahrscheinlichkeit) oder aber beim übernächsten Mal (sehr niedrige Wahrscheinlichkeit), beim überübernächsten Mal (hohe Wahrscheinlichkeit), beim überüberübernächsten Mal (geringe Wahrscheinlichkeit) und so weiter. Wie man leicht erkennt, besteht eine ausgeprägte Neigung zum Abwechseln, und allgemein schwindet die Vorhersagbarkeit (wie nicht anders zu erwarten) dahin, wenn man in die entferntere Zukunft blickt und immer längere »Verzögerungen« betrachtet.

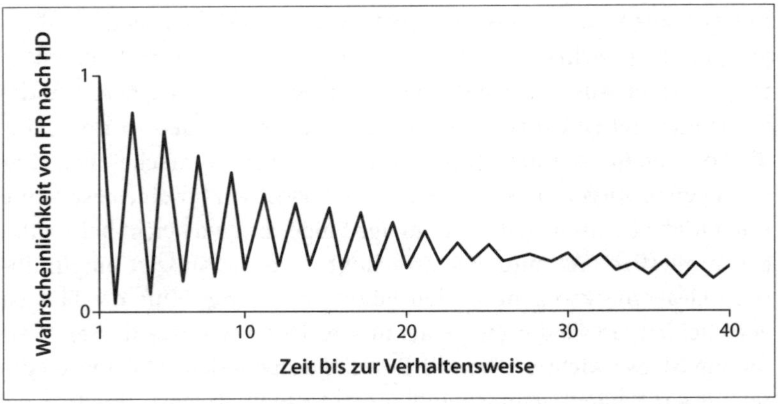


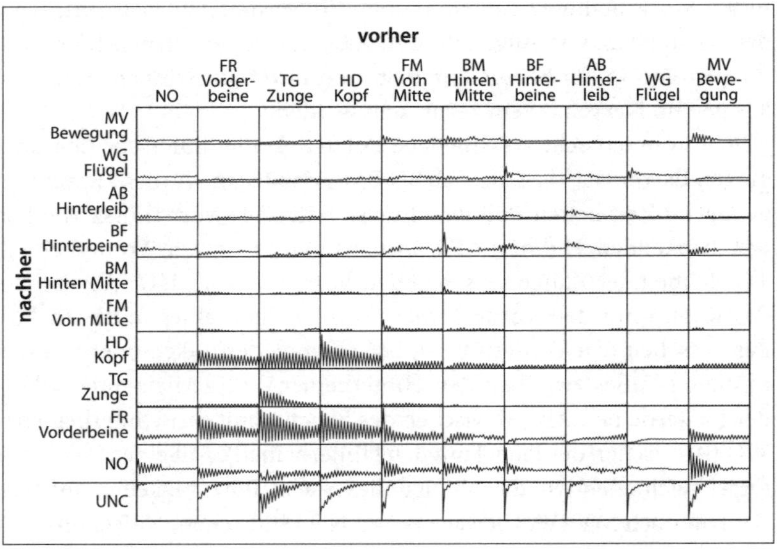


Dieses Bild gilt für den besonderen Fall des FR, das auf HD folgt. Wir zeichneten Grafiken des gleichen Typs für alle möglichen Fälle und stellten sie zu einer Tabelle zusammen (siehe oben).

Wie man daran erkennt, erfolgt der Wechsel in vielen Fällen nach dem gleichen Zickzackmuster, manche sind aber auch nach Phasen verschoben. Die unterste Reihe (UNC) zeigt, welche Unsicherheit sich mit den Voraussagen für die Zukunft nach jeder Verhaltensweise verbindet; sie wurden genau wie in der Studie zum Trinkverhalten der Hühner mit Hilfe des Shannon-Informationsindex berechnet.

Wir stellten auch das Experiment an, Gesetzmäßigkeiten im Tierverhalten mit Hilfe des menschlichen Ohres zu identifizieren. Zu diesem Zweck gaben wir das Putzverhalten der Fliegen mittels der Dawkins-Orgel wieder, wobei wir aber die tatsächlichen Pausen zwischen den einzelnen Tönen entfernten. Ich wies den Computer an, alle Pausen auf eine einzige kurze Standardpause zu verringern, und dann hörten wir uns einfach die »Musik« an. Sie wirkte wie ziemlich »moderner« (im Gegensatz zu »traditionellem«) Jazz. Außerdem erinnerte sie mich an den »singenden« Elliott-Computer aus der schlaflosen Beziehung meiner Jugendzeit – ich nehme an, dies ist ein interessanter Vergleich. Ich glaubte, das menschliche Ohr könne ein vielversprechendes Hilfsmittel sein, wenn man Gesetzmäßigkeiten im Verhalten von Tieren finden will, aber ich verfolgte die Methode nicht weiter; hier schildere ich sie nur als interessante Kuriosität. Hätte es zu jener Zeit schon das World Wide Web gegeben, ich hätte sicher die Waschmusik der Fliegen hochgeladen, und heute könnte man dazu tanzen. Aber wie die Dinge liegen, habe ich die Befürchtung, dass die Zweiflüglermelodien wie der Lost Chord für immer dahin sind.

Dass unsere Untersuchung an den Fliegen und die vorherigen anderen Studien zur Entscheidungsfindung große Aufschlüsse darüber lieferten, wie das Gehirn von Tieren funktioniert, kann ich nicht behaupten. Ich sehe in ihnen vor allem eine Erprobung von Methoden, und zwar nicht nur von Methoden zur Erforschung des Tierverhaltens, sondern auch von Methoden des *Denkens*. Marian und ich widmeten noch viele weitere Arbeiten den Fliegen; die Ergebnisse sind veröffentlicht, und ich möchte hier nicht weiter darüber berichten. Die Arbeiten flossen aber in mein nächstes großes schriftstellerisches Projekt ein: eine lange theoretische Abhandlung über »Hierarchische Organisation als mögliches Prinzip der Verhaltensforschung«. Sie ist Gegenstand eines späteren Abschnitts.

Mittlerweile – es war das Jahr 1973 – hatte Niko Tinbergen (zusammen mit Konrad Lorenz, seinem Mitbegründer der Verhaltensforschung, und Karl von Frisch, dem Entdecker des legendären Bienentanzes) den Nobelpreis für Physiologie oder Medizin erhalten. Nur ein Jahr später, 1974, erreichte Niko die in Oxford geltende Zwangspensionierungsgrenze von 67 Jahren, und die Universität erklärte sich bereit, einen Nachfolger als *Reader* für Tierverhalten zu ernennen. *Reader* war in Oxford ein sehr prestigeträchtiger Rang, aber die Bezeichnung ist heute in Vergessenheit geraten, weil man den Titel »Professor« in Übereinstimmung mit der amerikanischen Sitte freigebig verteilt – das sind dann die recht unfreundlich benannten »Mickymaus-Professoren«. Ich war mit meiner Stellung als Dozent sehr zufrieden und hatte nicht den Ehrgeiz, mich auf die Stelle zu bewerben.

Die meisten hielten Mike Cullen für Nikos natürlichen Nachfolger. Vielleicht gerade aus diesem Grund und um einen sauberen Schnitt zu machen, entschied sich die Findungskommission mehrheitlich für David McFarland. Hans Kruuk schreibt in seiner Biographie über Tinbergen: »Man hätte kaum jemanden finden können, der Niko unähnlicher gewesen wäre.« Davids Berufung war zwar in vielen Kreisen umstritten, in mancher Hinsicht war sie aber inspirierend, zumindest wenn man die Ansicht vertritt, dass eine neue Berufung auch die Gelegenheit für einen Neuanfang bietet. McFarlands wissenschaftliche Arbeit war stark theoretisch und sogar mathematisch ausgerichtet. Er brachte die Intuition eines Mathematikers mit und umgab sich mit ausgebildeten Mathematikern und Ingenieuren, die alle notwendigen Berechnungen anstellen konnten. Die Gespräche im Aufenthaltsraum drehten sich jetzt nicht mehr um Möwen und Stichlinge, sondern um Rückkopplungssteuerung und Computersimulationen.

Vielleicht zeigte sich hier im Kleinen, welcher Wandel insgesamt in der Biologie stattfand. Ich war jung und noch nicht auf meinen Wegen eingefahren. Vielmehr hatte ich die Einstellung »Wenn du sie nicht besiegen kannst, schließe dich ihnen an«. Also ging ich daran, von den Ingenieuren und Mathematikern in meiner Umgebung die Steuerungstheorie zu lernen. Und wie lernt man besser als durch die Praxis? Wieder schwelgte ich in meiner Leidenschaft – oder meinem Fluch: der Computerprogrammierung. Ich schrieb ein Programm (»mein« PDP-8), mit dem ein Digitalcomputer sich wie eine analoge Rechenmaschine verhalten konnte. Zu diesem Zweck erfand ich wiederum eine neue Programmiersprache, die ich SysGen nannte.

Anders als in einer herkömmlichen Programmiersprache wie Fortran, in der die Anweisungen nacheinander abgearbeitet werden, wurden Aussagen in SysGen »simultan« ausgeführt – aber nicht tatsächlich gleichzeitig, denn auf der untersten Ebene arbeitet ein Digitalcomputer immer sequentiell; man konnte sie aber in jeder beliebigen Reihenfolge aufschreiben. Als ich das SysGen-Interpreter-Programm schrieb, stellte sich für mich die Aufgabe, den Digitalrechner dazu zu bringen, dass er sich verhielt, als würden die Operationen simultan ablaufen – als wäre er also ein virtueller Analogrechner. Und wie bei einem Analogrechner wurden die Ergebnisse als Gruppen von Kurven auf einem Oszilloskop-Bildschirm dargestellt.

Wie nützlich SysGen in der Praxis war, weiß ich nicht genau, aber indem ich die Sprache erfand und das zugehörige Interpreter-Programm schrieb, verstand ich sicher nicht nur die Steuerungstheorie besser, sondern auch die Integralrechnung. Es verschaffte mir eine viel bessere Vorstellung davon, was »Integrieren« eigentlich bedeutet. Immer wieder musste ich an meinen Großvater mütterlicherseits denken, der mir das Buch *Calculus Made Easy* seines alter Mentors Silvanus Thompson (von dem der zuvor bereits zitierte Lieblingsausspruch »Was der eine Dummkopf kann, kann auch ein anderer« stammte) empfohlen hatte. Seine Erklärung der Integralrechnung beginnt Thompson mit einem anderen Satz, der sich meinem Gedächtnis eingeprägt hat: »Am besten würden wir keine Zeit damit verlieren, die Integralrechnung zu lernen.« In Ernie Dows Unterricht hatte ich die Integralrechnung nur halb verstanden, und SysGen verschaffte mir die praktische Erfahrung, die das Begreifen erleichtert.

Ähnlich in der Zielrichtung, aber viel einfacher und weniger zeitaufwendig waren meine Bemühungen, die Chomsky'sche Linguistik mit der Methode der praktischen Anwendung zu verstehen. Ich schrieb ein Computerprogramm zur Erzeugung von Zufallssätzen, die vielleicht nicht besonders sinnvoll, grammatikalisch aber peinlich genau richtig waren. Das ist einfach – und schon diese Tatsache ist aufschlussreich –, denn unsere Programmiersprache erlaubt es, dass einzelne Prozesse (Subroutinen) sich selbst *rekursiv* aufrufen. Das gilt auch für Algol-60, die Programmiersprache, die ich zu jener Zeit unter dem Einfluss von Roger Abbott bevorzugte – ihm war es auf brillante Weise gelungen, einen Algol-Compiler für den PDP-8 zu schreiben. Im Gegensatz zu der damals gängigen Version des alten Arbeitspferdes wissenschaftlicher Programmierer, der Sprache Fortran von IBM, konnten Algol-Subroutinen sich selbst aufrufen. Zu Fortran fällt mir ein netter Insiderwitz ein, den Terry Winograd, ein Pionier der künstlichen Intelligenz, gern erzählte. Irgendwann in den siebziger Jahren nahm ich in Cambridge an einer faszinierenden Tagung teil, auf der es um den aktuellen Stand bei der Programmierung künstlicher Intelligenz ging; Winograd war der Star unter den Vortragenden. Irgendwann ließ er einen großartig sarkastischen Ausspruch los: »Na gut, vielleicht gehören Sie zu jenen, die sagen: ›Fortran war gut genug für meinen *Großvater*, also ist es auch gut genug für mich.‹«

Da unsere Programmiersprache es ermöglicht, dass Prozesse sich selbst rekursiv aufrufen, ist es von bemerkenswerter – und eleganter – Einfachheit, Programme zu schreiben, die eine korrekte Grammatik erzeugen. Ich schrieb ein Programm, dessen Subroutinen NounPhrase (Substantiv-Satzteil), AdjectivalPhrase (Adjektiv-Satzteil), PrepositionalClause (Präpositionsalsatz), RelativeClause (Relativsatz) und so weiter trugen; jede von ihnen konnte jede andere Subroutine einschließlich ihrer selbst aufrufen, und dann entstanden Zufallssätze wie dieser:

> *(The adjective noun (of the adjective noun (which adverbly adverbly verbed (in noun (of the noun (which verbed))))) adverbly verbed)*

Analysiert man den Satz sorgfältig (was ich hier mit Klammern getan habe – der Computer erzeugte sie nicht, sondern unterstellte sie einfach), so stellt man fest, dass er grammatikalisch richtig ist, auch wenn er nicht gerade vor Informationen strotzt. Er ist syntaktisch, nicht aber semantisch sinnvoll. Der Computer kann ohne weiteres auch Semantik (allerdings keinen Sinn) hineinbringen, indem er »noun«, »adjective« und so weiter gegen bestimmte, zufällig ausgewählte Substantive und Adjektive austauscht. Man kann also leicht einen Wortschatz aus einem beliebigen Bereich einschleusen, beispielsweise aus Pornographie oder Ornithologie. Oder man bedient sich des Vokabulars eines frankophon klingenden Metageschwätzes – wie Andrew Bulhak es später tat, als er seinen vergnüglichen »Postmodernismusgenerator« schrieb, den ich in *A Devil's Chaplain* zitiert habe:

> *Untersucht man die kapitalistische Theorie, so steht man vor einer Alternative: Entweder lehnt man den neotextuellen Materialismus ab, oder man gelangt zu dem Schluss, dass die Gesellschaft einen objektiven Wert hat. Wenn der dialektische Desituationismus Bestand hat, müssen wir zwischen Habermas'schem Diskurs und dem subtextuellen Paradigma des Kontextes wählen. Man kann sagen, dass das Subjekt in einem textuellen Nationalismus, der die*

*Wahrheit als Realität einschließt, kontextualisiert wird. In einem gewissen Sinn besagt die Voraussetzung des subtextuellen Paradigmas des Kontextes, dass die Realität dem kollektiven Unbewussten entstammt.*

Dieser zufällig erzeugte Wortmüll ist ungefähr ebenso inhaltsreich wie so manche Zeitschrift, die sich dem Metageschwätz der »Literaturtheorie« widmet; Bulhaks Programm kann davon buchstäblich unbegrenzte Mengen erzeugen.

Noch zwei weitere Programmierprojekte haben ihren Ursprung ungefähr in diesem Abschnitt meines Lebens, und wie sich herausstellte, trugen beide dazu bei, meine Fähigkeiten für die Zukunft zu verbessern, auch wenn sie nicht unbedingt Ergebnisse von unmittelbarem praktischem Nutzen hervorbrachten. Das erste war ein Programm, das von einer Computersprache in die andere übersetzen konnte, genauer gesagt von BASIC nach Algol-60. Für diese beiden Sprachen funktionierte es gut, und mit kleineren Detailveränderungen hätte es auch dazu dienen können, aus jeder beliebigen Computersprache dieses allgemeinen Algorithmentyps in jede andere zu übersetzen. Mein zweites Projekt war zu jener Zeit STRIDUL-8, ein Programm, das den PDP-8-Computer singen ließ wie eine Grille.

Die Anregung, mit Grillen zu arbeiten, hatte ich von meinem Freund aus Berkeley, dem Neurobiologen David Bentley, und mein insektenkundlich interessierter Doktorand Ted Burk (der heute Professor in Nebraska ist) war erpicht darauf, seine Doktorarbeit über sie zu schreiben. David schickte mir freundlicherweise ein paar Eier der Pazifik-Feldgrille *Teleogryllus oceanicus.* In Oxford schlüpften die kleinen Grillen, und wenig später besaßen wir eine gedeihende Kolonie, die von Ted versorgt und mit Kopfsalat gefüttert wurde. Während Ted seinen produktiven Forschungsarbeiten über das Verhalten der Grillen nachging, konzipierte ich parallel dazu ein Projekt mit einem vom Computer erzeugten Balzgesang. Das Forschungsprojekt wurde nie vollendet, aber was ich fertigstellte, war STRIDUL-8; es funktionierte recht gut.

Meine Versuchsapparatur war eine Wippe. Sie bestand aus Balsaholz und war sehr leicht – was sie für Grillen auch sein musste. Eigentlich handelte es sich nur um einen langen Gehweg aus Balsaholz, der an den Enden und oben mit Netzen verschlossen war und in der

Mitte auf einem drehbaren Stützpunkt ruhte. Jeweils eine Grille wurde auf den Gehweg gesetzt und konnte dann so oft, wie sie wollte, von einem Ende zum anderen laufen. Hatte sie ein Ende erreicht, kippte die Wippe dort nach unten, und diese Bewegung wurde von einem Mikroschalter aufgezeichnet, der – und das war wichtig – auch den Ausgangspunkt des Geräusches umkehrte. An jedem Ende der Wippe befand sich ein kleiner Lautsprecher. Der Grillengesang wurde immer von demjenigen Lautsprecher abgespielt, der sich an dem der Grille entgegengesetzten Ende der Wippe befand. Stellen wir uns einmal vor, wir wären ein Grillenweibchen und säßen mehr in Richtung des westlichen Endes des Korridors. Der Gesang kommt von Osten. Was wir hören, gefällt uns, also spazieren wir in östlicher Richtung. Nähern wir uns aber dem östlichen Ende, kippt die Wippe durch unser Gewicht in diese Richtung, der Mikroschalter wird umgelegt, und der Computer spielt den Gesang nun am westlichen Ende ab. Also wandern wir wieder nach Westen, und der ganze Vorgang wiederholt sich in umgekehrter Richtung. Bevorzugte Gesänge setzten deshalb auf der Wippe eine große Zahl von Umkehrbewegungen in Gang, die vom Computer festgehalten wurden. Ob die weibliche Grille glaubte, sie sei hinter einem scheuen Männchen her, das sich ständig zurückzog, oder ob sie glaubte, das Männchen springe fröhlich über ihren Kopf, oder ob sie überhaupt etwas dachte, lässt sich unmöglich feststellen. Unbeliebte Lieder führten dazu, dass die Wippe nur wenige Male kippte. Und wenn ein Gesang richtig unangenehm war, blieb die Grille am anderen Ende des Laufweges und erzeugte überhaupt keine Wippbewegungen.

Mit dieser Apparatur untersuchte ich also, wie sehr Grillen verschiedene Lieder lieben. Ich spielte der Grille auf der schwankenden Wippe fünf Minuten lang das Lied *A* vor, tat dann das Gleiche mit dem Lied *B*, und so weiter; das Ganze wiederholte ich viele Male in ordnungsgemäß zufälliger Reihenfolge. Die Zahl der Wippenbewegungen war ein Maß dafür, wie beliebt die einzelnen Lieder bei den Grillen waren. Die vom Computer erzeugten Lieder verwendete ich im Gegensatz zu echten Grillengesängen, um nach klassischer Tinbergen-Manier herauszufinden, was die Grillen an den Liedern ihrer eigenen Spezies besonders mögen. Mit dem Computer konnte man den Gesang systematisch variieren. Anfangs hatte ich vor, mit einer Simulation des natürlichen Gesangs der Spezies zu beginnen und ihn dann abzuwandeln – Stücke wegzulassen, andere zu verstärken, die Abstände zwischen den Zirplauten zu variieren und so weiter. Später hatte ich die ein wenig verwegene Hoffnung, man könne den Computer stattdessen auch so programmieren, dass er mit einem zufälligen Lied anfängt und dann »lernt« – man könnte ebenso gut auch sagen »eine Evolution vollzieht« – und Schritt für Schritt »Mutationen« auswählt, bis er sich nach und nach auf ein synthetisches Lieblingslied festgelegt hat. Und angenommen, bei diesem Lieblingslied handelt es sich um den natürlichen Gesang von *Teleogryllus oceanicus* – wäre das nicht eine Sensation? Anschließend hätte ich das Gleiche mit *Teleogryllus commodus* gemacht, und der Computer hätte sich auf deren ganz anderen Song eingeschossen. Was für ein Glück wäre das für den Wissenschaftler gewesen?

Als ich den Computer so programmierte, dass er singen konnte, wollte ich ihn so vielseitig wie möglich machen. Vielseitigkeit beherrschen Computer gut. Wie bei der Simulation des Analogrechners und bei dem Computersprachen-Übersetzungsprogramm wollte ich das allgemeine Prinzip programmieren. An dieser Stelle kam STRIDUL-8 ins Spiel: Seine Computersprache erlaubte es, jede beliebige Kombination aus Geräuschen und Pausen festzulegen und damit jeden Grillengesang der Welt zu erzeugen. STRIDUL-8 verfügte über eine intuitiv plausible Klammernotation, die es dem Nutzer ermöglichte, Wiederholungen und in Wiederholungen eingebaute Wiederholungen einzubauen, ein Prinzip, das an die Grammatik einer Sprache erinnerte (siehe Seite 202 und 208).

STRIDUL-8 funktionierte gut. Die von ihm simulierten Grillengesänge hörten sich für das menschliche Ohr nach echten Grillen an, und man konnte den Computer sehr einfach so programmieren, dass er wie jede beliebige Grillenart auf der Welt klang. Aber als ich das System Dr. Henry Bennet-Clark vorführte, einem weltweit anerkannten Experten für die Akustik der Insektengeräusche, der gerade aus Edinburgh gekommen war und eine Position in Oxford angetreten hatte, verzog er das Gesicht und sagte: »Uh!« STRIDUL-8 konnte nur den zeitlichen Ablauf der Geräuschpulse festlegen, wobei jeder Puls einem Strich des einen Flügels am anderen entsprach. Ich hatte nicht den Versuch unternommen, die tatsächliche Wellenform nachzuahmen, die von den einzelnen Flügelstrichen erzeugt wurde, und genau darin bestand Henrys Einwand. Er hatte recht. So wie STRIDUL-8 war, konnte es niemals den europäischen Baumgrillen gerecht werden, über deren Gesang Henry einmal geschrieben hatte, so müsse Mondlicht klingen, wenn man es hören könne. Ich war vorübergehend entmutigt und schob mein Grillengesangsprojekt auf die lange Bank; gleichzeitig hatte ich andere drängende Aufgaben, insbesondere eine schwierige Einladung aus Cambridge. Und leider nahm ich die Arbeit nie wieder auf: Die Tage meiner Grillen waren vorüber. Ich habe das oft bedauert. Nach meinem Eindruck haben die meisten Wissenschaftler offene Fragen, Projekte, die sie angefangen und nie vollendet haben. Hätte ich jemals auch nur die vage Absicht gehabt, zu den Grillen zurückzukehren, sie wäre durch das Moore-Gesetz zunichtegemacht worden: Computer verändern sich schnell, und wenn man eine offene Fragestellung so lange liegen lässt wie ich, stellt man fest, dass alle mittlerweile vorhandenen Computer neuere, attraktivere Modelle sind, die vergessen haben, wie man ältere Programme ablaufen lässt. Um heute einen Computer zu finden, auf dem STRIDUL-8 läuft, müsste ich ins Museum gehen.

# 13
# Die Grammatik des Verhaltens

Die Oxforder Arbeitsgruppe für Verhaltensforschung der Tiere pflegte unter Tinbergens Leitung schon seit langem herzliche Beziehungen zu der entsprechenden Institutsabteilung in Cambridge, die im Nachbardorf Madingley ihren Sitz hatte. »Madingley« war 1950 von W. H. Thorpe gegründet worden, einem angesehenen Wissenschaftler, dessen leicht asketischer, fast an einen Geistlichen gemahnender Charakter vielleicht am besten von Mike Cullen mit einem Scherz zusammengefasst wurde: Es sei ganz richtig, dass Thorpe eine Notenschrift für die Aufzeichnung von Vogelstimmen brauchte, denn er wolle sie für die *Orgel* umschreiben. Sein 25-jähriges Bestehen feierte Madingley 1975 mit einer Tagung, die Patrick Bateson und Robert Hinde in Cambridge organisierten. Die beiden waren nach Thorpes Pensionierung die führenden Köpfe der Arbeitsgruppe, und beide wurden später Collegeleiter in Cambridge. Viele, die auf der Tagung Vorträge hielten, waren jetzige oder frühere Mitarbeiter aus der Arbeitsgruppe, man hatte aber auch Außenstehende eingeladen; David Farland und ich hatten die Ehre, zu der Abordnung aus Oxford zu gehören.

Heute erkläre ich mich nur noch selten bereit, bei solchen Tagungen zu sprechen, und ich muss gestehen, dass ich dann meist einen früheren Vortrag aus der Versenkung hole und aktualisiere. Aber 1974 war ich noch jünger und energiegeladener. Ich nahm das Risiko auf mich, auf den Putz zu hauen und für die Jubiläumstagung von Madingley sowie für das Buch, das anschließend darüber erschien, etwas ganz Neues zu schreiben. Als Thema wählte ich die »hierarchische Organisation«, die in der Verhaltensforschung auf eine lange Erfolgsgeschichte zurückblicken konnte. Sie war das wichtigste Thema in einem der kühnsten – und am heftigsten kritisierten – Kapitel von Tinbergens Hauptwerk *Instinktlehre*; das Kapitel trug die Überschrift »Versuch einer Synthese«. Ich entschied mich für eine andere Herangehensweise – oder besser gesagt: mehrere verschiedene Herangehensweisen – und unternahm ebenfalls den Versuch einer Synthese.

Das Kernstück der hierarchischen Organisation ist in meiner Interpretation die »verschachtelte Einbettung«. Das kann ich am besten erklären, indem ich es dem gegenüberstelle, was es *nicht* ist, und an dieser Stelle finden die zuvor gegebenen Erläuterungen über Grammatik ihren Widerhall. Oft ist man versucht, den Ablauf von Ereignissen – beispielsweise die Abfolge der Dinge, die ein Tier tut – als Markow-Kette zu beschreiben. Was ist das? Ich möchte mich hier nicht an einer formellen mathematischen Definition versuchen, wie der russische Mathematiker Andrej Markow sie formulierte. Informell und mit Worten kann man sie so definieren: Eine Markow-Kette von Verhaltensweisen eines Tiers ist eine Abfolge, in der das, was ein Tier jetzt tut, durch das bestimmt wird, was es zuvor getan hat, wobei man eine feste Zahl von Schritten in die Vergangenheit geht, weiter aber nicht. In einer Markow-Kette erster Ordnung lässt sich die nächste Verhaltensweise eines Tiers statistisch aufgrund seines unmittelbar vorausgehenden Verhaltens vorhersagen; was es früher getan hat, spielt dabei keine Rolle. Die Betrachtung der vorletzten (drittletzten und so weiter) Verhaltensweise liefert dann keinen zusätzlichen Vorhersagewert. In einer Markow-Kette zweiter Ordnung verbessert man die Voraussagefähigkeit, wenn man die beiden letzten Verhaltensweisen betrachtet, aber nicht, wenn man weiter in die Vergangenheit blickt. Und so weiter.

Ganz anders sehen hierarchisch organisierte Verhaltensweisen aus. Eine Analyse unter dem Gesichtspunkt von Markow-Ketten gleich welcher Ordnung funktioniert hier nicht. Verhaltensweisen werden nicht gleichmäßig immer weniger vorhersagbar, je weiter man in die Zukunft blickt, sondern die Vorhersagbarkeit springt auf und ab wie eine Schmeißfliege, die sich putzt – nur nach einem viel interessanteren Muster. Im Idealfall ist das Verhalten in Form abgegrenzter Brocken organisiert. Und als Brocken in Brocken. Und als Brocken in Brocken in Brocken. Das meine ich mit verschachtelter Einbettung. Das anschaulichste Modell einer verschachtelten Einbettung ist die Syntax, die Grammatik der menschlichen Sprache. Denken wir noch einmal an das von mir geschriebene Programm zur Erzeugung mathematisch korrekter Zufallssätze und den dort zitierten Beispielsatz:

> ***The adjective noun*** *of the adjective noun which adverbly adverbly verbed in noun of the noun which verbed* ***adverbly verbed****.*

Der Hauptsatz ist fett gedruckt. Man kann ihn ohne die eingebetteten Relativ- und Präpositionalsätze lesen, und er ist grammatikalisch richtig. Wie wir die Einbettung aufbauen können, werde ich im Folgenden beschreiben. Wichtig ist dabei, dass der Aufbau *innerhalb* des Hauptsatzes oder *innerhalb* bereits eingebetteter Satzteile erfolgen kann. Man lese einmal in den folgenden Sätzen jeweils die fett gedruckten Teile:

> ***The adjective noun*** *of the adjective noun which adverbly adverbly verbed in noun of the noun which verbed* ***adverbly verbed.***

> ***The adjective noun of the adjective noun*** *which adverbly adverbly verbed in noun of the noun which verbed* ***adverbly verbed.***

> ***The adjective noun of the adjective noun which adverbly adverbly verbed*** *in noun of the noun which verbed* ***adverbly verbed.***

> ***The adjective noun of the adjective noun which adverbly adverbly verbed in noun*** *of the noun which verbed* ***adverbly verbed.***

> ***The adjective noun of the adjective noun which adverbly adverbly verbed in noun of the noun which verbed adverbly verbed.***

In jedem Teil der Folge kann man den fett gedruckten Teil allein lesen und wird feststellen, dass er grammatikalisch richtig ist. Man kann die normal gedruckten, eingebetteten Teile weglassen – dann ändert sich zwar vielleicht der Sinn, aber es führt nicht dazu, dass der Satz grammatikalisch falsch würde.

Wollte man den Satz dagegen aufbauen, indem man von links nach rechts einen Teil nach dem anderen hinzufügt, wäre kein Element der Serie richtig, bis man am Ende des ganzen Satzes angelangt ist.

> *The adjective noun [kein Satz]*

> *The adjective noun of the adjective noun [kein Satz]*

> *The adjective noun of the adjective noun which adverbly adverbly verbed [kein Satz]*

*The adjective noun of the adjective noun which adverbly adverbly verbed in noun [kein Satz]*

*The adjective noun of the adjective noun which adverbly adverbly verbed in noun of the noun which verbed adverbly verbed [endlich haben wir einen Satz].*

Nur im letzten Fall wird der Satz abgeschlossen und damit grammatikalisch richtig. Ich wollte damals wissen, ob das Verhalten von Tieren als Markow-Kette oder verschachtelt-eingebettet organisiert ist, vielleicht wie die Syntax oder nach einem anderen hierarchischen Prinzip. Wie man leicht erkennt, steckte eine Ahnung von dieser Idee hinter den Untersuchungen, die Marian und ich an trinkenden Hühnern und insbesondere am Putzverhalten der Fliegen anstellten. In meinem Vortrag in Madingley wollte ich nun die Frage nach der hierarchischen Organisation allgemeiner behandeln, und zwar sowohl unter theoretischen Gesichtspunkten als auch am Beispiel echter verhaltensbiologischer Forschungsarbeiten.

Nachdem ich verschiedene Formen von Hierarchien in einer bequemen mathematisch-logischen Schreibweise definiert hatte, betrachtete ich mögliche Evolutionsvorteile der hierarchischen Organisation. Um zu verdeutlichen, was ich mit dem »evolutionären Geschwindigkeitsvorteil« meinte, wie ich ihn nannte, machte ich eine Anleihe bei dem Wirtschaftsnobelpreisträger Herbert Simon und seiner Parabel von den Uhrmachern Tempus und Hora. Ihre Uhren messen die Zeit gleichermaßen gut, aber Tempus braucht viel länger, um eine Uhr fertigzustellen. Beide Uhren bestehen jeweils aus 1000 Einzelteilen. Hora, der effizientere Uhrmacher, arbeitet hierarchisch und mit Modulen. Er fügt seine Einzelteile zu 100 Baugruppen aus jeweils zehn Teilen zusammen. Diese wiederum werden zu zehn größeren Einheiten zusammengesetzt, aus denen dann am Ende die vollständige Uhr entsteht. Tempus dagegen fügt alle 1000 Einzelteile in einer einzigen großen Montageaktion zusammen. Wenn er ein Einzelteil fallen lässt oder von einem Telefonanruf unterbrochen wird, zerfällt die ganze Konstruktion in ihre Bestandteile und er muss wieder von vorn anfangen. Deshalb kann er nur selten eine Uhr vollenden, während Hora mit seiner hierarchisch-modularen Bauweise eine Uhr nach der anderen produziert. Das Prinzip ist jedem Computerprogrammierer vertraut, und es gilt sicher auch für die Evolution und den Aufbau biologischer Systeme.

Außerdem führte ich einen weiteren Vorteil der hierarchischen Organisation an: den »Vorteil der lokalen Verwaltung«. Wenn man ein Imperium von London oder – wie in früheren Zeiten – von Rom aus regieren will, kann man nicht im kleinen Maßstab alles regeln, was in abgelegenen Teilen des Großreiches vor sich geht; dazu verläuft die Kommunikation in beiden Richtungen zu langsam. Stattdessen ernennt man lokale Gouverneure, stattet sie mit weitgefassten politischen Richtlinien aus und überlässt ihnen das Tagesgeschäft der Entscheidungen. Die gleiche Notwendigkeit gilt auch für ein Roboterfahrzeug auf dem Mars. Funkwellen brauchen mehrere Minuten, um die Entfernung zurückzulegen. Wenn das Fahrzeug vor Ort auf eine Schwierigkeit wie beispielsweise einen Felsblock trifft, schickt es die Information zur Erde; bis sie dort ankommt, vergehen vier Minuten. »Nach links lenken und dem Brocken ausweichen«, lautet die eilige Antwort, und die braucht wiederum vier Minuten, bis sie auf dem Mars ist. In der Zwischenzeit ist das unglückselige Fahrzeug längst in den Felsblock gekracht. Die Lösung liegt auf der Hand: Man überträgt die lokale Steuerung einem Bordcomputer und erteilt diesem nur allgemeine Anweisungen wie: »Erkunde den Krater im Nordwesten und achte darauf, Felsbrocken auszuweichen, wenn du auf welche triffst.« Das gleiche Prinzip gilt auch, wenn mehrere Fahrzeuge den Mars erkunden: Dann ist es sinnvoll, von der Erde allgemeine Handlungsanweisungen an einen Zentralrechner auf dem Planeten zu übermitteln; dieser steuert mit detaillierteren Anweisungen die Tätigkeit aller ihm unterstellten Fahrzeuge, von denen jedes mit einem eigenen Bordcomputer vor Ort die feinmaschigen Entscheidungen trifft. Ähnliche hierarchisch organisierte Befehlsstrukturen gibt es auch in Armeen und Großunternehmen, und genauso machen es biologische Systeme.

Besonders erfreulich sind in diesem Zusammenhang die Riesendinosaurier: Ihr sehr langes Rückenmark musste eine unangenehm große Entfernung zwischen dem Gehirn im Kopf und dem Ort vieler Tätigkeiten, den riesigen Hinterbeinen, überbrücken. Das Problem löste die natürliche Selektion mit einem zweiten »Gehirn« (einem vergrößerten Ganglion) im Becken:

Behold the mighty dinosaur,
Famous in prehistoric lore,
Not only for his power and strength
But for his intellectual length.
You will observe by these remains
The creature had two sets of brains –
One in his head (the usual place),
The other at his spinal base.
Thus he could reason ›A Priori‹
As well as ›A Posteriori‹.
No problem bothered him a bit
He made a head and tail of it.
So wise was he, so wise and solemn,
Each thought filled just one spinal column.
If one brain found the pressure strong
It passed a few ideas along.
If something slipped his forward mind
'Twas rescued by the one behind
And if in error he was caught
He had a saving afterthought.
As he thought twice before he spoke
He had no judgment to revoke.
Thus he could think without congestion
Upon both sides of every question.
Oh, gaze upon this model beast,
Defunct ten million years at least.
*Bert Leston Taylor (1866–1921)* |33|

»So konnte er denken *a priori*/oder auch *a posteriori*« – das hätte ich auch gern geschrieben. Um noch einmal ein Gedicht zu finden, das in nahezu jeder Zeile so viele kluge Geistesblitze enthält, muss man lange suchen.

Nachdem ich die Vorteile der hierarchischen Organisation in allgemeinerer Form erläutert hatte, beschäftigte ich mich mit der Frage, ob es Anhaltspunkte dafür auch in einzelnen Verhaltensweisen von Tieren gibt. Zu Beginn analysierte ich noch einmal die Daten, die Marian und ich an Schmeißfliegen gewonnen hatten, und dann ging ich zu anderen Befunden aus der verhaltensbiologischen Fachliteratur über, die ich in der Bibliothek aufgestöbert hatte. Unter anderem erwähnte ich eine große Studie an Riffbarschen, eine weitere über das Gesichtsputzverhalten von Mäusen und eine zum Partnerwerbeverhalten von Guppys.

Ich wollte mathematische Verfahren entwickeln, mit denen ich hierarchische Einbettung möglichst objektiv nachweisen konnte, ohne mich dabei von meiner eigenen Voreingenommenheit beeinflussen zu lassen. Dazu dachte ich mir mehrere computerbasierte Methoden aus, von denen ich hier nur eine beschreiben möchte; ich hatte sie auf den Namen gegenseitige Ersetzbarkeits-Clusteranalyse getauft. Zu Beginn zählte ich dabei, wie häufig Übergänge zwischen den Verhaltensmustern stattfinden, aber dann analysierte ich die Daten auf eine besondere, hierarchische Weise. Ich fütterte den Computer mit einer Tabelle, in der eingetragen war, wie oft auf jedes Verhaltensmuster aus dem Repertoire des Tieres jedes andere folgte. Der Computer überprüfte dann systematisch die Daten daraufhin, ob bestimmte Paare von Verhaltensmustern *gegenseitig austauschbar* sind, das heißt, ob man eines der beiden an die Stelle des anderen setzen kann, wobei das Gesamtmuster der Übergangshäufigkeiten gleich bleibt (oder zumindest fast gleich nach einem zuvor definierten Kriterium). Hatte ich ein solches gegenseitig austauschbares Paar gefunden, gab ich beiden Verhaltensweisen des Paares einen *gemeinsamen Namen*; damit wurde die Tabelle der Übergänge kleiner, weil sie nun eine Zeile und eine Spalte weniger umfasste. Die so geschrumpfte Tabelle wurde erneut in das Cluster-Analyseprogramm eingegeben, und das Ganze wiederholte sich so lange, bis die Liste der Verhaltensmuster vollständig abgearbeitet war. Jedes Mal, wenn ein Paar von Verhaltensmustern in einem Cluster verschwand oder wenn ein solcher bereits vorhandener Cluster in einem größeren Cluster aufging, rückte das Programm im Hierarchiebaum eine Stufe höher. Die folgende Abbildung zeigt beispielsweise meinen Baum der gegenseitigen Austauschbarkeit für die Verhaltensmuster von Guppys; die dabei verwendeten Daten stammen von einer niederländischen Wissenschaftlergruppe unter Leitung von Professor G. P. Baerends (der übrigens Niko Tinbergens erster Doktorand war und später zu den führenden Köpfen der europäischen Verhaltensforschung gehörte).

Das Diagramm auf S. 220 zeigt die Übergangshäufigkeiten zwischen verschiedenen Verhaltensmustern der Guppys, wie sie von den

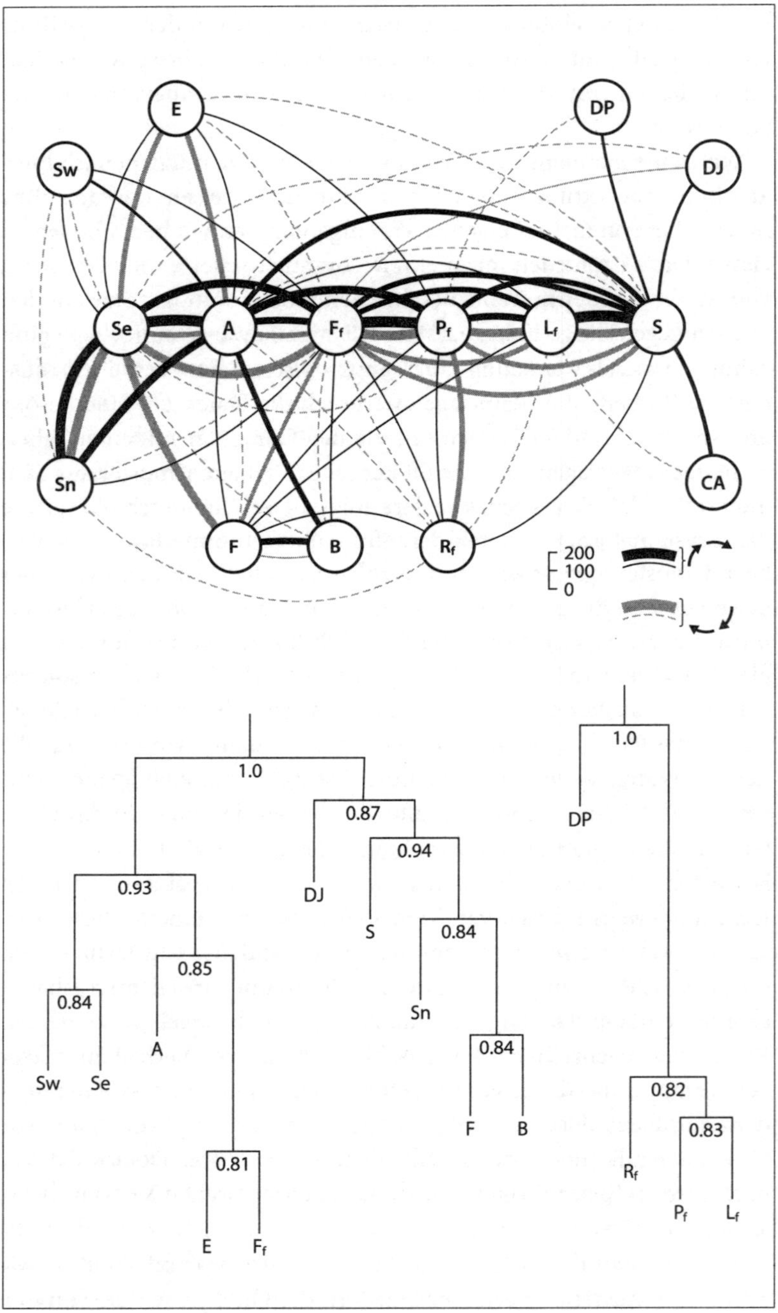
E
DP
Sw
DJ
Se
A
Ff
Pf
Lf
S
Sn
CA
F
B
Rf
200
100
0
1.0
0.87
0.94
0.93
DJ
S
0.84
0.85
0.84
Sn
A
0.84
Sw
Se
F
B
0.81
E
Ff
1.0
DP
0.82
0.83
Rf
Pf
Lf

niederländischen Wissenschaftlern gemessen wurden. Jeder Kreis ist mit der Codebezeichnung für ein Verhaltensmuster markiert, und die Dicke der Linien gibt an, wie häufig der Übergang von dem einen zum anderen Muster stattfindet (wobei durchgezogene Linien von links nach rechts und gestrichelte von rechts nach links verlaufen). Im unteren Diagramm sieht man, welche Ergebnisse man erhält, wenn man die gleichen Daten in mein Programm zur Analyse der Cluster gegenseitiger Austauschbarkeit eingibt. Die Zahlen geben den Index der gegenseitigen Austauschbarkeit an, den ich in der Regel mit dem Entscheidungskriterium für die Zusammenfassung der beiden Posten verglich (falls es jemanden interessiert: Eigentlich ist es ein Rangkorrelationskoeffizient). Ähnliche hierarchische Bäume erhielt ich auch für Riffbarsche, Mäuse, Marians Schmeißfliegen und andere.

In meinem Vortrag in Madingley sprach ich auch über eine andere Betrachtungsweise für Hierarchien: die Hierarchie der *Ziele*. Ein Ziel ist nicht unbedingt bewusst im Gehirn des Tiers vorhanden (es könnte aber vorhanden sein). Ich meine damit einfach einen Zustand, mit dem das Ende einer Verhaltensweise einhergeht. Bei einem Gepard zum Beispiel findet eine komplizierte Folge des Beutefangverhaltens ihren Abschluss mit dem »Zielzustand« der gelungenen Tötung. Ziele können aber auch hierarchisch verschachtelt sein, und das ist für sie eine nützliche Betrachtungsweise. Ich unterschied zwischen »Handlungsregeln« und »Abschlussregeln«. Eine Handlungsregel sagt dem Tier (oder dem Rechner bei einer Computersimulation) ganz genau, was es tun soll und wann; dazu gehören viele bedingte Anweisungen (WENN... DANN... SONST und so weiter). Eine Abschlussregel sagt dem Tier (oder Computer): »Verhalte dich zufällig (oder probiere viele Möglichkeiten aus) und höre damit nicht auf, bis der nachfolgende *Zielzustand* erreicht ist« – beispielsweise ein voller Magen.

Ein reines Programm der Handlungsregeln für komplexe Tätigkeiten wie die Jagd eines Geparden würde übermäßig kompliziert werden. Viel besser ist es, Abschlussregeln zu verwenden. Aber eine einzige Abschlussregel – verhalte dich zufällig, bis der Zielzustand eines vollen Magens erreicht ist – reicht nicht. Jeder Gepard, der sich nach dieser Regel verhält, würde an Altersschwäche sterben, bevor er eine anständige Mahlzeit zu sich genommen hat! Sinnvollerweise musste die natürliche Selektion stattdessen das Verhalten mit hierarchisch verschachtelten Abschlussregeln programmieren. Das Gesamtziel (mach weiter, bis dein Magen voll ist) würde demnach Unterziele »aufrufen«, beispielsweise »lauf herum, bis du eine Gazelle siehst«. Der Zielzustand »Gazelle in Sicht« würde dann diese Abschlussregel beenden und die nächste in Gang setzen: »Kauere dich zusammen und schleiche dich an die Gazelle heran.« Dies würde dann durch den Zielzustand »Gazelle in Angriffsweite« beendet. Und so weiter. Jede derart untergeordnete Abschlussregel würde ihre eigenen, in ihr verschachtelten Abschlussregeln aufrufen, die jeweils ihren eigenen Zielzustand haben. Auf einer viel tieferen Ebene gehorchen sogar einzelne Muskelkontraktionen häufig einem Konstruktionsprinzip, das Ingenieure als »Servolenkung« bezeichnen. Das Nervensystem gibt einem Muskel einen Zielzustand vor, und der Muskel zieht sich zusammen, bis der Zielzustand (die »Abschlussregel«) erreicht ist.

Den Gedanken von der hierarchischen Einbettung habe ich zuvor bereits am Beispiel der Grammatik unserer Sprache eingeführt. In meinem Madingley-Vortrag kehrte ich am Ende zu diesem faszinierenden Thema zurück und stellte die Frage, ob irgendetwas darauf hindeutet, dass es im Verhalten der Tiere eine Entsprechung zu einer grammatikalischen Struktur gibt. Das wäre äußerst interessant, denn es würde uns vielleicht eine Ahnung von den evolutionären Vorstufen unserer Sprache vermitteln. Wenn sich erst bei den Menschen eine echte Sprache mit echter hierarchischer Syntax entwickelte, dürfen wir dann zu vermuten wagen, dass sie auf einem vorgefertigten Fundament neuronaler Strukturen aufbaute, die aus anderen Gründen schon lange vorhanden waren und ursprünglich nichts mit Sprache zu tun hatten?

Den ersten Versuch, dieser Frage nachzugehen, unternahm der Linguist John Marshall, einer meiner Kollegen aus Oxford. Er bediente sich dazu des Balzverhaltens männlicher Tauben und nutzte Daten aus der verhaltensbiologischen Fachliteratur. Im Lexikon der Tauben gab es sieben »Wörter«, darunter »Verbeugung« (gegenüber dem Weibchen), »Kopulation« und so weiter. Mittels seiner linguistischen Kenntnisse postulierte Marshall eine »Phrasenstrukturgrammatik«, wie Chomsky es zuvor bereits für die Sprache der Menschen getan hatte. Für meinen Vortrag in Madingley übersetzte ich Marshalls Grammatik in Algol-60, die (heute im Großen und Ganzen veraltete) Computersprache, die ich damals bevorzugte. Wer sich mit Computerprogrammierung auskennt, der wird bemerken, dass das Programm wieder einmal stark rekursiv ist – Abläufe rufen sich selbst auf, und genau das ist, wie ich bereits erläutert habe, das Wesen der hierarchischen Einbettung. In dem Programm wurde »p« durch »wenn eine Wahrscheinlichkeitsbedingung wie 0,3 erfüllt ist …« ersetzt.

Im folgenden Diagramm steht oben Marshalls »Phrasenstrukturgrammatik« für das Werbeverhalten der Tauben. In der Mitte steht meine Übersetzung in Algol-60, und unten erkennt man mehrere »Verhaltens«-Abläufe, die von meinem Programm erzeugt wurden.

Leider können wir mit Marshalls Analyse letztlich keine sicheren Erkenntnisse über Tauben gewinnen. Woher sollen wir wissen, ob die von ihm vorgeschlagene Grammatik »richtig« ist? Wenn es um die Syntax der Menschen geht, kann jeder Muttersprachler uns sofort sagen, ob sie stimmt. Marshall stand kein solcher Überprüfungsmechanismus zur Verfügung. Und wie mit vielen meiner Forschungsarbeiten zu jener Zeit verfolgte ich auch hier nicht in erster Linie das Ziel, dauerhafte Wahrheiten über bestimmte Tiere zu finden, sondern ich wollte neue, spannende Methoden entwickeln, mit denen man das Verhalten von Tieren in Zukunft erforschen konnte.

Der Madingley-Vortrag[55] stellte für mich eine Art Abschluss dar, einen Höhepunkt im ersten Teil meiner Wissenschaftlerlaufbahn, den ich mit knapp über 20 begonnen und kurz nach meinem 30. Geburtstag beendet hatte. In diesem Alter schlug ich eine ganz neue Richtung ein; zu den mathematischen Weidegründen meiner Jugend sollte ich nie mehr zurückkehren. Die neue Richtung, die den Rest meiner Karriere und ungefähr die zweite Hälfte meines Lebens kennzeichnen sollte, nahm ihren Anfang mit dem Erscheinen meines ersten Buches: *Das egoistische Gen*.

---

55 Dawkins, Richard: »Hierarchical organization: a candidate principle for ethology«, in: Bateson, P. P. G. und Hinde, R. A., Hrsg.: *Growing Points in Ethology*, Cambridge 1976, S. 7–54.

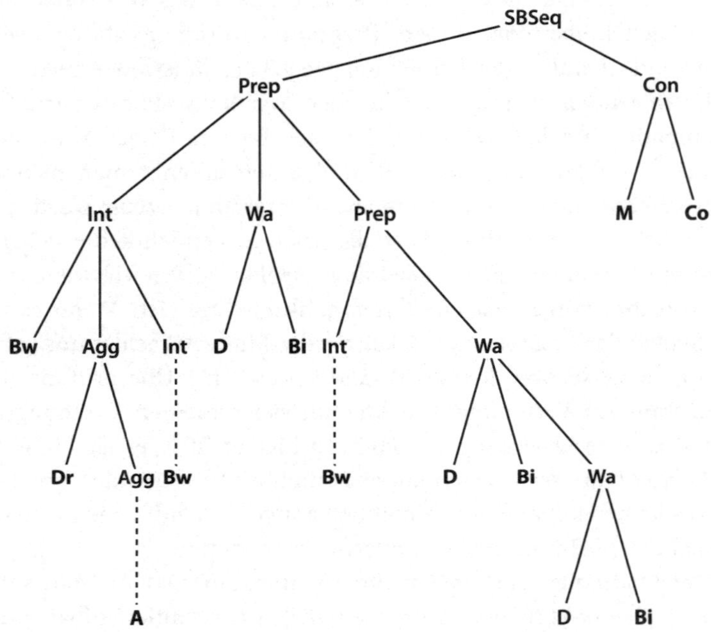


**begin comment** Marshall's pigeon grammar;
**procedure** SBSeq; **begin** Prep; Con **end**;
**procedure** Prep; **begin** Int; Wa; **if** p **then** Prep **end**;
**procedure** Int; **begin** "BW"; **if** p **then** Agg; **if** p **then** Int **end**;
**procedure** Agg; **begin if** p **then** "DR"; **if** p **then** "A"; **if** p **then** Agg
**end**;
**procedure** Wa; **begin** "D"; "**BI**"; **if** p **then** Wa **end**;
**procedure** Con; **begin** "M"; "CO" **end**;
**Boolean procedure** p;
**begin comment true** or **false** at random. Probability manipulated.
**end**;
start: SBSeq; **goto** start
**end** of pigeon grammar;

Sample results of running the programme:
BW DR D M CO
BW A D BI BW DR D BW A D BW A D BI M CO
BW A D BI M CO
BW DR D BW DR D BI BW DR D BI BW A D BW A D M CO

Dieses Bild von meinen
Eltern und mir wurde bei
einer Familienhochzeit
ıufgenommen (meine
Schwester Sarah war
Brautjungfer und deshalb
zu diesem Zeitpunkt nicht
bei uns). Leider zeigt es
nicht, wie leuchtend rot
die Kappe war, die ich als
Schüler von Chafyn Grove
rug. In meinem ersten
Semester in Oundle war
ch wohl nicht so glücklich,
vie ich auf dem Foto
ussehe. Zu den besten
ehrern gehörte Ioan
homas, der hier gerade
ie Lust zum Staunen über
ie Natur weckt.

Leben in Over Norton: Der mitgenommene Land Rover, mit dem wir durch unwegsames Gelände fuhren; Wessex Saddlebacks in dem ebenso unwegsamen Gelände, das damals den Garten unseres Cottage bildete (ca. 1951); mein erfinderischer Vater steht stolz vor seiner patentierten Pasteurisier-Anlage; Heuernte mit der kleinen grauen Fergie.

In den Sommerferien verdiente ich mir mein Taschengeld
mit der Ballenschleppe. Unten: In den Fußstapfen meines
Vaters. Transport eines Familienerbstücks.

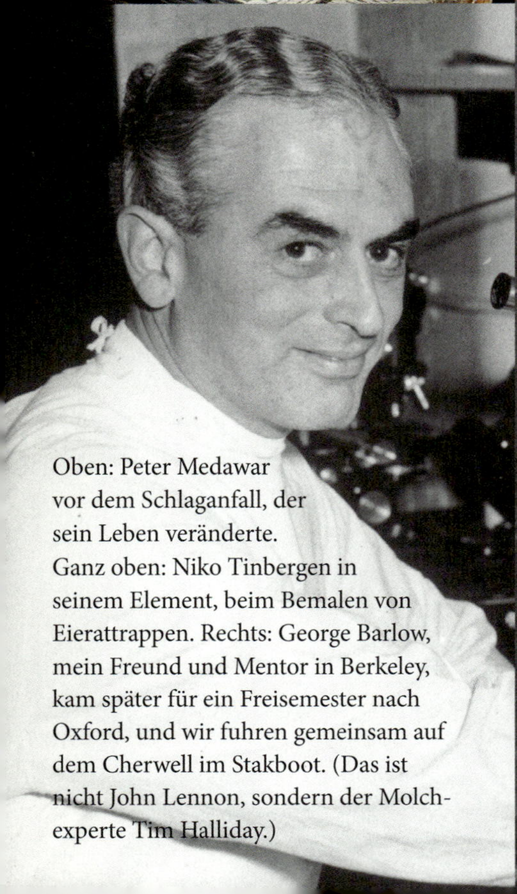

Oben: Peter Medawar vor dem Schlaganfall, der sein Leben veränderte. Ganz oben: Niko Tinbergen in seinem Element, beim Bemalen von Eierattrappen. Rechts: George Barlow, mein Freund und Mentor in Berkeley, kam später für ein Freisemester nach Oxford, und wir fuhren gemeinsam auf dem Cherwell im Stakboot. (Das ist nicht John Lennon, sondern der Molch-experte Tim Halliday.)

Links oben: Tiefer, intelligenter Blick, mit dem er versteht, was du meinst, bevor du es ausgesprochen hast… Skeptisch, launig gehobene Augenbrauen unter ungekämmtem Haar: Mein Mentor, der von vielen so schmerzlich vermisste Mike Cullen. Links Mitte: Wo soll ich picken? Diese Küken hatten nie Licht von oben gesehen. Oben: Jagd auf den Puma von Surrey; unerschrockener Entdecker sucht das Gelände nach wilden Tieren ab. Unten: Wilde Tiere oder verängstigte Jungen? Die Nationalgarde von Kalifornien geht in Berkeley gegen Friedensaktivisten vor.

PDP-8/L
INSTRUCTION
MAJOR STATES

Links oben: Kommentare von Grillen: Ted Burke und ich zeichnen mit Mikrophon und Dawkins-Orgel das Verhalten auf. Links Mitte: Die Arbeitsgruppe für Tierverhaltensforschung nach dem Auszug aus der Bevington Road. Marian steht ganz links, ich ein wenig rechts von der Mitte. Links unten: Ein Computer des Typs PDP-8 wie der, an dem ich in 13 Bevington Road meiner Sucht frönte. Unten rechts: Professor Pringle und (von links nach rechts) seine Kollegen E. B. Ford, Niko Tinbergen, William Holmes, Peter Brunet, David Nichols. Links: Danny Lehrman (stehend) und Niko Tinbergen (rechts) klären ihre Meinungsverschiedenheiten. Unten: Niko in seinem Element. Wird die Asche herabfallen, bevor er die Aufnahme beendet hat?

Nachdenken. Oben: Bill Hamilton und Robert Trivers schlagen sich während Bills Besuch an der Harvar University mit einem Problem heru Ganz links: der stets anregende John Maynard Smith in seinem geliebten Garten. Links: *Das egoistische Gen* n dem ursprünglichen Umschlag von Desmond Morris. Unten links: mit dem großen, an Lincoln erinnernde George Williams. Unten rechts: »Ich muss dieses Buch haben!« Michael Rodgers, K-selektionierter Wissenschaftsverleger.

# 14
# Das unsterbliche Gen

Im Jahr 1973 führten Streiks der Bergarbeitergewerkschaft zu einer Krise, und die konservative Regierung des Premierministers Edward Heath verordnete Großbritannien eine sogenannte »Dreitagewoche«. Um die Brennstoffvorräte zu schonen, wurde der Strom für nicht lebenswichtige Zwecke rationiert. Wir mussten uns auf drei Arbeitstage pro Woche beschränken, und es kam häufig zu Stromausfällen. Mit meinen Forschungsarbeiten an den Heuschrecken war ich auf Strom angewiesen, zum Schreiben aber nicht – in jenen Tagen schrieb ich mit einer Reiseschreibmaschine auf einer exotischen Oberfläche: flachen Blättern aus einem weißen Material, das man Papier nannte. Also entschloss ich mich, meine Heuschreckenforschung vorübergehend einzustellen und mit der Arbeit an meinem ersten Buch zu beginnen. Das war die Entstehungsgeschichte von *Das egoistische Gen.*

Egoismus, Altruismus und die umfassendere Idee von einem »Gesellschaftsvertrag« lagen damals in der Luft. Diejenigen unter uns, die politisch links orientiert waren, versuchten ihre Sympathie mit den Bergarbeitern auf der einen Seite und der Ablehnung dessen, was manche für deren Taktik des starken Armes hielten – sie nahmen die gesamte Gesellschaft in Geiselhaft –, in Einklang zu bringen. Konnte die Evolutionstheorie irgendeinen Beitrag zu den Gedanken über dieses wichtige Dilemma leisten? Im vorangegangenen Jahrzehnt hatte eine ganze Reihe populärwissenschaftlicher Bücher und Fernsehdokumentationen den edelmütigen Versuch unternommen, die darwinistische Theorie auf Fragen von Altruismus und Egoismus und auf den Gegensatz von kollektivem und individuellem Wohlergehen anzuwenden, aber dabei hatte man die Theorie schlicht falsch verstanden. Der Fehler lag immer in einer Version des »Evolutions-Panglossianismus«, wie er genannt wurde.

Nach den Erzählungen meines Freundes und Mentors, des verstorbenen John Maynard Smith, hatte sein Lehrer, der angesehene J. B. S. Haldane, zum Scherz drei fehlerhafte oder zumindest unzuverlässige »Theoreme« formuliert: das Tante-Jobiska-Theorem (nach Edward Lear) »Das weiß doch jeder...«, das Bellman-Theorem (nach Lewis Carroll) »Was ich dir dreimal sage, ist wahr« und das Pangloss-Theorem (nach Voltaire) »Alles ist zum Besten in dieser besten aller möglichen Welten«.

Die Evolutions-Panglossianisten sind sich vage bewusst, dass die natürliche Selektion es recht effizient schafft, Lebewesen zu erzeugen, die die Tätigkeit des Lebens gut beherrschen. Albatrosse scheinen wunderschön dazu gestaltet zu sein, über den Wogen zu fliegen, Pinguine eignen sich für das Fliegen unter Wasser (ich schreibe diese Zeilen zufällig auf einem Schiff in den Gewässern der Antarktis, wo ich mit dem Fernglas über diese Musterbeispiele des großen Könnens von Vögeln staune). Aber die Panglossianisten vergessen etwas, was man tatsächlich nur allzu leicht vergisst: Das »gut können« bezieht sich auf Individuen, nicht auf biologische Arten. Fliegen, schwimmen, überleben, sich fortpflanzen – ja, die natürliche Selektion sorgt in der Regel dafür, dass einzelne Tiere diese Dinge gut können. Es besteht aber kein Grund zu der Erwartung, dass die natürliche Selektion die Spezies gut darauf vorbereitet, das Aussterben zu vermeiden, das Geschlechterverhältnis ins Gleichgewicht zu bringen, die Populationsgröße im Interesse des gemeinsamen Wohlergehens zu beschränken, mit der Nahrung zu haushalten oder ihre Umwelt zum Nutzen zukünftiger Generationen zu schützen. Das wäre Panglossianismus. Das Überleben der Gruppe kann sich als Konsequenz aus einer verbesserten Überlebensfähigkeit der Individuen ergeben, aber es ist nur ein angenehmes Nebenprodukt. Um das Überleben der Gruppe geht es bei der natürlichen Selektion nicht.

Man ist so leicht versucht, den Fehler des Panglossianismus zu begehen, weil wir Menschen mit Voraussicht gesegnet sind und beurteilen können, welche Handlungen unserer Spezies, unserem Wohnort, unserem Staat, der ganzen Welt oder irgendeiner bestimmten Institution oder Interessengruppe in Zukunft nützlich sein werden. Wir können voraussehen, dass die Überfischung der Meere auf lange Sicht für alle Fischer kontraproduktiv ist. Wir können voraussehen, dass wir eine glücklichere Zukunft haben werden, wenn wir die Geburtenrate beschränken, so dass weniger Menschen geboren werden und sich dann eines reichhaltigeren Lebens erfreuen können. Wir können die Entscheidung treffen, in der Gegenwart Selbstbeschränkung zu üben, die sich in der Zukunft auszahlen wird. Die natürliche Selektion jedoch kann nichts voraussehen.

Natürlich hatte man eine panglossianistische Version der Theorie der natürlichen Selektion formuliert, und wenn sie funktioniert hätte, wäre damit vielleicht so etwas wie ein Utopia nach dem Motto »Alles steht zum Besten« zu erreichen gewesen. Aber leider funktioniert sie nicht. Jedenfalls verfolgte ich mit *Das egoistische Gen* unter anderem das Ziel, meine Leser davon zu überzeugen, dass sie nicht funktioniert. Die unerträglich verführerische, fehlerhafte Theorie der »Gruppenselektion« zieht sich durch das ganze 1963 erschienene, beliebte Buch *Das sogenannte Böse* von Konrad Lorenz. Ebenso findet sie sich in den Bestsellern *Adam und sein Revier* und *Der Gesellschaftsvertrag* von Robert Ardrey. Besonders erzürnt war ich über das Missverhältnis zwischen Ardreys fehlerhafter Aussage und der hohen sprachlichen Qualität, mit der er sie zum Ausdruck brachte.[56] Ich wollte ein Buch veröffentlichen, das von dem gleichen Thema handelt wie Ardreys *Der Gesellschaftsvertrag* (das seinerseits eine Art biologische Neufassung von Rousseaus berühmter Abhandlung ist), mich dabei aber nicht auf die Gruppenselektion stützen, sondern auf eine strenge Theorie der natürlichen Selektion. Ich hatte den Ehrgeiz, den Schaden zu beheben, den Ardrey und Lorenz angerichtet hatten – und zu dem zu jener Zeit auch viele Fernsehsendungen beitrugen; sie verbreiteten den Fehler so weit, dass ich ihn in *Das egoistische Gen* sogar auf den Namen »BBC-Theorem« taufte.

Mir waren der Panglossianismus und die Vorstellungen von der Gruppenselektion nur allzu vertraut, denn sie begegneten mir jede Woche in den Seminararbeiten von Studienanfängern. Auch als ich am Anfang meines Studiums stand, hatte ich in vielen Arbeiten die falsche Ansicht vertreten, das eigentlich Wichtige bei der natürlichen Selektion sei das Überleben der Spezies – und meinen Tutoren war es nie aufgefallen. Als ich schließlich daranging, *Das egoistische Gen* zu schreiben, träumte ich davon, das alles zu ändern. Befürchtungen

---

[56] Lorenz, Konrad: *Das sogenannte Böse. Zur Naturgeschichte der Aggression*, Wien 1963. Ardrey, Robert: *Adam und sein Revier: Weder Hunger noch Liebe sind die Grundlagen unserer Existenz.* Übersetzt von Ilse Winger, Wien 1968, und *Der Gesellschaftsvertrag: Das Naturgesetz von der Ungleichheit der Menschen.* Übersetzt von Ilse Winger, Wien 1971.

weckte in mir allerdings die Erkenntnis, dass mein Buch nur dann Erfolg haben würde, wenn es ebenso gut geschrieben war wie das von Ardrey und sich so gut verkaufte wie das von Lorenz. Im Scherz sprach ich von »meinem Bestseller«, aber ich glaubte nie, dass es einer werden würde, sondern äußerte meine verwegenen Ambitionen mit verlegen-ironischem Ton.

Natürliche Selektion ist ein rein mechanischer, automatischer Vorgang. Die Welt füllt sich ständig mit Gebilden, die gut überleben können, und wird von denen befreit, die dazu nicht in der Lage sind. Die natürliche Selektion kann nichts voraussehen, ein Gehirn aber sehr wohl – das ist der Grund, warum der Panglossianismus so reizvoll erscheint. Ein Gehirn quält sich vielleicht mit Gedanken über die langfristige Zukunft und prognostiziert aufgrund der Maßlosigkeit unseres Jahrhunderts die Katastrophe im nächsten. Natürliche Selektion ist dazu nicht in der Lage. Natürliche Selektion quält sich mit nichts. Natürliche Selektion kann nur blind den kurzfristigen Vorteil begünstigen, denn jede Generation füllt sich automatisch mit den Nachkommen derjenigen Individuen, die auf kurze Sicht alles Notwendige getan haben, um Nachkommen effizienter hervorzubringen als andere Individuen der gleichen Generation.

Wenn man sorgfältig und genau darüber nachdenkt, was sich eigentlich abspielt, während die Generationen vorüberziehen, richtet sich unser Blick unwiderstehlich auf das Gen als die Ebene, auf der die natürliche Selektion in Wirklichkeit tätig wird. Natürliche Selektion begünstigt automatisch das Eigeninteresse unter Gebilden, die potentiell den Filter der Generationen überwinden und bis in die ferne Zukunft überleben können. Und wenn es um das Leben auf unserem Planeten geht, sind das die Gene. In *Das egoistische Gen* führte ich den Begriff der »Überlebensmaschine« für die Rolle des (sterblichen) einzelnen Lebewesens im Gegensatz zu seinen (potentiell unsterblichen) Genen ein und formulierte es so:

> *Die Gene sind die Unsterblichen ... Die Lebensdauer der Gene auf der Welt jedoch darf nicht in Jahrzehnten, sie muss in Jahrtausenden oder Jahrmillionen gemessen werden.*
> *Bei Arten mit geschlechtlicher Fortpflanzung ist das einzelne Lebewesen eine zu große und zu vergängliche genetische Einheit, um sich als signifikante Einheit für die natürliche Auslese zu quali-*

*fizieren. Die Gruppe von Individuen ist eine sogar noch größere Einheit. Was die Genetik betrifft, sind Individuen und Gruppen wie Wolken am Himmel oder Sandstürme in der Wüste. Sie sind temporäre Ansammlungen oder Zusammenschlüsse, nicht stabil über Zeiträume, wie sie die Evolution benötigt. Populationen können eine lange Zeitspanne überdauern, aber sie mischen sich ständig mit anderen Populationen und verlieren somit ihre Identität. Sie sind außerdem evolutionären Veränderungen von innen her ausgesetzt. Eine Population ist kein ausreichend distinktes Gebilde, um als Einheit der natürlichen Auslese zu dienen; sie ist nicht stabil und nicht einheitlich genug, als dass sie einer anderen Population gegenüber selektiert werden könnte.*

*Ein einzelner Körper scheint ausreichend distinkt, solange er dauert, doch wie lange ist das schon? Jedes Individuum ist einzigartig. Es gibt keine Evolution durch Selektion, wenn von jedem Lebewesen jeweils nur eine Kopie existiert! Die geschlechtliche Fortpflanzung ist keine Replikation. So wie eine Population von anderen Populationen durchsetzt wird, so wird die Nachkommenschaft eines Individuums von der seines Geschlechtspartners kontaminiert. Unsere Kinder sind nur zur Hälfte wir, unsere Enkel nur zu einem Viertel. In ein paar Generationen ist das Beste, auf das wir hoffen können, eine große Zahl von Nachkommen, von denen jeder nur ein winziges bisschen – ein paar Gene – von uns in sich trägt, selbst wenn einige darüber hinaus noch unseren Familiennamen führen. Einzelwesen sind keine stabilen Gebilde, sie sind vergänglich. Auch Chromosomen werden gemischt und fallen der Vergessenheit anheim wie ein Blatt Karten kurz nach dem Ausgeben. Doch die Karten selbst überdauern das Mischen. Die Karten sind die Gene. Die Gene werden durch das Crossing-over nicht zerstört, sie wechseln einfach ihre Partner und marschieren weiter. Das ist ihre Aufgabe. Sie sind die Replikatoren, und wir sind ihre Überlebensmaschinen. Wenn wir unseren Zweck erfüllt haben, werden wir beiseitegeschoben. Die Gene aber sind die Bewohner der geologischen Zeit: Gene sind unvergänglich.*[57]

---

[57] *Das egoistische Gen*, Neuauflage. Übersetzt von Karin de Sousa Ferreira, Heidelberg 1994, S. 72-73.

Vom Wahrheitsgehalt dieser Aussage hatte ich mich nahezu in den gleichen Worten bereits zehn Jahre vorher überzeugt: in den schon geschilderten Anfängervorlesungen, die ich 1966 in Oxford gehalten hatte. Auf Seite 179 habe ich berichtet, mit welcher blumigen Rhetorik ich mich bemüht hatte, die Studienanfänger von der zentralen Bedeutung des unsterblichen Gens für die Logik der natürlichen Selektion zu überzeugen. An meinen Worten von 1966 erkennt man, wie stark sie den entsprechenden, eher rhetorischen Absätzen in *Das egoistische Gen* ähneln. Sie lauten:

> *Gene sind in einem gewissen Sinn unsterblich. Sie durchlaufen die Generationen und mischen sich jedes Mal neu, wenn sie von den Eltern auf die Nachkommen übergehen. Der Körper eines Tieres ist nur ein vorübergehender Ruheplatz für die Gene; das weitere Überleben der Gene hängt davon ab, dass dieser Körper zumindest so lange erhalten bleibt, bis er sich fortpflanzt und die Gene in einen anderen Körper übergehen … Die Gene bauen sich selbst ein vorübergehendes Haus, sterblich, aber leistungsfähig, solange es sein muss … Um also die Begriffe »egoistisch« und »altruistisch« zu verwenden: Aufgrund der orthodoxen neodarwinistischen Evolutionstheorie haben wir grundsätzlich die Erwartung,* ***dass Gene »egoistisch« sein werden.***

Kürzlich stieß ich wieder auf den Text meiner Vorlesung von 1966 (mit der ermutigenden Randbemerkung von Mike Cullen), und jetzt wurde mir zu meiner Überraschung klar, dass ich damals noch nicht das im gleichen Jahr erschienene Buch *Adaptation and Natural Selection* von George C. Williams[58] gelesen hatte:

> *Mit Sokrates' Tod verschwand nicht nur sein Phänotyp, sondern auch sein Genotyp … Der Verlust von Sokrates' Genotyp wird auch nicht dadurch abgemildert, dass man überlegen kann, wie fruchtbar er sich möglicherweise fortgepflanzt hat. Sokrates' Gene dürften uns heute noch begleiten, aber für seinen Genotyp gilt das nicht, denn Genotypen werden durch Meiose und Rekombination ebenso sicher zerstört wie durch den Tod.*

---

[58] Williams, George C.: *Adaptation and Natural Selection*, Princeton, NJ, 1966.

*Nur die meiotisch getrennten Bruchstücke des Genotyps werden durch die sexuelle Fortpflanzung weitergegeben, und die Bruchstücke werden in der nächsten Generation durch die Meiose wiederum zerstückelt. Wenn es ein letztlich unteilbares Fragment gibt, ist es definitionsgemäß »das Gen«, von dem die abstrakten Erörterungen der Populationsgenetik handeln.*

Als ich Williams' großartiges Buch schließlich las (was, wie ich zu meinem Bedauern sagen muss, erst einige Jahre später geschah), ließ der Abschnitt über Sokrates in mir sofort etwas anklingen; als ich dann *Das egoistische Gen* schrieb, wies ich nachdrücklich auf Williams' große Bedeutung wie auch auf die von Hamilton hin.

Williams und Hamilton waren in gewisser Hinsicht ähnliche Charaktere: ruhig, verschlossen, zurückhaltend und mit tiefen Gedanken. Williams erinnerte mit seiner Würde und seinem Gebaren viele an Abraham Lincoln – ein Eindruck, der durch seine hohe Stirn und den Schnitt seines Bartes vielleicht noch verstärkt wurde. Hamilton hatte mehr die Ausstrahlung eines I-Ah aus *Pu der Bär* von A. A. Milne. Als ich *Das egoistische Gen* schrieb, war ich beiden noch nicht persönlich begegnet; ich kannte nur ihre Veröffentlichungen und wusste, welche zentrale Bedeutung sie für unsere Kenntnisse über die Evolution hatten.

Da Gene in Form exakter Kopien potentiell unsterblich sind, spielt der Unterschied zwischen erfolgreichen und erfolglosen Genen eine große Rolle: Er ist von langfristiger Bedeutung. Die Welt füllt sich mit Genen, die es gut verstehen, zu existieren und über viele Generationen zu überleben. In der Praxis bedeutet das, dass sie gut mit anderen Genen kooperieren können, wenn es darum geht, Körper aufzubauen, die aufgrund ihrer Eigenschaften lange genug überleben können, um sich fortzupflanzen – die Körper sind Vehikel, in denen die Gene sich vorübergehend ansiedeln und von denen sie weitergegeben werden. In *Das egoistische Gen* verwende ich als Bezeichnung für ein Lebewesen durchgehend den Begriff »Überlebensmaschine«. Lebewesen sind die Gebilde, die tatsächlich etwas tun – sie bewegen sich, verhalten sich, suchen, jagen, schwimmen, laufen, fliegen, füttern ihre Jungen. Und am besten lassen sich alle Tätigkeiten eines Lebewesens mit der Annahme erklären, dass es von den in ihm mitreisenden Genen so programmiert wurde, damit es diese Gene erhält und weitergibt, bevor das Lebewesen selbst stirbt.

Mit der gleichen Bedeutung wie »Überlebensmaschine« benutzte ich auch das Wort »Vehikel«. Dabei fällt mir eine amüsante Begebenheit ein. Ein japanisches Fernsehteam kam zu mir, um ein Interview über *Das egoistische Gen* aufzuzeichnen. Die Gruppe reiste mit Stativ und Scheinwerfern in einem schwarzen Taxi von London nach Oxford, und mir schien, als würden Arme und Beine aus allen Fenstern des Wagens ragen. Der Regisseur teilte mir in stockendem Englisch mit (der offizielle Dolmetscher konnte sich überhaupt nicht verständlich machen und wurde unehrenhaft entlassen), er wolle mich in dem Taxi aufnehmen, das währenddessen in Oxford herumfuhr. Das verblüffte mich, und ich erkundigte mich nach dem Grund. »Hm«, kam die verwirrte Antwort, »stammt von Ihnen nicht die Taxitheorie der Evolution?« Anschließend vermutete ich, dass die japanischen Übersetzer meiner Schriften das Wort *vehicle* mit »Taxi« wiedergegeben haben mussten.

Das Interview selbst war ziemlich amüsant. Außer mir waren noch der Kameramann und der Tontechniker im Taxi. Da wir keinen offiziellen Dolmetscher hatten, gab es auch keinen Interviewer, sondern ich wurde einfach gebeten, nach Belieben über *Das egoistische Gen* zu sprechen, während wir eine Besichtigungsrunde durch Oxford drehten. Der Taxifahrer trug in seinem vergrößerten Hippocampus zweifellos einen genauen Stadtplan von London mit sich herum, aber Oxford kannte er nicht. Deshalb blieb es mir überlassen, ihn zu dirigieren, und meine ansonsten wohlüberlegten Ausführungen über egoistische Gene wurden immer wieder durch hektische Ausrufe unterbrochen: »Hier links abbiegen!« oder »Fahren Sie an der Ampel rechts und nehmen Sie dann die rechte Spur!« Ich hoffte, dass sie den unglückseligen Dolmetscher wiederfanden, bevor sie nach London zurückkehrten.

In *Das egoistische Gen* kritisierte ich die Pangloss-Vorstellung, Tiere würden über Voraussicht verfügen und könnten herausfinden, was langfristig für die Zukunft ihrer Spezies oder Gruppe das Beste sei. Falsch ist daran nicht nur der Gedanke, Tiere könnten »herausfinden, was später einmal gut ist«. Ohnehin wird damit nicht gesagt, dass es sich bei dem »Herausfinden« um einen bewussten Vorgang handelt. Nein: Falsch ist vor allem die Idee, die Art oder Gruppe sei das Gebilde, für das der Nutzen maximiert wird. Zu Recht nutzen Biologen häufig die Formulierung »herausfinden, was gut ist«, um darwinistische Überlegungen in Kurzform wiederzugeben. Entscheidend ist aber, dass man in der Hierarchie des Lebendigen die richtige Ebene erkennt, auf die man die kurze Metapher einer bewussten Überlegung anwendet. Es ist völlig in Ordnung, wenn man sich in die Position eines einzelnen Tieres versetzt und fragt: »Was würde ich tun, wenn ich das Ziel erreichen wollte, meine Gene weiterzugeben?«

*Das egoistische Gen* ist voller imaginärer Monologe, in denen ein hypothetisches Tier für sich »überlegt«: »Soll ich *X* oder *Y* tun?« Dabei bedeutet »soll«: »Wäre *X* oder *Y* besser für meine Gene?« Eine solche Ausdrucksweise ist legitim, aber nur dann, wenn man sie in eine Frage übersetzen kann: »Wird ein Gen, das Individuen (in dieser Situation) *X* tun lässt, im Genpool häufiger?« Der subjektive Monolog wird dadurch gerechtfertigt, dass man ihn in die Sprache des Überlebens von Genen übersetzen kann.

Man ist leicht versucht, die Frage »Soll ich *X* oder *Y* tun?« so zu interpretieren, als würde sie »Würde *X* oder *Y* mein eigenes Leben mit größerer Wahrscheinlichkeit verlängern?« bedeuten. Wenn ein langes Leben aber um den Preis einer fehlenden Fortpflanzung erkauft wird – das heißt, wenn wir das lange Leben des Individuums gegen das Überleben der Gene aufrechnen –, wird die natürliche Selektion es nicht begünstigen. Fortpflanzung ist unter Umständen ein gefährliches Geschäft. Männliche Pfauen, die üppig mit Farben geschmückt sind und damit Weibchen anlocken, locken auch natürliche Feinde an. Ein graubraunes, unauffälliges Männchen würde vermutlich länger leben als sein leuchtend bunter, attraktiver Geschlechtsgenosse. Es würde aber auch mit größerer Wahrscheinlichkeit sterben, ohne eine Partnerin gefunden zu haben, und deshalb werden die Gene für die Sicherheit bietende, unauffällige Farbe mit geringerer Wahrscheinlichkeit weitergegeben. Von wirklicher Bedeutung für die natürliche Selektion ist das Überleben der Gene.

Dem Pfauenmännchen kann man folgende legitime, kurze Formulierung in den Mund legen: »Wenn ich mir unauffällige Federn wachsen lasse, werde ich vermutlich lange leben, aber ich finde keine Partnerin. Wenn ich bunte Federn hervorbringe, sterbe ich wahrscheinlich schon früh, aber vorher kann ich eine Menge Gene weitergeben, darunter auch diejenigen für die Herstellung bunter Federn.« Was nicht besonders betont zu werden braucht: »Entscheidung« bedeutet hier nicht das, was ein Mensch normalerweise damit meint.

Bewusstes Denken findet nicht statt. Kurze Formulierungen auf der Ebene der Lebewesen können verwirrend sein, aber sie funktionieren, solange man immer daran denkt, sich den Weg zu einer Rückübersetzung in die Sprache der Gene offenzuhalten. Kein Pfau trifft tatsächlich eine »Entscheidung«, bunte oder unauffällige Federn wachsen zu lassen. In Wirklichkeit besteht für Gene, die bunte oder unauffällige Federn hervorbringen, im Laufe der Generationen eine unterschiedliche Überlebenswahrscheinlichkeit.

Es kann wirklich hilfreich sein, das Verhalten von Tieren aus darwinistischer Perspektive zu verstehen und sie als Robotermaschinen zu betrachten, die darüber »nachdenken«, welche Schritte sie unternehmen müssen, um ihre Gene an zukünftige Generationen weiterzureichen. Solche Schritte könnten darin bestehen, sich auf bestimmte Weise zu verhalten oder Organe mit einer bestimmten Form oder Funktion hervorzubringen. Ebenso ist es unter Umständen hilfreich, wenn man sich *Gene* metaphorisch so vorstellt, als würden sie darüber »nachdenken«, durch welche Schritte sie selbst am besten in zukünftige Generationen gelangen. Solche Schritte bestehen in der Regel darin, einzelne Lebewesen auf dem Weg über die Prozesse der Embryonalentwicklung zu manipulieren.

Dagegen ist es nicht legitim, Tieren auch nur *metaphorisch* zu unterstellen, sie würden darüber nachdenken, welche Schritte sie zur Erhaltung ihrer Spezies oder ihrer Gruppe unternehmen müssen. Das unterschiedlich gute Überleben von Gruppen oder Arten ist nicht Gegenstand der natürlichen Selektion. Ihr Gegenstand ist vielmehr das unterschiedliche Überleben der Gene. Legitime kurze Formulierungen haben deshalb die Form: »Was würde ich tun, um mich selbst zu erhalten, wenn ich ein Gen wäre?« oder – was im Idealfall genau das Gleiche bedeuten würde: »Was würde ich tun, um meine Gene zu erhalten, wenn ich ein Lebewesen wäre?« Dagegen ist die Formulierung: »Was sollte ich als Lebewesen tun, um meine Spezies zu erhalten?« auch als Abkürzung nicht legitim. Das Gleiche gilt – dieses Mal aus einem anderen Grund – auch für: »Was würde ich tun, um mich selbst zu erhalten, wenn ich eine Spezies wäre?«. Die zuletzt genannte Metapher ist deshalb nicht legitim, weil eine Spezies im Gegensatz zum einzelnen Lebewesen nicht das Gebilde ist, dass sich auch nur metaphorisch als Handelnder verhält, Dinge tut oder Entscheidungen umsetzt. Arten haben weder ein Gehirn noch Muskeln; sie sind lediglich Ansammlungen einzelner Lebewesen, die Gehirne und Muskeln besitzen. Arten und Gruppen sind keine »Vehikel«, einzelne Organismen aber sehr wohl.

Ich sollte darauf hinweisen, dass ich die Vorstellung vom Gen als Grundeinheit der natürlichen Selektion weder in meinen Vorlesungen in den sechziger Jahren noch in *Das egoistische Gen* als etwas ganz Neues darstellte. Ich hielt sie vielmehr – und habe das auch eindeutig gesagt – für einen unausgesprochenen Bestandteil der orthodoxen neodarwinistischen Evolutionstheorie, das heißt der Theorie, die in den dreißiger Jahren zuerst von Fisher, Haldane und Wright sowie den anderen Gründervätern der sogenannten Modernen Synthese wie Ernst Mayr, Theodosius Dobzhansky, George Gaylord Simpson und Julian Huxley in klare Formulierungen gekleidet wurde. Erst nach Erscheinen von *Das egoistische Gen* hielten Kritiker wie auch Bewunderer die Idee plötzlich für revolutionär. Für mich war sie das zu jener Zeit nicht.

Dennoch muss ich hinzufügen, dass nicht alle Gründerväter der Modernen Synthese sich über diese wichtige Folgerung aus der Theorie, die sie gemeinsam ausgearbeitet hatten, im Klaren waren. Der maßgebliche deutsch-amerikanische Systematiker Ernst Mayr äußerte sich gegen Ende seines hundertjährigen Lebens ablehnend gegenüber dem Gedanken der Genselektion, aber seine Formulierungen legten für mich die Vermutung nahe, dass er ihn missverstanden hatte. Und Julian Huxley, der den Begriff »Moderne Synthese« überhaupt erst prägte, war durch und durch ein Vertreter der Gruppenselektion, ohne dass es ihm wirklich klar war. Als ich zum ersten Mal mit dem großen Peter Medawar zusammentraf, verblüffte er meinen studentischen Geist mit einer köstlich lästerlichen Bemerkung, die er mit seiner charakteristisch väterlichen und gleichzeitig spitzbübischen Art von sich gab. »Das Problem bei Julian besteht darin, dass er die Evolution eigentlich nicht *versteht*.« Ganz schön heftig – so etwas über einen Huxley zu sagen! Ich traute meinen Ohren kaum, und wie man hier sieht, habe ich es nie vergessen. Später hörte ich, wie ein anderer Nobelpreisträger, der französische Molekularbiologe Jacques Monod, etwas Ähnliches sagte, allerdings nicht über Huxley: »Das Problem mit der natürlichen Selektion besteht darin, dass jeder glaubt, er würde sie verstehen.«

Wie ich bereits erwähnt habe, begann ich mit der Arbeit an *Das egoistische Gen*, als meine Grillenforschung durch Stromabschaltungen unterbrochen wurde. Ich hatte gerade das erste Kapitel des Buches fertiggestellt, da lernte ich zufällig einen Lektor des Verlages Allen & Unwin kennen. Er stattete dem Institut für Zoologie einen Besuch ab, um nach möglichen Buchprojekten zu stöbern, und ich erzählte ihm von meinem gerade begonnenen Projekt. Er las sofort das erste Kapitel; es gefiel ihm, und er ermutigte mich, weiterzumachen. Aber gerade zu diesem Zeitpunkt – aus meiner engen Sicht unglücklicherweise, aber zum Glück für andere – fanden die Unruhen in der Industrie ihr Ende, und die Lichter gingen wieder an. Ich verstaute das Kapitel in einer Schublade, vergaß es und nahm die Forschungsarbeiten an den Grillen wieder auf.

Während der nächsten zwei Jahre dachte ich von Zeit zu Zeit daran, zu meinem Buch zurückzukehren. Besonders stark war der Impuls, als ich neue Veröffentlichungen las, die Anfang der siebziger Jahre erschienen, und Vorträge darüber hielt; wie sich herausstellte, vertrugen sie sich hervorragend mit der Hauptthese meines Buches. Am bemerkenswertesten waren die Artikel des jungen amerikanischen Biologen Robert Trivers und des altgedienten britischen Professors John Maynard Smith. Beide Autoren bedienten sich der intuitiven kurzen Formulierung, die ich bereits erwähnt habe (der Philosoph Daniel Dennett würde sie heute als Intuitionspumpe bezeichnen):[59] Der Kürze halber stellt man sich vor, dass ein einzelnes Lebewesen sich so verhält, »als ob« es sich bewusst die beste Strategie zur Erhaltung und Fortpflanzung seiner Gene ausrechnen würde.

Trivers betrachtete ein Elterntier so, *als wäre* es ein rational Handelnder, der das berechnet, was Wirtschaftswissenschaftler als die »Opportunitätskosten« einer Handlung bezeichnen würden. Ein Elternteil muss die Kosten aufbringen, die sich mit dem Großziehen der einzelnen Nachkommen verbinden. Zu diesen Kosten gehören die Nahrung einschließlich der Zeit und Mühe ihrer Beschaffung, die Zeit, die notwendig ist, um das Kind vor natürlichen Feinden zu schützen, und die Risiken, die der Elternteil dabei eingeht. Das alles fasste Trivers zu einem Maß zusammen, das er als »elterliche Investition« (*Parental Investment* oder PI) bezeichnete. Trivers gelangte zu der entscheidenden Erkenntnis, dass es sich bei der PI um *Opportuni-*

---

[59] Dennett, Daniel C.: *Intuition Pumps and Other Tools for Thinking*, New York 2013.

*tätskosten* handeln muss: Die Investition in ein Kind wird gemessen als *entgangene Gelegenheit, in andere Kinder zu investieren.* Mit Hilfe dieser Vorstellung entwickelte Trivers eine umfassende Theorie des »Eltern-Kind-Konflikts«. So unterliegt beispielsweise die Entscheidung über den besten Zeitpunkt, um ein Kind zu entwöhnen, einer »Meinungsverschiedenheit« zwischen Kind und Mutter: Beide verhalten sich wie rationale Wirtschaftsfachleute, deren »Nützlichkeitsfunktion« das langfristige Überleben ihrer eigenen Gene ist. Die Mutter »will« das Stillen früher beenden als das Kind, weil sie ihren zukünftigen Nachkommen einen größeren »Wert« beimisst als das Junge – die zukünftigen Nachkommen profitieren davon, wenn das derzeitige Kind frühzeitig entwöhnt wird. Das derzeitige Kind misst seinen zukünftigen Geschwistern ebenfalls einen »Wert« bei, aber der ist wegen der Hamilton-Regel nur halb so hoch wie jener, den die Mutter ihm beimisst. Deshalb gibt es in einer bestimmten Phase einen »Entwöhnungskonflikt«, eine unbehagliche Übergangszeit zwischen der frühen Periode, in der beide Parteien sich »einig« sind, dass das Stillen fortgesetzt werden sollte, und der späteren Zeit, wenn beide Parteien sich »einig« sind, dass sie beendet sein soll. In dieser Phase, in der die Mutter die Entwöhnung »will«, das Kind aber noch nicht, sollte man bei sorgfältiger Verhaltensbeobachtung an den Tieren die Symptome eines unterschwelligen Streits zwischen Mutter und Kind erkennen. Nebenbei bemerkt, wies der australische Biologe David Haig lange nach Erscheinen des *egoistischen Gens* auf kluge Weise nach, wie viele Schwangerschaftsbeschwerden man damit erklären kann, dass der gleiche Trivers'sche Konflikt sich im Mutterleib abspielt – wobei es in diesem Fall natürlich nicht um die Entwöhnung geht, sondern um andere Aspekte der Zuweisung zwangsläufig knapper Ressourcen.

Der Konflikt zwischen Eltern und Nachkommen war natürlich für mein Buch ein geradezu maßgeschneidertes Thema, und Trivers' hervorragender Artikel dazu war ein Ansporn, mein erstes Kapitel wieder aus der Schublade zu holen. Er wurde zur Anregung für das Kapitel 7 von *Das egoistische Gen* mit der Überschrift »Der Krieg der Generationen«. Im Kapitel 8, »Der Krieg der Geschlechter«, bediente ich mich ebenfalls der Ideen von Trivers und zeigte, wie Männchen und Weibchen ihre Opportunitätskosten ganz unterschiedlich berechnen. Wann wird beispielsweise ein Männchen sich von seiner Partnerin trennen und sie »in einer grausamen Bindung mit dem Baby allein lassen«, während es selbst eine neue Partnerin sucht? Einfluss hatte Trivers auch auf das Kapitel 10, »Kratz mir meinen Rücken, dann reite ich auf deinem!«. Dieses ging auf einen früheren Artikel von ihm zurück, der von gegenseitigem Altruismus handelte; darin hatte er gezeigt, dass Verwandtenselektion nicht die einzige Kraft ist, die in der Evolution den Altruismus begünstigt. Auch Gegenseitigkeit – die Rückzahlung von Gefälligkeiten – kann sehr wichtig sein, und sie funktioniert im Gegensatz zur Verwandtenselektion nicht nur innerhalb der Arten, sondern auch zwischen ihnen. Damit kam Trivers neben Hamilton und Williams als Dritter zu den Autoren hinzu, die den größten Einfluss auf *Das egoistische Gen* hatten. Ich bat ihn sogar, das Vorwort zu schreiben – was er großzügigerweise tat, obwohl wir uns zu diesem Zeitpunkt noch nie begegnet waren.

Der Vierte war John Maynard Smith, der später zu einem heißbegehrten Mentor wurde. Als Junge hatte ich das Buch kennengelernt, das er später als »mein kleines Penguin« bezeichnete, der lächelnde Autor auf dem Foto hatte es mir sofort angetan: Sein Haarschopf hing nach Art eines verschrobenen Professors ebenso schräg wie die Pfeife in seinem Mund, und die runden Brillengläser hätten dringend einer Reinigung bedurft – er war der Typ Mann, zu dem ich mich hingezogen fühlte. Mir gefielen auch die biographischen Anmerkungen: Darin wurde erklärt, dass er Ingenieur gewesen war und Flugzeuge konstruiert hatte, dann aber hatte er diese Tätigkeit aufgegeben und war wieder an die Universität gegangen, um Biologie zu studieren – er hatte festgestellt, dass »Flugzeuge laut und altmodisch sind«. Viele Jahre später erschien bei Cambridge University Press eine Neuauflage seines Buches *The Theory of Evolution*, und mir wurde die Ehre zuteil, das Vorwort zu schreiben.[60] Darin zollte ich diesem genialen Helden mit folgenden Worten Tribut:

> *Leser von »Universitätsromanen« wissen, dass Tagungen der Ort sind, an dem man Akademiker von ihrer schlimmsten Seite kennenlernen kann. Insbesondere die Tagungstheke ist eine Hochschule im Kleinformat. Professoren hocken konspirativ in exklusiven, konspirativen Ecken zusammen und reden nicht über Wissenschaft*

---

[60] Maynard Smith, John: *The Theory of Evolution*, Cambridge 1993; erstmals erschienen bei Penguin, 1958.

*oder akademische Themen, sondern über »unbefristete Verträge« (ihr Wort für Arbeitsplätze) und »Forschungsstipendien« (ihr Wort für Geld). Und wenn sie einmal fachsimpeln, dann häufig nicht, um Erkenntnisse zu gewinnen, sondern um Eindruck zu machen. In dieser Hinsicht ist John Maynard Smith eine glänzende, triumphale, liebenswerte Ausnahme. Er schätzt kreative Ideen höher als Geld, einfache Sprache höher als Fachchinesisch. Er ist stets der Mittelpunkt eines lebhaften Haufens lachender Studenten und junger Wissenschaftler beiderlei Geschlechts. Vergesst die Vorträge oder »Workshops«; zum Teufel mit den Busausflügen zu lokalen Sehenswürdigkeiten; denkt nicht mehr an eure schicken visuellen Hilfsmittel und Funkmikrofone; auf einer Tagung zählt nur eines: John Maynard Smith muss anwesend sein, und es muss eine geräumige, gemütliche Bar geben. Wenn er den geplanten Termin nicht wahrnehmen kann, müsst ihr die Tagung verschieben. Er muss keinen offiziellen Vortrag halten (allerdings ist er ein fesselnder Redner), und er muss auch nicht den Vorsitz in einer offiziellen Tagungssitzung führen (obwohl er ein kluger, mitfühlender, intelligenter Vorsitzender ist). Er muss nur erscheinen, dann wird die Tagung zum Erfolg. Er wird die jungen Wissenschaftler bezaubern und amüsieren, sich ihre Geschichten anhören, sie inspirieren, eine möglicherweise erlahmende Begeisterung neu entfachen, und wenn sie dann belebt und verjüngt in ihre Labors oder in ihr schlammiges Freiland zurückkehren, sind sie erpicht darauf, die neuen Ideen auszuprobieren, die er ihnen in seiner Großzügigkeit mitgeteilt hat.*

Meine Beziehung zu John nahm allerdings keinen übermäßig guten Anfang. Ich lernte ihn 1966 kennen; er war Dekan für Biologie und führte mit mir ein Einstellungsgespräch für einen Arbeitsplatz an der University of Sussex. Ich war damals schon mehr oder weniger entschlossen, nach Berkeley zu gehen, aber in Sussex war eine Stelle frei, und Richard Andrew, der dort tätige Experte für unser gemeinsames Fachgebiet der Tierverhaltensforschung, drängte mich mit schmeichelhaftem Eifer, mich zu bewerben. Ich sagte Richard, ich hätte mich schon beinahe für Kalifornien entschieden, aber darauf erwiderte er, es könne nicht schaden, trotzdem in Sussex das Einstellungsgespräch zu führen; also dachte ich mir: Na gut, warum nicht? Ich fürchte, mit meiner »Na gut«-Einstellung machte ich mich in dem Gespräch mit

Maynard Smith nicht gerade beliebt. Ich erklärte, ich würde keine Vorlesungen über die Systematik der Tiere halten, worauf er erwiderte, das sei aber ein Teil der Aufgabenbeschreibung. Recht arrogant antwortete ich: Nun, ich habe auch ein Stellenangebot aus Berkeley und weiß eigentlich nicht genau, warum ich hier das Gespräch überhaupt führe. Er lud mich zusammen mit einem gewissen Dr. Andrew zum Mittagessen ein und war dabei sehr freundlich, aber wie gesagt: Es war kein guter Anfang für unsere Freundschaft, die sich später als so großartig erweisen sollte.

Anfang der siebziger Jahre begann Maynard Smith, eine lange Reihe von Artikeln zu verfassen, in denen er zusammen mit Kollegen wie Geoffrey Parker und dem verstorbenen George Price eine Version der mathematischen Spieltheorie auf eine Reihe evolutionstheoretischer Fragestellungen anwandte. Seine Gedanken passten ungeheuer gut zur Vorstellung vom egoistischen Gen; damit wurden die Artikel von Maynard Smith zu dem zweiten großen Antrieb, der mich dazu veranlasste, den Staub von meinem ersten Kapitel zu blasen und das ganze Buch zu schreiben.

Der besondere Beitrag von Maynard Smith war der Begriff der evolutionär stabilen Strategie oder kurz ESS. »Strategie« kann man in diesem Zusammenhang als »vorprogrammierte Regel« interpretieren. Maynard Smith konstruierte mathematische Modelle, in denen vorprogrammierte Regeln mit Namen wie (für den Sonderfall der Konflikte unter Tieren) Hawk, Dove, Retaliator oder Bully auf eine imaginäre (oder simulierte) Welt losgelassen wurden und dort miteinander in Wechselbeziehung traten. Auch hier muss man sich wiederum klarmachen, dass den Tieren, die die Regeln umsetzen, keine bewusste Wahrnehmung ihrer Handlungen oder der Gründe dafür unterstellt wird. Jede vorprogrammierte Regel kommt in der Population mit einer gewissen *Häufigkeit* vor (genau wie die Gene in einem Genpool, die Verbindung zur DNA muss allerdings in den Modellen nicht ausdrücklich hergestellt werden). Die Häufigkeiten ändern sich je nach der »Rendite«. In den Sozial- und Wirtschaftswissenschaften, in denen die Spieltheorie ihren Ursprung hat, kann man sich die Rendite als Entsprechung zum Geld vorstellen. In der evolutionären Spieltheorie hat der Begriff die Sonderbedeutung des Fortpflanzungserfolges: Wenn eine Strategie eine hohe Rendite bringt, ist sie in der Population allmählich immer stärker repräsentiert.

Entscheidend ist dabei, dass nicht unbedingt die Strategie erfolgreich ist, die in ihrer speziellen Konkurrenz gegenüber anderen Strategien den Sieg davonträgt. Erfolgreich ist eine Strategie vielmehr dann, wenn sie zahlenmäßig in der Population dominiert. Und da eine zahlenmäßig dominierende Strategie definitionsgemäß auf Kopien ihrer selbst trifft, behält sie ihre zahlenmäßig beherrschende Rolle nur dann, wenn sie in Gegenwart von Kopien ihrer selbst gedeiht. Das ist die Bedeutung von »evolutionär stabil« in Maynard Smith' »ESS«. Man kann damit rechnen, dass man solche ESS in der Natur beobachtet, denn wenn eine Strategie evolutionär *instabil* ist, verschwindet sie aus der Population, weil konkurrierende Strategien die Oberhand gewinnen.

Ich möchte hier die evolutionsorientierte Spieltheorie nicht weiter erörtern, denn das habe ich in *Das egoistische Gen* getan; das Gleiche gilt auch für Trivers' Gedanken über elterliche Investitionen. Hier möge der Hinweis genügen, dass die Veröffentlichungen von Trivers und Maynard Smith Anfang der siebziger Jahre mein Interesse an den Ideen von Hamilton wiederbelebten, die mir schon in den sechziger Jahren als Anregung gedient hatten; sie waren für mich der Anlass, mich wieder dem Buch zuzuwenden, dessen erstes Kapitel seit dem Ende der Stromausfälle in einer Schublade geschlummert hatte. Die Gedanken von Maynard Smith zur Spieltheorie hatten in dem Kapitel über Aggression die beherrschende Rolle und beeinflussten auch meine Ausführungen über viele andere Themen in späteren Kapiteln.

Deshalb nahm ich 1975, nachdem ich endlich meinen Artikel über »hierarchische Organisation« fertiggestellt hatte, das Freisemester in Anspruch, das mir zustand. Jetzt blieb ich morgens zu Hause und widmete mich meiner Schreibmaschine und dem *egoistischen Gen*. Die Aufgabe nahm mich so in Anspruch, dass ich nicht einmal die entscheidende Sitzung besuchte, bei der das New College einen neuen Vorsteher wählte. Ein Kollege schlich sich aus der Sitzung, rief mich an und erklärte, es sei dringend: Die Abstimmung würde äußerst knapp werden, und ich solle unbedingt schnell kommen. Obwohl mein Freisemester mir das Recht dazu gab, bin ich heute davon überzeugt, dass mein Fernbleiben von einer derart entscheidenden Abstimmung ein Akt selbstgefälliger Verantwortungslosigkeit war. Die Sitzung hätte nur ein paar Stunden meiner Zeit beansprucht, und die Auswirkungen meiner nicht abgegebenen Stimme wären möglicherweise viele Jahre lang spürbar geblieben. Zum Glück setzte der Mann, für den ich gestimmt hätte, sich ohnehin durch (und wurde ein hervorragender Collegevorsteher), so dass ich keine Schuldgefühle haben musste, weil die Geschichte des Colleges meinetwegen eine andere Wendung genommen hätte. Eigentlich wäre auch sein Konkurrent sehr gut gewesen, und die Sitzungen des Colleges wären mit ihm sicher amüsant geworden: Er stand in dem Ruf, der geistreichste Mann in ganz Oxford zu sein.

Ich schrieb *Das egoistische Gen* in einem Rausch kreativer Energie. Als ich drei oder vier Kapitel fertiggestellt hatte, unterhielt ich mich mit meinem Freund Desmond Morris über die Veröffentlichung. Desmond war selbst ein legendärer, erfolgreicher Autor und arrangierte ein Treffen mit Tom Maschler, dem Altmeister der Londoner Verleger. Ich lernte Mr Maschler in seinem hohen, von Bücherwänden gesäumten Arbeitszimmer bei Jonathan Cape in London kennen. Er hatte meine Kapitel gelesen, und sie gefielen ihm, aber er drängte mich, den Titel zu ändern. »Egoistisch«, so erklärte er mir, sei ein »Unwort«. Warum nicht *Das unsterbliche Gen*? Im Rückblick betrachtet, hatte er vermutlich recht. Ich kann mich nicht mehr erinnern, warum ich seinen Rat nicht befolgte. Wahrscheinlich hätte ich es tun sollen.

Ohnehin verfolgte ich die Idee, ihn als Verleger zu wählen, nicht weiter, denn die Dinge wurden mir ziemlich energisch aus der Hand genommen. Eines Tages sagte Roger (heute Sir Roger) Elliott, in Oxford der Professor für theoretische Physik, beim Mittagessen am New College zu mir, er habe gehört, dass ich an einem Buch arbeitete. Er wollte Näheres darüber wissen. Ich berichtete ein wenig über meine Zielsetzung, und die schien ihn zu interessieren. Zufällig gehörte er auch dem Beirat von Oxford University Press an und unterrichtete Michael Rodgers, den zuständigen Lektor dieses alten Verlages. Michael schrieb mir, er würde meine Kapitel gern sehen. Ich schickte sie ihm.

Damit setzte der Strudel der Ereignisse ein. Es begann mit seiner charakteristischen, lauten Stimme am Telefon: »Ich habe Ihre Kapitel gelesen. Ich kann seitdem nicht mehr schlafen. Ich muss dieses Buch haben!« Nun, manch einer hätte gegen eine solche Form der Überredung vielleicht Widerstand geleistet, ich aber tat es nicht. Michael war sicher der richtige Verleger. Ich unterschrieb den Vertrag und machte mich mit doppeltem Eifer daran, das Buch fertigzustellen.

Heute kann ich kaum noch begreifen, dass wir in einer Zeit vor Computern und Textverarbeitung die Mühen des Schreibens auf uns nahmen. Praktisch jeder Satz, den ich verfasse, wird später umgearbeitet, umgestellt, neu geordnet, gestrichen und überarbeitet. Wie besessen lese ich meine Arbeit immer wieder und unterwerfe den Text einer Art darwinistischer Filterung, durch die er, so hoffe und glaube ich, mit jedem Durchgang besser wird. Selbst wenn ich einen Satz zum ersten Mal tippe, wird die Hälfte der Wörter wieder gelöscht und verändert, bevor er zu Ende ist. So habe ich immer gearbeitet. Aber während der Computer sich für eine solche Arbeitsweise hervorragend eignet und der Text bei jeder Revision sauber bleibt, war das Ergebnis mit der Schreibmaschine ein Chaos. Schere und Klebeband waren ebenso wichtige Hilfsmittel wie die Schreibmaschine selbst. Das wachsende Manuskript von *Das egoistische Gen* war voller xxxxxxx-Streichungen, handschriftlicher Einschübe, Wörter, die eingekringelt und mit Pfeilen an andere Stellen verschoben wurden, Papierstreifen, die unelegant an den Rändern oder dem unteren Ende der Seite festgeklebt waren. Man würde meinen, dass es ein unverzichtbarer Bestandteil des Schreibens ist, den Text fließend lesen zu können. Wenn man auf Papier arbeitet, scheint das so gut wie unmöglich zu sein. Aber rätselhafterweise hat der Schreibstil offensichtlich seit Einführung der Computer-Textverarbeitung keine allgemeine Verbesserung erfahren. Warum nicht?

*Das egoistische Gen* erlebte zwei Reinschriften, die von Pat Searle getippt wurden, der mütterlichen Sekretärin der Arbeitsgruppe für Tierverhaltensforschung. Beide gingen an Michael Rodgers und kamen mit seinen hilfreichen, handschriftlichen Anmerkungen zurück. Insbesondere strich er einige hochtrabende Absätze, in denen ich es mit meinem romantisch-jugendlichen Enthusiasmus viel zu weit getrieben hatte. Nach Peter Medawars Metapher vom Schriftsteller als Organist »dürfen die Finger des Wissenschaftlers sich im Gegensatz zu denen des Historikers niemals in Richtung des Diapason verirren«. Das Kapitel 2 von *Das egoistische Gen* ist ungefähr so hochtrabend, wie wissenschaftliche Prosa überhaupt sein kann, und an den daran anschließenden Absatz erinnere ich mich mit Erröten (und ich bin froh, dass ich ihn nicht stehen gelassen habe). Die nachfolgende, etwas weniger hochtrabende Passage hat Michaels mäßigenden Rotstift überlebt. Sie steht am Ende des Kapitels über den Ursprung des Lebens und seine spontane Entstehung in der Ursuppe der »Replikatoren«, die später zur Welt der »Vehikel« – der Lebewesen – wurde:

*Würde der schrittweisen Verbesserung der Techniken und Kunstgriffe, welche die Replikatoren zur Sicherstellung ihres Fortbestands auf der Erde anwendeten, irgendwo ein Ende gesetzt sein? Eine Menge Zeit sollte für Verbesserungen zur Verfügung stehen. Welche sonderbaren Selbsterhaltungsmaschinen würden die Jahrtausende hervorbringen? Welches Schicksal würde vier Milliarden Jahre später den alten Replikatoren beschieden sein? Sie starben nicht aus, denn sie sind unübertroffene Meister in der Kunst des Überlebens. Doch dürfen wir sie nicht frei im Meer umhertreibend suchen; dieses ungebundene Leben haben sie seit langem aufgegeben. Heute drängen sie sich in riesigen Kolonien, sicher im Innern gigantischer, schwerfälliger Roboter, hermetisch abgeschlossen von der Außenwelt; sie verständigen sich mit ihr auf gewundenen, indirekten Wegen, manipulieren sie durch Fernsteuerung. Sie sind in dir und in mir, sie schufen uns, Körper und Geist, und ihr Fortbestehen ist der letzte Grund unserer Existenz. Sie haben einen weiten Weg hinter sich, diese Replikatoren. Heute tragen sie den Namen Gene, und wir sind ihre Überlebensmaschinen.*

Dieser Abschnitt enthält in Kurzform die zentrale Metapher des Buches und vermittelt auch ihren Science-Fiction-ähnlichen Anteil. Mein Vorwort leitete ich sogar mit folgenden Worten ein:

*Dieses Buch sollte beinahe wie Science-Fiction gelesen werden, denn es zielt darauf ab, die Vorstellungskraft anzusprechen. Doch es ist keine Science-Fiction: Es ist Wissenschaft. Tatsächlich erscheint mir die Wirklichkeit noch phantastischer als ein utopischer Roman. Wir sind Überlebensmaschinen – Roboter, blind programmiert zur Erhaltung der selbstsüchtigen Moleküle, die Gene genannt werden. Dies ist eine Wahrheit, die mich immer noch mit Staunen erfüllt. Obwohl sie mir seit Jahren bekannt ist, scheine ich mich niemals an sie gewöhnen zu können, und eine meiner Hoffnungen geht dahin, dass es mir gelingen möge, auch andere in Erstaunen zu versetzen.*

Auch in den ersten Zeilen von Kapitel 1 setzt sich die Science-Fiction-Stimmung fort:

> *Intelligentes Leben auf einem Planeten erreicht einen Zustand der Reife, wenn es zum ersten Mal die Gründe für seine Existenz erkennt. Sollten jemals höher entwickelte Lebewesen aus dem Weltraum die Erde besuchen, so werden sie, um unsere Zivilisationsstufe einzuschätzen, zuerst die Frage stellen: »Haben sie die Evolution schon entdeckt?« Mehr als drei Milliarden Jahre lang hatten bereits Organismen auf der Erde gelebt, ohne zu wissen warum, bis schließlich einem von ihnen die Wahrheit aufzugehen begann. Sein Name war Charles Darwin.*

Als das Buch erschienen war, las Niko Tinbergen diese Eröffnung. Er mochte sie überhaupt nicht. Ihm gefiel nichts, was darauf schließen ließ, dass die Menschheit eine intelligente Spezies ist, und er fühlte sich zutiefst verletzt durch die entsetzlichen Wirkungen, die wir auf die Welt haben. Aber darum ging es mir an dieser Stelle wirklich nicht.

Ein paar Worte sollte ich auch noch über das letzte Kapitel verlieren. Es trägt die Überschrift »Meme, die neuen Replikatoren«. Angesichts der Tatsache, dass das Buch ansonsten das Gen als Hauptdarsteller und Replikator in den Mittelpunkt der Evolution des Lebendigen rückte, musste ich den Eindruck zerstreuen, bei dem Replikator müsse es sich unbedingt um DNA handeln. Ich knüpfte an die Science-Fiction-Stimmung der Einleitung an und wies darauf hin, dass die Evolution des Lebens auf anderen Planeten durch ein völlig anderes System der Selbstverdoppelung vorangetrieben worden sein könnte – aber dieses System, wie es auch aussah, musste bestimmte Eigenschaften haben, darunter die hohe Originaltreue der Kopien.

Auf der Suche nach einem Beispiel hätte ich die Computerviren verwenden können, wenn sie 1975 schon erfunden gewesen wären. Stattdessen stieß ich auf die Kultur der Menschen als neue »Ursuppe«:

> *Doch müssen wir uns in fremde Welten begeben, um andere Replikatortypen und andere, daraus resultierende Arten von Evolution zu finden? Ich meine, dass auf diesem unserem Planeten kürzlich eine neue Art von Replikator aufgetreten ist. Zwar ist er noch jung, treibt noch unbeholfen in seiner Ursuppe herum, aber er ruft be-*

> *reits evolutionären Wandel hervor, und zwar mit einer Geschwindigkeit, die das gute alte Gen weit in den Schatten stellt.*
> *Das neue Urmeer ist die »Suppe« der menschlichen Kultur. Wir brauchen einen Namen für den neuen Replikator, ein Substantiv, das die Assoziation einer Einheit der kulturellen Vererbung vermittelt, oder eine Einheit der* ***Imitation****. Von einer entsprechenden griechischen Wurzel ließe sich das Wort »Mimem« ableiten, aber ich suche ein einsilbiges Wort, das ein wenig wie »Gen« klingt. Ich hoffe, meine klassisch gebildeten Freunde werden mir verzeihen, wenn ich Mimem zu* ***Mem*** *verkürze. Sollte es irgendjemandem ein Trost sein, so könnte er sich wahlweise vorstellen, dass es mit dem lateinischen* ***memoria*** *oder mit dem französischen Wort* ***même*** *verwandt ist.*
> *Beispiele für Meme sind Melodien, Gedanken, Schlagworte, Kleidermoden, die Art, Töpfe zu machen oder Bögen zu bauen. So wie Gene sich im Genpool vermehren, indem sie sich mit Hilfe von Spermien oder Eizellen von Körper zu Körper fortbewegen, verbreiten sich Meme im Mempool, indem sie von Gehirn zu Gehirn überspringen, vermittelt durch einen Prozess, den man im weitesten Sinne als Imitation bezeichnen kann.*

Im weiteren Verlauf legte ich dar, wie man den Begriff der Meme auf unterschiedliche Weise anwenden kann, beispielsweise auf die Verbreitung und Weitergabe von Religion. Ich verfolgte aber nicht vorrangig die Absicht, einen Beitrag zur Theorie der menschlichen Kultur zu leisten, sondern dem Gen seine Sonderstellung als einzig vorstellbarer Replikator, der die Grundlage eines darwinistischen Prozesses bilden kann, zu nehmen. Ich versuchte, einen »universellen Darwinismus« zu vertreten – den gleichen Titel trug auch ein späterer Artikel auf der Grundlage des Vortrags, den ich 1982 auf der Tagung zur Erinnerung an Darwins Todestag hielt. Dennoch bin ich entzückt, dass der Philosoph Daniel Dennett, die Psychologin Susan Blackmore und andere auf so produktive Weise mit dem Ball der Meme gespielt haben. Bisher sind mehr als 30 Bücher erschienen, die das Wort »Mem« im Titel tragen, und der Begriff hat auch Eingang in das *Oxford English Dictionary* gefunden (wo das Kriterium gilt, dass er ohne nähere Bestimmung oder Definition in einer nennenswerten Zahl von Fällen veröffentlicht wurde).

Das Erscheinen des ersten Buches ist für jeden jungen Autor ein aufregendes Ereignis. Ich unternahm viele Ausflüge in das stattliche neoklassizistische Gebäude von OUP in der Walton Street und manchmal auch zu der Londoner Niederlassung im Ely House. Dort lernte ich die verschiedenen Menschen kennen, die an dem komplizierten Prozess von Herstellung, Gestaltung, Marketing und so weiter beteiligt sind. Als es um die Umschlaggestaltung ging, führte mich die Science-Fiction-Atmosphäre des Buches wieder zu Desmond Morris' Tor aus dem Norden von Oxford mit dem eleganten Säulengang. Desmond ist nicht nur Biologe, Fernsehmoderator, anthropologischer Sammler, Erzähler unplausibler Geschichten[61] und Bestsellerautor, sondern auch ein begabter surrealistischer Maler. Seine Bilder haben unverkennbar etwas Biologisches. Er schuf eine Traumlandschaft, in der weltentrückte Geschöpfe leben und ihre Evolution durchmachen – denn sie entwickeln sich von Gemälde zu Gemälde weiter: Genau so etwas brauchte ich für *Das egoistische Gen*. Desmond war begeistert von der Idee, den Umschlag zu gestalten; gemeinsam mit Michael Rodgers sah ich mir die Gemälde an seinen Wänden und in seinem Atelier an. Besonders fiel mir *The Expectant Valley* auf, und zwar nicht nur wegen der kühnen Farben und der Ausstrahlung einer üppigen Fruchtbarkeit, sondern auch aus einem ganz banalen Grund: Es bot bequem Platz für den Titel. Mit Vergnügen wählten wir es aus, und ich bin überzeugt, dass es den Verkaufszahlen des Buches zugutekam.

Zufällig hatte Desmond zu jener Zeit gerade eine Ausstellung in einer kleinen Galerie in der Walton Street nicht weit vom OUP-Gebäude, und dort stand auch *The Expectant Valley* zum Verkauf. Sein Preis entsprach mit 750 Pfund gerade eben so dem Vorschuss, den der Verlag mir für das Buch gezahlt hatte. Angesichts dieses Zusammentreffens konnte ich der Versuchung nicht widerstehen, und nach wiederholten Besuchen in der Galerie, in deren Verlauf ich viele Gemälde

---

[61] Ich habe den Verdacht, dass er auch der eigentliche Urheber einer vielfach kursierenden Anekdote über den Filmstar Diana Dors ist. Sie stammte aus der gleichen Ortschaft in Wiltshire wie er, und die beiden waren Kinderfreunde. Mit Nachnamen hieß sie in Wirklichkeit nicht Dors, sondern Fluck. Sie wurde damals immer wieder einmal zur Eröffnung dieser oder jener Festlichkeit eingeladen, und der Pfarrer wollte sie mit dem Namen vorstellen, den die Einheimischen kannten; also forderte er sie genialerweise auf: »Begrüßen Sie mit mir die reizende Diana… Clunt.«

liebgewann, kaufte ich *The Expectant Valley.* Ich glaube, es war Desmond ein wenig peinlich, und so gab er mir freundlicherweise noch ein anderes, entfernt ähnliches Gemälde mit dem Titel *The Titillator* dazu. Beide passen ziemlich gut zusammen.

*Das egoistische Gen* erschien im Herbst 1976; ich war damals 35. Es wurde vielfach rezensiert, was für das Erstlingswerk eines unbekannten Autors erstaunlich ist; eigentlich weiß ich bis heute nicht, warum es so viel Aufmerksamkeit erhielt. Es gab weder eine Präsentation, noch organisierte der Verlag eine besondere Werbung. Einige Monate nach seinem Erscheinen wurde Peter Jones darauf aufmerksam, bei der BBC einer der Produzenten der Wissenschafts-Vorzeigeserie *Horizon.* Peter fragte mich, ob ich einen Dokumentarfilm zu dem Thema moderieren wollte, aber ich war damals viel zu schüchtern für einen Fernsehauftritt und empfahl ihm stattdessen John Maynard Smith. Dieser hatte eine großartig warmherzige, mitreißende Art und machte seine Sache gut; die Sendung, die ebenfalls den Titel *Das egoistische Gen* trug, muss dem Verkauf zumindest in Großbritannien einen großen Schub gegeben haben. Die Sendung kam aber so spät, dass man die vielen Rezensionen, die über das Buch bereits erschienen waren, damit nicht erklären konnte.

Heute tue ich es nicht mehr, aber bei diesem ersten Buch führte ich eine Sammelmappe mit Rezensionen, und kürzlich habe ich sie mir noch einmal angesehen. Es waren über 100, und beim nochmaligen Lesen sprechen sie nicht für den verbreiteten Eindruck, das Buch sei umstritten gewesen. Fast alle Rezensionen waren freundlich. Unter den ersten Rezensenten waren der Psychiater Anthony Storr, die Anthropologen Lionel Tiger und Francis Huxley (der Sohn von Julian), der Naturforscher Bruce Campbell und der Philosoph Bernard Williams; Letzteren lernte ich später als einen jener unterhaltsamen Gesprächspartner kennen, die mit ihrem Scharfsinn jeden Begleiter »aus der Reserve locken« können. Ablehnende Rezensionen kamen von Steven Rose und Richard Lewontin, zwei Biologen, die politisch links eingeordnet wurden, und – mit subtilerer Bissigkeit – von Cyril Darlington, der auf der anderen Seite des politischen Spektrums stand. Aber das waren Ausnahmen. Die meisten Rezensenten hatten meine Aussage verstanden, legten sie zutreffend dar und äußerten sich sehr freundlich über das Buch. Besonders erfreulich für mich waren zwei sehr positive Rezensionen von Peter Medawar und W. D. Hamilton. Hamilton traf sogar den Nagel auf den Kopf, auf den ich mit meinen Bemühungen um eine Antwort auf Lorenz, Ardrey und die Panglossianisten der sechziger Jahre sowie auf das »BBC-Theorem« gezielt hatte:

> *Dieses Buch sollte und kann von nahezu jedem gelesen werden. Es beschreibt mit großer Geschicklichkeit ein neues Antlitz der Evolutionstheorie. Trotz seines weitgehend leichten, unbelasteten Stils, mit dem in letzter Zeit neue und manchmal auch falsche biologische Aussagen in der Öffentlichkeit verkauft werden, ist es nach meiner Meinung eine ernsthaftere Leistung. Es bewältigt erfolgreich die scheinbar unmögliche Aufgabe, in einfachem, umgangssprachlichem Englisch einige schwer verständliche, mehr oder weniger mathematische Themen aus dem evolutionsbiologischen Denken der jüngeren Zeit darzustellen. Wenn man sie mit Hilfe dieses Buches endlich in einer weit gefassten Perspektive betrachtet, werden sie selbst jene forschenden Biologen, die sich selbst vielleicht bereits für unterrichtet halten, überraschen und mit frischen Gedanken versorgen. Zumindest haben sie damit den Rezensenten überrascht. Aber, um es noch einmal zu wiederholen: Das Buch ist für jeden, der auch nur über ein geringes naturwissenschaftliches Grundlagenwissen verfügt, leicht zu lesen.*

Auf der ganzen Welt gab es niemanden, den ich lieber auf diese Weise überrascht hätte als »den Rezensenten«. Gerührt war ich auch darüber, wie Bill Hamilton seine wunderschön formulierte Rezension mit Gedichten beendete; das eine stammte von Wordsworth, das andere von Housman, dessen *Shropshire Lad* ich häufig mit Bills komplexem Charakter gleichsetzte:

> From far, from eve and morning
> And yon twelve-winded sky,
> The stuff of life to knit me
> Blew hither: here am I
> …
> Speak now, and I will answer;
> How shall I help you, say;
> Ere to the wind's twelve quarters
> I take my endless way. |34|

Kein schlechtes Grabgedicht für einen Evolutionsforscher, und Bill Hamilton war wahrscheinlich der größte Evolutionsforscher in der zweiten Hälfte des 20. Jahrhunderts. Als dieser Band meiner Autobiographie in sein letztes Entstehungsstadium eintrat, fand ich in einem Bündel alter Papiere einen Schatz mit Bills Handschrift obenauf: Es war eine Kopie der letzten Seite seiner Vorlesungsnotizen und enthielt eine Abschrift eines anderen Housman-Gedichts: »The Immortal Part« verkörperte die Idee des »unsterblichen Gens«. Ich kann mich nicht erinnern, auf welche Vorlesung es sich bezog oder wann er sie hielt; das Blatt trägt kein Datum. Ich habe es auf meiner Webseite (https://richarddawkins.net/bcd/) wiedergegeben.

Lange nach dem Erscheinen von *Das egoistische Gen* wurde Bill in Oxford mein enger Kollege, und ich sah ihn fast jeden Tag beim Mittagessen im New College. Ich bin in aller Bescheidenheit stolz darauf, dass mein Buch so stark dazu beitrug, seine brillanten Ideen einem größeren Publikum zu vermitteln. Gleichzeitig gebe ich mich aber gern der Hoffnung hin, dass das Buch auch auf andere Weise die Gedanken meiner Berufskollegen über das Thema verändert hat. Ich denke gern, dass es kein Zufall ist: Wenn man eine biologische Freilandstation in der Serengeti oder in der Antarktis, am Amazonas oder in der Kalahari besucht und zuhört, wie die aktiven Wissenschaftler dort abends beim Bier fachsimpeln, geht es immer wieder um Gene. Sie reden nicht über die molekularen Feinheiten der DNA – obwohl auch das interessant ist –, aber in ihren Gesprächen gehen sie von der Annahme aus, dass die von ihnen untersuchten Tiere und Pflanzen mit ihrem Verhalten das Ziel verfolgen, Gene zu bewahren und durch die aufeinanderfolgenden Generationen weiterzugeben.

# 15
# Ein Rückblick in die Zukunft

Das Erscheinen von *Das egoistische Gen* kennzeichnet das Ende meiner ersten Lebenshälfte und ist ein geeigneter Punkt, um innezuhalten und zurückzublicken. Ich werde oft gefragt, ob meine afrikanische Kindheit für mich der Anlass war, Biologe zu werden. Ich würde das gern bejahen, aber ich bin mir nicht sicher. Woher sollen wir wissen, ob sich der Verlauf eines Lebens durch irgendeinen bestimmten Wendepunkt in seiner Frühzeit geändert hat? Ich hatte einen ausgebildeten Botaniker als Vater, meine Mutter kannte die Namen aller Wildblumen, die man üblicherweise zu sehen bekam, und beide waren stets eifrig darauf bedacht, die Neugier eines Kindes auf die Wirklichkeit zu befriedigen. War das für mein Leben wichtig? Ja, mit Sicherheit.

Meine Familie zog nach England, als ich acht war. Und wenn sie es nicht getan hätte? Im letzten Augenblick wurde ich nicht nach Marlborough, sondern nach Oundle geschickt. Besiegelte diese willkürliche Veränderung meine Zukunft? Beide waren reine Jungenschulen. Ein Psychologe könnte vermuten, dass ich zu einem sozial besser justierten Menschen geworden wäre, wenn man mich auf eine gemischte Schule geschickt hätte. Ich schaffte es gerade eben nach Oxford. Und wenn ich versagt hätte, was beinahe geschehen wäre? Wenn ich niemals die Seminare bei Niko Tinbergen besucht hätte und bei meinem Plan geblieben wäre, für die Promotion nicht das Tierverhalten zu studieren, sondern biochemische Forschung zu betreiben? Wäre dann nicht mein ganzes Leben völlig anders verlaufen? Vermutlich hätte ich nie Bücher geschrieben.

Aber vielleicht hat das Leben auch ein Bestreben, auf einen bestimmten Weg hinauszulaufen, wie wenn eine magnetische Anziehungskraft es trotz gelegentlicher Abweichungen immer wieder zurückholt. Wäre ich als Biochemiker vielleicht irgendwann auf den Weg zurückgekehrt, der zum *egoistischen Gen* führte, auch wenn ich ihm dann vielleicht einen stärkeren molekularen Dreh gegeben hätte? Vielleicht hätte die Anziehungskraft des Weges mich dennoch dazu veranlasst, mein Dutzend Bücher – wiederum biochemisch eingefärbt – zu verfassen. Ich habe daran meine Zweifel. Aber der Gedanke des »Zurückkommens auf einen Weg« ist nicht uninteressant, und ich werde … hm … darauf zurückkommen.

Die Vermutungen, die ich hier anstelle, sind höchst hypothetisch. Nehmen wir einmal etwas völlig Triviales und dennoch, wie ich darlegen werde, Folgenschweres. Ich habe bereits spekuliert, dass wir Säugetiere unsere Existenz einem ganz bestimmten Niesen eines ganz bestimmten Dinosauriers verdanken. Was wäre, wenn Alois Schicklgruber in irgendeinem Jahr vor Mitte 1888, als sein Sohn Adolf Hitler gezeugt wurde, in einem bestimmten Augenblick – und nicht in einem anderen Augenblick – geniest hätte? Natürlich habe ich nicht die leiseste Ahnung, wie die einschlägigen Ereignisse im Einzelnen abgelaufen sind, und mit Sicherheit gibt es keine historischen Aufzeichnungen über Herrn Schicklgrubers Niesanfälle, aber in einem bin ich mir sicher: Ein so triviales Ereignis wie ein Niesen im Jahr 1858 hätte ausgereicht, um den Lauf der Geschichte zu ändern. Das unheilvolle Spermium, das Adolf Hitler zeugte, war eine von Milliarden Zellen, die während des Lebens seines Vaters entstanden, und das Gleiche gilt für seine beiden Großväter, seine vier Urgroßväter und so weiter. Es ist nicht nur plausibel, sondern nach meiner Überzeugung sogar sicher, dass ein Niesen viele Jahre vor Hitlers Entstehung mit seinen Spätfolgen ausgereicht hätte, um den trivialen Ablauf, durch den eine bestimmte Samenzelle auf eine bestimmte Eizelle traf, so weit aus der Bahn zu werfen, dass sich der gesamte Verlauf des 20. Jahrhunderts einschließlich meiner Existenz anders gestaltet hätte. Natürlich streite ich nicht ab, dass etwas Ähnliches wie der Zweite Weltkrieg sich auch ohne Hitler hätte ereignen können, und ich behaupte auch nicht, dass Hitlers böse Geistesgestörtheit zwangsläufig von seinen Genen vorherbestimmt wurde. Mit einer anderen Erziehung hätte Hitler sich vielleicht zu einem guten Menschen oder zumindest zu einem Menschen ohne Einfluss entwickelt. Aber mit Sicherheit hingen seine Existenz und der Krieg, wie er sich abspielte, von dem glücklichen – oder eigentlich unglücklichen – zufälligen Schicksal einer Samenzelle ab.

A million million spermatozoa,
All of them alive:
Out of their cataclysm but one poor Noah
Dare hope to survive.

And among that billion minus one
Might have chanced to be
Shakespeare, another Newton, a new Donne –
But the One was Me.

Shame to have ousted your betters thus,
Taking ark while the others remained outside!
Better for all of us, froward Homunculus,
If you'd quietly died!
*Aldous Huxley* |35|

Hätte sein Vater in einem bestimmten hypothetischen Moment geniest, Adolf Hitler wäre nicht geboren worden. Und ich auch nicht, denn ich verdanke meine unwahrscheinliche Entstehung dem Zweiten Weltkrieg – und auch viel weniger folgenschweren Ereignissen. Und wir alle können die gleiche Argumentation natürlich über unzählige frühere Generationen weitertreiben, wie ich es mit meinem hypothetischen Dinosaurier und dem Schicksal der Säugetiere getan habe.

Aber auch wenn man anerkennt, dass die Kette der Ereignisse, die zu unserer Existenz geführt hat, von zufallsabhängiger Zerbrechlichkeit ist, kann man – wie ich es gerade getan habe – die Frage stellen: Wird der Lebenslauf eines mit Namen versehenen Individuums trotz der Brown'schen Schläge beim Niesen und anderer trivialer oder weniger trivialer Vorgänge wie von einem Magneten auf einen vorhersehbaren Weg zurückgezogen? Was wäre, wenn die scherzhafte Spekulation meiner Mutter stimmen würde – wenn also das Eskotine Nursing Home mich tatsächlich mit Cuthberts Sohn vertauscht hätte und ich als Wechselbalg in einem Missionarshaushalt aufgewachsen wäre? Wäre ich dann jetzt auch ein ordinierter Missionar? Ich glaube, die Genetiker wissen heute so viel, dass sie sagen können: nein, vermutlich nicht.

Angenommen, meine Familie hätte weiter in Afrika gelebt, ich wäre an der Eagle School geblieben, statt nach Chafyn Grove zu wechseln, und man hätte mich dann nicht nach Oundle, sondern nach Marlborough geschickt: Wäre ich dennoch später nach Oxford gegangen, und hätte ich Niko Tinbergen kennengelernt? Das ist nicht unwahrscheinlich, denn mein Vater war erpicht darauf, dass ich ihm und einem halben Dutzend anderer Mitglieder der Familie Dawkins ans Balliol folgte. Auch wenn man an Weggabelungen unterschiedliche Richtungen einschlägt, laufen die Pfade oftmals wieder zusammen. Wie wahrscheinlich das ist, hängt von Faktoren ab, die einer Untersuchung zugänglich sind, so vom relativen Anteil der Gene und der Erziehung an den Fähigkeiten und Neigungen des Erwachsenen.

Wir können also geistreiche Spekulationen über hypothetisches Niesen und zusammenlaufende Lebenswege hinter uns lassen und auf vertrautes Terrain zurückkehren. Wenn ein Mensch auf sein bisheriges Leben zurückblickt, auf das, was er erreicht oder nicht erreicht hat – wie viel davon hätte man schon in seiner Kindheit voraussagen können? Wie viel kann man auf messbare Eigenschaften zurückführen? Auf die Interessen und Freizeitbeschäftigungen der Eltern? Auf seine Gene? Auf die Tatsache, dass er zufällig einen einflussreichen Lehrer kennenlernte oder zufällig an einem ganz bestimmten Sommerlager teilnahm? Kann er eine Liste seiner Stärken und Schwächen, seiner Plus- und Minuspunkte aufstellen und mit ihrer Hilfe seine Erfolge und Misserfolge verstehen? Das meine ich mit »vertrautem Terrain«, und auf ihm bewegte sich beispielsweise auch Darwin am Ende seiner Autobiographie.

Charles Darwin ist mein größter Held der Wissenschaft. Philosophen sagen gern, die ganze Philosophie sei eine Reihe von Fußnoten zu Platon. Ich hoffe ganz ehrlich, dass das nicht stimmt, denn es spräche nicht für die Philosophie. Eher könnte man die Behauptung begründen, dass die gesamte moderne Biologie eine Reihe von Fußnoten zu Darwin ist. Und das wäre für die Wissenschaft der Biologie ein echtes Kompliment. Jeder Biologe tritt in Darwins Fußstapfen, und in aller Bescheidenheit: Keiner von uns könnte etwas Besseres tun, als seinem Beispiel zu folgen. Auf den letzten Seiten seiner Autobiographie fasste Darwin rückblickend in Worte, welche Fähigkeiten er besaß und welche ihm fehlten. Wiederum in aller Bescheidenheit möchte ich das Gleiche tun, und dabei nehme ich mir seine Methode der Selbsteinschätzung zum Vorbild.

> *Ich verfüge nicht über die schnelle Auffassungsgabe oder die geistige Beweglichkeit, die bei manchen klugen Männern, zum Beispiel bei Huxley, so bemerkenswert ist.*[62]

---

[62] Darwin, Charles: *Mein Leben*. Übersetzt von Christa Krüger, Frankfurt a. M. 2008, S. 151.

Zumindest an dieser Stelle kann ich eine Geistesverwandtschaft mit Darwin für mich in Anspruch nehmen, auch wenn die Bescheidenheit in seinem Fall übertrieben war.

> *Sehr begrenzt ist meine Fähigkeit, einem langen, ganz abstrakten Gedankengang zu folgen; in der Metaphysik oder der Mathematik hätte ich es nie zu etwas gebracht.*[63]

Auch hier gilt für mich das Gleiche, obwohl ich zu Bevington-Road-Zeiten in dem lächerlich schlecht begründeten Ruf stand – oder ihn erduldete –, über gute mathematische Fähigkeiten zu verfügen. John Maynard Smith, selbst mathematisch orientierter Biologe, brachte auf verbindliche Weise sein Staunen darüber zum Ausdruck, dass es möglich ist, »in Prosa zu denken«. Im Jahr 1982 schrieb er in der *London Review of Books* am Ende einer gemeinsamen Rezension über *Das egoistische Gen* und die (an professionelle Biologen gerichtete) Fortsetzung *Der erweiterte Phänotyp*:

> *Das in meinen Augen seltsamste Merkmal beider Bücher habe ich mir bis zuletzt aufgehoben, denn nach meiner Vermutung wird es vielen anderen überhaupt nicht seltsam vorkommen. Keines der beiden Bücher enthält auch nur eine Zeile Mathematik, und doch kann ich ihnen ohne Schwierigkeiten folgen, und soweit ich bemerkt habe, enthalten sie keine logischen Fehler. Weiterhin hat Dawkins seine Gedanken auch nicht zuerst mathematisch ausgearbeitet und dann in Prosa übertragen: Offensichtlich denkt er in Prosa, wobei es allerdings von Bedeutung sein dürfte, dass er sich während seiner Arbeit am* **egoistischen Gen** *von einer schweren Sucht zur Computerprogrammierung erholte, einer Tätigkeit, die verlangt, dass man klar denkt und genau sagt, was man meint. Es ist ein Unglück, dass die meisten, die ohne das intellektuelle Rüstzeug der Mathematik über das Verhältnis von Genetik und Evolution schreiben, entweder unverständlich bleiben oder unrecht haben, und nicht selten trifft beides zu. Dawkins ist eine glückliche Ausnahme von dieser Regel.*

---

[63] Ebd., S. 152.

Aber zurück zu Darwins autobiographischem Monolog:

*In einer Hinsicht ist mein Gedächtnis so miserabel, dass ich nie imstande war, ein Datum oder einen Gedichtvers mehr als ein paar Tage lang in Erinnerung zu behalten.*[64]

Das könnte bei Darwin tatsächlich gestimmt haben, aber es beeinträchtigte ihn offensichtlich nicht. Meine Fähigkeit, mir Gedichte Wort für Wort zu merken, hat meiner wissenschaftlichen Arbeit nicht viel genützt, aber sie hat mein Leben bereichert, und ich würde mir wünschen, sie niemals zu verlieren. Und vielleicht hat ein Gespür für Poesie auch einen gewissen Einfluss auf den eigenen Sprachstil.

*Ich bin ein Gewohnheits-Methodiker, und das war von großem Nutzen für meine Arbeitsrichtung. Und – letzter Punkt – ich hatte viel Zeit, weil ich mir mein Brot nicht selbst verdienen musste. Sogar mein schlechter Gesundheitszustand, der mir freilich etliche Lebensjahre raubte, hat mich vor den Ablenkungen durch Gesellschaften und zerstreuende Unterhaltung bewahrt.*[65]

Ich bin alles andere als ein Gewohnheits-Methodiker, und das – nicht aber ein schlechter Gesundheitszustand – hat sicher vieles zunichtegemacht, was sich sonst zu einem langen, produktiveren Leben addiert hätte. Die gleiche Anschuldigung kann man auch in Bezug auf Gesellschaften und zerstreuende Unterhaltung (sowie in meinem Fall auf das Herumspielen mit Computern) erheben, aber das Leben ist nicht nur zum Produzieren da, sondern auch zum Leben. Ich musste mein Brot selbst verdienen. Angriffe, die gegen mich (ja, tatsächlich) gerichtet wurden, weil ich ein Weißer, männlich und anständig ausgebildet bin, ignoriere ich zwar mit Vergnügen, aber wenn ich meine Kindheit und Jugend mit der anderer vergleiche, die weniger Glück hatten, kann ich ein gewisses Maß an unverdienten Privilegien nicht leugnen. Ich entschuldige mich für diese Privilegien ebenso wenig, wie man sich für seine Gene oder sein Gesicht entschuldigen sollte, aber ich bin mir ihrer durchaus bewusst. Und ich bin meinen Eltern

64 Ebd.

65 Ebd. S., 156.

dankbar dafür, dass sie mir eine Kindheit schenkten, die manch einer als begünstigt bezeichnen würde. Andere halten es vielleicht nicht gerade für einen Segen, mit sieben Jahren in das spartanische Internatsleben geschickt zu werden, aber selbst in diesem Punkt habe ich Grund, meinen Eltern dankbar zu sein, denn für sie war meine Ausbildung mit hohen Kosten verbunden, und sie mussten dafür Opfer bringen.

Darwin hatte zuvor bereits den Schutzwall seiner Bescheidenheit ein wenig abgesenkt, als er über seine – nach allen Maßstäben beeindruckende – Fähigkeit zum logischen Denken schrieb:

> *Manche Kritiker haben von mir gesagt: »Ein guter Beobachter ist er wohl, aber ihm fehlt die Kraft zum logischen Denken.« Ich kann mir nicht denken, dass das wahr ist, denn die* **Entstehung der Arten** *ist von Anfang bis Ende ein einziger zusammenhängender logischer Gedankengang und hat ja auch nicht ganz wenige Männer mit Sachverstand überzeugt. Niemals hätte jemand ohne eine gewisse Kraft zum logischen Denken dieses Buch schreiben können.*[66]

Für diesen letzten Satz gebührt Mr Darwin (nie Sir Charles – was für eine unglaubliche Anklage gegen unser System der Ehrungen!) der Preis für eine Weltklasse-Untertreibung. Mr Darwin, Sie sind einer der größten logischen Denker und Überzeuger aller Zeiten.

Ich bin kein guter Beobachter. Darauf bin ich nicht stolz, und ich gebe mir auch alle Mühe, aber der Naturforscher, den mein Vater und sein Vater sich gewünscht hätten, bin ich nicht. Mir fehlt die Geduld, und ich besitze keine genauen Kenntnisse über eine bestimmte Tier- oder Pflanzengruppe – und das trotz des Privilegs meiner Erziehung. Ich kenne die Gesänge von einem halben Dutzend britischer Singvögel und erkenne auch ungefähr ebenso viele Sternbilder an unserem Nachthimmel und Familien unserer Wildblumen. Viel besser kenne ich mich bei den Stämmen, Klassen und Ordnungen des Tierreichs aus – das sollte auch so sein: Schließlich habe ich in Oxford Zoologie studiert, und keine andere Universität legt so großes Gewicht auf die klassische Herangehensweise an das Fachgebiet.

---

[66] Ebd. S., 152.

Allen Indizien zufolge bin ich ein einigermaßen guter Überzeuger. Was allerdings nicht besonders betont zu werden braucht: Die Themen, bei denen ich überzeuge, sind kleine Fische im Vergleich zu denen von Darwin – außer in dem Sinn, dass die Aufgabe, Menschen von Darwins Wahrheiten zu überzeugen, erstaunlicherweise niemals abgeschlossen ist, und so bin ich bis heute ein Arbeiter in Darwins Weinberg. Aber diese Geschichte gehört in meine zweite Lebenshälfte, in der die Mehrzahl meiner Bücher entstand: Sie gehört in den Begleitband, der in zwei Jahren folgen soll – wenn ich nicht vorher durch die unvorhersehbare Entsprechung zu einem Niesen hinweggerafft werde.

# Danksagung

Für Ratschläge, Hilfe und Unterstützung danke ich Lalla Ward Dawkins, Jean Dawkins, Sarah und Michael Kettlewell, Marian Stamp Dawkins, John Smythies, Sally Gaminara, Hilary Redmon, Sheila Lee, Gillian Somerscales, Nicholas Jones, John Brockman, David Glynn, Ross und Christine Hildebrand, Bill Newton Dunn, R. Elisabeth Cornwell, Richard Rumary, Alan Heesom, Ian McAlpine, Michael Ottway, Howard Stringer, Anna Sander, Paula Kirby, Stephen Freer, Bart Voorzanger, Jennifer Jacquet, Lucy Wainwright, Bjorn Melander, Christer Sturmark, Greg Stikeleather, Ann-Kathrin Ehlers, Jan und Richard Gendall, Rand Russell.

DIE POESIE DER NATURWISSENSCHAFTEN

# BAND II

## Eine Kerze im Dunkeln

»Aus, kleines Licht!
Leben ist nur ein wandelnd Schattenbild:
Ein armer Komödiant, der spreizt und knirscht
Sein Stündchen auf der Bühn und dann nicht mehr vernommen wird.«
William Shakespeare, *Macbeth*, Akt V, Szene 5

»Wissenschaft als Kerze im Dunkeln«
Carl Sagan, Untertitel zu *Der Drache in meiner Garage oder die Kunst der Wissenschaft*

»Ein Licht anzuzünden ist besser, als der Dunkelheit zu fluchen.«
Anonym

# 1
# Rückblende bei einer Feier

Was mache ich eigentlich hier in der New College Hall, wo ich gleich hundert geladenen Gästen mein Gedicht vortragen soll? Wie bin ich hierhergeraten – subjektiv ein Fünfundzwanzigjähriger, der objektiv zu seiner Verwirrung feststellen muss, dass er gerade seinen siebzigsten Umlauf um die Sonne feiert? Ich lasse den Blick über den langen, von Kerzen beleuchteten Tisch mit dem polierten Silber und den funkelnden Kristallgläsern gleiten, in denen sich Geistesblitze brechen, während ich in einer Reihe schnell aufeinanderfolgender Rückblenden schwelge.

Zurück in die Kindheit, ins Afrika der Kolonialzeit mit seinen großen, trägen Schmetterlingen; dem pfeffrigen Geschmack gestohlener Brunnenkresse aus dem verwilderten Garten von Lilongwe; dem übersüßen Geschmack der Mangos, gewürzt mit einem Hauch Terpentin und Schwefel; dem Internat umgeben vom Kiefernduft des Vumba-Gebirges in Zimbabwe, und dann, »zu Hause« in England, unter den himmelwärts ragenden Türmen von Salisbury und Oundle; erste Studientage, Träume von Mädchen zwischen den Booten und Türmen von Oxford, und das Heraufdämmern eines Interesses an Wissenschaft und den tiefgreifenden philosophischen Fragen, die nur Wissenschaft beantworten kann; erste Versuche als Forscher und Lehrer in Oxford und Berkeley; die Rückkehr nach Oxford als eifriger junger Dozent; weitere Forschungsarbeiten (meist in Zusammenarbeit mit Marian, meiner ersten Frau, die ich hier am Tisch im New College erkenne), dann *Das egoistische Gen*, mein erstes Buch. Solche dahineilenden Erinnerungen führen mich bis zum Alter von 35 Jahren, der Hälfte meines heutigen runden Geburtstages. Es sind die Meilensteine, über die ich im ersten Teil meiner Memoiren berichtet habe.

Im Zusammenhang mit meinem 35. Geburtstag fällt mir ein Artikel des Humoristen Alan Coren ein. Coren war scherzhaft bedrückt über den Gedanken, jetzt sei Halbzeit und es werde von nun an nur noch bergab gehen. Das Gefühl hatte ich nicht; vielleicht lag es daran, dass ich gerade meinem ersten, recht jugendlichen Buch den letzten

Schliff gab und mich sowohl auf sein Erscheinen als auch auf alles, was danach kam, freute.

Eine dieser Folgeerscheinungen bestand darin, dass die unerwartet hohen Verkaufszahlen des Buches mich in die Gesellschaft derer katapultierten, die von Journalisten, die ihre Spaltenzentimeter füllen müssen, regelmäßig nach einer Liste ihrer Idealbesetzung für Gäste zum Abendessen gefragt werden. In den Zeiten, in denen ich auf solche Anfragen noch zu antworten pflegte, lud ich natürlich zunächst einige große Wissenschaftler ein, aber auch Autoren und kreative Köpfe aus den unterschiedlichsten Bereichen. Tatsächlich enthielt jede dieser Listen wahrscheinlich mindestens 15 Personen, die heute an meinem Geburtstagsessen teilnehmen, darunter Romanautoren, Dramatiker, Fernsehleute, Musiker, Kabarettisten, Historiker, Verleger, Schauspieler und Manager multinationaler Konzerne.

Vor 35 Jahren, so denke ich mir, während ich am Tisch vertraute Gesichter ausmache, wäre eine solche Mischung literarischer und künstlerischer Gäste bei der Geburtstagsfeier eines Wissenschaftlers eher ungewöhnlich gewesen. Hat sich der Zeitgeist verändert, seit C. P. Snow die Kluft zwischen Wissenschaft und Kultur beklagte? Was ist in den Jahren geschehen, denen meine Grübeleien beim Abendessen gelten? Ich springe mitten hinein in diesen Zeitraum und beschwöre die gewaltige, unvergessliche Gestalt von Douglas Adams herauf, der bei dem Fest leider fehlt. Im Jahr 1996, als ich 55 und er zehn Jahre jünger war, führte ich im Rahmen einer Dokumentation, die den Titel *Break the Science Barrier* (»Die Wissenschaftsschranke durchbrechen«) trug, für den Fernsehsender Channel Four ein Gespräch mit ihm. Die Sendung hatte genau dieses Ziel: Sie wollte zeigen, dass die Wissenschaft in die weiter gefasste Kultur einbrechen muss, und mein Interview mit Douglas war der Höhepunkt. Unter anderem sagte er:

> *Ich glaube, die Rolle des Romans hat sich ein wenig gewandelt. Im 19. Jahrhundert griff man zu einem Roman, wenn man ernsthaft nachdenken und Fragen über das Leben stellen wollte. Man wandte sich an Tolstoi und Dostojewski. Heutzutage weiß man natürlich, dass die Wissenschaftler über solche Themen viel mehr zu sagen haben, als man von Romanautoren jemals erfahren würde. Deshalb halte ich mich an Wissenschaftsbücher, wenn ich echte, handfeste Substanz haben will, und Romane lese ich zur leichten Entspannung.*

Könnte das ein Teil dessen sein, was sich verändert hat? Haben Romanautoren, Journalisten und andere, die C. P. Snow eindeutig in der »ersten« Kultur verortet, sich zunehmend die zweite zu eigen gemacht? Könnte Douglas – wenn er noch am Leben wäre – sich heute wieder dem Roman zuwenden und einiges von dem entdecken, was er in die Wissenschaft verlegt hatte? Wen würde er entdecken, 25 Jahre nachdem er in Cambridge Englisch gelehrt hatte: Ian McEwan zum Beispiel oder A. S. Byatt? Oder andere Romanautoren, die die Wissenschaft lieben, wie Philip Pullman oder Martin Amis, William Boyd oder Barbara Kingsolver? Dann gibt es auch höchst erfolgreiche, von Wissenschaft inspirierte Theaterstücke in der Tradition eines Tom Stoppard und Michael Frayn. Könnte die Starbesetzung bei diesem Abendessen, die von meiner Frau Lalla Ward – auch sie eine wissenschaftlich belesene Künstlerin und Schauspielerin – zusammengestellt wurde, nicht nur ein persönlicher Meilenstein in meinem Leben sein, sondern auch ein Symbol für einen kulturellen Wandel? Werden wir Zeugen einer konstruktiven Verschmelzung von wissenschaftlicher und literarischer Kultur, vielleicht jener »dritten« Kultur, auf die mein Literaturagent John Brockman hinter den Kulissen hinarbeitet, wenn er seinen Online-Salon und seine glamouröse Liste von Wissenschaftsautoren pflegt? Oder ist es die Verschmelzung der Kulturen, die auch ich mit meinem Buch *Der entzauberte Regenbogen* angestrebt habe, als ich mich unter Lallas Einfluss darum bemühte, die Hände nach der Welt der Literatur auszustrecken und die Kluft zur Wissenschaft zu überbrücken? *Où sont les C. P. Snows d'antan?*

Aufschlussreich sind zwei Anekdoten (und wer abschweifende Anekdoten nicht mag, wird vielleicht feststellen, dass er hier das falsche Buch liest). Einer meiner Gäste bei diesem Abendessen am New College ist der Entdecker und Abenteurer Redmond O'Hanlon, Autor grotesk-lustiger Reiseberichte wie *Ins Innere von Borneo* oder *Redmonds Dschungelbuch*. Er gab zusammen mit seiner Frau Belinda literarische Partys und Abendessen, zu denen, so schien es, die gesamte literarische Welt Londons eingeladen wurde. Romanschriftsteller und Kritiker, Journalisten und Redakteure, Dichter und Verleger, Literaturagenten und gefeierte Autoren begaben sich in einen abgelegenen Winkel des ländlichen Oxfordshire und in ein Haus, das voll gestellt war mit ausgestopften Schlangen, Schrumpfköpfen, lederigen Leichen und ledergebundenen Büchern, exotischen Kuriositäten der Anthropologie und – so kann man vermuten – auch der Anthropophagie. Diese Abende waren wegen der Gesellschaft immer bemerkenswert, und wenn Salman Rushdie dazugehörte, auch wegen der Leibwächter, die eine Treppe höher ihre eigene Gesellschaft pflegten.

Bei einer solchen Gelegenheit hatten Lalla und ich zufällig gerade Nathan Myhrvold zu Besuch, Chief Technology Officer bei Microsoft und einer der phantasievollsten Computerfreaks des Silicon Valley. Von seiner Ausbildung her ist Nathan mathematisch orientierter Physiker. Nachdem er an der Princeton University promoviert hatte, arbeitete er in Cambridge bei Stephen Hawking; Stephen konnte zu jener Zeit gerade noch sprechen, verständlich war er aber nur für seine engsten Mitarbeiter, die im Interesse der übrigen Welt als Dolmetscher fungierten. Zu einem dieser hochqualifizierten physikalischen Sekretäre wurde auch Nathan. Wie es sein Name verspricht, ist er heute einer der innovativsten Denker der Hightech-Welt. Als Redmond und Belinda uns einluden, sagten wir ihnen, dass wir gerade einen Gast im Haus hätten, und gastfreundlich wie immer erwiderten sie, wir sollten ihn mitbringen.

Nathan ist zu höflich, als dass er eine Unterhaltung an sich reißen würde. Seine Nachbarn an dem langen Tisch fragten ihn vermutlich, was er machte, und das Gespräch entwickelte sich zu einer Diskussion über Stringtheorie und andere Feinheiten der modernen Physik. Die literarischen Größen waren hingerissen. Zu Beginn tauschten sie zweifellos wie gewöhnlich geistreiche Aphorismen mit ihren Nachbarn aus. Aber zwangsläufig breitete sich von Nathans Platz eine Welle des neugierigen Interesses entlang der Tafel aus, und der Abend wurde zu einer Art informellem Seminar über die Seltsamkeiten der modernen Physik. Wenn an einem Seminar so viel geballte Intelligenz teilnimmt wie bei diesem Abendessen, geschehen interessante Dinge. Lalla und ich sonnten uns an diesem beispielhaften Abend der »dritten Kultur« als Schirmherren im Abglanz des unerwarteten Gastes. Und als Redmond uns später anrief, sagte er zu Lalla, er habe es in den ganzen Jahren, in denen er solche Partys gab, nie erlebt, dass seine angesehenen literarischen Gäste in derart verblüfftes Schweigen verfallen seien.

Die zweite Anekdote ist fast ein Spiegelbild dazu. Der Dramatiker und Romanautor Michael Frayn kam mit seiner Frau, der angesehenen Autorin Claire Tomalin, zu Lalla und mir zu Besuch, als sein bemerkenswertes Theaterstück *Copenhagen* am Oxford Playhouse aufgeführt wurde. In dem Stück geht es um die Beziehung zwischen Niels Bohr und Werner Heisenberg, zwei Giganten der modernen Physik, und um ein Rätsel der Wissenschaftsgeschichte: Warum reiste Heisenberg 1941 zu Bohr nach Kopenhagen, und welche Rolle spielte Heisenberg im Krieg? Nach der Aufführung wurde Michael im Theater in ein Hinterzimmer dirigiert und dort von den versammelten Oxforder Physikern befragt. Zuzuhören war ein Privileg: Der Aristokrat der literarischen und philosophischen Gelehrsamkeit stellte sich den Fragen der wissenschaftlichen Crème de la Crème aus Oxford, darunter mehrere Fellows der Royal Society. Wieder einmal war es ein Abend, den Vorreiter der »dritten Kultur« zu schätzen wissen: ein Abend, über den sich C. P. Snow vor 30 Jahren gewundert und gefreut hätte.

Ich wage zu hoffen, dass meine Bücher – den Anfang machte 1976 *Das egoistische Gen* – ebenso zur Veränderung der kulturellen Landschaft beigetragen haben wie die Werke von Stephen Hawking, Peter Atkins, Carl Sagan, Edward O. Wilson, Steve Jones, Stephen Jay Gould, Steven Pinker, Richard Fortey, Lawrence Krauss, Daniel Kahneman, Helena Cronin, Daniel Dennett, Brian Greene, den beiden M. Ridleys (Mark und Matt), den beiden Sean Carrolls (Physiker und Biologe), Victor Stenger und anderen sowie das von ihnen angeregte Stimmengewirr von Kritikern und Journalisten. Ich spreche hier nicht von Wissenschaftsjournalisten, die dem Laienpublikum wissenschaftliche Themen erklären, obwohl auch das eine gute Sache ist. Mir geht es vielmehr um Bücher von professionellen Wissenschaftlern, die sich an Kollegen in ihrem eigenen Fachgebiet und angrenzenden Disziplinen richten, aber in einer Sprache geschrieben sind, die es auch dem allgemeinen Lesepublikum ermöglicht, ihnen über die Schulter zu blicken und ihnen zu folgen. Ich bilde mir gern ein, einer von denen zu sein, die dazu beigetragen haben, die »dritte Kultur« auf den Weg zu bringen.

Anders als der erste ist dieser Teil meiner Autobiographie nicht einfach chronologisch geordnet, und er ist auch nicht nur ein Rückblick von meinem 70. Geburtstag aus. Stattdessen enthält er eine Reihe von Rückblenden, die nach Themen gegliedert sind und einige Abschweifungen und Anekdoten enthalten. Da wir hier die strenge Chronologie aufgeben, ist die Reihenfolge der Themen ein wenig willkürlich. Im ersten Teil habe ich gesagt: »Wenn irgendetwas mich geprägt hat, dann war es Oxford.« Warum also kehren wir zu Beginn nicht zu jenen strahlenden Kalksteinmauern zurück?

# 2
# Was ein Professor so alles tut

Von 1970 bis 1990 war ich am Zoologischen Institut in Oxford als Dozent (*University Lecturer*) für Tierverhaltensforschung tätig, anschließend von 1990 bis 1995 in der höheren Stellung eines *Reader*. Die Lehrverpflichtungen waren zumindest nach amerikanischen Maßstäben nicht besonders beschwerlich. Neben meinen Vorlesungen über das Tierverhalten gehörte ich zu jenen, die eine neue Spezialisierungsmöglichkeit in der Evolutionsforschung ins Leben riefen (Evolution war natürlich immer Kernbestandteil des Studiengangs, aber mit der neuen Wahlmöglichkeit erhielten die Studierenden die Gelegenheit, die in Oxford vorhandene, langjährige Sachkunde auf dem Gebiet noch besser zu nutzen). Neben meinen Lehrveranstaltungen für Studierende der Zoologie oder der biologischen Wissenschaften hielt ich auch Vorlesungen für jene, die sich für Humanwissenschaft und Psychologie eingeschrieben hatten; beides waren Studiengänge für Fortgeschrittene, zu denen eine Klausur in Tierverhaltensforschung gehörte.

Außerdem bot ich einen Jahreskurs in Computerprogrammierung für Zoologen an. Nebenbei bemerkt, zeigte sich dabei eine erstaunliche Schwankungsbreite in den Fähigkeiten der Studierenden – der Abstand zwischen den Stärksten und den Schwächsten war viel größer, als ich es je zuvor in Seminaren beobachtet hatte. Die Schwächsten begriffen es trotz all meiner Anstrengungen eigentlich nie, und das, obwohl sie mit anderen Aufgaben des Studiengangs, in denen es nicht um Computer ging, keine Schwierigkeiten hatten. Und die Stärksten? Nun, Kate Lessell kam erst spät in mein Praktikum; alle Termine in der ersten Hälfte des Semesters hatte sie bereits verpasst. Ich protestierte: »Sie haben noch nie einen Computer angefasst und vier Wochen versäumt. Und dann wollen Sie heute die praktische Übung schaffen?«

»Was haben Sie in den Vorlesungen gesagt?«, lautete die gleichmütige Antwort der burschikosen jungen Frau mit dem durchdringenden Blick.

Ich war verblüfft: »Meinen Sie wirklich, ich soll die Vorlesungen von vier Wochen in fünf Minuten zusammenfassen?«

Sie nickte immer noch gleichmütig und mit einem, wie es mir schien, ironischen Lächeln.

»Na gut«, sagte ich; heute weiß ich nicht mehr genau, ob es in meinen Augen eher für mich oder für sie eine Herausforderung war. »Sie haben es so gewollt.« Ich fasste den Stoff von vier Vorlesungsstunden in fünf Minuten zusammen. Sie nickte nach jedem Satz, ohne sich Notizen zu machen und ohne ein Wort zu sagen. Dann setzte sich diese beeindruckend kluge junge Frau an die Tastatur, erledigte die Übung und verließ den Raum. So zumindest spielte sich die Szene meiner Erinnerung nach ab. Vielleicht übertreibe ich ein wenig, aber zu dieser Vermutung gibt Kates spätere Karriere keinerlei Anlass.

Neben den Vorlesungen und der Leitung der Praktika im Zoologischen Institut zählte zu meinen Lehrverpflichtungen auch die Tutorentätigkeit; sie führte ich am New College aus (das 1379 neu gewesen war; heute ist es eines der ältesten Colleges von Oxford), dessen Fellow ich 1970 geworden war. In Oxford und Cambridge gehören die meisten Dozenten und Professoren als Fellows einem der ungefähr 30 oder 40 halb unabhängigen Colleges oder Halls an, die diese beiden föderal organisierten Universitäten bilden. Mein Gehalt wurde zum Teil von der Universität Oxford gezahlt (wo meine Verpflichtungen vorwiegend darin bestanden, Vorlesungen zu halten und am Zoologischen Institut Forschung zu betreiben), aber auch vom New College, wo ich jede Woche mindestens sechs Stunden als Tutor tätig sein musste. Häufig betreute ich dabei Studierende anderer Colleges, mit deren Tutoren es Austauschvereinbarungen gab – in den biologischen Wissenschaften war das gängige Praxis, in anderen Fachgebieten kam es seltener vor. Als ich mit meiner Lehrtätigkeit begann, waren die Tutorien meist Eins-zu-eins-Gespräche, Zweiertutorien setzten sich allerdings langsam durch. Zu meiner Zeit als Studienanfänger hatte mir das Tutorensystem sehr gut gefallen, und die Eins-zu-eins-Tutorien waren mir bei weitem am liebsten gewesen. Ich hatte dann dem Tutor laut meinen Aufsatz vorgelesen, und der machte sich entweder Notizen, um anschließend darüber zu sprechen, oder unterbrach mich sofort mit Kommentaren. Heute betreuen die Tutoren in Oxford meist in einer Stunde gleichzeitig zwei oder sogar drei Studierende, und die Aufsätze werden in der Regel nicht vorgelesen, sondern man gibt sie ab, und der Tutor liest sie vor der Stunde.

Während meiner ersten Jahre am New College gab es ausschließlich männliche Studenten. Als ein Teil von uns Fellows 1974 auch Frauen zulassen wollte, verfehlten wir knapp die dafür notwendige Zweidrittelmehrheit. Manche Gegner waren offen frauenfeindlich. Die bedauerlichsten Beispiele sind heute dankenswerterweise längst im Nebel der Vergangenheit verschwunden, und deshalb brauche ich deren entsetzliche Argumentation hier nicht zu wiederholen. Zu meiner Freude konnte ich auf einer Collegekonferenz mit statistischen Mitteln einige der empörenden Behauptungen über die wissenschaftlichen Fähigkeiten von Frauen widerlegen.

Eigentlich gewannen wir 1974 die erste Abstimmung sogar, und unsere Statuten wurden so geändert, dass die Zulassung von Frauen *möglich* wurde. Aber – ein typisches parlamentarisches Manöver – der Sieg wurde mit einem Zugeständnis erkauft: Wir willigten ein, im nächsten Semester eine eigene Abstimmung abzuhalten und damit über die *tatsächliche* Zulassung von Studienanfängerinnen zu entscheiden. Dabei nahmen wir an, dass auch die zweite Abstimmung in unserem Sinne ausgehen würde, aber das geschah nicht. Ob die Gegner, die unser Zugeständnis ausgehandelt hatten, so klug waren und vorhergesehen hatten, dass ein entscheidender Abstimmungsberechtigter wegen eines Freisemesters in Amerika sein würde, weiß ich nicht. Letztlich gehörte das New College jedenfalls entgegen aller Erwartung nicht zu den ersten fünf »männlichen« Colleges, die Frauen zuließen; allerdings änderten wir als eines der ersten unsere Statuten so, dass uns die Zulassung erlaubt war (und unser College war das allererste, in dem bereits lange vor meiner Zeit offiziell darüber diskutiert wurde). Den letzten Schritt vollzogen wir erst 1979 zusammen mit der Mehrzahl der anderen Colleges in Oxford. Obwohl wir also 1974 noch keine Studentinnen zulassen konnten, schuf unsere Statutenänderung die Möglichkeit, weibliche Fellows zu wählen. Die erste Frau, die eine solche Stellung erhielt, war zwar in ihrem Fachgebiet eine angesehene Wissenschaftlerin, aber leider ließ auch sie recht frauenfeindliche Tendenzen erkennen: Sie mochte weder Studentinnen noch (wie ich von einer, die für mich zu einer engen Freundin wurde, erfuhr) jüngere Kolleginnen. Mit den nachfolgenden Wahlentscheidungen hatten wir mehr Glück, und heute ist das New College eine blühende gemischtgeschlechtliche Gemeinschaft mit allen Vorteilen, die so etwas mit sich bringt.

## Neulinge

Eine meiner schwierigsten Aufgaben war es, junge Biologen in das New College aufzunehmen. Schmerzlich daran war die Verpflichtung, viele gute, intelligente Kandidaten abzulehnen, weil die Konkurrenz so hart war. Jeden November kamen Heerscharen eifriger junger Menschen aus ganz Großbritannien und weit darüber hinaus zu Aufnahmegesprächen nach Oxford. Viele von ihnen zitterten in ihren dünnen, ungewohnten Anzügen vor Kälte. In den Colleges wurden sie in Studentenzimmern untergebracht, die von ihren Bewohnern, den Studienanfängern, geräumt worden waren; nur wenige Freiwillige waren als »Schafhirten« zurückgeblieben, betreuten die Bewerber, zeigten ihnen alles und versuchten dafür zu sorgen, dass sie wirklich nur vor Kälte zitterten.

Neben den Gesprächen mit den Kandidaten musste ich auch ihre Antworten in der Aufnahmeprüfung von Oxford lesen, bis diese Prozedur abgeschafft wurde. Auch hatte ich an der Formulierung der Fragen für diese skurril-eigenwillige Prüfung mitzuwirken (»Warum haben Tiere einen Kopf?«, »Warum hat die Kuh vier Beine und der Melkschemel drei?« Diese beiden Fragen waren übrigens nicht von mir). In der Aufnahmeprüfung und den Aufnahmegesprächen ging es uns nicht um reines Faktenwissen. Was wir eigentlich prüften, ist nicht leicht zu definieren: Intelligenz, das schon, aber nicht nur Intelligenz des IQ-Typs. Ich nehme an, es war so etwas wie »die Fähigkeit, konstruktiv auf den besonderen Wegen nachzudenken, die das Fachgebiet erfordert«, in meinem Fall also die Biologie: Querdenken, biologische Intuition, vielleicht »Lehrbarkeit« – und sogar der Versuch, eine Einschätzung vorzunehmen: »Wäre es ein lohnendes Erlebnis, diese Person zu unterrichten? Würde dieser Mensch von einer Oxbridge-Ausbildung und insbesondere von unserem einzigartigen Tutorensystem profitieren?«

Damit bin ich bei einer Abschweifung, deren Bedeutung sich noch zeigen wird. Im Jahr 1998 wurde ich eingeladen, im Finale von *University Challenge* den Preis zu verleihen. Es handelt sich dabei um eine Quizshow über Allgemeinwissen, die im BBC-Fernsehen ausgestrahlt wird und bei der Vertreter von Universitäten (die Colleges von Oxford und Cambridge werden zu diesem Zweck als eigenständige Institutionen behandelt) gegeneinander in einem komplizierten K.-o.-System antreten. Dabei zeigt sich Allgemeinwissen häufig auf einem erstaunlich hohen Niveau – die beliebte Sendung *Wer wird Millionär?* ist im Vergleich dazu sehr einfach und bezieht ihren Reiz vermutlich aus den hohen Belohnungen. In meiner Rede in Manchester, wo ich 1998 den Gewinnern von *University Challenge* den Preis überreichte (im Finale hatte das Magdalen College aus Oxford das Londoner Birkbeck College besiegt), sagte ich (nach einem Zitat in Wikipedia, das mit meiner Erinnerung übereinstimmt):

> *In Oxford betreibe ich zusammen mit meinen Kollegen eine Kampagne zur Abschaffung des A-Level [einer landesweiten Schulabschlussprüfung, in der Spezialwissen abgefragt wird] als Kriterium zur Zulassung von Studenten. Es sollte durch* ***University Challenge*** *ersetzt werden. Das meine ich ernst; die Geisteshaltung, die man braucht, um bei* ***University Challenge*** *zu gewinnen – nicht das Wissen spielt dabei die entscheidende Rolle, sondern die Aufgeschlossenheit, Dinge überall da aufzugreifen, wo man sie findet –, ist genau das, was man auch an der Universität braucht.*

Ich erzählte eine Geschichte über eine Studienanfängerin, die in Oxford Geschichte studierte und Afrika auf einer Weltkarte nicht zeigen konnte. Als ich zu einem Kollegen sagte, man hätte sie nie an unserer (oder irgendeiner anderen) Universität zulassen sollen, protestierte er: Sie habe vielleicht in der Schule nur in der entsprechenden Geographiestunde gefehlt. Aber genau darum geht es nicht. Wenn man eine Geographiestunde braucht, um zu wissen, wo Afrika liegt – wenn man es mit 17 Jahren aus irgendeinem Grund versäumt hat, solche Erkenntnisse durch Osmose oder aus reiner Neugier aufzusaugen –, besitzt man mit Sicherheit nicht den Geist, der von einer Universitätsausbildung profitieren würde. Das Beispiel macht auf extreme Weise deutlich, warum ich vorschlug, einen Test auf Allgemeinbildung nach Art von *University Challenge* zu einem Teil unseres Aufnahmeverfahrens zu machen: Es geht nicht um Allgemeinwissen um seiner selbst willen, sondern um Allgemeinwissen als Beweis für einen aufnahmefähigen Geist.

Mein (ein wenig, aber nicht vollständig augenzwinkernder) Vorschlag wurde bis heute nicht ernst genommen. Immerhin bemühte und bemüht man sich in Oxford aber darum, mehr als nur das Faktenwissen abzufragen, das von unmittelbarer Bedeutung für das vorgesehene Studienfach ist. Eine typische (von Peter Medawar übernommene) Frage, die ich in den Gesprächen manchmal stellte, lautete:

*Der Künstler El Greco stand in dem Ruf, seine Gestalten besonders lang und dünn zu malen. Dies soll manchen Vermutungen nach daran gelegen haben, dass sein Sehvermögen beeinträchtigt war, so dass alles senkrecht in die Länge gezogen zu sein schien. Halten Sie diese Theorie für plausibel?*

Manche Studierenden begriffen es sofort, und ihnen gab ich eine hohe Bewertung: »Nein, das ist eine schlechte Theorie, denn wenn er seine eigenen Gemälde betrachtete, müssten sie für ihn noch stärker gedehnt ausgesehen haben.« Manche begriffen es zunächst nicht, aber ich konnte sie zu einem Gedankengang veranlassen, durch den sie schließlich zu der richtigen Erkenntnis gelangten. Manche von ihnen waren dann eindeutig fasziniert, und vielleicht war es ihnen auch peinlich, dass sie den entscheidenden Punkt nicht sofort erkannt hatten – auch sie stufte ich recht hoch und als ausbildungsfähig ein. Manche ließen sich auf einen Kampf ein, und auch dann bewertete ich sie positiv: »Vielleicht war El Greco in seinem Sehvermögen nur dann beeinträchtigt, wenn er auf entferntere Objekte wie sein Modell blickte, aber nicht, wenn er ein Objekt in der Nähe wie seine Leinwand betrachtete.« Andere aber verstanden den entscheidenden Punkt selbst dann nicht, wenn ich versuchte, sie dorthin zu lenken; solche Bewerber würden nach meiner Bewertung weniger von der Ausbildung in Oxford profitieren.

Was die Fragen angeht, die Tutoren in Oxford beim Aufnahmegespräch stellen, möchte ich noch ein wenig ausholen. Ich halte nämlich die Kunst, solche Aufnahmegespräche an der Universität zu führen, schon an sich für interessant. Und wenn ich außerdem einige Insidertipps verrate, könnte es angehenden Studenten möglicherweise sogar helfen, an einer der (heute recht wenigen) Universitäten zu studieren, die sich noch die Mühe machen, diese Gespräche zu führen.

Manchmal stellte ich auch ein anderes Rätsel, das der »El-Greco-Frage« ähnelte:

*Warum vertauscht ein Spiegel rechts und links, aber nicht oben und unten? Und ist das eine Frage aus Psychologie, Physik, Philosophie oder woher sonst?*

Auch hier prüfte ich vor allem die Ausbildungsfähigkeit der Studierenden, ihre Fähigkeit, sich durch einen Gedankengang führen zu lassen, selbst wenn sie das Rätsel nicht sofort lösen konnten. Tatsächlich ist dieses Rätsel erstaunlich schwierig. Es hilft, wenn man es in andere Begriffe fasst und sich nicht einen Spiegel vorstellt, sondern eine Glastür, beispielsweise die Tür in einem Hotel, auf der LOBBY steht. Von der anderen Seite sieht die Schrift wie YᙠᙠO⅃ aus, aber nicht wie ⅄ꓭꓭOꞀ. Warum das so ist, lässt sich anhand der Glastür leichter erklären als an einem Spiegel. Auf den Spiegel angewandt, ist es dann einfache Physik: ein gutes Beispiel dafür, wie wertvoll es sein kann, ein Problem in neue Begriffe zu fassen und damit lösbar zu machen.

Oder ich erinnerte sie daran, dass auch das Bild auf unserer Netzhaut auf dem Kopf steht, und doch sehen wir die Welt richtig herum. »Geben Sie mir eine Erklärung dafür.« Eine andere Lieblingsfrage, mit der ich die biologische Intuition prüfte, begann so: »Wie viele Großeltern haben Sie?« Vier. »Und wie viele Urgroßeltern?« Acht. »Und wie viele Ururgroßeltern?« Sechzehn. »Richtig; wie viele Vorfahren, glauben Sie, hatten Sie demnach vor 2000 Jahren, zur Zeit Christi?« Die Intelligenteren stolperten dann sofort über die Tatsache, dass man die Verdoppelung nicht unendlich weitertreiben kann, weil die Zahl der Vorfahren sonst schnell größer wird als die Milliarden Menschen, die heute auf der Welt leben, ganz zu schweigen von der vergleichsweise kleinen Zahl der Menschen zur Zeit Christi. Das erwies sich als guter Gedankengang, mit dem man sie zu der Schlussfolgerung bringen konnte, dass wir alle Vettern sind und zahlreiche Vorfahren gemeinsam haben, die vor noch gar nicht so langer Zeit lebten. Man kann die Frage auch anders formulieren: »Was glauben Sie, wie weit müssen Sie in die Vergangenheit zurückgehen, bevor Sie auf einen Vorfahren treffen, den Sie mit mir gemeinsam haben?« Meine Lieblingsantwort gab eine junge Frau aus einer ländlichen Gegend von Wales. Sie musterte mich unversöhnlich von oben bis unten und sprach dann langsam ihr Urteil: »Bis zurück zu den Affen.«

Ich fürchte, sie bestand die Prüfung nicht (allerdings nicht aus diesem Grund). Ebenso erging es dem jungen Mann aus einer *Public School,*[1] der sich auf seinen Stuhl flegelte (das Bild, in dem er die Füße auf den Tisch legt, muss eine falsche Erinnerung sein, die aus dem

1 Der seltsame englische Begriff für eine Privatschule.

Eindruck erwuchs, den er hinterließ) und auf einen meiner besten Geistesblitze gelangweilt erwiderte: »Das ist ja eine ganz schön blöde Frage, oder?« Ich muss sagen, dass er mich in Versuchung führte, aber die Konkurrenz war so hart, dass ich ihn einem kampflustigen Kollegen an einem anderen College empfahl, der ihn dann auch annahm. Dieser junge Mann betrieb später Freilandforschung in Afrika und soll dort einen heranstürmenden Elefanten mit seinen Blicken zum Stehen gebracht haben.

Ein Kollege aus der Philosophie stellte gern folgende Frage, und ich stimme zu, dass sie gut ist: »Woher wissen Sie, dass Sie in diesem Augenblick nicht träumen?« Einem anderen Kollegen gefiel diese hier:

> *Ein Mönch [ich weiß nicht genau, warum es ein Mönch sein muss, vermutlich nur, um das Ganze interessanter zu gestalten] bricht im Morgengrauen auf und macht sich auf einen langen, gewundenen Weg vom Fuß bis zum Gipfel eines Berges. Er braucht dafür den ganzen Tag. Nachdem er oben angekommen ist, verbringt er die Nacht in einer Berghütte. Dann, zur gleichen Zeit am nächsten Morgen, geht er auf dem gleichen Weg wieder zurück zum Fuß des Berges. Können wir sicher sein, dass es irgendwo auf dem Weg einen Punkt gibt, an dem der Mönch an beiden Tagen genau zur gleichen Zeit vorüberkommt?*

Die Antwort lautet ja, aber warum das so ist, kann nicht jeder sofort erkennen oder erklären. Der Trick besteht wieder einmal darin, die Frage in einen anderen Rahmen zu fassen. Stellen wir uns vor, dass zu dem Zeitpunkt, als der Mönch sich bergauf auf den Weg macht, ein anderer Mönch den gleichen Weg in der Gegenrichtung von oben nach unten antritt. Natürlich müssen die beiden Mönche sich zu irgendeinem Zeitpunkt des Tages an irgendeiner Stelle auf dem Weg begegnen. Ich fand das Rätsel amüsant, aber ich glaube, ich stellte es nie in einem Aufnahmegespräch, denn wenn man den springenden Punkt begriffen hat, führt es im Gegensatz zu der Frage nach El Greco (oder nach dem Spiegel oder nach dem kopfstehenden Netzhautbild oder auch der Frage nach dem Traum) nicht weiter. Dieses Rätsel macht aber wieder einmal deutlich, wie nützlich es ist, Fragen anders zu formulieren: Ich nehme an, dies ist ein Aspekt des »Querdenkens«.

Eine Frage, die ich ebenfalls nie stellte, aber möglicherweise eine gute Prüfung für die mathematische Intuition ist, die Biologen brauchen (im Gegensatz zu mathematischen Fähigkeiten, die ebenfalls nicht schaden können, wie algebraische Manipulationen oder arithmetische Berechnungen): Warum gehorchen so viele Einflüsse – Gravitation, Licht, Radiowellen, Schall und so weiter – dem Gesetz der umgekehrten Quadrate? Wenn man sich von einer Quelle wegbewegt, verringert sich die Stärke des Einflusses mit dem Quadrat der Entfernung. Warum ist das so? Intuitiv kann man die Antwort folgendermaßen ausdrücken: Der Einfluss – ganz gleich, worum es sich handelt – strahlt in alle Richtungen aus und trifft gewissermaßen auf die Innenfläche einer Kugel, die sich ausdehnt. Je größer die sich ausdehnende Fläche ist, desto »dünner verteilt« sich der Einfluss. Und die Fläche einer Kugel (das wissen wir aus der euklidischen Geometrie, und wir könnten es beweisen, wenn wir es darauf anlegen, aber die Mühe machen wir uns in dem Gespräch nicht) ist proportional zum Quadrat des Radius. So kommt es zum Gesetz der umgekehrten Quadrate. Das ist mathematische Intuition, die (zwangsläufig) ohne mathematische Manipulationen auskommt, eine nützliche Fähigkeit, nach der man bei Studierenden der Biologie suchen sollte.

Im weiteren Verlauf verlagerte sich das Aufnahmegespräch zu einer anderen, weniger mathematischen, aber dennoch interessanten Diskussion über mögliche biologische Anwendungsmöglichkeiten. Auch sie trug dazu bei, die Ausbildungsfähigkeit eines Studierenden zu beurteilen. Weibliche Seidenspinner locken ein Männchen an, indem sie eine chemische Substanz abgeben, das »Pheromon«. Männchen nehmen diese Substanzen noch aus erstaunlich großer Entfernung wahr. Würden wir damit rechnen, dass auch hier das Gesetz der umgekehrten Quadrate gilt? Auf den ersten Blick vielleicht ja, aber unter Umständen weist der Studierende darauf hin, dass das Pheromon vom Wind in eine bestimmte Richtung geweht wird. Welche Folgen hat das? Ebenso könnte man darauf hinweisen, dass das Pheromon selbst ohne Wind nicht in einer größer werdenden Kugel nach außen diffundiert, und sei es auch nur, weil die Hälfte der Kugel vom Erdboden aufgehalten würde und die andere Hälfte zu hoch ist. Was den Tutor möglicherweise veranlasst, eine faszinierende Tatsache auszuplaudern, die dem Bewerber mit ziemlicher Sicherheit nicht bekannt ist.

Wegen einer Wechselwirkung zwischen Druck- und Temperaturgradienten wandert Schall im Meer in manchen Tiefen weiter (und langsamer) als in anderen. In einer Schicht, die man als SOFAR-Kanal oder Schallkanal bezeichnet, wird der Schall an den Schichtgrenzen reflektiert und pflanzt sich deshalb nicht wie eine sich ausdehnende Kugel fort, sondern eher wie ein sich ausdehnender Ring. Deshalb vermutet der angesehene Walexperte und Naturschützer Roger Payne, dass die Gesänge von Walen, die sehr laut singen und sich in dem Schallkanal positionieren, theoretisch über den ganzen Atlantik hinweg zu hören sein können (was schon allein eine fesselnde Idee ist, die den Studierenden im Gespräch inspirieren kann). Würde das Gesetz der umgekehrten Quadrate auch für solche Walgesänge gelten? Wenn der Schall sich über die Innenseite eines wachsenden Ringes verteilt, könnte der oder die Studierende davon ausgehen, dass die Verteilungsfläche eher dem Radius als dem Quadrat des Radius proportional ist (der Umfang eines Kreises ist zu dem Radius direkt proportional). Aber natürlich wäre es kein vollkommen flacher Ring. Deshalb würde ich Beifall spenden, wenn jemand auf diese Frage die legitime Antwort gibt: »Das wird meiner Intuition zu kompliziert. Rufen wir besser einen Physiker an.«

Wie vermutlich bei den meisten meiner Tutorenkollegen, so entwickelte sich auch bei mir gegenüber vielen Kandidaten, mit denen ich Gespräche führte, Loyalität. Es war für mich eine unangenehme Verpflichtung, weit mehr als die Hälfte von ihnen abzulehnen, und häufig tat es mir regelrecht weh. Ich unternahm große Anstrengungen, um sie in anderen Colleges in Oxford unterzubringen, und nervte die Kollegen mit den Tugenden »meiner« Kandidaten. Es erregte meinen Widerwillen, wenn ein anderes College aus seiner eigenen Bewerberliste einen Kandidaten annahm, der nach meiner Überzeugung eindeutig weniger qualifiziert war als einer, den wir am New College aus rein zahlenmäßigen Gründen hatten abweisen müssen. Aber ich nehme an, meine Kollegen empfanden gegenüber »ihren« Kandidaten die gleiche Loyalität. Für das Oxforder System, nach dem jedes College seine Kandidaten eigenständig zulassen kann, spricht wenig, vieles spricht jedoch dagegen. Nach meiner Vermutung hält allein die Komplexität des Systems nicht wenige Kandidaten davon ab, sich überhaupt in Oxford zu bewerben. Und das ist ein besserer Grund, sich abhalten zu lassen, als die absolut falsche Wahrnehmung, Oxford sei »nobel« oder »snobby« (was es zugegebenermaßen früher war, heute aber nicht mehr ist – ganz im Gegenteil).

Während der längsten Zeit meines Erwachsenenlebens sah ich jünger aus, als ich bin (ein Thema, auf das wir in dem Kapitel über das Fernsehen zurückkommen werden). Das führte während einer Bewerbungssaison zu einem amüsanten Vorfall. Nachdem ich einen ganzen Tag lang Bewerber befragt hatte, war ich erschöpft und hatte eine trockene Kehle. Also ging ich in den King's Arms Pub gleich neben dem College. Als ich an der Bar stand und auf mein Bier wartete, kam ein hochgewachsener junger Mann zu mir, legte mir den Arm mitfühlend um die Schulter und sagte: »Na, wie ist es dir denn ergangen?« Ich erkannte in ihm einen der Kandidaten wieder, mit denen ich gerade gesprochen hatte. Auch er erinnerte sich offenbar daran, dass er mein Gesicht an diesem Tag schon einmal gesehen hatte, und hielt mich für einen seiner Konkurrenten. Andrew Pomiankowski bekam einen Platz am New College, machte ein außergewöhnlich gutes Examen, promovierte später bei John Maynard Smith an der Sussex University zum DPhil (der in Oxford und Sussex üblichen Abkürzung für einen Doktor) und ist heute Professor für Evolutionsgenetik am University College in London. Er war einer der vielen klugen Schüler, die zu unterrichten ich das Vergnügen hatte.

Auch in einer anderen Geschichte geht es um einen herausragenden Studenten, der sich gut für das Tutorensystem eignete. Wenn ich in meinem Zimmer am New College meine Tutorenstunden abhielt, überzog ich häufig, und der nächste Student wartete bereits draußen. Mir war anfangs nicht klar gewesen, dass man meine Stimme vor der Tür hören konnte, aber eines Tages, als ich mich gerade über irgendein Thema ausließ, ging plötzlich die Tür auf, der nächste Student stürmte herein und rief empört: »Nein, nein, nein, da kann ich Ihnen wirklich nicht recht geben.« Ein Hoch auf Simon Baron-Cohen. Er ist heute Professor in Cambridge und wurde mit seinen Pionierarbeiten über Autismus berühmt (allerdings etwas weniger berühmt als sein Cousin, der amüsant-skandalträchtige Schauspieler Sacha Baron-Cohen).

Alan Grafen, mein Doktorand, Musterschüler und später sogar mein Mentor (über ihn wird in späteren Kapiteln noch viel mehr zu sagen sein) gehörte nicht zu meinen Studienanfängern am New College, aber sein Freund und Mitarbeiter Mark Ridley studierte bei uns. Mark ist weniger stark mathematisch orientiert als Alan, aber er ist ein ungeheuer kenntnisreicher Wissenschaftler, Biologiehistoriker, Synthetiker, kritischer Denker, fachkundiger Leser und stilsicherer Autor.

Er verfasste später viele wichtige Bücher, darunter eines, das zu einem der beiden führenden Lehrbücher über Evolution werden sollte: Es gehört zu denen, die amerikanische Universitätsbuchhandlungen palettenweise bestellen und mit dem sie bei jeder neuen Auflage regelmäßig ihre Bestände auffüllen. Alan und Mark arbeiteten bei mehreren Gelegenheiten zusammen, unter anderem bei einem Freilandprojekt über Albatrosse, bei dem sie mit Catie Rechten, einer klugen jungen Frau aus Deutschland, auf einer Galapagosinsel zelteten. Alan erzählte mir später, was sich auf ihrem gemeinsamen Flug zu dem Archipel abgespielt hatte: Irgendwann bemerkte er vom Nachbarsitz her ein seltsames, leises Murmeln. Bei genauerem Hinhören stellte sich heraus, dass es Mark war, der lateinische Epen rezitierte. Ja, das ist Mark, und zweifellos setzte er in den elegischen Versen auch die Betonungen richtig. Typisch Mark ist auch, dass er in seinem ersten Buch Professor Southwood dankt, der als sein stellvertretender Doktorvater fungierte, »als Richard Dawkins für zwei Freisemester in den Plantagen war«. Mit den »Plantagen« war Florida gemeint.

Mark ist nicht mit Matt Ridley zu verwechseln, der zur gleichen Zeit in Oxford arbeitete. (Eine Verwandtschaftsbeziehung ist nicht bekannt, Matt forschte allerdings nach und bewies, dass beide zum gleichen Stamm der Y-Chromosomen-Träger gehören.) Ich zähle beide zu meinen engen Freunden; sie sind erstklassige Biologen und erfolgreiche Schriftsteller. Einmal gelang es einem Zeitschriftenredakteur, beide dazu zu veranlassen, dass sie wechselseitig in der gleichen Ausgabe ihre Bücher rezensierten – was er ihnen aber vorher nicht sagte. Jeder machte dem anderen Komplimente, und Mark schrieb, Matts Buch sei »eine ausgezeichnete Ergänzung für unseren gemeinsamen Lebenslauf«.

Im Jahr 1984 nahmen Mark und ich die Einladung des Verlages Oxford University Press an, als Gründungsherausgeber einer neuen, einmal jährlich erscheinenden Fachzeitschrift mit dem Titel *Oxford Surveys in Evolutionary Biology* zu fungieren. Wir führten die Tätigkeit drei Jahre aus, dann übergaben wir unser »Baby« Paul Harvey und Linda Partridge. Zu unserer großen Freude konnten wir aber in diesen drei Jahren angesehene Autoren gewinnen (die Artikel wurden nicht eingereicht, sondern in Auftrag gegeben), außerdem zierte eine mit Stars besetzte Redaktionsleitung die Titelseite.

Wenn das Ende der Laufbahn meiner Studienanfänger in Oxford

nahte, nahm ich meine Rolle, sie auf ihr Abschlussexamen vorzubereiten, sehr ernst. Amerikanische Studenten müssen in der Regel in jedem Kurs, den sie belegt haben, am Ende jedes Semesters eine Prüfung ablegen (und häufig kommt auch in der Mitte des Semesters noch eine Klausur hinzu). In Oxford ist das ganz anders. Abgesehen von informellen Tests, den »Collections«, mit denen die einzelnen Colleges den Fortschritt ihrer Studierenden überwachen, ohne dass diese eine offizielle Bedeutung hätten, müssen die meisten Studierenden in Oxford zwischen dem Ende des ersten und dem Ende des dritten Studienjahres keine richtige Prüfung ablegen. Alles drängt sich in dem entsetzlichen Martyrium der »finals« zusammen – und verstärkt wird die Qual noch dadurch, dass sie bei dieser Gelegenheit dunkle, formelle Kleidung (»sub fusc«) tragen müssen. Die Bekleidungsvorschrift schrieb zu meiner Zeit für Männer einen dunklen Anzug mit weißer Fliege vor, für Frauen einen dunklen Rock, eine weiße Bluse und eine schwarze Krawatte, außerdem den schwarzen Akademikertalar, eine schwarze Akademikerkappe oder einen Doktorhut. Seit 2012 haben die Behörden eine hübsche Formulierung gefunden, mit der eine politisch annehmbare Geschlechtsneutralität hergestellt werden soll: »Studierende beiderlei Geschlechts können historisch männliche oder weibliche Kleidung tragen.«

Zu der einschüchternden Atmosphäre des *Sub Fusc* trägt auch die strenge Beaufsichtigung bei. Offiziell müssen Studierende, die das Zimmer für Männer oder Frauen betreten wollen, von einem Aufseher des gleichen Geschlechts begleitet werden, damit sie nicht betrügen können, indem sie dort irgendetwas nachgucken, aber zu der Zeit, als ich Aufseher wurde, kümmerten wir uns meist nicht mehr um diese Regel. Zumindest war es damals noch nicht notwendig, die Prüfungskandidaten auf internetfähige Smartphones zu filzen, was man heute wahrscheinlich tun muss.

Die ganze Prozedur ist darauf berechnet, Angst zu verbreiten, und Nervenzusammenbrüche sind in der Phase der Abschlussexamina keine Seltenheit. Mein Kollege David McFarland, Tutor für Psychologie am Balliol College, erhielt einmal einen Anruf von dem Aufseher im Prüfungsraum: »Wir machen uns Sorgen um Ihren Schüler Mr … Seit die Prüfung begonnen hat, wird seine Handschrift ständig größer, und mittlerweile ist jeder Buchstabe mehr als sieben Zentimeter breit.«

Ich hielt es für die Pflicht eines College-Tutors, die Studierenden während ihres letzten Semesters häufig zu treffen und sie während des Martyriums der Abschlussexamina und in den Wochen der Vorbereitung bei der Hand zu nehmen. Ich rief die ganze Gruppe in meinem Zimmer zusammen und trainierte sie regelmäßig in Examenstechnik; außerdem ließ ich sie eine Menge Pseudo-Examensfragen bearbeiten, was jeweils genau eine Stunde dauerte. Diese selbstauferlegte zeitliche Beschränkung war wichtig. In jeder Klausur hatten sie drei Stunden Zeit, um drei Aufsätze zu schreiben, die sie sich aus zwölf angebotenen Themen aussuchen mussten. In unseren gemeinsamen Vorbereitungssitzungen riet ich ihnen dringend, nicht allzu sehr von einer gleichmäßigen Zeitaufteilung von einer Stunde für jeden der drei Aufsätze abzuweichen. Dabei übertrieb ich ein wenig, denn ich wollte sie warnen: Viele Studierende gerieten unter Druck in die Falle, sich in ein Lieblingsthema zu vertiefen und dafür die meiste Zeit aufzuwenden, so dass für die Beantwortung weniger beliebter Fragen nicht mehr genügend Zeit zur Verfügung stand.

»Stellen Sie sich vor, Sie wären für das Thema Ihrer Lieblingsfrage die weltweit führende Autorität und könnten nur einen winzigen Bruchteil dessen zu Papier bringen, was Sie wissen«, sagte ich. In Anspielung auf Ernest Hemingway sprach ich mich für das »Eisberg-Prinzip« aus. Neun Zehntel eines Eisbergs liegen unter Wasser. »Wenn Sie die weltweit führende Autorität zu einem Thema sind, könnten Sie darüber bis zum Sankt Nimmerleinstag schreiben. Aber wie alle anderen haben Sie nur eine Stunde. Also seien Sie schlau: Zeigen Sie nur die Spitze Ihres Eisbergs und überlassen Sie dem Prüfer den Schluss, dass eine Riesenmenge noch unter der Oberfläche liegt. Sagen Sie ›trotz der Einwände von Brown und McAlister…‹ und vermitteln Sie damit dem Prüfer, dass Sie sich über Brown und McAlister verbreiten könnten, wenn Sie mehr Zeit hätten. In Wirklichkeit tun Sie das aber nicht, denn es würde zu lange dauern, und dann hätten Sie keine Zeit mehr für die vielen anderen Eisberggipfel, auf die Sie noch springen müssen. Entscheidend ist, dass Sie die Namen fallen lassen: Den Rest erledigt der Prüfer.«

Dabei muss man etwas Wichtiges hinzufügen: Das Eisberg-Prinzip funktioniert nur deshalb, weil wir davon ausgehen, dass der Prüfer eine Menge weiß. Es ist aber eine schreckliche Taktik beispielsweise für Gebrauchsanleitungen, in denen der Autor weiß, was er vermitteln will, der Leser aber nicht. Sehr deutlich macht Steven Pinker dies mit der Aussage über »den Fluch des Wissens« in seinem großartigen Buch *The Sense of Style*. Wenn man jemandem, der weniger weiß als man selbst, etwas wirklich erklären will, ist die Eisberg-Methode genau das Gegenteil dessen, was man tun sollte. In akademischen Prüfungen funktioniert sie nur deshalb, weil man mit Fug und Recht davon ausgehen kann, dass der Leser ein Prüfer ist, der viel weiß.

Als ich Studienanfänger war, unterzog der kluge, kenntnisreiche Harold Pusey mich und eine Gruppe von Kommilitonen einem ähnlichen Training, und die Eisberg-Methode war auch einer seiner Tipps. Soweit ich mich erinnere, bediente er sich als Metapher nicht des Eisbergs, sondern eines Schaufensters, aber das funktioniert ebenso gut. Ein beeindruckendes Schaufenster ist nur spärlich bestückt. Wenige geschmackvolle, elegant präsentierte Gegenstände beschwören das Bild von einer Üppigkeit herauf, die sich in dem Laden verbirgt. Ein guter Schaufenstergestalter stopft das Fenster nicht mit allem voll, was der Laden zu bieten hat.

Noch einen anderen Tipp von Mr Pusey (ja, Mr: Er war ein Professor der alten Schule, der sich niemals die Mühe der Promotion gemacht hatte) gab ich wortwörtlich an meine Studenten weiter: Wenn du die Aufgabenstellung im Examen gelesen und dir ein Lieblingsthema ausgesucht hat, beginne nicht sofort damit, diesen Aufsatz zu schreiben. Entscheide dich zunächst, welche drei der zwölf Fragen du bearbeiten willst; dann skizziere auf drei getrennten Blättern deine Punkte für alle drei Aufsätze und beginne erst dann, einen davon zu schreiben. Während du mit deinem ersten Aufsatz beschäftigt bist, wirst du feststellen, dass dir Ideen für die beiden anderen ständig in den Sinn kommen. Wenn das geschieht, mache dir auf dem entsprechenden Blatt eine kleine Notiz. Wenn du dann deine zweite und dritte Frage beantwortest, wirst du feststellen, dass ein großer Teil der Denkarbeit nahezu ohne zeitlichen Aufwand bereits erledigt ist. Man hat mir erzählt, dieser Tipp würde auch bei amerikanischen Studenten kursieren, die sich der »Advance Placement«-Prüfung unterziehen.

Hingegen hatte ich nicht den Mut, einen anderen Ratschlag von Harold weiterzugeben: Höre eine Woche vor Beginn des Abschlussexamens auf, deinen Lehrstoff zu wiederholen; geh während dieser Woche lieber zum Bootfahren und lass sich alles setzen. Eine andere weise Einsicht ließ ich ihnen jedoch zukommen: Während der Wochen der Abschlussprüfung in Oxford wirst du vermutlich mehr konzentriertes Wissen im Kopf haben als zu jedem anderen Zeitpunkt in deinem Leben. Wenn du es wiederholst, ist es deine Aufgabe, ein System hineinzubringen, während es köchelt: Suche nach Verbindungen und Beziehungen zwischen den verschiedenen Teilen deines Wissensschatzes.

Während meiner Jahre am Zoologischen Institut musste ich immer wieder als Prüfer tätig werden, und damit verbindet sich eine große Verantwortung. Abgesehen davon, dass es mit harter Arbeit verbunden ist, kann man sich auch nicht der bedrückenden Erkenntnis verschließen, dass die eigenen Entscheidungen sich auf das weitere Leben vielversprechender, eifriger junger Leute auswirken werden. In das System sind gewisse Ungerechtigkeiten eingebaut. Die Studenten werden am Ende in drei Klassen eingeteilt, obwohl jeder weiß, dass das untere Ende einer Klasse dem oberen Ende der darunterliegenden näher ist als dem oberen Ende der eigenen Klasse. Das Thema behandelte ich in einem Artikel mit der Überschrift »Die Tyrannei des unterbrochenen Geistes« (im *New Statesman*, wo ich damals Gastherausgeber war; siehe https://richarddawkins.net/bcd/); ich möchte hier die Argumentation nicht im Einzelnen wiederholen.

Es gibt aber auch andere Ungerechtigkeiten, und denen kann und sollte ein Prüfer entgegenwirken. Wie sicher kannst du sein, dass die Reihenfolge, in der du die Klausuren liest, unwichtig ist? Wirst du müde, wenn du einen Aufsatz nach dem anderen studierst? Verschiebt sich deshalb der Beurteilungsstandard nach oben oder nach unten? Und wenn du nicht körperlich ermüdest: Bist du dann vielleicht zunehmend gelangweilt, weil dir zwangsläufig alles bekannt vorkommt, wenn dir eine Antwort nach der anderen auf die gleiche beliebte Frage ins Bewusstsein dringt? Verschafft das nicht den Kandidaten, die sich für weniger beliebte Fragen entschieden haben, einen unfairen Vorteil? Und ist dieser Vorteil überhaupt unfair? Verschafft der »Langweiligkeits- oder Ermüdungseffekt« denen einen unfairen Vorteil, deren Aufsätze du als erste gelesen hast? Oder denen, deren Aufsätze du als letzte gelesen hast? Ich bemühte mich, solchen »Effekten der Reihenfolge« entgegenzuwirken, indem ich mich einiger Grundprinzipien bediente, die jeder Biologe bei der Planung von Experimenten lernt. Lies nicht alle drei Aufsätze des ersten Kandidaten, dann alle drei des zweiten, und so weiter. Lies vielmehr von allen zunächst den ersten Aufsatz, dann von allen den zweiten, dann von allen den dritten. Und in jedem dieser drei Durchgänge ist es vielleicht nicht schlecht, sie in zufälliger und nicht immer der gleichen Reihenfolge zu lesen.

Dann wieder stellt sich die Frage: Lässt du dich durch die elegante Handschrift dieses Kandidaten verführen, und hast du ein Vorurteil gegen das unordentliche Gekritzel eines anderen – eine Tugend oder ein Fehler, die keine Auswirkungen auf die wissenschaftliche Qualifikation haben; oder vielleicht doch? Meine erste Frau Marian und ich waren während unserer Laufbahn am Zoologischen Institut in Oxford zu verschiedenen Zeiten als Prüfer tätig und machten das Experiment, uns die Klausuren gegenseitig laut vorzulesen. Das dürfte dazu beigetragen haben, den »Handschrifteneffekt« auszuschalten, aber es hatte auch noch andere Vorteile. Wenn wir fertig waren, zählten wir, ohne irgendwelche Kommentare abzugeben, bis drei (um uns gegenseitig nicht zu beeinflussen) und schrieben dann gleichzeitig die Note auf, die der Aufsatz nach unserer Ansicht verdiente. Dass unsere Beurteilungen weitgehend übereinstimmten, beruhigte uns. In Oxford werden alle Klausuren ohnehin von zwei Lesern, die sich nicht absprechen, bewertet – eine gute Methode, um bestimmten Formen der Ungerechtigkeit vorzubeugen. Heute werden außerdem (im Gegensatz zu der Zeit, in der ich als Prüfer tätig war) die Namen der Kandidaten unkenntlich gemacht, so dass diese nur als zufällige Zahlen bekannt sind. Das schützt vor positiven oder negativen persönlichen Vorurteilen, was in einem kleinen Institut wie dem für Zoologie, in dem die meisten Studenten den Prüfern persönlich bekannt sind, sehr wichtig ist.

Ich hatte die Gelegenheit, mir auch in anderen Entscheidungsprozessen über die Auswirkungen der Reihenfolge Gedanken zu machen, beispielsweise wenn ich in Kommissionen saß, die neue Dozenten oder Fellows auswählen sollten, oder wenn es um die Verleihung von Preisen und Auszeichnungen ging. Die Royal Society verleiht jedes Jahr einen Michael-Faraday-Preis für die erfolgreiche Vermittlung wissenschaftlicher Erkenntnisse in der Öffentlichkeit. Ich erhielt ihn 1990 und wurde später in die Kommission für die Preisvergabe berufen. Die Mitglieder des Gremiums wechselten nach einem rotierenden System, und in drei der fünf Jahre, die ich ihm angehörte, fungierte ich als Vorsitzender. In den ersten beiden Jahren, als mein Vorgänger noch den Vorsitz führte, machte ich mir Gedanken über die Effekte der Reihenfolge. Zu jedem Kandidaten gab es ein Dossier mit einem Lebenslauf und Empfehlungsbriefen. Vor der Sitzung hatten wir alle die Unterlagen gewissenhaft gelesen. So weit, so gut. In der Sitzung diskutierten wir sie dann alle nacheinander – vermutlich in alphabetischer Reihenfolge, was die Sache noch schlimmer macht, aber darum geht es mir hier nicht. Ganz gleich, nach welchem Prinzip man die Reihenfolge festlegt, sie hat zwangsläufig Auswirkungen. Auffällig war vor allem, dass über die ersten Dossiers ausführlich diskutiert wurde, während im Laufe des Nachmittags die Diskussionen immer kürzer wurden. Das war insbesondere dann unglücklich, wenn wir kurz nach Beginn ausführlich über einen Kandidaten sprachen, der sich später als hoffnungslos erwies, weil er von keinem Kommissionsmitglied unterstützt wurde.

Als ich den Vorsitz übernahm, führte ich in dem System eine Änderung ein, die ich für alle vergleichbaren Gremien empfehle. Deshalb lohnt es sich nach meiner Überzeugung, sie hier zu erläutern. Bevor die Diskussion in der Kommission überhaupt begann, schrieb jeder von uns – wir alle hatten die Dossiers bereits gelesen – verdeckt auf ein Stück Papier die Namen der drei Kandidaten, über die wir zuerst diskutieren wollten, und dazu eine Bewertung: drei Punkte für unseren Kandidaten Nummer 1, zwei Punkte für den nächsten, einen Punkt für den dritten. Dann sammelte ich die Blätter ein, addierte die Punkte und gab die Rangfolge bekannt. Zuvor hatte ich dem Gremium nachdrücklich erklärt, dies sei keine Abstimmung, mit der der Preisträger ermittelt werden sollte, sondern mit dem Votum sollte nur die Reihenfolge bestimmt werden, in der wir über die Kandidaten diskutierten. Anschließend erörterten wir die Dossiers ordnungsgemäß im Einzelnen, aber das geschah weder in alphabetischer noch in umgekehrt alphabetischer Reihenfolge (was man manchmal vergeblich tut, um dem bekannten Vorteil der As und Cs gegenüber den Ts und Ws entgegenzuwirken); die Reihenfolge war vorher nicht festgelegt, sondern wurde durch die geheime Vorab-Abstimmung ermittelt. Nach ausführlicher Diskussion wählten wir dann in einer zweiten geheimen Abstimmung den Sieger. Dabei handelte es sich manchmal um den gleichen Kandidaten, der zuvor schon bei der Abstimmung über die Reihenfolge an erster Stelle gestanden hatte, manchmal aber auch nicht: Die ausführliche Diskussion hatte während des Nachmittags häufig dazu geführt, dass die Anwesenden ihre Meinung geändert hatten. Nach dem alten System wurde der Löwenanteil der Diskussionszeit für Kandidaten verwandt, die ohnehin keine Chance hatten. Mit dem neuen System konnten wir über diejenigen, denen zumindest eine gewisse Unterstützung sicher war, gründlicher und in gerechter Reihenfolge diskutieren.

## Sub-Warden

Zu den ernstzunehmenden Aufgaben während meines Lebens in Oxford gehörte die Mitarbeit in den Gremien, die neue Dozenten und Fellows auswählten. Es gab auch andere Verpflichtungen – finanzielle, seelsorgerische, organisatorische. Eine Fellowship an einem typischen College in Oxford oder Cambridge ist mit der Treuhänderschaft einer großen wohltätigen Institution verbunden, die Investitionen und Auszahlungen tätigt – und im Fall einer relativ wohlhabenden Stiftung wie der des New College kann es dabei um beträchtliche Summen gehen. Außerdem waren die Fellows insgesamt für das Wohlergehen und die Disziplin der Studierenden verantwortlich, für die Erhaltung der Kapelle und anderer wertvoller mittelalterlicher Gebäude und vieles mehr. Unter uns wählten wir Amtsträger aus, die jeweils für eine der Hauptfunktionen zuständig waren. Ich wurde glücklicherweise nie in ein solches Amt gewählt (denn darin wäre ich hoffnungslos schlecht gewesen). Es gibt aber eine Funktion, um die kein Fellow des New College herumkommt: die des Sub-Warden. Andere Colleges in Oxford oder Cambridge wählen vielleicht einen Vice-Warden (Vice-Master, Vice-Principal, Vice-Provost und so weiter, je nach der verwirrenden Vielfalt von Titeln, die Colleges in Oxford ihren Leitern geben); in jedem Fall ist es ein von allen respektierter Kollege, der den Leiter des Colleges vertreten soll. Aber das ist nicht die Art des New College; wir wählen unseren Sub-Warden nicht, sondern es ist eine einjährige Belastung, die unausweichlich auf jeden Fellow zukommt; um Respekt geht es dabei nicht. Bis mich 1989 der Schwarze Peter traf, konnte ich jedes Jahr mitzählen, wie lange es noch dauern würde. Die Zählung war immer ein Höchstwert: Auf unheilvolle Weise wurde jedes Mal ein Jahr abgestrichen, wenn ein Kollege, der in der Liste vor mir stand, starb oder – was recht häufig vorkam – Oxford verließ und anderenorts eine Professur annahm. »Unheilvoll« schreibe ich, weil ich mich davor fürchtete.

Die unheilvolle Natur der Pflichten eines Sub-Warden wird durch ihre Kürze ausgeglichen: nur ein Jahr im ganzen Leben. Als Sub-Warden musste ich an allen Sitzungen teilnehmen, das heißt an den Sitzungen aller Unterkommissionen, Ernennungs- und Wahlkommissionen sowie an den Sitzungen des gesamten Colleges, bei denen ich die Sitzungsprotokolle schreiben musste. Wie sich herausstellte, machte mir das Protokollieren Spaß: Ich nutzte es als Mittel, um meine Kollegen zu amüsieren – jedenfalls diejenigen, die die Protokolle lasen, und das waren, wie ich manchmal in der nächsten Sitzung bemerkte, durchaus nicht alle. Außerdem muss der Sub-Warden den Vorsitz führen, wenn der Warden bei den Sitzungen des Colleges aus wichtigen Gründen fehlt oder sich aus einer Diskussion zurückziehen muss, weil sie ihn persönlich betrifft. Besonders schwer wiegt die Verantwortung dieser Funktion, wenn das College einen neuen Warden wählt, denn dann muss der gerade amtierende Sub-Warden den Vorsitz über die gesamte Wahlprozedur führen. Glücklicherweise geschah das während meiner Amtszeit nicht. Bei den vier Gelegenheiten, bei denen ich an der Wahl eines Warden teilnahm, war der jeweils amtierende Sub-Warden entweder ohnehin bereits gut qualifiziert, oder er wuchs mit der Aufgabe. In einem Fall wurde mit ein wenig Geschicklichkeit dafür gesorgt, dass das Amtsjahr eines bekanntermaßen instabilen, um nicht zu sagen regelrecht menschenfeindlichen Fellows zugunsten einer angenehmeren »sicheren Bank« um ein Jahr verschoben wurde. Nebenbei bemerkt, zeigt sich meine fehlende Geschicklichkeit in politischen Dingen schon darin, dass ich in drei dieser vier Wahlen den Zweitplatzierten nominierte.

Als Sub-Warden musste ich den Vorsitz während des Abendessens in der Hall führen und vor- und hinterher den Segen sprechen (»Benedictus benedicat« und »Benedicto benedicatur«). Ich gehörte zu der Mehrheit, die das letzte Wort wie »benedicatah« aussprach; einige der älteren, humanistisch gebildeten Fellows sagten stattdessen »bene-dei-caytour«). Das faszinierte mich zwar, ich wagte aber nie, es ihnen gleichzutun. Nach meiner Vermutung glaubte keiner von ihnen, dass die Römer es wirklich so ausgesprochen hatten, aber ihre Begründung war sicher wohl überlegt; ihre Wurzeln hatte sie vermutlich in irgendeinem früheren Disput zwischen den Schulmeistern. Einer meiner Vorgänger als

Sub-Warden, der Althistoriker Geoffrey de Ste Croix, weigerte sich aus Gewissensgründen, den Segen zu sprechen (er bezeichnete sich selbst als »höflichen, aber militanten Atheisten«). Ebenso aus Gewissensgründen scheute er aber auch keine Mühen, damit jemand anderes ihm die Aufgabe abnahm. Als ich einmal zu Gast beim Abendessen am King's College war, unserem Schwestercollege in Cambridge (dessen Kapelle übrigens eines der schönsten Bauwerke in England ist), handelte es sich bei dem leitenden Fellow, der den Vorsitz führte, um den unvergleichlichen Sydney Brenner, einen der Gründerväter der Molekulargenetik und Träger eines wohlverdienten (was nicht immer der Fall ist) Nobelpreises. Mit einem Schlag seines Hammers forderte Sydney alle Anwesenden auf, aufzustehen, und psalmodierte dann feierlich zu seinem Nachbarn: »Doktor, würden Sie bitte den Segen sprechen?« Ich dagegen gehörte zur Denkschule des großen Philosophen Sir Alfred Ayer, der als Sub-Warden des New College fröhlich den Segen sprach und es so begründete: »Ich werde niemals etwas Falsches sagen, aber ich habe keine Bedenken, sinnlose Aussagen zu machen.«

Weil ich diesen Standpunkt übernommen hatte, wurde ich einmal heftig von der Rabbinerin Julia Neuberger angegriffen, einer der bekanntesten jüdischen Geistlichen Großbritanniens und angesehenes Mitglied der »Großen und Guten« – sie ist sowohl eine Dame als auch Mitglied des Oberhauses. Bei einem ziemlich formellen Mittagessen saß sie neben mir und warf mir wütend Heuchelei vor, nachdem sie mir die Aussage abgerungen hatte, dass ich bereit sei, den Segen zu sprechen, wenn ich in der Hall des New College den Vorsitz führte. Ich entgegnete, dies bedeute ihr eine Menge, mir aber nichts – warum also sollte ich etwas dagegenhaben? Es schien mir schlicht ein Akt der Höflichkeit zu sein, wie etwa die Schuhe auszuziehen, wenn man einen hinduistischen oder buddhistischen Tempel betrat. War es nicht richtig, einfach einer Tradition die Ehre zu erweisen? (Allerdings bin ich nicht ganz sicher, ob »Benedictus benedicat« überhaupt alt ist; geht es vielleicht wie so viele »uralte« Traditionen nicht weiter als bis ins 19. Jahrhundert zurück?) Zu Beginn eines Abendessens am Wellington College im Anschluss an eine Diskussion, an der unter anderem der Bischof von Oxford, der Philosoph A. C. Grayling und der Journalist Charles Moore (der aus irgendeinem Grund eine Schrotflinte mitgebracht hatte) teilgenommen hatten, forderte mich der Vorsitzende, der zu Recht gefeierte Anthony Seldon, jovial auf, einen säkularen

Segen zu sprechen. Derart überrumpelt, war ich nicht schlagfertig genug, um mir etwas Besseres auszudenken als: »Wir danken dem Koch für das, was wir empfangen werden.«

Am beängstigendsten unter den Pflichten des Sub-Warden waren die Reden, die er halten muss, in der Regel um neue Fellows willkommen zu heißen oder ausscheidende zu verabschieden. Die Reden fürchtete ich besonders, als mein Jahr der Mühsal näher rückte, denn ich hatte zuvor bereits einerseits gute »Sub-Warden-Ansprachen«, andererseits aber auch einige ziemlich schlechte gehört. Wie sich herausstellte, konnte ich durchaus Reden halten; ich schüttelte sie allerdings nicht aus dem Ärmel, sondern musste sie mit großem Aufwand vorbereiten. Eine Hilfe war mir dabei die eher spontan-scharfsinnige Philosophin und Wissenschaftshistorikerin Helena Cronin von der London School of Economics, mit der ich zu jener Zeit eng zusammenarbeitete; wir halfen einander auch beim Verfassen unserer Bücher – später mehr darüber.

Reden über neue Fellows zu halten ist schwierig: Es liegt in der Natur der Sache, dass man nicht viel über sie weiß und sich auf die Informationen aus ihren Lebensläufen verlassen muss. Suzanne Gibson beispielsweise, eine neue Fellow für Jura, bekundete in ihrer Vita ein berufliches Interesse am »Körper als visuelle und erzählerische Struktur«. Ich machte mir einen kleinen Spaß daraus, die Rolle eines hypothetischen zukünftigen Anwalts einzunehmen, der am New College Jura studiert hatte:

> *Mylord, mein fachkundiger Freund hat Indizien vorgelegt, wonach mein Mandant gesehen wurde, wie er mitten in der Nacht einen Körper vergrub. Aber, meine Damen und Herren Geschworenen, ich stelle Ihnen anheim, dass ein Körper eine visuelle und erzählerische Struktur ist. Sie können einen Mann nicht aufgrund von Indizien verurteilen, wonach er nicht mehr als eine visuelle und erzählerische Struktur vergraben hat.*

Suzy nahm die Sache freundlich-sportlich auf, und später wurden wir enge Freunde. Ein weiterer neuer Fellow, den ich an jenem Abend vorstellen musste, war der Romanist Wes Williams, der zu einem geschätzten Kollegen wurde. Wir hatten bereits zwei andere Fellows namens Williams, und daraus konnte ich etwas machen:

*Jahrelang hatten wir unter den Fellows nur einen einzigen Williams. Wir arbeiteten weiter, aber es sah nicht gut aus, und ich fürchte, es dauerte ziemlich lange, bevor es uns gelang, einen zweiten Williams zu bekommen. Deshalb freue ich mich sehr, dass ich heute Abend unseren dritten Williams willkommen heißen darf, und ich kann offiziell bekanntgeben, dass in allen zukünftigen Berufungskommissionen zumindest ein Alibi-Williams sitzen wird, damit die Fairness gewahrt bleibt.*

Solche Willkommensansprachen finden stets beim »Dessert« statt. Die eigenartige Zeremonie des formellen Desserts, die in irgendeiner Form noch heute in den meisten Colleges von Oxford und Cambridge gepflegt wird, mochte ich nie; sie findet nach dem Abendessen in einem abgetrennten Raum statt, wo Port- und Rotwein, Sauternes und trockener Weißwein im Uhrzeigersinn herumgereicht werden, während die meisten jüngeren Fellows mit Nüssen, Obst und Pralinen die Runde machen. Am New College gibt es die *Port Railway*, eine seltsame Vorrichtung, die, wie vielleicht nicht anders zu erwarten, aus dem 19. Jahrhundert stammt; sie soll (was hin und wieder auch klappt) Flaschen und Karaffen mit einem Seilzugsystem über die Lücke in dem Kreis befördern, die sich durch den Kamin bildet. Auch Schnupftabak macht traditionell die Runde, wird aber nur selten genommen (zumindest seit den Tagen eines altehrwürdigen, längst pensionierten Fellows, dessen nachfolgendes ausgiebiges Niesen während des gesamten weiteren Abends gesellig zwischen den Eichenvertäfelungen widerhallte).

Im Gegensatz zum vorsitzenden Fellow anderer Colleges muss der Sub-Warden die Gäste nicht zu ihrem Platz geleiten, man erwartet aber von ihm, dass er beim Dessert die Rolle des geistreichen Gastgebers spielt. Ich gab mir alle Mühe, aber einmal verlief der Abend seltsam. Als ich den Anwesenden half, ihre Plätze zu finden, wurde mir aufgrund eines unheilvollen Rumorens klar, dass irgendetwas nicht stimmte. Sir Michael Dummett, ein ungeheuer angesehener Philosoph, Nachfolger von Freddie Ayer als Wykeham Professor of Logic, Grammatik-Pedant, überzeugter, leidenschaftlicher Kämpfer gegen Rassismus, weltweit angesehene Autorität für Kartenspiele und Wahlforschung, war auch ein berühmter Choleriker. Wenn er wütend war, wurde er noch bleicher als sonst, und irgendwie schien es so – auch wenn es vielleicht nur meine Fieberphantasie war –, als würden seine Augen in einem bedrohlichen Rot leuchten. Ziemlich erschreckend … und als Sub-Warden hatte ich die Aufgabe, herauszufinden, was ihm nicht passte.

Das Rumoren ging in ein Brüllen über. »So hat mich noch nie in meinem Leben jemand beleidigt. Sie haben ein entsetzliches Benehmen. Sie müssen wohl ein *Etoner* sein.« Die Zielscheibe seines vernichtenden Ausbruchs war glücklicherweise nicht ich, sondern unser verschroben-scharfsinniger Althistoriker Robin Lane Fox. Robin fuhr erschreckt zurück und setzte verwirrt zu einer Entschuldigung an: »Aber was habe ich denn getan? Was habe ich *getan*?« Es gelang mir nicht sofort, den Grund der Verärgerung zu erkennen, aber in meiner Rolle als Gastgeber sorgte ich dafür, dass die beiden so weit wie möglich voneinander entfernt saßen. Die ganze Geschichte erfuhr ich erst später. Es hatte am gleichen Tag beim Mittagessen begonnen. Das Mittagessen ist eine formlose Veranstaltung mit Selbstbedienung, und die Fellows setzen sich, wohin es ihnen beliebt. Allerdings ist es üblich, einen Tisch nach dem anderen zu füllen. Robin bemerkte eine neue Fellow, die zögernd nach einem Platz suchte. Höflich bot er ihr mit einer Handbewegung einen Platz an, aber leider zeigte er dabei ausgerechnet auf den Stuhl, auf den auch Sir Michael gerade zusteuerte. Der vermeintliche Affront nagte an ihm, köchelte den ganzen Nachmittag weiter und kochte nach dem Abendessen beim Dessert schließlich über. Wie Robin mir kürzlich auf meine Nachfrage erzählte, nahm die Geschichte aber ein gutes Ende. Ein paar Tage nach dem betrüblichen Vorfall kam Professor Dummett auf ihn zu, entschuldigte sich überschwänglich und erklärte, es gebe im ganzen College niemanden, den er weniger beleidigen wolle als Robin. Glücklicherweise wurde ich nie zum Gegenstand seines Zorns, obwohl ich mich eigentlich dazu geeignet hätte: Er war überzeugter Katholik mit dem Eifer eines Konvertiten.

Eigentlich ist es nicht von Bedeutung, aber Robin Lane Fox war tatsächlich in Eton zur Schule gegangen. Manch einer kennt ihn vielleicht als Korrespondent der *Financial Times* für Gärtnerei und Autor des Buches *Better Gardening*; darin folgt auf ein Kapitel über »bessere Bäume« ein weiteres über »bessere Sträucher« mit der folgenden köstlich anachronistischen, für ihn aber charakteristischen Eröffnungssalve:

> *Wenn ich mich aus den Zweigen hinunter auf das Niveau der besseren Sträucher schwinge, möchte ich nicht die Tage auslassen, in denen die Welt jung war und die Urwelt-Mammutbäume zwischen den Dinosauriern heranwuchsen. Was könnte unter den Mastodons und Dimetrodons natürlicher sein als meine eigene sterbende Spezies, der Oxforder Professor für Alte Geschichte? Wir werden zwar schon seit langem für todkrank erklärt, sind aber bei weitem noch nicht ausgestorben.*

Als weltweit anerkannter Experte für Alexander den Großen und begeisterter Reiter willigte er ein, Oliver Stone bei dem Filmepos *Alexander* zu beraten; er stellte nur eine Bedingung, dass er selbst als Komparse mitspielen und den Kavallerieangriff anführen durfte. So kam es auch. Es gehörte zu den Privilegien meiner Berufslaufbahn, dass ich von eigenwilligen, unberechenbaren Kollegen umgeben war, die jede Gremiensitzung zu einer unterhaltsamen Angelegenheit machten. Ähnliche Geschichten könnte ich über viele Kollegen und Freunde erzählen, aber ich werde der Versuchung widerstehen. Eine möge stellvertretend für alle genügen – obwohl ich gerade damit vermutlich die eigentliche Bedeutung von Eigenwilligkeit Lügen strafe.

Ich empfinde große Zuneigung zum New College und zu vielen Freunden, die ich dort im Laufe der Jahre gewonnen habe. Und ich bin mir ziemlich sicher, dass ich das Gleiche sagen würde, wenn der Würfel des Zufalls mich an ein anderes College – sogar eines in Cambridge – versetzt hätte. Diese sehr ähnlichen Institutionen sind großartige Orte: In ihnen mischen sich Wissenschaftler der verschiedensten Fachgebiete, die aber die gleichen akademischen und bildungspolitischen Werte teilen – Werte, von denen die Studierenden, so glaube ich gern, profitieren. Überall herrscht aber auch skurrile Individualität, und wie schon mancher feststellen musste, der als führender Kopf aus der großen Welt kam, sind die Colleges von Oxford und Cambridge bekanntermaßen schwierig zu leiten. Ja, wir haben ein gerüttelt Maß an wissenschaftlichen Primadonnen, die zwar klug sind, aber nicht zwangsläufig so klug, wie ihre eigene Eitelkeit es ihnen sagt. Wir haben aber auch das Umgekehrte, den Wissenschaftler, dem die Eitelkeit derart fehlt, dass er beim Mittagessen lachend eine Geschichte wie diese erzählt:

*Heute hat mich eine Studentenzeitung angerufen: »Dr. …, können Sie die Tatsache kommentieren, dass einer der Studenten heute Morgen in Ihrer Vorlesung so heftig gähnte, dass er sich den Kiefer ausgerenkt hat?«*

Wie es so geht, rief die gleiche Studentenzeitung – sie heißt *Cherwell* (ausgesprochen »Charwell« wie der Fluss in Oxford, nach dem sie benannt ist) – auch bei mir einmal an, als sie mit einer Umfrage unter den Professoren herausfinden wollte, wie toll wir waren. Um meine Glaubwürdigkeit zu beurteilen, stellte der studentische Reporter mir eine Reihe von Fragen wie: »Wie viel kostet eine Packung Durex?« Und dann: »Was ist der Preis eines Big Mac?« Worauf ich in meiner Naivität antwortete: »Na ja, mit Farbmonitor ungefähr 2000 Pfund.« Darüber musste er so lachen, dass er das Interview nicht fortsetzen konnte und den Telefonhörer auflegte.

In einer meiner Ansprachen als Sub-Warden des New College musste ich den Kaplan Jeremy Sheehy verabschieden, der (wie es damals üblich war) in eine Gemeinde der Kirche von England zog. Wir hatten in umstrittenen Fragen häufig gemeinsam auf der liberalen Seite abgestimmt, und in meiner Rede erwähnte ich, welches politische Einverständnis ich bei den College-Sitzungen empfunden hatte, wenn ich »seinen zustimmenden Blick über den Abgrund unserer Differenzen hinweg auffing«. Die Küche des New College hatte damals die Gewohnheit, einen recht köstlichen Pudding zu servieren, eine Art feuchten, schwarzen, keksartigen Schwamm, der mit einer cremig-weißen Sauce überzogen war und auf der Speisekarte immer mit dem unglückseligen Namen *Nègre en Chemise* aufgeführt wurde. Reverend Jeremy war darüber mehrfach zu Recht verärgert, und als Abschiedsgeschenk für ihn wollte ich dafür sorgen, dass der Name geändert wurde. Ich ging zum Küchenchef (eine der wenigen Befugnisse eines Sub-Warden) und bat ihn, das Gericht unter einem anderen Namen zu servieren. In der Rede, die ich an jenem Abend beim Dessert hielt, erzählte ich die Geschichte und erklärte, ich hätte zu Ehren des Kaplans einen neuen Namen ausgesucht: *Prêtre en Surplice*. Nachdem er uns verlassen hatte, dauerte es leider nicht lange, bis die Köstlichkeit wieder unter dem Namen *Nègre en Chemise* geführt wurde, aber mittlerweile verfügte ich nicht mehr über die Macht eines Sub-Warden, um etwas dagegen zu unternehmen.

Von ähnlichen Problemen hörte ich übrigens auch aus einem englischen Altenpflegeheim. Auf dem Speiseplan stand dort eines Tages ein traditioneller englischer Pudding: eine längliche, mit Rosinen gespickte und mit Vanillesauce überzogene, fettige Rolle namens Spotted Dick (»gefleckter Penis«). Der Vertreter der örtlichen Behörde verlangte, dieses Dessert vom Speiseplan zu streichen, weil der Name »sexistisch« sei.

Der beschwerliche Höhepunkt der Rednerkarriere eines Sub-Warden am New College ist die Ansprache beim *Gaudy*, der alljährlichen Wiedersehensfeier, zu der jedes Jahr eine andere Gruppe früherer Collegeangehöriger eingeladen wird. Die Auswahl der Altersgruppe rückt jedes Mal um einige Jahre weiter in die Vergangenheit; aus Hochachtung vor dem Sensenmann werden dabei die Abstände immer größer: Auf die Ehemaligen folgen die Veteranen, und schließlich gelangten wir zum *Old Gaudy* für alle, die vor irgendeinem längst vergangenen Stichtag ans New College gekommen waren. Anschließend beginnt der Kreislauf mit dem »Young Gaudy« von vorn – das heißt mit jenen, die das College erst vor rund zehn Jahren verlassen haben. Zufällig waren wir in meinem Jahr als Sub-Warden gerade beim *Old Gaudy* angelangt, aber leider konnte die schwindende Zahl der Teilnehmer die Tische nicht füllen, und deshalb wurden sie durch frisches Blut aus dem *Young Gaudy* verstärkt, unerfahrene junge Leute in den Dreißigern. Ich stand nun vor der schwierigen Aufgabe, die Gäste anzusprechen, wobei die Hälfte durch einen Weltkrieg, eine Weltwirtschaftskrise und ungefähr 50 Jahre von der anderen getrennt war. Eine solche Rede zu schreiben war nicht leicht. Ich versuchte, mit dem Gegensatz zu spielen: auf der einen Seite die wilden Zwanziger, als die Angehörigen der alten Gruppe mit ihrem Studium begonnen hatten, und den siebziger Jahren, die man zumindest im Vergleich mit meiner Ära der sechziger Jahre vielleicht in einer verzeihlichen Interpretation als ein wenig bieder bezeichnen konnte. Ich bekannte mich dazu, dass ich »die Mittagszeit des Lebens« erreicht hatte, und dann stoppelte ich etwas über »goldenes Alter trifft mürrische Jugend« zusammen, was nach meinem Eindruck den Alten gefiel, während es den Jungen, die es wahrscheinlich ohnehin nicht glaubten, nicht ernsthaft peinlich war.

Ich bemühte mich, bei den Alten die Nostalgie und gleichzeitig bei ihren jüngeren Nachfolgern eine ungläubige Belustigung zu wecken; zu diesem Zweck las ich aus den Verhaltensregeln für den Junior Common Room aus den zwanziger Jahren vor, die der Archivar des Colleges mir freundlicherweise ausgeliehen hatte. Ungläubiges Staunen weckte dabei beispielsweise die Mitteilung, dass offenbar viele Badewannen sich in den zwanziger Jahren in einem großen Saal mit Kabinen befanden; dies bezeugen mehrere Briefe, in denen etwa Folgendes stand: »Würde der Gentleman, der heute Morgen in der fünften Badewanne links erfolglos zu singen versucht hat, darauf in Zukunft bitte verzichten?« Unglauben gab es auch über die anmaßende Behandlung der Collegeangestellten, ein charakteristisches Merkmal der arroganten »Brideshead-Generation«, das heute, wie ich ausdrücklich betonen möchte, für die Colleges von Oxford nicht mehr typisch ist (möglicherweise mit Ausnahme des verachteten »Bullingdon Set«):

> *Wenn jemand möchte, dass ein Teller mit Gurkensandwiches zum Tee in eines der Zimmer geschickt wird, verlangt die Küche meines Wissens darüber vor elf Uhr morgens eine Mitteilung. Das ist höchst unbequem.*

> *Wäre es möglich, dass entweder der Schuhputzer oder der Bademeister im Badezimmer den Schlamm von den Fußballschuhen kratzt (und sie wenn nötig einfettet)?*

Viele Beschwerden betrafen die quietschende Tür des JCR. Ich male mir gern aus, dass die Altersgruppe aus den siebziger Jahren dort in aller Stille einen Tropfen Öl auf das Scharnier gegeben hätte, statt nach jemandem zu schreien, der es für sie tat.

Vorwiegend lag der Reiz meiner Zitate aber in der sanften Nostalgie für ein vergangenes Zeitalter:

> *Wäre es möglich, dass im alten Badezimmer zwei neue Haarbürsten (wirklich hart) und ein neuer Kamm zur Verfügung gestellt werden?*

> *Darf ich vorschlagen, dass im JCR Pfeifenreiniger zur Verfügung gestellt werden? Diese Artikel erscheinen mir nützlicher als Zahnstocher.*

*Als ich heute Morgen zu telefonieren wünschte, stellte ich zu meiner Überraschung fest, dass die Telefonzelle fehlte. Was kann mit ihr geschehen sein? Darf ich als Vorschlag, der an die richtige Stelle übermittelt werden sollte, hinzufügen, dass es keinen besonderen Grund zu geben scheint, sie zu ersetzen?*

Ich glaube, meine Rede kam recht gut an. Einer von der alten Garde schrieb einen Dankesbrief an den Warden und erklärte darin, die Rede habe ihn an seinen alten Tutor Lord David Cecil erinnert. Das war wohl als Kompliment gemeint, aber die Erinnerungen an diesen aristokratischen Weisen, von denen Kingsley Amis in seiner Autobiographie berichtet, geben mir zu denken.

# 3
# Legenden aus dem Dschungel

Unter den 115 Säugetierarten auf der Insel Barro Colorado im Panamakanal ist auch eine unregelmäßig schwankende Population der Spezies *Homo scientificus*. Dazu gehören kurzfristig zugewanderte Besucher, die für vielleicht einen Monat eingeladen werden und mit der einheimischen Biologenpopulation interagieren sollen (wobei sie diese, so die Hoffnung, auch auffrischen und beleben). Im Jahr 1980 hatte ich das Glück, als einer von zwei Zugvögeln eingeladen zu werden; der andere, so hörte ich zu meiner Begeisterung, war der großartige John Maynard Smith.

Die dichtbewaldete Insel Barro Colorado liegt mitten im Gatúnsee, der einen beträchtlichen Teil des Panamakanals ausmacht; sie ist die Heimat eines weltweit angesehenen Tropenforschungszentrums, das vom Smithsonian Tropical Research Institute (STRI) betrieben wird. Die Frage, warum solche Wälder so artenreich sind, ist in der Ökologie ein Dauerbrenner. Ihre biologische Vielfalt übertrifft die aller anderen wichtigen Ökosysteme, und die 15 Quadratkilometer von Barro Colorado sind mit Sicherheit (möglicherweise mit Ausnahme des Wytham Wood bei Oxford) die am eingehendsten erforschten, am häufigsten durchsuchten, meistanalysierten, mit den meisten Ferngläsern gemusterten und am häufigsten kartierten Waldflächen der Welt. Was für ein Privileg, dorthin für einen Monat eingeladen zu werden!

Zur Zeit meines Besuches war Ira Rubinoff, der STRI-Direktor in Panama, der mich ursprünglich eingeladen hatte, wegen eines Freisemesters abwesend. Die Leitung des Instituts hatte er in die qualifizierten, genialen Hände seines Stellvertreters gelegt, meines alten Freundes Michael Robinson. Mike und ich hatten in den sechziger Jahren zur gleichen Zeit in Oxford bei Niko Tinbergen als Doktoranden gearbeitet. Er war ein wenig älter als wir anderen und erst als reifer Student an die Universität zurückgekehrt, um seiner Leidenschaft für Insektenforschung nachzugehen; zuvor war er – wie manche (aber nicht ich) meinten, in jugendlicher Verfehlung – als linker Agitator tätig gewesen. Während jener Phase seines Lebens kämpften britische

Soldaten in Malaya gegen Aufständische, und Mike huschte einmal eine ganze Nacht durch die Straßen von Manchester, um eine Mauer nach der anderen mit Slogans zu verzieren: »Hands off Malaya.« (»Hände weg von Malaya.«) Als der Morgen graute und er sich davonschleichen wollte, um ins Bett zu gelangen, ohne festgenommen zu werden, hatte er das gute Gefühl, die Nacht sinnvoll genutzt und der Stadt Manchester eine echte Lektion erteilt zu haben. Als er mit einem Seufzer der Zufriedenheit zu seiner letzten Schmiererei aufblickte, stellte er zu seinem Entsetzen fest, dass dort stand: »Hands of Malaya.« (»Hände von Malaya.«) Er brauchte seine früheren Arbeiten gar nicht erst zu überprüfen. Ein deprimierter Blick zurück, und er wusste, dass alle Slogans, die er in dieser Nacht gemalt hatte, den gleichen Fehler enthielten, weil er ihn nach dem ersten Mal mechanisch wiederholt hatte.

Nachdem Mike in Oxford eine ausgezeichnete Doktorarbeit über Gespenstschrecken geschrieben hatte, bot man ihm eine Stelle am STRI an. Seine offiziell organisierte Reise nach Panama führte ihn über Miami. Da er früher der kommunistischen Partei angehört hatte, verweigerten ihm die US-Behörden das Visum für die Zwischenlandung in Florida, obwohl er den Sicherheitsbereich des Flughafens nicht verlassen würde und sein vollständig bewilligtes Gehalt in Panama von der US-Regierung bezahlt wurde. Eine Sackgasse! Wie er herauskam, habe ich vergessen, aber irgendwann traf er tatsächlich in Panama ein. Später wurde ihm das alles offenbar umfassend verziehen (oder zumindest wurde es offiziell vergessen), denn am Ende stieg er zum Direktor des National Zoo in Washington auf, einer der berühmtesten Tiergärten der Welt. Zur Zeit meines Besuchs in Panama war er bereits so weit anerkannt, dass er als geschäftsführender Direktor des STRI arbeiten konnte, und doch war er noch genauso, wie ich ihn in Erinnerung hatte: ein rosig strahlendes Gesicht mit rotem Ziegenbärtchen und der dazu passenden spitzen Frisur. (Als eine junge Frau in Oxford einmal herausfinden wollte, welcher in einer Gruppe von mehreren Leuten er war, flüsterte sie mir zu: »Ist das der mit dem kleinen Bart?«; gleichzeitig deutete sie mit einer kessen Handbewegung auf die Kopfform.)

Als ich in Panama zu Besuch war, diente mir ein anderer alter Freund aus Oxforder Zeiten als Fremdenführer: Fritz Vollrath, der Spinnenmann. Wenn Mike Robinson schon fröhlich war, so ist Fritz von einer Weltklasse-Fröhlichkeit, aber ohne die negativen Anklänge, wenn man von »Herz und Seele der Party« spricht: Er war eher Herz und Seele des Alltagslebens. Zum ersten Mal begegneten mir seine gewitzt lachenden Augen, als er aus Deutschland nach Oxford kam, um als jugendlicher »Sklave« in Tinbergens Gruppe zu arbeiten. Vorgestellt wurde er uns von dem höchst geistreichen Juan Delius, seinem Cousin, der zu jener Zeit ein führendes Mitglied der Arbeitsgruppe war. Fritz fügte sich sofort ein und lachte über sein gebrochenes Englisch sogar mehr als wir anderen. Als ich ihn Jahre später in Panama wiedertraf, hatte er sich kaum verändert. Sein Englisch war viel besser geworden, und auch sein Spanisch schien nicht allzu schlecht zu sein. Wir machten Rundfahrten durch die Umgebung von Panama City und hielten an, um einem Faultier zuzusehen, das langsam von seinem Baum herabstieg, um seine wöchentliche Darmentleerung zu erledigen. In Darien stiegen wir auf einen Berggipfel – allerdings leider nicht auf den gleichen wie »Cortez stolz, als er mit Adlerblick / Auf den Pazifik starrte – wild bewegt / Sahn ahnungsvoll die Männer zu ihm hin.«[2] Fritz wohnte in Panama City, ich dagegen sollte nach Barro Colorado im Landesinneren weiterreisen, aber es war mir eine Freude, ihn wenigstens an diesem einen Tag zu sehen. Heute lebt er wieder in Oxford; er ist ein enger Freund und angesehener Experte für Spinnen, ihr Verhalten und die beispiellosen Eigenschaften ihrer Seide.

Von Panama City nach Barro Colorado fuhr man in einem kleinen, ratternden Zug mit Holzsitzen. Er hält am Gatúnsee auf der Hälfte des Weges über die Halbinsel an einer winzigen Station (die so klein und verlassen ist, dass man nicht von einem Bahnhof sprechen kann). Gleich in der Nähe ist ein Landungssteg, und auf jeden Zug wartet ein Boot von der Insel. Oder zumindest soll es dort warten. Während meines einmonatigen Aufenthaltes waren John und Sheila Maynard Smith einmal zu einem Tagesausflug nach Panama City gefahren. Sie kamen erst abends mit dem letzten Zug zurück und sahen zu ihrer Freude, dass das Boot in Richtung der Anlegestelle tuckerte. Dann aber machte es zu ihrem Entsetzen plötzlich kehrt und fuhr wieder zurück zur Insel. Offensichtlich war der Bootsführer der Meinung, es

---

2 Zitat aus: Keats, John: »On First Looking into Chapman's Homer«; in: *Englische und amerikanische Dichtung*, Bd. 3, hrsg. v. Werner von Koppenfels u. Manfred Pfister, München 2001, S. 302 f.

sei zu unwahrscheinlich, dass jemand mit dem letzten Zug kam, und deshalb müsse er sich nicht die Mühe machen anzulegen. Das Ehepaar Maynard Smith rief und schrie, aber der armselige Mann hörte sie bei dem Motorengeräusch nicht. Ein Telefon gab es nicht, und so war das ältere Paar gezwungen, die Nacht an der Haltestelle zu verbringen, wo es kaum ein Dach und zum Schlafen nur hölzerne Bänke gab. Am nächsten Morgen waren sie dennoch überraschend freundlich. Ich erfuhr nie, ob der Bootsführer entlassen wurde oder welche Geistesabwesenheit ihn veranlasst hatte, das Boot zu wenden, ohne nachzusehen, ob jemand auf ihn wartete; ebenso wurde mir nie klar, warum er überhaupt losgefahren war, wenn er nicht die Absicht hatte, bis zu der Anlegestelle an der Station zu fahren.

Als ich ankam, verlief alles nach Plan, und das Boot erfüllte seine Pflicht. Von der kleinen Anlegestelle auf der Insel steigt man eine steile Treppe zum Hauptkomplex des Forschungsinstituts hinauf, einer Ansammlung von Zweckbauten, Häusern mit roten Dächern und Labors. Mein Zimmer war karg, aber zweckmäßig, und um die großen Schaben, die mir Gesellschaft leisteten, kümmerte ich mich nicht. Zwei Köchinnen servierten zu festgelegten Zeiten warme Mahlzeiten in dem gemeinschaftlichen Speisesaal, in dem die Wissenschaftler zum Essen und Reden zusammenkamen. Während meines Aufenthalts waren es wohl ungefähr ein Dutzend, vorwiegend Doktoranden und Postdocs (eine *Post-Doctoral Fellowship* ist der normale nächste Schritt in der Laufbahn eines intelligenten jungen Naturwissenschaftlers, der seine Promotion abgeschlossen hat). Das Spektrum ihrer Forschungsthemen reichte von Ameisen bis zu Palmen. Die meisten stammten aus Nordamerika, einer kam aus Indien; der Biologe Ragavendra Gadagkar war für mich von besonderem Interesse, denn er arbeitete mit Wespen, genauer gesagt mit der Gattung *Ropalidia*, die über ein primitives Sozialleben verfügt und eine plausible Zwischenstufe in dem Diagramm darstellen könnte, das Jane Brockmann und ich für unseren Fachartikel erstellt hatten. Dieser war ein Jahr zuvor in der Fachzeitschrift *Behaviour* erschienen und handelte von den potentiellen evolutionären Ursprüngen des Soziallebens von Insekten (mehr darüber im nächsten Kapitel).

Eines hatte ich mir so nicht vorgestellt: Die zwischenmenschliche Atmosphäre in dem Speisesaal und rund um den Institutskomplex wirkte auf mich kühler, als ich es sonst von Gruppen aktiver Wissenschaftler gewohnt war. Während des Monats, in dem ich dort war, taute sie deutlich auf, und schließlich fühlte ich mich so weit akzeptiert, dass ich eine Bemerkung darüber machte; daraufhin erklärte man mir, dies sei hier eine allgemein bekannte Besonderheit – die Bewohner führten es darauf zurück, dass sie sich auf einer Insel befanden. Ich wusste nicht genau, wie ich diese psychologische Erkenntnis mit der Theorie der Biogeographie von Inseln verbinden sollte (der Titel eines berühmten Buches von zwei Barro-Colorado-Veteranen, dem auf tragische Weise früh verstorbenen Robert MacArthur und Edward O. Wilson). Aber nachdem ich einen Monat auf der Insel verbracht hatte, bemerkte ich auch bei mir ein leichtes Revierverhalten, wenn Neulinge ankamen. In dem bewussten Versuch, solchen Neigungen entgegenzuwirken, gab ich mir alle Mühe, mich kurz vor meiner Abreise auf der Silvesterparty mit Nancy Garwood anzufreunden, dem letzten Neuankömmling. Wie sich herausstellte, war sie zuvor schon hier gewesen; ich hätte mich also nicht so anstrengen müssen, aber ich bin dennoch froh darüber, dass ich es getan habe, und ich hoffe, sie war es auch.

Die Party ist mir auch deshalb in Erinnerung geblieben, weil auf einem riesigen Schiff, das unmittelbar hinter den Bäumen durch den Kanal fuhr, ein großes Feuerwerk abgebrannt wurde. In Wirklichkeit ist es eine falsche Erinnerung, denn ich war viele Jahre lang völlig überzeugt, dass wir damals nicht nur ein neues Jahr, sondern ein neues Jahrzehnt begrüßt hatten: den 1. Januar 1980. Meine Erinnerungen an die »Begrüßung des neuen Jahrzehnts« waren so detailliert, dass es mehrerer dokumentarischer Belege bedurfte, die mir Ira Rubinoff, Ragavendra Gadagkar und Nancy Garwood schickten, bevor ich einsah, dass meine scheinbar so kristallklare Erinnerung fehlerhaft war. Es war in Wirklichkeit nicht 1980, sondern der 1. Januar 1981 gewesen. Über diese Erkenntnis war ich ziemlich erschüttert, denn nun stellte ich mir die Frage, wie viele andere eindeutige Erinnerungen in Wirklichkeit ebenfalls nicht stimmten (und der Leser meiner Memoiren ist hiermit hoffentlich ausreichend gewarnt).

Zu den lebhaftesten Erinnerungen, die ich von diesem Ort mitnahm, gehörten die großen Tanker, die wie im Traum tief durch den Dschungel fuhren. Mehrmals schloss ich mich den ansässigen Wissenschaftlern zum Schwimmen von einem Floß aus an. Es war ein geradezu surreales Erlebnis, die riesigen Schiffe nur wenige Meter hinter den Bäumen in aller Ruhe und erstaunlich leise durch das stille, klare Wasser gleiten zu sehen. Einige Wissenschaftlerinnen nahmen gern Sonnenbäder, und ich musste mir einfach die Frage stellen, was die Tankerbesatzungen wohl von der unverhüllten weiblichen Schönheit dachten, die sich da tief im Dschungel von dem Floß fallen ließ. Wenn die Seeleute Griechen waren – dachten sie vielleicht an Sirenen? Und wenn sie Deutsche waren, an die Loreley? Oder sahen sie beim Blick durch die üppige tropische Vegetation eine Vision von Evas Unschuld vor dem Sündenfall? Sie konnten nicht wissen, dass diese tropischen Nymphen naturwissenschaftliche Doktortitel von einigen führenden Universitäten Amerikas besaßen.

Das offenkundige Revierverhalten dieser fleißigen, engagierten Wissenschaftler, in deren Inselfestung ich vorübergehend eindringen durfte, habe ich bereits erwähnt; ich darf dabei aber auch nicht übertreiben. An den meisten Tagen traf ich entweder im Freiland oder im Speisesaal auf freundliche Experten. Die gleiche anfängliche leichte Kühle erwähnte unabhängig von mir auch Elizabeth Royte in *The Tapir's Morning Bath*, ihrem Buch über einen Besuch auf Barro Colorado. Wie ich hatte sie den Eindruck, dass die Stimmung später, nachdem sie als Mitglied in der Gruppe der Inselbewohner akzeptiert war und bei den Forschungsarbeiten mithelfen durfte, allmählich auftaute. Der Erste, der sich mit ihr anfreundete, war der leitende Wissenschaftler auf der Insel, der köstlich exzentrische Egbert Leigh, der auch mich sehr gastfreundlich behandelte. Ich kannte ihn bereits als Autor eines Gedanken anregenden Aufsatzes über »Das Parlament der Gene«; dass dieser tiefsinnige Theoretiker mitten im mittelamerikanischen Urwald lebte, überraschte mich, aber dort war er zusammen mit seiner Familie. Er wohnte in der Toad Hall, dem einzigen dauerhaften Wohnhaus auf der Insel. Wie ich später erfuhr, war »Toadish« in Dr. Leighs Wortschatz ein höchst lobendes Attribut. Was es für ihn bedeutete, wurde mir nie ganz klar: nach meiner Vermutung etwas Subtiles mit vielen Facetten, wie das Wort »spin« im privaten Vokabular des englischen Mathematikers G. H. Hardy (ein Wort der Zustimmung, das in diesem Fall aus dem Cricket stammt – C. P. Snow bemühte sich in seinen liebevollen Erinnerungen an Hardy darum, seine genaue Bedeutung aufzuklären). Egbert Leigh und ich fanden eine Gemeinsamkeit in unserer Bewunderung für R. A. Fisher, und er bellte seine Zustimmung in einem Tonfall heraus, der sich am besten mit dem

Begriff »irritable vowel syndrome« beschreiben lässt (die Herkunft des Wortspiels kann ich nicht ausfindig machen).

Beherbergte die Insel in Gestalt von Egbert Leigh bereits große theoretische Feuerkraft, so wurde das intellektuelle Waffenarsenal mit dem Eintreffen von John Maynard Smith nochmals massiv verstärkt. Die erste Hälfte des Monats, den er als Gastberater dort verbrachte, überschnitt sich mit der zweiten Hälfte meines Aufenthalts. John war immer ebenso erpicht darauf, zu lernen wie zu lehren; es war großartig, in seiner Gesellschaft die Dschungelpfade entlangzuwandern und Biologie zu lernen – und auch von ihm zu lernen, wie man von den einheimischen Experten, die uns führten, lernen konnte. Besonders gefiel mir eine Bemerkung von ihm über einen jungen Mann, der uns durch sein Forschungsrevier führte: »Was ist es doch für ein Vergnügen, einem Mann zuzuhören, der seine Tiere wirklich liebt.« Bei den »Tieren« handelte es sich in diesem Fall um Palmen – aber das war John, wie er leibte und lebte, und einer der Gründe, warum ich ihn so mochte. Und warum ich ihn heute vermisse.

Zu den wirklichen Tieren – im Gegensatz zu den photosynthetisch tätigen Tieren ehrenhalber – gehörten die treffend benannten Klammeraffen mit ihrer prächtigen fünften Extremität, dem Greifschwanz. Ebenso die Brüllaffen mit ihrem knochenverstärkten Stimmapparat, dessen wandernde Wellen aus Crescendo und Decrescendo man leicht mit einer Staffel Düsenjäger verwechseln konnte, die durch die Baumkronen dröhnt. Einmal begegnete ich einem ausgewachsenen Tapir; er kam mir so nahe, dass ich an seinem Hals die Zecken sehen konnte, die prall mit seinem Blut gefüllt waren. Man konnte kaum einen Tag durch den Dschungel gehen, ohne sich selbst eine Ladung Zecken einzufangen. Aber wenn sie sich ihre Mitfahrgelegenheiten gesucht haben, sind sie zunächst klein, und jeder von uns hatte immer eine Rolle Klebeband dabei, um sie zu entfernen. Tapire hat es in Afrika übrigens offenbar nie gegeben; es war also eigentlich ein Fauxpas, dass Stanley Kubrick sie zu Beginn seines großartigen Films *2001: Odyssee im Weltraum* von unseren Homininenvorfahren jagen ließ.

Soweit ich während meines Aufenthalts in Panama konstruktive Arbeit leistete, mündete sie in mehreren Kapiteln meines Buches *Der erweiterte Phänotyp,* die ich dort schrieb; dabei waren die Gespräche mit einigen Wissenschaftlern auf der Insel sehr hilfreich. Was die Daten angeht, so weiß ich, dass ich Weihnachten 1980 auf der Insel verbrachte, aber ich kann mich in diesem Zusammenhang an nichts erinnern; daraus schließe ich, dass man von dem Fest kein großes Aufhebens machte. Ich erinnere mich aber – vielleicht im Zusammenhang mit Weihnachten – an eine Art Party mit Kabarett; dabei musste Ragavendra Gadagkar die Rolle des Zeremonienmeisters spielen, was ihn nach meiner Vermutung in eine gewisse Verwirrung stürzte: immerhin war er gerade erst angekommen.

Bei mir selbst entdeckte ich eine besondere Vorliebe für die Blattschneiderameisen. Mit ihnen machte mich Allen Herre ebenso bekannt wie mit den eher unheilvollen Wanderameisen, die eines Abends in ein Badezimmer eindrangen und sich dort mit ineinander verhakten Extremitäten aufhängten wie ekelhafte schwarz-braune Vorhänge. Allen war nicht der Einzige unter den Einheimischen, der mich eindringlich vor den riesigen »Gewehrkugelameisen« der Gattung *Paraponera* warnte: Diese gehören mit ihrem gewaltigen Stich zu den Dschungelbewohnern, über die man am häufigsten spricht. Meine durch Angst präparierten Augen sahen sie häufig, und ich hielt mit größtem Respekt ausreichenden Abstand von ihnen.

Die Blattschneiderameisen fand ich reizvoller. Manchmal stand ich gefühlte Stunden und sah dem grünen Strom der wandernden Blätter zu: Zehntausende von Arbeiterinnen, jede mit einem üppig grünen Sonnenschirm, den sie über sich hielt und in ihre dunklen, unterirdischen Pilzgärten transportierte. Ich war voller naiver Faszination: Sie schnitten die Blätter nicht, um entweder jetzt oder später ihren eigenen Appetit auf Grünzeug zu befriedigen, sondern um Kompost herzustellen und darauf Pilze zu züchten, die am Ende, nachdem sie selbst längst gestorben waren, von anderen Mitgliedern ihrer wimmelnden Kolonie gefressen wurden. War ihr Motiv eine ameisige Entsprechung zu einem »Hunger«, der nicht durch einen vollen Magen gestillt wurde, sondern beispielsweise durch das Gefühl von einem Blatt zwischen den Kiefern oder einem noch indirekteren Reiz? Ich brauchte keinen John Maynard Smith, um mich daran zu erinnern, dass die natürliche Selektion »Strategien« begünstigt, von denen wir nicht annehmen können, dass die Tiere, die sie ausführen, sie auch verstehen. Es steht uns nicht zu, eine Aussage darüber zu machen, ob Ameisen einen bewussten Appetit oder Wunsch, ein Bedürfnis oder Hunger empfinden. Ich verspürte einen Funken des Verstehens, und der wiederholte sich in einer Begegnung mit den Wanderameisen, die ich später in meinem dritten Buch *Der blinde Uhrmacher* beschrieben habe. Dort erklärte ich, dass ich mich als Kind in Afrika vor den Treiberameisen mehr gefürchtet hatte als vor Löwen oder Krokodilen; aber ich zitierte auch E. O. Wilson mit den Worten, eine Kolonie von Treiberameisen sei ein »Gegenstand weniger der Bedrohung, als vielmehr der Seltsamkeit und Verwunderung als Gipfel einer Evolutionsgeschichte, die von der der Säugetiere so verschieden ist, wie man es sich in dieser Welt nur vorstellen kann«. Dann fuhr ich fort:

> *Als Erwachsener in Panama habe ich mir das Gegenstück der Treiberameise in der Neuen Welt betrachtet, die ich als Kind in Afrika gefürchtet hatte. Die Ameisen flossen an mir vorbei wie ein knisternder Fluss, und ich kann Zeugnis ablegen für Sonderbarkeit und Wunder. Stunde um Stunde marschierten die Legionen vorbei, sie gingen ebenso viel über die Körper ihrer Soldatenkollegen wie über den Boden, während ich auf die Königin wartete. Schließlich kam sie, und ihr Auftritt war furchterregend. Sie erschien als eine Welle rasender Arbeiterinnen, eine kochende peristaltische Kugel aus Ameisen mit miteinander verflochtenen Armen und Beinen. Ihren Körper zu sehen war unmöglich. Sie war irgendwo in der Mitte der brodelnden Kugel aus Arbeitern, während überall um sie herum massierte Truppen drohend nach außen blickten, mit aufgerissenen Kiefern, jeder einzelne Soldat bereit, für die Königin zu töten und bei ihrer Verteidigung zu sterben. Man verzeihe mir meinen unbezähmbaren Wunsch, sie zu sehen: Mit einem langen Stock durchstach ich den Ball von Arbeitern in einem vergeblichen Versuch, die Königin herauszuholen. In Sekundenschnelle gruben 20 Soldaten ihre mit kräftigen Muskeln ausgestatteten Kiefer in meinen Stock, möglicherweise, um nie wieder loszulassen, während Dutzende andere den Stock heraufschwärmten, was mich dazu veranlasste, schnellstens loszulassen.*
>
> *Ich erhaschte niemals einen Blick auf die Königin, aber irgendwo im Innern dieses kochenden Balls war sie, die zentrale Datenbank, das Depot der Mutter-DNS der ganzen Kolonie. Diese maulaufreißenden Soldaten waren bereit, für die Königin zu sterben, nicht weil sie ihre Mutter liebten, nicht weil sie die Ideale des Patriotismus eingedrillt bekommen hatten, sondern einfach, weil ihr Gehirn und ihre Kiefer von Genen gebaut worden waren, die ein*

*Abdruck der Urmatrix im Inneren der Königin selbst waren. Sie verhielten sich wie tapfere Soldaten, denn sie hatten die Gene einer langen Reihe von Königinvorfahren geerbt, deren Leben und Gene von Soldaten gerettet worden waren, so tapfer wie sie selbst. Meine Soldaten hatten dieselben Gene von der gegenwärtigen Königin geerbt. Wie jene alten Soldaten von den Vorfahren der Königin. Meine Soldaten schützten die Blaupausen derselben Instruktionen, die sie zu Wächtern gemacht hatten. Sie bewachten die Weisheit ihrer Ahnen, die Bundeslade …*
*Ich empfand damals die Sonderbarkeit und das Wunder, nicht ohne dass halb vergessene Ängste wieder auflebten, die aber umgestaltet und erhöht waren durch ein reifes Verständnis vom Zweck des Ganzen. Ein Verständnis, das mir als Kind in Afrika gefehlt hatte. Noch weiter erhöht auch durch das Wissen, dass die Evolution denselben evolutionären Gipfelpunkt nicht ein-, sondern zweimal erreicht hatte. Es waren nicht die Treiberameisen meiner kindlichen Alpträume, so ähnlich sie auch aussehen, sondern entfernte Vettern aus der Neuen Welt. Sie taten genau dasselbe wie die Treiberameisen und aus den gleichen Gründen. Es war Nacht geworden, und ich wandte mich um, um nach Hause zu gehen, wiederum ein geängstigtes Kind, aber beglückt vom neuen Verständnis, das an die Stelle der dunklen, afrikanischen Ängste getreten war.*[3]

Ich unternahm einen halbherzigen Versuch, an den Blattschneiderameisen einige quantitative Beobachtungen anzustellen, aber eigentlich kam ich dabei nicht weiter; ich hatte nicht genügend Zeit. Außerdem fürchte ich, ich kann nicht sehr gut geplante Forschungsarbeiten mit einem festgelegten Ziel in Angriff nehmen. Wenn das Interesse mich überkommt, kann ich zwar »Pilotexperimente« anstellen, die wie ein Schmetterling herumflattern, aber wenn man richtige Forschung betreiben will, muss man den zeitlichen Ablauf des Projekts im Vorhinein schriftlich fixieren und sich streng daran halten. Ansonsten hört man nur allzu schnell auf, wenn man das gewünschte Ergebnis hat – und das ist zwar keine absichtliche Täuschung, es war aber in der Geschichte der Wissenschaft eine Ursache schwerwiegender Fehler.

---

3 Aus: *Der blinde Uhrmacher*. Übersetzt von Karin de Sousa Ferreira, München 1996, S. 131 f.

Einmal sah ich fast einen ganzen Tag lang voller entsetzter Faszination zu, wie zwei rivalisierende Kolonien von Blattschneiderameisen aufeinandertrafen. Ich musste dabei an den Ersten Weltkrieg denken. Das große Schlachtfeld war übersät von Extremitäten, Köpfen und Hinterleibern. Ich hoffte und glaubte auch halb, dass die Ameisen weder Schmerz noch Angst empfinden. Sie spulten einen genetisch programmierten Automatismus ab, als sei in ihren winzigen Gehirnen ein Uhrwerk aufgezogen – die »Strategien« eines Maynard Smith –, aber das allein heißt noch nicht, dass sie keine Schmerzen empfinden. Ich wäre ziemlich überrascht, wenn es der Fall wäre, aber ich kann mir keine Methode ausmalen, um die Frage zu entscheiden.

Der Geist eines Wissenschaftlers braucht eine Auffrischung durch ein Zwischenspiel, wie ich es in Panama mit dem lieben JMS erlebte. Und als ich nach Oxford ins Alltagsleben zurückkehrte, erschien es mir etwas weniger alltäglich.

# 4

# Geh zur Wespe, du Drohne: Ökonomie in der Evolution

Die natürliche Selektion ist ein knickeriger Haushälter: Unsichtbar zählt sie die Pfennige, die Nuancen von Kosten und Nutzen, die so geringfügig sind, dass sie uns, den beobachtenden Wissenschaftlern, gar nicht auffallen. Menschliche Wirtschaftswissenschaftler wägen verschiedene »Nützlichkeitsfunktionen« gegeneinander ab, alternative Größen, die ein Handelnder, beispielsweise eine Person, ein Unternehmen oder eine Regierung, möglicherweise maximieren möchte: das Bruttoinlandsprodukt; das eigene Einkommen; den eigenen Reichtum; die Unternehmensgewinne; die Summe des Glücks der Menschen. Keine dieser Nützlichkeitsfunktionen ist so »richtig«, dass sie die anderen ausschließen würde. Ebenso gibt es nicht nur einen richtig *Handelnden*. Man kann sich jede beliebige Nützlichkeitsfunktion aussuchen und sie jedem beliebigen Handelnden zuordnen: Immer bekommt man ein angemessenes, allerdings jeweils anderes Ergebnis.

Mit der natürlichen Selektion verhält es sich anders. Sie maximiert nur eine »Nützlichkeit«: das Überleben der Gene. Personifiziert man ein Gen als metaphorischen »Handelnden«, der die Maximierung vornimmt, erhält man die richtige Antwort. In der Praxis verhalten sich Gene allerdings nicht unmittelbar als Handelnde; deshalb wenden wir den Blick stattdessen der Ebene zu, auf der die eigentlichen Entscheidungen getroffen werden: In der Regel ist das der einzelne Organismus, der im Gegensatz zu einem Gen über Sinnesorgane verfügt, mit denen er die Welt wahrnehmen kann, über ein Gedächtnis zur Speicherung früherer Ereignisse, über eine Rechenmaschine im Gehirn, die von Augenblick zu Augenblick die Entscheidungen treffen kann, und über Muskeln zu ihrer Ausführung.

Übrigens: Warum finden Biologen es überhaupt so hilfreich, Gene oder Individuen zu personifizieren und als »Handelnde« zu betrachten? Nach meiner Vermutung liegt es daran, dass wir eine höchst soziale Spezies sind, soziale Fische, die in einem Meer von Menschen schwimmen. Deshalb wird vieles von dem, was sich in unserer Umwelt abspielt, durch das absichtliche Handeln von Menschen verursacht; deshalb ist es nur natürlich, auch auf unbelebte »Handelnde« zu verallgemeinern. Unter anderem manifestiert sich diese Neigung als Aberglaube, in der Angst vor Poltergeistern oder Gespenstern – das ist die Kehrseite. Auf der positiven Seite aber steht, dass Wissenschaftler sich legitimer Personifizierungen als einer bequemen, angenehmen Abkürzung bedienen können, um zu den richtigen Ergebnissen zu gelangen – vorausgesetzt, sie wissen, was sie tun. Einmal hörte ich, wie der Biologe und Nobelpreisträger Jacques Monod eine Bemerkung machte, die mir wegen ihrer phantasiereichen Farbigkeit in Erinnerung geblieben ist: »Wenn ich vor einer solchen chemischen Fragestellung stehe, frage ich mich selbst: Was würde ich in dieser Situation tun, wenn ich ein Elektron wäre?« Physiker können die Brechung erklären, indem sie Photonen personifizieren und sich vorstellen, diese würden ihren Winkel so anpassen, dass die Durchgangszeit durch Medien, von denen sie in unterschiedlichem Ausmaß abgebremst werden, so kurz wie möglich bleibt. Ein Photon gleicht dann einem Rettungsschwimmer, der seinen Weg zu einem Schwimmer, der zu ertrinken droht, optimiert. Er läuft den größten Teil des Weges schnell am Strand entlang, biegt dann ab, um (zwangsläufig langsamer) zu schwimmen, und wählt dabei beide Winkel so, dass die gesamte für die Strecke notwendige Zeit so gering wie möglich bleibt. Wenn Photonen aus Luft (schnelle Fortpflanzung) in Glas (langsamer) eintreten, kann man den Brechungswinkel richtig berechnen, wenn man annimmt, sie würden sich wie Handelnde verhalten, obwohl sie im Gegensatz zu dem Rettungsschwimmer keine bewussten Berechnungen anstellen. Ein durch die Luft geworfener Stein folgt einer Flugbahn, als würde er »sich bemühen«, eine mathematische Größe, die ein Physiker berechnen kann, zu minimieren. Wenn es um eine chemische Reaktion geht, erhält man die richtige Antwort, wenn man annimmt, dass die Reaktionsteilnehmer sich darum »bemühen«, eine andere mathematische Größe, die sogenannte »Entropie«, zu maximieren. Natürlich glaubt niemand, dass diese unbelebten Gebilde sich wirklich *bemühen*, etwas zu tun. Man gelangt aber zu dem richtigen Ergebnis, wenn man sich genau dies in der Phantasie ausmalt; der Geist des Menschen ist darauf geeicht, unter dem Gesichtspunkt absichtsvoll handelnder Agenten zu denken.

Entsprechend verlagern wir als Biologen die Zielrichtung unserer legitimen Personifizierung vom Gen auf den einzelnen Organismus. Die Frage, ob der Organismus ein bewusst Handelnder ist, lassen wir offen. Dass das Gen keiner ist, wissen wir. Der Organismus trifft Entscheidungen (wir können ruhig annehmen, dass sie unbewusst ablaufen), die darauf berechnet sind, das langfristige Überleben der Gene, die in ihm mitfahren, zu maximieren – jener Gene, die auf dem Weg der Embryonalentwicklung das Nervensystem programmiert haben, das die Entscheidungen trifft. Die Entscheidungen erwecken voll und ganz den Anschein, als habe ein gerissener Haushälter sie getroffen, der begrenzte Ressourcen im Dienste der Gene, die an zukünftige Generationen weitergegeben werden sollen, einsetzen (verteilen, gewinnen) will. Die begrenzten Ressourcen einer Kartoffelpflanze strömen von der Sonne, aus der Luft und aus dem Boden zu ihr. Der gerissene Haushälter namens Pflanze muss »entscheiden«, wie er diese Ressourcen zwischen den Knollen (Speicherung für die Zukunft), den Blättern (Solarzellen, die mehr Sonnenlicht sammeln und in chemische Energie umwandeln können), Wurzeln (zur Aufnahme von Wasser und Mineralstoffen), Blüten (zum Anlocken von Bestäuberinsekten, die mit kostbarem Nektar bezahlt werden müssen), Stängeln (die die Blätter der Sonne entgegenhalten) und so weiter verteilt. Wenn er einen Sektor der Wirtschaft (beispielsweise die Wurzeln) zu großzügig bedenkt und dafür einen anderen (beispielsweise Blätter oder Blüten) zu knapp bedient, führt dies zu einer weniger erfolgreichen Pflanze, als wenn alle Abteilungen in der pflanzlichen Ökonomie vollkommen ausgewogen versorgt werden.

Alle Entscheidungen, die ein Tier trifft, sind wirtschaftlicher Natur, ganz gleich, ob es um das Verhalten (wann wird an welchem Muskel gezogen?) oder um Entwicklung geht (welche Körperteile sollen größer werden als andere?). Immer geht es um die Verteilung begrenzter Ressourcen an konkurrierende Anforderungen. Das Gleiche gilt für die Entscheidung darüber, welchen Anteil der zur Verfügung stehenden Zeit man dem Fressen widmet, welchen Anteil der Unterwerfung von Rivalen, welchen Anteil der Partnerwerbung und so weiter. Ebenso für Entscheidungen über die Brutpflege (welchen Anteil des begrenzten Budgets an Nahrung, Zeit und Risiko verwendet man auf das gegenwärtige Kind, und wie viel spart man sich für zukünftige Kinder auf?), für Entscheidungen über die Lebensgeschichte (welchen Teil des Lebens verbringt man als Raupe, die sich von Pflanzen ernährt und dabei heranwächst, und welchen Teil als Schmetterling, der sein Flugbenzin in Form von Nektar aus den Blüten bezieht, während er einem Partner nachjagt?). Ökonomie, wohin man blickt: unbewusste Berechnungen, »als ob« Kosten und Nutzen gezielt gegeneinander abgewogen würden.

Das alles ist Theorie und ein wenig hemdsärmelig. Können wir in die Natur gehen, von Augenblick zu Augenblick das Verhalten von Tieren in freier Wildbahn aufzeichnen und daraus ihre Zeiteinteilung als Beispiel für ihre wirtschaftlichen Entscheidungen berechnen? Ja, das ist möglich; allerdings setzt es die mehr oder weniger ununterbrochene Beobachtung individuell markierter Tiere in ihrem natürlichen Umfeld voraus. Dazu bedarf es eines qualifizierten, peinlich genauen Beobachters, der über ein großes Reservoir an Geduld, Hartnäckigkeit, Intelligenz und Engagement verfügt. An dieser Stelle sei es mir erlaubt, Dr. Jane Brockmann vorzustellen.

Ich lernte Jane im Sommer 1977 kennen, als sie fröhlich in mein Büro in Oxford hereingerauscht kam. Mein Kollege und Vorgesetzter, der Niko-Tinbergen-Nachfolger und auf seine Art hochintelligente David McFarland, hatte sie als Postdoc eingestellt. Wie sich später herausstellte, hatte sich ihre Ankunft um ein Jahr verzögert, und zu dieser Zeit befand sich David gerade in einem Freisemester; deshalb arbeitete Jane nun bei mir, seinem Stellvertreter. Ich sah darin einen äußerst glücklichen Zufall, und ich bilde mir ein, dass auch Jane es nicht bedauerte.

Jane hatte an der University of Wisconsin über die Grabwespe *Sphex ichneumoneus* promoviert. Nach Oxford brachte sie eine Riesenmenge peinlich genauer, systematischer Verhaltensbeobachtungen an einzelnen markierten Wespenweibchen mit, die sie an zwei Stellen im Freiland in New Hampshire und Michigan gesammelt hatte. Die Messungen hatte sie ursprünglich zu einem ganz anderen Zweck angestellt, der mit dem Interessengebiet von David McFarland in engerem Zusammenhang stand als mit meinem, aber sie wurden letztlich zur Grundlage unserer Zusammenarbeit.

Nicht alle Wespen sind soziale Insekten wie die vertrauten, gestreiften Faltenwespen oder Vespidae, die uns mit ihrer Vorliebe für Marmelade so häufig das Kaffeetrinken im Garten verleiden. Viele Wespenarten sind Einzelgänger, und zu ihnen gehört auch die Gattung *Sphex*. Wenn eine weibliche Grabwespe sich gepaart hat, erledigt sie die weitere Arbeit ganz allein, ohne dass ihr Arbeiterinnen dabei helfen. Die Männchen verschwinden nach der Paarung und überlassen es den Weibchen, die Jungen festzuhalten. Nun, ein buchstäbliches Festhalten ist es nicht. Der typische Lebenszyklus sieht folgendermaßen aus: Das Weibchen gräbt einen rund 15 Zentimeter tiefen Bau, der anfangs leicht schräg in die Tiefe führt und in einem kurzen Seitentunnel mit einer erweiterten Kammer endet. Dann macht sie sich auf die Suche nach Beute, die bei dieser Grabwespenart aus Laubheuschrecken besteht, eleganten, meist grünen Heuschrecken mit langen Hörnern. Sie fängt eine Laubheuschrecke und lähmt sie mit ihrem Stich, der sie aber nicht tötet; dann fliegt sie mit der Beute nach Hause und zerrt sie durch den Gang in die Kammer. Die Prozedur wiederholt sich mehrere Male, bis die Wespe einen säuberlichen Haufen von bis zu einem halben Dutzend Laubheuschrecken in dem Bau zusammengetragen hat; dann legt sie oben auf dem Haufen ein Ei. Manchmal gräbt sie im Anschluss an einer anderen Stelle des Baues eine weitere Seitenkammer und wiederholt das Ganze mit neuen Laubheuschrecken. Am Ende verschließt sie den Bau und macht es in einer neuen Behausung wiederum genauso. Manche Grabwespenarten umklammern mit ihren Kiefern auch einen kleinen Stein und benutzen ihn als Hammer, um den Boden zu verdichten – eine Eigenschaft, die lautstark als Werkzeuggebrauch bejubelt wurde, von dem man früher glaubte, er sei das Monopol der Menschen. Wenn die Larve in der sicheren, dunklen Kammer aus dem Ei geschlüpft ist, ernährt sie sich von den gelähmten Laubheuschrecken, wird durch ihre Nährstoffe größer und dicker, verpuppt sich schließlich und kommt irgendwann als ausgewachsene männliche oder weibliche Wespe der nächsten Generation ans Licht.

Diese Insekten werden zwar als Solitärwespen bezeichnet, weil sie nicht in großen Kolonien mit Heerscharen steriler Arbeiterinnen leben, in einem anderen Sinn sind sie aber keine Einzelgänger. Sie graben ihren Bau in der Nähe der Stelle, an der sie selbst aus dem Ei geschlüpft sind, so dass auf ganz natürliche Weise »traditionelle« Nistgebiete entstehen. Dies schafft auf einem bestimmten Stück Boden eine Art Dorfatmosphäre: Dutzende von Wespenweibchen gehen jede für sich ihren Geschäften nach und achten dabei nicht aufeinander, außer wenn es gelegentlich zu Zusammenstößen kommt. Wegen dieser engen Nachbarschaft konnte Jane sich an einer Stelle mit ihrem

Notizbuch hinsetzen und alle Wespen in der Region beobachten, von denen sie jede mit einem System bunter Farbflecken gekennzeichnet hatte. Sie erkannte jede einzelne Wespe an ihrer Codierung (Rot-Rot-Gelb, Blau-Grün-Gelb und so weiter) und kartierte die Lage ihres Baues, dann die ihres nächsten Baues und so weiter. Neben anderen Verhaltensweisen hatte Jane beobachtet, dass ein Weibchen, das auf den von einer anderen Wespe gegrabenen Bau stößt, sich die Mühe spart, selbst zu graben, und stattdessen den bereits vorhandenen unterirdischen Gang benutzt. Das war der Ausgangspunkt für die Geschichte, die wir im weiteren Verlauf erzählen wollten.

Andere haben übrigens ganz andere Geschichten erzählt. Charles Darwin war abgestoßen von dem grausamen Akt, eine Beute mit einem Stich zu lähmen, statt sie sofort zu töten, und so das Fleisch für den Verzehr durch die Larve frisch zu halten. Ein totes Beutetier würde verwesen und wäre für die Larve keine genießbare Nahrung mehr. Ob die Beute Schmerzen empfindet, wenn ihr Gewebe langsam von innen heraus aufgefressen wird, während sie gelähmt ist und mit keiner Muskelbewegung etwas dagegen tun kann, wissen wir nicht. Ich hoffe inständig, dass es nicht der Fall ist, aber allein der Gedanke entsetzte Darwin. Nach Ansicht des großen französischen Naturforschers und Darwin-Zeitgenossen Jean-Henri Fabre hat die Art, wie präzise Grabwespen ihre Stiche setzen, etwas Klinisch Erbarmungsloses. Wie Fabre berichtete, zielen sie mit ihrem Stachel sehr sorgfältig und treffen nacheinander die Nervenknoten, die sich auf der Bauchseite des Beutetieres aneinanderreihen; sie führen die Lähmung also vermutlich mit einer wirtschaftlich-geringen Giftmenge herbei.

Auch Philosophen haben mit Hilfe von *Sphex* eine eigene Geschichte gesponnen; die Anregung bezogen sie dabei aus einigen klassischen Experimenten, die ebenfalls von Fabre erstmals angestellt und später von anderen wiederholt wurden. Wenn eine Wespe von der Jagd zum Bau zurückkehrt, zerrt sie die mitgebrachte Beute nicht sofort unter die Erde. Sie legt die Heuschrecke vielmehr in der Nähe des Eingangs ab, begibt sich mit leeren Händen in den Bau, kommt wieder ans Licht und zieht erst dann die Beute hinunter. Dies wurde als »Inspektion« des Baues bezeichnet; dahinter stand vermutlich der Gedanke, dass sie zunächst überprüft, ob sich in dem Loch keine Hindernisse befinden, und erst dann die Beute hineinzieht. Auch ein anderer Befund wurde vielfach bestätigt: Wenn man die Beute im Experiment einige

Zentimeter weit weg bewegt, während die Wespe sich zur »Inspektion« unter der Erde befindet, sucht sie anschließend danach, wenn sie wieder ans Licht gekommen ist. Hat sie die Beute gefunden, zerrt sie sie aber wiederum nicht sofort ins Loch, sondern beginnt mit einer neuen »Inspektion«. Wissenschaftler konnten das Spiel mehrere Dutzend Mal hintereinander wiederholen. Jedes Mal »erinnert« sich die »dumme« Wespe nicht daran, dass sie den Bau gerade »besichtigt« hat und es deshalb nicht noch einmal tun muss. Offensichtlich handelt es sich um eine Art Roboterverhalten, als würde man eine Waschmaschine immer wieder auf einen früheren Teil des Waschgangs einstellen, beispielsweise auf »Hauptwaschgang«, wenn eigentlich der »letzte Spülgang« beginnen sollte. Ganz gleich, wie oft man es tut, die dumme Maschine »erinnert« sich nicht daran, dass sie die Kleidungsstücke bereits gewaschen hat! Die Wespengattung *Sphex* hat sogar ihren Namen in der Fachsprache der Philosophen einem solchen geistlosen Automatismus gegeben – man spricht von »sphexischem« Verhalten oder »Sphexishness«. Jane gehört zu den Wespenkundlern, die einer solchen Interpretation skeptisch gegenüberstehen. Nach ihrer Vermutung ist die Wespe alles andere als »sphexisch«. Das Missverständnis erwächst aus der Annahme der Menschen, sie würde den Bau »inspizieren«. Jane und andere glauben vielmehr, dass sie sich der Beute aus Richtung des Baues nähern muss, damit ihr Hinterleib in die richtige Richtung weist, wenn sie das erlegte Tier in den Gang zerrt. Also geht sie zuerst mit dem Kopf voran hinunter, dreht sich drinnen um und kommt mit dem Kopf voraus wieder ans Licht; wenn sie jetzt die Beute packt und hinunterzieht, weist ihr Hinterleib zum Bau. Es handelt sich überhaupt nicht um eine »Inspektion«, sondern um eine Art Richtungsbestimmung.

## Erkundung evolutionär stabiler Strategien

Als Jane nach Oxford kam, war *Das egoistische Gen* gerade erschienen, und ich war noch besetzt von einem der zentralen Gedanken: den Ideen von John Maynard Smith über die Spieltheorie in der Evolution, genauer gesagt über die »ESS« oder evolutionär stabile Strategie. Ich arbeitete gerade an einem Vortrag mit dem Titel »Gute Strategie oder evolutionäre stabile Strategie«, den ich im folgenden Jahr in Washington bei einer Tagung über Soziobiologie halten sollte (siehe Seite 353). Immer wenn ich eine Geschichte über das Verhalten von Tieren hörte – darunter auch die Geschichten, die Jane mir über ihre Wespen erzählte –, vollzog ich zu jener Zeit unmittelbar und mit fast unziemlichem Eifer einen Gedankensprung, um sie in die Begriffe der ESS zu übersetzen.

Die Theorie der ESS brauchen wir immer dann, wenn die beste Strategie für ein Tier davon abhängt, welcher Strategie sich die meisten anderen Tiere in der Population bedienen. »Strategie« setzt keine bewusste Entscheidung voraus; sie ist vielmehr einfach eine Handlungsregel wie ein Computer-Applet oder der Mechanismus eines Uhrwerks. Sie könnte beispielsweise so aussehen: »Greife zuerst an. Wenn der Gegner zurückschlägt, laufe weg, ansonsten setze den Angriff fort.« Oder: »Beginne mit einer friedlichen Geste. Wenn der Gegner angreift, schlage zurück, ansonsten verhalte dich weiterhin friedlich.« Manchmal gibt es in einem absoluten Sinn und unabhängig davon, welche anderen Strategien in der Population vorherrschen, eine beste Strategie; dann wird diese einfach von der natürlichen Selektion begünstigt. Häufig ist aber keine einzelne Strategie als beste zu erkennen: Welche die beste ist, hängt vielmehr davon ab, welche anderen Strategien in der Population dominieren. Als evolutionär stabil bezeichnet man eine Strategie, wenn sie das ist, was man am besten tut, weil alle anderen es ebenfalls tun. Warum ist es von Bedeutung, was »alle machen«? Die Antwort: Wäre etwas anderes besser als das, was »alle machen«, würde die natürliche Selektion dieses Etwas begünstigen. Schon nach wenigen Generationen mit natürlicher Selektion wäre dann das ursprüngliche Verhalten nicht mehr das, was »alle tun«. Es wäre nicht mehr *evolutionär stabil*, sondern instabil in dem Sinn, dass die Population unter evolutionären Gesichtspunkten von einer anderen Strategie *unterwandert* würde, von dem »etwas anderes«, das ich zuvor erwähnt habe.

Manche Vögel haben eine Gewohnheit namens »Kleptoparasitismus« (Jane Brockmann stellte später mit einem Kollegen eine Übersicht über die wissenschaftliche Literatur zu dem Thema zusammen): Wie Piraten stehlen sie anderen Vögeln das Futter. Fregattvögel leben davon, dass sie anderen Arten die Nahrung wegnehmen (was ich später auf den Galapagosinseln und mit Jane in Florida beobachten konnte), aber der Kleptoparasitismus kommt – beispielsweise bei manchen

Möwen – auch innerhalb einer Spezies vor. Ist Piraterie eine evolutionäre stabile Strategie? Um diese Frage zu beantworten, stellen wir uns eine hypothetische Möwenpopulation vor, in der nahezu jeder ein Pirat ist und kaum ein Vogel noch Fische fängt. Ist so etwas stabil? Nein. Die Piraten würden hungern, weil es keine Fische zu stehlen gibt. Stellen wir uns vor, wir wären der einzige ehrliche Fischer in einer Population von Piraten. Dann würden wir zwar eine beträchtliche Zahl von Fischen an die allgegenwärtigen Räuber verlieren, wir würden aber immer noch besser essen als jeder Einzelne von ihnen. Deshalb würde eine Population mit 100 Prozent Piraten in evolutionären Zeiträumen durch die Strategie der ehrlichen Fischer »unterwandert«. Die natürliche Selektion würde die ehrliche Fischerei begünstigen, und der Anteil der ehrlichen Fischer würde wachsen. Er würde allerdings nur bis zu dem Punkt zunehmen, an dem die Piraterie sich gerade eben wieder auszahlt.

Piraterie ist also keine ESS. Ist ehrliche Fischerei eine ESS? Als Nächstes postulieren wir eine Population, die ausschließlich aus ehrlichen Fischern besteht. Würde sie, evolutionär gesprochen, von Piraten unterwandert? Ja, das könnte durchaus geschehen. Wenn es in einer Population ehrlicher Fischer einen einzigen Piraten gibt, wird dieser reiche Beute machen. Die natürliche Selektion begünstigt also die Piraterie, und der Anteil der Piraten nimmt zu.

Aber auch er würde nur so lange wachsen, bis es sich im Vergleich zur Alternative nicht mehr auszahlt. Am Ende haben wir also ein Gleichgewicht zwischen Piraten und ehrlichen Fischern, das sich bei einer kritischen Verteilung einpendelt, beispielsweise bei zehn Prozent Piraten und 90 Prozent Fischern. Am Gleichgewichtspunkt bringen Piraterie und Ehrlichkeit genau den gleichen Nutzen. Würde sich das Verhältnis in der Bevölkerung zufällig von diesem Gleichgewichtspunkt wegbewegen, stellt die natürliche Selektion ihn wieder her: Sie begünstigt diejenige »Strategie«, die vorübergehend im Vorteil ist, weil ihr Anteil unter der kritischen Grenze liegt.

Wichtig für diese Theorie ist, dass es sich bei den Anteilen, über die wir hier sprechen, um Anteile von *Strategien* handelt. Sie muss nicht mit der Häufigkeit einzelner *Strategen* übereinstimmen, auch wenn ich es der Einfachheit halber so ausgedrückt habe. »Zehn Prozent Piraten« könnte bedeuten, dass jede einzelne Möwe zehn Prozent ihrer Zeit als Pirat tätig ist und während 90 Prozent der Zeit fischt. Es kann aber auch bedeuten, dass zehn Prozent aller Individuen ausschließlich Piraterie betreiben. Ebenso ist jede Kombination möglich, durch die in der Population eine Häufigkeit von zehn Prozent für die Piraten*strategie* erreicht wird. Die Mathematik läuft unabhängig davon, wie das Verhältnis hergestellt wird, auf das Gleiche hinaus. Nebenbei bemerkt, ist auch an den »zehn Prozent« nichts Magisches. Ich habe diese Zahl nur als einfaches Beispiel gewählt. Bei welchem Prozentsatz das Gleichgewicht tatsächlich erreicht ist, hängt von ökonomischen Faktoren ab, die sich nur schwer messen lassen – dazu wäre eine Möwen liebende Entsprechung zu Jane Brockmann notwendig.

Solche Themen wollte ich im Rahmen meines Tagungsvortrags in Washington erörtern, und sie gingen mir durch den Kopf, als Jane Brockmann in mein Arbeitszimmer in Oxford hereingeschneit kam und wir uns zusammensetzten, um über ihre Wespen zu sprechen. Manchmal graben sie, manchmal nutzen sie die Grabungsarbeiten anderer aus, und manchmal bedienen sie sich auch an den von anderen Wespen herangeschleppten Laubheuschrecken. Man kann sich vorstellen, wie aufgeregt mein auf ESS eingestelltes Gehirn wurde, als ich das hörte. Piraten und ehrliche Gräber! Ist »Gräber« eine ESS? Angenommen, die Mehrheit in der Population gräbt: Wird die Strategie des Grabens dann von einer Konkurrenzstrategie namens »Nutze als Parasit die Grabungsarbeiten anderer« unterwandert? Und ist »Parasitenverhalten« eine ESS? Vermutlich nicht, denn wenn niemand gräbt, gibt es auch keine Gänge, die man mit Beschlag belegen kann. Könnte es ein Gleichgewichtsverhältnis geben, in dem Gräber und Piraten den gleichen Erfolg haben? Spannend fand ich vor allem, dass Jane über eine Menge handfester, quantitativer Daten verfügte. Vielleicht konnten wir mit Hilfe ihrer Befunde tatsächlich den wirtschaftlichen Nutzen und die Kosten der beiden Strategien *messen*. Über die Vögel, die als Piraten und Fischer in meinem Entwurf für den Vortrag in Washington vorkamen, besaß niemand handfeste Daten, Jane Brockmanns umfangreiche Aufzeichnungen über den zeitlichen Ablauf des Verhaltens individuell markierter Wespen bargen dagegen das faszinierende Potential, den ersten echten Feldversuch zu einer Theorie der gemischten ESS anzustellen.

Jane und ich entschlossen uns, bei dem Projekt zusammenzuarbeiten, aber wir brauchten mehr theoretischen Fachverstand, mehr mathematische Zauberei, als einer von uns aufbringen konnte. Es war an der Zeit, die echten Könner zu Hilfe zu rufen, und der größte Könner in meinem Umfeld war mein Student Alan Grafen. Dass mein Guru und Mentor gleichzeitig mein Student war, mag sich seltsam anhören, aber es stimmt. Alan teilte meine Begeisterung für die ESS-Theorie und half mir, ihre Feinheiten und viele andere Aspekte der Evolutionsbiologie zu verstehen. Außerdem brachte er mir ein wenig von der Intuition und den Instinkten eines Mathematikers bei, auch wenn ich ihm im Dickicht der Handhabung von Symbolen nicht folgen konnte. Es gibt Mathematiker und Physiker, die Ausflüge in die Biologie unternehmen und glauben, sie könnten dort in einer Woche alles zum Besseren wenden. Das können sie nicht: Ihnen fehlen die Intuition und das Wissen eines Biologen. Alan ist da eine Ausnahme. Er verfügt über eine seltene Kombination aus mathematischer und biologischer Intuition (was er nach meiner Überzeugung mit seinem Vorbild R. A. Fisher gemeinsam hat) und kann deshalb die richtige Antwort auf eine Fragestellung fast augenblicklich riechen; außerdem kann er wie Fisher – aber im Gegensatz zu mir – die zugehörige Algebra ausarbeiten, wenn man ihn darum bittet, und damit beweisen, dass er recht hat. Heute ist er als Professor für Theoretische Biologie und verdienter Fellow der Royal Society mein Kollege in Oxford.

Ich lernte Alan 1975 kennen. Damals war er Studienanfänger, und ich arbeitete als Tutor für Zoologie am New College; außerdem war ich gerade dabei, *Das egoistische Gen* zu schreiben. Ein Tutor eines anderen Colleges hatte einen jungen Mann aus Schottland empfohlen, der alles andere als der Normalfall sei, und ich erklärte mich bereit, mit ihm Tutorenstunden über Tierverhaltensforschung abzuhalten. Zu jener Zeit war es üblich, dass Studienanfänger ihre Aufsätze zu Beginn der Tutorenstunde laut vorlasen; anschließend diskutierten wir darüber. Wovon Alans erster Aufsatz handelte, habe ich vergessen, aber ich erinnere mich noch sehr lebhaft daran, mit welcher ehrfürchtigen Gänsehaut ich ihm zuhörte. »Alles andere als der Normalfall« war eine Untertreibung gewesen.

Sein erstes Examen hatte Alan in Psychologie abgelegt (zu seinem Studiengang gehörte Tierverhaltensforschung als Wahlfach – deshalb war es richtig, ihn zum Tutorium zu mir zu schicken). Ich hoffte, er würde auch bei mir promovieren, aber er entschied sich für den steinigen Weg eines Oxforder Master-Abschlusses in Wirtschaftsmathematik; sein Doktorvater war Jim (der spätere Nobelpreisträger Sir James)

Mirrlees, auch er ein Schotte und einer der weltweit führenden Wirtschaftsmathematiker. Da die Wirtschaftswissenschaft in der Evolutionsforschung immer mehr an Bedeutung gewinnt, war dies für Alan eine gute Wahl, ganz gleich, ob er später in die Biologie zurückkehren oder in der Wirtschaftswissenschaft Karriere machen würde. Tatsächlich kam er wieder in die Biologie und machte bei mir seinen DPhil. Aber als Jane Brockmann in unser Leben trat, studierte er noch Wirtschaftsmathematik, und die konnte er in der Wespenforschung, die wir zu dritt in Angriff nahmen, gut gebrauchen.

Aber der Reihe nach. Einen Tag nachdem Jane bei uns angekommen war, fand nach ihrer Erinnerung (ich hatte es vergessen) das große alljährliche Rennen der Stocherkähne statt. Es war eine weniger ernsthafte Angelegenheit als die Ruderregatta Oxford gegen Cambridge und machte vermutlich viel mehr Spaß; die Mannschaften, die gegeneinander antraten, waren unsere Gruppe für Tierverhaltensforschung (*Animal Behaviour Research Group*, ABRG) und das Edward-Grey-Institut für Freilandornithologie (EGI). Das EGI ist ebenfalls eine Unterabteilung des Zoologischen Instituts und wurde nach dem früheren Außenminister und begeisterten Ornithologen Lord Grey benannt (der am Vorabend des Ersten Weltkriegs das unvergessliche Klagelied angestimmt hatte: »Überall in Europa gehen die Lichter aus; wir werden sie zu unseren Lebzeiten nicht mehr wiedersehen«). Beide Mannschaften verwendeten eine anarchisch schwankende Zahl von Stocherkähnen oder *Punts*, Boote mit flachem Boden, die mit einer Stange am Flussbett (wo sie nur allzu oft stecken blieb) gestakt wurden. Die Devise war nicht nur Schnelligkeit, sondern auch Sabotage; Jane hat in bleibender Erinnerung behalten, wie John Krebs (später Sir John, heute Lord Krebs FRS und einer der angesehensten Biologen Großbritanniens) sich auf Seiten des EGI als besonders erbarmungslos hervortat. Erkannte Alan hier vielleicht die Gelegenheit für ein kleines ESS-Modell – die Strategie der ehrlichen Bootsführer gegen den Piraten und Saboteur? Vermutlich nicht: Er hat mehr Einsicht und war viel zu sehr damit beschäftigt, ehrlich sein Boot vorwärtszustaken.

Aber letztlich ging es um die ernsthafte Arbeit mit den Wespen. An ihren beiden Untersuchungsstellen im Freiland – die wichtigste in New Hampshire, eine zweite in Michigan – hatte Jane mehr als 1500 Stunden lang peinlich genau das Verhalten der einzelnen farbmarkierten Grabwespenweibchen aufgezeichnet. Sie verfügte über fast vollständige historische Aufzeichnungen von 410 Bauten und über die Aktivitäten, die das gesamte Leben von 68 Wespen im Zusammenhang mit dem Nest dominiert hatten. Wie bereits erwähnt, hatte sie ihre Untersuchungsergebnisse anfangs zu einem ganz anderen Zweck verwendet und darüber auch bereits an der University of Wisconsin ihre Doktorarbeit geschrieben. Zusammen mit Alan entschlossen wir uns jetzt, die gleichen Rohdaten noch einmal zu verwenden und mit ihrer Hilfe der ESS-Theorie und ihrer Kosten-Nutzen-Rechnung echte, gemessene wirtschaftliche Werte zuzuordnen.

In meinem Arbeitszimmer am Zoologischen Institut, von dem wir den Blick auf Matthew Arnolds träumende Kirchtürme hatten, arbeiteten Jane und ich jeden Tag gemeinsam an meinem PDP-8-Computer. Wir tippten die Zahlen aus ihren umfangreichen Aufzeichnungen über die Wespen ein und unterzogen sie zahlreichen statistischen Analysen. Alle paar Tage kam Alan vorbei, warf einen schnellen, fachkundigen Blick auf unsere Statistiken und brachte Jane und mir geduldig bei, wie Wirtschaftsmathematiker denken. Alle drei bemühten wir uns darum, seine wirtschaftswissenschaftlichen Gedanken in formelle ESS-Modelle umzusetzen. Es war eine zauberhafte Zeit, eine der konstruktivsten Phasen meines gesamten Arbeitslebens. Es gab so vieles zu lernen, und ich lernte von meinen beiden Kollegen. Oft bilde ich mir ein, ich sei zur Zusammenarbeit geboren, und es gehört zu den bedauernswerten Dingen in meinem Leben, dass ich es nicht in größerem Umfang getan habe.

Das erste Modell, das wir überprüften – es trug den phantasievollen Namen Modell 1 –, erwies sich als falsch; aber wie in einem Lehrbuch der Wissenschaftsphilosophie lieferte seine Widerlegung uns den entscheidenden Hinweis für die Entwicklung des wesentlich erfolgreicheren Modells 2. Als wir das Modell 1 formulierten, betrachteten wir das »Dazukommen« als Piratenstrategie, die sich die Bemühungen der ehrlichen Gräberinnen, Baue zu schaffen und Laubheuschrecken zu sammeln, zunutze machte. Aber alle Voraussagen des Modells 1 erwiesen sich als falsch; also setzten wir uns wieder an den Schreibtisch und gelangten schließlich zum Modell 2. Dieses postulierte zwei Strategien, die wir als Graben und Eindringen bezeichneten. »Graben« spricht für sich selbst. »Eindringen« heißt, »dringe in einen bereits gegrabenen Bau ein und nutze ihn genau so, als hättest du ihn selbst gegraben«. Das ist nicht das Gleiche wie das piratenartige »Dazukommen« des Modells 1, und zwar aus einem interessanten Grund.

Dieser Grund leitet sich aus einer weiteren Beobachtung an den Wespen ab: Sehr oft geben sie den Bau, an dem sie gerade arbeiten, wieder auf. Warum sie das tun, ist nicht immer klar; es scheint dafür sogar unterschiedliche Gründe zu geben. Vielleicht liegt es an einem vorübergehenden Problem, beispielsweise an einer Invasion durch Ameisen oder einen Hundertfüßer; manchmal stirbt eine Wespe auch, während sie vom Nest abwesend ist. Entsprechend kann ein Eindringling einen unbewohnten Bau finden und das Alleineigentum an ihm übernehmen. Oder aber der bisherige Eigentümer hat den Bau nicht aufgegeben, sondern beide arbeiten weiterhin daran, ohne sich gegenseitig zur Kenntnis zu nehmen; nur wenn sie sich zufällig innerhalb des Nestes begegnen (was recht selten vorkommt, weil sie die meiste Zeit auf der Jagd sind), kämpfen sie.

Das Modell 2 legt die Vermutung nahe, dass Graben und Eindringen bei der Gleichgewichtshäufigkeit gleichermaßen erfolgreich sind. Wenn viel gegraben wird, erweist sich das Eindringen als erfolgreicher, weil eine gute Versorgung mit verlassenen Bauen besteht. Wird das Eindringen jedoch zu häufig, werden nicht mehr genügend Baue gegraben, und entsprechend stehen sie nicht mehr in ausreichender Zahl für eine erfolgreiche Strategie des Eindringens zur Verfügung. Hier ergibt sich allerdings eine interessante Komplikation. Eine Wespe kann ihr Nest jederzeit aufgeben, auch dann, wenn sie bereits Laubheuschrecken darin gelagert hat. Ein Eindringling gewinnt also unter Umständen nicht nur einen fertig gegrabenen Bau, sondern auch ein fertiges Lager mit gefangenen Laubheuschrecken. Das Modell geht – mit der Rechtfertigung durch Janes Messungen, was sie und ich in einem eigenen Fachartikel nachweisen konnten – davon aus, dass ein Eindringling vorher nicht wissen kann, ob ein Bau bereits aufgegeben wurde oder ob der Eigentümer nur vorübergehend auf der Jagd ist. In einem weiteren Aufsatz zeigten wir, dass jede Wespe sich so verhält, als wüsste sie, wie viele Laubheuschrecken sie selbst gefangen hat, während sie blind für die Menge der Beute ist, die eine andere Wespe vielleicht in den Bau gebracht hat.

Wenn eine Wespe der alleinige Bewohner eines Baues ist, besteht für sie unabhängig davon, ob sie ihn ursprünglich gegraben hat, immer die Gefahr, dass ein Eindringling hinzukommt. Und für den

Eindringling besteht die Gefahr, dass der ausgewählte Bau noch von seinem ursprünglichen Eigentümer bewohnt wird. Beide Situationen sind weniger günstig, als wenn man Alleinbesitzer ist. Das gilt selbst dann, wenn ein gemeinsames Nest wahrscheinlich mehr Laubheuschrecken enthält, weil sie von zwei Wespen gejagt wurden (was wir in dem verworfenen Modell 1 für wichtig hielten); die Wespe, die am Ende das gemeinsame Nahrungslager übernimmt und dort ihr Ei ablegt, sichert sich damit den Nutzen nach dem Prinzip »the winner takes it all«. Um eine formlose, personifizierende Sprache zu benutzen: Eine Wespe gräbt vielleicht einen neuen Bau und »hofft«, dass keine andere Wespe hinzukommt; oder sie dringt in einen vorhandenen Bau ein und »hofft«, dass er von seinem bisherigen Bewohner aufgegeben wurde. Im Modell 1 war das Dazukommen eine strategische Entscheidung. Im Modell 2 sind sowohl das Hinzukommen als auch das Erleben des Hinzukommens unerwünschte Zufälle, unglückselige Folgen der Entscheidung, in einen Bau einzudringen. Graben und Eindringen sind strategische Entscheidungsalternativen: Im Gleichgewicht sollten die Wespen keine der beiden bevorzugen. Wenn das Modell 2 stimmt, kann man es in einem Limerick zusammenfassen:

There's an insect called *Sphex ichneumoneus*,
Whose encounters are seldom harmonious.
Twixt Enter or Dig
They don't care a fig,
But to Join or Be Joined is erroneous. |36|

Aber wie kann man solche Effekte messen, um sie zu vergleichen und damit das Modell 2 zu überprüfen? Wir mussten genau überlegen, wie wir Janes Daten richtig nutzen konnten, um einzuschätzen, wie Nutzen und Kosten bei den einzelnen Strategien aussehen. Die Beobachtungen zeigten, dass einzelne Wespen sich nicht jedes Mal der gleichen Strategie bedienten; es hatte also keinen Sinn, Kosten und Nutzen für einzelne Wespen zu addieren. Wir mussten vielmehr Strategien selbst addieren und dazu die Durchschnittswerte vieler Wespen verwenden. Deshalb formulierten wir *Entscheidungen*, wie wir sie nannten. Wir betrachteten das ganze Leben einer ausgewachsenen Wespe als Reihe von Entscheidungen, von denen jede die Wespe während eines bestimmten, messbaren *Zeitraums* auf einen bestimmten Bau festlegte.

Ein solcher Zeitraum endete immer genau in dem Augenblick, in dem die nächste Entscheidung getroffen und die Verbindung mit einem neuen Bau geschaffen wurde, ganz gleich, ob er gegraben oder besetzt wurde. Jeder Entscheidung wurden Kosten und Nutzen zugeordnet. Entsprechend konnten wir den Durchschnittswert des Nutzens errechnen, der sich mit der Entscheidung zum Graben oder Eindringen verband.

Erfolgreich war eine Entscheidung, wenn sie dazu führte, dass auf den Laubheuschrecken in dem Bau ein Ei abgelegt wurde. Legte die Wespe zwei Eier in verschiedenen Kammern des Baues, war der Erfolg doppelt so groß. Aber konnten wir unser Maß für den Nutzen verfeinern, indem wir auch die Zahl der Laubheuschrecken berücksichtigten, auf denen das Ei abgelegt wurde? Vermutlich stellte doch ein Ei, das auf einer einzelnen Laubheuschrecke lag, einen geringeren Erfolg dar als eines, dem drei Laubheuschrecken zur Verfügung standen, denn die erste Larve wäre dann weniger gut genährt. Außerdem waren nicht alle Laubheuschrecken gleich groß; die Möglichkeit, sie zu vermessen, ergab sich für Jane aus einer Verhaltensauffälligkeit der Wespen.

Erinnern wir uns an meine philosophische Abschweifung über die »Sphexishness« und die Gewohnheit der Wespe, die Beute vorübergehend vor dem Eingang des Baues zurückzulassen, während sie nach drinnen geht und wieder herauskommt. Das war für Jane die große Chance. Während die Wespe im Bau verschwunden war, konnte sie schnell die Länge der Laubheuschrecken messen, wobei sie sorgfältig darauf achtete, sie wieder genau an die Stelle zu legen, an der die Wespe sie verlassen hatte, damit keine »sphexische« Verhaltenswiederholung ausgelöst wurde. Für den Nährwert ist das Volumen ein besseres Maß als die Länge; wir ermittelten es annäherungsweise als dritte Potenz der Länge. Wenn es sich um einen doppelt genutzten Bau handelte, schrieben wir die Summe der Laubheuschrecken als Nutzen der Wespe gut, die am Ende ein Ei auf dem gemeinsamen Lagerbestand ablegte – the winner takes it all.

Damit hatten wir also unser Maß für den Nutzen: die Zahl der Laubheuschrecken (oder das geschätzte Volumen ihres Fleisches), auf denen ein Ei erfolgreich abgelegt wurde. Wie stand es nun mit den Kosten? Dazu hatte Alan einen Geistesblitz, der sowohl Jane als auch mich zutiefst beeindruckte: Er erklärte, die *Zeit* sei eine geeignete

Währung für die Kosten. Zeit ist für solche Wespen ein kostbares Gut. Der Sommer ist kurz und sie leben nicht lange; ihr genetischer Erfolg hängt davon ab, wie viele Male es ihnen gelingt, den Kreislauf mit dem Beziehen eines Baues und dem Nisten zu wiederholen, bevor die Saison – und damit auch ihr Leben – zu Ende geht. Das war sogar der Hintergrund, als wir das Konzept einer »Entscheidung« formulierten: Die Wespe widmet sich einem Bau während eines bestimmten Zeitraums, der durch die nächste Entscheidung beendet wird. Jede Minute der Lebenszeit einer Wespe wurde also als *Kosten* auf dem Konto der Entscheidung verbucht, eine Strategie zu verfolgen. Unter dem Strich wurde der Nutzen des Grabens als durchschnittliche Geschwindigkeit gemessen: als Summe des Nutzens aller Entscheidungen für das Graben, dividiert durch die Summe des zeitlichen Aufwands. Nach dem gleichen Prinzip berechneten wir auch den Netto-Nutzen für das Eindringen.

An dieser Stelle begann unser »ESS-Denken«. Nach unserem ESS-Modell konnten wir voraussagen, dass Graben und Eindringen in ausgeglichener Häufigkeit nebeneinander existieren, wenn sie die gleiche Erfolgsquote haben. Verschiebt sich die Häufigkeit des Eindringens in den Bereich oberhalb dieses Gleichgewichts, begünstigt die natürliche Selektion stärker das Graben, weil zu viele Eindringlinge sich Baue teilen müssen und Gefahr laufen, in einen aufwendigen Kampf verwickelt zu werden und ihn vielleicht zu verlieren. Umgekehrt gilt das Gleiche: Sinkt die Häufigkeit des Eindringens unter den Gleichgewichtswert, wird das Eindringen begünstigt, weil es eine reiche Auswahl an verlassenen Bauen gibt. Die beobachtete Häufigkeit des Eindringens lag in der Population von New Hampshire bei 41 Prozent, und wir vermuteten, dass es sich dabei tatsächlich um die Gleichgewichtshäufigkeit dieser Population handelte. In diesem Fall sollten wir für Graben und Eindringen den gleichen Erfolg messen. Also sahen wir nach.

Die tatsächlich beobachteten Quoten waren nicht genau gleich (0,96 gegenüber 0,84 Eiern je 100 Stunden bei ähnlichen Werten für das Volumen der Laubheuschrecken), zwischen den Werten bestand aber kein statistisch signifikanter Unterschied, und sie lagen so nahe beieinander, dass wir uns ermutigt fühlten, das Modell weiter zu überprüfen. Mit einigen klugen Berechnungen konnte Alan aus dem Modell vier weitere zahlenmäßige Voraussagen ableiten, die wir dann wiederum mit den beobachteten Zahlen verglichen. Dabei handelte es sich um den Anteil der Wespen, die zu vier Kategorien gehörten, und die Voraussage betraf die Anteile, die man beobachten *sollte*, wenn sich die Population nach unserem ESS-Modell im Gleichgewicht befand. Das Ergebnis zeigt die Tabelle: Die Zahlen aus New Hampshire konnten die Voraussagen des Modells 2 nicht widerlegen. Darüber freuten wir uns.

| **Anteil der Wespen, die** | **Beobachtet** | **Vorhergesagt** |
|---|---|---|
| graben und dann den Bau aufgeben | 0,272 | 0,260 |
| graben und den Bau nicht aufgeben | 0,316 | 0,303 |
| eindringen und allein bleiben | 0,243 | 0,260 |
| eindringen und den Bau teilen | 0,169 | 0,176 |

Dennoch dachten wir weiterhin an das Prinzip, dass ein Modell, dessen Voraussagen durch die beobachteten Daten nicht widerlegt werden, nur in einer Hinsicht eindrucksvoll ist: Seine Voraussagen sind überhaupt einer Widerlegung zugänglich. Wenn man die beobachteten Daten übermäßig strapaziert, um Voraussagen abzuleiten, müssen die Voraussagen nahezu zwangsläufig richtig sein. Mit einer Computersimulation (in der wir nicht von Janes echten Daten, sondern von zufälligen, hypothetisch möglichen Daten ausgingen) konnten wir zeigen, dass dies bei den Voraussagen unseres Modells 2 keineswegs der Fall war. Das Modell hätte ohne weiteres falsch sein können, aber es war nicht falsch. Es hatte sich aus dem Fenster gelehnt und überlebt. Karl Popper hätte seine Freude gehabt.

Nun ja, es überlebte in New Hampshire. Aber unser Modell 2 hätte auch falsch sein können. Als sollte uns das noch einmal vor Augen geführt werden, stellte sich heraus, dass es im Fall der zweiten Population, die Jane in Michigan studiert hatte, tatsächlich falsch war. Wir waren enttäuscht, aber die Erkenntnis regte uns auch dazu an, konstruktiv über die Gründe nachzudenken. Dabei kamen wir auf mehrere Vermutungen; am interessantesten war der Gedanke, dass die Wespen in Michigan an eine andere Umgebung angepasst waren und nicht an jene, in der Jane sie untersucht hatte. Vielleicht waren die Wespen von Michigan »nicht auf dem Laufenden«, weil ihre Gene an frühere Verhältnisse angepasst waren – ungefähr so, wie unsere menschlichen Gene an eine Lebensweise als Jäger und Sammler in Afrika angepasst sind, obwohl wir heute in Städten leben, Schuhe tragen, Auto fahren, raffinierten Zucker verzehren und Nahrung im Überfluss haben. Die Wespen von Michigan verrichteten ihre Arbeit in großen Blumen-Hochbeeten; diese Umgebung unterschied sich sicher stark von ihrem normalen Umfeld, und tatsächlich war sie auch ganz anders als das Umfeld der Wespen von New Hampshire, das viel natürlicher wirkte.

Trotz des Misserfolgs in Michigan hatten wir mit unserem Graben/Eindringen-Modell in New Hampshire einen erstaunlichen Erfolg erzielt. Es ist bis heute eines der wenigen quantitativen Freilandexperimente, mit denen Maynard Smith' elegante Theorie der »gemischten ESS« (in diesem Fall besteht die »Mischung« aus Graben und Eindringen) überprüft wurde. Für mich zeigte es beispielhaft, wie viel Spaß die Zusammenarbeit mit Kollegen macht, mit denen man sich versteht und die über einander ergänzende Kenntnisse und Fähigkeiten verfügen.

## Sieh an ihr Tun, und lerne von ihr

Wir schlossen unsere Arbeiten mit dem ESS-Modell ab und schickten die Ergebnisse zur Veröffentlichung an das *Journal of Theoretical Biology.* Dort wurden sie zu »Brockmann, Grafen und Dawkins, 1979« – das Zitat vermittelt wie immer ein angenehmes Erfolgsgefühl. Im weiteren Verlauf arbeiteten Jane und ich gemeinsam an einem größeren Aufsatz mit dem Titel »Gemeinsames Nisten bei Grabwespen als evolutionär stabile Präadaptation an das Sozialleben«. In diesem Artikel präsentierten wir viele Hintergrundtatsachen, deren wir uns in dem ESS-Aufsatz bedient hatten, und untermauerten sie statistisch. Er hatte aber auch ein eigenständiges theoretisches Ziel: Wir wollten damit einen Beitrag zu der kontroversen Debatte um die Frage leisten, wie das Sozialverhalten der Insekten bei deren einzeln lebenden Vorfahren entstanden sein könnte. Könnte das unkooperative, unabsichtliche Teilen von Nestern, dessen evolutionäre Stabilität wir bei den solitär lebenden Grabwespen nachgewiesen hatten, der Vorläufer der Kolonien ungeheuer kooperativer Wespen, Ameisen und Bienen sein, die ein so spektakulärer Aspekt des Lebens auf der Erde sind? Die enge genetische Verwandtschaft innerhalb der Insektenkolonien ist dabei, wie mein Freund und Kollege Bill Hamilton überzeugend dargelegt hat, ein wichtiger Faktor. Aber könnte es auch einen Druck anderer

Art gegeben haben, der zum Sozialleben disponierte, und könnte dieser andersartige Druck in einer Form, wie wir sie ganz ähnlich in unserem ESS-Modell an urtümlichen Wespenvorfahren untersucht hatten, seine Schatten vorausgeworfen haben? Jane und ich gaben uns mit diesem Artikel viel Mühe; meist arbeiteten wir in ihrer Wohnung in Oxford (Geschmack und Geruch sind dafür berüchtigt, dass sie Erinnerungen heraufbeschwören, und ich assoziiere diese glückliche, produktive Zeit mit dem Geschmack von Cinzano und einer Zitronenscheibe zwischen klingenden Eiswürfeln). Am Ende veröffentlichten wir ihn in der Zeitschrift *Behaviour*.

Der Artikel hatte einen ungewöhnlichen Aufbau, auf den ich ziemlich stolz bin; ich würde gerne erleben, dass andere ihn nachahmen. Wissenschaftliche Fachartikel hatten und haben bis heute eine Standardgliederung, gegen die ich in den vier Jahren von 1974 bis 1978, als ich Redakteur der Fachzeitschrift *Animal Behaviour* war (wobei mir Jill McFarland, die lebhafte Frau meines damaligen Vorgesetzten und Vorgängers als Redakteur David McFarland, zur Seite stand), einen aussichtslosen Kampf geführt hatte: Einleitung, Methoden, Ergebnisse, Diskussion. Diese Gliederung ist zwar langweilig, hat aber ihren Sinn für bestimmte wissenschaftliche Untersuchungen, bei denen man ein einzelnes Experiment plant, ausführt und erörtert. Aber wie sieht die Sache aus, wenn man nacheinander eine ganze Reihe von Experimenten anstellt, wobei jedes den Anlass für das nächste gibt? Man stellt eine Frage und bemüht sich, sie mit dem Experiment 1 zu beantworten. Das Ergebnis von Experiment 1 wirft eine weitere Frage auf, die man mit dem Experiment 2 beantwortet. Das Experiment 2 bedarf einer zusätzlichen Klärung durch das Experiment 3; das Ergebnis des Experiments 3 gibt den Anlass zu Experiment 4. Und so weiter. Wie die Gliederung für einen solchen Fachartikel auszusehen hätte, lag für mich auf der Hand: Einleitung; Frage 1, Methoden 1, Ergebnisse 1, Diskussion 1 führt zur Frage 2, Methode 2, Ergebnisse 2, Diskussion 2 führt zur Frage 3, Methoden 3 … Und so weiter. Als Redakteur erhielt ich aber immer wieder Artikel, die so gegliedert waren: Einleitung; Methoden 1, Methoden 2, Methoden 3, Methoden 4; Ergebnisse 1, Ergebnisse 2, Ergebnisse 3, Ergebnisse 4; Diskussion. Im Ernst! Was für eine völlig bescheuerte Art, einen Aufsatz zu schreiben: Sie ist das sichere Rezept, den Erzählfluss einer Geschichte zu zerstören, das Interesse abzutöten, die Bedeutung für das Thema insgesamt zu vermindern! Als Redakteur wollte ich die Autoren davon überzeugen, eine solche Gliederung aufzugeben, aber alte Gewohnheiten sind hartnäckig.

Als Jane und ich uns daranmachten, unseren Artikel zu schreiben, hatten wir einen Erzählfluss geschaffen, der zwar keine Experimente enthielt, aber dafür eine Reihe quantitativer Beobachtungen aufwies. Unsere Schlussfolgerungen bestanden in einer Reihe von Tatsachenbehauptungen über die Wespen, von denen jede eine statistische Begründung brauchte und eine neue Frage aufwarf, die zur nächsten Tatsachenbehauptung führte. So bauten wir eine Argumentation zur möglichen Entstehung des Soziallebens bei Insekten auf. Also schrieben wir eine *Zusammenfassung* unseres Artikels; sie bestand aus 30 einzelnen Aussagen, die jeweils mit quantitativen Belegen untermauert waren. Jede dieser 30 Aussagen wurde dann in dem Artikel zu einer *Überschrift*. In den einzelnen Absätzen zielten Text, Tabellen, Diagramme, statistische Analysen und so weiter darauf ab, den Wahrheitsgehalt der Überschrift nachzuweisen. Die Quintessenz des Artikels konnte man erfassen, indem man die Überschriften las. Und da die Zeitschrift am Ende jedes Artikels eine Zusammenfassung forderte, fügten wir dort einfach alle Überschriften nacheinander in ihrer logischen Abfolge ein. Das gleiche Schema wandte unabhängig von uns auch Jim Watson in seinem hervorragenden Lehrbuch über Molekulargenetik an. Eine andere Version davon verwendete ich viel später im letzten Kapitel meines Buches *Die Schöpfungslüge*: Dort nahm ich den berühmten letzten Absatz von Darwins *Entstehung der Arten* und machte jeden Satz nacheinander zur Überschrift eines Abschnitts. Der eigentliche Text dieser Abschnitte enthielt dann Gedanken über Darwins Formulierung.

Die Abfolge der Überschriften aus dem Artikel von Jane und mir stellt eine prägnante Zusammenfassung der von uns präsentierten Tatsachen dar. Wenn man sie liest, sollte man bedenken, dass jede Aussage in dem eigentlichen Artikel durch die nachfolgenden Texte, Zahlen und Analysen begründet wird.

*Ein mutmaßlicher evolutionärer Ursprung für das Sozialverhalten der Insekten ist das gemeinsame Nisten durch Weibchen derselben Generation.*

*Lange bevor die Selektion das gemeinsame Nisten begünstigte, dürfte sie eine andere zufällige Präadaptation begünstigt haben, beispielsweise die Gewohnheit, in verlassene Bauten einzudringen,*

*wie man sie bei der gewöhnlich solitär lebenden Wespe* ***Sphex ichneumoneus*** *findet.*
*Wir besitzen umfassende ökonomische Aufzeichnungen über einzelne markierte Wespen.*
*Es gibt kaum Belege für immer wiederkehrende individuelle Schwankungen des Nisterfolges.*
*»Graben/Eindringen« ist ein guter Kandidat für eine gemischte evolutionär stabile Strategie.*
*Entscheidungen über Graben und Eindringen sind nicht für bestimmte Individuen charakteristisch.*
*Die Wahrscheinlichkeit des Eindringens hängt nicht davon ab, ob es früh oder spät in der Saison stattfindet.*
*Es besteht keine Korrelation zwischen der Größe eines Individuums und seiner Neigung, zu graben oder einzudringen.*
*Es besteht keine Korrelation zwischen dem Eiablageerfolg eines Individuums und seiner Neigung, zu graben oder einzudringen.*
*Individuen entscheiden sich nicht auf der Grundlage eines unmittelbar vorhergegangenen Erfolges, zu graben oder einzudringen.*
*Individuen zeigen keine Serien von Graben oder Eindringen, und sie wechseln auch nicht ab.*
*Ob Wespen graben oder eindringen, entscheiden sie nicht danach, wie lange sie bereits gesucht haben.*
*An einer Untersuchungsstelle sind die Entscheidungen für Graben und Eindringen ungefähr gleichermaßen erfolgreich, an einer anderen war der Erfolg von Entscheidungen für das Eindringen vielleicht geringfügig größer.*
*Als Folge des willkürlichen Eindringens besetzen manchmal zwei Weibchen denselben Bau.*
*Die gemeinsame Besetzung sollte man nicht als »gemeinschaftlich« bezeichnen, denn die Wespen teilen sich in der Regel nicht nur denselben Bau, sondern auch dieselbe Brutkammer.*
*Man sollte damit rechnen, dass die Wespen aus der gemeinsamen Besetzung einen gewissen Nutzen ziehen, aber das ist aus einer Reihe von Gründen nicht der Fall.*
*In einer gemeinsam besetzten Zelle wird nur ein Ei abgelegt, und offensichtlich ist nur eine der beiden Wespen dazu in der Lage.*
*Zwei Wespen beschaffen gemeinsam nicht nennenswert mehr Nahrung als eine allein.*

*Zwei Wespen statten eine Zelle gemeinsam nicht schneller mit Vorräten aus als eine Wespe allein.*
*Manchmal kopieren Wespen die Bemühungen des jeweils anderen, wenn sie gemeinsam ein Nest besetzen.*
*Wespen, die ein Nest gemeinsam besetzen, fechten oft aufwendige Kämpfe aus.*
*Eine potentielle Reduzierung des Parasitismus ist so ziemlich das Einzige, was man zugunsten des gemeinsamen Nistens anführen kann.*
*Die Gefahr des gemeinsamen Nistens ist der Preis, den die Wespen für den Vorteil bezahlen, einen bereits gegrabenen und verlassenen Bau zu besetzen.*
*Ein mathematisches Modell, das »Graben/Eindringen« als gemischte evolutionär stabile Strategie betrachtet, hat einen gewissen Vorhersagewert.*
*Wenn man die Parameter quantitativ verändert, könnte das Modell* **Sphex** *dazu dienen, die Selektion zugunsten des gemeinsamen Nistens als solchem vorauszusagen.*
*Der Selektionsdruck muss sehr stark gewesen sein, um die nachgewiesenen Nachteile der gemeinsamen Besetzung zu überwinden.*
*Varianten des* **Sphex**-*Modells lassen sich möglicherweise auch auf andere Arten anwenden und können dazu beitragen, unsere Kenntnisse über die Evolution des Gruppenlebens zu erweitern.*
*Die Theorie der evolutionär stabilen Strategien ist nicht nur für die Beibehaltung von Verhaltensweisen von Bedeutung, sondern auch für ihren entwicklungsgeschichtlichen Wandel.*

Unsere Schlussfolgerung lautete: Wenn sich ganz bestimmte wirtschaftliche Parameter in evolutionären Zeiträumen verändern, kann das Modell mit Graben und Eindringen, das zu der Population von *Sphex ichneumoneus* aus New Hampshire passt, in eine ganze Reihe von »Räumen« übergehen, darunter ein »sozialer Raum« (siehe die folgende Grafik). Auf der Grundlage unseres Modells 2 berechneten wir, was geschehen würde, wenn wir zwei Größen in den Berechnungen, nämlich $B_4$ (den Nutzen des Eindringens) und $B_3$ (den Nutzen dessen, zu dem ein anderer eindringt), systematisch veränderten. Würde das Modell bei unterschiedlichen Werten für diese beiden Formen des Nutzens eine stabile ESS liefern?

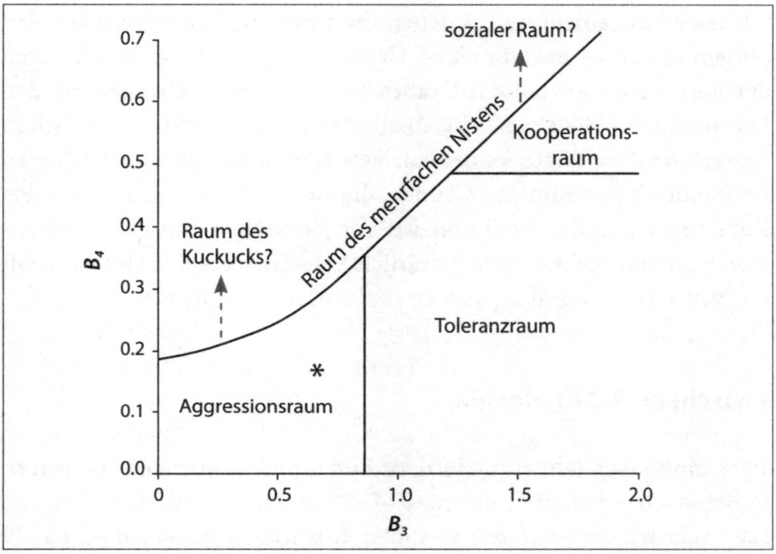


Die »wirtschaftliche Landschaft« für die Evolution der sozialen Insekten auf der Grundlage unseres spieltheoretischen Modells für das Verhalten von Grabwespen. Die ökonomischen Variablen $B_3$ und $B_4$ bezeichnen den Nutzen für Wespen, die hinzukommen bzw. zu denen eine andere hinzukommt. Der Stern repräsentiert *Sphex ichneumoneus* im »Aggressionsraum« (in dem es einer allein lebenden Wespe besser geht). Wie die Karte zeigt, gibt es bei wechselnden ökonomischen Bedingungen einen ununterbrochenen Weg vom Aggressionsraum über einen »Toleranzraum« und einen »Kooperationsraum« bis zum »sozialen Raum«. Quelle: H. J. Brockmann, R. Dawkins und A. Grafen, »Joint nesting in a digger wasp as an evolutionary stable preadaptation to social life«, in: *Behaviour* 71 (3), 1979, S. 203–244.

Die Population von *Sphex ichneumoneus* aus New Hampshire ist durch den Stern mit ihrer stabilen Position im »Raum der Aggression« (in dem es den Wespen besser geht, wenn sie allein sind) gekennzeichnet. Unsere Analysen zeigten, dass das Modell mit Werten von *B*, die sich in evolutionären Zeiträumen verändern, einen ununterbrochenen Gradienten zulässt: Er bewegt sich durch einen »Raum der Toleranz« (in dem Wespen, zu denen andere hinzukommen, besser abschneiden als einsame Wespen, während es denen, die dazukommen, schlechter geht) bis zum »Raum der Kooperation«: Dort geht es denen, die dazukommen, besser als einsamen Wespen, und am besten von allen schneiden diejenigen ab, zu denen Eindringlinge hinzukommen. Auf diesem gesamten evolutionären Gradienten gibt es stabile Lösungen der Form, dass sowohl das Graben als auch das Eindringen bei den (wechselnden) Gleichgewichtsanteilen begünstigt werden. Wie sich in unserer Analyse zeigte, kann Sozialverhalten sogar ohne die wichtigen verwandtschaftsbedingten Gründe, die zweifellos in vielen Fällen eine Rolle spielen, in der Evolution aus Vorfahren vom Typ *Sphex ichneumoneus* hervorgehen. Und natürlich verstärkt enge Verwandtschaft nur den Druck, sozial zu werden und sozial zu bleiben.

## Zwischenspiel in Florida

1978 ging Janes Jahr in Oxford zu Ende, und zu unserem Bedauern mussten wir sie an die University of Florida in Gainesville ziehen lassen. Aber wir drei Musketiere sollten uns wiedersehen. Im Jahr 1979 verbrachte ich ein Freisemester in Janes Institut in Gainesville, und ich richtete es so ein, dass auch Alan dort gegen Ende meines Aufenthalts zu uns stoßen konnte. Jane arbeitete mittlerweile mit *Trypoxylon politum,* einer anderen Art solitär lebender Wespen. Diese »Schlammschmierer« sind mit *Sphex* verwandt und haben ähnliche Lebensgewohnheiten, aber sie bauen keine unterirdischen Gänge, sondern luftige »Baue« an Mauern, unter Brücken und an Gesteinsflächen. Diese »Luftbauten« sind Röhren aus Schlamm, der Klümpchen für Klümpchen aus Wasserläufen herbeigeschafft wird. Oft liegen die Röhren dicht bei dicht nebeneinander, was den Wespen den Namen »Orgelpfeifen-Schlammschmierer« eingetragen hat. Hat die Wespe ihre Röhre gebaut, stattet sie sie wie *Sphex* mit Vorräten aus, nur mit dem Unterschied, dass *Trypoxylon* nicht Laubheuschrecken, sondern Spinnen jagt und nacheinander in eine Röhre packt, wobei sie dazwischen jeweils Trennwände aus Schlamm einzieht. Jane arbeitete unter einer Brücke an diesen Wespen und zeichnete das Kommen und Gehen einzelner markierter Individuen auf, genau wie sie es mit *Sphex* getan hatte. Alan unterstützte sie bei den theoretischen Arbeiten; wir beide hielten uns häufig bei Jane und ihren Studierenden unter der Brücke auf, halfen beim Beobachten der Wespen – und gingen den Wassermokassinottern aus dem Weg, die mir mehr Angst machten als den Einheimischen.

Das Nestbauverhalten dieser Wespen zu beobachten machte mir unter anderem deshalb so viel Spaß, weil ich zu jener Zeit gerade das Buch *Der erweiterte Phänotyp* schrieb, und darin spielten Artefakte von Tieren eine Hauptrolle. Insbesondere bezauberte mich die Gewohnheit der Wespen, zum »Schweißen« eine Methode zu nutzen, die für mich wie das physikalische Phänomen namens Thixotropie aussah. Wenn eine Wespe mit einem Schlammklumpen im Mund zu ihrer Röhre zurückkehrte, platzierte sie die kleine Kugel am Rand der Röhre. Dann summte sie lautstark mit den Flügeln, und man konnte zusehen, wie die durch ihre Kiefer übertragenen Schwingungen den Schlamm wie Treibsand »schmelzen« ließen. Dabei verflüssigte sich nicht nur der neue Schlammklumpen, sondern (so vermutete ich jedenfalls, obwohl ich es nicht genau sehen konnte) auch der Schlamm am Rand der Röhre, so dass beide miteinander verschmolzen. Schmelzen, mischen, verbinden – es sah tatsächlich wie Schweißen aus.[4] Mir schien es sogar, als würden die Schwingungen auf den Schlamm genauso wirken wie die Hitze der Acetylenflamme eines Schweißers auf das Metall: Der Rand der Röhre wurde vorübergehend flüssig, so dass sich der neue Schlamm fest mit dem alten verband. Nach Janes Kenntnis hat noch nie jemand etwas über diese mutmaßliche »Thixotropie« veröffentlicht; deshalb erwähne ich es hier – wozu es auch gut sein mag.

Jane und ich leiteten in Gainesville zusammen mit zwei anderen Professoren ein Fortgeschrittenenseminar über Evolution und Verhalten. Meine wichtigste Erinnerung an diese wöchentlichen Veranstaltungen betrifft Alan Grafen, der sie mit seiner intellektuellen Kraft zunehmend beherrschte. Vordergründig betrachtet, war er nur einer von vielen Doktoranden (und auch noch einer der jüngsten), aber es war bemerkenswert, wie wir alle – Studierende ebenso wie Professoren – in die Gewohnheit verfielen, uns an Alan zu wenden, damit er unsere Schwierigkeiten löste und uns mit seinem scharfen schottischen Tonfall erklärte, wie man klar darüber zu denken hatte und dann zur richtigen Schlussfolgerung gelangte.

Mein Freisemester in Florida bestand nicht nur aus Wespen und Arbeit. Zu Jane, Alan und mir stieß noch Donna Gillis, eine Freun-

---

[4] So ziemlich die einzige Technik, die ich in den viel gepriesenen Werkstätten der Oundle School gelernt hatte – im ersten Teil meiner Erinnerungen habe ich darüber berichtet.

din von Jane aus dem Zoologischen Institut. Zu viert gingen wir in Florida auf Entdeckungstour. Wir fuhren nach Disneyworld (wo Alan darauf bestand, sämtliche haarsträubenden Fahrgeschäfte auszuprobieren) und Seaworld (wo Alan sich als Erster freiwillig von einem Seehund ins Wasser stoßen ließ). Wir besuchten die universitätseigene meeresbiologische Forschungsstation von Seahorse Key an der Küste des Golfes von Mexiko, wo wir uns selbst versorgen mussten und in Doppelstockbetten schliefen. Wir sahen *Limulus* (die »Pfeilschwanzkrebse«, die in Wirklichkeit keine Krebse sind, sondern entfernte Verwandte der Spinnen; Jane beschäftigte sich später mit der Erforschung dieser »lebenden Fossilien«). Wir sahen, wie sich Tausende von Gespenstkrabben (die tatsächlich Krabben sind) in ihre Höhlen retteten, wenn wir näher kamen, und nur ihre leicht erkennbaren Fußspuren zurückließen. Am denkwürdigsten war das Meeresleuchten, hervorgerufen durch das Wirbeln mikroskopisch kleiner Lebewesen im Plankton. Wir ließen flache Steine über das Wasser hüpfen und sahen den glimmenden Wellen zu, wenn sie auf die Oberfläche trafen. Donna tanzte am nächtlichen Strand, wobei ihre Zehen im Sand ein Muster in glühendem und dann verblassendem phosphoreszierenden Blau hinterließen; dabei sang sie liebenswürdig über sich selbst in der dritten Person: »Sie tanzt!«

An einem anderen Strand badeten Alan und ich nackt, was Jane und Donna in Angst versetzte – zu Alans und meiner Überraschung war es selbst nachts illegal und ist es bis heute. Wenn ich jetzt darüber nachdenke, fällt mir ein Zwischenfall ein, der sich viele Jahre später ereignete und mir Grund zu der Annahme gibt, dass das Verbot in den Vereinigten Staaten tatsächlich ernst genommen wird. An einem warmen Sommerabend, nach einem anstrengenden Tag mit Tagungsvorträgen an der Northwestern University, gingen die Anthropologin Helen Fisher und ich nackt in den Lake Michigan. Auf der 100 Meter entfernten Straße fuhr ein Polizeiwagen vorbei. Es war dunkel, deshalb weiß ich nicht, wie sie uns entdeckt hatten, aber sie richteten einen Suchscheinwerfer auf uns und brüllten durch einen Lautsprecher: »Sie sind festgenommen. Sie sind festgenommen. Sie sind festgenommen.« Voller Panik und ohne uns abzutrocknen, streiften Helen und ich uns im Laufen unsere Kleidung über. Alans und mein kurzes Bad in den mondbeschienenen Wellen von Florida wurde nicht durch einen solchen Zwischenfall verdorben. Im Rückblick nehme ich an, dass wir es eher aus Angeberei als aus Genuss taten. Heute erklärt mir Jane, dass sie ihren Studierenden gerade an diesem Strand vom Schwimmen abrät, weil man dort häufig Haie sieht.

In Gainesville verbrachte ich die Zeit meines Freisemesters vorwiegend mit der Arbeit an mehreren Kapiteln von *Der erweiterte Phänotyp*. Dabei nutzte ich die Bibliothek, und ich fragte Alan fast jeden Tag nach Themen aus der Evolutionstheorie und wie man sie in einfache Gedanken fassen kann. Ich arbeitete aber auch zusammen mit Jane (wobei ich wiederum in großem Umfang auf Alans Beratung zurückgriff) an einem neuen Artikel mit der Überschrift: »Begehen Grabwespen den Concorde-Fehler?«

## Der Concorde-Fehler

In der Wirtschaftswissenschaft kennt man den Fehler der versunkenen Kosten – man wirft schlechtem Geld gutes hinterher. Bevor ich davon hörte, hatte ich den gleichen Fehler auch im Zusammenhang der Evolutionsbiologie erkannt und als »Concorde-Fehler« bezeichnet. Den Begriff hatte ich erstmals 1976 in einem Artikel in *Nature* verwendet, den ich gemeinsam mit Tamsin Carlisle, einem Studienanfänger aus Oxford, verfasst hatte; später hatte ich ihn auch in *Das egoistische Gen* wieder aufgegriffen. Das *Oxford Dictionary of Psychology* (herausgegeben von Andrew Colman) definiert den Concorde-Fehler folgendermaßen:

> *Weiterhin in ein Projekt zu investieren, nur um frühere Investitionen in dieses Projekt zu rechtfertigen, statt die derzeitige Rationalität der Investitionen unabhängig von dem, was früher war, zu beurteilen. Deshalb werfen Spieler oft schlechtem Geld gutes hinterher in dem Versuch, den eskalierenden Verlust auszugleichen … Und die Länge des Zeitraums, in dem eine weibliche Grabwespe der Spezies* ***Sphex ichneumoneus*** *bereit ist, um einen umstrittenen Bau zu kämpfen, hängt nicht nur davon ab, wie viel Futter sich in dem Bau befindet, sondern auch davon, wie viel sie selbst schon hineingesteckt hat: Die Wespe, die die größte Menge an Beute in den Bau befördert hat, ist in der Regel am wenigsten bereit, den Kampf aufzugeben. Identifiziert und benannt wurde das Phä-*

> *nomen erstmals 1976 in der Fachzeitschrift* ***Nature*** *und in einem Artikel des britischen Verhaltensforschers Richard Dawkins (geboren 1941) und seines Studenten Tamsin R. Carlisle (geboren 1954). Insbesondere in der Entscheidungstheorie und Wirtschaftswissenschaft wird er auch als* ***Fehler der versunkenen Kosten*** *bezeichnet … [Benannt ist er nach der Concorde, dem englisch-französischen Überschall-Passagierflugzeug, dessen Kosten während der Entwicklungsphase in den siebziger Jahren stark anstiegen, so dass es bald unwirtschaftlich wurde, wobei die britische und französische Regierung das Projekt aber weiterhin unterstützten, um die früheren Investitionen zu rechtfertigen.]*

Ein anderer Name, den ich benutzt habe, lautet »Unsere-Jungs-sollen-nicht-vergeblich-gefallen-sein-Fehler«. Während der wachsenden Proteste gegen den Vietnamkrieg, an die ich mich aus meinen tränengasgeschwängerten Tagen in Kalifornien Ende der sechziger Jahre erinnere, lautete eines der Argumente gegen einen Rückzug ungefähr so: »In Vietnam sind schon eine Menge Amerikaner gefallen. Wenn wir uns jetzt zurückziehen, sind sie vergeblich gestorben. Wir können nicht zulassen, dass alle diese Jungs vergeblich ums Leben gekommen sind, also müssen wir weiter kämpfen« (und dabei werden noch einmal viele Jungs sterben, aber darüber reden wir nicht). Jane und ich waren leicht beunruhigt, als wir bei einer nochmaligen Analyse ihrer Daten feststellten, dass ihre *Sphex*-Grabwespen offensichtlich ihre eigene Version des Concorde-Fehlers begehen. Und das kam so:

Dass eine eindringende Wespe in dem gemeinsamen Bau die bisherige Bewohnerin antrifft, kommt nicht häufig vor, aber wenn es geschieht, kommt es zum Kampf. Die Verliererin ergreift dann ein für alle Mal die Flucht und überlässt der Siegerin die alleinige Herrschaft über alle Laubheuschrecken, die von den beiden Wespen gesammelt wurden. Vermutlich kämpfen die Wespen, um festzustellen, wer den Bau besetzen darf, der für beide wertvoll ist. Der Bau hat aber einen höheren Wert, wenn er bereits viele Laubheuschrecken enthält; man sollte nun meinen, dieser Wert sei, unabhängig davon, wer die Laubheuschrecken gefangen hat, für beide Wespen der gleiche. Wenn die Wespen sich also nicht wie Concorde-Ökonomen, sondern rational verhalten, sollte man damit rechnen, dass beide um einen gut ausgestatteten Bau härter kämpfen als um einen mit magerem Inhalt.

Wespen der Spezies *Sphex ichneumoneus* kämpfen vor dem Eingang zu ihrem gemeinsamen Bau. Zeichnung von Jane Brockmann.

Aber so kommt es nicht. Vielmehr kämpft jede Wespe nach dem Concorde-Prinzip, als hänge der Wert des Nestes davon ab, wie viele Laubheuschrecken sie selbst gefangen hat; der wahre zukünftige Wert ist dabei ohne Bedeutung. Dies zeigte sich auf zweierlei Weise. Erstens bestand ein statistischer Trend, wonach die Wespe, die die meisten Laubheuschrecken beigesteuert hatte, am Ende auch den Kampf gewann. Und zweitens bestand eine Korrelation zwischen der *Dauer* jedes Kampfes und der Zahl der Laubheuschrecken, die die *Verliererin* beigesteuert hatte. Hinter diesem Befund steht eine Überlegung nach dem Concorde-Prinzip. Jeder Kampf geht zu Ende, wenn eine Wespe sich zur Flucht entschließt und sich damit als Verliererin zu erkennen gibt. Nach dem Concorde-Prinzip gibt eine Wespe schnell auf, wenn sie nur wenige Laubheuschrecken beigesteuert hat, und sie hält länger durch, wenn es viele waren. So kommt es zu der Korrelation zwischen der Dauer des Kampfes und der Zahl der von der Verliererin gefangenen Laubheuschrecken.

Angesichts der Tatsache, dass ich dem Concorde-Fehler seinen Namen gegeben hatte, machten Jane und ich uns halb im Scherz Sorgen darüber, dass möglicherweise auch die Grabwespen ihn begingen. Stimmte es, dass »die natürliche Selektion es wieder einmal vermasselt hat«, wie John Maynard Smith es so heiter formuliert hatte? Wie immer suchten wir Rat bei Alan, und der wies uns auf mehrere Dinge hin. Tiere sind wie die Produkte menschlicher Ingenieure nicht in irgendeinem absoluten Sinn perfekt gestaltet. Die gute Gestaltung unterliegt stets irgendwelchen Beschränkungen. Eine Hängebrücke wird nicht unter Garantie allen Belastungen widerstehen, sondern der Ingenieur konstruiert sie so, dass sie im Rahmen einer bestimmten Sicherheitsmarge so billig wie möglich wird. Wie sieht es aus, wenn der Sinnes- und Nervenapparat, den eine Wespe zum Zählen der Laubheuschrecken in einem gemeinsamen Bau braucht, aus irgendeinem Grund kostspielig ist, während der Apparat zur Messung ihrer eigenen Bemühungen beim Beutefang nur geringen Aufwand erfordert? Dann könnte die wirtschaftlichste »Gestaltung« einer Wespe tatsächlich so aussehen, als würde sie dem Concorde-Prinzip folgen; das gilt insbesondere dann, wenn die Doppelbesetzung von Bauen nicht besonders häufig vorkommt – was ja tatsächlich der Fall ist. Es sprechen einige indirekte Indizien dafür, dass der Nerven- und Sinnesapparat, mit dem eine Wespe ihre Beutetiere zählen könnte, im Betrieb kostspielig ist. Die Befunde stammen von *Ammophila*, einer verwandten Art von Grabwespen, die in den Niederlanden von Gerard Baerends studiert wurden – der übrigens der erste Doktorand meines alten Meisters Niko Tinbergen war. Anders als Janes *Sphex ichneumoneus* betreibt Baerends *Ammophila campestris* eine schrittweise Versorgung: Sie legt nicht einen vollständigen Nahrungsspeicher an, um dann ein Ei darauf abzulegen, den Bau zu verschließen und zu verschwinden, sondern sie bringt die Nahrung (in diesem Fall keine Laubheuschrecken, sondern Raupen) jeden Tag zu den wachsenden Larven. Außerdem ist sie stets zwischen zwei oder drei Bauen unterwegs. Die Larven haben ein abgestuftes Alter, und entsprechend unterschiedlich ist ihr Nahrungsbedarf. Die Wespe »weiß«, dass jüngere Larven weniger Nahrung brauchen als ältere, und füttert sie entsprechend mit unterschiedlichen Mengen. Jetzt aber kommt die überraschende Beobachtung. Die Wespe beurteilt den Bedarf ihrer einzelnen Larven nur einmal an einem einzigen frühen Morgen, an dem sie eine Inspektionsrunde durch alle ihre Baue dreht. Danach verhält sie sich während des ganzen restlichen Tages so, als sei sie gegenüber dem Inhalt der Baue vollkommen blind.

Dies konnte Baerends in einem hübschen Experiment nachweisen. Er wechselte die Larven systematisch zwischen den Bauen aus. Ganz gleich, wie klein die Larve war, die sich jetzt in einem bestimmten Bau befand, immer fütterte die Wespe sie mit den großen Beutemengen für die größere Larve, die den Bau während der morgendlichen Inspektionsrunde bewohnt hatte. Und umgekehrt. Es ist, als besäße die Wespe ein Instrument zur Messung des Inhalts eines Baus, aber der Betrieb dieses Instruments ist so aufwendig, dass sie es nur einmal am Tag, nämlich während der morgendlichen Besichtigungstour, einschaltet; während des übrigen Tages bleibt der Apparat ausgeschaltet, um die laufenden Kosten einzusparen. Das würde erklären, welchen Unsinn die Wespen in Baerends Experimenten anstellten: Es war, als wären sie jetzt blind für den Inhalt der Baue. Natürlich würde solcher »Unsinn« normalerweise keine Rolle spielen, denn wenn kein Baerends eingreift, wandern die Larven nicht von einem Bau zum anderen.

*Ammophila campestris* braucht das Instrument zur Beurteilung, weil sie normalerweise die Gewohnheit hat, Larven unterschiedlichen Alters in mehreren Bauen nacheinander zu versorgen; dennoch ist die Zeit, in der es eingeschaltet ist, stark eingeschränkt. *Sphex ichneumodeus* versorgt jeweils nur eine Larve, teilt sich den Bau nur selten mit Artgenossen und hat deshalb keinen derart starken Bedarf für einen so aufwendigen Apparat; deshalb wird er nie eingeschaltet, oder die Wespe besitzt ihn gar nicht. Und deshalb sieht es so aus, als würde sie den Concorde-Fehler begehen. So jedenfalls versuchten wir unsere Befunde rational zu erklären. In Wirklichkeit hätten wir uns nicht gestatten sollen, enttäuscht über die Leistungen der Wespen zu sein – insbesondere wenn sie wirklich so »sphexisch« sind, wie manche Philosophen glauben. Auch intelligente Menschen in herausragenden Positionen begehen den Concorde-Fehler, und wie Daniel Kahneman und andere Psychologen uns gezeigt haben, treffen Menschen, die Risiken, Kosten und Nutzen abschätzen müssen, noch weit törichtere Entscheidungen.

# 5
# Die Geschichte des Tagungsteilnehmers

In seinem Universitätsroman *Schnitzeljagd* vergleicht David Lodge die wissenschaftliche Tagung mit einer Pilgerreise à la Chaucer:

> *Die moderne Tagung ähnelt der Pilgerfahrt des christlichen Mittelalters insofern, als sie den Teilnehmern Gelegenheit bietet, alle Freuden und Zerstreuungen des Reisens zu genießen, während sie allem Anschein nach strikt auf Weiterbildung erpicht sind.*

Die Analogie gefällt mir, habe ich doch selbst in meinem Buch *Geschichten vom Ursprung des Lebens* zu einem ganz anderen Zweck auf Chaucer zurückgegriffen. Ich habe hier unter Hunderten von Tagungen sechs ausgewählt; sie waren repräsentative Stationen auf meiner wissenschaftlichen Pilgerfahrt.

Eine denkwürdige Tagung, die durchaus nicht gegen Lodges zynische Sichtweise sprach, ergab sich zu der Zeit, als ich gerade *Das egoistische Gen* schrieb. Sie wurde von dem Pharmakonzern Boehringer finanziert und fand in einer übertrieben prachtvollen Burg in Deutschland statt. Das Thema lautete »Der kreative Prozess in Wissenschaft und Medizin«, und es war sicher die nobelste Tagung, an der ich jemals teilgenommen habe. Auf der Liste der wichtigsten Gäste standen Wissenschaftler und Philosophen von immensem Ansehen, darunter viele Nobelpreisträger. Jede dieser illustren Gestalten durfte eine Reihe jüngerer Kollegen mitbringen – gewissermaßen die Pagen ihrer Ritter. Mein alter Maestro Niko Tinbergen war einer der »Ritter«, und als Pagen hatte er Desmond Morris und mich bei sich. Andere Ritter (von denen manche im buchstäblichen Sinn zum Ritter geschlagen waren) waren Sir Peter Medawar (Immunologe, Essayist und legendärer Universalgelehrter), sein »philosophischer Guru« Sir Karl Popper, Sir Hans Krebs (der berühmteste Biochemiker der Welt), der große französische Molekularbiologe Jacques Monod und weitere bekannte Namen aus der Wissenschaft, jeder von ihnen mit einem Gefolge aus Nachwuchstalenten. Insgesamt waren wir nur ungefähr 30

Personen. Ich empfand es als ungeheures Glück, dabei sein zu dürfen, und wagte kaum ein Wort zu sagen.

Wir saßen um einen großen, polierten Tisch (ich glaube, er war nicht rund, was für meinen »ritterlichen« Dünkel bedauerlich war), und vor uns prangten unsere Namen (nebenbei bemerkt: Warum weist der Name bei solchen Veranstaltungen so häufig in Richtung seines Besitzers, der doch vermutlich weiß, wie er heißt, und nicht in den Raum und in Richtung derer, die Nutzen daraus ziehen könnten?). Auf dem Tisch waren Notizblöcke und Bleistifte, Flaschen mit Mineralwasser, Süßigkeiten (uh!) und Zigaretten in Hülle und Fülle verteilt. Letztere waren über das normale Maß hinaus unglücklich, denn Karl Popper war für seine Abneigung gegen Zigarettenrauch bekannt. Bei einer anderen Tagung war er einmal im Publikum aufgestanden und hatte ausdrücklich den Antrag gestellt, allen das Rauchen zu verbieten. Heute wäre ein solcher Appell nicht notwendig – es wäre eine Selbstverständlichkeit. Aber das waren andere Zeiten, und dass der Vorsitzende sich für seine Bitte zugänglich zeigte, war ein Symptom dafür, in welch hohem Ansehen der große Philosoph stand. Er sagte: »Aus Rücksicht und Respekt für Sir Karl darf ich jeden bitten, der rauchen möchte, den Saal zu verlassen und draußen zu rauchen.« Darauf erhob sich Sir Karl noch einmal und sagte: »Nein, das würrrde nicht rrreichen. Wenn sie wieder rrreinkommen, könnte ich es an ihrrrem Atem rrriechen.«

Man kann sich also vorstellen, welche Bestürzung die großzügig über den Konferenztisch verteilten Tabakwaren in unserem opulenten Schloss auslösten. Jedes Mal, wenn die Hand eines Rauchers sich in Richtung des Tisches ausstreckte, kam ein dienstbarer Geist hinzugeeilt, griff nach dem Ärmel des Mannes und flüsterte: »Nein, bitte, nicht rauchen, Sir Karl verträgt es nicht … Bitte schön.« Und soweit ich mich erinnern kann, blieben die Zigaretten im Blickfeld aller auf dem Tisch liegen und führten die unglückseligen Süchtigen die ganze Zeit über in Versuchung.

Die Tagung war locker rund um eine Reihe von Einladungsvorträgen aufgebaut, auf die jeweils Fragen von allen am Tisch und ausgedehnte Diskussionen folgten. Morgens beim Frühstück erhielt jeder von uns mit deutscher Gründlichkeit einen großen Papierstapel mit der vollständigen wörtlichen Niederschrift von allem, was am Tag zuvor gesagt worden war, einschließlich noch des letzten *hm* und *äh* und aller unglücklich neu angesetzten oder wiederholten Sätze. Ich bedauerte die Stenotypistinnen, die in Nachtschichten arbeiten mussten, um diese Flut von Worten zu Papier zu bringen. Dabei stellte sich allerdings ein Problem: Wie sollte man jede Perle ihrer Auster zuordnen können – oder mit anderen Worten: Wer hatte was gesagt? Die Vorsitzenden der einzelnen Sitzungen hatten den Auftrag, dafür zu sorgen, dass jeder von uns seinen Beitrag mit seinem Namen einleitete. Peter Medawar, der die Eröffnungssitzung leitete, stellte auch die erste Frage und identifizierte sich gegenüber dem Tonbandgerät mit seinem charakteristischen Selbstbewusstsein: »Das hier ist Medawar, der die Privilegien des Vorsitzenden schamlos missbraucht.« Im Hin und Her der Diskussionen vergaßen aber die meisten Teilnehmer, ihre Namen zu nennen, so dass eine andere Lösung für notwendig erachtet wurde. Sie hatte, wie sich herausstellte, eine noch stärkere Ablenkungswirkung als die Zigaretten. Auf einem Drehstuhl hoch über dem schweren, polierten Tisch saß eine junge Frau im kurzen Rock. Jedes Mal, wenn einer der Teilnehmer zu sprechen begann, drehte sie sich wie ein Geschützturm auf einem Kriegsschiff, machte ihn ausfindig und hielt seinen Namen und den ersten Satz in einem Notizbuch fest. Mit Hilfe dieser Notizen konnten dann die Stenotypistinnen jeden peinlich genau wiedergegebenen Absatz zuordnen.

Für einen jungen Wissenschaftler wie mich war es faszinierend, zuzuhören, wie die Giganten seines Berufsstandes ihre kreativen Prozesse offenlegten. Hans Krebs hatte für den Gewinn des Nobelpreises ein Rezept, das zu bescheiden und deshalb unglaubwürdig war. Es lief auf Folgendes hinaus: »Geh jeden Morgen um neun Uhr ins Labor, arbeite den ganzen Tag bis fünf Uhr nachmittags, dann geh nach Hause; wiederhole den Vorgang 40 Jahre lang.« Eine faszinierende Offenbarung von Jacques Monod habe ich bereits zitiert: Er stellte sich immer wieder vor, er sei ein Elektron und müsse entscheiden, was er als Nächstes tun wolle. Ähnlich machte auch ich es, als ich mir meinen wissenschaftlichen Helden Bill Hamilton zum Vorbild nahm und mich fragte, was ich tun würde, wenn ich ein Gen wäre und Kopien meiner selbst an zukünftige Generationen weitergeben wollte.

Ganz am Ende der Tagung erkundigte sich einer der eingeladenen Gäste – ein japanischer Physiker, der die ganze Zeit kein Wort gesagt hatte – voller Furcht, ob er auch etwas sagen dürfe. Er erklärte, er werde das Gesicht verlieren, wenn er zurück nach Japan käme und gestehen müsse, dass er nicht gesprochen hatte. Eigentlich hätte es gereicht, wenn er an dieser Stelle innegehalten hätte, aber er sagte noch etwas sehr Interessantes. Die meisten Physiker, so erklärte er, seien auf irgendeine Form der Symmetrie versessen. Die japanische Ästhetik dagegen bevorzugt die Asymmetrie, und vielleicht verschaffe dies der japanischen Physik eine andere Perspektive. Ich musste sofort an die junge kanadische Anthropologin Pamela Asquith denken, mit der ich befreundet war: Sie beschäftigte sich in einer Studie mit der Meta-Primatenforschung, wie man sie nennen könnte – mit der vergleichenden Untersuchung von Primatenforschern. Ihre These lautete: Japanische Primatenforscher bringen bei der Arbeit mit ihren Affen eine andere kulturelle Perspektive mit, die den westlichen Blickwinkel ergänzt. Eine vergleichbare Aussage hatte man auch über Primatenforscherinnen gemacht, deren Zahl im Vergleich zu anderen Wissenschaftsgebieten unproportional hoch ist.

## PBM

Unter allen Nobelpreisträgern bewunderte ich insbesondere Sir Peter Medawar. Er war sowohl wegen seines Schreibstils als auch wegen seiner wissenschaftlichen Leistungen für mich schon lange ein Vorbild. Nachdem er in beunruhigend jungen Jahren durch einen Schlaganfall eine schwere Behinderung davongetragen hatte, wurde er gewissenhaft von seiner Frau Jean gepflegt (sein Krawattenknoten schien so weich und locker zu sein, wie kein Mann ihn binden könnte). Seine leicht verwaschene Sprache stellte für seinen Scharfsinn und seine Belesenheit kaum ein Hindernis dar. Nur einmal bemerkte ich einen Riss in der Rüstung der tapferen Jovialität. Ich eilte durch einen Korridor, weil ich beinahe zu einem Vortrag zu spät erschienen wäre, und kam dabei an dem Ehepaar Medawar vorüber. Sie gingen ebenfalls so schnell, wie Peter konnte – das heißt, nicht sehr schnell. Jean rief mich mit einem drängenden Flüstern zurück (»Richard, Richard«) und bat mich um Hilfe, um ihn durch die Tür in den Tagungsraum zu bugsieren. Als ich das tat, war ich gerührt von ihrer Fürsorglichkeit für ihn und von seiner offenkundigen Angst, zu spät zu kommen. Dieser Augenblick, in dem er aus der Deckung gekommen war, strafte seine zur Schau gestellte väterliche Lässigkeit Lügen.

Bei einer anderen Gelegenheit erwähnte er, er und mein Vater seien genau zur gleichen Zeit als Biologieschüler am Marlborough College gewesen. »Ihr Vater und ich waren uns einig in unserer Abscheu gegenüber einem gewissen A. G. Lowndes.« Lowndes war für die beiden der geliebte, legendär erfolgreiche Biologielehrer gewesen, und ich erinnerte Sir Peter daran, dass er über seinen ehemaligen Mentor einen liebevollen Nachruf geschrieben hatte. »Ach ja, als der alte Saftsack abgekratzt war, hatte ich das Gefühl, ich sollte ein bisschen was für ihn tun.«

Ungefähr zu jener Zeit bat mich Redmond O'Hanlon, der zur Redaktion der Literaturzeitschrift *Times Literary Supplement (TLS)* gehörte, eines von Peters Büchern zu rezensieren. Ich lieferte einen schwärmerischen Text ab – es war eine der überschwänglichsten Buchrezensionen, die ich jemals verfasst habe (im Gegensatz zu einigen Verrissen, deren Stil ich bei näherem Nachdenken der Anregung von Medawar verdanke).[5] Mein einziger leicht negativer Satz enthielt ein Urteil, das ich hier wiedergeben möchte, um mich davon zu distanzieren: »Manche haben Medawar als ›tickende Zeitbombe‹ bezeichnet, aber diesen Vorwurf möchte ich energisch zurückweisen …« Ich erhielt nie einen Korrekturabzug, und als das Stück schließlich erschien, stellte ich zu meinem Entsetzen fest, dass man mein gesamtes überschwängliches Lob gestrichen und die Rezension unter der Überschrift ›Schüsse einer tickenden Zeitbombe‹ abgedruckt hatte. Sofort stürmte ich in Redmonds Büro, das in Oxford über dem berühmten Annabelinda-Bekleidungsgeschäft seiner Frau Belinda lag. Umgeben von einer nach meinem Eindruck überquellenden Sammlung aus ausgestopften Reptilien, eingeschrumpften Affenhänden, Fetischen und anderen bizarren Erinnerungsstücken von seinen Reisen, hörte er meiner ausgedehnten Strafpredigt schweigend zu und verließ dann ohne ein Wort den Raum. Als er zurückkam, hatte er einen Gegenstand bei sich, den er mir feierlich und immer noch ohne ein Wort übergab. Es war eine doppelläufige Schrotflinte. Ob sie geladen war, werde ich nie erfahren (angesichts von Redmonds exzentrischer Abenteuerlust könnte es durchaus möglich gewesen sein), in jedem Fall war ich durch diese Geste auf paradoxe Weise entwaffnet. Ich

---

5 Eine Auswahl dieser Rezensionen findet sich hier: https://richarddawkins.net/bcd/.

glaube nicht, dass Redmond für die bösartige Nachbearbeitung tatsächlich verantwortlich war, und als ich Peter in einem Brief von der Episode berichtete, erwies er sich als großherzig.

Ungefähr zehn Jahre später, kurz bevor Peters Leben zu Ende ging, lud Jean mich zu einem festlichen Abendessen in ihr Haus in Hampstead nördlich von London ein. Peters körperlicher Zustand hatte sich seit unserem Zusammentreffen in Deutschland stark verschlechtert, aber sein Geist war noch so scharf wie immer, und Jean lud jede Woche zwei oder drei Gäste ein, um ihn zu unterhalten. Diejenigen, die ihn wie ich kaum persönlich kannten, fühlten sich durch eine solche Einladung besonders geehrt, und der Abend wird mir unvergesslich bleiben. Bei dem Gast, der mit mir zusammen eingeladen war, handelte es sich um die angesehene Journalistin Katharine Whitehorn, und ich habe den Verdacht, dass sie unseren Gastgeber weitaus besser unterhielt als ich mit meiner Ehrfurcht. Ein Zugeständnis an seinen Gesundheitszustand machte er nur, als er sich entschuldigte, um früh zu Bett zu gehen: »Ich fürchte, ich bin ein sehr kranker Mann.«

Geehrt fühlte ich mich auch, als Charles Medawar mir im Juni 2012 ein unbezahlbares Buch aus der Bibliothek seines Vaters schenkte: die Festschrift aus Anlass der Pensionierung des großen schottischen Naturforschers D'Arcy Thompson. Sie war von Peter herausgegeben und von allen Autoren signiert: V. B. Wigglesworth, J. Z. Young, J. H. Woodger, E. C. R. Reeve, Julian Huxley, O. W. Richards, A. J. Kavanagh, N. J. Berrill, E. N. Willmer, J. F. Danielli, W. T. Astbury, A. J. Lotka, G. H. Bushnell und natürlich den beiden Herausgebern W. E. Le Gros Clark und P. B. Medawar selbst. Die Unterschrift von D'Arcy Thompson ist ebenfalls enthalten – sie wurde als Ergänzung hineingeklebt. Die Namen der meisten Autoren waren mir und meinen Studienanfängerkollegen in Zoologie bekannt; insbesondere D'Arcy Thompson war für uns ein großes Vorbild. Peter Medawar beschreibt ihn so:

> *Er war ein Gelehrter, der das Format und Naturell eines Grandseigneurs besaß; und es wird sich in Zukunft wohl kaum noch einmal jemand finden lassen, der eine vergleichbar große Vielfalt intellektueller Gaben mit der gleichen Souveränität beherrscht. Als Kenner des klassischen Altertums war er bedeutend genug, um zum Präsidenten der* ***Classical Associations*** *von England und Wales und von Schottland gewählt zu werden. Als Mathematiker*

> *hat er eine Abhandlung geschrieben, die immerhin in den Veröffentlichungen der* ***Royal Society*** *erschienen ist. Und als Biologe und Naturforscher hat er 64 Jahre lang bedeutende Lehrstühle innegehabt … Er war als fesselnder Gesprächspartner ebenso begehrt und berühmt wie als Dozent, ein Umstand, der nicht unerwähnt bleiben darf, weil es das Vorurteil gibt, dass es sich hier um ein und dasselbe Talent handeln müsste – was natürlich keineswegs der Fall ist. Außerdem war er der Autor eines Werks, das – rein literarisch gesehen – in der vollendeten Beherrschung des* ***Belcanto****-Stils allem, was so bewusste Ästheten wie Pater oder Logan Pearsall Smith geschrieben haben, zumindest ebenbürtig ist. Dem allem entsprach auch die äußere Erscheinung: D'Arcy war über sechs Fuß groß, hatte die Statur eines Wikingers und eine Haltung, die unmissverständlich zu erkennen gab, dass er sich seines Eindrucks sicher war.*[6]

Wenn man mich nach einem einzelnen Wissenschaftler fragt, dessen Sprachstil mich mehr inspiriert hat als jeder andere, würde ich den gelehrten Grandseigneur Peter Medawar nennen; das kurze Zitat verrät vielleicht, warum.

## Zweimal Niederländisch

Im Jahr 1977 wurde ich gebeten, in Bielefeld beim Internationalen Ethologenkongress einen Vortrag zu halten. In meinem damaligen Karrierestadium war es für mich eine ziemliche Ehre, zu einem solchen Vortrag eingeladen zu werden (im Gegensatz zu einer freiwilligen Meldung); es war die führende Tagung meines damaligen Fachgebiets der Tierverhaltensforschung, und ich gab mir mit meinem Vortrag, der den Titel »Replikatorselektion und der erweiterte Phänotyp« trug, große Mühe. Er wurde später in dem Fachblatt *Zeitschrift für Tierpsychologie* veröffentlicht; ich trug darin zum ersten Mal die Vorstellung

---

6 Medawar, Peter B.: »D'Arcy Thompson and growth and form«, in: *Pluto's Republic* (Oxford, 1982) [»D'Arcy Thompson und sein Essay über Wachstum und Form«; in: *Die Kunst des Lösbaren*, übersetzt von Eberhard Bubser, Göttingen, 1972].

und die Formulierung »erweiterter Phänotyp« vor, die auch zum Titel meines zweiten Buches werden sollte.

Der Internationale Ethologenkongress wird alle zwei Jahre jeweils in einem anderen Land abgehalten. An acht solchen Veranstaltungen nahm ich teil: in Den Haag, Zürich, Rennes, Edinburgh, Parma, Oxford, Washington und Bielefeld. Im ersten Teil meiner Erinnerungen habe ich den Kongress von 1965 in Zürich erwähnt, auf dem ich zum ersten Mal die Forschungsarbeiten für meine Doktorarbeit präsentierte und von dem österreichischen Verhaltensforscher Wolfgang Schleidt vor einer technischen Blamage bewahrt wurde. Ins Leben gerufen wurden die Kongresse lange vor meiner Zeit als recht gemütliche kleine Versammlungen, bei denen der auffallend gutaussehende Konrad Lorenz und sein eher ruhig-nachdenklicher, aber ebenfalls gutaussehender Kollege Niko Tinbergen die beherrschende Rolle spielten. Die Vorträge zogen sich in die Länge, weil die beiden großen alten Männer des Fachgebiets – die damals noch nicht wirklich alt, aber schon groß waren – abwechselnd für die Zuhörer übersetzten, und zwar zwischen Deutsch und Englisch in beide Richtungen. Als ich zum ersten Mal an den Kongressen teilnahm, waren sie bereits viel größer geworden, Vorträge in deutscher Sprache waren seltener, und für die Übersetzung blieb keine Zeit mehr.

Die Sprachprobleme waren damit aber keineswegs beseitigt. In Rennes, bei einer der alle zwei Jahre dort stattfindenden Tagungen, kündigte ein älterer Teilnehmer aus den Niederlanden im Tagungsprogramm an, er werde seinen Vortrag auf Deutsch halten. Als er sich dann für seinen Vortrag erhob, muss ich zu meinem Bedauern sagen, dass die Mehrzahl der angloamerikanischen Zuhörer mit beschämten Gesichtern zum Ausgang schlich. Ich blieb aus peinlich berührter Höflichkeit sitzen. Der unvergleichliche Niederländer wartete geduldig lächelnd am Rednerpult, bis die letzte traurig-einsprachige Gestalt den Saal verlassen hatte. Dann verbreiterte sich sein Lächeln zu einem zufriedenen Strahlen, und er gab bekannt (die Niederländer sind vielleicht die sprachbegabtesten Europäer überhaupt), er habe es sich anders überlegt und werde seinen Vortrag auf Englisch halten. Daraufhin wurde das Publikum noch spärlicher.

Die führende französische Tagungsteilnehmerin wollte am Abend vor ihrem großen Vortrag in einer informellen Umfrage wissen, wie viele Zuhörer sie verstehen würden, wenn sie den Anweisungen ihrer französischen Vorgesetzten folgte und Französisch sprach. Peinlich wenige Hände gingen in die Höhe, und so entschloss sie sich, ihren Vortrag auf Englisch zu halten. Ihre Entscheidung war im Vorhinein allgemein bekannt gemacht worden, und so lockte sie ein umfangreiches Publikum zu ihrem hervorragenden Vortrag.

Auf derselben Tagung in Rennes ratterte ein Kollege aus Cambridge seinen Vortrag viel zu schnell herunter. Am Ende stand ein Zuhörer auf und beschimpfte ihn wütend in ebenso schnellem Niederländisch. Obwohl ich dieser Sprache nicht kundig war, gehörte ich zu den vielen, die ihn verstanden. Wir englischen Muttersprachler dürfen das Privileg, dessen wir uns erfreuen, nicht missbrauchen: Durch verschiedene historische Zufälle ist unsere *Lingua anglica* zur neuen Lingua franca geworden. Ich habe den Verdacht, dass dieser kluge Niederländer meinen Freund aus Cambridge in Wirklichkeit ausgezeichnet verstand und sich nicht um seiner selbst willen beschwerte, sondern stellvertretend für andere – vermutlich keine Niederländer –, die dem Hochgeschwindigkeits-Cambridge-Englisch nur mit Mühe folgen konnten. Ähnliches habe auch ich getan, allerdings nicht im Zusammenhang mit der Sprache, sondern bei schwierigen wissenschaftlichen Themen, bei denen ich Grund zu der Befürchtung hatte, dass manche Studierenden im Publikum sie nicht begriffen. Mit anderen Worten: Wie (vermutlich) mein geliebter Mentor Mike Cullen,[7] so tat auch ich manchmal so, als würde ich eine wissenschaftliche Aussage nicht verstehen, um so den Vortragenden zu klareren Erklärungen zu zwingen. Jedenfalls war ich von der Kollegialität dieses Niederländers so beeindruckt, dass ich nach meiner Rückkehr nach Oxford meinen seit der Schulzeit unterbrochenen Deutschunterricht unter der Schirmherrschaft der großartigen Uta Delius wieder aufnahm – nur um mir von einem beschämend engstirnigen Kollegen sagen lassen zu müssen: »Das sollten Sie nicht tun. Es würde Sie ja noch *ermutigen.*« (Die Kollegen und Freunde, die – nach meiner Vermutung voller Zuneigung und ohne große Schwierigkeit – seine Identität erraten können, werden die Worte in seinem charakteristischen Tonfall hören.)

Ich hoffe, ich sprach bei meinem Plenumsvortrag auf dem Kongress in Bielefeld so langsam und deutlich, dass alle mich verstehen konn-

---

7 Der Nachruf auf ihn, den ich bei seiner Beerdigung gehalten habe, ist in großen Teilen im ersten Teil meiner Erinnerungen wiedergegeben.

ten. Jedenfalls bestand der einzige negative Kommentar von einem vielsprachigen Niederländer in einem wütenden Angriff auf die Farbe meiner Krawatte. Zugegeben: Ihr grelles Violett stand in einem auffälligen – und für seine zornbebende Sensibilität schreienden – Kontrast zu meiner übrigen Kleidung.

Nebenbei bemerkt, begehe ich einen solchen modischen Fauxpas heute nicht mehr. Die einzigen Krawatten, die ich überhaupt noch trage, sind von meiner vielseitig begabten Frau Lalla mit Tierzeichnungen handgemalt. Die Themen sind Pinguine, Zebras, Impalas, Chamäleons, Scharlachsichler, Gürteltiere, Wandelnde Blätter, Nebelparder und … Warzenschweine. Diese zuletzt genannte Krawatte, das muss ich einräumen, war an höchster Stelle der Gegenstand harter Kritik, und die königliche Zustimmung blieb ihr auf eklatante Weise versagt. Ich trug sie, als ich einmal zum wöchentlichen Lunch der Königin in den Buckingham Palace eingeladen war. Ich gehörte dort zu einer verwirrend vielseitigen Mischung von ungefähr einem Dutzend Gästen: Unter den Anwesenden waren (um den Tisch) der Direktor der Nationalgalerie, der Kapitän der australischen Rugbymannschaft, dessen »Körperbau und Auftreten« genauso waren, wie man es sich vorstellt, eine selbstbewusste Ballerina (dito), Großbritanniens berühmtester Muslim[8] und (darunter) mindestens sechs Corgis. Ihre Majestät war die Liebenswürdigkeit selbst, aber meine Krawatte mit den Warzenschweinen amüsierte sie nicht. »Warum haben Sie so hässliche Tiere auf Ihrer Krawatte?« Auch wenn ich mich damit selbst lobe: Meine Antwort war dafür, dass sie aus dem Augenblick geboren wurde, gar nicht schlecht. »Ma'm,[9] wenn die Tiere hässlich sind, wie viel größer ist dann die Kunst, eine so schöne Krawatte herzustellen?« Eigentlich halte ich es für ziemlich bewundernswert, dass die Königin ihre Konversation nicht auf sinnlose Höflichkeiten beschränkt, sondern ihre Gäste so weit respektiert, dass sie ihnen sagt, was sie wirklich denkt. Was die Warzenschweine angeht, stimmt mein ästhetisches Empfin-

---

8 Ein liebenswürdiger Gentleman, den ich bewundere, seit ich erfahren habe, dass er Salman Rushdie in seinem Haus eine Zuflucht bot, als hysterische Massen seiner Glaubensgenossen nach dem Blut dieses herausragenden Mannes der Worte schrien.

9 Ausgesprochen übrigens »Mam«, wie uns der Zeremonienmeister, der uns einwies, nachdrücklich erklärte, und nicht etwa »Mahm«, wie man allgemein annimmt.

den mit ihrem überein: Sie sind wirklich hässlich. Aber die Art, wie sie mit senkrecht nach oben gerichtetem Schwanz herumlaufen, hat etwas Lebhaft-Unbekümmertes: Es ist nicht gerade liebenswürdig und sicher nicht schön, aber es hat eine Ausstrahlung von munterem Übermut, und deshalb freue ich mich, dass es sie gibt. Außerdem ist es eine wunderbare Krawatte. Ich male mir gern aus, dass auch die Königin dies bei näherem Nachdenken erkannte.

Aber zurück zu früheren Zeiten mit violetten Krawatten und meinem niederländischen Kritiker: Der Gedanke des erweiterten Phänotyps blieb von seinem Ärger verschont – dafür war ich dankbar, denn er verfügte über einen berüchtigt scharfen Intellekt und eine Zunge, die diesem ebenbürtig war. Er war zwar ein angesehener Altmeister unseres gemeinsamen Fachgebiets und der Urheber einer wichtigen Theorie über die Ursprünge des Menschen, aber nicht jedermanns Typ. »Uncle Peregrine«, eine Nebenfigur von Evelyn Waugh, war »ein Langweiler von internationalem Ruf, dessen gefürchtete Gegenwart den Saal in jedem Zentrum der Zivilisation leeren konnte.« Zu meinem Bedauern muss ich sagen, dass mein Krawattenkritiker in einem ähnlichen Ruf stand (schon die Erwähnung seines Namens machte in der Welt der Verhaltensforschung ganze Korridore menschenleer), der sich mit einem sauber geschliffenen Verfolgungskomplex verband. Es gab das (nicht völlig unplausible) Gerücht, die Universität Amsterdam würde ihm ein volles Professorengehalt unter der strikten Bedingung zahlen, dass er nie seinen Fuß nach Amsterdam setzte. Am Ende wohnte er in Oxford.

Ich fürchte, er wurde in den Niederlanden auch zum Gegenstand anderer unfreundlicher Scherze. Einmal reichte er bei einer niederländischen Fachzeitschrift einen auf Englisch verfassten Artikel ein, der einen Tippfehler enthielt: »Man is a ridiculous species« (Der Mensch ist eine lächerliche Spezies). Er meinte aber »nidiculous«, was definiert ist als Spezies, deren Junge stark von den Eltern abhängig sind (Nesthocker wie junge Drosseln), im Gegensatz zu »nidifugous« (Nestflüchter wie Hühner oder Lämmer, deren Junge das Nest auf ihren eigenen kurzen Beinen verlassen und uns viel reizvoller erscheinen). Die angesehenen Redakteure der Fachzeitschrift wussten sicher ganz genau, was der Autor meinte, aber sie behaupteten in einem späteren pseudo-entschuldigenden *Erratum*, er sei im afrikanischen Dschungel unerreichbar gewesen, und sie hätten deshalb schnell eine

Entscheidung treffen müssen, wobei sie sich auf die Gesetze der Wahrscheinlichkeit verließen: »ridiculous« kommt im Englischen viel häufiger vor als »nidicolous«, und beide seien durch eine Mutation von nur einem Buchstaben von dem falsch geschriebenen Wort entfernt. Deshalb lautete die gedruckte Version: »Man is a ridiculous species.« Vielleicht war der Verfolgungswahn nicht ganz ungerechtfertigt. Heute hätte die Rechtschreibprüfung eines Computers ihnen die Aufgabe abgenommen und wäre mit ziemlicher Sicherheit zu der gleichen Entscheidung gelangt.

## Kaltes Wasser, heißes Blut

Als Nächstes komme ich zu einer Tagung, die 1978 in Washington stattfand, denn ein Vorfall, der sich dort abspielte, ging in die Überlieferung der sogenannten »Soziobiologie-Kontroverse« ein, und im Gegensatz zu den meisten anderen, die die Geschichte weitertragen, war ich Augenzeuge. Die Veranstalter der Tagung waren mein alter Freund aus Berkeley, der Verhaltensforscher George Barlow, und der Anthropologe James Silverberg. Ihr Thema war die soziobiologische Revolution und die Frage, wie es damit weitergehen sollte. Edward O. Wilson, der Autor des Lehrbuches *Sociobiology*, war der Star unter den Vortragenden, und ich war ebenfalls eingeladen, weil *Das egoistische Gen* zur gleichen Zeit an Gefolgschaft gewann. Zwischen Wilsons maßgeblichem Werk und meinem kleineren Band gab es zahlreiche Überschneidungen, obwohl kein Buch das andere beeinflusst hatte. Ein wichtiger Unterschied besteht darin, dass John Maynard Smith' leistungsfähige Theorie der evolutionären stabilen Strategien (ESS) in *Das egoistische Gen* eine herausragende Rolle spielt, während sie in *Sociobiology* rätselhafterweise fehlt. Ich halte das für die größte Schwäche von Wilsons großartigem Buch, sie wurde allerdings von den Kritikern zu jener Zeit übersehen – und wie ich im vorangegangenen Kapitel erwähnt habe, war mein Beitrag zu der Tagung in Washington deshalb dem Thema gewidmet. Vielleicht ließen sich die Kritiker von dem Trommelfeuer törichter politischer Angriffe auf Wilsons letztes Kapitel über die Menschen ablenken – Angriffe, durch die auch *Das egoistische Gen* einige (nicht sehr schwerwiegende) Kollateralschäden davontrug. Sehr gut und fair wird die ganze traurige Geschichte von der Soziologin Ullica Segerstråde in dem Buch *Defenders of the Truth* behandelt.

Auf der Tagung in Washington saß ich bei einer Podiumsdiskussion im Publikum, als plötzlich ein bunt gescheckter Haufen von Studierenden und linksorientierten Mitreisenden das Podium stürmte. Einer von ihnen goss ein Glas Wasser über Edward Wilson aus, der damals gerade an Krücken ging, weil er sich beim Boston Marathon verletzt hatte. Einige Journalisten berichteten später, ein Eimer voller Eiswasser sei über seinem Kopf ausgeschüttet worden. Das könnte zwar geschehen sein, aber ich sah in dem Durcheinander nur, dass Wasser aus einem Glas seitlich ungefähr in Wilsons Richtung geschüttet wurde; abgewehrt wurde es von David Barash, der seinen an Bernard Shaw (oder W. G. Grace) erinnernden Bart in klassischem Primaten-Imponierverhalten dem Angreifer zuwandte. Barash war der Autor eines leicht verständlichen Lehrbuchs über Soziobiologie, und später wurde er mit seinen weiteren Büchern zu einer klugen, menschlich-prophetischen Stimme in unserem Fachgebiet. Die Angreifer riefen Slogans, die offensichtlich durch die Ränke der Harvard-Marxisten unter Führung von Richard Lewontin und Stephen Gould inspiriert waren; deshalb war es gut, dass Gould selbst mit Wilson und Barash auf dem Podium saß: Er war der richtige Mann, um Lenins Verurteilung einer »infantilen Störung« zu zitieren. In das gleiche Horn stieß auch der Sitzungsleiter: Er stand zutiefst verärgert auf, hielt eine wütende, leidenschaftliche Rede und beendete sie mit den Worten: »Ich bin Marxist, und ich möchte mich *persönlich* bei Professor Wilson entschuldigen.« Ed Wilson selbst nahm die Sache mit dem für ihn typischen Humor. Ich glaube, er wusste wie wir alle, dass er in dem ganzen Chaos an jenem Tag ohne eigenes Zutun in aller Stille einen Sieg errungen hatte.

## Die Nachtigall des Nordens

Im Jahr 1989 veranstaltete Michael Ruse, der Gründungsredakteur der Fachzeitschrift *Biology and Philosophy*, eine Tagung zum Thema »Das Grenzgebiet zwischen Evolutionsforschung und Philosophie«. Die Tagung war weniger wegen ihres Themas bemerkenswert als vielmehr wegen ihres Schauplatzes: Sie fand in Melbu statt, einem Dorf auf einer Insel vor der Küste Nordnorwegens. Noch denkwürdiger als die Schönheit des Ortes und der nächtliche Sonnenschein war die – wie soll ich es nennen? – *Soziologie* des Veranstaltungsortes. Melbu war einst ein blühendes Zentrum der Fischereiindustrie gewesen, hatte aber dann harte Zeiten durchgemacht. Als Reaktion auf diese schicksalhafte Veränderung hatte sich eine Gruppe von Bürgern unter Leitung des Zahnarztes zusammengetan und ein Gemeindezentrum gegründet, das durch den Bau und Betrieb einer Tagungsstätte Geld in den Ort bringen sollte. Am ungewöhnlichsten war an diesem Unternehmen, dass es ausschließlich von ehrenamtlichen Helfern betrieben wurde, die Zeit, Geld und Ressourcen offenbar aus reinem, altruistischem Gemeinschaftsgefühl opferten. Vielleicht übertreibe ich ein wenig, aber die Gespräche unter uns ausländischen Tagungsteilnehmern drehten sich bei den Mahlzeiten und auf den mitternächtlichen Spaziergängen mehr um unser Staunen über den Idealismus der Einheimischen als um das offizielle Konferenzthema.

Melbu ist mir wegen zweier angenehmer Episoden in Erinnerung geblieben. In einem riesigen, zylinderförmigen Fischmehlspeicher – der wegen des Niedergangs der Branche nicht mehr für seinen ursprünglichen Zweck genutzt wurde, aber noch leicht danach roch – wurde für uns ein großes Galaessen gegeben. Wir kamen zur angegebenen Zeit, versammelten uns vor der Tür und standen in einer langen Schlange – nicht nur die Konferenzteilnehmer, sondern anscheinend auch ein großer Teil der Dorfbewohner, die tatsächlich fast alle freiwillig in dem Unternehmen mitarbeiteten. Wir standen, standen und standen. Schließlich verließ ein norwegischer Biologenkollege die Schlange, um sich nach dem Grund der Verzögerung zu erkundigen. Er kehrte höchst belustigt zurück und lieferte eine hervorragende Erklärung: »Der Koch ist betrunken!« Das war so typisch Melbu und entsprach so exakt der Handlung der Episode »Gourmet Night« aus der BBC-Fernsehserie *Fawlty Towers*, dass unsere wachsende Ungeduld sich in fröhlichem Gelächter auflöste. Wir waren immer noch gut gelaunt, als wir schließlich den riesigen Silo betraten und dort von einem spektakulären Anblick begrüßt wurden: An der runden Innenwand brannten Tausende von Kerzen. Das Essen war sehr gut.

»Still are thy pleasant voices, Thy nightingales awake.«[10] Am ersten Abend der Tagung war ich gerade im Gemeindezentrum am Buffet, da

---

10 Willam Johnson Cory, *Heraclitus*

machte mich plötzlich eine der schönsten Stimmen, die ich jemals gehört hatte, sprachlos. Sie sang im Nachbarraum. Fasziniert verließ ich den Speisesaal und strebte in Richtung der Musik, als hätte mich eine Rheintochter verführt. Ein wunderschöner Sopran sang in Begleitung eines Streichquartetts von offensichtlich professioneller Qualität auf Deutsch eine nostalgische Walzermelodie, vermutlich aus Wien. Ich war bezaubert und stellte nähere Erkundigungen an. Die Streicher waren tatsächlich Berufsmusiker, die jedes Jahr aus Deutschland nach Melbu kamen, um aus Liebe zu dem Ort und seinem Idealismus kostenlos zu spielen. Der süße Sopran war keine Deutsche, sondern eine Norwegerin: Betty Pettersen, die Ärztin von Melbu und Mitglied des Konsortiums, das gemeinsam mit dem Zahnarzt das Zentrum gegründet hatte. Wir freundeten uns im Laufe der Tagung an, und es tat mir sehr leid, dass ich in späteren Jahren den Kontakt zu ihr verloren habe.

Das Ganze hat aber noch eine Fortsetzung. Im September 2014 war ich zum Blenheim Palace Literary Festival in Woodstock nicht weit von Oxford eingeladen. Blenheim Palace ist die großartige, von dem Architekten und Dichter John Vanbrugh erbaute Residenz der Herzöge von Marlborough (der Familie Churchill – Sir Winston wurde sogar dort geboren). Es ist ein wunderschöner Schauplatz für ein Literaturfest, und gewöhnlich fahre ich dorthin, um jeweils Werbung für mein neues Buch zu machen. Dieses Mal, mit dem ersten Teil meiner Erinnerungen, sollte das Format anders aussehen: Das Interview würde durch Musik unterbrochen werden, die von mir – wie in der BBC-Radiosendung *Desert Island Disc*, in der ich einmal einen Schiffbrüchigen spielte – ausgewählt worden war und Szenen aus meinem Leben illustrieren sollte. Der große Unterschied in Blenheim Palace bestand aber darin, dass die Musik live vom Orchestra of St John's unter Leitung des Dirigenten John Lubbock gespielt wurde, wobei ein Sopran, ein Alt und ein Pianist mitwirkten.

Als eines der 15 Stücke, die ich auswählte, wollte ich jenes faszinierende Wiener Walzerlied hören, das mich an Betty und den Geist von Melbu erinnerte. Ich kannte weder seinen Namen noch den des Komponisten. Die Melodie hatte sich mir aber fest eingeprägt und gehörte zu meinem morgendlichen Duschrepertoire. Also spielte ich es auf meinem elektronischen Blasinstrument (dem *Electronic Wind Instrument* oder EWI) in mein Computermikrofon und schickte die Melodie per E-Mail einem halben Dutzend Musiker in der Hoffnung, einer von ihnen werde es erkennen. Und eine – nur eine – kannte es tatsächlich: Ann Mackay, eine geschätzte Freundin von Lalla und mir, die – welch froher Zufall – auch als Sopransolistin für mein Konzert in Blenheim engagiert war. Sie kannte das Lied gut, hatte es oft aufgeführt und besaß auch die Noten: *Wien, du Stadt meiner Träume* von Rudolf Sieczynski. Alles lief perfekt: Annie sang das Lied wunderschön in der langen, prächtigen Orangerie von Blenheim Palace und weckte in mir süße Erinnerungen an meine Nachtigall von Melbu.

## EWI-Son et Psycho-Lumière

Zum EWI (ausgesprochen »Iwi«) gibt es übrigens noch eine andere Geschichte. Lalla sprach 2013 in der beliebten BBC-Radiosendung *Loose Ends* über eine Ausstellung ihrer Kunstwerke, die im National Theatre in London stattfand. Zu der Band »Brasstronaut«, die in der Sendung die musikalischen Einlagen beisteuerte, gehörte auch Sam Davidson, ein Virtuose auf dem elektronischen Blasinstrument. Lalla war fasziniert und unterhielt sich mit ihm. Als sie mir von dem Gespräch erzählte, war ich als ehemaliger Klarinettist noch mehr gefesselt. Ich führte mit Sam eine E-Mail-Korrespondenz, und in meinem Kopf setzte sich die Idee fest, dass ich mich eines Tages, wenn sich die Gelegenheit ergab, gern einmal am EWI versuchen wollte.

In der Zwischenzeit wandte sich die Londoner Werbeagentur Saatchi & Saatchi an mich. Sie hatte den Auftrag erhalten, für das Dokumentarfilmfestival von Cannes die Eröffnungsgala auszurichten und damit die Sache ins Rollen zu bringen. Als Thema wählten sie die »Meme«, und ich sollte auftreten. Ich sollte auf die linke Seite der Bühne treten und nach einem genauen Drehbuch einen 3-Minuten-Vortrag über Meme halten. Dann würde ich abtreten und Platz für einen eigenartigen psychedelischen Film machen, in dem Worte und Sätze aus meinem Vortrag sich wie von Zauberhand mit wirbelnden Bildern meines Gesichts, laut dröhnender Musik und seltsamen Lightshow-Effekten vermischten; diese kamen von allen Seiten, meine Stimme war verzerrt und klang entfernt musikalisch mit surrealen Echos und Harmonien – wobei das ganze Wunderrepertoire von Computergrafik und Computersound genutzt wurde. Gehörte das in die Kategorie »postmodern«? Wer weiß das schon?

Alles sollte wie ein Zaubertrick wirken, als habe das Computer-*Son-et-Lumière* irgendwie die Wörter und Sätze meines Vortrages aufgegriffen und im gleichen Augenblick wie von Zauberhand als Fragmente und verzerrte Echos in das psychedelische Gewebe einbezogen. Für das Publikum sollte es klingen, als wären seltsame, träumerische Erinnerungen an meinen Vortrag irgendwie eingefangen und sofort neu arrangiert und wiedergekäut worden. In Wirklichkeit hatte das Team von Saatchi meinen Wort für Wort identischen Vortrag schon Wochen vorher in einem Studio in Oxford aufgezeichnet, so dass man ausreichend Zeit gehabt hatte, Fetzen aus den Aufzeichnungen herauszugreifen und daraus einen phantasmagorischen Film zu machen.

Weiterhin war geplant, dass ich nach dem lautstarken Ende der Sound- und Lightshow wieder auf die Bühne kam, und zwar dieses Mal mit einer Klarinette. Ich sollte den Refrain der Musik spielen, die kurz zuvor noch durch die Rundumlautsprecher gedröhnt war. »Es stimmt doch, dass Sie Klarinette spielen?« Nun, ich hatte seit 50 Jahren keine Klarinette mehr angefasst, besaß keine mehr und war überhaupt nicht sicher, ob meine Lippenkraft dafür noch reichen würde. Aber dann erinnerte mich Lalla an das EWI. Ich erklärte ihnen, was das ist. Jetzt waren Saatchi & Saatchi fasziniert. Ob ich bereit sei, das EWI spielen zu lernen, um den Auftritt als Höhepunkt ihres überspannten Psychodeloramas über die Bühne zu bringen? Wie hätte ich nein sagen können? »Probieren wir es einfach.« Beide Seiten nahmen die Herausforderung an: Sie kauften mir ein EWI, und ich machte mich daran, es spielen zu lernen.

Das EWI ist ein langer, gerader Gegenstand, der ungefähr wie eine Klarinette oder Oboe geformt ist. An einem Ende befindet sich ein Mundstück, am anderen führt ein Kabel zu einem Computer, und dazwischen liegen Klappen nach Art eines Holzblasinstruments. Das Mundstück enthält einen elektronischen Sensor. Bläst man hinein, so kommt ein Geräusch aus dem Computer: Klarinette, Violine, Sousaphon, Oboe, Cello, Saxophon, Trompete, Fagott – das echte Instrument wird so gut nachgeahmt, wie es mit der Software möglich ist, und das heißt sehr gut. Ist der Computer an die riesigen Lautsprecher und Subwoofer des Theaters von Cannes angeschlossen, klingt das Ganze ziemlich eindrucksvoll.

Elektronische Tasteninstrumente erheben ebenfalls den Anspruch, echte Instrumente nachzuahmen, entscheidend am EWI ist aber, dass man eine zusätzliche Kontrolle ausüben kann, wenn man in das Mundstück bläst. Damit kann man Gefühle vermitteln, wie es mit einem Tasteninstrument, das Orchesterinstrumente nachahmen soll, nicht möglich ist (mit einem Klavier gelingt es, aber das liegt daran, dass die Tasten auf die Härte des Anschlages reagieren – daher der vollständige Name »Pianoforte«). Die Griffe am EWI ähneln mehr oder weniger denen auf einer Klarinette oder Oboe. Das macht es dem Anfänger verblüffend einfach, beispielsweise den Klang eines Cellos mit einem wunderschönen widerhallenden Vibrato oder den Gesang einer Violine hervorzubringen, ohne die Qualen durchmachen zu müssen, die wir mit diesen Streichinstrumenten während der kratzenden, schabenden Lehrzeit in Verbindung bringen. Stößt man das Mundstück des EWI kräftig mit der Zunge an, macht die Software daraus das charakteristische »Zing« eines Bogens, der auf die Saite trifft. Berührt man das Mundstück, wenn die Software auf den Trompetenmodus eingestellt ist, erhält man den »Lippenansatz« dieses Instruments; im Tubamodus erklingt ein befriedigendes »Umpta«. Spielt man es im Klarinettenmodus, so hört man das Gleiche wie von einer echten Klarinette. In jeder Betriebsart kann man durch kräftigeres und dann wieder nachlassendes Blasen ein seelenvoll aufblühendes Crescendo und ein seufzendes Diminuendo erzeugen. Beim Finale der Saatchi-Show benutzte ich den schmetternden, unverblümten Trompetenmodus. Vor lauter Lampenfieber verspielte ich mich sogar, aber es gelang mir, wieder zurückzufinden, und am Ende gratulierte mir das Saatchi-Team freundlicherweise für meine Stegreif-»Improvisation«. Wie sie mir erklärten, verbreitete sich das Youtube-Video in Windeseile.

## Astronauten und Teleskope

Der Astronom und Musiker Garik Israelian berief 2011 auf der Kanareninsel Teneriffa eine höchst bemerkenswerte Versammlung ein. Die vulkanische Inselgruppe vor der Küste Marokkos ist ein wichtiges Zentrum der Astronomie, denn die Berge sind dort so hoch, dass sie sich über die meisten Wolken erheben, und sowohl auf Teneriffa als auch auf La Palma machen sich große Observatorien diese Tatsache zunutze. Garik hatte die geistreiche Idee, Wissenschaftler mit

Astronauten und Musikern zusammenzubringen, um herauszufinden, was sie gemeinsam haben und was sie voneinander lernen können; entsprechend trug die Veranstaltung den Namen »Starmus«. Unter den Musikern war der frühere Queen-Leadgitarrist Brian May, ein überdurchschnittlich netter Mann; zu den Wissenschaftlern gehörten Nobelpreisträger wie Jack Szostak und George Smoot, und unter den Astronauten waren Neil Armstrong, Buzz Aldrin, Bill Anders (der nicht gläubig war, aber von der PR-Abteilung der NASA den Auftrag erhalten hatte, laut aus dem Ersten Buch Mose vorzulesen), Charlie Duke (der sich peinlicherweise zum wiedergeborenen Christen gewandelt hatte), Jim Lovell (der Kapitän der beinahe gescheiterten Mission Apollo 13), Alexei Leonov (der den ersten Weltraumspaziergang unternommen hatte) und Claude Nicollier (der Schweizer Astronaut, der im Weltraum spazieren gegangen war und das Hubble-Teleskop repariert hatte).

Nach der Hälfte der Konferenz wurden wir mit mehreren Teilnehmern in einem kleinen Flugzeug auf die Nachbarinsel La Palma gebracht, wo wir in dem Gebäude mit dem größten optischen Teleskop der Welt, dem Gran Telescopio Canarias mit seinem 10,4-Meter-Spiegel, an einer Podiumsdiskussion teilnehmen sollten. Lalla und ich reisten mit Neil Armstrong; es war eine Freude mitzuerleben, wie wohlverdient sein Ruf der Bescheidenheit und stillen Höflichkeit war. Dagegen sprach auch keineswegs sein sehr vernünftiges Prinzip, niemals dahergelaufenen Fremden ein Autogramm zu geben – er hatte es sich (wie er unterwegs einem eifrigen Autogrammjäger erklärte) zu eigen gemacht, als er feststellte, dass seine Unterschrift – und sogar seine gefälschte Unterschrift – für mehrere Zehntausend Dollar bei eBay verkauft wurde.

Das Riesenteleskop von La Palma war verblüffend. Solche Instrumente wie auch ähnliche Teleskope am Keck Observatory auf der Hawaii-Insel Big Island bewegen mich zutiefst. Vermutlich liegt es daran, dass sie einige der größten Errungenschaften unserer Spezies repräsentieren. Und wie mein Freund Michael Shermer festgehalten hat, war ich insbesondere gerührt von dem Zweieinhalb-Meter-Teleskop auf dem Mount Wilson in den San Gabriel Mountains nicht weit von Los Angeles. Es war früher das größte Teleskop der Welt, und mit ihm hatte Edwin Hubble zum ersten Mal die Ausdehnung des Universums nachgewiesen. Vor Mount Wilson gebührte der Titel des größten Teleskops der Welt (während der längsten Zeit) dem »Leviathan von Parsonstown«, einem 72-Zoll-Instrument des Earl of Rosse im Birr Castle in Irland; zu ihm empfinde ich wegen seiner Verbindung zu Lallas Familie eine besondere emotionale Zuneigung. Das gleiche Schwellen der Brust erlebte ich auch, als ich CERN und den großen Hadronen-Speicherring besichtigte: Da war er wieder, der an Tränen rührende Stolz auf das, was Menschen leisten können, wenn sie über Staats- und Sprachgrenzen hinweg zusammenarbeiten.

Auch über der Starmus-Tagung schwebte der Geist internationaler Kooperation. Als Buzz Aldrin verspätet im Konferenzsaal eintraf, saß Alexei Leonov im Publikum in der ersten Reihe. Ohne sich im Geringsten davon abschrecken zu lassen, dass jemand gerade einen Vortrag halten wollte, stand der joviale Chruschtschow-Doppelgänger auf und schrie, so laut er konnte: »Buzz Aldrrrrrin!« Mit ausgebreiteten Armen stürmte er auf den eintretenden Aldrin zu und ließ ihm eine russische Bärenumarmung angedeihen. Beim Abendessen zeigte Leonov, dass nicht nur astronautische, sondern auch künstlerische Talente in ihm steckten. Bezaubert sahen Lalla und ich zu, wie er auf der Rückseite der Speisekarte ein (im Bildteil wiedergegebenes) schnelles Selbstporträt für Garik Israelians kleinen Sohn Arthur zu Papier brachte. Die Bedeutung der Krawatte verstanden wir nie, aber sie verleiht dem Bild eine zusätzliche Liebenswürdigkeit – als wäre die noch nötig angesichts der strahlenden Überfülle dieser Qualität auf dem Foto, auf dem er Jim Lovell, den Helden der triskaidekaphobogenen[11] Mission Apollo 13 in die Arme schließt.

Auf dem Rückflug von La Palma nach Teneriffa saß Neil Armstrong neben Lalla. Die beiden unterhielten sich über vieles, unter anderem auch über die bemerkenswerte Tatsache – ein anschauliches Beispiel für das Moore-Gesetz –, dass die gesamten Computerspeicher an Bord von Apollo 11 mit 32 Kilobyte nur einen kleinen Bruchteil der Kapazität eines Gameboys hatten, den Armstrong in den Händen eines Kindes auf dem Nachbarsitz bemerkte. Leider war dieser kultivierte, couragierte Mann nicht mehr unter uns, als Garik drei Jahre später eine Neuauflage der Starmus-Konferenz veranstaltete. Sie war wiederum ein großartiges Erlebnis: Dieses Mal war das Publikum viel größer, und als Ehrengast trat Stephen Hawking auf.

---

[11] Das kann man googeln.

Wenn ich an die siebziger Jahre, den Beginn meiner Karriere und Tagungen wie die in Washington über Soziobiologie zurückdenke, beschleicht mich eine gewisse Nostalgie. Damals konnte ich einfach zu einer Konferenz fahren, interessiert den Vorträgen lauschen, anschließend die Vortragenden ansprechen und interessante Punkte weiterverfolgen und vielleicht mit ihnen zu Abend essen. In jüngerer Zeit und insbesondere seit *Der Gotteswahn* erschienen ist, mache ich auf Tagungen ganz andere Erfahrungen. Ich bin zwar (glücklicherweise) kein Prominenter, der von vielen Menschen auf der Straße erkannt wird, aber in säkularen, skeptischen, nichtreligiösen Kreisen bin ich offenbar zu einer kleinen Berühmtheit geworden, und sie veranstalten die Tagungen, zu denen ich heute eingeladen werde. Die andere wichtige Veränderung ist das Aufkommen der Selfies. Ich glaube, ich muss es nicht näher ausführen, dass die Erfindung der Handykamera ein zweischneidiges Schwert war. Und das darf man gern als höfliche britische Untertreibung verstehen.

# 6
# Weihnachtsvorlesungen

Eines Tages im Frühjahr 1991 klingelte mein Telefon. Es meldete sich eine angenehme Stimme mit freundlichem walisischem Trällern: »Hier ist John Thomas.« Sir John Meurig Thomas FRS, ein Wissenschaftler von hohem Ansehen und Direktor der Londoner Royal Institution (RI), lud mich ein, bei der Royal Institution die Weihnachtsvorlesungen für Kinder zu halten. Als ich das hörte, wurde mir heiß und kalt. Auf die warme Welle der Freude über die große Ehre folgte schnell eine kalte Welle der Furchtsamkeit. Ich wusste sofort, dass ich die Bitte nicht ablehnen konnte, aber gleichzeitig fehlte mir das Selbstvertrauen: Konnte ich ihr gerecht werden? Mir war bewusst, dass diese berühmte Vortragsreihe von Michael Faraday begründet worden war; er selbst hatte die Vorlesung 19 Mal gehalten, und den Höhepunkt bildet dabei seine berühmte Erklärung über »Die chemische Geschichte einer Kerze«. Ebenso wusste ich, dass die BBC seit einigen Jahren die Vorträge im Fernsehen übertrug, und unter denen, die sie gehalten hatten, waren Helden der Wissenschaft wie Richard Gregory, David Attenborough und Carl Sagan. Hätte ich als Kind in London gewohnt, ich hätte wahrscheinlich im Publikum gesessen.

Sir John hatte Verständnis für meine Ängste (er hatte die Weihnachtsvorlesungen auch selbst schon gehalten) und drängte mich freundlicherweise nicht sofort zu einer Entscheidung. Er lud mich aber ein, die RI zu besuchen und über das Ansinnen zu sprechen. Ich fuhr nach London, und er war dort so angenehm und ruhig, wie es seine Stimme am Telefon versprochen hatte; während er mich herumführte, legte er besonderes Gewicht auf die Überlieferungen und Traditionen, die auf Michael Faraday, sein persönliches Vorbild, zurückgingen. Eine dieser Traditionen war mir bereits nur allzu vertraut. Ungefähr ein Jahr zuvor hatte man mich eingeladen, einen »Freitagabenddiskurs« zu halten, auch das eine regelmäßige Übung der RI, die bis in die 1820er Jahre zurückreichte. Gerade diese Tradition strotzt vor beängstigendem Formalismus. Sowohl vom Vortragenden als auch von den Zuhörern wird erwartet, dass sie Abendkleidung tragen.

Der Vortragende muss vor dem Hörsaal warten, bis die Uhr die entsprechende Stunde schlägt. Beim letzten Glockenschlag stößt ein Offizieller die Doppeltür auf, der Vortragende schreitet zielstrebig in den Saal und muss schon im allerersten Satz über Wissenschaft sprechen; es gibt absolut keine Einleitung oder Vorrede der Art »Es ist mir eine große Freude, hier zu sein«. Das ist eine bewundernswerte Tradition. Was schwieriger ist: Der letzte Satz des Vortrages muss als entschiedener Abschluss genau in dem Augenblick ausgesprochen werden, in dem die Uhr mit dem Schlagen der nachfolgenden Stunde beginnt. Als wäre das nicht schon beunruhigend genug, wird der Vortragende in den letzten 20 Minuten vor dem Vortrag im »Faraday-Zimmer« buchstäblich eingesperrt, nachdem man ihm Faradays kurzes Buch über die Frage ausgehändigt hat, wie man einen Vortrag *nicht* halten soll – eigentlich, so sollte man meinen, ein wenig spät. Ich erfuhr, dass die Tradition des Einschließens irgendwann im 19. Jahrhundert ihren Anfang genommen hatte, als ein Vortragender die Formalitäten unerträglich fand und in letzter Minute davonlief. Sir John wusste es nicht genau, aber er vermutete, es sei Wheatstone gewesen (der mit der nach ihm benannten Brücke). Ich las Faradays Anmerkungen während meiner 20-minütigen Einschließung, und erstaunlicherweise gelang es mir, meinen Vortrag genau mit dem Schlag der Uhr abzuschließen, obwohl ich durch eine Illusion aus der Bahn geworfen wurde, die sich im Laufe wiederholter Blicke in dem gedämpften Licht erst allmählich auflöste: Ich meinte in einem Gentleman, der im Dinnerjacket im Publikum saß, Prinz Philip zu erkennen.

Ich holte tief Luft und nahm Sir Johns Einladung, die fünf Weihnachtsvorlesungen zu halten, an – »für ein jugendliches Publikum«, um Faradays ursprüngliche Zielgruppenbeschreibung zu zitieren. Es ist Tradition, möglichst wenig Dias zu verwenden (in der Anfangszeit hätte man es wahrscheinlich Laterna magica genannt, heute PowerPoint oder Keynote). Stattdessen wird großer Wert auf Live-Vorführungen gelegt. Wenn man über eine Boa constrictor spricht, zeigt man kein Bild von einer Boa constrictor, sondern man leiht sich eine aus dem Zoo. Wenn man ein Kind aus dem Publikum nach vorn rufen kann, damit es sich die Schlange um den Hals legt, umso besser. Solche Vorführungen erfordern umfangreiche Vorbereitungen, und schon bald merkte ich, dass ich den dafür notwendigen Zeitaufwand unterschätzt hatte. Das restliche Jahr, das dem weihnachtlichen Höhepunkt vorausging, war durch häufige Reisen nach London gekennzeichnet; Teilnehmer der Planungssitzungen waren Bryson Gore (der technische Leiter der RI) sowie Richard Melman und William Woollard von der unabhängigen Fernsehproduktionsfirma Inca, dem Auftragnehmer der BBC.

Bryson war (und ist zweifellos noch heute, auch wenn er nicht mehr bei der RI arbeitet) eine sichere Bank hinsichtlich technischem Erfindungsreichtum und Improvisation. Sein Revier war eine große Werkstatt, in der sich nützliche Schrottgegenstände türmten, darunter Requisiten aus früheren Vorlesungsreihen (die vielleicht irgendwann noch einmal nützlich sein könnten – man kann ja nie wissen). Seine Aufgabe war es, die Apparaturen und andere notwendige Gegenstände für die Vorträge herzustellen oder ihre Herstellung zu überwachen – nicht nur für die Weihnachtsvorlesungen, sondern auch für die Freitagabenddiskurse und vieles andere. Es war ein wenig unvorteilhaft, dass sein Vorname wie ein Familienname klang – das Publikum hielt es dann möglicherweise für altmodisch, wenn ich ihn während der Vorträge mit »Bryson« ansprach. In früheren Zeiten hatten Vortragende seinen Vorgänger sogar »Coates« genannt. Brysons Dienstleistungen und die seines Mitarbeiters (eines jungen Mannes namens Bipin) wurden mir zur Verfügung gestellt; ich musste genau überlegen und mit Bryson, William und Richard besprechen, wie ich sie nutzen konnte.

Die Weihnachtsvorlesungen hatten die angenehme Nebenwirkung, dass schon ihr Name ein goldener Schlüssel dafür war, sich den guten Willen zu erschließen, wohin ich mich auch wandte. »Sie wollen sich einen Adler ausleihen? Nun, das ist schwierig, ehrlich gesagt kann ich nicht erkennen, wie wir das realistisch … Ich meine, erwarten Sie wirklich… Ach so, Sie halten die Weihnachtsvorlesungen bei der Royal Institution? Warum haben Sie das nicht gleich gesagt? Wie viele Adler brauchen Sie?«

»Sie wollen eine MRI-Scan-Aufnahme Ihres Gehirns? Nun ja, wer ist Ihr Arzt, sind Sie vom staatlichen Gesundheitsdienst an das MRI-Institut überwiesen worden? Oder sind Sie Privatpatient? Haben Sie eine Krankenversicherung? Wissen Sie eigentlich, wie teuer MRI-Aufnahmen sind und wie lang die Warteliste ist? Ach so, Sie halten die Weihnachtsvorlesungen? Nun ja, natürlich, das ist etwas anderes. Ich kann Sie sicher in eine Forschungsreihe einschleusen, da werden keine Fragen gestellt. Können Sie am Dienstag um die Mittagszeit in das Radiologische Institut kommen?«

Ich brauchte nur das Wort »Weihnachtsvorlesungen« fallen zu lassen, und schon gelang es mir, ein Elektronenmikroskop zu leihen (groß, schwer, Transport auf Kosten des Leihgebers), ebenso ein vollständiges System für virtuelle Realität (dessen Eigentümer die ungeheure Mühe auf sich nahm, eine Simulation des Hörsaals an der RI zu programmieren), eine Eule, einen Adler, einen riesenhaft vergrößerten Schaltplan eines Computerchips, ein Baby und einen zuckenden japanischen Roboter, der an Wänden hochklettern konnte wie ein stark vergrößerter, behäbig zischender Gecko.

Als Überschrift für die Reihe von fünf Vorträgen wählte ich *Growing Up in the Universe* [»Heranwachsen im Universum«]. Mit »Heranwachsen« meinte ich dreierlei: erstens im evolutionären Sinn das Heranwachsen des Lebendigen auf unserem Planeten; zweitens im historischen Sinn das Heranwachsen der Menschheit weg vom Aberglauben und hin zu einer naturalistischen, wissenschaftlichen Betrachtungsweise der Realität; und drittens das Heranwachsen der Kenntnisse jedes Einzelnen von der Kindheit bis zum Erwachsenenalter. Die drei Themen zogen sich durch alle fünf einstündigen Vorlesungen; diese trugen die Titel:

*»Waking up in the universe« [»Aufwachen im Universum«]*
*»Designed and designoid objects« [»Gestaltete und gestaltoide Gegenstände«]*
*»Climbing Mount Improbable« [»Gipfel des Unwahrscheinlichen«]*
*»The Ultraviolet Garden« [»Der ultraviolette Garten«]*
*»The genesis of purpose« [»Die Entstehung des Zwecks«]*

Die erste Veranstaltung war, was Zahl und Vielfalt der Vorführungen angeht, eine typische RI-Weihnachtsvorlesung. Um deutlich zu machen, welche Wirkung das exponentielle Wachstum einer Population unter den hypothetischen Bedingungen unbegrenzter Nahrungsmengen und ohne sonstige Einschränkungen hat, nannte ich als Beispiel das Falten von Papier. Jedes Mal, wenn man ein Stück Papier faltet, verdoppelt sich seine Dicke. Faltet man es ein zweites Mal, ist das Papier viermal so dick wie am Anfang. Weiteres Falten steigert die Dicke, bis man bei der sechsten Faltung und einer Dicke von 64 Lagen angelangt ist. Ganz gleich, wie groß das Papier ursprünglich war, weiter als bis zur sechsten Faltung kommt man normalerweise nicht: Der Stapel ist jetzt so dick, dass man ihn nicht noch einmal falten kann, und gleichzeitig ist seine Fläche sehr klein. Könnten wir ihn dennoch auf irgendeine Weise weiter falten, würde die Dicke unseres Papiers schon beim 50. Mal bis zur Umlaufbahn des Mars reichen. Aber da ich eine Weihnachtsvorlesung hielt, reichte es nicht aus, die Berechnung vorzuführen. Ich musste ein riesiges Stück Papier ausrollen und zwei Kinder hinzurufen, die mir beim Falten halfen – wiederum nur bis zur 64-fachen Dicke, danach bemühten sie sich vergeblich und unter großem Gelächter. Ich nehme an, dies ist eine gute Methode, um allen die Bedeutung des exponentiellen Wachstums vor Augen zu führen, aber während meiner Weihnachtsvorlesungen machte ich mir hin und wieder Sorgen, ein Gleichnis könne seinen Gegenstand vernebeln, statt ihn zu erhellen.

Im ersten Vortrag demonstrierte ich auch den Glauben an die naturwissenschaftliche Methode, wie man ihn nennen könnte. Bryson hatte an der hohen Decke über den steil ansteigenden Reihen des RI-Hörsaals an einem Draht eine Kanonenkugel aufgehängt. Ich stand in Habachtstellung mit dem Rücken an der Wand, zog die Kanonenkugel bis zu meiner Nase heran und ließ sie dann los. Man muss darauf achten, dass man ihr keinen Stoß gibt, aber wenn man sie einfach der Schwerkraft überlässt, kann man wegen der Gesetze der Physik sicher sein, dass sie beim Zurückschwingen anhält, kurz bevor sie einem die Nase bricht. Allerdings erfordert es eine gewisse Willenskraft, nicht die Flucht zu ergreifen, wenn die schwarze Eisenkugel auf einen zukommt.

Von keiner geringeren Autorität als einem früheren Präsidenten der Royal Society (der zufällig Australier ist) erfuhr ich, dass unter den australischen Wissenschaftlern nur Feiglinge die Kanonenkugel vor ihr Gesicht halten. Echte Kerle halten sie sich vor die Hose (mit den Kronjuwelen oder dem Gehänge). Und ich hörte auch von einem kanadischen Physiker, der, als die Kanonenkugel auf ihn zukam, über den vorzeitigen Applaus des Publikums so begeistert war, dass er einen Schritt nach vorn tat, um sich zu bedanken …

Für den ersten Vortrag hatte ich mir auch ein Baby (die Nichte von Richard Melman) ausgeliehen; ich hielt die Kleine im Arm, während ich über Michael Faradays berühmte Antwort auf die Frage »Wozu ist Elektrizität gut?« berichtete. Er sagte (die Geschichte wird allerdings auch anderen zugeschrieben): »Wozu ist ein neugeborenes Baby gut?« Ich empfand eine sentimentale Rührung, als ich die hübsche kleine Hannah im Arm hielt, während ich – mit gedämpfter Stimme, um ihr ja keine Angst zu machen – von der Kostbarkeit des Lebens sprach, jenes Lebens, das sich vor ihr ausbreitete. Und 20 Jahre später war ich höchst erfreut, als Hannah sich auf meiner Website RichardDawkins.net in einem Diskussionsforum zu Wort meldete.

Eine andere sentimentale Erinnerung, die mir besonders am Herzen liegt, betrifft die Vorlesung Nummer 5. Ich sprach über den aufschlussreichen Unterschied zwischen zwei Wegen, auf denen sich ein Bild auf der Netzhaut bewegen kann. Wenn man ein Auge schließt und mit dem Finger sanft (durch das Lid) auf das andere drückt – und ich forderte die Kinder auf, es selbst auszuprobieren –, scheint sich das ganze Bild zu bewegen wie bei einem Erdbeben. Bewegt man die Augen aber mit den Muskeln, die zu diesem Zweck an sie angeheftet sind, sieht man kein »Erdbeben«, obwohl das Netzhautbild sich genauso bewegt hat wie beim Drücken auf den Augapfel. Die Welt scheint felsenfest zu stehen, nur sehen wir einen anderen Teil von ihr. Eine Erklärung dafür stammt von deutschen Wissenschaftlern: Wenn das Gehirn den Befehl zum Drehen des Augapfels in seiner Höhle gibt, schickt es eine »Kopie« des Befehls an den Teil des Gehirns, der das Bild empfängt. Diese Kopie sorgt dafür, dass das Gehirn »damit rechnet«, dass das Bild sich genau um den Grad bewegt, der dem Befehl entspricht. Wir nehmen also eine unbewegte Welt wahr, weil es zwischen Beobachtung und Erwartung keine Diskrepanz gibt. Drücken wir aber mit dem Finger gegen den Augapfel, wird keine Kopie übermittelt, und deshalb scheint die Welt sich zu bewegen, als habe sie sich wie bei einem Erdbeben tatsächlich bewegt – Beobachtung und Erwartung stimmen nicht überein.

Ich tat so, als wollte ich den Effekt mit einem Schlüsselexperiment demonstrieren. Ich wollte die Muskeln, die den Augapfel bewegen, mit einer Spritze lähmen. Wenn das Gehirn dann einen Bewegungsbefehl an den Augapfel schickte, würde dieser stillstehen, aber die *Kopie* der Anweisung würde dennoch ausgesendet. Der Betreffende sollte also ein scheinbares Erdbeben sehen, obwohl das Auge sich nicht bewegt hatte – die scheinbare Bewegung wäre dann durch die Diskrepanz zwischen der erwarteten und der tatsächlichen (nämlich nicht vorhandenen) Augenbewegung verursacht.

Es war die Weihnachtsvorlesung, also bestand die nächste Aufgabe darin, einen Freiwilligen zu finden … Ich brachte eine große Veterinärspritze zum Vorschein, mit der man ein Nashorn hätte betäuben können, und fragte, wer an dem Experiment teilnehmen wolle. Normalerweise reißen sich die Kinder in den Vorlesungen der Royal Institution darum, an solchen Demonstrationen mitzuwirken. In diesem Fall würde sich aber wohl niemand freiwillig melden, und ich stand schon im Begriff, allen zu versichern, dass es nur ein Scherz war, als ein kleines, siebenjähriges Mädchen – vermutlich die Jüngste im Publikum – zögernd die Hand hob. Es war mein Liebling Juliet, meine Tochter, die schüchtern neben ihrer Mutter saß. Noch heute habe ich einen Kloß im Hals, wenn ich an ihre verständnislose Loyalität und ihren Mut angesichts der gewaltigen Spritze denke, die ich vorzeigte. Heute ist sie eine vielversprechende junge Ärztin – hat es etwas damit zu tun?

Aber kommen wir von der Kleinsten zum Größten unter meinen Freiwilligen: In der Vorlesung Nummer 4 sprach ich über unsere moralischen Einstellungen gegenüber Tieren und die Geschichte ihrer Ausbeutung. Ich zitierte Äußerungen des Oxforder Historikers Keith Thomas, wonach man im Mittelalter geglaubt hatte, Tiere seien ausschließlich zu unserem Nutzen da. Hummer, so hieß es, seien mit Scheren ausgestattet, damit wir von der Übung, sie zu knacken, profitieren können. Unkraut wuchs angeblich nur deshalb, weil es unserer Disziplin dient, wenn wir hart arbeiten und es jäten müssen. Pferdebremsen wurden erschaffen, »damit die Menschen ihren Scharfsinn und Fleiß üben können, indem sie sich gegen sie schützen«.

The willing ox of himself came
Home to the slaughter, with the lamb;
And every beast did thither bring
Himself to be an offering.
*(Aus Thomas Carew, »To Saxham«)* |37|

Douglas Adams trieb diese Arroganz in seinem Buch *Das Restaurant am Ende des Universums* mit einer surrealen Schlussfolgerung auf die Spitze: »Ein riesiger, fetter, fleischiger Vierfüßler vom Typ Rind« nähert sich dem Tisch, preist sich selbst als Tagesgericht an und ermuntert die Gäste: »Vielleicht etwas aus meiner Schulter? In Weißweinsoße geschmort? … Oder vielleicht ein Gulasch aus mir?« Im weiteren Verlauf erläutert er, die Menschen hätten mittlerweile viele Bedenken, ob es ethisch vertretbar sei, Tiere zu essen, »weshalb beschlossen wurde, das ganze verzwickte Problem ein für alle Mal zu lösen und ein Tier zu züchten, das wirklich gegessen werden will und dieses auch klar und deutlich sagen kann. Und hier bin ich also.« Die Mehrzahl der Restaurantgäste bestellt rosa gebratene Steaks, und das Tier trottet fröhlich zurück in die Küche, um sich zu erschießen – »sehr human«.[12]

Ich brauchte jemanden, der diesen Absatz mit seinem schwarzen Humor und philosophischem Tiefgang vorlas; das war für mich wieder einmal das Stichwort, nach einem Freiwilligen aus dem »jugendlichen Publikum« Ausschau zu halten. Wie gewöhnlich schossen Dutzende eifrige Hände in die Höhe, und ich zeigte auf einen Zuhörer. Ein riesiger Mann entfaltete seine fast 210 Zentimeter Körpergröße, und ich bat ihn nach vorn.

»Wie heißen Sie?«

»Ähm, Douglas.«

»Und weiter?«

»Ähm, Adams.«

»Douglas Adams! Na so ein Zufall.«

Zumindest den älteren Kindern war klar, dass das Ganze ein abgekartetes Spiel war, aber das war unwichtig. Douglas gab eine großartige Vorstellung als Tagesgericht einschließlich der schauspielerischen Gesten, als er zu der Stelle kam: »Das Schwanzstück ist sehr gut. Ich habe es viel bewegt und massenhaft Getreide gefressen, deshalb habe ich dort viel gutes Fleisch.«

Die meisten Requisiten für meine Vorträge wurden zwar von Bryson und seinen Mitarbeitern herbeigezaubert, ich nahm aber auch die Dienste meiner künstlerisch begabten Mutter in Anspruch. Im Vortrag Nummer 1 wollte ich eine intuitive Vorstellung von den ungeheuren geologischen Zeiträumen vermitteln. Dazu wurden viele Vergleiche vorgeschlagen, und einige davon habe ich bei verschiedenen Gelegenheiten verwendet. Wie andere vor mir, so entschloss ich mich hier, die Zeit durch Entfernungen wiederzugeben – einen Schritt je 1000 Jahre. Meine ersten paar Schritte über das Podium führten

---

[12] Adams, Douglas: *Das Restaurant am Ende des Universums.* Übersetzt von Benjamin Schwarz, Frankfurt a. M. 1996, S. 106f.

uns zurück zu William dem Eroberer, Jesus, König David und verschiedenen Pharaonen, aber als wir bei den Lebewesen angelangt waren, die wir heute in Form von Fossilien finden, wurde der Hörsaal zu klein: also ersetzte ich die Schritte durch Meilen und die Zahlen machte ich anschaulich, indem ich die Städte benannte, die entsprechend weit entfernt waren: Manchester ... Carlisle ... Glasgow ... Moskau. Von jedem Fossil, das ich benannte, hatte meine Mutter eine Rekonstruktion auf ein großes Stück Pappe gemalt. Bryson hatte die Bilder bestimmten Kindern an strategischen Positionen im Hörsaal in die Hand gedrückt, und sie standen auf, als ich sie aufrief. Außerdem hatten meine Eltern ein hübsches Modell vom Gipfel des Unwahrscheinlichen angefertigt, dem Berg, der dem Vortrag 3 (und später einem meiner Bücher) den Namen gegeben hatte. Eine Seite des Berges ist eine senkrechte Felswand. Die unmögliche Leistung, von ganz unten nach ganz oben zu springen, entspricht der Unmöglichkeit, dass die Evolution eines komplexen Organs – beispielsweise eines Auges – mit einem Schlag stattfindet. Auf der Rückseite des Berges jedoch führt eine Böschung ganz langsam von unten nach oben: An ihr Schritt für Schritt in die Höhe zu steigen – das ist die Funktionsweise der Evolution durch kumulative Selektion. Der Vortrag endete mit einer klassischen RI-Vorstellung, der großen Bombardierkäfer-Dampfbombenshow. Der Bombardierkäfer ist das Lieblingsinsekt der Kreationisten. Er verteidigt sich gegen natürliche Feinde, indem er heißen Dampf ausstößt, der durch eine chemische Reaktion erzeugt wird. Wie nicht anders zu erwarten, werden die an der Reaktion beteiligten Substanzen in getrennten Drüsen gespeichert und kommen miteinander erst dann in Kontakt, wenn der Käfer sie an seinem Hinterende ausstößt. Kreationisten lieben diesen Mechanismus, denn sie glauben, alle Vorläufer und Zwischenformen müssten explodieren, was die Evolution unmöglich machen würde. Mit meiner von Bryson sorgfältig vorbereiteten Vorführung zeigte ich, dass auch auf diesen besonderen Gipfel des Unwahrscheinlichen eine in Wirklichkeit sanfte Steigung hinaufführt.

Die Reaktion beruht auf der Reaktionsfähigkeit von Wasserstoffperoxid; sie erfordert einen Katalysator, und es gibt eine ununterbrochene Dosis-Reaktions-Kurve. Ohne Katalysator findet überhaupt keine nennenswerte Reaktion statt, und ich stellte den Gegensatz groß heraus, um mich über die Panikmache der Kreationisten lustig zu machen. Auf dem Tisch vor mir hatte ich eine Reihe von Kolben stehen, die jeweils alle Zutaten enthielten, und ihnen fügte ich immer größere Mengen des Katalysators hinzu. Mit einer geringen Menge des Katalysators wird das Peroxid ein wenig warm. Bei höheren Katalysatormengen nimmt die Stärke der Reaktion allmählich zu, bis das Publikum bei einer großen Dosis applaudieren konnte: Ein befriedigender Dampfstrahl schoss in Richtung der Decke – der Effekt hätte sicher jeden natürlichen Feind, der mutig genug gewesen wäre, einen Bombardierkäfer anzugreifen, in die Flucht getrieben und vermutlich verbrannt. Da es eine Weihnachtsvorlesung war, übertrieb ich natürlich ein wenig: Ich setzte den Sicherheitshelm auf und forderte nervöse Zuhörer auf, vorher den Raum zu verlassen (was aber keiner tat).

In all meinen Jahren als Universitätsdozent musste ich nicht annähernd so viele Proben und Übungen – ja fast eine Choreographie – über mich ergehen lassen wie bei den Weihnachtsvorlesungen. Es war, als würden William und Richard jede meiner Bewegungen lenken. Als die monatelangen Vorbereitungen ihrem Höhepunkt im Dezember entgegensteuerten und die riesigen Übertragungswagen der BBC vor der RI in der Albemarle Street auffuhren, gesellte sich zu William und Richard noch Stuart McDonald, der BBC-eigene Aufnahmeleiter, der sich um die eigentliche Übertragung, den Einsatz der Kameras und Ähnliches zu kümmern hatte. Stuart, William und Richard zogen an meinen Marionettenfäden, und auch an denen von Bryson, denn er war während der Vorträge ständig unterwegs, um Requisiten zu verteilen und wieder einzusammeln; das Spektrum reichte dabei von Fossilien über Totempfähle bis zu riesigen Modellen von Augen, und in vielen Fällen half er mir auch bei ihrer Handhabung. Die Choreographie brach zwangsläufig zusammen, als wir lebende Tiere verwendeten; als Bryson und ich einmal gemeinsam versuchten, die Gespenstschrecken einzufangen, die über mein lächerlich geblümtes Hemd wanderten, entbehrte die Szene nicht einer gewissen Komik. Ganz und gar liefen die Dinge aus dem Ruder, als wir die Leistungsfähigkeit der künstlichen Selektion deutlich machen wollten und zu diesem Zweck Vertreter verschiedener Hunderassen zeigten, die von ihrer recht resoluten Eigentümerin mitgebracht wurden (später korrigierte sie mich mit gerechtfertigter Schroffheit, als ich ihren geliebten Deutschen Schäferhund als »Elsässer« vorstellte).

Die fünf Vorträge fanden in Abständen von jeweils zwei Tagen statt, und jeder wurde vor dem eigentlichen Termin dreimal in voller Länge geprobt: Zwei Proben fanden am Tag zuvor statt, die dritte mit vollständigen Kostümen am Morgen vor der abendlichen Aufführung. Ich nehme an, Schauspieler gewöhnen sich an so etwas, aber ich wunderte mich darüber, dass die Wiederholungen mich nicht langweilten. Sie bedeuteten, dass ich jede meiner fünf Vorlesungen viermal in schneller Folge hielt, was sich insgesamt zu 20 Stunden Redezeit summierte. Ich muss gestehen, dass ich der Sache jedes Mal am Ende der dritten Probe ein wenig überdrüssig war, aber der Anblick eines leibhaftigen Publikums – wie ich von Lalla erfuhr, spricht man vom »Doktor Theater« – ließ das Gefühl schnell verschwinden.

Während »meines« Jahres war ich so häufig bei der Royal Institution, dass ich noch heute eine gewisse gemütliche Vertrautheit empfinde, wenn ich dorthin komme – es ist fast, als käme man nach Hause. Nach meiner Vermutung empfinden andere, die die Weihnachtsvorlesungen gehalten haben, das Gleiche. Man sagte mir – und auch das muss für alle anderen ebenso gelten –, mein Gesicht sei während »meiner« Woche im britischen Fernsehen mehr Stunden zu sehen gewesen als jedes andere. Diese Stunden lagen allerdings weit weg von der Hauptsendezeit und führten deshalb, wie ich glücklicherweise sagen kann, nicht dazu, dass man mich auf der Straße erkennt.

# 7
# Inseln der Seligen

## Japan

Es war zur Tradition geworden, die Weihnachtsvorlesungen der RI im nachfolgenden Sommer nach Japan zu exportieren, und auch ich schloss mich der Sitte gern an. Sie hießen auch im Juni noch Weihnachtsvorlesungen, und die Reihe wurde von fünf auf drei Vorträge reduziert. Aber jeden meiner drei Vorträge sollte ich zweimal halten: einmal in Tokio und einmal in Sendai, einer großen Provinzhauptstadt nördlich von Tokio, die man mit dem Hochgeschwindigkeitszug in zweieinhalb Stunden erreichte. Man einigte sich darauf, dass Lalla mitkommen würde, und sie half mir, die fünf Vorträge zu kürzen. Bryson flog voraus und hatte eine große Kiste mit Requisiten aus den Londoner Vorstellungen dabei. In Tokio holte er mich zusammen mit seinem dortigen Kollegen ab, einem Mitarbeiter des British Council, der vor Ort unser wissenschaftlicher Helfer sein sollte. Gemeinsam gingen sie daran, Material und Tiere für die Vorführungen zu beschaffen.

In Japan wurden die Vorträge nicht gefilmt – zumindest nicht für eine Ausstrahlung im Fernsehen. Die Choreographie brauchte also nicht ganz so perfekt zu sein (und ohnehin stand weder ein William Woollard noch ein Richard Melman zur Verfügung). Das war vielleicht auch ganz gut so, denn wir hatten nicht in allen Fällen die gleichen Requisiten und vierbeinigen Nebendarsteller – oder in einem Fall einen schlängelnden Nebendarsteller, denn wir mieteten bei einer Zoohandlung eine Python. Das führte zu unerwarteten Schwierigkeiten. Zunächst einmal traf die Schlange in einer Kiste ein, die auf Japanisch mit »Lebende Schildkröten« beschriftet war. Die Zoohandlung hat sie angebracht, weil man fürchtete, die Paketboten würden die Beförderung einer Kiste ablehnen, wenn darauf »Lebende Schlange« stand. Man hatte uns gewarnt, es bestehe keine Aussicht, dass ein japanisches Kind sie freiwillig anfassen würde; also zogen wir Lalla hinzu, die einen recht spektakulären Auftritt hinlegte, bei dem sie die Schlange bedrohlich um ihren Körper geschlungen hatte. Für den Transport hatte man die Schlange zwischen gefrorenem Rosenkohl verpackt, damit sie unbeweglich blieb. In dem Vortrag jedoch und zweifellos unter dem positiven Einfluss von Lallas Körperwärme war sie recht munter geworden; sie flüchtete und fing an, schnell umherzukriechen, während Lalla, Bryson und ich sie energisch verfolgten; die Kinder verharrten entweder in schockiertem Schweigen oder stießen entsetzte Schreie aus.

Dennoch hielten wir unverzagt an der RI-Tradition fest: wenig Bilder und viele Vorführungen. Es gab einen Glaskasten voller lebender Gottesanbeterinnen, die von einer Videokamera gefilmt und auf einem großen Bildschirm über meinem Kopf gezeigt wurden. Einmal hatte ich meine Ausführungen über sie abgeschlossen und mich einem anderen Thema zugewandt, dabei aber vergessen, dass sie noch oben auf dem Bildschirm zu sehen waren. Ein wenig später beschlich mich das ungute Gefühl, dass mir mein Publikum nicht mehr folgte. Selbst wenn ich berücksichtigte, dass sie einer verzögerten Simultanübersetzung lauschten, bemerkte ich, dass sie auf meine Worte nicht mehr so ansprachen, wie ich gehofft hatte. Dann fiel mir auf, dass ihre Blicke fasziniert auf irgendetwas über meinem Kopf gerichtet waren. Ich blickte nach oben zu dem Bildschirm und sah, wie eine riesige weibliche Gottesanbeterin genüsslich den abgetrennten Kopf ihres Sexualpartners mampfte (ein wirklich zutreffendes Wort für die Tätigkeit dieser großartigen Kiefer). Der Rest, der von ihm noch übrig war, kopulierte nach wie vor mutig weiter, vielleicht sogar noch mutiger, nachdem er den Kopf verloren hatte. (Manche Befunde sprechen dafür, dass das Sexualverhalten bei männlichen Insekten durch Nervenimpulse aus dem Gehirn gedämpft wird. Mein Freund und Mitbewohner Michael Hansell hielt einmal einen Vortrag über seine Köcherfliegenlarven und brachte dabei sein Bedauern darüber zum Ausdruck, dass er die ausgewachsenen Tiere nicht dazu bringen konnte, sich in Gefangenschaft zu paaren. Daraufhin grölte der liebenswürdig-mürrische George Varley, seines Zeichens Professor für Insektenkunde, fast verächtlich aus der ersten Reihe: »Haben Sie ihnen denn nicht die Köpfe abgeschnitten?«) Die Videoübertragung aus dem Terrarium mit den Gottesanbeterinnen war eine zu große Ablenkung. Ich betätigte mich als Spaßverderber und bat die Techniker, sie auszuschalten.

Im Vergleich zu den Londoner Kindern, die sich an Eifer, bei den

Vorführungen mitzumachen, geradezu überboten, waren die kleinen Japaner weitaus schüchterner. Vielleicht waren sie auch durch die riesigen Ausmaße der Hörsäle eingeschüchtert: Sie waren sowohl in Tokio als auch in Sendai viel größer als der RI-Hörsaal in London. Und ich vermute, es lag auch an den Sprachschwierigkeiten. Was der Grund auch sein mochte, sowohl in Tokio als auch in Sendai meldete sich kaum ein Kind freiwillig. Wie wir in Sendai damit umgingen, weiß ich nicht mehr, aber in Tokio waren die Freiwilligen fast jedes Mal die gleichen: die drei entzückenden Töchter des britischen Botschafters Sir John Boyd.

Sir John und Lady Boyd luden Lalla, Bryson und mich zum Abendessen in ihre Residenz ein. Danach begleiteten uns Julia Boyd und die drei Mädchen zu einem nächtlichen Bad im Swimmingpool der Botschaft. Sir John hatte dabei erkennbar ungute Gefühle, denn es verstieß gegen die Vorschriften, und als neuernannter Botschafter fürchtete er, er werde seinen Mitarbeitern kein gutes Beispiel geben, wenn er erlaubte, dass seine Familie sie übertrat. Andererseits machte es seinen Gästen ganz offensichtlich Spaß, und er ist ein wunderbar großzügiger Gastgeber.

Das Ganze war der Beginn einer liebenswürdigen Freundschaft mit der Familie Boyd, die sich bis heute erhalten hat. Zwei Jahre nach den Weihnachtsvorlesungen in Japan wurde mir der hoch angesehene Nakayama-Preis für Humanwissenschaften verliehen, und zur Preisverleihung flog ich mit Lalla wiederum nach Tokio. Das Ehepaar Boyd lud uns ein, in der Residenz zu wohnen; wir stimmten begeistert zu, obwohl auch das Hotel zweifellos sehr luxuriös gewesen wäre. Zufällig ereignete sich gerade während unseres Aufenthalts ein Erdbeben. Lalla und ich waren in unserem Schlafzimmer und mussten ein wenig beunruhigt zusehen, wie die Wände wackelten und die Kronleuchter ins Pendeln gerieten. Beruhigt waren wir erst, als Seine Exzellenz persönlich mit dem breiten Grinsen eines Mannes, der das alles schon einmal erlebt hat, durch die Tür kam und mit zwei Sicherheitshelmen für uns winkte. Und als Lalla und ich am nächsten Morgen zum Frühstück erschienen, ließ der Parlamentsabgeordnete, der ebenfalls gerade in der Botschaft zu Gast war, die naheliegende geistreiche Bemerkung los: »Und hat für Sie letzte Nacht die Erde gebebt?«

Freundlicherweise kamen die Boyds auch zur Verleihung des Nakayama-Preises. Ich kann mich daran kaum noch erinnern – eine

Ausnahme ist nur das Gruppenfoto, das anschließend aufgenommen wurde. Der Fotograf hatte eine Assistentin, die in ihrem kleinen schwarzen Kostüm untadelig ordentlich aussah und elegant hin und her eilte. Die zierliche junge Frau war dazu da, uns alle für das Foto aufzureihen, und sie nahm ihre Aufgabe sehr ernst. Wir, die wir in der vorderen Reihe saßen, mussten die Hände auf dem Schoß präzise falten, wobei alle die gleiche Hand oben hatten. Wir mussten die Knie eng zusammenhalten und die Schuhe genau parallel ausrichten. John Boyd und ich saßen in der Mitte; als unsere Gliedmaßen exakt positioniert waren, bemerkten wir zu unserer Rechten unterdrücktes Kichern und prustendes Lachen. Wir wagten einen schnellen Blick weg von unserer vorgeschriebenen Augen-geradeaus-Position und wurden mit einem denkwürdigen Anblick belohnt. Unsere Frauen, die dort zusammensaßen, wurden von der Assistentin des Fotografen eingewiesen. Aber während wir Männer nur unsere Schuhe und Knie in Reih und Glied auszurichten hatten, mussten die Damen auch noch die Oberschenkel gerade stellen. Und zu diesem Zweck griff die Assistentin des Fotografen ihnen unter die Röcke. So kam es zu dem kaum unterdrückten Kichern.

Als Lalla und ich 1997 das nächste Mal nach Japan reisten, war die Amtszeit von John Boyd als Botschafter bereits vorüber.[13] Deshalb blieb uns die Freude eines weiteren Aufenthalts auf dem Anwesen der Botschaft versagt, aber der neue Botschafter gab freundlicherweise einen Empfang für uns. Ich war wieder in dem Land, um einen weiteren Preis entgegenzunehmen: den noch höher dotierten International Cosmos Prize. Es war eine ungeheure Ehre – die Zeremonie sollte in Osaka in Gegenwart des Kronprinzen und der Prinzessin stattfinden. Ich wurde gebeten, ein Musikstück auszusuchen, das vom Hoforchester zu meinen Ehren gespielt werden sollte. Für die Musik gab es aber eine strenge zeitliche Begrenzung, was meine Wahlmöglichkeiten einschränkte. Ich wandte mich Rat suchend an Lallas alten Freund Michael Birkett, und der schlug nach langem Nachdenken eine Suite mit genau der richtigen Länge von Schubert vor, der – ein glücklicher Zu-

---

[13] Im weiteren Verlauf wurde er ein sehr erfolgreicher Leiter des Churchill College in Cambridge, und ich würde mir gern ein gewisses Verdienst dafür anrechnen, dass ich das College auf seine hervorragenden Qualitäten aufmerksam gemacht habe.

fall – mein Lieblingskomponist ist. Sie hatte den Vorteil, dass sie in der Mitte einen provokativen Stimmungswechsel beinhaltet; das Orchester spielte sie wunderschön und trug dazu bei, dass die ganze Veranstaltung, zu der neben der Preisverleihung auch ein privates Teetrinken mit Kronprinz und Prinzessin gehörte, äußerst angenehm verlief.

Ich möchte hier die ersten Absätze meiner offiziellen Dankesrede wiedergeben. An der Wortwahl kann man vielleicht ablesen, welch große Hilfe mir die professionellen Diplomaten der britischen Botschaft waren:

> *Eure kaiserlichen Hoheiten, meine Damen und Herren. Es ist mir eine große Freude, hier zu sein, und ich möchte zuallererst gegenüber ihren kaiserlichen Hoheiten, dem Kronprinz und der Prinzessin, meinen aufrichtigen Dank aussprechen, dass sie an der heutigen Zeremonie teilnehmen. Besonders dankbar bin ich dem Kronprinzen für seine liebenswürdigen, sehr nachdenklichen Worte [in seiner Ansprache hatte er an seine zwei Studienjahre an der Universität Oxford erinnert]. Ebenso möchte ich meine Wertschätzung gegenüber dem Premierminister zum Ausdruck bringen, der heute ein Glückwunschschreiben geschickt hat. [Drei weitere Absätze mit diplomatischem Dank lasse ich hier weg.]*
>
> *Wer auch nur ein beiläufiges Interesse an der Geschichte und Kultur Japans hat, ist sich bewusst, welche Bedeutung die Japaner der Harmonie mit der Natur beimessen. Die traditionellen japanischen Künste, ob Bogenschießen, Kalligraphie oder Teezubereitung, haben im Kern das Bestreben des Einzelnen, die Harmonie mit der Welt herzustellen. Die vier Jahreszeiten werden auf ihre eigene Weise gefeiert und liefern einen großen Teil der Inspiration für japanische Kunst und japanisches Design. Ich selbst fühle mich eindeutig japanisch, wenn ich daran denke, welches Entzücken Sie empfinden, wenn Sie im Frühjahr die Kirschblüten sehen oder im Herbst den Mond betrachten.*
>
> *Andererseits blickt die Welt in den letzten Jahrzehnten auf Japan als ein Land, das von Technologie und der Schaffung von Wohlstand angetrieben wird. Wir haben in Bewunderung und auch mit einem gewissen Neid zugesehen, wie ein scheinbar endloser Strom beeindruckender neuer Produkte aus Japans Fabriken geflossen ist. Dabei haben Sie die zweitgrößte Volkswirtschaft der Welt aufge-*

*baut. Ich weiß aber auch, dass die japanische Regierung sich aktiv darum bemüht, die von Neugier getriebene Grundlagenforschung zu fördern. Ich rechne zuversichtlich damit, dass wir an japanischen Universitäten und Instituten im nächsten Jahrhundert ein großes Aufblühen der wissenschaftlichen Grundlagenforschung beobachten werden, darunter – im Einklang mit den Zielen der Stiftung – auch die Erforschung der Umwelt und ihrer Probleme. So eindrucksvoll die Leistungen Japans bisher schon sind, so habe ich doch das Gefühl, dass dies – um eine umgangssprachliche englische Wendung zu benutzen – »bisher noch gar nichts war«.*

Für den öffentlichen Vortrag, den ich über ein wissenschaftliches Thema halten musste, wählte ich als Überschrift »Der egoistische Kooperator«; später erweiterte ich meine Ausführungen und machte sie zu einem Kapitel mit der gleichen Überschrift in meinem Buch *Der entzauberte Regenbogen*.

Ich fahre gern nach Japan, allerdings muss ich gestehen, dass ich ein wenig empfindlich bin, wenn es um manche rohen Lebensmittel geht – so beispielsweise um die rohen Seegurkendärme, mit denen ich 1986, bei meinem allerersten Besuch in dem Land, Bekanntschaft machte. Ich war dort als einer von einem halben Dutzend Wissenschaftlern, die man eingeladen hatte, damit sie bei einer Tagung zu Ehren des angesehenen Botanikers Peter Raven ergänzende Vorträge hielten; mit dem netten Mann war ich vorher noch nie zusammengetroffen, und hier wurde ihm der International Prize verliehen. Bei der gleichen Gelegenheit machte ich auch Bekanntschaft mit Karaoke (das mich nicht mehr beeindruckte als der rohe Fisch) und mit dem kontemplativen Frieden der Tempel von Kyoto (die größeren Eindruck auf mich machten).

Zu meiner Schande muss ich gestehen, dass ich es im Umgang mit Essstäbchen nie zu einer gewissen Geschicklichkeit gebracht habe. Wie wird selbst ein Experte mit einem Gericht fertig, das aus nichts anderem besteht als aus einer großen Rübe, die einsam und stolz in einem Wasserbad ruht? Vollkommen ratlos war ich angesichts dieses Rätsels bei einem offiziellen Abendessen, bei dem ich als Ehrengast unter den Augen von rund 20 anderen Gästen an einem von mehreren langen, niedrigen Tischen saß, die im Quadrat standen, während zwei kalkweiße Geishas in der Mitte eine Teezeremonie zelebrierten. Ich fürchte, ich gab einfach auf. Aber soweit ich sehen konnte, kam auch keiner der anderen Gäste mit der Rübe nennenswert voran.

Bei meinem letzten Besuch in Japan war ich auf der Suche nach einem ganz anderen Preis: nach dem Riesenkalmar. Ich hatte mich mit Ray Dalio angefreundet, einem großartigen Finanzfachmann und begeisterten Anhänger der Wissenschaft. Um seiner Leidenschaft für Meeresbiologie zu frönen, hatte er die Alucia gekauft, ein wunderschönes Forschungsschiff. Jetzt hatte er sich mit einer japanischen und einer amerikanischen Fernsehfirma zusammengetan, um sich in der Tiefsee vor Japan auf die Suche nach dem Riesenkalmar zu machen, einem ehemals sagenumwobenen Seeungeheuer. Tote oder nahezu tote Exemplare oder Stücke davon hatte man bereits in Fischernetzen gefunden. Aber Ray ließ sich von der kleinen Gruppe engagierter Biologen aus Japan, Neuseeland, Amerika und anderen Ländern inspirieren, die sich seit Jahrzehnten darum bemühten, einen lebenden, schwimmenden Riesenkalmar in seinem natürlichen Lebensraum zu finden, der Tiefsee. Die Alucia wurde für eine solche Aktion ausgerüstet, man heuerte fachkundige Biologen aus der ganzen Welt an, und zu meiner großen Freude lud Ray mich ein, mitzufahren. Die Expedition war streng vertraulich, und ich wurde auf Geheimhaltung eingeschworen – für den Fall, dass es den Fernsehfirmen gelang, einen lebenden Riesenkalmar zu filmen, wollten sie sich die Nachricht aufheben, um am Ende die größtmögliche Wirkung zu erzielen.

Leider wurde die Expedition verschoben; ich vergaß sie und ging meinen Tätigkeiten nach. Aber einige Monate später, im Sommer 2012, erhielt ich plötzlich aus heiterem Himmel einen Anruf. Wie es für ihn typisch war, redete er nicht lange um den heißen Brei herum.

*Ray: »Können Sie morgen in ein Flugzeug nach Japan steigen?«*
*Ich: »Warum, haben Sie den Riesenkalmar gefunden?«*
*Ray: »Es steht mir nicht frei, dazu etwas zu sagen.«*
*Ich: »Gut. Ich komme.«*

Ich kam tatsächlich. Es war zwar nicht gleich am nächsten Tag, sondern eher nach ungefähr einer Woche (die Tatsachen halten nicht immer mit der Fiktion Schritt). Ray erklärte, ich würde von Tokio 28 Stunden mit der Fähre zum Ogasawara-Archipel fahren müssen, wo die Alucia vor Anker lag. Diese Vulkaninseln werden manchmal auch

Galapagos des Ostens genannt. Wie die Galapagosinseln gehörten sie nie zu einem Kontinent, und auf ihnen hat sich eine einzigartige Pflanzen- und Tierwelt entwickelt. Sie sind aber viel älter als die Galapagosinseln, und die plattentektonischen Kräfte, durch die sie entstanden sind, haben sie in die Nähe des Marianengrabens geschoben, wo der Meeresboden weiter unter der Wasseroberfläche liegt als irgendwo sonst auf der Erde.

Offiziell wusste ich immer noch nicht, dass sie bereits einen Riesenkalmar gefunden hatten, und ich bewahrte strengstes Stillschweigen über den mutmaßlichen Grund meiner überstürzten Abberufung. Nur Lalla wusste, warum ich so plötzlich nach Japan geflogen war, und auch sie hielt sich strikt an die Geheimhaltung. Aber es war – zumindest bei einer Gelegenheit – vergeblich. Bei einem gesellschaftlichen Ereignis traf sie mit David Attenborough zusammen, und er erkundigte sich nach mir. Lalla erwiderte, ich sei auf einem Schiff in japanischen Gewässern. »Ach«, sagte Sir David ohne Zögern, »offensichtlich ist er hinter dem Riesenkalmar her.« So viel zu unserer sorgfältigen Verschwiegenheit.

Nach dem langen Flug verbrachte ich eine Nacht in Tokio im Hotel, bevor ich an Bord der Fähre ging. Begleitet wurde ich von dem Australier Colin Bell, einem Freund von Ray, der ebenfalls zur Alucia wollte. Wir teilten uns eine Kabine. Die sehr zahlreichen Passagiere schliefen in ihrer Mehrzahl in großen Schlafsälen auf Futons auf dem Fußboden. Wie wir die Zeit hinter uns brachten, weiß ich nicht mehr; vermutlich lasen wir. Als wir angelegt hatten, nahmen uns Mitglieder des Alucia-Teams von Discovery Channel in Empfang, und wenig später rasten wir in einem kleinen Boot zu der Stelle, an der das Schiff vor Anker lag. Die Alucia hat am Heck eine große Ladeplattform, auf der ihre beiden Unterwasserfahrzeuge Triton und Deep Rover vertäut sind. Als wir ankamen, stand dort eine große Gruppe ziemlich nasser Leute. Unter ihnen war Ray, der uns herzlich begrüßte. Immer noch wussten wir offiziell nicht, dass sie einen Riesenkalmar gefunden hatten, aber Ray gab uns bei unserer Ankunft einen Hinweis: Er sagte, man habe an Bord für den Abend ein Seminar angesetzt, bei dem man über die folgenschwere Entdeckung sprechen wollte. Ob wir in der Zwischenzeit einmal zum Meeresboden tauchen wollten? Natürlich wollten wir. Na gut, dann seid in zehn Minuten bereit.

Ich fuhr in dem Drei-Personen-Unterwasserfahrzeug Triton in die

Tiefe, Colin saß in dem für zwei Personen ausgelegten Deep Rover. Der fachkundige Pilot der Triton war der Engländer Mark Taylor, und als zweiter Passagier war Dr. Tsunemi Kubodera vom Nationalmuseum für Natur und Wissenschaft in Tokio mit an Bord. Er war als Wissenschaftler maßgeblich an der Sichtung eines lebenden Riesenkalmars beteiligt gewesen, aber ich glaube, das war nicht der einzige Grund, warum Mark »Dr. Ku« unter Wasser mit dem gleichen gewaltigen Respekt behandelte wie alle anderen an der Oberfläche.

Zu dritt kletterten wir durch die Dachluke der Triton, während diese noch an Bord der Alucia lag, und nahmen in der kugelförmigen, transparenten Blase unsere Sitze ein. Mark saß auf einem erhöhten Sitz, dahinter links Dr. Ku und rechts ich. Die Luke wurde fest verschlossen, dann hob ein Ladebaum die Triton hoch und setzte sie auf das Wasser, wo sie auf und ab hüpfte, während wir warteten, bis auch der Deep Rover startklar war. Während wir durch die Wellen tanzten, bezauberte mich der Anblick des blauen Wassers auf der anderen Seite der Blase. Mark gab uns die routinemäßigen Sicherheitsanweisungen und erklärte, wie unser lebenserhaltender Hydrostat funktionierte. Hier bestand ein interessanter technischer Unterschied zwischen unserem Fahrzeug und dem Deep Rover. Er sagte, bei uns werde die ganze Zeit normaler Atmosphärendruck herrschen, obwohl schon bald viele Megapascal auf der Außenseite der Blase lasten würden. Deshalb brauchten wir beim Auftauchen keine besonderen Vorsichtsmaßnahmen gegen die Taucherkrankheit zu ergreifen, obwohl wir 700 Meter tief hinabtauchen sollten.

Zu erwarten, dass Dr. Ku bei dem Tauchgang, bei dem ich ihn begleitete, *noch einmal* einen Riesenkalmar sah, wäre zu viel der Hoffnung gewesen; wir sahen aber einige gewöhnliche Tintenfische und zahlreiche andere Meerestiere, darunter Haie, Quallen, in allen Regenbogenfarben schimmernde Rippenquallen und viele andere, die in den Träumen eines Zoologen vorkommen. Am Abend dann hielten die Zoologen der Expedition im Salon des Schiffes das versprochene Seminar über die wissenschaftlichen Hintergründe der erfolgreichen Filmaufnahmen und der Sichtung des Riesenkalmars. Es gab zwei mit Bildern untermalte Vorträge. Den ersten hielt Dr. Edith Widder, eine Meeresbiologin, die so gut war, dass sie einen MacArthur-»Geniepreis« erhalten hatte. Sie ist Expertin für Biolumineszenz und wusste, dass das einzige Licht in den von Riesenkalmaren bevorzugten Tiefen durch Tiere erzeugt wird, oder eigentlich meist durch Bakterien, die sie zu diesem Zweck in ihren Leuchtorganen sorgfältig kultivieren. Im Gegensatz zu den Walen, mit denen sie die Tiefsee teilen, haben Riesenkalmare riesige Augen; sie jagen also vermutlich zumindest teilweise auf Sicht. Vor dem Hintergrund solcher Überlegungen erfand Edie die elektronische Qualle, einen leuchtenden Köder, der Riesenkalmaren reizvoll erscheinen soll. Er erfüllte seinen Zweck hervorragend. Nachdem man ihn zusammen mit einer automatischen Kamera in die Tiefe gelassen hatte und an einem 700 Meter langen Kabel hinter dem Schiff herschleppte, brauchte man nur noch den richtigen Augenblick abzuwarten – was letztlich zu spektakulärem Erfolg führte. Den Anblick der gespenstischen, nahezu alptraumhaften Gestalt des Riesenkalmars, der sich auf den leuchtenden Köder stürzt, werde ich nie mehr vergessen.

Ebenso unvergesslich ist der Film mit Edies Gesicht, als sie sich später durch die riesigen Computerdateien mit leeren Bildern hindurcharbeitete und plötzlich sah, wie das sagenumwobene Meeresungeheuer seitlich ins Blickfeld schwamm. Sie und ihre Kollegen wurden von dem Fernsehteam gefilmt, während sie auf den Computerbildschirm starrten; ihr Mienenspiel und ihre Jubelschreie ließen mich vor Freude über die nachempfundene Entdeckung erzittern (auch wenn die Szene, wie wohl jeder Spielverderber zu Recht vermutet, später nachgestellt wurde).

Den zweiten Vortrag bei jenem außergewöhnlichen Seminar im Salon der Alucia hielt Steve O'Shea, ein Meeresbiologe aus Neuseeland, der wie Tsunemi Kubodera einen großen Teil seines Lebens der Suche nach dem Riesenkalmar gewidmet hatte. Seine geniale Idee für einen Köder zielte auf ein anderes Sinnesorgan ab als Edith Widders elektronische Qualle: auf den Geruch. Er stellte ein Püree aus zermahlenen Tintenfischen her und hoffte, dass ihr Geruch und insbesondere die Sexualpheromone den Riesen in der Dunkelheit anlocken würden. Die Masse quoll in einer verlockenden Wolke aus einem Rohr, das an dem Unterwasserfahrzeug angebracht war, und erwies sich als wirksamer Magnet für Tintenfische – aber leider nur für die gewöhnlichen, kleineren Exemplare. Kein Riesenkalmar gesellte sich zu ihnen. Den Erfolg, tatsächlich einen lebenden Riesenkalmar gesehen zu haben, konnte am Ende Kubodera für sich verbuchen, wie O'Shea im weiteren Verlauf erläuterte. (Dr. Ku selbst spricht zwar Englisch, er fühlte sich aber in dieser Sprache nicht sicher genug, um einen Vortrag zu halten.) Kuboderas Köder ähnelte eher dem eines traditionellen Anglers. Ein glänzend schwarzer Tintenfisch, der selbst recht groß war, aber nicht zur Größenklasse der Riesenkalmare gehörte, hing als Köder an der Leine, die am Unterwasserfahrzeug befestigt war. Und Wunder über Wunder, es klappte. Dr. Ku saß selbst in dem Unterwasserfahrzeug, genauer gesagt in der Triton, die ich einige Tage später mit ihm teilen sollte. Er konnte zusehen, wie der Krake nach dem Köder schnappte und ihn so lange festhielt, dass er den Kameras hervorragende Aufnahmen lieferte. Wie das Fernsehteam später zeigte, war die Rückkehr an die Oberfläche ein emotionaler Augenblick. Es schien, als sei die gesamte Schiffsmannschaft angetreten, um Dr. Ku an Bord zu ziehen und diesen Höhepunkt seiner lebenslangen Suche zu bejubeln. Auch Edie und Steve gratulierten ihm von ganzem Herzen. Und – verflixt! – ich hatte das Ereignis um ein paar Tage verpasst.

Hinzu kam noch ein kleines Missgeschick. Meine geplante Woche auf der Alucia, für die man mir weitere Tauchgänge versprochen hatte, wurde durch die Nachricht abgekürzt, dass sich in der Nachbarschaft ein gefährlicher Taifun entwickelt hatte und auf seinem bedrohlichen Weg auf uns zukam. Ich war anwesend, als der Kapitän zu Ray Dalio sagte, wir hätten keine andere Wahl, als abzuhauen und uns in den schützenden Hafen von Yokohama zu begeben, der zwei Tagereisen entfernt war. Für mich und Colin, die wir gerade erst angekommen waren, war das eine große Enttäuschung. Dennoch machte die zweitägige Flucht vor dem Taifun großen Spaß. Ich hielt eines Abends im Salon einen Vortrag über Evolution, und Ray informierte uns morgens in einem informellen Tutorium über die Hintergründe der Finanzkrise; ich fand seine Ausführungen sehr aufschlussreich – wie immer, wenn ich jemandem zuhöre, der wirklich etwas von seinem Fachgebiet versteht und darüber auf der Grundlage einfacher Prinzipien berichten kann.

Arthur C. Clarke wurde vor allem mit seinen phantasievollen Geschichten über den Weltraum bekannt, aber von ihm stammt auch der Ausspruch, die Tiefsee sei fast genauso rätselhaft, obwohl sie sich unmittelbar vor unserer Tür befindet. Meine kurzen Ausflüge in diese fremde Welt, die ich damals und bei einer späteren Reise 2014 in Raja Ampat vor der Küste Neuguineas unternahm – wo ich wiederum Ray

Dalios Gast auf der Alucia war –, gehörten zu den größten Erlebnissen meines Lebens. Das Ziel dieser zweiten Reise war keine bestimmte biologische Entdeckung wie die des Riesenkalmars, aber Raja Ampat ist eines der großen noch unverschmutzten Meeresgebiete, atemberaubend schön und mit einer Tierwelt, wie man sie reichhaltiger auf der Welt kaum findet. Dieses Mal erfreute ich mich zahlreicher Tauchgänge mit der Triton, manchmal mit Mark Taylor als Pilot, manchmal auch mit dem einen oder anderen seiner beiden Kollegen. Zu den weiteren Gästen, die auf dieser Reise dabei waren, gehörten zu meiner Freude auch Larry Summers, der angesehene Wirtschaftswissenschaftler und frühere Präsident der Harvard University, und seine Frau, die Literaturprofessorin Lisa New. Die Gespräche bei den Mahlzeiten waren ein intellektueller Hochgenuss, bei dem der akademische Wirtschaftswissenschaftler Larry und Ray als herausragender Marktpraktiker sich gegenseitig die Bälle zuspielten.

Solche Themen standen aber nicht im Mittelpunkt: An Bord waren Weltklasse-Experten für Naturschutz, und ihr Fachgebiet beschäftigte uns alle. Einer von ihnen war Peter Seligmann, der Vorsitzende der Naturschutzorganisation Conservation International und bei dieser Reise mein Kabinengenosse; ein anderer war der amerikanische Biologe Mark Erdman. Mark kannte die Inseln wie seine Westentasche und war als unser Indonesisch-Dolmetscher von unschätzbarem Wert. Er suchte tief in den Wäldern von Westpapua nach einem ganz bestimmten Regenbogenfisch, bei dem es sich nach seiner Vermutung um eine bisher nicht beschriebene Spezies handelte. Außerdem hatte er den Verdacht, dass diese Spezies sich nicht als Verwandter anderer Fische in der gleichen Region erweisen würde, sondern als enger Vetter von Fischen, die auf der anderen Seite der großen Insel Neuguinea zu Hause waren. Wenn das stimmte, war es von großer zoogeographischer Bedeutung, denn man könnte daraus Rückschlüsse über die tektonischen Platten ziehen, die solche Süßwasserfische bei ihren Verschiebungen mitnehmen. Die Alucia ankerte vor der Küste, und der schiffseigene Hubschrauber brachte uns ins Landesinnere und flussaufwärts, wo wir Mark abwechselnd bei seiner Suche nach dem Regenbogenfisch halfen. Das Ganze lief nach einem festen Schema ab. Mark watete mit einem Ende des Netzes in der Hand in den schnell fließenden Bach hinaus. Einer von uns (Ray, ich oder wer sonst gerade an der Reihe war) watete ein wenig weiter stromabwärts ebenfalls hinaus und hielt dabei das andere Ende des Netzes fest. Wir kauerten uns in das (angenehm kühle) Wasser, standen dann auf ein Kommando von Mark plötzlich auf und zogen das Netz schnell in Richtung des Ufers. Damit fingen wir alle Fische, die inzwischen in das Netz geschwommen waren. Wir legten das Netz am Ufer aus, und Mark konnte in seinem Inhalt nach dem Regenbogenfisch suchen.

Ich war in der zweiten Schicht an der Reihe, Mark stand schon mit seinem Netz bereit, als wir auf einer Sandbank im Fluss landeten. Wir machten uns auf die Suche und – Erfolg! Der Fang des Tages bestand aus 15 Exemplaren der kleinen Fische, und Marks fachkundiger Blick bestätigte, dass er mit seiner Vermutung recht gehabt hatte: Es handelte sich tatsächlich um die bisher nicht benannte Spezies. Die Tiere wurden vorsichtig in einem Aquarium am Leben erhalten, während er sie in allen Einzelheiten formell beschrieb; dazu gehörte auch eine DNA-Analyse – und natürlich die überragend wichtige Aufgabe, der Spezies einen wissenschaftlichen Namen zu geben.

Zufällig hatte ich an der Namensgebung von Fischen ein persönliches Interesse: Ich hatte mich zutiefst geehrt gefühlt, als ein Team von Fischforschern aus Sri Lanka 2012 einer anderen Gattung von Süßwasserfischen, die in Sri Lanka und Südindien zu Hause war, den wissenschaftlichen Namen *Dawkinsia* gegeben hatte. Heute gehören neun anerkannte Arten zu der Gattung. Bei dem schönen Fisch, der hier im Bildteil wiedergegeben ist (und ebenfalls den Namen »Regenbogenfisch« verdient hätte), handelt es sich um *Dawkinsia rohani.*[14]

## Galapagos

Wenn Ogasawara die »Galapagosinseln des Ostens« sind, so lag ihre Anziehungskraft für mich auch an meiner Liebe zum Galapagos-Archipel selbst. Für Darwinisten wie mich ist er ein Pilgerziel, und deshalb war es vielleicht nicht verwunderlich, dass Victoria Getty, die Lalla und mich bei einem großen Abendessen auf Windsor Castle kennenlernte, erschrocken war, als sie erfuhr, dass ich noch nie dort gewesen war; sie war sogar so schockiert, dass sie sofort versprach, das

[14] Ein hübsches Video von kämpfenden *Dawkinsia filamentosa*-Männchen findet sich unter https://www.youtube.com/watch?v=FnWprpFYJhQ

in Ordnung zu bringen: Sie wollte eine Reise auf die Inseln arrangieren und uns als ihre Gäste einladen.

Dieses zufällige Gespräch hatte sich bei einer Galaveranstaltung ergeben, deren Gastgeber der Prinz Michael von Kent war. Ein russisches Gastorchester führte ein symphonisches Werk auf, das Gordon Getty komponiert hatte, der jüngere Bruder von Victorias verstorbenem Ehemann Sir Paul Getty. Prinz Michael ist ein bekannter Russophile – ich war beeindruckt, dass er seine Willkommensrede an das Orchester auf Russisch hielt. Gordon und Prinz Michael sind mit Charles Simonyi befreundet, meinem Mäzen in Oxford, dem wir auch die Einladung zu verdanken hatten. Der Abend ist mir nicht nur wegen Lallas Gespräch mit Victoria Getty in Erinnerung geblieben, sondern auch weil ich neben Susan Hutchinson saß, einer früheren bekannten Fernsehmoderatorin aus Seattle und jetzige Verwaltungsdirektorin von Charles' gemeinnütziger Stiftung. Ich fand ihre Gesellschaft charmant und vergnüglich, bis ich bemerkte, dass sie eine schamlos begeisterte Anhängerin von George W. Bush war, woraufhin meine Manieren als Gentleman auf eine harte Probe gestellt wurden. Wir wären fast aneinandergeraten, aber am Ende des Essens hatten wir uns mit Küsschen wieder versöhnt. Währenddessen hatte Victoria sich bei Lalla erkundigt, wie es denn auf den Galapagosinseln sei, und Lalla hatte erwidert, sie sei ebenso wenig dort gewesen wie ich. Victoria versprach Lalla auf der Stelle, sie werde eine Reise arrangieren und uns dazu einladen. Am nächsten Tag rief sie an und sagte zu Lalla, sie werde ein Schiff namens Beagle chartern (einen Motorsegler, der seinem Vorbild aber ansonsten nicht glich) und den Reisetermin festlegen. Wir waren über alle Maßen erfreut.

Dann geschah etwas Peinliches – oder eigentlich müsste man von der Qual der Wahl sprechen. Völlig unabhängig von Victoria wandte sich der amerikanische Schiffsmagnat Richard Fane an mich. Eines seiner Schiffe, die Celebrity Xpedition, lief die Galapagosinseln an; er hatte sie gechartert, um dort zusammen mit seiner Frau Colette und in Gesellschaft von 90 Freunden und Verwandten seinen Geburtstag zu feiern. Ob ich als Gastdozent an Bord kommen wolle, um seine Gäste genau an dem Ort, an dem Darwins Inspiration sich zum ersten Mal geregt hatte, mit Vorträgen über Evolution zu erfreuen – an einem Ort, an dem Darwin folgende faszinierenden Worte geschrieben hatte: »Man möchte wirklich glauben, dass von einer ursprünglich geringen Zahl an Vögeln auf diesem Archipel eine Art ausgewählt und für verschiedene Zwecke modifiziert wurde.«[15] Lalla war ebenfalls eingeladen; und als ich Mr Fane sagte, ich könne nicht fahren, weil ich sonst Juliets Geburtstag verpassen würde, lud er auch Juliet ein. Das Angebot war so verlockend und großzügig, dass ich es nicht ablehnen konnte.

Aber was sollte ich Victoria sagen? Sie hatte die Reise auf der Beagle arrangiert, nachdem sie erfahren hatte, dass ich noch nie auf den Galapagosinseln gewesen war. Wenn wir jetzt aber die Einladung von Richard Fane annahmen, würden wir an der Reise mit der Beagle unter falschen Voraussetzungen teilnehmen: Es würde dann nicht mein erster, sondern mein zweiter Besuch auf den Inseln sein. Wir kamen zu dem Schluss, dass wir reinen Tisch machen mussten. Lalla rief Victoria an und gestand ihr alles. Victoria reagierte äußerst großzügig und sagte nur: »Umso besser, dann werden Sie uns alles erklären können.« Ihre Großzügigkeit zeigte sich auch beim nächsten Zusammentreffen; es fand bei einem der Cricket-Matches statt, die sie organisierte, um die Tradition ihres verstorbenen Mannes aufrechtzuerhalten. Der anglophile Amerikaner – er hatte sogar die britische Staatsbürgerschaft angenommen – war ein so leidenschaftlicher Cricket-Anhänger, dass er an einem Hügel seines Anwesens in Buckinghamshire ein erstklassiges Spielfeld anlegen ließ, auf dem Mannschaften aus der ganzen Grafschaft gegen die Getty Eleven und andere antraten. Nachdem er 2003 gestorben war, behielt Victoria die Tradition bei; jeden Sommer wurden wir zu einem der Getty-Matches eingeladen, die bei prächtigem Sonnenschein stattfanden, während über uns die Getty-Rotmilane kreisten. Ich nenne sie so, weil Paul Getty entscheidend dazu beigetragen hatte, diese großartigen Vögel in unserer Region Englands wieder heimisch zu machen, nachdem Jäger sie im größten Teil der britischen Inseln ausgerottet hatten. Zu den Cricket-Partien gehörte stets ein üppiges Mittagessen für die Gäste in einem Festzelt, und uns wurde die Ehre zuteil, an Victorias Tisch zu sitzen. Dort machte sie uns mit Rupert und Candida Lycett-Green bekannt, die unsere Mitreisenden auf der Beagle sein würden. Zu Candida fand ich als lebenslanger Bewunderer – um es vorsichtig auszudrücken – ihres Vaters, des urenglischen Dichters John Betjeman, sofort einen Draht.

---

[15] Aus: Darwin, Charles: *Die Fahrt der Beagle*. Übersetzt von Eike Schönfeld, Hamburg 2006, S. 501.

Die beiden Reisen zu den Galapagosinseln waren großartig, aber ganz unterschiedlich. Die Celebrity Xpedition hat eine Kapazität von 90 Passagieren, und wir erlebten alle Annehmlichkeiten eines Luxus-Kreuzfahrtschiffs, allerdings ohne die grausigen Casinos und »Unterhaltungsangebote«, die die Aufmerksamkeit der Passagiere auf das Innere ihres schwimmenden Hotels statt nach Back- oder Steuerbord lenken. Die Beagle hatte nur neun Passagiere, alles Victorias Gäste; die Mahlzeiten nahmen wir an einem großen runden Tisch zusammen mit Valentina ein, unserer fröhlichen, kenntnisreichen ecuadorianischen Fremdenführerin.

Beide Schiffe folgten dem üblichen Besuchsprogramm für die Galapagosinseln: Wir ankerten jeweils vor einer Insel, und dann wurden die Passagiere mit Zodiacs an Land gebracht, wobei kräftige Seeleute uns mit dem sicheren »Galapagosgriff« von dem kleinen Schlauchboot hinunter und wieder hinauf halfen. Die Celebrity Xpedition verfügte über ungefähr ein Dutzend Zodiacs. Auf jedem davon fuhr einer der hervorragend ausgebildeten ecuadorianischen Naturforscher mit, die dann unseren Spaziergang über die Insel beaufsichtigten und nie weit von den vorgegebenen Wegen abwichen. Sie sprachen zwar fließend Englisch, in der Regel aber mit starkem Akzent; es gab nur eine bemerkenswerte Ausnahme: Ein verwegener, bärtiger Che-Guevara-Doppelgänger verblüffte uns mit seinem gepflegten, ausgezeichnet betonten Oxfordenglisch. Er war offenbar bei Missionaren zur Schule gegangen.[16]

Der überwältigende Eindruck, den ich von den Galapagosinseln mitnahm, betraf das zahme Verhalten der Tiere und die nahezu »marsianisch« seltsame Vegetation. In vielen Regionen der Erde empfindet man es, was die meisten Angehörigen der Tierwelt angeht, schon als Glück, wenn man auf einen davon in der Ferne einen flüchtigen Blick erhascht. Auf den Galapagosinseln muss man den Touristen sagen, dass sie die Tiere nicht anfassen dürfen. Das zu tun wäre absurd ein-

---

16 Eine skurrile, ganz ähnliche Erfahrung machten meine Freunde Stephen und Alison Cobb. Während Steve im Westen Ugandas seinem Beruf als Tierschützer nachging, hielten die beiden einmal mit ihrem Land Rover in einem Dorf; wie es in Afrika üblich ist, waren sie sofort von lächelnden Kindern umringt. »Wie geht es euch?«, fragten die Cobbs höflich. »Moostn't grumble« [»kann nicht klagen«] kam im Chor die Antwort, die sie vermutlich von einem Missionar aus Yorkshire gelernt hatten.

fach. Man muss aufpassen, dass man nicht auf die sonnenbadenden Meerechsen, die nistenden Tölpel und die Albatrosse tritt.

Die Beagle war ein viel kleineres Boot. Mit ihr konnten wir vor kleineren Inseln ankern, zum Beispiel vor dem unbewohnten Eiland Daphne Major, dem Schauplatz der epischen Langzeitstudien von Peter und Rosemary Grant zur Evolution der Mittleren Grundfinken. Unsere Landung auf Daphne Major war ein wenig gefährlich, und ich fragte mich, wie die Grants es mit ihren Kollegen und Studierenden geschafft hatten, den Proviant auszuladen – auf dieses verlassene Inselchen muss man alles mitnehmen, sogar das Trinkwasser. Das einzige Schlauchboot der Beagle wurde stets von Valentina beaufsichtigt; sie gehörte zur Familie Cruz, die scheinbar die Inselgruppe ganz allein bevölkert hat. Auf beinahe jeder Insel – so bemerkten wir scherzhaft untereinander – begrüßte uns wieder ein Bruder von ihr. Ein weiterer Bruder war der Kapitän der Beagle. Er sprach zwar nicht so gut Englisch wie Valentina, aber vermutlich besser, als er vorgab. Bei einer besonders spannenden Gelegenheit konnte ich aus dem Lateinischen ableiten, was er meinte: »*Mola mola!*«, jubelte er von seinem Steuerstand aus, »*Mola mola!*« Einer der ungewöhnlichsten Meeresfische, der Mondfisch *Mola mola*, hing unter der Wasseroberfläche wie eine riesige, senkrecht aufgehängte Scheibe und war vom Deck des Schiffes aus leicht zu sehen. Kapitän Cruz stoppte die Beagle; in aller Eile legten Valentina und wir anderen Tauchermasken, Schnorchel und Flossen an und ließen uns ins Wasser fallen. Der Mondfisch blieb nicht lange, aber es war großartig, ihn so aus nächster Nähe zu sehen, bevor er in seiner rätselhaften Welt, die nicht die unsere war, verschwand.

Auf der Celebrity Xpedition fuhren viele liebenswürdige Menschen mit, darunter das Ehepaar Fane und ihre Großfamilie mit vielerlei Talenten, aber da es so viele waren, lernten wir keinen von ihnen wirklich gut kennen. Die Reise auf der Beagle mit Victoria und ihren Freunden vermittelte uns ein viel intimeres Gefühl. Ungewöhnlicherweise hatte Candida an Stellen, an denen jeder andere eine Kamera mitnehmen würde, ein Notizbuch dabei; sie setzte sich inmitten der herumtrippelnden Roten Klippenkrabben auf einen Stein und brachte ihre Gedanken, Beobachtungen und Eindrücke zu Papier. Ich war bezaubert von ihrer Gewohnheit und bereue es, dass ich sie mir nicht auch zu eigen machte.

Diese Erinnerungen haben einen besonders schmerzlichen Aspekt:

Zu der Zeit, da ich diese Zeilen schreibe, ist Candida gerade an Krebs gestorben. Jeden Sommer veranstaltete sie zusammen mit Rupert in ihrem schönen, schwermütig-englischen Garten das ironisch benannte »Große Internationale Krocket-Match«. Gleich nebenan lag die im 13. Jahrhundert erbaute Kirche von Uffington mit ihrem sechseckigen Turm, und darüber tänzelte das White Horse über den Kalkstein, als käme es direkt aus der Bronzezeit. Bei dem Turnier von 2014, erst vor wenigen Wochen, wusste Candida, dass es ihr letztes sein würde, aber sie war das Musterbild einer fröhlichen, tapferen Gastgeberin. Ruhe in Frieden, verschrobene Zelebrantin Englands, eines Englands, das Charles Darwin – auch dank deines Vaters – vielleicht noch wiedererkennen würde. Ruhe in Frieden, rätselhaft-süße Mitreisende und Mitentdeckerin der gesegneten Inseln der Jugend Darwins.

# 8
# Wohl dem, der einen Verleger findet

Meine Verlage haben mir gute Dienste geleistet – im Laufe von fast 40 Jahren war keines meiner zwölf Bücher in englischer Sprache jemals vergriffen. Deshalb ist es eine überraschende Erkenntnis, dass ich scheinbar so viele Verlage hatte: Oxford University Press, W. H. Freeman, Longman, Penguin, Weidenfeld und Random House in Großbritannien sowie eine ebenso lange Liste verschiedener amerikanischer Verlage. Für diese häufigen Partnerwechsel gibt es keinen bestimmten Grund. Er begann mit dem Gegenteil, nämlich mit Loyalität zu einem Lektor: Michael Rodgers wechselte mit beunruhigender Häufigkeit die Arbeitgeber – was im Verlagswesen nichts Ungewöhnliches ist.

## Die ersten Bücher

Im ersten Teil meiner Erinnerungen habe ich berichtet, wie ich zum ersten Mal mit Michael zusammentraf und wie er seine vorsichtig untertriebene Ungeduld, *Das egoistische Gen* zu verlegen, kundtat: »Ich muss dieses Buch haben!«, brüllte er am Telefon, nachdem er einen frühen Entwurf gelesen hatte. Über die gleiche Episode hat er mittlerweile in seinen Memoiren einer Verlegerkarriere berichtet – das Buch trägt den Titel *Publishing and the Advancement of Science: From Selfish Genes to Galileo's Finger*. Darin zitiert er auch aus einer Ansprache, die ich 2006 bei einem Abendessen in London hielt. Helena Cronin hatte die Veranstaltung in Zusammenarbeit mit Oxford University Press zur Feier des 30. Jahrestages von *Das egoistische Gen* organisiert (siehe Seite 435). Ich gebe sie hier vollständig wieder, denn sie bietet eine Erklärung dafür, warum ich zu Michael eine größere Loyalität empfand als zu OUP:

> *Kurz nachdem* **Das egoistische Gen** *erschienen war, hielt ich auf einer großen wissenschaftlichen Tagung in Deutschland einen Plenarvortrag. Die Tagungsbuchhandlung hatte einige Exemplare von* **Das egoistische Gen** *bestellt, aber die waren wenige Minuten*

*nach meinem Vortrag ausverkauft. Die Buchhändlerin rief sofort in Oxford bei OUP an und bat, schnell eine zusätzliche Ladung per Luftfracht nach Deutschland auf den Weg zu bringen. In jenen Tagen war OUP ein ganz anderes Unternehmen als heute, und zu meinem Bedauern muss ich sagen, dass die Buchhändlerin höflich, aber kaltschnäuzig abgewimmelt wurde: Sie müsse eine ordnungsgemäße schriftliche Bestellung aufgeben, und je nach den Beständen im Lager würden die Bücher einige Wochen später verschickt. In ihrer Verzweiflung wandte die Buchhändlerin sich auf der Tagung an mich und erkundigte sich, ob ich bei OUP jemanden kennen würde, der dynamischer und weniger pedantisch sei ... Ich rief bei Michael in Oxford an und erzählte ihm die Geschichte. Noch heute kann ich hören, wie er mit der Faust auf den Tisch schlug, und ich erinnere mich genau an seine Worte. »Da sind Sie bei mir richtig! Überlassen Sie das mir!« Tatsächlich traf noch vor dem Ende der Tagung eine große Kiste mit Büchern aus Oxford ein.*

Es war natürlich *The Selfish Gene,* die englischsprachige Ausgabe. Auf Deutsch erschien *Das egoistische Gen* ein wenig später. Kurz darauf erhielt ich von einem Leser in Deutschland einen Brief: Er erklärte, die Übersetzung sei so gut, als seien Autor und Übersetzerin »seelenverwandt«. Neugierig schlug ich den Namen der Übersetzerin nach: Sie hieß Karin de Sousa Ferreira, und das klang so erstaunlich wenig deutsch, dass ich es mir leicht merken konnte. Ein wenig später lernte ich den angesehenen Primatenforscher Hans Kummer an seiner Heimatuniversität in Zürich kennen. Beim Abendessen erzählte ich ihm die Anekdote von meiner deutschen Übersetzerin. Ich war nicht weiter als bis zu »seelenverwandt« gekommen und hatte den Namen der Übersetzerin noch nicht erwähnt, da unterbrach er mich spontan, legte mit den Fingern wie mit einer Pistole auf mich an und fragte: »Karin de Sousa Ferreira?« Als es dann so weit war, dass *The Blind Watchmaker* auf Deutsch erscheinen sollte, bat ich nach zwei derart glänzenden, unabhängigen Beurteilungen nachdrücklich um dieselbe Übersetzerin, und zu meiner Freude kehrte meine deutsche Seelenverwandte mit dem portugiesischen Namen freundlicherweise noch einmal aus dem Ruhestand zurück, um das Buch in *Der blinde Uhrmacher* zu verwandeln.

Nicht immer hatte ich mit meinen Übersetzungen so viel Glück. Eine spanische Ausgabe (von welchem Buch, verrate ich nicht) war so schlecht, dass sich drei spanische Muttersprachler unabhängig voneinander an mich wandten und erklärten, es solle zurückgezogen werden. Englische Redewendungen waren Wort für Wort übersetzt, ganz ähnlich wie in einem Roman, wo »He gave her a ring [Telefonanruf]« angeblich in die dänische Entsprechung zu »Er gab ihr einen Ring« übersetzt wurde. Die Geschichte über das Dänische könnte eine moderne Legende sein, etwas anderes aber stimmt: In meinem Fall der spanischen Übersetzung wurde der Ausdruck »with a vengeance« (was so viel wie »mit aller Kraft« bedeutet), mit »con una venganza« übersetzt, was, wie man mir versichert hat, nur die wörtliche Bedeutung hat (etwa: »mit einer Rache«) und der Redewendung nicht gerecht wird. Das ist nur ein Beispiel von vielen. Und es ist einer von vielen Gründen, warum Computerübersetzung so schwierig ist. Der Übersetzer muss nicht nur über ein Wörterbuch verfügen, sondern auch über eine Tabelle idiomatischer Redewendungen wie »with a vengeance« und sogar Kenntnis von Stereotypen wie »at the end of the day« (was so viel wie »wenn alles gesagt und erledigt ist« bedeutet) haben. Ist Sprache nicht faszinierend? Zu meiner Freude kann ich berichten, dass der spanische Verlag die volle Verantwortung übernahm und eine neue Übersetzung in Auftrag gab, die mittlerweile erschienen ist.

Wenn ich daran denke, wie gefährlich es ist, Computern die Funktionen von Menschen zu übertragen, fällt mir eine hübsche Geschichte ein. Sie wurde mir von meiner Freundin Felicity Bryan erzählt, die in dem Ruf steht, Oxfords einzige Literaturagentin zu sein. Eine ihrer Klientinnen schrieb einen Roman, dessen Hauptfigur David hieß. Im letzten Augenblick, als das Buch abschließend redigiert war und in Druck gehen sollte, hatte die Autorin es sich mit ihrem Romanhelden noch einmal anders überlegt. Sie war zu dem Schluss gelangt, er habe eher etwas von einem Kevin als von einem David. Also gab sie ihrem Computer den Befehl, mit der Suchfunktion überall »David« durch »Kevin« zu ersetzen. Das ging so lange gut, bis die Handlung des Romans sich in ein gewisses Kunstmuseum in Florenz verlagerte …

Noch eine kurze Geschichte zum Thema Übersetzungen. Ich war in Japan auf einer Tagung über Evolution und hörte über den Kopfhörer die Simultanübersetzung. Der Vortragende sprach über die Evolution der frühen Homininen: *Australopithecus*, *Homo erectus*, archaischer *Homo sapiens*, alle diese Dinge. Aber was kam über die Kopfhörer? »Frühe Evolution des Japanischen.« »Fossile Geschichte des Japanischen.« »Evolutionsgeschichte des Japa… der MENSCHEN.«

Michael Rodgers ging 1979 zu W. H. Freeman, und ein paar Jahre später, als mein zweites Buch, *The Extended Phenotype*, veröffentlichungsreif war, brachte ich es ihm dorthin. Wie ich bereits erwähnt habe, ist das Verlagswesen eine unbeständige Welt, und als Michael wiederum die Stelle wechselte – dieses Mal zu Longman –, folgte ich ihm 1986 mit *The Blind Watchmaker* ebenfalls. Über dieses Buch möchte ich ein paar Geschichten erzählen. Ziemlich am Anfang berichtete ich darin von einem Tischgespräch mit »einem angesehenen modernen Philosophen und bekannten Atheisten«. Ich erklärte, ich könne mir nicht vorstellen, wie man irgendwann vor 1859 und dem Erscheinen der *Entstehung der Arten* Atheist sein konnte. Der Philosoph zögerte. Er zitierte Hume und konnte nicht erkennen, warum die Komplexität des Lebendigen einer besonderen Erklärung bedürfe. Ich war wie vor den Kopf gestoßen und gab mir in langen Abschnitten des Buches große Mühe, ihn zu widerlegen; seinen Namen erwähnte ich aber nie. Heute weiß ich nicht mehr genau, warum ich mich entschloss, seine Identität nicht preiszugeben. Es war Sir Alfred »Freddie« Ayer, Wykeham-Professor für Logik und Fellow des New College, ein Mann von beeindruckender Klugheit, vor dem ich großen Respekt hatte. Viele Jahre nachdem *Der blinde Uhrmacher* erschienen war, kam er auf mich zu und sagte, er habe es gerade gelesen. Er entschuldigte sich (vollkommen unnötig) dafür, dass er es nicht schon früher gelesen habe, und zeigte sich höchst erfreut, dass er die Anregung dazu gegeben habe – er selbst zumindest hatte sich also wiedererkannt. Ich fragte ihn, ob ich unser Gespräch richtig wiedergegeben hätte, und er sagte: »Vollkommen richtig.«

Meine zweite Geschichte zu *Der blinde Uhrmacher* erzähle ich nur deshalb, weil sie sehr lustig ist. Zunächst so viel zum Hintergrund: Viele Evolutionsskeptiker wundern sich über einen Aspekt der perfekten Tarnung von Tieren. Widerstrebend erkennen sie an, dass Vögel einen ausreichend scharfen Blick haben, um einer ohnehin schon verblüffenden Ähnlichkeit durch entsprechenden Selektionsdruck den letzten Schliff zu geben, beispielsweise wenn eine Gespenstschrecke einem kleinen Stäbchen mit Knospen und Blattnarben ähnelt. Oder – ein anderes Beispiel – es gibt auch Raupen, die wie die Exkremente eines Vogels aussehen. Dann aber fragt der Skeptiker: Wie kannst du einerseits annehmen, dass die Selektion bis ins letzte Detail für die vollkommene Nachahmung eines Stäbchens oder eines Vogelhäufchens sorgt, und andererseits glauben, dass die gleiche Selektion auch die Vorfahren dieser Insekten bei ihren ersten, unbeholfenen Schritten in Richtung einer Nachahmung geformt hat? Ich zitierte Stephen Jay Gould, der über die nachgeahmten Vogelexkremente gesagt hatte: »Kann es irgendeinen Vorteil bringen, wenn man zu fünf Prozent wie ein Scheißhaufen aussieht?« Allerdings beantwortete ich die Frage ein wenig anders als Gould. Die gleichen Augen nehmen die Beute unter ganz unterschiedlichen Bedingungen wahr: in schwachem oder hellem Licht, aus dem Augenwinkel oder von vorn, in weiter Entfernung oder ganz in der Nähe. Eine geringfügige Ähnlichkeit mit einem Vogelhaufen könnte ausreichen, um einer Raupe das Leben zu retten, wenn der Vogel sie aus der Entfernung oder im Zwielicht sieht. Um davonzukommen, wenn sie sich ganz in der Nähe befindet und dem hellen Tageslicht ausgesetzt ist, muss die Ähnlichkeit wesentlich stärker sein. Und von schlechten bis zu guten Sichtbedingungen besteht ein kontinuierlicher Gradient, der für jede Verbesserung der Mimikry – von der groben bis zur vollkommenen Ähnlichkeit – einen ebenso ununterbrochenen Selektionsdruck ermöglicht. Die Argumentation mit einem »Gradienten« funktioniert für alle komplexen Anpassungen – für Augen, Flügel, sämtliche alten Kamellen der kreationistischen Literatur; für die gesamte Evolutionstheorie ist sie von ungeheurer Bedeutung.

Das ist der Hintergrund meiner Geschichte. Nun taucht der Name Stephen Jay Gould in *The Blind Watchmaker* und damit auch im Index mehrere Male auf. Der Index eines Buches ist mit seiner militärisch-strengen, umgekehrten Formatierung ein guter Ort, um einen Scherz zu verstecken. Viele Leser werden ihn nicht bemerken, aber wenn sie ihn entdecken, werden sie mit dem Ersteller des Registers das Lächeln geheimer Komplizenschaft teilen. Die offizielle Geschichte des *New College, Oxford, 1379–1979* wurde von meinen verstorbenen Kollegen John Buxton und Penry Williams herausgegeben; das Register wurde von einem dritten Kollegen erstellt, dem Mittelalter-Historiker Eric Christiansen (dessen eigene Erinnerungen an das New College nicht erscheinen werden und nach allem, was man weiß, auch nicht erscheinen sollten, bevor er und alle seine Opfer verstorben sind). Eric schmuggelte in den Index der College-Geschichte einige köstliche, charakteristische kleine Scherze ein. Unter »Fellows« finden wir beispielsweise »Annehmlichkeiten der«, »Trunkenheit der«, »Exekution der«, »Hinauswurf der«, »Fraktionen unter«, »Vergessenheit von«, »Herkunft von« und – mein Lieblingseintrag – »Philistertum der«. Schlägt man die Seiten auf, die unter »Philistertum der« angegeben sind, so findet man nicht das Wort selbst, sondern nur Berichte über drei Bauprojekte, die offenbar eine Beleidigung für Erics Geschmack waren: zwei aus dem 19. Jahrhundert und ein besonders empörendes aus dem 20.

Jedenfalls brachte ich, wie bereits erwähnt, auch im Index von *The Blind Watchmaker* einen kleinen Scherz zum Vorteil von Stephen Jay Gould unter. In der britischen Ausgabe wurde er pflichtgemäß abgedruckt. Als die amerikanischen Verleger ihn aber sahen, waren sie entsetzt. Sie hielten ihn für geschmacklos, und möglicherweise (allerdings war ich so diskret, nicht zu fragen) war ihnen auch bewusst, dass Stephen Jay Gould einer ihrer profitabelsten Autoren war. Deshalb wurde die Veröffentlichung der US-Ausgabe hinausgezögert, bis der Scherz getilgt war. Dann aber wurde die Mikrofilmversion mit dem zensierten Index unabsichtlich und durch ein einfaches Versehen in späteren Auflagen der britischen Ausgabe von Longman und in dem Penguin-Taschenbuch verwendet. Michael Rodgers hatte vorgehabt, den Scherz in der britischen Ausgabe zu belassen. Die Tatsache, dass dies nicht geschah, dürfte nach allem, was ich weiß, dem ersten britischen Druck einen Sammlerwert verschafft haben wie die Bögen »nicht perforierter« Briefmarken, die von manchen Philatelisten geschätzt werden. Ich gebe hier die beiden Versionen des umstrittenen Registereintrags wieder. Den Unterschied (oder vielmehr die Unterschiede, denn auch einige andere kleinere Scherze betrachtete der amerikanische Verlag als zusätzliches Delikt) kann jeder selbst finden:

Gould, S. J.,
five percent eye, 81, (quoted in 41)
five percent resemblance to turd, 82, (quoted in 41)
mentioned, 275, 291
punctuated equilibrium, 229–52, (36)
revealing faux pas, 244, (36)
revealing flaws, 91, (34)
writes off synthetic theory, 251, (35)

Gould, S. J.,
five percent eye, 81, (quoted in 41)
on dung-mimicking insects, 82, (quoted in 41)
mentioned, 275, 291
punctuated equilibrium, 229–52, (36)
on Darwin's gradualism, 244, (36)
The Panda's Thumb, 91, (34)
writes off synthetic theory, 251, (35)

In der Zwischenzeit hatte Oxford University Press von W. H. Freeman die Taschenbuchrechte an *The Extended Phenotype* gekauft, und seit jener Zeit liegen sie bei diesem Verlag. Obwohl ich also zu anderen Verlagen gewechselt hatte, unterhielt ich nach wie vor gute Beziehungen zu OUP. Als der Verlag dann 1989 an mich herantrat und nach einer Neuauflage des *Egoistischen Gens* fragte, erschien es mir naheliegend, darin als neues Kapitel eine Zusammenfassung der Thesen von *The Extended Phenotype* aufzunehmen.

Die Lektorin, die das neue *Egoistische Gen* bei OUP betreuen sollte, war Hilary McGlynn. Die Zusammenarbeit mit ihr machte mir Spaß, aber den entscheidenden Einfluss bei der Planung des Projekts und der Arbeit daran übte meine Freundin Helena Cronin aus. Sie half mir dabei ebenso, wie ich ihr bei ihrem wunderschönen Buch *The Ant and the Peacock* half. Alle Beteiligten waren sich von Anfang an einig, dass der ursprüngliche Text von *Das egoistische Gen* inklusive aller Mängel unverändert bleiben sollte. Nach Ansicht des Verlages hatte die erste Ausgabe eine Art Kultstatus erlangt, den man auf jeden Fall bewahren sollte. Arthur Cain hatte einen Kritiker von A. J. Ayers *Language, Truth and Logic* zitiert und *Das egoistische Gen* als »Buch eines jungen Mannes« bezeichnet, und diesen Eindruck wollten die Verleger aufrechterhalten. Ergänzungen, nachträgliche Gedanken und Ausschmückungen wurden in einen langen Abschnitt mit Endnoten verbannt. Außerdem schlug ich zwei neue Kapitel vor: eines mit der Überschrift »Nice guys finish first« (»Nette Kerle kommen zuerst ans Ziel«) über das Thema meines gleichnamigen Dokumentarfilms in der BBC-Serie *Horizon* (siehe Seite 248), und ein zweites mit dem Titel »The long reach of the gene« (»Die große Reichweite des Gens«), das eine gedrängte Version von *The Extended Phenotype* werden sollte. Durch diese Ergänzungen wuchs der Umfang der 1989 erschienenen Ausgabe von *Das egoistische Gen* im Vergleich zu der von 1976 auf das Eineinhalbfache.

## Literaturagenten

Wie ich berichtet habe, folgte ich Michael Rodgers für *The Blind Watchmaker* zu Longman. Mittlerweile hatte ich auch die Literaturagentin Caroline Dawnay von Peters Fraser & Dunlop in London beauftragt, und sie führte mit meinem neuen Verlag harte Vertragsverhandlungen (über die Michael in seinen Memoiren nicht ohne Dramatik berichtet). Caroline hatte nach dem Erscheinen von *Das egoistische Gen* Kontakt zu mir aufgenommen und mich bei einem Mittagessen im Randolph Hotel in Oxford davon überzeugt, dass es gut sei, einen Agenten zu haben, und dass sie eine gute Vertreterin dieser Gattung sei. Das stellte sich als richtig heraus. Aber nachdem *Der blinde Uhrmacher* erschienen war, erreichten mich immer dringlichere Angebote des New Yorker Literaturagenten John Brockman.

John war und ist in der Verlagswelt eine Legende als erbarmungsloser, allerdings auch als ehrlicher Geschäftsmann, der nie so tut, als sei er irgendetwas anderes (ein Journalist sagte einmal, man könne Brockmans Rückenflosse schon von weitem kreisen sehen). Was ihn aber für mich so attraktiv machte, war sein unmittelbares Engagement für die Naturwissenschaft und ihren Platz in unserem Geistesleben. Diese Zielsetzung verfolgt er bis heute: Alle seine Klienten sind Naturwissenschaftler (oder Philosophen und Gelehrte, die über naturwissenschaftliche Themen schreiben) und gehören demnach zu der Bruderschaft, die er selbst einmal als »dritte Kultur« bezeichnete, wobei er bewusst über C. P. Snow hinausging. Irgendwann war der Punkt erreicht, an dem nur noch die wenigsten Autoren dieser Kategorie *keine* Klienten von Brockman Inc. waren. Seine Website »Edge« wurde zu Recht als »Online-Salon« für Wissenschaftler und die mit ihnen verbundenen Intellektuellen bezeichnet. Wie manche Blogs, so hat auch sie viele Autoren. Der wichtige Unterschied besteht darin, dass die Autoren bei Brockman ihre Beiträge nur auf Einladung schreiben und es sich deshalb um eine handverlesene Elite handelt. Ich habe einmal geschrieben, Brockman besitze das beste Adressbuch Amerikas, und das nutzt er hemmungslos, um Wissenschaft und Vernunft voranzutreiben; ein Beispiel dafür ist seine alljährliche »Edge-Frage«.

Jedes Jahr um die Weihnachtszeit durchstöbert John sein Adressbuch und beschwatzt die darin verzeichneten Personen (sowohl seine Klienten als auch andere) mit dem Ziel, die Frage des Jahres zu beantworten. Eine typische Frage lautete beispielsweise: »Was war die wichtigste Erfindung der letzten 2000 Jahre?« Mir ist insbesondere die Antwort meines Freundes Nicholas Humphrey im Gedächtnis geblieben: die Brille, denn ohne sie wäre vom Mittelalter an jeder, der nicht mehr lesen konnte, in unserer von Worten bestimmten Kultur entmachtet worden. Meine Antwort lautete: das Spektroskop; ich hielt es zwar eigentlich nicht für die wichtigste Erfindung, aber ich war mit meinem Beitrag sehr spät dran, und zu dieser Zeit waren alle naheliegenden Erfindungen bereits genannt worden. Dennoch erwies sich das Spektroskop als recht guter Kandidat. Es geht weit über alles hinaus, was Newton sich hätte vorstellen können, und wurde zu dem Instrument, mit dem wir etwas über die chemischen Eigenschaften der Sterne erfahren können; dank seiner wissen wir heute – auf dem Weg über die Rotverschiebung des Lichts auseinanderweichender Galaxien –, dass das Universum sich ausdehnt, dass es seinen Anfang in einem Urknall nahm und wann dieser sich ereignete.

Im Laufe der Jahre stellte Brockman unter anderem folgende Fragen: »Was ist Ihre gefährliche Idee?«, »Worüber haben Sie Ihre Meinung geändert, und warum?«, »Welche Fragen sind verschwunden, und warum?«, »Wie verändert das Internet Ihre Denkweise?«, »Welches ist Ihre tiefe, elegante oder schöne Lieblingserklärung?«, »Worum sollten wir uns Sorgen machen?« und »Was halten Sie für wahr, obwohl Sie es nicht beweisen können?« (Meine Antwort auf diese letzte Frage lautete: Nach meiner Überzeugung wird sich Leben immer als darwinistisch erweisen, ganz gleich, wo man es im Universum findet. Die Antworten fasst John jedes Jahr in einem Buch zusammen, das sich auf den ersten Blick nicht allzu sehr von vielen anderen jährlichen Anthologien unterscheidet – es sei denn, man sieht sich die Besetzungsliste an und zählt die Nobelpreisträger, Mitglieder der National Academy of Sciences, Fellows der Royal Society und allgemein vertraute Namen (vertraut zumindest da, wo es viele Bücher gibt und Intellektuelle zusammentreffen).

Vieles davon lag noch in der Zukunft, als John sich zum ersten Mal an mich wandte, aber er war bereits ganz mit seinem eifrigen Kreuzzug für die Naturwissenschaft beschäftigt, und das beeindruckte mich. Zwar löste ich nur widerwillig meine angenehme Verbindung zu Caroline (dabei war mir nicht bewusst, dass Autoren, die sich von Agenten trennen, ein ähnliches Trauma empfinden können wie nach einer Scheidung), aber schließlich willigte ich ein, mich mit John zu treffen und mir sein Angebot anzuhören. Ich plante ohnehin gerade eine Vortragsreise durch die Vereinigten Staaten, und so schloss ich in meinen Reiseplan auch einen Besuch auf der Farm in Connecticut ein, auf die sich das Ehepaar Brockman am Wochenende von New York aus zurückzieht. Aber wie es so geht, wurde aus dem »Ich« ein »Wir«. Und das kam so.

Wir schrieben das Jahr 1992, Douglas Adams feierte seinen 40. Geburtstag, und seine Party blieb mir aus einem besonderen Grund im Gedächtnis. Er machte mich dort mit der Schauspielerin Lalla Ward bekannt, die er noch aus der Zeit kannte, als *Doctor Who* am geistreichsten war: Damals war er der Dramaturg, und sie und Tom Baker unterstrichen den Scharfsinn, indem sie erfindungsreich und ironisch die beiden Hauptrollen spielten. Bei der Geburtstagsfeier unterhielt sich Lalla mit Stephen Fry, als Douglas mich zu ihr begleitete und uns vorstellte. Douglas und Stephen sind geradezu absurd viel größer als Lalla und ich, und so kam es ganz von selbst, dass wir uns von Angesicht zu Angesicht gegenüberstanden, während Douglas und Stephen über uns einen gotischen Bogen bildeten und über unseren Köpfen hochtrabende Bonmots austauschten. Durch den Torbogen hindurch bot ich schüchtern an, Lallas Glas nachzufüllen, und als ich zurückkam, wurden wir uns schnell einig, dass es auf der Party für ein Gespräch zu laut war. »Ich nehme an, es wäre nicht ganz zufällig eine gute Idee, etwas essen zu gehen und hinterher *natürlich* zurückzukommen?« Diskret machten wir uns aus dem Staub und fanden ein afghanisches Restaurant nicht weit von der Marylebone Road.

Dass Lalla *Das egoistische Gen* gelesen und meine Weihnachtsvorlesungen im Fernsehen gesehen hatte, war erfreulich. Dass sie außerdem *Der erweiterte Phänotyp* (und Darwin) gelesen hatte, war fast zu schön, um wahr zu sein. Später erfuhr ich, dass sie nicht nur die Begleiterin von Doctor Who gespielt hatte, sondern auch eine wunderschöne Ophelia in Derek Jacobis Hamlet-BBC-Fernsehproduktion. Außerdem war sie eine begabte, vielseitige Künstlerin, Autorin und Buchillustratorin. Wie ich schon sagte: zu schön, um wahr zu sein. Wir kehrten nicht mehr auf die Party zurück.

Gegenüber Lalla erwähnte ich, dass ich demnächst nach Amerika reisen würde und auch einen Besuch bei John Brockman plante. Sie erwiderte, sie stehe gerade im Begriff, zusammen mit einer Freundin aus der Theaterwelt in den Urlaub nach Barbados zu fahren. Spontan fragte sie, ob ich sie mit nach Amerika nehmen würde, obwohl das bedeutete, dass sie ihre Freundin in Barbados allein ließ. Ebenso spontan sagte ich ja.

Nun taten sich kleinere Peinlichkeiten auf. Nach meiner Ankunft in Boston sollte ich zunächst bei Dan und Susan Dennett und später in Connecticut bei den Brockmans wohnen. In beiden Fällen wurde ein Hausgast erwartet, aber nicht zwei. Wie konnte ich das Thema ansprechen? Lalla und ich fürchteten, unsere Gastgeber würden eine Frage stellen, die völlig normal ist, wenn man ein Paar zu Besuch hat: »Wie lange kennt ihr euch schon?« Darauf würden wir antworten müssen: »Seit einer Woche.« In Wirklichkeit fragten sie nicht, und erst Jahre später gestand Lalla gegenüber Dan die Wahrheit. »Tatsächlich?«, erwiderte Dan möglicherweise nur vorgetäuscht überrascht. »Ich dachte, ihr hättet euch schon seit Jahren gekannt.«

Nach unserem Aufenthalt bei den Dennetts flogen wir nach South Carolina, wo die Duke University die größte Lemurenpopulation außerhalb Madagaskars vorzuweisen hat. Lalla (die schon vor langer Zeit sorgfältige Zeichnungen der meisten Lemurenarten angefertigt hatte) kannte bereits ihre lateinischen Namen, was nicht nur mich sehr beeindruckte, sondern auch die Lemurenexperten, die uns herumführten (und ich glaube fast, ich erwischte auch einige Lemuren dabei, wie sie einander vielsagend zublinzelten, als sie mitbekamen, wie ich noch andere verborgene Tiefen ergründete). Höhepunkt unseres Besuchs war das Fingertier *Daubentonia*, auch Aye-Aye genannt, eine anormale, buchstäbliche Ausnahmeerscheinung unter den Lemuren mit einem auffallend verlängerten, knorrigen Mittelfinger, der dazu angepasst ist, nach Insekten als Beutetieren zu stochern. Zuerst sahen wir nur eine Pappschachtel, die nichts von ihrem Inhalt verriet. Dann kam ein einzelner, langer Finger heraus, der wie ein Ast aussah. Auf ihn folgte ein satanisch komisches Gesicht, das über den Rand spähte. Schließlich kam mit prächtiger Zielstrebigkeit das A und O aller Finger zum Einsatz, aber nicht an einem Baumloch zum Herauspulen eines Insekts, sondern geradewegs im Nasenloch. Wie die meisten Absolventen von Oxford oder jeder anderen Universität habe ich das meiste, was ich in den Vorlesungen gelernt habe, wieder vergessen. Aber die Ausführungen von Harold Pusey über Lemuren sind mir im Gedächtnis geblieben, und das einzig und allein wegen einer vielfachen Wiederholung. Nach jeder allgemeinen Aussage über Lemuren ertönte Harolds tiefe Stimme mit dem unvermeidlichen Refrain: »Mit Ausnahme von *Daubentonia*.«

Von South Carolina flogen wir zum New Yorker Flughafen La Guardia. Dorthin hatte John Brockman »einen Wagen geschickt«, der uns abholen sollte. Wir sahen eine riesige Stretchlimousine. »Die ist bestimmt für uns«, sagte Lalla im Scherz. Aber es war kein Scherz, es stimmte. Der Wagen war so groß, dass der arme Fahrer ohne mehrmaliges Vor- und Zurücksetzen nicht vom Parkplatz kam, und tatsächlich rammte er bei einem derartigen Manöver einen Poller. Es war meine erste Erfahrung mit einer amerikanischen Stretchlimousine. Die Fahrt durch das dunkle Connecticut war ein surreales Erlebnis mit Ledersitzen von der Größe eines Doppelbetts, einem Cocktail-Kühlschrank aus poliertem Holz mit Kristallkaraffen, und alles in das gedämpfte blaue Licht der Innenbeleuchtung getaucht.

In Connecticut, nicht weit von den Brockmans, wohnte Claire Bloom, und Lalla, die zu Claires Gertrude die Ophelia gespielt hatte, wollte sie unbedingt wiedersehen. Ich hatte Claire nie kennengelernt; auch das Ehepaar Brockman kannte sie nicht und lud sie zum Mittagessen ein. Sie kam mit dem Auto herüber und erwies sich im wirklichen Leben als ebenso liebenswürdig wie auf dem Bildschirm. Nach dem Essen bearbeitete sie mich zusammen mit Lalla, damit ich auf das von John so aggressiv vorangetriebene Angebot einging, und schließlich erklärte ich mich bereit, Brockman Inc. als meine neue Literaturagentur zu beauftragen.

## Fluss, Gipfel, Regenbogen: Eine Abschweifung

Wie in einem früheren Kapitel erwähnt, hatte ich zu jener Zeit gerade die Weihnachtsvorlesungen der Royal Institution gehalten, und den gleichen Arbeitstitel *Growing Up in the Universe* trug auch das erste Buch, das John unter Vertrag nahm. Die Verlage waren Penguin in Großbritannien und Norton in den Vereinigten Staaten. Später wurde der Titel enger gefasst; er lautete nun wie der dritte meiner fünf Vorträge *Climbing Mount Improbable* [auf Deutsch erschienen als *Gipfel des Unwahrscheinlichen*], aber der Inhalt wurde um viele Dinge erweitert, die in den Vorlesungen überhaupt nicht vorgekommen waren; andere Teile der Vorlesungen fanden sich später in einem zweiten

Buch mit dem Titel *Unweaving the Rainbow* [*Der entzauberte Regenbogen*] wieder.

Ich hatte gerade mit der Arbeit an *Gipfel des Unwahrscheinlichen* begonnen, da wandte John sich mit einer neuen Idee an mich, einer wichtigen Ablenkung. Zusammen mit seinem Freund, dem angesehenen britischen Verleger Anthony Cheetham (der zur gleichen Zeit wie ich am Balliol College gewesen war – wir kannten einander aber nicht), hatte er einen Plan entwickelt – ich nehme an, man könnte ihn auch als »Geschäftsmodell« bezeichnen: Sie wollten eine Serie mit zwölf schmalen Büchern unter dem Titel »Science Masters« herausbringen. Jeder Band hatte einen anderen Autor und sollte einen persönlichen Bericht über dessen Fachgebiet enthalten. Das Besondere an dem Geschäftsmodell war, dass alle zwölf Autoren sich finanziell zu einer Kooperative oder einem Kollektiv zusammenschließen sollten. Aus geschäftlicher Sicht würden wir als ein Autor und Klient von John Brockman firmieren, und jeder von uns würde den gleichen Anteil an den Tantiemen aller zwölf Bücher erhalten. Das würde bedeuten, dass diejenigen von uns, deren Bücher sich überdurchschnittlich gut verkauften, am Ende die anderen, deren Bücher geringere Auflagen erreichten, subventionierten. Mir gefiel die Idee – warum, weiß ich heute nicht mehr genau, aber möglicherweise sprach sie den sozialistischen Teil meines Gehirns an –, und ich verpflichtete mich, ein kleines Buch zu schreiben, das später den Titel *River Out of Eden* [*Und es entsprang ein Fluss in Eden*] trug. Zu meinen Mitstreitern in der Buchschreiberkooperative gehörten Richard Leakey, Colin Blakemore, Danny Hillis, Jared Diamond, George Smoot, Dan Dennett, Marvin Minsky … und Stephen Jay Gould, der aber – Pech für das Kollektiv – sein Buch nie ablieferte.

Die Mitarbeit an den Sciences Masters war unter anderem auch deshalb eine Freude, weil ich dabei Anthony Cheetham kennenlernte, der gemeinsam mit John Brockman auf die Idee gekommen war. Lalla und ich trafen bei der Präsentation der Buchreihe auf dem Cheltenham Literary Festival zum ersten Mal mit Anthony zusammen; noch heute sind wir gut mit ihm und seiner über alle Maßen entzückenden Frau, der Literaturagentin Georgina Capel, befreundet. Mehrmals verbrachten wir das Wochenende in ihrem idyllischen Haus in den Cotswolds, sahen die Sonne hinter den Rosen untergehen und bewunderten am nächsten Tag den Wald, den Anthony als Zeichen seines Vertrauens in die Zukunft gepflanzt hatte. An einem dieser Wochenenden im goldenen Juragestein gab die ebenfalls als Gast anwesende Cristina Odone, eine entschiedene Fürsprecherin des Katholizismus, sich beim Abendessen alle Mühe, mit mir in Streit zu geraten: Er wurde auf beiden Seiten mit viel Humor geführt, aber nicht beigelegt – und wird vielleicht nie beigelegt werden, es sei denn durch das unwahrscheinliche Ereignis, dass er nach dem Tod zu ihren Gunsten entschieden wird.

Zufällig waren Lalla und ich auch an dem Wochenende im Sommer 1995, als *Und es entsprang ein Fluss in Eden* gerade erschienen war, bei den Cheethams zu Gast. Anthony fuhr wie gewöhnlich vor dem Frühstück in den nahe gelegenen Marktflecken, um die Sonntagszeitungen zu kaufen, und als wir die *Sunday Times* aufschlugen, erfuhren wir, dass mein Buch – nun ja, eigentlich *unser* Buch, denn Lalla hatte die Bilder gezeichnet und Anthonys Verlag war das 13. Mitglied der Kooperative – auf den ersten Platz der Bestsellerliste geklettert war. Ob Anthony beim Frühstück eine Flasche Sekt öffnete, weiß ich nicht mehr, aber es wäre für seine überschäumende Großzügigkeit charakteristisch gewesen.

*Und es entsprang ein Fluss in Eden* erschien kurz nach dem Tod meines Onkels Colyear, des jüngsten Bruders meines Vaters, dem er auch ähnlich sah. Ich widmete das Buch seinem Andenken:

> *In Erinnerung an Henry Colyear Dawkins (1921–1992), der am St. John College in Oxford gelehrt hat und ein Meister in der Kunst war, Dinge zu erklären.*

Nach einhelliger Meinung war er ein vorzüglicher Lehrer, humorvoll, scharfsinnig und von gewandter Intelligenz. Es gelang ihm, Generationen dankbarer Oxforder Biologen die Prinzipien der Statistik zu vermitteln – keine geringe Leistung. Wie die meisten anderen Biologiedozenten des Colleges, so bat auch ich ihn häufig, für meine eigenen Studierenden am New College Tutorien in Statistik abzuhalten. Einmal hatte ich ihn zu diesem Zweck in seinem Büro im Institut für Forstwirtschaft aufgesucht, das damals Imperial Forestry Institute hieß – was für meine Geschichte von Bedeutung ist. Ich schilderte ihm einen Studenten (»sehr schlau, ein bisschen faul, du musst ein Auge auf ihn haben…« und so weiter). Während ich sprach, machte

Colyear sich Notizen, aber nicht in Englisch (er war sehr sprachbegabt). Ich sagte: »O, das ist aber sehr vertraulich, dass du Notizen in Swahili machst.«

»Du liebe Güte, nein«, protestierte er. »Swahili? Nein, nein, in diesem Institut spricht jeder Swahili. Das hier ist Acholi.«

Was er für ein Mensch war, zeigt sich auch in einer anderen Anekdote. An einem Bahnhof in Oxford war der Parkplatz mit einer automatischen Schranke gesichert, die sich jeweils hob und einem Auto die Ausfahrt gestattete, wenn der Fahrer eine Wertmarke in einen Schlitz steckte. Eines Abends war Colyear mit dem letzten Zug von London nach Oxford zurückgefahren. Der Mechanismus der Schranke funktionierte aus irgendwelchen Gründen nicht, und sie blieb geschlossen. Das Bahnhofspersonal war bereits nach Hause gegangen, und die Eigentümer der festsitzenden Autos fragten sich verzweifelt, wie sie den Parkplatz verlassen könnten. Auf Colyear wartete sein Fahrrad, und so hatte er an der Sache kein persönliches Interesse; dennoch griff er mit beispielhaftem Altruismus nach der Schranke, brach sie ab, trug sie zum Büro des Stationsvorstehers und legte sie vor der Tür ab; auf einem Zettel gab er seinen Namen und seine Adresse an, und er erklärte, warum er es getan hatte. Man hätte ihm einen Orden verleihen sollen. Stattdessen wurde er juristisch belangt und bestraft. Welch entsetzliche Abschreckung für jegliches Gemeinschaftsgefühl! Und wie typisch für die regelversessenen, kleinlichen Paragraphenreiter im heutigen Großbritannien!

Die Geschichte hat noch eine kleine Fortsetzung. Viele Jahre später, nachdem Colyear gestorben war, lernte ich zufällig den angesehenen ungarischen Wissenschaftler Nicolas Kurti kennen (einen Physiker, der nebenbei auch ein Pionier der wissenschaftlichen Kochkunst war, Fleisch mit Injektionen aus einer Spritze behandelte und Ähnliches). Als ich meinen Namen nannte, bekam er leuchtende Augen.

»Dawkins? Haben Sie Dawkins gesagt? Sind Sie mit dem Dawkins verwandt, der damals auf dem Parkplatz am Bahnhof von Oxford die Schranke abgebrochen hat?«

»Ähm, ja, ich bin sein Neffe.«

»Kommen Sie her, ich will Ihnen die Hand schütteln. Ihr Onkel war ein Held.«

Sollten die Beamten, die Colyear damals die Strafe auferlegten, diese Zeilen zufällig lesen, werden sie sich hoffentlich schämen. Sie haben doch nur Ihre Pflicht getan und dem Gesetz Geltung verschafft? Ja, genau.

In dem 1996 erschienenen Buch *Gipfel des Unwahrscheinlichen* hatten meine farbigen Biomorphe ihren ersten Auftritt (siehe Seite 616), und illustriert war es wiederum mit Lallas wunderschönen Tierzeichnungen. Das war aber nicht ihr einziger Beitrag. Das Buch markierte – durch Zufall – den Beginn unserer langen Tradition gemeinsamer Lesungen. Wir hatten in Australien und Neuseeland Werbung für das Buch gemacht, aber Moment mal (auf die gemeinsamen Lesungen werde ich zurückkommen): Auf angenehme Weise ausgelöste Erinnerungen sind es wert, dass man in einer weiteren Abschweifung davon erzählt. Und zu allem Überfluss ist es auch noch eine Abschweifung, die in eine Abschweifung eingebettet ist.

*Nur voller Stress, was ist das für ein Leben,*
*Kein Raum, sich auf Umwege zu begeben?*
*Macht schon die Aussicht Sie nicht heiter?*
*Dann blättern Sie gleich ein paar Seiten weiter.*

Lalla und ich flogen über Hongkong und Sydney nach Christchurch (geliebtes Christchurch, hat unsere nostalgisch veraltete britische Eigenart die Erdbeben überstanden?). Zwischen meinen Werbevorträgen für *Gipfel des Unwahrscheinlichen* mieteten wir ein Auto und fuhren durch die Südlichen Alpen; über den Franz-Josef-Gletscher gelangten wir in den Regenwald auf der Westseite der Südinsel mit seinen einzigartigen Baumfarnen. Leider schafften wir es nicht bis hinunter ins Fjordland (von dem Douglas Adams gesagt hat, dort sei der erste Impuls, »einfach in spontanen Applaus auszubrechen«). Wir fuhren über sinnlich hügelige Weiden vom Typ »hier können Schafe gefahrlos grasen« und zwischen hohen Hecken hindurch wieder hinüber auf die Ostseite und kamen nach Dunedin, wo ich ebenfalls einen Vortrag hielt. Hier betreute uns mein früherer Kollege Peter Skegg vom New College. Peter ist Juraprofessor, veröffentlicht aber auch Arbeiten über Vogelkunde und führte uns fachkundig durch die geschützte Kolonie der Königsalbatrosse auf der Halbinsel Otago. Der Anblick der großen Vögel, die mühsam von ihren langen Startbahnen abhoben wie Boeings auf einem Flughafen, war Peter vertraut, aber für Lalla und mich war er neu. Wir waren bezaubert.

Nach weiteren Vorträgen in Wellington (wo wir mit dem Philosophen Kim Sterelny zu Abend aßen) und Auckland flogen wir zurück nach Australien. In Melbourne lernten wir Roland Seidel von den Australian Skeptics kennen. Er trug verschiedenfarbige Socken, die zusammen mit einem rosa Anzug sein modisches Markenzeichen waren – nicht zu verwechseln mit Stephen Potters »Womanship«-Masche, bei der man seltsame Socken trägt, um Mutterinstinkte zu wecken (»Kaufen Sie unsere Patentmarke Oddsocks«). Roland nahm uns mit in sein Haus inmitten der Eukalyptuswälder in den Dandedong Hills außerhalb der Stadt. Als Lalla auf der hölzernen Veranda stand, schossen zu ihrer Begeisterung Jägerlieste (Vögel aus der Familie der Eisvögel) von den Bäumen herab und fraßen ihr mit ihren dreisten, aggressiven Schnäbeln aus der Hand.

Ein paar Tage verbrachten wir auf Heron Island (siehe Bildteil) am Great Barrier Reef, und dort nahm die Frau des Verwalters der Forschungsstation mich zum Schnorcheln mit. Als ich mich plötzlich einem Hai von Angesicht zu Angesicht gegenübersah, dämpfte sie meine Panik mit den Worten: »Alles in Ordnung, der ist völlig harmlos.« Aber dann verdarb sie wieder alles, indem sie hinzufügte: »Allerdings wäre es mir lieb, er würde verschwinden und anderswo harmlos sein.«

In Canberra verlieh mir die Australian National University die Ehrendoktorwürde – und ich durfte sogar die Robe behalten. Sie hat fast die gleiche Farbgebung wie die für den Oxforder DPhil – ich nehme an, das ist bequem, bedeutet aber auch ein wenig, Eulen nach Athen zu tragen. Wo wir gerade bei der Ehrendoktorwürde sind: Ich war lange erpicht auf eine aus Spanien, denn dort bekommt man einen wunderschönen Hut, der aussieht wie ein Lampenschirm mit Quasten. Anders als in einem klassischen Witz von Peter Medawar habe ich nicht den Ehrgeiz, Ehrendoktorwürden nach dem Alphabet zu sammeln (»Yale und Zimbabwe zögern ihre Entscheidungen unerklärlicherweise hinaus«), aber ich war begeistert, als Valencia auf mich zukam, und heute trage ich das Neidobjekt, den Lampenschirmhut, jedes Jahr in Oxford bei der Encaenia-Gartenparty des Vizekanzlers, einer prächtig anachronistischen Balzzeremonie für farbenfrohe Akademiker. Neben anderen Ehrendoktortiteln freue ich mich besonders über diejenigen von Juliets beiden Hochschulen St. Andrews und Sussex – Letztere wurde mir von Lallas liebem Freund Richard Attenborough in seiner Funktion als Kanzler verliehen (siehe Bildteil). Als meine Freundin

Paula Kirby das Foto sah, sagte sie: »Sehr hübsch, aber warum hast du dich als Color-Rado verkleidet?«

Aber kehren wir endlich zum Ausgangspunkt dieser mehrfachen Abschweifung zurück: Von Australien flogen Lalla und ich nach Kalifornien, um dort die Werbetour für *Gipfel des Unwahrscheinlichen* fortzusetzen. Die vielen Auftritte als Redner in Australien hatten auf heimtückische Weise mit der Erkältung zusammengewirkt, die bei mir typischerweise auf einen langen Flug folgt: Ich hatte eine Kehlkopfentzündung und konnte kaum sprechen. Lalla musste mich vertreten und las mit ihrer wunderschönen Stimme ausgewählte Passagen aus dem Buch vor (nicht umsonst hatte die BBC ihr eine Rolle bei Shakespeare gegeben). Nach den Lesungen stellten wir den Verstärker lauter, so dass ich meine Antworten auf einige Fragen aus dem Publikum ins Mikrofon krächzen konnte. Als wir später auf dem Weg nach Osten waren, kehrte meine Stimme allmählich zurück. Aber Lallas Lesungen waren so gut aufgenommen worden, dass wir sie fortsetzten, und so entstand eine Tradition, die wir auch beibehielten, als wir Werbung für spätere Bücher machten: Wir lasen beide abwechselnd ausgewählte Passagen. Mittlerweile haben wir die meisten Bücher aus meiner Backlist unter der kompetenten Leitung von Nicholas Jones vom Hörbuchverlag Strathmore in Doppelbesetzung aufgenommen. Offenbar klappt es gut: Wenn die Stimme alle paar Absätze wechselt, nickt der Zuhörer nicht ein; besonders nützlich ist es, wenn man Zitate und Fließtext voneinander unterscheiden will, denn dann braucht man nicht das aufdringliche eingeschobene Wort »Zitat« zu verwenden.

Darwins *Entstehung der Arten* nahm ich allein auf, ebenso *An Appetite for Wonder*, den ersten Teil meiner Erinnerungen; dort liest Lalla nur die Auszüge aus den Tagebüchern meiner Mutter. Die Aufnahme der *Entstehung der Arten* war ein höchst interessantes Erlebnis. Ich unternahm nicht den Versuch, die Rolle eines viktorianischen Familienoberhaupts zu spielen, sondern las den Text ausschließlich mit der mir eigenen Stimme. Dabei bemühte ich mich sehr darum, jeden Satz so vollständig zu erfassen, dass ich sowohl die Wörter als auch die Silben richtig betonen konnte, um damit dem Zuhörer das Verständnis zu erleichtern. Das war recht schwierig: Viktorianische Sätze sind häufig länger, als moderne Ohren es gewohnt sind. Bei mir selbst führte diese Erfahrung dazu, dass meine Bewunderung für Darwins Weisheit und

Intellekt noch größer wurde, als sie es schon gewesen war – und das will etwas heißen.

Ich glaube, ich habe in der Kunst des Vorlesens vieles von Lalla gelernt, und dabei hat sich auch meine lebenslange Liebe zur Dichtung noch vertieft. Lalla war auch diejenige, die mich davon überzeugte, dass ein Buch über die Poesie in der Wissenschaft geschrieben werden musste und dass ich es schreiben sollte. *Unweaving the Rainbow* [*Der entzauberte Regenbogen*], eine Erwiderung auf Keats' romantische Feindseligkeit gegenüber der Newton'schen Wissenschaft, erschien 1998, zwei Jahre nach *Gipfel des Unwahrscheinlichen*, und ist Lalla gewidmet. *Gipfel des Unwahrscheinlichen* war Robert Winston gewidmet, der Lalla und mir so großzügig bei unseren vier – leider erfolglosen – Versuchen geholfen hatte, durch künstliche Befruchtung ein Kind zu bekommen. Noch bevor das Buch erschien, war es mir eine Freude, die Widmung »Ein guter Arzt und ein guter Mensch« im Rahmen einer Diskussion über Religion bekanntzugeben, die ein Rabbiner in London organisiert hatte. Dort vertraten Robert (eines der angesehensten Mitglieder der jüdischen Gemeinde Englands) und ich die gegensätzlichen Positionen.

Ich halte *Gipfel des Unwahrscheinlichen* für mein meistunterschätztes Buch, aber ich kann den Verlagen nicht den Vorwurf machen, sie hätten zu wenig Werbung dafür betrieben. Sie schickten Vorabexemplare an eine ganze Reihe prominenter Leser, die liebenswürdige, herzliche Zitate für den Buchumschlag lieferten. Die größte Freude bereitete mir vielleicht das Lob von David Attenborough: Er schrieb unter anderem, die Lektüre habe ihm so viel Spaß gemacht, dass er sich kaum beherrschen konnte und fast die Fremde, die neben ihm schlief, geweckt hätte, damit sie ebenfalls seine Lieblingspassagen las. Der Verlag weigerte sich, diesen Satz zu drucken, und kürzte seine Empfehlung auf ein einziges Wort: »Umwerfend«. Wovor hatten sie Angst? Sie hätten nur erläutern müssen, dass er das Buch auf einem nächtlichen Langstreckenflug gelesen hatte.

Im Zusammenhang mit diesem großartigen Mann möchte ich ein wenig abschweifen. Wenn sich jemals die Möglichkeit ergeben sollte, dass Großbritannien nicht durch Erbfolge, sondern durch Wahlen ein neues Staatsoberhaupt bekommt, stellt sich eine heikle Frage: Die Königin loszuwerden ist ja gut und schön, aber man stelle sich nur vor, wen wir statt ihrer bekommen könnten: König Tony Blair? König Justin Bieber? Solche düsteren Spekulationen finden jedoch ein schnelles Ende, wenn jemand darauf hinweist, dass es eine potentielle Galionsfigur gibt, hinter der sich alle zusammenfinden könnten: König David Attenborough.

Wie charmant und freundlich er ist, weiß jeder. Weniger bekannt ist, dass er auch eine große Gabe für das Geschichtenerzählen und die Kunst der Nachahmung besitzt. Wie sein Bruder Richard hätte er Schauspieler werden können. Man braucht ihm nur jenen anderen unbezahlbaren Geschichtenerzähler, seinen Freund und Antiquitätensammler-Kollegen Desmond Morris an die Seite zu stellen, und man kann sich zurücklehnen und das Kabarett genießen. Ebenso unvergesslich: David imitierte die älteren Mitglieder der Zoological Society in dem Augenblick, als Desmonds glamouröse Ehefrau Ramona im Clubhaus erschien und durch das Blickfeld schritt. Alle drehen sich, gespannt auf ihren Stühlen sitzend, langsam herum, während ihre Blicke der Frau folgen. David hält eine imaginäre Kaffeetasse in der Hand, und während er sich in erheiternder Nachahmung von Ramonas bebrillten Bewunderern dreht, dreht sich auch die imaginäre Tasse langsam um, bis sich ihr Inhalt über die Hosenbeine ergießt.

Einmal interviewte der *Guardian* David und mich gemeinsam. An den Anlass erinnere ich mich nicht mehr – vielleicht war es ein Format, das regelmäßige Doppelinterviews erforderte. Vor dem eigentlichen Interview hatte ein Fotograf den Auftrag erhalten, uns gemeinsam abzulichten. Wir saßen zu diesem Zweck in Davids Garten und unterhielten uns, während der Fotograf seine Aufnahmen machte. Es war ein großartiges Gespräch. Nach einer vorsichtigen Schätzung waren wir während ungefähr 95 Prozent der Zeit damit beschäftigt, lauthals zu lachen, und der Fotograf muss sicher über hundert Bilder gemacht haben. Anschließend mussten die Bildredakteure eines davon für den Druck auswählen, und wofür entschieden sie sich? Sie zeigten uns Auge in Auge wie zwei Preisboxer mit vorgestrecktem Kinn im klassischen Aggressionsgehabe von Primaten, als würden wir gleich aufeinander einschlagen. Es muss wirklich schwierig gewesen sein, dieses Bild unter mindestens hundert anderen mit fröhlichen, freundlichen, lachenden Gesichtern zu finden. Nun ja, das ist Journalismus. Vielleicht waren »kantige Gesichter« zu jener Zeit gerade in Mode.

Lalla rief mir einen Journalisten der *Sunday Times* ins Gedächtnis (seinen Namen werde ich nicht nennen), der mich bei uns zu Hause interviewen sollte. Lalla arbeitete in der ersten Etage und hörte nahezu ununterbrochen freundliches Gelächter aus dem Zimmer unter ihr, in dem das Interview stattfand. Als aber das Interview dann erschien, lautete der erste Satz: »Die Schwierigkeit bei Richard Dawkins besteht darin, dass er keinen Sinn für Humor hat.« – Wissen Sie, er ist Atheist, und dass die keinen Sinn für Humor haben, weiß jeder. (In Wirklichkeit ist vermutlich auch dieser Journalist Atheist wie die meisten seiner Kollegen aus der schreibenden Zunft: Sie bekennen sich nur nicht dazu.) Weg mit dem Gedanken, das Gesicht des Atheismus dürfe in der Öffentlichkeit lachen und lächeln; nein, das Zähnefletschen muss als Markenzeichen stets bewahrt werden.

Ebenso haben Atheisten angeblich auch keine poetische Ader. Damit bin ich wieder bei *Der entzauberte Regenbogen*, dem Buch, in dem ich mich mehr als in jedem anderen darum bemüht habe, die Poesie der Wissenschaft zu preisen. Wie ich bereits angedeutet habe, machte sich Lallas Einfluss auf meine Autorentätigkeit hier zum ersten Mal bemerkbar. Sie drängte mich, in meiner Rolle als frisch ernannter Simonyi-Professor for the Public Understanding of Science den Kontakt zu Dichtern und Künstlern zu suchen. Das Buch enthält zwar Sätze, die ihren Ursprung in den Weihnachtsvorlesungen haben, sein eigentlicher Ausgangspunkt geht aber auf das Jahr 1996 und meinen Richard-Dimbleby-Vortrag zurück: Ihn eröffnete ich mit Worten, die Lalla vorgeschlagen hatte, und ihre Inspiration war bis zum Ende spürbar. Der Titel meines Dimbleby-Vortrags wurde später sogar zum Untertitel des Buches: *Science, Delusion and the Appetite for Wonder* [*Wissenschaft, Aberglaube und die Kraft der Phantasie*].

Der alljährliche, von der BBC im Fernsehen übertragene Richard-Dimbleby-Vortrag erinnert an einen bedeutenden Fernsehmann, eine Koryphäe bei jener einstmals großen Institution. Für mich war es eine Ehre, als ich eingeladen wurde, 1996 den Vortrag zu halten, und ich nahm das Angebot trotz meiner üblichen Befürchtungen und Ängste an. Die ersten Entwürfe für den Vortrag schienen nirgendwohin zu führen, was zur Folge hatte, dass sich meine Bedenken verstärkten. Lalla rettete mich aus meiner Verzweiflung mit einer inspirierten Eröffnung, die ich Wort für Wort übernahm und die sofort die richtige Atmosphäre für den Vortrag schuf: »Du könntest für Aristoteles ein Tutorium abhalten. Und du könntest ihn bis in den innersten Kern seines Seins begeistern.«

In Großbritannien erschien *Der entzauberte Regenbogen* wiederum beim Verlag Penguin. In den Vereinigten Staaten wechselte John Brockman für mich zu Houghton Mifflin, und der Verlag schickte mich auf eine Werbereise, deren Höhepunkt eine Veranstaltung im Herbst Theatre in San Francisco war. John Cleese erklärte sich bereit, mich auf der Bühne zu interviewen, und er machte seine Sache hervorragend. Sein Exemplar des Buches war dicht mit gelben Notizzetteln besetzt: Er hatte seine Hausaufgaben gründlich gemacht. Man kann nicht so lustig sein wie er, auf die ihm eigene Weise, es sei denn, man ist sehr intelligent. Und seine Intelligenz zeigte sich auch an jenem Abend auf dem Podium. Nach meinem Eindruck erwartete das Publikum, dass er lustig war, und das ging so weit, dass sie bei allem lachten, was er sagte, ganz gleich, wie ernst seine Worte und Absichten waren. Zugegeben: Viele Anhaltspunkte gab sein Tonfall nicht her; seine Stimme ist immer ernst, auch wenn er ernsthaft Comedy macht, wie beispielsweise im Sketch »Argument Clinic«, oder wenn er mit todernster Stimme zu Michael Palin als angehendem Entwickler für alberne Gänge sagt: »Das ist alles? Das ist nicht sehr albern, oder?« Ich hatte an dem Gelächter des Publikums in San Francisco viel Spaß und stimmte vermutlich mit ein. Anschließend fragte ich mich allerdings, ob John nicht ein wenig frustriert darüber war, dass die Leute über alles lachen, was er sagt, selbst wenn er es eigentlich ernst meint.

Anscheinend ist er tatsächlich immer lustig. Das bemerkten Lalla und ich, als er und seine Frau uns einluden, über einen Feiertag zu bleiben. Ich möchte nur eine der vielen großartigen Geschichten wiedergeben, die er erzählte. Zufällig und ohne eine Ahnung vom Zusammenhang hörte er, wie eine Frau auf dem Oberdeck eines Busses sagte:

> *»Ich habe es für sie gewaschen, als sie geboren wurde. Ich habe es für sie gewaschen, als sie geheiratet hat. Ich habe es für sie anlässlich der Beerdigung von Winston Churchill gewaschen. Und ich werde es für sie nicht noch einmal waschen.«*

Erleben lustige Menschen überproportional häufig lustige Dinge? Warum das so sein sollte, ist schwer zu erkennen, aber ich frage mich dies nicht nur bei John Cleese, sondern auch bei anderen Humormagneten, die ich kennengelernt habe, darunter Douglas Adams, Desmond

Morris, David Attenborough und Terry Jones. Vielleicht haben sie einfach ein gutes Ohr und einen guten Blick für komische Ereignisse und nehmen Lustiges eher wahr als andere.

## *The Ancestor's Tale* und *A Devil's Chaplain*

Als nächstes Buch schlug ich John Brockman *The God Delusion* [*Der Gotteswahn*] vor, aber darüber war er nicht begeistert. Nach seiner Ansicht konnte man ein Buch, das die Religion angreift, in Amerika nicht verkaufen, und zu jener Zeit (in den neunziger Jahren) könnte er damit recht gehabt haben. Später kam George W. Bush daher, und daraufhin änderte John seine Meinung. Aber in der Zwischenzeit, 1997, machte Anthony Cheetham mir an einem jener idyllischen Wochenenden in Cotswold einen Vorschlag, der spannend und beängstigend zugleich war. Eine vollständige Geschichte des Lebendigen im großen Maßstab: oder, wie er es formulierte, die Entsprechung des Evolutionsforschers zu *Die Geschichte der Kunst* von Ernst Gombrich.

Der Ehrgeiz dieses Projekts machte mich zunächst fassungslos. Es würde voraussetzen, dass ich ungeheuer viel las und Kenntnisse, die seit meinen ersten Semestern begraben lagen, wieder zum Leben erweckte. (Reumütig musste ich an die zuvor bereits zitierte Bemerkung von Harold Pusey denken, wonach man zur Zeit der Abschlussprüfung in Oxford mehr konzentriertes Wissen zur Verfügung hat als zu jedem späteren Zeitpunkt.) Außerdem würden die Kenntnisse aus dem Studium heute zu einem großen Teil veraltet sein, überholt durch die Masse an neuen Informationen, die insbesondere aus den molekularbiologischen Labors der ganzen Welt strömen. Würde ich das Durchhaltevermögen aufbringen und Anthonys Vorschlag umsetzen können? Es schien ein wenig viel verlangt. Andererseits war ich seit zwei Jahren Professor für die Vermittlung von Wissenschaft an die Öffentlichkeit (mehr darüber in einem späteren Kapitel), und das hatte mich von den Anforderungen der Lehre und Tutorentätigkeit befreit. War ich es meinem Mäzen Charles Simonyi nicht schuldig, etwas Großes hervorzubringen, das die zusätzliche Zeit, die mir durch seine Großzügigkeit jeden Tag zur Verfügung stand, rechtfertigte – ein *Opus*, das immerhin so *magnum* war, dass meine Nachfolger etwas haben würden, dem sie gerecht werden konnten?

Ich überlegte mehrere Tage hin und her und verbrachte schlaflose Nächte. An einem hellen Morgen war ich überzeugt, ich könne es schaffen, und machte sogar bereits erste vage Notizen für eine Gliederung. In dunklen Nächten jedoch erhob sich das Gespenst eines Mühlsteins, der mich für Jahre zu Boden ziehen würde. Lalla war dafür, dass ich den Sprung ins kalte Wasser wagte. Sie wies darauf hin, dass ich mir mehrere Jahre Zeit lassen konnte; außerdem könne ich das Buch in Kapitel aufteilen, mir jeweils ein Kapitel nach dem anderen vornehmen und so die Aufgabe in den Griff bekommen. So fand ich zur nötigen Entschlossenheit, und im März 1997 unterzeichnete ich den Vertrag mit Anthony. Zur gleichen Zeit traf John die Vereinbarung mit Houghton Mifflin als meinem amerikanischen Verlag; mein Lektor war dort Eamon Dolan.

Ziemlich beschwingt machte ich mich ans Schreiben; fröhlich ging ich den langen, gewundenen Weg an, der vor mir lag, ohne seine Länge oder die Lasten, die ich unterwegs würde schultern müssen, zu unterschätzen. Aber zwei Jahre später stürzte mich die schiere Größe der Aufgabe wiederum in Verzweiflung. Lalla bemühte sich, mir Mut zu machen. Sie räumte ihr Atelier aus, in dem sie gewöhnlich ihre reizenden Kreationen schuf, so dass mir eine ganze Wand zur Verfügung stand, an der ich einen riesigen Plan für das Buch aufhängen konnte – einen Plan der Geschichte des Lebendigen. Dieser Szenenwechsel gab meiner durchhängenden Stimmung einen neuen Impuls, allerdings nur vorübergehend; bedrückend rückte der vertraglich vereinbarte Termin näher. Ich fiel zurück in ängstliche Überlegungen, das Projekt aufzugeben und den Vorschuss an den Verlag zurückzuzahlen. Als ich fast so weit war, unternahm Lalla aus Mitleid einen Versuch, mich aus meinem erbärmlichen Seelenzustand zu befreien: Sie eilte allein zu Anthony nach Cotswolds, und im Anschluss an dieses Krisentreffen schrieb er mir im Februar 1999 Folgendes (dazu sollte ich erklären, dass das Buch zu jener Zeit den Arbeitstitel *Ancestral Voices* trug; wir gaben ihn später auf, weil die sinnträchtige Formulierung von Coleridge schon zu oft verwendet worden war):

*Lieber Richard …*
*Betr.: **Ancestral Voices***
*Ich möchte nicht, dass du wegen dieses Projekts auch nur eine Minute Schlaf verlierst oder an einem Anfall von Reue leidest. Wenn der*

*Termin dich beunruhigt, ändern wir ihn. Das Buch ist mir und – da bin ich mir sicher – auch dir zu wichtig, als dass wir es wie einen Artikel für eine Sonntagszeitung behandeln sollten. Ich schlage vor, dass wir unter uns ein privates Abkommen treffen: Vorausgesetzt, es wird dein nächstes Buch, liegt der Zeitplan für die Abgabe ausschließlich bei dir und nicht bei uns oder bei dem Datum, das im Vertrag steht …*
*Alles Gute*
*Anthony*

So also klingt ein Brief von einem großen Verleger und Büchermann. Der zweite Faktor, der mich aus der Verzweiflung zog, war eine Erkenntnis: Von dem großzügigen Vorschuss, den John Brockman für das Buch ausgehandelt hatte, konnte ich einen promovierten Forschungsassistenten einstellen, der ganztags an dem Buch arbeitete. Für solche Dinge sind Vorschüsse schließlich gedacht. Und wer der ideale Kandidat sein würde, lag erfreulicherweise sofort auf der Hand – oder, noch besser, er stand unmittelbar vor meiner Tür. Yan Wong, einer meiner besten Studenten seit den glorreichen Tagen von Mark Ridley und Alan Grafen, stellte unter Alans Betreuung gerade seine Doktorarbeit fertig (womit ich eigentlich nicht sein Doktorvater, sondern sein Doktorgroßvater war). Yan war erpicht auf den Job, und das mehr oder weniger aus dem gleichen Grund, aus dem ich ursprünglich gezögert hatte, das Buch überhaupt in Angriff zu nehmen: der Herausforderung, ungeheuer viel zu arbeiten und sich eine Menge Fakten anzulesen. Was mich abgeschreckt hatte, war für den 30 Jahre jüngeren Yan eine Gelegenheit.

Yan arbeitete seit 1999 bei mir. Meine Professur war offiziell an das Museum für Naturgeschichte der Universität Oxford angegliedert, und Yan erhielt ein kleines Büro in diesem prächtigen Gebäude, dessen Architektur stets an den gotischen Stil der darin aufgebauten Dinosaurierskelette denken lässt. Dort arbeitete er, umgeben von Knochen, Fossilien, Staub und Kristallglasvitrinen. Wir trafen uns häufig, diskutierten über alle Einzelheiten des Buches und planten seine Gliederung. Anthony hatte ursprünglich daran gedacht, die Geschichte des Lebendigen als Ablauf in der herkömmlichen Richtung darzustellen, das heißt entsprechend ihres zeitlichen Verlaufs. Er lenkte aber auch begeistert ein, als er die Vorteile einer umgekehrten, rückwärts verlaufenden historischen Darstellung erkannte, die Yan und ich bevorzugten. Wir hatten dafür überzeugende Gründe. Allzu viele Darstellungen der Evolution finden ihren krönenden Abschluss beim Menschen. Das erste Kapitel von *The Ancestor's Tale* [*Geschichten vom Ursprung des Lebens*] trägt die Überschrift »Blick zurück nach vorn« und erklärt es so:

> *Wie steht es mit der zweiten Versuchung, der Eitelkeit der Gegenwart? Mit der Vorstellung, die Vergangenheit sei dazu da gewesen, ausgerechnet unsere Gegenwart hervorzubringen? Der verstorbene Stephen Jay Gould weist in diesem Zusammenhang ganz zu Recht auf eine bekannte Darstellung der Evolution in der Volksmythologie hin, eine Karikatur, die fast ebenso allgegenwärtig ist wie die von Klippen stürzenden Lemminge (auch das übrigens ein falscher Mythos). Diese Karikatur zeigt eine Reihe gebückt watschelnder Affenvorfahren, die sich ganz langsam hinter der kerzengerade und stolz einherschreitenden Gestalt des* ***Homo sapiens sapiens*** *aufrichten: der Mensch als letztes Wort der Evolution (und in diesem Zusammenhang ist es immer ein Mann und keine Frau); der Mensch als Zielpunkt, auf den das ganze Unternehmen ausgerichtet ist; der Mensch als Magnet, dessen Größe die Evolution aus der Vergangenheit unweigerlich zu sich hinanzieht.*

Wir wollten die menschliche Eitelkeit in jedem Fall vermeiden; gleichzeitig mussten wir aber anerkennen, dass unsere Leser, bei denen es sich ausschließlich um Menschen handelt, sich vor allem für die Evolution der Menschen interessieren würden. Wie konnten wir dieses verzeihliche anthropozentrische Bedürfnis befriedigen, ohne gleichzeitig dem Mythos Vorschub zu leisten, dass die Evolution ständig aufwärts verläuft und den Menschen als Gipfelpunkt hat? Indem wir die Geschichte rückwärts aufrollten. Wenn man beim Ursprung des Lebens beginnt und von dort voranschreitet, kann die Geschichte mit der gleichen Berechtigung bei jeder der vielen Millionen heute lebenden Arten enden. Der *Homo sapiens* sollte dabei ebenso wenig ein Vorrecht genießen wie *Ranunculus repens, Panthera leo* oder *Drosophila subobscura.* Betrachtet man den Verlauf der Geschichte aber rückwärts, kann man mit Fug und Recht eine beliebige heutige Spezies herausgreifen und ihre Abstammung auf den gleichen einen Ursprung zurückführen, einen Ursprung, der allen gemeinsam ist. Damit steht es uns frei, als Ausgangspunkt in der Gegenwart die Spezies zu wählen, für die wir uns am meisten interessieren: unsere eigene.

Yan und ich setzten den Weg in die Vergangenheit nach dem Vorbild Chaucers als Pilgerreise in Szene, eine Pilgerreise der Menschen zurück zum Ursprung allen Lebens. Zu unseren Pilgern kamen dabei an bestimmten »Treffpunkten« nach und nach erst die engen Verwandten hinzu, dann die weiter entfernten Verwandten, dann die sehr weit entfernten Verwandten. Dies hatte noch einen zusätzlichen Vorteil: Wir konnten deutlich machen, dass heutige Arten nicht die Vorfahren anderer heutiger Arten sind, sondern ihre *Vettern*. Überraschenderweise stellte sich heraus, dass es nur 39 derartige Treffpunkte gibt. Dass diese Zahl so klein ist, liegt daran, dass an vielen Treffpunkten eine sehr große Zahl von Vettern hinzukommt. Am Treffpunkt Nummer 26 zum Beispiel schließen sich die meisten wirbellosen Tiere dem Pilgerzug an, darunter auch die Insekten – und wie Robert May (ein angesehener Biologe und späterer Physiker, wissenschaftlicher Chefberater der britischen Regierung und Präsident der Royal Society) einmal bemerkte, handelt es sich in erster Annäherung bei allen biologischen Arten um Insekten.

Für die verstorbenen Vorfahren, die sich unseren modernen Pilgern an den aufeinander folgenden Treffpunkten anschlossen, brauchten wir ein Wort. Im Rückgriff auf mein Schulgriechisch schlug ich »Phylarch« vor, aber das war nicht einprägsam genug. Schließlich kam Yans Frau Nicky auf das passende Wort: »concestor«, eine natürliche Kurzform von »common ancestor«. In der deutschen Ausgabe heißt er »Mitfahre«. Der Mitfahre 15 beispielsweise ist der gemeinsame Vorfahre aller heutigen Säugetiere.

In einem weiteren Anklang an Chaucer ließen wir einige Pilger, die sich der Reise der Menschen in die Vergangenheit anschlossen, eine »Geschichte« erzählen. Diese Geschichten waren schlicht Abschweifungen, Vorwände, um Interessantes aus der Biologie zu berichten; sie sind nicht nur für das Lebewesen von Bedeutung, das die Geschichte erzählt, sondern für das gesamte Buch. In der Geschichte der Heuschrecke geht es zum Beispiel um Rassen, insbesondere um das heikle Thema der Menschenrassen; die Heuschrecke erzählt sie wegen bestimmter Forschungsergebnisse über Heuschreckenrassen. Die Geschichte des Samtwurms handelt von der kambrischen Explosion. Der

Biber erzählt vom erweiterten Phänotyp. Die Geschichten werden von mir erzählt: Tiere in der ersten Person sprechen zu lassen wäre zu gekünstelt gewesen.

Man kann mit Sicherheit behaupten, dass das Buch ohne Yan Wong nicht fertig geworden wäre. Er wird in mehreren Kapiteln als Mitautor genannt, und zu meiner Freude kann ich ankündigen, was ich gerade mit dem Verlag auf dem Weg über Brockman, Inc. ausgehandelt habe: Es wird eine Neuauflage geben, die mit neuem Material von Yan aktualisiert wird, und dieses Mal wird sein Name als Coautor auch auf dem Buchumschlag erscheinen.

Im Jahr 2002, während einer jener Krisen meines Selbstvertrauens, versuchte ich die Verleger zu besänftigen und den Druck des Abgabetermins abzumildern, indem ich ihnen ein anderes Buch anbot – ein Buch, das am Ende den Titel *A Devil's Chaplain* tragen würde. Anthony war erpicht darauf, eine Sammlung meiner bereits erschienenen Aufsätze und journalistischen Arbeiten zu veröffentlichen, und den gleichen Wunsch hatte auch Eamon Dolan vom amerikanischen Verlag Houghton Mifflin. Ich kannte auch genau die richtige Person, die mir bei der Redaktion helfen konnte. Latha Menon stammte ursprünglich aus Indien, wohnte aber schon seit langem in Oxford und hatte hier auch ihren Studienabschluss gemacht; sie war die findige und erstaunlich kenntnisreiche Redakteurin der Enzyklopädie *Encarta*, die unter der Schirmherrschaft von Microsoft produziert wurde. Ich gehörte mehrere Jahre der Redaktionsleitung von *Encarta* an und nahm an den Jahrestagungen im Somerville College teil; den Vorsitz führte der angesehene Historiker Asa Briggs, und Latha leitete vor allem die Detaildiskussionen. Ich war von ihr höchst beeindruckt, und als die Arbeit an *Encarta* beendet war, empfahl ich sie mit Erfolg als Lektorin für wissenschaftliche Bücher bei Oxford University Press. Ob sie nach Feierabend meine Anthologie redigieren könne? Sie konnte. Sie kannte bereits nahezu alles, was ich jemals geschrieben hatte, und machte sich sofort an die Arbeit. Zunächst half sie mir bei der Auswahl einer geeigneten Liste von Schriften und ordnete sie in sieben Abschnitte. Als Überschriften für diese Buchteile wählte ich poetische Anspielungen wie »Light will be thrown« (über Darwinismus), »They told me Heraclitus« (Nachrufe und Denkschriften), »Even the ranks of Tuscany« (verschiedene Aufsätze im Zusammenhang mit Stephen Jay Gould) und »There is all Africa and her prodigies in us« (über afrikanische Themen). Der letzte Abschnitt mit der Überschrift »A prayer for my daughter« besteht nur aus einem Kapitel, dem offenen Brief, den ich meiner Tochter Juliet geschrieben hatte, als sie zehn Jahre alt war. Er bildete den krönenden Abschluss des Buches, und da sie gerade 18 geworden war, widmete ich Juliet das Buch anlässlich ihrer Volljährigkeit.

## Ein Gebet für meine Tochter

Dass ich meiner zehnjährigen Tochter einen langen Brief zum Thema »gute und schlechte Gründe, etwas zu glauben« geschrieben habe, mag seltsam erscheinen. Warum habe ich nicht einfach mit ihr gesprochen? Der Grund ist traurig, aber nicht ungewöhnlich: Wir sahen uns kaum. Juliet wohnte bei ihrer Mutter, meiner zweiten Frau Eve. Eve war attraktiv, amüsant und eine sehr gute Gesellschafterin, aber abgesehen von unserer Liebe zu Juliet verband uns kaum Gemeinsames. Die Trennung wurde immer unvermeidlicher, und wir vollzogen sie, als Juliet vier Jahre alt war – ein Alter, so hofften wir, in dem es für sie weniger belastend war, als wenn wir es länger hinausgeschoben hätten. Danach sahen Juliet und ich uns zwar regelmäßig, aber kürzer, als ich es mir gewünscht hätte (solche Besuche werden von Anwälten mit der »Unsere Seite-ihre Seite«-Mentalität festgelegt – muss ich noch mehr sagen?). Die Zeit, die wir zusammen verbrachten, war zu kostbar für weitschweifende Diskussionen über den Sinn des Lebens. In den ersten Jahren verging meine begrenzte Zeit mit ihr allzu schnell, und ich las ihr das Lieblingsbuch über Gorillas vor, oder auch *Mogg the Forgetful Cat* oder *Babar der Elefant*; oder ich spielte mit ihr Klavier, oder wir gingen mit unserem lieben kleinen Whippet Pepe am Fluss spazieren.

Ich wollte ihr aber auch etwas Tieferes mitgeben, doch da wir uns so selten sahen, wuchsen die Barrieren. Ich war ihr gegenüber sogar ein wenig schüchtern – seit dem Tag ihrer Geburt staunte ich über ihr liebenswürdiges Wesen und ihre Schönheit. Ihre Gegenwart machte mich seltsam sprachlos. Religiöse Eltern schicken ihre Kinder in die Sonntagsschule oder sprechen mit ihnen über ihren Glauben. Ich nehme an, ich wollte etwas vage Entsprechendes tun. Sie war intelligent und kam in der Schule gut voran, und so glaubte ich, sie würde einen langen, nachdenklichen Brief zu schätzen wissen. Eines muss ich allerdings sofort hinzufügen: Sie mit meinen Überzeugungen zu indoktrinieren war das Allerletzte, was ich gewollt hätte. Der gesamte Tenor meines Briefes lief darauf hinaus, sie zu ermutigen, selbst zu denken und zu ihren eigenen Schlussfolgerungen zu gelangen.

Sie las den Brief und sagte, er habe ihr gefallen, aber wir sprachen nicht weiter darüber. Zufällig redigierte John Brockman zu jener Zeit gerade ein Buch mit Texten für Kinder, das er seinem Sohn Max zur Bar-Mizwa schenken wollte. Ich gehörte zu jenen, die er um Beiträge bat, und da war es naheliegend, dass ich meinen Brief an Juliet einreichte. So wurde er zu einem offenen Brief. Die veröffentlichte Version wurde von Eltern auf der ganzen Welt wohlwollend aufgenommen: Sie gaben sie ihren Kindern oder lasen sie ihnen vor. Und wie ich bereits erwähnt habe, nahm ich ihn später als letztes Kapitel in *A Devil's Chaplain* auf und widmete das ganze Buch Juliet zu ihrem 18. Geburtstag.

Juliet war sieben, als ich Lalla kennenlernte, und acht, als wir heirateten. Die beiden kamen von Anfang an gut miteinander aus. Wir einigten uns auf ein Schema, wonach Juliet jedes zweite Wochenende mit Lalla und mir in unserem Haus verbrachte, und wir erlebten mit Juliet und ihrer Freundin Alexandra einen wunderschönen Urlaub ganz im Westen Irlands in dem Haus, das meine Eltern restauriert hatten. Es lag zwischen den Dünen und hatte den Blick auf die Twelve Bens of Connemara. Es war eine glückliche Zeit; an sie erinnert auch eine hübsche Stickerei, die Lalla anfertigte und meinen Eltern schenkte (siehe Bildteil).

Aber als Juliet zwölf war, setzten bei Eve rätselhafte Symptome ein, und man diagnostizierte einen Krebs der Nebennieren. Eine große Operation rettete ihr zunächst das Leben, aber dann traten Metastasen auf, und nun begann die Tretmühle der Chemotherapie mit ihren grausigen Nebenwirkungen. Eve trug die Krankheit mit ungeheurer Tapferkeit und Mut und hielt sich mit ihrem schwarzen Humor über Wasser, der mich neben anderen Dingen anfangs so zu ihr hingezogen hatte. Als Lalla zum Beispiel einmal mit Pepe zum Tierarzt – meinem Neffen Peter Kettlewell – ging, sagte Eve: »Wenn ihr schon einmal da seid, fragt Peter nach irgendetwas, womit er mich einschläfern kann. Ich glaube, die Dosis für einen mittelgroßen Deutschen Schäferhund wäre genau richtig.« Sie lachte mutig im Angesicht des Todes.

Lalla und Eve schlossen in dieser Zeit eine bemerkenswerte Freundschaft, und ich glaube, das festigte auch Lallas Bindung zu Juliet. Lalla begleitete Eve zu all ihren Besuchen beim Onkologen, ging mit ihr jede Woche zum Mittagessen in ein Pub und verbesserte nach meinem Eindruck ihre Stimmung, während es mit Eves Gesundheit bergab ging. Lalla und ich engagierten professionelle Pflegerinnen, freundliche, kompetente junge Frauen aus Neuseeland und Australien, die sich um Eve und Juliet kümmerten. Und da wir alle die düstere Prognose kannten, schickten wir Eve zusammen mit Juliet in den Urlaub auf eine schöne Mittelmeerkreuzfahrt, die ihr offensichtlich viel Spaß machte.

Ich vermute, dass Juliets Ehrgeiz, Ärztin zu werden, seine Wurzeln in jenen schrecklichen zwei Jahren des Verfalls ihrer Mutter hat. Ob es richtig oder falsch war (ich bin sicher, es war richtig), jedenfalls entschlossen wir uns, keine Geheimnisse vor ihr zu haben. Sie wusste genau, was sich bei jedem einzelnen Besuch im Krankenhaus abspielte. Ich bin den Tränen nahe, während ich diese Zeilen schreibe, denn ich muss daran denken, wie das reizende kleine Mädchen weit über ihr Alter heranreifte, ihre Mutter während des Martyriums der aufeinanderfolgenden Chemotherapie-Zyklen pflegte und dabei ihre eigenen Vorahnungen und ihre Trauer auf eine Weise verbarg, wie man es von keinem Kind erwarten kann. Sie blieb selbst dann noch ruhig und vernünftig, wenn es uns anderen nicht mehr gut gelang. Und als in dem alten Radcliffe Infirmary das Ende nahte, war Juliet – anders kann ich es nicht ausdrücken – eine 14-jährige Heldin.

Für die Trauerfeier bat ich Edward Higginbottom, den angesehenen Organisten und Chorleiter des New College, mir eine Sängerin für das *Ave Maria* von Schubert zu vermitteln. Er fand eine entzückende Sopranistin, die mich mit ihrer reinen Stimme in diesem bewegenden Augenblick in bittere Tränen ausbrechen ließ, und Juliet wandte sich zu mir und umarmte mich. Als es zu Ende war, stützte ich Eves Mutter, während wir den Mittelgang hinuntergingen, und wir kehrten zum Traueressen in unser Haus zurück.

Nachdem Juliet so lange tapfer gewesen war, ist es kaum verwunderlich, dass die Trauer sie nach dem tragischen Verlust ihrer Mutter umso heftiger traf. In diesen schwierigen Jahren hielt Lalla uns beispiellos mit Intuition und psychologischem Gespür zusammen, auch mit ihrer Gabe – nun ja, eben Dinge zusammenzuhalten. Aber Juliets schulische Leistungen hatten gelitten, und angesichts des berüchtigt erbarmungslosen Leistungsdrucks an der Oxford High School wurde sie zurückgestellt. Wir nahmen sie von der Schule und schickten sie an das D'Overbroeck's College, das besser zu ihr passte und ihr nach meinem Eindruck einen Vorgeschmack von echter Bildung vermittelte. Vorübergehend verließ sie hinsichtlich ihrer medizinischen Ambitionen der Mut, und sie ging an die University of Sussex an der englischen Südküste, um Humanwissenschaften zu studieren, eine Mischung aus Biologie und Sozialwissenschaft. Mir war das Fachgebiet vertraut, denn ich war beiläufig daran beteiligt gewesen, einen ähnlichen Studiengang in Oxford einzurichten, außerdem hatte ich die Humanwissenschaftler am New College betreut.

Juliet mochte die wissenschaftliche Arbeit an der Universität in Sussex. John Maynard Smith war zu jener Zeit bereits im Ruhestand, aber er ließ sich noch blicken, und Juliets Biologie-Tutorin war Lindell Bromham, eine fabelhafte junge Frau aus Australien, die Evolution im Geiste von JMS' noch frischem Vermächtnis unterrichtete. An der Sozialwissenschaft dagegen hatte Juliet keinen Spaß: Es fiel ihr schwer, sie mit ihrer eigenen wissenschaftlichen Herangehensweise zu vereinbaren. Der Tropfen, der für sie das Fass zum Überlaufen brachte, war der Ausspruch eines ihrer Dozenten: »Das ist das Schöne an der Anthropologie – wenn zwei Anthropologen die gleichen Daten betrachten, gelangen sie zu entgegengesetzten Schlussfolgerungen.« Vielleicht war diese Bemerkung auch ironisch gemeint, aber in Verbindung mit dem antidarwinistischen Flair mancher Dozenten dämpfte es die Laune einer eifrigen jungen Wissenschaftlerin.

Ihr Interesse an Medizin erwachte wieder, und den großen Durchbruch in ihrer jungen Karriere erlebte sie, als es ihr nach nur einem Jahr in Sussex gelang, an die University of St. Andrew's in Schottland zu wechseln. Hier konnte sie nun endlich Medizin studieren. St. Andrew's ist eine der großen britischen Universitäten (und die drittälteste nach Oxford und Cambridge), und für Juliet war das phantastisch. Ich bin sicher, dass sie sogar für die Verhältnisse von St. Andrew's ziemlich gut war. Sie war beliebt, fand Freunde fürs Leben, gab das Magazin für die Medizinstudenten heraus, ging auf Bälle und Partys und machte am Ende einen erstklassigen Abschluss. St. Andrew's hat keinen klinischen Studiengang, so dass die Medizinstudenten sich nach dem ersten Examen in alle Winde zerstreuen. Die meisten gehen nach Manchester, aber Juliet hatte sich Cambridge in den Kopf gesetzt, und dort erhielt sie 2010 ihre Approbation als Ärztin. Eve wäre sehr stolz auf sie gewesen, und ich bin es auch.

## *The God Delusion*

Anfang 2005, kurz nachdem *Geschichten vom Ursprung des Lebens* erschienen war, signalisierte John Brockman, dass seine ursprünglichen Einwände gegen meine Bestrebungen, *The God Delusion (Der Gotteswahn)* in Amerika zu veröffentlichen, sich verflüchtigt hätten. Dieser Sinneswandel hatte sicher eine Menge mit dem Schlingern von George W. Bush in Richtung eines Gottesstaates – er hatte wörtlich gesagt, Gott habe ihm befohlen, im Irak einzumarschieren – zu tun. John bat mich, ein Exposé in Form eines Briefes an ihn zu schreiben, damit er etwas hätte, das er bei den Verlagen herumzeigen konnte. Die ersten Absätze dieses Briefes möchte ich hier wiedergeben.

*New College, Oxford OX1 3BN*
*21. März 2005*

*John Brockman*
*Brockman, Inc.*
*New York*

*Lieber John,*

The God Delusion
*Wie du weißt, stehe ich im Begriff, eine größere Fernsehdokumentation zu schreiben und zu moderieren, in der ich die Religion als »Die Wurzel allen Übels« (der Arbeitstitel, der sich noch ändern wird) angreife. Sie wurde von der Religionsabteilung (!) von Channel Four in Auftrag gegeben. Dort wollen sie keine ausgewogene, moderate, freundliche Darstellung wie die Geschichte des Atheismus, die kürzlich von Jonathan Miller moderiert wurde, sondern etwas, was hart zuschlägt, aus allen Rohren gegen die Religion schießt. In meinen Diskussionen mit dem Produzenten war ich die Stimme der Mäßigung!*
*Channel Four wird es entweder als zwei Sendungen von je einer Stunde oder (was ich und der Produzent bevorzugen würden) als zweistündigen Straßenfeger ausstrahlen. Die Filmaufnahmen werden im Mai oder Juni 2005 beginnen, und die Dokumentation wird vermutlich Ende 2005 oder Anfang 2006 ausgestrahlt. Chan-*

*nel Four wird zweifellos große Anstrengungen unternehmen, um sie auch außerhalb Großbritanniens zu verkaufen. Derzeit ist der Produzent eifrig bemüht, Locations für die Filmaufnahmen in verschiedenen Teilen der Welt zu finden, unter anderem in Amerika, Europa und dem Nahen Osten.*
*Da scheint es sinnvoll, ein Buch über das gleiche allgemeine Thema zu schreiben, solange ich dieses noch frisch im Kopf habe. Als Titel schlage ich* ***The God Delusion*** *vor. Ich sehe es nicht als unmittelbares Fernseh-Begleitbuch.*

Die Kapitel, die ich im weiteren Verlauf des Briefes aufzählte, ähnelten geringfügig denen, die ich am Ende tatsächlich schrieb – die Ähnlichkeit ist dennoch größer, als es sonst bei meinen Exposés üblich ist. Ich bot John das Buch zwar im Zusammenhang mit der Fernsehdokumentation an, es war aber kein Fernseh-Begleitbuch. Ganz und gar nicht. Die Dokumentation und das Buch sind eigenständig und überschneiden sich nur marginal.

In den Vereinigten Staaten verkaufte John das Buch an Houghton Mifflin, den Verlag, bei dem auch *Geschichten vom Ursprung des Lebens* und *A Devil's Chaplain* erschienen waren. In Großbritannien betrat er Neuland. Das Buch wurde von Transworld gekauft, einer Sparte von Random House, und meine Lektorin dort war Sally Gaminara. Unsere Beziehung erwies sich als sehr erfreulich, und sie hat seither alle meine Bücher betreut. Kürzlich hat Sally mir geschrieben, wie sie anfangs reagierte, als John ihr den zuvor zitierten Brief geschickt hatte. »Ich habe ihn an meine Kollegen weitergegeben. Die waren genauso begeistert wie ich. Wir beteiligten uns an der Auktion für die britischen Rechte und bekamen sie auch.« Im weiteren Verlauf beschrieb sie, wie sie reagierte, als sie das Manuskript des Buches erhielt. Besonders freut es mich, dass es sie zum Lachen brachte:

*Ich hatte nicht mit dem großartigen Humor gerechnet. Ich hatte erwartet, dass ich hier und da lächeln würde, aber nicht, dass ich immer wieder laut auflachen musste. Es war ein prachtvolles, spannendes Erlebnis.*

Ihre Reaktion steht in krassem Gegensatz zu dem Ruf, schrill und brutal zu sein, den das Buch sich – vielleicht bei denen, die nur Berichte aus zweiter Hand gelesen haben – erworben hat. Ich werde darauf in einem späteren Kapitel zurückkommen. In ihrem Brief fuhr Sally fort:

> *Man weiß nie, ob der eigene Geschmack auch Anklang bei anderen findet, und so begann im Vorfeld der Veröffentlichung (September 2006) wieder das große Nägelkauen. Vor der Veröffentlichung bat ich bei einem breiten Spektrum von Autoren und Denkern um Vorab-Zitate, und viele von ihnen – weit mehr als üblich – lieferten großartige »Reklame«; daraufhin gestattete ich mir wieder, meiner Aufregung freien Lauf zu lassen. Aber erst nachdem Sie Ihr von Patsy Irwin eingefädeltes erstes Interview mit Jeremy Paxman auf* **Newsnight** *gegeben hatten, sahen wir die ersten Anzeichen, dass da etwas »Großes« unterwegs war.*
>
> *Von diesem Augenblick an kamen wir mit dem Drucken kaum nach: Als die von dem Buch ausgelöste Öffentlichkeitswirkung einsetzte, wurde es von immer mehr Leuten gelesen, und die Rezensionen, fast alle mit großen Komplimenten, folgten schnell aufeinander. Ich weiß noch, wie ich Sie zu Hause anrief und mit Lalla sprach (die ich noch nicht kennengelernt hatte), weil Sie gerade nicht da waren, und voller Aufregung daherplapperte. Ich wollte ihr erklären, dass etwas Außergewöhnliches stattfand. Außergewöhnlich waren nicht nur die Verkaufszahlen, sondern die Tatsache, dass das Buch in der Öffentlichkeit eine entscheidende Saite zum Klingen gebracht hatte. Ich glaube, man kann ohne Übertreibung sagen, dass es zumindest in dieser Generation eine ganz neue Diskussion über Wissenschaft und ihren Platz in der Gesellschaft angestoßen hat. Es hat eine Wende eingeleitet.*

Wende? Nun ja, es stimmt, dass *Der Gotteswahn* sich bisher mehr als drei Millionen Mal verkauft hat, davon mehr als zwei Millionen Exemplare auf Englisch, der Rest in 35 weiteren Sprachen, darunter eine Viertelmillion auf Deutsch. Eine andere Nagelprobe ist vielleicht die bemerkenswerte Sammlung von »Flöhen«, die das Buch angelockt hat. Meine Website RichardDawkins.net fing irgendwann an, Buchtitel wie *The Dawkins Delusion, The Devil's Delusion, The God Solution, Deluded by Dawkins, The Richard Dawkins Delusion* oder *God is no Delusion* zu sammeln. Als »Flöhe« bezeichnen wir sie in Anlehnung an ein Gedicht von W. B. Yeats, das mir zu jener Zeit im Kopf herumging.

*Du sagst, da mir manch Loblied schon gelang*
*Auf etwas, das ein anderer schrieb und sang,*
*Wär's klug, ich tät das auch für jene. Das ist doch die Höhe!*
*Denn welcher Hund lobt seine Flöhe?*[17]

Eine Auswahl von 18 solchen Flöhen habe ich im Bildteil zusammengestellt.

Aber vergessen wir einmal Auflagenzahlen und Flöhe. Vermittelte das Buch zu jener Zeit das Gefühl einer »Wende«? Ja und nein. Wo der Ausdruck »neue Atheisten« entstanden ist, weiß ich nicht. Einer Vermutung zufolge geschah es 2006 in einem Artikel des Redakteurs Gary Wolf in dem Magazin *Wired*.[18] Er führt unter dieser Überschrift Sam Harris, Dan Dennett und mich auf. Vermutlich hätte er auch Christopher Hitchens hinzugefügt, wenn dessen Buch *Der Herr ist kein Hirte* damals schon erschienen wäre. Und vermutlich auch Victor Stenger, dessen aus Sicht eines Physikers geschriebene Bücher zwar weniger bekannt sind, aber nicht weniger Durchschlagskraft haben. Vic prägte einen denkwürdigen Aphorismus, der häufig zu Unrecht mir zugeschrieben wird: »Mit Wissenschaft fliegt man zum Mond. Mit Religion fliegt man in Hochhäuser.« Von seinem Tod erfuhr ich, als ich gerade das Buch vor der Veröffentlichung noch einmal überarbeitete. Wir werden seine starke Stimme sehr vermissen.

Woher der Ausdruck auch kommt, die »neuen Atheisten« haben sich ebenso durchgesetzt wie die »vier apokalyptischen Reiter«, die sich offenbar aus den »drei Musketieren« entwickelten, nachdem Christophers Buch erschienen war. Ich habe gegen all diese Ausdrücke keine Einwände. Ich muss aber entschieden allen Vermutungen widersprechen, der »neue« Atheismus sei philosophisch etwas anderes als frühere Versionen, wie sie beispielsweise von Bertrand Russell oder Robert Ingersoll vertreten wurden. Aber auch wenn er eigentlich nicht neu ist, hat der »neue Atheismus« als journalistische Prägung seine Berechtigung, denn nach meiner Überzeugung ist in unserer Kultur zwischen *Das Ende des Glaubens* (2004) und *God is Not Great* (2007)

---

[17] Aus: Yeats, W. B.: *Die Gedichte*. Neu übersetzt von Marcel Beyer, Mirko Bonné, Gerhard Falkner, Norbert Hummelt und Christa Schuenke, München 2005, S. 107.

[18] http://archive.wired.com/wired/archive/14.11/atheism.html

tatsächlich etwas geschehen. *Der Gotteswahn* erschien 2006, ebenso *Den Bann brechen* von Dan Dennett und das kraftvolle kurze Buch *Brief an ein christliches Land* von Sam Harris. Offensichtlich trafen unsere Bücher den sprichwörtlichen Nerv auf eine Weise, wie es vielen ausgezeichneten Büchern, die ihnen vorausgingen, nicht gelungen ist, zumindest nicht seit dem glasklaren *Warum ich kein Christ bin* von Russell (das mich inspirierte, seit ich es in den fünfziger Jahren in der Bibliothek der Oundle School entdeckt hatte).

Lag es daran, dass unsere Bücher besonders unverblümt und hemmungslos waren? Vielleicht hatte es damit etwas zu tun. Lag im ersten Jahrzehnt unseres Jahrhunderts etwas in der Luft – schwebten vielleicht die Flügel eines Zeitgeistes über uns und warteten nur darauf, dass die nächsten vier Bücher ihnen Auftrieb gaben? Möglicherweise. Aber zweifellos hatten auch George W. Bushs Neigungen zum Gottesstaat und parallel dazu die Bedrohung durch die Militanten aus den Moscheen etwas damit zu tun.

Eines kann ich mit Sicherheit sagen: Wir vier hatten nichts gemeinsam geplant. Jeder von uns hatte wahrscheinlich die Bücher der anderen gelesen, soweit sie bereits zur Verfügung standen, bevor er sein eigenes schrieb. Und zwangsläufig müssen wir uns gegenseitig zumindest ein wenig beeinflusst haben. Um nur das erste dieser Bücher zu erwähnen: Bevor ich *Das Ende des Glaubens* aufschlug, hatte ich noch nie von Sam Harris gehört. Versiert bereitet er schon auf der ersten Seite die Bühne für den entsetzlichen Selbstmordanschlag eines jungen Mannes auf einen Bus. Man weiß von Anfang an, was kommt. Wenn der Staub und die Nägel, die Kugellager und das Rattengift sich verzogen haben, ist die Familie des jungen Mannes zwar traurig, dass sie ihn verloren hat, sie jubelt aber auch über das sichere Wissen, dass ihr Sohn jetzt im Himmel ein Märtyrer ist; sie jubelt über den materiellen Trost in Form von Lebensmitteln und Geld, die von den Nachbarn zu Ehren seiner Leistung auf sie herabregnen. Die Pointe der Geschichte ist wie ein körperlicher Schlag, der, wenn überhaupt, paradoxerweise noch an Zerstörungskraft gewinnt, weil wir auf ihn vorbereitet werden und ihn kommen sehen. Was wissen wir über den jungen Mann? War er reich oder arm, beliebt oder unbeliebt, klug oder nicht, ein vielversprechender junger Student? Vielleicht ein Ingenieur? Wir wissen nichts über ihn. Aber jetzt kommt der Clou.

*Warum ist es dann so leicht, auf so banale Weise leicht, so Ich-könnte-meinen-Kopf-darauf-verwetten-leicht, die Religion dieses jungen Mannes zu erraten?*

Und natürlich macht Sam sich nicht die Mühe, die Religion zu benennen. Das war und ist nicht notwendig.

Ich glaube, Sams stilistische Kühnheit in *Das Ende des Glaubens* war einer der Faktoren, die mich zu der Entscheidung brachten, *Der Gotteswahn* zu schreiben. Der zweite war der Sinneswandel von John Brockman, über den ich bereits berichtet habe. Ich bilde mir gern ein, dass die Bücher der »Reiter« ganz allgemein ebenso gut geschrieben sind wie *Das Ende des Glaubens* und dass diese Qualität – die dem sich wandelnden Zeitgeist einen gewissen Auftrieb verlieh – einer der Gründe dafür ist, dass der »neue Atheismus« eine so große Wirkung hatte.

Ein weiterer Meilenstein in der Verlagswelt war *Der Herr ist kein Hirte* von Christopher Hitchens. Die amerikanische Ausgabe trägt den eindringlichen Untertitel *How Religion Poisons Everything* [»Wie die Religion alles vergiftet«], und die Entscheidung des britischen Verlages, ihn in *The Case Against Religion* [ungefähr »Der Standpunkt gegen die Religion«] zu ändern, macht mich ratlos. Was für eine langweilige Entscheidung! Eigentlich sieht es sogar so aus, als hätten die Verleger letztlich ein Einsehen gehabt, denn in der Taschenbuchausgabe kehrten sie zu dem amerikanischen Untertitel zurück. Um wieder einmal auf meiner fixen Idee herumzureiten: Warum murksen Verlage mit Buchtiteln herum, wenn sie über den Atlantik kommen?

Christopher Hitchens' Krebstod 2011 beraubte die atheistische Bewegung ihres wortgewaltigsten Sprechers und des vielleicht besten Redners, den ich zu irgendeinem Thema jemals gehört habe. Gute öffentliche Reden bestehen nicht nur aus Dezibel, eine Tatsache, die von Demagogen, Evangelisten und – leider – auch leichtgläubigen Zuhörern häufig übersehen wird. Christophers wunderschöne Baritonstimme erinnerte an Richard Burton in einer Shakespeare-Rolle, und er setzte sie perfekt ein. Seine rhetorische Durchschlagskraft jedoch bezog er vor allem aus seinem Intellekt, seinem Scharfsinn und seiner blitzschnellen Schlagfertigkeit; außerdem aus seinem beachtlichen Schatz an Faktenwissen, literarischen Anspielungen und persönlichen Erinnerungen an einige der gefährlichsten Orte der Welt – er verfügte nicht nur über die Waffen des Geistes, sondern auch über körperlichen Mut.

*Der Herr ist kein Hirte* ist eigentlich keine Konkurrenz zu *Der Gotteswahn*, sondern eine Ergänzung. Während ich mich als Wissenschaftler vor allem mit dem religiösen Glauben als Konkurrenz zur Wissenschaft in der Rolle des Erklärers beschäftige, sind Christophers Einwände eher politischer und moralischer Natur. Ihn stieß schon der Gedanke an einen himmlischen Diktator ab, der völligen Gehorsam und Hingabe fordert und jeden bestraft, der sich nicht daran hält – oder der es sogar wagt, seine Existenz zu bezweifeln. Oder, wie er über die Tyrannei in Nordkorea sagte: Ihr kann man wenigstens entgehen, indem man stirbt. Bei dem göttlichen »geliebten Führer« dagegen ist das Sterben erst der Anfang der Qualen. Mehr über Christopher werde ich in einem späteren Kapitel sagen.

Der Widerspruch der Religionsvertreter war zu erwarten, und die »Flohbücher« habe ich bereits erwähnt. Angriffe, manchmal sogar in offen streitsüchtiger Form, kamen aber auch von anderen Atheisten. Ein angesehener Rezensent ging sogar so weit zu erklären, wegen *Der Gotteswahn* schäme er sich, Atheist zu sein. Das begründete er offenbar damit, dass ich »ernste« Theologen nicht ernst nahm. Ich setze mich zwar in dem Buch ausführlich mit theologischen Argumenten auseinander, die angeblich für die Existenz einer Gottheit sprechen. Ich hatte aber völlig recht damit, mich nicht mit jenen abzugeben, die die Existenz einer Gottheit *unterstellen* und zum Ausgangspunkt ihrer Überlegungen machen.

Ich habe mich immer wieder darum bemüht, in der Theologie irgendetwas zu finden, das man ernst nehmen kann, aber es ist mir nie gelungen. Mit Sicherheit nehme ich Theologieprofessoren ernst, wenn sie ihre Fachkenntnis darauf verwenden, andere Dinge als Theologie zu betreiben: beispielsweise wenn sie die Fragmente der Schriftrollen vom Toten Meer zusammensetzen, peinlich genau hebräische und griechische Texte der Schriften vergleichen oder sich auf die detektivische Suche nach den verlorenen Quellen der vier Evangelien machen und auch der anderen Evangelien, die es nicht in den Kanon geschafft haben. Das alles ist echte wissenschaftliche Arbeit, die faszinierend zu lesen ist und Respekt verdient. Es stimmt sogar, dass Historiker sich mit der theologischen Verhackstückung der Logik beschäftigen müssen, um die Konflikte und Kriege zu verstehen, die ihre Blutflecken auf der europäischen Geschichte hinterlassen haben wie beispielsweise die englischen Bürgerkriege. Aber die leeren Tiefigkeiten (Dan Dennetts ausgezeichnetes Wort) der »apophatischen Theologie« (Karen Armstrongs verdunkelnde Nebelkerze) oder die Vergeudung kostbarer Zeit für Diskussionen mit anderen Theologen über die Frage, welche »Bedeutung für uns heute« die Erbsünde, die Transsubstantiation, die unbefleckte Empfängnis oder das »Mysterium« der Dreifaltigkeit hat – all das ist keine Gelehrsamkeit in irgendeinem seriösen Sinn des Wortes, und deshalb sollte es an unseren Universitäten keinen Platz haben.

Theologische Gymnastik darüber, welche »Bedeutung« unsinnige Ideen aus der Vergangenheit wie die Transsubstantiation »für uns heute haben«, bieten sich für Satire an – ja sie schreien geradezu danach. Eine Perle, die ich kürzlich gefunden habe: »Natürlich glauben wir nicht wortwörtlich an die Geschichte von Jonas und dem Wal. Aber sie ist ein Symbol für Jesu Tod und Auferstehung …« Angenommen, die Wissenschaft würde so arbeiten. Angenommen (um einen höchst hypothetischen Fall zu nehmen), zukünftige Wissenschaftler würden herausfinden, dass Watson und Crick völlig falsch lagen und dass es sich bei dem Erbmolekül doch nicht um eine Doppelhelix handelt. »Ach ja, natürlich glauben wir heute nicht mehr wortwörtlich an die Doppelhelix. Aber welche *Bedeutung* hat die Doppelhelix heute für uns? Die Art, wie die zwei Spiralen sich eng umeinander schlingen, ist zwar in dem groben, materialistischen Sinn nicht *buchstäblich* wahr, aber sie *symbolisiert* doch die gegenseitige Liebe, spürst du das nicht? Diese genaue Eins-zu-eins-Paarung der Purine und Pyrimidine ist zwar nicht buchstäblich wahr, so einfach ist das nicht, aber sie *steht für* … Wenn du über das Watson-Crick-Modell nachdenkst, überkommt dich dann nicht ein überwältigendes Gefühl – ich weiß, dass es bei mir so ist und so weiter …«

Für die Taschenbuchausgabe schrieb ich ein neues Vorwort, und darin benannte ich ein aufschlussreiches, unverwüstliches Klischee: »Ich bin Atheist, *aber* …« Genauso wie bei dem ebenso häufigen »*früher* war ich Atheist, aber« (das von C. S. Lewis populär gemacht wurde), stellt sich der Sprecher vor, die Aussage, die nach dem »aber« kommt, würde irgendwie durch das zuvor Gesagte an Glaubwürdigkeit gewinnen. In meinem Vorwort benannte ich sieben Formen der »Ich-bin-Atheist-Aberei« und antwortete darauf. (In jüngerer Zeit hat Salman

Rushdie vor dem Hintergrund der westlich-liberalen Apologeten terroristischer Wut den Namen »Aber-Brigade« populär gemacht.) Ich möchte mich hier nicht wiederholen, aber auf einige Beispiele werde ich später in dem Kapitel »Die Fäden vom Webstuhl des Wissenschaftlers werden entwebt« zurückkommen.

## Spätere Bücher

Mein nächstes Buch nach *Der Gotteswahn* war eigentlich nicht von mir. Oxford University Press bringt unter dem Titel »Oxford Book of …« eine höchst angesehene Serie heraus. In der Regel wird jedes Buch von einem Wissenschaftler des betreffenden Fachgebiets herausgegeben. Latha Menon, die ich bereits als Lektorin von *A Devil's Chaplain* erwähnt habe, lud mich ein, das *Oxford Book of Modern Science Writing* als Herausgeber zu betreuen. Es erschien 2007. Mit »modern« sollten die letzten 100 Jahre abgedeckt werden, und die 83 Autoren wurden (mit Primo Levi als einziger Ausnahme) unter jenen ausgewählt, die auf Englisch schreiben. Ich verfasste verbindende Absätze zwischen den Autoren, brachte einige Informationen über sie ein und fügte, wo es mir möglich war, eine persönliche Färbung hinzu. So konnte ich beispielsweise eine herzliche Skizze des großen Meeresbiologen Sir Alister Hardy beisteuern, denn er war mein Professor gewesen, als ich in den ersten Semestern war.

> *Niemand hat ein besseres Gespür für die großartigen hügeligen Weiden, die sonnenbeschienenen grünen Wiesen und die wogenden Prärien in* **The Open Sea** *als Alister Hardy, mein erster Professor. Die Gemälde, die er für dieses Buch gemalt hat, zieren noch heute die Korridore des Zoologischen Instituts in Oxford, und die Bilder scheinen vor Begeisterung zu tanzen, genau wie der alte Mann selbst wie ein Junge durch den Hörsaal tanzte, eine schielend-strahlende Kreuzung zwischen Peter Pan und dem Alten Seemann. Ja, schleimige Dinge krochen mit Beinen über das schleimige Meer – und in farbiger Kreide über die Tafel, wo der alte Mann hüpfend und Arme schwenkend hinter ihnen her war.*

Latha wollte mich überreden, in die Anthologie auch irgendetwas aus meinen eigenen Büchern aufzunehmen, aber dazu konnte ich mich nicht durchringen.

Mein nächstes Buch war *The Greatest Show on Earth* [*Die Schöpfungslüge*], das 2009 erschien. Zwar handeln fast alle meine Bücher von Evolution, aber die meisten von ihnen setzen sie stillschweigend voraus; die Belege werden in keinem systematisch dargelegt. Der britische Verlag war wiederum Transworld mit Sally Gaminara. In Amerika handelte John Brockman einen neuen Vertrag mit Free Press aus, einem Imprint von Simon & Schuster. Meine dortige Lektorin war Hilary Redmon. Das Buch war sowohl mit Zeichnungen als auch mit Farbfotos illustriert; die Bilder hatte Sheila Lee bei Transworld sorgfältig zusammengestellt. Der Titel geht auf einen berühmten amerikanischen Zirkus zurück, aber ich sah ihn zum ersten Mal auf einem T-Shirt, das ein anonymer Spender mir freundlicherweise schickte: »EVOLUTION, The Greatest Show on Earth, the Only Game in Town«. Das Hemd habe ich immer noch, die Buchstaben sind allerdings vom vielen Tragen und Waschen verblasst. Ich wollte den ganzen Slogan als Titel verwenden, aber die Verlage erklärten einstimmig, er sei zu lang. Es gelang mir aber, »the only game in town« in den letzten Satz des Buches hineinzuschmuggeln. Ohne dass wir voneinander wussten, arbeiteten Jerry Coyne und ich an Büchern mit der gleichen Zielsetzung, und sie erschienen auch ungefähr zur gleichen Zeit. Ich nehme an, die beiden Bücher müssen auf dem Markt in Konkurrenz gestanden haben, aber – vielleicht sollte ich lieber »und« sagen – wir beide veröffentlichten höchst zustimmende Rezensionen über das Buch des jeweils anderen.

Bei den gleichen Verlagen in Großbritannien und den Vereinigten Staaten blieb ich auch mit dem 2011 erschienenen *The Magic of Reality* [*Der Zauber der Wirklichkeit*], meinem ersten und (bisher) einzigen Buch, das sich gezielt an junge Menschen wendet. Jedes Kapitel ist mit einer Frage überschrieben, die ein Kind stellen könnte, beispielsweise »Was ist ein Erdbeben?«, »Warum gibt es Winter und Sommer?«, »Wer war der erste Mensch?«, »Was ist die Sonne?« Bevor ich dann die wahre, wissenschaftliche Antwort auf die Frage gebe, stehen am Beginn des Kapitels (das war die anregende Idee meiner Kollegin, der Psychologin Robin Elisabeth Cornwell) jeweils die *mythischen*, aus der ganzen Welt zusammengetragenen Antworten auf die gleiche Frage. Die Mythen nahm ich nicht nur deshalb auf, weil sie schon für sich genommen bunte Unterhaltung bieten, sondern auch weil meine jungen Leser beobachten können, dass die besonderen Mythen ihrer eigenen Kultur (Bibel, Koran, Hinduismus oder welche es auch sein mag) keine Sonderstellung haben, keine herausgehobene Position gegenüber der reichen Vielfalt von Mythen aus anderen Kulturen. Das sage ich nie ausdrücklich, sondern ich überlasse es der eigenen Beobachtungsgabe der Kinder. Den Mythos von der Arche Noah zum Beispiel erzähle ich (in dem Kapitel »Was ist ein Regenbogen?«) in der ursprünglichen babylonischen Version: Darin ist der sagenhafte Schiffbauer nicht Noah, sondern Utnapashtim, und die Aufforderung, das Schiff zu bauen, kommt von einem Mitglied des polytheistischen Pantheons; ansonsten sind die Details aber die gleichen. Illustriert wurde das Buch von Dave McKean, einem höchst originellen Künstler, der sich mit seinen faszinierenden Bildern bereits unter den Lesern von Graphic Novels eine große Fangemeinde geschaffen hatte. Sein fesselnder Stil war ein ideales Vehikel für die Mythen der Welt wie auch für die Wissenschaft.

Nachdem das Buch erschienen war, beauftragten Sally und ihr Team bei Transworld das Softwareunternehmen Somethin' Else, eine App-Version für das iPad zu programmieren. Nach meinem Eindruck wurde die Aufgabe großartig gelöst. Man hätte sie vielleicht besser nicht als App, sondern als E-Book bezeichnet, denn sie enthält jedes Wort des Buches und auch sämtliche Illustrationen von Dave, viele davon in animierter Form. Aber wenn man es E-Book nennt, muss man dafür seltsamerweise viel mehr Geld verlangen als für eine App, selbst wenn der Inhalt wörtlich (und bildlich) der gleiche ist. Die Gründe haben mit den speziellen Geheimnissen des »Marketings« zu tun. Neben Text und Illustrationen gibt es in jedem Kapitel der *Magic of Reality*-App ein Spiel. Das Kapitel über Schwerkraft und kreisende Planeten enthält beispielsweise eine Beschreibung von »Newtons Kanone«, und in dem zugehörigen Spiel in der App kann man Kugeln mit unterschiedlichen Geschwindigkeiten abfeuern. Sind sie zu langsam, fallen sie ins Meer; sind sie zu schnell, entschwinden sie in den Weltraum; haben sie genau die richtige Geschwindigkeit, gelangen sie in eine Umlaufbahn.

Der nächste Titel war *An Appetite for Wonder* (erschienen 2013), der erste Band meiner Memoiren. Wieder blieb ich bei Sally und Transworld, aber in Amerika hatte Hilary sich mittlerweile zu Harper

Collins locken lassen, und ich folgte ihr dorthin wegen ihrer besonderen Fähigkeiten, wie ich früher Michael Rodgers von einem Verlag zum anderen gefolgt war. Da das Buch von meiner Kindheit und Jugend handelt und seinen Höhepunkt im Anfang meiner Karriere als wahrheitssuchender Wissenschaftler findet, schlug Lalla als Titel *Childhood, Boyhood, Truth* vor, eine kluge Anspielung auf *Kindheit, Knabenalter, Jugend* von Lew Tolstoi. Sally und Hilary gefiel er, aber das »Marketing« machte sich Sorgen, es würden nicht genügend Leser die Anspielung auf Tolstoi verstehen. Deshalb schlug Hilary *An Appetite for Wonder* vor, womit wir den Untertitel von *Der entzauberte Regenbogen* wieder aufnahmen.

## Festschrift

Im Jahr 2006 feierte Oxford University Press den 30. Jahrestag des Erscheinens von *Das egoistische Gen*. Zusammen mit Helena Cronin gab der Verlag in London ein Festessen. Darüber hinaus veranstalteten Helena und OUP an der London School of Economics ein großartiges Symposium unter Vorsitz von Melvyn Bragg. Dort hielten vier Kollegen Vorträge zu dem Titel »*Das egoistische Gen*: 30 Jahre weiter«.[19] Dan Dennett als Vertreter der Philosophie machte den Anfang mit »Der Blick von Dawkins' Berg«. Dann folgten zwei Biologen: John Krebs mit »Von intellektueller Klempnerei zum Wettrüsten« und Matt Ridley über »Egoistische DNA und der Schrott im Genom«. Ian McEwan sprach als wissenschaftlich belesener Romanautor über »Wissenschaftliches Schreiben: auf dem Weg zu einer literarischen Tradition«. Ich rundete die Tagung mit meinen eigenen Antworten auf die Vorträge ab.

OUP brachte zum 30. Jahrestag auch eine Jubiläumsausgabe von *Das egoistische Gen* heraus. Dazu holten sie das ursprüngliche Vorwort von Robert Trivers und das ursprüngliche Umschlagbild von Desmond Morris wieder hervor – beide hatten in den Jahren dazwischen bei den meisten Hardcover- und Taschenbuchausgaben gefehlt. Besonders wichtig ist das Vorwort von Trivers: Das quecksilbrige Genie entschloss sich, dort erstmals seine gefeierte Idee der »Selbsttäu-

---

[19] http://edge.org/documents/archive/edge178.html

schung« darzulegen, die er später (2011) zu einem großartigen Buch mit dem Titel *Betrug und Selbstbetrug* erweiterte.

Außerdem – und darüber freute ich mich besonders – gab Latha Menon eine Festschrift mit mehreren Beiträgen in Auftrag, die bei OUP erschien. Die Herausgeber Alan Grafen und Mark Ridley gaben ihr den Titel (und es macht mich verlegen, den Untertitel hier wiederzugeben): »Richard Dawkins: Wie ein Wissenschaftler unser Denken verändert hat – Gedanken von Wissenschaftlern, Schriftstellern und Philosophen«. Das Buch wurde bei dem Festessen in London vorgestellt, und dort signierten die Gäste, darunter viele, die Beiträge dazu geschrieben hatten, mein Präsentationsexemplar, das ich als Kostbarkeit schätze.

Die Festschrift enthält 25 Kapitel, die sich in sieben Abschnitte gliedern: »Biologie«, »Das egoistische Gen«, »Logik«, »Stimmen im Wechselgesang«, »Menschen«, »Kontroverse« und »Schreiben«. Wenn ich das Buch heute noch einmal lese, bin ich verblüfft darüber, wie gut und unterhaltsam die meisten Kapitel geschrieben sind. Schüchtern bekenne ich mich zu dem warm glimmenden Gedanken (der vielleicht Wunschdenken ist), dass meine Freunde und Kollegen wirklich meinetwegen alle Register gezogen haben. Das warme Glimmen erstreckt sich auch auf den Inhalt, der ausnahmslos interessant ist; in manchen Fällen wird meine Arbeit kritisch beleuchtet (so beispielsweise in dem warmherzigen Kapitel von Richard Harries, der damals Bischof von Oxford war), und in allen Fällen ist es originell und gedanklich anregend (so beispielsweise das wunderschöne Kapitel von Philip Pullman über meinen literarischen Stil). Am liebsten würde ich zu jedem dieser wunderbaren Kapitel eine detaillierte Erwiderung schreiben, aber diesem Anspruch gerecht zu werden würde ein weiteres Buch erfordern.

# 9
# Fernsehen

## Am *Horizon*

Abgesehen von einer Menge Interviews, die ich hier und dort gab, machte ich erstmals 1986 intensivere Bekanntschaft mit Fernsehkameras. Damals wandte sich Jeremy Talor an mich, langjähriger Produzent und Regisseur bei *Horizon*, einer Serie von Fernsehdokumentationen über Wissenschaft, die zu Recht als »Flaggschiff« der BBC bezeichnet wurde. In Amerika kannte man die *Horizon*-Sendungen zu jener Zeit häufig unter dem Titel *Nova*, weil WGBH in Boston parallel dazu eine Serie ähnlich guter Dokumentationen ausstrahlte; viele davon waren umbenannte und manchmal umgeschriebene *Horizon*-Sendungen, die gelegentlich sogar mit einer amerikanischen Stimme aus dem Off unterlegt wurden.

Nach einem Gerücht, das ich nie bestätigen konnte, hatte man diese zuletzt genannte Veränderung vorgenommen, weil man fürchtete, Amerikaner könnten britisches Englisch nicht verstehen – oder hätten zumindest keinen Spaß daran, es zu hören. Das erscheint allerdings angesichts der Beliebtheit von Serien wie *Das Haus am Eaton Place* oder des zu Anachronismen neigenden *Downtown Abbey* nicht plausibel. Andererseits hörte ich zu meinem Erstaunen von meinem empörten amerikanischen Freund Todd Stiefel, dass man die BBC-Serie *Life*, vielleicht die ambitionierteste Tierfilmserie, die jemals auf den Bildschirm kam und deren Text von keinem Geringeren als David Attenborough selbst gesprochen wurde, für das amerikanische Publikum getürkt hatte: An Stelle von Attenborough hörte man die Stimme von Oprah Winfrey! Zu meiner Freude kann ich mitteilen, dass das Urteil amerikanischer Amazon-Rezensenten, die die beiden Versionen verglichen hatten, überwältigend zugunsten des Originals ausfiel. Ich muss mich immer wieder fragen, warum Oprah Winfrey sich bereit erklärte mitzumachen. Hatte sie keine Angst vor den unvermeidlichen Vergleichen mit dem unvergleichlichen Sir David?

Ich war mit Sicherheit ängstlich, als Jeremy Taylor sich an mich wandte: *Horizon/Nova* hatte einen überragenden Ruf, und ich hatte meine Zweifel, ob ich für das Fernsehen gut genug war. Zehn Jahre zuvor hatte bereits Peter Jones, ein anderer *Horizon*-Produzent, bei mir angefragt, ob ich eine Dokumentation über das egoistische Gen moderieren wolle. Damals lehnte ich wegen zu großer Nervosität ab und empfahl stattdessen John Maynard Smith. Er machte seine Sache großartig.

Was ich allerdings dazusagen muss: Nach meiner Erinnerung lehnte ich die Dokumentation über das egoistische Gen ab, und zwar aus rein nervlichen Gründen, aber Jeremy Taylor, der freundlicherweise einen Entwurf dieses Kapitels las, hat die Angelegenheit aufgrund seiner Freundschaft mit Peter Jones anders im Gedächtnis.

> *Nach meiner Erinnerung an die Geschichte glaubten die Leute bei* ***Horizon*** *(aber nicht unbedingt Peter), Sie seien in Ihrer äußeren Erscheinung so jugendlich, dass Sie Ihre eigenen Ideen nicht glaubhaft präsentieren könnten! Es war, als würde der Chorknabe die Predigt halten! Noch als ich [zehn Jahre später] mich an Sie wandte und fragte, ob Sie* ***Nice Guys*** *moderieren wollten, war der damalige* ***Horizon****-Redakteur Robin Brightwell strikt dagegen – wieder führte er die Tatsache an, Sie würden »zu jung« aussehen, und ob da die Zuschauer Vertrauen zu Ihnen haben könnten? Ich bestand darauf, und Brightwell sagte: »Nun gut, ich werde es nicht verbieten – aber das nehmen Sie auf Ihre Kappe!« Wenn Sie sich bei der Moderation ein wenig zittrig fühlten, malen Sie sich also bitte aus, welche Gefühle ich (hoffentlich) vor Ihnen verborgen habe! In Wirklichkeit wurde* ***Nice Guys*** *[die Dokumentation, die Jeremy und ich damals produzieren wollten] natürlich bei* ***Horizon*** *ein Riesenerfolg, worauf sich die Haltung der BBC2 und der Controller gegenüber der Idee vom* ***Blinden Uhrmacher*** *[Jeremys Vorschlag für die nächste Dokumentation mit mir] dramatisch wandelte!*

Als Jeremy mir vorschlug, *Nice Guys Finish First* zu drehen, war ich zehn Jahre älter und ein wenig selbstsicherer (und vermutlich strahlte ich das auch aus); dennoch verursachte mir die Sache immer noch ein Zittern. Dass ich schließlich einwilligte, lag an Jeremys Begeisterung für das von ihm vorgeschlagene Thema. Er hatte ein Buch des amerikanischen Sozialwissenschaftlers Robert Axelrod mit dem Titel *Die Evolution der Kooperation* gelesen und war überzeugt, der spieltheoretische Ansatz zur Erforschung von Kooperation könne die Grundlage für eine großartige *Horizon*-Sendung abgeben.

Ich kannte Axelrods Arbeiten gut, denn lange bevor sein Buch erschien,

> *erhielt ich aus heiterem Himmel ein Manuskript von einem amerikanischen Politologen, den ich nicht kannte: Robert Axelrod. Darin wurde ein »Computerturnier« angekündigt, bei dem das Spiel des wiederholten Gefangenendilemmas gespielt werden sollte; er lud mich ein, an dem Wettbewerb teilzunehmen. Um genauer zu sein – und diese Unterscheidung ist schon allein deshalb wichtig, weil Computerprogramme nicht zu bewusster Voraussicht fähig sind –, lud er mich ein, ein Computerprogramm einzureichen, das sich an dem Wettbewerb beteiligte. Ich fürchte, ich schaffte es nicht, einen Beitrag einzuschicken. Dennoch war ich von der Idee höchst fasziniert, und ich leistete zu dem Unternehmen in jenem Stadium einen wertvollen, allerdings relativ passiven Beitrag. Axelrod war Professor für Politikwissenschaft, und in meiner parteiischen Art hatte ich den Eindruck, er müsse unbedingt mit einem Evolutionsbiologen zusammenarbeiten. Ich schrieb ihm eine Empfehlung an W. D. Hamilton, den vermutlich angesehensten Darwinisten unserer Generation. Axelrod nahm sofort Kontakt zu Hamilton auf, und die beiden arbeiteten zusammen.*[20]

Hamilton war sogar als Professor an derselben Institution tätig wie Axelrod: der University of Michigan in Ann Arbor. Die beiden kannten sich aber nicht, bis ich sie einander vorstellte. Ihre Zusammenarbeit führte zu einem preisgekrönten Artikel mit der Überschrift »Die Evolution der Kooperation«, der später als Kapitel in Axelrods Buch mit dem gleichen Titel einfloss. Deshalb fühlte ich mich ein wenig vereinnahmend, was meine Hintergrundrolle bei der Entstehung des Buches betraf. Jedenfalls gefiel es mir. Ich zitiere noch einmal aus dem Vorwort, das ich für die zweite Auflage schrieb:

---

[20] Aus meinem Vorwort zur zweiten Auflage von Axelrods *The Evolution of Cooperation*, London 2006.

> *Sobald es erschienen war, las ich es mit wachsender Erregung, und im weiteren Verlauf empfahl ich es jedem, der mir über den Weg lief, mit nahezu missionarischem Eifer. Jeder Studienanfänger, den ich in den Jahren nach seinem Erscheinen als Tutor betreute, musste einen Aufsatz über Axelrods Buch schreiben, und das war stets einer der Aufsätze, die zu schreiben ihnen am meisten Spaß machte.*

Als ich dann das Angebot von Jeremy Taylor erhielt und erfuhr, dass er meine Begeisterung für Axelrods Buch teilte, konnte ich verständlicherweise nicht widerstehen.

Wir trafen uns, frischten die Begeisterung auf, und er war mir sofort sympathisch. Entfernt erinnerte er mich an einen Freund aus dem New College, den allgemein verständlichen Philosophen Jonathan Glover. Jeremy besänftigte meine Ängste in Bezug auf das Fernsehen: Er sagte, wir würden ganz langsam anfangen und sehen, wie weit wir kämen. Er wollte für meine Auftritte vor der Kamera kein genaues Drehbuch schreiben, behielt sich aber vor, zu einem stärker vorgegebenen Format zu wechseln, wenn es sich als notwendig erweisen sollte. Glücklicherweise geschah das nicht. Stattdessen funktionierte es am Ende so, dass ich mich mit ihm eingehend über jeden Auftritt unterhielt und ihn sofort anschließend absolvierte. Nachdem alles im Kasten war, sprachen wir über den nächsten Auftritt, bis ich ihn klar im Kopf hatte, zeichneten ihn auf, und so weiter.

Der Film erhielt letztlich den Titel *Nice Guys Finish First* (»Nette Kerle kommen zuerst ans Ziel«), und so werde ich ihn hier auch nennen, obwohl wir erst auf den Namen kamen, als er schon fast fertig war. Es ist ein Wortspiel mit dem Aphorismus »Nice guys finish last«, der zwar an eine sexuelle Anspielung denken lässt, sein Ursprung aber angeblich in der Welt des Baseballs hat. Die erste Szene drehten wir auf Port Meadow, einer großen Überschwemmungswiese zwischen Oxford und dem Fluss Isis (wie die Themse in diesem Abschnitt genannt wird). Port Meadow ist seit den Tagen des Domesday Book unbearbeitetes Gemeindeland, das den Freien der Stadt Oxford und den Bürgern von Wolvercote als Weideland gewährt wurde. Von dem Haus in Wolvercote, in dem ich früher mit meiner ersten Frau Marian gewohnt hatte, hatte man den Ausblick auf seine vielen sich dehnenden Hektar, und man konnte daraus in der Phantasie leicht eine feuchtere, englische Version der Serengeti-Ebene mit wandernden Herden machen – die aber nicht aus Gnus und Zebras bestanden, sondern aus Kühen und Pferden.

Dass Gemeindeland für *Nice Guys Finish First* von Bedeutung war, lag an der »Tragödie des Allgemeinguts«, dem Thema – und Titel – eines berühmten Aufsatzes des amerikanischen Ökologen Garret Hardin. Gemeindeland wird durch Überweidung ruiniert. Das System des Gemeineigentums funktioniert nur so lange, wie jeder Einzelne Beschränkung übt. Wenn aber ein einzelner Gemeindeangehöriger habgierig ist und zu viele Rinder auf dem Land weiden lässt, leiden alle darunter. Dabei leidet der Egoist nicht weniger als alle anderen, er bezieht aber andererseits einen unverhältnismäßig großen Vorteil daraus, weil er mehr Rinder hat. Es besteht also ein Anreiz, sich egoistisch zu verhalten – und das eskaliert zur Tragödie des Allgemeinguts.

Vertrauter ist uns ein anderes Beispiel: Zehn Personen gehen zusammen in ein Restaurant und einigen sich vorher darauf, sich die Rechnung zu teilen – jeder bezahlt ein Zehntel. Einer bestellt aber ein wesentlich teureres Gericht als alle anderen. Er weiß, dass er nur zehn Prozent der dadurch höheren Rechnung bezahlen muss, erhält aber zu 100 Prozent den Nutzen in Form des teureren Gerichts. Für jeden Einzelnen besteht also kaum ein Anreiz, sich beim Bestellen zurückzuhalten, und die Rechnung fällt insgesamt wahrscheinlich viel höher aus, als wenn jeder seinen Verzehr selbst bezahlt hätte.[21]

Jeremy wollte, dass ich vor der Kamera etwas über die Tragödie des Allgemeinguts sagte, und da wir beim Fernsehen waren, musste es im Hintergrund eine visuelle Erläuterung geben. Port Meadow – eine Fläche, die seit dem Mittelalter Gemeindeland war und buchstäblich vor meiner Haustür lag – eignete sich dafür hervorragend. Hier bot sich eine Gelegenheit zu sanftem Humor, und wie jeder gute Fernsehproduzent, so ergriff sie auch Jeremy. Der Inhaber des alten Amtes eines Sheriff of the City of Oxford hat die Aufgabe, einmal jährlich dem Einfangen aller Tiere beizuwohnen, wobei das genaue Datum des Einfangens aber geheim gehalten wird. Zumindest soll es angeblich geheim gehalten werden, aber Jeremy hatte offensichtlich Wind davon bekom-

---

21 Ganz zu schweigen vom bodmin (das kann man zusammen mit »Douglas Adams« googeln).

men. Vielleicht war es aber auch nicht der Fall, sondern er hatte nur Glück und nutzte den Zufall zu seinem Vorteil.

Die Eigentümer von Tieren, die illegal auf Port Meadow weiden, wurden früher mit einer Strafe belegt; damit sollte die Tragödie des Allgemeinguts vermindert werden, in jüngerer Zeit ist das jährliche Einfangen aber zu einem harmlosen Ritual geworden: Die Tiere werden vorübergehend in ein Gehege gesperrt, aber man unternimmt keinen Versuch, Eigentumsverhältnisse oder Verantwortlichkeiten festzustellen. Das würde theoretisch dazu führen, dass die Tragödie ihren Lauf nimmt. Wir filmten Szenen von dem Einfangen, und dazwischen erklärte ich vor der Kamera das Prinzip der Tragödie.

Als ich zusah, wie Jeremy sein Kamerateam dirigierte, musste mir zwangsläufig auffallen, dass er teilweise satirische Absichten verfolgte: Er machte sich über die Leute des Sheriffs und ihre Lieblingstradition lustig. Ich war darüber ein wenig besorgt und fragte ihn danach. Er grinste und sagte, es würde ihnen nicht auffallen, und selbst wenn, würde es ihnen nichts ausmachen: Die Leute waren einfach erpicht darauf, ins Fernsehen zu kommen, ganz gleich aus welchem Grund. Daraus lernte ich etwas über den subtilen Humor, der ein typisches Kennzeichen der besten Dokumentarfilmregisseure ist; mit der gleichen Eigenschaft sollte ich im Laufe der Jahre, in denen ich gelegentlich Fernsehsendungen moderierte, noch häufiger Bekanntschaft machen. Wenn man wirklich witzig sein will, darf es nicht angestrengt wirken – auch das eine Lektion, die ich von Jeremy lernte.

Jeremy konnte sogar über die Konventionen und Stereotypen seines eigenen Mediums – des Fernsehens – lachen, während er sich selbst ihrer bediente. Er ließ mich das Beispiel mit dem Restaurant erklären, während ich ein Auto steuerte und mit einem nicht existierenden Beifahrer sprach. Simon Raikes, der später in meiner Dokumentation *Break the Science Barrier* bei Channel Four Regie führte (mehr darüber später), machte sich ausdrücklich gerade über dieses Klischee lustig, indem er von mir, der ich mich gerade an meinen »Beifahrer« wandte, einen Schnitt auf eine Außenansicht des Autos setzte, auf der eindeutig zu erkennen war, dass es keinen Beifahrer gab – natürlich nicht einmal den Kameramann. Als ich dagegen protestierte, lachte Simon und sagte, den Widerspruch werde niemand bemerken: Er war zu einem Teil der Grammatik des Fernsehens geworden, zu einer allgemein akzeptierten Konvention.

Eine ähnliche allgemein akzeptierte Konvention bei Fernsehdokumentationen ist der »Gang zur Kamera«: Der Moderator spricht während der Aufnahme zu einer nicht vorhandenen Person, von der man annehmen muss, dass sie rückwärts geht. In Wirklichkeit geht der Kameramann rückwärts (was für ihn selbst und andere eine gewisse Gefahr bedeuten würde, würde er nicht achtsam vom Tonmann geführt, der ihn an der Schulter berührt). Ich habe bei dieser stereotypen Form der Aufnahme immer eine Grenze gezogen. Meine Weigerung, dabei mitzumachen, wurde – manchmal widerstrebend – von allen Regisseuren hingenommen, mit denen ich gearbeitet habe. Eine andere Konvention des Fernsehens hingegen, die »Aufnahme der beschleunigten Wolken«, mit der häufig das Verstreichen der Zeit dargestellt werden soll, kann dagegen sehr schön sein, deshalb habe ich gegen sie keine Einwände. Kunstgriffe mit der Zeit, die Beschleunigung oder Verlangsamung von Vorgängen, setzte David Attenborough in seinen wunderschönen Dokumentationen häufig ein: Er erzielte damit großartige Wirkungen, allerdings würde ich mir wünschen, er würde es zumindest in den Fällen, in denen es nicht offensichtlich ist, ausdrücklich ankündigen. In seiner hervorragenden, unterhaltsamen Autobiographie *Life on Air* findet sich ein faszinierender Bericht über die Frühzeit der Fernseh-Dokumentarfilme; damals mussten er und seine Kollegen die Konventionen, die »Grammatik« der Dokumentarsendungen, von Grund auf neu erfinden: Wann blendet man aus, wann setzt man einen abrupten Schnitt; wann setzt man eine Stimme aus dem Off ein, wann zeigt man das Gesicht des Sprechers – und so weiter.

Nachdem *Nice Guys Finish First* ausgestrahlt war, erfreute ich mich einer kurzen, angenehmen Zeit, in der mein Name mit Nettigkeit in Verbindung gebracht wurde und nicht mit Egoismus – was sonst meist der Fall ist, weil so viele Menschen nur den Titel meines ersten Buches gelesen haben. Nun kamen drei Großunternehmen auf mich zu. Lord Sieff, der Vorstandsvorsitzende von Marks & Spencer, stellte den Kontakt über seine Tochter Daniela her, die zufällig am New College meine Schülerin war. Er lud mich zum Mittagessen in die Vorstandsetage des Unternehmens in London ein. Daniela und ich waren die einzigen Gäste, und ihr Vater erklärte uns, was völlig plausibel war: Marks & Spencer sei ein sehr nettes Unternehmen, das seine Mitarbeiter gut behandelte. Ich hatte keinen Grund, daran zu zweifeln, aber ich weiß nicht genau, ob er die eigentliche Aussage von *Nice Guys Finish First* verstanden hatte. Vielleicht konnte Daniela es ihm hinterher erklären.

Dann geschah etwas weniger Plausibles: Eine junge Frau aus der Werbeabteilung der Mars Corporation lud mich zum Mittagessen ein und erklärte mir, ihr Unternehmen verkaufe Schokoriegel nicht, um Geld zu verdienen, sondern um den Menschen ihr Leben zu versüßen. Sie selbst war sehr süß, und es machte mir Spaß, mit ihr zu Mittag zu essen, aber die Aussage ihres Unternehmens fand ich ebenso unangenehm süßlich wie ihre Schokolade.

Drittens schließlich organisierte ein britischer leitender Manager von IBM Europe, der die Aussage unserer Dokumentation wirklich verstanden hatte, für mich eine Flugreise in die Unternehmenszentrale nach Brüssel, wo ich ein Trainingsspiel für Mitarbeiter der mittleren Führungsebene beaufsichtigen sollte. Das Ziel bestand darin, ihnen zu erleichtern, Bindungen einzugehen, und damit die Arbeitsatmosphäre zu verbessern. Die dynamischen jungen Anzugträger wurden in drei Teams aufgeteilt: die Roten, die Blauen und die Grünen; sie sollten eine abgewandelte Version des »wiederholten Gefangenendilemmas« spielen. (Die Details dieses Klassikers aus der Spieltheorie möchte ich hier nicht erläutern. Sie stehen in dem Buch von Axelrod und in der zweiten Auflage von *Das egoistische Gen*). Die Teams wurden jeweils in einen Raum eingeschlossen und gaben ihre Spielzüge durch Boten bekannt. Genau wie Axelrod es vorausgesagt hätte, wurde in allen drei Gruppen während des langen Nachmittags ein guter, kooperativer Zusammenhalt aufgebaut und aufrechterhalten. Aber leider sagt die Theorie auch etwas anderes voraus: Wenn ein Spiel mit dem wiederholten Gefangenendilemma bekanntermaßen zu einem festgelegten Zeitpunkt endet, wächst die Versuchung, abtrünnig zu werden. Der Grund: Wenn bekannt ist, dass eine bestimmte Spielrunde die letzte ist, entspricht diese einem einzelnen Gefangenendilemma – und dort besteht die rationale Strategie darin, abtrünnig zu werden. Und wenn man weiß, dass der rationale Gegner wahrscheinlich in der letzten Runde abtrünnig wird, ist es auch rational, in der vorletzten Runde einen Präventivschlag zu führen – und umgekehrt. Axelrod prägte den Ausdruck »der Schatten der Zukunft« und meinte damit die voraussichtliche Zeit bis zum Ende des Spiels. Je kürzer der Schatten ist, desto größer wird die Versuchung, abtrünnig zu werden.

Bei IBM war unglücklicherweise von vornherein bekannt, dass

das Spiel um 16 Uhr enden würde. Wir hätten voraussehen müssen, welche Katastrophe sich daraus entwickeln würde; statt die Uhrzeit vorher bekanntzugeben, wäre es besser gewesen, in einem zufällig gewählten, unberechenbaren Augenblick eine Pfeife zu betätigen. Wie die Dinge standen, war es im Rückblick nicht allzu verwunderlich, dass die Roten unmittelbar vor der Hexenstunde der Teezeit gegenüber den Blauen massiv abtrünnig wurden und damit ein lange bestehendes Vertrauen, das während des ganzen Nachmittags mühevoll aufgebaut worden war, brachen. Unser Spiel half diesen Managern überhaupt nicht, bessere Bindungen aufzubauen: Obwohl nicht um echtes Geld, sondern um Spielgeld gespielt wurde, kamen zwischen den Blauen und den Roten so viele ungute Gefühle auf, dass sie sich einer Beratung unterziehen mussten, bevor sie wieder ihrer Tätigkeit, IBM zu leiten, nachgehen konnten. Im Nachhinein erscheint das Ganze ziemlich lustig, aber als ich damals auf dem Heimweg war, fühlte es sich alles andere als gut an.

Auf *Nice Guys Finish First* folgte wenig später eine weitere *Horizon*-Dokumentation, bei der wiederum Jeremy Talor Regie führte. Dieses Mal war zuerst der Titel da: *The Blind Watchmaker*. Wie das – kurz zuvor erschienene – Buch, nach dem die Sendung benannt war, so war auch diese Dokumentation eine Antwort auf den Kreationismus, und das war Grund genug, einen großen Teil der Filmaufnahmen in Texas zu drehen. Jeremy und ich flogen nach Dallas, mieteten ein Auto und fuhren in die kleine, verschlafene Stadt Glen Rose. Nicht weit davon strömt der Fluss Paluxy sanft über angenehm glatten, flachen Kalkstein, in dem sich elegante Fußspuren von Dinosauriern erhalten haben. Nun ja, manche von ihnen sind elegant erhalten und zeigen die charakteristischen drei Zehen der Dinosaurier. Andere dagegen sind so stark verformt, dass man sie nur mit Glauben – und damit meine ich wirklich den Glauben – als Fußabdrücke von Menschen deuten kann. In den dreißiger Jahren wurde der Paluxy zu einem Mekka für Kreationisten, die gern glauben wollten, dass die Welt jung sei und Menschen früher zusammen mit Dinosauriern (dem »Behemoth« des Buches Hiob) auf ihr wandelten. In Glen Rose entstand ein Markt für gefälschte Dinosaurierspuren neben riesigen menschlichen Fußabdrücken, und der »Beleg« ging in das Standardrepertoire der kreationistischen Überlieferung und Literatur ein.

Jeremy heuerte vor Ort ein texanisches Filmteam an, und wir wanderten durch die Wildnis von Glen Rose zum Paluxy, wo wir einen wunderbaren Tag damit verbrachten, in dem warmen, flachen Wasser mit seinem angenehm glatten Kalksteinboden zu waten und zu paddeln. Begleitet wurden wir von Ronnie Hastings, einem einheimischen Lehrer für Naturwissenschaften, und von Glen Kuban. Die beiden hatten die größten Beiträge dazu geleistet, die Wahrheit über die »Menschenspuren« im Paluxy ans Licht zu bringen. (In Wirklichkeit sind es Dinosaurierspuren, die nur von der Ferse stammen, so dass man die drei Zehen nicht sieht.) Wenn ich mir den Film heute noch einmal ansehe, um mich beim Verfassen dieser Zeilen daran zu erinnern, sind mir meine kurzen Shorts ein wenig peinlich, und tatsächlich gaben sie auch im Internet den Anlass zu allerlei Anzüglichkeiten. Kurze Shorts sind heute nicht mehr modern, aber ich muss sagen, dass ich Bermudas nach wie vor ziemlich lächerlich lang und sogar unansehnlich finde. Nebenbei bemerkt, wären sie auch nass geworden, als ich durch den Paluxy watete.

Eine andere Geschichte über Shorts erzählte mir mein Freund Jeremy Cherfas, auch er ein erfahrener Fernsehmann; sie handelte von dem angesehenen südafrikanischen Anthropologen und Dokumentarfilmer Glyn Isaac. Er wurde gefilmt, als er sich auf den Boden kauerte, um ein Fossil aufzuheben, das er dann umdrehte und in die Kamera hielt. Seine Shorts waren sehr kurz, und er merkte nicht, dass sein Penis zu sehen war. Der Regisseur war gewissenhaft und rief sofort »Schnitt«, aber »der Kameramann war ein großartiger Kameramann und filmte einfach weiter«, wie Cherfas es formulierte. Eine solche Peinlichkeit unterlief mir nicht, aber ich muss zugeben, dass sehr kurze Hosen nicht (um Lalla zu zitieren) »die erste Wahl der Gewandmeisterin« gewesen wären, wenn man Shakespeare rezitieren sollte, wie ich es tun musste – und zwar die Passage, in der Hamlet feststellt, wie leicht sich das Auge des Menschen durch oberflächliche Ähnlichkeiten täuschen lässt (in seinem Fall zwischen Wolken und Tieren, in meinem zwischen den Fersenabdrücken von Dinosauriern und menschlichen Fußspuren).

»Mich dünkt, sie sieht aus wie ein Wiesel«, lautet einer der Sätze, die Hamlet in seinem Vergleich mit den Wolken äußert; ich hatte ihn in *Der blinde Uhrmacher* (dem Buch) benutzt, um daran den Unterschied zwischen kumulativer Selektion und Ein-Schritt-Selektion deutlich zu machen. Eine unendlich große Zahl von Affen, die nach dem Zufallsprinzip unendlich lange auf Schreibmaschinen herumhacken, werden Shakespeares sämtliche Werke schreiben, außerdem eine unendliche Menge an anderer Dichtung und Prosa in einer unendlichen Zahl von Sprachen. Aber daran wird nicht mehr deutlich als die Tatsache, dass der Gedanke der Unendlichkeit schier unbegreiflich ist. Schon der kurze Satz »Mich dünkt, sie sieht aus wie ein Wiesel« würde erfordern, dass die Affen mehr Jahrmilliarden arbeiten müssten, als irgendjemand sich ausmalen kann. Wenn wir einen Computer so programmieren, dass er einen Affen nachahmt und nach dem Zufallsprinzip Zeichenfolgen der richtigen Länge erstellt, und selbst wenn es nur eine Sekunde dauert, eine solche Kette zu erzeugen, müsste man eine Milliarde Milliarden Milliarden mal so lange warten, wie die Welt bisher existiert, bevor mit einer gewissen Wahrscheinlichkeit der Satz »Mich dünkt, sie sieht aus wie ein Wiesel« herauskommt.

Scherzhaft schrieb ich in *Der blinde Uhrmacher*, ich würde zwar keine Affen kennen, aber glücklicherweise sei meine elf Monate alte Tochter Juliet »eine erprobte ›dem Zufall gehorchende Maschine‹, die, wie sich zeigte, nur zu gern in die Rolle des schreibmaschineschreibenden Affen schlüpfte«. »Zu gern« war eine Untertreibung. Sie besuchte mich unter dem Dach in meinem Adlernest, von dem aus ich auf den Oxford Canal blickte, und hämmerte mit ihren kleinen Fäusten auf die Tastatur, womit sie mir in ihrer Loyalität helfen wollte, den Termin für die Fertigstellung meines Buches einzuhalten. Nachdem ich einige der von ihr geschriebenen zufälligen Zeichenfolgen wiedergegeben hatte, fuhr ich fort: »Sie hatte aber auch noch andere wichtige Dinge vor, so dass ich den Computer so programmieren musste, dass er ein willkürlich herumtippendes Baby oder einen ebensolchen Affen simulierte.«

Wer das Medium Fernsehen kennt, wird sich nicht darüber wundern, dass Jeremy die Szene nachstellen wollte. Juliets Mutter Eve brachte die Kleine in mein Zimmer am New College, in dem wir die Filmaufnahmen machten. Vielleicht lag es an der Angst einflößenden Wirkung von Kameras und Kameraleuten, Scheinwerfern und riesigen versilberten Regenschirmen und an dem Regisseur, der »Klappe« und »Schnitt« rief, jedenfalls hatte die arme Juliet selbst dann, wenn sie auf dem Knie ihrer Mutter saß, Lampenfieber und weigerte sich, ihre Virtuosität an der Tastatur zu zeigen. Am Ende leitete der Film schließlich unmittelbar zu dem Computer über, in dem wir den simulierten Affen mit einem »Darwin-Algorithmus« für kumulative Selektion verglichen. Teilweise erfolgreiche, »mutierte« Zeichenketten durften sich selektiv über weitere Generationen »fortpflanzen«, und nun dauerte der ganze Prozess, den Satz »Mich dünkt, sie sieht aus wie ein Wiesel« zu »züchten«, nur ungefähr eine Minute.

Das Wiesel-Programm simulierte die darwinistische Evolution natürlich nur in einem sehr begrenzten Sinn. Es sollte zeigen, wie leistungsfähig die kumulative Selektion im Gegensatz zur Einzelgeneration-Zufälligkeit und -Selektion ist. Außerdem war es auf ein entferntes Ziel ausgerichtet, nämlich den zuvor festgelegten Satz »Mich dünkt, sie sieht aus wie ein Wiesel«; in Wirklichkeit funktioniert die Evolution ganz anders. In Wirklichkeit überlebt das, was überlebt. Ein weit entferntes Ziel gibt es nicht, sosehr man auch versucht sein mag, es sich im Rückblick vorzustellen. Deshalb schrieb ich im weiteren Verlauf die viel interessantere und lebensechtere Reihe der »Biomorph«-Programme, auf die ich in einem späteren Kapitel zurückkommen werde; auch sie spielten in dem Film eine bedeutende Rolle.

Eine spätere Szene in der Dokumentation führte uns nach Berlin. Dort wollten wir den deutschen Ingenieur Ingo Rechenberg filmen, der in seinen Pionierarbeiten die darwinistische Selektion als Methode einsetzte, um die Konstruktion von Windmühlen und Dieselmotoren zu vervollkommnen. Dabei nutzten wir auch die Gelegenheit, die Berliner Mauer zu besichtigen und die ostdeutschen Wachposten zu beobachten, die nur darauf warteten, jeden zu erschießen, der der Orwell'schen Unterdrückung durch die Stasi entkommen wollte. Bei diesem düsteren, bedrückenden Anblick verließ die gewohnte Fröhlichkeit auch Jeremy; nie habe ich sein herzzerreißendes, verzweifeltes Weinen vergessen, das nicht auf jemand Bestimmtes abzielte, sondern namenlos in den regengrauen Himmel stieg.

Ich bin froh, dass ich mit der BBC diese beiden *Horizon*-Sendungen produziert habe, aber jetzt, wo ich sie mir im Zusammenhang mit diesem Kapitel noch einmal ansehe, fällt mir auf, dass ich meine Texte vor der Kamera mit einem nervösen Zögern präsentiere – was mir sogar ein klein wenig peinlich ist. Ein Grund war möglicherweise das Bewusstsein, dass jeder Fehler, den ich machte, viel Geld kosten würde. Zu jener Zeit wurde auf 16-Millimeter-Film aufgenommen, der teuer war und nicht wiederverwendet werden konnte. Die heutigen digitalen Aufnahmemedien verursachen keine Kosten mehr. Der Preis für Fehler besteht nur in der zusätzlichen Zeit für eine Wiederholung der Aufnahme. Jeremy war zwar sehr nett und erwähnte nie die Kosten des Films und sein begrenztes BBC-Budget, aber dennoch hatte ich jedes Mal das Bedürfnis, mich zu entschuldigen, wenn mir in den *Horizon*-Filmen ein Patzer unterlief.

Jeremy streitet den Mangel an Selbstvertrauen, der mich damals zurückhielt und zu dem ich mich gerade bekannt habe, sogar ausdrücklich ab; nach seinem Eindruck bin ich meinen eigenen Schwächen gegenüber zu empfindlich. Wie dem auch sei: Wenn ich mir heute die 1996 auf Channel Four ausgestrahlte Dokumentation *Break the Science Barrier* ansehe, bemerke ich dieses Zögern nicht mehr – vielleicht lag es daran, dass der finanzielle Aufwand für Fehler durch den Wechsel zu digitalen Medien gesunken war, vielleicht auch einfach daran, dass ich zehn Jahre älter war.

## *Break the Science Barrier*

Channel Four verfügt selbst nicht über Personal oder Einrichtungen für eigene Produktionen. Stattdessen (und diesem Modell folgt zunehmend auch die BBC) werden Aufträge an zahlreiche unabhängige Produktionsfirmen vergeben, die in London und im ganzen Land aus dem Boden geschossen sind. Entsprechend kam die erste Anfrage für *Break the Science Barrier* auch nicht von Channel Four, sondern von John Gau Productions Ltd. Wenig später hatte ich herausgefunden, dass John Gau zu den angesehensten Gestalten des britischen Fernsehens gehörte; der BBC-Veteran, der den staatlichen Sender verlassen und sein eigenes Unternehmen gegründet hatte, wurde wegen seiner Erfahrung in der Welt des Fernsehens und seiner Erfolge in der Beschaffung von Aufträgen und bei Preisverleihungen verehrt. Nahezu ohne zu zögern gestattete ich ihm, meinen Namen in seinem Angebot an Channel Four zu nennen. Das Angebot wurde angenommen, und John beauftragte den freien Regisseur Simon Raikes mit der Regieführung; John selbst würde der Produzent sein. Ich kam sowohl mit Simon als auch mit John gut zurecht, und am Ende freute ich mich sehr über den Film – ein Eindruck, der sich kürzlich bestätigte, als ich ihn mir noch einmal ansah.

*Break the Science Barrier* ist einerseits ein Lobgesang auf die naturwissenschaftliche Methode und die von ihr offenbarten Wunder, andererseits aber auch ungefähr im gleichen Maße ein Klagelied über die Missachtung der Wissenschaft in unserer Welt. Um den zweiten Aspekt zu verdeutlichen, erzählten wir die Geschichte des britischen Lastwagenfahrers Kevin Callan, der wegen Mordes zu 99 Jahren Haft verurteilt und später aus Gründen, über die wir im weiteren Verlauf berichteten, wieder freigelassen wurde. Aufgrund der Sachverständigengutachten von Ärzten, die keine Kenntnisse der wissenschaftlichen Erforschung von Kopfverletzungen hatten, waren die Geschworenen überzeugt, dass Kevin seine vierjährige Stieftochter Mandy zu Tode geschüttelt hatte. Die Aussage, um die es uns dabei ging, lautete: Wissenschaftliche Unkenntnis nicht nur auf Seiten des Richters und der Anklage, sondern auch bei Kevins eigenen Verteidigern, hatte zu einer ungerechtfertigten Verurteilung geführt. Als er seinen Anwalt zu fragen wagte, welche Experten er zu seiner Verteidigung aufbieten wolle, erklärte ihm der Anwalt, er solle den Mund halten – und rief keine Zeugen auf. Die Ärzte, die die Verteidigung eigentlich hinzuziehen wollte, hatten nämlich die gleiche Ansicht geäußert wie die Experten der Anklage. Kevin war auf sich allein gestellt, sagte als Einziger zu seinen eigenen Gunsten aus und wurde zu lebenslanger Haft verurteilt.

Er war auf sich allein gestellt, blieb aber unbeugsam. Die Haftbedingungen erlaubten ihm, Bücher zu bestellen, und nun machte er sich systematisch daran, sich selbst in das schwer verständliche Fachgebiet der Neuropathologie einzuarbeiten. Lange nach seiner Freilassung zeigte er unserer Fernsehkamera in seinem kleinen Haus an der walisischen Küste die dicken Aktenordner mit Notizen, die er während seiner Haftzeit zu dem Thema zusammengetragen hatte. Diese Aufzeichnungen schienen mir ebenso vollständig und detailliert zu sein wie die Notizen jedes erstklassigen Universitätsstudenten, der sich auf seine abschließende Prüfung vorbereitet – nur mit dem Unterschied, dass »abschließend« für Kevin eine viel ernstere Bedeutung hatte. Kann man sich vorstellen, wie es die Seele zerstört, wenn man ein Leben im Gefängnis vor sich sieht und gleichzeitig weiß, dass man unschuldig ist?

Schließlich fand er in einem Buch des neuseeländischen Neuropathologen Professor Philip Wrightson eine Beschreibung von Symptomen, die nahezu völlig mit denen der armen Mandy übereinstimmten. Kevin schrieb an Wrightson und schickte sämtliche Details aus den Gerichtsakten mit. Der Wissenschaftler studierte sie eingehend und gelangte zu der Überzeugung, dass Mandys Verletzungen höchstwahrscheinlich nicht durch Schütteln entstanden waren. Sie waren auf einen Sturz zurückzuführen, und das hatte Kevin auch die ganze Zeit erklärt.

Auf der Grundlage von Wrightsons neuem Gutachten wurde der Fall wieder aufgerollt, und Kevin wurde freigelassen, ohne dass sein Charakter Schaden genommen hätte. Aber, wie ich in meinem Kommentar sagte: »Ein unschuldiger Mann hatte vier Jahre im Gefängnis zugebracht.« Hätte sich diese beunruhigende Geschichte in einem hinrichtungsfreudigen Rechtssystem (beispielsweise in Texas) abgespielt, wäre Kevin vermutlich tot. Und ohne die erstaunliche Hartnäckigkeit und Aufrichtigkeit eines guten Arztes aus Neuseeland würde er auch in Großbritannien noch heute im Gefängnis schmoren und vermutlich von Mithäftlingen entsetzlich schlecht behandelt werden.

In unserer Dokumentation zeigten wir auch, wie Michael Mansfield QC, einer der angesehensten Anwälte Großbritanniens, ein vernichtendes Urteil über die wissenschaftliche Unkenntnis des Richters und sämtlicher beteiligten Anwälte fällte. Ich war von Kevins Geschichte zutiefst gerührt und nahm davon einen grimmigen Respekt vor diesem relativ ungebildeten Lastwagenfahrer mit, der sich mit reiner Willenskraft und Intelligenz selbst in dem entsprechenden Wissenschaftsgebiet und auch in der naturwissenschaftlichen Denkweise ausgebildet hatte. Seine Anwälte waren weit gebildeter als dieser heldenhafte junge Mann; aber ihre Bildung betraf die falschen Fachgebiete, und sie ließen ihn im Stich.

Ebenso beklagten wir in dem Film das verbreitete Abrutschen der Öffentlichkeit in Aberglauben und Leichtgläubigkeit – ein Thema, auf das ich später in *Unweaving the Rainbow* und der Channel-Four-Dokumentation *Enemies of Reason* zurückkam. Für *Break the Science Barrier* filmten wir Ian Rowland, einen professionellen Zauberkünstler, der Tricks des gleichen Typs vorführte wie die Löffel biegenden Scharlatane mit ihren angeblich »paranormalen« oder »übernatürlichen« Fähigkeiten – wobei er aber selbst stets ausdrücklich betonte, dass er nichts anderes zeigte als Tricks: »Wenn ein anderer es mit übernatürlichen Mitteln tut, macht er sich die Sache unnötig schwer.« Die gleiche Rolle des ehrlichen, Betrug entlarvenden Zauberers spielt in Amerika schon seit langem James »The Amazing« Randi, der Altmeister der Skeptikerbewegung. Andere Illusionisten, die sich große Mühe geben, wissenschaftliche Vernunft zu fördern und die Scharlatane zu entlarven, sind Penn und Teller sowie Jamy Ian Swiss, und ich bin stolz, sie alle zu meinen Freunden rechnen zu können.

Ich selbst habe in meinem Leben nie einen Zaubertrick vorgeführt, aber (vielleicht wäre »und« besser) ich bin fasziniert von den Fähigkeiten der besten Bühnen-Zauberkünstler. Man könnte fast sagen, dass sich daraus philosophische Folgerungen ergeben. Wenn ich einem Weltklasse-Zauberkünstler wie Jamy Ian Smith in Amerika oder Derren Brown in Großbritannien zusehe, ist mein Gefühl des Wundersamen so stark, dass es eine große Willensanstrengung erfordert, mich selbst davon zu überzeugen, dass es tatsächlich eine rationale Erklärung gibt. Entgegen allem Anschein ist das, was ich gesehen habe, kein Wunder. Wasser in Wein zu verwandeln oder über das Wasser zu gehen, wäre ein Kinderspiel im Vergleich zu dem, was diese bemerkenswerten Bühnenkünstler leisten. Ich muss mir selbst immer wieder sagen, dass es in Wirklichkeit nur ein Trick ist, obwohl alle meine Instinkte »Wunder«, »übernatürlich« oder »paranormal« schreien. Ehrliche Bannbrecher wie James Randi, Ian Rowland, Jamy Ian Swiss, Derren Brown oder Penn und Teller müssen gar nicht genau erklären, wie sie es machen: Das können sie nicht, denn es würde gegen ihre Berufsordnung verstoßen. Es reicht, dass sie uns versichern, alles sei nur ein Trick.

Hier muss ich ein beschämendes Bekenntnis ablegen. Als ich schon kein Kind mehr war, sah ich im Fernsehen die »paranormale« Vorführung eines angeblichen Kraftmenschen. Er ließ sich einen Angelhaken in seine Rückenhaut stecken und zog dann scheinbar mit einer Angelleine einen großen, schweren Eisenbahnwagen hinter sich her. Seine nackte Rückenhaut wurde dramatisch in die Länge gezogen, und mit viel Schauspielerei strengte er sich an und stöhnte. Langsam, aber sicher setzte sich der Wagen in Bewegung. Mein Geständnis – und ich überwinde hier meine Scham, um es zu erzählen und damit deutlich zu machen, wie anfällig wir alle sind – lautet: Ich tat es *nicht* sofort mit der Begründung, dass die Gesetze der Physik nicht auf diese Weise verletzt werden können, als Trick ab. Stattdessen lautete meine Reaktion: »Hm, was für ein bemerkenswerter Mann. Es gibt mehr Dinge zwischen Himmel und Erde, Horatio …« So. jetzt ist das Geständnis heraus, und ich fühle mich wie ein völliger Dummkopf. Aber ich weiß, dass mein damaliges leichtgläubiges Ich beklagenswerterweise alles andere als allein ist.

Die Aufrichtigkeit von Zauberkünstlern wie Penn und Teller, James Randi und anderen liegt übrigens nicht in ihrem kommerziellen Interesse. Ganz im Gegenteil. Die Scharlatane und Betrüger, die die gleichen (oder meist sogar minderwertigere) Tricks vorführen und im Fernsehen behaupten, sie seien »übernatürlich«, um dann Bestseller über ihre »Kräfte« zu schreiben, können auf dem Weg zur Bank nur lachen (oder auf dem Weg zu den Öl- oder Bergbauunternehmen, deren törichte Manager ihnen hübsche Summen zahlen, damit sie mit ihren »paranormalen Kräften« weissagen, wo man nach Öl oder kostbaren Bodenschätzen graben soll).

Das philosophische Interesse geht aber weiter. Wissenschaftler mit rationalen Neigungen werden häufig gefragt, was prinzipiell dazu führen könne, dass sie es sich anders überlegen und den Naturalismus als widerlegt betrachten. Was wäre notwendig, um jemanden vom Übernatürlichen zu überzeugen? Früher legte ich in der Regel das Lippenbekenntnis ab, ich würde über Nacht an Übernatürliches glauben, sobald jemand mir überzeugende Belege liefern könne. Für mich lag auf der Hand, dass es beispielsweise für einen Gott einfach sein müsste, solche Belege zur Verfügung zu stellen. Aber angeregt durch nachdenkliche Diskussionen mit Steve Zara, der regelmäßig Beiträge für meine Website RichardDawkins.net schreibt, bin ich mir heute nicht mehr so sicher. Wie würde ein überzeugender Beleg für Übernatürliches aussehen? Wie könnte er überhaupt aussehen? Ein »nahezu magischer« Kartentrick von Jamy Ian Swiss erscheint so übernatürlich wie nahezu jedes Wunder, das ich mir vorstellen kann, und in diesem Fall versichert mir der ehrliche Zauberkünstler, dass es in Wirklichkeit nur ein Trick ist, eine Illusion. Angenommen, Jesus würde mir im Glorienschein erscheinen oder ich könnte zusehen, wie die Sterne sich in eine neue Konstellation bewegen und dann die Namen von Zeus und der gesamten olympischen Götterwelt darstellen: Warum sollte ich dann die Hypothese zurückweisen, dass ich Träume, Halluzinationen habe oder zum Opfer einer verblüffenden Illusion geworden bin, die vielleicht von extraterrestrischen Physikern oder einem außerirdischen Zauberkünstler nach Art von David Copperfield erzeugt wurde? Warum sollte ich mich stattdessen der abwegigen Theorie anschließen, dass die Naturgesetze durch ein »übernatürliches« Ereignis außer Kraft gesetzt wurden? Über*menschlich*, ja, warum nicht? Es würde mich wundern, wenn es in dem riesigen Universum nicht irgendwo übermenschliche Intelligenz gäbe. Aber »übernatürlich«? Was kann »übernatürlich« überhaupt bedeuten, außer dass es außerhalb unserer gegenwärtigen, vorübergehend unvollkommenen wissenschaftlichen Kenntnisse liegt?

Eine ganz ähnliche Aussage macht der berühmte, prophetische Science-Fiction-Autor Arthur C. Clarke in seinem »dritten Gesetz«: »Jede hinreichend weit entwickelte Technologie ist von Magie nicht zu unterscheiden.« Könnten wir auf irgendeine Weise mit einer Boeing 747 ins Mittelalter fliegen, die Menschen dann an Bord holen und ihnen einen Laptop, einen Farbfernseher oder ein Handy zeigen, würden selbst die klügsten Köpfe unter ihnen zu dem Schluss gelangen, dass alle vier Gerätschaften übernatürlich und wir selbst Götter sind. Deshalb noch einmal: Was kann »übernatürlich« überhaupt anderes bedeuten als »außerhalb unserer *gegenwärtigen* Kenntnis«? Schlaue Tricks fachkundiger Zauberkünstler liegen außerhalb meiner derzeitigen Kenntnisse und vermutlich auch außerhalb der Kenntnisse anderer. Wir sind versucht, sie als übernatürlich zu bezeichnen, aber wir widerstehen der Versuchung, weil wir wissen, dass sie es nicht sind – was auch die Zauberkünstler selbst uns versichern. Oder, wie David Hume uns rät: Wir sollten gegenüber allen angeblichen Wundern die gleiche Skepsis walten lassen, weil selbst die unplausible Alternative zur Wunderhypothese stets plausibler ist als das Wunder selbst.

Die zweite wichtige Zielsetzung von *Break the Science Barrier* bestand darin, Werbung für die Wunder der Wissenschaft zu machen. Zu diesem Zweck filmten wir unter anderen Professor Jocelyn Bell Burnell, die Entdeckerin der Pulsare, in der Nähe des riesigen Radioteleskops von Jodrell Bank nicht weit von Manchester. Es war ein bewegendes Schauspiel: das riesige Zyklopenauge des Parabolspiegels, das tief in den Weltraum und damit auch tief in die Vergangenheit blickt. Außerdem interviewten wir David Attenborough und – ein weiterer Coup – Douglas Adams. Der Vortrag über Romane und Wissenschaftsbücher, den ich im Einleitungskapitel zitiert habe, geht auf dieses Interview mit Douglas zurück; am Ende fragte ich ihn: »Was an der Wissenschaft bringt Ihr Blut eigentlich wirklich in Wallung?«

Seine Antwort gab er aus dem Stegreif und mit jener ansteckenden Begeisterung, die irgendwie durch ein Augenzwinkern nicht abgeschwächt, sondern verstärkt wurde – ein Zwinkern, das uns auch seine ständige Bereitschaft verrät, über sich selbst zu lachen.

> *Die Welt ist ein Gebilde von übermäßiger, absolut phantastischer Komplexität, Reichhaltigkeit und Seltsamkeit. Ich finde, der Gedanke, dass Komplexität nicht nur aus Einfachheit entsteht, sondern vermutlich sogar aus absolut nichts, ist die fabelhafteste, außergewöhnlichste Idee, die es gibt. Und sobald man auch nur eine Ahnung davon hat, wie das geschehen sein kann – ist das einfach großartig. Und … wenn wir die Gelegenheit haben, 70 oder 80 Jahre unseres Lebens in einem solchen Universum zu verbringen, ist diese Zeit, was mich angeht, gut genutzt.*

Leider für ihn – und uns – waren es nur 49.

Diese Stelle ist so gut wie jede andere dazu geeignet, etwas über meine Freundschaft mit Douglas zu sagen und zu berichten, wie ich ihn kennengelernt habe. Als erstes seiner Bücher las ich nicht *Per Anhalter durch die Galaxis*, sondern *Der elektrische Mönch*. Es ist sicher das einzige Buch, das ich in meinem Leben von Anfang bis Ende gelesen habe, um dann sofort wieder von vorne anzufangen und es noch einmal komplett zu lesen. Das tat ich, weil ich beim ersten Durchgang eine ganze Weile brauchte, bis ich die zahlreichen Anspielungen auf Coleridge mitbekommen hatte, und dann wollte ich es erneut lesen, um dieses Mal sofort darauf zu achten.

Es ist auch das einzige Buch, das mich jemals dazu veranlasste, dem Autor einen Fanbrief zu schreiben. Es war eine der ersten E-Mails in einer Zeit, als diese Form der Kommunikation noch selten war. Der Computerkonzern Apple hatte sein eigenes E-Mail-Netzwerk namens Applelink. Mails konnte man ausschließlich an andere Mitglieder des Applelink-Kreises schreiben, und von denen gab es Ende der achtziger Jahre nur wenige Hundert auf der ganzen Welt. Douglas und ich zählten durch die Vermittlung von Alan Kay dazu. Alan hatte früher im Xerox Parc gearbeitet und gehörte zu den Gründergenies der WIMP-Schnittstelle (Windows, Icons, Menus [oder Maus], Pointer], die von Apple und später auch von Microsoft übernommen wurde. In der großen Diaspora des Computer-Athen namens Xerox Parc wechselte Alan mit dem Ehrentitel eines Apple Fellows zu Apple, gründete dort eine eigene Abteilung für die Entwicklung von Unterrichtssoftware und sicherte sich eine glückliche Mittelschule in Los Angeles als Versuchslabor. Alan liebte Douglas' und meine Bücher, und wir wurden beide als Berater ehrenhalber an seine Bildungsabteilung berufen. Zu den Vergünstigungen gehörte die frühzeitige Mitgliedschaft bei Applelink; und da das Netzwerk nur so wenige Teilnehmer hatte, konnte ich schnell Douglas' Namen nachschlagen und ihm per E-Mail meine Fanpost schicken.

Er antwortete prompt, erklärte, er sei ebenfalls ein Fan meiner Bücher, und lud mich ein, ihn zu besuchen, wenn ich das nächste Mal in London war. Ich fuhr zu seinem großen Haus in Islington und drückte auf die Klingel. Douglas öffnete bereits lachend die Tür. Ich hatte sofort den Eindruck, dass er nicht über mich lachte, sondern vielmehr über sich selbst, oder genauer gesagt vielleicht über die Reaktion, die er von mir angesichts seiner spektakulären Körpergröße erwartete – und die er schon viele Male erlebt hatte.[22] Oder vielleicht lachte er auch nur über eine Absurdität des Lebens, von der er vermutete, ich würde sie ebenso amüsant finden. Ich betrat mit ihm das Haus, und er führte mich durch die Räume; sie waren voller Gitarren, Midi-Musikausrüstung, futuristischer Riesenlautsprecher und – so schien es – Dutzenden von außer Dienst gestellten Macintosh-Computern, die in Konflikt mit dem Moore-Gesetz geraten waren und nun im Schatten ihrer aktuellen Nachfolger vor sich hin dösten. Wie sich schnell herausstellte, lachten wir tatsächlich über die gleichen Dinge und fanden Spaß an den gleichen komischen Absurditäten. So hatte er beispielsweise vermutet, dass ich über Folgendes in vergnügtes Gelächter ausbrechen würde:

> *Die Tatsache, dass wir am Boden eines tiefen Gravitationslochs auf der Oberfläche eines von Gas umhüllten Planeten leben, der einen 150 Millionen Kilometer entfernten nuklearen Feuerball umkreist, und das alles für normal halten, ist ganz offensichtlich ein Anzeichen dafür, wie einseitig unsere Sichtweise in der Regel ist …*

---

[22] Als er ein Junge war, traf man sich bei Schulausflügen nicht unter der Uhr, sondern »unter Adams«.

Ebenso über den »unendlichen Unwahrscheinlichkeitstrieb«; und über den elektrischen Mönch, jenes arbeitssparende Gerät, das man kauft, damit es für einen glaubt – die weiterentwickelte Version war sogar in der Lage, »Dinge zu glauben, die sie nicht einmal in Salt Lake City glauben«; und über das appetitanregend-selbstmörderische, moralisch hochentwickelte Tagesgericht im *Restaurant am Ende des Universums* (das ich bereits in dem Kapitel über meine Weihnachtsvorlesungen erwähnt habe).

Ich habe schon davon berichtet, wie ich bei der Party zu Douglas' 40. Geburtstag meine Frau kennenlernte. Im Adams-Kanon ist aber 42 eine wichtigere Zahl, und seinen 42. Geburtstag feierte er auf eine für ihn charakteristische Weise: mit einem umfangreichen Abendessen für Hunderte von Gästen. Es war zwar ein Abendessen mit festen Plätzen, dieses Versprechen wäre aber fast nicht eingelöst worden – und das lag an der bemerkenswerten Sitzordnung. Einfach auf jedes Platzdeckchen eine Karte mit dem Namen des Gastes zu stellen, wäre Douglas viel zu einfach gewesen. Seine Platzkarten trugen zwei Namen und bezeichneten nicht die Person, die dort saß, sondern ihre beiden Nachbarn. »Die Person links von Ihnen ist Richard Dawkins. Bitten Sie ihn, den Segen zu sprechen. Die Person zu Ihrer Rechten ist Ed Victor. Wenden Sie sich ihm zu und sagen Sie in ungläubigem Ton: »FÜNFZEHN?« (Douglas' Agent Ed Victor war damals in London der einzige Literaturagent, der eine Provision von 15 Prozent verlangte.) Auf diese Weise die Sitzordnung ausfindig zu machen, war eine Leistung von derart unnötiger Kompliziertheit, dass Douglas (der dabei nach meiner Vermutung von mehr als einem aus seiner Flotte von Mac-Computern unterstützt wurde) damit den größten Teil des Abends beschäftigt war und wir uns erst ungefähr gegen Mitternacht zum Essen niederließen. Wie ich ihn vermisse – mit seinem Weltklasse-Sinn für Humor und, so sagte man, seiner Weltklasse-Phantasie.

*Break the Science Barrier* endete mit einer typischen Oxforder Szene: Lalla saß zurückgelehnt in einem Stechkahn, während ich sie (und den Kameramann, der den Anstandswauwau spielte, aber das Publikum bekommt so etwas angeblich nicht mit) romantisch den Cherwell hinaufstakte und meine Stimme aus dem Off die Schönheit der wissenschaftlichen Realität, wie wir sie beide wahrnahmen, über alle Maßen pries.

## Sieben Wunder

Mitte der neunziger Jahre entwickelte der BBC-Produzent Christopher Sykes die Idee zu einer Fernsehserie, in der Wissenschaftler ihre persönlichen sieben Weltwunder benennen und über jedes davon aus dem Stegreif berichten sollen. Christopher verdeutlichte dann jeweils die Auswahl, und zwar mit Filmaufnahmen, die vermutlich aus dem riesigen Archiv der BBC stammten. Meine sieben Wunder waren das Spinnennetz, das Ohr der Fledermaus, der Embryo, digitale Codes, der Parabolspiegel, die Finger des Pianisten und Sir David Attenborough (was mir einen köstlich fröhlichen, handgeschriebenen Brief des großen Mannes bescherte). Die halbstündige, konzentrierte Fernsehsendung war wohl eines der wenigen Dinge in meinem Leben, mit denen ich mir offensichtlich keine Feinde (aber viele Freunde) machte. War es dennoch eine gute Sendung? Zumindest war es keine schlechte, und das trotz Winston Churchills Ausspruch: »Sie haben sich Feinde gemacht? Gut, das heißt, dass Sie etwas richtig gemacht haben.« Ich habe mir nie Mühe gegeben, mir Feinde zu machen, aber es scheint, als kämen sie auf der geraden Straße, die vor mir liegt, aus dem Dunkel auf mich zu.

Das Format der »Sieben Wunder« stellte einige großartige Kandidaten ins Licht. Steven Pinker wählte beispielsweise das Fahrrad, kombinatorische Systeme, den Sprachinstinkt, die Kamera, das Auge, das räumliche Sehen und das Rätsel des Bewusstseins. Ich glaube nicht, dass jemand sich für »den Hippocampus des Taxifahrers« entschied, aber vielleicht hätte man es tun sollen: Die Fahrer der schwarzen Londoner Taxis müssen eine Prüfung ablegen, in der sie die Kenntnis (es heißt sogar »The Knowledge«) noch der letzten kleinen Straße und Gasse in einer der größten Städte der Welt nachweisen müssen, und wie man zeigen konnte, ist im Gehirn der Fahrer ein Teil, den man Hippocampus nennt, vergrößert. Der Gedanke hat etwas Trauriges, dass »The Knowledge« vielleicht schon bald durch GPS-Navigation überflüssig gemacht wird. Aber die Navigationssysteme haben noch einen langen Weg vor sich, bevor sie sich mit The Knowledge messen können, wenn es um Abkürzungen durch Nebenstraßen und Schleichwege je nach Verkehrslage geht.

Weitere Wissenschaftler in der Serie waren mein persönliches Vorbild John Maynard Smith, Stephen Jay Gould, Danny Hillis (der Erfinder des Parallelrechners), James Lovelock (der Gaia-Guru) und Miriam Rothschild. Die sieben Wunder dieser bemerkenswerten alten Dame waren Ohrmilben, der Monarchfalter, der Sprung des Flohs, die Morgendämmerung auf der Jungfrau, der bizarr-komplexe Lebenszyklus eines parasitischen Wurmes, die Carotinoide (darunter die, mit denen wir sehen) und Jerusalem. Ihre Begeisterung war ansteckend – in der 87-Jährigen brodelte der Enthusiasmus eines Kindes –, und ihre Sendung war ein Musterbeispiel für Christopher Sykes' Konzept.

## Dame Miriam

Ich kannte Miriam nicht gut, aber eine so bemerkenswerte Persönlichkeit hat eine Abschweifung verdient. Sie lud Lalla und mich zu ihrer alljährlichen Dragonfly Party (die so genannt wurde, weil man die Gäste aufforderte, die Maßnahmen zur Erhaltung der Libellen rund um ihren See zu besichtigen) in ihr Landhaus nach Ashton ein; es war nicht weit von Oundle entfernt, wo ich früher das Internat besucht hatte. Ihr Garten war sehenswert. Es gibt einen Bildband mit dem Titel *The New Englishwoman's Garden*, in dem jede Doppelseite dem Garten einer hochwohlgeborenen oder gut vernetzten Dame gewidmet ist. Präsentiert werden makellose Rasenflächen im Schatten uralter Zedern, geschmackvoll-bescheiden angelegte Blumenbeete, Staudenrabatten, schattige Lauben und versonnene Alleen aus uralten Eiben. Das alles wie nicht anders zu erwarten, aber dann blättert man um und sieht den Garten der Honourable Miriam Rothschild (man hätte das Ehrenwerte auch weglassen und stattdessen FRS schreiben können, aber das hätte nicht zum Charakter des Buches gepasst).[23] Dieser Garten spiegelt ihren ganz eigenen Stil. Alle Pflanzen sahen so aus, dass die anderen Damen sie als Unkraut bezeichnet hätten. Es handelte sich ausschließlich um wilde englische Wiesenblumen und ungemähtes Gras. Wogen aus blütengeschmücktem langem Gras schlugen gegen die Wände des Hauses und durch die Fenster gegen die innen

---

23 Diese spitze Bemerkung wird für Leser außerhalb Großbritanniens nur dann verständlich, wenn ich erkläre, dass der Titel »the Honourable« an Adelsgeschlechter vergeben wird, während »FRS« (Fellow of the Royal Society) eine echte Ehre ist, mit der Wissenschaftler ausgezeichnet werden.

angebrachten Blumenkästen, die wie eine Fortsetzung des Gartens im Inneren des Hauses wirkten. Das große Haus war zudem so mit Kletterpflanzen bewachsen, dass man fast eine Machete brauchte, um es zu finden wie ein Märchenschloss in einem Zauberwald. Unter verblichenen Familienfotos (eines davon zeigte den mit Bowlerhut und Vollbart ausgestatteten zweiten Lord Rothschild, der mit seiner von vier Zebras gezogenen Kutsche durch London fährt) standen die Kästen mit der berühmten Insektensammlung der Familie.

Das Mittagessen bestand aus einem üppigen Buffet. Bei einer dieser alljährlichen »Libellenfeiern« winkte sie mich an ihren Tisch: »Komm, setz dich zu mir, mein lieber Junge. Aber vorher geh und schneide mir eine Scheibe Wildfleisch ab: eine sehr kleine Scheibe, denke daran, ich bin strenge Vegetarierin.« Der Gerechtigkeit halber muss man sagen, dass der Hirsch nicht für den Verzehr getötet worden war; er war vielmehr durch einen Unfall gestorben, man konnte also behaupten, dass sie ihre Prinzipien als Vegetarierin im Geist aufrechterhalten hatte. Miriam besaß eine Herde seltener Davidshirsche, die ihr Vater mit Blick auf die Erhaltung der Spezies aus China mitgebracht hatte (in freier Wildbahn sind sie ausgestorben). Einer dieser Hirsche hatte sich unglücklicherweise in einem Zaun verfangen und war gestorben. So kam das Wildfleisch auf das ethisch einwandfreie Buffet.

Einmal wurde Miriam eingeladen, in Oxford die angesehene alljährliche Herbert-Spencer-Vorlesung zu halten. Der Vizekanzler und die Honoratioren saßen in der ersten Reihe des großartigen Sheldonian Theatre von Christopher Wren. Vermutlich waren sie, mit ihren Talaren angetan, in einer Prozession eingezogen, angekündigt durch die Schläge des Pedells mit seinem Universitätszepter. Genau erinnere ich mich allerdings nicht mehr an die Details, und möglicherweise habe ich sie zu stark ausgeschmückt. Miriams Vorlesung ist mir aber gut im Gedächtnis geblieben. Sie entwickelte sich zu einem von Herzen kommenden Plädoyer für die Rechte der Tiere und zu einer leidenschaftlichen Ablehnung des Fleischverzehrs. Ich saß unmittelbar hinter dem Vizekanzler und bemerkte, wie er während des Vortrages voller Angst auf seinem Sitz hin und her rutschte. Dann sah ich, wie ein Notizzettel diskret in der Reihe weitergegeben wurde, und ein Helfer eilte nach draußen; zweifellos hetzte er zur Küche des Colleges, wo man das Abendessen vorbereitete, das der Vizekanzler zu Ehren Miriams nach der Vorlesung geben wollte. Man hätte meinen können, sie hätte sein Büro vorgewarnt, aber ich vermute, dass ihr Sinn für Boshaftigkeiten die Oberhand behielt.

Ein anderes Mal hatten Lalla und ich uns bemüht, Geld für Denville Hall aufzutreiben, ein sehr gastfreundliches, sympathisches Pflegeheim für Schauspieler im Ruhestand, für das Lalla den Vorsitz unter den Treuhändern führt. Ihre bevorzugte Kunstform war zu jener Zeit das Bemalen von Seide mit wunderschönen Tiermotiven. Sie bemalte nicht nur Krawatten (so wie die mit den Warzenschweinen, die nicht die Gunst der königlichen Zustimmung erlangte), sondern auch Seidenschals mit Schmetterlingen, Tauben, Hühnern, Walen, Fischen, Schnecken, Enten, Gürteltieren (diesen Schal kaufte Matt Ridley für seine aus Texas stammende Frau – das Gürteltier ist das Wahrzeichen des Bundesstaates) und bot sie zum Kauf an, um damit die gemeinnützige Einrichtung zu unterstützen. Da ich wusste, dass Miriam ein Kopftuch zu tragen pflegte, bat ich Lalla, ein Tuch für die wohlhabende, wohltätige alte Dame zu bemalen in der Hoffnung, uns damit eine große Spende zu sichern. Das naheliegende, wenn auch unkonventionelle Motiv waren angesichts von Miriams unerreichten Fachkenntnissen über die akrobatischen kleinen Blutsauger die Flöhe: gewaltig vergrößerte Bilder von Flöhen, die zu neun verschiedenen Arten gehörten. Lalla bemalte das Kopftuch wunderschön, und ich schickte es in ihrem Namen an Miriam, wobei ich den guten Zweck erklärte. Irgendwann kam Miriams Antwort: »Bitte danken Sie Ihrer Frau und sagen Sie ihr, ich werde das Taschentuch [dieses »Taschentuch« war mindestens einen Quadratmeter groß] behalten, aber setzen Sie sie in Kenntnis, dass sie leider den Penis der Flöhe unterschätzt hat, denn wie Sie zweifellos wissen, ist dieser im Verhältnis einer der größten im Tierreich.« Begleitet war Miriams Brief von einem großzügigen Scheck für Denville Hall; außerdem schenkte sie uns ihr Buch über die Mikroanatomie der Flöhe, das eine Widmung für Lalla und eine Anmerkung enthielt: »Zur Vagina der Maulwurfsflöhe siehe Seite 112.«

## Weniger glückliche Begegnungen mit dem Fernsehen

Neben den Wissenschaftsdokumentationen, in denen ich als Moderator auftrat, stand ich auch bei vielen anderen Gelegenheiten auf diese oder jene Weise auf der falschen Seite einer Fernsehkamera. Ich möchte diese Begebenheiten hier nicht alle im Einzelnen aufführen. Neben zwei Fällen (auf die ich noch zu sprechen kommen werde), in denen ich zum Opfer absichtlich betrügerischer Redaktionsarbeit wurde, ist *The Brains Trust* die Serie, an die ich mich mit dem geringsten Wohlwollen erinnere. Titel und Format hatte man von einer zu Recht berühmten Serie von Rundfunksendungen aus der Kriegszeit übernommen, in denen eine Gruppe von drei Personen die Antworten auf Fragen, die von Hörern eingeschickt und von einem Spielleiter vorgelesen wurden, aus dem Ärmel schüttelten. Die Experten wechselten von Woche zu Woche, aber bekannte Stammgäste waren Julian Huxley, Commander A. B. Campbell und C. E. M. Joad. Zur Zeit dieser Sendungen lebte ich als Kleinkind in Afrika, aber ich habe mir Aufzeichnungen angehört; sie erinnern an eine vergangene Ära, in der Freunde sich mit Familiennamen anredeten und Stimmen im Radio sich nicht zu unterhalten, sondern zu deklamieren schienen (»Danke, Campbell. Ich meine, Huxley, was ist Ihre aufrichtige Meinung?«). Die Fernsehversion war nie so erfolgreich wie das Original im Hörfunk. Ich kann mir heute nicht mehr vorstellen, warum ich mich zur Teilnahme bereit erklärte, aber aus irgendeinem Grund tat ich es für drei Episoden, und alle drei fand ich schrecklich. Es beruhigte mich nicht gerade, dass die Frau, die die Leitung hatte, mich mit einem Ausdruck der Verwunderung darüber begrüßte, dass ich Wissenschaftler war. Offensichtlich hatte sie noch nie einen kennengelernt: »In Oxford haben wir sie ›graue Männer‹ genannt, sie sind um neun Uhr morgens zur Vorlesung gegangen, während wir noch im Bett lagen.« Und in dem Stil machte sie auch weiter: Als ich in einer meiner Antworten auf eine Frage Watson und Crick erwähnte, sagte sie: »Könnten Sie unseren Zuschauern kurz erklären, wer Watson und Crick sind?« Hätte sie eine ähnliche Frage gestellt, wenn ich von Wordsworth und Coleridge oder von Aristoteles und Platon gesprochen hätte? Oder von Gilbert und Sullivan?

Berühmte Namenspaare erinnern mich an eine nette Geschichte, die Francis Crick einmal erzählte. Er stellte Watson jemandem in Cambridge vor, der daraufhin sagte: »Watson? Aber ich dachte, *Sie* heißen Watson-Crick!« Stichwort für eine weitere Abschweifung. Ich empfinde es als großes Privileg, diese beiden Männer kennengelernt zu haben. Die Begabung beider war eine unentbehrliche Voraussetzung für ihre bemerkenswerte Leistung, begrenzte Daten so weit zu strapazieren, dass sie damit zu einer Schlussfolgerung von nahezu unbegrenzter Bedeutung gelangten, und welcher der beiden Namen in der allgegenwärtigen Doppelung zuerst genannt werden sollte, ist nicht zu erkennen. Der Eröffnungssatz von Watsons Buch *Die Doppelhelix* (»Ich habe Francis Crick nie bescheiden gesehen«) passte nicht zu meiner eher rudimentären Erfahrung mit seinem älteren Partner, aber eines stimmt: Beide brauchten ein gewaltiges Selbstbewusstsein, um es so weit zu bringen. In meinem Klappentext für Cricks Autobiographie *Ein irres Unternehmen* schrieb ich von einem

> *berechtigten Stolz, nahezu einer Arroganz im Namen eines Fachgebiets – der Molekularbiologie –, das sich das Recht erworben hat, arrogant zu sein, weil es das philosophische Gewäsch abgeschnitten, die Sache angepackt und in kurzer Zeit viele herausragende Probleme des Lebens gelöst hat. Francis Crick ist geradezu das Musterbeispiel für diese erbarmungslos erfolgreiche Wissenschaft, zu deren Gründung er so viel beigetragen hat.*

Er klärte bei weitem nicht nur die Struktur der DNA auf. Der Nachweis, den er zusammen mit Sydney Brenner und anderen führte, dass der genetische Code ein Triplettcode sein muss, ist sicher eines der genialsten Experimente aller Zeiten.

Jim Watson ist zwar arrogant, aber auch er hat sich das Recht dazu erworben. Seine Ex-Cathedra-Verkündigungen sind manchmal schlecht durchdacht, und sein Sinn für Humor mag hin und wieder grausam sein, aber man hat den Eindruck, dass ihm dies in einer Art naiver Unschuld überhaupt nicht klar ist. Manchmal hat er auch einen verblüffenden Humor: So erklärte er mir, wenn man ihn im Film darstellen wolle, solle der Tennisspieler John McEnroe die Rolle übernehmen. Was konnte das bedeuten? Wie sollten wir darauf reagieren? Ich schätze aber seine Antwort auf eine Frage, die ich ihm stellte, als ich ihn im Garten seines alten Colleges, des Clare, in Cambridge interviewte (übrigens für eine BBC-Sendung über Gregor Mendel, die ihren Höhepunkt in dem Kloster fand, in dem der große Mönch und Wissenschaftler seine Pionierarbeiten geleistet hatte). Ich sagte zu Jim, viele religiöse Menschen würde interessieren, wie Atheisten die Frage »Wozu sind wir da?« beantworten.

> *Nun, ich glaube nicht, dass wir zu irgendetwas da sind. Wir sind schlicht Produkte der Evolution. Du kannst sagen: »He, das muss aber ein ziemlich düsteres Leben sein, wenn du nicht glaubst, dass es einen Zweck hat.« Aber ich freue mich auf ein gutes Mittagessen.*

Das war ein klassischer Jim – das Mittagessen war tatsächlich gut und wurde durch seine Gesellschaft noch besser. Lalla und ich lernten ihn und seine Frau Liz recht gut kennen, als sie in Oxford ein Haus kauften und mehrfach den Sommer in unserer Heimatstadt verbrachten.

Bei *The Brains Trust* saßen von Woche zu Woche andere Personen mit mir auf dem Podium. In der Regel war mindestens ein Philosoph dabei, manchmal ein Historiker, einmal ein Dichter und Romancier. Ich glaube, ich war der einzige Naturwissenschaftler. Es gehörte zur Arroganz der Sendung, dass ausdrücklich betont wurde, man habe uns vorher nichts über die Fragen gesagt. Die Spielleiterin machte darüber sogar spitzbübische Witze und tat so, als würde sie uns mit der Geheimniskrämerei quälen, weil sie damit unsere begrenzten Reserven an spontanen Scharfsinn unter Druck setzte. Die Fragen lauteten beispielsweise: »Was ist ein gutes Leben?« Oder: »Was ist Glück?«

»Glück ist ein Bergbach …«, setzte einer meiner glücklosen Mitstreiter zu seiner Antwort an. Meine war sicher nicht besser, wenn auch vielleicht weniger hochtrabend; für mich stellt es ein gewisses Glück dar, dass ich sie vergessen habe.

Ich habe schon angekündigt, dass ich zwei Fälle erwähnen würde, in denen ich durch regelrecht unehrliche Bearbeitung von Fernsehaufnahmen hinters Licht geführt wurde. Eigentlich freut es mich, dass ich nur zwei solche Beispiele benennen kann, denn für diejenigen, die mit ihren Ansichten auf der Verliererseite stehen, muss die Versuchung groß sein. Den Kreationisten sind ihre Argumente auf schmähliche Weise abhandengekommen, und nun ist Täuschung ihre letzte Zuflucht; deshalb ist es nicht verwunderlich, dass beide Fälle, in denen ich betrogen wurde, von kreationistischen Organisationen ausgingen. Im September 1997 erhielt ich eine Anfrage von einem australischen Unternehmen, das erklärte, man werde ein Fernsehteam nach Europa schicken und einen Film über die »Kontroverse« um die Evolution drehen. Unter dem Einfluss eines Gesprächs mit Stephen Jay Gould – mehr darüber im nächsten Kapitel – hatte ich mir aus guten Gründen das Prinzip zu eigen gemacht, niemals Diskussionen mit Kreationisten zu führen, aber der Tonfall dieses Teams hörte sich nach einem ehrlichen Versuch an, die Argumente vorurteilsfrei zu dokumentieren; also erklärte ich mich bereit, mit ihnen zu sprechen.

Als das »Team« zu mir nach Hause kam, erwies es sich als amateurhaft-armselig. Die Frau, die die Kamera bediente, stellte auch die Fragen. Ich beantwortete sie trotz meiner wachsenden Zweifel, ob sie über die Kompetenz zur Produktion eines Films verfügte, und zunehmend bereute ich es, dass ich sie überhaupt in mein Haus gelassen hatte. Aber dann stellte sie eine Standardfrage, die, wie jeder an dieser sogenannten »Kontroverse« Beteiligte weiß, ein todsicherer Hinweis ist. Nur ein in der Wolle gefärbter Kreationist würde sinngemäß sagen: »Professor Dawkins, können Sie ein Beispiel für eine genetische Mutation oder einen Evolutionsprozess benennen, an dem man erkennen kann, dass die Information im Genom zunimmt?« Jetzt war klar, dass sie sich unter falschem Vorwand Zugang zu meinem Haus verschafft hatte. Sie war ganz offensichtlich eine fundamentalistische Kreationistin; man hatte mich überlistet, damit ich ihr die Aufmerksamkeit widmete, nach der solche Leute sich sehnen, und ihr die Gelegenheit gab, mir die Worte im Sinne ihrer eigenen bescheuerten Ansichten im Munde zu verdrehen.

Was sollte ich tun? Sollte ich sie kurzerhand hinauswerfen oder die Frage geradeheraus beantworten, als hätte ich sie nicht durchschaut, oder mich für einen Mittelweg entscheiden? Ich hielt inne und versuchte, zu einem Entschluss zu gelangen. Nachdem ich elf Sekunden lang versucht hatte, mir Klarheit zu verschaffen, entschloss ich mich, sie wegen der Unehrlichkeit ihrer ursprünglichen Herangehensweise hinauszuwerfen. Ich sagte ihr, sie sollte die Kamera anhalten, und wir begaben uns in mein Arbeitszimmer, wo ich ihr in Gegenwart meines Assistenten erklärte, ich hätte ihre Täuschung durchschaut und sie müsse sofort gehen. Sie flehte mich an, sagte, sie sei eigens aus Australien angereist, um mich zu sehen (eine offenkundige Lüge, aber lassen wir das). Schließlich, nachdem sie lange gebettelt hatte, gab ich nach und stimmte zu, die Aufnahmen fortzusetzen. Ich hatte die Absicht, ihr einen kurzen Lehrgang über einige Aspekte der Evolutionstheorie angedeihen zu lassen, von denen sie offensichtlich überhaupt nichts wusste, statt ihre törichten Fragen zu beantworten – und statt den Versuch zu unternehmen, jemandem die Informationstheorie zu erklären, der vollkommen unfähig ist, sie zu verstehen. Wer sich für die vollständige Antwort auf ihre tatsächliche Frage interessiert, findet sie in *A Devil's Chaplain*, und zwar in dem Kapitel mit der Überschrift »The information challenge«. Dort verweist auch ein Literaturhinweis auf den Bericht von Barry Williams über die gesamte Farce in dem australischen Magazin *Skeptic*.

Schließlich ging sie, und ich dachte nicht mehr an die Begegnung, bis mich jemand ungefähr ein Jahr später auf den Film aufmerksam machte, der mittlerweile erschienen war. Wie sich herausstellte, wurde meine Pause von elf Sekunden, in der ich mir überlegte, ob ich sie hinauswerfen sollte, so dargestellt, als sei ich angesichts der Frage »mit meinem Latein am Ende gewesen«. Sie hatte den Film so bearbeitet, dass auf die Pause ein Schnitt auf einen ganz anderen Teil des Interviews folgte und ich über etwas völlig anderes sprach; damit sah es so aus, als hätte ich in meiner Verzweiflung und Ratlosigkeit absichtlich das Thema gewechselt. Als amüsanten Abschluss produzierte sie tatsächlich noch eine zweite Version des Films, in der die Frage nach der »Information« nicht von ihr, sondern von einem männlichen Komplizen in einem kahlen, unmöblierten Zimmer (vermutlich in Australien) gestellt wurde, das ganz anders aussah als der Raum, in dem sie mich gefilmt hatte. Das lag vermutlich an der schlechten Tonqualität ihrer ursprünglichen Frage (bei der sie hinter der Kamera gestanden hatte). Hier wurde die betrügerische Nachbearbeitung noch deutlicher, aber anscheinend kann etwas noch so offensichtlich sein, es reicht nicht aus, um zur Intelligenz von Kreationisten eines bestimmten Typs vorzudringen. Seither zerreißen sie sich zweifellos triumphierend die Mäuler darüber, wie sie mich »ratlos« gemacht hatten.

Die zweite Betrügerei, der ich zum Opfer fiel, war schwerwiegender, denn sie wurde von einer richtigen Filmfirma mit professionellen Produktionsstandards begangen – allerdings mit dem gleichen Maß an Unehrlichkeit, das auch die australischen Amateure besessen hatten. In der ersten Anfrage im Jahr 2007 wurde auch hier eine objektive Betrachtung der Welt kreationistischer Verteidigungsreden versprochen, und ich erkannte nicht den leisesten Hinweis, dass es in Wirklichkeit um kreationistische Propaganda ging. Ich war von den ehrlichen Absichten der Filmemacher sogar so überzeugt, dass ich mir Mühe gab, in London einen geeigneten Ort für die Aufnahmen zu finden. Andere Evolutionsforscher wie Michael Ruse und P. Z. Myers bestätigen, dass sie auf ähnliche Weise hinters Licht geführt wurden. Von der eigentlichen Zielsetzung des Films hatte ich selbst während des gesamten Interviews keine Ahnung. Der Interviewer fragte mich, ob ich mir irgendwelche Umstände ausmalen könnte, unter denen das Leben auf der Erde intelligent gestaltet worden sein *könnte*. Meine ehrliche Antwort war eine angestrengte Bemühung, mir solche möglichen Umstände vorzustellen. Ich sagte, ich könne mir nur vorstellen, dass es von Außerirdischen aus dem Weltraum ausgesät worden sei und dass ich so etwas *nicht* glaubte. Mit anderen Worten: Ich sagte damit, dass ich nicht glaubte, das Leben auf der Erde sei intelligent gestaltet. Im Rückblick hätte ich ahnen müssen, wie leicht man mir die Worte im Mund verdrehen konnte! Und tatsächlich wurden sie verdreht. Noch heute sehe ich häufig Tweets und Blogs, in denen Dinge stehen wie »Dawkins, der Mann, der nicht an Gott glaubt, glaubt an kleine grüne Männchen«. Aber diese Verdrehung meiner Worte ist eine Petitesse im Vergleich zum Rest des Films. Mein Kollege Michael Ruse wurde auf ähnliche Weise betrogen – man nutzte seine Aufrichtigkeit als ehrlicher Lehrer aus und verdrehte sie im Sinne einer unaufrichtigen Zielsetzung. Der Film ging sogar so weit, dass Darwin für Hitler verantwortlich gemacht wurde! (Ob Hitler jemals Darwin gelesen hat, darf bezweifelt werden, denn dessen Name kommt in *Mein Kampf* kein einziges Mal vor.)

In Wirklichkeit waren meine Anstrengungen sogar noch großzügiger, als es dem Interviewer oder seinem doppelzüngigen Produzenten klar war. Wenn die Vertreter des »Intelligent Design« zu den Gläubigen sprechen, machen sie keinen Hehl daraus, wer der »Designer« ist: natürlich der Gott der jüdisch-christlichen Bibel. Gelegentlich tun sie aber so, als gehe es ihnen ausschließlich um ein wissenschaftliches Anliegen, und das würde genauso funktionieren, wenn es sich bei dem Designer um einen Alien aus dem Weltraum handelt. In den Vereinigten Staaten müssen sie es so formulieren, wenn sie sich dafür einsetzen, dass das »Intelligent Design« im naturwissenschaftlichen Unterricht gelehrt wird, denn sonst würden sie der verfassungsmäßigen Trennung von Kirche und Staat zum Opfer fallen. Als der Interviewer mich fragte, ob ich mir Umstände vorstellen könne, unter denen das Leben auf der Erde intelligent gestaltet wurde, erwähnte ich bewusst und mit Absicht die Aliens, und damit kam ich den Vertretern derer, die er unterstützte – ohne dass ich es wusste –, noch weiter entgegen.

Vermutlich hatte ich noch Glück, dass ich nur zwei solche Episoden regelrechter Unaufrichtigkeit erlebt habe. Und ich möchte nicht allzu viel Aufhebens davon machen – es waren letztlich seltene Vorkommnisse unter buchstäblich Hunderten von Fernsehinterviews, die ich im Laufe vieler Jahre gegeben habe. Dennoch haben solche Unehrlichkeiten unverhältnismäßig große bösartige Auswirkungen: Sie untergraben den natürlichen Impuls, Menschen zu vertrauen – einen gutartigen Impuls, dessen Verlust das Leben ärmer macht. Um ein ganz anderes Beispiel für das gleiche Prinzip zu nennen: Lalla und ich wurden einmal von einer jungen Frau (die ich als Tutor betreute) so getäuscht, dass wir glaubten, sie sei lebensgefährlich an Krebs erkrankt. Wie sich schließlich herausstellte, stimmte mit ihr nur eines nicht: Sie litt an einer Form des Münchhausen-Syndroms (einer seltsamen geistigen Störung, bei der die Betroffenen eine Krankheit vortäuschen), aber bevor Lalla das herausfand, hatte sie viele Stunden mit der jungen Frau im Krankenhaus gesessen und ihr die Hand gehalten, während sie sich schmerzhaften Untersuchungen unterzog. Sobald die Ärzte sie entlarvt hatten, weigerte sie sich umgehend, Lalla überhaupt wiederzusehen – wahrscheinlich war es ihr peinlich. Wir fanden nie heraus, wie viele ihrer sonstigen Geschichten ebenfalls Lügen waren – zum Beispiel ihre Behauptung, sie sei Berufsmusikerin und spiele Trompete. Nach unserer übereinstimmenden Meinung bestand der schlimmste Aspekt dieser Episode darin, dass sie unsere natürliche Freundlichkeit und unseren Wunsch, benachteiligten Menschen zu helfen, untergraben hatte. Glücklicherweise hielt die negative Wirkung nicht lange an: Lalla widmet bis heute einen beträchtlichen Teil ihrer wachen Stunden ehrenamtlichen und hochqualifizierten gemeinnützigen Tätigkeiten.

## Noch einmal Channel Four

Nachdem 1996 *Break the Science Barrier* erschienen war, moderierte ich zunächst keine längeren Fernsehdokumentationen mehr, bis zehn Jahre später meine lange, fruchtbare Zusammenarbeit mit dem unabhängigen Produzenten und Regisseur Russell Barnes begann. Russell und ich haben mittlerweile elf Stunden Dokumentarfernsehen gemeinsam produziert, die sich auf fünf verschiedene Sendungen von

Channel Four verteilen. Die erste handelte von Religion und wurde 2006 unter dem Titel *Root of All Evil?* [»Wurzel alles Bösen?«] ausgestrahlt. Das Fragezeichen war das einzige Zugeständnis von Channel Four an meine Abscheu gegenüber dem Titel. Keine einzelne Sache ist die Wurzel *alles* Bösen; allerdings hat die Religion, wenn sie in ihrem Element ist, daran einen beträchtlichen Anteil.

Der Film war offenbar mit einem großzügigen Budget ausgestattet: Unsere ganze Mannschaft reiste nicht nur nach Amerika, sondern auch nach Jerusalem und Lourdes. Der französische Wallfahrtsort diente als sanft verspottetes Denkmal für die Leichtgläubigkeit der Menschen, eine Leichtgläubigkeit, die vielleicht aus Verzweiflung geboren wird, wenn Menschen sich nicht wohl fühlen. Lalla erzählte mir, wie sie viele Jahre zuvor in Begleitung des Schauspielers Malcolm McDowell (dem Star aus Filmen wie *IF* und *Clockwork Orange*) zum ersten Mal in Lourdes gewesen war. Sie hielten mit dem Auto auf dem Gipfel des Hügels an, und Malcolm lief wie wild den ganzen Weg abwärts, wobei er so laut wie möglich rief: »Ich kann gehen! Ich kann gehen! Ich kann gehen!« Sahen die Pilger darin sofort ein weiteres Wunder, wie ihr Glaube und ihre Hoffnung es sie zu erwarten gelehrt hatten?

Als ich in Lourdes die Pilger befragte, forderte Russell mich auf, meine Skepsis zu verbergen und sie einfach reden zu lassen. Ich interviewte auch einen ortsansässigen katholischen Priester. Er schien selbst nicht an die Wunderheilungen zu glauben, aber wie es für den religiösen Geist typisch ist, *kümmerte* es ihn offenbar überhaupt nicht, ob sie wahr waren oder nicht. Es reicht, dass die Pilger *glaubten*, sie könnten geheilt werden, und dass sie daraus Trost bezogen. Das eigentliche Wunder war für ihn der Glaube der Pilger. Für mich würde zu einem echten Wunder auch eine Heilung gehören (es muss ja nicht gleich eine nachwachsende amputierte Extremität sein), und wie ich betonte, ist die statistische Heilungsquote in Lourdes nicht höher, als man es allein aufgrund des Zufalls erwarten würde – was den Priester überhaupt nicht wunderte.

Bei allen unseren Filmen schärfte Russell mir ein, ich solle ruhig und höflich bleiben, wenn ich Kreationisten und ähnliche Leute interviewte. Man gibt ihnen damit das Seil in die Hand, an dem sie sich selbst aufhängen können. Fast bis zur Zerrüttung erprobte ich die Methode in dem Film *The Genius of Charles Darwin* [»Das Genie von Charles Darwin«], den ich später mit Russell produzierte: Darin interviewte ich Wendy Wright, die Präsidentin der »Concerned Women of America« und eine einflussreiche Kreationistin. Ihr ständig wiederholter Kehrreim »Zeigen Sie mir die Belege, zeigen Sie mir die Belege, zeigen Sie mir die Belege« im Angesicht klarer, überwältigender Belege wurde im Internet ebenso zu einer Legende wie – das muss man sagen – meine Geduld angesichts ihres falschen Lächelns. Ich bilde mir darauf nichts ein; ich befolgte einfach die Anweisungen des Regisseurs und kämpfte meine natürlichen – und weniger vornehmen – Impulse nieder.

Noch schwerer fiel es mir, sie in einigen Interviews niederzukämpfen, die ich für *Root of All Evil?* führte, denn dabei kam ich mit einigen wirklich unangenehmen Personen in Kontakt, so unter anderem mit dem zähnefletschend lächelnden Ted Haggard. Mit unseren Filmaufnahmen in den Vereinigten Staaten konzentrierten wir uns zum größten Teil auf Colorado Springs: Der Ort ist zu einer Brutstätte der christlichen Erweckungsbewegungen geworden, und der »Garden of the Gods«, der unmittelbar vor der Stadt im Vorgebirge der Rocky Mountains liegt, gab einen großartigen Hintergrund für einige filmische Darstellungen ab, beispielsweise für die Metapher »Gipfel des Unwahrscheinlichen« (siehe Seite 371). Ganze Gebiete mit neuen (und – überraschend für Amerika – langweiligen) Wohnvierteln in Colorado Springs sind de facto zu fundamentalistischen Gettos geworden; in eines davon fuhren wir, um eine anständige, aber naive junge Familie zu filmen, die treue Kirchgänger in der riesigen Gemeinde von »Pastor Ted« waren.

Ted Haggard war ein kleiner Mann in einer großen Kirche (»war«, weil er später auf eine Weise in Ungnade fiel, die ich nicht genauer benennen werde – ich möchte keine Schadenfreude verbreiten). Fasziniert sahen wir zu, wie seine Schäfchen mit ihren Limousinen und Pick-ups auf den riesigen Parkplatz strömten, die Hände fest um Bibeln oder Gebetbücher geklammert. Mit noch größerem Erstaunen hörten wir zu, wie Godrock aus riesigen Verstärkern dröhnte, während die Menschen, die Arme zum Himmel erhoben und mit einem glückseligen Ausdruck auf ihren vom Glauben berauschten Gesichtern, durch die Gänge hüpften. Schließlich stolzierte Pastor Ted auf die Bühne, grinste anzüglich und forderte die 14 000-köpfige Gemeinde auf, in gelehrigem Chor das Wort »Gehorsam« zu intonieren. »*GEHORSAM!*« Als wir nach dem Gottesdienst mit unserem Interview begannen, ließ er mir eine joviale Arm-um-die-Schulter-Begrüßung angedeihen. Er wirkte leicht geschmeichelt, als ich seinen Gottesdienst mit »einer Demonstration in Nürnberg, auf die Doktor Goebbels stolz gewesen wäre« verglich, aber fairerweise muss ich hinzufügen, dass er möglicherweise nie etwas von Nürnberg oder auch von Joseph Goebbels gehört hatte. Unangenehm wurde die Sache erst, als ich ihn nach seinem Verständnis von Evolution fragte. Aber so widerlich es auch wurde, nichts konnte sein Reißzahngrinsen erschüttern.

Tim Cragg, unser begabter Kameramann, und ich packten unsere Sachen zusammen. Zuvor hatte Tim auf dem Parkplatz ein paar letzte Aufnahmen gemacht, als plötzlich ein Pick-up mit hoher Geschwindigkeit auf uns zuraste und nur knapp vor uns zum Stehen kam. Am Lenkrad saß Pastor Ted, und er war wütend – viel wütender als während des Interviews. Im Rückblick vermuteten wir, dass er nach dem Interview sofort meinen Namen gegoogelt hatte und nun wusste, wer ich war. Jedenfalls beschimpfte er uns, wir hätten seine Gastfreundschaft missbraucht, und betonte, wie großzügig er gewesen sei, er habe uns Tee mit Milch gegeben. Die Milch erwähnte er zweimal. Am seltsamsten aber war, dass er zu mir in vorwurfsvollem Ton sagte: »Sie haben meine Kinder als Tiere bezeichnet.« Ich war so verblüfft, dass mir keine Antwort einfiel. Hinterher sprach ich mit dem Team darüber, was er gemeint haben könnte. Die Meinung war einhellig: Obwohl ich weder auf Tiere noch auf Haggards Kinder zu sprechen gekommen war, herrscht im Geist eines Kreationisten wohl die Vorstellung, jeder Evolutionist müsse alle Menschen als Tiere betrachten. Was übrigens stimmt, aber warum Pastor Ted sich entschloss, gerade seine eigenen Kinder und nicht das gesamte Menschengeschlecht anzuführen, war ebenso rätselhaft wie seine Hervorhebung der zum Tee gereichten Milch. Vielleicht meinte er gar nicht seine eigenen Kinder, sondern seine Kirchgänger, die sich an einem kindischen »GEHORSAM« berauschten. Wer weiß?

Während Haggard uns von seinem Anwesen verwies, drohte er (neben anderen Dingen) damit, unsere Filmaufnahmen zu beschlagnahmen – eine Drohung, die unser Team so ernst nahm, dass es die Filme nicht in Tims Hotelzimmer ließ, sondern mitnahm, als wir abends zum Essen gingen. Heute hört es sich paranoid an, aber Colorado Springs ist eine solche Brutstätte des religiösen Fundamentalismus und Pastor Teds »gehorsame« Gemeinde ist so riesengroß, dass es vielleicht doch nicht ganz unrealistisch war, dieses Risiko zu erwägen.

In Colorado interviewte ich auch Michael Bray, einen weiteren Kleriker (ich bin mir allerdings nicht sicher, wie viel das in Amerika bedeutet: Den Titel »Reverend« kann man anscheinend mit einem Minimum an Anstrengungen erwerben, einschließlich der damit verbundenen Steuererleichterungen und des unverdienten Ansehens, aber ohne Qualifikation in Theologie oder irgendetwas anderem).[24] Bray hatte wegen gewalttätiger Angriffe auf Ärzte, die Abtreibungen vornahmen, im Gefängnis gesessen; ich befragte ihn nach seinen Einstellungen und denen seines Freundes Paul Hill, auch er ein »Reverend«, der in Florida wegen Mordes an einem Abtreibungsarzt hingerichtet worden war. Nach meinem Eindruck waren beide Männer ehrlich: Sie glaubten aufrichtig an die Gerechtigkeit ihrer Sache. Hills letzte Worte schlossen sogar »eine große Belohnung im Himmel« nicht aus – ein schauriges Beispiel für den häufig zitierten Ausspruch von Steven Weinberg: »Mit oder ohne Religion können gute Menschen Gutes tun, und schlechte Menschen können Böses tun; aber damit gute Menschen Böses tun – dazu bedarf es der Religion.« Und wenn man tatsächlich glaubt, ein Fötus sei ein »Baby« (wovon diese Menschen anscheinend überzeugt sind), kann man nach meiner Vermutung darin wohl eine moralische Rechtfertigung dafür finden, das Gesetz in die eigenen Hände zu nehmen. Jedenfalls empfand ich gegenüber Michael Bray keine Abneigung, wie ich sie bei Ted Haggard gespürt hatte. Ich hätte gern einen Weg gefunden, um ihn ein wenig zu Verstand zu bringen, aber dazu war keine Zeit. Seltsamerweise wollte er mit mir zusammen fotografiert werden. Ich wusste nicht, zu welchem Zweck, und ich fürchte, ich lehnte ab.

Ähnlich sympathisch kann man sich auch über »Pastor« Keenan Roberts äußern, den ich ebenfalls in Colorado interviewte; allerdings war er eine weniger ansprechende Persönlichkeit. Er leitete eine Institution namens Hell House, die es sich zur Aufgabe gemacht hatte, Kinder mit kurzen Schauspielvorführungen, die in der Drohung en-

---

[24] Ich bin Geistlicher der Universal Life Church. Meine Ordinationsurkunde, die bei uns auf der Gästetoilette hängt, kaufte Yan Wong für mich als peinsames Geburtstagsgeschenk. Lawrence Krauss ist Geistlicher in der gleichen Kirche und hat seine Qualifikation tatsächlich genutzt, um eine Trauungszeremonie zu vollziehen; sowohl er als auch das betroffene Paar haben sich vergewissert, dass alles legal war.

deten, sie würden für alle Ewigkeit gebraten, entsetzlich zu ängstigen. Wir filmten die Proben zweier dieser Schauspiele. Die Hauptfigur war in beiden ein sadistischer, brüllender Satan, der sich in »Har-haaar«-Manier eines Baronet in einem viktorianischen Melodram hämisch darüber freute, wenn für verschiedene Sünder die ewigen Qualen vorbereitet wurden – in dem einen Stück für eine Frau, die eine Abtreibung vorgenommen hatte, in dem anderen für zwei verliebte Lesben. Anschließend interviewte ich Pastor Roberts. Seine Zielgruppe, so sagte er mir, seien Zwölfjährige. Ich stutzte und stellte die Frage, ob es moralisch vertretbar sei, Kindern mit ewigen Qualen zu drohen. Er verteidigte sich mit kernigen Worten: Die Hölle sei ein so entsetzlicher Ort, dass jedes Mittel, mit dem man Menschen – auch oder vielleicht gerade Kinder – davon abhalten könne, dorthin zu gelangen, gerechtfertigt sei. Er hatte aber keine Antwort auf meine Frage, warum er einen Gott anbete, der in der Lage sei, Kinder in die Hölle zu schicken, oder warum er überhaupt an die Hölle glaubte. Es sei einfach sein Glaube, und ich hätte kein Recht, seinen Glauben in Frage zu stellen.

Was Michael Bray anging, so konnte ich in gewisser Weise nachvollziehen, wes Geistes Kind er war. Wenn man wirklich an die Hölle glaubt, wenn man Abtreibung wirklich für Mord hält und wenn man wirklich überzeugt ist, dass Menschen für alle Ewigkeiten in der Hölle braten werden, wenn sie sich in einen Angehörigen des eigenen Geschlechts verlieben, dann kann man vermutlich sagen, dass jede Vorbeugungsmaßnahme, so gesetzwidrig und grausam sie auch sein mag, das kleinere Übel ist. Aus dieser Perspektive ist sogar kaum zu erkennen, wie ein ehrlich Gläubiger etwas anderes tun kann als zu missionieren und Menschen vor einem derart entsetzlichen Schicksal zu bewahren. Es ist ein wenig so, als würde man Menschen zurückreißen, damit sie sich nicht von einer Klippe stürzen. Man fühlt sich verpflichtet, es zu tun, auch wenn man dabei ziemlich grob vorgehen muss – wieder einmal ein Beispiel für Weinbergs Ausspruch.

Keine solche Rechtfertigung – nicht mal partiell – konnte ich aber für Joseph Cohen alias Yousef al-Khattab finden. Russell und ich waren mit dem Team in Jerusalem; wir bemühten uns, die religiösen Feindseligkeiten zu begreifen, die diese antike Stadt heimsuchen. Dazu unterhielten wir uns mit einem angenehm kultivierten, gebildeten Sprecher der Juden, und wir unterhielten uns mit dem Großmufti von Jerusalem, der unseren einheimischen Mittelsmann als Dolmetscher nutzte. Wenn man sich um einen Mittelweg bemüht und jemanden sucht, der beide Sichtweisen kennt, wer käme dann eher in Frage als ein jüdischer Siedler, der zum Islam konvertiert war wie Yousef al-Khattab, der frühere Joseph Cohen aus New York? Er war doch sicher am besten in der Lage, beide Seiten zu sehen? Wie unrecht wir hatten! Wir fanden ihn in seinem kleinen Laden in einer Seitenstraße von Jerusalem, wo er Parfüm verkaufte. Er begrüßte mich durchaus herzlich, aber sobald die Kamera eingeschaltet war, schaltete er auch seinen Zorn ein, einen Zorn, der vom ehrlichen Eifer des Konvertiten befeuert wurde. Er war selbst Jude gewesen, und sein leidenschaftlicher Hass war den Juden vorbehalten. Er äußerte offen seine Bewunderung für Hitler. Er sehnte sich nach einer Weltherrschaft, die durch Allahs siegreiche Soldaten gesichert wurde. Er lehnte es ab, die Anschläge vom 11. September zu verurteilen. Auf eine verdrehte Weise warf er mir vor, ich sei verantwortlich für die Dekadenz des Westens, und seine besondere Abscheu galt der »Art, wie ihr eure Frauen anzieht«. Einen kurzen Augenblick lang ließ ich meinen Ärger durchblicken, als ich die naheliegende Antwort gab: »Ich ziehe keine Frauen an, sie ziehen sich selbst an.«

Bei den meisten Filmen, die ich mit Russell Barnes machte, waren wir mit dem Kameramann Tim Cragg und dem Tonmann Adam Prescod unterwegs. Die beiden hatten auch bei vielen anderen Filmen auf der ganzen Welt zusammen und häufig schon mit Russell gearbeitet. Ich habe die Freundschaft mit allen drei Männern schätzen gelernt, ebenso die Kameradschaft, die sich einstellt, wenn man Tag für Tag zusammenarbeitet, gemeinsam reist, gemeinsam isst, gemeinsam über die gleichen Absurditäten lacht, ja sogar wenn man gemeinsam des gleichen Großkirchen-Parkplatzes verwiesen wird. Tim ist ein gutaussehender, strahlender Bursche, der sich so hingebungsvoll seinem Handwerk widmet, dass er die Welt ständig durch einen imaginären oder echten Sucher betrachtet und ununterbrochen nach interessanten, lohnenden Blickwinkeln Ausschau hält. Russell schickt Tim bedenkenlos allein los, damit Tim nützliche Hintergrundaufnahmen macht, denn er weiß, dass er dabei als Regisseur entbehrlich ist. Ähnlich engagiert und ähnlich gut ist auch Adam mit seinen Tonaufnahmen. Er und Tim sind ein großartiges Team: Sie kennen die Spielweise des anderen wie Doppelpartner im Tennis. Einmal warf jemand, den wir gerade interviewten, einen Blick auf Adams Dreadlocks und seine dunkle Haut, und dann fragte er sofort nach Reggaemusik. Ein klassischer Fall für das Prinzip, ein Buch nach seinem Umschlag zu beurteilen, wie Adam mir gegenüber einmal jovial bemerkte (wenn ich ihn vor sich hinsummen hörte, klang es meist eher nach den Suiten für Solocello von J. S. Bach). Und was Russell angeht, so hat er als Dokumentarfilmregisseur die gleichen Tugenden, die ich erstmals bei Jeremy Taylor kennengelernt hatte. Die besten Regisseure, unter ihnen Jeremy und Russell, ähneln in gewisser Hinsicht Wissenschaftlern: Sie werden zu echten Experten für das Thema ihres gegenwärtigen Filmprojekts, lesen die Fachliteratur im Original, besuchen Kapazitäten und sprechen mit ihnen. Nachdem sie dann ihren Film geplant, aufgenommen und geschnitten haben, wechseln sie zu einem anderen Thema und fangen wieder an, sich einzulesen. Führt dieser chamäleonartige Wechsel zu einem befriedigenderen, abwechslungsreicheren Leben als dem des Akademikers, dem es auf den ersten Blick ähnelt? Ich könnte es mir vorstellen.

Bei späteren Filmen hatte ich auch große Freude an der Zusammenarbeit mit Russells Geschäftspartnerin und Kollegin Molly Milton. Mit ihrer außergewöhnlichen Fröhlichkeit und Freundlichkeit überwand sie wie von Zauberhand alle Schranken und brachte für das ganze Team frischen Wind in jeden Papierkrieg, egal was da kam. Auch ich war entzückt von ihrem unverbesserlichen Optimismus, manchmal hatte ich allerdings auch gemischte Gefühle. Während der Arbeit an dem Film *Sex, Death and the Meaning of Life* rief sie mich an und bat mich, nach Indien zu fliegen und den Dalai Lama zu interviewen. Ich war (wie sich herausstellen würde, zu Recht) überzeugt, dass das spirituelle Oberhaupt viel zu beschäftigt sei, um mit mir zu sprechen, und das nutzte ich, um zu Molly de facto nein zu sagen: »Ha-ha-ha, wenn du, ha-ha-ha, das schaffst, den Dalai Lama zu buchen, ha-ha-ha, dann fahre ich auch mit dir nach Indien, ha-ha-ha.« Ich ging davon aus, dass mein herausforderndes Lachen gleichbedeutend mit einem Nein war, legte den Hörer auf und dachte nicht mehr daran.

Ungefähr drei Wochen später rief Molly in heller Aufregung an: »Er hat zugesagt, er hat zugesagt, er hat zugesagt. Wir können nach Indien fliegen, du hast versprochen, du würdest fliegen, wenn ich den Dalai Lama buche, und er hat ja gesagt, er hat ja gesagt, er hat ja gesagt, wir fliegen nach Indien, wir fliegen und treffen den Dalai Lama.«

Nun blieb mir nichts anderes übrig, als mein Versprechen auch zu halten. Wir flogen nach Indien – und als wir dort waren, trat genau das ein, was ich von vornherein vermutet hatte: Der Dalai Lama war viel zu beschäftigt und hatte keine Zeit, sich mit uns zu treffen. Erst jetzt kam die ganze Vorgeschichte ans Licht. Sein Büro hatte gesagt: »Nun, wenn Sie an diesem und jenem Tag da sind, *könnte* er möglicherweise in der Lage sein, sich mit Ihnen zu treffen, aber garantieren können wir es nicht.« Nach meiner Vermutung hörte Molly mit ihrem Optimismus und ihrer Überzeugung, dass es kein Hindernis gibt, das sie nicht überwinden kann, statt eines »nun ja, vielleicht« ein »ja, definitiv«. Ich verzieh ihr: Einem Menschen von so gewinnender Liebenswürdigkeit kann man einfach nicht böse sein, und nachdem wir einmal in Indien waren, filmten wir dort einige faszinierende Szenen.

Molly und ich haben ein peinliches Geheimnis (peinlich für mich, nicht für sie), und das möchte ich hier gestehen. Es ging wieder um den Film *Sex, Death and the Meaning of Life*. Wir filmten oben auf Beachy Head an der englischen Südküste. Die schwindelerregenden, 150 Meter hohen Kalksteinklippen sind ein berüchtigter Schauplatz von Selbstmorden, und an dem Weg entlang der Klippe erinnern kleine, kniehohe Kreuze an die gequälten Seelen, die in ihrer Verzweiflung ins Leere gesprungen sind. Ich sollte diesen Weg entlang einen ergreifenden Spaziergang machen, und die Kamera sollte in Nahaufnahme meine Füße einfangen, während sie an den kleinen Kreuzen vorübergingen und sich ihnen jeweils traurig zuwandten. Ich hatte keine Ahnung, warum meine Füße sich so unangenehm anfühlten, aber ich marschierte tapfer weiter, während wir die Szene mehrere Male filmten. Als wir schließlich genügend Aufnahmen im Kasten hatten, konnte ich mich endlich ins Gras setzen und die Schuhe ausziehen – eine wundervolle Erleichterung. Molly setzte sich neben mich, um mit mir die nächste Szene zu planen. Jetzt bemerkten wir, warum ich an den Füßen ein so seltsames Gefühl gehabt hatte. Irgendwie hatte ich es geschafft, den rechten und linken Schuh zu vertauschen. Molly kicherte vergnügt, und wir einigten uns darauf, Russell und dem übrigen Team nichts davon zu sagen. Aber mein Fauxpas war für die Nachwelt in Nahaufnahme festgehalten. Vermutlich sollte ich angesichts des Klippenrandes dankbar sein, dass mein *pas* nicht stärker *faux* war.

Ich bin auf alle Filme stolz, die ich mit Russell und seiner Mannschaft gemacht habe. Zwischen *Root of All Evil?* (dem ersten) und *Sex, Death and the Meaning of Life* (dem bisher letzten) produzierten wir noch *Enemies of Reason* (über Astrologie, Homöopathie, Wünschelrutengehen, Engel und anderen abergläubischen Unsinn außerhalb der Religion), *The Genius of Charles Darwin* und *Faith Schools Menace*. Im Rahmen des zuletzt genannten Films unternahmen wir eine denkwürdige Reise nach Belfast, um die bildungspolitischen Wurzeln der dortigen Stammeskriege zu untersuchen, und bei einem Aufmarsch des Oranierordens filmten wir neben anderen beunruhigenden Anblicken auch die riesigen, krass realistischen Wandbilder, auf denen maskierte Männer mit Gewehren zu sehen waren.

*Enemies of Reason* enthielt eine aufschlussreiche Filmsequenz über das Wünschelrutengehen, die von Dr. Chris French, einem Psychologen der Londoner Universität, koordiniert wurde. Professionelle und nebenberufliche Wassersucher kamen von weit her, um ihre Talente zu zeigen; sie waren von ihren Fähigkeiten überzeugt, hatten sie diese doch jahrelang zu ihrer eigenen Zufriedenheit bewiesen. Aber leider hatten sie sich nie zuvor einem Doppelblindversuch unterzogen. In einem großen Zelt stellte Chris French eine rechteckige Anordnung aus Eimern auf. Manche davon enthielten Wasser, andere Sand. In einem Vorversuch wurden von allen Eimern die Deckel entfernt, und die Wünschelrutengänger hatten keinerlei Schwierigkeiten: Ihre Wünschelruten – Haselzweige oder gebogene Drahtstücke – zuckten gehorsam, sobald sie Wasser sahen, und blieben still, wenn kein Wasser vorhanden war. Dann aber kam die eigentliche Prüfung, und dieses Mal waren Deckel auf den Eimern. Da es sich um einen Doppelblindversuch handelte, wussten weder der Wünschelrutengänger noch Dr. French (der die Aufzeichnungen führte), in welchen Eimern Wasser war. Ein Mitarbeiter hatte sie in dem verschlossenen Zelt aufgestellt und war dann verschwunden, so dass er das Spiel nicht durch unterschwellige Hinweise verraten konnte. Unter diesen Bedingungen des Doppelblindversuchs schnitt kein einziger Wünschelrutengänger besser ab, als es dem Zufall entsprach. Sie waren wie vor den Kopf geschlagen, verzweifelt und – in einem Fall sogar tränenreich – enttäuscht, und offensichtlich waren sie aufrichtig. Einen solchen Fehlschlag hatten sie noch nie erlebt.

Wer den Doppelblindversuch erfunden hat, weiß ich nicht, aber er ist eine äußerst leistungsfähige und gleichzeitig einfache Methode. Eine aufschlussreiche Geschichte findet sich in dem mutigen Buch *Snake Oil* von John Diamond. Er schrieb es, als er bereits mit Krebs im

Sterben lag und von wohlmeinenden Quacksalbern belagert wurde. Der skeptische Wissenschaftler Ray Hyman stellte einmal einen Doppelblindversuch mit einem »alternativen« Diagnoseverfahren namens Kinesiologie an. Zufällig habe ich selbst auch Erfahrungen mit der Kinesiologie. Ich hatte mir den Hals verrenkt, und er schmerzte. Es war Wochenende, so dass ich nicht zu meinem Hausarzt gehen konnte, also entschloss ich mich, aufgeschlossen zu sein und es mit einer Vertreterin der »Alternativmedizin« zu versuchen. Bevor sie mit ihren Handgriffen begann, nahm sie eine Diagnose vor; diese bestand darin, dass sie gegen meinen Arm drückte, während ich auf dem Rücken lag, um so meine Kraft zu prüfen – Kinesiologie. Dabei wies sie zu ihrer eigenen Zufriedenheit nach, dass mein Arm stärker war, wenn ein kleines Gefäß mit Vitamin C auf meiner Brust lag. Das Gefäß war luftdicht verschlossen, das Vitamin konnte unmöglich in meinen Körper gelangen, und deshalb war offensichtlich, dass sie – vermutlich unbewusst – stärker gegen meinen Arm drückte, wenn das Gefäß nicht dort lag. Als ich meine Skepsis zum Ausdruck brachte, ließ sie ihrer Begeisterung freien Lauf: »Ja, C ist ein tolles Vitamin, oder?«

Das Doppelblindverfahren wurde genau zu dem Zweck erfunden, diese Form der Selbsttäuschung zu vermeiden. Wenn man die Wirksamkeit eines Arzneiwirkstoffs überprüfen will, muss man ihn nicht nur mit einem Placebopräparat vergleichen, sondern es ist auch von entscheidender Bedeutung, dass weder der Patient noch der Versuchsleiter oder die Krankenschwester, die die Medikamente verabreicht, darüber Bescheid weiß, welches Präparat den Wirkstoff enthält und welches zur Kontrolle dient. Ray Hyman unterzog eine Behauptung der Kinesiologie, die etwas weniger an den Haaren herbeigezogen war als die meiner Quacksalberin, einem Doppelblindversuch: Danach macht ein Tropfen Fructose, den man auf die Zunge bringt, den Arm des Patienten stärker als ein Tropfen Glucose. Unter Doppelblindbedingungen bestand in der Stärke kein Unterschied. Was den Oberkinesiologen zu einer unsterblich empörten Bemerkung veranlasste:

> *Sehen Sie? Das ist der Grund, warum ich keine Doppelblindversuche mehr mache. Sie funktionieren nie!*

Neben der Tatsache, dass teures Filmmaterial von digitalen Aufnahmen verdrängt wurde, haben sich seit meinen ersten Filmen mit Jeremy Taylor auch viele andere Dinge verändert. In den achtziger Jahren waren Filmteams in großem Umfang gewerkschaftlich organisiert. Es gab tarifvertraglich festgelegte Zeiten für Teepausen, Mittagspausen und das beruhigende »Das wäre geschafft!« zum Feierabend. Wenn Jeremy wollte, dass seine Kamerateams abends noch ein wenig weiterarbeiteten, weil die Aufnahmen gerade so gut liefen und das Licht so gut war, musste er sie um diesen besonderen Gefallen bitten. In den zweitausender Jahren hatten sich die Verhältnisse gewandelt. Irgendwie schien die ganze Mannschaft stärker das Gefühl zu haben, selbst an dem Film beteiligt zu sein, und alle arbeiteten gern so lange, wie es notwendig war. Außerdem habe ich den Verdacht, dass es in den achtziger Jahren eine gewisse Überbesetzung gab. Damals bestanden die Teams nicht nur aus einem Kameramann, einem Tonmann und einem Produktionsassistenten, sondern es gab auch noch einen Kameraassistenten (den »Scharfsteller«) und mindestens einen »Beleuchter« (Elektriker), der sich um die Scheinwerfer kümmerte. Ich weiß noch, wie ich ungefähr zu jener Zeit nach Leeds zu einer ITV-Fernsehsendung fuhr, die von Duncan Dallas produziert wurde; dieser war zufällig – und ohne dass es von Bedeutung wäre – zur gleichen Zeit wie ich am Balliol College in Oxford gewesen, aber wir kannten uns kaum. Duncan und ich waren allein im Studio (das Team war in die Teepause gegangen), und eine große Kiste versperrte die Stelle, an der wir arbeiten wollten. In dem Glauben, ich könne helfen, wollte ich sie gerade hochheben, da rief Duncan voller Panik: »Fassen Sie das nicht an!« Ich zuckte zurück, als hätte er mich vor einer Bombe gewarnt, und dann erklärte er es. Kisten zu bewegen war ausschließlich die Aufgabe der Bühnenarbeiter, und er könne nicht für die Konsequenzen garantieren, wenn jemand sah, wie ich sie hob. Duncan zögerte einen Augenblick, sah sich nervös um und flüsterte dann: »Verdammt, riskieren wir es.« Hastig trugen wir die Kiste weg, bevor das Team aus der Teepause zurückkam.[25]

---

[25] Während ich an diesem Buch arbeitete, las ich in der Zeitung die traurige Nachricht, dass Duncan Dallas verstorben ist. Neben seiner Arbeit für das Fernsehen war er der Gründer des Netzwerks *Cafés Scientifiques*, einer ausgezeichneten Basisorganisation, die das Ziel verfolgt, Wissenschaft an eine größere Öffentlichkeit zu vermitteln, und die sich mittlerweile aus seiner Heimatstadt Leeds auf das ganze Land und darüber hinaus ausgebreitet hat.

## Fernsehtagung Manchester

Im November 2006 wurde ich eingeladen, in Manchester bei einer Tagung von wissenschaftlichen Dokumentarfilmern einen Gastvortrag zu halten. Der Titel, den man mir vorgab, lautete: »Kann das Fernsehen die Wissenschaft in einem Zeitalter der Unvernunft retten?« Mein Vortrag wurde mit Filmausschnitten aus Fernsehdokumentationen der jüngeren Zeit illustriert; ich hatte sie mit Hilfe von Simon Berthon zusammengestellt, der mich auch im Hinblick auf den Inhalt des Vortrags beriet. Zu Beginn entschuldigte ich mich dafür, dass ich Profis einen Vortrag darüber halten wollte, wie sie ihre Arbeit zu machen hätten: Meine einzige Ausrede bestand darin, dass man mich dazu eingeladen hatte. Ich gliederte den Vortrag nach einer Liste von zehn schwierigen Entscheidungen – oder zehn gleitenden Skalen, auf denen man einen Film einordnen könnte. Es waren Entscheidungen, vor denen jeder steht, der eine wissenschaftliche Dokumentation produziert.

Die erste der zehn Fragen betraf die »Nivellierung nach unten«:

> *Der Fernsehproduzent lebt zu Recht in der steten Angst vor der Fernbedienung – er weiß, dass buchstäblich Tausende von Zuschauern innerhalb einer Sekunde seiner kostbaren Sendezeit versucht sein könnten, lässig auf einen anderen Kanal umzuschalten. Es besteht eine starke Versuchung, den »Spaß« dick aufzutragen, ihn mit Mätzchen aufzuladen (beispielsweise indem man Abläufe im Labor nach Art von Charlie Chaplin beschleunigt) und die Wissenschaft auf kurze, prägnante Zitate zusammenzustreichen, deren echter wissenschaftlicher Nährwert ungefähr so groß ist wie der eines Eimers voller Popcorn.*

Ich äußerte Verständnis für die Notwendigkeit, auf Einschaltquoten zu schielen, hielt aber auch ein sehr unmodernes Plädoyer für elitäres Denken – elitäres Denken als Kennzeichen des Respekts vor dem Publikum, nicht als Form der altväterlichen und tatsächlich beleidigenden Annahme, man müsse das Niveau herunterschrauben, um die Wissenschaft verständlich zu machen. Das schlimmste Beispiel für diese überhebliche Einstellung, das mir jemals begegnete, brachte ein Teilnehmer einer anderen Konferenz über die öffentliche Vermittlung von

Wissenschaft zum Ausdruck. Er äußerte die Vermutung, man müsse das Niveau herunterschrauben, um »Minderheiten und Frauen« zur Wissenschaft hinzuführen. Das meinte er ernsthaft, und zweifellos erzeugte es in seiner kleinen liberalen Brust ein warmes, angenehmes Glühen. In meinem Vortrag in Manchester sagte ich:

> *Elitedenken ist zu einem schmutzigen Wort geworden, und das ist schade. Verwerflich ist Elitedenken nur dann, wenn es snobistisch wirkt und ausgrenzt. In seiner besten Form bemüht sich Elitedenken darum, die Elite zu vergrößern, indem es immer mehr Menschen dazu ermutigt, sich ihr anzuschließen … Wissenschaft ist von ihrem Wesen her interessant, und das Interesse schimmert durch, ohne dass es kurzer Klangfetzen, irgendwelcher Mätzchen oder einer Nivellierung nach unten bedarf.*

Eine andere meiner zehn schwierigen Entscheidungen betraf die vermeintliche Notwendigkeit, »Ausgewogenheit« herzustellen, was insbesondere der BBC wegen ihrer Statuten zu schaffen macht. Ich zitierte einen meiner Lieblingsgrundsätze, den ich, soweit ich weiß, zum ersten Mal von Alan Grafen hörte: »Wenn zwei gegensätzliche Standpunkte gleichermaßen energisch vertreten werden, liegt die Wahrheit nicht zwangsläufig in der Mitte. Möglicherweise hat auch eine Seite einfach unrecht.«

In extremer Form zeigt sich der Fehler in der Neigung von Fernsehmachern, Außenseitern das Wort zu reden, für die nichts spricht, außer dass sie sich gegen den orthodoxen Trend stellen. Das empörendste mir bekannte Beispiel war die Fernseh-Heiligenverehrung eines einsamen Medizinforschers, der behauptete, der Dreifachimpfstoff gegen Mumps, Masern und Röteln verursache Autismus. Seine Belege waren spärlich und werden vom Berufsstand der Mediziner allgemein gering geschätzt. Unglücklicherweise hatte seine Story aber »Beine«, wie die Journalisten sagen; deshalb ließen sie dem oberflächlichen Gerede des energiegeladenen jungen Rebellen freien Lauf, der von einem gutaussehenden, sympathischen Schauspieler verkörpert wurde und gegen die spießige alte Garde ankämpfte.

Als weitere Überschrift wählte ich »Terry der Flugsaurier«. Die großartigen computergrafischen Verfahren, die erstmals in *Jurassic Park* eine so herausragende Rolle gespielt hatten, wurden bald auch von Dokumentarfilmern genutzt. Aber statt die Wunder der Rekonstruktionen für sich selbst sprechen zu lassen, fielen die Dokumentarfilme der gleichen Versuchung zum Opfer, die auch *Jurassic Park* ruinierte: der vermeintlichen Notwendigkeit, menschliche Interessen zu bedienen. Man gibt sich nicht mit einer computeranimierten Darstellung der Pterodactyla und ihrer mutmaßlichen Lebensweise zufrieden, sondern man serviert uns eine gefühlsduselige Geschichte über einen einzelnen Flugsaurier mit eigenem Namen (ich glaube, er hieß in Wirklichkeit nicht Terry, aber die Aussage bleibt), der sich verirrt hat und zu seiner Familie zurückfinden will, oder ähnlich sentimentalen Unsinn. Personifizierte Dramen sind nicht nur überflüssig, sondern sie verwischen auf gefährliche Weise die Grenze zwischen Spekulation und echten Belegen:

> *Spekulationen über die Gewohnheiten und das Sozialleben von Pterosauriern, Säbelzahntigern oder Australopithecinen sind völlig in Ordnung. Sie müssen aber deutlich als Spekulationen gekennzeichnet werden. Säbelzahntiger könnten ein ähnliches Sozial- und Sexualleben gehabt haben wie Löwen. Oder wie Tiger. Wenn man Geschichten über einzelne Säbelzahntiger namens Half Tooth und seine Brüder erzählt, besteht die Schwierigkeit darin, dass man* ***gezwungen*** *ist, sich für eine Theorie, beispielsweise die mit den Löwen, und nicht für eine andere zu entscheiden.*

Um deutlich zu machen, wie dramatisierendes »menschliches Interesse« die Oberhand über wissenschaftliche Wahrheit behalten kann, zitierte ich einen weiteren Film. Die BBC kam auf die interessante Idee, die DNA von Mitochondrien und Y-Chromosomen dreier einzelner Personen aus Westindien zu ihren Wurzeln in Afrika oder Europa zurückzuverfolgen. Mitochondrien und Y-Chromosomen haben gegenüber allen anderen Chromosomen die Besonderheit, dass sie nicht an der umfassenden Durchmischung der genetischen Vergangenheit beteiligt sind, die im übrigen Genom durch das Crossing-over der Chromosomen zustande kommt. Man könnte zu einem ganz bestimmten Zeitpunkt in der Vergangenheit reisen, beispielsweise zum 14. Januar 30 000 v. Chr., und dort theoretisch die eine Frau ausfindig machen, von der unsere Mitochondrien-DNA stammt. Unsere Mitochondrien stammen von ihr und von niemand anderem aus der gleichen Zeit mit Ausnahme einer und nur einer ihrer Töchter (Enkeltöchter und so weiter) plus ihrer Mutter, ihrer Großmutter mütterlicherseits und so weiter. Das Y-Chromosom eines Mannes stammt nur von einem einzigen Mann, der 30 000 v. Chr. lebte (außerdem von seinem Vater, seinem Großvater väterlicherseits und so weiter, und nur von einem seiner Söhne, Enkelsöhne und so weiter). Unsere sämtliche übrige DNA geht auf Tausende von Individuen zurück, die sich vermutlich über die ganze Welt verteilen.

Es war also eine großartige Idee, drei Menschen auszusuchen und die Ursprünge der beiden einzigen unvermischten Teile ihres Genoms, der Mitochondrien und der Y-Chromosomen, zurückzuverfolgen. Aber mit der wissenschaftlichen Faszination dieser Suche gaben sich die Produzenten nicht zufrieden. Nein, sie mussten noch eins draufsetzen. Und dabei führten sie die Probanden leider in grundlose Sentimentalität, als sie sie zurück in ihre »Heimat« transportierten.

> *Als Mark, der später den Stammesnamen Kaigama erhielt, den Stamm der Kanuri im Niger besuchte, glaubte er, er würde »in das Land seines Volkes zurückkehren«. Beaula wurde von acht Frauen aus dem Stamm der Bubi, deren Mitochondrien zu ihren passten, auf einer Insel vor der Küste Guineas als lange verlorene Tochter willkommen geheißen. Beaula sagte: »Es war, als würde Blut Blut berühren … Es war wie eine Familie … Ich weinte, meine Augen füllten sich einfach mit Tränen, mein Herz pochte …«*
> *Zu solchen Gedanken hätte man sie nie verleiten sollen. In Wirklichkeit besuchten sie oder Mark einfach nur Menschen, die die gleichen Mitochondrien hatten wie sie – zumindest hatten sie keinen Grund, etwas anderes anzunehmen. Mark hatte man bereits gesagt, dass sein Y-Chromosom aus Europa stammte (was ihn ärgerte – später war er spürbar erleichtert, als er erfuhr, dass wenigstens seine Mitochondrien ehrenwerte afrikanische Wurzeln hatten!).*

Ansonsten stammten ihre Gene von den unterschiedlichsten Orten und vermutlich aus der ganzen Welt.

An dieser Stelle möchte ich eine persönliche Anekdote über Y-Chromosomen erzählen. Im Jahr 2013 erhielt ich zu meiner Freude eine E-Mail von James Dawkins, einem jungen Historiker, der gerade am Londoner University College seinen Doktor machte. Die Familie seines Vaters stammte aus Jamaika. Seine Doktorarbeit handelte von den Anwesen einer bestimmten Familie von Landeigentümern in England und Jamaika. Gemeint war die Familie Dawkins, die im 17. und 18. Jahrhundert in Jamaika Zuckerplantagen besaß und, wie ich zu meinem Bedauern mitteilen muss, Sklaven hielt. Wegen meiner bedauernswerten Familiengeschichte ist Dawkins in Jamaika ein weitverbreiteter Name; das liegt nicht nur am *droit de seigneur*, sondern auch daran, dass die Familie verschiedenen Orten in »unserer« Region der Insel ihren Namen gab. Mein sechsfacher Urgroßonkel James Dawkins (1696–1766) hatte, wie ich aus dem Buch *Life of Johnson* von Boswell erfuhr, sogar den Spitznamen »Jamaica Dawkins«:

> *Ich habe nicht beobachtet (sagte er), dass Männer mit sehr großem Vermögen sich irgendeiner besonderen Sache erfreuen, die das Glück ausmacht. Was hat der Herzog von Bedford? Was hat der Herzog von Devonshire? Der einzige großartige Fall, den ich jemals für die Freude am Wohlstand kennengelernt habe, war der des Jamaica Dawkins, der Palmyra besichtigen wollte, und als er hörte, dass der Weg von Räubern verseucht war, heuerte er einen Trupp türkischer Kavallerie an, die ihn bewachen sollte.*

Der Reichtum der Familie von Onkel James wurde schon vor langer Zeit von dem paranoiden Colonel William Dawkins (1825–1914) mit sinnlosen Rechtsstreitigkeiten vergeudet. William starb am Ende bankrott und verarmt, und die einstmals beträchtlichen Besitzungen der Familie bestehen heute nur noch aus einem kleinen Bauernhof in Oxfordshire. Der moderne James Dawkins wohnte dort mehrmals als willkommener Gast der Familie meiner Schwester und durchstöberte auf dem Dachboden meiner Mutter alte Blechschachteln mit verstaubten Dokumenten. Wir alle hofften, er könne sich als längst vergessener Vetter erweisen, und die naheliegende Methode, um das herauszufinden, war eine Untersuchung unserer Y-Chromosomen. Der Oxforder Genetiker Bryan Sykes, Autor des Buches *Die sieben*

*Töchter Evas,*[26] erklärte sich freundlicherweise bereit, die Analysen vorzunehmen, und James und ich schickten Abstriche unserer Wangenschleimhaut an sein Unternehmen Oxford Ancestors. Als ich mein Ergebnis erhielt, schrieb ich als Biologe an den Historiker James und teilte ihm mit, worauf er bei seinem Befund achten musste.

*Jeder von uns trägt ein Y-Chromosom, das mit dem seines Vaters und seiner Brüder nahezu identisch ist. Aber im Laufe der Generationen treten gelegentlich Mutationen auf. Obwohl also dein Y-Chromosom nahezu identisch mit dem deines Großvaters väterlicherseits ist, besteht für einen Unterschied eine geringfügig größere Wahrscheinlichkeit als im Fall deines Vaters. Wenn wir beide in der väterlichen Linie von einem Dawkins abstammen, der im 16. Jahrhundert in Jamaika lebte, werden unsere Y-Chromosomen nahezu, aber nicht vollständig identisch sein …*
*Wenn man weit genug in die Vergangenheit zurückgeht, muss logischerweise jedes Y-Chromosom eines Menschen auf der Welt von einem Vorfahren abstammen, der aus einer Laune heraus als Adam der Y-Chromosomen bezeichnet wurde. Er lebte mit ziemlicher Sicherheit in Afrika, und zwar vermutlich vor 100 000 bis 200 000 Jahren. Betrachtet man die Y-Chromosomen auf der ganzen Welt, so stammen sie alle vom Y-Adam ab, aber wegen geographischer Trennung, Wanderungsbewegungen und so weiter kann man sie in ungefähr ein Dutzend große »Sippen« einteilen. Jede dieser Sippen lässt sich auf einen hypothetischen Vorfahren zurückführen, einen einzelnen Mann, der an einem bestimmten Ort lebte. Bryan Sykes hat allen diesen Männern phantasievolle Namen gegeben. Mein Y-Chromosom stammt beispielsweise von Oisin, der*

---

26 Die Mitochondrien aller Europäer gehören nur zu sieben verschiedenen Typen. Jeder von uns stammt von einer von insgesamt sieben Mitochondrien-Matriarchinnen ab (die ihrerseits Nachkommen der afrikanischen »Eva der Mitochondrien« waren, die viel früher lebte). Sykes dramatisiert die Geschichte, indem er die sieben europäischen Matriarchinnen mit Namen versieht und uns erzählt, wo sie lebten, und über jede von ihnen eine Kurzgeschichte erfindet. Ein nettes Buch und eine Empfehlung. Das Gleiche machte Sykes mit den Y-Chromosomen: Er führte alle unsere Y-Chromosomen auf nur 17 Patriarchen zurück, die ihrerseits von dem »Adam der Y-Chromosomen« abstammten.

*im Westen Eurasiens lebte. Das Gleiche gilt für die meisten Engländer, und es bedeutet nicht, dass wir enge Verwandte wären. Sollte sich aber herausstellen, dass DEIN Y-Chromosom ebenfalls von Oisin abstammt, wäre das äußerst interessant. Natürlich könnte es nur bedeuten, dass es auf einen Westeuropäer zurückgeht. Dann kommt aber noch die Übereinstimmung der Familiennamen hinzu, und deshalb würde es sich lohnen, genauer zu untersuchen, ob unsere Y-Chromosomen sich NÄHER stehen als zwei beliebige Y-Chromosomen aus Westeuropa. Stammt dein Y-Chromosom dagegen von einem der drei afrikanischen Vorfahren ab, die in dem hübschen baumförmigen Diagramm rot eingetragen sind, hätte es keinen Sinn, der Frage nach unserer genetischen Verwandtschaft weiter nachzugehen. Was wirklich schade wäre!*

Als James' Befunde vorlagen, stellte sich heraus, dass wir keine Vettern waren – wir stammten nicht von demselben Dawkins-Vorfahren ab. Wirklich schade. James' Y-Chromosom geht nicht auf den Mann zurück, den Bryan Sykes als Oisin bezeichnet hatte, sondern auf Eshu, und der war in Afrika zu Hause.

Im Bildteil habe ich Bryans Stammbaum für alle Y-Chromosomen der Menschen wiedergegeben. Die Gesichter von James und mir stehen über unseren jeweiligen Vorfahren, dem (afrikanischen) »Eshu« und dem (westeuropäischen) »Oisim« – die Namen wurden ihnen von Bryan Sykes gegeben. Wie man leicht erkennt, besteht zwischen uns nur eine sehr weitläufige Verwandtschaft. Nun, streng genommen sieht man lediglich, dass unsere Y-Chromosomen nicht sehr eng verwandt sind. In der weiblichen Linie könnten wir durchaus noch in jüngerer Zeit eine gemeinsame Vorfahrin haben. Es heißt aber auch, dass unser gemeinsamer Familienname nicht jene unmittelbare genetische Bedeutung hat, auf die J. B. S. Haldane anspielte, als er sagte: »Ich wurde mit einem historisch markierten Y-Chromosom geboren« – womit er einen alten Familiennamen meinte. Es ist ein interessanter Gedanke, dass Adels- und Königsfamilien, die ihre männliche Linie über Jahrhunderte zurückverfolgen können, heute in der Lage sind, die Legitimität jedes einzelnen Gliedes in der Kette in Frage zu stellen; dazu müssen sie sich nur die Y-Chromosomen ihrer mutmaßlichen Vettern in der männlichen Linie ansehen. Werden Gerichte schon bald von längst vergessenen entfernten Vettern den Auftrag erhalten, die Ansprüche auf Throne oder Herzogstitel anhand der DNA zu überprüfen?

Aber zurück zu meinem vermessenen Vortrag bei den Wissenschafts-Dokumentarfilmern. In einem kurzen Abschnitt sprach ich über »Wissenschaft als Poesie oder Wissenschaft als Nutzeffekt«. Dass Wissenschaft nützlich ist, konnte niemand leugnen – das Prinzip wird häufig unter dem Gesichtspunkt des Mythos wiedergegeben, das Raumfahrtprogramm sei durch das Nebenprodukt der antihaftbeschichteten Bratpfanne gerechtfertigt gewesen. Ich war aber erpicht darauf, mich für das von Carl Sagan vertretene »visionäre« oder »poetische« Ende des Spektrums anstelle des »Antihaftpfannenendes« einzusetzen. Oder, wie ich es bei einer früheren Gelegenheit formuliert hatte: »Sich nur auf die Nützlichkeit der Wissenschaft zu konzentrieren ist ein wenig so, als würde man Musik zelebrieren, weil sie eine gute Übung für den rechten Arm des Geigers ist.«

Einer meiner letzten Ausfälle galt der überkommenen Weisheit der Fernsehprofis, wonach »die Leute keine *Talking Heads* sehen wollen«. Ich besaß keine Daten, mit denen ich meine Skepsis hätte begründen können, aber ich erinnere mich noch an den großen Erfolg der BBC-Fernsehserie *Face to Face* von John Freeman, in der nicht einmal das Gesicht des Interviewers zu sehen war, sondern nur sein Hinterkopf und ein Teil der Schulter. Die Konzentration lag ausschließlich auf dem Gesicht – und natürlich den Worten – des Interviewten. Die Serie wurde zur Legende. Unter denen, die darin auftraten, gehörten Bertrand Russell, Edith Sitwell, Adlai Stevenson, C. G. Jung, Tony Hancock, Henry Moore, Evelyn Waugh, Otto Klemperer, Augustus John, Simone Signoret und Jomo Kenyatta. Ich wurde kürzlich in einer Neuausgabe der Sendung von der scharfsinnigen, wortgewandten Soziologin Laurie Taylor interviewt. In kleinerem Maßstab wurden auch meine Videos mit den »gegenseitigen Tutorien« (siehe Seite 507) gut aufgenommen, und in ihnen sieht man nichts als sprechende Köpfe.

Knapp zehn Jahre vor der Tagung in Manchester hatte ich sogar das Glück gehabt, an einem Projekt mitarbeiten zu können, in dem das Format der »sprechenden Köpfe« maximale Wirkung entfaltet. Im Frühjahr 1997 erhielt ich eine Anfrage von Graham Massey, dem damaligen Leiter der BBC-Wissenschaftsredaktion und früheren Produzenten der BBC-Serie *Horizon*. Angeregt von dem gefeierten Interview seines Freundes Christopher Sykes mit dem großen Physiker

Richard Feynman, war er auf eine hübsche Idee gekommen. Er wollte ein Archiv von Videoaufnahmen anlegen, in denen angesehene Wissenschaftler ausführlich über ihre Karriere sprachen. Das Format war ein Interview, in dem jeder von einem jüngeren Wissenschaftler befragt wurde, der das Fachgebiet gut genug kannte, um den Interviewten aus der Reserve zu locken. Es ging nicht darum, Sendungen für die sofortige Ausstrahlung zu produzieren, sondern man wollte Aufzeichnungen für die Zukunft zusammenstellen: Sie sollten vielleicht sehr lange erhalten bleiben und wären dann für Wissenschaftshistoriker späterer Generationen von Interesse. Mir gefiel die Idee, und in der Folge fühlte ich mich ungeheuer geehrt, als man mich einlud, als Interviewer mit John Maynard Smith zu sprechen.

Das Interview fand an zwei Tagen in Johns Haus in Lewes in Sussex statt. John und seine Frau Sheila luden mich ein, über Nacht zu bleiben, und wir alle, auch Graham und das Filmteam, gingen an beiden Tagen zum Mittagessen in das örtliche Pub. Die Gespräche der beiden Tage wurden in 102 »Geschichten« aufgeteilt, die jeweils ein paar Minuten dauerten.[27] Jede hat ihren eigenen Titel, und man kann sie sich getrennt ansehen, insgesamt bilden sie aber eine wohlüberlegte Abfolge, und wenn man sie nacheinander betrachtet, ergibt sich ein hervorragendes, fesselndes Bild vom wissenschaftlichen Leben dieses großen Mannes. Darunter sind autobiographische Berichte über seine jungen Jahre, die Ausbildung in Eton, die Beschäftigung als Flugzeugingenieur in Kriegszeiten, marxistische Politik in Cambridge und darüber, wie er nach dem Krieg als reifer Student an die Universität zurückkehrte, wo er Biologie studierte.

In einigen späteren »Geschichten« zeigten sich Johns gelegentlich angespannte Beziehungen zu Bill Hamilton. Er erzählte die Geschichte mit entwaffnender Offenherzigkeit. Weder er noch sein berühmt eigensinniger Mentor, der große J. B. S. Haldane, erkannte in dem schüchternen jungen Mann, der in einem anderen Institut ihrer Universität arbeitete, das vollendete Genie, das er war. John zitierte Huxleys Ausspruch, nachdem er *Die Entstehung der Arten* gelesen hatte: »Wie äußerst dumm von mir, dass ich darauf nicht gekommen bin.« Er machte sich Vorwürfe, dass er Hamilton nicht seine Unter-

---

[27] Zu sehen sind sie auf der Website »Web of Stories«: http://www.webofstories.com/play/john.maynard.smith/1.

stützung angeboten hatte, als der Jüngere sie gebraucht hätte. In späteren »Geschichten« verglich er Bill Hamiltons Konzept der »Gesamtfitness« (ein Maß für das, was ein einzelnes Lebewesen voraussichtlich maximieren wird) mit dem »Blick mit dem Auge des Gens«, den Bill sich in anderen Artikeln zu eigen gemacht hatte – dem Blickwinkel, den auch ich wie John bevorzuge (siehe Seite 669) und der letztlich zu der gleichen Antwort führt wie der Ansatz mit der Gesamtfitness.

Am University College in London geriet John unter den Einfluss von J. B. S. Haldane, und das Interview ist mit liebenswürdigen Geschichten über diesen beeindruckenden Exzentriker garniert. Eine möchte ich zitieren, um einen Eindruck davon zu vermitteln.

*Er und seine Frau Helen hatten eine ziemlich nette Gewohnheit: An dem Abend, an dem wir alle unsere Abschlussexamen beendet hatten …, nahm er den ganzen Kurs nach der letzten Prüfung mit zum The Marlborough, dem Pub auf der anderen Straßenseite, und gab uns bis zur Sperrstunde einen aus. Es war sehr lustig. Und ich ging an dem Abend, an dem ich meine Prüfung gemacht hatte, dorthin. Als das Pub zumachte, sagte er zu mir und zu Pamela Robinson, die ebenfalls promovieren wollte, und das sogar in Paläontologie, wir würden nach Hause in seine Wohnung gehen und weitertrinken, denn wir hätten eindeutig noch nicht genug. Und törichterweise sagten wir zu. Also gingen wir in die Wohnung des Profs und tranken weiter und sprachen über Gott und die Welt, bis Pamela gegen zwei Uhr morgens sagte: »Hören Sie mal, Prof, John und ich müssen jetzt wirklich gehen, aber die U-Bahn fährt nicht mehr, Sie müssen uns mit dem Auto nach Hause bringen.« Darauf sagte Haldane: »Na gut, ich fahre euch nach Hause.« Also zwängten wir uns in das Auto des Professors … Es war ein typisches Haldane-Eigentum, sehr alt und klapprig und heruntergekommen. Damit fuhren wir den [Parliament-]Hügel hinauf. Ungefähr auf dem halben Weg bergauf füllte sich das Auto mit Rauch. Ich wollte nichts sagen, denn ich glaubte, das sei normal. Aber Pamela sagte: »Prof, ich glaube, das Auto brennt.«*

*»Ach ja? Ach so.« Also hielten wir an … und ich als Ingenieur sollte herausfinden, was nicht stimmte. Es war klar, dass es keine schwerwiegende Panne war. Der Teppich war nur auf das Getriebe gefallen und brannte unter dem Vordersitz. Also kümmerten wir uns*

*ein wenig darum. Und Haldane sagte: »Die Damen sollen gehen und sich dort hinter den Laternenmast stellen.« Ich dachte: Was kommt jetzt? Dann wandte er sich zu mir und sagte: »Smith, die Pantagruel-Methode. Sie hatten mehr Bier als ich. Lassen Sie es raus.« Dazu gehört natürlich, dass man das klassische Zitat kannte. Man musste wissen, dass Pantagruel tatsächlich das brennende Paris gelöscht hatte, indem er darauf pinkelte. So machte ich es auch. Und wissen Sie, eines wusste ich nicht: Wenn man viel Bier getrunken hat und anfängt zu pinkeln, ist es ganz schön schwierig, wieder aufzuhören. Er sagte: »Das reicht, Junge, das reicht.«*

*Mir geht es aber um etwas anderes: Wenn man mit Haldane arbeiten und leben wollte, musste man darauf vorbereitet sein, in dieser ziemlich unberechenbaren Umgebung zurechtzukommen, und ich … ich war … Andererseits war es mit Haldane so: Wenn er etwas sagte, womit man nicht einverstanden war, konnte man ihm sagen, er solle den Mund halten und nicht so ein verrückter alter Knacker sein – das machte ihm nichts aus. Man musste ihn sogar so behandeln. Höflich zu sein war nicht gut; man musste zurückschlagen, wenn er etwas sagte, was einem nicht passte.*

Die Abschrift ist nett, aber eigentlich müsste man John hören. Er war ein großartiger Geschichtenerzähler.

Die »Geschichte«, die unmittelbar danach kam, rührte John zu Tränen. Er berichtete über den Augenblick, als Haldane kurz vor der Abreise am Ende seines Indien-Aufenthalts seine Zuneigung zu Johns Frau Sheila gestanden hatte und John bat, es ihr zu sagen, weil er selbst dazu nicht in der Lage war. Die tatsächlichen und erinnerten Gefühle sind machtvoll und bewegend. Und das alles wurde mit der Methode der »sprechenden Köpfe« bewerkstelligt.

# 10
# Diskussionen und Begegnungen

Ich bin kein Freund formeller Diskussionen. Insbesondere mag ich keine streng strukturierten und zeitlich begrenzten Diskussionen, die in eine Wahl münden. Als Studienanfänger besuchte ich regelmäßig die Donnerstagabend-Debatten bei der Oxford Union, und dort hörte ich Gastvorträge – manche davon äußerst gut – von damals führenden Politikern und Rednern: Michael Foot, Hugh Gaitskell, Robert Kennedy, Edward Heath, Jeremy Thorpe, Harold Macmillan, Orson Welles, Brian Walden – sogar Oswald Mosley erwies sich als faszinierender Redner, so unsympathisch seine Politik auch war. Auch manche Sprecher aus dem Kreis der Studienanfänger waren äußerst begabt, beispielsweise Paul Foot, Michaels Neffe, der später ein scharfsichtiger investigativer Journalist wurde. Aber was formelle Debatten mit gegensätzlichen anwaltsartigen Positionen betrifft, mache ich mir keine Illusionen mehr. Universitäten schicken Debattierteams in Wettbewerbe, in denen die Sprecher durch einen Münzwurf erfahren, welche Seite sie vertreten müssen. Für Anwälte ist das zweifellos eine gute Übung, aber für mich hat es etwas von Hurerei: Junge Leute lernen, ihre rhetorischen Fähigkeiten im Dienste einer willkürlichen Sache zu schulen, an die sie nicht glauben – oder vielleicht lässt man sie sogar das Gegenteil dessen vertreten, woran sie glauben. Wenn Redekunst mich bewegt, möchte ich, dass sie aufrichtig ist.

Aber Moment mal. Straft der Bühnenauftritt eines begabten Schauspielers meine Kritik nicht Lügen? Ist ein mitreißender Henry V. vor der Schlacht oder ein Marcus Antonius, der »Cäsarn begraben will«, nicht überzeugend, weil wir einen Schauspieler hören und nicht die Wirklichkeit? Das mag ich nicht glauben. Ich stelle mir gern vor, dass eine großartige Portia so eng in die Haut ihrer Rolle schlüpft, dass ihre »Die Art der Gnade weiß von keinem Zwang«-Rede sich auch aufrichtig anhört, wie ein Strafverteidiger, der an seine Verteidigung nicht glaubt, es nie schaffen würde – und auch nicht schaffen sollte. Lalla sagte mir, dass das Weinen auf der Bühne leichtfällt, wenn man die Rolle wirklich lebt und sich ihre Gefühle zu eigen macht.

Das britische Rechtssystem (und meines Wissens auch das schottische und US-amerikanische) beruht auf dem Prinzip des »Tauziehens«: Bei einer Meinungsverschiedenheit bezahlt man jemanden, der eine Position so nachdrücklich wie möglich vertritt, ganz gleich, ob er selbst daran glaubt oder nicht; ein anderer wird dafür bezahlt, die Gegenposition so nachdrücklich wie möglich zu vertreten, und dann zeigt sich, in welche Richtung sich das Tau bewegt. Im Gegensatz dazu steht das Prinzip des »Untersuchungsgerichts«, das eigentlich für das westeuropäische Recht eher charakteristisch ist und mir – vielleicht in meiner Naivität – aufrichtiger und humaner erscheint: Setzen wir uns alle zusammen, betrachten wir die Belege und versuchen wir herauszufinden, was tatsächlich geschehen ist. Englische und amerikanische Anwälte sprechen mit unverhohlener Bewunderung von legendären Advokaten, die so gut waren, dass sie sogar … (Hier kann man den Namen eines beliebigen offenkundig Schuldigen einsetzen) … herausgehauen haben. Für den Ruf eines Anwalts ist es umso besser, wenn jeder Dummkopf sehen kann, dass sein Mandant schuldig war und der große Strafverteidiger es dennoch geschafft hat, die Geschworenen für sich zu gewinnen.

Ich war zutiefst schockiert über ein Gespräch mit einer klugen jungen amerikanischen Strafverteidigerin, die darüber jubelte, dass der von ihr angeheuerte Privatdetektiv Belege gefunden hatte, die die Unschuld ihres Mandanten zweifelsfrei bewiesen. »Herzlichen Glückwunsch«, sagte ich. »Was hätten Sie gemacht, wenn Ihr Detektiv Belege gefunden hätte, die eindeutig die Schuld Ihres Mandanten bewiesen hätten?«

»Ich hätte sie ignoriert«, lautete ihre unverfrorene Antwort. »Es ist Sache der Anklage, ihre eigenen Belege zu finden: Ich werde nicht dafür bezahlt, *der anderen Seite* zu helfen.« (Hervorhebung von mir)

Es ging dabei um einen Mordfall, und sie spielte unbekümmert mit dem Gedanken, Indizien zu unterdrücken und damit einen Mörder in die Freiheit zu entlassen, der vielleicht wieder töten würde, nur um das Tauziehen mit dem Anklagevertreter auf »der anderen Seite« nicht zu verlieren. Wie kann man als anständiger Mensch von dieser Geschichte nicht schockiert sein? Und doch habe ich bisher noch keinen Anwalt gefunden, der bereit wäre, sich davon zu distanzieren. Die Juristen haben den Rauch des »unsere Seite« gegen »die andere Seite« so tief eingeatmet, dass sie ihn nicht mehr wahrnehmen. Ich ersticke daran.

Nebenbei bemerkt: In anderer Form wurde die Methode, per Tauziehen zur Wahrheit zu gelangen, auch von einer bestimmten Journalistenschule übernommen. Den Anfang machte (zumindest in Großbritannien) Robin Day. Nur einen Tag bevor ich diese Zeilen schrieb, war ich in einem Fernsehstudio der BBC und wartete darauf, dass ich auf dem heißen Stuhl an der Reihe war. Wie sich herausstellte, wurde ich nicht so behandelt, aber in den Minuten, in denen ich wartete, nahm sich der Interviewer das Thema, um das es ging, mit einer Reihe von Politikern vor, Vertretern aller drei großen Parteien. Seine Fragen waren von vornherein auf Streit angelegt. Dahinter stand offenbar die Annahme, dass alle drei Parteienvertreter logen oder im besten Fall inkompetent waren. Vielleicht glaubte er das tatsächlich. Nach meiner Vermutung lag aber der wahre Grund in seiner Ausbildung an einer Journalistenschule, die davon ausgeht, dass man in einem Interview am besten zur Wahrheit vorstößt, wenn man den Befragten so heftig wie möglich provoziert und dann wartet, wohin das Tauziehen führt. Vielleicht ist es wirklich die beste Methode, aber das liegt nicht auf der Hand, sondern es bedarf einer Rechtfertigung.

Wie dem auch sei: Auch wenn ich gelegentlich Einladungen annehme, um bei den Union Societies in Oxford und Cambridge zu sprechen, mag ich den feindseligen Diskussionsstil eigentlich nicht. Meine erste Erfahrung damit machte ich 1986 bei der Oxford Union, als John Maynard Smith und ich es mit den beiden Kreationisten Edward Andrews und A. E. Wilder-Smith aufnahmen. Das Diskussionsthema lautete »Die Schöpfungslehre ist stichhaltiger als die Evolutionstheorie«. Heute würde ich mich sicher nicht mehr bereit erklären, über ein solches Thema zu diskutieren, und auch 1986 tat ich es nur, um Daniela Sieff zu unterstützen, eine von mir geschätzte Studentin aus dem New College, die sich als führende Sprecherin der Studienanfänger auf der Seite der Wissenschaft zur Verfügung gestellt hatte. Keiner der beiden Gastredner auf der anderen Seite verfügte über irgendeine biologische Qualifikation. Wilder-Smith war Chemiker und erwies sich als harmlos-leutseliger Hanswurst. Andrews, ein Physiker, war das weniger; er hatte mehrere Bücher geschrieben, in denen er einen fundamentalistischen Kreationismus vertrat (einschließlich der »Flutgeologie«: ja, das ist die Sintflut!), seine Bücher hatte ich vorsichtshalber vor der Diskussion gelesen. Natürlich wäre naiver Kreationismus bei der Oxford Union sofort auf der Verliererseite; deshalb vertrat Andrews angeblich einen raffinierteren, wissenschaftsphilosophischen Ansatz. Niemand hätte vermutet, dass er – ein Physikprofessor – im Ernst ein naiver Kreationist sein konnte ... bis ich anfing, Passagen aus seinen Büchern vorzulesen. Pathetisch stand er mehrfach auf und versuchte die Diskussionsleiterin dazu zu veranlassen, dass sie mir das Vorlesen aus seinen eigenen Schriften verbot. Völlig zu Recht lehnte sie das Ansinnen ab, und er saß mit in die Hände gestütztem Kopf da, während ich die entscheidenden Passagen las, die seinen philosophischen Anspruch Lügen straften. Bei dem Umtrunk nach der Diskussion hatte er eine Auseinandersetzung mit John Maynard Smith, der dabei rot vor Wut wurde – es war das einzige Mal, dass ich den herzensguten Mann so erlebte.

Dass ich es heute ablehne, mich an formellen Diskussionen mit Kreationisten zu beteiligen, hat einen ganz bestimmten Grund: Jedes Mal, wenn ein Wissenschaftler sich auf eine solche Debatte einlässt, schafft er damit die Illusion von gleichberechtigten Standpunkten. Das Publikum wird hinters Licht geführt, wenn zwei Stühle nebeneinander auf dem Podium stehen, wenn »beiden Seiten« die gleiche Redezeit zugestanden wird: Man gaukelt den Zuhörern vor, es gebe tatsächlich zwei »Seiten« und ein Diskussionsthema von echter Substanz. Der Erste, der mir die Augen für diesen »Zwei-Stühle-Effekt« öffnete, war Stephen Jay Gould. Man hatte mich eingeladen, in den Vereinigten Staaten mit einem Kreationisten zu diskutieren, und ich rief Steve an, um ihn nach seiner Meinung zu fragen. »Mach das nicht«, war sein freundlicher Rat. In dem Augenblick, in dem ein echter Wissenschaftler sich zu einer solchen Diskussion bereit erklärt, hat der Kreationist sein eigentliches Ziel schon erreicht, ganz gleich, wie die Diskussion anschließend abläuft. »Die brauchen die Publicity«, betonte Steve, »aber du brauchst sie nicht.« Das Gleiche sagte auch Robert May mit seinem typischen, unverblümt-australischen Scharfsinn. Wenn er eingeladen wird, an einer solchen Diskussion teilzunehmen, lautet seine Lieblingsantwort: »Das würde sich in Ihrem Lebenslauf gut machen, aber in meinem nicht!« Diese Geschichte habe ich so oft erzählt, dass eine Menge Leute glauben, das Bonmot sei von mir. Schön wär's!

Der »Zwei-Stühle-Effekt« ist so stark, dass er auch in kleinmütiger Boshaftigkeit umgedreht und gegen mich verwendet wurde. Einmal wurde ich eingeladen, in Oxford mit einem amerikanischen Christenvertreter namens Craig zu diskutieren, der mich jahrelang bedrängt hatte, eine zweite Diskussion mit ihm zu führen (die erste hatte bei einer Großveranstaltung in Mexiko stattgefunden, wo er von den drei Vertretern seiner Position die schwächste Figur abgab). Zufällig hatte ich an dem Abend, der in Oxford für die Diskussion vorgesehen war, eine andere Vortragsverpflichtung in London, aber ich hätte ohnehin abgelehnt; die Gründe werde ich sofort erläutern. Seine Anhänger stellten in Oxford jedoch einen leeren Stuhl auf das Podium und behaupteten, ich sei zu feige gewesen, um zu erscheinen!

In diesem Fall hatte ich bereits im *Guardian* einen ganz bestimmten Grund dafür benannt, warum ich nicht vorhatte, mich jemals wieder mit dieser Person auf ein Podium zu setzen: Ich war empört darüber, wie er das biblische Gemetzel an den Kanaanitern rechtfertigte. Ich beklage mich nicht über das angebliche Massaker an sich (wie die meisten »historischen Ereignisse« im Alten Testament hat es nie stattgefunden). Mir ging es darum, dass Craig *glaubte*, es habe stattgefunden, und es mit der grotesk unmoralischen Begründung *rechtfertigte*, die Kanaaniter seien ausnahmslos Sünder gewesen und deshalb hätten sie verdient, was ihnen widerfahren sei. Außerdem hätten sie ja nur ihr Land an die eindringenden »Israelis« (*sic!*) übergeben müssen, dann wäre ihr Leben gerettet gewesen.

> *Bei genauem Lesen des biblischen Textes bin ich zu der Einschätzung gelangt, dass Gottes Befehl an Israel nicht in erster Linie lautete, die Kanaaniter auszulöschen, sondern sie aus dem Land zu vertreiben. Es war das Land, das in den Köpfen dieser antiken nahöstlichen Völker eine Schlüsselrolle spielte (und bis heute spielt!). Die Stammeskönigtümer der Kanaaniter, die das Land besetzten, sollten als Nationalstaaten zerstört werden, nicht aber sie als Individuen. Das Urteil Gottes über diese Stammesgruppen, die zu jener Zeit so unglaublich verderbt waren, lautete, sie ihres Landes zu entblößen. Kanaan sollte an Israel übergeben werden, das von Gott jetzt aus Ägypten hierher geführt worden war. Hätten die Stämme der Kanaaniter sich beim Anblick der Armeen Israels entschlossen, einfach zu fliehen, wäre niemand getötet worden.*[28]

---

[28] Ich habe diese Passage in meinem Artikel im *Guardian* zitiert. Zu Craigs eigener »Rechtfertigung« siehe http://www.reasonablefaith.org/the-slaughter-of-the-canaanites-re-visited.

Die Kanaaniter waren also selbst schuld: Der Tod kam über sie, weil Gott ihr Land als Lebensraum für seinen Lieblingsstamm haben wollte und weil die bisherigen Bewohner sich einfach weigerten, in die Gänge zu kommen und ihre Heimat aus eigenem Antrieb aufzugeben. Sogar das Gemetzel an den Kindern rechtfertigte Craig damit, sie würden ohnehin in den Himmel kommen.

Beiläufig erwähnte ich in meinem Artikel im *Guardian* auch die Taktik des »leeren Stuhls« (die im Voraus öffentlich bekannt gemacht worden war):

> *Es ist ein Musterbeispiel von dreister Schikane. Craig hat vor, nächste Woche in Oxford einen leeren Stuhl auf das Podium zu stellen, um damit meine Abwesenheit zu symbolisieren. Die Idee, Geld mit dem Namen eines anderen zu machen, indem man sich mit ihm zusammentut und sich gemeinsam auf ein Podium setzt, ist alles andere als neu. Aber was sollen wir von diesem Versuch halten, aus meinem* **Nicht***erscheinen eine Selbstvermarktungsnummer zu machen? Im Interesse der Transparenz weise ich darauf hin, dass Oxford nicht der einzige Ort ist, der mich an dem Abend, da Craig mit mir in absentia diskutieren will, nicht sehen wird: Auch in Cambridge, Liverpool, Birmingham, Manchester, Edinburgh, Glasgow und, wenn es die Zeit erlaubt, in Bristol werde ich nicht auftreten.*[29]

Craig hatte besonderes Mitgefühl für die armen »israelischen« Soldaten, die verpflichtet waren, die unangenehme Aufgabe auszuführen und alle diese kanaanitischen Frauen und Kinder zu massakrieren. Das Spiel mit dem leeren Stuhl wurde übrigens seither auch unter dem Namen »Eastwooding« bekannt, weil der Schauspieler und Regisseur Clint Eastwood es während des Präsidentschaftswahlkampfes 2012 zu einer untauglichen Nummer nutzte, die sich gegen den Präsidenten Obama richtete.

Meine »Zwei-Stühle-Ablehnung« von Diskussionen bezieht sich nicht auf studierte Theologen mit echter Legitimation. Mit ihnen führe ich gern Diskussionen (lieber spreche ich von öffentlichen Unterhaltungen); diskutiert habe ich unter anderem mit zwei Erzbischöfen

---

[29] Der vollständige Artikel ist zu lesen unter http://bit.ly/1fXPAGS.

von Canterbury, einem Erzbischof von York, mehreren Bischöfen, einem Kardinal und zwei aufeinanderfolgenden Inhabern des Amtes des britischen Oberrabbiners. In den meisten Fällen waren es höchst liebenswürdige, zivilisierte Gespräche. Irgendwann 1993 trat ich beispielsweise bei der Royal Society zusammen mit dem angesehenen Kosmologen Sir Herman Bondi auf; die Gegenseite vertraten der frühere Bischof von Birmingham Hugh Montefiore und Russell Stannard, ein christlicher Physiker und Autor der hervorragenden »Onkel Albert«-Bücher, in denen moderne Physik für Kinder erklärt wird. Stannard hat über das Zusammentreffen selbst einen Bericht geschrieben:

> *Nachdem einer der Organisatoren uns miteinander bekannt gemacht hatte, sagte Dawkins mir sofort, welchen Spaß ihm meine* **Onkel Albert**-*Bücher gemacht hätten. Er hatte sich wirklich darüber gefreut! Da dachte ich, dass jemand, der Spaß an Onkel Albert hat, nicht so schlecht sein kann, oder?*
> *Aber Moment mal. War es ein Trick, mit dem er mich in falscher Sicherheit wiegen wollte? ... Wie sich herausstellte, hätte ich mir keine Sorgen machen müssen. Die Diskussion wurde auf eine konstruktive, höfliche Weise geführt ... Damit soll nicht gesagt werden, dass es der Debatte an Spannungen gefehlt hätte. Keineswegs. Wir führten hitzige Wortwechsel, und in verschiedenen Fragen war man sich ganz und gar uneins. Aber es gab keine Schärfe, kein billiges Punktesammeln.*
> *Um zu unterstreichen, in welch guter Stimmung die Diskussion abgelaufen war, begaben sich die Teilnehmer anschließend in ein Restaurant und aßen zusammen zu Abend! Ich saß neben Dawkins und hatte große Freude an seiner Gesellschaft.*[30]

Viermal traf ich mit Rowan Williams zusammen, der kürzlich als Erzbischof von Canterbury in den Ruhestand gegangen ist. Für mich war er einer der nettesten Männer, die ich jemals kennengelernt habe: Er ist so liebenswürdig, dass es fast unmöglich ist, sich mit ihm zu streiten. Außerdem ist er von einer so zuvorkommenden Intelligenz (im buchstäblichen Sinn von *intellego* = ich verstehe), dass er sogar dann die Sätze seines Gesprächpartners vervollständigt, wenn diese – je-

---

[30] Stannard, Russell: *Doing Away with God.* London 1993.

denfalls so, wie ich sie verstehe – für seine Position verheerend sind und er anscheinend keine Erwiderung darauf hat! Zum ersten Mal fiel mir sein außergewöhnliches Entgegenkommen auf, als ich ihn im Rahmen einer meiner Fernsehdokumentationen für Channel Four interviewte. Später lud er Lalla und mich zu einer wundervollen Party in den Lambeth Palace ein. (Nach meinem Eindruck war Lalla dort der Hauptanziehungspunkt, denn Rowans Sohn Pip war Fan der von ihr verkörperten Figur in *Doctor Who*.) Einige Jahre später führte ich mit Rowan dann im Sheldonian Theatre eine Diskussion, die ziemlich übertriebenes öffentliches Interesse fand. Nach meinem Willen sollte es eine freundliche Unterhaltung ohne Diskussionsleiter werden, denn ich finde, dass Diskussionsleiter häufig dem Gespräch im Weg stehen (siehe unten) – und das erwies sich auch in diesem Fall als richtig. Anschließend saßen der Erzbischof und ich beim Abendessen zusammen, und wieder war ich bezaubert von seiner Gesellschaft.

Bei unserer letzten Begegnung vertraten wir die gegnerischen Positionen in einer Diskussion bei der Cambridge Union. Dr. Williams war bereits vom Amt des Erzbischofs zurückgetreten und leitete das Magdalene College in Cambridge. Beim Abendessen erzählte er mir, welche Freude es für ihn war, jeden Morgen aufzuwachen und zu denken: »Ich bin nicht mehr Erzbischof von Canterbury.« Was die Diskussion anging, so trug seine Seite den Sieg davon, und das wurde hauptsächlich ihm zugeschrieben. Er hielt tatsächlich eine beachtenswerte Rede, aber der eigentliche Sieger, das wurde durch die Reaktionen des Publikums deutlich, war der letzte Sprecher auf seiner Seite, der sehr umgängliche Journalist Douglas Murray. Dieser erklärte, er selbst sei Atheist, aber er glaube – und das war wirklich seine einzige Aussage –, Religion sei gut für die Menschen: Ohne Religion seien sie unglücklich. Ich kann mir nicht vorstellen, dass Rowan Williams selbst so gönnerhaft-herablassend war, aber überraschenderweise[31] nahm das Publikum in Cambridge diese Aussage begeistert an.

Das aufschlussreichste Gespräch, das ich jemals mit einem Theologen führte, war mein Filminterview mit dem Jesuitenpater George Coyne, dem früheren Direktor der vatikanischen Sternwarte. Wir filmten es im Rahmen der gleichen Fernsehsendung für Channel Four

---

[31] Es sei denn, man erinnert sich an den berüchtigt starken Einfluss der Interessengruppe Cambridge Inter-Collegiate Christian Union (CICCU).

wie mein Interview mit dem Erzbischof Williams. Leider meinte aber der Regisseur, es sei nicht genügend Zeit, um beide Interviews in die Sendung aufzunehmen, und so ließ er das mit Pater Coyne weg.

Dieser Berufsastronom war Wissenschaftler durch und durch und sprach während des Interviews vorwiegend wie ein intelligenter Atheist. »Gott«, so sagte er, »ist keine Erklärung. Wenn ich nach einem Gott der Erklärungen suchen würde …, wäre ich wahrscheinlich Atheist.« Worauf ich die unvermeidliche Antwort gab, dass dies genau der Grund sei, warum ich Atheist bin. Wenn es tatsächlich einen allmächtigen Schöpfergott gibt, wie kann er dann keine Erklärung für Dinge sein? Oder wenn er nicht die Erklärung für irgendetwas ist, was fängt er dann mit seiner Zeit an, so dass er es wert ist, angebetet zu werden?

Pater Coyne stimmte mir auch fröhlich zu, dass seine katholischen Überzeugungen dem zufälligen Umstand zu verdanken seien, dass er in einer katholischen Familie geboren wurde; er räumte ein, er wäre zu einem ebenso aufrechten Muslim geworden, wenn er in einer muslimischen Familie zur Welt gekommen wäre. Ich staunte über seine Aufrichtigkeit und wunderte mich gleichzeitig über die professionelle Unehrlichkeit, die seine katholischen Regeln ihm aufzwangen. Auf mich machte er den Eindruck eines anständigen, humanen, intelligenten Mannes.

Den gleichen Eindruck hatte ich auch von dem britischen Oberrabbiner Jonathan Sacks, der Lalla und mich zusammen mit einigen führenden Juden aus London in sein Haus zum Abendessen einlud. Bei dieser Veranstaltung erfuhr ich die erstaunliche Tatsache, dass Juden, die noch nicht einmal ein Prozent der Weltbevölkerung ausmachen, mehr als 20 Prozent aller Nobelpreise erhalten haben. Dies steht in einem scharfen Kontrast zu der lächerlich geringen Erfolgsquote der Muslime, die in der Welt um ein Vielfaches zahlreicher sind. Ich hielt den Vergleich – und halte ihn bis heute – für aufschlussreich. Wenn man sich das Judentum und den Islam als Religionen oder Kulturkreise vorstellt (allen verbreiteten falschen Vorstellungen zum Trotz ist keines von beiden eine »Rasse«), muss es einfach auffallen, dass die Erfolgsquote pro Kopf auf den Gebieten des geistigen Strebens, die von Nobel gefeiert wurden, bei den einen buchstäblich einige Zehntausend Mal höher liegt als bei den anderen. Im Mittelalter und in den dunklen Zeiten des Christentums spielten islamische Gelehrte eine bedeutende Rolle, indem sie die Flamme der griechischen Gelehrsamkeit am Leben erhielten. Was ist später schiefgegangen? Nebenbei bemerkt, teilte Sir Harry Kroto mir in einem Brief seine Überzeugung mit, die große Mehrzahl der Nobelpreisträger, die (wie auch er selbst) als Juden bezeichnet würden, seien in Wirklichkeit ungläubig.

Bei einem späteren Gespräch in einem Fernsehstudio in Manchester beschuldigte Lord Sacks mich seltsamerweise öffentlich des Antisemitismus. Wie sich herausstellte, lag es daran, dass ich den Gott des Alten Testaments in *Der Gotteswahn* als »unangenehmste Gestalt in der gesamten Literatur« bezeichnet hatte. Den Rest des Satzes habe ich in diesem Buch an anderer Stelle zitiert (siehe Seite 682), und ich stimme zu, dass er sich ein wenig polemisch anhört, auch wenn man ihn mit der Bibel mehr als ausreichend begründen kann. Meine Absicht war dabei allerdings weniger Polemik als vielmehr Satire. Im Hinterkopf hatte ich die ausgefallenen, blumigen Versatzstücke von Evelyn Waugh (und beiläufig signalisierte ich die Anspielung auch dadurch, dass ich in dem gleichen Absatz eine Geschichte wiedergab, die Waugh über Randolph Churchill erzählt hatte). Natürlich konnte ich nicht leugnen, dass mein Satz sich gegen Gott richtete. Aber gegen die Juden? Es war übrigens nicht das erste Mal, dass mir aus ähnlichen Gründen Antisemitismus vorgeworfen wurde. Einmal hielt ich auf einem Schiff, das durch den Galapagos-Archipel kreiste, einen Vortrag, und ein Passagier erhob Einwände. Dafür gab er als Grund nur an, ich sei gegen Gott, den er offensichtlich mit seinem eigenen jüdischen Bekenntnis gleichsetzte, und deshalb fühlte er sich persönlich angegriffen.

Der Oberrabbiner war immerhin so freundlich, mir einige Tage später eine Entschuldigung zu übermitteln, und ich nehme seine Bemerkung im Studio heute als vorübergehende Verirrung – als seltenen Ausrutscher eines Gentlemans. Einen ganz anderen Eindruck hatte ich, um es vorsichtig auszudrücken, von Kardinal George Pell, dem Erzbischof von Sydney und höchsten römisch-katholischen Würdenträger, mit dem ich jemals diskutiert habe. Wir trafen in einem Fernsehstudio der Australian Broadcasting Corporation aufeinander. Man hatte mich vorgewarnt, er sei ein Rabauke – nicht gerade ein angenehmer Ruf, so sollte man meinen, für einen leitenden Amtsträger in einer Kirche, die vorgibt, sie gründe sich auf edlere Prinzipien.

Pell buhlte um billige Lacher von der Galerie, wie vornehmere Kleriker von der Statur eines Erzbischof Williams, Oberrabbiner Sacks oder Pater Coyne es niemals tun würden. Er hatte das Glück, dass ein beträchtlicher Teil des Studiopublikums offensichtlich aus seinen handverlesenen Parteigängern bestand, denn er hatte eine fast liebenswürdige Begabung, von einem Fettnäpfchen ins andere zu treten, beispielsweise als er seine ansonsten lobenswerte Anerkennung der Evolution zunichtemachte, indem er völlig überflüssig behauptete, die Menschen würden »von Neandertalern« abstammen. Oder als er eine Anekdote aus einer Zeit anführte, als er »einige englische Jungen präparierte …« und dann eine peinliche Pause eintreten ließ, bevor er den Satz mit den Worten »… für die Erstkommunion« vollendete. Die Pause war so lang, dass eine Minderheit im Publikum anzüglich lachte. Ein weiterer Fauxpas war sein offensichtlicher Zweifel an der Intelligenz von Juden und seine Verwunderung darüber, dass Gott ausgerechnet sie auserwählt hatte. An dieser Stelle hakte der Diskussionsleiter Tony Jones ein, und der Kardinal musste hektisch zurückrudern, um sich aus der Affäre zu ziehen. Ich ließ ihn zappeln und widerstand der Versuchung, den gereimten Wortwechsel zwischen W. N. Ewer und Cecil Browne zu zitieren:

How odd
Of God
To choose
The Jews.

But not so odd
As those who choose
A Jewish God
Yet spurn the Jews. |38|

Begeisterten Applaus sicherte er sich bei seinen Parteigängern, als er scheinbar einen Punkt für sich verbuchte, indem er mit einem Zitat aus Darwins Autobiographie belegen wollte, dass dieser am Ende seines Lebens, als er seine Erinnerungen schrieb, an Gott geglaubt habe. Das ist definitiv falsch, und ich sagte es auch. Pell war aber mit Notizzetteln vorbereitet und führte an, er zitiere aus »Seite 92« der Darwin-Memoiren. Dieser triumphale Seitenverweis veranlasste seine Claqueure zum Applaus.

Damit bin ich wieder bei einer kleinen Abschweifung, aber wenn ein Würdenträger der Kirche im Fernsehen Darwins religiöse Überzeugungen falsch darstellt, ist dieser Schlenker notwendig. Nach erneutem Lesen der Autobiographie neige ich zu dem Gedanken, dass Pell mit seinem triumphierenden Zitat von »Seite 92« nicht absichtlich unehrlich war. Höchstwahrscheinlich hatte ein Assistent ihn mit dem Zitat und der Seitenangabe ausgestattet, ihm aber nicht gesagt, was danach kommt. Das kann jeder selbst beurteilen. Die folgende Passage zitierte Pell aus Darwins Kapitel über »religiösen Glauben«; das Wort, das Pell nach meiner Ansicht hätte besonders betonen sollen, habe ich in Fettdruck hervorgehoben:

> *Ein anderer Grund für den Glauben an die Existenz Gottes, der mit der Vernunft, nicht mit Gefühlen zusammenhängt, scheint mir mehr ins Gewicht zu fallen. Dieser Grund ergibt sich aus der extremen Schwierigkeit oder eigentlich Unmöglichkeit, sich vorzustellen, dieses gewaltige, wunderbare Universum einschließlich des Menschen mitsamt seiner Fähigkeit, weit zurück in die Vergangenheit und weit voraus in die Zukunft zu blicken, sei nur das Ergebnis blinden Zufalls oder blinder Notwendigkeit.* ***Wenn*** *ich darüber nachdenke, sehe ich mich gezwungen, auf eine erste Ursache zu zählen, die einen denkenden Geist hat, gewissermaßen dem menschlichen Verstand analog; und ich sollte mich wohl einen Theisten nennen.*[32]

Pell könnte argumentieren, das »Wenn« am Beginn des Satzes habe nicht die konditionale Bedeutung, die ich hier erkenne, sondern sei eine absolute Aussage. Der nachfolgende Absatz aber, den Pell uns nicht vorlas, lässt keinen Zweifel an Darwins tatsächlicher Haltung zu der Zeit, als er das Kapitel schrieb. Auch hier hebe ich in Fettdruck den Schlüssel zum Verständnis der Bedeutung hervor:

> *Wenn ich mich richtig erinnere,* ***beherrschte*** *diese Schlussfolgerung mein Denken in der Zeit, als ich* ***Über die Entstehung der Arten*** *schrieb; seither schien sie mir ganz allmählich immer weniger überzeugend; ich schwankte jedoch sehr … Das Mysterium vom Anfang aller Dinge können wir nicht aufklären; und ich jedenfalls muss mich damit zufriedengeben, Agnostiker zu bleiben.*[33]

---

32 Darwin, Charles: *Mein Leben*. Übersetzt von Christa Krüger. Frankfurt a. M. 2008, S. 102.

33 Ebd., S. 102f.

Ich glaube, wir müssen Kardinal Pell vom Vorwurf der Unehrlichkeit freisprechen. Gestehen wir ihm einfach zu, dass er (oder sein Assistent) den zweiten Absatz nicht gelesen hat und den ersten verzeihlicherweise falsch verstand. Eines aber hoffe ich: Wenn irgendjemand aus dem australischen Publikum, das ihm bei seinen Worten »es steht auf Seite 92« triumphierend zujubelte, mein Buch zu Gesicht bekommt, wird er oder sie hoffentlich die Mühe auf sich nehmen, das Kapitel »religiöse Überzeugungen« in Darwins Autobiographie ganz zu lesen. Neben dem zuvor zitierten Absatz, in dem Darwin zu dem Schluss gelangt, er müsse sich mit dem Status als Agnostiker zufriedengeben, enthält das Kapitel zum großen Teil scharfe Kritik am christlichen Glauben, dessen frommer Anhänger Darwin als junger Mann war, als er in der Kirche Karriere machen sollte. So gibt es beispielsweise den berühmten Satz:

> *Ich kann nun wirklich nicht einsehen, warum sich jemand wünschen sollte, das Christentum sei wahr; wenn es nämlich wahr wäre, dann, das scheint mir die Sprache des Textes unmissverständlich zu sagen, würden alle Menschen, die nicht glauben, also mein Vater, mein Bruder und fast alle meine nächsten Freunde, ewig dafür büßen müssen. Und das ist eine verdammenswerte Doktrin.*[34]

Darwin blieb seiner örtlichen Kirchengemeinde wohlwollend zugeneigt, unterstützte sie finanziell und wollte auch dort bestattet werden (ein Wunsch, den man ihm abschlug, als es seinen Freunden gelang, ihn in der Westminster Abbey ehren zu lassen). Ebenso stellte er den von ihm als militant empfundenen Atheismus von Edward Aveling (1849–1898) und seines deutschen Kollegen Ludwig Büchner (1824–1899) in Frage. Avelings Bericht über ihr Zusammentreffen an Darwins Mittagstisch im Jahr 1881 beginnt mit einer rührenden Beschreibung davon, wie der Besucher »in den Bann der offenherzigen und freundlichsten Augen geriet, die jemals in meine geblickt haben«; dann wendet er sich dem Gespräch über Religion zu. Darwin fragte: »Warum bezeichnen Sie sich selbst als Atheisten und sagen, dass es keinen Gott gibt?« Darauf erklärten Aveling und Büchner, sie seien

---

[34] Ebd., S. 96.

*Atheisten, weil es keinen Beleg für eine Gottheit gibt... Während wir also nicht die Torheit begehen, Gott zu leugnen, vermeiden wir mit gleicher Sorgfalt die Torheit, Gott zu behaupten: Denn da Gott nicht bewiesen ist, seien wir ohne Gott (αθεοι), und deshalb liege unsere Hoffnung in dieser Welt und in dieser Welt allein. Während wir sprachen, zeigte sich an dem Wechsel des Lichts in den Augen, die unseren immer so offen begegneten, dass in seinem Geist eine neue Vorstellung wuchs. Bis dahin hatte er sich vorgestellt, wir seien Gottesleugner, und nun fand er die Reihenfolge der Gedanken, welche die unsere war, nicht wesentlich von seiner eigenen verschieden. Denn Punkt für Punkt stimmte er unserer Argumentation zu; Aussage für Aussage, die gemacht wurde, bekräftigte er, und am Ende sagte er: »Ich bin in Gedanken bei Ihnen, aber ich bevorzuge das Wort Agnostiker gegenüber dem Wort Atheist.«*[35]

Bis heute besteht Verwirrung um das Wort »Atheist«. Manche meinen, damit sei eine Person gemeint, die positiv davon überzeugt ist, dass es keinen Gott gibt (was der Atheist Aveling als die »Torheit, Gott zu leugnen« bezeichnete). Andere verstehen darunter einen Menschen, der keinen Anlass sieht, an einen Gott zu glauben, und deshalb sein Leben führt, als gäbe es keinen Gott (was Darwin meinte, als er sich selbst als Agnostiker bezeichnete, und was auch Aveling mit »ohne Gott« meinte). In dem zuerst genannten Sinn würden sich vermutlich nur die wenigsten Wissenschaftler den Begriff zu eigen machen, sie könnten allerdings hinzufügen, dass das Schlupfloch, das sie für einen Gott noch lassen, kaum größer ist als das, durch das Heinzelmännchen oder kreisende Teekannen oder Osterhasen springen könnten. Zwischen den beiden Positionen liegt ein ganzes Spektrum, und Darwin stand Göttern zugegebenermaßen weniger skeptisch gegenüber als fliegenden Teekannen; das können wir aus einem Gespräch ableiten, das er gegen Ende seines Lebens mit dem Herzog von Argyll führte. Dieser berichtete:

*Ich sagte zu Mr Darwin mit Bezug auf einige seiner bemerkenswerten Arbeiten über die* ***Befruchtung der Orchideen*** *und über* ***Die Regenwürmer*** *und verschiedene andere Beobachtungen, die er an*

---

[35] Der vollständige Bericht findet sich unter http://bit.ly/1rY74rY.

*den wunderbaren, bestimmten Zwecken dienenden Vorrichtungen der Natur angestellt hatte – ich sagte, es sei unmöglich, diese zu betrachten, ohne zu sehen, dass sie die Wirkungen eines Geistes sind. Ich werde Mr Darwins Antwort nie vergessen. Er sah mich sehr scharf an und sagte: »Nun, das kommt häufig mit überwältigender Kraft; aber bei anderen Gelegenheiten«, so fügte er mit einem unbestimmten Kopfschütteln hinzu, »scheint es zu verschwinden.«*[36]

Auch ich bin gegenüber Göttern geringfügig weniger skeptisch als gegenüber Teekannen in Umlaufbahnen um die Sonne, und sei es auch nur, weil die Menge aller vorstellbaren Dinge, die man als Götter bezeichnen kann, größer ist als die Menge kreisender Körper, die als Teekannen durchgehen würden. Aber nach meiner Überzeugung würde Darwin mit Aveling (und mir) darin übereinstimmen, dass die Beweislast beim Theisten liegt.

Ich hoffe, ich war mit meinem Urteil über Kardinal George Pell nicht unfair. Aber statt mir einfach zu glauben, kann jeder sich die Diskussion auch selbst anhören.[37]

Keine Aufzeichnung gibt es hingegen meines Wissens von meiner Diskussion mit einem anderen Würdenträger, dem damaligen Erzbischof von York, John Habgood, die beim Edinburgh Science Festival 1992 stattfand. Vielleicht ist das auch gut so, denn ich bin auf meine damalige Leistung nicht sonderlich stolz, und das trotz – oder vielleicht gerade wegen – des Urteils eines Journalisten des *Observer* (siehe unten). Wenn der Erzbischof Pell als Rüpel und Rabauke betrachtet wurde, so fürchte ich, dass ich (obwohl ich körperlich schmächtiger bin, als man sich Rabauken normalerweise vorstellt) in meinem Umgang mit Dr. Habgood genauso wirkte. Ich würde das Gespräch heute nicht mehr auf diese Weise führen; vielleicht bin ich mitfühlender geworden – jedenfalls kann ich es nicht mehr ertragen, auf jemanden einzudreschen, der bereits am Boden liegt. Vor 20 Jahren jedoch muss ich ihn meiner Erinnerung zufolge gepaxmant haben: Allzu unnachsichtig wiederholte ich mehrere Male die Frage, was er in Bezug auf die Jungfrauengeburt wirklich glaubte (im Gegensatz zu dem, was er von

---

36 http://www.electricscotland.com/history/glasgow/anec305.htm.
37 https://www.youtube.com/watch?v=tD1QHO_AVZA.

Berufs wegen glauben sollte). Und ich fürchte, das Publikum machte mit und piesackte ihn mit: Beantworten Sie die Frage! Beantworten Sie die Frage!« Der Bericht des *Nullifidian* über den Abend scheint die Missetat, wie ich sie in Erinnerung habe, zu bestätigen:

> *Richard Dawkins, der mit seinen Büchern über Evolution sehr bekannt wurde, diskutierte letzte Ostern beim Edinburgh Science Festival mit Dr. John Habgood, dem Erzbischof von York, über die Existenz Gottes. Der Wissenschaftskorrespondent des* **Observer** *berichtete, der »vernichtende« Richard Dawkins sei fest überzeugt, man solle »über Gott genauso sprechen wie über den Weihnachtsmann oder die Zahnfee«. Er [der Korrespondent] konnte zufällig mithören, wie ein niedergeschlagener Kleriker über die Diskussion meinte: »Das Fazit war einfach zu ziehen. Löwen gegen Christen 10 zu 0.«*[38]

Für Leser außerhalb Großbritanniens muss ich das Verb »to paxman« erläutern. Es geht auf ein berüchtigtes Interview von Jeremy Paxman, des angesehenen und gefürchtetsten Fernsehjournalisten Großbritanniens, mit dem damaligen Innenminister Michael Howard zurück. Paxman stellte Howard nicht weniger als zwölfmal genau die gleiche Frage, während der arme Mann ebenso hartnäckig um die Antwort herumredete. Ich habe mir das Interview kürzlich noch einmal angehört[39] und weiß, dass ich nicht so erbarmungslos sein könnte. Auch damals bei Dr. Habgood lag meine Grenze, soweit ich mich erinnere, bei drei Wiederholungen meiner unangenehmen Frage nach der Jungfrauengeburt. Jeremy Paxman hat übrigens auch mich zweimal im BBC-Fernsehen interviewt, und er leitete eine Podiumsdiskussion zwischen mir und Dr. Richard Harries, dem damaligen Bischof von Oxford. Bei allen drei Gelegenheiten war er warmherzig und sympathisch, und den gleichen Eindruck hatte ich auch von ihm, wenn wir uns bei gesellschaftlichen Anlässen begegneten – beispielsweise bei einem Sommerfest in seinem Garten oder beim Festival von Hay-on-Wye, als er sich in der Woche, in der ich diese Zeilen schreibe, bei einem einsamen Frühstück im Hotel zu mir gesellte. Vielleicht haben

---

[38] http://bit.ly/1AUT0GJ.
[39] http://bit.ly/1iGJRVQ.

nur Politiker Anlass, ihn zu fürchten. Mir gefallen die einleitenden Worte seines Interviews mit einer berüchtigten amerikanischen Politikpropagandistin, die in England Werbung für ihr Buch machte: »Ann Coulter, Ihr Verlag hat uns das erste Kapitel gegeben, und ich habe es gelesen. Wird es später besser?« Ich habe zuvor die von Robin Day begründete Schule für kampflustige Journalisten erwähnt. Jeremy Paxman ist ein noch gnadenloserer Vertreter. Ich selbst bevorzuge bei Interviews oder öffentlichen Unterhaltungen die Methode des »gegenseitigen Tutoriums«.

## Gegenseitige Tutorien

Angenehmer als formelle Debatten waren Podiumsgespräche, wenn das Ziel in gegenseitiger Aufklärung bestand und nicht darin, einen Sieg zu erringen (»owning« oder »pwning«,[40] wie die Generation Internet sagt). Ich glaube, der Ausdruck »gegenseitiges Tutorium« fiel mir erstmals im Februar 1999 ein, als ich in der Central Hall Westminster zusammen mit dem Psychologen und Linguisten Steven Pinker auf dem Podium saß. Die als »Debatte« angekündigte Veranstaltung, die vom *Guardian* finanziert und von dessen Wissenschaftsredakteur Tim Radford geleitet wurde, lockte ein Publikum von 2300 Personen an, und viele weitere mussten vor der Tür abgewiesen werden. Eine Debatte war es eigentlich nicht: Es gab kein »Diskussionsthema«, nichts, worüber man hätte abstimmen können, und in den meisten Dingen waren wir uns ohnehin einig. Und wie ich bereits sagte, ebnete diese Veranstaltung den Weg für das »gegenseitige Tutorium«, wie ich es später nannte: ein Genre von Podiumsgesprächen, die ich zunehmend als dem Interview und der Debatte überlegene Alternative befürworte. Nebenbei bemerkt, erfüllte Tim Radford seine Aufgabe gut und unaufdringlich. Dennoch brachte diese Begegnung mich auf die Idee

[40] Diese Schreibweise entstand offenbar durch einen zufälligen Tippfehler und ist demnach ein mutiertes Mem, das später begünstigt wurde. Gillian Somerscales machte mich darauf aufmerksam, dass man es immer nur in geschriebener Form sieht und dass niemand es aussprechen muss. »Glauben Sie, dass eine ›ungesprochene‹ Form der Sprache im Entstehen begriffen ist?«, fragt sie. Wenn es so ist, könnte auch »LOL« ein Kandidat für das Nur-Text-Wörterbuch sein.

des gegenseitigen Tutoriums ohne einen Diskussionsleiter oder »Gastgeber«.

Besonders stark machte sich der »Diskussionsleiter-Störungseffekt« bei der zuvor erwähnten Veranstaltung im Sheldonian Theatre in Oxford bemerkbar, anlässlich der ich mit Rowan Williams sprach, dem damaligen Erzbischof von Canterbury. Dr. Williams und ich waren völlig darauf eingestellt, ein zivilisiertes Gespräch zu führen, und ich hatte mich sehr darauf gefreut. Aber leider wurde es ständig von dem Diskussionsleiter unterbrochen, einem angesehenen Philosophen und sehr netten Mann, der sich große Mühe gab, Fragen zu »klären«; dazu warf er philosophische Fachausdrücke ein, die – wie es mit Philosophen anscheinend oft passiert – genau den gegenteiligen Effekt hatten.

Das große Publikum, das in London meinem »gegenseitigen Tutorium« mit Steve Pinker zuhörte (trotz des Ausdrucks »gegenseitig« muss ich allerdings sagen, dass ich von ihm mehr lernte als er von mir), erregte auch die Aufmerksamkeit der BBC. Ob wir am gleichen Abend in ihrer Fernsehsendung *Newsnight* auftreten und unsere Diskussion für ein größeres Publikum wiederholen wollten? Wir wollten. Kurze Zeit später rief mich die BBC-Produzentin an und erkundigte sich, was sie zu erwarten hatte:

»Können Sie für mich das Wesentliche Ihrer Meinungsverschiedenheiten mit Dr. Pinker zusammenfassen?«

»Ähm, nun ja, eigentlich glaube ich nicht, dass wir viel anzubieten haben, was als Meinungsverschiedenheit gilt. Anscheinend sind wir uns in den meisten Dingen einig. Ist das ein Problem?«

Am anderen Ende der Leitung trat eine lange Pause ein. »Keine Meinungsverschiedenheiten? *Keine* Meinungsverschiedenheiten? Du liebe Güte.«

Und prompt zog sie die Einladung zurück! Ein beiderseits informatives Gespräch ist anscheinend kein »gutes Fernsehen«. Es muss Meinungsverschiedenheiten geben, die Fetzen müssen fliegen. Wenn »gutes Fernsehen« das Gleiche bedeutet wie »gute Quote«, ist das bedrückend. Ich hoffe immer noch, dass sie unrecht hatte und dass Meinungsverschiedenheiten in Wirklichkeit nicht gut für die Quote sind, aber viel Überzeugung kann ich dafür nicht aufbringen. Jedenfalls würde ich, wie ich bereits im vorhergehenden Kapitel gesagt habe, mit meinem eigenen Werturteil die Quote auf der Skala dessen, was »gutes Fernsehen« bedeuten sollte, relativ weit unten ansiedeln. Das gilt insbesondere für die BBC, die sich keine Sorgen um Werbeeinnahmen machen muss, weil sie über die Fernsehgebühren staatlich finanziert wird.

Die »Diskussion, die keine Diskussion war« mit Pinker ermutigte mich, das Format in einer neuen Serie unter der Schirmherrschaft meiner gemeinnützigen Stiftung, der Richard Dawkins Foundation for Reason and Science (RDFRS), weiter zu fördern. Die erste Veranstaltung war ein Gespräch zwischen dem theoretischen Physiker Lawrence Krauss und mir, das im März 2008 vor großem Publikum an der Stanford University stattfand. Ich stellte dem Publikum das Format mit folgenden Worten vor: »Nun, ich muss vermutlich eine gewisse Verantwortung dafür übernehmen, dass zwischen uns kein Diskussionsleiter sitzt. Ich möchte es hier mit einer neuen Form der öffentlichen Unterhaltung versuchen …« Im weiteren Verlauf legte ich dar, was ich unter »gegenseitigem Tutorium« verstand, und ich erläuterte meine Vorbehalte gegenüber Diskussionsleitern bei solchen Veranstaltungen. Ich räumte ein, dass wir uns damit selbst die Belastung auferlegten, das Gespräch in Gang zu halten, und dann gab ich die Bürde an Lawrence weiter, indem ich ihn bat, den Anfang zu machen.

Er erinnerte mich zunächst an unser erstes Zusammentreffen, das etwas weniger liebenswürdig gewesen war. Es fand 2006 bei einer Tagung im US-Bundesstaat New York statt, kurz nachdem *Der Gotteswahn* erschienen war. Nach meinem Vortrag bat ich um Fragen. Ich habe darin so viel Übung, dass die Fragen für mich nur in den seltensten Fällen eine Herausforderung darstellen, aber dieses Mal war es anders. Ein Fragesteller – er war nicht besonders groß, strahlte aber mit jedem Zentimeter Selbstbewusstsein aus – erhob sich mitten im Publikum, und schon aus seinem ersten Satz sprach eine wortgewandte, sichere Überzeugung, die man bei solchen öffentlichen Veranstaltungen verständlicherweise nur selten erlebt. Rundheraus und fast kämpferisch beschimpfte er mich, ich sei zu aggressiv und nicht verbindlich genug, wenn ich mit Gläubigen diskutierte. Wie ich darauf reagierte, weiß ich nicht mehr, aber anschließend gingen wir zusammen etwas trinken, und Lawrence schlug in freundlicherem Ton vor, wir sollten unsere Diskussion in gedruckter Form fortsetzen. Das geschah auch, und der Meinungsaustausch erschien, wie er dem Publikum in Stanford in seiner Eröffnungsrede mitteilte, in der Zeitschrift *Scientific American*.[41] Lawrence und ich haben seit jener Zeit weitere öffentliche Diskussionen geführt, und unsere ursprünglichen Meinungsverschiedenheiten haben sich abgemildert, während wir gleichzeitig Freunde wurden und sich unsere Standpunkte gegenseitig angenähert haben. Und da wir beide voneinander gelernt haben, verdienten unsere gegenseitigen Tutorien zunehmend auch diesen Namen. Einige unserer Gespräche bildeten die Grundlage für das Dokumentarfilmfeature *The Unbelievers*, das von Gus und Luke Holwerda produziert wurde. Darin treten Lawrence und ich an verschiedenen Veranstaltungsorten auf der ganzen Welt auf; der bemerkenswerteste war das Opernhaus von Sydney.

Lawrence ist skurril, komisch und lustig. Ich wusste nie, was mit »komischem Zeitgefühl« gemeint ist, aber ich glaube, er hat es. Hätte er in sein Repertoire noch eine nach innen gerichtete Melancholie aufgenommen, man hätte ihn (wie ich es einmal tat) als den Woody Allen der Physik bezeichnen können. Außerdem ist er provokativ im besten, konstruktiven Sinn: »Jedes Atom in deinem Körper stammt von einem Stern, der explodiert ist, und die Atome in deiner linken Hand kommen vermutlich von einem anderen Stern als die in deiner rechten Hand … Vergesst Jesus: Die Sterne sind gestorben, damit wir heute hier sein können.«

Einmal filmte das Team für *Unbelievers* in einer gemieteten Limousine an einem feuchtheißen Tag in London. An dem Auto war nahezu alles, was man sich vorstellen kann, nicht in Ordnung, und das Telefongespräch, das Lawrence mit dem Unternehmen führte, ist für mich eine hochgeschätzte Erinnerung (es war alles andere als »nach innen gerichtet«, und das Wort »Melancholie« wird seiner Tirade an keiner Stelle auch nur annähernd gerecht); den Höhepunkt bildete seine Drohung, der ganzen gestretchten Länge dieses absurden Fahrzeuges physischen Schaden zuzufügen. Es war eine virtuos zur Schau gestellte Schimpfkanonade und damit genau das, was wir brauchten, um in einem stickig heißen Auto zu lachen, in dem sowohl die Klimaanlage als auch der Mechanismus zum Öffnen der Fenster kaputt waren.

---

41 http://www.scientificamerican.com/article/should-science-speak-to-faith-extended/; siehe auch hier: https://richarddawkins.net/bcd/.

Das Modell des »gegenseitigen Tutoriums«, das mit Pinker und Krauss seinen Anfang nahm, hat sich seither auch in vielen anderen öffentlichen Unterhaltungen im Diskussionsleiter-freien Format bewährt. Zu meinen Partnern in diesen Dialogen gehörten Professor Aubrey Manning und Bischof Richard Holloway (möglicherweise die beiden nettesten Männer in Schottland). Aubrey und ich haben eine gemeinsame Vergangenheit als Studenten von Niko Tinbergen (Aubrey zehn Jahre vor mir), und so kamen in unserem Gespräch einige mit viel Gelächter vorgetragene Erinnerungen an Tinbergens Arbeitsgruppe vor, das Mekka der Verhaltensforschung. Wir sprachen aber auch über die Wissenschaft selbst. Bischof Holloway bezeichnet sich selbst als »genesenden Christen«. Er ist vermutlich der Haltung eines Atheisten so nahe, dass er als Bischof gerade noch davonkommt. Wir sind uns mehrmals begegnet, unter anderem bei einem Podiumsgespräch in Edinburgh, das die Journalistin Muriel Gray aus Glasgow zu folgenden Worten anregte:

> *Holloway ist, wie wir alle wissen, der Kirchenführer, der seinen Glauben in Frage stellte und für mangelhaft befunden hat, und Dawkins ist natürlich nicht nur für seine preisgekrönten wissenschaftlichen Pionierarbeiten berühmt, sondern auch wegen seiner aggressiven Ansichten über die organisierte Religion. Mehrere Personen im Publikum räumten vor Beginn der Veranstaltung ein, sie seien besorgt, dass die beiden Männer aufeinander losgehen würden oder dass ein Fundamentalist aus dem Publikum die Veranstaltung nutzen könne, um Dawkins mit beleidigenden Worten anzugreifen. Stattdessen war die Stunde, die sich wie fünf Minuten anfühlte, beherrscht von zwei verblüffend intelligenten Männern, die beide von Menschlichkeit übersprudelten und jeweils ihr ganz persönliches Bild davon zeichneten, wie ehrfurchteinflößend, rätselhaft und großartig das Dasein ist. Die schiere Freude, zuzuhören, wie Holloway immer noch Poesie und Sinn aus einer Religion beziehen will, die er nicht leichter Hand abzutun bereit ist, während Dawkins eifrig zuhört und versucht, ihn zu unterstützen, ohne seine Bestrebungen als ignorant abzutun – das war atemberaubend und inspirierend. Alles war untermalt von Dawkins' Ansichten über die Geburt von Universen, schwarze Löcher und die Zukunft der Spezies Mensch, in der wir uns selbst nicht mehr*

*aus verletzlichem Fleisch formen, sondern aus Silizium und Legierungen. So etwas nenne ich Unterhaltung im besten Sinn … Aber der am meisten gefürchtete und eigentlich völlig unerträgliche Aspekt des Abends bestand darin, dass er nach einer Stunde zu Ende war.*[42]

Nach meiner Überzeugung kann man hier mit Fug und Recht von einem gegenseitigen Tutorium sprechen. Nebenbei bemerkt, habe ich seit jener Zeit ebenfalls in Edinburgh auch zwei intellektuell sehr lohnende Podiumsgespräche mit Muriel Gray geführt.

Eine großartige Begegnung hatte ich auch mit Neil DeGrasse Tyson, dem Direktor des Hayden Planetarium in New York. Unser Gespräch[43] fand 2010 im Rahmen einer Tagung statt, die die RDFRS auf dem Gelände der Howard University in Washington veranstaltet hatte, den Beschreibungen zufolge einer »historisch schwarzen« Universität. Vor einem Publikum aus lebhaften Studierenden (das allerdings kleiner war, als Neil und ich es gewohnt waren, weil – wie wir später erfuhren – religiöse Führer von der Teilnahme »abgeraten« hatten) sprachen Neil und ich über die »Poesie der Wissenschaft«. Der Ausdruck lässt sofort an Carl Sagan denken, und Neil Tyson nahm auf großartige Weise und mit der gebotenen Demut die Herausforderung an, in Sagans übergroße Fußstapfen zu treten und eine neue Version von *Cosmos* zu repräsentieren. Er ist ein hervorragender Sprecher für die Wissenschaft, dieser warmherzige, freundliche, witzige, kluge Mann, dessen umfassendem Wissen seine Fähigkeit, es zu erläutern, sehr zugutekommt. Die einzige andere Person, von der ich mir vorstellen kann, dass sie Carl Sagan so gut hätte vertreten können, ist Carolyn Porco (von der im nächsten Kapitel noch ausführlicher die Rede sein wird). Vielleicht ist es nicht verwunderlich, dass unter allen Wissenschaftsgebieten gerade die Astronomie so gut mit sternengleichen Botschaftern besetzt ist.

Es war nicht mein erstes Zusammentreffen mit Neil Tyson. Unsere erste Begegnung fand 2006 in San Diego statt und lief fast genauso ab wie die Veranstaltung, bei der ich Lawrence Krauss kennenlernte. Ich hatte mich gerade in einem Vortrag kritisch mit der religiös an-

---

42 *Glasgow Sunday Herald,* 5. September 2004.
43 https://www.youtube.com/watch?v=eUMI3_QLmoM.

Zu meinem fünfzigsten Geburtstag bemalte meine Mutter für mich einen Schrank (unten rechts) mit Szenen aus meinem Leben…

Mein Zimmer am New College mit Biomorphen auf dem Computerbildschirm und einem Blick auf die Skyline von Oxford (oben links); meine Kindheit in Afrika (ganz links); und meine Tochter Juliet mit ihrem Hund und zwei Katzen beim Luftschlösserbauen (oben).

Einige meiner Vorbilder. Den Vorsitz führt Charles Darwin, der größte von allen. Auf dieser Seite im Uhrzeigersinn: Peter Medawar, Niko Tinbergen, Bill Hamilton, John Maynard Smith…

…und hier (von oben nach unten) Douglas Adams, Carl Sagan (der einen Teil zum Titel dieses Buches beisteuerte) und David Attenborough.

# UF's 'Wasp Lady' Is Branching Out

By The Associated Press

Dr. Jane Brockmann's been watching wasps so long that she is known as the University of Florida's "wasp lady."

Again this summer she's heading for more of the same, this time joined by Dr. Richard Dawkins, an Oxford University professor who studies small animals and insects.

They believe their work will help explain how behavior evolves in wasps, crickets, frogs and other animals — perhaps even humans.

Ms. Brockmann, 32, worked with Dawkins in England last year while she was on a North Atlantic Treaty Organization fellowship.

"The big question is, 'Why is there such diversity of behavior?'" said Dawkins, author of "The Selfish Gene."

As an example, he cited a behavior pattern in frogs: a male frog may sit in a pond and croak beguiling love songs, awaiting females to come to his call. Meanwhile, other male frogs lurk in the dark around him in hope of intercepting the females.

Another evening, Dawkins said, the croaker may become one of the "sneakies" and another act as "caller."

"We tend to think of one strategy as successful and one as a loser's approach, but obviously they're not, or else evolution would favor one above the other," Ms. Brockmann said.

She began watching wasps in preparation for her doctoral degree and estimates she put in 3,500 hours at it from 1973-75.

While working with Dawkins in England, she said, "we analyzed my wasp data in a way I never thought of before.

"Variability in animals' response to new situations has long been considered the province of higher animals, yet recent studies, mine included, using individually marked animals, show that insect behavior can be surprisingly variable too."

Females among Ms. Brockmann's golden digger wasp subjects may dig new nests or move into old ones to lay eggs, and she sees no way to tell which they will do.

"You'd think thee's got to be some little cue to guide her decision, but maybe there isn't," the scientist said.

She found her wasp studies helped in teaching a basic biology course on population genetics and ecology.

"As I prepared my lectures, came to realize the field is very rele vant to understanding adaptive behav ior, such as that of my wasps. And had to go back to basic concepts lik 'fitness,'" she said. "To teach peop about a concept like that, you have know what it really means and not ju be using it as a piece of jargon."

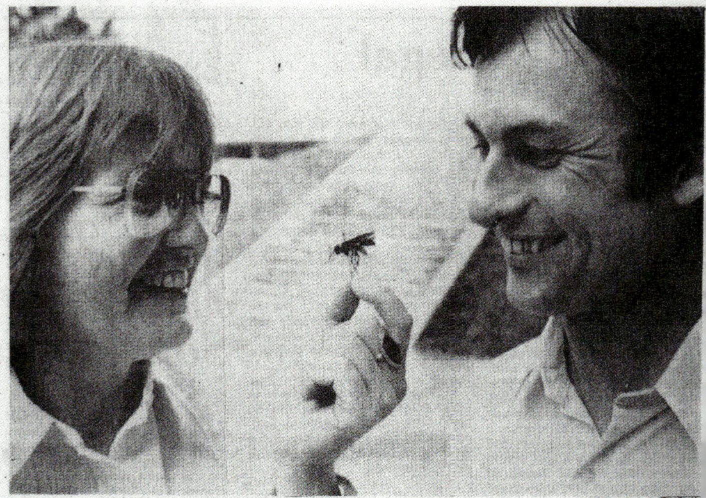

(AP Wirephoto to the Sun)

Dr. Brockmann at One Point Spent Close to 3,500 Hours Studying Wasps

Florida: Jane Brockmann (oben) und ihre Forschungsobjekte: eine Grabwespe der Gattung *Sphex* am Eingang zu ihrem Bau (oben) und ein »Orgelpfeifennest« der Gattung *Trypoxylon*, ein Beispiel für einen »erweiterten Phänotyp«.

Panama. Oben: Ankunft auf der Insel Barro Colorado und der erste Blick vom Anlegesteg auf das Tropical Research Institute der Smithsonian Institution. Oben: der stets fröhliche Fritz Vollrath (Mitte) und der stellvertretende Institutsleiter Mike Robinson (rechts mit einem Freund). Links: Ich war fasziniert von den Blattschneiderameisen. Sie transportieren Material, um daraus Kompost für ihre unterirdischen Pilzgärten zu machen.

Tagungen. Oben: Das prächtige Schloss in Deutschland, in dem die nobelste Tagung stattfand, an der ich in meinem Leben teilgenommen habe. Einer der genialen Vorsitzenden war der überzeugte Nichtraucher Karl Popper. Rechts: Im Inneren des Gran Telescopio Canarias beim Starmus-Event 2011. Dort wurden wir Zeuge, wie der liebenswürdige Astronaut Alexej Leonow, der als erster Mensch im Weltraum spazieren gegangen war, seinen Astronautenkollegen Jim Lovell auf echt russische Weise begrüßte (unten rechts); er zeichnete auch ein Selbstporträt (oben) für den Sohn des Organisators, da Leonow bei der Tagung eine Krawatte trug, bestand der Junge darauf, dass er sie auch im Weltraum um den Hals hatte.

)ben: mit einigen so ge-
ıannten Begründern der
;oziobologie 1989 in Evanton
Illinois). Von links nach
echts: Irenäus Eibl-Eibesfeld,
;eorge C. Williams, E. O.
Vilson, ich und Bill Hamilton.

;anz rechts: ein wenig verlo-
en 1989 auf Michael Ruses
'agung auf der wunderschö-
en nordnorwegischen Insel
Ielbu (unten). Vielleicht hatte
nich die Stimme der »Nachti-
all des Nordens« Betty Peter-
en (rechts) verzaubert.

Geistesverwandte. Oben: die »vier Musketiere«, von links nach rechts: Christopher Hitchens, Daniel Dennett, ich und Sam Harris. Tragisch war, dass ich »Hitch« einige Jahre später Lebewohl sagen musste (oben links). Gegenseitige Tutorien haben sich als erfreulich und lehrreich zugleich erwiesen, von Gesprächen über die »Poesie der Wissenschaft« mit Neil deGrasse Tyson (oben rechts) bis zu Reisen mit Lawrence Krauss – mit dem ich hier während der Aufnahmen zu *The Unbelievers* in einer hermetisch verschlossenen, stickig-heißen Limousine sitze.

gehauchten Ökologin Joan Roughgarden auseinandergesetzt. In der Fragestunde unternahm Neil einen höflichen, aber ernsten – und unvergleichlich formulierten – Angriff auf meinen Stil:

*Ich habe in der letzten Reihe gesessen, als Sie gesprochen haben … so konnte ich mehr oder weniger den ganzen Saal beobachten, als die Worte so schön und wohlgesetzt wie immer aus Ihrem Mund kamen. Ich möchte nur sagen, dass Ihre Kommentare eine zupackende Schärfe haben, wie ich sie mir nicht einmal bei Ihnen vorgestellt hatte … Sie sind Professor für die Vermittlung von Wissenschaft in der Öffentlichkeit und nicht Professor für die Vermittlung von Wahrheit in der Öffentlichkeit. Das sind zwei verschiedene Aufgaben. Das eine bedeutet, dass Sie die Wahrheit darlegen, und wie Sie gesagt haben, kaufen die Leute dann entweder Ihr Buch oder sie kaufen es nicht. Nun, damit ist man kein Pädagoge. Damit legt man es einfach nur dar. Als Pädagoge muss man nicht nur die Wahrheit richtig wiedergeben, sondern es beinhaltet auch einen Akt der Überzeugung. Überzeugen bedeutet nicht immer »hier sind die Tatsachen, und entweder bist du ein Idiot, oder du bist es nicht«. Es bedeutet »hier sind die Tatsachen, und hier ist eine Sensibilität für deinen Geisteszustand«. Wenn sich die Tatsachen und die Sensibilität gemeinsam entwickeln, erzielt man eine Wirkung. Und ich mache mir Sorgen, dass Ihre Methoden und Ihre bissige Wortgewalt am Ende einfach wirkungslos bleiben, wo Sie doch viel mehr Einfluss ausüben könnten, als es sich derzeit in dem, was Sie sagen, widerspiegelt.*

Mir war bewusst, dass der Sitzungsleiter Roger Bingham die Veranstaltung schnell beenden wollte, also antwortete ich nur kurz:

*Ich nehme den Tadel dankbar zur Kenntnis. Ich möchte nur mit einer Anekdote zeigen, dass ich in solchen Dingen nicht der Schlechteste bin. Ein früherer höchst erfolgreicher Redakteur des Magazins* **New Scientist** *– der den* **New Scientist** *sogar zu großartigen neuen Höhen führte – wurde einmal gefragt: »Welche Philosophie verfolgen Sie beim* **New Scientist***?« Darauf sagte er: »Unsere Philosophie beim* **New Scientist** *lautet: Wissenschaft ist interessant, und wenn du anderer Meinung bist, kannst du abhauen.«*

Zum herzlichen Gelächter von Neil Tyson schloss Roger Bingham die Sitzung.[44] Neils Kritik war berechtigt – sie entsprach, wenn auch freundlicher formuliert, mehr oder weniger der Kritik, die auch Lawrence Krauss geäußert hatte, und ich nehme sie mir zu Herzen. Auf die Frage werde ich später im Zusammenhang mit *Der Gotteswahn* zurückkommen.

In manchen meiner »gegenseitigen Tutorien« konnte ich von meinen Gesprächspartnern so viel mehr lernen als sie von mir, dass ich das Wort »gegenseitig« fallen lassen muss. Die größte Ehrfurcht hatte ich vor dem beeindruckenden Intellekt des Physikers, Nobelpreisträgers und kultivierten Universalgelehrten Steven Weinberg. Ich hoffe, ich konnte meine Nervosität gut genug verbergen, und das sowohl während unseres auf Film festgehaltenen Gesprächs als auch bei dem höchst angenehmen Abendessen, das er für mich in seinem Club in Austin gab, einer Stadt, von der ich gehört habe, sie sei in Texas eine intellektuelle Oase. Bei manchen Nobelpreisträgern kann man sich einfach des Eindrucks nicht erwehren, dass sie Glück gehabt haben. Trifft man Professor Weinberg, hat man dieses Gefühl nicht – und ich hoffe, das britische Understatement kommt hier ausreichend klar zum Ausdruck. Eine gute Rolle für ein Weltklassegenie.

Es mag so scheinen, als würde das Format ohne Diskussionsleiter nicht funktionieren, sobald mehr als zwei Personen an der Diskussion teilnehmen, aber wir schafften es auch, dass es beim Zusammentreffen der sogenannten »vier Reiter« klappte. Die Veranstaltung wurde 2008 von meiner Stiftung[45] vor den Bücherwänden in der Wohnung von Christopher Hitchens in Washington aufgenommen. Neben Christopher und mir waren noch Dan Dennett und Sam Harris dabei, und wir kamen gut ohne Diskussionsleiter zurecht. Als Fünfte hatten wir Ayaan Hirsi Ali eingeladen, aber sie musste leider wegen eines plötzlichen Notfalls in die Niederlande reisen, wo sie dem Parlament angehörte. Also waren wir zu viert, und der Titel der »Reiter« blieb hängen. Die Diskussionsstunden an dem runden Tisch gingen erstaunlich schnell vorüber, ohne dass einer von uns dominierte, und ich habe

---

44 Eine Videoaufnahme der Veranstaltung findet sich hier: https://www.youtube.com/watch?v=-_2xGIwQfik Sie hat mehr als zwei Millionen Klicks.

45 https://www.youtube.com/watch?v=n7IHU28aR2E.

den starken Verdacht, dass ein Diskussionsleiter in diesem Fall wahrscheinlich die Atmosphäre nur verdorben hätte.

## Christopher

Über Christopher Hitchens, jenen Helden des Geistes, muss ich ein wenig ausführlicher berichten. Ich kannte ihn nicht gut. Ich gehörte nicht zum inneren Kreis seiner Jugendfreunde, lernte ihn aber kennen, als *Der Herr ist kein Hirte* erschienen war, und die thematische Nähe zwischen diesem Buch und *Der Gotteswahn* führte dazu, dass wir unsere verschiedenen öffentlichen Plattformen teilten. Zum ersten Mal traf ich ihn im März 2007 in London bei einer Diskussion in der Central Hall in Westminster, einem großen Veranstaltungszentrum mit mehr als 2000 Plätzen – dort war ich, wie bereits erwähnt, auch zusammen mit Steven Pinker aufgetreten. Neben Christopher und mir trat noch A. C. Grayling auf, einer meiner Lieblingsphilosophen, und das Diskussionsthema lautete »Ohne Religion wären wir besser dran«. Die versprochene Beteiligung dieser beiden bewunderten Kollegen führte dazu, dass mein üblicher Widerwille gegen formelle Debatten sich in Grenzen hielt. Auf der anderen Seite saßen der Anthropologe Migel Spivey, der Philosoph Roger Scruton und Julia Neuberger, die bereits erwähnte Rabbinerin. Aus dieser Debatte erinnere ich mich vor allem an ein prächtiges »Wie können Sie es wagen? Wie können Sie es WAGEN?« von Christopher. Aber das ist bei mir eine falsche Erinnerung, was ich hier dokumentieren will, denn das Syndrom der falschen Erinnerungen sollte besser bekannt gemacht werden, und einmal gab ich meine falsche Erinnerung auch bei einer öffentlichen Ansprache in Melbourne wieder, als ich nach Christophers Tod einen Nachruf auf ihn hielt.

Ich war überzeugt, ich könnte mich an Christophers »Wie können Sie es WAGEN?« als Zwischenruf beim Vortrag der Rabbinerin Neuberger erinnern. Aber so war es nicht. Die Videoaufnahme zeigt deutlich, dass es die Antwort auf einen Fragesteller aus dem Publikum war, der behauptete (weil er ein guter Mensch sein wollte), er sei religiös, glaube aber nicht an Gott. Während Julia Neubergers Vortrag ging Christopher tatsächlich dazwischen, aber dabei sagte er etwas ganz anderes (was in dem Video nicht deutlich zu hören ist, weil sein Mikrofon nicht eingeschaltet war, aber es waren eindeutig nicht die Worte »Wie können Sie es wagen?«). Das Syndrom der falschen Erinnerungen ist ein interessantes und beunruhigendes Phänomen. Ich hoffe, die Belege dafür werden Jurastudenten ebenso beigebracht wie allen anderen, die Zeugenaussagen nutzen, aber ich fürchte, das ist nicht der Fall. Augenzeugenberichte sind weit weniger verlässlich, als viele Menschen – und auch viele Geschworene – denken. Zeugen lügen vor Gericht nicht nur, sondern sie sind auch aufrichtig in ihrer Selbsttäuschung. Davon war ich überzeugt, bis ich das Vergnügen hatte, Elizabeth Loftus kennenzulernen, eine tapfere, sympathische amerikanische Psychologin, die häufig als Sachverständige aussagt, wenn Menschen zu Unrecht beispielsweise wegen Kindesmissbrauchs angeklagt werden. In manchen Fällen, mit denen sie zu tun hatte, wird das Problem noch durch skrupellose Fachleute verstärkt, die den Zeugen absichtlich falsche Erinnerungen einpflanzen – Elizabeth überzeugte mich davon, dass das insbesondere bei Kindern beunruhigend einfach ist. Niemand gab sich Mühe, mir im Zusammenhang mit Christophers Zwischenruf falsche Erinnerungen einzupflanzen. Das erledigte mein Gehirn ganz allein, indem es unbewusst zwei echte Erinnerungen vermischte.[46]

Dafür sollte ich mich entschuldigen, aber immerhin bin ich in guter Gesellschaft. Der Molekularbiologe und Nobelpreisträger François Jacob schrieb 1982 ein ausgezeichnetes Buch mit dem Titel *The Possible and the Actual*. Ich las die englische Fassung ungefähr zu der Zeit ihres Erscheinens und stieß dabei auf einen Absatz, der mir seltsam vertraut vorkam. Ich suchte den Grund und fand ihn auch. Jacob musste *Das egoistische Gen* gelesen haben, vielleicht in der französischen Überset-

---

[46] Während dieses Buch im Druck war, traf ich zufällig beim Mittagessen Professor A. C. Grayling, meinen Diskussionspartner. Wir kamen auf das Thema der falschen Erinnerungen zu sprechen, und ich erzählte ihm die Geschichte. Zu unser beider Verblüffung gestand er, auch er habe genau die gleiche falsche Erinnerung. Als ich ihm die wahre Geschichte erzählte, konnte er sie kaum glauben. Aber der Film ist eindeutig. Wir hatten uns beide die gleiche falsche Erinnerung ausgedacht. Wie oft geschieht so etwas wohl? Mir scheint, als würde es die Glaubwürdigkeit von Augenzeugenberichten noch stärker untergraben, als mir bis dahin klar war. Man stelle sich vor, es hätte sich bei dem Vorfall nicht um einen Zwischenruf in einer Diskussion, sondern um ein schweres Verbrechen gehandelt. Würde irgendeine Jury die identischen, unabhängig vorgetragenen Aussagen zweier Zeugen verwerfen, die beide Universitätsprofessoren sind, wenn irgendein Anwalt ihnen zu erklären versucht, dass beide am Syndrom der falschen Erinnerungen leiden?

***The Selfish Gene***
**by Richard Dawkins**
1st edition OUP 1976, p. 49

Another branch. now known as animals, "discovered" how to exploit the chemical labours of the plants, either by eating them or by eating other animals. Both main branches of survival machines evolved more and more ingenious tricks to increase their efficiency in their various ways of life, and new ways of life were continually being opened up. Sub-branches and sub-sub-branches evolved, each one excelling in a particular specialized way of making a living, in the sea, on the ground, in the air, underground, up trees, inside other living bodies. This sub-branching has given rise to the immense diversity of animals and plants which so impresses us today.

***The Possible and the Actual***
**by François Jacob**
1st edition, Pantheon Books, 1982, p. 20

Another branch called animals became able to use the biochemical capacity of the plants, either directly by eating them or indirectly by eating other animals that eat plants. Both branches found ever new ways of living under ever diversified environmental conditions. Subbranches appeared and sub-subbranches, each one becoming able to live in a particular environment, in the sea, on the land, in the air, in the polar regions, in hot springs, inside other organisms, etc. This progressive ramification over billions of years has generated the tremendous diversity and adaptation that baffle us in the living world of today.

zung; vielleicht hatte er ein fotografisches Gedächtnis, oder vielleicht kopierte er auch einen Absatz daraus, den er später wiederfand und dann fälschlich glaubte, er habe ihn selbst geschrieben. Die beiden Absätze habe ich oben wiedergegeben.

Ich kam keinen Augenblick auf die Idee, es könne sich um ein absichtliches Plagiat handeln. Warum sollte ein angesehener Nobelpreisträger so etwas nötig haben? Nach meiner Überzeugung ist es ein echter Fall von Gedächtnisversagen – oder vielleicht lag es auch an einer zu guten Erinnerung an den Text selbst und der fehlenden Erinnerung an seine Herkunft.

Aber zurück zu der Debatte in London. Sie fand in einer Einrichtung namens Intelligence Squared statt, und dort war es üblich, vor und nach der Diskussion eine Abstimmung zu veranstalten und damit festzustellen, ob die Redebeiträge bei irgendjemandem zu einem Umdenken geführt hatten. Die Tabelle zeigt, wie die Abstimmung im Fall unserer Debatte über das Thema »Ohne Religion wären wir besser dran« ausging. Ich weiß nicht genau, was ich mit der Tatsache anfangen soll, dass am Ende der Diskussion insgesamt 112 Stimmen mehr gezählt wurden als am Anfang; vermutlich ist der Zuwachs in Wirklichkeit noch größer, weil die »Ich weiß nicht« am Ende nicht gezählt wurden. Jedenfalls ist es zu begrüßen, dass unsere Seite sowohl in absoluten Zahlen als auch im Hinblick auf die Stimmenanteile gewonnen hatte.

| | Vorher | Hinterher |
|---|---|---|
| Ja | 826 | 1205 |
| Nein | 681 | 778 |
| Weiß nicht | 364 | nicht erfasst |
| Gesamt | 1871 | 1983 |
| Abstand Ja/Nein | 145 | 427 |

Nach der Diskussion saß ich beim Abendessen gegenüber von Roger Scruton, den ich noch nicht kannte. Er machte auf mich einen ruhigen, liebenswürdigen Eindruck. Bei uns war (neben anderen) auch Martin Amis, und es machte Spaß zuzusehen, wie Martin und Christopher sich in einen witzigen Scheindisput darüber verstrickten, wer von beiden der größere Fan von Lalla (die zwischen ihnen saß) in ihrer Rolle in *Doctor Who* war.

Ich war vermutlich der Letzte, der mit Christopher Hitchens ein formelles Interview führte. Man hatte mich als Gastredakteur für die Weihnachts-Doppelausgabe des *New Statesman* 2011 eingeladen, und unter den Artikeln, die ich in die Ausgabe aufnahm, war auch eine gekürzte Abschrift meines langen Interviews mit Christopher. Es hatte am 7. Oktober 2011 in Houston in Texas stattgefunden, wo er wegen seiner fortgeschrittenen Krebserkrankung behandelt wurde. Er und seine Frau bewohnten ein großes, schönes Haus, dessen Eigentümer im Ausland waren, und dorthin luden sie mich zusammen mit dem charismatischen Autor und Filmemacher Matthew Chapman ein (der übrigens zufällig ein Urenkel Darwins ist). Christopher zeigte sich am Tisch als großartiger Gastgeber – witzig, liebenswürdig und besorgt; und das, obwohl er schon zu krank zum Essen war.

Vor dem Abendessen saßen Christopher und ich an einem Gartentisch und unterhielten uns für den *New Statesman*. Ich hatte so viel Angst, irgendetwas nicht mitzubekommen, was er sagte, dass ich nicht weniger als drei Aufzeichnungsgeräte benutzte. Alle funktionierten, und meinen Bericht über das Interview kann man nachlesen (unter: https://richarddawkins.net/bcd/). Hier möchte ich nur einen kurzen Wortwechsel herausgreifen, denn er bedeutet mir viel und tröstet mich noch heute, wenn ich mich hin und wieder angeschlagen fühle:

*RD: Eine meiner Hauptanklagen gegen die Religion betrifft die Art, wie Kinder als »katholisches Kind« oder »muslimisches Kind« eti-*

*kettiert werden. In dieser Hinsicht bin ich ein bisschen unausstehlich geworden.*
*CH: Vor diesem Vorwurf darfst du nie Angst haben, ebenso wie vor dem, scharf zu sein.*
*RD: Ich werde daran denken.*
*CH: Wenn ich ätzend war, spielt das keine Rolle – ich war nur ein alter Klepper, ich habe meine Trommel geschlagen. Du hast ein Fachgebiet und bist darin sehr angesehen. Du hast eine Menge Leute ausgebildet; das leugnet niemand, nicht einmal deine schlimmsten Feinde. Du siehst, dass dein Fachgebiet angegriffen und diffamiert wird und dass man versucht, es mundtot zu machen. Schärfe ist das Mindeste, was du aufwenden musst ... Es ist eine Schande für deine Kollegen, dass sie nicht die Reihen schließen und sagen: »Hört zu, wir werden unsere Kollegen gegen diese widerwärtigen Vernebler verteidigen.«*

Die gleiche Aussage wiederholte er in seiner letzten Kolumne der Zeitschrift *Free Inquiry*, die postum erschien und den Titel »Zur Verteidigung von Richard Dawkins« trug.[47]

Einen Tag nach dem Interview für den *New Statesman* nahmen Christopher und ich an der Texas Freethought Convention teil. Dort sollte ich ihm bei dem Bankett am Abend den Richard Dawkins Award der Atheist Alliance of America verleihen. Dieser alljährlich verliehene Preis wurde mittlerweile zwölf Mal vergeben;[48] der erste Preisträger war 2003 James Randi, dann folgten Ann Druyan, Penn & Teller (als gemeinsame Preisträger), Julia Sweeney, Daniel Dennett, Ayaan Hirsi Ali, Bill Maher, Susan Jacoby, Christopher Hitchens, Eugenie Scott, Steven Pinker und zuletzt Rebecca Goldstein. Christopher war so krank, dass er beim Abendessen nichts zu sich nehmen konnte; er kam erst am Ende, zu stehenden Ovationen, die mich zu Tränen rührten. Dann hielt ich eine Ansprache, anschließend stieg Christopher zu weiteren stehenden Ovationen auf das Podium, und ich verlieh ihm den Preis. Seine Dankesrede war ein Kraftakt, der durch die schmerzliche Tatsache, dass seine großartige Stimme zusammen mit seinem Leben dahinschwand, noch gewaltiger wirkte. Er hielt sie aus

---

[47] http://www.secularhumanism.org/index.php/articles/3136.
[48] Vor 2011 wurde er von der Atheist Alliance International verliehen.

dem Stegreif, meine jedoch hatte ich niedergeschrieben; ich gebe hier in Erinnerung an ihn den ersten und letzten Absatz wieder:[49]

*Heute bin ich aufgerufen, einen Mann zu ehren, dessen Name in der Geschichte unserer Bewegung in einer Reihe mit Bertrand Russell, Robert Ingersoll, Thomas Paine und David Hume stehen wird. Er ist ein Autor und Redner von unerreichtem Stil, der über ein größeres Vokabular und ein größeres Spektrum literarischer und historischer Anspielungen verfügt als jeder andere, den ich kenne. Und ich wohne immerhin in Oxford, seiner Alma mater und auch meiner.*

*Er ist ein Leser, dessen breitgefächerte Lektüre so tiefgreifend und gleichzeitig umfassend ist, dass er das ein wenig muffige Wort »gelehrt« verdient – nur ist Christopher der am wenigsten muffige Gelehrte, der einem jemals begegnen wird.*

*Er ist ein Diskussionsteilnehmer, der ein unglückliches Opfer zur Schnecke macht, aber das tut er mit einer solchen Eleganz, dass sein Gegner entwaffnet ist, während er ihn gleichzeitig ausweidet. Er gehört ausdrücklich nicht zu der (nur allzu verbreiteten) Schule, die glaubt, der Gewinner in einer Diskussion sei derjenige, der am lautesten schreit. Seine Gegner mögen schreien und quieken. Das tun sie tatsächlich. Aber Hitch braucht nicht zu schreien …*

*Obwohl er kein Naturwissenschaftler ist und keine Ambitionen in dieser Richtung hat, versteht er die Bedeutung der Wissenschaft für den Fortschritt unserer Spezies und für die Aufklärung von Religion und Aberglauben: »Man muss es ganz klar sagen. Religion stammt aus der Phase der menschlichen Vorgeschichte, in der niemand – nicht einmal der mächtige Demokrit, der zu dem Schluss gelangte, dass alle Materie aus Atomen besteht – auch nur die geringste Ahnung hatte, was eigentlich los war. Sie stammt aus der grölenden, angstbesetzten Kindheit unserer Spezies und ist der babyhafte Versuch, unserem unausweichlichen Streben nach Wissen Genüge zu tun (und auch dem Streben nach Trost, Beruhigung und anderen infantilen Bedürfnissen). Heute weiß das am wenigs-*

---

[49] In voller Länge findet sich meine Ansprache hier: https://richarddawkins.net/bcd/; beide Reden und die nachfolgenden Fragen sind zu hören unter https://www.youtube.com/watch?v=8UmdzqLE6wM.

*ten gebildete unter meinen Kindern mehr über die Ordnung der Natur als irgendein Religionsstifter…«*
*Er hat uns inspiriert und Antrieb verliehen und ermutigt. Er hat dafür gesorgt, dass wir ihm fast täglich zujubeln. Er hat sogar ein neues Wort kreiert – den Hitchslap. Wir bewundern nicht nur seinen Intellekt, sondern wir bewundern auch seine Streitlust, seinen Geist, seine Weigerung, faule Kompromisse zu dulden, seine Geradlinigkeit, seine unzähmbare Energie, seine brutale Aufrichtigkeit.*
*Und genau so, wie er seiner Krankheit ins Auge blickt, so tritt er auch in dem Vorgehen gegen die Religion an. Überlassen wir es den Religiösen, in ihrer Angst vor dem Tod zu Füßen einer imaginären Gottheit zu heulen und zu wimmern; überlassen wir es ihnen, ihr Leben in der Verneinung seiner Realität zu führen. Hitch blickt ihm geradewegs ins Auge: Er leugnet ihn nicht, er gibt ihm nicht nach, sondern stellt sich ihm aufrichtig und mit einem Mut, der uns alle inspiriert.*
*Vor seiner Krankheit stand dieser tapfere Reiter als gebildeter Autor und Essayist, als Funken sprühender, verheerender Redner an der Spitze des Feldzuges gegen die Torheiten und Lügen der Religion. Seit seiner Krankheit hat er seinem und unserem Arsenal eine weitere Waffe hinzugefügt – vielleicht die am meisten beeindruckende und wirksamste von allen: Sein Charakter selbst ist zu einem herausragenden, unverkennbaren Zeichen für die Aufrichtigkeit und Würde des Atheismus geworden, aber auch für den Wert und die Würde des Menschen, wenn er nicht durch das infantile Geplapper der Religion erniedrigt wird.*
*Jeden Tag zeigt er, wie falsch die armseligste jeder christlichen Lügen ist: dass es in Schützengräben keine Atheisten gibt. Hitch sitzt im Schützengraben, und er tut es mit einem Mut, einer Ehrlichkeit und Würde, auf die jeder von uns stolz wäre und stolz sein dürfte, wenn er sie aufbringen könnte. Und dabei zeigt er sich so, dass er unsere Bewunderung, unseren Respekt und unsere Liebe mehr denn je verdient.*
*Ich wurde heute gebeten, Christopher Hitchens zu ehren. Ich muss wohl kaum betonen, dass er mir die weit größere Ehre erweist, indem er diesen Preis in meinem Namen annimmt. Meine Damen und Herren, Kameraden, ich erteile Christopher Hitchens das Wort.*

# 11
# Simonyi-Professor

In der Anfangszeit machte mir die Tutorentätigkeit Spaß, und ich glaube, ich war darin einigermaßen gut. Der leitende Tutor des New College betrieb zu meiner Zeit erfindungsreich statistische Forschung und gelangte so zu der Erkenntnis, dass Biologiestudenten des New College signifikant häufiger erstklassige Abschlüsse machten als die Biologiestudenten der Universität insgesamt. (Das Gleiche galt auch für die Mathematikstudenten des New College, für andere Fächer wurde es aber nicht eindeutig nachgewiesen.) Könnte mein Unterricht einen Anteil daran gehabt haben? Sicher kann ich nicht sein, aber kaum ein anderer Gedanke würde mir größere Freude bereiten.

In jener Anfangsphase hatte ich noch meine jugendliche Begeisterung, und es war mir wirklich wichtig, meinen Studierenden Verständnis zu vermitteln: nicht nur Wissen, sondern Verständnis. Ich habe Spaß daran, Dinge zu erklären, und die Erfahrung der Tutorentätigkeit verfeinerte vielleicht in der Kunst der Erklärung – gegenüber Studierenden mit mehr oder weniger großer Begabung – bestimmte Fähigkeiten, die mir später auch halfen, als ich meine Bücher schrieb. Als ich 50 war, hatte ich mehr als 600 Tutoren-Einzelstunden hinter mich gebracht, und ich kann nicht leugnen, dass ich mich ein wenig abgestumpft fühlte. Vermutlich machte ich es nicht mehr so gut, wie ich es hätte machen sollen, und vermutlich auch nicht mehr so gut wie früher. Ich gab mir größte Mühe, aber noch hatte ich 15 Jahre bis zum Rentenalter vor mir, und ich stellte mir zunehmend die Frage, ob die Biologie-Tutorien am New College von frischem Blut profitieren würden. Gleichzeitig hatte ich eindeutig das Gefühl, dass ich eine bessere Welt hinterlassen konnte, wenn ich den verbleibenden Teil meines Berufslebens der Aufgabe widmete, Dinge einem größeren Publikum außerhalb der Mauern von Oxford zu erklären. Wie konnte ich das bewerkstelligen? Ich dachte dabei in mehrere Richtungen.

Meine Bücher waren Bestseller. Ob ich als Dozent für Studierende in Oxford gut war oder nicht, in jedem Fall war ich als Vortragender auf der ganzen Welt gefragt. Ich hatte gewisse Erfahrungen mit Fernsehen und Journalismus. Von unterschiedlicher Seite wurde mir zugetragen, dass ich weltoffene, unternehmerisch tätige – nun ja, reiche – Leser hatte, von denen einige so begeistert waren, dass man sie als Fans bezeichnen konnte. Wie alle Hochschulen, so war auch Oxford stark mit der Einwerbung von Finanzmitteln beschäftigt, und die Universität hatte in New York als Zweigstelle ein Entwicklungsbüro eröffnet. Man machte mir den Vorschlag, die professionellen Mittelwerber aus Oxford und vielleicht insbesondere das amerikanische Büro sollten auf die Suche nach einem Mäzen gehen, der eine neue Professur für die Vermittlung von Wissenschaft in der Öffentlichkeit finanzierte, und ich sollte der Amtsinhaber sein. Mit Unterstützung von Sir Richard Southwood, der in Oxford Vizekanzler war und den ich kannte, weil er auch die Linacre-Professur für Zoologie innehatte, nahm ich an verschiedenen Planungssitzungen teil, bei denen die Idee mit Beamten des Oxforder Entwicklungsbüros erörtert wurde. Sie übergaben den Auftrag an die New Yorker Zweigstelle. Ich selbst vergaß die Angelegenheit vorübergehend und ging weiter meinen Pflichten nach.

Die Initiative lag jetzt bei Michael Cunningham vom Büro in New York. Ich erzählte ihm, dass ich auf der Farm meines Literaturagenten John Brockman in Connecticut Nathan Myhrvold kennengelernt hatte, der ebenfalls dort zu Gast war (über ein späteres Treffen mit ihm in Oxford berichtete ich auf Seite 268) und später technischer Leiter bei Microsoft geworden war. Michael setzte sich mit Nathan in Verbindung und organisierte für uns drei eine Sitzung in New York. Nathan nahm sich der Aufgabe an, einen Mäzen für den geplanten Lehrstuhl für die Vermittlung von Wissenschaft in der Öffentlichkeit zu finden, und reiste ab, um die Angelegenheit mit einigen Freunden bei Microsoft zu erörtern. Einer von ihnen war Charles Simonyi.

## Charles

Charles Simonyi ist ein ungarisch-amerikanischer Softwarepionier. Der brillante Softwarekonstrukteur hatte dem famosen Kreis angehört, der sich im Xerox Parc zusammengefunden hatte, wo der moderne Personalcomputer mit seiner »WIMP«-Schnittstelle konzipiert wurde. Er wurde schon 1981 bei Microsoft eingestellt und befürwortete dort sowohl die objektorientierte Programmierung, die man im Xerox Parc entwickelt hatte, als auch seine eigene »ungarische Notation« für Programmierer, deren Erfindungsreichtum mich fasziniert, obwohl ich sie selbst nie benutzt habe. Er war der oberste Architekt des ursprünglichen Microsoft-Office-Softwarepakets. Als einer der Ersten, die in Microsoft investiert hatten, wurde er durch das Wachstum seiner Firmenaktien über lange Zeit hinweg reich. Nathan konnte Michael berichten, Charles sei an der Idee aus Oxford interessiert und wolle mich kennenlernen, um darüber zu sprechen.

So kam es, dass Lalla und ich im Frühjahr 1995 nach Seattle flogen, wo Michael Cunningham, der aus New York kam, sich zu uns gesellte. Charles brachte uns in einem hübschen Hotel am Wasser unter, und wir bereiteten uns auf die Tortur des Abends vor: ein Abendessen in einem Restaurant in Seattle für ungefähr 50 Gäste von Charles – »Tortur« sage ich nur deshalb, weil es eindeutig mein »Vorsprechen für die Rolle« sein sollte (um Lallas Vergleich aus der Theaterwelt zu benutzen). Charles legte die Sitzordnung beim Abendessen sehr sorgfältig fest, einschließlich eines Platzwechsels nach dem halben Abend in eine ebenso wohlüberlegte zweite Kombination (das Gleiche macht man gelegentlich auch in den Colleges in Oxford, aber nur bei sehr formellen Gelegenheiten, bei denen es nach dem Abendessen ein Dessert gibt). Ich saß die ganze Zeit an demselben Platz, alle anderen Gäste mussten sich umsetzen. Während der ersten Hälfte hatte man mich neben Bill Gates gesetzt. Wie nicht anders zu erwarten, erwies er sich als hochintelligenter, interessanter Mensch – aber das Gleiche galt anscheinend auch für die meisten anderen Gäste. Beunruhigend deutlich wurde das, als Charles mich bat, zu sprechen und dann Fragen der Anwesenden zu beantworten. Ich habe schon Fragestunden vor akademischem Publikum auf der ganzen Welt absolviert, unter anderem in Cambridge, Oxford, Harvard, Yale, Princeton, Berkeley und Stanford, aber ich kann erklären, dass ich noch nie so »gegrillt« wurde wie von diesem vorwiegend jungen Publikum aus Seattle und dem Silicon Valley – von Angehörigen der digitalen Elite, Unternehmern, Wagniskapitalgebern, Computerpionieren und Biotechnologen. Irgendwie gelang es mir, alle ihre Fragen zu beantworten – selbst die eines Gastes, dessen Einwand fast an Querulantentum grenzte. Am Ende des Abends hatte ich das Gefühl, ich hätte mich einigermaßen gut geschlagen.

Den nächsten Tag sollten wir mit Charles verbringen, um uns besser kennenzulernen. Lalla und ich trafen uns mit ihm und seiner Freundin Angela Siddall, und Charles brachte uns mit dem Auto zu einem der Flugplätze von Seattle, wo wir in seinen Hubschrauber stiegen. Ein Berufspilot flog uns auf Charles' Anweisung hin nach Norden am Puget Sound entlang in Richtung Kanada (aber nicht bis in das Nachbarland hinein). Wir landeten zum Mittagessen auf einer Insel und hatten das seltene Vergnügen, durch das Restaurantfenster einen Weißkopfseeadler zu sehen. Auf dem Rückweg setzte sich die traumhafte Atmosphäre fort, als wir zwischen den Wolkenkratzern der Innenstadt von Seattle tänzelnd hin und her flogen. Vom Flugplatz brachte Charles uns wieder ins Hotel, wo er ein zehnminütiges vertrauliches Gespräch mit Michael Cunningham führte. Anschließend gingen Charles und Angela, und Michael eröffnete Lalla und mir, dass die Sache unter Dach und Fach war: Es würde die Charles Simonyi Professorship of Public Understanding of Science tatsächlich geben; nur einige Details seien noch mit Oxford zu klären.

Zu den Details gehörte, dass Charles zwar eine vollständige Professur finanziert hatte, ich aber anfangs in dem gleichen Rang eingestellt würde, den ich bereits hatte: als Dozent. Der Grund: In Oxford war es strikt verboten, dass mit Spenden die Beförderung zuvor benannter Personen erkauft wird (eine pingelige, aber sinnvolle Vorsichtsmaßnahme, damit reiche Onkel keine Bevorzugung erkaufen können – »simony« nannte Charles den Vorgang später in einem Wortspiel mit seinem eigenen Namen). Also wurde ich zunächst nicht befördert. Ich behielt die Stellung eines Dozenten (Reader) und nahm sogar eine geringfügige Gehaltssenkung in Kauf. Ein Jahr später wurde ich aufgrund meiner Verdienste zum Professor ernannt, wobei meine Qualifikation einer ebenso objektiven Prüfung unterzogen wurde wie bei jedem anderen. Eigentlich wurde ich also erst ein Jahr nach meiner ursprünglichen Ernennung zum Simonyi Reader schließlich zum Simonyi Professor befördert. Meine Nachfolger würden von Anfang an den Titel des Simonyi Professor tragen.

Nachfolger? Ja, denn Charles erklärte sich großzügig bereit, die Professur dauerhaft zu finanzieren. Mit anderen Worten: Er gab nicht nur so viel Geld, dass es bis zu meiner Pensionierung reichte (mehr vorzuschlagen, hatte der ursprüngliche Antrag nicht gewagt), sondern er spendete eine Kapitalsumme, die von der Universität Oxford angelegt wurde und von deren jährlichem Ertrag nicht nur mein Gehalt und meine Aufwendungen bezahlt wurden, sondern auch die einer Reihe von Nachfolgern bis in unbegrenzte Zukunft. Schon das war ungeheuer großzügig, aber Charles versah seine Zuwendung noch mit einer phantasievollen Vision, und das, so wage ich zu sagen, ist bei wichtigen Wohltätern sehr selten. Er ergänzte sein Geschenk mit einem von ihm verfassten Manifest, das sich als weitsichtig erwies. Die Quintessenz lautete: Mit Blick auf die ferne Zukunft wollte er ausdrücklich *nicht* genau festlegen, wie die Bedingungen seiner Spende in späteren Jahrhunderten zu interpretieren seien. Er vermied ausdrücklich juristischen Bürokratismus und sagte letztlich: »Zukünftige Jahrhunderte werden zwangsläufig anders sein, und wir können nicht voraussagen, wie. Ich vertraue euch, den zukünftigen Generationen in Oxford, dass ihr den *Geist* dessen, was ich mit der Vermittlung von Wissenschaft in der Öffentlichkeit beabsichtige, im Licht eurer eigenen Zeit interpretiert.«

Der vollständige Text von Dr. Simonyi zu seiner Treugeberschaft ist ein wohltuend unanwaltliches Sendschreiben für die Zukunft. Und wenn zukünftige Generationen in Oxford sein Vertrauen missbrauchen, möge mein Geist wiederkehren und sie heimsuchen. Oder, um den gleichen Gedanken unter eher praktischen Gesichtspunkten zu formulieren: Ich hoffe, dass der Abdruck seines Manifests in einem (so beabsichtige ich es zumindest) bleibenden Buch es jedem schwer machen wird, es zu missachten.

***Là, tout n'est qu'ordre et beauté***
***Luxe, calme et volupté (Baudelaire)***

*Da ich Informatiker bin, erscheint es nur angemessen, die derzeitige Beschreibung meiner Absichten zur Schaffung eines Lehrstuhls für die »Vermittlung von Wissenschaft in der Öffentlichkeit« an der Universität Oxford als »Programm« zu bezeichnen! Wie ein Computerprogramm, das den Prozessor auf einen unausweichlichen zukünftigen Weg schickt, sollte so nicht auch dieses Programm über Generationen hinweg für das Berufungskomitee des Lehrstuhls ein Leitfaden sein? Wie man sofort erkennt, ist die Metapher schwach. Da Verwaltungsangelegenheiten sind, wie sie sind, kann ich nur vergeblich hoffen, dass die ehrenwerten Mitglie-*

*der des Komitees sich meine Kommentare zu Herzen nehmen werden, bevor sie über eine neue Ernennung entscheiden. Ich bedaure aber keineswegs, dass Unsicherheit und Flexibilität in den Ernennungsprozess eingebaut sind, damit die Universität sich anpassen, weiterentwickeln und gedeihen kann.*

*Diese Flexibilität kann man für Experimente und zum Ausprobieren neuer Einrichtungen nutzen, im Laufe der Zeit kann sie aber auch zu einer immer stärkeren, schleichenden Veränderung oder Verschiebung in Richtungen führen, die man vielleicht nicht einmal bemerkt. Dieses Programm hat deshalb den Zweck, einen festen Orientierungspunkt im Meer der Möglichkeiten zu bieten. Es besagt: Dort standen wir 1995, dies war der Kern der Übereinkunft zwischen mir, der Universität und Prof. Richard Dawkins, dem ersten Inhaber des Lehrstuhls. Weicht von diesem Punkt ab, wenn ihr müsst, aber tut es bewusst. Kehrt dorthin zurück, wenn ihr könnt.*

*Es ist ein Lehrstuhl für die »Vermittlung von Wissenschaft in der Öffentlichkeit«, das heißt, von seinem Inhaber wird erwartet, dass er wichtige Beiträge dazu leistet, dass die Öffentlichkeit ein Wissenschaftsgebiet versteht, nicht aber dass er die Wahrnehmung dieses Gebiets in der Öffentlichkeit untersucht. Mit »Öffentlichkeit« meinen wir das größtmögliche Publikum, allerdings unter der Voraussetzung, dass Menschen, die über die Macht und die Fähigkeiten verfügen, Ideen zu verbreiten oder sich ihnen zu widersetzen (insbesondere Gelehrte aus anderen Natur- und Geisteswissenschaften, Ingenieure, Geschäftsleute, Journalisten, Politiker, Berufspraktiker und Künstler), dabei nicht zurückgelassen werden. Hier ist es nützlich, zwischen den Rollen von Gelehrten und Popularisatoren zu unterscheiden. Der Universitätslehrstuhl ist für ausgewiesene Wissenschaftler gedacht, die ihre eigenen Originalbeiträge zu ihrem Fachgebiet geleistet haben und in der Lage sind, das Thema erforderlichenfalls auf der höchsten Abstraktionsebene zu begreifen. Ein Popularisator dagegen konzentriert sich vor allem auf die Größe des Publikums und entfernt sich dabei häufig von der Welt der Wissenschaft. Popularisatoren schreiben bevorzugt über unmittelbare Sorgen oder sogar über Modeerscheinungen. In manchen Fällen verführen sie ein weniger gebildetes Publikum, indem sie eine herablassend ver-*

*einfachte oder übertriebene Sichtweise für den Stand der Dinge oder den wissenschaftlichen Prozess als solchen bieten. Dies erkennt man am besten im Rückblick, so wenn wir uns an die »Elektronengehirn«-Computerbücher vergangener Tage erinnern, aber ich vermute, dass man mit der Zeit erkennen wird, wie viele heutige Wissenschaftsbücher ebenfalls in diese Kategorie gehören. Der Popularisator mag also eine wertvolle Rolle spielen, es ist aber nicht diejenige, die von diesem Lehrstuhl getragen wird. Die Öffentlichkeit hat hohe Erwartungen an Gelehrte, und da ist es nur recht und billig, dass auch wir hohe Erwartungen an das Publikum haben.*

*»Verständnis« sollte man in diesem Fall nicht nur wörtlich, sondern auch poetisch begreifen. Das Ziel besteht darin, dass die Öffentlichkeit die Ordnung und Schönheit der abstrakten und natürlichen Welten zu schätzen weiß, die es, Schicht für Schicht verborgen, gibt. Dass sie die Erregung und Ehrfurcht teilt, die Wissenschaftler empfinden, wenn sie sich mit den größten Rätseln auseinandersetzen. Dass sie mit den Wissenschaftlern mitempfindet, die angesichts der Großartigkeit von alldem demütig werden. Diejenigen im Publikum, die zu einem ausreichenden Verständnis gelangen, so dass sich ihnen die Ordnung und Schönheit in der Wissenschaft erschließen, werden auch größere Einblicke in die Zusammenhänge zwischen der Wissenschaft und ihrem Alltagsleben gewinnen.*

*Und schließlich ist mit »Wissenschaft« hier nicht nur die Naturwissenschaft und Mathematik gemeint, sondern auch die Wissenschaftsgeschichte und Wissenschaftsphilosophie. Der Vorzug sollte aber Fachgebieten gegeben werden, die ihre Ergebnisse vorwiegend durch die Manipulation von Symbolen ausdrücken oder gewinnen, wie Teilchenphysik, Molekularbiologie, Kosmologie, Genetik, Informatik, Linguistik, Gehirnforschung und natürlich die Mathematik. Der Grund dafür ist nicht nur eine persönliche Voreingenommenheit. Symbolischer Ausdruck ermöglicht das höchste Maß von Abstraktion und damit die Nutzung leistungsfähiger Hilfsmittel von Mathematik und Datenverarbeitung, die ungeheuren Fortschritt gewährleisten. Gleichzeitig isoliert der Erfolg die Wissenschaftler häufig vom Laienpublikum und verhindert, dass die Ergebnisse mitgeteilt werden. Angesichts des zutiefst unentbehrli-*

*chen wechselseitigen Austauschs zwischen der Gesamtgesellschaft und der Welt der Wissenschaft ist das Fehlen eines effizienten Informationsflusses geradezu gefährlich.*

*Um die genannten Ziele zu erreichen, müssen die Lehrstuhlinhaber über ein pädagogisches Spektrum verfügen, das über das traditionelle universitäre Umfeld hinausgeht. Sie sollten in der Lage sein, mit unterschiedlichstem Publikum und über verschiedene Medien zu kommunizieren. Vor allem müssen sie sich mit größter Aufrichtigkeit an die Öffentlichkeit wenden. Natürlich werden sie mit politischen, religiösen und anderen gesellschaftlichen Kräften in Wechselbeziehung treten, aber sie dürfen unter keinen Umständen zulassen, dass diese Kräfte Einfluss auf die wissenschaftliche Gültigkeit ihrer Aussagen nehmen. Umgekehrt sollten sie auch aufrichtig sein, was die Grenzen wissenschaftlicher Kenntnisse zu dem jeweiligen Zeitpunkt betrifft, und über die Unsicherheiten, Frustrationen, wissenschaftlich rätselhaften Phänomene und auch die Fehlschläge in ihrem Fachgebiet informieren.*

*Wissenschaftliche Spekulationen können, wenn sie als solche gekennzeichnet sind und wenn ihr Platz in der wissenschaftlichen Methode der Öffentlichkeit deutlich gemacht wurde, sehr spannend sein. Sie sind ein wirksames Hilfsmittel der Kommunikation, und von ihnen soll keinesfalls abgeraten werden.*

*Uns ist klar, dass Personen mit einer solchen Kombination von Qualifikationen selten sind. Deshalb sollte die zuvor erwähnte Bevorzugung bestimmter Fachgebiete an zweiter Stelle hinter den Begabungen des Amtsinhabers als Pädagoge und Kommunikator stehen.*

*Die Amtsinhaber sollten die Möglichkeit haben, ihre wissenschaftliche Tätigkeit fortzusetzen. Dies lässt sich am besten erreichen, wenn sie ihre Stellung in dem Institut, das ihrem Fachgebiet am nächsten ist, gemeinsam mit dem Institut für Weiterbildung bekleiden. Die Amtsinhaber sollten zwar fest in Oxford angesiedelt sein, von der Universität aber jede denkbare Unterstützung für Reisen und Gastprofessuren bekommen. Dementsprechend sollten sie in Oxford nur begrenzte Verwaltungs- und Lehraufgaben haben und sich vorwiegend auf die Bildung von Nichtspezialisten konzentrieren. Man würde von ihnen erwarten, dass sie Bücher und Artikel in beliebigen Medien sowohl für ein Laien- als auch für ein Wissenschaftspublikum verfassen, im Rahmen der Univer-*

*sität oder auf andere Weise öffentliche Vorträge halten und allgemein daran mitwirken, dem »öffentlichen Verständnis der Wissenschaft« Ausdruck zu verleihen.*
*Immer besteht potentiell die Gefahr, dass eine wohltätige Gabe sich als kontraproduktiv erweist, wenn die frühere Position des ersten Amtsinhabers nicht ausgefüllt wird, nachdem er oder sie sie frei gemacht hat. Ich mache dieses Geschenk in der Annahme, dass Richard Dawkins' derzeitige Stelle am Institut für Zoologie routinemäßig wieder in ähnlicher fachlicher Ausrichtung besetzt wird, wenn er sie räumt.*
*Ich bin dankbar für den Beitrag von Prof. Dawkins, der mir einen Rahmen für das hier vorgestellte Programm geschaffen hat.*

*Charles Simonyi*
*Bellevue, 15. Mai 1995*

Natürlich müssen alle Mitglieder der Berufungskommissionen für zukünftige Simonyi-Professoren diesen Brief vollständig lesen, und jeder sollte ihn auf dem Konferenztisch vor sich haben. Ich möchte aber auf einige Punkte besonders aufmerksam machen. Charles trifft eine Unterscheidung zwischen Popularisatoren und Wissenschaftlern, die sich das Verdienst eigener wissenschaftlicher Beiträge erworben haben und ebenfalls Wissenschaft vermitteln. Das »Verständnis« für Wissenschaft interpretiert er »ein wenig poetisch«. Den Brief schrieb er drei Jahre bevor mein Buch *Der entzauberte Regenbogen* erschien, und ich stelle mir gern vor, dass er darin später einen Widerhall seines Wunsches erkannte. In meinem Vorwort zu dem Buch würdige ich ihn als Renaissancemenschen mit »einer phantasievollen Vision von Naturwissenschaft und ihrer Vermittlung«. Ich erkläre, wie wir über die Dinge gesprochen haben, seit wir Freunde wurden, und biete *Der entzauberte Regenbogen* als meinen schriftlichen Beitrag zu dem Gespräch »und mein Antrittsstatement als Simonyi-Professor« an.

In einer besonders aufschlussreichen Passage seines Manifests fordert Charles zukünftige Simonyi-Professoren auf, freimütig über die Begrenzungen der Wissenschaft zu sprechen und gleichzeitig nie zuzulassen, dass religiöse oder politische Kräfte Einfluss auf die wissenschaftliche Stichhaltigkeit ihrer Aussagen nehmen.

Schließlich noch ein eher auf kurze Sicht angelegter, aber wichtiger Punkt: Charles war klar, dass sein Geschenk nach hinten losgehen könnte, wenn ich einfach umschwenken würde und meine Dozentenposition in der Zoologie verlorenging. Ich strebte den Wechsel unter anderem auch an, damit an meiner Stelle frisches Blut und frische Begeisterung in die Oxforder Zoologie kamen, während ich meinen eigenen, erneuerten Enthusiasmus in die Außenwelt trug. Tatsächlich folgte eine ganze Reihe hervorragender jüngerer Zoologen: David Goldstein, Eddie Holmes, Oliver Pybus – die alle später auf prestigeträchtige Professorenstellen wechselten – und jetzt die großartige Ashleigh Griffin (die, so meine Hoffnung, uns lange erhalten bleiben wird, bevor ihr das Gleiche widerfährt).

## Simonyi-Vorlesungen

Als eine meiner ersten Maßnahmen als Simonyi-Professor rief ich in viel kleinerem Maßstab und mit meinem eigenen Geld aus den Buchtantiemen in Oxford eine alljährliche Charles-Simonyi-Vorlesung ins Leben. In Übereinstimmung mit Charles' Manifest waren alle Vortragenden, die ich einlud, angesehene Wissenschaftler, und alle hatten erfolgreich dazu beigetragen, das Verständnis für Wissenschaft in der Öffentlichkeit zu fördern. Zu meinem Stolz kann ich sagen, dass es eine recht hochkarätige Liste ist. Hier sind sie mit den Titeln ihrer Vorträge:

| | | |
|---|---|---|
| 1999 | Daniel Dennett | Die Evolution der Kultur |
| 2000 | Richard Gregory | Händeschütteln mit dem Universum |
| 2001 | Jared Diamond | Warum ist die Menschheitsgeschichte auf den verschiedenen Kontinenten so unterschiedlich abgelaufen? |
| 2002 | Steven Pinker | Das unbeschriebene Blatt |
| 2003 | Martin Rees | Das Rätsel unseres komplexen Kosmos |
| 2004 | Richard Leakey | Warum unsere Herkunft wichtig ist |
| 2005 | Carolyn Porco | Im Orbit! Cassini erkundet das Saturn-System |
| 2006 | Harry Kroto | Kann das Internet die Aufklärung retten? |
| 2007 | Paul Nurse | Die großen Ideen der Biologie |

Im Jahr 2008 schließlich, als ich in den Ruhestand ging, hielt ich die zehnte Simonyi-Vorlesung selbst; mein Abschieds-Schwanengesang trug den Titel »Der Zweck des Zwecks«.

Ein Höhepunkt im gleichen Jahr war übrigens das wunderbare Abschiedsessen, das der Vizekanzler John Hood für mich im Museum der Universität gab. Die Gästeliste war in jeder Hinsicht so hochkarätig wie die zu meinem 70. Geburtstag drei Jahre später.

Abgesehen von den beiden ersten, die im Zoologischen Institut stattfanden, wurden alle Simonyi-Vorlesungen in der angenehmen, eleganten Umgebung des Oxford Playhouse gehalten. Die aufgeklärten Manager des Theaters waren erpicht darauf, neben Dramen auch die Wissenschaft zu fördern. Wie ich bereits erwähnt habe, brachten sie das wichtige Schauspiel *Copenhagen* von Michael Frayn auf die Bühne, das von dem rätselhaften Besuch Werner Heisenbergs während des Krieges bei Niels Bohr handelt, und anschließend luden sie Physiker aus Oxford zu einer Fragestunde mit Michael Frayn ein. Michael erzählte Lalla und mir später, es sei für ihn eine ziemliche Herausforderung gewesen, aber nach meinem Eindruck bewältigte er sie sehr gut, und der gleichen Ansicht waren auch angesehene Physiker, mit denen ich mich unterhielt, darunter Sir Roger Penrose und Sir Roger Elliott.

Wenn ich noch einmal abschweifen darf: Dass das Zusammentreffen von Heisenberg und Bohr von historischer Bedeutung ist, liegt an dem rätselhaften Scheitern Deutschlands bei der Entwicklung einer Atombombe. Wenn jemand ein solches Projekt hätte leiten können, dann Heisenberg. Angenommen, er berechnete fälschlich, dass das Projekt nicht realistisch war – machte er den Fehler absichtlich? Das zu glauben wäre ein Tribut an sein Andenken, aber die Antwort lautet leider höchstwahrscheinlich nein; das erfuhr ich erstmals von Sir Rudolf Peierls, meinem älteren Kollegen am New College und Vorgänger von Roger Elliott als Wykeham-Professor für Physik. Peierls war einer der beiden britischen Physiker (die beide als Juden vor Hitler geflohen waren), die als Erste richtig berechneten, dass eine nukleare Superbombe tatsächlich möglich war, und die Alliierten deshalb warnten (das »Frisch-Peierls-Memorandum«). Als älterer Witwer lud Sir Rudolf Lalla und mich zu einem großen Abendessen in seine Wohnung in Oxford ein, bei dem er alle Gänge selbst zubereitet hatte. Als alle anderen Gäste gegangen waren, blieben wir noch, um beim Abwasch zu helfen; dabei erzählte er uns die Geschichte von Heisenbergs offensichtlich ehrlichem (heimlich aufgezeichnetem) Erstaunen, als er zum ersten Mal von Hiroshima erfuhr. Ebenfalls während des Abwaschs hörten wir fasziniert zu, mit welchem Scharfsinn Sir Rudolf schon vorher vermutet hatte, dass die Deutschen keine ernsthaften Anstrengungen in ein Atombombenprojekt gesteckt hatten. Als intimer Kenner der deutschen Physik nahm er die Vorlesungsverzeichnisse von Universitäten unter die Lupe und stellte dabei fest, dass Professor Soundso, Professor von Sowieso und Doktor Soundso immer noch Vorlesungen an ihren Universitäten hielten, während sie zur gleichen Zeit sicher zu einem Gegenstück des Manhattan-Projekts herangezogen worden wären, wenn es ein solches gegeben hätte. Ein wundervolles Stück Detektivarbeit! Und er war auch ein wundervoller Mann: Nach dem Krieg bemühte er sich wie Robert Oppenheimer darum, die Gefahren der schrecklichen Waffen zu verringern, zu deren Schaffung sie beigetragen hatten; er wurde zu einem bekannten Mitglied der Pugwash-Bewegung für den Weltfrieden. Ich nahm 1995 an seiner Beerdigung teil und war traurig, dass er keine Simonyi-Vorlesung mehr halten konnte, denn er hatte großes Interesse daran, Verständnis für die Wissenschaft in der Öffentlichkeit zu wecken, und schenkte mir ein signiertes Exemplar seines Buches *Die Naturgesetze*, in dem er Leuten wie mir die Physik erklärt.

Auf jede Simonyi-Vorlesung folgte ein Abendessen für ungefähr 16 Personen. Es fand in der Regel im New College statt, zweimal aber auch in der zeitlos schönen Wytham Abbey unmittelbar vor den Toren Oxfords; dies war deren freundlichen Eigentümern Michael und Martine Stewart zu verdanken, die auch den Tisch mit ihrer lebhaften Anwesenheit zierten. Zu mehreren Vorlesungen flog Charles ein, wobei er seinen Jet persönlich auf den winzigen Flugplatz von Oxford steuerte. Bei einem dieser Abendessen schenkte Charles mir eines meiner heute kostbarsten Besitztümer: ein Exemplar von *Die Entstehung der Arten* aus der allerersten Auflage von nur 1250 Exemplaren. Ich war überwältigt, als er aufstand und es mir mit einer liebenswürdigen Ansprache überreichte.

Ich schätze mich glücklich, dass ich alle »meine« neun Vortragenden der Simonyi-Vorlesungen kannte. Auf Dan Dennett wurde ich aufmerksam, als er und sein Kollege Douglas Hofstadter ein Kapitel aus *Das egoistische Gen* (das Kapitel über die Meme) in ihre zum Nachdenken anregende Anthologie *Einsicht ins Ich* aufnahmen. Die Anthologie enthält auch den Text von Dans »Wo bin ich?«, einen

Gewaltmarsch von einer Vorlesung, in der er so tut, als sei sein Gehirn (»Yorick«) in einem Gefäß an ein Lebenserhaltungssystem angeschlossen, kommuniziere über Funk mit seinem Körper und arbeite in völliger Übereinstimmung mit einer genauen Kopie (»Hubert«), die in einen Computer heruntergeladen wurde. Welches der beiden »Gehirne« seinen Körper steuerte, spielte keine Rolle. Er war von der Austauschbarkeit so überzeugt, dass er zum Höhepunkt der Vorlesung vom einen zum anderen wechselte – mit dramatisch übertriebenen Folgen, nach denen die stehenden Ovationen, die er für die Vorlesung erhielt, vollkommen gerechtfertigt waren.

Der Vortrag zum Thema »Wo bin ich?« gehört zu den philosophischen Werken – und überhaupt ist Dan (zusammen mit A. C. Grayling, Jonathan Glover und Rebecca Goldstein) einer der Philosophen, durch die ich (und, wie ich glaube, auch viele andere Naturwissenschaftler) »begreife«, wozu Philosophen gut sein können. Seine Gedanken haben sowohl eine begeisternde, spöttische Qualität als auch große Tiefe, und er gehört zu jener neuen Spezies von Wissenschaftsphilosophen, die über Wissenschaft Bescheid wissen und mit führenden Wissenschaftlern auf Augenhöhe über deren Fachgebiet sprechen können. Gleichzeitig ist er ein warmherziger, sympathischer Freund, und er gehört zu dem Typ Gesprächspartner, der »das Niveau steigert«, ganz gleich, mit wem er spricht. Wenn ich mich mit Dan unterhalte, kann ich fast spüren, wie mein Intelligenzquotient in Richtung des seinen ansteigt (ohne ihn aber jemals zu erreichen).

Diese »Niveausteigerung« ist eine seltsame Fähigkeit; sie ist selten, aber ich kenne sie auch von anderen (zum Beispiel von Steven Pinker, um einen weiteren Namen von meiner Liste der Simonyi-Vortragenden zu nennen), und für Erziehungswissenschaftler könnte es sich lohnen, sie genauer zu betrachten. Eine ähnliche Wirkung hatte auch der verstorbene Bernard Williams (ein weiterer angesehener Philosoph, der zusammen mit seiner liebenswürdigen Frau Patricia zu einem guten Freund wurde), aber bei ihm bestand der Effekt offenbar darin, dass sein Gesprächspartner witziger und amüsanter wurde. Das Gleiche gilt für die Literaturwissenschaftlerin und Biographin Hermione Lee, auch sie eine Kollegin vom New College; sie ist heute Präsidentin des Wolfson College in Oxford und nach wie vor eine gute Freundin, auch wenn ich sie heute nicht mehr oft sehe.

Wie ich im Abschnitt über »Meme« im nächsten Kapitel genauer darlegen werde, ist Dan Dennett einer von denen, die sich die Vorstellung von Memen zu eigen gemacht haben und damit arbeiten (eine andere ist die erfrischend intelligente Psychologin Susan Blackmore, Autorin des Buches *Die Macht der Meme oder die Evolution von Kultur und Geist*). Meme spielen in mehreren Büchern von Dan eine wichtige Rolle, so in *Darwins gefährliches Erbe, Philosophie des menschlichen Bewusstseins, Den Bann brechen* und anderen. Er ist ein Schöpfer wohlklingender Worte mit einem prallgefüllten Köcher[50] voller *Intuitionspumpen* (um den Titel eines weiteren Buches von ihm zu nennen, das selbst eine eigenständige Intuitionspumpe ist): Zu meinen besonderen Lieblingen gehören die »Kräne« und »Himmelshaken«. Außerdem lässt er gnadenlos die Luft aus Vernebelungsversuchen und angeblichen »Tiefigkeiten« (ein ausgezeichneter, von ihm geprägter Begriff, den man vorläufig definieren kann als »nahezu alles, was jemals von Deepak Chopra, Karen Armstrong oder Teilhard de Chardin gesagt wurde).

Einige Jahre nach Dans Simonyi-Vorlesung war ich mit John Brockman in New York, und John vertraute unserer Gruppe an, dass Dan plötzlich gefährlich erkrankt war. Die Prognose war düster, und wir, seine Freunde, hatten uns bereits auf den Trauerfall eingestellt, als die Nachrichten allmählich besser wurden. Dan wurde durch die heldenhafte amerikanische Medizin und eine Herzoperation nach dem neuesten Stand der Kunst gerettet. Während er sich im Krankenhaus erholte, schrieb er einen zutiefst bewegenden Artikel mit der Überschrift »Thank Goodness« [etwa »Der Güte sei Dank«]; der Gegensatz zu dem üblichen »Thank God« (»Gott sei Dank«) war wohl kalkuliert. Er dankte der Güte des Teams aus Chirurgen und anderen Ärzten, den Krankenschwestern, den Erfindern hochentwickelter wissenschaftlicher Instrumente, mit denen sie die Diagnose stellen und ihn behandeln konnten, ja sogar den Menschen, die seine blutigen Bettlaken gewaschen hatten. Mit sanftem Sarkasmus machte er sich über jene lustig, die ihm geschrieben hatten, sie würden für ihn beten: »Und habt ihr auch eine Ziege geopfert?« Man sollte den Aufsatz lesen: Er ist ein jubelnder, von Herzen kommender Dankesruf an diejenigen, die den Dank wirklich verdienten (und die wirklich existieren).[51]

---

50 Ich weiß, das ist eine zweideutige Metapher, aber mir gefällt sie einfach.
51 http://edge.org/conversation/thank-goodness.

Richard Gregory starb 2010; es war ein großer Verlust für unser gemeinsames Vorhaben, die Wertschätzung für die Wissenschaft in der Öffentlichkeit zu steigern. Er war Psychologe und hatte sich darauf spezialisiert, mit Hilfe optischer Täuschungen ein wenig Licht in die Funktionsweise des Geistes zu bringen, aber er verband seine Psychologie mit den Fähigkeiten und der Intuition eines erfindungsreichen Ingenieurs, und er verfügte auch über umfassende wissenschaftshistorische Kenntnisse. Er leistete Pionierarbeit für das Konzept des Wissenschaftsmuseums »zum Anfassen«, das durch sein Exploratory in Bristol und das Exploratorium in San Francisco allgemein bekannt wurde.

Richard selbst strahlte eine fröhliche, unbekümmerte Begeisterung aus. Wenn er eines seiner Lieblingsthemen aus der Wissenschaft erklärte, schien er fast auf der Stelle zu tanzen: Er gluckste vor Freude und platzte vor Aufregung wie ein großer Schuljunge, der an Weihnachten ein neues Spielzeug auspackt. Seine Wahl zum Fellow der Royal Society wusste er sehr zu schätzen, und als mir selbst viel später die gleiche Ehre zuteilwurde, war es ihm wichtig, mir in einem freundlich-begeisterten Brief zu schreiben: »›Drin‹ zu sein macht viel mehr Spaß als ›draußen‹ zu sein!«

Ich lernte Richard während meines Grundstudiums kennen, als er bei uns in Oxford einen Vortrag hielt. Als nachträglichen Gedanken zu seinen psychologischen Ausführungen erläuterte er als Antwort auf eine Frage seine verschroben-geniale Erfindung eines Anhängsels zu einem astronomischen Teleskop. Die Idee (die heute durch die computertechnische Entsprechung zu dem gleichen Trick überholt ist) bestand in einer faszinierenden Methode, Fotos auf zuvor bereits belichteten fotografischen Negativen festzuhalten, um damit das zufällige »Interferenzrauschen« aus den oberen Atmosphärenschichten zu eliminieren.

Das nächste Mal traf ich ihn, als er wiederum in Oxford war. Lalla und ich luden ihn zusammen mit Francis Crick und seiner Frau Odile (die das im Bildteil wiedergegebene Foto machte) zum Abendessen in unsere Wohnung ein. Für Lalla und mich war es eine besondere Ehre, diese beiden Geistesriesen an unserem Tisch zu haben und zuzuhören, wie sie sich gegenseitig die Bälle zuwarfen – es war gewissermaßen ein Vorläufer des »gegenseitigen Tutoriums«, wie ich es später nannte.

Ich habe bereits Sue Blackmore erwähnt und erinnere mich lebhaft an ihren mitfühlenden Nachruf auf Richard Gregory, in dem sie sein

Wesen wunderschön wiedergibt. Sie beschreibt, wie sie ihn 1978 in seinem Labor in Bristol kennenlernte, und erinnerte sich an

> *… eine stürmische Besichtigung eines frühen Flugsimulators aus Gips und Holzstücken, einer 3D-Zeichenmaschine mit metallenen Armen und Gelenken und einer rotierenden Schüssel aus Quecksilber, die er irgendwie für eine Art Spiegelteleskop verwenden wollte (man stelle sich vor, so etwas wäre heute erlaubt).*
> *»Macht das nicht Spaß?«, keuchte Gregory, während er von einer skurrilen, interessanten Frage zur nächsten wechselte…*
> *So exzentrisch, erfindungsreich, vielseitig, intelligent und faszinierend wie Gregory wird nie wieder jemand sein, aber ich hoffe, es wird noch viele weitere Wissenschaftler geben, die seine spielerische Neugier und seine Lust an der Wissenschaft besitzen – und deren Begeisterung auch unsere heutige Kultur der Fixierung auf Ziele, Bewertungen und Nützlichkeit überlebt.*

Der Titel seiner Simonyi-Vorlesung lautete »Händeschütteln mit dem Universum« und bezog sich natürlich auf seinen Ansatz »zum Anfassen«; entsprechend war die Vorlesung ein Fest von einer anschaulichen Vorführung.

Jared Diamond lernte ich 1987 in Los Angeles kennen. Ich war zwei Wochen dort und arbeitete intensiv als Gast in Alan Kays forschungsorientiertem Ableger des Computerkonzerns Apple; dort schrieb ich die farbige Version meines »Biomorph«-Programms aus dem *Blinden Uhrmacher* (siehe Seite 616). Die Arbeitsatmosphäre war ideal. Ich teilte ein Großraumbüro mit klugen jungen Programmierern und konnte sie jederzeit um Rat fragen, wenn es um die unergründlichen inneren Funktionen der Mac Toolbox ging. Noch besser war mein Wohnumfeld als Hausgast der entzückenden Gwen Roberts – Mathematiklehrerin und außergewöhnliche Puzzlespielerin –, für die ich zu der buntscheckigen, aber faszinierenden Population herumreisender Besucher gehörte. Sie war eine skurril-unterhaltsame Begleiterin, und wenn sie Autorin gewesen wäre, hätte sie eine sehr exotische Rühme *(pulverbatch)*[52] gehabt. Jeden Morgen fuhr ich mit dem Bus von Gwens Haus zum Büro, und meist aß ich mit den Computerfreaks

---

[52] Das kann man zusammen mit »Douglas Adams« googeln.

zu Mittag – es gab Sandwiches, die sie aus einem Imbiss in der Nähe hatten kommen lassen. An einem solchen Tag jedoch wurde ich zum Mittagessen von einem Professor der University of California in Los Angeles eingeladen, dessen Name in meinem Fachgebiet der Biologie sehr bekannt war, den ich aber noch nicht persönlich kennengelernt hatte: Jared Diamond.

Wir verabredeten, dass er mich vor dem Apple-Büro mit seinem Auto abholen sollte. Seine Bücher waren Bestseller, und als ich an der Ecke stand, hielt ich Ausschau nach einem Wagen, der dezenten Luxus ausstrahlte: groß, aber nicht auffällig. Keines Blickes würdigte ich dagegen den alten VW-Käfer, der auf der ewig langen, geraden Straße langsam und unstet auf mich zugekrochen kam – bis er schließlich quietschend anhielt. Drinnen saß der lächelnde Dr. Diamond. Ich stieg ein, wobei ich vorsichtig dem Dachhimmel auswich, der sich von der Decke des Autos gelöst hatte und lose herabhing. Ich wusste auch nicht, in was für ein Restaurant er mich bringen würde. Vielleicht hätte mir der charmante Volkswagen einen Hinweis geben können. Wir parkten den Käfer auf dem Gelände der University of California in Los Angeles und spazierten zu einem kühlen, grasbewachsenen Flussufer, das im sanften Schatten von Bäumen lag. Hier setzten wir uns ins Gras, und Jared brachte das Mittagessen zum Vorschein. Es war in ein großes Tuch eingewickelt: ein Stück Käse und ein wenig knuspriges Brot, das er mit seinem Schweizer Armeemesser zerschnitt. Hervorragend! Viel besser für ein interessantes Gespräch geeignet als ein lautes Restaurant, in dem der Kellner einen unterwürfig informiert: »Ich bin Jason und werde Sie heute bedienen«, um dann die Liste der Tagesgerichte abzuspulen und später das Gespräch mit der Frage »Schmeckt's?« zu stören. Jareds Brot und Käse schmeckten in dieser beschaulichen Umgebung wirklich gut.

In englischen Pubs werden Brot und Käse übrigens als »Ploughman's Lunch« [»Mittagessen des Pflügers«] bezeichnet. Der Name ist nicht alt, sondern wurde vermutlich von irgendeinem Marketing-Tausendsassa geprägt. Zum Gegenstand eines amüsanten Anachronismus wurde er in *The Archers*:[53] Dort beklagt sich ein alter Landarbeiter, der

---

[53] Für Leser außerhalb Großbritanniens: eine beliebte Hörspiel-Seifenoper im BBC-Radio, die vom Leben und den Streitigkeiten der bäuerlichen Bevölkerung in einem fiktiven Dorf auf dem Land erzählt.

Ploughman's Lunch, den er im Dorfgasthof bekommen habe, könne dem Plewman's Lunch seiner Jugend in der guten alten Zeit nicht das Wasser reichen.

Meine nächste Begegnung mit Jared fand 1990 statt. Jim Watson, der Direktor des Cold Spring Harbor Laboratory auf Long Island, hatte ihn und mich eingeladen, dort eine Tagung anlässlich der Hundertjahrfeier dieser angesehenen Institution zu organisieren. Die Tagung trug den Titel »Evolution: von den Molekülen zur Kultur«, am lebhaftesten erinnere ich mich aber an eine Gruppe ausgesprochen offenherziger Linguisten aus Russland. Die Initiative, sie einzuladen, war von Jared ausgegangen, und ich hatte mir törichterweise vorgestellt, Linguisten und Evolutionsbiologen müssten vieles gemeinsam haben. Sprache wandelt sich in historischen Zeiträumen, und dieser Vorgang hat eine starke, wenn auch nur oberflächliche Ähnlichkeit mit der Veränderung lebender Arten in den Zeiträumen der Erdgeschichte. Linguisten haben Methoden perfektioniert, mit denen sie alte, tote Sprachen wie das Proto-Indoeuropäische durch sorgfältige, vergleichende Analyse der Nachkommen rekonstruieren können – Methoden, die Evolutionsbiologen angenehm vertraut erscheinen, insbesondere jenen molekularbiologischen Systematikern, deren Forschungsgegenstände man in unserer heutigen Post-Watson-Crick-Zeit als molekulare Texte bezeichnen kann. Außerdem sind die ersten Regungen der Sprachfähigkeit bei unseren Homininenvorfahren für Biologen ein Gegenstand großer Neugier, obwohl manche Linguisten das Thema als verboten (weil unlösbar) behandelt haben. Berüchtigt war in dieser Hinsicht die linguistische Gesellschaft von Paris, die 1866 jede Diskussion über diese Frage mit der Begründung verbot, sie sei für alle Ewigkeit nicht zu beantworten.

Ein solches Verbot erscheint mir auf absurde Weise negativ. So schwierig es auch sein mag, den Ursprung der Sprache zu rekonstruieren, es muss ihn geben – oder auch mehrere. Es muss eine Übergangsperiode gegeben haben, in der sich die Sprache aus dem vorsprachlichen Zustand unserer Vorfahren entwickelte. Der Übergang war ein reales Phänomen: Er vollzog sich tatsächlich, ob es der Pariser Gesellschaft nun gefiel oder nicht, und es kann sicher nicht schaden, zumindest darüber zu spekulieren. Machten unsere Vorfahren einen Zustand durch, der dem der Schimpansen mit ihrer Zeichensprache ähnelte – mit einem großen Wortschatz, aber ohne die hierarchisch verschachtelte Syntax, die heute ausschließlich den Menschen vorbehalten ist? Entstand die Fähigkeit, hierarchisch verschachtelte grammatikalische Strukturen zu bilden, plötzlich bei einem einzigen Genie? Und wenn ja: Mit wem redete dieses Individuum? Könnte sie als Software-Hilfsmittel für innere, stimmlich nicht ausgedrückte Gedanken entstanden sein, die erst später in Form hörbarer Sprache nach außen getragen wurden? Sagen die Fossilien irgendetwas darüber aus, welches Lautspektrum unsere verschiedenen Vorfahren hervorbringen konnten? Auf alle diese Fragen muss es definitive Antworten geben, auch wenn sie in der Praxis außerhalb unserer Reichweite liegen. Ich werde im nächsten Kapitel darauf zurückkommen (siehe Seite 634).

Jared und ich führten einen angenehmen Briefwechsel und stellten die Einladungen für die Tagung zusammen. Man muss sagen, dass die Fachkenntnisse dabei zum größten Teil von ihm kamen. Als die Tagung schließlich stattfand, erlebte ich für meinen Teil eine gewisse Verblüffung. Ich war beeindruckt von dem Selbstbewusstsein der Linguisten, die behaupteten, sie hätten relativ junge Vorläufersprachen wie das Proto-Indoeuropäische (ca. 3500 v. Chr.) rekonstruiert. Ähnliche Rekonstruktionen anderer Ursprachen wie Proto-Uralisch und Proto-Altaisch konnte ich verdauen. In Erweiterung dieser Parallele nahm ich an, dass man die Proto-Sprachen ihrerseits wieder durch die gleiche Rekonstruktionsmühle drehen konnte, um so am Ende (oder eigentlich am Anfang) zur Ursprache aller Ursprachen zu gelangen, zur »Proto-Nostratischen«. Allerdings bekam ich mit, dass auch viele Linguisten der Ansicht waren, man würde die Sache damit zu weit treiben.

So weit, so faszinierend. Völligen Schiffbruch erlitt ich allerdings, als ich einen Vorschlag zu machen wagte, der mir auf der Hand zu liegen schien – einen Selbstläufer, wie man so sagt. In dem Versuch, als Evolutionsbiologe einen Beitrag zu leisten, wies ich auf einen nach meinem Eindruck offenkundigen Unterschied zwischen linguistischer und genetischer Evolution hin. Wenn eine biologische Art sich – vielleicht durch einen geographischen Zufall – in zwei Arten aufgespalten hat und die Auseinanderentwicklung so weit fortgeschritten ist, dass Kreuzungen nicht mehr möglich sind, bleibt der Zustand für alle Zeiten bestehen. Die beiden Genpools, die sich zuvor durch die sexuelle Fortpflanzung vermischt haben, verschmelzen nie mehr wieder, selbst dann nicht, wenn sie aufeinandertreffen.[54] Genau so ist die Trennung biologischer Arten definiert. Viele Sprachen dagegen, die sich weit auseinanderentwickelt hatten, trafen später wieder zusammen und bildeten prachtvoll reichhaltige Hybride. Demnach können Biologen zwar beispielsweise alle heutigen Säugetiere zuverlässig auf eine einzige Matriarchin zurückführen, die vor rund 180 Millionen Jahren lebte, man kann aber nicht alle indoeuropäischen Sprachen auf eine einzige, einzigartige Vorläufersprache zurückführen, die vor ungefähr dreieinhalbtausend Jahren von einem bestimmten Stamm irgendwo in Osteuropa gesprochen wurde.

Die russischen Linguisten waren fast rasend vor Empörung. Sprachen verschmelzen *nie*. Aber, aber, so stammelte ich, was ist denn mit dem Englischen? Unsinn, schossen sie zurück: Englisch ist eine rein germanische Sprache. »Welcher Anteil der englischen Wörter ist denn romanischen Ursprungs?«, fragte ich. »Ach, ungefähr 80 Prozent«, lautete ihre unverfrorene, fast verächtlich paradoxe Antwort. Darauf zog ich mich – niedergeschmettert, aber nicht zufrieden – in mein biologisches Schneckenhaus zurück.

Ich glaube, die Tagung war ein Erfolg. Jared und ich freuten uns darüber. Als er nach Oxford kam, um die Simonyi-Vorlesung zu halten, war er ein höchst kultivierter Gast. Im Gegensatz zu – oder nein, vielleicht auch in Übereinstimmung mit – seinem Brot-und-Käse-Mittagessen zeigte er seine Wertschätzung für die schönen Dinge des Lebens: Er brachte Lalla und mir einen guten Jahrgang Cabernet Sauvignon aus dem Napa Valley mit und schrieb sorgfältig auf die Flasche, man solle den Wein zwischen 2005 und 2017 trinken. Wir werden sie 2015 zur Feier der Veröffentlichung dieses Buches öffnen. Er ist nicht nur ein angesehener Physiologe, Ornithologe und Ökologe, sondern auch ein höchst gebildeter, polyglotter Mann mit umfassenden Kenntnissen über Anthropologie und Weltgeschichte. Wir profitierten sehr von seiner Simonyi-Vorlesung, die sich um sein Buch *Arm und Reich* drehte. Es ist ein Kraftakt, und man kann sich der Frage nicht erwehren, warum kein Historiker vor ihm darauf gekommen ist, ein solches Buch zu schreiben. Warum musste erst ein Naturwissenschaftler diese faszinierende historische These entwickeln? Noch nachdrücklicher

---

54 Es könnte extrem seltene Ausnahmen geben – aber sie sind so selten, dass wir uns hier nicht damit aufhalten müssen.

kann man die gleiche Frage vielleicht auch im Zusammenhang mit *Gewalt: Eine neue Geschichte der Menschheit* von Steven Pinker stellen, der die nächste Simonyi-Vorlesung hielt.

Ich hatte zwar Chomsky und ein oder zwei andere Bücher gelesen (als ich mir selbst beibrachte, ein Computerprogramm zu schreiben, das Grammatik erzeugt), ansonsten stammen meine linguistischen Kenntnisse aber überwiegend von Steven Pinker. Das Gleiche gilt für den größten Teil meiner Kenntnisse über Kognitionspsychologie. Und über die Geschichte der menschlichen Gewalt.

Steven Pinker und ich gehören (zusammen mit Jim Watson und Craig Venter) zu der Handvoll Wissenschaftlern, deren Genome vollständig sequenziert wurde. Stevens Gene legen die Vermutung nahe, dass er über eine hohe Intelligenz verfügt (was keine Überraschung ist), aber amüsanterweise (ein Foto von ihm findet sich im Bildteil) sollte er eigentlich kahlköpfig sein. Daraus kann man etwas Wichtiges lernen: Die bekannten Wirkungen von Genen sorgen in vielen Fällen nur für eine geringfügig veränderte Wahrscheinlichkeit, dass etwas Bestimmtes eintritt. Von offenkundigen Ausnahmen wie der Huntington-Krankheit abgesehen, legen sie es nicht mit hoher Wahrscheinlichkeit fest, sondern sie treten in Wechselbeziehung mit vielen anderen Faktoren, darunter auch eine große Zahl weiterer Gene. Sich daran zu erinnern ist insbesondere wichtig, wenn man es mit Genen »für« bestimmte Krankheiten zu tun hat. Manchmal haben die Menschen Angst, sich ihr Genom anzusehen, weil sie fürchten, es werde ihnen genau sagen, wann und wie sie sterben werden – eine Art Todesurteil. Wäre diese Befürchtung realistisch, müssten eineiige Zwillinge gleichzeitig sterben!

Wie viele Psychologen, so steht auch Steven in dem Ruf, ein wenig zu dem Flügel derer zu neigen, die von angeborenen Eigenschaften ausgehen, aber das bedeutet eigentlich nur, dass er kein Anhänger der extremen Lehre von Umwelteinflüssen ist, die im 20. Jahrhundert manche Schulen der wissenschaftlichen Psychologie und Sozialwissenschaft kennzeichnete. Dies erkennt man an seinem Buch *Das unbeschriebene Blatt*, dessen Titel auch seine Simonyi-Vorlesung 2002 trug. Er ist ein führender Kopf der wachsenden, aber immer noch ein wenig abseits stehenden Schule der Evolutionspsychologen. Mit seiner Haltung hat er sich seltsamerweise bei manchen Psychologen und Philosophen unbeliebt gemacht, unter anderem – noch seltsamer – bei dem verstorbenen Bernard Williams, der in anderer Hinsicht äußerst vernünftig war.

Wie ich im vorangegangenen Kapitel erwähnt habe, ehrte mich die Atheist Alliance International 2003, indem sie den Richard Dawkins Award auslobte; der Preis wird jedes Jahr einer Person verliehen, die das Bewusstsein der Öffentlichkeit für den Atheismus gestärkt hat. 2011 sind aus der AAI zwei Tochtergesellschaften hervorgegangen, und seither wird der Preis von der Atheist Alliance of America verliehen. Der Preisträger wird von einer Kommission ausgewählt, an der ich nicht beteiligt bin, aber in der Regel bemühe ich mich, den Preis während der Jahreskonferenz der Alliance persönlich zu überreichen. In Jahren, in denen ich die Reise nicht antreten konnte, habe ich eine Videobotschaft übermittelt. Der vollständige Text meiner Ansprache für Steven Pinker, den Preisträger des Jahres 2013, findet sich unter: https://richarddawkins.net/bcd/; hier möchte ich mich darauf beschränken, den ersten und letzten Abschnitt wiederzugeben:

*Zeitungen und Zeitschriften veröffentlichen häufig Ranglisten bekannter Intellektueller aus der ganzen Welt. Fast immer steht Steven Pinker auf solchen Listen in der Spitzengruppe, und das zu Recht. Auf meiner weltweiten Liste wäre er vermutlich die Nummer eins. Und ich freue mich wirklich, dass ihm dieser Preis in meinem Namen verliehen wird.*

*Mit seinen hervorragend verständlichen Werken führt er Leser, die nicht vom Fach sind, in sein Spezialgebiet ein. Er ist nicht der Einzige, der so etwas tut, aber er tut es überragend gut. Wirklich bemerkenswert ist, dass er dabei verschiedene Themengebiete behandelt, und im Gegensatz zu einem Wissenschaftsjournalisten ist er auf allen Gebieten, über die er schreibt, ein Experte von Weltrang. Seine Kenntnisse reichen so weit, wie sein Schreibstil fesselnd ist.*

Ich gab einen kurzen Überblick über seine verschiedenen Bücher, dann schloss ich:

*Nachdem er so viel geleistet hat, könnte man damit rechnen, dass er sich auf seinen ansehnlichen Lorbeeren ausruht. Und wenn ich darüber nachdenke, würde ein Lorbeerkranz auf seiner berühmten*

*Frisur recht vorteilhaft aussehen. Aber sich auf seinen Lorbeeren auszuruhen war genau das, was Steven nicht getan hat. Er verfasste ein Werk, das man nur als* ***Magnum opus*** *bezeichnen kann, und dazu betrat er ein vollkommen neues Fachgebiet, nämlich die Geschichtsforschung.* ***Gewalt: Eine neue Geschichte der Menschheit*** *ist ein maßgebliches Werk über Geschichte, und doch ist es unverkennbar das Werk eines Naturwissenschaftlers. Und zwar eines Naturwissenschaftlers auf dem Höhepunkt seines Könnens.*

***Gewalt: Eine neue Geschichte der Menschheit*** *ist nicht nur wissenschaftlich eine* ***Tour de force****. Es ist auch ein Dokument der Hoffnung und des Optimismus. Hoffnung und Optimismus sind heute dringend notwendig, und schon diese Tatsache sollte uns misstrauisch gegenüber jedem machen, der sich dazu aufschwingt, sie anzubieten. Aber unser Misstrauen zerschlägt sich durch das schiere Gewicht der wissenschaftlichen Befunde und wird zu Anerkennung. Und wenn »Gewicht der wissenschaftlichen Befunde« vermuten lässt, das Buch sei schwer lesbar, so ist genau das falsch. Es liest sich locker und einfach. Ein guter Begleiter, scharfsinnig und amüsant wie sein Autor.*

*Ich fühle mich demütig und geehrt, dass die Atheist Alliance einen so glänzenden Wissenschaftler und meinen persönlichen Helden für den Preis ausgewählt hat, der meinen Namen trägt.*

Wenn es um britische Wissenschaft geht, ist vor allem Martin Rees der Mensch, der die Welt bewegt: Königlicher Astronom, Präsident der Royal Society, Vorsteher des größten, reichsten und, wie man behaupten kann, angesehensten (am angesehensten mit Sicherheit in der Wissenschaft) aller Colleges in Cambridge und Oxford, zum Ritter geschlagen, in den Adelsstand erhoben. Und … Templeton-Preisträger: Aha, da liegt der Hase im Pfeffer, denn welche Verfälschung wahrer Wissenschaft kann aus dem Traum von einer »spirituellen Dimension« erwachsen?

In seiner Anfangszeit wurde der Templeton-Preis, der nach dem Willen seines naiv-wohlwollenden Stifters den Nobelpreis an finanziellem (wenn auch natürlich keinem anderen) Wert übertreffen sollte, an eindeutig religiöse Gestalten wie Mutter Teresa und Billy Graham verliehen. Ein wenig später wanderte der schwarze Fleck zu Wissenschaftlern ohne großes Ansehen, die nebenbei offen ihre Frömmigkeit zeigten. In noch jüngerer Zeit trat eine genaue Umkehr ein: Jetzt handelte es sich bei den Preisträgern um Wissenschaftler von großem Ansehen, die eigentlich nicht religiös waren, aber nur allzu bereitwillig von einer »spirituellen« Tiefigkeit sprachen und damit ein wenig vom Goldstaub echter Wissenschaft auf die Religion streuten. Musterbeispiele sind Freeman Dyson und Martin Rees. Wie sieht der nächste faustische Schritt aus: berüchtigte Atheisten, die bereit sind, eine Bekehrung auf der Straße nach Damaskus zu inszenieren? Einer der ersten Kandidaten wäre Dan Dennett, der Urheber der hervorragenden Wortschöpfung »Tiefigkeit«; oder, wie er selbst einmal zu mir sagte: »Richard, wenn du mal eine Durststrecke hast…«

Je größer man als Wissenschaftler ist, desto größer ist auch die Gefahr, dass man von Templeton ausgenutzt wird. Martin Rees ist nicht nur ein wahrhaft großer Wissenschaftler, sondern auch ein guter, außergewöhnlich netter Mann, und ich möchte mich ausdrücklich entschuldigen, wenn es so aussah, als seien meine negativen Äußerungen über Templeton hier oder in der Vergangenheit gegen ihn persönlich gerichtet gewesen. Ich habe die größte Hochachtung vor ihm und erkenne genau, warum Templeton einen so klugen Star heranzieht und damit sein schäbiges Image aufpoliert.

Martin Rees ist nicht nur ein großer Wissenschaftler, sondern er kann seine Wissenschaft auch gut vermitteln – keine einfache Aufgabe, wenn es um Kosmologie geht. Kosmologen müssen tatsächlich mit einigen der tiefschürfendsten Fragen zurechtkommen, vor denen ein Wissenschaftler überhaupt stehen kann, und Martin gelingt es, sie zu erklären, ohne das Niveau übermäßig zu senken; er fesselt, ohne Ausverkauf an einen anbiedernden Populismus zu betreiben. Seine Simonyi-Vorlesung war ein Musterbeispiel dafür, wie man die tiefen Fragen des Daseins einfach, aber nicht übermäßig vereinfacht behandeln kann. Sein Titel »Das Rätsel unseres komplexen Kosmos« lieferte ihm den Anlass, deutlich zu machen, was er mit Komplexität meinte; er erläuterte es an einem liebenswürdigen Bild: Sterne sind riesengroß, aber »ein Stern ist viel einfacher als ein Schmetterling«. Er vertrat unverbrüchlich den Anspruch der Wissenschaft, im Gegensatz zur Metaphysik spekulative Fragen zu stellen, beispielsweise nach der Wahrscheinlichkeit, dass man lebensfreundliche Planeten im Universum finden wird, oder auch lebensfreundliche Universen in einem Multiversum aus Milliarden Universen (ein Gedanke, den er in seinem Buch *Just Six Numbers* wunderschön dargelegt hat). Um aus seinem Vortrag zu zitieren: »Das hier ist keine Metaphysik, sondern Wissenschaft, allerdings spekulative Wissenschaft.«

Richard Leakey lernte ich kennen, als er mir einen etwas ungewöhnlichen Brief schrieb. Er verfolgte karitative Interessen an einem Londoner College, bei dem er als Treuhänder tätig war, und versuchte einen reichen Amerikaner davon zu überzeugen, eine größere Spende zu tätigen. Der Mäzen in spe hatte meine Bücher gelesen und seinen Wunsch bekundet, mich kennenzulernen. In dem Brief fragte Richard an, ob ich mit ihnen beiden in einem Restaurant in Oxford zu Mittag essen würde. Ich sagte vor allem deshalb zu, weil ich Richard Leakey kennenlernen wollte. Beide Männer waren auf ihre je eigene Weise Giganten. Unser Gastgeber erwies sich als umfassend gebildeter, anregender Gesprächspartner mit starkem, zielstrebigem Willen. Er gab sich große Mühe, seinem Lieblingsspitznamen eines »Philosophenkönigs« gerecht zu werden. Nachdem wir das Essen bestellt hatten, reichte er Richard die Weinkarte und forderte ihn arglos auf, den Wein auszusuchen. Huschte ein boshaftes Lächeln über Richards Gesicht, als er die Karte musterte, einige leise Worte mit dem Sommelier wechselte und sie dann zurückgab? Wenn das der Fall war, fiel es mir nicht auf. Es war eine gesellige Mahlzeit, und der Wein war hervorragend. Tatsächlich gab es auch allen Grund dazu – und daran hängt die Geschichte. Ich wusste aber nichts davon, bis der Kellner dem Philosophenkönig die Rechnung überreichte. Sein Gesicht wurde weiß, und der Unterkiefer fiel herunter, aber er bezahlte, ohne ein Wort zu sagen. In diesem Augenblick wusste ich noch nicht, wo das Problem lag, aber Richard erzählte es mir hinterher mit größter Fröhlichkeit. Er hatte dem Weinkellner die Anweisung zugeflüstert, eine Flasche zu holen, die mehr als 200 Pfund kostete. Nicht die beste Methode, so könnte man meinen, um sich bei einem Mann beliebt zu machen, von dem man sich eine größere wohltätige Gabe erhofft. Ich glaube, das richtige Wort dafür ist Chuzpe, und das ist, wie ich später noch erfahren sollte, Richard, wie er leibt und lebt. Nach allem, was ich weiß, kam er sogar damit durch.

Das nächste Mal traf ich ihn wiederum beim Mittagessen: Dieses Mal wurde die Vorstellung der Buchreihe »Science Masters« gefeiert, die John Brockman und Anthony Cheetham ins Leben gerufen hatten (siehe Seite 404); sowohl Richard als auch ich hatten dafür kleine Bücher geschrieben: Meines war *Und es entsprang ein Fluss in Eden*, seines das hervorragende *Die ersten Spuren*. Lalla saß beim Essen neben ihm, und die beiden verstanden sich so gut, dass er sie (und nebenbei auch mich) einlud, Weihnachten mit seiner Familie in Kenia in ihrem Haus an der Küste des Indischen Ozeans zu verbringen. Wir flogen hin, und die Begegnung erinnerte uns wieder einmal an seine dunkelhumorvolle Unbezähmbarkeit. Nach dem Weihnachtsbesuch schrieb ich über ihn in der *Sunday Times* (abgedruckt in *A Devil's Chaplain* im Abschnitt mit der Überschrift »All Africa and her prodigies«):

> *Richard Leakey ist das Abbild eines starken Helden, und er wird tatsächlich dem Klischee, »ein großer Mann in jedem Sinn des Wortes« zu sein, gerecht. Wie andere große Männer wird er von vielen geliebt, von manchen gefürchtet, und er gibt nicht übermäßig viel auf das Urteil von irgendjemandem. Bei einem Flugzeugabsturz, der beinahe tödlich verlaufen wäre, verlor er 1994, am Ende seines höchst erfolgreichen, jahrelangen Kreuzzuges gegen Wilderer, beide Beine. Als Leiter der kenianischen Naturschutzbehörde verwandelte er die zuvor demoralisierten Wildhüter in eine erstklassige Kampftruppe mit modernen Waffen, die denen der Wilderer ebenbürtig waren, und – noch wichtiger – mit einem Korpsgeist und dem Willen zurückzuschlagen. Im Jahr 1989 überredete er den Präsidenten Moi, einen Scheiterhaufen mit mehr als 2000 beschlagnahmten Stoßzähnen in Brand zu setzen, ein einzigartiges, Leakey'sches Meisterstück in Öffentlichkeitsarbeit, das viel dazu beitrug, den Elfenbeinhandel zu zerstören und die Elefanten zu retten. Aber sein internationales Ansehen, das ihm half, Mittel für seine Behörde einzuwerben, weckte auch Neid – andere Beamte strebten ebenfalls nach dem Geld. Und was man ihm am schwersten verzeihen konnte: Er bewies allen, dass es möglich war, eine große Behörde in Kenia effizient und ohne Korruption zu leiten. Leakey musste gehen, und er ging. Zufällig trat bei seinem Flugzeug zeitgleich ein unerklärlicher Motorschaden auf, und heute bewegt er sich auf zwei künstlichen Beinen fort (und ein zusätzliches Paar mit Flossen wurde speziell zum Schwimmen angefertigt). Er steuert wieder sein Segelboot mit seiner Frau und seinen Töchtern als Besatzung und verlor keine Zeit, seine Pilotenlizenz wiederzuerlangen; sein Geist wird sich nicht brechen lassen.*

Hätte das Wort »zufällig« in Anführungszeichen stehen müssen? Das werden wir vermutlich niemals wissen, aber es ist seltsam, dass der beinahe tödliche Motorschaden kurz nach dem Start eintrat, nachdem sein Flugzeug gerade gewartet worden war.

Über seine Beine erzählte Richard eine liebenswürdige, aber auch etwas makabre Geschichte. Nachdem man sie in Cambridge amputiert hatte, wollte er sie aus sentimentalen Gründen in seinem geliebten Kenia beisetzen. Dazu musste er eine Transportgenehmigung haben, und die Bürokratie bestand darauf, diese nur zu erteilen, wenn er eine Sterbeurkunde vorlegen könne. Vernünftigerweise argumentierte er, er sei noch nicht tot; am Ende sahen die *Dundridges* die Berechtigung dieses Einwandes ein und stimmten zu. Sie verlangten aber, dass er die Beine im Handgepäck mitnehmen musste. Beine dürfen nicht als Gepäck aufgegeben werden. Fröhlich schilderte Richard, wie der zuvor gelangweilte Beamte vor dem Röntgenbildschirm zweimal hinsah, als die Tasche mit den Beinen durch das Gerät lief, und was für ein Gesicht er machte, als er hektisch seine Kollegen hinzurief, damit diese auch einmal einen Blick auf den Bildschirm warfen.

Richard war für die Simonyi-Vorlesungen eine naheliegende Wahl, und er gab eine himmlische Vorstellung. Wie üblich sprach er frei und ohne Notizen. Sein in Hitchens-Manier gehaltener, flüssiger Vortrag war umso eindrucksvoller, weil er unmittelbar von einem üppigen Mittagessen in den Hörsaal gekommen war – es hatte in demselben Restaurant stattgefunden wie das mit dem Philosophenkönig (und war, soweit ich weiß, von ebenso gutem Wein begleitet); sein Tischgenosse war ein weiterer potentieller Wohltäter gewesen, dieses Mal aus Holland.

Carolyn Porco lernte ich 1998 in Los Angeles kennen. Die Alfred P. Sloan Foundation hatte uns beide zu einer Konferenz von Wissenschaftlern und Filmemachern eingeladen, mit der Hollywood dazu gebracht werden sollte, die Wissenschaft in freundlicherem Licht zu zeigen. Man erinnerte uns daran, dass fiktive Wissenschaftler von Dr. Frankenstein bis Dr. Seltsam typischerweise als herzlose Exzentriker, Pedanten, Psychopathen oder Schlimmeres dargestellt wurden. Marie Curie wurde in einem 1943 erschienenen Film so gezeichnet, als sei sie gegenüber dem Tod ihres Mannes gleichgültig gewesen, obwohl es in Wirklichkeit anders war; ein Tagungsteilnehmer sagte: »Wir wissen aus einem Brief, was sie tat, als der Leichnam ihres Mannes gebracht wurde: Sie warf sich darüber, küsste ihn und weinte.« Unter den Filmregisseuren bei der Tagung in Hollywood war ein äußerst unangenehmer Querulant, der offensichtlich wild entschlossen war, die ganze Tagung und alles, wofür sie stand, zu ruinieren. Das war ein Unglück, denn er war als bekannter Name in der Welt des Fernsehens mächtig und einflussreich. Irgendwann verlor Jim Watson die Geduld und erteilte ihm eine herrliche Watson'sche Abfuhr: »Ist das Ihr Ernst? Sie hören sich an, als wären Sie der Abteilung für Englisch in Yale entsprungen.« Ebenso beeindruckte mich aber auch die unbekümmerte Abscheu der intelligenten, wortgewandten, mutigen, schönen Astronomin, die auf dem Podium neben ihm saß: Carolyn Porco. Einmal flüsterte sie ihm leise etwas zu, was ihn veranlasste, laut ins Publikum zu bellen: »Aha, jetzt nennt sie mich also Arschloch.«

Es war viel davon die Rede, eine Wissenschafts-Seifenoper zu starten, in der sympathisch dargestellte Wissenschaftler den Interessen der Menschen dienen. Für die Heldin eines solchen Dramas wäre Carolyn ein ideales Vorbild gewesen. Nach einem von zwei Gerüchten war Carolyn sogar das Vorbild für Ellie gewesen, die Heldin in dem Science-Fiction-Roman *Contact* von Carl Sagan. (Die andere Kandidatin war Jill Tarter, die bewundernswerte Direktorin des SETI-Projekts für die Suche nach extraterrestrischer Intelligenz.) Mein Beitrag zu der Diskussion war die ein wenig ketzerische Vermutung, Wissenschaft sei für sich betrachtet so interessant, dass man auf die Darstellung menschlicher Interessen, die in einer Seifenoper vorkommen, verzichten könne. In dem Bericht der *New York Times* über die Tagung wurde ich mit der Frage zitiert, warum in *Jurassic Park* überhaupt Menschen vorkommen müssten, wo doch die Dinosaurier da waren. Ich habe mir den Film vor kurzem noch einmal angesehen und war sogar auf dem kleinen Bildschirm im Flugzeug von den Dinosauriern erneut sehr begeistert. Aber ich hatte vergessen, wie wissenschaftsfeindlich die Aussage über die »menschlichen Interessen« in Wirklichkeit ist. Die Wissenschaftlercharaktere, die am Ende so negativ wirken, haben rein gar nichts mit dem wirklichen Leben zu tun. So entsetzlich ihre Erlebnisse auch waren – unter anderem hatten sie zugesehen, wie ein Anwalt von einem Tyrannosaurus im Ganzen gefressen wurde: Wie könnte man als Wissenschaftler nicht schon von der Idee gefesselt sein, intakte Dinosaurier-DNA aus der letzten Blutmahlzeit einer Mücke zu gewinnen, die in Bernstein eingeschlossen wurde? Die lächerlich hineingezwängte »Chaostheorie« war wahrscheinlich ein Zugeständnis an die Tagesmode der Populärwissenschaft zu der Zeit, als der Film entstand. Eine Mode, die sich heute populärwissenschaftlicher Begeisterung erfreut, ist die »Epigenetik« (und nein, es gibt durchaus einige Insiderwitze, die aber besser unerwähnt bleiben).

Nach der Podiumsdiskussion sorgte ich mit recht unverschämten Methoden dafür, dass ich in dem Bus, mit dem wir eine Rundfahrt durch Hollywood machten, wobei wir auch eines der großen Studios besichtigten, neben Carolyn zu sitzen kam. In dieser legendären Stadt der Stars und Sternchen war ich vom Sternenglanz einer charismatischen Wissenschaftlerin geblendet – was vermutlich den Zweck der Tagung gut zusammenfasst. Wenn ich heute darüber nachdenke, fällt mir der Roman *Das Flugverhalten der Schmetterlinge* ein, der dem gleichen Ansinnen dient: eine wunderschöne Geschichte über Wissenschaftler als sympathische Menschen, ihre Arbeit und ihr Denken zu erzählen. Hollywood, aufgepasst! Das Buch würde einen hübschen Film abgeben.

Carolyn besuchte uns in Oxford (siehe Bildteil), und seitdem sind Lalla und ich mit ihr befreundet. Sie ist Planetenforscherin und leitet das NASA-Team zur Auswertung der Cassini-Aufnahmen – ihrer Arbeitsgruppe haben wir die faszinierenden Bilder zu verdanken, die vom Saturn und seinen vielen Monden zu uns gelangt sind. Sie ist aber nicht nur eine gute Wissenschaftlerin; sie lässt sich auch von der Poesie der Wissenschaft inspirieren, insbesondere von der Romantik der Kugeln, die sich unsere Sonne teilen. Sie kommt meiner Vorstellung von einem weiblichen Carl Sagan am nächsten, von einer Dichterin der Planeten und Sängerin der Sterne. Ob die Hauptfigur des Romans *Contact* tatsächlich nach ihrem Vorbild gestaltet wurde oder nicht, eines ist sicher: Carl Sagan bat sie, ihn bei der Besetzung für die Filmversion zu beraten. Wenn ich an die Szene denke, in der Ellie zum ersten Mal die unverkennbaren Kommunikationssignale aus dem Weltraum hört, bekomme ich noch heute Gänsehaut. Die schlanke, kluge junge Frau wird durch das weltbewegende Signal geweckt, rast in ihrem offenen Wagen zum Stützpunkt und brüllt die Himmelskoordinaten in die Wechselsprechanlage, damit ihre dösenden Assistenten sie hören: Zahlen, Zahlen, die prickelnde Poesie dieser Zahlen und ihrer winkelsekundengenauen Präzision. Und poetisch ist es völlig richtig, dass die Heldin der Zahlen eine Frau sein muss. Ein Vorbild, genau wie Carolyn.

Carolyns poetische Ader wird in einer Anekdote deutlich, die ich im Oxford Playhouse in meiner Einführung zu ihrer Simonyi-Vorlesung erzählte. Einer ihrer Lieblingsprofessoren in ihrer Zeit am California Institute of Technology war Eugene Shoemaker, der zusammen mit seiner Frau und David Levy den berühmten Kometen Shoemaker-Levi entdeckt hatte. Als Pionier der Astrogeologie war Shoemaker auch am Apollo-Raumfahrtprogramm beteiligt gewesen. Beinahe hätte er als erster Geologe den Mond betreten, aber zu seinem großen Bedauern schied er aus gesundheitlichen Gründen aus, und so engagierte er sich für die Ausbildung von Astronauten, statt selber einer zu werden. Shoemaker kam 1997 bei einem Autounfall in Australien ums Leben. In ihrer Trauer wollte Carolyn etwas unternehmen. Sie wusste, dass die NASA im Begriff stand, ein unbemanntes Raumfahrzeug zu starten, das hart auf dem Mond landen sollte, nachdem es seine Mission erfüllt hatte. Der Manager der Mission war gleichzeitig Leiter des NASA-Planetenerkundungsprogramms, und sie konnte ihn überreden, die Asche ihres Lehrers als Fracht in die Raumsonde zu laden. Der Ehrgeiz, Astronaut zu werden, ging für Gene Shoemaker zu seinen Lebzeiten nicht in Erfüllung, aber heute liegt seine Asche irgendwo auf dem Mond, wo kein Wind sie aufwirbeln kann (man sagt, auch Neil Armstrongs Fußabdrücke seien mit ziemlicher Sicherheit noch vorhanden), und neben ihm liegt eine Fotogravur mit Worten aus *Romeo und Julia*, die Carolyn ausgesucht hat:

*... Und stirbt er einst,*
*Nimm ihn, zerteil in kleine Sterne ihn:*
*Er wird des Himmels Antlitz so verschönen,*
*Dass alle Welt sich in die Nacht verliebt*
*Und niemand mehr der eitlen Sonne huldigt ...*[55]

Ich habe diese Geschichte hin und wieder zum Besten gegeben, aber meist gelingt es mir nicht, Shakespeare zu rezitieren, so dass Lalla mich retten muss. Wenn sie die Zeilen auswendig mit ihrer wunderschönen Stimme vorträgt, bin ich vermutlich nicht der Einzige am Tisch, der schlucken muss.

Carolyns Simonyi-Vorlesung war wie zu erwarten hervorragend

---

55 III. Akt, 2. Szene, übersetzt von August Wilhelm von Schlegel.

illustriert; die Schönheit ihrer Bilder passte zur Poesie ihrer Worte. Angesichts des Beifalls, den das Publikum in Oxford ihr spendete, war ich stolz darauf, die Vorlesungsreihe ins Leben gerufen zu haben, und zu meiner Begeisterung konnte auch Charles anwesend sein. Ich setzte Carolyn beim Abendessen neben ihn, und soweit ich weiß, sind sie seither in Kontakt geblieben. Carolyn ist es übrigens auch zu verdanken, dass der Asteroid 8331, der zum Asteroiden-Hauptgürtel gehört und am 27. Mai 1982 von Shoemaker und Bus entdeckt wurde, den Namen Dawkins erhielt.

Meine Serie der Simonyi-Vorlesungen endete auf höchstem Niveau: mit den beiden Nobelpreisträgern Sir Harry Kroto 2006 und Sir Paul Nurse 2007. Obwohl beide ungeheuer angesehen sind – und Paul Nurse heute Präsident der Royal Society ist –, passt keiner von beiden zur bürgerlichen Vorstellung von einem »großen Menschen«. Insbesondere Harry Kroto hätte wahrscheinlich nichts dagegen, wenn man ihn als Eigenbrötler bezeichnen würde. Seinen Nobelpreis erhielt er zusammen mit zwei anderen Chemikern für die Entdeckung des bemerkenswerten Moleküls Buckminsterfulleren (»Buckyball«), das aus 60 Kohlenstoffatomen ($C_{60}$) besteht. Wie man schon seit langem weiß, kann man aus 20 Sechsecken und zwölf Fünfecken ein elegantes, nahezu kugelförmiges Gebilde zusammensetzen (das ist das »abgestumpfte Ikosaeder« der klassischen Geometer; Fußbälle werden häufig auf diese Weise zusammengesetzt). Ebenso weiß man, dass Kohlenstoffatome sich nach Art eines Konstruktionsbaukastens zu Strukturen unbegrenzter Größe zusammensetzen lassen – am bekanntesten sind die Kristalle von Graphit und Diamant. Deshalb bestand theoretisch immer die Möglichkeit, dass 60 Kohlenstoffatome ihre Arme so verknüpfen können, dass ein »Fußball« entsteht, ein abgestumpftes Ikosaeder. Als diese Möglichkeit dann im Labor von Harry Kroto und seinen Kollegen verwirklicht wurde, war es fast zu schön, um wahr zu sein. Harry taufte das Molekül auf den Namen »Buckminsterfulleren« in Erinnerung an den visionären Architekten Buckminster Fuller (den ich übrigens als über 90-Jährigen auf einer seltsamen Tagung in Frankreich erlebte, wo er wie ich als Redner auftrat und sein Publikum drei Stunden lang in seinen Bann schlug). »Bucky« erfand die »geodätische Kuppel«, eine stabile Struktur, deren Ähnlichkeit mit $C_{60}$ auch Harry Kroto auffiel. Erstaunlicherweise hat man Buckybälle auch in Meteoriten gefunden. Und was noch verblüffender ist: Buckybälle sind zwar im Vergleich zu Quanten riesengroß, verhalten sich aber in dem berühmten, der Intuition widersprechenden Doppelspaltexperiment genau wie diese. (Vermutlich war noch niemand so skurril, es mit Golfbällen zu probieren? – Aber mit dieser absurden Abschweifung gehe ich wirklich zu weit.)

Harry Krotos Simonyi-Vorlesung war ein leidenschaftliches Plädoyer, die Aufklärung zu retten und dem rationalen Denken wieder zum Durchbruch zu verhelfen; dabei feuerte er völlig unerwartet auch eine donnernde Breitseite gegen die Templeton Foundation ab. Das war Musik in meinen Ohren – er ging mit seiner Schmähung viel weiter, als ich es jemals gewagt hätte. Die Vorlesung illustrierte er mit Beispielen aus seiner wunderbaren Reihe von Unterrichtsmitteln, kleinen Filmen, deren sich Lehrer im naturwissenschaftlichen Unterricht bedienen können. Ich traf ihn auf der zweiten Starmus-Konferenz wieder (siehe Seite 361), wo er wie immer den Anlass zu stehenden Ovationen gab, die er voll und ganz verdient hatte (und soweit ich weiß, war er auf der Tagung der Einzige, dem sie zuteilwurden).

Nebenbei bemerkt, war Harrys Vortrag auf der Starmus-Tagung genau wie seine Simonyi-Vorlesung eine virtuose PowerPoint-Meisterleistung. Er bediente sich dabei einer Methode, die jedem zur Nachahmung empfohlen ist. Wie die meisten Vortragenden, so greife auch ich bei meinen Vorlesungen häufig auf die gleichen Gruppen von Bildern zurück, wobei ich aber in jedem Vortrag andere Module einsetze. Die gleichen Bilder jedes Mal zu kopieren, wenn man eine Präsentation zusammenstellt, wäre vergeudete Zeit. Die sinnvolle Strategie würde jedem Computerprogrammierer sofort einfallen: Man hat von jedem Bild oder einer modulartigen Gruppe von Bildern nur eine Kopie, die man jedes Mal »aufruft«, wenn man sie für einen Vortrag braucht. Harry ist in meinem Bekanntenkreis der Einzige, der das tatsächlich so macht, und er macht es völlig richtig: Jeder Vortrag ist einfach eine Ansammlung von Verweisen auf Einheiten, die auf seiner Festplatte an anderen Stellen gespeichert sind. Zugegeben ist das in Keynote, dem ansonsten überlegenen Apple-Rivalen zu PowerPoint, nicht möglich. Ich habe mehrfach versucht, Apple dazu zu veranlassen, dass Hyperlinks mit »Subroutinensprüngen« anstelle absoluter Sprünge implementiert werden. Das Entscheidende an Subroutinensprüngen ist, dass sie sich daran erinnern, woher sie kommen, und dann dorthin zurückkehren. Das ist für die Kroto-Strategie eine unentbehrliche

Voraussetzung. Ich kann nicht erkennen, dass Subroutinensprünge schwieriger zu implementieren sind als die absoluten Sprünge, die es bereits gibt (und nicht geben sollte: Absolute Sprünge sind ohnehin eine berüchtigt schlechte Programmierpraxis).

Mit Paul Nurse war ich einige Male zusammengetroffen, als er noch in Oxford war und beispielsweise nach Port Meadow kam, aber ein erstes längeres Gespräch mit ihm führte ich erst im April 2007, als mir die Rockefeller University in New York den Lewis Thomas Prize verlieh. Paul war als Präsident der Universität mein Gastgeber, als ich nach Amerika reiste, um die Auszeichnung in Empfang zu nehmen. Über diesen Preis freute ich mich ganz besonders, denn Lewis Thomas war unter den Biologen ein weithin bewunderter Prosadichter. Paul erwies sich als erfrischend informeller, freundlicher Präsident; er war der Typ, den man einfach sofort gern hat und auch weiterhin mag. Er erzählte mir die seltsame Geschichte seiner Geburt, die mittlerweile allgemein bekannt ist, damals aber gerade erst ans Licht gekommen war. Die Frau, von der er geglaubt hatte, sie sei seine Mutter, war in Wirklichkeit seine Großmutter. Und die Frau, die er für seine große Schwester gehalten hatte, war in Wirklichkeit seine Mutter. Beide hatten die Täuschung bis zu ihrem Tod aufrechterhalten. Paul wirkte eher amüsiert als schockiert, nachdem er kurz zuvor die Wahrheit über seine Herkunft erfahren hatte, allerdings erklärte er, es habe ein wenig gedauert, bis er sich daran gewöhnt hatte. Welche seltsamen Launen des Schicksals, so fragte ich mich, führen dazu, dass aus unerwarteten Anfängen ein Genie erwächst? Wie viele Genies bleiben mangels der richtigen Gelegenheit unentdeckt? Wie viele Ramanujans sind schon unerkannt gestorben? Wie viele begabte Frauen werden in islamischen Gottesstaaten zu ungebildeter Knechtschaft verurteilt?

Paul Nurse ist wie Harry Kroto alles andere als ein Angehöriger des »Establishments«, und ich erklärte ihm, nach meiner Überzeugung würde er einen idealen Präsidenten der Royal Society als Nachfolger von Martin Rees abgeben. Diskret deutete er an, diese Möglichkeit könne bestehen. Zu meiner Freude klappte es 2010 tatsächlich. Drei Jahre zuvor, 2007, war seine Simonyi-Vorlesung über »die großen Ideen in der Biologie« bereits eine maßgebliche Übersicht, wie man sie von einem Präsidenten der Royal Society erwartet; ein wenig erinnerte sie (auch wenn sie natürlich aktueller war, was in der modernen

Biologie ein großer Unterschied ist) an die Vorlesung, die Peter Medawar 1963 als Präsident der British Association gehalten hatte.

Am Ende von *Other Men's Flowers*, einer (für einen Feldmarschall) liebenswürdigen, überraschenden Sammlung von Gedichten, die er das eine oder andere Mal im Gedächtnis hatte, fügte Lord Wavell sein eigenes »kleines Gänseblümchen vom Wegesrand« an, sein »Sonnet for the Madonna of the Cherries«; dessen letztes, gereimtes Couplet schließt sich an drei empfindsame Vierzeiler an und bewegt mich zutiefst, trotz seiner christlichen Anklänge:

For all that loveliness, that warmth, that light,
Blessed Madonna, I go back to fight. |39|

Ich zitiere den Feldmarschall Wavell hier nur wegen der schicklichen Bescheidenheit, mit der er sich dafür entschuldigt, dass er ein eigenes Gedicht in die Sammlung aufnimmt. Die gleiche Befangenheit empfand auch ich, als ich mich entschloss, die letzte Simonyi-Vorlesung meiner Amtszeit selbst zu übernehmen. Mir war bewusst, dass ich nie eine Antrittsvorlesung gehalten hatte, wie neue Professoren es eigentlich tun sollten. Das hatte formelle Gründe: Wie ich zuvor erläutert habe, wurde ich ursprünglich zum Simonyi Reader ernannt und erst später zum Simonyi Professor befördert. In der Praxis hatte ich mir vorgestellt, dass mein Dimbleby-Vortag (siehe Seite 412) die Funktion der Antrittsvorlesung erfüllt hatte, aber sie hatte nicht in einem Hörsaal in Oxford stattgefunden, sondern im Fernsehen. Also entschloss ich mich, das Versäumnis wiedergutzumachen, indem ich im Oxford Playhouse eine Abschiedsvorlesung hielt; es wurde die letzte Simonyi-Vorlesung meiner Amtszeit, mein »Gänseblümchen am Wegesrand« außerhalb des Gartens der angesehenen neun Vorredner. Im Rahmen meiner Präsentation zeigte ich Bilder aller, die Simonyi-Vorlesungen gehalten hatten, einschließlich der Titel ihrer Vorträge.

In meinem eigenen Beitrag mit der Überschrift »Der Zweck des Zwecks« traf ich eine Unterscheidung zwischen den beiden Bedeutungen von »Zweck«. Ich definierte »Neo-Zweck« als wahre, absichtliche Zielsetzung eines Menschen, wie in der kreativen Gestaltung: Zweck als Ziel und Ehrgeiz. Dagegen beschrieb ich den »Archi-Zweck« als seinen urtümlichen Vorläufer, den Pseudo-Zweck, der von der darwinistischen natürlichen Selektion nachgeahmt wird. Meine These lautete: Der Neo-Zweck ist selbst eine darwinistische Anpassung mit einem eigenen Archi-Zweck. Wie andere darwinistische Anpassungen hat er seine Begrenzungen – die dunkle Kehrseite machte ich deutlich –, aber auch gewaltige Vorzüge, denn er eröffnet atemberaubende Möglichkeiten.

Ich hoffe, Charles Simonyi hatte Gefallen daran, dass ich diese Vorlesungsreihe zu seinen Ehren ins Leben rief, und ich bin froh, dass mein Nachfolger Marcus du Sautoy die Tradition weiterführt. Ich war auch sehr befriedigt darüber, dass Charles sich große Mühe gab, jedes Jahr anzureisen, auch 1999, als Dan Dennett den ersten Vortrag der Reihe hielt.

Bei dieser Gelegenheit, genauer gesagt beim Abendessen nach der Vorlesung, brachte ich einen Trinkspruch auf die Gesundheit von Dan und Charles aus. In vollständiger Form finden sich meine Worte unter: https://richarddawkins.net/bcd/, ich möchte aber dieses Kapitel so beschließen, wie ich damals meine Ansprache beschloss:

*Es ist ein unglaublicher Gedanke, dass ich jetzt im vierten Jahr als Simonyi-Professor tätig bin. Ich kann euch gar nicht sagen, wie glücklich ich mich in dieser Position fühle und wie dankbar ich deshalb Charles für seine Großzügigkeit bin. Dankbar nicht nur in meinem Namen, sondern auch im Namen der Universität, denn ich brauche euch nicht daran zu erinnern, dass die Schenkung auf Dauer einer Universität gegeben wurde, zu der Charles zuvor keine Verbindung hatte. »Auf Dauer« bedeutet, dass wir nur noch zehn Jahre mit mir vorliebnehmen müssen, bevor wir einen neuen Simonyi-Professor bekommen.*

*Aber Charles ist in dieser Zeit auch für Lalla und mich zu einem wirklich guten Freund geworden. Und zu einem guten* **Kollegen**, *denn wir sprechen viel über Wissenschaft und die Welt des Geistes; dabei stelle ich fest, dass ich ständig von ihm lerne und meine Argumente in den Diskussionen mit ihm schärfe.*

*Für mich ist Charles eine Art intellektueller James Bond. Er genießt sein Leben in vollen Zügen, und es wird ihn nicht stören, wenn ich sage, dass er es auf der Überholspur führt. Er liebt Apparate und schnelle Autos, fliegt mit eigenem Hubschrauber und eigenen Düsenflugzeugen, sowohl gewöhnliche als auch solche mit Überschall. Aber die* **Gespräche**, *die man mit ihm wahrscheinlich* *im Hubschrauber oder im Rennboot führen wird, sind überhaupt nicht das, was man von einem James Bond erwartet. Es wird dabei wahrscheinlich um das Wesen des Bewusstseins oder den singulären Anfang der Zeit gehen; um das Prinzip der Redefreiheit oder die Hoffnung auf eine große vereinheitlichte Theorie für alles.*

*Charles hat mittlerweile vier- oder fünfmal bei uns zu Hause gewohnt, und es ist immer eine Freude, ihn bei uns zu haben. In Seattle sind wir weniger oft gewesen, vor allem weil es uns im Vergleich zu ihm an Lear-Jets und Falcons mangelt. Aber wir haben an seiner denkwürdigen Hauseinweihungsparty in seinem beispiellosen Haus teilgenommen. Die Villa Simonyi gehört zu den am phantasievollsten geplanten Bauwerken, die ich jemals gesehen habe. Die gläsernen Wände treffen in unglaublichen Winkeln zusammen, und die ultramoderne Architektur bildet den perfekten Hintergrund für die Gemälde von Vasarely und die von Wand zu Wand reichenden Computerbildschirme im Inneren.*[56]

*Leider konnten wir letztes Jahr nicht an der Party zu seinem 50. Geburtstag teilnehmen, aber man kann sich gut vorstellen, wie sie war, und ihr im Geist in Form eines kleinen Verses beiwohnen, den ich zu Ehren der Gelegenheit schrieb. Ich sollte erklären, dass dies mit dem Erscheinen meines Buches* **Der entzauberte Regenbogen** *zusammenfiel, das von Keats und Newton, Wissenschaftlern und Poeten handelt.*

Never mind about John Keats,
Or Newton's scientific feats.
Forget your William Butler Yeats,
William Wordsworth, William Gates.
Never mind about unweaving:
Here's a man beyond believing.

---

56 Ich hatte die Gelegenheit, dies in einem Gedicht zu erwähnen, das ich für Charles' Einweihungsparty geschrieben hatte. Unglücklicherweise habe ich es verloren, und heute kann ich mich nur noch an diesen Zweizeiler erinnern:
There's the finest champagne and the best from the deli
(The walls are of glass, when tey're not Vasarely)
[Es gibt den besten Champagner und das Beste vom Deli,
(Die Wände sind aus Glas, oder sie sind Vasarely.)]

Here's a man so smart and swift he
Penetrates Mach 2 at fifty!
And that's not all he'll penetrate …
(Even Windows 98
Is not beyond his understanding.)
Happy take-off. Happy landing.
See his supersonic plane go –
Vanishing right through the rainbow!

# 12

# Die Fäden vom Webstuhl des Wissenschaftlers werden entwebt

Meine zwölf Bücher waren Akzente in Jahrzehnten meines Lebens, und die dafür nötigen Recherchen, das Schreiben und Revidieren beherrschten meine Gedanken, solange ich wach war. Aber da alle Bücher verfügbar sind und gelesen werden können, erscheint es mir witzlos, sie in einer Autobiographie nacheinander vorzustellen, jedes einzelne zusammenzufassen und mich dann dem nächsten zuzuwenden. Die Titel habe ich bereits mehr oder weniger chronologisch im Zusammenhang mit meinen Beziehungen zu Agenten und Verlagen erwähnt. Wenn ich jetzt verschiedene Themen ins Visier nehme, die in meinen Büchern immer wieder vorkommen, verbinde ich damit – ohne großspurig erscheinen zu wollen – die Hoffnung, dass diese Themen sich insgesamt zu einer Art Weltanschauung des Biologen addieren, der Widerspruchsfreiheit zumindest anstrebt. Dabei werde ich nur eine lockere Chronologie einhalten, wenn ich jedes Thema durch die Bücher verfolge, in denen es nach und nach entwickelt wird, und ich werde im Rückblick betrachten, wie es ursprünglich in mein Leben kam.

## Die Taxitheorie der Evolution

Im ersten Teil meiner Memoiren habe ich berichtet, wie ich in Oxford ein japanisches Fernsehteam zu Besuch hatte. Sie kamen, bepackt mit Stativen, Scheinwerfern, Reflektorschirmen und Kameraausrüstungen in einem Londoner Taxi. Der Regisseur war erpicht darauf, das Interview im fahrenden Auto zu führen. Das erwies sich unter anderem deshalb als schwierig, weil das Englisch des offiziellen Dolmetschers für mich nicht verständlich war; das »Interview« wurde also notgedrungen zu einem »Stegreifmonolog«, während der unglückselige Dolmetscher ausgeschlossen wurde und eine Stunde lang allein durch die Straßen spazieren musste; erschwerend kam hinzu, dass der verstörte Taxifahrer aus London sich in Oxford nicht auskannte, so dass ich meine Ausführungen häufig unterbrechen musste, um »links abbiegen« oder »rechts abbiegen« zu rufen. Als wir zum New College zurückkehrten, wollte ich unbedingt wissen, warum das alles im Taxi stattfinden musste. Also fragte ich den Regisseur und erhielt die verblüffte Antwort: »Oh! Sind Sie nicht der Urheber der Taxitheorie der Evolution?« Jetzt war es an mir, verblüfft zu sein, und erst später fand ich heraus, wie seine Formulierung entstanden war. In meinen Büchern bezeichne ich den Körper häufig als »Überlebensmaschine« oder »Vehikel« für die Gene, die »darin reisen«. Nach meiner Vermutung – die ich allerdings nie überprüft habe – bezeichnete ein japanischer Übersetzer meiner Schriften das »Vehikel« mit ein wenig dichterischer Freiheit als »Taxi«. Fernsehen ist nun einmal Fernsehen, und das war sicher Grund genug, das Interview in einem fahrenden Taxi zu führen. Um Taxis brauchen wir uns nicht weiter zu kümmern, aber die theoretische Bedeutung des »Vehikels« muss ich erklären.

Einer der hartnäckigsten – und lästigsten – Kritikpunkte am *egoistischen Gen* lautet: Es verkennt, auf welcher Ebene die natürliche Selektion wirkt. Wie nicht anders zu erwarten, wurde der Fehler am deutlichsten von Stephen Jay Gould ausgesprochen, dessen geniale Begabung, Dinge falsch zu verstehen, der Wortgewalt, mit der er es tut, ebenbürtig ist:

> *Angriffe auf Darwins These, dass Individuen die Einheiten der Selektion seien, haben unter Evolutionstheoretikern einige lebhafte Debatten entzündet. Diese Angriffe gingen jeweils von einem größeren oder einem kleineren Bezugsrahmen der Selektion aus. Der schottische Biologe V. C. Wynne-Edwards brachte vor 15 Jahren die Orthodoxie gegen sich auf, als er die These vertrat, Gruppen und nicht Individuen seien die (zumindest für die Evolution des Sozialverhaltens) relevanten Einheiten der Selektion. Umgekehrt brachte der englische Biologe Richard Dawkins mich gegen sich auf mit seiner Behauptung, die Gene selbst seien die relevanten Einheiten der Selektion, die Individuen dagegen seien nur deren zeitweilige und provisorische Behältnisse.*[57]

---

[57] Gould, Stephen, J.: »Altruistische Gruppen und egoistische Gene«, Kap. 8 in: *Der Daumen des Panda*. Übersetzt von Klaus Laermann, Basel 1987.

Gould hatte recht damit, dass Darwin sich auf den einzelnen Organismus als Einheit der natürlichen Selektion konzentrierte, und es stimmt auch, dass Wynne-Edwards die Gruppenselektion als Alternative propagiert hatte. Ebenso stimmte es, dass ich Individuen als vorübergehende Behältnisse für Gene betrachte. Aber es ist völlig falsch, wenn man glaubt, damit werde Darwins Konzentration auf das Individuum in Frage gestellt. Die ganze Rhetorik mit den »größeren und kleineren Bezugsrahmen« ist so falsch verstanden wie verführerisch. Das Gen, das Individuum und die Gruppe sind nicht Sprossen auf derselben Leiter. Wenn wir schon von Leitern sprechen müssen, steht das Gen außerhalb davon auf einer Seite und gleicht eher einer einsamen Sprosse. Gen und Individuum sind Einheiten der natürlichen Selektion, aber in unterschiedlichen Bedeutungen von »Einheit«: als Replikator und Vehikel. Replikatoren (auf unserem Planeten in der Regel Abschnitte des DNA-Codes, gelegentlich auch RNA) sind Einheiten, die tatsächlich überleben – und das potentiell für Jahrmillionen – oder nicht überleben. Die Welt füllt sich mit erfolgreichen Replikatoren, und erfolglose verschwinden; »erfolgreich« bedeutet hier buchstäblich, dass sie als Kopien über viele Generationen und selbst über erdgeschichtliche Zeiträume hinweg erhalten bleiben.

Erfolgreich wird ein Replikator durch seine Fähigkeit, die Welt so zu beeinflussen, dass sie sein eigenes Überleben begünstigt (wie das im Einzelnen geschieht, ist von Spezies zu Spezies höchst unterschiedlich, in der Regel wird dabei aber die Entwicklung der Vehikel so beeinflusst, dass sie sich gut fortpflanzen können). Und wenn es ihm gelingt, zu überleben, überlebt er potentiell wieder, und wieder, und wieder ... bis in die unbegrenzte Zukunft. Der Unterschied zwischen Erfolg und Scheitern ist also wirklich von Bedeutung. Das heißt, er ist für einen Replikator von Bedeutung. Für die Vehikel gilt das nicht: Ganz gleich, wie erfolgreich oder erfolglos ein Organismus sein mag, er bleibt nur eine Generation lang erhalten. Erfolg bedeutet für einen Organismus, dass er seine Gene in die ferne Zukunft weitergibt, bevor er zwangsläufig in der vergleichsweise nahen Zukunft stirbt. Nicht einmal Tiere, die sich ungeschlechtlich fortpflanzen wie Blattläuse oder Gespenstschrecken sind Replikatoren – das sieht man, wenn man ihnen ein Bein ausreißt (etwas so Sadistisches zu tun ist aber nicht notwendig: Was die Folge wäre, wissen wir ohnehin). Eine solche »Mutation« wird nicht vererbt. Entfernen oder verändern wir dagegen ein Stück der DNA, kann die Veränderung – eine echte Mutation – eine Million Generationen überleben.

Das Wort »Phänotyp« bezeichnet die äußeren und körperlichen Hilfsmittel, mit denen Replikatoren ihr eigenes Überleben begünstigen (ob mit Erfolg oder nicht). In der Praxis bestehen Phänotypen normalerweise aus den Eigenschaften einzelner Organismen. Und Organismen werden durch embryologische Prozesse aufgebaut, die von den in ihnen mitreisenden Replikatoren beeinflusst werden. Ein Organismus, insbesondere ein Tier (für Pflanzen gilt das weniger), ist ein zusammenhängender, einheitlicher Körper, der entweder als Ganzes überlebt oder als Ganzes stirbt. Und wenn ein Tier stirbt, sterben mit ihm alle seine Replikatoren mit Ausnahme derer, die vorher durch den Fortpflanzungsprozess an einen anderen Organismus übergeben wurden. Wird damit langsam klar, wie gut das Wort »Vehikel« zutrifft? Und der Begriff »Wegwerf-Überlebensmaschine«?

Die meisten Tiere pflanzen sich sexuell fort, das heißt, die Replikatoren in ihnen wechseln ständig die Partner, teilen sich neue Körper mit neuen Kombinationen von Replikatoren – womit wiederum ganz deutlich wird, dass die einzelne »Überlebensmaschine« ein vorübergehendes Gebilde ist, ein sterbliches Vehikel für unsterbliche Gene. Eine solche Denkweise wäre den meisten Biologen noch vor wenigen Jahrzehnten nicht in den Sinn gekommen. Gene galten als Werkzeuge, die von den Lebewesen benutzt wurden, und nicht andersherum, wie es unserer heutigen Sichtweise entspricht.

Wird daran nicht deutlich, wie überzeugend – und doch ganz unterschiedlich – die Qualitäten sowohl des Gens (Replikator) als auch des Individuums (Vehikel) *als Einheiten* sind? Wird jetzt deutlich, dass beide Einheiten der natürlichen Selektion sind, aber in ganz unterschiedlichem Sinn? Das versuchte ich auch Steve Gould zu erklären, als wir Ende der achtziger Jahre im Sheldonian Theatre in Oxford eine sehr öffentlichkeitswirksame Diskussion führten – aber ich scheiterte auf eklatante Weise. Die Veranstaltung wurde von Goulds Verlag W. W. Norton gesponsert, und die Diskussionsleitung hatte John Durant, der damalige Leiter des Oxforder Instituts für Erwachsenenbildung. John hatte zuvor für uns zwei im Randolph Hotel, wo Steve wohnte, ein Abendessen gegeben. Ich habe es als recht frostige Angelegenheit in Erinnerung – vielleicht weil Steve nicht besonders freundlich war, vielleicht auch weil mich der Gedanke an Oxfords größten, weihevollsten Veranstaltungssaal einschüchterte, obwohl Helena Cronin, die zu jener Zeit meine engste Freundin war, mit mir geübt und mich professionell vorbereitet hatte. Meine Nervosität war auch während der eigentlichen Debatte zu spüren, aber ich glaube, ich schlug mich einigermaßen gut, insbesondere in der öffentlichen Diskussion, die auf unsere vorbereiteten Vorträge folgte. Diese wurden auf Tonband aufgezeichnet und später von Robyn Williams, dem Star unter den Wissenschaftsjournalisten der Australian Broadcasting Corporation, ausgestrahlt. Leider ist offenbar keine Aufzeichnung von dem Schlagabtausch nach den Vorträgen erhalten geblieben, in dem die interessantesten Aussagen fielen. Dass dieser Teil der Aufzeichnung verlorengegangen ist, bedaure ich sehr, denn nach meiner Überzeugung würde er zeigen, dass ich recht hatte und Steve es einfach nicht begriff – nun ja, so jedenfalls sehe ich die Sache, und Steve ist leider nicht mehr unter uns, so dass er keine andere Meinung vertreten kann.

Zwei Bilder verleihen »dieser Ansicht vom Leben« (diese Darwin'sche Formulierung übernahm Steve Gould als Überschrift für seine Kolumne in *Natural History*, ich übernehme sie hier erneut, aber für meine eigene Ansicht vom Leben) zusätzlich Farbe. Das erste stammt aus *Der blinde Uhrmacher*: ein Weidenbaum in meinem Garten, der entlang des Oxford Canal flauschige Samen in alle Richtungen auf den Boden ausstreut, soweit mein Fernglas reicht.

> *Draußen regnet es DNA … Das ganze Schauspiel, Baumwollwatte, Weidenkätzchen, Baum und so weiter, dient nur einem einzigen Zweck, der Verbreitung von DNA über die Landschaft … Diese lauschigen Flecken verbreiten im wahrsten Sinne des Wortes Instruktionen zu ihrer eigenen Herstellung. Sie sind da, weil ihre Vorfahren erfolgreich genau dasselbe getan haben. Es regnet Instruktionen da draußen, es regnet Programme, es regnet Baumwachstum, Flauschverbreiten, Algorithmen. Das ist keine Metapher, es ist die reine Wahrheit. Es könnte nicht wahrer sein, wenn es Disketten regnete.*[58]

---

[58] Übersetzt von Karin de Sousa Ferreira, München 1996, S. 133.

Disketten – daran erkennt man das Alter. Aber die »reine Wahrheit« ist zeitlos und tief, und sie wird auch nicht dadurch vermindert, dass das Moore-Gesetz an der oberflächlichen Bilderwelt nagt. Das folgende Zitat aus dem Januar 2015 macht auf herzerfrischende Weise deutlich, was Twitter gut kann (es kann auch vieles schlecht). Eine Frau zitierte den zuvor genannten Absatz und fügte ihre eigene entzückende Reaktion hinzu:

> *Draußen ist Winter, aber drinnen ist Sommer. Plötzlich liege ich im Gras unter einer Weide.*[59]

Das zweite Bild stammt aus dem zehn Jahre später erschienenen *Gipfel des Unwahrscheinlichen*. Dort weise ich nachdrücklich auf die Parallele zwischen Computerviren und biologischen Viren hin. Beide sind Programme, die »Verdopple mich« und sonst kaum etwas sagen. Wie steht es dann mit einem großen Tier, beispielsweise einem Elefanten? Die Anweisungen in der DNA eines Elefanten

> *befehlen ebenfalls die Vervielfältigung, aber auf etwas verwickeltere Weise. Die DNA eines Elefanten stellt ein riesiges Programm dar, vergleichbar mit einem Computerprogramm. Wie die Virus-DNA ist es grundsätzlich ein Vervielfältige-mich-Programm, aber es enthält einen fast unglaublich großen Umweg, der entscheidend dazu beiträgt, dass dieser Hauptbefehl effizient ausgeführt wird. Der Umweg ist der Elefant. Das Programm sagt: »Vervielfältige mich auf dem Umweg, zunächst einen Elefanten zu bauen.«*[60]

Da ein einzelnes Lebewesen wie beispielsweise ein Elefant ein so einheitliches, zusammenhängendes Gebilde ist, ein so plausibles, überzeugungskräftiges Vehikel, behandelte die große Mehrzahl der Evolutionsbiologen im Gefolge Darwins den Organismus als wichtigstes *Agens* der biologischen Anpassung. Verhaltensforscher betrachten das Tierverhalten im Gefolge Darwins so, als würden einzelne Tiere da-

---

[59] Ich danke Natalie Batalha für ihre Genehmigung, diese Nachricht wiederzugeben.

[60] Übersetzt von Sebastian Vogel, Reinbek 1999, S. 300 f.

nach streben, zu überleben und sich fortzupflanzen. Das stimmt auch, aber man muss sich eine raffinierte Betrachtungsweise für die Größe zu eigen machen, nach deren Maximierung ein solches Agens strebt. Populationsgenetiker bezeichnen sie als »Fitness«, und die ist eine gewichtete Summe von Kindern, Enkeln und anderen Nachkommen (oder proportional dazu).

Brutpflege und Selbstaufopferung im Interesse der Nachkommen lassen sich mit dieser Formulierung ebenso leicht einbeziehen wie »Darwins zweite Theorie« der sexuellen Selektion. Aber wie R. A. Fisher, J. B. S. Haldane und vor allem W. D. Hamilton erkannten, kann die natürliche Selektion auch Individuen begünstigen, die entferntere Verwandte versorgen, wenn eine statistische Wahrscheinlichkeit dafür besteht, dass sie mit diesen die Gene gemeinsam haben, die für die Versorgung verantwortlich sind.

Ein Weg, auf dem man sich diese Argumentation verdeutlichen kann, ist ein Gedankenexperiment, das ich in *Das egoistische Gen* auf den Namen »grüner Bart« getauft habe. Die meisten neuen Mutationen haben auf den Körper mehr als nur eine Wirkung (ein Phänomen, das man Pleiotropie nennt). Stellen wir uns einmal ein Gen vor, das den Individuen eine auffällige Markierung wie beispielsweise einen grünen Bart verleiht, gleichzeitig freundliche Gefühle gegenüber grünen Bärten erzeugt und die Neigung herstellt, grünbärtigen Individuen beim Überleben und der Fortpflanzung zu helfen. Die Möglichkeit ist eine sehr entfernte, Sir, wie Jeeves sagen würde, aber sie trifft den Nagel auf den Kopf. Ein solches Gen breitet sich in der Population aus. Die Idee setzte sich fest (eine Google-Suche nach »Green Beard Effect« liefert zahlreiche Treffer und sogar ein paar Fotos – siehe Bildteil), ich wollte damit aber nur die Voraussetzungen für eine Erklärung der Verwandtenselektion schaffen. Pleiotrope Zufälle, durch die körperliche Besonderheiten mit einer altruistischen Neigung zugunsten dieser Besonderheit gekoppelt werden, sind unwahrscheinlich (mehrere aufschlussreiche Beispiele sind allerdings seither in der wissenschaftlichen Literatur aufgetaucht). Etwas anderes aber ist überhaupt nicht unwahrscheinlich: eine statistische Entsprechung zum Grünbarteffekt, seine statistische Verwässerung. Wenn man »weiß«, wer der eigene Bruder ist, braucht man kein bestimmtes Gen zu benennen, beispielsweise eines für den grünen Bart. Vielmehr kann man die Wahrscheinlichkeit berechnen, dass er irgendein bestimmtes Gen mit uns gemeinsam hat.[61] Plausibel wäre beispielsweise ein hypothetisches Gen für die Eigenschaft, nett zu Brüdern zu sein. Oder, eher pragmatisch, ein hypothetisches Gen für nettes Verhalten gegenüber Individuen, mit denen man in der Kindheit das Nest geteilt hat; oder gegenüber Individuen, die so riechen wie man selbst – eine praktische Faustregel zur Identifizierung von Geschwistern. Solche Gene könnten in der Praxis ohne weiteres begünstigt werden, und das aus dem gleichen Grund, aus dem ein Gen für einen grünen Bart in der Theorie begünstigt wird. Verwandtschaft – in der Praxis auch das geteilte Nest oder das »Riechen wie ich« – ist ein realistischer statistischer Ersatz für den unrealistischen grünen Bart.

Hamilton veröffentlichte 1964 eine mathematische Methode zur Neudefinition von »Fitness«, mit der er die Verwandtschaft aus Sicht des einzelnen Organismus in Rechnung stellte. Er schlug dafür das Konzept der *Gesamtfitness* vor. Ich selbst habe die Gesamtfitness informell (vielleicht zu informell, aber Hamilton selbst gab dazu seinen Segen) neu definiert als »die Größe, die ein Individuum zu maximieren scheint, wenn es in Wirklichkeit das Überleben der Gene maximiert«. Die Tabelle unten fasst die beiden Ideen vom »Replikator« und »Vehikel« zusammen und erklärt, wie beide in einem unterschiedlichen Sinn Einheiten der Selektion sind.

| **Einheit der Selektion** | **Funktion** | **Maximierte Größe** |
|---|---|---|
| Gen | Replikator | Überleben |
| Einzelorganismus | Vehikel | Gesamtfitness |

In meinem Buch *Der erweiterte Phänotyp* bediente ich mich des Vergleichs mit dem Necker-Würfel (siehe rechts) und vertrat die Ansicht,

[61] In Wirklichkeit ist es ein wenig komplizierter. In der Population weitverbreitete Gene sind von sich aus den meisten von uns gemeinsam (und sogar den meisten Individuen irgendeiner anderen Spezies). »Wahrscheinlichkeit des gemeinsamen Besitzes« in einem Sinn, der für die Theorie der Verwandtenselektion von Bedeutung ist, ähnelt eher einer »Wahrscheinlichkeit über und unter dem grundlegenden Wert, der durch die Gesamtpopulation festgelegt wird«. Am besten lässt sich diese ausgetüftelte Idee mit einem geometrischen Modell verdeutlichen, das von Alan Grafen entwickelt wurde; siehe sein Kapitel in Dawkins, Richard und Ridley, Matt, Hrsg., *Oxford Surveys in Evolutionary Biology*, Band 2 (Oxford 1985), S. 28 f.

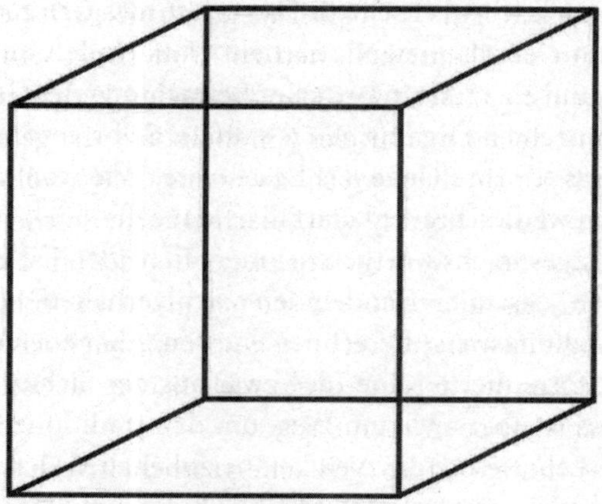

dass diese beiden Betrachtungsweisen für die natürliche Selektion ebenso auf das Gleiche hinauslaufen wie die beiden Ansichten für den Necker-Würfel, die mit der Information, die von den Augen kommt, gleichermaßen vereinbar sind. Auf den Necker-Würfel werde ich in einem späteren Abschnitt dieses Kapitels zurückkommen.

In *Das egoistische Gen* habe ich behauptet, ich sei Hamilton gefolgt, aber Hamilton selbst wechselte zwischen zwei Ausdrucksweisen, einer genzentrierten und einer, bei der das Individuum und die Gesamtfitness im Mittelpunkt standen. Die genzentrierte Sichtweise formulierte er so:

> *Ein Gen wird in der natürlichen Selektion begünstigt, wenn die Gesamtheit seiner Kopien einen zunehmenden Anteil des gesamten Genpools ausmacht. Wir werden uns mit Genen beschäftigen, von denen man annimmt, dass sie sich auf das Sozialverhalten ihrer Träger auswirken, also wollen wir versuchen, die Argumentation anschaulicher zu machen, indem wir den Genen vorübergehend Intelligenz und eine gewisse Entscheidungsfreiheit zugestehen. Stellen wir uns vor, ein Gen würde die Frage erwägen, wie es die Zahl seiner Kopien steigern kann …*

Diese Worte schrieb er ungefähr acht Jahre nach seinem Artikel über die »Gesamtfitness«, aber es ist vollkommen klar, dass die gleiche genzentrierte Sichtweise auch seinem epischen Kraftakt von 1964 zugrunde lag. Auch ich wechselte in *Das egoistische Gen* recht freizügig zwischen dem Gen als metaphorischem Handelnden oder Entscheidungsträger und einer Art informeller Betrachtung der Gesamtfitness, mit der ich einzelnen Organismen gestattete, Selbstgespräche darüber zu führen, was für ihre Gene das Beste wäre. Wie wohl nicht besonders betont zu werden braucht, darf man keine dieser Formen des subjektiven Selbstgesprächs wörtlich nehmen. In beiden Fällen sollte man sich vorstellen, dass die »Handelnden« sich verhalten, *als ob* sie eine optimale Handlungsweise berechnen würden. Aber eben nur »als ob«.

Hamilton formulierte seine Idee zwar aus der Sicht des Gens, die Gesamtfitness ist aber auch ein Weg, um den traditionellen Blick auf das einzelne Lebewesen, das Vehikel, beizubehalten. Ich halte sie sogar für eine bedauernswert schwerfällige Bemühung, das Individuum anstelle des Gens als Mittelpunkt unserer darwinistischen Aufmerksamkeit zu retten. Aber warum ist der Organismus überhaupt ein so auffälliges, abgegrenztes Vehikel? Warum halten wir alle das einzelne Lebewesen für etwas Selbstverständliches? Schließlich fragen wir, warum Flügel und Augen, Geweihe und Penisse existieren, und dann rechnen wir mit einer genzentrierten Antwort; sollte die gleiche Betrachtungsweise aus Sicht der Gene uns nicht auch zu der Frage veranlassen, warum die Organismen als solche existieren? Gene überleben, indem sie an phänotypischen Hebeln der Macht ziehen. Aber warum sind diese phänotypischen Hebel in abgegrenzten Vehikeln gebündelt, die wir Organismen nennen, und warum »entscheiden sich« die unsterblichen Replikatoren dafür, sich mit anderen Genen zusammenzutun und mit ihnen ein Vehikel zu teilen? An dieser Stelle ging ich über Hamilton hinaus, ohne mich aber jemals gegen eine seiner Aussagen zu wenden. Dies tat ich in meinem zweiten Buch *Der erweiterte Phänotyp*. Nachdem Marek Kohn mich für sein Buch *A Reason for Everything* mit dem Untertitel *Natural Selection and the English Imagination* interviewt hatte, formulierte er die Aussage sehr zutreffend.

> *Die Annahme, von der er in seinem ersten Buch ausgegangen war, lautete: »Wenn man Anpassungen so betrachten soll, dass sie ›für etwas gut sind‹, dann ist dieses Etwas das Gen.« Jetzt unternimmt Dawkins den Versuch, »das egoistische Gen aus dem einzelnen Organismus zu befreien, der sein begriffliches Gefängnis war«.*
> *Zu den Kerkermeistern dieser Bastille gehörte Bill Hamilton, der*

> *sich in der Rolle des Revolutionärs wiederfand, von seinem Schüler aber als nicht radikal genug eingeschätzt wurde. Dawkins geriet mit seiner Bewunderung für Hamilton zwar nie ins Schwanken, er hatte aber den Eindruck, dass der Gedanke der Gesamtfitness ein Hindernis darstellt, wenn man biologische Tatsachen durch die Augen des Gens sehen will. Die Gesamtfitness handelt zwar von der Selektion der Gene, sie macht die Sache aber komplizierter, weil sie sich bemüht, im vorhandenen Bezugsrahmen der Biologie zu bleiben. ›Vor Hamiltons Revolution war unsere Welt von einzelnen Lebewesen bevölkert, die engstirnig darauf hinarbeiteten, selbst am Leben zu bleiben und Kinder zu haben. Zu jener Zeit war es ganz natürlich, den Erfolg dieses Unternehmens auf der Ebene des einzelnen Organismus zu messen. Das alles änderte Hamilton, aber statt seine Gedanken bis zu ihrer logischen Schlussfolgerung weiterzuverfolgen und den Organismus von seinem Sockel zu stoßen… bot er seine Genialität für die Entwicklung eines Mittels auf, mit dem man das Individuum retten konnte.‹*

Mehr oder weniger das Gleiche sagte auch John Maynard Smith, als ich ihn 1997 für mein »Web of Stories« (siehe Seite 488) interviewte.[62]

## Der Phänotyp wird erweitert

Wenn der heilige Petrus mir am Himmelstor den Arm umdrehen und mich zwingen würde, ihm die Frage zu beantworten, wie und ob überhaupt ich mich dafür rechtfertigen könne, dass ich auf dieser Erde einen kleinen Raum eingenommen und einen Teil ihrer Luft ausgetauscht habe, könnte ich nichts Besseres tun, als auf mein Buch *Der erweiterte Phänotyp* hinzuweisen. Eigentlich enthält es keine neue Hypothese, die richtig oder falsch sein könnte und die man durch Experimente oder Beobachtungen überprüfen kann. Eher handelt es sich um eine neue Betrachtungsweise von etwas Vertrautem: eine Betrachtungsweise der Biologie, die dazu beiträgt, dass alles zusammenpasst und einen Sinn hat. Ich nehme an, es ist ein wenig so wie »Heute ist der erste Tag vom

---

62 Story Nr. 40: ›W. D. Hamilton: inclusive fitness‹. Siehe http://www.webofstories.com/play/john.maynard.smith/40.

Rest deines Lebens«, abgedroschen, zwangsläufig wahr und eindeutig keine Aussage, bei der man sich anstrengen und nach Belegen suchen müsste, um sie zu stützen: Und doch erkennen wir darin eine Wahrheit, die unsere Sichtweise auf die Dinge verändert. So naheliegend sie ist, es kann sich lohnen, sich die Mühe zu machen und sie jemandem zu sagen, um damit dessen Handlungsweisen zu beeinflussen. So sehe ich auch den erweiterten Phänotyp. Nur lässt er sich nicht in einem plakativen Aphorismus zusammenfassen, sondern er bedarf einer Erklärung. Man kann es auch so sagen: Letztlich wird durch ihn die angenommene zentrale Stellung des »Vehikels« in Frage gestellt.

Früher glaubte man, der Einfluss eines Gens auf den Phänotyp sei an der Körperoberfläche des Individuums, das dieses Gen trägt, zu Ende. Gene beeinflussen den Körper über die Prozesse der Embryonalentwicklung. Eine mutierte Version eines Gens sorgt bei irgendeiner Einzelheit der Flügelform eines Mauerseglers für eine geringfügige Änderung. Sie hat zur Folge, dass der Vogel mit dem gleichen Energieaufwand ein wenig schneller fliegt, und das wiederum macht es geringfügig wahrscheinlicher, dass er überlebt und ebendieses gleiche Gen an zukünftige Generationen weitergeben kann. Multipliziert man den Effekt über viele Mauersegler und viele Generationen, so gelangt man zu dem Ergebnis, dass das mutierte Gen irgendwann in der Population auf Kosten anderer Allele[63] dominiert.

Ihre unmittelbaren Wirkungen üben alle Gene auf Wegen aus, die tief in den biochemischen Abläufen des einzelnen Organismus versteckt sind und gewöhnlich für alle mit Ausnahme spezialisierter Wissenschaftler unsichtbar bleiben. Der phänotypische Effekt, in dem wir am Ende eine Anpassung oder ein Überlebenshilfsmittel erkennen, ist dagegen in der Regel äußerlich mit bloßem Auge zu erkennen – wie im Fall des Mauerseglerflügels. Es gibt eine Kaskade innerer, versteckter Ursachen und Wirkungen, und diese Kaskade beginnt häufig mit der Synthese eines Proteins, das von der DNA-Sequenz präzise codiert wird. An jedem Punkt entlang der Kaskade können wir willkürlich einen »Phänotyp« erkennen: das Protein selbst, seine unmittelbare Wirkung als Katalysator eines biochemischen Vorgangs in den Zellen, die davon verursachte Auswirkung auf das Verhalten der Zellen, die

63 Alternativformen des Gens, die auf den Chromosomen in der Population an der gleichen Stelle liegen.

im Gewebe zusammenwirken, viele weitere nachgeordnete Folgen; am Ende stoßen wir auf etwas, das am Tier äußerlich sichtbar ist – vielleicht größere Schwimmhäute an den Füßen einer Ente, einen größeren Flügel bei einer Wespe oder ein ausgefeilteres Balzritual bei einem Albatros. Das alles bezeichnet man völlig zu Recht als phänotypische Wirkungen eines Gens.

In *Der erweiterte Phänotyp* nahm ich einen weiteren Gedanken hinzu: Die Reihe der Ursachen und Wirkungen muss an der Körperoberfläche nicht zu Ende sein. Nehmen wir beispielsweise die Gruppe ringförmig angeordneter Röhren, die von Jane Brockmanns Töpfergrabwespen (*Trypoxylon politum*) gebaut werden (siehe Seite 313 und Bildteil). Jede Röhre gleicht einem Körperorgan: Sie ist ein äußerer Uterus zur Ernährung der Jungen. Von der natürlichen Selektion erhielt sie eine nützliche Form, genau wie die Flügel, Beine oder Antennen der Wespe. Die Gene übten ihren Einfluss auf dem Weg über das Bauverhalten aus, davor über ein sorgfältig abgestimmtes Nervensystem, davor über Zellwachstumsprogramme im Embryo, davor über biochemische Einflüsse auf das Zellwachstum, davor über die Proteinsysteme unter dem Einfluss von Genen in den Zellkernen. Und wie bei Beinen und Flügeln, so wurden auch hier Gene, die einen verbessernden Einfluss auf Form und Größe der »Organe« (in diesem Fall aus Schlamm) ausüben, von der natürlichen Selektion begünstigt. Wie im Fall der Beine und Flügel, so beeinflussen Gene im Zusammenwirken mit zahlreichen anderen Genen auch die Form und Größe des Schlamm-»Organs« durch indirekte Prozesse: Es beginnt mit Auswirkungen auf die chemischen Abläufe in den Zellen und setzt sich über eine Kaskade von Zwischenursachen bis zum endgültigen Phänotyp fort.

Ja, *Phänotyp*, das stimmt. Genau darum geht es mir. Dieser »Phänotyp« besteht nicht aus lebenden Zellen, sondern aus Schlamm – deshalb *erweiterter* Phänotyp –, aber ein echter Phänotyp ist er dennoch. Der Schlamm, der im Bach liegt, bevor die Wespe ihn holt, ist kein Phänotyp. Dazu wird er erst, wenn er zu einem biologischen Zweck geformt wird, in diesem Fall zu dem Zweck, eine wachsende Larve zu schützen. Ein Phänotyp ist er, weil die Form und die anderen Eigenschaften der Röhre über viele Generationen eine Evolution in Richtung immer größerer Perfektion durchgemacht haben. Also muss es Gene für die Länge der Röhre geben, Gene für den Durchmesser der

Röhre, Gene für die Dicke der Röhrenwand, Gene für die Abstände zwischen den Unterteilungen entlang der Röhren.

Woher weiß ich, dass diese Gene existieren? Ich weiß es nicht. Jedenfalls nicht in dem Sinn, dass jemand einmal an den gerade aufgeführten phänotypischen Eigenschaften eine genetische Studie vorgenommen hat. Aber ich bin zuversichtlich: Würde man eine solche Studie in Angriff nehmen – und das wäre sicherlich möglich –, würde sich herausstellen, dass alle diese phänotypischen Merkmale unter genetischem Einfluss schwanken. Warum ich da so sicher bin? Weil die Röhren, die von der Töpfergrabwespe gebaut werden, ihre so gut gestaltete Form offensichtlich durch die natürliche Selektion erhalten haben, und die Logik der natürlichen Selektion setzt die Beteiligung von Genen voraus. Wie sonst als durch die Begünstigung bestimmter Gene gegenüber anderen könnte die natürliche Selektion Schlammröhren so geformt haben, dass sie sich im Laufe der Zeit immer besser für ihre Funktion eignen, Larven zu schützen? Aber um es noch einmal zu wiederholen: Natürlich haben die Gene nur über das Bauverhalten der Wespen einen indirekten Einfluss auf die Röhren. Und davor in der Kausalkette über das Nervensystem der Wespen. Und davor über Prozesse in den Zellen, durch die das Nervensystem der Wespen entsteht. Aber phänotypische Effekte sind ohnehin immer indirekt. Der Einfluss der Gene auf die Schlammröhren ist genau auf dieselbe Weise indirekt wie der Einfluss der Gene auf Flügel, Beine und Antennen. Und der erweiterte Phänotyp, den wir betrachten, ist unter Umständen noch nicht der Schlusspunkt in der Kaskade der Ursachen und Wirkungen. Alles, was »stromabwärts« in der Kaskade von ihm verursacht wird, kann man wiederum als stärker erweiterten Phänotyp betrachten, vorausgesetzt, die Gene, die dafür verantwortlich sind, wurden von der natürlichen Selektion begünstigt.

Das in diesem Buch wiedergegebene Bild zeigt Röhren in unterschiedlichen Farben. Gibt es demnach auch Gene für die Farbe der Röhren? Könnte sein. Hier bin ich weniger sicher, aber nur deshalb, weil nicht ohne weiteres zu erkennen ist, dass die Röhrenfarbe von der natürlichen Selektion begünstigt wurde. Möglicherweise sind manche Farben besser als andere, und möglicherweise sorgen Gene dafür, dass Wespen bei der Farbe des Schlamms, den sie sammeln, wählerisch sind. Andererseits könnte es aber auch durchaus sein, dass die Wespen gegenüber der Farbe des Schlamms gleichgültig sind und ihn einfach überall da sammeln, wo er in einem Wasserlauf zur Verfügung steht; dann könnte er hellbraun, dunkelbraun oder rötlichbraun sein. Warum wenden wir das gleiche Argument der »Gleichgültigkeit« nicht auf die Länge der Röhren und die Dicke ihrer Wände an? Das könnte man tun, aber in diesen Fällen ist es unwahrscheinlich. Wie man leicht erkennt, könnte die Röhrenwand für den Zweck zu dünn sein (so dass sie der Larve nur unzureichenden Schutz bietet oder sogar auseinanderfällt). Sie könnte aber auch zu dick sein (dann wird zu viel Schlamm gebraucht, was zeitaufwendigere Ausflüge zum Wasserlauf erfordert). Warum die Dicke der Wand nicht der natürlichen Selektion unterliegen sollte, ist schwer zu erkennen. Ich persönlich habe den Verdacht, dass auch die Farbe der natürlichen Selektion unterliegt (manche Farben sind wahrscheinlich für natürliche Feinde besser zu erkennen), aber es ist durchaus plausibel, dass der Vorteil, Schlamm ungeachtet der Farbe vom nächstgelegenen Bach holen zu können und damit Zeit zu sparen (statt in der weiteren Umgebung nach einem Wasserlauf mit besser gefärbtem Schlamm zu suchen), schwerer wiegt.

Das alles sind hypothetische Details, die nur der Verdeutlichung dienen sollen. Das Entscheidende: Die Logik der natürlichen Selektion (die Gene anhand ihrer phänotypischen Effekte auswählt) zwingt uns zu der Erkenntnis, dass solche funktionsfähigen Phänotypen nicht auf den einzelnen Körper, das »Vehikel«, beschränkt sind. Das einfachste und einleuchtendste Beispiel bilden die von Tieren hergestellten Artefakte, und in diesem Punkt profitierte ich von meiner engen Freundschaft mit Michael Hansell, mit dem ich während meiner Doktorandenzeit in Oxford eine Wohnung teilte. Mike ist heute der weltweit führende Experte für Artefakte von Tieren und Autor mehrerer Bücher über das Thema, darunter das wunderschöne Werk *Built by Animals*, in dem er das Thema der Artefakte als klugen Ausgangspunkt benutzt, um auch allgemeiner über viele Aspekte des Tierverhaltens zu sprechen. In *Der erweiterte Phänotyp* gibt es ein ganzes Kapitel über Artefakte von Tieren, von den Gehäusen der Köcherfliegen über die Nester der Vögel und Termitenhügel bis hin zu den Dämmen der Biber. Selbst der See, der durch den Damm eines Bibers entsteht, wird zu Recht als (erweiterter) phänotypischer Ausdruck der Bibergene betrachtet und ist vermutlich der größte Phänotyp der Welt.

Hätte sich das Themenspektrum von *Der erweiterte Phänotyp* auf Artefakte wie die Röhren von Jane Brockmanns Grabwespen oder

Mike Hansells Köcherfliegenhäuser beschränkt, ich hätte nicht ausdrücklich gesagt: »Wenn Sie noch nie etwas von mir gelesen haben, lesen Sie zumindest das hier« (und der Verlag hätte sich auch nicht die Mühe gemacht, es auf den Umschlag des Taschenbuchs zu drucken). Aber die Erweiterung setzt sich fort. Das Kapitel über die Artefakte der Tiere stimmt den Leser auf radikalere Gedanken über die Manipulation von Wirtstieren durch Parasiten und die »Wirkung auf Distanz« ein. Ein Saugwurm lebt im Inneren seines Schneckengehäuses wie die Köcherfliegenlarve in ihrem steinernen Haus. Der Saugwurm »baut« sein Gehäuse nicht so wie die Köcherfliegenlarve. Wenn er aber einen Weg findet, um das Schneckengehäuse zu seinem eigenen Vorteil abzuwandeln, und wenn wir sicher sein können, dass die Abwandlung von der natürlichen Selektion begünstigt würde, zwingt uns die darwinistische Logik zu der Erkenntnis, dass er ein Gen »für« Eigenschaften von Schneckenhäusern besitzt. Wenn man den Vergleich zum Köcherfliegenhaus anerkennt (und warum sollte man das nicht tun?), gelangt man mit der Logik des erweiterten Phänotyps zu dem Schluss, dass das Genom von Saugwürmern Gene »für« Schnecken-Phänotypen enthält, und zwar zumindest in dem gleichen Sinn, wie es auch Gene »für« Saugwurm-Phänotypen umfasst.

Das Gehäuse einer Schnecke ist genau wie das Steinhaus der Köcherfliegenlarve eine schützende Behausung. Wir wären nicht verwundert, wenn wir feststellen würden, dass eine Parasiteninfektion die Schnecke schwächt, beispielsweise weil sie dafür sorgt, dass das Gehäuse anormal dünn ist und die Schnecke damit verletzlicher wird. Aber was sagen wir, wenn das Schneckengehäuse *dicker* wird, sobald ein Parasit vorhanden ist? Bei Schnecken, die von manchen Saugwürmern befallen sind, ist das tatsächlich der Fall. Ist die Schnecke dann durch den Einfluss des Parasiten besser geschützt? Tut der Saugwurm der Schnecke seinerseits altruistisch etwas Gutes? Ist die Schnecke letztlich besser dran, wenn sie einen Parasiten beherbergt?

In einem gewissen Sinn ist das vermutlich der Fall, aber es ist kein guter darwinistischer Sinn. Ich glaube Folgendes: Jede Eigenschaft eines Tieres ist ein Kompromiss zwischen widersprüchlichen Notwendigkeiten. Ein Gehäuse kann nicht nur dünner sein, als es für die Schnecke gut wäre, es kann auch zu dick sein. Warum? Wie so oft in der Evolutionstheorie ist es eine Frage der Ökonomie. Das Material für ein Gehäuse, wie beispielsweise Calcium, zu beschaffen, ist aufwendig.

Wie wir in dem Kapitel über die Ökonomie der Grabwespen erfahren haben, muss eine zu große Investition in einen Teil des Organismus mit einer geringeren Investition in einen anderen Teil bezahlt werden. Eine Schnecke, die zu stark in ihr Gehäuse investiert, muss an anderer Stelle Abstriche machen und ist dann weniger erfolgreich als eine Konkurrentin, die weniger in das Gehäuse (und damit mehr in etwas anderes) investiert. Wir können davon ausgehen, dass die durchschnittliche Dicke des Gehäuses von Schnecken, die nicht von Parasiten befallen sind, ein Optimum darstellt. Zwingt ein Saugwurm seine Schnecke, ein dickeres Gehäuse aufzubauen, drängt er den Wirt damit von dem Wert, der für Schnecken optimal ist, in Richtung eines anderen, aufwendigeren Optimums, das für den Saugwurm optimal ist.

Ist es plausibel, dass für den Saugwurm eine größere Dicke optimal ist als für die Schnecke? Ja, das ist sogar sehr plausibel. Jedes Tier muss ein Gleichgewicht zwischen den Notwendigkeiten des eigenen Überlebens und denen der Fortpflanzung finden. Männliche und weibliche Pfauen stehen in dem Kontinuum zwischen Sexualität und Überleben bei unterschiedlichen Optima. Die Weibchen »kümmern« sich stärker ums Überleben, den Männchen geht es vor allem um die Fortpflanzung – und das selbst um den Preis eines kürzeren Lebens. Der Grund: Da ein Männchen keine großen, aufwendigen Eier legen muss, kann es in einer kürzeren Lebensspanne potentiell weitaus mehr Fortpflanzung unterbringen als ein Weibchen. Die meisten Männchen sind, was die Weitergabe von Genen angeht, weniger erfolgreich als ein durchschnittliches Weibchen, aber einigen »Elitemännchen« gelingt es weit besser als dem durchschnittlichen Weibchen, und das sogar dann, wenn sie bereits frühzeitig sterben. Männchen erben ihre Eigenschaften in der Regel von Vorfahren, die zu der elitären Minderheit gehört haben und nach üppiger Fortpflanzung jung gestorben sind. Deshalb wird die Tendenz, die Körperökonomie vom optimalen Überleben des Individuums in Richtung optimaler Fortpflanzung zu verschieben, bei den Männchen begünstigt.

Der Schnecke »geht es« um ihre Fortpflanzung: Sie ist der Zweck, für den das Überleben nur das Mittel darstellt. Der Saugwurm dagegen »kümmert« sich überhaupt nicht um den Fortpflanzungserfolg der Schnecke, in der er seinen Wohnsitz genommen hat. Was das Überleben und die Fortpflanzung der Schnecke angeht, gelangen die Gene des Saugwurms zu einem anderen Kompromiss als die Gene der

Schnecke. Die Gene der Schnecke »wollen« gewisse Ressourcen für die Fortpflanzung schonen und machen deshalb beim Überleben einen Kompromiss. Die Gene des Saugwurms »wollen«, dass die Schnecke ihre gesamten Ressourcen in die Erhaltung des schützenden Gehäuses steckt, in dem der Saugwurm sich niedergelassen hat – die Schnecke soll überleben, aber ihre Fortpflanzung ist bedeutungslos. Ganz anders sähe die Sache aus, wenn Saugwürmer von den Schnecken direkt auf ihre Nachkommen weitergegeben würden: In diesem Fall würden sich auch die Saugwürmer um die Fortpflanzung der Schnecke »kümmern« und nicht nur um ihr Überleben. Das ist eine der wichtigsten Lehren aus *Der erweiterte Phänotyp*. Parasiten werden gegenüber ihren Wirten in dem gleichen Maße sanftmütiger und symbiotischer, in dem ihre Nachkommen auch die Nachkommen ihres jeweiligen Wirtes infizieren, statt nach dem Zufallsprinzip auf andere Mitglieder der Wirtsspezies überzugehen.

Die Gene von Parasiten können also »erweiterte« Wirkungen auf den Phänotyp des Wirts ausüben. Die parasitologische Fachliteratur ist voller faszinierender und sogar makabrer Berichte über Wirte, deren Verhaltensweisen so manipuliert werden, dass der Lebenszyklus der in ihnen ansässigen Parasiten begünstigt wird; zahlreiche Beispiele sind auch in meinem Kapitel »Wirtsphänotypen von Parasitengenen« aufgeführt. Es ist fast, als würde der Parasit an den Marionettenfäden des Wirtsorganismus ziehen, und die Logik der natürlichen Selektion zwingt uns, dieses Bild auch bis hinunter auf die Ebene der Parasitengene zu übertragen. David Hughes und seine Kollegen veröffentlichten 2012 ein prächtiges Buch mit dem Titel *Host Manipulation by Parasites*,[64] in dem die Tatsachen unter dem Gesichtspunkt eines sehr stark »erweiterten Phänotyps« betrachtet werden.

## Wirkung auf Distanz

Aber Parasiten halten sich nicht zwangsläufig in (oder auf) ihren Wirten auf. Zwischen dem Kuckuck und seinem Wirt liegt viel freier Raum, und doch ist der Kuckuck nicht weniger ein Parasit, und die

---

64 Hughes, D. P., Brodeur, J. und Thomas, F., Hrsg., *Host Manipulation by Parasites*. Oxford 2012.

gestörte Brutpflege der Pflegeeltern ist nicht weniger eine von der natürlichen Selektion begünstigte Anpassung des Kuckucksjungen. Mit welchen schwarzen Verführungskünsten beschwatzt das monströse Kuckucksjunge das Nervensystem des winzigen Zaunkönigs (siehe Bildteil)? Wir wissen es nicht, aber es ist sicher das Produkt eines evolutionären Wettrüstens. In diesem Wettrüsten lässt die natürliche Selektion der Kuckucke darauf schließen, dass diese die Gene »für« die Manipulation der Wirte besitzen. Und das ist nur eine andere Formulierung der Aussage, dass es Kuckucksgene »für« das Verhalten des Wirts gibt, Kuckucksgene, deren phänotypische Effekte sich als entgegenkommende Veränderungen im Verhalten des Wirts manifestieren. Der erweiterte Phänotyp erweitert sich also über die Körperoberfläche hinaus, über das Steinhaus der Köcherfliegenlarve hinaus, über das Schneckenhaus hinaus, das den Saugwurm umschließt, und reicht außerhalb des Körpers auch über den Abstand zwischen Kuckuck und Wirt hinweg – einen Abstand, über den irgendetwas vom einen abgegeben und vom anderen aufgenommen wird. Das ist mit »Wirkung auf Distanz« gemeint, dem Titel des vorletzten Kapitels von *Der erweiterte Phänotyp*. Und es gilt nicht nur für Parasiten und Wirte.

> *Wenn ein Physiologe ein Kanarienweibchen in Fortpflanzungsstimmung bringen, ihren Eierstock vergrößern und sie zum Nestbau und anderen Fortpflanzungsverhaltensmustern veranlassen will, hat er verschiedene Möglichkeiten. Er kann dem Weibchen Gonadotropine oder Östrogene injizieren; er kann elektrisches Licht einsetzen, um dem Tier eine längere Tagesdauer vorzugaukeln; oder, was in diesem Zusammenhang am interessantesten ist, er könnte dem Weibchen ein Tonband mit dem Gesang eines Kanarienmännchens vorspielen. Wellensittichgesang funktioniert nicht, obwohl der Sittichgesang eine ähnliche Wirkung auf Sittichweibchen hat.*[65]

Das Zitat stammt aus einem früheren Kapitel von *Der erweiterte Phänotyp*, das die Überschrift »Wettrüsten und Manipulation« trägt, aber es macht die Wirkung auf Distanz ebenso gut deutlich. Die Gene der Kanarienvogelmännchen wurden von der natürlichen Selektion we-

---

[65] Aus: *Der erweiterte Phänotyp*. Übersetzt von Wolfgang Mayer, Heidelberg 2010, S. 67.

gen ihres erweiterten phänotypischen Effekts begünstigt, den sie – auf Distanz – auf Kanarienvogelweibchen ausüben.

Das Thema warf seine Schatten schon 1978 in einem Artikel voraus, den ich gemeinsam mit meinem Freund John Krebs verfasste (siehe Seite 590). Der Titel lautete: »Animal Signals: information or manipulation?« [»Signale von Tieren: Information oder Manipulation?«]. Diesem Aufsatz kann man das Verdienst zuschreiben, die vom »egoistischen Gen« ausgelöste Revolution in die Erforschung des Vogelgesangs und anderer Signale von Tieren getragen zu haben. Bis dahin hatte man Signale von Tieren unter dem Einfluss von Niko Tinbergen, Mike Cullen, Desmond Morris und anderen Verhaltensforschern der Tinbergen-Lorenz-Schule unter dem Gesichtspunkt der Kooperation betrachtet: Danach profitieren beide Teilnehmer der Kommunikation von dem Austausch genauerer Informationen (»Ich informiere dich zu unserem gemeinsamen Nutzen darüber, dass ich ein Männchen deiner Spezies bin, ein Revier besitze und mich gern paaren würde«). John Krebs und ich stellten diese Vorstellung auf den Kopf: Wir gingen davon aus, dass der Absender des Signals die Empfängerin *manipuliert*, als würde er ihr Nervensystem mit einer Droge überschwemmen oder als würde man ihr Gehirn elektrisch mit Mikroelektroden stimulieren. Die Aussage formulierte ich in *Der erweiterte Phänotyp* mit einem kalkulierten Gemeinplatz so:

> *Das Gepruste eines Schweinsfroschs* ***Rana grylio*** *könnte einen anderen Schweinsfrosch anrühren, so wie die Nachtigall Keats angerührt hat oder eine Lerche Shelley.*[66]

Viel später sagte ich in *Der entzauberte Regenbogen* (dessen Originaltitel *Unweaving the Rainbow* sich an Keats anlehnt) etwas Ähnliches, nachdem ich zuvor die »Ode an eine Nachtigall« zitiert hatte:

> *Keats meinte es zwar wahrscheinlich nicht wörtlich, aber die Vorstellung, der Gesang der Nachtigall könne als Droge wirken, ist nicht allzu weit hergeholt. Man braucht nur zu bedenken, was der Vogel in der Natur tut und wie ihn die natürliche Selektion dafür ausgerüstet hat. Nachtigallenmännchen müssen das Verhalten*

---

[66] Ebd., S. 67.

*der Weibchen und das anderer Männchen beeinflussen. Manche Vogelforscher glauben, der Gesang könne Information vermitteln: »Ich bin ein Männchen der Spezies* ***Luscinia megarhynchos****, ich bin paarungsbereit, ich habe ein Revier, ich bin hormonell darauf eingestellt, mich zu paaren und ein Nest zu bauen.« Ja, diese Information enthält der Gesang in dem Sinn, dass ein Weibchen, das sie für wahr hält und entsprechend handelt, davon profitieren kann. Aber mir schien eine andere Betrachtungsweise schon immer näher liegend. Der Gesang informiert das Weibchen nicht, sondern er* ***manipuliert****. Er verändert weniger das Wissen des Weibchens als vielmehr den physiologischen Zustand seines Gehirns. Er wirkt als Droge.*

*Man hat bei Tauben- und Kanarienvogelweibchen den Hormonspiegel gemessen und gleichzeitig ihr Verhalten beobachtet. Nach den so gewonnenen experimentellen Befunden wird der sexuelle Zustand der Weibchen unmittelbar durch die stimmlichen Äußerungen der Männchen beeinflusst, wobei sich die Wirkungen über einige Tage hinweg aufsummieren. Die Geräusche eines männlichen Kanarienvogels strömen durch die Ohren des Weibchens in sein Gehirn, und was sie dort auslösen, ist nicht von dem Effekt zu unterscheiden, den ein Wissenschaftler mit der Hormonspritze erzielt. Die »Droge« des Männchens gelangt zwar nicht durch eine Kanüle, sondern durch die Ohren in das Weibchen, aber dieser Unterschied erscheint mir nicht besonders gravierend.*[67]

In meinen großspurigen Momenten träumte ich davon, das gesamte Gebiet der Kommunikation unter Tieren unter dem Gesichtspunkt der erweiterten phänotypischen Wirkung auf Distanz einzuordnen. In der Theorie

*könnte genetische Wirkung auf Distanz jede Wechselwirkung zwischen Individuen derselben oder verschiedener Arten einschließen. Die lebende Welt kann als Netzwerk ineinandergreifender Machtbereiche der Replikatoren betrachtet werden.*[68]

---

[67] Aus: *Der entzauberte Regenbogen*. Übersetzt von Sebastian Vogel, Reinbek 2000, S. 112 f.

[68] *Der erweiterte Phänotyp*, S. 263.

Leider ist es immer noch

> *schwer für mich, mir die Art von Berechnungen vorzustellen, welche für das Verständnis der Einzelheiten eventuell nötig sind. Ich habe eine schwache Vorstellung von phänotypischen Merkmalen in einem evolutionären Raum, die von Replikatoren unter der Auslese in verschiedene Richtungen gezerrt werden.*[69]

Und auch etwas anderes stimmt nach wie vor:

> *Allerdings übersteigen solche Berechnungen meine mathematischen Fähigkeiten. Es muss also eine verbale Botschaft … reichen … Die meisten ernstzunehmenden Biologen, die Feldforschung betreiben, bekennen sich jetzt zu dem Theorem, das sich zu einem großen Teil Hamilton verdankt: dass von Tieren erwartet wird, sich so zu verhalten, als ob sie die Überlebenschancen aller Gene in ihnen maximierten. Das habe ich zu einem neuen zentralen Theorem des erweiterten Phänotyps ergänzt. Das Verhalten eines Tieres tendiert dahin, das Überleben der Gene »für« dieses Verhalten zu maximieren, ob sich diese Gene nun innerhalb des Körpers dieses bestimmten Tieres, welches das Verhalten ausführt, befinden oder nicht. Die beiden Theoreme würden auf dasselbe hinauslaufen, wenn die tierischen Phänotypen immer unter der unverfälschten Steuerung ihrer eigenen Genotypen stünden und nicht durch die Gene anderer Organismen beeinflusst wären.*[70]

## Die Wiederentdeckung des Organismus: Mitreisende und blinde Passagiere

Was wird demnach aus dem Organismus als Vehikel? Irgendwo könnte es Planeten mit Lebensformen geben, deren Replikatoren (ich vermute, dass es im Kern immer Replikatoren geben muss, ganz gleich, wo man das Leben findet) keine abgegrenzten Vehikel haben; Planeten, deren gesamte Biosphäre ein Netz kreuz und quer verlaufender erweiterter phänotypischer Einflüsse ist, die von nicht eingegrenzten

---

[69] Ebd.
[70] Ebd., S. 264.

Replikatoren ausgehen. Aber auf unserem Planeten ist es nicht so. Hier dominieren die Organismen, abgegrenzte Einheiten, die von zahlreichen kooperierenden Replikatoren genutzt werden. Fast alle Replikatoren sind nicht frei, sondern sie reisen gemeinsam in riesigen Vehikeln – sie »drängen sich … im Innern gigantischer, schwerfälliger Roboter, hermetisch abgeschlossen von der Außenwelt«, wie ich es in einer umstrittenen, aber häufig zitierten Passage in *Das egoistische Gen* formuliert habe.[71] Warum drängen unsere Gene sich zusammen und kooperieren mit einem einzigen Ziel? Woher kommt der Organismus?

In *Der erweiterte Phänotyp* stellte ich ein Gedankenexperiment mit zwei hypothetischen Seetangarten an, die ich in der zweiten Auflage von *Das egoistische Gen* in »Wucheralgen« (die einfach an den Rändern wachsen und dann vegetativ zerbrechen) und »Engpasstang« (dessen Gene im Gegensatz zu denen der Wucheralgen in einer einzelligen Spore zusammengeführt werden, so dass sich in jeder Generation ein genetischer Engpass ergibt) umbenannt habe.[72] Ich möchte hier die Argumentation nicht noch einmal aufrollen, sondern sofort die praktische Schlussfolgerung benennen, die sich in einem gewissen Sinn ganz natürlich aus der Vorstellung vom erweiterten Phänotyp ergibt. Die Gene in einem abgegrenzten »Vehikel«-Organismus arbeiten mit einem gemeinsamen Ziel zusammen, weil sie alle auf dem gleichen Weg (durch den gleichen Engpass) den Ausgang in die Zukunft finden: über die Samen- oder Eizellen des Organismus, den sie sich teilen. Wenn manche Gene einen anderen Ausweg nutzen, beispielsweise weil sie aus ihrem derzeitigen Organismus nicht herausejakuliert, sondern herausgeniest werden, arbeiten sie nicht zusammen, und wir belegen sie mit einem Namen wie »Virus«. Die zusammenhängende Einheitlichkeit des Organismus hängt davon ab, dass seine Gene ihn auf einem gemeinsamen Weg verlassen und deshalb auch ihre Erwartungen oder sogar ihre »Hoffnungen« für die Zukunft die gleichen sind.

Die Gene von Saugwürmern und Schnecken bevorzugen, was die Dicke des Schneckenhauses angeht, unterschiedliche Optima. Schneckengene sind stärker an der Fortpflanzung der Schnecke »interessiert«, Saugwurmgene dagegen »interessieren« sich stärker für das

---

71 Übersetzt von Karin de Sousa Ferreira, Heidelberg 1994, S. 51.
72 *Das egoistische Gen*, S. 409.

Überleben der Schnecke. Saugwurmgene wären sich mit den Schneckengenen nur dann »einig«, wenn ihre Fortpflanzungseinheiten in den Samen- oder Eizellen der Schnecke die gleiche Reise in die nächste Generation antreten würden. Hätte ein Bakterium nur dann eine Zukunftsaussicht, wenn es in die Eizellen seines Wirts eindringen und mit ihnen ausschließlich in die Körper der Nachkommen seines Wirts gelangen könnte, würden seine Gene und die des Wirts nahezu dem gleichen Selektionsdruck unterliegen. Beide würden nicht nur »wollen«, dass der Wirt überlebt, sondern auch dass er ein Nest baut, einen Partner anlockt, Eierdiebe abwehrt, die Jungen füttert und sich sogar um Enkelkinder kümmert. Ein solcher Parasit hätte seinen Namen nicht mehr verdient. Seine Gene würden im Laufe ihrer Evolution so eng mit denen des Wirts verwoben, dass seine Identität in der des Wirts aufgeht und nur noch das Grinsen einer Grinsekatze seinen Ursprung als Parasit verrät. Die Mitochondrien (jene lebenswichtigen kleinen, energieerzeugenden Körper, die sich im Inneren aller unserer Zellen tummeln) waren anfangs bakterielle blinde Passagiere, aber dann wurden sie zu richtigen Mitreisenden, weil sie irgendwann den Weg nach draußen – die Eizellen des Vehikels – mit allen anderen Genen der Genossenschaft teilten. Das Katzengrinsen der Mitochondrien war so subtil (das Bild habe ich von meinem ehemaligen Oxforder Kollegen Professor David C. Smith übernommen), dass uns ihre Abstammung von Bakterien erst vor kurzem aufgefallen ist. Dass sie mit uns kooperieren, statt uns zu bekämpfen, liegt daran, dass sie mit uns nicht nur die großen Vehikel teilen, die wir Körper nennen (das tun auch viele gefährliche Parasiten), sondern sie benutzen – was entscheidend ist – auch die gleichen Mini-Vehikel, die Eizellen, von denen sie in diesem hypothetischen Fall von einem Körper zum anderen transportiert werden. Die Schlussfolgerung klingt surreal, ergibt sich aber aus der Logik des erweiterten Phänotyps: Alle unsere Gene, alle unsere »eigenen« Gene, kann man sich als riesige Kolonie aus Viren vorstellen: freundliche Viren, die sich von den boshaften Versionen nur dadurch unterscheiden, dass sie auf ihrem voraussichtlichen Weg in die Zukunft nicht ausgeniest, ausgehustet, ausgeatmet oder ausgeschieden werden, sondern durch die »legitime« Übertragung der Samen- oder Eizellen unmittelbar in die Nachkommen ihres derzeitigen Wirts gelangen.

Unsere »eigenen« Gene, die »liebenswürdigen Viren«, kann man sich als zahlende Passagiere in dem Vehikel vorstellen, im Gegensatz zu den »blinden Passagieren« wie dem Pockenvirus oder den verschiedenen Grippeviren. Auf der untersten Ebene liegt der Unterschied zwischen beiden in dem Weg, auf dem sie das Vehikel verlassen. Das ist vielleicht die wichtigste Aussage von *Der erweiterte Phänotyp*, und es wäre mein Paradebeispiel für Petrus am Himmelstor. Wenn man genau darüber nachdenkt, liegt es fast auf der Hand, aber meines Wissens hatte es zuvor noch nie jemand so formuliert.

## *Der erweiterte Phänotyp:* Nachwirkungen

Drei Nachwirkungen von *Der erweiterte Phänotyp* bereiteten mir besondere Freude. Die erste war 1999 ein großartiges, kenntnisreiches Nachwort zu einer neuen Taschenbuchausgabe, das von dem angesehenen Wissenschaftsphilosophen (und ersten Redner bei der Simonyi-Vorlesung, die ebenfalls 1999 stattfand) Daniel Dennett verfasst wurde. Als Zweites kam eine Sonderausgabe der Fachzeitschrift *Biology and Philosophy*, die einem kritischen Rückblick auf die ersten 20 Jahre nach *Der erweiterte Phänotyp* gewidmet war. Und drittens fand in der Nähe von Kopenhagen eine von David Hughes organisierte Tagung statt, auf der die Erfolge und Schwächen des Gedankens vom erweiterten Phänotyp erörtert wurden.

Dan Dennetts Nachwort zu der 1999 erschienenen Neuauflage freute mich vor allem deshalb, weil hier ein Philosoph die Ansicht vertrat, *Der erweiterte Phänotyp* sei ein philosophisches Werk. Ich muss bekennen, dass es mich ein wenig verärgert, wenn ich lese, wie Leute sich große Mühe geben, mir Komplimente über meine wissenschaftliche Arbeit zu machen, um dann zu erklären, ich solle bei der Naturwissenschaft bleiben und mich nicht in das Revier der Philosophie begeben. Aber was ist das Revier der Philosophie, wenn nicht klares, logisches Denken? Müssen nicht auch Naturwissenschaftler klar und logisch denken? Natürlich stimmt es, dass ein professioneller Biologe in der Regel, was die Philosophen der Vergangenheit angeht, nicht so belesen ist, wie wenn er einen Abschluss in Philosophie gemacht hätte. Das kann dazu führen, dass er ein treffendes Zitat von Hume, Locke oder Wittgenstein außer Acht lässt. Aber das allein heißt nicht, dass er nicht eine klare, logische Argumentation mit philosophischem Charakter formulieren könnte. Deshalb hoffe ich, dass es nicht allzu sehr nach Verteidigungshaltung klingt, wenn ich Dennett zu dem Thema zitiere:

> *Warum schreibt ein Philosoph ein Nachwort für dieses Buch? Ist* **Der erweiterte Phänotyp** *Wissenschaft oder Philosophie? Es ist beides; es ist sicherlich Wissenschaft, aber es ist auch das, was Philosophie sein sollte und nur stellenweise ist: eine gewissenhaft begründete Argumentation, die uns eine neue Sichtweise eröffnet, etwas verdeutlicht, was undeutlich und schlecht verstanden war, und die uns* **eine neue Art des Denkens erschließt,** *des Denkens über Theorien, von denen wir dachten, wir hätten sie bereits verstanden. Wie Richard Dawkins gleich zu Beginn schreibt: »Der erweiterte Phänotyp mag wohl selbst keine überprüfbare Hypothese darstellen, aber er ändert die Art und Weise, wie wir Tiere und Pflanzen betrachten, so sehr, dass er uns zur Aufstellung neuer überprüfbarer Hypothesen veranlassen kann, an die wir sonst nicht einmal im Traum gedacht hätten.« Und worin besteht diese neue Art des Denkens? Sie ist nicht lediglich die »Sichtweise aus der Gen-Perspektive«, die durch Dawkins' Buch von 1976* **Das egoistische Gen** *berühmt wurde. Aufbauend auf diesem Fundament zeigt er jetzt hier, wie unsere bisherige Art, über Organismen zu denken, durch eine weitere Sicht ersetzt werden sollte, bei der die Abgrenzungen zwischen Organismus und Umwelt sich erst einmal auflösen und dann (teilweise) allmählich wieder auf einem tiefer gründenden Fundament neu entstehen …*
> *Als Berufsphilosoph kann ich mich nicht enthalten hinzuzufügen, dass das ein Genuss ist: Das Buch enthält einige der meisterhaftesten, stringentesten Listen und schlüssigsten Argumentationsketten, denen ich je begegnet bin …*[73]

Ich bitte um Vergebung für die Selbstgefälligkeit, mit der ich diesen letzten Satz zitiert habe. Vielleicht bin ich überempfindlich, aber ich möchte damit das Gleichgewicht wiederherstellen, nachdem man mich als philosophisch naiv bezeichnet hat. Dennett entwickelt sein Thema und verdeutlicht es mit Seitenangaben aus dem Buch. Unter seinen Beispielen sind einige meiner Gedankenexperimente, was be-

---

73 *Der erweiterte Phänotyp*, S. 283 f.

sonders interessant ist, weil er selbst ein herausragender Meister des Gedankenexperiments als »Intuitionspumpe« ist.

Eine Fortsetzung fand das Thema des »erweiterten Phänotyps« als Werk der Philosophie im Jahr 2002, als der australische Philosoph Kim Sterelny, Herausgeber von *Biology and Philosophy*, sich entschloss, zum 20. Jahrestag des Buches eine Sonderausgabe seiner interdisziplinären Fachzeitschrift herauszubringen. Wegen verschiedener Verzögerungen erschien die Erinnerungsausgabe zwar letztlich erst 2004, aber das spielte keine Rolle. Sterelny beauftragte die drei Gelehrten Kevin Laland, J. Scott Turner und Eva Jablonka, jeweils eine rückblickende Bewertung und Kritik über das Buch zu schreiben, auf die eine detaillierte Antwort von mir folgen sollte. Wir nahmen alle vier die Einladung an, und ich muss sagen, dass mir das Lesen der Artikel und das Verfassen meiner Antwort mehr Spaß machte, als ich erwartet hatte.

Die Überschrift meiner Antwort lautete »Extended phenotype – but not too extended« [»Erweiterter Phänotyp – aber nicht zu stark erweitert«]. Die Formulierung »nicht zu stark erweitert« hatte ich zuvor schon als Antwort auf Fragen aus dem Publikum verwendet, in denen es um Artefakte der Menschen ging. »Wenn das Nest eines Webervogels ein erweiterter Phänotyp ist, würden Sie dann das Gleiche auch über das Opernhaus von Sydney oder das Chrysler Building sagen?« Nein, das würde ich nicht, und die Antwort ist interessanter als die Frage. Das Nest eines Vogels, das Haus einer Köcherfliegenlarve oder die Röhren einer Grabwespe sind Produkte der natürlichen Selektion. Die natürliche Selektion hat Gene ausgewählt, die ein gutes Bauverhalten begünstigt haben. Die Vorfahren der Webervögel verfügten über unterschiedliche Baustile und Fähigkeiten; zum Teil hatten diese Abweichungen genetische Ursachen, und sie wurden begünstigt oder benachteiligt, je nachdem, wie gut es den so entstandenen Nestern gelang oder nicht gelang, Eier und Jungvögel zu schützen, die die fraglichen Gene enthielten. Von Menschen errichtete Bauwerke könnte man nur dann als erweiterte Phänotypen betrachten, wenn die Unterschiede zwischen den Bauwerken auf Unterschiede in den Genen der Architekten zurückgingen. Absolut ausschließen können wir die Möglichkeit nicht, aber ich halte sie, gelinde gesagt, nicht für eine vielversprechende Forschungsrichtung. Es würde mich nicht überraschen, wenn man genetisch bedingte Unterschiede in der Begabung als Architekt findet. Wenn ein eineiiger Zwilling über ein gutes räumliches Vorstellungsvermögen verfügt, würde ich damit rechnen, dass der zweite Zwilling die gleiche Fähigkeit besitzt. Dagegen wäre ich sehr überrascht, wenn man Gene für gotische Spitzbögen, postmoderne Kreuzblumen oder neoklassizistische Architraven finden würde; umgekehrt rechne ich damit, dass man deren Entsprechung bei Köcherfliegenlarven, Grabwespen oder dammbauenden Bibern entdeckt.

Die Erweiterung auf menschliche Architekten war nicht das einzige »zu stark erweitert«, das ich bei dem Titel meines Artikels in *Biology and Philosophy* im Kopf hatte. Mein Hauptproblem war vielmehr ein modischer (und ziemlich langweiliger) Begriff namens »Nischenkonstruktion«. Wie stark diese lockere, unbestimmte Idee die Menschen verwirren kann, erkennt man an einem großen Beispiel. Der freie Sauerstoff in unserer Atmosphäre kommt ausschließlich durch Pflanzen (einschließlich photosynthetischer Bakterien) dorthin. In der Frühzeit der Geschichte des Lebendigen gab es keinen freien Sauerstoff. Die grünen Bakterien (und später die Pflanzen), die ihn erzeugten, sorgten für umfangreiche Veränderungen der ökologischen Nischen aller späteren Lebensformen einschließlich ihrer selbst. Die meisten heutigen Lebewesen würden ohne Sauerstoff sofort sterben. Das war eine *Veränderung der Nischen*, ein zufälliges, nicht »konstruiertes« Nebenprodukt der Photosyntheseaktivität. Die Photosynthese wurde von der natürlichen Selektion begünstigt, weil sie für die Ernährung der grünen Bakterien selbst einen unmittelbaren Vorteil darstellte. Sie wurde nicht wegen ihrer Auswirkungen auf die Atmosphäre begünstigt. Die grünen Bakterien stellten Sauerstoff nicht deshalb her, weil sie oder ihre Nachkommen oder sonst irgendjemand in Zukunft davon profitieren würde, Sauerstoff zu atmen. Der Sauerstoff war vielmehr ein Nebenprodukt, das zwangsläufig anfiel, wenn sie Photosynthese betrieben. Nachdem er vorhanden war, begünstigte die spätere natürliche Selektion diejenigen Bakterien und anderen Lebewesen, die in der Lage waren, in seiner Gegenwart zu gedeihen. Die Nische änderte sich unabsichtlich, und später entwickelten sich alle Lebensformen so, dass sie mit einer Substanz zurechtkamen, die anfangs ein Umweltgift war.

Natürliche Selektion setzt einen genetischen Vorteil voraus, der für den betreffenden Organismus einen Unterschied bedeutet, im Gegensatz zu einem allgemeinen Vorteil für die Welt als Ganzes. Wenn sich ein positiver Vorteil ergibt, das heißt ein genetischer Vorteil für das betroffene Individuum im Gegensatz zur Welt als Ganzem, haben wir es mit einem erweiterten Phänotyp zu tun. Ansonsten liegt weder ein erweiterter Phänotyp noch eine Nischenkonstruktion vor, sondern nur eine Veränderung der Nische.

Ein echter erweiterter Phänotyp wie das Nest eines Vogels, der Damm eines Bibers oder die hintergangene Brutpflege der Pflegeeltern eines Kuckucks ist immer eine darwinistische Anpassung zum Vorteil der Gene, die ihn vermitteln. Der Begriff »Nischenkonstruktion« kann sinnvoll sein, wenn er mit Bedacht verwendet wird. Nur allzu oft wird er aber achtlos und ohne vollständiges darwinistisches Verständnis angewendet, und dann wäre es mir lieber, man würde darauf verzichten. Richtig und mit Bedacht verwendet, wird er zu einem Spezialfall eines erweiterten Phänotyps, bei dem ein Tier seine Nische zum Nutzen seiner eigenen Gene verändert. Ein Beispiel ist der Damm des Bibers. Sehr viele andere dürfte es nicht geben.

Die gleiche Verwechslung zwischen dem erweiterten Phänotyp und einer Nischenkonstruktion, die fälschlich als Synonym für eine Nischenveränderung verwendet wurde, konnte man in gewissem Umfang auch bei der dritten genannten »Nachwirkung« beobachten: bei einer Tagung über erweiterte Phänotypen, die 2008 in einem großen Landhaus nicht weit von Kopenhagen stattfand. Ihr Organisator war David Hughes, ein begabter junger irischer Biologe, der heute in Amerika arbeitet. Er hatte eine glänzende Liste angesehener Wissenschaftler angelockt, darunter sowohl Kritiker als auch Anhänger des erweiterten Phänotyps. Ein guter Bericht über die Tagung findet sich in der Fachzeitschrift *Science Daily* unter der Überschrift »European evolutionary biologists rally behind Richard Dawkins' extended phenotype« [»Europäische Evolutionsbiologen sammeln sich hinter Richard Dawkins' erweitertem Phänotyp«].[74] Die Bezeichnung »europäisch« wurde übrigens dadurch Lügen gestraft, dass auch amerikanische Wissenschaftler anwesend waren, unter ihnen der angesehene Genetiker Marc Feldman (einer der Kritiker).

David Hughes ist heute der weltweit führende Experte für die praktische Umsetzung der theoretischen Idee vom erweiterten Phänotyp. Er wäre die Idealbesetzung als erster Direktor für ein hypothetisches zukünftiges »Institut der erweiterten Phänotypen«, jenes phantastische

---

[74] http://www.sciencedaily.com/releases/2009/01/090119081333.htm.

Luftschloss, das ich als krönenden Abschluss meines Aufsatzes in *Biology and Philosophy* beschrieb:

> *Nach der Enthüllung durch einen nobelpreisgekrönten Wissenschaftler (königliche Häupter galten nicht als gut genug) werden die staunenden Gäste in dem neuen Gebäude herumgeführt. Es hat drei Flügel: das Museum für zoologische Artefakte (ZAM), das Labor für erweiterte Genetik der Parasiten (PEG) und das Zentrum für Wirkung auf Distanz (CAD) … In allen drei Flügeln werden altvertraute Phänomene unter nicht vertrauten Gesichtspunkten erforscht wie die unterschiedlichen Sichtweisen für einen Necker-Würfel. [Die Wissenschaftler in allen drei Flügeln rühmen sich] disziplinierter Strenge ihrer Theorie.*[75] *Das Motto, das über dem Haupteingang des Instituts eingemeißelt steht, ist eine Mutation von Paulus: »Aber die größte unter diesen ist die Klarheit.«*

Heute müsste man an mein Phantasieinstitut noch einen medizinischen Trakt anbauen. Der amerikanische Biologe Paul Ewald ist mittlerweile neben Randolph Nesse[76] und David Haig einer der führenden Köpfe in dem aufblühenden Fachgebiet der darwinistischen Medizin. Ich bin dem genialen Pionier Robert Trivers sehr dankbar, dass er mich auf einen faszinierenden Artikel aufmerksam machte, in dem Paul und Holly Ewald eine darwinistische Herangehensweise an den Krebs beschreiben und sich dabei der Vorstellung vom erweiterten Phänotyp bedienen. Wie heute allgemein bekannt ist, unterliegen die Zellen innerhalb eines Tumors der natürlichen Selektion. Diese hat aber kein offenes Ende, sondern sie ist zeitlich begrenzt: Mutierte Zellen, die »besser« werden (das heißt dass sie bessere Krebszellen sind, aber gerade *nicht* besser für den Patienten) überflügeln in der Konkurrenz innerhalb des Tumors die weniger bösartigen Zellen und werden immer zahlreicher. Dieser Evolutionsprozess findet aber mit dem Tod des Patienten sein Ende. In den Genen des übrigen Körpers findet parallel dazu eine weitere, langfristigere (über Generationen hinausreichen-

---

[75] In diesem Zusammenhang war das ein Seitenhieb auf das vage Gerede von der »Theorie der Nischenkonstruktion«.

[76] Nesses Koautor, der großartige George C. Williams, ist leider nicht mehr unter uns.

de) Selektion statt, die widerstandsfähig gegen Krebs macht, Barrieren gegen ihn errichtet, immunologische Kunstgriffe gegen Krebszellen entwickelt und so weiter. Es ist ein asymmetrisches Wettrüsten, denn die gegen den Krebs gerichteten Kunstgriffe müssen angesichts der Krebserkrankungen vieler früherer Generationen verfeinert werden. Die Tricks der Tumore hingegen müssen in jeder Generation neu entstehen, denn ihre bösartige Evolution beginnt in jedem Körper wieder von vorn, wenn normale, gesunde Zellen durch die natürliche Selektion Schritt für Schritt die Qualitäten erwerben, mit denen sie andere Krebszellen im Vermehrungswettlauf überflügeln.

Die Vorstellung von einem Wettrüsten zwischen dem Körper und seinen Krebstumoren wirft interessante Gedanken auf. Krebsgeschwüre sind Parasiten, und zwar besonders heimtückische, weil ihre Zellen fast (aber – was wichtig ist – nicht ganz) mit denen ihres Wirts identisch sind. Das macht es für den Organismus (und für die medizinische Therapie) schwieriger, sie zu benachteiligen, als wenn es sich um »fremde« Parasiten wie Bandwürmer oder Bakterien handelt. Im Laufe vieler Generationen und vieler Kämpfe mit aufeinander folgenden Krebserkrankungen werden die »Fähigkeiten« zur Erkennung verdächtiger Krebszellen verfeinert. Wie in jedem derartigen Rüstungswettlauf muss ein Gleichgewicht zwischen einer zu großen Risikoaversion (bei der man Gefahren sieht, wo keine sind) und einer zu »lässigen« Haltung (bei der wirklich vorhandene Gefahren nicht erkannt werden) gefunden werden. Das Ganze ist vergleichbar mit dem Dilemma der grasenden Antilope, die ein Rascheln im hohen Gras hört und entscheiden muss, ob es von einem Raubtier oder nur vom Wind verursacht wurde. Die sprunghafte Antilope, die auf jedes Rascheln ängstlich reagiert, frisst letztlich jeden Tag zu wenig, weil sie das Grasen immer wieder unterbricht und flüchtet. Die lässige Antilope, die einfach weitergrast, wo andere flüchten würden, läuft Gefahr, im Magen eines Leoparden zu enden. Die natürliche Selektion, die auf die Gene der Antilopen wirkt, findet ein vernünftiges Gleichgewicht zwischen der risikoscheuen Scylla und der lässigen Charybdis. Den gleichen Drahtseilakt vollzieht auch das Immunsystem, wenn es bösartige Zellen erkennt. Zu lässig, und der Patient stirbt an Krebs. Zu »sprunghaft«, zu risikoscheu, und das Immunsystem greift harmlose, gesunde Zellen an, weil es sie fälschlich »verdächtigt«, krebsartig verändert zu sein. Kann man sich eine bessere Erklärung für Autoimmunkrankheiten wie Haarausfall, Schuppenflechte oder Ekzeme vorstellen? Auch Allergien kann man natürlich als risikoscheue »Schnellschuss«-Überreaktionen des Immunsystems verstehen.

Dieser Analyse fügten die Ewalds einen wichtigen Dreh hinzu: Sie übernahmen die Vorstellung vom erweiterten Phänotyp. Leben und Evolution des Tumors spielen sich in einer Mikroumgebung ab, die aus den umgebenden Körperzellen besteht. Die verbesserten bösartigen Kunstgriffe, die sich in den Tumorzellen durch die im Körper stattfindende natürliche Selektion entwickeln, bestehen im Wesentlichen aus der Manipulation der Mikroumgebung. So brauchen beispielsweise Tumorzellen nicht weniger als andere Zellen – vermutlich sogar mehr – eine gute Durchblutung, damit sie mit Nährstoffen und Sauerstoff versorgt werden. Wie die Gene eines Bibers, die so auf das Verhalten des Bibers einwirken, dass dieser den erweiterten Phänotyp in Form eines Dammes in einem Bach und den dadurch aufgestauten See konstruiert, so konstruieren auch die mutierten und sich weiterentwickelnden Gene in einem Tumor einen erweiterten Phänotyp, in diesem Fall eine verbesserte Blutversorgung des Tumors. Die Zellen der vergrößerten oder umgeleiteten Blutgefäße sind selbst nicht krebsartig verändert. Sie werden von den Krebszellen manipuliert, und da es sich um eine echte darwinistische Anpassung (zum Nutzen des Krebses, aber nicht des Körpers) handelt, sind die Veränderungen in der Durchblutung ein echter erweiterter Phänotyp der mutierten Gene im Tumor. Die Ewalds bedienen sich in ihrem Artikel in vollem Umfang der Terminologie des »erweiterten Phänotyps«, und ich bin begeistert darüber, dass sie die Idee für hilfreich halten.

## Einschränkungen der Perfektion

Im Jahr 1979 organisierte John Maynard Smith bei der Royal Society eine Tagung über »Die Evolution der Anpassung durch natürliche Selektion«. John Krebs und ich waren eingeladen, dort Vorträge zu halten, und wir entschlossen uns, uns zusammenzutun und einen gemeinsamen Beitrag über das Thema des »evolutionären Wettrüstens« zu schreiben. Dass wir gut zusammenarbeiten können, wussten wir bereits, weil wir 1978 einen Artikel über »Signale von Tieren: Information oder Manipulation« veröffentlicht hatten (siehe Seite 578). Für mich ist John ein Bruder im Geiste, auch wenn wir uns heute zu selten sehen. Wir konnten immer über die gleichen absurden Dinge lachen, ohne dass es einer Erklärung bedurfte. Als er seine Sachen auspackte, nachdem er nach einer Zeit im Ausland an das Zoologische Institut in Oxford zurückgekehrt war, stieß er auf einen nützlichen Gegenstand, bei dem er an mich denken musste: »Richard, falls du jemals einen falschen Bart brauchst …« Besaß er prophetische Gaben? Der Tag kommt vielleicht nie. Wie bei meiner Schwester Sarah, so kann ich auch bei John darauf zählen, dass zu seiner Vergangenheit die gleichen lustigen Bücher und Gedichte gehörten wie zu meiner eigenen: Wir verstehen gegenseitig mühelos unsere Anspielungen. Er ist zwar ein wenig jünger als ich, wurde aber völlig zu Recht lange vor mir zum Fellow der Royal Society gewählt. Im Gegensatz zu mir kommt er mit Hochschulpolitik und Verwaltungsbeamten zurecht, und diese Fähigkeit verbindet er mit hervorragender Wissenschaft. Er wurde zum Ritter geschlagen und zum Leiter der British Food Standards Agency ernannt; heute ist er Mitglied des Oberhauses und des Head of Jesus, eines wunderschönen alten Colleges in Oxford.

Den Rahmen steckte die Einleitung unseres Vortrags über das Wettrüsten ab, den wir 1979 bei der Tagung der Royal Society präsentierten:

> *Füchse und Kaninchen rüsten in zweierlei Sinn um die Wette. Wenn ein einzelner Fuchs ein einzelnes Kaninchen jagt, findet das Wettrüsten im Zeitmaßstab des Verhaltens statt. Es ist ein individueller Wettbewerb wie der zwischen einem bestimmten U-Boot und dem Schiff, das von ihm versenkt werden soll. Darüber hinaus findet aber noch ein andersartiger Wettlauf in einem anderen Zeitmaßstab statt. U-Boot-Konstrukteure lernen aus früheren Fehlschlägen. Mit dem Fortschreiten der Technik sind spätere U-Boote besser dazu ausgerüstet, Schiffe zu erkennen und zu versenken, und später konstruierte Schiffe sind besser ausgerüstet, dem zu widerstehen. Das ist ein »Wettrüsten«, und es spielt sich in historischen Zeiträumen ab. Ganz ähnlich verhält es sich in den Zeiträumen der Evolution: In der Abstammungslinie der Füchse können sich bessere Anpassungen zum Fangen von Kaninchen entwickeln, und in der Abstammungslinie der Kaninchen entwickeln sich Anpassungen, mit denen das Tier besser entkommen kann.*

Wir ordneten unsere Beispiele so, dass sich eine vierfache Unterscheidung zwischen Rüstungswettläufen innerhalb der Arten und zwischen ihnen (zum Beispiel Räuber/Beute oder Konkurrenz zwischen Männchen) sowie zwischen symmetrischen und asymmetrischen Formen (zum Beispiel Konkurrenz zwischen Männchen und Konflikte zwischen Eltern und Nachkommen) ergab. Wir betrachteten, wie der Rüstungswettlauf zu Ende geht – mit dem »Sieg« einer Seite oder in Form eines Gleichgewichts. Angeregt durch eine Fabel von Äsop, prägten wir den Begriff »Leben-/Abendessen-Prinzip«, mit dem das Wettrüsten in einem Sieg enden kann: Das Kaninchen ist schneller als der Fuchs, weil es um sein Leben rennt, während der Fuchs nur um sein Abendessen läuft. Auf beiden Seiten des Wettrüstens besteht eine Asymmetrie im Hinblick auf die Kosten des Scheiterns. Diese Asymmetrie zeigt sich in ökonomischen Begriffen. Sowohl das Kaninchen als auch der Fuchs würden schnell wie ein Maserati laufen, wenn sie dazu in der Lage wären, aber der Apparat für schnelles Laufen ist aufwendig. Er muss auf Kosten anderer Aspekte der Körperökonomie aufgebaut werden. Die Leben-/Abendessen-Asymmetrie gibt dem Kaninchen einen zusätzlichen Anlass, kostbare Ressourcen in die Laufgeschwindigkeit zu stecken.

Eine ähnliche Asymmetrie ergibt sich durch den »Effekt der seltenen Feinde«. Jedem Vorfahren eines Kuckucks muss es gelungen sein, Pflegeeltern zu täuschen, die Pflegeeltern dagegen können auf viele Vorfahren zurückblicken, die in ihrem Leben nie einem Kuckuck begegnet sind. Ein Fehlschlag hat für den Kuckuck einen höheren Preis als für den Wirt, und deshalb sind die Kuckucke, die auf der härtesten Seite des Wettrüstens überlebt haben, besser darauf vorbereitet, auch zukünftige Begegnungen zu überleben. Die Vorstellung vom Wettrüsten hat sich als ungeheuer fruchtbar erwiesen und zieht sich durch viele meiner Bücher. Mein Freund, der Zoologe N. B. Davies aus Cambridge, den man zusammen mit John Krebs als den Begründer der modernen Verhaltensökologie bezeichnen kann, nutzt die Vorstellung vom Wettrüsten in seiner klassischen Feldstudie über Kuckucke auf sehr inspirierte Weise.[77]

---

[77] Nick Davies ist heute der führende Experte für diese bemerkenswerten Vögel. Dies zeigt sich unter anderem in seinem kürzlich erschienenen Buch *Cuckoo: cheating by nature* (London 2005).

Aus derselben Tagung bei der Royal Society ging auch der vielleicht am stärksten überschätzte Artikel in meinem Fachgebiet oder sogar in der ganzen Biologie hervor: die 1979 erschienene »Kritik am adaptionistischen Programm« von S. J. Gould und R. C. Lewontin. Lewontin und Gould waren Alphamännchen des Fachgebiets, einflussreiche Rädelsführer der Kampagne, die in den siebziger Jahren gegen Edward O. Wilson (der glücklicherweise für sich selbst sorgen konnte) geführt wurde (siehe Seite 354). Der schikanöse Ton herrschte auch noch 1979 bei der Tagung der Royal Society. Lewontin war nicht anwesend, also hielt Gould den Vortrag; er war in höhnischer Bestform, buhlte um das Gelächter aus den hinteren Reihen und ignorierte rätselhafterweise die Tatsache, dass seine zentrale These zuvor am gleichen Tag bereits umfassend geschwächt worden war. Dies hatten Tim Clutton-Brock und Paul Harvey mit ihrem gut durchdachten, gründlichen Vortrag über »Vergleich und Anpassung« besorgt. Die Tatsache, dass Gould sich nicht mit Clutton-Brock und Harvey auseinandersetzte, lässt sich vielleicht damit entschuldigen, dass er nur wenig Zeit hatte, seinen Vortrag zu ändern. Aber ein kurzes zustimmendes Nicken in ihre Richtung und ein wenig mehr Zurückhaltung beim Spott wären nur höflich gewesen.

Die Frage, um die es ging, lautete: Angenommen, wir betrachten irgendeine Eigenschaft eines Tieres: Ist es dann richtig, wenn wir annehmen, sie sei von der natürlichen Selektion geformt worden – ist sie also zwangsläufig eine »Anpassung«? Goulds und Lewontins Angriffe auf einen solchen angeblichen »Adaptionismus« (ein Begriff, den Lewontin schon früher geprägt hatte) zielten im Wesentlichen auf einen Popanz oder auf zweitklassige Biologie, die weit von dem entfernt ist, was wir als »nachdenklichen Adaptionismus« bezeichnen können. Clutton-Brock und Harvey nahmen dem Angriff von Gould und Lewontin den Wind aus den Segeln, indem sie demonstrierten, wie man Anpassungshypothesen durch hochentwickelte quantitative Verfahren mit echter wissenschaftlicher Strenge überprüfen kann. Diese Verfahren – in der Regel statistische Abwandlungen der Vergleichsmethode – machten in den nachfolgenden Jahren große Fortschritte; dafür sorgten sowohl Clutton-Brock und Harvey selbst als auch andere, darunter mein ehemaliger Schüler Mark Ridley und spätere Wissenschaftler, die in Oxford von Paul Harvey während seiner sehr erfolgreichen Jahre als Zoologieprofessor gefördert wurden.

Mich selbst würde man sicher als zügellosen »Adaptionisten« kritisieren, aber mein wichtigster gedruckter Beitrag zu der Diskussion trug den Titel »Beschränkungen der Perfektion« und findet sich als Kapitel mit der gleichen Überschrift in *Der erweiterte Phänotyp*. Nicht der Popanz, sondern eine nachdenkliche Form des Adaptionismus hatte (wenn auch nicht unter diesem Namen) während meiner ersten Studienjahre großen Einfluss auf die Oxforder Zoologie. Gefördert wurde sie von meinem eigenen Maestro Niko Tinbergen und durch die Schule von E. B. Ford, der das Thema der »ökologischen Genetik« begründete, ein ergebener Anhänger von Sir Ronald Fisher war und auf den Gebieten von Statistik und Populationsgenetik zahlreiche Neuerungen einführte. Ford war ein so pedantischer Ästhet, dass man sich ihn kaum bei der Arbeit im Freiland vorstellen kann, aber er ging genau wie viele seiner begabten Kollegen, darunter Bernard Kettlewell, Arthur Cain und Philip Sheppard, tatsächlich in die Wälder und auf die Felder, um den Druck der natürlichen Selektion in der Natur zu messen. Mit ihren Untersuchungen an Schmetterlingen, Motten und Schnecken fanden sie genau wie parallel dazu auch die amerikanische Genetikerschule unter Theodosius Dobzhansky (bei dem Lewontin studiert hatte) etwas völlig Unerwartetes. Der Selektionsdruck ist in freier Wildbahn weitaus stärker, als irgendjemand angenommen hatte. Selbst scheinbar geringfügige Unterschiede spiegeln sich in einer massiv unterschiedlichen Sterblichkeit wider.

Ich habe bereits das Buch *A Reason for Everything* von Marek Kohn erwähnt, ein geistreiches Gruppenporträt der Fachleute für natürliche Selektion aus der »britischen Schule«. Zu Recht berichtet Kohn, Ford habe »einerseits eine intensiv auf Selektion gerichtete Atmosphäre hinterlassen, die in Oxford die gesamte Zoologie einbezog, andererseits aber auch eine Legende, an der er ebenso sorgfältig mitgearbeitet hatte wie an seinen Lepidoptera«. Zu dieser Legende gehörte eine kultivierte Frauenfeindschaft. Die einzige ehrenwerte Ausnahme war Miriam Rothschild (siehe Seite 459), und das möglicherweise weil sie buchstäblich »die Ehrenwerte« war, die Tochter eines Lords – und Ford war ein Snob. Ich lernte ihn nur einmal persönlich kennen, hörte aber alle seine Vorträge und sah ihn häufig im Institut, wo er sich zur Kaffeezeit oftmals mit ausgestreckter Hand sorgsam seinen Weg durch die plebejischen Massen bahnte. Er sprach immer von »Kakao« und weigerte sich damit, die Existenz von Nescafé einzuräumen, ganz ähnlich wie es ihm auch widerstrebte, Hunde zur Kenntnis zu nehmen, und er sie stattdessen als »Pussy« bezeichnete. (Kohn berichtet, wie Ford einmal eine vornehme Hundebesitzerin verblüffte, indem er sich beflissen nach ihrer Pussy erkundigte.) Als ich ihn das einzige Mal bei einem gesellschaftlichen Anlass traf, weckten seine klugen und sogar durchtriebenen Blicke in mir Zweifel an der Aufrichtigkeit seiner exzentrischen Haltung. Das Gegenteil lässt allerdings ein Bericht – nach meiner Kenntnis von Philip Sheppard – vermuten, wonach man ihn nachts im Wytham Wood gesehen hatte, wo er eine Laterne hin und her schwenkte, Schmetterlingsfallen überprüfte und dabei »Ich bin das Licht der Welt« deklamierte – vorausgesetzt, er glaubte tatsächlich, er sei unbeobachtet.

Fords schön geschriebene, wenn auch recht egozentrische Abhandlung *Ecological Genetics* lässt beim Leser keinen Zweifel an der nachgewiesenen Kraft der natürlichen Selektion aufkommen. Den gleichen Geist sog ich als Studienanfänger auch durch andere Lehrer ein, so durch Fords jüngere Kollegen Robert Creed, John Currey, Niko Tinbergen (der zwar kein Genetiker war, aber den Überlebenswert der Verhaltensweisen von Tieren in Freilandstudien untersuchte, die in ihrer Art entschieden adaptionistisch waren) und vor allem Arthur Cain, den philosophisch und historisch am höchsten gebildeten Vertreter der »Oxforder Schule«.

Arthurs Adaptionismus war nicht nur unerschütterlich und, wenn auch nicht völlig übertrieben, so doch der Übertreibung nah. Gleichzeitig war er gut durchdacht. Maynard Smith lud ihn ein, 1979 bei der Tagung der Royal Society die abschließende Diskussion einzuleiten, und dabei war seine Feindseligkeit gegenüber Gould und Lewontin mit den Händen zu greifen. Er saß neben mir in der ersten Reihe, als Gould seinen Vortrag begann, und Arthur murmelte hektisch vor sich hin. Erbost war er vor allem über einen zuvor veröffentlichten Seitenhieb von Lewontin, der die Tätigkeit der Ford-Schule als »Aktivität der gehobenen britischen Mittelschicht« bezeichnet hatte – vermutlich eine schräge Anspielung auf das vornehme Hobby der Schmetterlingssammelei; jetzt übte er halblaut die Antwort, die er später in seinen offiziellen Redebeiträgen kundtat: »Wenn die Vorurteile stark sind, kommt man vermutlich ebenso gut ohne Tatsachen aus: Meine eigene Herkunft und Erziehung könnte nur ein extremer Purist von der Arbeiterklasse unterscheiden.« Während wir darauf warteten, dass Gould mit seinem Vortrag begann, zuckte Arthur mit nervöser Energie auf seinem Stuhl auf und ab und zitierte mir gegenüber Stanley Holloways »Let battle commence« (aus dem Monolog »Sam: pick up tha moosket«).

Schon 1964 hatte Arthur einen Artikel mit der Überschrift »The perfection of animals« [»Die Perfektion der Tiere«] geschrieben und darin auch die Vorstellung von »trivialen«, keiner Funktion dienenden Eigenschaften von Tieren bissig angegriffen. Darauf bezog ich mich in meinem Kapitel über die »Beschränkungen der Perfektion«:

> *Cain äußert sich in ähnlicher Weise zu den sogenannten bedeutungslosen Merkmalen und kritisiert Darwin, dass dieser unter dem auf den ersten Blick überraschenden Einfluss von Richard Owen zu leichtfertig zu dem Zugeständnis bereit war, dass Funktionslosigkeit vorkomme: »Niemand wird vermuten, dass die Streifen eines Löwenjungen oder die Flecken einer Jungamsel von irgendwelchem Nutzen für diese Tiere sind …« Darwins Bemerkung muss heute auch in den Ohren der schärfsten Kritiker des Adaptionismus vermessen klingen. Tatsächlich scheint die Geschichte insofern für die Adaptionisten zu sprechen, als diese ihre Gegner in bestimmten Punkten immer wieder in Verlegenheit gebracht haben. Cains hochgelobte, zusammen mit Sheppard und deren Schülern verfasste Arbeit über den Selektionsdruck, der die Streifen-Polymorphie der Schnecke* ***Cepea nemoralis*** *aufrechterhält, mag auch durch die Tatsache angeregt worden sein, dass »mit Überzeugung erklärt wurde, dass es für eine Schnecke keine Rolle spielen könnte, ob sie auf ihrem Haus einen Streifen hätte oder zwei« (Cain, S. 48). »Aber die vielleicht bemerkenswerteste funktionale Erklärung eines ›bedeutungslosen‹ Merkmals wurde durch Mantons Arbeit über den Tausendfüßler* ***Polyxenus*** *gegeben. Der Autor weist darin nach, dass ein Merkmal, welches früher als ›Ornament‹ (und was könnte nutzloser klingen?) beschrieben wurde, von geradezu zentraler Bedeutung für das Leben dieses Tieres ist« (Cain, S. 51).*[78]

Erstaunlicherweise stammt aber das extremste adaptionistische Zitat, das ich finden konnte, nicht von Cain, sondern unter allen Autoren

---

78 *Der erweiterte Phänotyp*. Übersetzt von Wolfgang Mayer, Heidelberg 2010, S. 34.

ausgerechnet von Lewontin selbst. Im Jahr 1967, bevor seine Bekehrung zur Gegnerschaft einsetzte, schrieb er: »Das ist der eine Punkt, in dem sich nach meiner Überzeugung alle Evolutionsforscher einig sind: Es ist praktisch unmöglich, eine Aufgabe besser zu erfüllen, als es ein Lebewesen in seiner eigenen Umwelt tut.«

In dem Kapitel ging ich von meiner Oxforder Voreingenommenheit zugunsten des Adaptionismus aus, aber dann schlug ich, wie es scheinen könnte, die andere Richtung ein und wies auf einige wichtige *Beschränkungen* der Perfektion hin. Schon Cain selbst erkannte, dass ein Tier, das wir heute betrachten, möglicherweise einfach veraltet ist, und gab als vorläufige Schätzung für den fraglichen Zeitraum eine Obergrenze von zwei Millionen Jahren an. Auf eine längerfristige Beschränkung der Perfektion wurde ich in meiner Zeit als Studienanfänger von John Currey hingewiesen, einem meiner Tutoren, der auch zusammen mit Cain die Populationsgenetik der Schnecken erforscht hatte. Der rückläufige Kehlkopfnerv, ein Zweig eines der Schädelnerven, verläuft vom Gehirn zum Kehlkopf. Er nimmt dabei aber nicht den geraden Weg, sondern taucht tief in den Brustkorb ein, beschreibt eine Schleife um eine der Hauptarterien, die aus dem Herzen kommen, und verläuft dann zurück bis zum Kehlkopf im Hals. Bei einer Giraffe ist dies ein beträchtlicher Umweg (britische Untertreibung), und er ist vermutlich aufwendig. Die Erklärung liegt in der Vergangenheit: Der Nerv entstand bei unseren Fischvorfahren, bevor sich ein erkennbarer Hals entwickelte. In jener entfernten Vergangenheit verlief der direkte Weg des Nervs (das heißt seiner Entsprechung bei Fischen) zu seinem damaligen Ziel tatsächlich hinter einer der entsprechenden Arterien (die eine Kieme versorgte). In *Der erweiterte Phänotyp* formulierte ich es so:

> *Eine größere Mutation hätte den Nerv ganz neu leiten können, aber nur auf Kosten eines großen Umbruchs in frühen embryonalen Abläufen. Ein gottähnlicher Entwickler hätte damals im Devon schon die Giraffe vorhergesehen und die ursprüngliche embryonale Leitung des Nervs anders geplant haben können, aber die natürliche Auslese kennt keine Voraussicht.*[79]

---

[79] Ebd., S. 42.

Viele Jahre später assistierte ich in einer Fernsehdokumentation mit dem Titel *Inside Nature's Giants*, die 2010 von Channel Four ausgestrahlt wurde, bei der Sektion des rückläufigen Kehlkopfnervs einer Giraffe, die in einem Zoo gestorben war. Die Szene hatte etwas von einem Traum, und deshalb konnte ich sie nie mehr vergessen. Der Operationssaal war buchstäblich ein Theater: Die Bühne war von den Sitzen des Publikums – Studierende der Tiermedizin – durch eine große Glaswand getrennt. Das Publikum saß im Halbdunkel, und das gleißende Licht, das auf die Bühne fiel, zeigt überdeutlich die farbliche Ähnlichkeit zwischen den Flecken der Giraffe und den orangefarbenen Overalls der Operationsmannschaft mit ihren einheitlichen weißen Gummistiefeln. Ein Hinterbein der Giraffe wurde von einem Kran in die Höhe gehoben, was die surreale Anmutung der Szene nochmals verstärkte. Von Zeit zu Zeit wurde ich von dem Fernsehproduzenten aufgefordert, an die Glaswand zu treten, mich mit einem Mikrofon an die Studierenden zu wenden und die evolutionäre Bedeutung des Kehlkopfnervs mit seinem meterlangen, sinnlosen Umweg zu erläutern.[80]

Die Selektion mag machtvoll sein, aber ohne genetische Abweichungen, auf die sie wirken kann, bleibt sie kraftlos. Schweine könnten fliegen, wenn die notwendigen Mutationen für das Wachstum von Flügeln (und Veränderungen zahlreicher anderer aerodynamisch wichtiger Eigenschaften) sich einstellen würden. Wie groß diese Einschränkung tatsächlich ist, ist umstritten, und eigentlich gehört die Frage in das Fachgebiet der Biologie. Auf das Thema kam ich – hoffentlich auf konstruktive Weise – in *Gipfel des Unwahrscheinlichen* zurück.

Eine weitere offenkundige Beschränkung ergibt sich aus den Materialkosten. In *Der erweiterte Phänotyp* zitierte ich aus dem »Concorde«-Artikel, den ich 1980 mit Jane Brockmann verfasst hatte:

> *Ein Entwickler, der auf seinem Zeichenbrett freie Hand hätte, könnte einen ›idealen‹ Flügel für einen Vogel entwerfen, aber er würde die Auflagen wissen wollen, unter denen er funktionieren muss. Darf er nur Federn und Knochen verwenden oder könnte er das Skelett in einer Titanlegierung entwerfen? Welcher Betrag*

---

[80] https://www.youtube.com/watch?v=cO1a1Ek-HD0.

*steht für die Konstruktion der Flügel zur Verfügung, und wie viel vom vorhandenen Budget ist etwa für die Produktion von Eiern eingeplant?*[81]

Mit einer ökonomischen Einschränkung dieses Typs erklärten Jane und ich das scheinbare »Concorde-Verhalten« ihrer Grabwespen (Seite 337).

## Der darwinistische Ingenieur im Klassenzimmer

Wie ich bereits erläutert habe, machten meine Tutorien als Studienanfänger in Oxford mich anfällig für den Adaptionismus, der dann zum Gegenstand der Kritik wurde; ebenso habe ich berichtet, wie ich mich später zusammen mit den Kollegen aus Oxford für einen vorsichtigeren, besser durchdachten Adaptionismus einsetzte. Als ich selbst Tutor war, stellte ich fest, dass meine adaptionistische Voreingenommenheit pädagogische Vorteile hatte. Mit ihr kann man einen Erzählfluss so ausstatten, dass es einem hilft, Einzeltatsachen aus der Biologie zu behalten.

Als Dozent und Tutor hatte ich stets Mitgefühl mit den Studierenden, die sich eine gewaltige Zahl von Fakten merken mussten, und dachte darüber nach, wie man es ihnen einfacher machen kann. Am schlimmsten haben Medizinstudenten zu leiden, und mein pädagogischer Lieblingstrick, den ich hier als »der darwinistische Ingenieur« bezeichnen möchte, würde vermutlich angesichts der beträchtlichen Menge reiner, starrer Tatsachen, die sich in der Anatomie des Menschen präsentieren, kaum etwas ausrichten. Das macht mich noch stolzer auf das erstklassige Examen meiner Tochter Dr. Juliet Dawkins, insbesondere angesichts des Umstands, dass St. Andrew's eine der wenigen medizinischen Fakultäten ist, die noch heute Anatomie mit Hilfe des praktischen Sezierens unterrichten. In der Anatomie stellt sich zumindest bei dem Umfang der Details, die in den besten medizinischen Fakultäten gelehrt werden, ein Problem: Viele Fakten sind abgegrenzte Informationsfetzen, die sich jedem Versuch entziehen, sie zu einer Kette eines zusammenhängenden Erzählflusses zu verknüpfen, die dem Gedächtnis einen Anhaltspunkt liefern könnte. Die großen

---

81 *Der erweiterte Phänotyp*, S. 59.

Abschnitte der menschlichen Anatomie haben sicher einen Sinn im Hinblick auf die Funktion, und man kann sie entsprechend lehren, aber die kleinen Details, die für einen Chirurgen von lebenswichtiger Bedeutung sind – welcher Nerv über oder unter welcher Arterie verläuft –, muss man einfach lernen. Wenn sie einen funktionalen Sinn haben (womit ich rechne), ist er tief und vermutlich in den inneren Verwicklungen der Embryologie vergraben und schwer zu erkennen.

Die Studierenden der Zoologie haben es leichter als die Mediziner, aber das war nicht immer so. Peter Medawar zitierte 1965 eine von acht Examensfragen, die 1860 den Studenten der vergleichenden Anatomie am Londoner University College gestellt wurden:

> *Durch welche Ausbildung anatomischer Strukturen sind die Fledermäuse zum Flug befähigt? Und was versetzt die Flattermakis, Flugbeutler und Flughörnchen –* ***Galeopitheci, Pteromys, Petauruis*** *und* ***Petauristidae*** *– in die Lage, sich in diesem leichten Elemente schwebend zu erhalten? Vergleiche den Bau des Fledermaus- und des Vogelflügels und dazu den des ausgestorbenen* ***Pterodactylus****! Erkläre, wie die Kobra ihren Nacken aufbläst und der Flugdrache (****Draco Volans****) durch die Luft gleitet! Welche anatomischen Strukturen befähigen die Schlangen, vom Boden aufzuspringen; und wie kommt es, dass Fische und Tintenfische manchmal an Deck eines Schiffes landen? Erläutere den Ursprung, die Natur, die Konstruktions- und die Verwendungsweise jener Fadengebilde, an denen manche Spinnentiere (****Arachnidae****) durch die Luft treiben und aus denen bei der Verpuppung von Larven Kokons gebildet werden; und beschreibe die Muskeln, durch die die* ***mesoptera*** *und* ***metaptera*** *bei Insekten bewegt werden, sowie die Skelettelemente, die diese Muskeln stützen! Beschreibe die Anlage, den Bau und die Hauptvarianten der Insektenbeine und vergleiche sie mit dem Hautmuskelsystem und den Borsten bei Borsten- und Regenwürmern! Wie sehen die Muskelanlagen aus, durch die die Borsten bei den* ***Stylaria*** *bewegt werden, wie das Hautmuskelsystem von* ***Ascaris****, der röhrenförmige Stiel von* ***Pentalasmis****, die Räderorgane der* ***Rotatoria****, die Saugfüßchen bei den Seesternen; wie sind die Glocken bei den Medusen beschaffen und wie die röhrenförmigen Tentakeln bei den* ***Actinae****? Wie bewerkstelligen die* ***Entozoa*** *die Wanderungen, die durch ihre Entwicklung und*

*Metamorphosen erforderlich gemacht werden? Wie gelingt es den ortsfesten Polypiferen und Poriferen, ihre Nachkommenschaft über den gesamten Ozean zu verbreiten? Und schließlich: Wie verbreiten sich die – in gewisser Weise unsterblichen – mikroskopischen Protozoen von See zu See über den gesamten Erdball?*[82]

Medawar veröffentlichte diese groteske Examensfrage als Beleg gegen die weitverbreitete Ansicht, Wissenschaft sei immer schwerer zu beherrschen, je weiter sie fortschreitet, weil es immer mehr zu lernen gebe. Seine für ihn typische, provokative Antwort lautete: In Wirklichkeit müssen wir weniger lernen als unsere Vorfahren in viktorianischer Zeit, weil eine unübersehbare Zahl simpler Tatsachen unter relativ wenigen allgemeinen Prinzipien eingeordnet werden kann, und das größte dieser Prinzipien verdanken wir Darwin.

Damit hatte Medawar nicht ganz unrecht; aber der lachende Ritter des Geistes übertrieb, und das nicht zum ersten Mal. Er hätte einräumen müssen, dass die meisten Artikel in *Nature* und *Science* heute nur von Spezialisten der jeweiligen Fachgebiete gelesen werden können. Aber Tatsachen zu einer funktionierenden Geschichte zu verweben ist dennoch eine sehr wirksame Gedächtnisstütze, und die setzte ich während meiner Dozentenkarriere in Oxford und Berkeley, insbesondere aber als Tutor in Oxford schon frühzeitig ein. Das meine ich, wenn ich davon spreche, dass der Adaptionismus pädagogische Vorteile hat. Als Lehrer nutze ich ihn insbesondere dadurch, dass ich ein Problem, vor dem ein Tier steht, wie ein Ingenieur betrachte. Ich führe verschiedene Lösungen auf, die dem Ingenieur einfallen könnten, und benenne jeweils Pro und Kontra. Schließlich gelange ich zu der Lösung, die auch die natürliche Selektion tatsächlich übernommen hat. Damit habe ich einen fesselnden Erzählfluss, der mühelos zu einem Leitfaden für das Gedächtnis wird.

Auf Herz und Nieren prüfte ich diese Methode jeweils im zweiten Kapitel von *Der blinde Uhrmacher* (am Beispiel des Fledermaus-Sonars) und von *Gipfel des Unwahrscheinlichen* (am Beispiel der Spinnennetze); beide möchte ich hier zur Verdeutlichung noch einmal wiederholen. Beginnen wir bei den Fledermäusen. Eine Fledermaus

---

[82] Medawar, Peter: ›Two conceptions of science‹ (1965), nachgedruckt in *Die Kunst des Lösbaren*. Übersetzt von Eberhard Bubser, Göttingen 1972, S. 143.

steht vor dem Problem, dass sie sich nachts zurechtfinden muss. Da Vögel die Jagd in der Luft tagsüber für sich reklamiert haben, waren die Fledermäuse gezwungen, nachts auf Beutefang zu gehen. Damit stellte sich ein Problem. Es ist dunkel. Ein Ingenieur könnte sich verschiedene Lösungen ausdenken, von denen jede wiederum Probleme nach sich zieht: Man kann eigenes Licht aussenden wie manche Tiefseefische; man kann sich mit langen Antennen vorwärts tasten wie die Geißelskorpione; man kann einen extrem empfindlichen Gehörsinn perfektionieren wie die Eulen, so dass schon das leiseste Rascheln ein Beutetier verrät, oder man perfektioniert den Geruchssinn wie die Maulwürfe oder den Tastsinn wie die Sternmulle; und schließlich gibt es das Sonar: Man stößt Laute aus und nutzt das Echo. Unter diesen technischen Lösungen haben die Fledermäuse das Sonar übernommen. Am zeitlichen Verlauf des Echos ihrer eigenen Ultraschallschreie ermitteln sie mit verschiedenen Methoden die Position und den Wechsel der Positionsverhältnisse von Hindernissen und Beutetieren.

Aber das wirft wiederum Probleme auf. Die genaue Messung des Zeitraums zwischen einem Geräusch und seinem Echo verbessert sich, wenn das Geräusch kurz ist. Aber je kürzer und stakkatoartiger das Geräusch ist, desto schwieriger wird es, ein wirklich lautes Geräusch zu erzeugen; und laut muss es sein, weil der Widerhall schwach ist. Könnte ein Ingenieur einen Weg finden, um aus beidem das Beste zu machen? Eine Methode besteht darin, keinen stakkatoartigen Schall zu erzeugen, sondern längere Schreie, deren Tonhöhe aber moduliert wird: Sie geht während jedes Schreies um ungefähr eine Oktave abwärts (oder aufwärts). Jetzt ist der Schrei nicht mehr kurz, und deshalb kann er auch laut sein. Kurz ist nur die Zeit, die er in jeder Tonhöhe erklingt. Wenn das Echo zurückgeworfen wird, »weiß« das Gehirn, dass das Echo eines hohen Tones aus der ersten Phase des Schreies stammt, und tiefere Töne gehören zu den späteren Teilen. Der Physiker Arthur Cooke, der zu der Zeit, als ich *Der blinde Uhrmacher* schrieb, Vorsteher meines Colleges in Oxford war, hatte im Zweiten Weltkrieg an dem streng geheimen britischen Radarprojekt mitgearbeitet, das damals RDF hieß. Er erzählte mir eines Abends beim Essen, dass Radaringenieure sich unter dem Namen »Zirpradar« der gleichen Methode bedienten. Eine andere technische Lösung nutzt die Doppler-Verschiebung aus (die der Grund ist, warum sich die Tonhöhe einer Krankenwagensirene ändert, wenn der Wagen an uns vorbeirast). Manche Fledermäuse bedienen sich dieses Effekts, wenn sie ein bewegliches Ziel verfolgen, beispielsweise ein Beuteinsekt.

Kommen wir nun zu dem nächsten technischen Problem. Um es noch einmal zu wiederholen: Echos sind zwangsläufig viel schwächer als das ursprüngliche Geräusch. Es besteht die Gefahr, dass man sie nicht mehr hören kann. Mögliche technische Lösungen: ein sehr lauter ursprünglicher Schrei und/oder extrem empfindliche Ohren. Aber beide Lösungen treten einander auf die Füße. Bei extrem empfindlichen Ohren besteht die Gefahr, dass sie durch extrem laute Schreie taub werden. Die Radartechniker standen zu Beginn des Zweiten Weltkriegs vor einem ähnlichen Problem, und wiederum erzählte mir Arthur Cooke beim Abendessen, dass die Ingenieure es mit einem sogenannten »Sender-Empfänger-Radar« gelöst hatten. Und – wer hätte das gedacht? – eine entsprechende Lösung haben auch manche Fledermäuse gefunden. Unmittelbar bevor sie schreien, schalten sie die Ohren vorübergehend ab, indem sie mit einem speziell diesem Zweck dienenden Muskel an den Knochen ziehen, die den Schall vom Trommelfell weiter übertragen. Unmittelbar nach dem Schrei entspannt sich der Muskel wieder, so dass das Ohr rechtzeitig seine maximale Empfindlichkeit zurückerlangt und das Echo hören kann. Der Kreislauf aus Ziehen, Schreien, Muskelentspannung, Hören des Echos, Ziehen … muss sich bei jedem Schrei wiederholen; und erstaunlicherweise können bis zu 50 solcher Schreie in jeder Sekunde – schneller als ein Maschinengewehr – aufeinander folgen, wenn die Fledermaus im Begriff steht, zum letzten, tödlichen Anflug auf ein Beuteinsekt anzusetzen.

Die Methode des »darwinistischen Ingenieurs« hat den pädagogischen Vorteil, dass die Tatsachen in einer fortlaufenden Erzählung verbunden werden, so dass man sie nicht Stück für Stück lernen muss. Es besteht durchaus die Chance, dass Studierende die Tatsachen voraussehen, bevor man sie ihnen mitteilt; das ist ein gutes Training, wenn man fruchtbare Hypothesen erträumen will, deren Überprüfung durch Forschung sich lohnt.

Beispielsweise fliegt eine Fledermaus häufig in Gesellschaft mehrerer Hundert anderer Fledermäuse durch die Gegend. Wie kann sie das Problem lösen, dass ihr Echo unabsichtlich durch die Schreie und Echos der vielen anderen Fledermäuse gestört wird? Die folgende Idee könnte einem Studierenden kommen, der wie ein »darwinistischer Ingenieur« denkt. Stellen wir uns einmal vor, wir wollten einen Spielfilm produzieren: Wir schneiden die verschiedenen Einzelbilder auseinander, mischen sie in einem Hut und kleben sie dann nach dem Zufallsprinzip wieder zusammen. Jetzt hätte die Filmhandlung keinen Sinn mehr, ja es gäbe nicht einmal eine »Story«, keine fortlaufende Erzählung. Die Echos der anderen Fledermäuse würden sich für eine Fledermaus anhören wie die Entsprechung zu meinem aus Zufallsbildern zusammengesetzten Spielfilm: Man kann sie leicht außer Acht lassen, weil sie im Verhältnis zu jeder »bisherigen Handlung« zufällig und unberechenbar sind. Nur das eigene Echo der Fledermaus bildet eine zusammenhängende »Handlung« und ergibt einen Sinn, wenn es in der Folge der Echos mit seinen Vorläufern »zusammengeklebt« wird. Mit der gleichen Überlegung lösen experimentelle Psychologen auch das »Cocktailparty-Problem«: Wie gelingt es uns, bei einer Cocktailparty ein Gespräch zu verstehen, obwohl Dutzende andere Unterhaltungen aus unserer Umgebung auf unsere Ohren einprasseln?

Der gleichen Methode des »darwinistischen Ingenieurs« habe ich mich auch in Kapitel 2 von *Gipfel des Unwahrscheinlichen* bedient, aber mein Beispiel war dieses Mal nicht das Sonar der Fledermäuse, sondern das Spinnennetz. Am Anfang steht auch hier ein Problem: Wie kann eine Spinne die effektive Länge der Gliedmaßen, mit denen sie ihre Beute fängt, vergrößern? Auch hier kann man sich verschiedene hypothetische Lösungen ausdenken; den Höhepunkt bietet dabei die elegante, ökonomische Lösung, die von der natürlichen Selektion verwirklicht wurde: das Netz aus Seide. Den gleichen Prozess können wir für Unterprobleme und Unterunterprobleme wiederholen, die sich im Anschluss auftun. In einem späteren Kapitel des Buches mit der Überschrift »Der vierzigfache Weg zur Erleuchtung« habe ich mit Hilfe der gleichen Formel die Konstruktion von Augen behandelt. Dabei habe ich den Ansatz mit dem »Konstruktionsingenieur« in ein Extrem geführt, das manch einer vielleicht für absurd hält, das aber, so hoffe ich, lehrreich ist. Eine Linse ist eine einfache Vorrichtung, aber das von ihr gelöste Berechnungsproblem ist in Wirklichkeit überraschend kompliziert. In dramatischer Form stellte ich dies dar, indem ich mir einen Computer ausmalte, der Lichtstrahlen aufnimmt, in einem genau berechneten Winkel ablenkt und so auf einem Bildschirm ein Bild erzeugt. Das wäre lächerlich kompliziert, die Aufgabe ist aber leicht mit einer Linse zu erfüllen, einer so einfachen Vorrichtung, dass man sie

– wie ich in meinen Weihnachtsvorlesungen bei der Royal Institution demonstriert habe – annäherungsweise mit einem durchsichtigen, wassergefüllten Plastikbeutel lösen kann, dessen schlecht fokussiertes Bild Schritt für Schritt entlang einer sanften Steigung zum »Gipfel des Unwahrscheinlichen« verbessert wird. Es ist eine Metapher dafür, wie einfach die Evolution eines theoretisch scheinbar komplizierten Gebildes in der Praxis häufig ist. Das Auge, das seit Darwins Zeit häufig als sein Untergang beschworen wurde, kann durch Evolution in Wirklichkeit sehr einfach entstehen, und tatsächlich ist das mehrere Dutzend Mal unabhängig voneinander überall in den Verästelungen des Tierreichs geschehen.

Wie wertvoll die Methode des »darwinistischen Ingenieurs« ist, wenn man Dinge erklären will, war mir schon viel früher aufgefallen; damals bezog ich die Anregung getrennt von den beiden Physiologen und Augenspezialisten W. A. H. Rushton und H. B. Barlow aus Cambridge. Rushton hatte ich bereits kennengelernt, als ich noch ein Schuljunge war, denn er hatte zwei Söhne an der Oundle School, und einer davon war genau mein Jahrgang. Wir spielten im Schulorchester gemeinsam Klarinette, und Google sagt mir, dass er später Karriere als Musikwissenschaftler machte (was mich nicht wundert). Vermutlich weil der angesehene Physiologe Professor Rushton zwei Söhne an der Schule hatte, willigte er ein, im Biologieunterricht der sechsten Klasse einen Vortrag zu halten.

Rushton traf eine interessante Unterscheidung zwischen analoger und digitaler Signalvermittlung. In einem analogen Telefon werden die kontinuierlich schwankenden Druckwellen des Sprachschalls in entsprechende Spannungsschwankungen umgesetzt und durch einen Draht geleitet, bevor sie in dem Hörer am anderen Ende wieder in Schall zurückverwandelt werden. Das Problem dabei: Wenn der Draht lang ist, schwächt sich das elektrische Signal ab und muss durch einen Verstärker laufen. Eine solche Verstärkung erzeugt zwangsläufig ein zufälliges Rauschen. Solange sich nur wenige Verstärkerstationen in der Leitung befinden, spielt das keine Rolle. Ist ihre Zahl aber groß genug, überwiegt das gesammelte Rauschen irgendwann gegenüber dem Signal, und das Gespräch wird zu einem unverständlichen Zischen. Das ist der Grund, warum Nerven – zumindest lange Nerven – nicht wie (analoge) Telefonleitungen funktionieren können.

Nerven sind keine Drähte, die elektrische Ströme weiterleiten. Sie sind sogar noch weniger Hi-Fi und ähneln eher zischenden Spuren aus Schießpulver, die als Zündschnur dienen, wobei als weitere Komplikation die »Ranvier-Schnürringe« hinzukommen, die man als abgegrenzte Verstärkerstationen betrachten kann. Unter dem Strich bedeutet das, dass entlang eines Nervs die rauschenden Entsprechungen von Verstärkerstationen zu Hunderten aufgereiht sind. Wie kann ein Ingenieur das Problem des Rauschens lösen? Die Antwort: indem er die Hoffnung, Informationen mittels der Höhe (Spannung) der Welle zu übertragen, aufgibt. Stattdessen macht er die Welle zu einer Spannungsspitze, deren Höhe festgelegt oder ohnehin bedeutungslos ist. Information wird nicht durch die Höhe der Welle übertragen, sondern durch das knatternde Muster einer Abfolge schwankender Wellen. Ein lautes Geräusch wird beispielsweise durch eine schnelle Salve von Spannungsspitzen übertragen, die kurz aufeinanderfolgen; ein leises Geräusch dagegen wird durch wenige Spannungsspitzen übermittelt, die zeitlich weit getrennt sind.

Damit haben wir also eine interessante biologische Lösung für ein technisches Problem. Aber wie bei den Fledermäusen und Spinnen, so führt die Lösung auch hier zum nächsten Problem, das wiederum einer technischen Lösung bedarf. Damit bin ich bei Horace Barlow, dem zweiten Wissenschaftler, der in Cambridge großen Einfluss auf mich ausübte. Meine erste Frau Marian und ich lernten Horace (der nach seinem Großvater Sir Horace Darwin, Charles' Sohn, benannt war) kennen, als wir in Berkeley in Kalifornien waren und dort seine Vorträge als Gastprofessor für Sinnesphysiologie hörten. Diese Vorlesungen waren unter anderem deshalb bemerkenswert, weil Horace in der Regel mindestens eine halbe Stunde zu spät kam. Aber das Warten lohnte sich. Er war ein ungeheuer kluger Mann, aber auch eine Quelle von verschrobener Belustigung. Dass ein Witz unterwegs war, wusste man schon einige Sekunden bevor er tatsächlich kam – dazu brauchte man nur sein Gesicht zu beobachten. Der Artikel, mit dem Barlow uns inspiriert hatte, war ungefähr zehn Jahre vor seinen Vorlesungen entstanden (und er war der Grund, warum wir alles taten, um sie zu hören); er führte dazu, dass ich meine eigene Lehrmethode im Zusammenhang mit Sinnessystemen völlig veränderte. Marian und ich waren geradezu versessen auf den Barlow-Artikel, und eine Zeitlang beherrschte er viele Gespräche, die wir über Wissenschaft führten. Schon der Name »Horace Barlow« wurde zwischen uns zu einer Art

Kurzmitteilung für einen Gedankengang, den wir zu jener Zeit teilten. Meine Vorlesungen in Berkeley über Verhaltensphysiologie waren damals vom Ansatz des »darwinistischen Ingenieurs« dominiert.

Ich habe gerade gesagt, dass die Nerven laute Geräusche nicht durch die Höhe der Spannungsspitzen übertragen, sondern durch ihre Frequenz oder zeitliche Abfolge (und das Gleiche gilt auch für hohe Temperaturen, helles Licht und so weiter). Das stimmt, aber es wirft ein weiteres technisches Problem auf. Wenn die Frequenz der Spannungsspitzen einfach zu der Intensität des Signals proportional ist, wird die notwendige Information tatsächlich vermittelt, aber der Prozess ist verschwenderisch – und das auf eine zutiefst interessante Weise. Die Verschwendung lässt sich abmildern, indem man die »Redundanz« beseitigt. Was ist Redundanz?

Die Welt ist zu jedem Zeitpunkt im Wesentlichen in dem gleichen Zustand wie zum Zeitpunkt unmittelbar davor: Sie ändert sich nicht launisch oder nach dem Zufallsprinzip. Wie Journalisten, die über Neuigkeiten berichten, so müssen auch Nerven, die uns über den Zustand der Welt in Kenntnis setzen, nur dann ein Signal aussenden, wenn eine Veränderung stattfindet. Sie sagen nicht: »Es ist laut es ist laut es ist laut es ist laut es ist laut es ist laut…«, sondern sie sagen: »Ein lautes Geräusch hat begonnen. Gehe davon aus, dass sich daran bis auf weiteres nichts ändert.« Hier kommt die »Redundanz« als Fachbegriff aus der Informationstheorie ins Spiel. Wenn man den derzeitigen Zustand der Welt kennt, sind weitere Berichte über den gleichen Zustand *redundant*. Redundanz ist das Gegenteil von Information. Information ist ein mathematisch präzises Maß für die »Überraschung«. Zeitlich betrachtet, ist Information gleichbedeutend mit *Veränderungen* im Zustand der Welt von einem Augenblick zum nächsten, denn nur Veränderungen haben einen Überraschungswert. Redundanz bedeutet in diesem Zusammenhang »Gleichheit«. Der Empfänger mehrerer Nachrichten muss nicht alle Kanäle zur gleichen Zeit überwachen, sondern nur diejenigen, die eine *Veränderung* signalisieren. Das wäre nur dann nicht mehr nützlich, wenn die Welt sich ständig zufällig und unberechenbar verändern würde. Was glücklicherweise – nun ja, offensichtlich – nicht geschieht.

Die Ausfilterung von Redundanz war Barlows technische Lösung für das Problem einer ökonomischen Signalübertragung im zeitlichen Ablauf, und natürlich ist sie im Nervensystem umgesetzt: Sie hat die

Form der *sensorischen Anpassung.* Die meisten Sinnessysteme geben jedes Mal, wenn sie eine Veränderung bemerken, eine schnelle Salve von Spannungsspitzen ab, und danach sinkt die Geschwindigkeit der Spitzen auf einen niedrigeren Wert oder sogar auf null, bis wiederum eine Veränderung stattfindet.

Ein analoges technisches Problem gibt es auch im räumlichen Bereich. Denken wir einmal daran, wie ein Auge (oder eine Digitalkamera) eine Szene betrachtet: Die meisten Zellen in der Netzhaut (oder Pixel in der Kamera) sehen das Gleiche wie ihre Nachbarn in der Netzhaut (oder Kamera). Das liegt daran, dass die Szenen der Welt nicht launisch-zufällige Pfeffer-und-Salz-Mischungen sind; in der Regel bestehen sie aus großen Abschnitten mit einheitlicher Farbe, beispielsweise dem Himmel oder einer weiß gestrichenen Wand. Von Übergängen abgesehen, sieht jedes Pixel das Gleiche wie seine Nachbarn, und über das alles zu berichten, wäre eine Pixelverschwendung. Ökonomischer übermittelt man die Information, indem der Sender nur über *Kanten* berichtet und der Empfänger (in diesem Fall das Gehirn) die einheitlich gefärbten Flächen zwischen den Kanten »auffüllt«.

Barlow wies darauf hin, dass es auch für dieses technische Problem in der Biologie eine saubere, redundanzvermindernde Lösung gibt. Sie wird als *laterale Hemmung* bezeichnet. Die laterale Hemmung ist im räumlichen Bereich die Entsprechung zu der zeitlichen sensorischen Anpassung. In einer Anordnung von »Pixeln« sendet jede Zelle nicht nur Nervenimpulse zum Gehirn, sondern sie *hemmt* auch ihre unmittelbaren Nachbarn. Zellen, die in der Mitte eines Abschnitts mit einheitlicher Farbe liegen, werden von allen Seiten gehemmt und senden deshalb nur wenige oder gar keine Impulse zum Gehirn. Liegen sie dagegen am *Rand* einer solchen Farbfläche, unterliegen sie der Hemmung nur von ihren Nachbarn auf einer Seite. Das Gehirn erhält also die Mehrzahl seiner Impulse von Rändern: Damit ist das Redundanzproblem gelöst oder zumindest abgemildert.

Barlow leitete seinen Artikel mit einem anspruchsvollen Gedankenexperiment ein – insbesondere dieser Teil regte Marians und meine Phantasie an. Stellen wir uns einmal vor, es gebe für jedes Muster, welches das Gehirn erkennen will – jeden Baum, jeden natürlichen Feind, jedes Beutetier, jedes Gesicht, jeden Buchstaben des Alphabets oder des griechischen Alphabets –, eine Nervenzelle, die so mit der Netzhaut verknüpft ist, dass sie einen Impuls abgibt, wenn »ihre« Form auf

rawatten. Heute trage ich nur noch die wunderschönen, hand-
malten Krawatten von Lalla mit Tiermotiven. Von oben links
ı Uhrzeigersinn: mit Lalla und meiner Seekuhkrawatte; mit
owan Williams, Erzbischof von Canterbury (Gottesanbeterin-
nkrawatte); mit Robert Winston, Widmungsempfänger von
*pfel des Unwahrscheinlichen* (Chamäleonkrawatte); mit Joan
kewell in Hay-on-Wire (Pinguinkrawatte); beim Signieren
n Büchern (Scharlachsichlerkrawatte); und bei der Verleihung
r Ehrendoktorwürde an der Open University (Zebrakrawatte).

Oxford. Oben links und recht
Alan Grafen und Bill Hamilto
in voller Aktion beim jährlich
Stocherkahnrennen. Links: Jo
Krebs (links mit Brille) nach
dem Rennen am Flussufer mi
Freunden aus der Gruppe für
Tierverhaltensforschung. Unt
Mark Ridley, nachdem er ein
Witz in die *Oxford Surveys in
Evolutionary Biology* einge-
schmuggelt hatte. Wir beide w
ren die Gründungsherausgeb

Geistesriese und gute Freunde. Oben: Lalla und ich beim Abendessen mit Francis Crick (zweiter von links) und Richard Gregory in unserer Wohnung in Oxford. Rechts: Richard Gregory, der mir hier gerade die Ehrendoktorwürde der Sussex University verliehen hat (»aber warum sind Sie als Color Rado gekommen?«). Unten rechts: die »Planetenpoetin« Carolyn Porco mit Lalla in unserem Garten in Oxford. Ganz rechts: der ungewöhnliche Abenteurer Redmond O'Hanlon zwischen einigen seiner Bücher.

Die Weihnachtsvorlesungen an der Royal Institution und (Seite gegenüber) ihre sommerliche Wiederholung in Japan. Rechts: das große Kind Douglas Adams als Freiwilliger. Unten rechts: Auge in Auge mit der Kanonenkugel, die mir gleich nicht ganz die Nase brechen wird. Unten: Demonstration der chemischen Verteidigung des Bombardierkäfers.

Auf dieser Japanreise lernten Lalla und ich Sir John Boyd (ganz links) kennen, damals Botschafter in Japan und heute unser guter Freund. In Japan kam Lalla während der Vorlesungen zu mir auf das Podium (oben), einmal auch mit dem Python (links), den wir für diese Gelegenheit gemietet hatten.

Unten: einige Hunde, die wir versammelt hatten, um die Wirksamkeit der künstlichen Selektion zu demonstrieren.

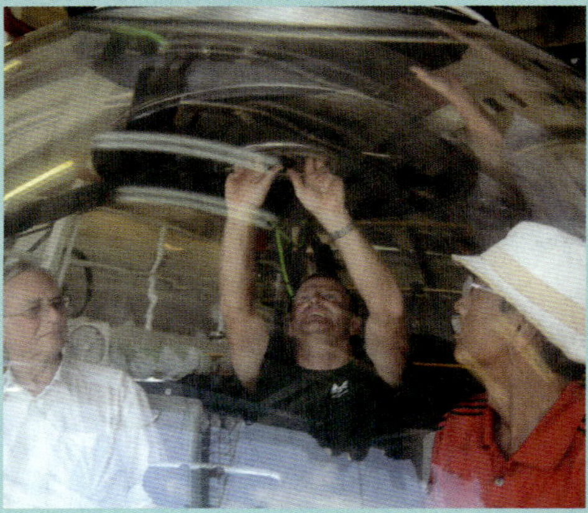

Die Tiefe. Im Uhrzeigersinn von oben: auf Ray Dalios Forschungsschiff Alucia vor der Suche nach dem Riesenkalmar mit dem Tauchboot Triton; das erste Foto eines lebenden Exemplars dieser außergewöhnlichen Spezies; Edith Wilder, die es mit ihrer »elektrischen Qualle« vor die Kamera gelockt hatte, im Triton mit dem Piloten Mark Taylor und (rechts) Tsunemi Kubodera, der als erster Wissenschaftler einen lebenden Riesenkalmar sah.

Sonneninseln. Meine zweite Expedition mit der Alucia führte mich nach Raja Ampat (oben), wo ich mich im Kajakfahren versuchte. Auf der Werbetour für das Buch *Climbing Mount Improbable* waren Lalla und ich auch auf Heron Island im großen Barrier Riff (rechts und unten) Dort schnorchelte ich zwischen Haien. Vielleicht werde ich eines Tages auch in den Flüssen von Sri Lanka schnorcheln, wo meine Mutter als Kind spielte, und dort dem hübschen *Dawkinsia rohani* (oben) begegnen.

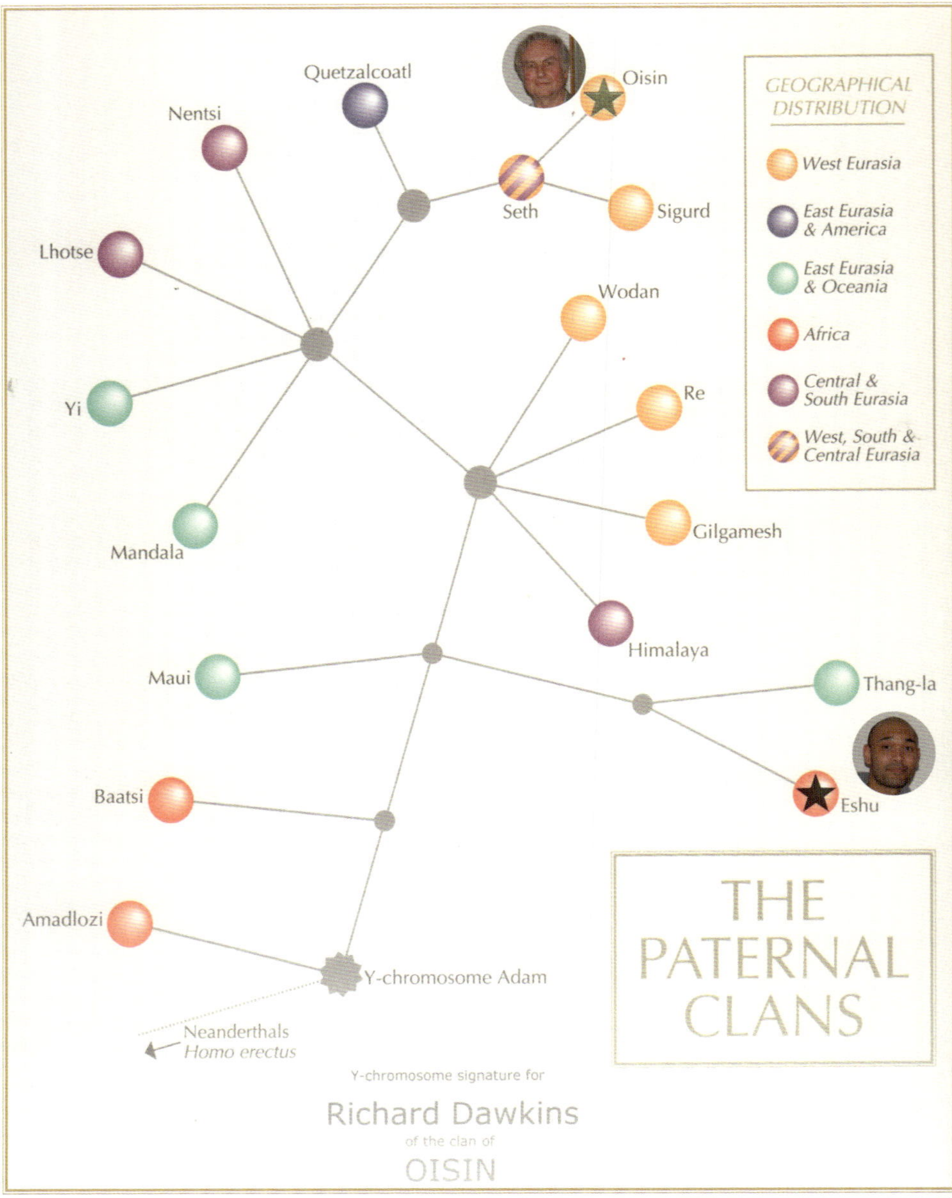


Ich hatte gehofft, James Dawkins und ich würden von einem gemeinsamen Vorfahren in Jamaika abstammen, aber die DNA bewies das Gegenteil. An dem Stammbaum der Y-Chromosomen, den der Genetiker Bryan Sykes erstellte (oben) kann man es erkennen: Wir gehören zu Eshu und Oisin, zwei verschiedenen »Sippen« von Y-Chromosomen.

Hat schon einmal ein Hund seine Flöhe gelobt?« Eine kleine Auswahl der über 20 religiösen Bücher, für die *Der Gotteswahn* den Anlass gab, zusammen mit dem »Hund« selbst.

Die Simonyi-Vorlesungen. Charles Simonyi ist der weitsichtige Mäzen des Lehrstuhls für öffentliche Vermittlung von Wissenschaft an der Universität Oxford. Er ist ein Mann, der sich für vieles interessiert und begeistert. Umgeben von seiner Sammlung zeitgenössischer Kunst wohnt er in einem großartigen Haus in Seattle (unten rechts), und 2009 flog er in den Weltraum (unten links mit seinen Astronautenkollegen).

Als erster Professor für öffentliche Vermittlung von Wissenschaft rief ich die Simonyi-Vorlesungen ins Leben. Ich hatte das Glück, als Redner eine Reihe von Stars zu gewinnen. Seite gegenüber von unten links: Jared Diamond, Daniel Dennett, Richard Gregory und Steven Pinker. Diese Seite von oben nach unten: Martin Rees, Richard Leakey, Carolyn Porco, Harry Kroto und Paul Nurse.

Fernsehen. Oben links: *Break the Science Barrier* war die erste Fernsehsendung, die ich bei Channel 4 moderierte. Später arbeitete ich mit Russell Barnes (oben, hintere Reihe Mitte) und seiner Mannschaft, darunter der Kameramann Tim Cragg (rechts) und der Tonmann Adam Prescott (vorne) an Produktionen wie *Faith Schools Menace*, für die wir in Belfast filmten, und *The Genius of Charles Darwin* (unten) wo ich mit einem Gorilla einen Attenborough-Moment erlebte – wenn er nicht in einem Zoo stattgefunden hätte.

Russell und ich filmten für *The Genius of Charles Darwin* auch in einem Slum in Nairobi (oben). Für *The Root of All Evil?* fuhren wir nach Lourdes (unten links) und Jerusalem, wo ich zur Besichtigung der Klagemauer den obligatorischen Hut aufsetzte (unten rechts).

Bilder der Evolution. Rechts: Entlarvung des Mythos »als ob ein Wirbelsturm, der über einen Schrottplatz fegt, eine Boeing 747 zusammensetzen könnte«. Das hübsche Bild landete schließlich auf dem Fußboden des Schneideraums. Unten: Lalla mit einem Würfel aller möglichen Biomorphgehäuse.

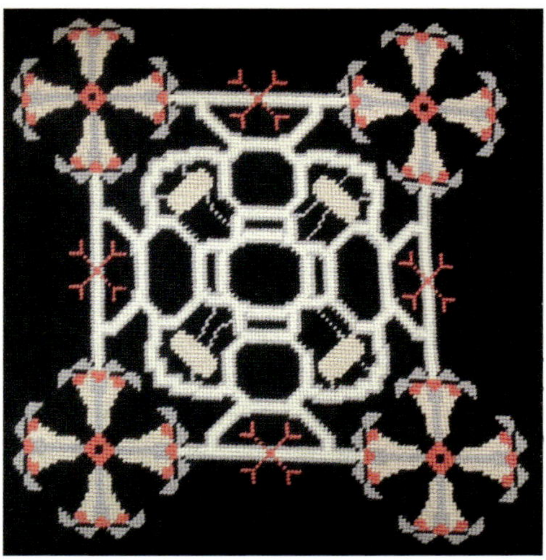

Als ich Lalla kennen lernte, arbeitete ich gerade mit aller Kraft an meinen ein- und mehrfarbigen Computer-Biomorphen. Sie ließ sich davon inspirieren und bestickte einige Stuhlbezüge (oben); dabei repräsentierte jeder Stich ein Pixel. Das Muster oben ist kein Biomorph, aber es wäre verzeihlich, wenn man es dafür hielte: In Wirklichkeit ist es das Skelett eines Glasschwammes.

Alles über Meme. Links: mit Dan Dennett und Susan Blackmore bei einem von Sues »Memelab«-Treffen in Devon. Bei einem dieser Treffen machte ich Reklame für das Mem der »chinesischen Dschunke« (Mitte). Unten: Erfahrungen aus Jugendzeiten mit einer Klarinette versetzten mich in die Lage, am Ende der memetischen Veranstaltung von Saatchi & Saatchi in Cannes auf dem EWI zu spielen.

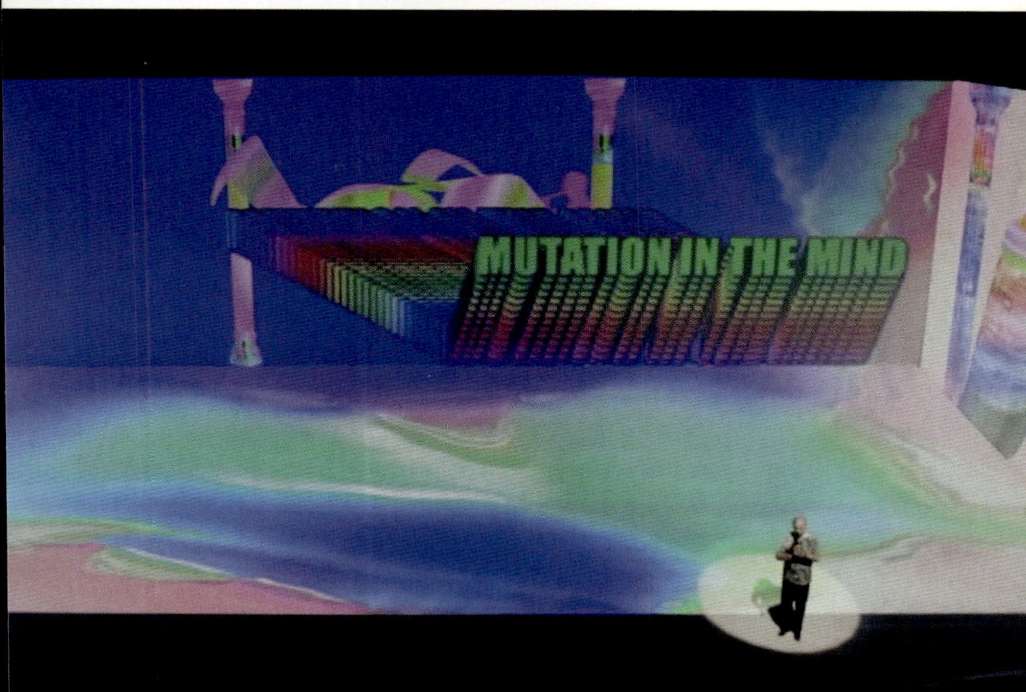

Das Festessen. Gäste zur Feier meines siebzigsten Geburtstages treffen in der New College Hall ein.

die Netzhaut fällt. Jede dieser Gehirnzellen ist mit einem »Schlüsselloch« verdrahtet, einer bestimmten Kombination von Bildpunkten, so dass sie nur dann aktiv wird, wenn man die richtige Form des »Schlüssels« sieht. Darüber hinaus muss sie negativ als »Anti-Schlüsselloch« verdrahtet sein (wobei alle Bildpunkte außer denen des Schlüssellochs verdrahtet sind), denn sonst würde sie auch dann einen Impuls abgeben, wenn sie ein »Blanko«-Lichtfeld sieht, welches das gesamte Schlüsselloch abdeckt. Das klingt gut, aber wie man bei genauerem Nachdenken erkennt, kann es nicht stimmen. Denken wir einmal daran, dass alle Formen, die von solchen sich überschneidenden Schlüssellöchern erkannt werden müssen, in Tausenden von Orientierungen und aus allen Entfernungen gesehen werden können. Die Zahl der überlappenden Schlüssellöcher (wobei der Rest der Netzhaut in jedem Einzelfall das Anti-Schlüsselloch ist) wäre so ungeheuer groß, dass die zugehörigen Gehirnzellen zahlreicher sein müssten als alle Atome auf der Welt. Nach einer Schätzung des amerikanischen Psychologen Fred Attneave, der unabhängig auf die gleiche Idee kam wie Barlow, müsste sich das Volumen eines solchen Gehirns nach Kubiklichtjahren bemessen!

Die Lösung – Verminderung der Redundanz – geht über die sensorische Anpassung und laterale Hemmung hinaus und erweitert sich zu einer faszinierenden Liste von Merkmals-Detektorneuronen im Gehirn, darunter Detektoren für waagerechte Linien, Detektoren für senkrechte Linien, »Fliegendetektoren« und andere, die man alle als Redundanzverminderer im Sinn von Barlow und Attneave betrachten kann. Eine gerade Linie kann beispielsweise nur in Form ihrer beiden Enden repräsentiert werden, und dem Gehirn bleibt es dann überlassen, die redundanten dazwischenliegenden Punkte »auszufüllen«. Wie im Fall der Fledermäuse und der Spinnennetze, so kann man auch die ganze Geschichte von Barlow als elegante (und leicht zu merkende) Abfolge von Problemen erzählen, wobei technische Probleme neue Probleme aufwerfen, die neue technische Lösungen nahelegen, und so weiter.

Wir sollten also damit rechnen, dass die »Detektorzellen«, die sich im Gehirn von Tieren einer bestimmten Spezies entwickeln, nicht nur auf die Wahrnehmung von Merkmalen abgestimmt werden, die im Strom der Sinnesinformationen redundant sind, sondern auch auf solche, die für Tiere dieser Spezies eine große funktionale Bedeutung haben – zum Beispiel Farbe und Form eines Sexualpartners. Die Verbindung dieser beiden Abstimmungen würde dazu führen, dass eine umfassende Liste der Detektorzellen im Gehirn eines Tieres sich zu einer Art indirekter Beschreibung aller wichtigen Eigenschaften der Welt summiert, in der die Spezies lebt.

Und dieser Gedanke korrespondiert wiederum mit einem weiteren Gedanken, der allerdings von mir ist: dem »genetischen Totenbuch«. Dahinter steht die Überlegung, dass man die Gene eines Tieres in der Theorie als digitale Beschreibung der Umgebungen lesen kann, in denen seine Vorfahren überlebt haben.

## Das »genetische Totenbuch« und die Spezies als Computer zur Berechnung von Durchschnittswerten

In *Und es entsprang ein Fluss in Eden* blicke ich zu Beginn auf die Vorfahren des Lesers zurück und hänge einem eigentlich trivialen, aber doch sehr bedeutsamen Gedanken nach: Kein einziger von unseren Vorfahren ist jung gestorben oder hat es versäumt, mindestens eine heterosexuelle Kopulation zuwege zu bringen. Jedes Individuum erbt bei seiner Geburt die Gene einer im wahrsten Sinne des Wortes ununterbrochenen Reihe erfolgreicher Vorfahren. Wir erben die Gene, die diese Vorfahrenelite, wie ich sie genannt habe, so ausgerüstet haben, dass sie eine Elite sein konnte. Im Einzelnen sind die Mittel, durch die ein Individuum zu einem erfolgreichen Vorfahren wird, von Spezies zu Spezies unterschiedlich, aber ganz gleich, wie sie es geschafft haben, wir alle stammen von Individuen ab, die es gut konnten. »Gut können« heißt gut fliegen im Fall der Vögel, Fledermäuse und Pterosaurier, gut graben im Fall der Maulwürfe, Erdferkel und Wombats, gut jagen im Fall von Löwen, Falken und Hechten, gut kämpfen im Fall der männlichen Hirsche, Elefantenrobben und parasitischen Feigenwespen.

In einem bestimmten Sinn kann man also die DNA einer Spezies prinzipiell als Beschreibung der Lebensweise lesen, die diese Art gut beherrscht. Den Gedanken habe ich unter der Überschrift »Das genetische Totenbuch« in mehreren Büchern erwähnt, am ausführlichsten habe ich ihn aber in dem gleichnamigen Kapitel in *Der entzauberte Regenbogen* dargelegt. Dort habe ich ihn unter anderem so vorgestellt:

*Eine Spezies ist ein Computer zur Berechnung von Durchschnittswerten. Sie baut im Laufe der Generationen eine statistische Beschreibung der Umweltverhältnisse auf, unter denen die Vorfahren ihrer heutigen Angehörigen gelebt und sich fortgepflanzt haben. Diese Beschreibung ist in der Sprache der DNA niedergelegt, aber sie befindet sich nicht im Erbmaterial eines einzigen Individuums, sondern in den Genen – den egoistischen Kooperatoren – der gesamten fortpflanzungsfähigen Population. Wenn wir den Körper eines Tieres finden, eine neue Spezies, die in der Wissenschaft bisher nicht bekannt war, kann ein qualifizierter Zoologe, der ihn seziert und in allen Einzelheiten untersucht, Aufschlüsse über die Umwelt gewinnen, in der seine Vorfahren lebten: Wüste, Regenwald, arktische Tundra, Waldgebiet mit gemäßigtem Klima oder Korallenriff. An Zähnen und Darm kann der Zoologe auch ablesen, wovon es sich ernährte. Flache Mahlzähne und ein langer Darm mit Blindsäcken weisen auf einen Pflanzenfresser hin; scharfe Reißzähne und ein kurzer, unkomplizierter Darm kennzeichnen einen Fleischfresser. Die Füße des Tieres sowie seine Augen und andere Sinnesorgane lassen erkennen, wie es sich fortbewegte und seine Nahrung fand. Streifen oder Flecken, Hörner, Geweih oder Kamm liefern dem erfahrenen Betrachter Anhaltspunkte für das Sozial- und Sexualleben des gefundenen Tieres.*[83]

Ich habe die biologische Art als »Computer zur Berechnung von Durchschnittswerten« bezeichnet, aber warum ist gerade die Spezies dieser Computer und nicht der einzelne Organismus? Weil jedes einzelne Genom zumindest bei Tieren, die sich sexuell fortpflanzen, nur eine flüchtige Stichprobe aus dem Genpool ist, der im Laufe der Generationen gesiebt und ausgedünnt wurde, so dass er die Durchschnittswerte der Bedingungen und Widrigkeiten widerspiegelt, mit denen Individuen früherer Generationen sich auseinandergesetzt und überlebt haben. Der Genpool einer Spezies ist eine Art Negativbild der durchschnittlichen Umwelt von Individuen der Spezies. Wenn wir uns die natürliche Selektion als Bildhauer vorstellen, der Rohstoff wegmeißelt und zu immer größerer Vollkommenheit gelangt, handelt

[83] Aus: *Der entzauberte Regenbogen*. Übersetzt von Sebastian Vogel, Reinbek 2000, S. 310 f.

es sich bei dem Gebilde, an dem gemeißelt wird, um den Genpool der Spezies. Das Genom jedes Individuums ist eine Stichprobe aus diesem Genpool, und das Überleben (oder Scheitern) des Individuums hängt (unter anderem) davon ab, welche Genausstattung es glücklicher- oder unglücklicherweise aus dem Pool entnommen hat. Den Gedanken, dass der Erfolg der Gene von ihren genetischen Begleitern abhängt, versuchte ich erstmals 1976 in *Das egoistische Gen* mit meiner Metapher der immer neu zusammengestellten Rudermannschaften zu vermitteln; dabei nahmen die Ruderer den Platz der Gene ein, und die erfolgreich neu bemannten Boote waren die Entsprechung zu den Organismen. Wie viele Metaphern, so sollte man auch diese nicht zu weit treiben, aber sie vermittelt die wichtige Idee, dass die besten Gene auf lange Sicht im Genpool wahrscheinlich überleben werden, auch wenn viele Kopien von ihnen untergehen, weil sie in bestimmten Körpern von unterlegenen Mannschaftskameraden hinabgezogen werden. Der Genpool ist die Einheit, die sich auf lange Sicht verbessert, weil die natürliche Selektion im Laufe der Generationen an ihm meißelt. Von hier aus ist es nur noch ein kurzer Schritt zum Bild vom genetischen Totenbuch. Wichtig ist dabei die Erkenntnis, dass die Umwelt nicht unmittelbar prägend auf die Gene wirkt – das wäre Lamarckismus. Die Gene verändern sich vielmehr nach dem Zufallsprinzip, und diejenigen, die zur Umwelt passen, überleben und bevölkern den Genpool der Zukunft.

Soweit ich mich erinnere, kam mir im Rahmen meiner Tutorentätigkeit zum ersten Mal der Gedanke, dass ein Zoologe mit ausreichenden Kenntnissen im Prinzip in der Lage sein sollte, aus der Anatomie, Physiologie und DNA einer Spezies abzulesen, wo und wie sie gelebt hat, wer ihre Feinde waren, mit welchen Wetterverhältnissen sie zurechtkommen musste und so weiter. Ich lehrte damals die Prinzipien der biologischen Systematik, die Wissenschaft der Klassifikation von Tieren. Tiere, die nicht miteinander verwandt sind, aber eine ähnliche Lebensweise haben, ähneln einander in der Regel in ihren oberflächlichen Merkmalen, und das birgt die Gefahr, dass wir uns von den Merkmalen ablenken lassen, die sie mit ihren echten systematischen Verwandten teilen. Ein Delfin ähnelt oberflächlich einem Marlin, weil beide knapp unter der Meeresoberfläche schwimmen, aber gegenüber diesen vordergründigen Ähnlichkeiten überwiegen bei weitem die Merkmale, in denen Delfine den Landsäugetieren ähneln und in denen Marline anderen Fischen ähnlich sind. Es gibt Rechenmethoden, mit denen man solche konkurrierenden Ähnlichkeiten abschätzen kann, und zwar unabhängig davon, ob sie »alt« oder »jüngeren Datums« sind.

Die Methoden einer solchen »numerischen Taxonomie« sind heute weniger in Mode als zu meiner Zeit als Studienanfänger, als ich sie von Arthur Cain lernte, aber sie eignen sich gut, um meine Aussage zu verdeutlichen. Man misst alles, was man über eine große Zahl von Arten herausfinden kann, füttert alle Messungen in einen Computer und lässt ihn eine Zahl für den *Abstand* zwischen jeder Spezies und jeder anderen Spezies ausrechnen. Mit »Abstand« ist hier natürlich keine räumliche Entfernung gemeint, sondern eine Angabe darüber, wie stark sie einander ähneln: ihr Abstand in einem vieldimensionalen mathematischen »Ähnlichkeitsraum«. Dabei, so die Hoffnung, findet man heraus, dass sich Delfine und Marline wegen ihrer ähnlichen Lebensweise ein wenig »näher« stehen, als es eigentlich sein »sollte«, aber viel schwerer als diese Ähnlichkeiten (Stromlinienform und so weiter) wiegen die weitaus zahlreicheren Unterschiede, die sich daraus ergeben, dass es sich im einen Fall um ein Säugetier und im anderen um einen Fisch handelt: Sie hatten seit dem Devon sehr lange Zeit, um sich auseinanderzuentwickeln. Die Berechnungen »filtern« die oberflächlichen (in der Minderzahl befindlichen) Ähnlichkeiten heraus und lassen sie unter den Tisch fallen; was bleibt, sind die »grundsätzlichen« (zahlreicheren) Ähnlichkeiten, die auf eine Verwandtschaft im Stammbaum hindeuten.

Während ich im Tutorium zusammen mit meinen Studierenden laut dachte, fiel mir auf, dass die beschriebenen Rechenverfahren eigentlich das Pferd von hinten aufzäumten. Anstatt die »oberflächlichen« Funktionsmerkmale (beispielsweise die Stromlinienform von Delfinen und Marlinen) auszufiltern und nur die »echten« systematischen Eigenschaften übrig zu behalten, konnten wir genau das Umgekehrte tun: Wir konnten uns Mühe geben, die taxonomischen Merkmale auszufiltern, die auf Verwandtschaft beruhen, und uns auf die Minderheit der funktionellen Ähnlichkeiten konzentrieren. Wie war das zu bewerkstelligen? Stellen wir uns vor, wir würden mehrere Paare von Tieren konstruieren. Das erste Tier jedes Paars gedeiht im Wasser, das zweite an Land. Taxonomisch betrachtet, ist aber jedes Tier mit dem anderen des gleichen Paars enger verwandt als mit irgendeinem anderen auf »seiner Seite« der Paare: {Otter, Dachs}, {Biber, Erdhörnchen}, {Schwimmbeutler, Opossum}, {Wasserspitzmaus, Landspitzmaus}, {Wasserwühlmaus, Wühlmaus}, {Teichschnecke, Landschnecke}, {Wasserspinne, Landspinne}, {Meerechse, Landechse}. Angenommen, wir stellen an allen diesen Tieren (und vielen weiteren ähnlichen Paaren) Hunderte von Messungen an – anatomische Messungen, physiologische Messungen, biochemische Messungen, DNA-Sequenzanalysen –, füttern alle Ergebnisse in einen Computer und sagen ihm, welches Mitglied jedes Paares im Wasser und welches an Land lebt. Jetzt stellen wir dem Computer beispielsweise folgende Frage (das ist nicht so einfach, wie es klingt, aber es gibt Methoden dafür): »Welche Gemeinsamkeiten haben die jeweils im Wasser lebenden Tiere im Gegensatz zu ihren an Land lebenden Partnern?« In Wirklichkeit kann man die Sache noch etwas verfeinern. Statt für unsere Tiere einfach ein Kästchen – Wasser oder Land – anzukreuzen, können wir sie auf einem Gradienten der Lebensweise im Wasser anordnen und entlang dieses Gradienten nach quantitativen Zusammenhängen suchen. Wir können sogar die kühne Frage stellen: »Welche Messungen an einem Tier müsste ich mit welchem *Faktor multiplizieren*, um es von einem Landtier in ein Wassertier zu verwandeln?«

Die gleiche Methode können wir dann auf Paare von Arten anwenden, die auf Bäumen beziehungsweise am Erdboden leben: {Eichhörnchen, Ratte}, {Baumfrosch, Frosch}, {Baumkänguru, Känguru}; dann für Paare von unter beziehungsweise über der Erde lebenden Arten: {Maulwurf, Spitzmaus}, {Maulwurfsgrille, Grille}, {Sandgräber, Ratte} und so weiter. Im Vergleich von Wasser- und Landtieren haben wir die ziemlich naheliegende Erwartung, dass Schwimmhäute als eine Antwort auftauchen. Ich hoffe aber, der Computer findet auch weniger offenkundige Merkmale, die tief im Inneren der Tiere versteckt sind, wie beispielsweise chemische Eigenschaften des Blutes. Und um wieder auf das genetische Totenbuch zurückzukommen: Das Gleiche könnten wir auch mit Genen durchexerzieren. Gibt es Gene, die Wassertiere mit anderen Wassertieren verbinden, obwohl sie nicht sonderlich eng verwandt sind? Normalerweise rechnen wir damit, dass genetische Vergleiche eine enge Verwandtschaft erkennen lassen. Im Hinblick auf die große Mehrzahl ihrer Gene werden Meeres- und Landechsen, die ja enge Vettern sind, sich sicher stark ähneln. Ich hoffe aber, dass sich auch das Gegenteil zeigt: dass man einige Gene findet, die Meeresechsen mit anderen Meeresbewohnern gemeinsam haben, nicht aber mit den Landechsen oder anderen Tieren, die auf dem Trockenen zu Hause sind – ein Beispiel wäre vielleicht ein Gen, das mit der Ausscheidung von Salz zu tun hat.

Solche Überlegungen, die ich im Laufe der Jahre mit einem Studierenden nach dem anderen in den Tutorien durchsprach und diskutierte, veranlassten mich dazu, Formulierungen wie »genetisches Totenbuch« zu prägen und die Vermutung zu äußern, dass ein ausreichend qualifizierter Zoologe angesichts eines unbekannten Tieres am Ende mit Hilfe eines Computers in der Lage sein sollte, dessen Lebensweise zu rekonstruieren – oder genauer gesagt, die seiner Vorfahren. Insbesondere die Gene, die den Vorfahren des Tieres das Überleben ermöglichten, lassen sich im Prinzip als codierte Beschreibung seiner früheren Umwelt lesen: seiner früheren natürlichen Feinde, des früheren Klimas, früherer Parasiten, eines früheren Soziallebens.

In den Tutorien, in denen meine Studierenden und ich mit solchen Ideen spielten, musste ich häufig an meinen eigenen Tutor Arthur Cain und seinen Ausspruch »Das Tier ist, wie es ist, weil es so sein muss« denken. Als Doktorand saß ich einmal in Oxford im Royal Oak Pub (der auch Doktorenkneipe genannt wurde, weil das alte Radcliffe Infirmary unmittelbar gegenüber lag) bei einem einsamen Abendessen, das, wie ich zu meinem Kummer gestehen muss, aus Rühreiern mit Speck bestand. Zufällig war Arthur gerade im selben Pub mit der gleichen Tätigkeit beschäftigt, also setzten wir uns zusammen (wie – auch daran erinnere ich mich ungern – die »beiden Handlungsreisenden«, die den Internationalen Gideonbund gründeten). Wir unterhielten uns über biologische Systematik und Anpassung, und irgendwann äußerte Arthur zur Verdeutlichung einer Aussage die Ansicht, man könne ein Eichhörnchen als Ratte bezeichnen, das sich in der »Dimension des Lebens auf Bäumen« in einem gewissen Maß von einem rattenähnlichen Vorfahren entfernt habe. Das Bild blieb bei mir haften und gab den Anlass zu dem Kapitel »Das genetische Totenbuch« in *Der entzauberte Regenbogen* wie auch zu der Idee zum »Museum aller möglichen Tiere«, dem beherrschenden Thema in zwei Kapiteln von *Gipfel des Unwahrscheinlichen* (siehe unten). Den unmittelbaren Anlass zu dem »Museum« gaben allerdings meine Versuche mit Computermodellen, mit denen ich begann, während ich *Der blinde Uhrmacher* schrieb.

## Evolution in Pixeln

»Die Akkumulation kleiner Veränderungen«, das dritte Kapitel von *Der blinde Uhrmacher*, erforderte ebenso viel Zeit und Anstrengung wie die anderen zehn Kapitel zusammen. Das lag daran, dass ich Wochen und Monate mit dem Schreiben einer Reihe von Computerprogrammen zubrachte, die den Namen »Blinder Uhrmacher« trugen und dazu dienten, »Computer-Biomorphe« auf dem Bildschirm durch künstliche Selektion zu züchten. Das Wort »Biomorph« übernahm ich von meinem Freund Desmond Morris: Seine surrealistischen Gemälde stellen quasibiologische Formen dar, die nach seinem eigenen, vollkommen glaubhaften Bericht von Leinwand zu Leinwand eine »Evolution« durchmachen. Desmonds Gemälde *The Expectant Valley* hatte den Umschlag von *The Selfish Gene* geziert. Ich kaufte das Original bei einer von Desmonds Ausstellungen, denn der Preis von 750 britischen Pfund entsprach exakt dem Vorschuss, den Oxford University Press mir gezahlt hatte, und das Omen reizte meine Phantasie. Als ich zehn Jahre später mit Desmond über *Der blinde Uhrmacher* sprach, war er von dem Titel so angetan, dass er sich sofort daranmachte, ein Gemälde mit dem gleichen Titel zu schaffen. Dieses neue Gemälde – das allerdings mehr mit dem Titel als mit dem Inhalt des Buches zu tun hatte – zierte später die Umschläge der Longman- und der Penguin-Ausgaben von *The Blind Watchmaker*.

Mein Biomorphprogramm schrieb ich in Pascal, einer heute mehr oder weniger veralteten Programmiersprache, und die war ihrerseits ein direkter Abkömmling des (noch gründlicher veralteten) Algol-60, das ich als Doktorand gelernt hatte. Ich hatte ständigen Zugriff auf die Apple-Macintosh-»Toolbox«, ein Repertoire fest verdrahteter Maschinencode-Programme, das dem Mac seine charakteristische (und berüchtigt oft imitierte) Anmutung gibt; das halbe Dutzend technische Handbücher der Mac-Toolbox wurde zu meiner häufig durchgeblätterten, zunehmend schmuddeligen und mit chaotischen Anmerkungen versehenen Bibel.

Ebenso lief ich ständig zu dem stets geduldigen Alan Grafen, um ihn um Hilfe und Rat zu bitten: Er hatte zwar als Mac-Programmierer nicht mehr Erfahrung als ich – eher das Gegenteil –, aber er verfügt über nicht zu leugnende Vorteile in der IQ-Abteilung. Oder, wie P. G. Wodehouse es hätte formulieren können: »Nördlich des Kragenknopfes steht Alan allein.« Marian sagte über ihn: »Er hat die höchst lästige Gewohnheit, recht zu haben.« Während meines Programmiermarathons sagte Alan einmal ganz liebenswürdig zu mir, ich tue ihm leid, weil ich mich im Sumpf eines besonders schwierigen Codeabschnitts befand und so tief drinsteckte, dass ich nicht wieder herauskam. Das hört sich nach dem Concorde-Prinzip an, und in einem gewissen Maße war es das auch: Aufzugeben hätte bedeutet, die ganze bis dahin investierte Arbeit abzuschreiben. Aber das war noch nicht alles. Zur Hartnäckigkeit getrieben wurde ich – und ich wage es, mir dafür ein Verdienst anzurechnen und sogar ein wenig stolz zu sein – von einer biologischen Intuition, einer fast instinktiven Nase dafür, dass das, was ich als Biologe roch, auch funktionieren musste. Mich trieb die Überzeugung an, dass sich aus meinem Algorithmus zur Erzeugung von Biomorphen irgendwann etwas wirklich Spannendes entwickeln musste, wenn ich nur hartnäckig blieb und mich aus dem Sumpf der Komplexität herauszog.

Der Schlüssel dazu lag in der fraktalen Natur der eingebetteten »Embryologie« meiner Biomorphe, dem rekursiven Verfahren für das Wachstum von Bäumen, dessen quantitative Details durch insgesamt neun (und in späteren Versionen des Programms noch mehr) Zahlen, die ich als Gene bezeichnete, gesteuert wurden. Ändert man die Zahlenwerte der Gene, verändert sich damit natürlich auch die Morphologie des Biomorphs. Weniger offensichtlich ist, dass die Veränderung häufig in einer biologisch interessanten Richtung verläuft. Den Darwinismus (allerdings nicht die Sexualität) führte ich ein, indem ich Tochterbiomorphe (ungeschlechtlich) aus Eltern-Biomorphen mit Hilfe der künstlichen Selektion »heranzüchtete«. Der Computer bot eine Auswahl von Tochter-Biomorphen mit geringfügig mutierten Genen an, und der Mensch wählte dasjenige aus, das die nächste Generation hervorbringen sollte – und so weiter, über eine unbegrenzte Zahl von Generationen hinweg. Die Zahlenwerte der Gene blieben verborgen: Genau wie ein Rinder- oder Rosenzüchter sah auch der Biomorphzüchter nur die Folgen des genetischen Wandels, die Morphologie auf dem Computerbildschirm.

In meinen Träumen sah ich nun voraus, dass sich etwas Interessantes, Unerwartetes entwickeln würde. Aber nie hatte ich zu hoffen gewagt, dass meine Biomorphe den Evolutionsweg von der Botanik zur Insektenkunde vollziehen würden!

*Als ich das Programm schrieb, kam mir niemals der Gedanke, dass es etwas anderes entwickeln könnte als eine Varietät von baumähn-*

*lichen Gestalten. Ich hatte Trauerweiden erhofft, Libanonzedern, Pyramidenpappeln, Meerespappeln, vielleicht Hirschgeweihe. Nichts in meiner Intuition als Biologe, nichts in meiner 20-jährigen Erfahrung im Programmieren von Computern und nichts in meinen verrücktesten Träumen hatte mich auf das vorbereitet, was tatsächlich auf dem Bildschirm erschien. Ich kann mich nicht daran erinnern, an welchem Punkt der Sequenz es mir zu dämmern begann, dass eine durch Evolution entstandene Ähnlichkeit mit einem Insekt möglich war. Voller Argwohn begann ich zu züchten, Generation auf Generation – und von jedwedem Kind, das am meisten wie ein Insekt aussah. Mein ungläubiges Erstaunen wuchs in gleichem Maße wie die sich entwickelnde Ähnlichkeit … Ich spüre immer noch das Triumphgefühl, das mich erfüllte, als ich diese sonderbaren Kreaturen zum ersten Mal vor meinen Augen entstehen sah. Ganz deutlich hörte ich die triumphierenden ersten Akkorde von* ***Also sprach Zarathustra*** *(dem Thema zum Film* ***2001****) in meinem Geist. Ich konnte nicht essen, und in jener Nacht schwärmten »meine« Insekten hinter meinen Augenlidern herum, als ich zu schlafen versuchte. Es gibt Computerspiele auf dem Markt, wo der Spieler glaubt, in einem unterirdischen Labyrinth herumzuirren, das eine bestimmte, wenn auch komplexe Geographie besitzt, und wo er auf Drachen, menschenfressende Ungeheuer und andere mythische Gegner trifft. In diesen Spielen gibt es zahlenmäßig recht wenige Monster. Sie sind alle von einem menschlichen Programmierer entworfen, ebenso die Geographie des Labyrinths. Im Evolutionsspiel, sei es nun in der Computerversion oder in der Wirklichkeit, hat der Spieler (oder Beobachter) dasselbe Gefühl, als wandere er, bildlich gesprochen, durch ein Labyrinth sich verzweigender Gänge, aber die Zahl möglicher Wege ist nahezu unendlich, und die Monster, auf die man trifft, sind nicht von Menschen gemacht und nicht vorhersagbar. Bei meinen Wanderungen durch die entfernten Gefilde des Landes der Biomorphe erhielt ich Feenkrabben, Aztekentempel, gotische Kirchenfenster, Eingeborenenzeichnungen von Kängurus und, bei einer bemerkenswerten, aber nicht wiederholbaren Gelegenheit, eine passable Karikatur des Wykeham-Professors für Logik.*[84]

---

[84] Aus: *Der blinde Uhrmacher*. Übersetzt von Karin de Sousa Ferreira, München 1996, S. 77.

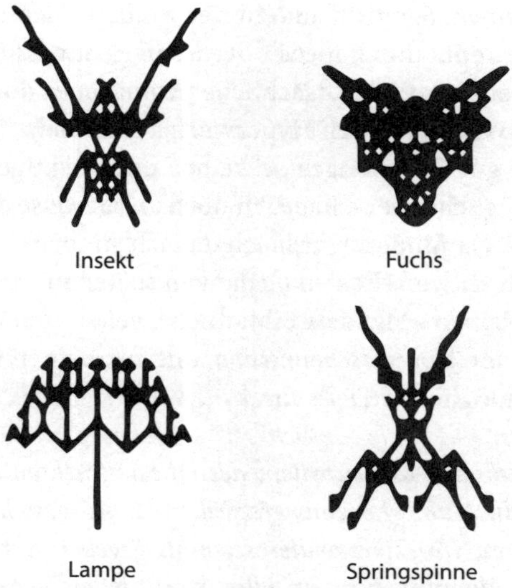


Eine Auswahl von Biomorphen, gezüchtet mit dem Programm »Blind Watchmaker«.

Der letzte Absatz spricht eine der wichtigsten biologischen Lektionen an, die ich aus dieser Programmierübung mitnahm. Vor meinem geistigen Auge sah ich das »Land der Biomorphe«, eine vieldimensionale Landschaft der Morphologie, einen neundimensionalen Hyperwürfel, in dem alle möglichen Biomorphe lauerten, und jedes war mit jedem anderen durch einen nachvollziehbaren Weg der schrittweisen, allmählichen Evolution verbunden. In der Theorie können wir uns – allerdings nicht so fein säuberlich, weil die Zahl der Gene nicht festgelegt ist – vorstellen, dass alle möglichen *wirklichen* Tiere sich in einem *n*-dimensionalen Hyperwürfel befinden, dem »genetischen Raum«, wie ich ihn im dritten Kapitel von *Der blinde Uhrmacher* genannt habe. Die meisten Bewohner dieses monströsen (das Wort verwende ich mit Bedacht) Hyperwürfels haben nicht nur nie existiert, sondern selbst wenn sie existiert hätten, hätten sie nicht überleben können: »So viele Wege es auch geben mag, am Leben zu sein, immer gibt es fast unendlich viel mehr Wege, tot zu sein.« (Ein Satz, der es, wie ich zu meiner Freude sehe, sogar in das *Oxford Dictionary of Quotations* geschafft hat.) Wirkliche Tiere sind Inseln in diesem Hyperraum, ungeheuer weit voneinander entfernt wie in einem Hyperpolynesien, umgeben von einem Saumriff aus eng verwandten Tieren und von anderen Inseln getrennt durch mehr oder weniger unpassierbare Weiten der unmöglichen Tiere. Die tatsächliche Evolution ist durch Zeitlinien repräsentiert, Wege durch den Hyperwürfel. Man sieht, ich kann zwar vielleicht nicht gut Gleichungen schreiben oder richtige Summen erstellen, aber möglicherweise habe ich doch ansatzweise die Seele eines Mathematikers. Zumindest würde ich danach streben.

Dan Dennett entwickelte den Gedanken später auf fruchtbare Weise unter dem Namen »Mendels Bibliothek« weiter, und auch ich trieb ihn in *Gipfel des Unwahrscheinlichen* mit meinem phantasievollen Museum aller möglichen Tiere voran:

> *Stellen wir uns ein Museum vor, dessen Saalfluchten sich in alle Richtungen bis zum Horizont erstrecken ... Ausgestellt sind darin alle Formen von Tieren, die es jemals gegeben hat, und auch alle Formen, die man sich vorstellen kann. Jedes Tier steht neben demjenigen, dem es am ähnlichsten sieht. Jede Dimension des Museums – das heißt jede Richtung, in der sich eine Flucht von Sälen erstreckt – entspricht einer Richtung, in der Tiere sich unterscheiden ... Die Saalfluchten kreuzen einander in vielen Dimensionen und nicht nur in dem üblichen dreidimensionalen Raum, den wir uns mit unserem beschränkten Geist vorstellen können.*[85]

In *Gipfel des Unwahrscheinlichen* stellte ich dieses »Museum« mit Hilfe des reichlich ausgefallenen Beispiels der Schneckenhäuser vor. Man wusste schon seit einiger Zeit, dass ein Schneckenhaus ein sich (logarithmisch) erweiterndes Rohr ist, das an der Vorderkante wächst. Wenn wir den Querschnitt der Röhre außer Acht lassen (beispielsweise indem wir annehmen, dass er kreisförmig ist), wird die Form jedes Gehäuses durch nur drei Zahlen festgelegt, die ich in *Gipfel des Unwahrscheinlichen* auf die Namen *weit*, *wurm* und *spira* taufte. *Weit* ist dabei ein Maß für die Geschwindigkeit, mit der sich die Spirale erweitert; *spira* bezeichnet die Abweichung von der Ebene und ist bei einem typischen Ammoniten gleich null (alle Windungen liegen in einer Ebene), hat aber beispielsweise bei *Turritella* einen hohen Wert. *Weit*

[85] Aus: *Gipfel des Unwahrscheinlichen*. Übersetzt von Sebastian Vogel, Reinbek 1999, S. 223 f.

ist bei einer Muschel hoch (hier erweitert sich das »Rohr« so schnell, dass es zu Ende ist, bevor es überhaupt wie ein Rohr aussieht) und bei *Turritella* niedrig. *Wurm* mit Worten zu erklären, dauert länger, aber ein Musterbeispiel dafür ist *Spirula* in dem Bild. Dem amerikanischen Paläontologen David Raup wurde etwas Wichtiges klar: Wenn nur drei Zahlen über die Formenvielfalt einer Gruppe von Tieren bestimmen, lassen sich alle diese Tiere in einem einfachen mathematischen Raum anordnen, nämlich in einem dreidimensionalen Würfel. Einen Hyperwürfel brauchen wir nicht; ein tatsächlicher Würfel reicht aus. Und mir wurde klar, dass ich nach dem gleichen Prinzip auch eine Schneckenversion meines Biomorphprogramms mit nur drei Genen anstelle von neun schreiben konnte. Statt auszuwählen, welche Gruppe baumähnlicher Biomorphe ich für die Zucht verwenden wollte, konnte ich Schneckomorphe darstellen oder – wir wollen die Sprachen lieber nicht vermischen – Conchomorphe. Wenn man Generation für Generation jeweils einen bevorzugten Zuchtorganismus auswählt, sollte es möglich sein, durch Evolution von jedem Gehäuse zu jedem anderen zu gelangen. Evolution ist dann ein Weg, der Schritt für Schritt durch den Würfel aller möglichen Schneckenhäuser führt.

Um das Programm zu schreiben, brauchte ich nur ein neues Schneckenembryologie-Modul mit drei Genen an die Stelle des ursprüng-

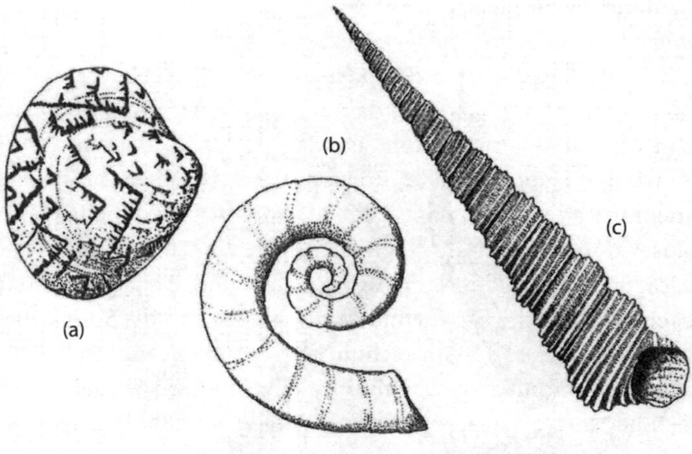


Schneckenhäuser zur Verdeutlichung von weit, wurm und spira: (a) großes weit: die Muschel Lioconcha castransis; (b) hohes wurm: Spirula; (c) hohes spira: Turritella terebra.

lichen Biomorphprogramms mit seinen neun Genen zu setzen. Alles andere blieb gleich. Tatsächlich erwies es sich als sehr einfach, von einem beliebigen Gehäuse auszugehen und daraus jedes andere Gehäuse heranzuzüchten, indem man einfach in jeder Generation das Gehäuse auswählte, das der Zielvorstellung am stärksten ähnelte. 3D-Drucker waren zu jener Zeit noch nicht erfunden. Hätte ich einen besessen, ich hätte den gesamten Würfel »ausgedruckt«. So musste ich mich damit zufriedengeben, die sechs Kanten des Würfels jeweils auf Papier auszudrucken, das ich dann auf die Außenseiten einer Pappschachtel klebte. Auf einem Foto im Bildteil hält Lalla meine »Schneckenkiste« in der Hand.

In Wirklichkeit steht es der Evolution vermutlich frei, überall in dem Würfel – dem virtuellen Museum aller möglichen Schneckenhäuser – herumzuwandern. Aber wie Raup schon früher festgestellt hatte, gibt es einige ziemlich umfangreiche »verbotene Flächen« (oder eigentlich Volumina), in denen nie irgendwelche Schneckenhäuser überlebt haben, obwohl die Mathematik es zulassen würde. Das liegt daran, dass diese Formen funktionell nicht lebensfähig sind. Mutanten, die sich in eine solche »Hier wohnen die Drachen«-Zone verirren, sterben einfach. Unten erkennt man vier mögliche Bewohner einer unbewohnten Region des Würfels. Sie existieren nicht als Schneckenhäuser, wohl aber interessanterweise auf den Köpfen von Antilopen und anderen Hornträgern.

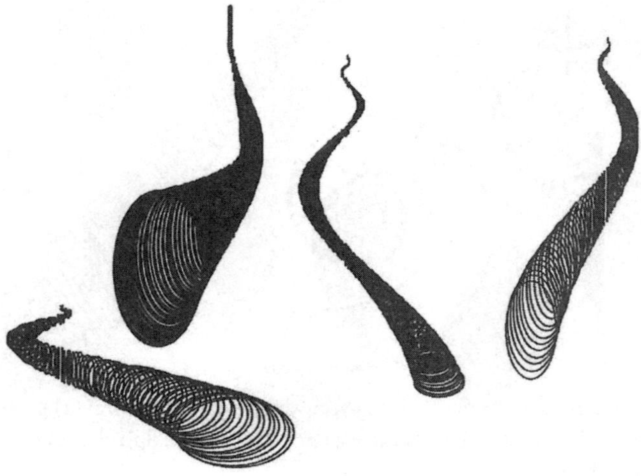

Dass das Museum aller möglichen Schneckenhäuser ein dreidimensionaler Würfel ist, stimmt streng genommen nicht ganz. Es gilt nur, wenn wir die Querschnittsform der wachsenden Röhre außer Acht lassen und davon ausgehen, dass sie beispielsweise ein vollkommener Kreis ist. Ich fügte zu den ursprünglichen drei Genen ein viertes hinzu und versuchte, den Querschnitt damit zu einer Ellipse anstelle des Kreises zu machen. Aber so geometrisch vollkommen ist das Leben in Wirklichkeit nicht. Die Form des Querschnitts ist bei vielen Schneckenhäusern mathematisch nicht ohne weiteres zu beschreiben (auch wenn es prinzipiell möglich wäre); deshalb fügte ich sie in das Programm freihändig ein. Von dieser Abwandlung des embryologischen Moduls abgesehen, blieb das Programm mit nur drei Genen gleich, und ich konnte damit auf meinem Computerbildschirm eine ermutigend realistische Menagerie von Schneckenhäusern züchten (siehe unten).

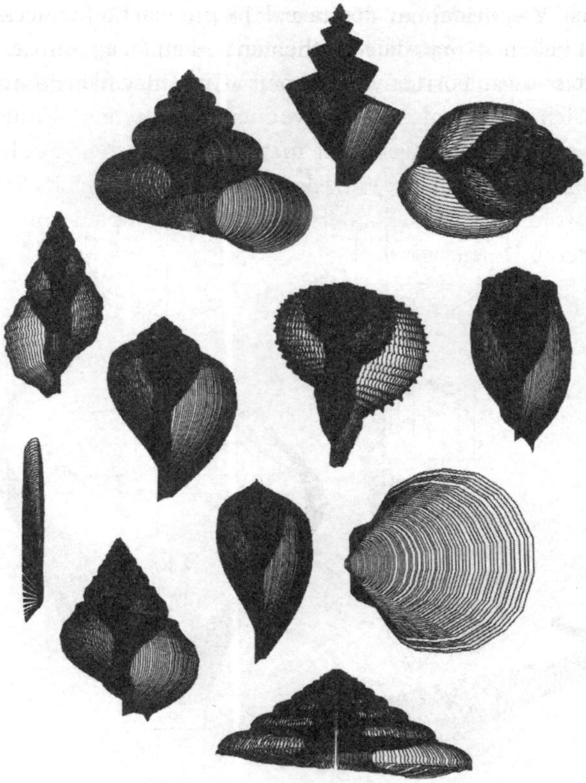

Gab es neben der ursprünglichen Embryologie der Bäume und der Schnecken weitere Embryologie-Module, die ich in mein Evolutionsprogramm hätte übernehmen können? Schon seit langem faszinierten mich die »Transformationen« von D'Arcy Thompson. Der große schottische Zoologe (siehe Seite 347) gehörte zu jenen, die Raup und später mich zu unseren Arbeiten mit den Schneckenhäusern inspiriert hatten. Am bekanntesten wurde er durch den Nachweis, dass sich eine biologische Form durch eine mathematische Transformation in eine verwandte Form umwandeln lässt. Bildlich kann man es sich so vorstellen, als würde man ein Tier, beispielsweise den Krebs *Geryon*, auf ein aufgespanntes Gummituch zeichnen. Wie man dann leicht feststellen kann, lässt sich die Zeichnung in die Form verschiedener verwandter Krabben bringen, indem man das Gummi auf mathematisch genau festgelegte Weise dehnt. D'Arcy Thompson stellte den Prozess so dar, wie es im Folgenden gezeigt ist. Links oben wurde *Geryon* auf ein Stück Papier (»Gummi«) mit einem Quadratgitter gezeichnet. Die (leider nur annähernde) Form von fünf weiteren Krebsen erhält man, indem man die Koordinaten in dem Diagramm auf fünf mathematisch elegante Arten verzerrt (das »Gummi wird gedehnt«).

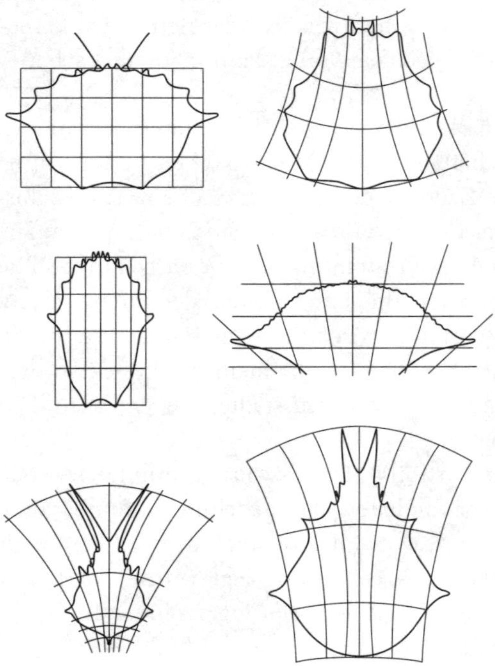

Schon lange hatte ich mir ausgemalt, was D'Arcy Thompson wohl erst mit einem Computer angefangen hätte. Diese Phantasie formulierte ich sogar einmal als Examensfrage für fortgeschrittene Zoologiestudenten in Oxford. Ich glaube nicht, dass irgendjemand sie beantwortete – vermutlich leider deshalb, weil keine Vorlesung sie darauf vorbereitet hatte und weil (verständlicherweise) nervöse Examenskandidaten lieber auf Nummer sicher gehen. Jetzt wollte ich selbst die Frage beantworten und dazu das Biomorphprogramm abwandeln. Die Gene steuerten jetzt nicht mehr die Entwicklung eines Baumes, sondern sie kontrollierten mathematisch im Computer die Dehnung des virtuellen »Gummis«. Wie bei den Conchomorphen, so musste ich dazu auch hier nur das Kernstück des ursprünglichen Biomorphprogramms umschreiben, die embryologische Routine. Alles andere konnte gleich bleiben. Es sollte möglich sein, durch schrittweise Selektion eine »Evolution« von *Geryon* beispielsweise zu *Corystes* zu vollziehen. Wie D'Arcy Thompson selbst, so war auch ich bereit, die Tatsache außer Acht zu lassen, dass es sich bei allen diesen Krebsen um heutige Arten handelte und dass keine von einer anderen abstammte. Mich fesselte die Idee, dass man ähnliche Tiere als gedehnte, verdrehte oder verzerrte Versionen voneinander betrachten kann, als verzerrte Versionen ihrer Nachbarn im großen mathematischen Museum aller Tiere.

Die dazu notwendigen mathematischen und computertechnischen Fähigkeiten hätten meine Möglichkeiten selbst dann überstiegen, wenn ich die Zeit gehabt hätte, sie zu üben. Also schloss ich mich in Oxford einem Konsortium an, das sich um die Finanzmittel zur Einstellung von zwei Programmierern bewarb. Einer sollte an meinem »D'Arcy-Thompson-Projekt« arbeiten, der andere an einem landwirtschaftlichen Vorhaben, das mit meinem nichts zu tun hatte. Der Programmierer, der schließlich an »meinem« Projekt mitwirkte, war Will Atkinson, und wie sich herausstellte, war er genau das, was ich mir gewünscht hatte.

Die »Gene« in Wills »D'Arcy«-Programm taten verschiedene Dinge. Manche verwandelten das »gedehnte Gummi« von einem Rechteck in ein Trapez, wobei das Ausmaß der Verzerrung durch den numerischen Wert des Gens festgelegt wurde. Manche verwandelten eine »Achse« oder auch beide in logarithmische Skalen oder vollzogen verschiedene andere mathematische Transformationen. Wie in meinem ursprünglichen Biomorphprogramm veränderte sich die auf das Gummi gezeichnete Form fortlaufend, wenn man als Beobachter bevorzugte »Nachkommen« zur »Zucht« auswählte.

Wills Programm war elegant geschrieben, aber die Formen, die seine »Evolution« hervorbrachte, schienen im Laufe der Generationen immer weniger »biologisch« zu werden. Die entstehenden Tiere sahen zunehmend nicht wie neue, lebensfähige Formen aus, sondern wie degenerierte Versionen ihrer Vorfahren; im Gegensatz zu meinen ursprünglichen, sich weiterentwickelnden Biomorphen waren sie keine echten evolutionären Nachkommen. Will und ich fanden den Grund, und der ist aufschlussreich. Die »D'Arcymorphe« machen keine Embryonalentwicklung durch. Was sich von einer Generation zur nächsten weiterentwickelt, ist nicht die Form der Tiere selbst, sondern die des »Gummis«, auf das sie gezeichnet sind.

Immerhin waren D'Arcy Thompsons ursprüngliche Transformationen nie echte evolutionäre Veränderungen, denn die Tiere, die er zeichnete, waren sowohl ausgewachsen als auch aus unserer Zeit. Ausgewachsene Tiere verwandeln sich nicht in andere ausgewachsene Tiere. Die Prozesse der Embryonalentwicklung entstehen in der Evolution aus den embryonalen Prozessen der Vorfahren. Julian Huxley (irgendwann einmal mein Vorgänger als Tutor für Zoologie am New College) wandelte D'Arcy Thompsons Methode so ab, dass er damit Embryonen in ausgewachsene Tiere verwandeln konnte, und das ist, wie auch Peter Medawar betonte, eine realistische biologische Verwendung. Dass meine ursprünglichen Biomorphe »fruchtbar« waren und sogar »kreativ« biologische Formen hervorbrachten, lag daran, dass sie eine Embryologie besaßen: Ein rekursiver, verzweigter Baum hatte gewissermaßen die eingebaute Neigung, eine Evolution in immer neue, interessante Richtungen durchzumachen. Auch die »Conchomorphe« hatten ihre eigene (ganz andere, aber ebenfalls biologisch interessante) Embryologie und waren in der Lage, eine reiche Vielfalt biologisch realistischer Formen hervorzubringen. Ist die wirkliche Embryologie nicht auch in dieser Weise »kreativ«? Wird die Embryologie nicht sogar im Laufe ihrer Evolution immer besser darin, Evolution zu erzeugen? Könnte es auf einer höheren Ebene eine Art Selektion der Embryologien geben, die jene begünstigt, die evolutionär besonders fruchtbar sind? Das war die Keimzelle meiner Idee von der »Evolution der Evolutionsfähigkeit«, auf die ich in Kürze zurückkommen werde.

Meine ursprünglichen, mit neuen Genen ausgestatteten Biomorphe in *Der blinde Uhrmacher* beschritten ihre gewundenen Evolutionswege innerhalb der Grenzen eines neundimensionalen Hyperwürfels. Die Evolutionstrends bestanden aus einem Spaziergang, der Zentimeter für Zentimeter durch diesen speziellen Hyperwürfel verlief, dieses neundimensionale Museum aller Biomorphe. Ich interessierte mich dafür, wie man dem Hyperwürfel entkommen und auf einen größeren Hyperwürfel übergehen kann. Zu diesem Zweck konnte man eine ganz andere Embryologie verwenden und beispielsweise die Embryonalentwicklung der Bäume durch eine solche der Schnecken ersetzen – diesen Weg verfolgte ich weiter. Davor stellte ich jedoch die Frage, welche Folgen es hat, wenn ich die Zahl der Gene, die sich auf meine vorhandene Embryologie der ursprünglichen Baum-Biomorphe auswirkten, vergrößerte. Das entsprach in dem mathematischen Raum, der für die Evolution zur Verfügung steht, einer Erweiterung der Dimensionenzahl auf mehr als neun; damit, so hoffte ich, würde ich neue Einblicke in die tatsächliche biologische Evolution gewinnen. Ich ging in zwei Stufen vor. Die zweite, bei der Gene für Farben hinzukamen, hatte ihren ersten Auftritt in *Gipfel des Unwahrscheinlichen*. Das erste, noch einfarbige Stadium erschien erstmals in einem Anhang, den ich 1991 an eine Neuauflage von *Der blinde Uhrmacher* anfügte. Darin steigerte ich die Zahl der Gene von neun auf 16. Das Kernstück blieb die Embryologie der verzweigten Bäume, und die neuen Gene (bei denen es sich wiederum nur um Zahlen handelte) entsprachen verschiedenen Methoden, um das Grund-Biomorph zu zeichnen. »Segmentierungsgene« zeichneten eine Reihe von Biomorphen, die hintereinander lagen und an die Segmente eines Regenwurms oder eines Hundertfüßers erinnerten. Ein Gen bestimmte darüber, wie viele Segmente gezeichnet wurden, ein zweites steuerte den Abstand zwischen den Segmenten, ein drittes sorgte für »Gradienten« eines fortschreitenden Wandels von vorn nach hinten. Segmentierte Biomorphe (siehe unten) ähnelten Gliederfüßern noch stärker als meine »Zarathustra«-Insekten. Sie sehen wirklich »biologisch« aus, auch wenn man in ihnen keine bestimmten wirklichen Arten erkennen kann. Eine weitere Reihe von Genen »spiegelte« die Biomorphe in verschiedenen Symmetrieebenen.

Der 16-dimensionale Hyperwürfel mit seinen neuen Symmetrie- und Segmentierungsgenen erlaubte die Evolution eines viel breiteren

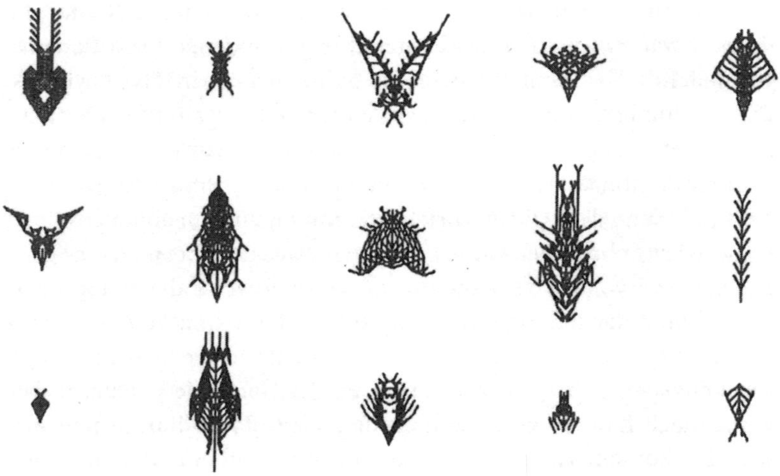

Repertoires von Biomorphen als der ursprüngliche, neundimensionale Raum. Man konnte sogar ein recht unvollkommenes Alphabet züchten, mit dem ich misslich meinen Namen zu schreiben versuchte (siehe unten). Ein Alphabet mit den ursprünglichen neun Genen zu züchten, wäre völlig unmöglich gewesen, und die Unvollkommenheiten der Buchstaben, die man in dem 16-dimensionalen Hyperwürfel erkennt, legen die Vermutung nahe, dass weitere Gene notwendig wären, um die Evolution der Biomorphe noch flexibler zu gestalten.

Solche Überlegungen führten mich zurück zur Biologie und veranlassten mich, den Gedanken von der Evolution der Evolutionsfähigkeit zu formulieren.

## Die Evolution der Evolutionsfähigkeit

Ein Jahr nachdem *Der blinde Uhrmacher* erschienen war, wurde ich von Christopher Langton, dem visionären Erfinder der Wissenschaft des künstlichen Lebens, zur Eröffnungstagung seines neuen Fachgebiets am Los Alamos National Laboratory in New Mexico eingeladen.

Es war ernüchternd zu sehen, wo die erste Atombombe entwickelt worden war, und sich in Zeiten des langen Friedens an die düsteren, orakelhaften Worte zu erinnern, die Robert Oppenheimer nach dem ersten Atombombentest in der Wüste ausgesprochen hatte:

> *Wir wussten, dass die Welt nie mehr so sein würde wie früher. Einige Leute lachten, einige Leute weinten, die meisten Leute waren still. Mir fiel die Zeile aus der hinduistischen Schrift ein, dem* ***Bhagavad-Gita*** *... »Jetzt bin ich der Tod geworden, der Zerstörer der Welten.« Ich glaube, auf diese oder jene Weise dachten wir das alle.*

Die Menschen, die sich zur ersten Tagung über künstliches Leben versammelt hatten, waren ganz anders als Oppenheimers Kollegen, aber ich konnte mir ausmalen, dass die Atmosphäre damals ein wenig ähnlich gewesen war: Pioniere kamen zusammen, um an einem völlig neuen, seltsamen Vorhaben zu arbeiten, auch wenn unseres konstruktiv war und ihres, wie man sich leicht vorstellen kann, destruktiv. Neben Christopher Langton traf ich zu meiner Freude viele Geistesgrößen aus dem nahe gelegenen Santa Fé Institute, darunter Stuart Kauffman, Doyne Farmer und Norman Packard. Die beiden zuletzt Genannten waren Waffenbrüder bei einem abenteuerlustigen – und sogar gefährlichen – Versuch gewesen, in Las Vegas die Bank zu sprengen; dabei hatten sie sich der Prinzipien der Newton'schen Physik bedient und in ihren Schuhen Minicomputer versteckt, die sie mit den Zehen bedienten. Auf unterhaltsame Weise wird die Geschichte von Thomas Bass in einem jener Bücher erzählt, deren Titel zu nennen ich mich weigere, weil sie auf dem Weg über den Atlantik unnötigerweise geändert wurden.

Eine gewisse Risikofreude in Verbindung mit der Traumatmosphäre in der Wüste von New Mexico verkörperte sich auch in einer charmanten jungen Frau, die ich ebenfalls auf der Tagung kennenlernte und die mich mit in ihr Haus nicht weit von Santa Fé nahm. Sie wollte mich überreden, Ecstasy zu nehmen. Ich hatte davon zuvor noch nie gehört (wir schrieben das Jahr 1987), und heute bin ich überzeugt, dass es richtig war, ihr Angebot abzulehnen – damals fühlte ich mich allerdings wie ein Feigling. Aber irgendetwas an ihrer weichen Schönheit, ihrem seltsamen Lehmziegelhaus, der »New Age«-Musik, die sie für mich auflegte, dem gespenstischen Schweigen der Wüste und der frischen Klarheit der Luft, die wie in einem Traum den Abstand zu den Bergen schrumpfen ließ, verschaffte mir auch ohne Droge einen Rausch. Irgendwie fasste das kleine Zwischenspiel in ihrer Gesellschaft und insbesondere der 150-Kilometer-Blick auf die Berge, die fast psychedelisch vergrößert am südwestlichen Horizont standen, für mich die gesamte Atmosphäre dieser bemerkenswerten Tagung zusammen.

Meinem Vortrag gab ich den Titel »Die Evolution der Evolutionsfähigkeit«, und soweit ich weiß, stellten er und mein nachfolgender Artikel in den veröffentlichten Tagungsberichten die erste Verwendung dieser häufig benutzten Formulierung dar. Mit einem Mac demonstrierte ich den zusätzlichen Evolutionsspielraum in dem erweiterten »Biomorphraum«, der sich durch die Steigerung von neun auf 16 Gene ergab, und dann erläuterte ich, welche biologische Lehre man daraus ziehen konnte.

Ein Erz-Adaptionist wie ich neigt nur allzu leicht zu dem Gedanken, die natürliche Selektion könne alles erreichen und Grenzen gebe es nicht. In Wirklichkeit kann Selektion aber nur auf die Mutationen einwirken, die von der Embryologie bereitgestellt werden (das war eine der »Beschränkungen der Perfektion«, die ich fünf Jahre zuvor in *Der erweiterte Phänotyp* aufgeführt hatte). Evolutionärer Wandel ist ein Kriechen durch die vieldimensionalen Korridore im Museum aller möglichen Tiere. Manche Korridore sind vielleicht nicht völlig blockiert, dennoch schwieriger zu durchschreiten als andere, und die Evolution sucht sich wie Wasser, das einen Berg hinunterläuft, stets den Weg des geringsten Widerstands. Die entscheidende Aussage über die Evolution der Evolutionsfähigkeit lautet: Unter Umständen werden manche zuvor blockierten oder quantitativ verengten Korridore in dem Museum plötzlich frei, weil in der Evolution eine embryologische Neuerung erfunden wird. Das erste segmentierte Lebewesen in der alten Zeit des Präkambriums überlebte vielleicht besser als seine unsegmentierten Eltern oder auch nicht. Aber die embryologische Revolution, die es auslöste, führte zu einer ganz neuen Welle der Evolution, als hätte sich plötzlich ein Stauwehr geöffnet. Könnte es demnach eine Art natürliche Selektion höherer Ebene geben, die ganze Abstammungslinien aufgrund der evolutionären »Fruchtbarkeit« ihrer Embryologie auswählt? Für mich als überzeugten darwinistischen Adaptionisten grenzte ein solcher Gedanke damals, in den achtziger Jahren, fast an Ketzerei, aber ich fand ihn auch spannend.

Das erste segmentierte Tier muss unsegmentierte Eltern gehabt haben. Und es hatte zwangsläufig mindestens zwei Segmente. Das Wesentliche an Segmenten ist, dass sie sich im Hinblick auf die Komplexität gleichen. Ein Hundertfüßer ist ein Eisenbahnzug mit einer langen Reihe gleichartiger, Beine tragender Güterwagen in der Mitte, einer Sinneslokomotive am vorderen Ende und einem Genital-Begleitwagen am hinteren. Die Segmente der menschlichen Wirbelsäule sind nicht genau gleich, aber alle sind nach dem gleichen Muster gebaut: ein Wirbel, Rücken- und Bauchnerven, Muskelblöcke, sich wiederholende Blutgefäße und so weiter. Schlangen haben Hunderte von Wirbeln, und deren Zahl ist bei manchen Arten ungeheuer viel größer als bei anderen, aber die meisten von ihnen gleichen genau ihren Nachbarn in dem »Zug«. Da alle Schlangenarten miteinander verwandt sind, müssen ab und zu Schlangen geboren worden sein, die mehr (oder weniger) Wirbel hatten als ihre Eltern, und zwar immer eine ganze Zahl mehr (oder weniger). Ein halbes Segment kann man nicht besitzen. Man kann von 150 Segmenten zu 151 oder 155 wechseln, aber nicht zu 150,5 oder 149,5 Segmenten. Es gibt nur ein Segment oder kein Segment. Heute verstehen wir recht gut, wie es dazu kommt: durch die homöotischen Mutationen, wie man sie nennt. Erstaunlicherweise – und diese verblüffende Entdeckung machte man lange nach meiner Zeit als Biologie-Studienanfänger – sorgen die gleichen homöotischen Mutationen sowohl bei Wirbeltieren als auch bei Gliederfüßern für die Segmentierung; man kann sogar Gene von Mäusen in Taufliegen verpflanzen, und sie haben dort faszinierenderweise nahezu den gleichen Effekt.

Ein Jahr vor meinem Vortrag über die »Evolution der Evolutionsfähigkeit« hatte ich in *Der blinde Uhrmacher* über »gestreckte DC-8-Makromutationen« im Gegensatz zu »Boeing-747-Makromutationen« geschrieben. Der angesehene Astronom Sir Fred Hoyle (der weder als erster noch als letzter Physiker unziemlich[86] in der Biologie herum-

---

[86] Und dazu war er noch arrogant, beispielsweise als er nachweisen wollte, dass der berühmte fossile Vogel *Archaeopteryx* eine Fälschung ist; er vertrat die Ansicht, kein Physiker würde so schlechte Belege gelten lassen wie die Biologen. Hoyle war ein wirklich angesehener Physiker, der aufklärte, wie die chemischen Elemente im Inneren der Sterne verschmelzen, und dafür eigentlich einen Nobelpreis hätte bekommen müssen – den erhielt dann aber ein Kollege, der an dem gleichen Projekt arbeitete.

pfuschte) brachte seine Skepsis gegenüber dem Darwinismus mit dem Bild eines Wirbelsturms zum Ausdruck, der über einen Schrottplatz fegt und durch einen Zufall eine Boeing 747 zusammensetzt. Dabei meinte er den Ursprung des Lebens (die Abiogenese), aber seine Metapher war später sehr beliebt bei Kreationisten, die Zweifel an der Evolution als solcher säen wollten. Was sie dabei natürlich übersehen, ist die Kraft der *kumulativen* natürlichen Selektion, des langsamen Aufstiegs über sanfte Steigungen zum Gipfel des Unwahrscheinlichen. Auf einem Foto im Bildteil stehe ich auf einem Flugzeugfriedhof und halte Ausschau nach Wirbelstürmen, die vielleicht spontan eine Boeing 747 zusammenbauen.

Als metaphorischen Kontrast zog ich ein anderes Flugzeug heran: die gestreckte DC-8. Diese Version des Modells DC-8 war um insgesamt elf Meter verlängert, weil man im vorderen Rumpfteil ein zusätzliches Stück von sechs Metern Länge und im hinteren Teil eines von fünf Metern eingefügt hatte. Es war eine DC-8 mit zwei homöotischen Mutationen. Jede Sitzreihe in den zusätzlichen Teilen des Rumpfes einschließlich aller Klapptische, Lampen, Ventilatoren, Rufknöpfe, Kopfhöreranschlüsse und so weiter kann man sich als Segment vorstellen, als Duplikat der Segmente, die vor der Mutation vorhanden waren. Meine biologische Aussage lautete: Zwar spricht grundsätzlich etwas dagegen, dass ein radikal neues, komplexes Tier oder komplexes Organ durch einen einzigen Mutationssprung entsteht (Hoyles 747), es besteht aber kein grundlegender Einwand gegen die Verdoppelung ganzer Segmente, ganz gleich, wie komplex jedes einzelne Segment ist (meine DC-8). Man kann einen ganzen Wirbel nicht aus dem Nichts neu erfinden. Wenn aber ein Wirbel bereits vorhanden ist, kann ein zweiter durch eine einzige Mutation entstehen. Der embryologische Apparat, der ein Segment hervorbringen kann, kann auch zwei oder zehn Segmente hervorbringen. Und heute kennen wir sogar den homöotischen Mechanismus, der dahintersteckt.

Embryologische Mechanismen können auch jedes einzelne Segment in einer Reihe ohne weiteres strecken. Das Ergebnis würde ich immer noch als »gestreckte DC-8« bezeichnen, obwohl das Flugzeug nicht auf diese Weise »mutiert« ist. Aber auch hier ist im Gegensatz zu der hypothetischen »747-Mutation« kein großer Sprung an Komplexität beteiligt. Eine Giraffe hat ebenso viele Halswirbel wie jedes normale Säugetier, nämlich sieben. Seine Länge erhält der Hals der

Giraffe, weil jeder einzelne der sieben Halswirbel länger geworden ist. Ich habe den starken Verdacht, dass dies allmählich geschehen ist, es gibt aber keinen prinzipiell unüberwindbaren Einwand des »747-Typs« gegen die Vorstellung, dass der Hals durch eine einzige Makromutation in die Länge wuchs, von der alle sieben Wirbel gleichzeitig betroffen waren. Der vorhandene embryologische Apparat zur Herstellung von Halswirbeln mit allen zugehörigen komplexen Strukturen der Nerven, Blutgefäße und Muskeln war vorhanden und funktionsfähig. Notwendig war nur eine kleine quantitative Veränderung in irgendeinem Wachstumsfeld, und schon wurden alle sieben Wirbel gleichzeitig erheblich größer. Genauso wäre es auch gewesen, wenn die Verlängerung wie bei den Schlangen dadurch zustande gekommen wäre, dass die Wirbel sich nicht verlängerten, sondern verdoppelten.

Die autoritäre Regierung in *1984* von George Orwell schrieb täglich »zwei Minuten Hass« gegen ein widerspenstiges Parteimitglied namens Goldstein vor (eine Reminiszenz an Trotzki oder den Mythos des »gefallenen Engels« Satan). Man braucht nur »Hass« durch »Spott« zu ersetzen, dann hat man eine Vorstellung davon, welche Reaktionen im Zoologischen Institut von Oxford zur Zeit meiner ersten Semester dem deutsch-amerikanischen Genetiker Richard Goldschmidt vorwiegend unter dem Einfluss von E. B. Ford entgegenschlugen. Goldschmidts Vorstellung von »hoffnungsvollen Monstern« und der Bedeutung von Makromutationen für die Evolution geht in dem Zusammenhang, in dem er sie formulierte (beispielsweise bei dem sehr »oxfordianischen« Thema der Mimikry von Schmetterlingen), tatsächlich in die Irre, aber da er sich nie vom durchaus sinnvollen Territorium der »gestreckten DC-8« in Richtung der »Boeing 747«-Makromutationsphantasien verirrte, überschritt er nicht die Grenzen des prinzipiell Erlaubten. Und an dem Titel »hoffnungsvolles Monster« für das erste segmentierte Tier gibt es eigentlich nichts auszusetzen – jedenfalls nicht, solange nicht irgendjemand ein Fossil jenes längst verstorbenen Modells T der morphologischen Massenproduktion gesehen hat.

Makromutationen (das heißt Mutationen mit großen Auswirkungen) kommen tatsächlich vor. Es besteht kein prinzipieller Einwand gegen die Vorstellung, dass eine Makromutation als Normalfall in einen Genpool einfließt, allerdings geschieht das nur selten. Mein *prin-*

*zipieller* Einwand richtet sich vielmehr gegen die Vorstellung, durch eine Makromutation könne ein völlig neues, komplexes, funktionierendes Organ oder Organsystem mit vielen Teilen entstehen, denn deren gleichzeitige Kombination wäre ein zu großer Zufall: ein Gebilde wie ein Auge mit Netzhaut, Linse, Muskeln für die Fokussierung, dem Apparat zur Steuerung der Blendenöffnung und so weiter. Es besteht kein prinzipieller Einwand gegen den Gedanken, dass der »vieräugige Fisch« *Anableps* seine beiden zusätzlichen Augen durch eine einzige Makromutation erworben hat. Wahrscheinlich hat es sich tatsächlich so abgespielt – ein hübsches Beispiel für Evolution nach dem Prinzip der gestreckten DC-8, das heißt durch eine homöotische Mutation. Der embryonale Apparat des Vorfahren »wusste« schon vor der Mutation, wie man ein Auge herstellt. Aber ein solches Auge oder überhaupt irgendein Wirbeltierauge konnte nicht durch eine einzige Mutation aus dem Nichts entstehen: Eine solche »747-Evolution« wäre ein unzulässiges Wunder. Der Apparat eines Wirbeltierauges musste zunächst einmal ganz allmählich Schritt für Schritt aufgebaut werden.

Ungefähr hier liegt übrigens auch die Antwort auf eine törichte Behauptung, die ihren Ursprung bei Stephen Jay Gould hatte und häufig wiederholt wurde: Danach hätte sich Darwin als »Gradualist« gegen die sogenannte »Evolution der unterbrochenen Gleichgewichte« gewandt. In Wirklichkeit war Darwin nur insofern ein Gradualist, als er mit 747-Makromutationen nichts zu schaffen hatte. Aus naheliegenden Gründen bediente er sich zwar nicht der Flugzeugterminologie, mit seinen Einwänden schloss er aber nur Makromutationen des Typs 747 aus, nicht jedoch die Variante der gestreckten DC-8.

Ein interessanter Testfall für Diskussionen ist möglicherweise die Evolution der Sprache. Könnte die Fähigkeit, zu sprechen, durch eine einzelne Makromutation entstanden sein? Wie ich auf Seite 214 erwähnt habe, gibt es ein wichtiges qualitatives Merkmal, das die Sprache der Menschen von allen anderen Kommunikationssystemen der Tiere unterscheidet: die Syntax, das heißt die hierarchische Einbettung von Relativsätzen, Präpositionalsätzen und so weiter. Der Softwaretrick, der dies zumindest in den Computersprachen und vermutlich auch in der Sprache der Menschen möglich macht, ist die rekursive Subroutine. Eine Subroutine ist ein Codeabschnitt, der sich bei seinem Aufruf daran erinnert, von wo er aufgerufen wurde, und

The adjective noun
(of the adjective noun
(which adverbly adverbly verbed
(in noun (of the noun (which verbed ) ) ) ) )
adverbly verbed.

dorthin zurückkehrt, wenn er abgearbeitet wurde. Eine rekursive Subroutine hat zusätzlich die Fähigkeit, sich selbst aufzurufen und dann zu einer anderen (allgemeineren) Version ihrer selbst zurückzukehren. Im Einzelnen habe ich darüber im ersten Teil meiner Memoiren berichtet, deshalb möchte ich es hier bei dem zusammenfassenden Diagramm oben belassen. Der Satz wurde von einem Computerprogramm erstellt, das ich geschrieben hatte; es ist in der Lage, eine unbegrenzte Zahl grammatikalisch richtiger Sätze (denen allerdings semantischer Inhalt fehlt) zu erzeugen, die von jedem englischen Muttersprachler als syntaktisch richtig erkannt werden können. Ich habe diesen Beispielsatz mit Klammern und einer Schrift gegliedert, die mit der Tiefe der Einbettung immer kleiner wird. Interessant ist dabei, wie die untergeordneten Sätze nicht am Ende angehängt werden, sondern sich in den Hauptsatz fügen.

Ein Programm zu schreiben, das eine beliebige Zahl grammatikalisch korrekter (allerdings semantisch inhaltsleerer) Sätze dieses Typs erzeugt, gelingt nahezu mühelos. Das gilt allerdings nur, wenn die Computersprache rekursive Subroutinen zulässt. In der ursprünglichen Fortran-Sprache von IBM oder einem ihrer Konkurrenten aus der gleichen Zeit hätte man es nicht schreiben können. Ich verfasste es in der ein wenig jüngeren Sprache Algol 60, und ebenso könnte man ohne weiteres jede modernere Programmiersprache verwenden, die nach der »Makromutation«, der Einführung der rekursiven Subroutinen, entwickelt wurde.

Es sieht so aus, als müsse es im menschlichen Gehirn eine Entsprechung zu den rekursiven Subroutinen geben, und dass eine solche Fähigkeit durch eine einzige Mutation entstanden sein könnte, ist nicht völlig unplausibel; vermutlich sollten wir dann von einer Makromutation ausgehen. Manche aufschlussreichen Indizien sprechen sogar dafür, dass ein bestimmtes Gen mit der Bezeichnung Fox P2 dabei eine Rolle spielen könnte, denn die wenigen Menschen, die eine mutierte Version dieses Gens besitzen, können nicht richtig sprechen. Und was noch aufschlussreicher ist: Fox P2 liegt in einem der wenigen Abschnitte des Genoms, die beim Menschen unter allen Menschenaffen einzigartig sind. Die Hinweise auf Fox P2 sind aber unklar und umstritten; ich möchte hier nicht weiter darauf eingehen. Dass ich bereit bin, in diesem Fall eine Makromutation in Erwägung zu ziehen, hat einen logischen Grund. Genau wie man kein halbes Segment besitzen kann, so gibt es auch keine Zwischenstufen zwischen einer rekursiven und einer nichtrekursiven Subroutine. Computersprachen lassen die Rekursion entweder zu oder nicht. So etwas wie eine halbe Rekursion gibt es nicht. Es ist ein Alles-oder-nichts-Softwaretrick. Wenn dieser Trick einmal angewendet wird, ist eine hierarchisch eingebettete Syntax sofort möglich, und man kann damit unendlich lange Sätze erzeugen. Die Makromutation wirkt komplex und hört sich nach 747 an, aber das stimmt nicht. Sie ist eine einfache Ergänzung – eine »gestreckte-DC-8-Mutation« – der Software, durch die ganz plötzlich als emergente Eigenschaft eine gewaltige, ungezügelte Komplexität entsteht. »Emergent« – das ist ein wichtiges Wort.

Wenn ein mutierter Mensch geboren wurde, der plötzlich über eine echte hierarchische Syntax verfügte, kann man natürlich fragen, mit wem er wohl sprach. Wäre dieser Mensch entsetzlich einsam gewesen? Wenn das hypothetische »Rekursionsgen« dominant war, würde es sich bei unserem ersten mutierten Individuum ausprägen und ebenso bei 50 Prozent der Nachkommen. Gab es eine erste sprachfähige Familie? Ist es von Bedeutung, dass Fox P2 zufällig tatsächlich genetisch dominant ist? Auf der anderen Seite kann man sich nur schwer vorstellen, wie ein Elternteil und die Hälfte von dessen Kindern, die den Softwareapparat für die Syntax besaßen, unmittelbar mit der Kommunikation beginnen konnten.

Ich möchte kurz noch einmal einen Gedanken erwähnen, den ich bereits im ersten Teil meiner Erinnerungen erörtert habe: Möglicherweise wurde die rekursive Software anfangs für eine vorsprachliche Funktion genutzt, beispielsweise für die Planung einer Antilopenjagd oder eines Kampfes gegen einen Nachbarstamm. Wenn ein Gepard auf die Jagd geht, gibt es in jeder Phase eine Reihe von Triebroutinen, die Unterroutinen aufrufen; jede davon wird durch eine »Stoppregel« beendet, die die Rückkehr zu jenem Punkt im übergeordneten Programm signalisiert, von dem aus die Subroutine aufgerufen wurde. Könnte eine solche auf Subroutinen basierende Software den Weg für die sprachliche Syntax geebnet haben? Wartete sie vielleicht nur darauf, dass die letzte Makromutation sich ereignete, die Mutation, die es einer Subroutine erlaubte, sich selbst aufzurufen – die Rekursion?

Dass wir heute so viel über hierarchisch verschachtelte Grammatik und andere linguistische Gesetzmäßigkeiten wissen, haben wir vor allem dem genialen Noam Chomsky zu verdanken. Nach seiner Ansicht werden Menschenkinder im Gegensatz zu den Jungen jeder anderen biologischen Art mit einem genetisch im Gehirn verankerten Sprachlernapparat geboren. Das Kind lernt natürlich die jeweilige Sprache seines Stammes oder Staates, aber das fällt ihm leicht, weil es einfach nur mit Hilfe des ererbten Sprachapparats das mit Inhalt füllt, was das Gehirn bereits über die Sprache »weiß«. Die Neigung, an Vererbung zu glauben, verbindet sich bei heutigen Intellektuellen (früher war das nicht immer so) in der Regel mit einer politisch rechten Ausrichtung, und Chomsky kommt, um es milde auszudrücken, genau vom entgegengesetzten Pol des politischen Spektrums. Diese Diskrepanz erschien Beobachtern manchmal paradox. Aber Chomskys auf Vererbung gestützte Position scheint in diesem einen Fall nicht nur sinnvoll zu sein, sondern sogar einen besonderen Sinn zu haben. Der Ursprung der Sprache könnte eines der seltenen Beispiele für die Evolutionstheorie der »hoffnungsvollen Monster« darstellen.

Neben den hoffnungsvollen Monstern, wie sie die Segmentierung oder möglicherweise auch die Sprache in Gang gesetzt haben könnten, dürfte es eine Menge embryologischer Neuerungen gegeben haben, die zwar vielleicht ihren ersten vereinzelten Besitzern keine dramatischen Überlebensvorteile verschafften, aber die Schleusen der weiteren Evolution öffneten. Damit sind wir wieder bei der Evolution der Evolutionsfähigkeit. Als ich diesen Begriff auf der Tagung in Los Alamos prägte, wollte ich damit eine Art natürlicher Selektion höherer Ordnung einbeziehen, die uns erst im Rückblick auffällt. Unabhängig davon, ob eine Innovation unmittelbar und kurzfristig das Überleben des Individuums begünstigt, kann sie zu vielfältigen evolutionären Verzweigungen führen, so dass entsprechend Nachkommen die Erde füllen. Mein wichtigstes Beispiel war die Segmentierung, und ein besonders dramatischer Fall könnte die Sprache sein, es gibt aber noch andere. Die ersten Anpassungen, durch die Fische das Wasser verlassen und an Land vordringen konnten, verhalfen nicht nur diesen ersten Pionieren zu neuen Nahrungsquellen oder einer neuen Methode, um natürlichen Feinden zu entgehen. Sie waren auch Pioniere neuer Lebensumfelder, und das nicht nur für das kurzfristige, individuelle Überleben, sondern systematisch für Gruppen, die in zukünftigen Zeitaltern aufblühten. Genau wie die darwinistische Selektion, die Anpassungen begünstigt und damit den Individuen beim Überleben hilft, so könnte es auch unter den *Abstammungslinien* eine Selektion höherer Ordnung geben, die nichtdarwinistisch (oder darwinistisch nur in einem sehr unbestimmten, eher verwirrenden Sinn) ist und die Qualität ihrer Evolutionsfähigkeit betrifft. So formulierte ich es in meinem Vortrag über die »Evolution der Evolutionsfähigkeit« auf der Tagung in Los Alamos; zur Verdeutlichung zeigte ich meine Computer-Biomorphe und die neuen Ausblicke auf die Evolution, die sich für sie eröffneten, wenn ich das Programm mit neuen Genen für Segmentierung und verschiedenen Symmetrieebenen ausstattete.

In der an meinen Vortrag anschließenden Fragestunde (die von dem angesehenen theoretischen Biologen Stuart Kauffman auf sehr angenehme Weise moderiert wurde) stellte jemand scherzhaft die Frage, ob mein Biomorphprogramm nicht nur ein Alphabet, sondern auch Geld züchten könne. Aus dem Stegreif konnte ich auf dem Bildschirm ein ganz passables Dollarzeichen erscheinen lassen (siehe das S in meinem Namen oben), und so endete mein Vortrag in fröhlichem Gelächter.

## Das Embryonenkaleidoskop

Mein Vortrag in Los Alamos trug zwar die Überschrift »Die Evolution der Evolutionsfähigkeit«, ich trieb das Thema aber in jenem Stadium nicht so weit voran, wie ich es vielleicht hätte tun sollen. Das Kapitel aus *Gipfel des Unwahrscheinlichen* mit der Überschrift »Kaleidoskop der Embryonen« ging ein Stück weiter, und zwar in eine Richtung, die ich recht befriedigend fand. Ich habe bereits die »Spiegelgene« erwähnt, die ich in eine spätere Version meines Biomorphprogramms einfügte. In der Mitte der meisten – aber nicht aller – Tiere verläuft längs eine Art Spiegel, so dass sie von rechts nach links symmetrisch gebaut sind. Eine Mutation im dritten Bein eines Insekts könnte theoretisch nur die rechte Körperseite betreffen, in Wirklichkeit spiegelt sie sich aber auch auf der linken Seite wider. Technisch betrachtet, stellt diese Spiegelung eine Einschränkung dar, denn sie beschränkt den Evolutionsspielraum: Auch ohne sie könnte eine vollkommene Symmetrie erreicht – vielleicht besser: ausgeklügelt – werden, wenn sich auf beiden Seiten getrennte Mutationen ereignen, und zusätzlich würde eine Menge exotischer Asymmetrien entstehen. Wenn wir aber davon ausgehen (was aus Gründen, die ich in *Gipfel des Unwahrscheinlichen* dargelegt habe, plausibel ist), dass die Rechts-links-Symmetrie als solche einen globalen Nutzen mit sich bringt, beschleunigt sich die evolutionäre Verbesserung, sobald Mutationen automatisch auf beiden Seiten gespiegelt werden. Deshalb kann man in der aufgezwungenen Symmetrie (dem Mittellinien-»Spiegel« im Kaleidoskop der Embryonen) nicht nur eine Beschränkung sehen (was sie streng genommen ist), sondern auch das genaue Gegenteil: eine evolutionäre Verbesserung der Evolutionsfähigkeit.

Das Gleiche gilt auch für andere Symmetrieebenen, die allerdings in der echten Biologie weniger weit verbreitet sind. Die Abbildung auf der folgenden Seite zeigt links ein Computerbiomorph mit Vierfachsymmetrie (zwei rechtwinklig angeordnete »Kaleidoskopspiegel«), in der Mitte das Skelett eines Rädertierchens (ein zartes, mikroskopisch kleines, einzelliges Lebewesen) und rechts (natürlich nicht im gleichen Maßstab) eine Stielqualle. Bei allen stehen, tief in der Embryologie versteckt, »zwei Spiegel« im rechten Winkel zueinander. Im Fall des Biomorphs weiß ich, dass es so ist, weil ich die Software für die Embryologie geschrieben habe. Bei den beiden Tieren kann ich es nicht mit Sicherheit sagen, aber ich würde mein letztes Hemd darauf verwetten, dass die Vierfachsymmetrie eine in der Embryologie vorgegebene Beschränkung ist. Nach meiner Vermutung war die Neuerung in der grundlegenden Embryologie, durch die diese Kaleidoskop-Einschränkung entstand, mit einem Vorteil verbunden – ganz gleich, worin die Neuerung bestand. Und diese Neuerung würde ich als evolutionäre Verbesserung der Evolutionsfähigkeit bezeichnen.

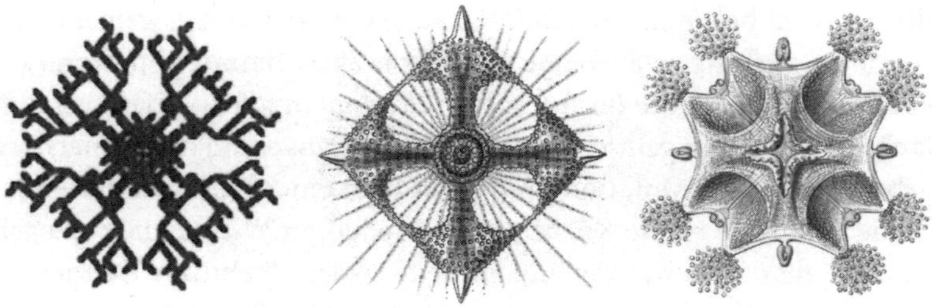

Stachelhäuter (Seesterne, Seeigel, Schlangensterne und so weiter) sind in den meisten Fällen fünffach-symmetrisch. Auch hier scheint es mir fast auf der Hand zu liegen, dass die entsprechende Symmetrieregel tief in der Embryologie verwurzelt ist, so dass eine Mutation, die beispielsweise ein Detail an der Spitze eines Seesternarmes betrifft, sich in allen fünf Armen widerspiegelt (gegen diese allgemeine Aussage spricht auch nicht die Tatsache, dass man gelegentlich Seesterne mit mehr als fünf Armen findet). Und wenn man davon ausgeht, dass die Symmetrie für den Seestern aus irgendeinem Grund einen Nutzen hat, ist die »Spiegelung« der Mutation wieder einmal (im Vergleich zu kleinlichen, getrennten Veränderungen in jedem einzelnen Arm) eine Abkürzung auf dem Weg zu einem Wandel, ohne dass dabei von der Fünffachsymmetrie abgewichen wird. Interessant ist auch, dass alle meine Bemühungen, auf dem Bildschirm fünffach-symmetrische Biomorphe zu züchten, scheiterten. Es ist fast offensichtlich. Eine Fünffachsymmetrie lässt sich nur durch eine radikal neu geschriebene embryologische Routine erreichen – und das spricht wiederum dafür, dass wir es hier tatsächlich mit der Evolution der Evolutionsfähigkeit zu tun haben. Die »Stachelhäuter«-Biomorphe, die ich auf dem Monitor züchten konnte, sind ausnahmslos »Täuschungen« (siehe Abbildung rechts). Sie sehen oberflächlich (von links nach rechts) wie ein Sanddollar, ein Seeigel, eine Seelilie, ein Schlangenstern und zwei Seesterne aus, aber keines von ihnen ist fünffach-symmetrisch.

Zur Zeit der Tagung in Los Alamos gab es noch keinen Mac mit Farbbildschirm. Als ich schließlich einen bekam, lag der nächste Schritt zur Erweiterung der Genome meiner Biomorphe auf der Hand: Ich fügte eine Reihe neuer Gene für Farben hinzu. Gleichzeitig wandelte ich mit weiteren hinzugefügten Genen die Linien ab, mit denen die grundlegenden Bäume des Embryologie-Algorithmus gezeichnet wurden. Einfache Linien waren immer noch erlaubt, aber zusätzlich führte ich ein

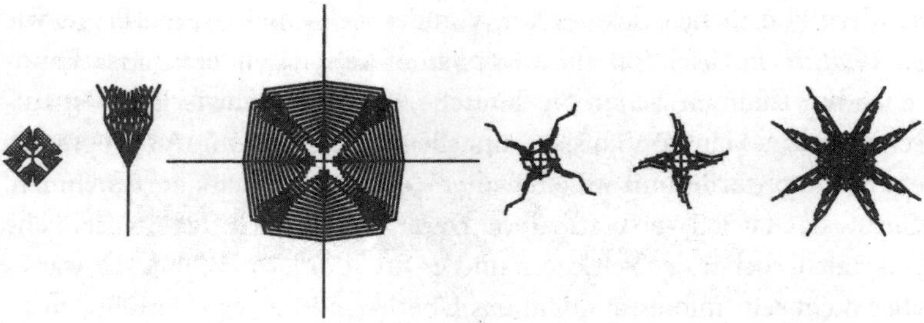

neues Gen ein, das ihre Dicke veränderte; andere neue Gene verwandelten einfache Linien in Rechtecke oder Ovale, steuerten, ob die Formen leer oder mit Farbe ausgefüllt waren, und bestimmten über die Farbe der Linien und der Füllung. Diese zusätzlichen Gene öffneten neue Schleusen der Evolution und führten den selektierenden Menschen in Versuchung, Biomorphe zu züchten, die immer mehr wie exotische Blütenmuster, Tischdecken oder Schmetterlinge aussahen. Aus einer Laune heraus nahm ich den Computer mit in den Garten und bot echten Bienen und Schmetterlingen die Möglichkeit, zwischen den »Blüten« und »Schmetterlingen« auf dem Bildschirm zu wählen. Ich hatte die Hoffnung, dass echte Insekten die Abbilder echter Blütenformen züchten würden, wobei sie von gar nicht blütenähnlichen Anfängen ausgingen. Wohin das führte, hätte ich vorhersehen können: Helles Tageslicht, das Insekten ins Freie und zur Nahrungssuche lockt, macht auch einen Bildschirm schwer erkennbar. So erging es dieser scheinbar klugen Idee wie vielen anderen: Ich steckte das Projekt in die Schublade und kam nie mehr darauf zurück. Vielleicht nachtaktive Motten? Würde eine abgewandelte Version eines berührungsempfindlichen Bildschirms nach Art eines iPad unmittelbar auf eine dagegenstoßende Motte reagieren?

Mit den farbigen Biomorphen arbeitete ich ungefähr zu der Zeit, als ich Lalla kennenlernte. Zu ihren vielen Begabungen gehört auch das Sticken – damals war sie noch nicht dazu übergegangen, Mosaiken zu gestalten, Keramik zu bemalen oder (ihre derzeitigen Kunstformen) zu weben und mit einer Nähmaschine zu zeichnen; von den farbigen, vierfach-symmetrischen Biomorphen ließ sie sich inspirieren, Kissen und Stuhlbezüge zu besticken, bei denen die Stiche genau den Pixeln auf dem Computerbildschirm entsprachen (siehe Bildteil). Sie sind noch heute, 20 Jahre später, höchst bewundernswert.

In allen meinen Programmen des Biomorphtyps kam keine natürliche, sondern künstliche Selektion vor. Von der viel schwierigeren Frage, wie sich *natürliche* Selektion auf interessante Weise simulieren lässt, konnte ich nur träumen. Schon die Tatsache, dass es so schwierig ist, ist aufschlussreich. Man könnte sich vorstellen, in mein Biomorphprogramm ein Selektionskriterium wie »Spitzheit« oder »Rundheit« aufzunehmen. Genau das tat ich versuchshalber. Damit umging ich das menschliche Auge als Urheber der Selektion, und es funktionierte. Biologisch war es aber nicht sehr interessant. Um das Überleben in einer »Umwelt« zu simulieren, müsste man eine solche Welt konstruieren – mit ihrer eigenen »Physik«, ihrer eigenen (im Idealfall dreidimensionalen) Geographie, eigenen Regeln dafür, wie Biomorphe mit anderen Biomorphen und sonstigen Objekten interagieren, mit Regeln wie der, dass sie nicht den gleichen physischen Raum einnehmen dürfen wie andere Objekte, und so weiter. In den Jahren, seit *Der blinde Uhrmacher* erschienen ist, haben schlaue Programmierer solche künstlichen Welten mit ihrer eigenen »Physik« entwickelt, wie beispielsweise Steve Grand mit seinen Creatures, Torsten Reil mit seiner Natural Motion und die verschiedenen Phantasieumgebungen des Typs Second Life. Aber das ist nicht meine Liga, und ohnehin habe ich mich von der Programmiersucht befreit.

## Arthromorphe

Bei der Evolution der Evolutionsfähigkeit geht es darum, die Schleusen für neue, kreative Verbesserungen zu öffnen. Die Tagung in Los Alamos, auf der ich die Idee vorstellte, wurde zu einer Art Metapher dafür, denn sie löste tatsächlich in meinem Kopf (und vermutlich auch in den Köpfen anderer Teilnehmer) so etwas wie eine kreative Welle aus. Für mich erreichte diese Welle ihren Höhepunkt in *Gipfel des Unwahrscheinlichen*, das ich für mein am stärksten unterschätztes Buch halte (zumindest ist es das am wenigsten gelesene, obwohl es vermutlich nach *Der erweiterte Phänotyp* das innovativste war).

Die Tagung öffnete aber auch noch eine andere Schleuse. Ich lernte dort Ted Kaehler kennen. Er war einer der Starprogrammierer von Apple und ein kreativer, origineller Geist, wie wir ihn uns in Verbindung mit dieser künstlerisch innovativen Firma vorstellen. Unter anderem war er dort, um bei Computervorführungen (so auch meiner) zu helfen, aber sein Fachwissen und seine Interessen reichten weit über solche technischen Dinge hinaus, und ich führte mit ihm viele Gespräche über Fragen der Evolution. Später sah ich ihn häufiger: Er arbeitete in Los Angeles an Alan Kays von Apple gesponsertem Bildungsprojekt mit, einem Projekt, dessen Hochdruck-Denkfabrik ich mich für kurze Zeit anschließen durfte, als ich mit der liebenswürdigen Gwen Roberts dort war und den größten Teil meiner Arbeit an den Farb-Biomorphen leistete (siehe Seite 537). Ted und ich betrieben mit wachsender Begeisterung Brainstorming – wie ich schon in den Kapiteln über die Wespen berichtet habe, ist es ein großartiges Gefühl, wenn gemeinsames Denken schnell und reibungslos möglich ist. Wir steigerten uns in die Evolution der Evolutionsfähigkeit und insbesondere in die Segmentierung hinein; gemeinsam brüteten wir einen Plan für ein neues Biomorph-ähnliches Programm für künstliche Selektion aus, in dem wir uns auf sequenzierte, Gliederfüßer-artige künstliche Geschöpfe konzentrieren wollten, und in die Embryologie nahmen wir zwei ganz klar biologische Prinzipien auf. Unsere neuen künstlichen Geschöpfe nannten wir »Arthromorphe«.

Die Biomorphe in dem ursprünglichen Blinder-Uhrmacher-Programm hatten neun Gene. In der Los-Alamos-Version waren es 16, in der Farbversion 36. Jede Vergrößerung des Genoms öffnete neue Schleusen, wie ich es genannt habe, und setzte eine Erweiterung der evolutionären »Kreativität« in Gang, die allerdings auf »konstruktive« Weise eingeschränkt war, beispielsweise durch Segmentierung oder »Kaleidoskopspiegel«. Aber jede derartige Verbesserung beruhte auf einem größeren Eingriff des Programmierers. Ich musste mich wieder an den Schreibtisch setzen und eine Menge neuer Codes schreiben. In gewisser Weise ist das eine geeignete Metapher für die Evolution der Evolutionsfähigkeit: Auch in der echten Biologie sind die radikalen Veränderungen, um die es hier geht – die Entstehung der Segmentierung, der Ursprung der Vielzelligkeit, die Entstehung der Sexualität oder der Fünffachsymmetrie bei Stachelhäuter –, seltene, recht katastrophale Umwälzungen, die ein wenig mit einer wichtigen Überarbeitung eines Computerprogramms vergleichbar sind. Die Analogie erstreckt sich sogar bis auf das »Debugging«, denn in einem können wir sicher sein: Wenn eine revolutionäre Mutation durch Selektion in den Genpool einfließt, setzt sie einen Dominoeffekt in Gang, der in ihrem Gefolge ausgebügelt werden muss: Das geschieht durch die nachfolgende Selektion einer ganzen Folge kleinerer Mutationen, die die nachteiligen Nebenwirkungen einer grundsätzlich nützlichen großen Mutation glätten.

In der echten Biologie kennt man aber auch eine mittlere Ebene der Mutationen. Solche Veränderungen sind weniger revolutionär als die Entstehung der Vielzelligkeit, der Sexualität, der Segmentierung oder neuer »Symmetriespiegel«, aber auch radikaler als die gewöhnlichen Punktmutationen, durch die sich eines der vier Watson-Crick-Nucleotide – C, T, G oder A – in ein anderes verwandelt. Zu dieser mittleren Kategorie gehören Verdoppelungen (Duplikationen) ganzer Chromosomenabschnitte oder ihr Gegenteil (Deletionen). Die Genduplikation ist der wichtigste Weg, auf dem Genome größer werden. In *Geschichten vom Ursprung des Lebens* (und dort insbesondere in der Geschichte des Neunauges) habe ich den Prozess am Beispiel des Hämoglobins beschrieben. Um es noch einmal kurz zu wiederholen: Wir besitzen fünf verschiedene »Globin«-Ketten, die von verschiedenen Genen in verschiedenen Abschnitten des Genoms codiert werden. Entscheidend ist, dass alle fünf von einem einzigen, urtümlichen Globin abstammen, das von einem einzigen Vorläufergen codiert wurde. Dieses Vorläufergen (es ist bis heute das einzige, das auch die Neunaugen besitzen, unsere entfernten, primitiven Vettern) wurde in der Evolution mehrmals verdoppelt; so entstanden unsere heutigen »Globingene«. Wenn wir von evolutionärer Auseinanderentwicklung sprechen, meinen wir in der Regel, dass eine Vorläuferspezies sich in zwei Arten aufspaltet. Zwei Populationen laufender, atmender Tiere trennen sich und gehen jeweils ihrer eigenen Wege. Hier sprechen wir zwar ebenfalls über evolutionäre Auseinanderentwicklung, wir meinen damit aber eine Aufspaltung, die sich jeweils innerhalb eines einzigen Individuums abgespielt hat, so dass die beiden dabei entstandenen molekularen Abstammungslinien im Körper zukünftiger Individuen aller zukünftigen Generationen *nebeneinander* erhalten bleiben.

Übrigens werde ich häufig gefragt, ob die heutigen, verbesserten Erkenntnisse der Genomforschung an meinen Aussagen etwas ändern würden, wenn ich *Das egoistische Gen* noch einmal schreiben sollte. Die Antwort lautet nein – in mancher Hinsicht ist es ein widerstrebendes Nein, denn Wissenschaftler sind stolz darauf, wenn sie es sich anders überlegen können, nachdem neue Belege vorliegen. Wenn überhaupt, wird mein »Blick aus der Sicht des Gens« von 1976 durch neue Überlegungen, wie denen über die Genduplikation, von der in der Geschichte des Neunauges die Rede ist, noch unterstrichen. Der Grund: Heute erkennen wir evolutionäre Auseinanderentwicklung auf der Ebene der Gene innerhalb der Individuen, womit sich die Bedeutung des Individuums (im Gegensatz zum Gen) als Ebene, auf der die Selektion wirkt, weiter verringert.

Als Ted und ich die Anforderungen für unser Arthromorphprogramm festlegten, versuchten wir nicht, eine Genduplikation nach Art des Hämoglobins als solche zu simulieren. Unser neues Programm beinhaltete aber eine Form der Duplikation (und Deletion) von Genen, und die erwies sich als höchst aufschlussreich. Während alle meine früheren Biomorphprogramme ein festes Genrepertoire (9, 16 oder 36 in den drei Versionen) beinhalteten, hatten die Arthromorphe eine wechselnde Zahl von Genen, die ihrerseits von Mutationen beeinflusst wurde. Wie man leicht erkennt, bewegten wir uns damit in eine Richtung, in der wir die Evolution selbst ihre eigene Software neu schreiben ließen, während ich mich zuvor für jede Makromutation und die von ihr verursachte Verbesserung der Evolutionsfähigkeit der Biomorphe selbst hinsetzen und eine Menge neuer Codes schreiben musste.

Die Segmentierung war tief in das Geflecht der Arthromorph-Embryologie verwoben, genetisch zulässig war dabei aber nur ein einziges Segment. Die große Links-rechts-Spiegelbildlichkeit war eine voreingestellte Beschränkung: Alle Arthromorphe waren links-rechts-symmetrisch. Jedes Segment bestand aus einem ovalen Körperteil (dessen Form und Größe unter genetischer Kontrolle standen) und war in der Lage, ein Paar symmetrischer Extremitäten hervorzubringen, wobei an jeder Extremität eine zweigeteilte Klaue wachsen konnte. So weit, so gliederfüßig. Die Zahl der Gelenke in den einzelnen Extremitäten stand ebenso unter genetischer Kontrolle wie deren jeweilige Größe und der Winkel der Gelenke; das Gleiche galt auch für Größe und Winkel der Klauen an den Extremitätenenden.

Von nun an wurde es biologisch interessanter: Gruppen hintereinanderliegender Segmente haben gemeinsame Einflussfelder. Unter Umständen sind (beispielsweise) die ersten drei Segmente nahezu gleich, sie unterscheiden sich aber stärker von den nächsten beiden Segmenten, und die sind wieder anders als die nachfolgenden vier Segmente – eine Struktur, die entfernt an Kopf, Brust und Hinterleib erinnert (siehe unten, Arthromorph 1). Jede dieser Segmentgruppen (natürlich müssen es nicht unbedingt drei sein: auch diese Zahl unterlag der genetischen Variation) bezeichneten wir mit dem biologisch korrekten Ausdruck aus der Biologie der Gliederfüßer als *Tagma* (Plural Tagmata). Aber die

Segmente innerhalb eines Tagmas mussten nicht genau identisch sein. Vielmehr stand jedes Segment unter dem Einfluss seiner eigenen Tagma-spezifischen Gene, denen es freistand, unabhängig von den anderen Segmenten zu mutieren. Die vergleichsweise größere Einheitlichkeit innerhalb eines Tagmas wurde dadurch erreicht, dass die genetische Größe jedes Segments mit einer für das jeweilige Tagma spezifischen Zahl (einem »Gen«) multipliziert wurde. Das hier dargestellte Arthromorph 2 ähnelt dem Arthromorph 1, nur trägt das Segment 3, obwohl es erkennbar zum Tagma 1 gehört, längere Beine als die beiden anderen Segmente dieses Tagmas. Auch am Tagma 3 setzen ganz andere Beine an.

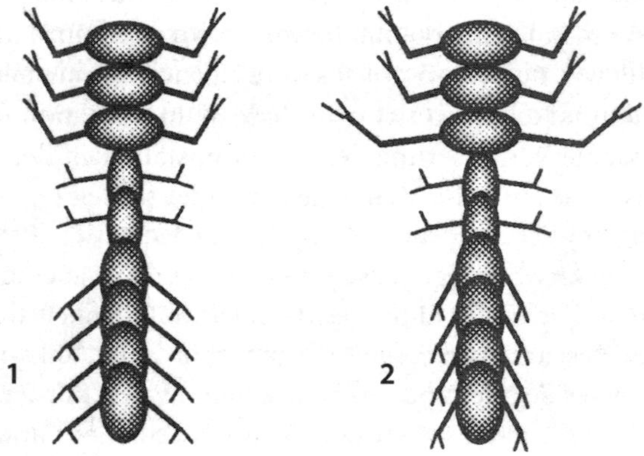


Auf einer höheren Ebene gab es andere Gene, die dafür sorgten, dass sich die Werte aller Gene des gesamten Organismus quer durch alle Tagmata multiplizierten. Und schließlich fügten wir noch »Gradientengene« hinzu, durch die sich die anderen genetischen Effekte auf dem Weg vom Vorder- zum Hinterende des Organismus (oder entlang eines Tagmas) um eine zunehmende (oder abnehmende) Zahl multiplizierten. Die Zu- und Abnahme der Zahl der Tagmata wie auch der Segmente innerhalb eines Tagmas wurden durch Duplikation oder Deletion von Genen erreicht.

Das war die Embryologie der Arthromorphe. An ihr fällt sofort auf, dass sie komplizierter war als die Embryologie der Biomorphe, und das auf biologisch interessante Weise. Ich stieß dabei an die Grenzen meiner Programmierfähigkeiten, so dass ich auf Teds überlegene Erfahrung zurückgreifen musste. Die Codes schrieb ich selbst (in Pascal, das nicht Teds Lieblingssprache war und heute, wie bereits erwähnt, im Wesentlichen veraltet ist), aber Ted gab mir per E-Mail Hilfestellung mit Vorschlägen in einer Art Pseudo-Computersprache, die stark einer formalisierten Teilmenge des Englischen ähnelte. Hin und wieder, so meine Vermutung, muss meine Langsamkeit ihn ein wenig ungeduldig gemacht haben – ich entsprach nicht den Maßstäben eines professionellen Apple-Softwareingenieurs –, aber er war immer sehr freundlich, und am Ende war das Projekt abgeschlossen. Nachdem wir die schwierige embryologische Routine geschrieben hatten, war es relativ einfach, sie in eine Version des ursprünglichen Biomorphprogramms einzubetten und auf dem Bildschirm die Entscheidungen für die »Zucht« zu treffen. Die Abbildung unten zeigt einen »Zoo« (vielleicht sollte man besser von einem Flohzirkus sprechen) mit einer Auswahl der unzähligen Arthromorphe, die ich mit künstlicher Selektion züchten konnte, nachdem das Programm fertig war.

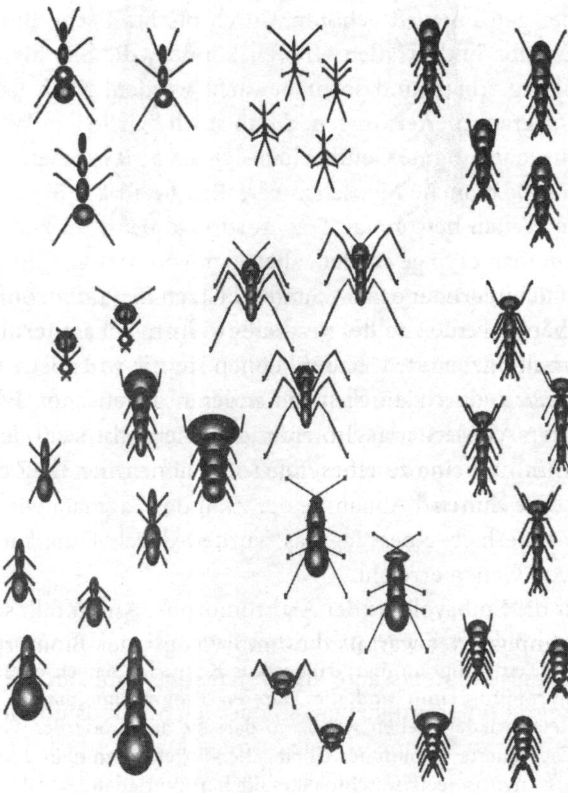

Christopher Langton setzte seine Reihe von Tagungen über Künstliches Leben fort, außerdem gab es eine ähnliche Reihe unter dem Namen Digital Biota. Auf der zweiten davon war Chris selbst anwesend; sie fand 1996 am Magdalene College in Cambridge statt, und ich war eingeladen, das Grundsatzreferat zu halten. Es trug den Titel »Die Sicht aus dem wahren Leben« und war eindeutig ein Versuch, die Computerfreaks auf den Boden der realen Biologie zurückzuholen, während sie die Zaubereien ihrer virtuellen Welten ausprobierten. Für mich war die Tagung vor allem deshalb denkwürdig, weil Douglas Adams dort einen Stegreifvortrag hielt (der in *Lachs im Zweifel* abgedruckt ist) und weil ich dort Steve Grand kennenlernte, den Autor von *Creation: Life and How to Make It* – ein Rundumschlag, der an die Virtuosität seines Programms »Creatures« für Künstliches Leben heranreicht. Ebenso machte ich dort Bekanntschaft mit den verblüffenden Möglichkeiten virtueller Welten, in denen »Avatare«, die Spielern aus der ganzen Welt gehören, durch phantastische Burgen und Paläste, Casinos und Straßen streifen können, die alle als Gemeinschaftsprojekte erbaut und sogar bewacht werden. Mich faszinieren zwar die Programmierleistungen, die in solche virtuellen Welten einfließen, ein wenig ungute Gefühle habe ich aber inzwischen wegen der Extreme, in die manche Menschen verfallen, wenn sie über ihre Avatare solche Welten bewohnen. Der Ausdruck »Hast du kein Leben?« ist zu einem Stereotyp geworden, aber man wird das Gefühl nicht los, dass er auf Schildern an den wichtigen Plätzen in Städten von Second Life aufgehängt werden sollte, wo die Bewohner bekanntermaßen sogar Menschen »geheiratet« haben, denen sie nie in Fleisch und Blut begegnet sind, und wo sie sich später wegen »Untreue« im Cyberspace auch wieder »scheiden« lassen. Aber gut, vielleicht sieht so die Zukunft aus, und ich werde eines Tages virtuell meine eigenen realen Worte zurücknehmen.[87]

---

[87] Nachdem ich dieses Kapitel geschrieben hatte, nahm Alan Canon Kontakt zu mir auf, ein Programmiervirtuose aus Kentucky, der ehrenamtlich das Arthromorphprogramm und die anderen Programme meines »Uhrmacher-Pakets« wiederbeleben wollte, so dass sie auf modernen Computern laufen. Die neueste Version des Uhrmacher-Pakets kann man unter https://sourceforge.net/projects/watchmakersuite herunterladen.

## Das kooperative Gen

Dass ich das Hauptgewicht auf den Genpool der Spezies (statt auf das individuelle Genom) als Text eines genetischen Totenbuchs lege, stärkt auch einen anderen wesentlichen Teil meiner Weltanschauung: die Vorstellung vom kooperativen Gen. Darunter verstehe ich die naheliegende, aber wichtige Idee, dass das Gen aus Sicht der Funktion ohne den Zusammenhang der anderen Gene im Genpool machtlos ist – das heißt, ohne die anderen Gene, mit denen es eine große Zahl einzelner, in Raum und Zeit verteilter Körper teilen muss. In *Der entzauberte Regenbogen* widme ich dem Thema ein ganzes Kapitel mit der Überschrift »Der egoistische Kooperator«; der Gedanke warf seine Schatten aber auch (trotz des Buchtitels) schon in *Das egoistische Gen* voraus:

> *Ein Gen, das mit den meisten anderen Genen, die es in aufeinanderfolgenden Körpern wahrscheinlich treffen wird, das heißt mit den anderen Genen im Genpool, gut zusammenarbeitet, wird gewöhnlich im Vorteil sein.*
> *Zum Beispiel gibt es eine Reihe von Eigenschaften, die in einem effizienten Körper eines Fleischfressers wünschenswert sind, darunter scharfe Reißzähne, die richtige Art von Eingeweiden zum Verdauen von Fleisch und viele andere. Ein effizienter Pflanzenfresser andererseits braucht flache Mahlzähne und einen viel längeren Verdauungstrakt mit einer anders gearteten Verdauungschemie. In einem Genpool von Pflanzenfressern wäre jedes neue Gen, das seinen Besitzer mit scharfen Fleischfresserzähnen ausstattet, nicht sehr erfolgreich. Und zwar nicht, weil Fleischfressen allgemein eine schlechte Eigenschaft ist, sondern weil man nicht effizient Fleisch verzehren kann, wenn man nicht außerdem die richtige Art von Verdauungsapparat und all die anderen Eigenschaften besitzt, die für eine fleischfressende Lebensweise nötig sind. Gene für scharfe Fleischfresserzähne sind nicht an sich schlechte Gene. Sie sind schlechte Gene lediglich in einem Genpool, der von Genen für Pflanzenfressereigenschaften beherrscht wird.*
> *Dies ist ein subtiler, komplizierter Gedanke. Kompliziert deshalb, weil die »Umwelt« eines Gens überwiegend aus anderen Genen besteht, von denen jedes selbst wiederum wegen seiner Fähigkeit*

*selektiert worden ist, mit* ***seiner*** *Umwelt von anderen Genen zusammenzuarbeiten.*[88]

Ich würde mit Vergnügen ein neues Buch mit dem Titel *Das kooperative Gen* herausbringen, aber es wäre Wort für Wort mit *Das egoistische Gen* identisch.[89] Darin liegt kein Widerspruch. Die egoistischen Gene, die überleben, überleben in ihrer Umwelt. Zu dieser Umwelt gehört natürlich die äußere Umgebung, die wir sehen können: Klima, natürliche Feinde und Parasiten, Nahrungsversorgung und so weiter. Ein ebenso wichtiger Teil der Umwelt jedes Gens besteht aber aus den anderen Genen im Genpool der Spezies – das heißt aus den Genen, mit denen es aus statistischen Gründen wahrscheinlich einen Körper teilen wird. Ein isoliertes Gen kann keine Auswirkungen auf den Phänotyp haben; welche phänotypischen Effekte es hat, hängt von den anderen Genen ab, die auf kurze Sicht in demselben Körper und auf lange Sicht im Genpool vorhanden sind. Die natürliche Selektion begünstigt an jedem Genlocus unabhängig das Allel, das mit den anderen Genen, mit denen es nacheinander verschiedene Körper teilt, *kooperiert* – und das wiederum bedeutet, dass es mit den Allelen in den anderen Loci kooperiert, die ihrerseits kooperieren. Kooperation ist das Gebot der Stunde. Sie hat zur Folge, dass sich in den Genpools Kartelle gegenseitig kooperierender Gene bilden. Würde man ein Mitglied eines solchen Kartells herausnehmen und in ein anderes Kartell stecken, wäre das Ergebnis kein Erfolg. Mein Verständnis für diese wichtige Erkenntnis wurde stark durch die Forschungsarbeiten der Schule von E. B. Ford in Oxford beeinflusst. Wie Ford und seine Kollegen mit Hybridisierungsexperimenten zeigen konnten, werden komplizierte Eigenschaften von Motten zunichtegemacht, wenn man Gene einem fremden »genetischen Klima« aussetzt, dem genetischen Klima einer anderen Spezies. Diese Arbeiten machten auf mich als Studienanfänger in den Tutorien mit Fords jüngerem Kollegen Robert

---

88 Aus: *Das egoistische Gen*. Übersetzt von Karin de Sousa Ferreira, Heidelberg 1994, S. 79.

89 Tatsächlich hat mein Kollege und früherer Student Mark Ridley, der über Evolution ganz ähnliche Ansichten hat wie ich, ein Buch mit dem Titel *The cooperative Gene* veröffentlicht. Das ist zumindest der Titel der amerikanischen Ausgabe. In Großbritannien erschien es ursprünglich unter dem Titel *Mendel's Demon*.

Creed großen Eindruck. In *Der entzauberte Regenbogen* habe ich es wie folgt beschrieben. Ich muss mich für derart lange Zitate entschuldigen, aber ich habe keine besseren Worte für eine Aussage, die so vielfach missverstanden wurde.

> *Auch hier ist man geneigt zu behaupten, der »ganze Gepard« oder die »ganze Antilope« werde »als Einheit« selektioniert. Das ist verführerisch, aber oberflächlich. Und es zeugt auch von Faulheit. Um zu erkennen, was sich wirklich abspielt, braucht man ein wenig zusätzliche Denkarbeit. Gene, die für die Entwicklung eines Fleisch verarbeitenden Darmes sorgen, gedeihen in einem genetischen Klima, in dem Gene für die Programmierung eines Fleischfressergehirns bereits vorherrschen. Und umgekehrt. Gene, die für eine Abwehrtarnung sorgen, gedeihen in einem genetischen Klima, in dem Gene für die Programmierung eines Pflanzenfressergehirns bereits vorherrschen. Und umgekehrt. Es gibt zahllose Wege, sich seinen Lebensunterhalt zu sichern. Um nur ein paar Beispiele aus dem Bereich der Säugetiere zu nennen: Wir kennen die Lebensweise des Geparden, der Schwarzfersenantilope, des Maulwurfs, des Pavians, des Koalabären. Es gibt keine Veranlassung zu sagen, eine sei besser als die andere. Alle funktionieren. Ungünstig ist es nur, wenn sich die Hälfte der angepassten Eigenschaften für eine Lebensweise eignet und die zweite Hälfte für eine andere.*
> *Solche Argumente lassen sich am besten auf der Ebene einzelner Gene formulieren. An jedem genetischen Locus wird mit größter Wahrscheinlichkeit dasjenige Gen begünstigt, das sich mit dem von den anderen Genen geschaffenen genetischen Klima verträgt und in diesem Umfeld über mehrere Generationen hinweg überlebt. Da das gleiche Prinzip auf jedes einzelne Gen zutrifft, das zu dem Klima beiträgt – man kann auch sagen: da jedes Gen ein Teil des Klimas jedes anderen sein kann –, entwickelt sich der Genvorrat einer Spezies in der Regel zu einer Gruppe gegenseitig verträglicher Partner.*[90]

In diesem sehr wichtigen Sinn sind Gene »egoistisch« und »kooperativ« zugleich: Das ist ein zentraler Punkt meiner »Weltanschauung«,

---

90 Aus: *Der entzauberte Regenbogen*. Übersetzt von Sebastian Vogel, Reinbek 2000, S. 287 f.

wie ich sie in meinen eher überheblichen Momenten nenne. Es ist eine viel einheitlichere, umfassendere Vorstellung von der Evolution der Kooperation als das wachsweiche Gerede über die Selektion des Organismus »als Einheit«.

## Universeller Darwinismus

Im Jahr 1982 wurde Darwins 100. Todestag auf der ganzen Welt mit Gedenkfeiern begangen, herausragend vielleicht in Cambridge, wo der junge Charles seine Zwischenprüfung in Theologie abgelegt hatte, »mit Henslow spazieren gegangen« war und Käfer gesammelt hatte. Ich fühlte mich geehrt, dass man mich zu einem Vortrag einlud, und wählte als Titel »Universeller Darwinismus«. Dahinter stand der Gedanke, dass natürliche Selektion mehr ist als nur eine Triebkraft der Evolution bei den Lebensformen, die wir auf unserem Planeten kennen; soweit wir wissen, gibt es keine andere Kraft, die in der Lage wäre, letztlich die Verantwortung für eine adaptive Evolution zu übernehmen. »Adaptiv« ist in diesem Satz ein notwendiges Wort. Zufällige Gendrift ist bei den meisten oder sogar allen evolutionären Veränderungen auf molekularer Ebene möglich. Sie kann aber nicht für eine auf Funktion gerichtete, anpassungsorientierte Evolution verantwortlich sein. Soweit wir wissen und soweit es sich bisher irgendjemand ausmalen konnte, bringt nur die natürliche Selektion Organe hervor, die so funktionieren, als hätte ein Ingenieur sie konstruiert: Flügel, die fliegen, Augen, die sehen, Ohren, die hören, Stacheln, die lähmen. Das jedenfalls behauptete ich. Indirekt sagte ich damit auch: Wenn wir jemals Leben an einem anderen Ort im Universum entdecken, wird sich herausstellen, dass es darwinistisches Leben ist – es wird sich nach den lokalen Entsprechungen zu darwinistischen Prinzipien entwickelt haben.

Meine Argumentation war logisch nicht unangreifbar, aber ich halte sie immer noch für stichhaltig. Sie war sogar meine Antwort auf die Frage »Was glauben Sie, ohne dass Sie es beweisen können?« in John Brockmans alljährlicher »Edge«-Serie. Sie war auch gleichbedeutend mit »Niemand hat sich jemals eine stichhaltige Alternative zur natürlichen Selektion ausgedacht«. Eines muss ich einräumen: Wenn man sie so fasst, ist sie einer Widerlegung zugänglich, sobald jemand eine Alternative formuliert. Aber Wissenschaftler dürfen Ahnungen haben, und der Grundgedanke meines Beitrags lag in der starken Ahnung, dass keine entsprechende Widerlegung jemals bekannt werden wird – oder bekannt werden kann. Ich stellte eine Behauptung auf, die nach meiner Überzeugung nicht nur tatsächlich, sondern auch *prinzipiell* unangreifbar ist, wodurch sie sich von allen bekannten Alternativen zur natürlichen Selektion unterscheidet, insbesondere von der lamarckistischen Theorie, die sich auf »Gebrauch und Nichtgebrauch« einschließlich der Vererbung erworbener Merkmale stützte. Bis dahin hatten viele Biologen es mit Ernst Mayr gehalten, dem hundertjährigen Gründervater der neodarwinistischen Synthese, nach dessen Ansicht Lamarcks Hypothese im Prinzip gut war und nur durch eine hässliche kleine Tatsache verdorben wurde, wie T. H. Huxley es formuliert hatte: Erworbene Merkmale werden in Wirklichkeit nicht vererbt. Eine Folgerung aus Mayrs Ansicht lautete: Gäbe es einen Planeten, auf dem erworbene Merkmale vererbt werden, könnte dort eine lamarckistische Evolution gut funktionieren. Das abzustreiten, gab ich mir große Mühe – und nach meinem Eindruck konnte ich damit überzeugen, denn bisher hat niemand eine Erwiderung veröffentlicht.

Dass Muskeln, die häufig zu einem bestimmten Zweck gebraucht werden, größer werden und dann diesen Zweck besser erfüllen, ist eine Tatsache. Wenn man Gewichte stemmt, wachsen die Muskeln. Wer barfuß geht, bekommt an den Fußsohlen eine dickere Haut. Läuft man Marathon, ist man irgendwann immer besser in der Lage, Marathon zu laufen: Herz, Lunge, Beinmuskulatur und viele andere Dinge eignen sich besser für diesen Zweck. Auf unserem hypothetischen Planeten mit lamarckistischer Evolution würden stärkere Muskeln, Hornhaut an den Füßen und eine trainierte Lunge an die nächste Generation weitergegeben werden. Lamarck glaubte, nach diesem Prinzip würden sich Verbesserungen entwickeln. Der übliche Einwand lautet: Erworbene Merkmale werden – welch eine hässliche Tatsache – nicht vererbt. Meine Einwände waren aber andere – es waren drei, und sie beruhten nicht auf Tatsachen, sondern waren prinzipieller Natur.

Erstens: Selbst wenn erworbene Merkmale vererbt würden, wäre das Prinzip von Gebrauch und Nichtgebrauch zu grob und wenig zielgerichtet, als dass es, von wenigen Beispielen abgesehen, für eine anpassungsorientierte Evolution sorgen könnte. Die Linse eines Auges wird nicht von Photonen klargespült, die durch sie hindurchströmen.

Die Vergrößerung der Muskeln ist eines der relativ wenigen Beispiele für eine Verbesserung, die durch Gebrauch und Nichtgebrauch entstehen kann. Aber nur die natürliche Selektion verfügt über so feine, scharfe und ausreichend genau zielende Meißel, dass sie die Vielzahl der subtilen, häufig winzigen Verbesserungen in der Evolution herausarbeiten kann. Das Prinzip von Gebrauch und Nichtgebrauch ist zu grob und unzureichend. Andererseits ist jede genetisch bedingte Verbesserung den fein mahlenden Mühlen der natürlichen Selektion ausgesetzt, ganz gleich, wie subtil sie ist und wie tief sie sich in der Zellchemie des Organismus verbirgt.

Zweitens handelt es sich nur bei einer Minderheit aller erworbenen Eigenschaften um Verbesserungen. Ja, Muskeln wachsen, wenn man sie gebraucht, aber die meisten Körperteile nutzen sich bei wiederholtem Gebrauch ab und werden kleiner, weniger vollkommen, oft sogar schartig und narbig. Es ist fast zu einem Klischee geworden, dass die religiös motivierte Beschneidung auch im Laufe vieler Generationen offenkundig nicht zur evolutionären Schrumpfung der Vorhaut geführt hat. Lamarckistische Evolution müsste sich ebenfalls irgendeines »Selektionsmechanismus« bedienen, um die wenigen Verbesserungen (wie die Hornhaut an den Füßen) von den vielen Verschlechterungen (Abnutzung von Hüftgelenken und so weiter) zu unterscheiden – und das hört sich sehr nach Darwinismus an!

Allen volkstümlichen Überzeugungen zum Trotz ist unser Körper keine wandernde Ansammlung uralter Narben und gebrochener Gliedmaßen. Bunch, der Lieblingshund meiner Mutter, hatte die Gewohnheit, auf drei seiner vier Beine zu humpeln (Verrenkungen der Kniescheibe sind bei kleinen Hunden ein häufiges Problem). Eine Nachbarin hatte einen älteren Hund namens Ben, der durch einen Unfall ein Hinterbein verloren hatte und zwangsläufig auf den drei verbliebenen Beinen humpelte. Sie versuchte meiner Mutter weiszumachen, Ben müsse Bunchs Vater sein!

Hier bitte ich um Nachsicht für einen Augenblick schamloser Sentimentalität. Als ich diese Woche einen zerfledderten Ordner mit Gedichten durchsah, die meine Eltern füreinander im Laufe vieler Jahre gesammelt und sorgfältig mit der Hand abgeschrieben hatten, fand ich in der Handschrift meiner Mutter das Folgende, das sie offensichtlich unmittelbar nach Bunchs Tod geschrieben hatte. Wie man an den Durchstreichungen und Korrekturen erkennt, ist es unvollendet, aber nach meiner Überzeugung ist es so schön, dass man es hier wiedergeben kann. Und wenn man in einer Autobiographie nicht sentimental sein darf, wann dann?

Dear little ghost of happiness
Who lopes beside me down the years,
No dog of flesh and blood will take
Your place, nor ever stem the tears
That come unbidden from the heart.
For you were very part of me –
And all the fields and all the ways
Down woodland ride or open hill
Are empty places now for me.

*You are not there – you are not there* |41|

Lieber Bunch. Wenn man sagt, man könne einen Hund nicht so vermissen, wie man einen Menschen vermisst – das ist alles Unsinn. Oder, um es anders auszudrücken: Wenn es um Trauer geht, kann ein Hund zu einem »Menschen« werden.

Mein dritter Einwand gegen irgendeine Form der Evolution, die auf der Vererbung erworbener Merkmale beruht, muss nicht zwangsläufig auf alle Lebewesen an allen Orten zutreffen. Er gilt aber für alle Lebensformen, die (wie auf der Erde) eine »epigenetische« und keine »präformationistische« Embryologie haben. Und man kann mit Fug und Recht die Ansicht vertreten, dass eine solche präformationistische Embryologie nicht funktioniert – aber das soll hier nicht weiter vertieft werden. Was bedeuten die Fachausdrücke »epigenetisch« und »präformationistisch«? Sie gehen auf die Geschichte der Embryologie zurück. Heute bezeichne ich sie als »Origami«- und »3D-Drucker«-Embryologie. Die Origami-Embryologie habe ich in *Geschichten vom Ursprung des Lebens* und *Die Schöpfungslüge* erörtert: Sie lässt einen Körper anhand eines Rezepts oder eines Programms von Anweisungen entstehen, das Auskunft darüber gibt, wie Gewebe wachsen und sich falten soll, wie es sich einstülpt, neu faltet und das Innere nach außen kehrt. Es liegt im Wesen einer solchen (epigenetischen) Origami-Embryologie, dass sie unumkehrbar ist. Man kann nicht einen Körper betrachten und daraus Rückschlüsse auf die Anweisungen ziehen, nach denen er entstanden ist, genau wie man nicht einen Origami-Vogel oder ein Origami-Boot nehmen und daraus ableiten kann, welche Folge von Faltungen ihm zugrunde liegt; ebenso kann man nicht ein Gourmetgericht nehmen und daraus den Wortlaut des Rezepts rekonstruieren.

Ganz anders die präformationistische oder »Blaupausen«-Embryologie. Sie ist umkehrbar, und in der Biologie unseres Planeten existiert sie nicht. Deshalb ist es falsch, die DNA als »Blaupause« zu bezeichnen. Wenn es eine Blaupausen-Embryologie gäbe, wäre sie reversibel: Den Bauplan eines Hauses kann man rekonstruieren, indem man die Zimmer vermisst und in kleinerem Maßstab aufzeichnet. Dagegen kann man die DNA eines Tieres nicht rekonstruieren, ganz gleich, wie detailliert und sorgfältig man seinen Körper analysiert.

Die präformationistische »Blaupausen«-Embryologie wird gut durch einen 3D-Drucker verkörpert. Der 3D-Drucker ist eine natürliche Fortentwicklung des gewöhnlichen Papierdruckers. Er baut das Objekt auf, indem er eine Schicht nach der anderen »druckt«. Zum ersten Mal sah ich eine dieser erstaunlichen Maschinen als Gast von Elon Musk in seiner SpaceX-Raketenfabrik. Dort erzeugte der 3D-Drucker – als Glanzleistung für eine Ausstellung – Schachfiguren. Im Gegensatz zu einer Fräsmaschine, die eine Art computergesteuerten Bildhauer darstellt und Objekte *subtraktiv* aus einem Metallblock herausschneidet, baut der 3D-Drucker das Objekt additiv Schicht für Schicht auf. Man kann ihm Serien von Schichtaufnahmen vorhandener dreidimensionaler Objekte vorgeben, und dann baut er die Schichten in dem neuen, kopierten Objekt nach. Leben, wie wir es kennen, entwickelt sich nicht präformationistisch, sondern epigenetisch.[91]

---

[91] Man sollte sich übrigens nicht dadurch verwirren lassen, dass das Wort »Epigenetik« in jüngster Zeit als Etikett für eine modische, übermäßig aufgebauschte Idee vereinnahmt wurde, wonach Veränderungen in der *Genexpression* (die natürlich im Laufe der normalen Embryonalentwicklung ständig stattfinden, denn ansonsten wären alle Körperzellen genau gleich) an zukünftige Generationen weitergegeben werden können. Solche generationsübergreifenden Effekte dürfte es hin und wieder geben, und sie sind ein recht interessantes, allerdings auch seltenes Phänomen. Es ist aber eine Schande, dass das Wort »Epigenetik« in der Laienpresse zunehmend falsch gebraucht wird, als sei die generationsübergreifende Weitergabe keine seltene, interessante Anomalie, sondern ein Teil der Definition von Epigenetik.

Man könnte sich (vielleicht, nur vielleicht so gerade eben) irgendwo im Universum eine präformationistische Lebensform vorstellen, deren Embryologie wie ein 3D-Drucker funktioniert, weil sie den elterlichen Körper scannt und dann Schicht für Schicht das Kind aufbaut. Eine solche Lebensform könnte theoretisch erworbene Merkmale an die nächste Generation weitergeben. Wie der Scanmechanismus auch aussieht, er könnte mit dem vorhandenen Körper auch dessen Veränderungen kopieren (darunter vermutlich Verletzungsnarben, Verstümmelungen und Abnutzungserscheinungen). Aber alles, was wir über das DNA/Protein-basierte Leben auf unserem Planeten wissen, spricht gegen den Gedanken, den elterlichen Organismus zu scannen und die so gewonnenen Informationen in die Gene einfließen zu lassen, die an die nächste Generation übertragen werden. So funktioniert DNA nicht, und so kann sie auch nicht funktionieren. Man kann das Genom eines Tieres nicht anhand seines Körpers rekonstruieren. Und wir kennen nur einen Weg, wie ein Körper anhand seiner Gene aufgebaut werden kann: Er muss als Embryo im Mutterleib oder in einem Ei heranwachsen. Außerdem – um noch einmal auf das Beispiel der Beschneidung zurückzukommen – würde eine Scanaufnahme des Körpers nicht nur die Verbesserungen durch »Gebrauch und Nichtgebrauch« umfassen, sondern auch alle Verletzungen.

Deshalb, so meine Schlussfolgerung, hatte Ernst Mayr unrecht, als er sagte: »Wenn man von seinen Voraussetzungen ausgeht, war Lamarcks Theorie eine ebenso legitime Theorie der Anpassung wie die von Darwin. Leider stellte sich aber heraus, dass seine Voraussetzungen falsch waren.« Nein, dass sie falsch waren, »stellte sich nicht heraus«, sondern sie hätten ihre Aufgabe aus prinzipiellen Gründen auch dann nicht erfüllen können, wenn sie richtig gewesen wären. Und ich hoffe, ich gab auch Francis Crick den Anlass, folgende Worte zu revidieren: »Niemand hat *allgemeine* theoretische Gründe dafür genannt, warum ein solcher Mechanismus weniger effizient sein muss als die natürliche Selektion.«

Am Ende meines Vortrags stand Stephen Gould auf und demonstrierte nicht zum ersten Mal sehr wortreich, wie umfangreiche Belesenheit den Geist manchmal so weit überfrachten kann, dass der eigentlich wichtige Punkt verschleiert wird. Sehr flüssig und mit wohlgesetzten Worten wies er darauf hin, dass im späten 19. und frühen 20. Jahrhundert verschiedene Alternativen zur natürlichen Selektion im

Schwange waren: beispielsweise Mutationismus und Saltationismus. Das ist historisch richtig, geht aber meilenweit an der Sache vorbei. Wie der Lamarckismus – auch das hatte ich in meinem Vortrag in Cambridge dargelegt –, so ist auch weder der Mutationismus noch der Saltationismus noch irgendein anderer »Ismus« des 19. Jahrhunderts prinzipiell in der Lage, für *anpassungsorientierte* Evolution zu sorgen.

Der »Mutationismus« ist ein gutes Beispiel. William Bateson (1861–1926) war einer von vielen Genetikern (das Wort wurde von ihm geprägt), nach deren Ansicht die Mendel'sche Genetik in irgendeiner Form die natürliche Selektion überflüssig gemacht habe und Mutationen ohne Selektion eine ausreichende Erklärung für die Evolution seien. Zwei Zitate von ihm führte ich in *Der blinde Uhrmacher* an:

> *Wir wenden uns an Darwin wegen seiner unvergleichlichen Sammlung von Fakten, [aber...] Für uns spricht er nicht mehr mit philosophischer Autorität. Wir lesen sein Schema der Evolution, wie wir es von Lukretius oder Lamarck lesen würden.*

Und weiter:

> *Die Umgestaltung von Massen von Populationen durch unmerkliche Schritte, die von der Auslese gelenkt sind, ist, wie die meisten von uns sehen, so wenig auf das Faktum anwendbar, dass wir uns nur wundern können sowohl über den Mangel an Einsicht, den die Verfechter einer solchen Lehre an den Tag legen, als auch über die forensischen Fähigkeiten, mit denen sie so dargestellt wurde, dass sie akzeptabel erschien, und sei es auch nur eine Zeit lang.*[92]

Was für ein völliger Unsinn. Mit den historischen Tatsachen hatte Gould sicher recht: Im 19. und frühen 20. Jahrhundert waren neben den Theorien von Darwin und Lamarck auch andere Evolutionstheorien im Umlauf, und einer ihrer Vertreter war Bateson. Mir ging es nicht darum, die Geschichte zu leugnen, sondern zu zeigen, dass diese anderen Theorien genau wie der Lamarckismus prinzipiell falsch waren. Und immer falsch sein mussten. Das alles hätte man sich schon

---

92 Beide Zitate aus: *Der blinde Uhrmacher*. Übersetzt von Karin de Sousa Ferreira. München 1996, S. 350.

durch pures Nachdenken klarmachen können, bevor sie durch Befunde widerlegt wurden. Die darwinistische natürliche Selektion wird nicht nur durch Befunde belegt. Wenn es um *anpassungsorientierte* Evolution geht, die zu funktionellen *Verbesserungen* führt, ist die natürliche Selektion nach unserer Kenntnis die einzige Theorie, die von ihrem Prinzip her in der Lage ist, die Aufgabe zu erfüllen, und diese allgemeine Aussage wird sich – so zumindest meine Ahnung – auch auf Theorien ausweiten lassen, die wir gar nicht kennen.

Auf der Tagung in Cambridge vertrat ich die Argumente für den universellen Darwinismus nicht besonders gut, denn ich hatte stark unterschätzt, wie viel Zeit es erfordern würde, das Thema zu entwickeln. Und zu jener Zeit war ich weniger geübt darin, meine unguten Gefühle zu verbergen, wenn mir ein solcher Fehler unterlief. Es war nicht das einzige Mal, dass mir die Zeit ausging, und ich erinnere mich nur allzu gut an das vertraute Gefühl, einen roten Kopf zu bekommen und buchstäblich vor Furcht und Panik zu schwitzen. In der Kaffeepause nach dem von mir selbst so empfundenen Fehlschlag saß ich untröstlich und starr im Hörsaal, der sich allmählich leerte. Eine liebe Freundin, die meinen Kummer beobachtete, stellte sich hinter mich und küsste mich schweigend oben auf den Kopf, während ihre Hände sanft auf meinen Schultern ruhten. Die Wärme weiblicher Zärtlichkeit ist einer jener guten Gründe, am Leben zu bleiben. Als ich die Geschichte vom universellen Darwinismus im letzten Kapitel von *Der blinde Uhrmacher* wieder aufnahm, erzählte ich sie besser.

## Meme

Im letzten Kapitel der Originalausgabe von *Das egoistische Gen* vertrat ich eine Version des universellen Darwinismus, in der ich das Gen, das ansonsten in dem Buch der strahlende Held gewesen war, herunterspielte. Jede codierte, sich selbst verdoppelnde Information, so mein Argument, könnte anstelle der DNA in das Evolutionsspiel eintreten. Vielleicht ist das auf einem weit entfernten Planeten tatsächlich geschehen. Etwas anderes hätte ich noch hinzufügen sollen, aber das machte ich erst in *Der erweiterte Phänotyp* ausreichend deutlich: Der Stellvertreter braucht eine zusätzliche Qualität, nämlich die Fähigkeit, die Wahrscheinlichkeit seiner eigenen Verdoppelung zu beeinflussen.

Noch bevor ich den Titel *Der erweiterte Phänotyp* gewählt hatte, fragte mich Geoffrey Parker, ein Pionier der Evolutionstheorie an der Universität Liverpool, wovon mein nächstes Buch handeln würde, und ich erwiderte: »von Macht«. Geoff begriff sofort, was ich damit meinte; ich kenne nicht viele Menschen, die es allein aufgrund dieses einen Wortes verstanden hätten.

Auf welche potentiell leistungsfähigen Replikatoren – hypothetische Alternativen zur DNA – konnte ich 1976, als ich den Gedanken vom universellen Darwinismus in *Das egoistische Gen* vorstellte, zurückgreifen? Computerviren hätten die Aufgabe erfüllt, aber die waren kurz zuvor erst in irgendeinem armseligen kleinen Kopf erfunden worden, und selbst wenn ich daran gedacht hätte, hätte ich für die Idee keine Werbung machen wollen. Ich erwähnte die Möglichkeit seltsamer Replikatoren auf anderen Planeten und fuhr fort:

> *Doch müssen wir uns in fremde Welten begeben, um andere Replikatortypen und andere, daraus resultierende Arten von Evolution zu finden? Ich meine, dass auf diesem unserem Planeten kürzlich eine neue Art von Replikator aufgetreten ist. Zwar ist er noch jung, treibt noch unbeholfen in seiner Ursuppe herum, aber er ruft bereits evolutionären Wandel hervor, und zwar mit einer Geschwindigkeit, die das gute alte Gen weit in den Schatten stellt.*[93]

Dass kulturelle Evolution um Zehnerpotenzen schneller verläuft als genetische Evolution, stimmt. Aber nahezulegen, dass der natürlichen Selektion von Memen das Verdienst für die kulturelle Evolution gebührt, wäre voreilig gewesen. Es könnte so sein, aber das wäre eine kühnere Behauptung gewesen, als ich im Sinn hatte. Die Evolution der Sprache beispielsweise verdankt der Drift (Memdrift) mit Sicherheit mehr als etwas Ähnlichem wie der Selektion. Im weiteren Verlauf prägte ich selbst das Wort:

> *Das neue Urmeer ist die »Suppe« der menschlichen Kultur. Wir brauchen einen Namen für den neuen Replikator, ein Substantiv, das die Assoziation einer Einheit der kulturellen Vererbung ver-*

---

[93] Aus: *Das egoistische Gen*. Übersetzt von Karin de Sousa Ferreira, Heidelberg 1994, S. 308.

*mittelt, oder eine Einheit der* ***Imitation****. Von einer entsprechenden griechischen Wurzel ließe sich das Wort »Mimem« ableiten, aber ich suche ein einsilbiges Wort, das ein wenig wie »Gen« klingt. Ich hoffe, meine klassisch gebildeten Freunde werden es mir verzeihen, wenn ich Mimem zu* ***Mem*** *verkürze. Sollte es irgendjemandem ein Trost sein, so könnte er sich wahlweise vorstellen, dass es mit dem lateinischen* ***memoria*** *oder mit dem französischen Wort* ***même*** *verwandt ist.*[94]

Nicht nur Gene, sondern im Prinzip auch Meme könnten aufgrund ihrer gegenseitigen Verträglichkeit selektioniert werden. In der umfangreichen Literatur über Memetik hat sich das Wort »Memplex« als Kurzform für »Memkomplex« eingebürgert. In *Das egoistische Gen* griff ich die Idee von Komplexen kooperierender Gene wieder auf (dabei bediente ich mich des Begriffs »evolutionäre stabile Gensätze«) und zog dann folgende vorläufige Parallele zu den Memen:

*Jeweils zusammenpassende Zähne, Klauen, Eingeweide und Sinnesorgane bildeten sich in Fleischfresser-Genpools heraus, während gleichzeitig ein anderer stabiler Satz von Merkmalen aus Pflanzenfresser-Genpools hervorging. Geschieht in Mempools irgendetwas Vergleichbares? Ist das Gott-Mem zum Beispiel mit anderen speziellen Memen verknüpft worden, und fördert diese Verbindung das Überleben jedes der beteiligten Meme? Vielleicht können wir eine organisierte Kirche mit ihrer Architektur, ihren Ritualen und Gesetzen, ihrer Musik und Kunst sowie ihrer geschriebenen Tradition als einen koadaptierten Satz sich gegenseitig stützender Meme betrachten.*[95]

Es gibt auch eine andere interessante Möglichkeit: Wenn wir davon ausgehen, dass Meme wie Gene der natürlichen Selektion unterliegen, könnten Komplexe aus Memen und Genen, die sich gegenseitig vertragen, gemeinsam jeweils in ihren Selektionsbereichen begünstigt werden. Wenn also das genetische Totenbuch eine Beschreibung früherer Umgebungen ist, warum sollten zu diesen früheren Umgebun-

---

94 Ebd., S. 308 f.
95 Ebd., S. 317.

gen dann nicht auch frühere Meme gehören? Stellten nicht zwischenmenschliche Praktiken früherer Zeiten, frühere Religionen, Ehesitten und Kriegsgewohnheiten einen wichtigen Teil der Welten dar, in denen die Gene unserer Vorfahren überlebten? Und umgekehrt.

Neben regionalen Unterschieden von Klima, Sonneneinwirkung, Verzehr von Kuhmilch und so weiter gibt es zwischen den Populationen auch in Kultur, Religion, Traditionen, Ehesitten und so weiter wichtige Unterschiede, die auf die Gene unterschiedliche Selektionswirkungen ausgeübt haben könnten. Das ist durchaus nicht unplausibel. Die betreffenden Populationen waren geographisch lange genug mehr oder weniger getrennt. Deshalb könnte das genetische Totenbuch auch eine Beschreibung früherer Kulturen enthalten. Man kann es auch anders formulieren: Gene und Meme kooperieren miteinander in gegenseitig verträglichen Kartellen. Das meinte E. O. Wilson, als er vor langer Zeit von der »Coevolution von Genen und Kultur« sprach. Gibt es auch ein »memetisches Totenbuch«? Und enthält es nicht nur die Beschreibungen früherer Meme, sondern auch die früherer Gene? Ich möchte dieses Feld dem Leser zum Beackern überlassen und füge zur Anregung nur die Vermutung hinzu, dass kulturelle, sprachliche oder religiöse Barrieren für den Gen- und Memfluss die gleiche Rolle spielen könnten wie geographische Schranken, die die evolutionäre Auseinanderentwicklung begünstigen. Interessanterweise könnten solche kulturellen Barrieren auch da bestehen, wo die geographischen Entfernungen zwischen Populationen zu klein sind. Die Feindseligkeiten zwischen benachbarten Tälern im Hochland Neuguineas führten bei den kriegsführenden Populationen offenbar zu einer so starken Isolation, dass die Evolution von 1000 untereinander unverständlichen Sprachen begünstigt wurde; wie sah es dann wohl mit dem Genfluss zwischen ihnen aus? Wenn das genetische Totenbuch eine Beschreibung früherer Welten einschließlich ihrer Kulturen ist, warum sollte es dann nicht auch ein memetisches Totenbuch geben, in dessen Beschreibungen auch frühere Gene vorkommen? Und *mutatis mutandis*: Warum sollte das genetische Totenbuch nicht auch eine Beschreibung früherer Meme enthalten?

Ich habe mich von der Memetik mittlerweile ein Stück entfernt, aber um sie herum hat sich eine umfangreiche Literatur gebildet, darunter viele Bücher mit »Mem« im Titel (eine Auswahl findet sich im Bildteil). Bedeutende Fortschritte in der Memtheorie machten unter anderem Susan Blackmore mit *Die Macht der Meme*, Robert Aunger mit *The Electric Meme* und Daniel Dennett in mehreren Büchern, darunter *Philosophie des menschlichen Bewusstseins*, *Darwins gefährliches Erbe*, *Den Bann brechen* und *Intuition Pumps*. Nach Ansicht von Dennett und Blackmore spielte die Memetik in der Evolution der Menschen und auch für die Evolution des Geistes eine entscheidende Rolle. Sue Blackmore organisierte eine Reihe von »Memelab«-Workshops in dem exzentrisch-schönen Haus in Devon, das sie mit ihrem Mann, dem Wissenschafts-Fernsehmoderator Adan Hart-Davis bewohnt. (Dieser war übrigens in seiner Zeit bei Oxford University Press auch an dem Erscheinen von *The Selfish Gene* beteiligt.) Die Veranstaltungen waren jeweils als Hausparty organisiert und dauerten das ganze Wochenende; die Teilnehmer schliefen im Haus und nahmen gemeinsam ihre Mahlzeiten ein. Diese Workshops verkörpern für mich ein wenig das wunderbare, gesellige Gefühl von gemeinsamem lauten Denken, das ich immer so angenehm fand. Bei freundlichem Wetter endete der Workshop mit der Wanderung auf einen windigen Hügel in Dartmoor. Bei einer denkwürdigen Gelegenheit konnte auch Dan Dennett einen Vortrag halten, und wie üblich legte er damit für uns alle die Latte ein ganzes Stück höher.

## Chinesische Dschunken und chinesisches Geflüster

Zu *Die Macht der Meme* von Susan Blackmore schrieb ich das Vorwort, und die Gelegenheit nutzte ich, um eine Antwort auf einen der Hauptkritikpunkte an der Memtheorie zu geben. Er lautete: Im Gegensatz zu Genen verdoppeln sich Meme nicht mit hoher Originaltreue. Im Laufe der Generationen, so die Kritik, degeneriert die Information, ein Zustand, der für eine Evolution tödlich ist. In der DNA wird die Sequenz ATGCGATTC präzise kopiert (oder wenn sie falsch kopiert wird, enthält sie einen genau definierten, einzeln identifizierbaren Fehler). Wird dagegen ein Kinderreim oder ein ähnliches Mem kopiert – beispielsweise vom Vater zum Kind –, handelt es sich um eine ungenaue Verdoppelung. Das Kind hat eine höhere Stimme, es spricht die Vokale anders aus, und so weiter. Deshalb gleichen Meme nicht den Genen, und sie geben der Evolution keine Grundlage, weil die Kopiergenauigkeit nicht hoch genug ist.

Diese Kritik ist auf den ersten Blick plausibel, aber nachweislich falsch. Ich antwortete darauf mit einer Reihe von Gedankenexperimenten, Versionen des Kinderspiels »Chinese Whispers« (in Deutschland als »Stille Post« bekannt). Stellen wir uns eine Reihe von 20 Kindern vor. Ich flüstere dem ersten Kind einen Satz ins Ohr. Er lautet vielleicht: »Unten in einem tiefen dunklen Tal saß eine alte Laus und kaute an einer Bohnenstange.« Das erste Kind flüstert dem zweiten zu, was es gehört hat, und so weiter die ganze Reihe entlang. Das zwanzigste Kind trägt dann laut die Version des Satzes nach der »Evolution« vor. Wahrscheinlich ist sie verfälscht und führt zu Heiterkeit. Wenn der Satz aber kurz ist und insbesondere wenn er in der Sprache der Kinder etwas bedeutet, besteht eine gute Chance, dass er intakt bis zum Ende der Reihe überlebt. Nehmen wir nun den Sonderfall des Spiels, in dem der Satz am Ende der Reihe wieder korrekt herauskommt; dann geht es mir um Folgendes: Dass jedes einzelne Kind den Satz nicht als präzise Kopie des Gesagten wiedergibt, spielt keine Rolle. Das eine Kind hat vielleicht einen irischen Akzent, das andere einen schottischen, das nächste den Akzent von Yorkshire und so weiter. Da der Satz für jedes von ihnen in der gemeinsamen Sprache einen Sinn hat, wird jedes Kind ihn wieder »normalisieren«. In Schottland werden Vokale anders ausgesprochen als in Yorkshire, aber die Unterschiede lenken nicht vom Inhalt ab. Ein australisches Kind hört die Worte, erkennt, dass sie aus dem gemeinsamen Lexikon der englischen Sprache stammen, und gibt sie so korrekt wieder, dass das nächste Kind mit seinem amerikanischen Akzent den Satz ebenfalls versteht und weitergeben kann.

Irgendwo auf dem Weg könnte eine »Mutation« auftreten. Angenommen, das Kind Nummer 14 sagt nicht »Laus«, sondern »Maus«, und die mutierte Form »Maus« wird dann bis zum Ende der Reihe weiter kopiert. Schon das wäre interessant. Aber betrachten wir einmal den Fall, in dem keine solche Mutation stattfindet. Wir nehmen an, ein Versuchsleiter würde mit einem Tonbandgerät das Flüstern aller Kinder bis hin zum letzten aufzeichnen. Die 19 Aufnahmen werden in getrennte kleine Bänder zerlegt und in einem Hut gemischt. Nun erhalten unabhängige Beobachter die Bänder und sollen sie in der Reihenfolge ihrer Ähnlichkeit mit der ursprünglichen, vom ersten Kind gesprochenen Nachricht anordnen. Wie das Ergebnis aussehen wird, wissen wir. Angenommen, es haben sich keine Mutationen des

Typs Laus/Maus ereignet, besteht keine Tendenz, dass Bänder aus dem ersten Abschnitt der Reihe besser sind als solche aus den hinteren Teilen. Im Laufe des Kopierprozesses bestand keine Neigung zur Degeneration. Das allein sollte ausreichen, um den erwähnten Kritikpunkt zu widerlegen.

Aber treiben wir einmal das Gedankenexperiment noch einen Schritt weiter und nehmen wir an, die Nachricht ist in einer Sprache formuliert, die den Kindern unbekannt ist. Angenommen, sie lautet *Arma virumque cano, Troiae qui primus ab oris*. Auch hier wissen wir, was geschehen wird, ohne dass wir das Experiment wirklich machen müssen. Die Kinder sind der lateinischen Sprache nicht mächtig und können nur die Laute nachahmen. Die Geräusche, die beim zwanzigsten Kind schließlich herauskommen, haben nahezu sämtliche Ähnlichkeit mit dem, was das erste Kind gesprochen hat, verloren. Und wenn wir wieder das Experiment mit den vermischten Tonbändern machen, wissen wir ebenfalls, wie das Ergebnis aussieht. Unabhängige Beobachter werden sicher in der Lage sein, die Bänder in der Reihenfolge ihrer Ähnlichkeit mit der ursprünglichen Nachricht zu ordnen: Diese wird vom ersten bis zum letzten Band stetig abnehmen.

Entsprechende Experimente kann man nicht nur mit Worten, sondern auch mit Fähigkeiten machen: zum Beispiel mit der Fähigkeit zur Holzbearbeitung (wobei wir die Weitergabe vom Schreinermeister zum Lehrling und so weiter über 20 »Generationen« simulieren). Die entsprechende »Normalisierung«, die eine ähnliche Rolle spielt wie die gemeinsame Sprache, wird nach meiner Vermutung in der Kenntnis dessen liegen, was mit der betreffenden Fähigkeit erreicht werden soll. Bringt der Meister dem Lehrling zum Beispiel bei, wie man einen Nagel einschlägt, wird dieser vermutlich nicht die genaue Zahl und Stärke der Hammerschläge nachahmen, sondern er imitiert das *Ziel*, das der Meister erreichen will: »Der Nagelkopf soll im Holz sein«, und entsprechend hämmert er so lange, bis das Ziel erreicht ist. Er ahmt das Ziel nach und gibt dies an den nächsten »Lehrling« weiter.

In meinem Vorwort zu Blackmore nannte ich als Beispiel eine weitere manuelle Fähigkeit: das Falten von Papier zu einer chinesischen Origami-Dschunke. Dass dies ein plausibles Mem ist, zeigt sich daran, dass es sich wie eine Masernepidemie verbreitete, als ich es in meinem Internat vormachte. Und was noch interessanter ist: Ich lernte die Fähigkeit von meinem Vater, und der hatte sie seinerseits gelernt, als sie sich ein Vierteljahrhundert zuvor an genau derselben Schule ebenfalls wie eine Epidemie verbreitet hatte.

Wenn Kinder das Origami lernen, ahmt nicht jedes von ihnen die genauen Handbewegungen seines Vorgängers nach, sondern eine »normalisierte« Version, die sich auf die Wahrnehmung dessen stützt, was das vorherige Kind tun *will*. Das »lernende« Kind wird beispielsweise den Schluss ziehen, dass sein »Lehrer« das Papier genau in der Mitte falten will. Wenn der »Lehrer« unbeholfen ist und seine Falte in Wirklichkeit nicht genau in der Mitte setzt, wird der »Lehrling« den Fehler ignorieren und sich dennoch bemühen, genau in der Mitte zu falten. Die Entsprechung zu den »Tonbändern im Hut« besteht hier darin, dass man unabhängige Beobachter bittet, die 19 chinesischen Dschunken anzuordnen. Wenn man keine größeren Mutationen unterstellt (die wiederum auf ihre eigene Weise interessant wären), besteht keine Tendenz, dass Dschunken, die später in der Reihe entstanden sind, im Vergleich zu solchen aus einem früheren Stadium eine »Degeneration« aufweisen. Es wird bessere und schlechtere Exemplare geben, die sich um einen Mittelwert verteilen, denn ich habe den starken Verdacht, dass geschickte Kinder nicht versuchen werden, offensichtliche Ungeschicklichkeiten wie eine Falte außerhalb der Mittellinie nachzuahmen, sondern dass sie »normalisieren«.

Es mag gegen die Analogie von Genen und Memen stichhaltige Einwände geben, aber die »Degeneration« aufgrund nicht originalgetreuer Verdoppelung gehört nicht dazu.

Angenommen, wir wollten ein memetisches Experiment machen: Wie würden wir vorgehen? Vielleicht würden wir ein Wort mit allgemein bekannter Aussprache nehmen, eine »mutierte« falsche Aussprache erfinden und sie täglich an Zehntausende von Menschen übermitteln; später würden wir dann untersuchen, ob die mutierte Aussprache im Mempool die Oberhand gewonnen hat und zur Norm geworden ist. Ein teures Projekt, für das man wahrscheinlich bei keiner Forschungsförderungsorganisation Geld locker machen könnte. Glücklicherweise wird uns aber rein zufällig der teure Teil des Experiments manchmal abgenommen. In den Zügen der Londoner U-Bahn gibt es eine Lautsprecheranlage, die jeden Tag Zehntausenden von Fahrgästen die Namen der Stationen nennt. Die Station Marylebone wurde vor der Mutation (so ähnlich wie) »Märry-le-bön« ausgesprochen. Die mutierte Aussprache auf der Bakerloo Line, ausgerufen von der Tonbandstimme einer jungen Frau, lautet »Marley-bone«. Für das Experiment müsste man jetzt nur noch eine Zufallsstichprobe von Pendlern auf der Bakerloo Line fragen, wie sie den Namen aussprechen, und diese Befragung in jährlichen Abständen wiederholen; anschließend kann man die Verbreitung des Mems mit Stichproben aus der gesamten britischen Bevölkerung weiterverfolgen. Nach meiner Vermutung hat sich die mutierte Form bereits recht weit ausgebreitet. Als letzte Bastion, so meine scherzhafte Annahme, wird der Marylebone Cricket Club fallen, der berühmte MCC.

## Modelle der Welt

Unter dem Einfluss von Horace Barlow betrachtete ich die Sinnessysteme eines Tieres und insbesondere die Gruppe der fein abgestimmten Erkennungsneuronen im Gehirn als eine Art Modell der Welt, in der das Tier lebt. Nach dem gleichen Prinzip stellte ich auch die Gene des Tieres als digitale Beschreibung früherer Welten dar – als eine Art statistischen Durchschnitt der Lebens- und Umweltbedingungen, unter denen die Vorfahren des Tieres überlebt haben. Den Genpool einer Spezies betrachtete ich als Computer, der Durchschnittswerte der Eigenschaften früherer Welten ermittelte. In einem kürzeren Zeitrahmen tut das Gehirn mit dem Lernen etwas ganz Ähnliches: Es bildet Durchschnittswerte der statistischen Eigenschaften jener Welt, mit der das einzelne Tier im Laufe seines Lebens Erfahrungen gemacht hat. Genau wie der Bildhauer namens natürliche Selektion, der Stücke von einem Genpool abklopft und ihn damit zu einem beschreibenden Modell durchschnittlicher früherer Welten macht, so formt auch die individuelle Erfahrung im Gehirn die Modelle der heutigen Welt. In beiden Fällen werden die Modelle durch Daten aus der Welt aktualisiert, allerdings in unterschiedlichen Zeitmaßstäben: das Genpool-Modell im Zeitmaßstab der Generationen, das Gehirn-Modell im Rahmen der individuellen Entwicklungszeit. Schon lange liebe ich ein Gedicht von Julian Huxley (mit dem ich mich aus irgendeinem Grund, den ich heute nicht mehr ganz verstehe, als Studienanfänger identifizierte), das ich auch in *A Devil's Chaplain* zitiert habe.

The world of things entered your infant mind
To populate that crystal cabinet.
Within its walls the strangest partners met,
And things turned thoughts did propagate their kind.
For, once within, corporeal fact could find
A spirit. Fact and you in mutual debt
Built there your little microcosm – which yet
Had hugest tasks to its small self assigned.
Dead men can live there, and converse with stars:
Equator speaks with pole, and night with day;
Spirit dissolves the world's material bars –
A million isolations burn away.
The Universe can live and work and plan,
At last made God within the mind of man. |42|

Ich möchte hier noch einen weiteren Vers hinzufügen und hoffe, er ist eine einigermaßen gelungene Nachahmung von Huxleys Stil:

Ancestral worlds invade your species' genes,
Encoding long forgotten deaths and lives.
Digital texts enshrining what survives,
Distilled from genomes now in smithereens.
What went before? What happened? Who can say?
Yet all is written in your DNA. |43|

Aber kehren wir noch einmal zu dem Gedicht von Julian Huxley und den im Zeitmaßstab der individuellen Entwicklung im Gehirn konstruierten Modellen zurück: Mit dem Thema beschäftigte ich mich in den neunziger Jahren in vielen meiner öffentlichen Vorträge. Besonders anregend fand ich die Software für die virtuelle Realität, mit der ich im Jahr meiner Weihnachtsvorlesungen Bekanntschaft machte und die ich dann auch den Kindern in der Royal Institution vorführte. Das alles führte ich in dem Kapitel »Die Welt wird neu verwoben« meines Buches *Der entzauberte Regenbogen* zusammen.

Wenn wir glauben, wir würden nach »draußen« in die wirkliche Welt blicken, betrachten wir in Wirklichkeit in einem stichhaltigen Sinn eine Simulation, die im Gehirn konstruiert wird, ihre Grenzen aber durch die Informationen findet, die aus der Wirklichkeit zu uns strömen. Es ist, als gäbe es im Gehirn ganze Schränke voller Modelle, die nur darauf warten, auf Geheiß der von den Sinnesorganen angelieferten Informationen hervorgeholt zu werden. Davon überzeugen uns als eine Art »Ausnahme, die die Regel bestätigt«, auch die optischen Täuschungen – dies zeigte uns Richard Gregory in seinen Büchern (und in seinem Simonyi-Vortrag in Oxford). Eine berühmte optische Täuschung, den Necker-Würfel, habe ich auch in *Der erweiterte Phänotyp* (siehe Seite 567) als Analogie für meine beiden Methoden benutzt, die natürliche Selektion zu betrachten: den Blick durch das Auge des Gens und die Sichtweise des »Vehikels«. Der Würfel ist ein zweidimensionales Muster, das mit zwei verschiedenen dreidimensionalen Modellen aus dem Schrank gleichermaßen vereinbar ist. Das Gehirn hätte so konstruiert sein können, dass es sich für eines der beiden Modelle entscheidet und dabei bleibt. In Wirklichkeit holt es aber zuerst ein Modell aus dem Schrank, »sieht« es für ein paar Sekunden, stellt es dann wieder zurück und holt das andere Modell heraus. Deshalb sehen wir zuerst den einen Würfel, dann den anderen, dann wieder den ersten, und so weiter.

Das gleiche Prinzip wird auf noch dramatischere Weise an anderen berühmten optischen Täuschungen deutlich, so an der Stimmgabel des Teufels (siehe unten), dem unmöglichen Dreieck (das ich bei meinen Weihnachtsvorlesungen in der Royal Institution vorgeführt habe[96]), und der Täuschung der hohlen Maske.

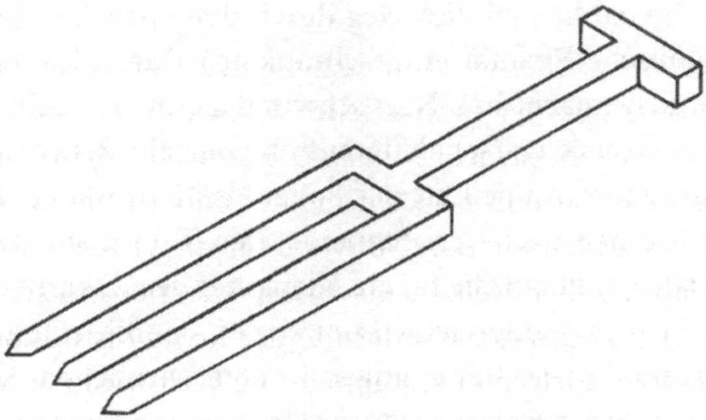

96 Vorlesung 5, nach 20 Minuten in http://richannel.org/christmas-lectures/1991/richard-dawkins#/christmas-lectures-1991-richard-dawkins--the-genesis-of-purpose.

Wir bewegen uns durch eine konstruierte Welt, eine Welt der virtuellen Realität. Wenn wir geistig gesund sind, nicht unter Drogen stehen und nicht schlafen, wird die konstruierte virtuelle Realität, durch die wir wandeln, so durch Sinnesinformationen eingeschränkt, dass es unserem Überleben dienlich ist: Schließlich müssen wir in der realen Welt überleben, nicht in einer Welt der Träume oder Halluzinationen. Computersoftware versetzt uns in die Lage, durch imaginäre Welten zu wandeln, durch Phantasiewelten, griechische Tempel, Feenländer oder Science-Fiction-Landschaften auf fremden Planeten. Wenn wir den Kopf drehen, zeichnen Beschleunigungsmesser in dem Helm die Bewegung auf, und entsprechend bewegen sich die Bilder, die der Computer unseren Augen darbietet. Es scheint, als würden wir uns in dem griechischen Tempel umdrehen und nun eine Statue sehen, die vorher »hinter« uns stand. Und wenn wir nachts träumen, macht sich die eigene Software des Gehirns für virtuelle Realität von der Wirklichkeit frei, und wir schreiten durch prächtige imaginäre Gebäude oder laufen in panikbesetzten Alpträumen vor konstruierten Ungeheuern davon.

In *Der entzauberte Regenbogen* und meinen Vorträgen aus den neunziger Jahren phantasierte ich über eine Chirurgin der Zukunft, die sich in einem anderen Zimmer befindet als ihr Patient und durch seinen Darm wandert, der anhand der Daten, die ein in ihn eingeführtes Endoskop liefert, realistisch simuliert wird. Wenn sie den Kopf nach einer Seite dreht, schwingt die Spitze des Endoskops entsprechend mit. Sie bahnt sich den Weg durch den virtuellen (aber durch die endoskopische Realität eingeschränkten) Darm, bis sie vor sich den Tumor ausgemacht hat. Nun schwingt sie die virtuelle Kettensäge aus ihrem Werkzeugarsenal; daraufhin vollzieht das entsprechende mikrochirurgische Skalpell an der Spitze des Endoskops ihre Bewegungen im Kleinen nach und schneidet den Tumor sorgsam heraus. In einer parallelen Phantasie tut ein Klempner der Zukunft etwas ganz Ähnliches: Er geht – oder schwimmt sogar – durch einen virtuellen Abfluss, während seine Bewegungen in dem wirklichen Abfluss von einem kleinen Roboter gespiegelt werden, der eine Verstopfung beseitigen soll. Entscheidend sind dabei die Einschränkungen: Die virtuellen Welten, durch die wir uns bewegen, sind keine reine Phantasie, sondern fahren auf Gleisen, die eingeschränkt sind, nahe an der Realität bleiben und deshalb Nutzen bringen.

Besonders gut ist unser geistiger Schrank mit Modellen von Gesichtern bestückt, und wir holen sie eifrig heraus, wenn uns unsere Sehnerven auch nur den kleinsten Anlass dazu geben. So kommt es zu den vielen Geschichten, in denen Jesus oder die Jungfrau Maria auf einer Toastscheibe oder an einer feuchten Wand auftauchen. Ihre spektakulärste Ausdrucksform findet unsere gesichtsfreudige Modellverwendungsfähigkeit in der Hohlmaskenillusion (die auch in meinem Weihnachtsvortrag vorkam[97]). Interessanterweise gibt es auch einen Gehirnschaden mit eigenem Namen: Menschen mit Prosopagnosie sehen normal, nur erkennen sie keine Gesichter, nicht einmal die von Menschen, die sie gut kennen und lieben.

In *Der Gotteswahn* habe ich das Thema wieder aufgegriffen und gezeigt, welchen Fehler wir machen, wenn wir uns von Visionen und Erscheinungen, Geistern und Dschinns, Engeln und heiligen Jungfrauen beeindrucken lassen. Unser Gehirn ist ein Meister in der Kunst der virtuellen Realität. Die Vision einer leuchtenden Gestalt mit langer Robe und Heiligenschein heraufzubeschwören ist ein Kinderspiel, und das Gleiche gilt für eine leise Stimme in einem Sturm. Viele Menschen sind ehrlich überzeugt, sie hätten persönliche Erlebnisse mit Gott: Er spricht zu ihnen, erscheint ihnen in Träumen und Tagträumereien. Sie sollten sich davon weniger beeindrucken lassen. Lest nur Richard Gregory und die Psychologen. Erkennt die Kraft der Illusion. Versteht, wie leicht sich die Illusion in einen Wahn verwandelt. Zum Beispiel in den Gotteswahn.

## Das Argument aus persönlichem Unglauben

In *Der blinde Uhrmacher* habe ich den Ausdruck »Argument aus persönlichem Unglauben« geprägt, um damit das wichtigste »Argument« der Kreationisten zusammenfassend zu beschreiben. Eine weniger sarkastische Formulierung wäre »Argument aus statistischer Unwahrscheinlichkeit« oder »Argument aus Komplexität«, denn statistische Unwahrscheinlichkeit ist der entscheidende Maßstab für Komplexität und der entscheidende Anlass für Unglauben. Die Argumentation verläuft immer folgendermaßen: Man preist eine komplexe biologi-

---

[97] Vorlesung 5, nach 18 Minuten in ebd.

sche Struktur, in der viele Teile eine ganz genaue Anordnung bilden. Eine zufällige Umordnung der Teile würde nicht funktionieren. Man berechnet die Zahl möglicher Anordnungen und findet natürlich, dass sie astronomisch groß ist. Deshalb kann die komplizierte Anordnung nicht durch Zufall entstanden sein. Deshalb – und da schießt das Argument sich selbst in den Fuß – muss Gott es getan haben.

Darwin selbst widmete einen Teil eines Kapitels den »Organen von äußerster Vollkommenheit und Zusammengesetztheit«, wie er es nannte. Am Beginn des Abschnitts steht ein berühmter Satz, der von Kreationisten häufig zitiert wird:

> *Die Annahme, dass sogar das Auge mit allen seinen unnachahmlichen Vorrichtungen, um den Fokus den mannigfaltigsten Entfernungen anzupassen, verschiedene Lichtmengen zuzulassen und die sphärische und chromatische Abweichung zu verbessern, nur durch natürliche Zuchtwahl zu dem geworden sei, was es ist, scheint, ich will es offen gestehen, im höchsten möglichen Grade absurd zu sein.*[98]

Eigentlich hört man doch schon aus diesem Satz heraus, dass Darwin es dabei nicht belassen wird, oder? Macht sein Ton nicht eindeutig klar, dass ein »aber« oder ein »und doch« folgen wird? Er hätte seinen Lesern sogar etwas vormachen und sie noch weiter verlocken können, so dass der entscheidende Schlag, wenn er dann kommt, eine umso größere Wirkung hat: »Die Vernunft sagt mir, dass …« Für das englische Original des zweiten Satzanfangs findet Google nur 39.300 Treffer, im Vergleich zu 130.000 für den unmittelbar vorausgehenden Satz »im höchsten möglichen Grade absurd«. Oder, wie Darwin selbst an anderer Stelle sagte: »Groß ist die Macht der ständigen falschen Darstellung …«

Natürlich ist klar, was an dem Argument aus statistischer Unwahrscheinlichkeit falsch ist: Natürliche Selektion ist keine Theorie des Zufalls. Natürliche Selektion ist vielmehr die nichtzufällige Auswahl zufälliger Varianten, und sie funktioniert, weil die Verbesserung kumulativ und allmählich abläuft. In *Der blinde Uhrmacher* habe ich dies

---

98 Aus: *Die Entstehung der Arten*. Übersetzt von Julius Victor Carus, Darmstadt 1992, S. 202.

mit der Metapher eines Kombinationsschlosses verdeutlicht, das beispielsweise die Tresortür einer Bank schützt. In dem Film mit dem gleichen Titel aus der BBC-Serie *Horizon* trug ich tatsächlich dick auf und versuchte, einen echten Banktresor mit einer Zufallszahl zu öffnen. Bei einem Kombinationsschloss ist es gerade der springende Punkt, dass man ungeheures Glück braucht, um durch zufälliges Herumspielen mit den Zahlen einzubrechen. Hat das Schloss dagegen einen Fehler, so dass der Tresor sich nach und nach jedes Mal ein kleines Stück öffnet, wenn die Zahl auf dem Einstellungsrad sich in die richtige Richtung bewegt, kann jeder Dummkopf einbrechen. Das ist die Entsprechung zur gradualistischen natürlichen Selektion.

Die gleiche Erklärungsfunktion erfüllte auch meine spätere Metapher vom Gipfel des Unwahrscheinlichen. Wie bereits kurz erwähnt, simulierten wir ihn im »Garten der Götter« in Colorado Springs, als ich zusammen mit Russell Barnes an der Fernsehsendung *Root of All Evil?* arbeitete. In dem Film stand ich ganz oben vor einem steilen Abgrund, der die »kreationistische« oder »gewaltiger Glückszufall«-Seite des Berges darstellen sollte; dort das Unwahrscheinliche in einem einzigen Schritt zu erreichen, wäre das Gleiche, als würde man vom Fuß des Berges mit einem einzigen Satz zum Gipfel springen. Dann wurde die Kamera umgebaut, und ich musste behäbig die sanfte, allmähliche Böschung auf der »Evolutionsseite« des Berges hinaufgehen: Organe von grenzenloser Komplexität hervorzubringen, ist kein Problem, wenn nur genügend Zeit und eine sanfte Steigung der Verbesserung ohne plötzliche Sprünge zur Verfügung stehen. Fernsehen ist nun einmal, wie es ist, und deshalb befanden sich Böschung und Abgrund in Wirklichkeit auf verschiedenen Bergen (der »Inspektor-Morse-Effekt«, bei dem der melancholische Inspektor gefilmt wird, wie er ein College in Oxford betritt und in den Innenhof eines anderen schreitet).

Unter allen Gründen, die Menschen für ihren theistischen Glauben benennen, begegnet mir das Argument aus statistischer Unwahrscheinlichkeit mit Abstand am häufigsten. Wie bereits erwähnt, verbindet es sich oftmals mit einer naiven mathematischen Berechnung der ungeheuren Wahrscheinlichkeit, die dagegenspricht, dass etwas so Komplexes wie ein Auge oder ein Hämoglobinmolekül »durch Zufall« ins Dasein tritt. Sie erstreckt sich auch auf die Vorstellung vom Urknall als Ursprung aller Dinge. Vollkommen typisch für das Genre sind einige Beispiele aus einem Pamphlet der Zeugen Jehovas:

*Stell dir vor, jemand erzählt dir, es habe in einer Druckerei eine Explosion gegeben, und die Druckerschwärze sei so gegen die Wände und Decken gespritzt, dass dort nun ein vollständiges Wörterbuch stand. Würdest du das glauben? Um wie viel unglaublicher ist es dann, dass alles im geordneten Universum als Ergebnis eines zufälligen Urknalls entstanden ist?*
*Angenommen, du gehst durch den Wald und findest eine hübsche Holzhütte. Würdest du denken: »Wie faszinierend! Die Bäume müssen genau so umgefallen sein, dass dieses Haus entstanden ist.« Natürlich nicht! Es ist einfach nicht vernünftig. Warum also sollen wir glauben, dass alles im Universum ganz zufällig entstanden ist?*

Ich muss gestehen, dass solche Dinge mich frustrieren und bei mir manchmal eine Ungeduld hervorrufen, die ich (nur ein wenig) bedaure. Das hat drei Gründe. Erstens: Wenn es wirklich stimmen würde, dass die Chancen, die gegen eine naturalistische Erklärung für die scheinbare Gestaltung sprechen, so ungeheuer groß sind und die Zahl der Atome im Universum übertreffen, könnte nur ein ebenso ungeheurer Dummkopf darauf hereinfallen. Ich ziehe mich nicht gern auf eine Argumentation aufgrund von Autorität zurück, aber verlange ich wirklich zu viel mit dem Gedanken, dass dies im Geist des Kreationisten vielleicht den Hauch eines Zweifels auslösen sollte? Ist es nicht wenigstens einen flüchtigen Gedanken wert, dass diejenigen, die von solchen riesigen Unwahrscheinlichkeiten faseln, möglicherweise das Wesentliche nicht begriffen haben? Wissenschaftler machen manchmal etwas falsch. Aber um 80 Zehnerpotenzen liegen sie nur selten daneben.

Der zweite Grund für meine Gereiztheit liegt darin, dass das »Argument gegen den blinden Zufall« so vieles von echtem Wert übersieht, vor allem die spektakuläre Kraft und Eleganz der Wissenschaft, wie sie sich in Darwins Theorie verkörpert. Mit ihrer überragenden Leistungsfähigkeit und ihrer ebenso überragenden Einfachheit ist sie eine der schönsten Ideen, die einem Menschen jemals gekommen ist, und das verpassen die Uneingeweihten. Und was noch schlimmer ist: Wenn sie ihr Missverständnis auch ihren Kindern aufdrängen, verweigern sie ihnen ebenfalls diese Schönheit, die Schönheit intellektueller Vollkommenheit.

Und drittens ist das Argument aus statistischer Unwahrscheinlichkeit (oder Komplexität) irritierend, weil die astronomische Chance, die gegen eine durch blinden Zufall entstehende Komplexität spricht, einfach eine Neuformulierung des *Problems* ist, das von jeder Theorie des Daseins gelöst werden muss, ganz gleich, ob diese Theorie den Namen Urknall, Evolution oder Gott trägt. Dass die Antwort auf das Rätsel des Daseins nicht der blinde Zufall oder eine plötzliche Entstehung aus dem Nichts sein kann, sieht jeder. Das gilt insbesondere im Fall des Lebendigen, denn hier ist die Illusion einer Gestaltung erstaunlich überzeugend. Das Problem besteht darin, die *Alternative* zum blinden Zufall zu finden. Die Unwahrscheinlichkeit des Lebendigen ist genau das Problem, das wir lösen müssen. Die Gottestheorie löst es ganz offensichtlich nicht, sondern sie wiederholt es nur. Die natürliche Selektion, die allmählich und kumulativ verläuft, löst das Problem und ist vermutlich der einzige Prozess, der es lösen kann. Der Versuch, das Problem der Komplexität des Lebendigen zu lösen, indem man ein anderes komplexes Gebilde namens Gott postuliert, ist offenkundig sinnlos. Das Gleiche gilt, wenn auch weniger offensichtlich, für das Problem der kosmologischen Ursprünge. Je mehr an statistischer Unwahrscheinlichkeit der Kreationist aufhäuft, desto mehr schießt er sich selbst in den Fuß.

## Der Gotteswahn

Die Aussage über die statistische Unwahrscheinlichkeit der scheinbaren Gestaltung zieht sich durch *Der blinde Uhrmacher* und *Gipfel des Unwahrscheinlichen*, und in *Der Gotteswahn* habe ich sie ausdrücklich als zentrales Argument benannt (was natürlich nicht originell ist). Das zuletzt genannte Buch führte nach seinem Erscheinen zu zahlreichen angeblichen Erwiderungen auf die Behauptung, Gott sei komplex und deshalb keine Lösung für das Rätsel der Komplexität. Die Erwiderungen sind immer gleich und gleichermaßen schwach. Man kann sie in einem Satz zusammenfassen: »Gott ist nicht komplex, sondern einfach.« Woher wissen wir das? Weil die Theologen es sagen, und die sind schließlich die Fachleute für Gott, oder? Das ist leicht. Man gewinnt eine Diskussion per Anordnung! Aber man kann nicht beides haben. Entweder ist Gott einfach, dann hat er nicht die Kenntnisse und gestalterischen Fähigkeiten, mit denen er die gesuchte Erklärung für die Komplexität liefern könnte. Oder er ist komplex, dann bedarf es für ihn selbst nicht weniger einer Erklärung als für die Komplexität, zu deren Erklärung er herangezogen wird. Je einfacher man seinen Gott macht, desto weniger ist er dazu qualifiziert, die Komplexität der Welt zu erklären. Und je komplexer man ihn macht, desto mehr erfordert er selbst wiederum eine Erklärung.

Auf sehr dramatische Weise machte Peter Atkins den springenden Punkt in seinem wunderschön geschriebenen Buch *Creation Revisited* deutlich: Dort postulierte er einen »faulen Gott«, und dann beschnitt er Schritt für Schritt die Dinge, die der faule Gott tun müsste, um das Universum zu schaffen, das wir sehen. Seine Schlussfolgerung: Der faule Gott müsste so wenig tun, dass er ebenso gut darauf verzichten könnte, überhaupt zu existieren. Und was die *ergänzenden* Fähigkeiten angeht, die man Gott angeblich zugestehen muss – dass er beispielsweise die Gedanken von sieben Milliarden Menschen gleichzeitig hören kann (die Unterhaltungen der bereits Verstorbenen nicht mitgerechnet), ihre Gebete erhört, ihre Sünden vergibt, posthume Bestrafungen oder Belohnungen verteilt, manche Krebspatienten rettet, andere aber nicht –, so tragen sie nur zu dem Problem bei, und das in gewaltigem Maße.

Die darwinistische Evolution löst das Problem der statistischen Unwahrscheinlichkeit des Lebens auf einzigartige Weise, weil sie kumulativ und allmählich wirkt. Sie vermittelt tatsächlich einen legitimen Übergang von der urtümlichen Einfachheit zur letztendlichen Komplexität – und sie ist nach unserer Kenntnis die einzige Theorie, die dazu in der Lage ist. Menschliche Ingenieure können komplexe Dinge konstruieren, aber entscheidend ist dabei, dass man auch die menschlichen Ingenieure erklären muss, und die Evolution durch natürliche Selektion erklärt sie zusammen mit allen anderen Lebewesen.

Natürlich enthält *Der Gotteswahn* noch viel mehr als nur die zentrale Argumentation zur statistischen Unwahrscheinlichkeit. Es gibt Abschnitte über die evolutionären Ursprünge der Religion, die Wurzeln der Ethik, den wörtlichen Wert religiöser Schriften, religiöse Kindesmisshandlung und vieles andere. Nach meiner Überzeugung ist es ein humorvolles, humanes Buch und weit entfernt von der wütenden, schrillen Polemik, die ihm manchmal vorgeworfen wird. Der Humor ist an manchen Stellen Satire und sogar Spott, und es stimmt, dass die Zielscheiben dieses Humors häufig Schwierigkeiten damit hatten, gutmütigen Spott von Hasspredigten zu unterscheiden. Neben vielen anderen Dingen habe ich von Peter Medawar gelernt, dass präzise gezielter, satirischer Spott nicht das Gleiche ist wie vulgäre Beschimpfung. Aber religiös motivierte Kritiker sind anscheinend häufig nicht in der Lage, diesen Unterschied zu erkennen. Einer verdächtigte mich sogar des Tourette-Syndroms, aber man kann kaum glauben, dass er das Buch gelesen hatte – vermutlich verliebte er sich einfach in sein eigenes Spiegelbild.

Angesichts der Mengen an Gift, die gegen dieses Buch verspritzt wurden, ist es eigentlich erstaunlich, dass ich selbst bei mehreren Hundert öffentlichen Auftritten, darunter viele im sogenannten »Bible Belt« der Vereinigten Staaten, kaum irgendwelche konkreten Störaktionen erlebt habe, ja ich war sogar nur in seltenen Fällen kritischen Fragen ausgesetzt. Das ist eigentlich eine ziemliche Enttäuschung, denn an den seltenen Ausnahmen hatte ich Spaß – insbesondere bei einer Gelegenheit, als man mich zu einem Vortrag an das Randolph Macon Women's College in Virginia (das heute auch Männer aufnimmt) eingeladen hatte. Das Randolph Macon ist eine anständige, liberale Kunsthochschule mit hohem Standard. In der gleichen Stadt befindet sich aber auch die von dem berüchtigten Jerry Falwell gegründete Liberty »University«, und von dort kam eine größere Busladung von Zuhörern, die in dem Hörsaal am Randolph Macon die erste Reihe besetzten. Die anschließende Fragestunde vereinnahmten sie, indem sie sich alle zusammen hinter den Mikrofonen in den beiden Zwischengängen aufstellten. Ihre Fragen waren übertrieben höflich, aber eindeutig durch fundamentalistisches Christentum motiviert – sich zu ihm zu bekennen ist eine Aufnahmevoraussetzung dieser »Universität«. Natürlich hatte ich keine Schwierigkeiten damit, zum Jubel der Frauen von Randolph Macon nacheinander jede einzelne Frage abzuhaken. Ein Fragesteller erzählte uns zu Beginn, die Liberty University besitze ein Dinosaurierfossil, dessen Alter mit 3000 Jahren angegeben werde. Ich möge doch erklären, was sie tun könnten, um das wahre Alter eines solchen Fossils zu bestimmen.[99] Ich erklärte, dass man Fossilien mit mehreren verschiedenen radioaktiven Uhren datieren kann, die mit ganz unterschiedlicher Geschwindigkeit laufen und alle unabhängig voneinander zu dem übereinstimmenden Ergebnis gelangen, dass kein Dinosaurier weniger als 65 Millionen Jahre alt ist. Ich fügte hinzu:

---

99 https://www.youtube.com/watch?v=qR_z85O0P2M.

*Wenn es wirklich stimmt, dass das Museum der Liberty University ein Dinosaurierfossil besitzt, dessen Alter mit 3000 Jahren angegeben wird, dann ist das eine pädagogische Schande. Es korrumpiert die gesamte Idee einer Universität, und ich möchte alle Mitglieder der Liberty University, die möglicherweise hier sind, nachdrücklich dazu ermutigen, sie zu verlassen und an eine richtige Universität zu gehen.*

Damit erntete ich den größten Jubel des Abends – denn das Randolph Macon ist eine richtige Universität. Eine andere Frage dieses Abends lautete: »Und was ist, wenn Sie unrecht haben?« Das Originalzitat (»what if you're wrong?«) kann man googeln. Es verbreitete sich zusammen mit meiner Antwort wie ein Lauffeuer.

Das einzige feindselige Störmanöver erlebte ich in einem riesigen Sportstadion in Oklahoma: Dort stand ein Mann mitten in meinem Vortrag auf und schrie: »Du hast meinen Erlöser beleidigt.« Er wurde (nicht auf meinen Wunsch) von uniformierten Ordnern hinausgedrängt. Die gleiche Veranstaltung an der University of Oklahoma war auch das einzige Mal, dass man versuchte, mich mit juristischen Mitteln am Reden zu hindern. Der Abgeordnete Todd Thomsen brachte in das Parlament des Bundesstaates einen Gesetzentwurf ein, den ich im Folgenden in Auszügen zitiere (wenn man eine Seite voller »während« sieht, weiß man, dass man sich auf Ärger gefasst machen muss).

*WÄHREND die University of Oklahoma im Rahmen des Projektes Darwin 2009 als öffentlichen Redner auf ihrem Gelände Richard Dawkins von der Universität Oxford eingeladen hat, dessen veröffentlichte Ansichten, wie sie sich in seinem 2006 erschienenen Buch »Der Gotteswahn« und öffentlichen Aussagen über die Evolutionstheorie darstellen, eine Intoleranz gegenüber kultureller Vielfalt und der Vielfalt des Denkens demonstrieren, und da solche Ansichten nicht von der Mehrheit der Bürger von Oklahoma geteilt werden und nicht für ihr Denken repräsentativ sind; und*
*WÄHREND die Einladung an Richard Dawkins, am Freitag, dem 6. März 2009 auf dem Gelände der University of Oklahoma zu sprechen, nur dazu dienen wird, eine einseitige Philosophie über die Evolutionstheorie bei gleichzeitigem Ausschluss aller abwei-*

*chenden Überlegungen zu präsentieren, statt ein wissenschaftliches Konzept zu lehren.*
*NUN, DESHALB MÖGE DAS REPRÄSENTANTENHAUS IN DER ERSTEN SITZUNG DER 52. LEGISLATURPERIODE VON OKLAHOMA BESCHLIESSEN:*
*DASS das Repräsentantenhaus von Oklahoma sich nachdrücklich dagegen wendet, dass Richard Dawkins von der Universität Oxford eingeladen wird, auf dem Gelände der University of Oklahoma zu sprechen, dessen veröffentlichte Aussagen über die Evolutionstheorie einschließlich seiner Meinungen über jene, die nicht an die Theorie glauben, den Ansichten und Meinungen der meisten Bürger von Oklahoma widersprechen und sie beleidigen.*

Weiter behauptete der Abgeordnete Thomsen, ich würde für den Vortrag 30 000 Dollar erhalten, und den Beamten der Universität drohte er Strafen an, weil sie staatliches Geld auf diese Weise verschleuderten. Am Ende stand er als der Blamierte da, denn ich hatte niemals auch nur einen Cent erhalten oder erbeten. Außerdem wurde sein Gesetzentwurf abgelehnt. Es ist wirklich erstaunlich, dass sein wichtigster Einwand gegen meinen Vortrag über die Evolution darin bestand, ich hätte »Ansichten, die nicht von der Mehrheit der Bürger von Oklahoma geteilt werden und nicht für ihr Denken repräsentativ sind«. Was glaubt der Abgeordnete Thomsen eigentlich, wozu eine Universität da ist?

Als Beispiel möchte ich einen Absatz aus *Der Gotteswahn* anführen, an dem Kritiker nach meiner Vermutung Anstoß nehmen, weil sie ihn für wütend oder gehässig, aggressiv oder beleidigend halten, während ich darin nur gutmütige Satire sehe, einen kleinen Nadelstich vielleicht, aber meilenweit entfernt von einer großen Keule oder vulgären Beschimpfung. Nachdem ich darauf hingewiesen habe, dass der römische Katholizismus trotz seines erklärten Monotheismus durchaus Neigungen zum Polytheismus hat, wobei die Jungfrau Maria in allem außer ihrem Namen eine Göttin ist und die Heiligen als Halbgötter in ihren jeweiligen Fachgebieten den Anlass zu persönlicher Verehrung geben, fuhr ich fort:

*Papst Johannes Paul II. erzeugte mehr Heilige als alle seine Vorgänger aus den vergangenen Jahrhunderten zusammen, und eine besondere Zuneigung verband ihn mit der Jungfrau Maria. Auf dramatische Weise offenbarten sich seine polytheistischen Sehnsüchte 1981, als er in Rom einen Attentatsversuch überlebte und seine Rettung auf einen Eingriff Unserer lieben Frau von Fatima zurückführte: »Eine mütterliche Hand hat die Kugel gelenkt.« Da muss schon die Frage erlaubt sein, warum die Kugel nicht so gelenkt wurde, dass sie ihn völlig verfehlte. Andere würden meinen, dass dem Chirurgenteam, das ihn anschließend sechs Stunden lang operierte, zumindest ein Teil des Verdienstes gebührt. Entscheidend ist aber, dass es nicht einfach Unsere liebe Frau war, die nach Ansicht des Papstes die Kugel gelenkt hatte, sondern Unsere liebe Frau* **von Fatima**. *Vermutlich waren Unsere liebe Frau von Lourdes, Unsere liebe Frau von Guadeloupe, Unsere Liebe Frau von Medjugorje, Unsere liebe Frau von Akita, Unsere liebe Frau von Zeitoun, Unsere liebe Frau von Garabandanal und Unsere liebe Frau von Knock gerade mit anderen Aufträgen beschäftigt.*[100]

Beißender Sarkasmus? Vielleicht. Aber »Beschimpfung«? Das glaube ich nicht; und mit Sicherheit kein Symptom für das »Tourette-Syndrom«. Ich halte es für legitime Satire und eigentlich sogar für ganz lustig, aber es wurde zu einem großen Ärgernis, und das nicht nur für Katholiken, sondern sogar für den zu Recht bewunderten Melvyn Bragg, einen nichtreligiösen Feuilletonisten, der auf dem besten Weg ist, zu einer nationalen Ikone zu werden. Eine solche Zensur ist nach meiner Vermutung nur darauf zurückzuführen, dass wir uns eine Konvention zu eigen gemacht haben, wonach die Religion für Kritik verbotenes Gebiet ist, sogar für den sanften Spott, in dem der zitierte Absatz schwelgt. Sehr gut formulierte Douglas Adams den springenden Punkt einige Jahre vor *Der Gotteswahn* in einer Stegreifansprache in Cambridge (siehe Seite 648):

*Zur Religion … gehören im Kern bestimmte Ideen, die wir geheiligt oder heilig oder wie auch immer nennen können. Das bedeutet: »Hier ist eine Idee oder eine Vorstellung, über die du nichts Schlechtes sagen darfst; das darfst du einfach nicht. Warum*

---

[100] Aus: *Der Gotteswahn*. Übersetzt von Sebastian Vogel, Berlin 2007, S. 51.

*nicht? – Weil du es nicht darfst!« Wenn jemand eine Partei wählt, mit der du nicht einverstanden bist, steht es dir frei, darüber so viel zu diskutieren, wie du magst; jeder wird ein Argument haben, aber niemand ist deswegen gekränkt. Wenn jemand glaubt, die Steuern sollten erhöht oder gesenkt werden, steht es dir frei, Argumente dafür anzuführen. Wenn aber jemand sagt: »Ich darf am Samstag keinen Lichtschalter betätigen«, sagst du: »Das* ***respektiere*** *ich.«*
*Wie kommt es, dass es völlig legitim ist, die Labour Party oder die Konservativen zu unterstützen, Republikaner oder Demokraten, dieses oder jenes Wirtschaftsmodell, Macintosh anstelle von Windows – während man aber keine Meinung darüber haben darf, wie das Universum begann, wer das Universum erschaffen hat … Nein, das ist doch heilig? … Wir sind es gewohnt, religiöse Ideen nicht in Frage zu stellen, aber es ist sehr interessant, wie viel Aufruhr Richard hervorruft, wenn er es tut! Dann werden alle völlig hektisch, weil es nicht erlaubt ist, solche Dinge zu sagen. Wenn man es aber rational betrachtet, gibt es keinen Grund, warum diese Ideen nicht ebenso Gegenstand von Diskussionen sein sollten wie alles andere, außer weil wir uns irgendwie unter uns geeinigt haben, dass es nicht so sein sollte.*

Auf dieses Messen mit zweierlei Maß habe ich auch im Vorwort zu der englischen Taschenbuchausgabe von *Der Gotteswahn* hingewiesen. Dort geht es um die häufig zu hörende, wachsweiche Formulierung »Ich bin Atheist, aber …«; wie Salman Rushdie in jüngerer Zeit auf die »Aber-Brigade« aufmerksam wurde, habe ich bereits erwähnt. Ich verglich die relativ dezente Wortwahl in meinem Buch mit den Grausamkeiten, die wir in Theaterkritiken, politischen Kommentaren und sogar in Restaurantkritiken als selbstverständlich hinnehmen: »Das Ekelhafteste, was ich im Mund hatte, seit ich in der Schule Regenwürmer gegessen habe«, »Mit Sicherheit das schlechteste Restaurant in London, vielleicht auch in der ganzen Welt …«.

Die berüchtigte Passage über die acht katholischen Jungfrauengöttinnen steht im zweiten Kapitel von *Der Gotteswahn*. Zu dem größten Ärgernis wurde zweifellos der lange Eröffnungssatz desselben Kapitels – er gab, wie ich in einem früheren Kapitel erwähnt habe, sogar den Anlass zu Vorwürfen des »Antisemitismus«.

> *Der Gott des Alten Testaments ist – das kann man mit Fug und Recht behaupten – die unangenehmste Gestalt in der gesamten Literatur: Er ist eifersüchtig und auch noch stolz darauf; ein kleinlicher, ungerechter, nachtragender Überwachungsfanatiker; ein rachsüchtiger, blutrünstiger ethnischer Säuberer; ein frauenfeindlicher, homophober, rassistischer, Kinder und Völker mordender, ekliger, größenwahnsinniger, sadomasochistischer, launisch-boshafter Tyrann.*[101]

Aber ob es den Verteidigern gefällt oder nicht: Jedes einzelne Wort dieser Liste lässt sich stichhaltig begründen. Beispiele gibt es in der Bibel zuhauf. Ich hatte mit dem Gedanken gespielt, sie hier aufzuführen, aber schon bald wurde mir klar, dass die anschaulichen Zitate ein ganzes Buch füllen würden. Und meine Güte, das ist eine Idee: ein Buch! Ich wüsste niemanden, der besser dazu qualifiziert wäre, ein solches Buch zu schreiben, als mein Freund Dan Barker. Ich schlug es ihm vor, und er sprang sofort darauf an.

Dan war früher Prediger. Im Vorwort zu seinem 2008 erschienenen Buch *Godless: How an Evangelical Preacher Became One of America's Leading Atheists* schrieb ich:

> *Der junge Dan Barker war nicht nur ein Prediger, sondern er war der Typ Prediger, »neben dem man nicht im Bus sitzen möchte«. Er war der Typ Prediger, der auf der Straße auf völlig fremde Leute zuging und sie fragte, ob sie schon errettet seien; der Typ Klinkenputzer, bei dem man versucht sein könnte, die Hunde loszulassen.*

Dan kennt die Bibel so gut, wie Charles Darwin seine Käfer und Rankenfußkrebse kannte; zu meiner Freude kann ich sagen, dass er meinen Vorschlag aufgriff und heute an einem Buch arbeitet, das jedes Wort aus dem Eröffnungssatz meines zweiten Kapitels in der gleichen Reihenfolge Kapitel für Kapitel und gnadenlosen Vers für gnadenlosen Vers verdeutlichen will.

Darauf erwidern die Anhänger des Christentums: Natürlich, wir kennen doch alle die unangenehmen, peinlichen Passagen aus dem

---

[101] Ebd., S. 45.

Alten Testament. Aber was ist[102] mit dem Neuen Testament? Ja, in den Lehren Jesu findet man ein wenig sanfte, humane Weisheit. Die Bergpredigt ist so gut, dass man sich wünschen würde, mehr Christen würden sich daran halten. Aber das mythologische Kernstück des Neuen Testaments (für das, so muss man der Gerechtigkeit halber sagen, nicht Jesus, sondern Paulus die Schuld trägt) teilt seine Boshaftigkeit mit dem alttestamentarischen Mythos von Abrahams Beinahe-Opfer Isaaks,[103] von dem es sich wahrscheinlich ableitet. Auf diesen Punkt wies ich in *Der Gotteswahn* hin, und später griff ich ihn in einer Parodie auf P. G. Wodehouse, die ich 2009 für eine Weihnachtsanthologie schrieb, wieder auf. Aus Urheberrechtsgründen war ich leider gezwungen, die Namen von Jeeves und Bertie zu ändern, ebenso den des Reverend Aubrey Upjohn, des Leiters von Berties Schule, an der er einmal einen Preis für die gute Kenntnis der Heiligen Schrift gewonnen hatte.

> *Das ganze Zeug von wegen Sterben für unsere Sünden, Erlösung und Sühne, Jarvis. Das ganze »und mit seinen Striemen sind wir geheilt«-Tamtam. Da mir in aller Bescheidenheit die Striemen, die vom alten Upcock verabreicht werden, nicht fremd sind, fragte ich ihn geradeheraus. »Wenn ich eine Übertretung begangen habe – oder eine strafbare Handlung, Jarvis?«*
> *»Jedes von beiden könnte bevorzugt werden, Sir, je nach der Schwere des Vergehens.«*
> *»Also, wie ich gesagt habe, als man mich erwischt hat, wie ich eine Übertretung oder strafbare Handlung begangen habe, rechnete ich damit, dass die schnelle Vergeltung einfach und direkt auf dem Hosenboden der Tunte landen würde und nicht auf dem unschuldigen Hinterteil eines anderen armen Teufels, wenn Sie verstehen, was ich meine?«*
> *»Natürlich, Sir. Das Prinzip des Sündenbocks war immer von zweifelhaftem ethischem und juristischem Wert. Die moderne Theorie*

---

[102] »Whataboutismus« (engl. *whataboutism* nach »what about…«, dt. »Was ist mit …«) ist ein neues, abstraktes Substantiv, das gerade Eingang in unsere Sprache findet (einen Wikipedia-Eintrag gibt es schon, ins *Oxford English Dictionary* ist es noch nicht gelangt). Es wird häufig dann gebraucht, wenn man einen negativen Aspekt herunterspielen will, indem man die Aufmerksamkeit auf etwas anderes lenkt.

[103] Ishmael in der islamischen Version des Mythos.

*der Strafjustiz wirft sogar Zweifel an der Idee der Vergeltung auf, selbst wenn der Übeltäter derjenige ist, der bestraft wird. Entsprechend schwieriger ist es, die stellvertretende Bestrafung einer unschuldigen Ersatzperson zu rechtfertigen. Ich bin erfreut zu hören, dass Sie die angemessene Züchtigung erfahren haben, Sir.«*

*»Durchaus, Jarvis.«*

*»Das tut mir sehr leid, Sir, es war nicht meine Absicht…«*

*»Genug, Jarvis. Das ist kein Groll. Niemand hat Anstoß genommen. Wir Tunten wissen, wann wir schnell weiterziehen müssen. Aber das ist nicht alles. Ich war mit meinem Gedankengang noch nicht zu Ende. Wo war ich stehengeblieben?«*

*»Ihre Ausführungen hatten gerade das Thema der ungerechten Bestrafung von Stellvertretern berührt, Sir.«*

*»Ja, Jarvis, das haben Sie sehr gut formuliert. Ungerechtigkeit ist richtig. Ungerechtigkeit trifft die Kokosnuss mit einem Knacken, das durch die Grafschaft widerhallt. Und es kommt noch schlimmer. Folgen Sie mir jetzt wie ein Puma. Jesus war Gott, habe ich recht?«*

*»Nach der Dreifaltigkeitslehre, die von den frühen Kirchenvätern vertreten wurde, Sir, war Jesus die zweite Person des Dreieinigen Gottes.«*

*»Genau wie ich gedacht hatte. Also konnte sich Gott – derselbe Gott, der die Welt gemacht hatte und mit so viel Grips ausgestattet war, dass er in sie eintauchen und Einstein am flachen Ende nach Luft schnappen lassen konnte, Gott, der allmächtige und allwissende Schöpfer aller Dinge, die sich öffnen und schließen, dieser Musterknabe über dem Schlüsselbein, diese Quelle von Weisheit und Macht – keine bessere Methode ausdenken, um uns unsere Sünden zu vergeben, als sich selbst der Polizei zu übereignen und sich auf einem Toast servieren zu lassen. Jarvis, beantworten Sie mir eine Frage. Wenn Gott uns vergeben wollte, warum hat er uns nicht einfach vergeben? Warum die Folter? Wozu die Peitschen und Skorpione, die Nägel und die Qualen? Warum vergibt der uns nicht einfach? Probieren Sie das einmal auf Ihrem Victrola, Jarvis.«*

*»Wirklich, Sir, Sie übertreffen sich selbst. Das ist höchst redegewandt formuliert. Und wenn ich mir die Freiheit erlauben darf, Sie hätten sogar noch weitergehen können. Nach vielen hochangesehenen Passagen der traditionellen theologischen Schriften war die wichtigste Sünde, für die Jesus sühnte, die Ursünde Adams.«*

*»Verdammt, Jarvis, Sie haben recht. Ich weiß noch, dass ich diesen Punkt mit einem gewissen Schwung und Elan vertreten habe. Ich glaube sogar, das könnte die Waagschale zu meinen Gunsten herabgezogen und mir den Hauptgewinn in dem Spiel um die Kenntnis der Schrift verschafft haben. Aber fahren Sie fort, Jarvis, seltsamerweise interessieren Sie mich. Was war die Ursünde Adams? Vermutlich etwas ziemlich Saftiges? Etwas, was darauf berechnet war, die Fundamente der Hölle zu erschüttern?«*

*»Die Überlieferung sagt, dass er festgenommen wurde, weil er einen Apfel gegessen hatte, Sir.«*

*»Ein geklauter Apfel? Das war alles? Das war die Sünde, die Jesus tilgen musste – oder sühnen, wie man will? Ich habe von Auge um Auge und Zahn um Zahn gehört, aber eine Kreuzigung wegen eines Apfeldiebstahls? Jarvis, Sie haben wohl was geraucht. Das meinen Sie doch nicht ernst?«*

*»Das Erste Buch Mose gibt keine genaue Auskunft über die Spezies des entwendeten Lebensmittels, Sir, aber die Überlieferung sagt schon seit langem, es sei ein Apfel gewesen. Die Frage ist aber nur akademischer Natur, denn die moderne Wissenschaft sagt uns, dass Adam in Wirklichkeit nicht existiert hat und deshalb vermutlich auch nicht in der Lage war zu sündigen.«*

*»Jarvis, das ist ja nun die Höhe, um nicht zu sagen, es schlägt dem Fass den Boden aus. Dass Jesus gefoltert wurde, um für die Sünden vieler anderer Menschen zu büßen, war schon schlimm genug. Noch schlimmer wurde es, als Sie mir gesagt haben, dass es nur einen anderen Burschen gab. Und noch schlimmer war es, als Sie mir gesagt haben, die Sünde dieses Burschen sei nichts Schlimmeres gewesen, als dass er einen Boskop geklaut hat. Und jetzt sagen Sie mir, der Tunichtgut hätte überhaupt nicht existiert. Jarvis, ich bin nicht gerade wegen meiner Hutgröße bekannt, aber sogar ich kann sehen, dass das völlig bekloppt ist.«*

*»Ich hätte es nicht gewagt, selbst dieses Beiwort zu verwenden, Sir, aber was Sie sagen, hat viel für sich. Zur Besänftigung sollte ich vielleicht erwähnen, dass moderne Theologen die Geschichte von Adam und seiner Sünde nicht wörtlich, sondern als Symbol interpretieren.«*

*»Symbol, Jarvis? Symbol? Aber die Peitschen waren keine Symbole. Die Nägel im Kreuz waren keine Symbole. Jarvis, als ich mich im*

*Arbeitszimmer des Reverend Aubrey über diesen Stuhl beugte – wenn ich da protestiert hätte, dass meine Übertretung oder meine strafbare Handlung, wenn Ihnen das lieber ist, nur ein Symbol gewesen sei, was glauben Sie, was er dann gesagt hätte?«*
*»Ich kann mir leicht vorstellen, dass ein Pädagoge mit seiner Erfahrung ein solches Plädoyer der Verteidigung mit einem großen Maß an Skepsis behandelt hätte, Sir.«*
*»Da haben Sie tatsächlich recht, Jarvis, Upcock war ein harter Kerl. Bei feuchtem Wetter spüre ich das Zwicken heute noch. Aber vielleicht habe ich den springenden Punkt, die Pointe in Sachen Symbolismus noch nicht richtig begriffen?«*
*»Nun ja, Sir, manch einer würde Sie vielleicht für ein wenig vorschnell in Ihrem Urteil halten. Ein Theologe würde wahrscheinlich beteuern, dass Adams symbolische Sünde nicht ganz so geringfügig war, denn sie symbolisierte ja alle Sünden der Menschheit, einschließlich jener, die erst noch begangen werden mussten.«*
*»Jarvis, das ist reines Gesülze. ›Erst noch begangen werden mussten?‹ Ich möchte Sie bitten, Ihren Geist noch einmal auf jene verhängnisvolle Szene im Studierzimmer der Hakennase zu richten. Angenommen, ich hätte, über den Sessel gebeugt, aus meinem Blickwinkel heraus gesagt: ›Herr Direktor, wenn Sie die vorgesehenen sechs von den saftigen verabreicht haben, darf ich dann in allem Respekt um weitere sechs bitten in Anbetracht aller weiteren Übertretungen oder kleinen Sünden, die zu begehen ich mich in der unbegrenzten Zukunft noch entschließen werde oder auch nicht? Ach, und nehmen Sie auch alle zukünftigen Übertretungen hinzu, die nicht nur von mir, sondern auch von allen meinen Kameraden begangen werden.‹ Jarvis, das ergibt einfach keinen Sinn. Es bringt das Boot nicht zum Schwimmen und die Glocke nicht zum Läuten.«*
*»Ich hoffe, Sie werden es mir nicht als übermäßige Freiheit auslegen, wenn ich sage, dass ich geneigt bin, Ihnen zuzustimmen. Und wenn Sie mich jetzt bitte entschuldigen würden, Sir, ich würde gern wieder meine Tätigkeit aufnehmen, das Zimmer zur Vorbereitung der alljährlichen Julzeit mit Holunder und Mistelzweigen zu schmücken.«*[104]

---

104 Der Auszug stammt aus »The Great Bus Mystery« in: Ariane Sherine, Hrsg., *The Atheist's Guide to Christmas*, London 2009.

Sowohl im Alten als auch im Neuen Testament stehen gute und hässliche Verse. Aber es muss ein Kriterium geben, nach dem wir auswählen, welche Verse gut und welche schlecht sind. Um Zirkelschlüsse zu vermeiden, muss dieses Kriterium von außerhalb der heiligen Schriften stammen. Sich ein Bild davon zu machen, woher unsere beherrschenden ethischen Kriterien stammen, ist schwierig, aber sie zeigen sich sehr deutlich in dem »sich wandelnden moralischen Zeitgeist«, wie ich ihn genannt habe. Heute sind wir Moralisten des 21. Jahrhunderts, die unverkennbar durch Werte aus dem 20. Jahrhundert geprägt wurden. Selbst die am weitesten entwickelten, progressivsten Denker des 19. Jahrhunderts, Männer wie T. H. Huxley, Charles Darwin oder Abraham Lincoln, würden uns mit ihrem Rassismus und Sexismus abstoßen, wenn sie uns heute auf einer Party oder in einem Internet-Chatroom begegneten. Huxley und Lincoln hielten es für selbstverständlich, dass Farbige minderwertig waren, und viele Gründerväter der Vereinigten Staaten besaßen Sklaven. Die meisten Demokratien auf der ganzen Welt führten das Frauenwahlrecht erst in den zwanziger Jahren ein, Frankreich 1944, Italien 1946, Griechenland 1952 und die Schweiz sogar erst 1971. Die Ablehnung des Frauenwahlrechts wurde unglaublicherweise auch damit gerechtfertigt, es sei »nicht notwendig, weil Frauen ohnehin genauso abstimmen wie ihre Männer«. Der moralische Zeitgeist bewegt sich unaufhaltsam in eine Richtung, und das hat zur Folge, dass selbst die fortschrittlichsten Denker des 19. Jahrhunderts hinter den am wenigsten fortschrittlichen des 21. Jahrhunderts herhinken. Mit den Maßstäben einer zivilisierten Unterhaltung des 21. Jahrhunderts picken wir die Rosinen aus der Bibel und entscheiden, dass dieser Vers schlecht und jener gut ist. Und da wir offensichtlich bevorzugte, allgemein anerkannte Standards für das Rosinenpicken haben, stellt sich die Frage: Warum sollen wir überhaupt noch die Bibel befragen, wenn wir einen ethischen Leitfaden suchen? Warum halten wir uns nicht einfach an unseren moralischen Zeitgeist und verzichten auf die Vermittlung durch die Schriften?

Andererseits gibt es stichhaltige Gründe dafür, auf die Heilige Schrift als Literatur zurückzugreifen. Die Gründe dafür habe ich ebenfalls in *Der Gotteswahn* genannt: Unsere gesamte Kultur ist so mit ihr verbunden, dass man weder Anspielungen noch die eigene Geschichte verstehen kann, wenn man biblisch nicht belesen ist. Ich habe sogar zwei eng beschriebene Seiten mit biblischen Zitaten zusammengestellt, die jedem vertraut sind, aber nur die wenigsten wissen, dass sie aus der Heiligen Schrift stammen. Ich bin sehr dafür, Kindern etwas *über* Religion beizubringen, genau wie ich leidenschaftlich dagegen bin, Kinder mit den *besonderen* religiösen Traditionen, in die sie zufällig hineingeboren wurden, zu indoktrinieren. Immer wieder habe ich auf eine seltsame Tatsache aufmerksam gemacht: Wir würden erschaudern, wenn uns eine Formulierung wie »existentialistisches Kind«, »marxistisches Kind«, »postmodernistisches Kind«, »monetaristisches Kind« oder »keynesianisches Kind« begegnen würde, aber unsere ganze Gesellschaft, ob säkular oder religiös, versäumt es unbekümmert, hochzuschrecken, wenn wir »katholisches Kind« oder »muslimisches Kind« hören. Wir brauchen ein Bewusstsein dafür, dass solche Formulierungen nicht hinzunehmen sind, genau wie es den Feministinnen gelungen ist, das Bewusstsein für Formulierungen wie »ein Mann, eine Stimme« zu steigern. Bitte, sprechen Sie *nie* von einem katholischen, einem protestantischen oder einem muslimischen Kind. Sprechen Sie stattdessen von einem »Kind katholischer Eltern« oder einem »Kind muslimischer Eltern«. Unheil verkündende demographische Berechnungen, die beispielsweise zu dem Schluss gelangen, »Frankreich werde im Jahr soundso eine muslimische Mehrheit haben«, stützen sich ausschließlich auf die willkürliche Annahme, dass Kinder automatisch die Religion ihrer Eltern erben. Gegen diese Annahme muss man ankämpfen, statt sie gedankenlos als gegeben hinzunehmen.

Eine immer wiederkehrende Frage seit Erscheinen von *Der Gotteswahn* lautet: Sollte man in Gesprächen mit religiösen Menschen versöhnlich und »verbindlich« auftreten oder vollkommen offen sein? Ich habe das Thema zuvor schon in Verbindung mit Fragen erwähnt, die Lawrence Tyson und Neil DeGrasse Tyson mir öffentlich gestellt haben. Nach meiner Vermutung funktionieren beide Ansätze gut, allerdings mit unterschiedlichen Zuhörern. Einmal hörte ich einen Vortrag, der beim Publikum gut ankam, mit dem Titel »Sei kein Depp«. Darin ließ der Vortragende die Zuhörer die Hände heben: »Angenommen, jemand nennt Sie einen Idioten, würden Sie sich dann mehr oder weniger leicht von dessen Ansichten überzeugen lassen?« Ich brauche nicht zu betonen, dass die überwältigende Mehrheit sich negativ äußerte. Eigentlich hätte der Vortragende aber eine andere Frage stellen sollen: »Angenommen, Sie stehen als Zaungast daneben und hören zu, wie zwei Menschen diskutieren, und einer nennt gute Gründe für die Einschätzung, dass der andere ein Idiot ist – zu wem würden Sie dann stärker tendieren?« Ich hoffe, ich habe mich nie zu willkürlichen persönlichen Beleidigungen hinreißen lassen, aber ich glaube auch, dass Satire oder Spott eine wirksame Waffe sein kann. Er muss sein Ziel nur präzise treffen. Die satirische amerikanische Trickfilmserie »South Park« machte mich einmal zur Zielscheibe ihres Spotts. Das war aufschlussreich, denn es war zur Hälfte ein genau gezielter satirischer »*Touché*-Effekt« (ein Jahrhundert in der Zukunft, in der die atheistische »Bewegung« sich schismatisch in einander bekämpfende Parteien aufgespalten hat), die andere Hälfte aber zielte auf gar nichts, und deshalb konnte man sie nicht als Satire in irgendeinem Sinn bezeichnen (ein Cartoon, in dem ich mich an einen kahlköpfigen Transsexuellen heranmachte).

Wenn es in *Der Gotteswahn* Passagen gibt, die von sensiblen Menschen als äußerst kritisch oder sogar als »Beschimpfungen« gedeutet werden können, so hat das Buch doch ein sanftes Ende wie auch einen sanften Anfang. Der letzte Abschnitt mit der Überschrift »Die Mutter aller Burkas« ist eine erweiterte Metapher. Der Schlitz in der Burka, der das Leben verarmen lässt, steht stellvertretend für die Enge einer vorwissenschaftlichen Weltanschauung, und im weiteren Verlauf beschreibe ich verschiedene Wege, auf denen man den Schlitz erweitern und damit das Leben einschließlich seiner Freuden verbessern kann. Wissenschaft erweitert ihn beispielsweise dadurch, dass sie zeigt, welch winziger Bruchteil des elektromagnetischen Spektrums überhaupt für unsere Sinne sichtbar ist.

Am Anfang des Buches steht eine wohlwollende Erinnerung an einen Kaplan meiner alten Schule, der als Junge mit dem Gesicht im Gras lag und sich in einem Augenblick der Offenbarung dazu inspirieren ließ, sich die Religion zu eigen zu machen, die zu seinem Lebensweg werden sollte. »Der Miniaturwald der Wiese schien anzuschwellen, eins zu werden mit dem Universum und dem verzwickten Geist des Jungen, der darüber nachdachte.« Ich respektierte diese Offenbarung so weit, dass ich sagte: »Zu einem anderen Zeitpunkt und an einem anderen Ort hätte auch ich dieser Junge sein können; ich hätte unter dem Sternenhimmel gestanden, berauscht von Orion, Cassiopeia und Großem Wagen, die Augen voller Tränen über die unhörbare Musik der Milchstraße, den Kopf schwer von den nächtlichen Düften der Frangipani- und Trompetenblumen in einem afrikanischen Garten.«

Die Anspielung auf den Großen Wagen bezieht sich ganz bewusst auf eine Erinnerung an ein Gedicht, das meine Mutter als Mädchen geschrieben hatte. Es schloss mit folgenden Zeilen:

The Great Bear stands upon his head,
His paws among the apple boughs
That, dark against a darker sky,
Wave in the wind and tap their twigs
With little sounds forlorn and sad
Within the night's dark emptiness. |44|

Am Ende meiner ersten Seite stand eine freundlich schwelgende Erinnerung daran, wie wir unseren Kaplan im Religionsunterricht abzulenken pflegten, indem wir ihn baten, von seinem Kriegsdienst bei der Royal Air Force zu erzählen. Und ich zitierte zu seinen Ehren John Betjemans sanftes, liebevolles Gedicht »Unser Pater«:

Our padre is an old sky pilot,
Severely now they've clipped his wings,
But still the flagstaff in the Rect'ry garden
Points to Higher Things. |45|

Nachdem mein Buch erschienen war, hinterließ zu meiner Freude ein Ehemaliger der gleichen Schule ein kleines Gedicht auf meiner Website RichardDawkins.net:

I knew your flying chaplain,
As my Housemaster I oughta.
While you embraced his liberal views
I just embraced his daughter. |46|

Welche Fehler die britische Privatschulpädagogik auch haben mag, irgendetwas muss an Oundle gut gewesen sein, wenn es Absolventen hervorbringt, die so etwas schreiben können.

# 13
# Der Kreis schließt sich

Ich möchte schließen, wo ich begonnen habe: an meinem 70. Geburtstag, unter hundert Gästen bei dem Abendessen, das Lalla für mich in der New College Hall organisiert hat. Nachdem der Chor nostalgische Lieder gesungen hat, nach Ansprachen von Lalla selbst, von Alan Grafen, meinem Starschüler und späteren Mentor, und von Sir John Boyd, dem früheren Botschafter in Japan und späteren Master des Churchill College in Cambridge, hielt ich auch selbst eine Rede. Ihr Höhepunkt war ein kleines Gedicht (oder eher ein Vers; ich glaube nicht, dass es als Gedicht durchgehen würde) voller Parodien und Anspielungen – auf A. E. Housman (den Lieblingsdichter meiner Jugend und auch Liebling von Bill Hamilton, der mich sogar an den melancholischen Protagonisten von *A Shropshire Lad* erinnerte), an das Buch der Psalmen, an George und Ira Gershwin, an unsere Nationalsportart Cricket, an Shakespeare, G. K. Chesterton, Andrew Marvell, Dylan Thomas und Keats.

Now of my three score years and ten
Seventy won't come again:
And take from seventy springs the lot …
Subtraction tells you what I've got.
But only if you're so alarmist
As to believe the ancient psalmist.
For what is said in holy writ
I'm one who doesn't care a bit.
Away with actuarial mystics!
I'll throw my lot with hard statistics.
The bible may be old and quaint …
Necess'rily so … it ain't
(I'll go along with George and Ira).
Across the Reaper's bows I'll fire a
Warning shot. I'm not about
To let life's Umpire give me out,

»Leg before«, or »Caught and bowled«,
At least until I'm really old
And reach that bourn – the one we learn,
From which no travellers return:
That decent inn – no Marriott –
Presaged by time's winged chariot.
Still time to gentle that good night.
Time to set the world alight.
Time, yet new rainbows to unweave,
Ere going on Eternity Leave. |47|

# Danksagung

Für Beratung, Hilfe und Unterstützung der entschiedensten Art danke ich Lalla Ward Dawkins, Rand Russell, Sally Gaminara, Hilary Redmon, Gillian Somerscales, John Brockman, Alan Grafen, Lars Edvard Iverson, David Raeburn, Michael Rodgers, Jane Brockmann, Jeremy Taylor, Russell Barnes, Jennifer Thorp, Miranda Hale, Steven Pinker, Lisa Bruna, Alice Dyson, Lucy Wainwright, Carolyn Porco, Robin Cornwell, Robyn Blumner, Victor Flynn, Alan Canon, Ted Kaehler, Eddie Tabash.

DIE POESIE DER NATURWISSENSCHAFTEN

# ANHANG

# Deutsche Übersetzungen der Gedichte

|1| Zuerst komm' ich, Jowett, so heiß' ich.
Was es zu wissen gibt, das weiß ich.
Ich bin der Herr in dieser Anstalt,
Was ich nicht weiß, das lässt mich kalt.

|2| Positivisten sprechen stets in s-
o einem epischen Stil wie Dawkins;
Gott ist nichts, der Mensch ist famos,
Schreiben wir ihn also groß!

|3| Vor Jahren war ich am Balliol,
Wir Balliol-Männer – auch ich, welche Wonne –
Schwammen gemeinsam im Winter im Fluss,
Kämpften gemeinsam unter der Sonne.
Im Herzen noch heute, Balliol, Balliol,
Schon geliebt, doch noch kaum gekannt,
Schmiedet es jeden von uns an die andern
Fordert Tribut und schlingt das Band.
Dieses Haus, es reicht dem Held
Die Augen des Knaben, das Kriegerherz dar,
Ein Lachen gegen die Zähne der Welt,
Einen heiligen Hunger und Durst für Gefahr:

Balliol hat mich gemacht, Balliol hat mich genährt,
Was ich auch hatte, hat es mir gegeben,
Balliols Bestes hat mir Liebe und Führung gewährt.
Gott mit euch, Balliol-Männer, und eurem Streben!

|4| Das kleine schwarze Schiff wurde auf das Meer geweht
Ein kleines schwarzes Schiff wurde vom Wind verweht
Hinaus, hinaus, hinaus aufs Meer
Unten auf der Wiese
Das kleine schwarze Schiff war unten auf der Wiese
Die Wiesen waren draußen auf dem Meer

Unten auf der Wiese, und hinaus aufs Meer
Das kleine schwarze Schiff unten auf der Wiese
Unten auf der Wiese, hinaus auf das Meer

|5| Der Nordwind weht über den Nordpol.
Die Gänseblümchen stoßen ans Gras.
Der Wind weht die Glockenblumen um.
Der Nordwind weht zu dem Wind im Süden.

|6| Der Askari fiel vom Vogel Strauß
Im Regen
Riesig singt Verdammt
Was wurde aus dem Vogel Strauß?
Riesig singt Verdammt

|7| Ich hatt' ein kleines Grammophon,
Das zog ich auf, das schöne.
Und mit der spitzen Nadel
Macht es fröhliche Töne.

Dann wurd' es verstärkt,
War lauter nun und heiser,
Doch mit spitzen Fasernadeln
Macht man's wieder leiser.

|8| Gordoooooooli.
Er hat ein Gesicht wie ein Schinken.
Das sagt Bobby Johnson.
Und der muss es wissen.
Blödes Trinity. Blödes Trinity.
Wär' ich ein blöder Trinity-Mann
Ich würde. Ich würde.
Im öffentlichen Hintern mich winden.
Ich würde. Ich würde.
Den Stöpsel zieh'n und verschwinden.
Ich würde. Ich würde.
Blödes Trinity. Blödes Trinity.

|9| Der Tag ist nun vergangen,
Und es naht die Nacht,
Abendschatten prangen
In des Himmels Pracht.

Dunkelheit herniederfällt,
Sterne blinzeln munter;
Blumen, Tiere und die Welt
Liegen bald im Schlummer.

|10| Ha, ha, ha. Hi, hi, hi,
Elefantennest im Rhabarberbaum.

|11| Die Zeit, wie ein stetig rollender Strom,
Trägt alle ihre Söhne fort;
Vergessen fliegen sie wie ein Traum,
Der bei Anbruch des Tages stirbt.

|12| Ich hab' Sixpence, lustig lustig Sixpence,
Sixpence, die mein ganzes Leben reichen,
Ich hab' zwei Pence zum Verleihen und zwei Pence zum Verbrauchen
Und zwei Pence nehm' ich heim zu meiner Frau.

|13| Hier sitzen wir wie Vögel in der Wildnis
Vögel in der Wildnis
Vögel in der Wildnis
Hier sitzen wir wie Vögel in der Wildnis
Unten in Demerara.

|14| Warum hat die Kuh vier Beine? Das muss ich rausfinden.
Ich weiß es nicht, du weißt es nicht, und die Kuh weiß es auch nicht.

|15| Flohhüpfer, alter Mann, hol einen Kessel, wenn du kannst,
Und wenn du keinen Kessel kriegst, nimm eine dreckige alte Pfanne.

|16| Kann nicht! Darf nicht! Soll nicht! Will nicht!
Sagt es ruhig allen!
(Übersetzt von Peter Torberg; Frankfurt/M. 2008)

|17| Fröhlich singt der Esel, wenn er zum Grase geht.
Wer weiß, warum, denn er ist ja ein Esel.
I-ah. I-ah. I-ah. I-ah.

|18| Auf uns sind keine Fliegen.
Auf uns sind keine Fliegen.
Vielleicht sind Fliegen
Auf manchen von euch, Jungs
Aber auf uns sind keine Fliegen.

|19| Blau ist der Himmel über meinem schmerzenden Kopf.
Blau ist das Gras unter meinen müden Füßen.
Blau sind die Bäume, gewölbt über dem blauen Weg.
Ein tiefer Schatten von immerwährendem Blau.
Die ganze Welt ist gehüllt in Mäntel von Blau.
Des rastlosen Meeres Farbe gleicht ihm genau.

|20| Die königliche Pagode glitzert in der Sonne.
Die Fußbälle wachsen auf jenem grotesken Baum.
*(Das Lied hat noch weitere Strophen,*
*Aber das hier sind die aus meinem schlechten Gedächtnis.)*

|21| Ho, Kameraden! Sehet das Zeichen am Himmel stehen
Verstärkung erscheint, den Sieg wir erflehen.
»Haltet aus, ich komme«, Jesus spricht.
Die Antwort gen Himmel: »Mit deiner Gnade wanken wir nicht.«

|22| Mit Wolken aus Dampf und blinkenden Lichtern ist es ein Riesensystem,
Und Milchkannen fliegen an Nylonfäden wie im Kindertheater die Feen.

|23| Von den Jungen, für die Jungen. Jungs wissen es am besten.
Überlasst es ihnen, die Schweinehunde zu entdecken
Mit der groben Justiz, die anständige Schüler kennen.

|24| Über das Feld ein Flüstern schwingt, wo das Jahr die Ernte bringt.
Grau steh'n die Schober in der Sonne
So singt: Hierher, hierher, kommt heran, die Biene hat den Klee vertan,
Vorüber ist des Sommers Wonne.

|25| Ach die Sonne, sie schien helle,
Schien so hell wie nie zuvor – nie zuvor.
Ach die Sonne schien so helle,
Als ich das Kind an der Küste verlor.

Ja, an der Küste das Kind ich verlor,
Ich tat, was ich getan hatte, noch nie zuvor – noch nie zuvor.
Wenn du die Mutter siehst, sage ihr freundlich,
Dass ich das Kind an der Küste verlor.

|26| Objektiv gleicht unser Zimmer einem kleinen athenischen Staat …
Außer Lewis: Er ist ganz in Ordnung, aber haltet ihr ihn für erstklassig?

|27| Sonnenuntergang und Abendstern
Von Aden bis nach Sansibar.
Die Bande des Empire lösen sich auf
Letzte Salutschüsse donnern zuhauf
Und der Mensch hört mit dem Staunen nicht auf …

|28| Atemlos warfen wir uns auf den windigen Hügel,
Lachten im Lichte, küssten das liebliche Grün.
»Durch Ruhm und Ekstase«, sagst du, »wir zieh'n;
Wind, Sonne, Welt bleiben, es singen die Vögel,
Wenn wir einst alt sind, alt …« »Sind wir tot,
Ist das Unsrige fort, doch das Leben geht weiter

Mit anderen Liebenden, anderen Lippen.«
»Herz, mein Herz, unser Himmel ist heiter,
Wir haben hier von der Erde gelernt.
Wir leben, wir schreien, bewahrten den Glauben.«
»Mit festen Schritt hinab wir schreiten
Mit Rosen gekrönt, in die Dunkelheit« …
Stolz war'n wir, und lachten, dass wir Tapferes sprachen,
Da weintest du plötzlich, und wandtest dich ab.

|29| Sage nichts, du musst nicht sagen,
Welche Weise die Zauberin spielt
Nach jenem weichen Septembermond
Oder unter dem Weißdornstrauch,
Denn sie und ich, wir sind längst Vertraute,
Wie sie ist, das weiß ich auch.

|30| Ich träumte, ich stand im Tal und seufzte,
Vorüber gingen Liebende zwei und zwei,
Meine verlorene Liebe kam still aus dem Wald herbei,
Die blassen Lider schwer über traumdunklen Augen:
Ich schrie im Traum, o Frauen, lasst den Kopf junger Männer
Auf euren Knien ruh'n, mit euren Haaren trocknet ihre Tränen,
Dem Gedenken an ihr Antlitz kommt kein anderes gleich,
Bis alle Täler der Welt verdorret sind.

|31| Die Herzen in Schmerzen verbunden sie standen
Und blickten vom blumigen Teppich zum Pier.
Nur die Schaumblume bleibt, wenn die Rosen verschwanden,
Leicht ist die Liebe der andern, doch wir?

Der Wind sang sein Lied, die Wellen, die feuchten
Hinrollten über der Schwüre Gebot:
Im Lispeln der Lippen, im Augenleuchten
Die Liebe war tot.
(In: *Gesänge und Balladen*, Deutsche Nachdichtung von Eduard Jaime, Köln 1948, S. 50/51)

|32| Ein Teufel, ein geborner Teufel ist's,
an dessen Art die Pflege nimmer haftet

|33| Sieh nur den Dino-Riesen dort,
Bekannt von vorzeitlichem Ort,
Berühmt ist nicht nur seine Kraft,
Nein, auch was er so geistig schafft.
Die Reste zeigen zweifelsfrei:
Statt einem Hirn hatte er zwei!
Eins lag im Kopf, wie man es kennt,
Das andre hinten, ganz am End'.
So konnte er denken *a priori*,
oder auch *a posteriori*.
Probleme fochten ihn nicht an,
Er ging mit Kopf und Schwanz daran.
Er war so klug, so geistesstark,
Denken füllte sein Rückenmark.
War einem Hirn die Last zu schwer,
Gab es ein paar Ideen her.
Wenn der Geist vorn was nicht bedachte,
der hintere die Rettung brachte.
Irrtümer, die vorn durchgegangen,
Die wurden hinten abgefangen.
Durchdachte zweimal alle Themen,
Da gab's dann nichts zurückzunehmen.
So klärte er ohne Blockade
Stets beide Seiten jeder Frage.
Doch ist dies vorbildliche Tier
Seit Jahrmillionen nicht mehr hier.

|34| Von fern, aus Nacht und Morgen
kam der Stoff, aus dem ich bin;
zwölffacher Wind des Himmels
an diesen Ort blies er mich hin.
…
Sprich jetzt! Ich sag dir die Antwort,
warum du bei mir bist.

Dann zieh ich zu den zwölf Winden
Den Weg, der endlos ist.
(in: Housman, A. E.: *Die Shropshire Lad,* Gedichte, übersetzt von Hans Wipperfürth, Heidelberg 2003, S. 83)

|35| Abermillionen Spermatozoa,
Die alle leben:
Welche eine Sintflut – und nur *ein* Noah
Darf überleben.

Vielleicht steckte in dieser Abermillion
Minus eins ein Shakespeare – warum nicht?
Vielleicht auch ein neuer Newton, ein Donne –
Doch der Eine war ich.

Der drängt sich vor, schnappt die Arche, und Schluss –
Die Besseren sind abserviert!
Unerhört! Wärst du dreister Homunculus
Nicht besser krepiert?
(Meller, Horst u. Reichert, Klaus, Hrsg.: *Englische und amerikanische Dichtung, Bd. 3: von R. Browning bis Heaney.* Übersetzt von Werner von Koppenfels, München 2001, S. 233-235)

|36| Es gibt ein Insekt namens *Sphex ichneumeus,*
Dessen Begegnungen verlaufen selten harmonisch.
Eindringen oder Graben?
Das kümmert sie nicht,
Aber Hinzukommen oder sein Erleben sind ein Fehler.

|37| Willig kam der Ochse
Heim zum Schlachter mit dem Lamm;
Und jede Bestie brachte so
Sich selbst als Opfer dar.

|38| Wie seltsam
Dass Gott
Die Juden
Erwählte.

Doch nicht so seltsam
Wie jene, die
Sich einen jüdischen Gott erwählen
Und doch die Juden verschmähen.

|39| Bei aller Lieblichkeit, aller Wärme und Licht,
Gebenedeite Madonna, ziehe ich wieder in den Kampf.

|40| Denkt nun nicht mehr an John Keats
Nicht an Newtons wissenschaftliche Leistungen.
Vergesst euren William Butler Yeats,
William Wordsworth, William Gates.
Denkt auch nicht mehr ans Entweben,
Hier ist ein Mann, man glaubt es kaum.
Hier ist ein Mann so schlau und schnell
Der knackt mit fünfzig die Mach 2.
Und das ist nicht alles, was er knackt…
(Selbst Windows 98
Übersteigt nicht sein Begriffsvermögen.)
Guten Start. Und gute Landung.
Seht seinem Überschallflieger nach,
Wie er *durch* den Regenbogen verschwindet.

|41| Lieber kleiner Geist des Glücks,
Der mit mir durch die Jahre ging,
Kein Hund aus Fleisch und Blut kann je
An deiner Statt der Tränen wehren,
Die ungebeten aus dem Herzen strömen.
Du warst ein Teil von mir –
Und all die Felder, all die Wege
In Wäldern und auf offnen Hügeln
Sind jetzt für mich so still und leer.

*Du bist nicht da – du bist nicht da*

|42| Die Welt der Dinge dringt in den kindlichen Geist,
Bevölkert dies Kristallkabinett.
In seinen Mauern begegnen sich die seltsamsten Partner,

Und Dinge, zu Gedanken geworden, verbreiten ihresgleichen.
Einmal dort drin, findet körperliche Tatsache
Einen Geist. Fakt und du in gegenseitiger Schuld
Baut euch euren kleinen Mikrokosmos – und doch
Sind größte Aufgaben dem kleinen Ich zugeteilt.
Tote können dort leben und mit den Sternen sprechen:
Äquator spricht mit Pol, der Tag mit der Nacht;
Geist zerstreut die materiellen Schranken der Welt –
Eine Million Trennungen brennen dahin.
Das Universum kann leben und wirken und planen
Zuletzt macht' es Gott im Geiste der Menschen.

|43| Urzeitwelten dringen in die Gene deiner Art,
Codieren längst vergess'nen Tod und Leben.
Digitale Texte halten fest, was überlebt hat,
Destilliert aus Genomen, heut' in Fetzen.
Was kam davor? Was ist geschehn? Wer kann es sagen?
Und doch ist alles geschrieben in deiner DNA.

|44| Der Große Bär steht auf dem Kopf,
Die Pranken zwischen den Apfelzweigen,
Die dunkel vor dunklerem Himmel
Im Wind sich wiegen und die Zweiglein nicken lassen.
Mit kleinen Lauten, verloren und traurig
In der dunklen Leere der Nacht.

|45| Unser Pater ist ein alter Flieger,
Die Flügel hat man ihm jetzt schwer gestutzt,
Jedoch der Fahnenmast im Pfarrersgarten
Wird heute noch zu Höherem benutzt.

|46| Ich kannte euren fliegenden Kaplan,
Natürlich, er war Chef in unsrem Haus.
Als ihr euch seine Liberalität zu eigen machtet,
Ging ich mit seiner Tochter aus.

|47| Dreimal zwanzig und noch zehn,
Die siebzig werd' ich nicht wiedersehn.
Und nimm das Los von siebzig Lenzen,
So sagt die Subtraktion, was mir noch bleibt.
Aber nur wenn du so in Panik bist,
Dass du glaubst dem alten Psalmist.
Denn wenn die heil'ge Schrift auch dräut,
Dann kümmert es mich keinen Deut.
Hinweg mit der Buchhalter-Mystik!
Ich setze mein Los auf harte Statistik.
Die Bibel mag sein alt und quaint …
Necess'rly so … it ain't.
(Mit George und Ira bin ich einig).
Gegen die Schläge des Sensenmanns geb' ich
'nen Warnschuss ab. Ich bin nicht bereit,
Dass der Schiedsrichter des Lebens mir zuschreit:
»Hinspiel vorbei« oder »gefangen und aus«
Zumindest bis ich bin wirklich ein Greis
Und erreiche das Ziel, von dem, so die Lehren,
Die Reisenden nie mehr wiederkehren:
Das anständige Gasthaus – kein Marriott –
Angekündigt vom Flügelwagen der Zeit.
Noch Zeit, um diese Nacht zu veredeln.
Zeit, die Welt in Brand zu setzen.
Zeit, um neue Regenbögen zu entweben,
Um mich dann auf die ewige Fahrt zu begeben.

# Literatur- und Bildnachweise

Wir danken allen Rechteinhabern für die Erlaubnis zum Abdruck. Trotz intensiver Bemühungen war es uns nicht möglich, alle Rechteinhaber zu ermitteln und zu kontaktieren. Gegebenenfalls bitten wir um freundliche Nachricht. Berechtigte Ansprüche werden vergolten.

## Literaturnachweise

Sofern nicht anders angegeben, sind alle aufgeführten Gedichte von Sebastian Vogel ins Deutsche übersetzt.

»To the Balliol Men Still in Africa« von Hilaire Belloc, abgedruckt mit freundlicher Genehmigung von Peters Fraser & Dunlop (www.petersfraserdunlop.com) im Auftrag der Nachlassverwalter von Hilaire Belloc.

Conradi, Peter: *Iris Murdoch: Ein Leben*, übersetzt von Juliane Gräbener-Müller u. Marion Balkenhol, Frankfurt a. M. 2004. Abdruck mit freundlicher Genehmigung des Suhrkamp Verlags.

Auszug aus *The Autobiography* von Bertrand Russell, 2009, The Bertrand Russell Peace Foundation, abgedruckt mit freundlicher Genehmigung von Taylor & Francis Books UK und The Bertrand Russell Peace Foundation Ltd.

Zeilen aus »A Song of Reproduction«, abgedruckt mit freundlicher Genehmigung von Michael Flanders & Donald Swann 2013. Jegliche Verwendung des Materials von Flanders & Swann muss mit den Nachlassverwaltern über leonberger@donaldswann.co.uk abgesprochen werden.

Auszug aus »Summoned by Bells« aus *Collected Poems* von John Bentjeman © 1955, 1958, 1962, 1964, 1968, 1970, 1979, 1981, 1982, 2001, abgedruckt mit freundlicher Genehmigung von John Murray und den Nachlassverwaltern von John Bentjeman.

Auszug aus »A Hike on the Downs« aus *Collected Poems* von John Bentjeman © 1955, 1958, 1962, 1964, 1968, 1970, 1979, 1981, 1982, 2001, abgedruckt mit freundlicher Genehmigung von John Murray und den Nachlassverwaltern von John Bentjeman.

Auszug aus *The Loom of Years* von Alfred Noyes © 1902, abgedruckt mit freundlicher Genehmigung von The Society of Authors als künstlerische Verwalter des Nachlasses von Alfred Noyes.

»Blue Suede Shoes« von Carl Lee Perkins © 1955, 1956 Hi Lo Music, Inc. © Renewald 1983, 1984 Carl Perkins Music, Inc. Verwaltet von Wren Music Co., Abteilung von MPL Music Publishing, Inc. Alle Rechte vorbehalten. Internationales Urheberrecht geschützt. Verwendet mit freundlicher Genehmigung von Music Sales Limited.

Auszug aus *The Silent Traveller* in Oxford von Chiang Yee © 1944 Signal Books Ltd.

Auszug von W. D. Hamilton, »The Play by Nature«, *Sciene* 196: 757 (1977), abgedruckt mit freundlicher Genehmigung von AAAS.

Meller, Horst u. Reichert, Klaus, Hrsg.: *Englische und amerikanische Dichtung, Bd. 3: von R. Browning bis Heaney*. Übersetzt von Werner von Koppenfels, München 2001. Mit freundlicher Genehmigung des C.H. Beck Verlags.

Auszug aus »Genes and Memes« von John Maynard Smith, zuerst veröffentlicht in *London Review of Books*, 4. Februar 1982.

Auszug aus »Selective Neurone Death as a Possible Memory Mechanism« von Richard Dawkins, zuerst veröffentlicht in *Nature* (Nature Publishing Group), 8. Januar 1971.

Auszug aus dem Vorwort von Richard Dawkins zu John Maynard Smith, *The Theory of Evolution*, Cambridge 1993.

Auszüge aus dem Vorwort, Kapitel 1 und 13 von Dawkins, Richard: *Das egoistische Gen*, Neuauflage. Übersetzt von Karin de Sousa Ferreira, Heidelberg 1994. Abgedruckt mit freundlicher Genehmigung des Springer Spektrum Verlags.

## Bildnachweise

Alle Fotos sind, sofern nicht anders angegeben, aus der Sammlung der Familie Dawkins (Danke an Sarah Kettlewell).

Kirche St. Mary's, Chipping Norton: Foto mit freundlicher Genehmigung von Nicholas Kettlewell.

Clinton Edward Dawkins (1880), Clinton George Evelyn Dawkins (1902), Clinton John Dawkins (1934), Arthur Francis »Bill« Dawkins (1935/6): Fotos mit freundlicher Genehmigung des Balliol Colleges, Oxford.

*Cerura Vinula*: Foto mit freundlicher Genehmigung von N. Tinbergen.

Emperor Swallowtail (*papilio ophidicephalus*): © Ingo Arendt/Minden Pictures/Corbis.

Die große Halle, Oundle School, Northamptonshire: © Graham Oliver/Alamy; Ioan homas, 1968: Oundle School Archiv.

Niko Tinbergen beim Bemalen von Eierattrappen, *c.* 1964: Time & Life Pictures/Getty Images; Mike Cullen, 1979: Monash University Arichiv, Foto Hervé Alleaume; Die Surrey-Pumajagd: Foto mit freundlicher Genehmigung von Virginia Hopkinson; Friedensaktivisten und die Nationalgarde, Berkely 19. Mai 1969: © Bettmann/Corbis; Stakboot-Fahren in Oxford: Foto mit freundlicher Genehmigung von Lary Shaffer; Peter Medawar am University College, 26. November 1960: Getty Images.

RD und Ted Burk, November 1976: Time & Life Pictures/Getty Images; Danny Lehrmann und Niko Tinbergen: Foto mit freundlicher Genehmigung von Professor Colin Beer; Niko Tinbergen filmt: Foto mit freundlicher Genehmigung von Lary Shaffer.

William D. Hamilton und Robert Trivers, Harvard, 1978: Foto mit freundlicher Genehmigung von Sarah B. Hrdy; Michael Rodgers: Foto mit freundlicher Genehmigung von Nigel Parry; RD und George C. Williams: Foto von Rae Silver mit freundlicher Genehmigung von John Brockman; John Maynard Smith: Corbin O'Grady Studio/Science Photo Library; *Das egoistische Gen (The Selfish Gene)*: freundliche Genehmigung von Keith Cullen.

Sir Peter Medawar: © Godfrey Argent Studio; Nikolaas Tinbergen: mit freundlicher Genehmigung von Lary Shaffer; Douglas Adams: © LFI/Photoshot; Carl Sagan, *c.* 1984: NASA/Cosmos; David Attenborough und RD: © Alastair Thain; John Maynard Smith: mit freundlicher Genehmigung von der University of Sussex; Bill Hamilton: Foto mit freundlicher Genehmigung von Marian Dawkins.

Ausschnitt aus Gainesville Sun, 11. Mai 1979: mit freundlicher Genehmigung von Jane Brockmann; Blick auf das Tropical Research Center, Panama, 1977: © STRI; Michael Robinson; Fritz Vollrath: Fotos vom Autor beigesteuert; *Sphex ichneumoneus*: mit freundlicher Genehmigung von Jane Brockmann.

Schlosshotel, Kronberg: © imageBROKER/Alamy; Karl Popper, 1989: IMAGNO/Votava/TopFoto; erstes Treffen der Human Behavior and Evolution Society, Evanston, Illinois, August 1989: Foto von Tone Brevik mit freundlicher Genehmigung von Nordland Akademi, Melbu; Betty Pettersen, 1992: mit freundlicher Genehmigung von Nordland Akademi, Melbu; Blick auf Melbu: Foto Odd Johan Forsnes mit freundlicher Genehmigung von Nordland Akademi, Melbu; Jim Lovell und Alexei Leonov; Starmus Konferenz, uni 2011: beide © Max Alexander; spaceman-Zeichnung: STARMUS mit freundlicher Genehmigung von Garik Israelien.

RD und Neil DeGrasse Tyson, Howard University, September 2010: Bruce F Press, Bruce F Press Photography; RD und Lawrence Krauss: Fotos vom Autor beigesteuert.

RD und Lalla, 1992: © Norman McBeath; RD und der Erzbischof von Canterbury, Rowan Williams, Oxford, Februar 2012: Andrew Winning/Reuters/Corbis; Robert Winston und RD, Cheltenham Literaturfestival, Oktober 2006: © Retna/Photoshot; RD und Joan Bakewell, Hay Festival, Mai 2014: © Keith Morris News/Alamy; RD signiert: Mark Coggins.

Alan Grafen und Bill Hamilton beim jährlich stattfindenden Stakboot-Wettrennen, Mitte der 1970er: beide mit freundlicher Genehmigung von Marian Dawkins; RD, Francis Crick, Lalla, Richard Gregory, Oxford, frühe 1990er: Fotos von Odile Crick, beigesteuert vom Autor; RD erhält die Ehrendoktorwürde durch Richard Attenborough, University of Sussex, Juli 2005; Foto mit freundlicher Genehmigung vom Autor; Mark Ridley, *c.* 1978: mit freundlicher Genehmigung von Marian Dawkins; Jährlich stattfindenden Stakboot-Wettrennen, *c.* 1976: Foto Richard Brown.

Weihnachtsvorlesungen der Royal Institution, London 1991 und Japan 1992, linke Seite: Alle Bilder aus dem Film *Growing Up in the Universe*; rechte Seite: alle © The Yomiuri Shimbun.

RD vor dem Triton: mit freundlicher Genehmigung von Edith Widder; Raja Ampat, Indonesien: © Images & Stories/Alamy; RD in einem Kajak: Foro Ian Kellet, beigesteuert vom Autor; RD auf der Heron Island: Foto beigesteuert vom Autor; Heron Island, Great Barrier Reef © Hilke Maunder/Alamy; Edith Widder im Triton; RD, Mark Taylor und Tsunemi Kubodera im Triton; Riesenkalmar: alle mit freundlicher Genehmigung von Edith Widder.

Stammbaum der Y-Chromosomen: © Oxford Ancestors; RD und James Dawkins: Foto vom Autor beigesteuert.

Kommandant Gennady Padkalka (oben), Charles Simonyi (Mitte) und Luftfahrt-Ingenieur Michael R. Barratt am 19. Tag ihrer Expedition in Kasachstan, März 2009: NASA/Bill Ingalls; Charles Simonyi zuhause in Seattle, *c.* 1997: © Adam Weiss/Corbis; Martin Rees, Königlicher Astronaut, Mai 2009: © Jeff Morgan 12/Alamy; Richard Leakey in Kenia, Januar 1994: Davis O'Neill/Associated Newspapers/Rex; Paul Nurse, Oktober 2004: © J. M. Garcia/epa/Corbis; Harry Kroto, 2004: Nick Cunard/Rex; Carolyn Porco zeigt erste übertragene Bilder von dem Raumfahrtzeug Cassini bei einer Konferenz in Pasadena, Juli 2004: Reuters/Robert Galbraith; Steven Pinker, 1997; Jared Diamond, Aspen, Colorado, Februar 2010: © Lynn Goldsmith/Corbis; Danial Dennett, Hay Festival, Mai 2013: ©. Legakis/Alamy; Richard Gregory: Martin Haswell.

*Enemies of Reason* Team; Tim Cragg und Adam Prescod filmen *Genius of Charles Darwin*: beide mit freundlicher Genehmigung von ClearStory; RD an der Klagemauer, Jerusalem; RD, Lourdes: beide Tim Cragg, *Root of All Evil*; RD und Gorilla: Tim Cragg, *Genius of Charles Darwin*; RD und Russell Barnes, *Faith School Menace*: mit freundlicher Genehmigung von ClearStory.

RD auf einem Schrottplatz: Foto mit freundlicher Genehmigung vom Autor; Daniel Dennett, Sue Blackmore und RD beim »Memelab«-Treffen in Devon, 2012; Basteln von chinesischen Dschunken am »Memelab«: Beide Fotos von Adam Hart-Davis, mit freundlicher Genehmigung von Sue Blackmore; Sitzüberzüge und Lalla mit Würfel: alle vom Autor beigesteuert; RD zuhause, 1991: Hyde/Rex.

Abendessen zum 70. Geburtstag, New College, 2011: Foto Sarah Kettlewell.

# Register

Richard Dawkins

**Der Gotteswahn**

ISBN 978-3-548-37232-7
www.ullstein-buchverlage.de

»Religion ist irrational, fortschrittsfeindlich und zerstörerisch.« Richard Dawkins, einer der einflussreichsten Intellektuellen der Gegenwart, zeigt, warum der Glaube an Gott einer vernünftigen Betrachtung nicht standhalten kann. Ein wichtiges Buch, das zu einem brennend aktuellen Thema eindeutig und überzeugend Position bezieht – brillant und bei aller Schärfe humorvoll.

US317

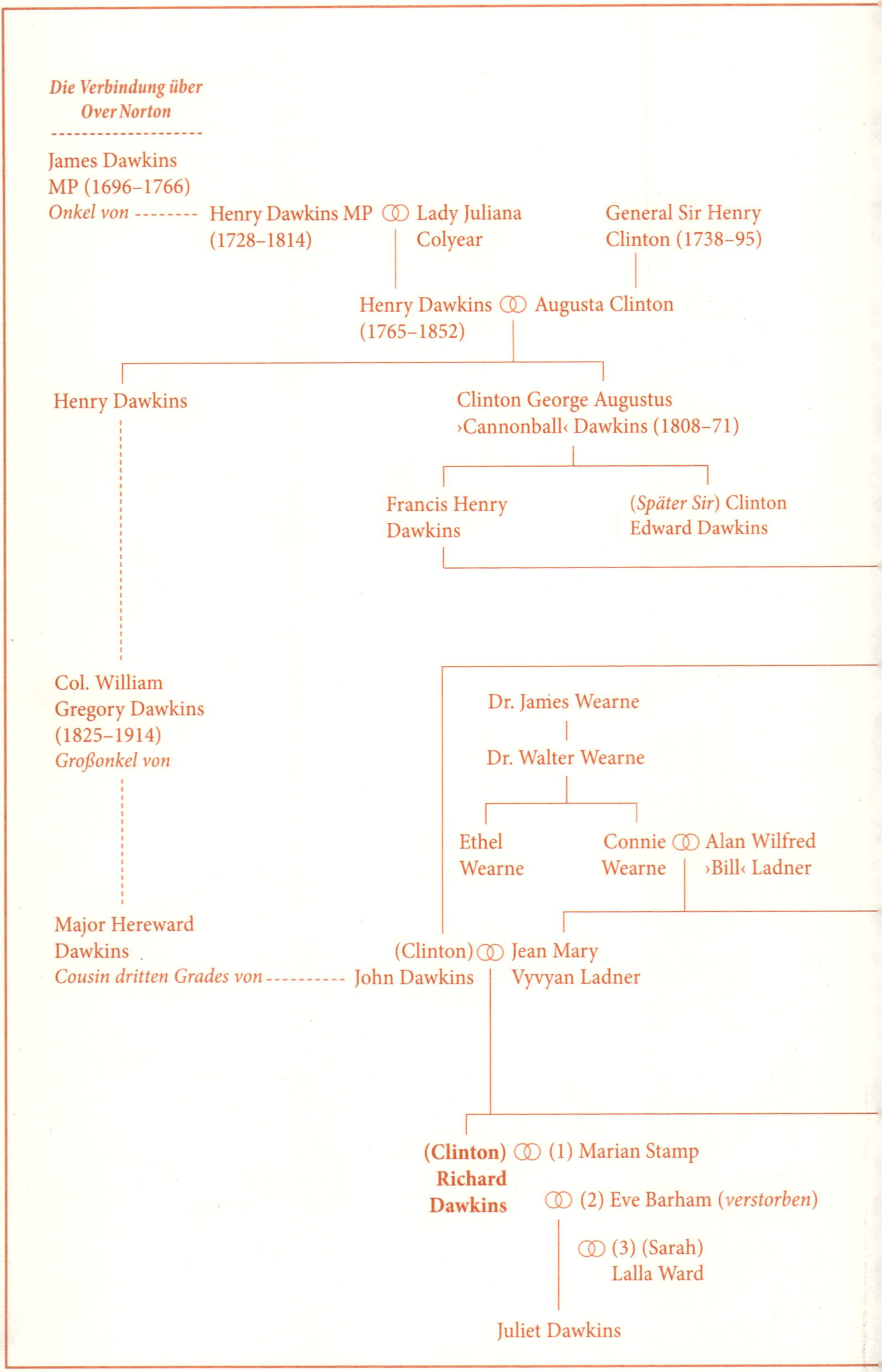
Die Verbindung über Over Norton
James Dawkins MP (1696–1766)
Onkel von
Henry Dawkins MP (1728–1814)
Lady Juliana Colyear
General Sir Henry Clinton (1738–95)
Henry Dawkins (1765–1852)
Augusta Clinton
Henry Dawkins
Clinton George Augustus ›Cannonball‹ Dawkins (1808–71)
Francis Henry Dawkins
(Später Sir) Clinton Edward Dawkins
Col. William Gregory Dawkins (1825–1914)
Großonkel von
Dr. James Wearne
Dr. Walter Wearne
Ethel Wearne
Connie Wearne
Alan Wilfred ›Bill‹ Ladner
Major Hereward Dawkins
Cousin dritten Grades von
(Clinton) John Dawkins
Jean Mary Vyvyan Ladner
(Clinton) Richard Dawkins
(1) Marian Stamp
(2) Eve Barham (verstorben)
(3) (Sarah) Lalla Ward
Juliet Dawkins